Bibliothek des technischen Wissens

Industrielle Fertigung

Fertigungsverfahren

2., verbesserte Auflage

Bearbeitet von Lehrern, Professoren und Ingenieuren (s. Rückseite)

Lektorat: Prof. Dr.-Ing. Dietmar Schmid, Aalen

VERLAG EUROPA-LEHRMITTEL • Nourney, Vollmer GmbH & Co. KG,
Düsselberger Straße 23 • 42781 Haan-Gruiten

Europa-Nr.: 53510

Die Autoren des Buches
(in der Reihenfolge der bearbeiteten Kapitel)

Schmid, Dietmar, Dr.-Ing., Prof., Essingen: *Einführung, mech. Zerteilen, Sägemaschinen, Montage*

Klein, Friedrich, Dr. rer. nat., Dr. h. c., Prof., Aalen: *Gießereitechnik*

Behmel, Manfred, Gewerbeschulrat, Aalen: *Pulver-Metallurgie, Umformtechnik, Wärmebehandlung von Stahl*

Heine, Burkhard, Dr. rer. nat., Prof., Aalen: *Endkonturnahe Formgebung, Spanloses Trennen, Bauteile aus Keramik, Bauteile aus Silikatglas, Stoffschlüssiges Fügen, Oberflächenmodifikation, Werkstoffkunde*

Schekulin, Karl, Dipl.-Ing., Prof., Reutlingen: *Funkenerosion, Elektrochemisches Abtragen*

Dambacher, Michael, Studiendirektor, Aalen: *Zerspanungstechnik*

Kaufmann, Matthäus, Dipl.-Ing., Stuttgart: *Fräsmaschinen, Drehmaschinen*

Rohde, Gerd, Dr.-Ing. Prof., Weilheim/Teck: *Schleifmaschinen*

Kaiser, Harald, Dr.-Ing., Prof., Heubach: *Kunststofftechnik*

Wahl, Roland, Dr.-Ing., Prof., Pforzheim: *Lasertechnik*

Berger, Uwe, Dr.-Ing., Prof. , Aalen: *Rapid Prototyping*

Lektorat und Leitung des Arbeitskreises: Dr.-Ing., Prof. Dietmar Schmid, Essingen

Bildbearbeitung: Zeichenbüro des Verlags Europa-Lehrmittel, Leinfelden – Echterdingen

Das vorliegende Buch wurde auf der **Grundlage der neuen amtlichen Rechtschreibregeln** erstellt.

2. Auflage 2006

Druck 5 4 3 2 1

Alle Drucke derselben Auflage sind parallel einsetzbar, da sie bis auf die Behebung von Druckfehlern untereinander unverändert sind.

ISBN-10   3-8085-5352-9
ISBN-13   978-3-8085-5352-7

Diesem Buch wurden die neuesten Ausgaben der DIN-Blätter und der VDE-Bestimmungen zugrunde gelegt. Verbindlich sind jedoch nur die DIN-Blätter und VDE-Bestimmungen selbst. Die DIN-Blätter können von der Beuth-Verlag GmbH, Burggrafenstraße 6, 10787 Berlin, und Kamekestraße 2–8, 50672 Köln, bezogen werden. Die VDE-Bestimmungen sind bei der VDE-Verlag GmbH, Bismarckstraße 33, 10625 Berlin, erhältlich.

Umschlaggestaltung: Michael M. Kappenstein, Frankfurt a. M. und repro 8, Köln, unter Verwendung eines Fotos des Lektors (Bearbeitung von Gussteilen, siehe auch Seite 69 und 90).

© 2006 by Verlag Europa-Lehrmittel, Nourney, Vollmer GmbH & Co. KG., 42781 Haan-Gruiten
      http://www.europa-lehrmittel.de

Satz: Werbe- und Verlagsgesellschaft mbH, 41516 Grevenbroich

Druck: Tutte Druckerei GmbH, 94121 Salzweg/Passau

Vorwort

Die industrielle Fertigung ist der Träger unseres Wohlstandes. Sie ermöglicht die hohe Verfügbarkeit der täglichen Gebrauchsgüter. Es war die industrielle Revolution mit der Massenproduktion, die große Teile der Menschheit von Hunger und Not befreite und andere Kulturgüter, wie z. B. die Medizin und das Verkehrs- und Kommunikationswesen, erst in ihrer Folge ermöglicht hat.

Die industrielle Fertigung hat in ihrem Kern den Bereich der *industriellen Fertigungsverfahren*. Diese sind der Inhalt des Buches. Zur erfolgreichen Umsetzung der industriellen Fertigung gehören natürlich weitere Bereiche wie z. B. das Messen und Prüfen, das Qualitätsmanagement, die Produktionsorganisation und die Automatisierungstechnik. Für diese Bereiche wird auf andere Bücher des Verlags verwiesen.

Die wichtigsten Segmente der industriellen Fertigung sind:
* **das Fertigen mit Metallen,**
* **das Fertigen mit Nichtmetallen (Kunststoffe, Keramik, Gläser) und**
* **die Verfahren Bauteile unterschiedlicher Art zu fügen und in ihrer Oberfläche zu behandeln.**

Aufgrund der Dominanz des Metallsektors innerhalb der industriellen Fertigung ist diesem Bereich der größte Teil des Buches gewidmet. Er wird in Anlehnung an DIN 8580 in der Reihenfolge Urformen (Gießen), Umformen, Trennen (Zerspanen) behandelt, wobei die Zerspanungstechnik besonders ausführlich dargestellt ist. Damit wird ihrer Schlüsselfunktion in unserer Industriegesellschaft Rechnung getragen.

Dieses Buch vermittelt den Lehrstoff, wie er im Bereich der Fertigungstechnik in *Fachschulen für Technik* und in ingenieurwissenschaftlichen *Hochschulen* gefordert wird, aber auch wie er notwendig ist im Bereich der beruflichen *Weiterbildung*. In allen Kapiteln wird nicht nur das jeweilige Faktenwissen dargestellt und mit sehr vielen Zeichnungen und Fotos leicht verständlich und gleichsam einprägsam gemacht, sondern es werden stets auch die Zusammenhänge zum gesamtproduktionstechnischen Rahmen aufgezeigt, seien es Hinweise auf alternative Verfahren, seien es günstige Gestaltungsaspekte der Bauteile oder seien es Umweltgesichtspunkte. Damit wird das Buch der Aufgabe eines Lehrbuches gerecht. Es soll den Leser anregen zum Querdenken und zu kreativem Handeln und ihn zum verantwortungsbewussten Einordnen und Bewerten der Fertigungsmethoden befähigen. Mit Fragen, Aufgaben und Übungen wird zum Verstehen und zum Einprägen des Lehrstoffes beigetragen. In Fußnoten werden Fremdwörter und Namen erläutert.

Die *Lasertechnik* ist in den letzten Jahren in fast alle Technologien eingedrungen. Wir haben dieser Querschnittstechnologie, wegen ihrer herausragenden Bedeutung, ein eigenes Kapitel gegeben. Ebenso ist dem modernsten Bereich der Bauteilherstellung dem *Rapid Prototyping*, nämlich dem numerisch gesteuerten Zusammenfügen kleinster Partikel, seien diese aus Polymeren, Metallen oder Silikaten, ein eigenes Kapitel gewidmet. Hier steht man sicher erst am Anfang einer revolutionierenden Entwicklung. Die *Werkstoffe*, ihre Eigenschaften und ihr Verhalten bestimmen wesentlich die Fertigungsverfahren und werden dementsprechend an vielen Stellen angesprochen. So werden Kenntnisse zur Werkstoffkunde vorausgesetzt. Um dem Leser eine zusätzliche Hilfe an die Hand zu geben, ist dem Buch eine „kleine Werkstoffkunde" hinzugefügt. Ein *Fachwörterbuch Deutsch – Englisch* und *Englisch – Deutsch* in Verbindung mit dem Sachwortverzeichnis leistet für Schule und Beruf einen wichtigen Beitrag zur Kommunikation im Bereich der globalisierten Fertigungstechnik.

Im Sinne der Allgemeinbildung ist bei den wichtigsten Fertigungsverfahren auf ihre historischen Ursprünge in der Menschheitsgeschichte Bezug genommen. Sind es doch die Fertigungsverfahren mit den zugehörigen Werkstoffen und Werkzeugen, die unsere Kulturgeschichte von der Steinzeit über die Bronze- und Eisenzeit bis hin zum Industriezeitalter geprägt haben. Nur so lässt sich der heutige Stand der Technik wirklich verstehen und in seinen Werten einordnen.

Die nun vorliegende **2. Auflage** ist an vielen Stellen verbessert worden, auch auf Grund von Leserhinweisen. Verlag und Autoren sind den Lesern für Verbesserungsvorschläge stets dankbar.

Im Herbst 2006   Dietmar Schmid

Inhaltsverzeichnis

1. Einführung in die industrielle Fertigungstechnik

1.1 Fertigungstechnik als eine Triebfeder der Menschheit

Ziel und Aufgabe

Die Fertigungstechnik hat zum Ziel Gegenstände aller Art möglichst günstig und verkaufsfähig zu fertigen. Die wichtigsten Arten der Gegenstände sind

- Gebrauchsgegenstände,
- Fertigungsmittel,
- Vorprodukte und in kleinerem Umfang auch
- Kultgegenstände und Kunstgegenstände (**Bild 1**).

Die Gegenstände können sowohl relativ einfach sein, wie z. B. ein Kochtopf, als auch sehr komplex, nämlich aus vielen zusammenwirkenden Bauteilen bestehen, wie z. B. ein Kraftfahrzeug.

Während die *Gebrauchsgegenstände* meist für den Endverbraucher gefertigt werden, dient die Herstellung von *Fertigungsmitteln* wiederum der Fertigung selbst.

Hierzu zählt z. B. ein Bohrer oder eine Werkzeugmaschine, also maschinelle Werkzeuge (Maschinenwerkzeug), die die Herstellung von Gegenständen erleichtern und vebessern. Die Einzelteile der herzustellenden Gegenstände werden während des Fertigungsprozesses als *Werkstücke* bezeichnet.

Die Fertigung setzt neben den Fertigungsplänen, den *Fertigungsverfahren* und den *Fertigungsmitteln* auch die *Fertigungsrohstoffe* bzw. die *Fertigungshalbfabrikate* voraus. Die Fertigungsrohstoffe sind z. B. Metalle, Kunststoffe und Hölzer. Damit diese in einem Fertigungsprozess verarbeitet werden können sind sie in Vorproduktionen meist in eine bestimmte Form und Qualität zu bringen. So werden Metalle z. B. als *Masseln* bzw. *Barren* nach dem Erschmelzen hergestellt. Für viele Fertigungsprozesse sind Halbfabrikate praktisch und auch notwendig, z. B. Rohre, Bleche und Profilstangen.

Die Hauptschritte im Fertigungsprozess sind, ausgehend von einem konstruierten und entwickelten Produkt:

- die Produktionsplanung und -steuerung,
- die Materialbereitstellung,
- die Fertigung der Werkstücke,
- die Montage (**Bild 2**).

Der Fertigungsprozess wird begleitet vom Qualitätsmanagement. Abgeschlossen wird der Fertigungsprozess mit einem in der Qualität gesicherten und verkaufsfähigen Produkt.

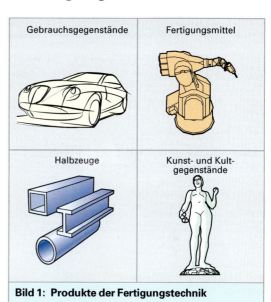

Gebrauchsgegenstände | Fertigungsmittel

Halbzeuge | Kunst- und Kultgegenstände

Bild 1: Produkte der Fertigungstechnik

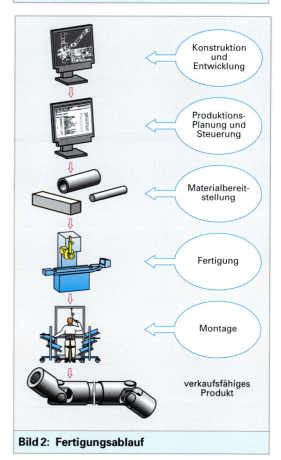

Konstruktion und Entwicklung

Produktions-Planung und Steuerung

Materialbereitstellung

Fertigung

Montage

verkaufsfähiges Produkt

Bild 2: Fertigungsablauf

Art der Fertigung

Die Fertigung erfolgt in

- handwerklicher Art oder
- industriell.

Die handwerkliche Fertigung gibt es als Handwerkskunst seit Beginn der Menschheit. Sie kennzeichnet, zusammen mit den herausragend verwendeten Rohstoffen, die Epochen der Menschheitsgeschichte u. a. Steinzeit, Bronzezeit, Eisenzeit **(Bild 1)**.

Es sind also die Fortschritte in den Fertigungstechniken bzw. die zugehörigen Rohstoffe, welche die Hauptentwicklungen der Menschheit bestimmt haben und heute noch bestimmen.

Das 19. und 20. Jahrhundert waren entscheidend geprägt von der *industriellen Fertigung*. Diese ist gekennzeichnet durch

- Arbeitsteilung,
- Arbeitsplanung und Arbeitssteuerung,
- Einsatz von Hilfsenergie **(Bild 2)**,
- Einsatz von maschinellen Werkzeugen (Werkzeugmaschinen) **(Bild 3)**, auch mit Informationsverarbeitung und technischer Kommunikation.

Die arbeitsteilige, industrielle Fertigung ermöglicht eine kostengünstige Serienfertigung, setzt aber gleichzeitig eine *hohe Genauigkeit und Qualität* voraus. Die Einzelwerkstücke einer Serie sind austauschbar und die Bestandteile müssen, auch wenn sie in unterschiedlichen Prozessen hergestellt sind und von unterschiedlichen Lieferanten stammen, zusammenpassen.

griech. Göttin Aphrodite   griech. Gott Hephaistos

Bild 1: Handwerklicher Schmiedebetrieb, dargestellt auf einer historischen Eisengussplatte

Bild 2: Karikatur zur Industrielle Fertigung, zu Beginn des 20. Jahrhunderts

Erfolg und Wohlstand

Die Erfolge der industriellen Fertigung haben uns – vor allem in der westlichen Welt – den Wohlstand gebracht, und zwar neben einer üppigen Grundversorgung

- die großen Möglichkeiten der Freizeitgestaltung,
- die medizinischen Versorgungen,
- die hohe Lebenserwartung,
- die große Mobilität und
- die weltweite Kommunikation.

Der industriellen Fertigung verdanken wir z. B. die Verkehrsmittel, wie z. B. Auto, Bahn, Flugzeug, die elektrische Stromversorgung, die Haushaltsgeräte u. v. m., also fast alle Dinge unseres täglichen Lebens. Ohne eine industrielle Fertigung wären wir auf der Stufe der ärmsten Entwicklungsländer mit Hunger und Not.

Bild 3: Moderne Motorenfertigung

1.2 Die Fertigungsverfahren im Überblick

Die Fertigungsverfahren werden eingeteilt nach den Verfahren wie man Werkstücke formt und/oder die Stoffeigenschaften ändert. Kennzeichnend ist dabei, wie der Zusammenhalt der stofflichen Bestandteile eines Werkstücks sich darstellt. Man unterscheidet Fertigungsverfahren, welche die Bauteilform dadurch bestimmen, dass stofflicher Zusammenhalt

• geschaffen wird, → **Urformen** (Gießen)
• beibehalten wird, → **Umformen**
• vermindert wird, → **Trennen**
• vermehrt wird. → **Fügen**

Neben *formbildend* bzw. *formändernd* können die Fertigungsverfahren auch die Stoffeigenschaften verändern, z. B. durch Gefügeveränderungen (Umlagern von Stoffteilchen), durch Nitrieren (Einbringen von Stoffteilchen) oder durch Entkohlen (Aussondern von Stoffteilchen).

Entsprechend zu den Merkmalen des stofflichen Bauteilentstehens werden die Fertigungsverfahren in sechs Hauptgruppen nach DIN 8580 eingeteilt (**Bild 1** und **Bild 2**, folgende Seiten).

1. **Urformen** ist das Fertigen eines festen Körpers aus einem formlosen Stoff. Formlose Stoffe sind insbesondere flüssige Metalle und Kunststoffe, aber auch Pulver, Fasern, Granulate und Gase.

   Neu sind hierbei die *direkten generativen* Verfahren, bei denen einzelne Volumenelemente oder dünne Schichten aufeinander gesetzt werden, z. B. durch Lasersintern oder durch Stereolithographie (**Bild 1**).

2. **Umformen** ist das Fertigen eines festen Körpers durch *bildsames,* nämlich *plastisches*[1] Ändern der Form eines festen Körpers. Dabei bleibt der Stoffzusammenhalt erhalten.

   Der Umformvorgang bezieht sich nicht immer auf das ganze Werkstück. Er kann sich auf Teilbereiche eines Werkstücks beziehen oder auch lokal fortschreitend sein, z. B. beim Walzen. Neben dem Ziel der Gestaltänderung verfolgt man beim Umformen auch das Ziel die Oberflächenbeschaffenheit und die Werkstoffeigenschaften zu verändern.

3. **Trennen** ist das Fertigen geometrisch fester Körper durch Formändern und durch Vermindern des stofflichen Zusammenhalts: das Trennen durch Zerteilen, z. B. Abschneiden, durch Spanen, z. B. Fräsen, durch Abtragen z. B. Erodieren.

4. **Fügen** ist das Fertigen eines festen Körpers durch das Zusammenbringen mehrerer fester Bauteile mit Hilfe von Verbindungselementen oder Verbindungsstoffen. Dies geschieht durch Zusammenlegen, z. B. Ineinanderschieben, durch Umformen, durch Verschrauben, durch Gießen, durch Stoffverbinden, z. B. Schweißen.

5. **Beschichten** ist Fertigen durch das Aufbringen eines formlosen pulvrigen, flüssigen oder gasförmigen Stoffes auf einen festen Körper. Durch das Beschichten verfolgt man einen Schutz der Werkstücke vor Verschleiß, Korrosion, Hitze u. a. und/oder man erzeugt gewünschte Oberflächenfarben und -texturen sowie bestimmte elektrische Eigenschaften (leitend/nicht leitend).

6. **Stoffeigenschaftändern** ist das Fertigen durch Verändern der Werkstoffeigenschaften. Dies kann auf bestimmte Orte oder auf die Werkstückoberfläche beschränkt sein. Beispiele sind das Härten, Vergüten, Magnetisieren, Entkohlen, Dehydrieren, Aufkohlen, Nitrieren.

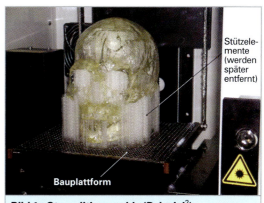

Stützelemente (werden später entfernt)

Bauplattform

Bild 1: Stereolithographie (Beispiel[2])

Wiederholung und Vertiefung

1. Welches Ziel verfolgt man mit der Fertigungstechnik?

2. Welches sind die Hauptschritte eines Fertigungsprozesses?

3. Durch was wird der Fertigungsprozess abgeschlossen?

---

[1] plastisch von griech. plastikos = „zum Gestalten (Formen) gehörig", Plastik = Kunst des Gestaltens

[2] Im Beispiel wird ein Replikat eines steinzeitlichen Schädels hergestellt. Die Daten wurden durch Röntgen-Computer-Tomographie (CT) gewonnen.

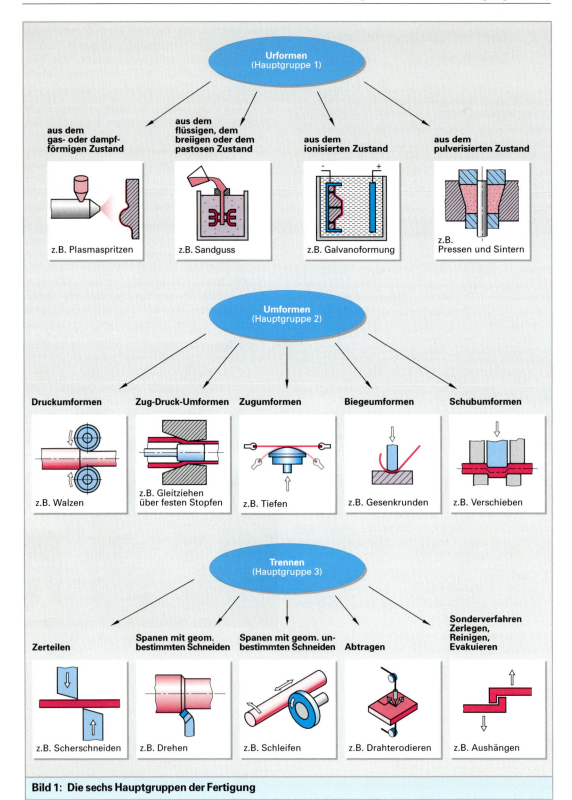

Bild 1: Die sechs Hauptgruppen der Fertigung

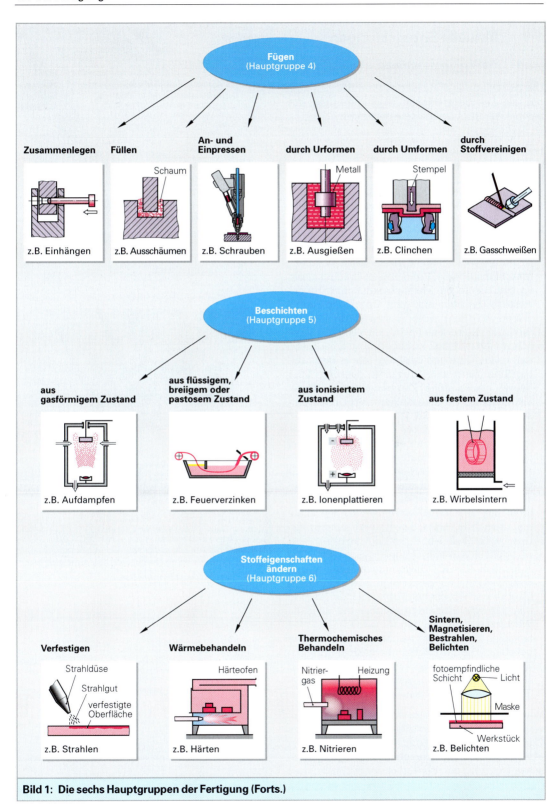

Bild 1: Die sechs Hauptgruppen der Fertigung (Forts.)

1.3   Aktuelle Entwicklungen

1.3.1   Werkzeugmaschinen

Die Werkzeugmaschine ist das Produktionsmittel, das die Leistungsfähigkeit einer Fertigung aus technischer Sicht am meisten bestimmt.

Für die wichtigsten Fertigungsverfahren wie Drehen, Fräsen, Schleifen, Warm- und Kaltumformen wurden die zugehörigen Maschinen schon im vorletzten Jahrhundert entwickelt und sind uns als Drehmaschine, Fräsmaschine, Schleifmaschine, Schmiedehammer und Exzenterpresse bekannt.

Die Maschinen von heute sind in den Grundzügen gleichgeblieben, geändert haben sich aber im Trend folgende Elemente:

- **Maschinengestelle,** früher: meist Graugussteile. Es sind heute oft Metall-Reaktionsharz-Beton-Gestelle (preisgünstig, gute Dämpfung, gutes Wärmeverhalten) oder geschweißte Gestelle (preisgünstig bei kleinen Stückzahlen).
- **Maschinenantriebe,** früher: Drehstromantriebe mit relativ geringer Leistung (ohne Drehzahlregelung) und mit Drehzahlanpassung über (teure) mechanische Zahnradgetriebe. Heute: hochdynamische, drehzahlgeregelte Drehstromsynchronantriebe **(Bild 1)** und Drehstromasynchronantriebe mit großer Leistung. Die Bremsenergie wird ins Stromnetz zurückgeliefert und fällt nicht als Verlustwärme an. Die Spindeldrehzahlen reichen für *High Speed Cutting* (HSC) über 30 0001/min. Für die Erzeugung von Vorschubbewegungen verwendet man Linearmotoren mit dem Vorteil extrem hoher Beschleunigungen (z. B. bis 400 m/s^2) und sehr hohen Geschwindigkeiten (z. B. bis 300 m/min).
- **Maschinenkinematik,** früher: geschaltete EIN/AUS, VOR/ZURÜCK Bewegungserzeugung und Steuerung nur für geradlinige Bearbeitung mit einem Vorschubschlitten auf einer Linearführung oder für eine kreisrunde Bearbeitung über die Werkzeugspindel bzw. ein Karussell. Heute sind beliebige räumlich verwundene Konturen und beliebige Freiformflächen herstellbar. Erreicht wird dies mit der gleichzeitigen kontinuierlich sich verändernden und synchronisierten Bewegung von mehreren Maschinenachsen **(Bild 2)**.

Wie die Maschinenachsen sich bewegen müssen, wird über eine numerische Steuerung mittels Computer (CNC-Technik) erzielt. Zur Bewegungserzeugung nämlich der Relativbewegung zwischen Werkzeug und Werkstück unterscheidet man die übliche *serielle Kinematik* und die neuartige *Parallelkinematik* **(Bild 3)**.

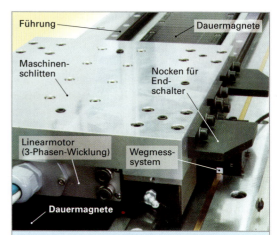

Bild 1: Linearmotor als Direktantrieb für einen Maschinentisch

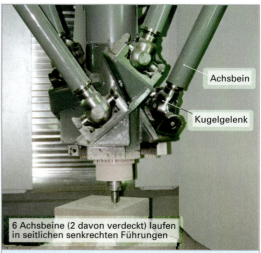

6 Achsbeine (2 davon verdeckt) laufen in seitlichen senkrechten Führungen

Bild 2: Gleichzeitige Steuerung von fünf und mehr Maschinenachsen

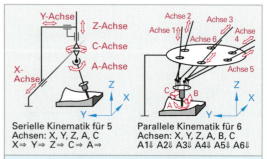

Serielle Kinematik für 5 Achsen: X, Y, Z, A, C
X⇒ Y⇒ Z⇒ C⇒ A⇒

Parallele Kinematik für 6 Achsen: X, Y, Z, A, B, C
A1⇓ A2⇓ A3⇓ A4⇓ A5⇓ A6⇓

Bild 3: Serielle Maschinenkinematik und parallele Maschinenkinematik

Bei der seriellen Kinematik sind die Maschinenachsen aufeinanderfolgend angeordnet (z. B. erst kommt die X-Achse, auf dieser sitzt die Y-Achse und dann folgt die Z-Achse).

Heute gibt es zunehmend Werkzeugmaschinen mit Parallelkinematik z. B. sechs Linearachsen (Hexapod = Sechsfüßler) tragen gemeinsam das Werkzeug (Bild 3, vorhergehende Seite). Durch Verändern der Achslängen kann das Werkzeug vorwärts/ rückwärts und beliebig seitwärts bewegt, sowie in der räumlichen Ausrichtung verändert werden (Neigen, Schwenken, Drehen).

Mehrachskinematiken werden zunehmend für fast alle Fertigungstechniken eingesetzt: Fräsen, Drehen, Schleifen, Beschichten, Schneiden, Sägen u. a.

1.3.2 Werkzeuge

Die wichtigsten Veränderungen bei den Werkzeugen liegen in:

- den *Werkstoffen* der Werkzeuge: sehr harte verschleißarme Werkzeugschneiden durch CBN- (Cubisches Bor-Nitrid), Diamantbeschichtung oder polykristallinen Diamantschneiden **(Bild 1a)**. Werkzeuge werden z. B. aus weichem, elastischem Grundmaterial hergestellt und mit harten Schneiden versehen, z. B. Bi-Metall-Sägebänder oder bei Schmiedegesenken werden die Gesenkformen in weichem Material (grob) hergestellt und die besonders beanspruchten Bereiche mit hartem Werkstoff als Schale auftragsgeschweißt.

- der *Werkzeuggeometerie:* die Form der Schneiden, Schneidplatten und Schneidplattenhalterung **(Bild 1b)** ist nach dem Fertigungsprozess optimiert und komplex, d. h. nicht einfach aus ebenen Flächen zusammengesetzt, sondern aus komplexen, d. h. nicht einfach beschreibbaren Formelementen bestehend. Damit kann die Spanbildung zugunsten kurzer und leicht entsorgbarer Späne beeinflusst werden. Zur Mikrozerspanung verwendet man Fräser mit 0,2 mm Durchmesser und kann z. B. Pyramiden mit Kantenlängen von weniger als 0,5 mm erzeugen **(Bild 3)**.

- der *Werkzeugkomposition:* Werkzeuge werden oft für mehrere Aufgaben konstruiert bzw. zusammengestellt: z. B. Reibwerkzeuge oder Bohrwerkzeuge mit den Funktionen *Bohren, Schlichten, Planen, Fasen.* Werkzeuge werden ferner mit Hilfs- und Zusatzantrieben ausgestattet, z. B. Fräswerkzeug mit Drehfunktion **(Bild 2)**.

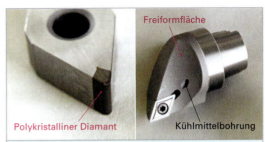

**Bild 1: a) Schneidplatte mit PKD-Schneide
b) Werkzeughalter**

Bild 2: Werkzeug mit Drehfunktion

Bild 3: Mikrozerspanung

- der *Werkzeugkühlung/Werkzeugschmierung:* Im Unterschied zu früher, wo man mit großen Mengen an Kühlmitteln die Werkzeugstandzeiten zu verlängern versuchte, bemüht man sich heute um Trockenbearbeitung (keine Kühl-/Schmiermittelkosten, geringere Entsorgungskosten bei nichtverunreinigten Spänen) oder um eine Minimalmengenschmierung (MMS). Hierbei wird spezielles Kühl-/Schmiermittel, z. B. unter Hochdruck durch feine Bohrungen im Werkzeug direkt an den Werkzeugeingriff gebracht. Bei Trockenbearbeitung muss die Entstehung von Stäuben beachtet werden: um Schäden an Führungen zu vermeiden, um Staubexplosionen zu vermeiden und um Gesundheitsschäden auszuschließen.

1.3.3   Fertigungsverfahren: Trends

Hartdrehen statt Schleifen

Bei der Herstellung von Bauteilen mit gehärteter Oberfläche ist die übliche Bearbeitungsfolge:

* spanende Bearbeitung im weichen Werkstoffzustand (Weichbearbeitung), dann
* Wärmebehandlung (Härten), dann
* Schleifen und schließlich
* Honen.

Die neue Fertigungsfolge ersetzt das teure Schleifen und Honen. So ergibt sich die Arbeitsfolge:

* Weichbearbeitung,
* Wärmebehandlung,
* Präzisions-Hartdrehen **(Bild 1)**.

Man erzielt dabei gleichwertige Rauhigkeitswerte (z. B. Rautiefe $R_z = 0,7$ μm und Mittelrauwert $R_a = 0,1$ μm) und auch gleichwertige Bauteileigenschaften, z. B. hinsichtlich der Dauerfestigkeit und Schwingfestigkeit.

Neue *Drehschleifmaschinen* ermöglichen auf einer Maschine die Hartbearbeitung durch Drehen oder Schleifen und beides in Kombination **(Bild 1)**.

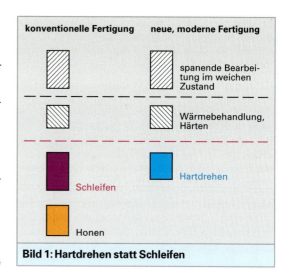

Bild 1: Hartdrehen statt Schleifen

Hochgeschwindigkeitsfräsen statt Senkerodieren

Zur Herstellung von Gesenken und Formen für die Schmiedetechnik, Druckgusstechnik und Spritzgusstechnik sind hochgenaue Formen als Negativformen der zu fertigenden Werkstücke erforderlich. Diese fertigte man meist als Elektroden aus Kupfer oder Graphit in der Positivform, um damit durch Senkerodieren die Negativform zu erhalten. Dieses Einsenken dauert relativ lange und erfordert eine sehr zeitintensive Oberflächennachbearbeitung. Beim Senkerodieren wird der Werkstoff aufgeschmolzen und entfernt. Dabei bleibt an der Oberfläche ein narbiger Bereich mit Eigenspannungen, der durch Feinschleifen, oft von Hand, abgetragen werden muss.

Die Alternative ist das direkte Fräsen der Form mit hohen Vorschubgeschwindigkeiten **(Bild 2)** und zum Schlichten mit ganz dünnen Fräsern, z. B.: mit 0,4 mm Durchmesser **(Bild 3)**. Man verwendet hierbei meist ein 3-achsiges Fräsen mit 5-achsigen Fräsmaschinen. Dadurch können die Fräser in beliebiger Raumorientierung arbeiten. So ist eine gute Zugänglichkeit auch bei stark zerklüfteten Formen gegeben und die Fräser können kurz eingespannt werden.

Bild 2: HSC-Fräsen von Formen

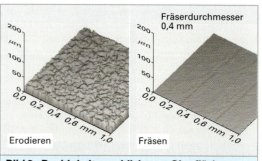

Bild 3: Rauhigkeit geschlichteter Oberflächen (Beispiele)

Nur bei sehr tiefen, schmalen Kavitäten (Höhlen) ist das Senkerodieren unumgänglich. Dies ist der Fall z. B. bei sehr dünnen Rippen, da dann die Negativform tiefe schmale und steilwandige Schlitze aufweist.

Wasserstrahlschneiden statt Brennschneiden, Sägen oder Erodieren

Das Hochdruck-Wasserstrahlschneiden mit etwa 2 500 bar ermöglicht Schnitte mit Tiefen von z. B. 25 mm in Stahl, ohne Beeinträchtigung der Schnittrandzonen bei gleichzeitig hoher Schnittqualität.

Druckgießen in Leichtmetall statt Blechumformen mit Stahl

Zur Herstellung dünnwandiger Stahlbauteile, z. B. Fahrzeugträgerbauteile, werden Bleche häufig gestanzt, gebogen oder in Pressen tiefgezogen. Mit Hilfe von Vorrichtungen werden diese zusammengeschweißt, anschliessend kalibriert und gegebenenfalls spanend an Einzelpositionen gefräst, gebohrt und gewindegeschnitten. Es müssen also eine Vielzahl von Fertigungsoperationen durchgeführt werden **(Bild 1)**.

Bei einer Herstellung im Druckguss (wenn ein Wechsel zu Aluminium oder Magnesium möglich ist) ist der Fertigungsprozess in wenigen Sekunden komplett abgeschlossen. Dabei kann das Bauteil eine noch viel komplexere Form aufweisen als bei einer Fertigung aus einzelnen Blechteilen. Der Nachteil beim Druckguss ist neben hohen Werkstoffkosten das Entstehen hoher Werkzeugkosten und auch teure Maschinenkosten. Diese Nachteile werden derzeit weniger gewichtig und so ist ein Trend zum Druckguss festzustellen. Der Vorteil ist neben der rationellen Fertigung meist eine Gewichtsersparnis, bessere Korrosionsbeständigkeit und geringere oder keine Oberflächenbehandlungen, z. B. durch Lackieren oder Verzinken.

Drehfräsen statt Drehen

Wenn an stark unwuchtigen Drehteilen, z. B. an Kurbelwellen ein großes Spanvolumen abzutragen ist, so bietet sich das Fräsen auf der Drehmaschine an. Beim Fräsen sind gleichzeitig mehrere Scheiden im Einsatz und erzeugen eine weit höhere Spanleistung als ein einzelner Drehmeißel. Für eine hohe Oberflächengüte und für die Formgenauigkeit wird auf derselben Drehmaschine, in der selben Aufspannung, das Teil feingedreht.

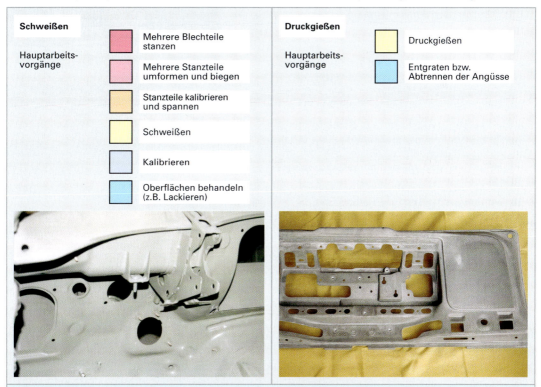

Schweißen

Hauptarbeitsvorgänge

Mehrere Blechteile stanzen

Mehrere Stanzteile umformen und biegen

Stanzteile kalibrieren und spannen

Schweißen

Kalibrieren

Oberflächen behandeln (z.B. Lackieren)

Druckgießen

Hauptarbeitsvorgänge

Druckgießen

Entgraten bzw. Abtrennen der Angüsse

Bild 1: Druckgießen (rechts) statt Blechumformen und Schweißen (links)

1.3.4   Leichtbau

Der Leichtbau ist praktisch für alle Produkte, die mobil sein müssen, eine Herausforderung und steht mit an oberster Entwicklung.

Bei Luft- und Raumfahrtfahrzeugen hat die Forderung nach möglichst geringem Gewicht bei gleichzeitig hoher Formstabilität schon immer im Mittelpunkt der Technikentwicklung gestanden. Bei Straßenfahrzeugen gehört der Leichtbau im Hinblick auf den Kraftstoffverbrauch ebenfalls zu den wichtigsten technologischen Forderungen.

Aufgrund stark zunehmender zusätzlicher (Gewichts-) Komponenten, die der Sicherheit und Bequemlichkeit dienen, sind im Gegenzug Gewichtseinsparungen an den Motorblöcken, Fahrwerken und Karosserien zu realisieren, ohne diese aber in der Funktionalität und Stabilität einzuschränken.

Erreicht wird dies durch:

* Verbesserte Konstruktionen – häufig nur in Verbindung mit Simulationen, z. B. Leichtbaukonstruktionen im Sinne der Bionik **(Bild 1);**

* Neue Fügetechniken, auch durch Verbinden unterschiedlicher Werkstoffe, z. B. durch Clinchen (Durchsetzungsumformung und Sprengplattieren;

* Neue Werkstoffe,
  z. B. Keramik anstelle von Stahl (bei Bauteilen die extrem hohen Temperaturen ausgesetzt sind)
  z. B. Kunststoffe statt Metalle,
  z. B. Magnesium (4mal leichter als Stahl);

* Neue Fertigungsverfahren, z. B. Stahlleichtbauweise durch Innenhochdruckumformung (IHU). So können besonders belastete, z. B. Motorträger, leichter und billiger hergestellt werden **(Bild 2)**.

* Verwendung von neuartigen Halbzeugen,
  z. B. von ,,Tailored Blanks". Das sind Bleche mit unterschiedlicher Dicke, z. B. dicker am Türrahmen und dünner im Türmittelteil eines Pkws **(Bild 3)**.
  z. B. von Metallschäumen **(Bild 4)**. Diese haben Zellstrukturen ähnlich wie Knochen, sind hoch belastbar und verwindungssteif.

All diese Techniken sind nur möglich, weil die Potenziale des Computer-Aided-Designs (CAD) voll ausgeschöpft werden.

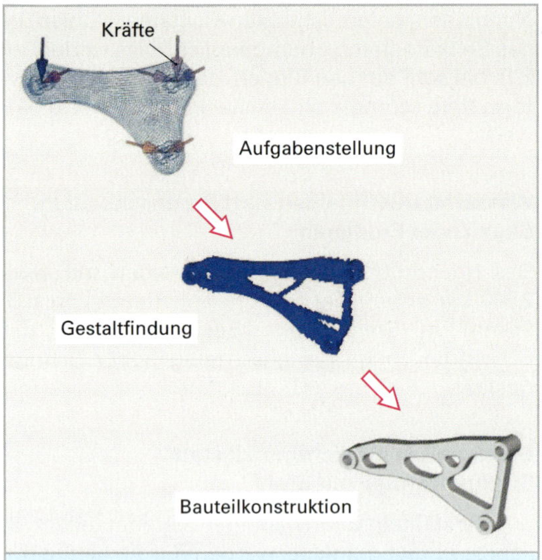

Bild 1: Bionik in der Konstruktion

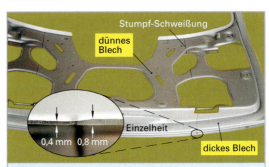

Bild 2: Leichtbauweise durch IHU

Bild 3: Karosserie mit Tailored Blanks

Bild 4: Metallschäume mit ,,Knochenstruktur"

---

[1] engl. to tailor = schneidern, engl. blank = Formblatt

1.3.5 Fertigungsprozesse programmieren

Makros für Mikrofunktionen

Für einen Prozessablauf, der sich aus immer den gleichen Teilschritten zusammensetzt, werden *Makrobefehle* prozessoptimal beim Anwender definiert. Im Unterschied zu der Verwendung von Standard-Bearbeitungszyklen können hier optimale Abläufe parametrierbar eingestellt werden.

> **Beispiel: Lichtbogenschweißen mit Roboter**
> Mit dem zugehörigen Makrobefehl LICHTBOGEN EIN werden die Gasvorströmzeit und die Zündzeit als Wartezeiten erzeugt sowie das Gasventil über einen Ausgabebefehl geöffnet. Kurze Zeit danach wird der Zündvorgang über einen weiteren Ausgabebefehl eingeleitet. Ebenso werden mit dem Befehl LICHTBOGEN AUS passende Wartezeiten im Roboterprogramm erzeugt, damit der Schweißprozess richtig mit entsprechender Nachbrennzeit und Gasnachströmzeit abgeschlossen werden kann.

Mit Hilfe solcher Makrobefehle erhält man dann ein sehr einfaches Roboterprogramm **(Bild 1)**. Diese Art der Roboterprogrammierung ist werkstattgerecht, da sie auf die Aufgabe zielt.

Die Prozessparameter, wie Schweißstrom und Pendelamplitude, sind in einer Tabelle eingetragen und können vom Werker verändert und damit optimiert werden.

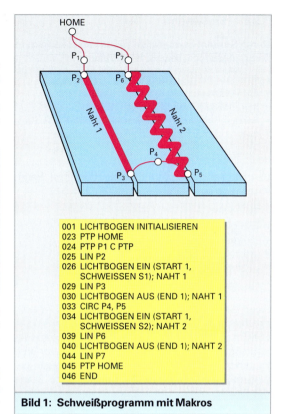

```
001 LICHTBOGEN INITIALISIEREN
023 PTP HOME
024 PTP P1 C PTP
025 LIN P2
026 LICHTBOGEN EIN (START 1,
        SCHWEISSEN S1); NAHT 1
029 LIN P3
030 LICHTBOGEN AUS (END 1); NAHT 1
033 CIRC P4, P5
034 LICHTBOGEN EIN (START 1,
        SCHWEISSEN S2); NAHT 2
039 LIN P6
040 LICHTBOGEN AUS (END 1); NAHT 2
044 LIN P7
045 PTP HOME
046 END
```

Bild 1: Schweißprogramm mit Makros

Beispiel: Optimierter Schleifprozess
Der Werker setzt „seinen Makrobefehl" aus beliebigen Teilschritten der ISO-Programmierung zusammen. Die Mikrofunktionen **(Bild 2)** werden in beliebiger Folge parametriert und zusammengefügt. Am Bildschirm der CNC-Schleifmaschine gibt es hierfür eine passende Eingabemaske.

Bild 2: Mikrofunktionen beim Schleifen

1.3.6 Simulation

Durch Simulationen mit dem Computer kann man Fertigungsprozesse, z. B. hinsichtlich

- ihrer Ablauffolge **(Bild 1)**,
- der Vollständigkeit des Prozesses,
- der Fließgeschwindigkeiten **(Bild 2)**
- der zu erwartenden Fertigungsqualität, z. B. Rauheit

überprüfen bzw. in Erfahrung bringen.

Bauteile kann man durch Simulation ihrer Beanspruchung auf ihr Bauteilverhalten, z. B.

- Festigkeit,
- Zähigkeit,
- Biegesteifigkeit **(Bild 2)**,
- Wärmeverhalten,
- Lebensdauer

überprüfen und „virtuell" erproben.

Durch Simulation und Virtualisierung von Produktionsanlagen bis hin zu ganzen Fabrikanlagen können die Produktionsvorgänge vollständig „durchgespielt" und optimiert werden bevor eine Produktionsstätte aufgebaut und in Betrieb genommen wird. **Bild 3** zeigt eine simulierte Szene der Pkw-Montage. Die Monteure sind als künstliche Menschen (Avatare) in den Montageprozess einbezogen.

Zur Simulation verwendet man sowohl einfache abstrakte Symbole und Graphen **(Bild 4)** als auch gegenständliche oftmals naturgetreue Objekt- und Prozessnachbildungen.

Wichtige Programmiersysteme zur Simulation sind in **Tabelle 1** zusammengestellt.

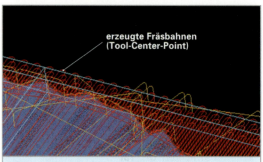

Bild 1: Simulation eines Fräsvorganges

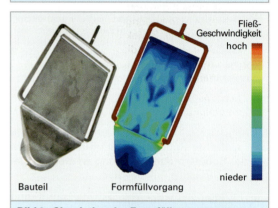

Bild 2: Simulation des Formfüllvorgangs

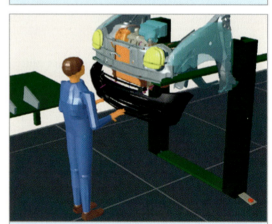

Bild 3: Simulation eines Montageprozesses

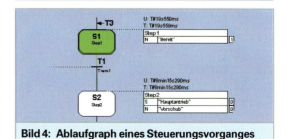

Bild 4: Ablaufgraph eines Steuerungsvorganges

Tabelle 1: Simulationssysteme (Auswahl)	
Name	Anwendung
ANSYS	Werkstoff- und Bauteilverhalten
eM-Power	Unternehmen mit verteilten Produktionsstätten
eM-plant	Produktionstechnik
ROBCAD	Produktionsprozesse, Systeme mit Robotern
IGRIP	Produktionsprozesse und Robotik
SES	Strömungsvorgänge und Fertigung mit flüssigen Stoffen
Moldflow	Kunststoff-Fertigungsprozesse

1.3.7 Virtual Environments

Prozesse, Anlagen, ja ganze Fabriken werden digital dargestellt. Meist erfolgt die Digitalisierung durch eine CAD-Konstruktion. Die Objekte sind also künstlicher Art. Man kann auch durch 3D-Scannen von natürlichen Objekten ein virtuelles Modell herstellen.

Die großflächige 3D-Projektion ermöglicht nicht nur ein Betrachten der räumlichen dargestellter Objekte, sondern auch ein „Eintauchen" (Immersion) in die virtuell dargestellte Welt. Man spricht von virtuellen Umgebungen (Virtual Environments, VE). Vor der Projektionswand kann man sich nämlich in eine Tiefe, die in etwa der Wandhöhe entspricht, hineinstellen mit dem Gefühl mit zur virtuellen Welt zu gehören.

Fügt man einer Projektionswand im Halbrund oder rundum weitere Projektionswände hinzu, so entsteht eine sogenannte Cave, z. B. eine Drei-Wand-Cave **(Bild 1)**. Mit vier Wänden, Decke und Fußboden kann man sogar eine allseitig geschlossene Cave realisieren. Hier ist der Eindruck der Virtualisierung total.

Tracking. Zur vollkommenen Szenensteuerung werden die VE-Objekte nach dem Standort und der Blickrichtung des Nutzers ausgerichtet. Steht z. B. ein Objekt scheinbar mitten im virtuellen Raum und der Nutzer wechselt von der rechten Seite auf die linke Seite seinen Standort, so sieht er das Objekt zunächst von der rechten Seite projiziert und danach von der linken Seite. Wenn er sich bückt, erblickt er es von unten und wenn er mit dem Kopf durch das Objekt hindurchgeht, so sieht er es von innen **(Bild 2)**.

Augmented Reality und Mixed Reality. Augmented Reality (AR) bedeutet erweiterte (engl. augmented) Realität. Reale Szenen werden durch virtuelle Objekte erweitert bzw. im Mix mit virtuellen Elementen betrieben. Auf die Bühne eines VE-Systems kann man reale Objekte bringen und diese mit in die virtuelle Welt einbeziehen. Man mischt die reale Welt mit der virtuellen Welt. So kann man z. B. einen virtuellen Roboter an einem realen Werkstück programmieren **(Bild 3)**. Es geht auch umgekehrt. Man kann einen realen Roboter an einem virtuellen Werkstück durch *Teach-in* (Einlernen) programmieren.

Der Akteur sieht räumlich vor sich, in natürlicher Grösse, das virtuelle Gebilde *und* das reale Objekt. Er kann um das reale Objekt herumgehen und die virtuelle Szene passt sich seinem Standortwechsel an.

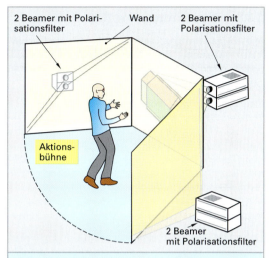

Bild 1: Drei-Wand-Cave

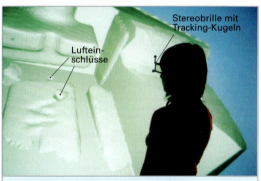

Bild 2: Blick in das Bauteilinnere

Bild 3: Ein virtueller Roboter „bearbeitet" ein reales Werkstück (Mixed Reality)

1.3.8   Rapid Prototyping (RP)

Mit Rapid Prototyping (schnelle Musterherstellung) bezeichnet man die Verfahren, die nahezu automatisch durch Aneinanderfügen von dünnen Schichten Bauteile erzeugen.

Der Werdeprozess von der *Bauteil-Idee* bis zum *fertigen Bauteil* wird von einer mitlaufenden Informationskette begleitet (**Bild 1**). Gestartet wird der Prozess als Idee und stellt sich im menschlichen Gehirn dar. Die Art der Daten sind noch nicht erforscht. Nun verzweigt sich die *Prozesskette* in zwei alternative Pfade:

• CAD-Modell,
• körperliches Modell.

Beim **CAD-Modell** folgt nach mehreren Optimiervorgängen und Variantenkonstruktionen der Slicing-Prozess (to slice = in Scheiben schneiden). Hier wird das 3D-Volumenmodell vom jeweiligen CAD-System „gesliced", d. h. in Scheiben zerlegt und in STL-Daten (Stereolithographie-Language = Stereolithographiesprache) umgesetzt. Diese STL-Dateien stellen die Eingabeinformation für den RP-Prozess dar. Die *verfahrensspezifischen* Daten, wie sie die jeweilige RP-Anlage benötigt, werden mit der *firmenspezifischen RP-Software* aus den STL-Daten erzeugt.

Der Weg über das **körperliche Modell** geht so, dass, entsprechend der Idee, mit einfachen Mitteln, z. B. Modellschaum als Werkstoff, Raspel und Säge oder z. B. mit Knetwachs ein Modell hergestellt wird. Dieses tastet man mit einem *3D-Scanner* ab und bekommt eine *Punktewolke* der Modelloberfläche. Die Punktewolke muss nun in Flächen bzw. Flächenelemente mit einem geeigneten CAD-System umgewandelt werden. Dies ist mit z. T. großem Zeitaufwand verbunden. Man nennt diese Aufgabe *Flächenrückführung*. Nach erfolgter Flächenrückführung kann der Slicing-Prozess beginnen.

Die Rapid-Prototyping-Anlage erzeugt je nach Verfahren ein:

• Wachsmodell,
• Modell zum Abformen,
• eine gießfähige Negativform,
• ein fertiges Werkstück.

Das *Wachsmodell* wird eingeschlämmt, besandet und durch Gießen im Wachsausschmelzverfahren in ein Endwerkstück überführt.

Das *Abform-Modell* wird verwendet, um eine Gießform, z. B. mit Teilungsebenen und Kernen, herzustellen. Damit können Werkstücke in allen Gusstechniken wie z. B. Kokillenguss, Sandguss, Druckguss hergestellt werden.

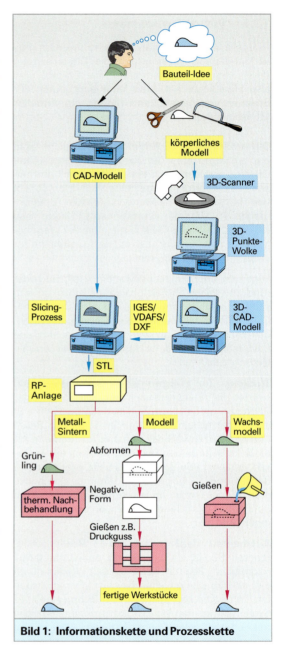

Bild 1: Informationskette und Prozesskette

Das *Negativmodell* wird als Hochtemperaturmodell erzeugt und eignet sich für Niederdruckguss und Sandguss zur Werkstückherstellung.

Die *Werkstückherstellung* durch *RP-Metallsintern* ermöglicht die direkte Herstellung metallischer Werkstücke. Zur Erhöhung der Festigkeitswerte wird das gesinterte Werkstück, nach einem Diffusionsprozess, einer Wärmebehandlung unterzogen. Die Bauteilfestigkeitswerte liegen aber unter denen der anderen Verfahrensketten.

1.4   Geschwindigkeit und Qualität

Die Geschwindigkeit steht im Zusammenhang mit der

- Qualität,
- Flexibilität und
- Menge.

Die Produktion von Teilen hoher Qualität nimmt meist viel Zeit in Anspruch oder macht hohe Investitionen erforderlich. Dabei bemisst sich die Qualität nach der Teilebeschaffenheit, die sich neben den Werkstoffeigenschaften vor allem in den Maßgenauigkeiten, Formgenauigkeiten und Oberflächengenauigkeiten ausdrückt.

Fertigungsverfahren in denen die Qualität durch eine vielfältige Bearbeitungsfolge erzielt wird, z. B. durch Schruppen, Feinbearbeitung, Polieren, dauern naturgemäss länger als Fertigungsverfahren, in denen die Endform und Endoberfläche durch einen einmaligen Vorgang, z. B. Druckgießen erreicht wird.

Dafür ist die Flexibilität und Mengenausbringung sehr unterschiedlich. Die spanenden Verfahren nützen meist universelle Werkzeuge und ermöglichen nahezu eine geometrisch unbegrenzte Werkstückgestaltung bei sehr hoher Genauigkeit und Oberflächengüte. Sie sind für Einzelwerkstücke und kleine Serien besonders geeignet.

Die umformenden Verfahren und das Druckgießen bzw. Spritzgießen bei Kunststoffen erfordern sehr teure Spezialwerkzeuge mit entsprechend großem zeitlichen Vorlauf zu deren Herstellung. Dafür ist die Mengenleistung hergestellter Werkstücke enorm. Auch sind hier die Rüstzeiten sehr beachtlich, ebenso die Höhe der notwendigen Maschineninvestitionen. Diese Verfahren lohnen sich meist nur bei einer Serienfertigung mit hohen Stückzahlen.

Massgeblich für die Qualität sind Bauteilfestigkeiten und Bauteilgestaltsabweichungen **(Bild 1)**. Man unterscheidet hier nach *Grobgestalt* mit Angaben über

- Maßabweichungen,
- Formabweichungen,
- und Lageabweichungen,

sowie nach *Feingestalt* mit Angaben zur

- Welligkeit und
- Oberflächenrauheit.

Formabweichungen sind Abweichungen von der Geradheit, Rundheit, Linienform, Ebenheit, Zylinderform bei Bauteilen mit analytisch einfach be-

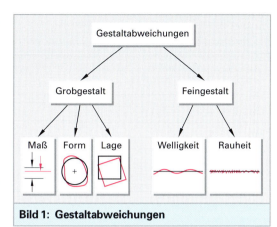

Bild 1: Gestaltabweichungen

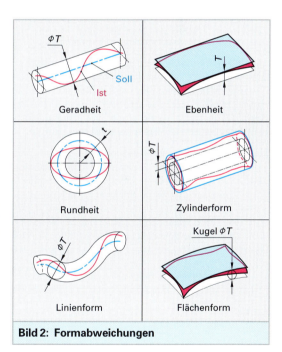

Bild 2: Formabweichungen

schreibbaren Formen **(Bild 2)**. Diese Formabweichungen sind relativ einfach messtechnisch erfassbar. Solche Bauteile können z. B. mit üblichen Zeichengeräten (Lineal, Zirkel) konstruiert werden und z. B. mit Messschiebern und Koordinatenmessgeräten vermessen werden.

Bei Bauteilen, die sich aus Freiformflächen zusammensetzen, wie z. B. Karosserieteile sind die Abweichungen schwieriger erfassbar. Man verwendet neben Koordinatenmessgeräten auch optische 3D-Digitizer.

Ursachen für **Formabweichungen** sind:

- Fehler an den Fertigungsmitteln, z. B. den Werkzeugmaschinen, wenn diese Spiel in den Vorschubantrieben haben oder sich auf Grund von Erwärmungen und Belastungen dehnen.
- Fehler an den Werkzeugen und Werkzeugeinspannungen, z. B. Werkzeugverschleiß.
- Fehler durch fehlerhafte Werkstückaufspannungen.
- Fehler durch Wärmeverzug bei der Werkstückbearbeitung, z. B. beim Härten, Schweißen, Spanen.
- Fehler durch innere Spannungen, z. B. beim Erstarren von Gussteilen.
- Fehler durch Inhomogenitäten im Werkstoff, z. B. durch Hohlräume und durch Lufteinschlüsse bei Gussteilen.
- Fehler durch ungewollte Werkstoffumwandlungen, z. B. Kornvergröberungen beim Schweißen oder Kaltverfestigungen beim Umformen.

Lageabweichungen sind Abweichungen gegenüber Bezugspunkten, Bezugslinien und Bezugsflächen. Daraus ergeben sich z. B. Abweichungen in der *Parallelität, Rechtwinkeligkeit, Symmetrie* und *Konizität*. Ursachen sind meist fehlerhafte Werkzeugmaschinen und Werkstückaufspannungen.

Die **Feingestalt** wird bestimmt durch die Welligkeit und Oberflächenrauheit. Ursache für Welligkeiten sind vor allem Unstimmigkeiten in der bewegungserzeugenden Mechanik von Maschinen, z. B.

eine aussermittige Wellenlagerung, eine Wellenverbiegung, Fehler in der Getriebeverzahnung. Bei Werkzeugmaschinen mit komplexen Bewegungskinematiken, wie z. B. 5-Achsen-Fräsmaschinen oder bei einer Hexapod-Kinematik, können Welligkeiten auch durch unkorrekte oder ungenaue Koordinatentransformationen entstehen.

Ein Maß für die Oberflächengüte ist u. a. die gemittelte *Rautiefe* R_z. Tastet man die Oberfläche eines Werkstücks ab, so ergibt sich eine regellose Konturlinie. Die gemittelte Rautiefe R_z, ist der arithmetische Mittelwert ($Z_1 \ldots Z_5$) von fünf aneinanderliegenden Einzelmessstrecken. (Man addiert Z_1 bis Z_5 und dividiert durch 5). Die gemittelte Rautiefe R_z sollte kleiner als die halbe Fertigungstoleranz sein.

Der *Mittenrauwert* R_a ist der arithmetische Mittelwert aller Ordinatenwerte (Höhenwerte) eines Oberflächenprofils gemessen von der mittleren Profillinie aus. Der R_a-Wert liegt etwa zwischen $1/3 \ldots 1/7 \, R_z$.

Bestimmt wird die Rauheit durch die Fertigungsverfahren. Beim Spanen erkennt man in der Werkstückoberfläche die Art der Spanbildung und des Abreißens eines Spans. Beim Sandstrahlen erhält man in der Oberfläche kleine Einprägungen und beim Polieren ergeben sich abhängig vom Poliermittel feine Polierriefen. So bedingt jedes Fertigungsverfahren eine charakteristische Teileoberfläche mit spezifischen Rauheitswerten **(Tabelle 1)**.

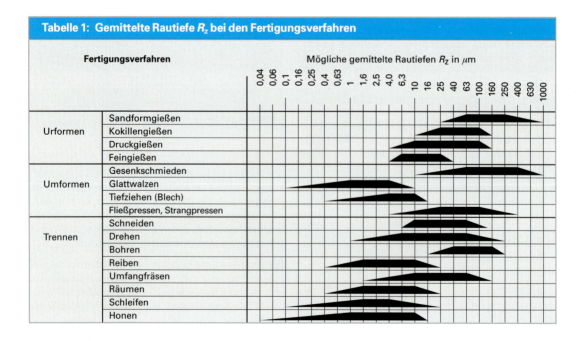

Tabelle 1: Gemittelte Rautiefe R_z bei den Fertigungsverfahren

Fertigungsverfahren — Mögliche gemittelte Rautiefen R_z in µm

Skala: 0,04 | 0,06 | 0,1 | 0,16 | 0,25 | 0,4 | 0,63 | 1 | 1,6 | 2,5 | 4,0 | 6,3 | 10 | 16 | 25 | 40 | 63 | 100 | 160 | 250 | 400 | 630 | 1000

Urformen	Sandformgießen
	Kokillengießen
	Druckgießen
	Feingießen
Umformen	Gesenkschmieden
	Glattwalzen
	Tiefziehen (Blech)
	Fließpressen, Strangpressen
Trennen	Schneiden
	Drehen
	Bohren
	Reiben
	Umfangsfräsen
	Räumen
	Schleifen
	Honen

1.5 Management

1.5.1 Produktdatenmanagement (PDM)

Mit dem Produktdatenmanagement wird der gesamte Lebenszyklus eines Produkts im voraus überlegt (antizipiert) und informationstechnisch begleitet. So werden Produkte in allen Phasen von dem Produktentwurf, der Produktkonstruktion über die Fertigung, den Vertrieb, der Nutzung bis hin zur Verschrottung durch Simulation und Virtualisierung getestet (**Bild 1**).

Produktdatenmodell

Für dieses Produktdatenmanagement wird ein Produktdatenmodell erstellt (**Bild 2**). Es beschreibt das Produkt durch Dateien für:

- die Geometrie insgesamt und für die Einzelteile,
- die Stücklisten,
- die Fertigungsvorgänge mit NC-Daten und Roboterprogrammen,
- die Werkstoffe,
- die Prüf- und Testprogramme,
- die Aufbauvorgänge (Digital Mock Up),
- die Produktpräsentation,
- die Kostenrechnung,
- die Vertriebs- und Marketingvorgänge,
- die Wartung und den Service,
- das Recycling.

1.5.2 ERP

Das PDM ermöglicht eine ganzheitliche Darstellung aller produktrelevanten Eigenschaften und es kooperiert eng mit dem ERP-System eines Unternehmens (**Bild 3**). ERP steht für Enterprise Resource Planning = Unternehmens Quellen Planung und ist ein Informationssystem, das auf einer Datenbank alle Unternehmensressourcen, d.h. die Fertigungskapazitäten und die Lieferfähigkeiten, die Personalkapazitäten, die Dienstleistungsfähigkeiten am Bildschirm abrufbar zur Verfügung stellt. Die Nutzung heutiger ERP-Systeme wie auch das PDM erfolgt über Browser, sehr ähnlich dem Internetbrowser (www). In vielen Unternehmen ist das hausinterne Internet (= Intranet) ein ERP-System.

Mit PDM und ERP ist es möglich, Informationen und Daten so zu strukturieren und bereitzustellen, dass „Wissen" entsteht. Und „Wissen" ist das eigentliche Potenzial eines Unternehmens.

Mit „Wissen" werden neue Märkte erschlossen, neue Produkte entwickelt und so gefertigt und vertrieben, dass Gewinne entstehen.

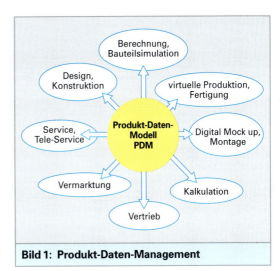

Bild 1: Produkt-Daten-Management

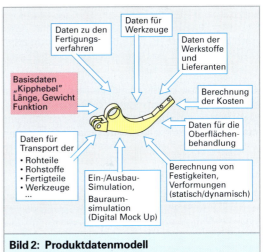

Bild 2: Produktdatenmodell

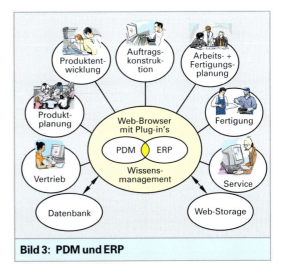

Bild 3: PDM und ERP

Produktionsdaten

Zur Auftragsabwicklung benötigt ein Produktions-unternehmen eine Fülle von Informationen über Gegenstände, Personen und Sachverhalte, also Daten.

Diese Daten werden nach ihrem Bezug (Daten-objekt) und ihrer Datenart geordnet **(Tabelle 1)**.

Stammdaten sind Daten über Eigenschaften von einem Datenobjekt, die längere Zeit Gültigkeit ha-ben. Wichtige Datenobjekte für die Produktions-planung und -steuerung sind Mitarbeiter, Teile, Ar-beitsplätze, Kunden und Lieferanten. Typische Stammdaten sind z. B. ihre Namen oder Bezeich-nungen.

Strukturdaten beschreiben die Beziehungen zwi-schen den Objekten nach Zahl und Art. In einem Kundenauftrag wird z. B. das Datenobjekt Kunde, das mit dem Merkmal Kundenname bestimmt ist, mit dem Datenobjekt Teil, das durch seine Teile-nummer definiert ist, Mithilfe der Beziehung „be-stellt" verknüpft. Das Merkmal der Bestellbezie-hung ist die Bestellmenge.

Bestandsdaten beschreiben die Menge bzw. den Wert der durch Stammdaten beschriebenen Ob-jekte. **Bewegungsdaten** enthalten Angaben, wie die Bestandsdaten geändert werden müssen, um sie der betrieblichen Wirklichkeit anzupassen. **Än-derungsdaten** dagegen enthalten Angaben, wann und wie Stammdaten geändert werden müssen.

Auftragsneutrale Daten – auch Grunddaten ge-nannt – sind Stammdaten, die unabhängig von ei-nem konkreten Auftrag die Teilestammdatei, die Arbeitsstammdatei sowie die Stücklisten und Ar-beitspläne auftragsunabhängige Daten **(Bild 1)**. Sie bilden die relativ langlebige Grundlage für die sich ständig wiederholende Auftragsabwicklung. Un-vollständige oder falsche Grunddaten müssen da-her auf jeden Fall vermieden werden. Dies bedeutet

aber, dass ein erheblicher Aufwand für die Ermitt-lung und Aktualisierung dieser Daten sowie für ih-ren Datenschutz und ihre **Datensicherung** getrie-ben werden muss.

Während es beim **Datenschutz** darum geht, dass die Daten vor Missbrauch geschützt werden, ist es Aufgabe der Datensicherung, einen Datenverlust zu verhindern.

Bei der Wiederholfertigung ist es sinnvoll, diese Informationen in auftragsunabhängige (auftrags-neutrale) und auftragsabhängige (auftragsbezoge-ne) Informationen zu trennen. Das hat den Vorteil, das für verschiedene Aufträge immer wieder die selben **auftragunabhängigen Informationen** ver-wendet werden können.

Aufragsabhängige Informationen entstehen bei der Abwicklung von Kundenaufträgen. Sie geben vor allem Auskunft über Mengen und Termine von relativ kurzlebigen Kundenaufträgen, Fertigungs-aufträgen, Bestellungen, sowie über Bestandsver-änderungen der davon betroffenen Datenobjekte.

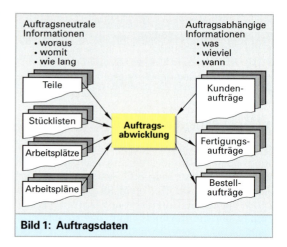

Bild 1: Auftragsdaten

Tabelle 1: Beispiele für Datenobjekte und Datenarten				
Datenobjekt	Stammdaten	Strukturdaten	Bestandsdaten	Bewegungsdaten
Personal	Personalnummer, Name, Geburtstag, Qualifikation	Zuordnung zwischen Mitarbei-ter und Abteilung	Anwesenheitszeit, Überstunden	Kommt-Geht-Meldung
Erzeugnis, Teil	Teilenummer, Benennung, Maßeinheit, Verrechnungspreis	Zuordnung der Baugruppen, Einzelteile und Rohstoffe zum Erzeugnis	Lagerbestand, Bestellbestand, Werkstattbestand	Lagerzugänge, Bestellmenge, Ausschussmenge
Betriebsmittel	Maschinennummer, Benennung, Leistungsdaten, Platzkosten	Zuordnung der Betriebsmittel zu den zu fertigenden Teilen	verfügbare Kapazität, Abschreibungs-stand	Anfang und Ende von Maschinen-störungen
Kunden	Kundennummer, Name, Adresse, A/B/C-Kunde	vom Kunden bestellte Teile	Umsatz mit Kunden	Eingang einer Kundenbestellung

1.5.3 Produktionsmanagement

Supply Chain Management (SCM). Mit SCM bezeichnen wir, wie man die Ablaufkette (Chain) für Produkte bzw. Vermögensgüter (Supply) organisiert und behandelt (managt). Man könnte auch sagen, es ist das betriebliche Logistikmanagement oder auch ganz einfach, es ist das Organisieren bei der Herstellung von Produkten. Die Gesamtheit aller Unternehmenstätigkeiten, die zur Unternehmenszielerreichung vorgenommen werden, bezeichnet man auch als Geschäftsprozess (Business Process).

Das SCM ist stärker ins Bewusstsein gerückt, so dass die Organisation der Produktherstellung (**Bild 1**) sehr detailliert gegliedert, gegebenenfalls mit spezieller Software unterstützt werden muss und oftmals eine Neuorganisation betrieblicher Abläufe bedingt.

Das SCM umfasst alle Methoden und Hilfsmittel zur Organisation betrieblicher Abläufe für

- Materialfluss,
- Informationsfluss,
- Kooperation aller beteiligten Organisationseinheiten, Einbeziehung des Wissens anderer für die eigenen Aufgaben (Wissensmanagement).

Business Process. Geschäftsprozesse orientieren sich an der Aufgabe, dem Wertschöpfungsprozess und nicht an betrieblichen Abteilungen. Im Beispiel einer Sondermaschine beginnt der Geschäftsprozess mit der Anfrage für eine Problemlösung, z. B. Erstbearbeitung von Gusswerkstücken mit den Teilaufgaben: Entkernen, Abtrennen von Angüssen, Gussputzen, Herstellen einer Bezugsfläche, geordnetes Aufspannen, Werkstückübergeben.

Für die Durchführung des Auftrages z. B. zur Herstellung der Sondermaschine ergibt sich folgender Hauptprozess:

- Aquisition,
- Auftrag,
- Abklärung der eigenen Ressourcen und möglichen Fremdleistung,
- Auftragsbestätigung,
- Teilebeschaffung und Teileherstellung,
- Montage,
- Inbetriebnahme im Werk und Optimierung,
- Abnahme durch den Kunden,
- Kundenschulung,
- Auslieferung und Montage, Vorort-Inbetriebnahme,
- Einplanung von Serviceleistungen,
- Ersatzteilplanung, Ersatzteilhaltung.

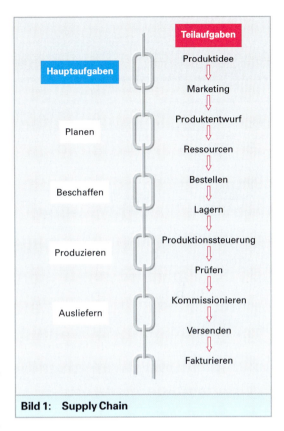

Bild 1: Supply Chain

Im Produktionsunternehmen unterscheidet man zwischen folgenden zwei Prozessketten:

- dem technischen, **produkt- und produktionsorientierten** Prozess zur **Produktentwicklung** neuer Produkte und

- dem **logistischen,** ablauforientierten Prozess zur **Kundenauftragsabwicklung (Bild 1, folgende Seite).**

Beide Prozesse laufen aufgrund des Produktlebenszyklus und der immer wieder neu zu bearbeitenden Kundenaufträge zyklisch ab. In der Wirtschaft versteht man unter Logistik ein System zur ertragsoptimierten Planung, Steuerung und Durchführung sämtlicher Material- und Warenbewegungen innerhalb und ausserhalb des Unternehmens.

Life Cycle Management (LCM). Hier betrachtet man über die Technik hinausgehend den Lebenszyklus eines Produkts in ganzheitlicher Weise, also unter Einbeziehung ökonomischer und ökologischer Folgen. Für die Zukunftsfähigkeit von Produkten sind Umwelteinwirkungen und Veranlassungen für Dienstleistungen zu bewerten.

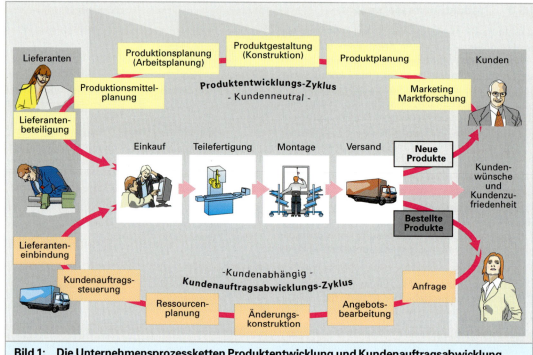

Bild 1:   Die Unternehmensprozessketten Produktentwicklung und Kundenauftragsabwicklung

1.5.4   Wissensmanagement

Das Wissensmanagement sorgt dafür, dass Wissen nutzergerecht zur Verfügung steht. Es stellt z. B. dem Werker an der CNC-Maschine ergänzend zu seinen CNC-Datensätzen auch Informationen über die eingesetzten Werkstoffe, über die Nutzung der von ihm gefertigten Werkstücke und über die Kunden zur Verfügung. So wird der Werker umfassend auch über seine eigentliche Aufgabe hinaus informiert und damit auch stärker motiviert. Umgekehrt ermöglicht das Wissensmanagement die Aufnahme von Kenntnissen und Erfahrungen, die der Werker macht. Er hat z. B. eine bestimmte Technik beim Aufspannen eines Werkstücks entwickelt. Diese wird durch das Wissensmanagement aufgenommen und dann auch anderen – bei ähnlichen Aufgaben – zur Verfügung gestellt.

Durch ein systematisches Management im unternehmensbezogenen Wissen werden Wettbewerbsvorteile erzielt:

1. durch Mehrwissen,

2. durch bessere Ausnutzung des vorhandenen Wissens,

3. durch schnellere Anwendung des verfügbaren Wissens.

Das Mehrwissen erzielt man durch systematisches Sammeln („Aufsaugen") von Wissen, nämlich dem Wissen der Mitarbeiter, der Kunden und der Wettbewerber.

Die bessere Ausnutzung erreicht man neben der Bereitstellung von technischen Hilfsmitteln wie PCs mit PDM/ERP und den zugehörigen Programmen zum Wissensmanagement durch problemorientierte Teambildung mit den Aufgaben: Problemanalyse, Entwicklung von Lösungsansätzen und Umsetzung von Lösungskonzepten.

Die schnellere Anwendung des verfügbaren Wissens erfolgt durch gut strukturierte Wissensdatenbanken, die über einen Browser schnell und einfach abgefragt werden können.

Wiederholung und Vertiefung

1. Nennen Sie einige aktuelle Entwicklungstrends bei den Werkzeugmaschinen und bei den Fertigungsverfahren.

2. Wodurch unterscheidet sich die Parallelkinematik von der seriellen Kinematik einer Werkzeugmaschine?

3. Durch welche Maßnahmen erzielt man den Produktleichtbau?

2   Fertigen mit Metallen

2.1   Gießereitechnik

2.1.1   Gegossene Bauteile

Gussprodukte haben weltweit eine ständig zunehmende Bedeutung. Die größten Abnehmer sind zurzeit die Automobilindustrie, der Maschinenbau, die Elektroindustrie und die Telekommunikation.

Vor allem in der Automobilindustrie haben Gusserzeugnisse in der Zukunft durch den Einsatz der Leichtmetalle Aluminium (Al) und Magnesium (Mg) breite Einsatzgebiete im Motoren- und Getriebebau, bei der Karosserieherstellung und im Fahrzeuginnenbereich. Die Entwicklung von Gussprodukten für die Automobilindustrie wird durch folgende Anforderungen gekennzeichnet:

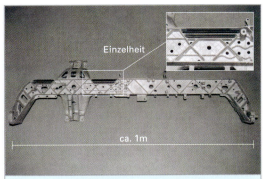

Bild 1: Instrumententräger (Smart)

> Werkstücke sollen
>
> • leicht,
>
> • sicher,
>
> • schnell,
>
> • preiswert,
>
> • energiesparend,
>
> • umweltschonend,
>
> • formgebungsfreundlich,
>
> konstruiert und hergestellt werden.

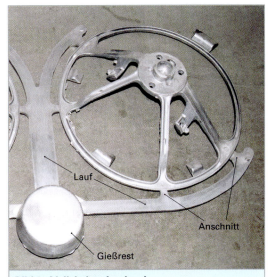

Bild 2: Vollskelett-Lenkrad

Leicht

Der Benzinverbrauch von Fahrzeugen ist vor allem abhängig von dem Gewicht der Fahrzeuge.

Das Reduzieren der Fahrzeuggewichte kann durch folgende Maßnahmen erfolgen:

1. durch die Entwicklung integraler Bauteile, die mehrere Funktionen übernehmen **(Bild 1),**

2. durch Einsatz von Leichtmetallen auf Basis von Aluminiumlegierungen und Magnesiumlegierungen anstelle von Eisen und Stahl,

3. durch neue Konstruktionsweisen, wie z. B. die Rahmenkonstruktion für die Herstellung von Pkw-Karosserien,

4. durch die sinnvolle Kombination von Werkstoffen, wie z. B. die Knotenpunkte als Magnesiumteile und die Rahmenteile als extrudierte Teile aus Aluminiumlegierungen.

Sicher

Die Herstellung von Vollskelett-Lenkrädern **(Bild 2)** aus Al-Legierungen oder aus Mg-Legierungen ist gewichtssparend gegenüber den früheren Konstruktionen aus Stahlblech und Stahldrähten für die Speichen, bzw. einer Mischbauweise aus Stahldrähten für die Speichen eingegossen in einen Al-Druckgussring. Ein Vollskelett-Lenkrad ist aus Mg-Legierungen mit 530 g leichter als aus einer Al-Legierung mit 820 g.

Durch Gießen kann man *integrale* Bauteile herstellen. Das sind solche, die mehrere Funktionen übernehmen. In einem Instrumententräger (Bild 1) sind eine Reihe von Funktionen integriert, z. B. die Aufnahme der Lüftung/Heizung, die Aufnahme der Lenksäule, die Aufnahme der Armaturen, Radio, Verkehrsleitsystem usw. Zusätzlich können die Instrumententräger zur Versteifung der Fahrgastzelle beitragen.

Die Herstellung der Karosserie eines Fahrzeugs als Rahmenkonstruktion führt zu einer steiferen Karosserie und damit zu einer höheren Sicherheit für Fahrer und Insassen (**Bild 1**). **Bild 2** zeigt eine Leichtbau-Rahmenkonstruktion von 1912 für Flugzeuge.

Schnell

Um Teile in möglichst kurzer Zeit zu entwickeln, die alle gewünschten Anforderungen aufweisen, müssen folgende Voraussetzungen erfüllt sein:

- Die Herstellung von Prototypen muss kurzfristig möglich sein.

- Die Teile müssen ohne lange Vorbereitungszeiten herstellbar sein.

- Die Teilekonstrukteure unterstützen ihre Konstruktion durch eine Bauteilsimulation. Dies setzt jedoch voraus, dass genaue Kenndaten für die eingesetzten Werkstoffe zur Verfügung stehen.

Die Gießverfahren sind die Herstellungsverfahren mit der kürzesten Durchlaufzeit, endmaßnahe Gussteile entstehen direkt aus der Schmelze (**Bild 3**). Im flüssigen Zustand kann praktisch jede gewünschte Zusammensetzung einer Legierung hergestellt werden, denn im flüssigen Zustand sind die Elemente des periodischen Systems praktisch unbegrenzt löslich. Unmittelbar nach dem Abgießen, der Erstarrung und der Abkühlung auf Raumtemperatur liegen die Rohgussteile zur notwendigen Endbearbeitung vor.

Bild 1: Karosserie als Al-Rahmenkonstruktion

Bild 2: Metallleichtbau bei Flugzeugen 1919

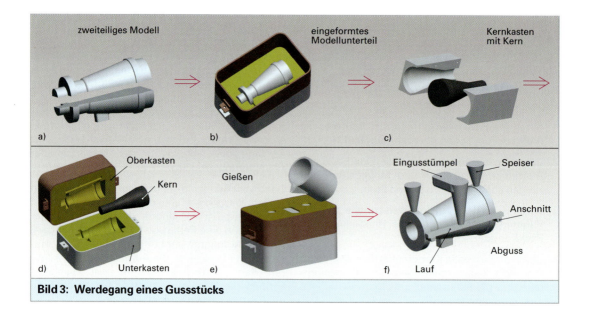

zweiteiliges Modell

eingeformtes Modellunterteil

Kernkasten mit Kern

a)

b)

c)

Oberkasten

Kern

Gießen

Eingusstümpel

Speiser

Anschnitt

Abguss

d)

Unterkasten

e)

f)

Lauf

Bild 3: Werdegang eines Gussstücks

Formgebungsfreundlich

Verglichen mit den Fertigungsverfahren der Umformtechnik, des Trennens und des Fügens bieten die verschiedenen Gießverfahren die weitestgehenden Gestaltungsmöglichkeiten. Die Darstellung von *Freiformflächen* bereitet keine Schwierigkeiten. Bohrungen können vorgegossen bzw. auch fertig gegossen werden.

Bei der Darstellung von *Hinterschnitten* bietet sich das Sandgießen und das Kokillengießen an, wobei die Bereiche des Hinterschnittes zweckmässig durch Sandkerne oder einen Schieber (**Bild 1**) abgebildet werden.

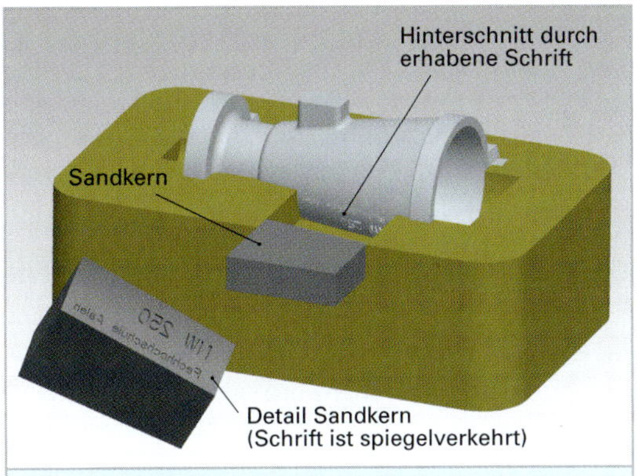

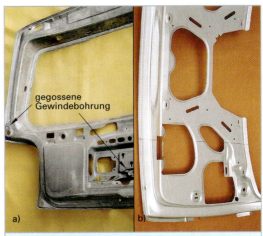

Bild 1: Gussteil mit Hinterschnitt

Preiswert

Bauteile, die aus der Gießhitze in einem Arbeitsgang einsatzfertig hergestellt werden, sind preisgünstig. Zurzeit ist die Automobilindustrie bereit, für Bauteile bei Reduzierung des Gewichtes mehr zu bezahlen, insbesondere für Teile im Frontbereich des Pkws. Man kann jedoch davon ausgehen, dass in der Zukunft die Automobilindustrie auch bei Neuteilen bei Gewichtsreduzierung keinen Mehrpreis zahlen wird.

Je nach Bauteil (Konstruktion und Beanspruchung) können Bauteile aus Magnesiumlegierungen preisgünstig hergestellt werden. Dies gilt z. B. für Lenkräder aus Magnesiumlegierungen, die wegen der hohen möglichen Produktivität verglichen mit Lenkrädern aus Aluminiumlegierungen preiswerter sind.

Der Preis für 1 kg Magnesium liegt derzeit bei € 2,00. Die alternativ dazu eingesetzte Aluminiumlegierung ist eine Knetlegierung, die ebenfalls ca. € 2,00/kg kostet.

Die Integration von mehreren Funktionen in einem Bauteil kann zu erheblichen Kostenersparnissen führen. Z. B. wurde ein Cockpit-Panel für ein Flugzeug ursprünglich aus 296 Blechteilen mit 1600 Nieten hergestellt. Die gegossene Lösung besteht aus 11 Aluminiumgussteilen mit einer Gewichtseinsparung von 25 % und einer Reduzierung der Montagezeit von 180 h auf 20 h.

Ähnlich ist die Situation bei Pkw-Karosserieteilen (**Bild 2**). Rechts im Bild ist das Karosserieteil in mehreren Arbeitsschritten aus Blech hergestellt und muss durch weitere Blechteile ergänzt werden. Links im Bild erkennt man ein Karosserieteil als Magnesiumdruckgusswerkstück, das weitgehend einbaufertig ist, ebenso das funktionelle Abdeckbauteil für ein Motorrad (**Bild 3**).

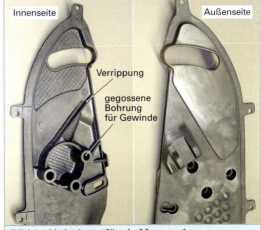

Bild 2: Bauteile im Vergleich: Gussstück – Tiefziehteil

Bild 3: Abdeckung für ein Motorrad aus Magnesiumdruckguss

Energiesparend

Der *Verein Deutscher Gießereifachleute* hat eine Analyse des Energieaufwands in Gießereien und der Realisierung von Materialeinsparungen und von Energieeinsparungen durch Gussteile durchgeführt. Die Ergebnisse dieser Analyse sind in hohem Maße bemerkenswert. Berechnet wird auf der Grundlage der VDI-Richtlinie 4600 der kumulierte Energieaufwand.

Im Vergleich zu Bauteilen, die nach den anderen Fertigungsverfahren (Umformen, Trennen und Fügen) hergestellt werden, ist der spezifische Energieverbrauch KPA, (**K**umulierter[1] **P**rozessenergie-**A**ufwand) niedriger (**Bild 1**).

Beim Vergleich der gegossenen Teile mit spanend aus Halbzeug hergestellten Teilen zeigt sich, dass der Energieverbrauch bei der Herstellung von Gussteilen zwischen 35 % bis 50 % des Energiebedarfs der spanend hergestellten Teile liegt. Gießen ist der direkte Weg von der Schmelze zu nahezu fertigen Teilen. Häufig wird dabei neben Energie auch Material eingespart.

Ein Vergleich des KPA für Gussteile aus Gusseisen mit Lamellengrafit mit Gussteilen aus Aluminiumlegierungen nach dem Druckgießverfahren zeigt, dass der Energiebedarf, umgerechnet auf ein Gussteil von 1 Liter Volumen, bei Graugusslegierungen zwischen 60 MJ/Liter bis 173 MJ/Liter liegt und bei der Herstellung von Aluminiumgussteilen zwischen 110 MJ/Liter und 170 MJ/Liter (**Bild 2**).

> Der Energieaufwand für gegossene Bauteile ist wesentlich geringer als für spanend hergestellte Bauteile.

Umweltschonend

Metalle zeichnen sich gegenüber anderen Werkstoffen dadurch aus, dass sie zu 100 % wieder verwertet werden können. Sie können praktisch beliebig häufig recycelt werden. Der Anteil an Sekundäraluminium bei der Gussteilfertigung liegt nach einer Studie des VDG[2] in Deutschland im Jahr 2000 bei ca. 85 %, d. h. es werden nur 15 % Primäraluminium eingesetzt.

> Metalle können unbegrenzt oft wiederverwendet werden.

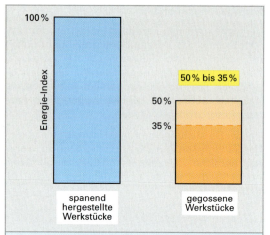

Bild 1: Energieaufwand bei unterschiedlichen Fertigungsverfahren

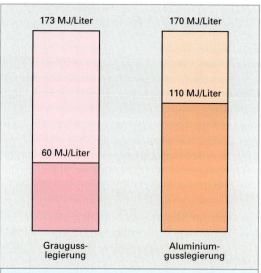

Bild 2: Spezifischer Energiebedarf

Wiederholung und Vertiefung

1. Wer sind die Hauptabnehmer für Gussteile?
2. Welche Leichtmetalle haben als Gusswerkstoffe besondere Bedeutung?
3. Welchen Anforderungen sollen Werkstücke genügen?
4. Welches Fertigungsverfahren für Serienteile führt zu den kürzesten Durchlaufzeiten?
5. Beschreiben Sie den Werdegang eines Gussstücks.
6. Wie verhält es sich mit dem Energieverbrauch bei Gussstücken im Vergleich zu spanend hergestellten Werkstücken?

---

[1] lat. cumulare = anhäufen, hier aufaddiert
[2] VDG Kurzform für Verein Deutscher Gießereifachleute

2.1.2 Geschichtliche Entwicklung

Die Herstellung von Gussteilen ist so alt wie die Herstellung von Metallen über den flüssigen Zustand aus Erzen, d. h. aus Schmelzen (**Bild 1**). Die in der Frühzeit der Menschheitsgeschichte stark eingeschränkten Möglichkeiten, durch Verformen (Umformtechnik) oder durch Abtragen von Spänen (Trennen) bzw. durch Fügen mehrerer Metallteile funktionsgerechte Teile mit gewünschter Geometrie (Messer, Handsicheln, Speerspitzen) herzustellen, zwang die Menschen der Frühzeit, die gewünschten Gegenstände direkt aus dem schmelzflüssigen Zustand in eine endkonturnahe Form zu bringen, d. h. ohne die Teile nachbearbeiten zu müssen.

Dies ist die Geburtsstunde der meisten der heute eingesetzten Gießverfahren. Einen genauen Zeitpunkt für die Entstehung der Gießverfahren kann man nicht festlegen. Die Gussteile sind immer wieder eingeschmolzen worden, da die Metalle kostbar waren.

Die Möglichkeit, Metalle unbegrenzt oft wiederzuverwerten, ist eine der wichtigsten Eigenschaften der metallischen Werkstoffe. Metalle sind umweltfreundlich, denn die Recyclingverfahren helfen entscheidend mit, Ressourcen zu schonen.

Metalle kommen in der Erdrinde in der Regel nicht gediegen vor, mit Ausnahme von Kupfer (Cu), Gold (Au) und Eisen (Fe) als Meteoreisen. Man kann jedoch davon ausgehen, dass die wenigen Funde gediegener Metalle die Fantasie der Menschen anregte, deren Eigenschaften zu untersuchen und zu nutzen.

Zu den interessanten Eigenschaften der Metalle gehören:

1. die guten Festigkeitseigenschaften,

2. die hohe Härte

3. der metallische Glanz und

4. die thermische und elektrische Leitfähigkeit.

Metalle können durch die Änderung der Zusammensetzung (durch Legieren) im flüssigen Zustand in ihren Eigenschaften ausserordentlich stark verändert werden. Sie können aufgrund der Verformbarkeit (Änderung der Form eines Metallteils z. B. durch Schmieden), im festen Zustand nachträglich in eine gewünschte Geometrie umgeformt werden.

Die Gewinnung der unterschiedlichen Metalle aus Erzen bezog sich in den Anfängen auf die Herstellung niedrig schmelzender Metalle wie Blei, Zinn und Zink, für die auch metallreiche, leicht zugänglichen Erze vorliegen.

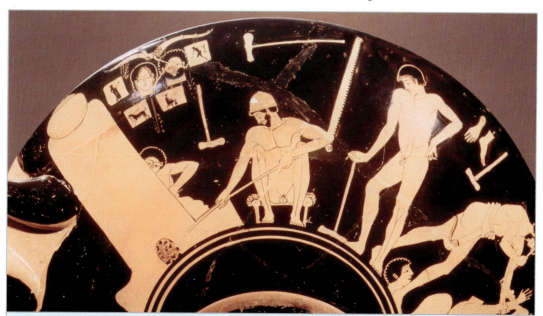

Bild 1: Antike Gießerei, dargestellt auf einer griechischen Schale[1]

---

[1] Dargestellt ist eine Bronzegießerei bei der Fertigstellung von Statuen (5. Jahrh. v. Chr.). Die Gießer arbeiten nackt. Links sieht man den Schmelzofen, dahinter ist ein Mann am Blasebalg, daneben hockt ein Mann, der den Ofen schürt und ganz rechts sieht man die Bearbeitung einer Statue.

Die Metalle

Aus Erzen gewonnene Metalle sind in der Regel rein. Sie enthalten keine Legierungselemente, mit denen die Eigenschaften in gewünschter Weise verändert werden können. Begleitelemente in geringer Konzentration, welche die Eigenschaften nicht nachhaltig negativ beeinflussen, sind häufig enthalten. Daneben kommen u. U. auch Verunreinigungen vor, die die Eigenschaften negativ beeinflussen und deren Anteile daher stark eingeschränkt sind, z. B. Eisen (Fe) in Magnesiumlegierungen mit max. 0,005 % wegen der gewünscht hohen Korrosionsfestigkeit. Reine Metalle haben, verglichen mit ihren Legierungen, z. B. Bronze (Legierung aus Kupfer mit Zinn), einen höheren Schmelzpunkt.

Reine Metalle sind relativ weich, d. h. sie haben eine niedere Oberflächenhärte. Sie lassen sich hervorragend verformen, die Festigkeit ist ebenfalls relativ niedrig. Legierungen haben dem gegenüber eine höhere Oberflächenhärte, höhere Zugfestigkeit und u. U. eine geringere Dehnung. Es gibt jedoch auch Legierungen, bei denen mit zunehmendem Gehalt eines Legierungselementes die Dehnung zunimmt.

So wurden Gebrauchsgussteile aus reinem Kupfer hergestellt, wie z. B. das Beil, das der am Ötztalgletscher gefundene Mann vor 5400 Jahren bei sich trug. Zur Steigerung der Härte wurde die Schneide geschmiedet **(Bild 1)**.

Für die Herstellung von Werkzeugen sind reine Metalle in der Regel nicht einsetzbar. Dies hat schon vor mehr als 4000 Jahre dazu geführt, dass man reine Metalle legiert hat. Man hat z. B. zu Kupferschmelzen Zinn gegeben, um die Eigenschaften der Kupferwerkstoffe gezielt zu verändern. Da Zinnerze nicht dort vorkommen, wo man in der Regel Kupfererze schürft, musste das Zinn über große Entfernungen zum Kupfer transportiert werden. Was Europa anbetrifft, wurde Zinn vor allem in Südengland, in Cornwall gewonnen und mit Schiffen in den Mittelmeerraum gebracht.

Eisen war ursprünglich nur als *Meteoreisen* bekannt. Wegen des sehr hohen Schmelzpunktes von 1539 °C konnte Eisen zuerst aus Erzen nicht über den flüssigen Zustand gewonnen werden. Die Darstellung von Eisen aus sulfidischen und oxidischen Eisenerzen erfolgte durch eine Direktreduktion. Sulfidische Erze wurden zuerst oxidiert, dabei brennt der Schwefel unter Bildung von Schwefeldioxid (SO_2) ab. Die oxidischen Eisenverbindungen wurden durch Zugabe von Holzkohle direkt reduziert, d. h. bei Temperaturen oberhalb von

Bild 1: Beil aus Kupfer gegossen (Fund im Ötztalgletscher), um 3400 v. Chr.

Bild 2: Eiserne keltische Axt und Zange, um 300 v. Chr.

850 ° bildet sich Kohlenmonoxid, das sehr stark reduzierend wirkt und die oxidischen Eisenerze an der Oberfläche reduziert.

Das kleinkörnige Erz wurde solange umgeschmiedet und dem reduzierenden Prozess unterzogen, bis das Erz vollständig reduziert war und praktisch reines Eisen vorlag, aus dem über Schmiedeprozesse die gewünschten Teile zusammengeschmiedet wurden. Die ältesten heute bekannten Eisengussteile wurden in China hergestellt und zwar im 6. Jahrhundert vor Christi Geburt. Man hat vor allen Dingen Werkzeuge hergestellt **(Bild 2)**.

Hoch kohlenstoffhaftige Gusseisenschmelzen haben Schmelzpunkte knapp über 1150 °C. Diese Eisenschmelzen wurden in Formen, meist aus Lehm, vergossen.

Rohgussteile aus Gusseisen für Gebrauchsgegenstände wurden anschliessend einer Grafitisierungsglühung im Temperaturbereich von 900 °C bis 1000 °C unterzogen. Dabei wandelt sich das weiße Gusseisen in Stahl um. Der aus dem Zerfall des Eisenkarbids entstehende Kohlenstoff wird als Temperkohle im Stahlgrundgefüge eingelagert. Auf diese Art und Weise wird das weiße, spröde Gusseisen in einen duktilen Temperguss überführt. Über zwei Jahrtausende hat sich an der Verwendung von Metallen zur Herstellung von Gussstücken wenig geändert.

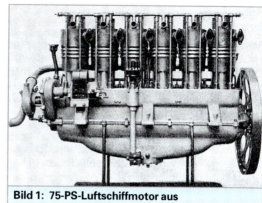

Bild 1: 75-PS-Luftschiffmotor aus Magnesiumlegierung

1827 wurde das Leichtmetall Aluminium (Al) von *Friedrich Wöhler* erstmals dargestellt. Die großtechnische Herstellung von Aluminium am Ende des 19. Jahrhunderts wurde möglich, als elektrischer Strom für die Schmelzflusselektrolyse in ausreichenden Mengen zur Verfügung stand.

Das erste Aluminumgussteil ist eine 2,8 kg schwere Pyramide im *Washington*-Ehrenmal aus dem Jahre 1884. Bereits um 1900 wurden Motorgehäuse für Kraftwagen und Luftschiffe aus Aluminiumlegierungen hergestellt (**Bild 1**). Aluminiumlegierungen haben durch die niedrige Dichte von 2,7 g/cm³ verglichen mit Eisen bzw. niedriggekohlten Stählen von 7,8 g/cm³ heute eine ausserordentlich große Bedeutung im Fahrzeugbau.

Weltweit werden zurzeit über 24 Mio. Tonnen Primäraluminium hergestellt (**Bild 2**). Dazu kommt in etwa derselbe Anteil an Sekundäraluminium (Recyclingmaterial). Für die Al-Gusserzeugnisse werden ca. 85 % Kreislaufmaterial[2] eingesetzt.

Magnesium wurde 1808 von *Humphry Davy*[3] entdeckt und 1821 zum ersten Mal schmelzflüssig gewonnen. Bereits zu Beginn des 20. Jahrhunderts wurde Magnesium für ganz unterschiedliche Bauteile als Gusswerkstoff eingesetzt. In Verbindung mit Zink und Aluminium wurden bereits 1909 luftgekühlte Motoren mit 75 PS für den Antrieb des Zeppelin-Luftschiffes hergestellt (Bild 1). In Deutschland wurde in den dreißiger Jahren des 20. Jahrhunderts Magnesium in großen Mengen im Fahrzeugbau eingesetzt. So enthielt das Fahrzeug *Adler R6* 73,6 kg Magnesiumteile (**Bild 3**).

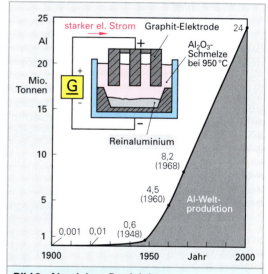

Bild 2: Aluminium-Produktion

---

[1] *Friedrich Wöhler* (1800–1882), dt. Mediziner und Chemiker, Professor in Berlin, Kassel und Göttingen
[2] Unter Kreislaufmaterial versteht man das beim Gießen für den Anguss, die Speiser, u. a. benötigte Material. Dieses Material ist nicht Abfall, es wird wieder eingeschmolzen.
[3] Sir *Humphry Davy* (1778–1829), engl. Wissenschaftler

Bild 3: Fahrgestell mit Magnesiumteilen (Adler, R6 um 1930)

2.1.3 Begriffe, Bezeichnungen

Es gibt zahlreiche Begriffe, welche die Worte **Gießen** bzw. **Guss** enthalten. Das Wort „Guss" weist dabei auf das Werkstück hin, das abgegossen ist. Dagegen weist das Wort „Gießen" auf das Verfahren hin, mit dem ein Werkstück gießtechnisch hergestellt wird.

2.1.3.1 Unterscheidung nach Werkstoffen

Die Gusswerkstoffe werden unterschieden nach **Eisenwerkstoffen** und **Nichteisenmetallen (Bild 1)**. Die Eisenwerkstoffe können wiederum unterteilt werden in die *Stähle* (Kohlenstoffgehalte $< 2\,\%$) und in die *Gusseisenwerkstoffe* (Kohlenstoffgehalte $> 2\,\%$). Die Nichteisenwerkstoffe (NE-Werkstoffe) werden wiederum unterteilt in die **Leichtmetallgusswerkstoffe** und die **Schwermetallgusswerkstoffe.** Bei den Leichtmetallgusswerkstoffen spielen vor allen Dingen die *Aluminiumlegierungen* eine große Rolle. Daneben erfahren die *Magnesiumgusswerkstoffe* eine zunehmende Bedeutung, insbesondere im Automobilbau. Die Schwermetallgusswerkstoffe (Dichte $> 4{,}5\,\mathrm{g/cm^3}$) umfassen vor allen Dingen die *Kupfergusslegierungen* wie *Messing* (Kupfer-Zink) und *Bronze* (Kupfer-Zinn). Darüber hinaus spielen die *Zinklegierungen* eine bedeutende Rolle für die Herstellung von Gussteilen, überwiegend mit dem Druckgießverfahren.

2.1.3.2 Unterscheidung nach mechanischen Eigenschaften

Bei den Gusseisenwerkstoffen unterscheidet man Gussteile im Hinblick auf die Gefügeausbildung. Bei **Hartgussteilen** handelt es sich um Gussteile aus Gusseisenwerkstoffen, bei denen die Gefügeausbildung *weiß* ist **(Bild 2)**. Der Kohlenstoff ist nicht als *Grafit* ausgebildet, sondern als *Zementit* (Fe_3C). Das zementitische Gefüge ist ausserordentlich hart. Die Werkstoffe sind daher verschleißfest. Im Gegensatz zu Hartguss, bei dem das Gefüge über den gesamten Querschnitt weiß ist, ist beim **Schalenhartguss** nur die Randschale weiß ausgebildet, während der Kern eine graue Gefügeausbildung aufweist, d. h. im Kern ist der Kohlenstoff als Grafit ausgeschieden.

Eine spezielle Anwendung für Schalenhartguss sind die *Kalanderwalzen* **(Bild 3)**, die zur Herstellung von Papier eingesetzt werden. Dazu ist in der Oberfläche der Walzen eine hohe Verschleißfestigkeit notwendig, die durch die harte Randschale gewährleistet wird.

Bild 1: Gliederung der Gusswerkstoffe

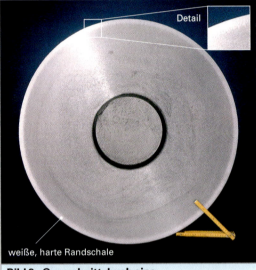

weiße, harte Randschale

Bild 2: Querschnitt durch eine Schalenhartgusswalze

Bild 3: Kalanderwalze aus Schalenhartguss

2.1.3.3 Unterscheidung nach Gießverfahren

Die Herstellung der Gussteile sowie deren Eigenschaften wird maßgeblich durch die eingesetzten *Formstoffe* bestimmt, die zur Herstellung der Gießformen verwendet werden. Man unterscheidet hierbei Verfahren, bei denen für jeden Abguss eine eigene Form hergestellt werden muss *(verlorene Formen)* und den Verfahren, bei denen sogenannte Dauerformen eingesetzt werden, d. h. bei denen viele Abgüsse aus ein und derselben Form hergestellt werden können. Bei der Herstellung von Gussteilen in verlorenen Formen werden *keramische Formstoffe* eingesetzt.

Die keramischen Formstoffe bestehen entweder aus *Quarzsand,* hier handelt es sich um das Sandgießverfahren, oder aus sogenannter *Masse* (gebrannter Ton), die jedoch heute im Wesentlichen nur noch zur Herstellung von Formen für Glocken eingesetzt werden oder aus Formstoffen auf der Basis von *Aluminiumoxid, Aluminiumsilikat, Zirkonsilikat* zur Herstellung von Schalenformen für das **Feingießverfahren**.

Darüber hinaus werden für Spezialanwendungen *Chromerzsand* und *Zirkonsand* eingesetzt, die eine sehr hohe Feuerbeständigkeit besitzen. Für die Herstellung von Dauerformen werden metallische *Kokillen* für das *Kokillengießverfahren* und **Druckgießformen** für das **Druckgießverfahren** aus unterschiedlichen metallischen Werkstoffen hergestellt.

Für Kokillen, bei denen der Formhohlraum unter dem Einfluss der *Schwerkraft* mit Schmelze gefüllt wird und für das **Niederdruckkokillengießverfahren,** bei dem der Formhohlraum druckgasbeaufschlagt mit Schmelze gefüllt wird, werden überwiegend *Gusseisen,* mit Lamellengrafit, *Kupferwerkstoffe* (zur Herstellung von Messinggussteilen) und gelegentlich auch *Warmarbeitsstähle* verwendet.

Für die Herstellung von Druckgießformen werden vor allen Dingen die *konturgebenden Bereiche,* die mit der Schmelze in Kontakt stehen, aus speziell entwickelten Warmarbeitsstählen hergestellt, während die Formrahmen aus geschmiedeten Stählen gefertigt werden (z. B. Ck45 oder Ck60).

Beim **Stranggießen** werden für das Einfließen der Schmelze und das Abziehen der erstarrten Metalle (Stränge) beidseitig offene Kokillen verwendet. Hierzu werden für praktisch alle zu vergießenden Werkstoffe Kokillen aus Kupferlegierungen eingesetzt. Für die Herstellung von Gussteilen nach dem **Schleudergießverfahren** werden ebenfalls Dauerformen aus Metallen verwendet.

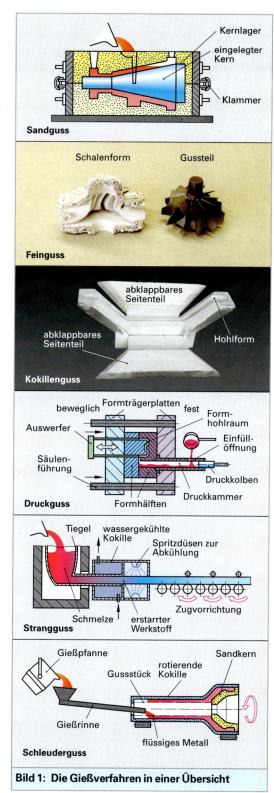

Bild 1: Die Gießverfahren in einer Übersicht

2.1.3.4 Herstellung der Sandformen

Für Einzelteile und Kleinserienteile werden die Sandformen meist von Hand geformt. Dies gilt insbesondere für große Gussteile, man spricht in diesem Fall von *handgeformtem Guss* bzw. *handgeformten Gussteilen.* Dabei werden in der Regel alle Arbeitsschritte, wie das Auflegen der Modelle, das Auflegen eines Formkastens, das Einfüllen des Formsandes, das Verdichten u. v. m. von Hand durchgeführt. Demgegenüber werden für kleinere und große Serien *Formmaschinen* eingesetzt **(Bild 1).**

Hierbei unterscheidet man *teilautomatisierte* bzw. *vollautomatisch* arbeitende Formmaschinen. Bei den vollautomatischen Formmaschinen werden alle Arbeitsschritte zur Herstellung einer Sandform durch die Formanlage vorgenommen, lediglich das *Einlegen der Kerne* wird von einem Mitarbeiter durchgeführt.

Man unterscheidet *einteilige* Sandformen und *zwei-* und *mehrteilige* Sandformen. Darüber hinaus unterscheidet man die Sandformen danach, ob die *Teilungsebene* vertikal oder horizontal (in der Regel) gewählt wird. Einteilige Formen gibt es z. B. beim Stapelguss **(Bild 2),** (Teilungsebene horizontal) oder beim Disamaticverfahren[1] mit vertikaler Teilungsebene. Bei den einteiligen Formen sind auf beiden Seiten die konturgebenden Bereiche für ein Gussteil abgebildet (Bild 2).

In der Regel werden zweiteilige Formen zur Herstellung von Gussteilen mit einer horizontalen Teilungsebene verwendet. Sie bestehen aus einer unteren und oberen Formhälfte. Mehrteilige Formen enthalten entweder ein weiteres Formteil: bei dreiteiligen Formen z. B. das untere, das mittlere und das obere Formteil.

Für die Hohlräume in einem Gussteil werden in die Form Kerne eingelegt. Diese Kerne stellt man z. B. auf einer Kernschießanlage her (es wird Sand mit Binder z. B. durch Druckluft in einen Kernkasten, Kernnegativform eingeschossen). Gussteil-Hohlräume können sehr komplexe Gebilde sein und so müssen die Kerne häufig aus vielen Einzelteilen zusammengeklebt werden **(Bild 3).** Formen können auch durch schichtweises Sintern von Formstoffen hergestellt werden (Seite 552).

Um Formsand zu sparen, können für Einzelteile bzw. Kleinserienteile die notwendigen *Formteile* in der gleichen Weise wie Kerne hergestellt werden. Man nennt dies Kernblockverfahren. Die Formkästen erfordern einen hohen Investitionsbedarf.

---
[1] Disamatic, Herstellerbezeichnung

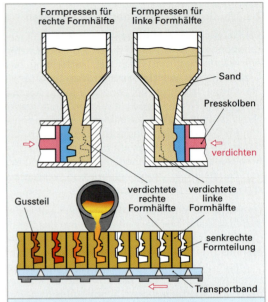

Bild 1: Kastenloses Formen mit vertikaler Formteilung

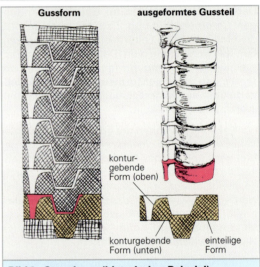

Bild 2: Stapelguss (historisches Beispiel)

Bild 3: Kern, aus mehreren Teilen geklebt

Daher werden zurzeit vollautomatische Formmaschinen eingesetzt, bei denen keine Formkästen notwendig sind. Die einzelnen Formhälften stellen Formballen dar, die auch ohne die stützende Wirkung der Formkästen eine ausreichende Formfestigkeit aufweisen (Bild 1, vorhergehende Seite).

2.1.3.5 Art der Formfüllung

Man unterscheidet die Gusserzeugnisse nach der Art der Formfüllung (**Bild 1**). Bei der Herstellung von Sandgussteilen sowie bei der Herstellung von Kokillengussteilen füllt die Schmelze unter dem Einfluss

- der Schwerkraft
- mit Druckgasbeaufschlagung
- unter Zentrifugalkraft und
- unter hydraulischer Förderung

den Formhohlraum.

Dabei unterscheidet man zwischen dem *fallenden* Gießen und dem *steigenden* Gießen (**Bild 2**).

Beim **Niederdruckkokillengießen** wird die Schmelze dem Formhohlraum *druckgasbeaufschlagt* über ein Steigrohr aus dem Warmhalteofen zugeführt, die Form wird steigend gefüllt.

Beim **Schleudergießen** wird die Schmelze unter dem Einfluss der *Zentrifugalkraft* (Fliehkraft) dem Formhohlraum zugeführt (**Bild 3**).

Eine große Bedeutung hat das **Druckgießverfahren**. Die Schmelze wird dabei von der Gießkammer über einen Gießkolben dem Formhohlraum zugeführt. Durch die *hydraulische Förderung* der Schmelze sind große *Gießleistungen* möglich. Man versteht unter der Gießleistung das pro Zeiteinheit vergossene Volumen.

Nach dem **Sandgießverfahren** werden alle metallischen Werkstoffe vergossen, bevorzugt die hochschmelzenden Eisenwerkstoffe und Stähle, nicht aber Titanlegierungen[1].

Nach dem **Niederdruckkokillengießen** werden bevorzugt Aluminiumlegierungen und Messinge (z. B. für Armaturen) vergossen. Beim Druckgießen, durch hydraulische Förderung, werden bevorzugt Aluminiumlegierungen, Zinklegierungen und Magnesiumlegierungen vergossen.

---

[1] Titanlegierungen können nicht in Sandformen gegossen werden, da Titan mit der Luft in der Sandform chemisch reagiert.

Bild 1: Formfüllung durch Schwerkraft

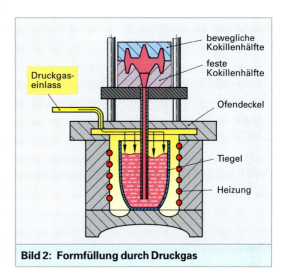

Bild 2: Formfüllung durch Druckgas

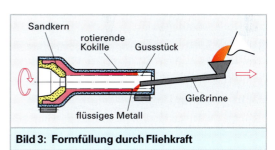

Bild 3: Formfüllung durch Fliehkraft

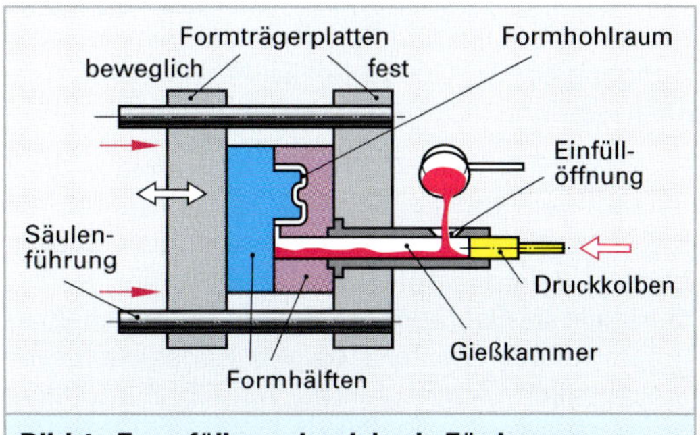

Bild 4: Formfüllung durch hydr. Förderung

2.1.3.6 Art des Vergießens

Bei der Herstellung von Gussteilen wird die Schmelze entweder über *Löffel* (kleinere Teile) oder über *Pfannen* (grössere Teile) oder direkt aus dem Ofen vergossen. Das Gießen mit Löffeln bzw. das Gießen direkt aus dem Warmhalteofen **(Bild 1)** ist möglich, wenn sich die Form bzw. die Formen in unmittelbarer Nähe des Warmhalteofens befinden **(Bild 2)**.

Beim Gießen über Pfannen (Bild 4, Seite 50) kann die Pfanne der Gießstrecke zugeführt werden, auf der sich die abzugießenden Formen befinden. Die Entnahme der Schmelze mit einem Löffel aus dem Warmhalteofen bzw. das Abstechen der Schmelze aus dem Schmelz- bzw. Warmhalteofen in die Pfanne führt immer zu einem erheblichen Verlust an Wärme, was gegebenenfalls zu Problemen führt.

Bild 1: Vergießen mit Löffel

Metallische Schmelzen reagieren mit der umgebenden *Atmosphäre.* Um dies zu verhindern, muss der betreffende Werkstoff u. U. bereits unter einer Schutzgasatmosphäre **(Bild 3)** oder unter *Vakuum* aufgeschmolzen werden. Dies gilt natürlich auch für das Abgießen der Schmelze.

Um chemische Reaktionen während des Gießens (Formfüllung) zu vermeiden, muss auch der Formhohlraum entweder mit **Schutzgas** gefüllt werden oder aber, was in der Regel besser ist, evakuiert werden. Für Gussteile, bei denen der Formhohlraum vor der Formfüllung evakuiert wird, spricht man vom **Vakuumguss.**

Beim Druckgießverfahren kann der Formhohlraum durch ein *Vakuumsystem zwangsentlüftet* werden, man spricht dann vom **Vakuumdruckgießen.**

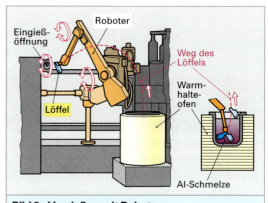

Bild 2: Vergießen mit Roboter

2.1.3.7 Sonstige Unterscheidungsmerkmale

Sind die Gussteile einer Gießerei für den eigenen Bedarf bestimmt, so spricht man von *Eigenguss* (es gibt große Verbraucher wie z. B. die Automobilindustrie, die einen Großteil der von ihnen benötigten Gussteile in eigenen Gießereien herstellen). Von *Kundenguss* spricht man, wenn in einer Kundengießerei Gussteile für Abnehmer hergestellt werden.

Der grösste Teil aller Gussteile sind Funktionsbauteile für ganz unterschiedliche Anwendungen wie z. B. Maschinenbetten, Getriebegehäuse, Motorblöcke, Zylinderköpfe. Man bezeichnet solche Gussteile als *Gebrauchsguss.* Vom Gebrauchsguss unterscheidet man Teile, die von Künstlern für unterschiedliche Anwendungen wie z. B. Standbilder hergestellt werden. In diesem Fall spricht man von *Kunstguss.*

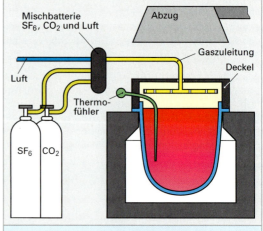

Bild 3: Schmelzen unter Schutzgas

2.1.4 Gusswerkstoffe

Einleitung

Neben den keramischen Werkstoffen und den Kunststoffen spielen die Metalle für die Herstellung von Bauteilen eine überragende Rolle. Die metallischen Werkstoffe werden sowohl eingesetzt zur:

- Herstellung von Gussteilen (Urformen),

- Herstellung von Schmiedeteilen, Walzerzeugnissen, Tiefziehteilen (Umformen),

- Herstellung von mechanisch bearbeiteten Teilen (Trennen bzw. Trennverfahren) und

- zur Herstellung von Schweiß-, Löt- oder sonstigen Fügeverbindungen (Fügen).

Magnesium-Legierung

Aluminium-Legierung

Zink-Legierung

Stahl

Bild 1: Unterschiedliche Volumen bei gleicher Masse

Für den Einsatz der metallischen Werkstoffe sind unterschiedliche Gesichtspunkte von Bedeutung. Dies sind:

1. **die physikalischen, Eigenschaften**
   wie z. B. Glanz, die elektrische Leitfähigkeit, die thermische Leitfähigkeit, die magnetischen Eigenschaften, die Supraleitfähigkeit, die Dichte. Die Dichte der Werkstoffe **(Bild 1)** spielt eine überragende Rolle im Automobilbau, denn das Fahrzeuggewicht soll klein sein, um dadurch den Verbrauch an Treibstoff gering zu halten.

2. **die mechanischen Eigenschaften**
   wie z. B. Zugfestigkeit, die 0,2-Dehngrenze, die Dehnung, die Wechselfestigkeitseigenschaften, die Kriechfestigkeit, die Schlagbiegezähigkeit. Die technologischen Eigenschaften hängen stark von der Temperatur und der Verformungsgeschwindigkeit ab.

3. **die Korrosionsfestigkeit**
   Die Metalle unterscheiden sich im Hinblick auf den Angriff durch die umgebende Atmosphäre. Werkstoffe auf Kupferbasis sind in der Regel korrosionsfest, d. h. sie werden nicht oder nur geringfügig angegriffen, sowohl in saurer wie in basischer Umgebung. Andere Werkstoffe dagegen werden stark angegriffen. Sie müssen gegen Korrosion durch Oberflächenbehandlungsmaßnahmen geschützt werden (Oberflächenveredlung).

4. **die Verfügbarkeit**
   Metallische Werkstoffe kommen in der Erdrinde in unterschiedlicher Verteilung vor. Von den wichtigen Metallen Eisen, Aluminium und Magnesium gibt es große Vorkommen. In der Erdrinde dagegen sind die Vorkommen von Kupfer, Zink, Zinn stark eingeschränkt.

5. **die Legierbarkeit**
   In flüssigem Zustand sind die meisten Elemente des periodischen Systems in einem anderen Element unbeschränkt löslich, d. h. man kann jede beliebige Zusammensetzung im flüssigen Zustand einstellen. In Ausnahmefällen, z. B. Kupfer-Blei, kann bereits im flüssigen Zustand eine nur beschränkte Löslichkeit vorliegen. Im festen Zustand sind die Elemente nur beschränkt löslich bzw. nicht löslich (z. B. Aluminium-Silizium).

   Legierungselemente können die Eigenschaft eines Grundwerkstoffes erheblich beeinflussen, z. B. Kohlenstoff in Eisen. Hier spielen folgende Einflussgrössen eine Rolle:

   - Vorkommen des Kohlenstoffes im Eisenwerkstoff als Grafit oder als Zementit (Fe_3C),
   - Menge an Kohlenstoff in Prozent, C < 2 % = Stahl, C > 2 % = Gusseisenwerkstoff. In den Gusseisenwerkstoffen spielt die Form des Grafits (lamellar oder globular) eine Rolle.
   - die Grösse der Grafitkristalle,
   - die Verteilung der Grafitausscheidungen.

6. **die Wirtschaftlichkeit**
   Die Wirtschaftlichkeit, d. h. der Preis eines Bauteils, hängt ab vor allem vom Preis des Werkstoffes, von den Herstellkosten, d. h. der Produktivität, dem Kreislaufanteil, den Kosten für das Recycling, den Modell- bzw. Formkosten, der Standzeit von Modellen und Formen, den Nachbearbeitungskosten, d. h. den Kosten für die mechanische Bearbeitung, einer möglichen Wärmebehandlung, der Oberflächenveredlung.

Die unterschiedlichen Gusswerkstoffe sind in ihrer Zusammensetzung genormt. Für die Länder der Europäischen Union gelten die EU-Normen. Daneben gibt es in den meisten Ländern ausserhalb der Europäischen Union nationale Normen.

Darüber hinaus gibt es Bemühungen um eine internationale Normung durch die ISO (International Standard Organisation).

In **Tabelle 1** sind die Gusseisenwerkstoffnormen nach einer Zusammenstellung des VDG (Verein Deutscher Gießereifachleute) aufgeführt.

Tabelle 3 enthält die Stahlgusssorten, wobei zu berücksichtigen ist, dass (noch) nicht für alle DIN-Normen[1] europäische Normen vorliegen. Die Normung der Nichteisenmetalle ist in **Tabelle 4** zusammengefasst.

Die meisten Metalle und Legierungen können für die Herstellung von Bauteilen nach den unterschiedlichen Fertigungsverfahren eingesetzt werden. Die Gießverfahren haben jedoch den großen Vorteil, dass man aus der *Schmelzhitze* direkt in einem Arbeitsgang gebrauchsfertige Funktionsteile herstellen kann, ohne dass eine nennenswerte Nachbearbeitung notwendig ist.

Es gibt metallische Werkstoffe (Legierungen), die praktisch nicht verformbar sind, d. h. die nur gießtechnisch verarbeitet werden können. Dazu gehören Legierungen, die intermetallische Phasen (metallische Verbindungen wie z. B. Al_2Cu) enthalten. Die intermetallischen Phasen können außerordentlich hart und spröde sein.

Bezeichnung der Gusswerkstoffe

a) Bezeichnung nach der chemischen Zusammensetzung:

Für Stahlsorten, die nach ihrer Zusammensetzung bezeichnet werden, ist das System nach **Tabelle 2** aufgebaut.

Mit der Übernahme der Stahlsorten in die EN[2] 10283 wurde die chemische Zusammensetzung leicht angepasst. Der Mangangehalt liegt zwischen 2,0 und 2,5 Gewichtsprozent, der Nickelgehalt zwischen 9,0 und 12,0 Gewichtsprozent und der Phosphorgehalt wurde auf 0,04 Gewichtsprozent begrenzt.

---

[1] Deutsches Institut für Normung e. V. (DIN)
[2] Europäische Norm (EN)

Tabelle 1: Gusseisenwerkstoffnormen

Werkstoffgruppe	Europäisch(EN)	International (ISO)
Gusseisen mit Lamellengrafit	DIN EN 1561:1997	ISO 185:1988 In Überarbeitung
Temperguss	DIN EN 1562:1997	ISO 5922:1981 In Überarb.
Gusseisen mit Kugelgrafit	DIN EN 1563:1997	ISO 1083:1987 In Überarbeitung
Bainitisches – austenitisches Gusseisen mit Kugelgrafit	DIN EN 1564:1997	ISO/WD17804 (Entwurf)
Austenitisches Gusseisen	PrEN 13835 (Entwurf)	ISO 2892:1973 In Überarbeitung
Verschleissbeständiges Gusseisen	DIN EN 12513:2000	ISO/WD21988

Tabelle 2: Bezeichnung der Stahlwerkstoffe

Position	Zeichen	Beispiel
1	Werkstoff für Stahlguss	G
2	Nach der Art der Legierung C = unlegierte Stähle mit einem mittleren Mn-Gehalt $< 1\%$ $–$ = unlegierte Stähle mit einem mittleren Mn-Gehalt $> 1\%$ X = leg. Stähle, mindestens 1 Element $< 5\%$ HS = Schnellarbeitsstähle	X
3	Nach der chemischen Zusammensetzung (Ausnahme: Schnellarbeitsstähle) **1. Zahl für das Hundertfache** des Kohlenstoffgehaltes **2. Chemische Symbole** der Elemente, geordnet nach abnehmenden Elementgehalten (Mittelwerte) **3. Gehalte der Elemente** in %, getrennt durch Bindestriche Für Schnellarbeitsstähle: Zahlen für d. mittleren Gehalte d. chemischen Elemente, auf die nächste ganze Zahl gerundet: W, Mo, V, Co	5 Cr19 Ni11 Mo2
4	Zusätzliche Anforderungen	_ _ _
Die neue Bezeichnung für die Stahlsorte des Beispiels lautet also: GX5CrNiMo19-11-2		

Tabelle 3: Stahlgusssorten

Werkstoffgruppe	National (DIN)	Europäisch (EN)	International (ISO) Werksloffe, zum Teil ähnlich
Stahlguss für allgemeine Verwendungszwecke	DIN 1681:1985		ISO 3755:1991 ISO 9477:1992
Stahlguss m. verbess. Schweißeignung für allg. Verwendung (Stahlguss f. d. Bauwesen)	DIN 17182:1992	EN 10293:1998 (in Überarbeitung) WI 031014 (Entwurf)	
Vergütungsstahlguss für allgemeine Verwendung	DIN 17205:1992		ISO 14737 (in Überarbeitung)
Hitzebeständiger Stahlguss	DIN 17465:1993	PrEN 10295 (Entwurf)	ISO 11973:1999
Stahlguss für Druckbehälter	DIN 17245:1987 (zurückgezogen) DIN 17182 (teilweise ersetzt) DIN 17445 (teilweise ersetzt)	DIN EN 10213:1996 (in Überarbeitung)	ISO 4991:1994 (in Überarbeitung)
Korrosionsbeständiger Stahlguss	DIN 17445:1984	DIN EN 10283:1998	ISO 11972:1998 (gültig)
Allgemeine Technische Lieferbedingungen	DIN 1690 (zurückgezogen)	DIN EN 1559-1:1997 DIN EN 1559-2:2000	ISO 4990:1986 (in Überarbeitung)
Bezeichungungsystem	DIN 17006 (zurückgezogen)	DIN EN 10027:1992	ISO 4949:1989

Tabelle 4: NE-Metalle

Aluminium und Aluminiumlegierungen		Kupfer und Kupferlegierungen	
Werkstoffgruppe	Europäisch (EN)	Allgemeine Technische Lieferbedingungen	DIN EN 1559-1:1997
Unlegiertes Al in Masseln	DIN EN 576:1995		
Legiertes Al in Masseln	DIN EN 1676:1997	Bezeichnungssystem	DIN EN 1412:1994
Gussstücke – Zusammensetzung und mechanische Eigenschaften	DIN EN 1706:1998	**Zink und Zinklegierungen**	
Gussstücke in Kontakt mit Lebensmitteln	DIN EN 601:1994	Gusslegierungen	DIN EN 1774:1997
		Gussstücke	DIN EN 12844:1998
Allgem Technische Lieferbedingungen	DIN EN 1559-1:1997 DIN EN 1559-4:1999	Allgem. Technische Lieferbedingungen	DIN EN 1559-1:1997 DIN EN 1559-6:1998
Bezeichnungssystem	DIN EN 1780-1 bis -3	**Zinn und Zinnlegierungen**	
Magnesium und Magnesiumlegierungen		Zinn in Masseln	DIN EN 610:1995
Anoden, Blockmetalle und Gusstücke	DIN EN 1753:1997	Zinnlegierungen	DIN EN 611-1:1995
Reinmagnesium	DIN EN 12421:1998	Zinngerät	DIN EN 611-2:1996
Mg-Legierungen f. Gussanoden	DIN EN 12438:1998	Allgem. Technische Lieferbedingungen	DIN EN 1559-1:1997
Allg. Technische Lieferbedingungen	DIN EN 1559-5:1997 DIN EN 1559-5:1997	Vorlegierungen	DIN EN 1981:1998
Bezeichnungssystem	DIN EN 1754:1997	Blockmetalle und Gussstücke	DIN EN 1982:1998

b) Bezeichnung nach der Werkstoffnummer:

Die Werkstoffsorte wird mit einer fünfstelligen Werkstoffnummer bezeichnet.

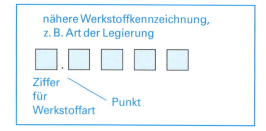

nähere Werkstoffkennzeichnung, z. B. Art der Legierung

Ziffer für Werkstoffart

Punkt

Die Ziffer vor dem Punkt bezeichnet die Werkstoffart. Dies kann sein:

0 für Gusseisen
(Bezeichnung nach DIN 17007-3; wird nicht mehr verwendet)

1 für Stahl

2 für Schwermetalle
(Bezeichnung nach DIN 17007-4, wird nicht mehr verwendet)

3 für Leichtmetalle
(Bezeichnung nach DIN 17007-4, wird nicht mehr verwendet),

Beispiel: Bezeichnung der Stähle.

Die beiden Ziffern nach dem Punkt geben den Legierungszustand des Stahls an. Es bedeuten:
00 bis 19 = Grundstähle und Qualitätsstähle, unlegierte Edelstähle
20 bis 49 = legierte Edelstähle
50 bis 89 = legierte Edelstähle, Baustähle

Die folgenden beiden Ziffern geben die Stahlsorte an, die im Stahlschlüssel registriert ist.

Genormte Stahlsorten
In der Tabelle 3, vorhergehende Seite, sind die derzeit genormten Stahlsorten aufgeführt. Angegeben ist die Bezeichnung der Norm einschließlich dem Jahr der Ausgabe. Im Gegensatz zu den Gusseisenwerkstoffen ist die Einteilung der Werkstoffsorten in den DIN- und EN-Normen nicht identisch; beispielsweise ersetzt die DIN EN 10213 eine DIN-Norm vollständig und zwei andere in Teilen. Hinzu kommen viele Überschneidungen aufgrund der Einteilung der neuen europäischen Normen nach den Hauptanwendungsgebieten.

Die Übertragbarkeit der Werkstoffsorten zwischen EN-Normen und ISO-Normen ist noch weitaus komplizierter.

Die internationalen Normenvergleiche sind daher mit Vorsicht zu betrachten. Es ist zu prüfen, ob die fragliche Werkstoffsorte in der jeweiligen Norm verzeichnet ist.

Bezeichnungssysteme für Metallgusswerkstoffe:
Damit die genormten Gusswerkstoffe national und international einheitlich bezeichnet werden, wurden für jede Werkstoffgruppe Bezeichnungssysteme erarbeitet, die ihrerseits z. T. wieder Gegenstand von Normen sind und in den entsprechenden Technischen Komitees erstellt wurden.

Genormte NE-Metallgusswerkstoffe

In der Tabelle 4, vorhergehende Seite, sind die derzeit genormten bzw. nicht genormten Werkstoffsorten von NE-Metallgusswerkstoffen aufgeführt. Angegeben ist die Bezeichnung der Norm einschließlich des Jahres der Ausgabe.

Die entsprechenden DIN-EN-Normen enthalten Hinweise zu Werkstoffen der zurückgezogenen DIN-Normen und der neuen DIN-EN-Normen.

Wiederholung und Vertiefung

1. Welche Eigenschaften zeichnen metallische Werkstoffe aus?

2. Wie unterteilt man die metallischen Werkstoffe?

3. Warum spielt die Dichte der Werkstoffe oft eine große Rolle?

4. Welchen Vorteil haben die metallischen Werkstoffe gegenüber Kunststoffen?

5. Nennen Sie wichtige Gießverfahren.

6. Welche Arten der Formfüllung sind gebräuchlich?

7. Wann müssen Schutzgase zum Schmelzen und zum Gießen verwendet werden?

8. Wie hat sich die Aluminiumproduktion im letzten Jahrhundert entwickelt und welches sind die Gründe dafür?

9. Welchen Vorteil bietet das Kokillengießverfahren gegenüber dem Sandgießverfahren?

10. Für welches typische Anwendung eignet sich der Schalenhartguss?

11. Beschreiben Sie den Stranggießprozess.

12. Wie werden Sandformen meist hergestellt?

13. Skizzieren Sie ein Formbeispiel für den Stapelguss. Was ist die Voraussetzung für einen Stapelguss?

2.1.5   Gießverfahren

2.1.5.1   Sandgießverfahren

Das Sandgießverfahren ist weltweit das wichtigste Gießverfahren. Es werden Gussteile aus allen metallischen Werkstoffen hergestellt, die nicht mit den Formsanden bzw. der umgebenden Atmosphäre (z. B. Titanlegierungen) reagieren.

Ausgenommen sind daher Titanlegierungen. Es wird eingesetzt, wenn es sich um die Herstellung von Einzelteilen oder Kleinserien handelt, wie dies z. B. bei Prototypen der Fall ist. Wegen der außerordentlich hohen Produktivität wird das Sandgießverfahren vor allem für mittlere Serien und Großserien eingesetzt. Es werden Kleinteile aber auch die größten Gussteile nach dem Sandgießverfahren hergestellt, z. B. Stahlgussteile bis 500 t Gewicht (z. B. große Walzenständer). Die Sandformen werden von Hand hergestellt oder auf Formmaschinen, wobei Formen für mittlere und größere Serien meist auf vollautomatischen Formmaschinen abgeformt werden.

Die Sandgussteile können eine relativ einfache Form, jedoch auch eine komplizierte Geometrie aufweisen. Innere Hohlräume, Bohrungen und Hinterschnitte werden in der Regel durch *Kerne* abgeformt.

Für das Abformen eines Gussteils muss ein *Modell* hergestellt werden. Man unterscheidet zwischen *verlorenen Modellen* z. B. aus Styropor und *häufig verwendbaren Modellen.*

Ein Modell besteht normalerweise aus zwei *Modellhälften, die in der Teilungsebene* geteilt sind. Da die Gussteile nach erfolgter Erstarrung bis zur Abkühlung auf Raumtemperatur schwinden, müssen die Modelle mit einem *Aufmaß* hergestellt werden, das der *Schwindung* von der Erstarrungstemperatur bis Raumtemperatur entspricht.

Das Schwindmaß ist abhängig von der Art des Maßes, – schwindungsbehindert oder nichtschwindungsbehindert, von der Formfestigkeit und von der Werkstoffzusammensetzung.

> Das Schwindmaß beträgt bei den Gusseisenwerkstoffe je nach Formfestigkeit und Art des Maßes zwischen 0,4 bis 0,8 %.

Normalerweise werden die beiden Modellhälften zusammen mit dem Gieß- und Speisersystem auf Modellplatten *aufgemustert.* Die notwendigen Kerne werden in Kernkästen hergestellt. Die Modelle werden in der Regel um sogenannte Speiser ergänzt. Zum Ausgleich der Schwindung der Schmelze bei Abkühlung von Gießtemperatur auf Erstar-

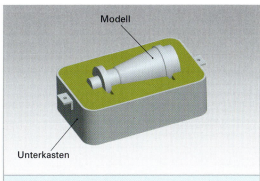

Bild 1: Sandformunterkasten

rungstemperatur und der Volumenschwindung beim Übergang flüssig/fest müssen *Speiser* vorgesehen werden, aus denen die Schwindungsanteile nachgespeist werden. Die Speiser müssen in dem Bereich eines Gussteils *angeschnitten* (angesetzt) werden, in dem die Erstarrung der Schmelze zum Schluss erfolgt. Dies sind meist Bereiche mit dem grössten *Erstarrungsmodul* (Metallanreicherungen).

Bei horizontaler Teilung der Form wird das Modell in einem *Unterkasten* und einem *Oberkasten* eingeformt **(Bild 1)**. Nach Fertigstellung der Unter- und Oberkästen werden die Modellhälften zur Teilungsebene hin gezogen, die Kerne eingelegt, der Oberkasten gewendet und auf den Unterkasten aufgelegt. Soweit keine Beschwergewichte notwendig sind, ist die Form vergießfertig.

Um die Reaktion der Schmelze mit dem Formsand bzw. mit der Luft zu vermeiden, werden dem Formsand Zusatzstoffe, wie z. B. Glanzkohlenstoffbildner bei Gusseisenwerkstoffen (nicht bei der Herstellung von Stahlgussteilen wegen der Gefahr des Aufkohlens) oder Schwefel (bis zu 1 % des Sandvolumens) bei der Herstellung von Magnesiumgussteilen beigemischt.

Sauerstoff für eine mögliche Reaktion liegt vor:
- im Bindemittel (Bentonit)
- im Wasser (ca. 3 bis 4 % Wasser verleiht dem Bentonit die Quellfähigkeit und damit die Bindefähigkeit)
- in der Luft zwischen den Sandkörnern, sowie
- in der Luft im Formhohlraum.

Kohlenstoff aus der Schmelze kann mit Sauerstoff reagieren. Dies führt zu einer *Randentkohlung* bei Gusseisenschmelzen.

Schwefel im Formsand reagiert mit Sauerstoff unter Bildung von Schwefeldioxyd (SO_2), wobei SO_2 eine Schutzgasatmosphäre für die Magnesiumlegierungen darstellt.

2.1.5.2 Schwerkraftkokillengießen

Bei den Kokillengießverfahren werden Dauerformen aus Grauguss, Gusseisen mit Kugelgrafit, Kupferlegierungen und Warmarbeitsstählen eingesetzt. Für kleine Serien können auch andere Formmaterialien wie z. B. Grafit verwendet werden.

In den Kokillen (**Bild 1**) können zur Bildung von Hohlräumen und Hinterschnitten metallische Kerne oder Sandkerne eingesetzt werden. Die Kokillen sind horizontal oder vertikal (**Bild 2**) geteilt. Sie bestehen in der Regel aus zwei Kokillenhälften. Die Kokille selbst ist oft auf einer Grundplatte montiert.

Die konturgebenden Oberflächen, die den Formhohlraum abbilden, werden in der Regel mit einer *Schlichte* überzogen. Die Schlichten haben die Aufgabe, Reaktionen der Schmelze mit dem Kokillenwerkstoff zu vermeiden. Sie sollen zusätzlich ein Abstreifen der Gussteile beim Ausformen von den Kokillenbereichen erleichtern, auf die die Gussteile aufschrumpfen.

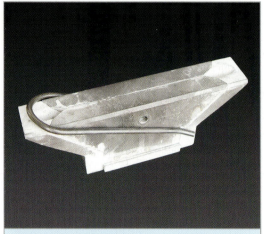

Bild 1: Kokille, geschlossen

Bei den Schlichten unterscheidet man sogenannte **Dauerschlichten** und **Verschleißschlichten**. Dauerschlichten werden direkt auf die Kokillenoberflächen aufgetragen. Die Verschleißschlichten werden auf den Dauerschlichten von Abguss zu Abguss erneuert.

Die Schlichten selbst üben einen günstigen Einfluss auf den Wärmeübergang und somit auf die Erstarrungsvorgänge der Schmelze im Formhohlraum aus. Sie verlängern die Erstarrungszeit. Die Schmelze wird durch das Gießsystem dem Formhohlraum zugeführt. In diesem Fall ist die Formfüllung steigend (**Bild 3**). Nach Erstarrung der Schmelze wird die bewegliche Formhälfte geöffnet. Die Kerne werden gezogen. Das Teil liegt frei und kann entnommen werden.

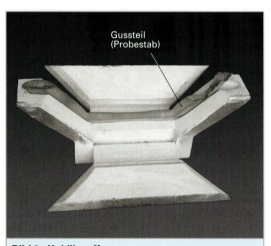

Bild 2: Kokille, offen

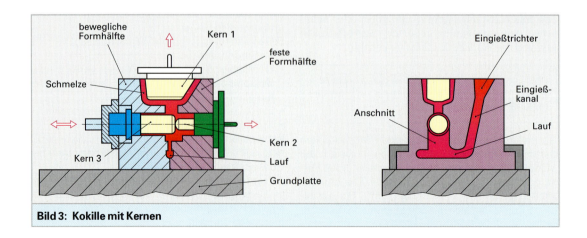

Bild 3: Kokille mit Kernen

2.1.5.3 Niederdruckkokillengießen

Nach dem Niederdruckkokillengießverfahren werden vor allem Aluminiumlegierungen vergossen. Beim Niederdruckkokillengießen wird die Kokille über eine Formschließeinheit mit der Auswerfeinheit verfahren. In der Regel ist die Kokille horizontal geteilt, mit vertikal verfahrbarer Schließeinheit **(Bild 1)**.

Anlagen mit vertikaler Teilungsebene werden vor allem zum Vergießen von Messinglegierungen für Armaturen eingesetzt. Die Schmelze befindet sich in einem abgeschlossenen Ofengefäß in einem *Tiegel*. Die Schmelze wird druckgasbeaufschlagt durch das Steigrohr in den Formhohlraum gefüllt.

Es bieten sich vor allem rotationssymmetrische Gussteile an wie z. B. Räder. Die Schmelze wird über den sogenannten *Zapfenbereich* in den Formhohlraum eingefüllt, dabei wird eine möglichst niedere Geschwindigkeit der Schmelze bei der Füllung des Formhohlraums angestrebt. Dennoch sind Turbulenzen nicht zu vermeiden.

Die Folgen dieser Turbulenzen sind Lufteinschlüsse. Zur Vermeidung solcher Lufteinschfüsse ist eine von der Geometrie der Gussteile abhängige Steuerung der Formfüllvorgänge notwendig.

Zum Ende der Formfüllung soll die Erstarrung der Schmelze einsetzen. Dabei wird zur Vermeidung von *schwindungsbedingten Hohlräumen* **(Bild 2)** (Lunker) eine Erstarrung zum *Zapfen* hin angestrebt. Bild 2 zeigt beispielhaft einen Kopflunker aus einer Tatur[1]-Kokille.

Sofern eine zum Zapfen hin gerichtete Erstarrung der Schmelze vorliegt, kann der gesamte Schwindungsanteil der Schmelze im flüssigen Zustand und beim Übergang *flüssig-fest* über das Steigrohr nachgespeist werden. Die Schmelze darf im Steigrohr nicht erstarren.

Sobald die Erstarrung in den Zapfenbereich hineinreicht, wird die obere bewegliche Kokillenhälfte hochgefahren. Das Gussteil wird über die Auswerfeinheit von der konturgebenden Oberfläche der beweglichen Form abgestreift. Das Gussteil kann entnommen werden. Der Formhohlraum wird von anhaftendem *Flitter* befreit. Soweit notwendig, wird die Verschleissschlichte erneuert.

Werden Sandkerne verwendet, so legt man diese in die feste Kokillenhälfte ein. Die bewegliche Kokillenhälfte wird zugefahren und hydraulisch zugehalten. Der Gießprozess kann von neuem beginnen.

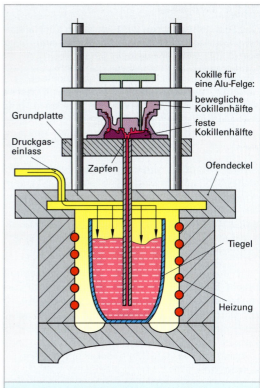

Bild 1: Niederdruckkokillengießen

Labels: Grundplatte, Druckgaseinlass, Zapfen, Kokille für eine Alu-Felge:, bewegliche Kokillenhälfte, feste Kokillenhälfte, Ofendeckel, Tiegel, Heizung

Bild 2: Kopflunker

Label: Kopflunker

---

[1] *Tatur,* franz. Gießer

2.1.5.4 Feingießen

Das Feingießverfahren wird vor allem zur Herstellung von kleinen filigranen Stahlgussteilen, aber auch für Aluminiumgussteile, eingesetzt.

Für jedes Gussteil muss ein verlorenes Modell angefertigt werden. Dazu werden synthetische Wachse verwendet. Die Wachse werden in eine metallische Dauerform eingespritzt. Sie erkalten dort und werden als verlorenes Modell entnommen.

Mehrere Modelle werden an einem aus Wachs bestehenden Lauf mit Eingusssystem befestigt, dem sogenannten Baum (**Bild 1**). Ein fertiger Baum mit den Modellen wird in einen keramischen Schlicker eingetaucht. Anschliessend wird die Oberfläche besandet (**Bild 2**). Dabei bildet sich eine harte einlagige Schale.

Nach dem Trocknen wird eine weitere Lage aufgebracht. So kann die entstehende Schalenform aus mehreren Lagen bestehen. Man verwendet je nach der Dicke der Gussteile zwischen 5 und 7 Lagen. Zwischen dem Aufbringen jeder Lage muss eine Zeit zur Trocknung der letzten aufgebrachten Lage vorgesehen werden. Die Trockenzeit beträgt ca. eine Stunde.

Nach der Fertigstellung der Schale wird diese einschließlich der Wachsmodelle in einen Autoklaven (Heizkessel) gebracht. Im Autoklaven wird das Wachs bei einer Temperatur von ca. 120 °C geschmolzen.

Dabei muss darauf geachtet werden, dass das Wachs von der Grenzfläche her aufschmilzt und durch den späteren Einguss aus der Schalenform ausfließt. Ein Ausdehnen der Wachse bei Erwärmung sollte vermieden werden, um Risse in der Keramikform zu vermeiden.

Danach wird die Schalenform im Temperaturbereich zwischen 800 °C – 1100 °C gebrannt und mit Schmelze gefüllt (**Bild 4**). Sofern die Temperatur der Schalenform hoch ist, können sehr dünnwandige Teile hergestellt werden.

Nach dem Erstarren der Schmelze und dem Abkühlen der Gussteile auf Entnahmetemperatur wird die Schalenform zerstört. Die Gussteile werden vom Gießsystem abgetrennt, verputzt und, soweit notwendig, nachbearbeitet.

Filigrane hochgenaue Stahlgussteile werden durch Feingießen hergestellt.

Bild 1: Baum mit Wachsmodellen (Ausschnitt)

Bild 2: Eintauchen in Schlicker und Besanden

Bild 3: Wachsausschmelzen

Bild 4: Gießen

2.1.5.5 Druckgießen

Ein großer Anteil der Aluminiumgussteile, Zinkgussteile und Magnesiumgussteile wird nach dem Druckgießverfahren hergestellt. Dabei werden *Warmkammerdruckgießmaschinen* und *Kaltkammerdruckgießmaschinen* eingesetzt.

Druckgießmaschinen bestehen nach DIN 24480

- aus einer **Schließeinheit**, mit der die Druckgießformen geöffnet, geschlossen und zugehalten werden,

- einer **Gießeinheit**, mit der der Formfüllvorgang durchgeführt wird,

- einer **Auswerfeinheit**, mit der nach Öffnen der Druckgießform die Druckgussteile von der konturgebenden Oberfläche der beweglichen Formhälfte, abgestreift werden,

- sowie einer **Kernzugeinheit**, über die die Kerne, bei Schließen der Druckgießform eingefahren werden, und ausgefahren werden, bevor die Teile von der konturgebenden Oberfläche abgestreift werden.

Bei der historischen Maschine **(Bild 1)** sind die Funktionseinheiten: Gießkolben, feste und bewegliche Formhälfte, Auswerfeinheit, Schließzylinder und Gießkolben besonders gut zu erkennen.

Bei den **Warmkammerdruckgießmaschinen (Bild 2)** befindet sich die Gießgarnitur mit Gießkammer, Gießkolben und Steigrohr *in* der Schmelze. Bei **Kaltkammerdruckgießmaschinen** befindet sich die Gießgarnitur mit Gießkammer und Gießkolben *ausserhalb* der Schmelze **(Bild 3)**.

Bild 1: Druckgießmaschine, um 1940

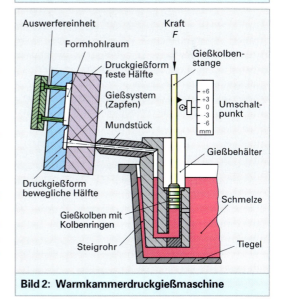

Bild 2: Warmkammerdruckgießmaschine

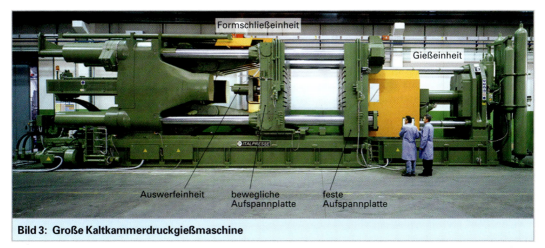

Bild 3: Große Kaltkammerdruckgießmaschine

Die *Gießgarnitur* (Formhälften) besteht bei den Warmkammermaschinen aus Gusseisenwerkstoffen. Bei Kaltkammerdruckgießmaschinen besteht die Gießkammer aus Warmarbeitsstählen und der Gießkolben aus einem gut thermisch leitenden Material, häufig aus Kupferlegierungen. Warmkammerdruckgießmaschinen werden zur Herstellung von Zinkdruckgussteilen aber auch von Magnesiumdruckgussteilen eingesetzt.

Voraussetzung ist, dass die Warmhaltetemperaturen der Schmelzen nicht sehr hoch sind und die Schmelzen die Eisenwerkstoffe der Gießgarnituren nicht angreifen. Dies trifft für alle Zinkdruckgusslegierungen und für die *eutektischen* und *nah-eutektischen Magnesium-Aluminiumlegierungen* zu.

Kennzeichnend für Druckgießmaschinen sind die *Schließkräfte,* mit denen eine Druckgießform zugehalten werden kann. Die *Zuhaltekräfte* müssen grösser sein als die *Sprengkräfte,* die in der Form während bzw. am Ende der Formfüllung die Formhälften auseinander drücken. Warmkammerdruckgießmaschinen haben Zuhaltekräfte von wenigen kN bis 8,5 MN.

Kaltkammerdruckgießmaschinen sind mit 1 MN bis 50 MN Zuhaltekraft im Einsatz **(Tabelle 1)**. Bei Kaltkammerdruckgießmaschinen unterscheidet man zwischen *horizontalen* (horizontal ausgerichtete Gießkammer) und *vertikalen Druckgießmaschinen.*

> Druckgießmaschinen sind meist Kaltkammerdruckgießmaschinen.

Tabelle 1: Kenngrößen von Kaltkammerdruckgießmaschinen

Kenngrößen	Einheit	Kleine Maschinen	Mittlere Maschinen	Große Maschinen
Zuhaltekraft	kN	2700	21 000	52 000
Schließhub	mm	500	1300	2000
Auswerferkraft	kN	128	700	900
Auswerferhub	mm	100	300	350
Formhöhe	mm	250 bis 630	600 bis 1600	900 bis 2000
Aufspannplatten	mm	800×800	2000×2000	3000×3000
Säulendurchmesser	mm	100	250	400
Gießkraft	kN	300	1600	3000
Abmessungen (Länge × Breite × Höhe)	m	$6 \times 2,5 \times 2,5$	$12,5 \times 4,5 \times 4$	$18 \times 4,8 \times 6,5$

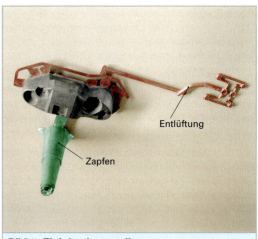

Bild 1: Zinkdruckgussteil

Bild 1 zeigt ein typisches Zinkdruckgussteil mit Gießsystem (Zapfen, im Bild grün) und Zwangsentlüftungssystem (im Bild braun), gesehen von der festen Formhälfte aus. Das Gussteil wurde mit einer Warmkammermaschine hergestellt. Das erkennt man an dem hierfür typischen Zapfen.

Bild 2 zeigt den Abguss aus einer 2-fach-Form für ein Vollskelett-Lenkrad, gesehen von der festen Formhälfte aus. Bild 2, Seite 29 zeigt dasselbe Gussteil von der beweglichen Formhälfte aus gesehen. Dieses Gussteil wurde mit einer Kaltkammerdruckgießmaschine hergestellt. Man erkennt dies an dem hierfür typischen Gießsystem bzw. Gießrest.

Bild 2: Aluminiumdruckgussteil, von der festen Formhälfte aus gesehen

Eine Weiterentwicklung der Kaltkammerdruckgießmaschine stellt die **Vacuraldruckgießmaschine** (**Bild 1**) dar. Die Druckgießform wird geschlossen und der Formhohlraum einschließlich Gießkammer und Gießsystem über eine Vakuumpumpe vollständig entlüftet (Restdruck < 50 mbar). Dabei wird die Schmelze aus einem Warmhalteofen über ein Steigrohr in die Gießkammer gesaugt.

Die Dosiermenge der Schmelze hängt von der Dosierzeit ab. Nach ausreichender Dosierung verschließt der Gießkolben das Steigrohr. Der Gießprozess kann beginnen. Ein großer Vorteil des Verfahrens (Selbstkontrolle) liegt darin, dass nur bei wirksamer Entlüftung der Druckgießform die Dosierung erfolgt. Eine Schwierigkeit ist das Abdichten der Führungen für die beweglichen Teile der Druckgießform wie z. B. die Kerne und der Auswerfer.

Die automatisierte Entnahme der Druckgussteile erfolgt mit einem Handhabungsgerät, das nach dem Öffnen der Form (**Bild 2**) das Teil entnimmt (**Bild 3**). Als Handhabungsgeräte werden entweder kompakte, spezielle Bewegungseinheiten verwendet, die meist oberhalb der Druckgießmaschine und damit platzsparend angebracht sind, oder aber universelle Industrieroboter beigestellt. Im letzteren Falle übernehmen diese Geräte im Takt der Druckgießmaschine auch Aufgaben der Gussnachbearbeitung, wie z. B. das Abtrennen der Gießsysteme.

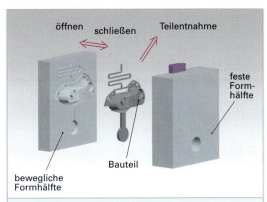

Bild 2: Gussteil und Formhälften

Bild 3: Teileentnahme mit Roboter

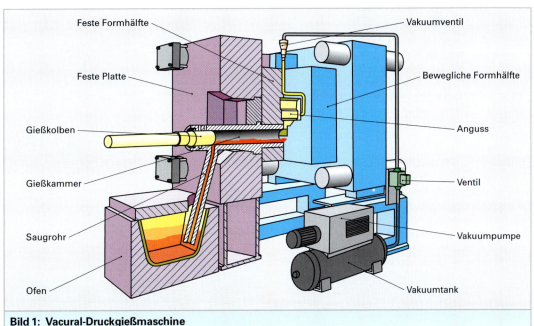

Bild 1: Vacural-Druckgießmaschine

Der Druckgießprozess

Der Gießprozess kann prinzipiell in drei Phasen eingeteilt werden:

- Vorfüllphase,
- Formfüllphase,
- Nachdruckphase (**Bild 1**).

Vorfüllphase

Die Vorfüllphase dient dazu, das flüssige Metall in der Gießkammer möglichst ohne *Verwirbelung* mit der sich darin befindlichen Luft bis zum Anschnitt zu fördern. Die Geschwindigkeit des Kolbens im Bereich der ersten Phase ist einstellbar zwischen 0,05 m/s und 0,7 m/s. Aufgrund der relativ langen Dauer der ersten Phase kann die Luft teilweise über die Teilungsebene der Form oder über Entlüftungskanäle entweichen.

Die Geschwindigkeit des Kolbens im Bereich der Vorfüllphase ist so zu wählen, dass die vor dem Gießkolben sich ausbildende Stauwelle den gesamten Gießkammerquerschnitt ausfüllt. Wird die Vorlaufgeschwindigkeit zu gering gewählt, bildet sich keine genügend hohe Welle aus. Ist sie größer als der kritische Wert, kommt es zu einer Überschlagwelle mit entsprechendem Lufteinschluss (**Bild 2**). Die Vorfüllphase dauert zwischen 0,5 s bis maximal 6 s je nach Grösse der Druckgießmaschine bzw. der Länge der Gießkammer. Ein Teil der Schmelze erstarrt bereits in der Gießkammer.

Formfüllphase

Der Gießkolben wird innerhalb weniger Millisekunden auf eine hohe Geschwindigkeit beschleunigt (**Bild 1, folgende Seite**). Die Geschwindigkeit des Gießkolbens in diesem Bereich beträgt bei Kaltkammerdruckgießmaschinen, einstellbar, zwischen 0,4 m/s und 6 m/s. In der kurzen Formfüllphase ist eine Entlüftung des Formhohlraumes praktisch nicht möglich. Überläufe tragen zur Entlüftung entgegen der vorherrschenden Meinung nicht bei.

Nachdruckphase

Nach dem Ende der Formfüllung wird der Gießkolben abrupt abgebremst. Metallische Schmelzen sind praktisch inkompressibel. Der Druck steigt dabei nach dem Aufprall bis zu einem statischen Enddruck (Speicherdruck von 100 bar bis 170 bar im Hydrauliksystem der Druckgießmaschine). Der Nachdruck dient zum Komprimieren der während der Formfüllung durch die Schmelze eingeschlossenen Luft, sowie zur Nachspeisung des Schwindungsvolumens während der Erstarrung. Je höher der Druck in der Nachdruckphase gewählt wird, desto stärker wird die Luft komprimiert.

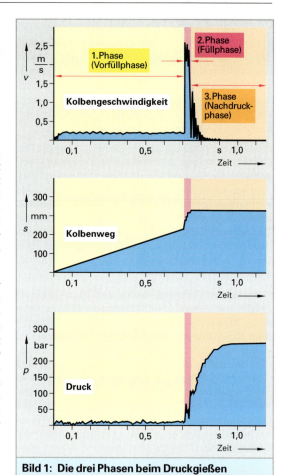

Bild 1: Die drei Phasen beim Druckgießen

Bild 2: Lufteinschlüsse

Gießbedingungen beim Druckgießen

Das Druckgießverfahren unterscheidet sich gegenüber den anderen Gießverfahren, z. B. Sandgießen, Kokillengießen, Feingießen, durch die Gießbedingungen.

- Die Formfüllzeit (Formfüllphase) ist ausserordentlich kurz, sie liegt zwischen 5 ms bis 60 ms je nach Legierung, Bauteilgrösse und vor allem Wanddicke der Gussteile. In der kurzen Formfüllzeit kann der Formhohlraum nicht entlüftet werden, die Luft wird eingeschlossen. Nach Möglichkeit sollte die Formfüllzeit so gewählt werden, dass die Erstarrung erst nach erfolgter Formfüllung beginnt.
- Die Strömungsgeschwindigkeit der Schmelze im Formhohlraum ist groß. Im Anschnitt kann sie genau angegeben werden. Sie liegt einstellbar im Bereich zwischen 20 bis 100 m/s. Gelegentlich können auch deutlich höhere Geschwindigkeiten erzielt werden, was jedoch wegen der dadurch eingeschränkten Lebensdauer der Druckgießform nicht erwünscht ist. Die örtliche Geschwindigkeit hat einen Einfluss auf den Wärmeübergang und somit auf die Gefügeausbildung und die mechanischen Kennwerte.
- Der Nachdruck nach beendeter Formfüllung, unter dem die Schmelze erstarrt, ist einstellbar im Bereich zwischen 400 bis 1500 bar bei Kaltkammerdruckgießmaschinen. Er ergibt sich aus der Gießkraft der Druckgießmaschine bezogen auf die Gießkolbenquerschnittsfläche. Bei Warmkammerdruckgießmaschinen liegt der Nachdruck im Bereich von 200 bis 400 bar.
- Die Formtemperatur liegt in der konturgebenden Oberfläche im Bereich zwischen 180 bis 260 °C. Sie hat einen erheblichen Einfluss auf die Qualitätseigenschaften der Teile bzw. auf die Fehler, wie z. B. Kaltfließstellen und Lunker.

2.1.5.6 Weitere Gießverfahren

Es gibt eine Reihe von Gießverfahren, die aus den bereits vorgestellten Verfahren weiter entwickelt wurden. Dazu gehört das **Niederdrucksandgießen**. Es ist aus dem Niederdruckkokillengießen abgeleitet. Hier wird jedoch statt einer Dauerform (Kokille) eine Sandform verwendet. Dieses Verfahren wird vor allen Dingen für die Herstellung von Prototypen und Kleinserien eingesetzt.

Dauerformen sind teuer. In der Entwicklungsphase eines neuen Bauteiles versucht man die Kosten für die Formen möglichst gering zu halten und es werden Änderungen vorgenommen. An einer metallischen Dauerform können jedoch Änderungen kaum durchgeführt werden. Deswegen bedient man sich der wesentlich preisgünstigeren Methode der Herstellung von Sandformen.

Ein weiteres Verfahren ist das **Kolbengießen**, eine Weiterentwicklung des Kokillengießverfahrens,

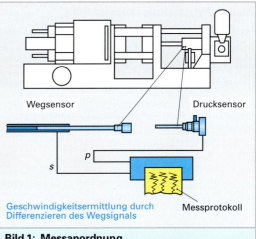

Geschwindigkeitsermittlung durch Differenzieren des Wegsignals   Messprotokoll

Bild 1: Messanordnung

speziell zum Gießen von dünnwandigen Kolben für Verbrennungsmotoren. Ebenfalls eine Weiterentwicklung ist das **Kokillenpressgießen**. Dabei wird die offene Form unter dem Einfluss der Schwerkraft gefüllt. Anschliessend taucht die zweite Formhälfte von oben in die Schmelze ein. Während der Erstarrung wird auf die Schmelze ein Druck aufgebracht.

Das **PrecoCast-Verfahren**[1] ist ein Kokillengießverfahren, das man auch als *Gegendruckgießverfahren* bezeichnen kann. Es ist abgeleitet aus dem Niederdruckkokillengießen. Dabei wird jedoch auf die Schmelze während der Erstarrung ein höherer Druck aufgebracht.

Beim **Thixoschmieden**[2] werden *untereutektische Legierungen* (man verwendet meistens Aluminium-Silizium-Legierungen) in einem halbflüssigen/halbfesten Zustand in ein *Untergesenk* eingebracht. Das *Obergesenk* taucht in das Untergesenk ein, wobei der halbflüssige/halbfeste metallische Werkstoff verformt wird. Die Erstarrung erfolgt unter Aufbringung eines höheren Druckes.

Aus dem Druckgießverformen abgeleitet sind die Verfahren **Thixomoulding**[3], bei denen ebenfalls ein halbflüssiges/halbfestes Metall (meist werden dazu Magnesiumlegierungen wie die AZ91HP vergossen) durch eine Schnecke, ähnlich den Kunststoffspritzgießmaschinen, in den Formhohlraum gefüllt wird.

Alle weiter entwickelten Verfahren sind Spezialgießverfahren, die für wenige Produkte Erfolg versprechend sind. Sie lösen die konventionellen Gießverfahren jedoch nicht ab, sondern ergänzen diese.

---

[1] PrecoCast, eingetragenes Warenzeichen
[2] Tixotropie = unter Kraft flüssig werdend, von griech. thixis = berührend
[3] engl. to mould = formen

2.1.5.7 Vergleich der Gießverfahren

Nachfolgend werden die gängigsten konventionellen Gießverfahren im Hinblick auf die wesentlichen Unterschiede verglichen.

In **Tabelle 1, folgende Seite,** sind die kennzeichnenden Merkmale der einzelnen Gießverfahren eingetragen. Aus den kennzeichnenden Merkmalen ergeben sich auch die typischen Einsatzgebiete für die Gießverfahren.

Während die hochschmelzenden Gusseisenwerkstoffe und Stahlgussqualitäten im Wesentlichen nach dem Sandgießverfahren, kleine Stahlgussteile nach dem Feingießverfahren abgegossen werden, werden die Aluminium-Legierungen, Magnesiumlegierungen und Zinklegierungen überwiegend in Dauerformen abgegossen, d. h. nach dem Schwerkraftkokillengießen, dem Niederdruckkokillengießen und dem Druckgießen. Natürlich wird auch das Sandgießverfahren, vor allem für die Aluminiumlegierungen, aber auch auch für die Magnesiumlegierungen eingesetzt. Die Schwermetallgusswerkstoffe werden sowohl im Sandgießverfahren wie im Schwerkraftkokillengießverfahren und auch im Niederdruckkokillengießverfahren abgegossen.

Mit Ausnahme des Druckgießverfahrens ist die Formfüllzeit bei den anderen Gießverfahren relativ lang. Die Geschwindigkeit, mit der die Schmelze den Formhohlraum füllt ist relativ niedrig, der Druck, unter dem die Schmelze erstarrt entspricht im Wesentlichen dem metallostatischen Druck. Nur beim Niederdruckkokillengießen ist der Nachdruck bis auf 2 bar leicht erhöht. Die Kokillengießverfahren unterscheiden sich von dem Sandgießen durch die hohen Formtemperaturen.

Hohe Formtemperaturen sind auch ein charakteristisches Merkmal des Feingießens. Sie sind zur Herstellung dünnwandiger, filigraner Stahlgussteile unbedingt erforderlich. Je höher die Formtemperatur ist, um so länger bleibt eine Schmelze bei gleicher Wanddicke der Gussteile flüssig, um so dünnwandiger können Teile gegossen werden.

Die Fertigungsbedingungen beim Druckgießen unterscheiden sich stark von den übrigen Fertigungsverfahren. Dies gilt für die extrem kurze Formfüllzeit, die sehr hohen Strömungsgeschwindigkeiten und den hohen Druck, unter dem die Schmelze erstarrt.

In **Bild 1** sind typische Gussteile dargestellt und den einzelnen Gießverfahren zugeordnet.

Sandgussteil aus Rotguss

Feingussteil aus einer Al-Legierung

Kokillengussteil aus einer Al-Legierung

Druckgussteil aus einer Magnesium-Legierung

Bild 1: Typische Gussteile

Tabelle 1: Vergleich der Gießverfahren					
Eigenschaften	Sandform-gießen	Feingießen	Schwerkraft-Kokillengießen	Niederdruck-Kokillengießen	Druckgießen
Formen	Verlorene Formen	Verlorene Formen	Metallische Dauerformen	Metallische Dauerformen	Metallische Dauerformen
Modelle	Holz Metalle Verlorene Modelle aus Styropror	Verlorene Modelle aus Wachs	–	–	–
Art der Teile	Einzelteile, Serienteile, Großserienteile	Serienteile, Großserienteile	Serienteile, Großserienteile	Großserienteile	Großserienteile
Legierungen	Alle	Unlegierte und legierte Stähle Al-Legierungen	Al-Legierungen Messing	Al-Legierungen	Al-, Zn- und Mg-Legierungen (Messing)
Typische Teile	Gehäuse für Getriebe, Bremsscheiben, Dieselmotoren, Maschinenständer	Kleinteile für Spinnereimaschinen, Feinwerktechnik-Industrie	Vergütbare Al-Teile für Automobilindustrie, Armaturen	Rotationssymmetrische Teile, wie Felgen	Automobilteile, wie Getriebegehäuse, Motorblöcke
Teilegewicht	Unbegrenzt bis 500 t	Wenige Gramm bis 50 kg	Wenige Gramm, bis 35 kg	Bis 20 kg	Wenige Gramm Bis 50 kg
Produktivität	Sehr hoch bis 300 Abformungen/Std, Mehrfachformen	Hoch Trauben mit vielen Formnestern	Niedrig	Niedrig	Hoch
Kreislaufanteil	30 bis 50 %	30 bis 100 %	30 bis 50 %	5 bis 10 %	90 bis 100 %
Formmaterial	Quarzsande mit Binder	Keramik	GGL, GGG, Warmarbeitsstähle	GGL, GGG, Warmarbeitsstähle	Warmarbeitsstähle
Maßgenauigkeit/Toleranzen	Je nach Größe der Teile: 1 bis 5 mm	0,1 bis 1 mm	0,5 bis 2 mm	0,5 bis 2 mm	10 μm bis 1 mm
Formfüllung	Unter Schwerkraft	Unter Schwerkraft	Unter Schwerkraft	Druckgasbeaufschlagt	Mechanisch mit hydraulichem Antrieb
Formfüllzeit	5 bis 50 s	5 bis 10 s	5 bis 10 s	5 bis 8 s	5 ms bis 60 ms
Geschwindigkeit der Schmelze b. d. Formfüllung	1 bis 3 m/s	1 bis 2 m/s	1 bis 2 m/s	0,3 bis 0,6 m/s	30 bis 100 m/s
Formtemperatur	~20 °C	500 bis 700 °C	300 bis 500 °C	300 bis 500 °C	180 bis 250 °C
Druck, unter dem die Schmelze erstarrt	Metallostatischer Druck	Metallostatischer Druck	Metallostatischer Druck	Bis 2 bar	a) 200 bis 400 bar WKM[1] b) 400 bis 1500 bar KKM[2]

---

[1] WKM Abk. für Warmkammerdruckgießmaschinen
[2] KKM Abk. für Kaltkammerdruckgießmaschinen

2.1.6 Anforderungen an Gussteile und Fertigungsbedingungen

2.1.6.1 Einleitung

An Gussteile werden je nach Verwendungszweck unterschiedliche Anforderungen gestellt, so müssen z. B. Hydraulikteile oder Gasventile druckdicht sein. Motorträger müssen sowohl bei Stoßbelastung als auch wechselnder Belastung hohe Festigkeitseigenschaften aufweisen. Bremsscheiben müssen eine hohe Verschleißfestigkeit haben. Walzen für die Papierherstellung (Kalanderwalzen) müssen ebenfalls eine hohe Verschleißfestigkeit aufweisen.

In vielen Fällen sind diese Anforderungen nur durch bestimmte Legierungen zu erfüllen, die auch nicht durch die anderen Fertigungsverfahren verarbeitet werden können. Die direkte Herstellung von Gussteilen aus der Schmelzhitze ermöglicht es, jede gewünschte Legierung, d. h. Metalle in jeder beliebigen Zusammensetzung zur Herstellung von Gussteilen einzusetzen.

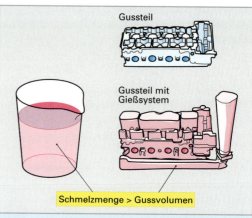

Bild 1: Schmelzmenge und Gussvolumen

2.1.6.2 Vollständigkeit

Es ist eine häufig unausgesprochene Selbstverständlichkeit, dass die Gussteile vollständig sein sollen. Für die Gießer ist es jedoch häufig eine schmerzvolle Erfahrung, dass diese Anforderung nicht immer erfüllt ist. Voraussetzung für ein vollständiges Teil ist, dass der Formhohlraum vollständig mit Schmelze gefüllt wird.

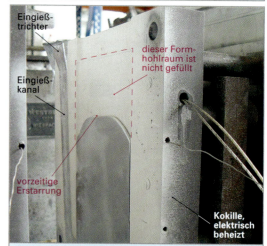

Bild 2: Bauteil mit vorzeitiger Erstarrung im dünnwandigen Bereich

Bedingungen zur Vollständigkeit

* Die erste Bedingung ist, dass genügend Schmelze vorhanden ist. Dabei muss bei Sandguss und bei Kokillenguss das Gießsystem, der eigentliche Formhohlraum und der bzw. die Speiser mit Schmelze gefüllt werden **(Bild 1)**. Bei großen Gussteilen kann es vorkommen, dass die notwendige Schmelzmenge nicht genau bekannt ist.
  Gussteile, die mit CAD-Systemen konstruiert werden, erlauben jedoch die genaue Berechnung der Volumina, so dass diese Bedingung erfüllt sein wird.

* Die zweite Bedingung, die unbedingt erfüllt sein muss, ist, dass die *Formfüllzeit* kleiner ist als die *Erstarrungszeit*. Wenn die Schmelze während der Formfüllung in bestimmten Bereichen des Formhohlraums bereits erstarrt ist, bevor der gesamte Formhohlraum gefüllt ist, sind die Teile unvollstän-

dig **(Bild 2)**. Diese Gefahr ist insbesondere bei Druckgussteilen vorhanden, trotz der extrem kurzen Formfüllzeit. Dies gilt vorallem für dünnwandige, großflächige Teile.
Die örtliche Erstarrungszeit ist vom Quadrat der Wanddicke abhängig. Von daher bestimmt die kleinste Wanddicke die Formfüllzeit. Die Bedingung kann so formuliert werden:

$$t_G \leq t_E$$

t_G = Formfüllzeit
t_E = Erstarrungszeit

Die Formfüllzeit t_G muss kleiner gleich der Erstarrungszeit t_E in dem Bereich des Formhohlraumes sein, in dem die Erstarrungszeit am kürzesten ist; das ist der dünnwandigste Bereich.

2.1.6.3 Vermeiden von Kaltfließstellen

Kaltfließstellen sind Bereiche in einem Gussteil, in denen die Schmelze während der Formfüllung bereits ganz oder teilweise erstarrt ist **(Bild 1)**.

Die Bedingung, dass die Formfüllung abgeschlossen ist ehe die Erstarrung beginnt, ist bei der Herstellung von Sandgussteilen in der Regel zu erfüllen. Sie macht jedoch bei Kokillengussteilen, insbesondere aber bei Druckgussteilen große Schwierigkeiten. Zwischen den, während der Formfüllung erstarrten Bereichen und den, nach der Formfüllung erstarrten Bereichen, gibt es große Gefügeunterschiede **(Bild 2)**.

In der Grenzfläche ist häufig nur eine mechanische Haftung, jedoch keine metallische Verbindung feststellbar. Die Grenzfläche wirkt wie ein *Riss*. *Kaltfließstellen* können zu Oberflächenfehlern führen **(Bild 3)**. Sie können jedoch auch bei *wechselbelasteten Teilen* zur Einleitung eines Risses führen.

Zur Vermeidung von Kaltfließstellen sollte die Form gefüllt werden, bevor die Erstarrung beginnt. Dies ist speziell für die Herstellung von Druckgussteilen eine außerordentlich scharfe Bedingung. Da es bisher über die Bildung einer ersten erstarrten Randschicht keine systematischen Untersuchungen gibt, ist man auf Erfahrungen der Gießer angewiesen.

Im Allgemeinen geht man bisher davon aus, dass die Formfüllzeit kleiner sein sollte als 10 % der örtlichen Erstarrungszeit, d. h.

$$t_G < 0{,}1 \cdot t_E$$

t_G = Formfüllzeit
t_E = Erstarrungszeit.

Diese Bedingung ist umso schwieriger zu erfüllen, je dünnwandiger die Teile sind und je länger die Fließwege sind. Es gilt daher, dass Gussteile in dem Bereich angeschnitten werden, von dem aus der Fließweg möglichst kurz ist **(Bild 4)**. Diese Bedingung ist nicht immer zu erfüllen. Darüber hinaus steht sie anderen Bedingungen häufig entgegen.

> Die Form sollte vollständig gefüllt sein, ehe die Erstarrung beginnt.
> Bei dünnwandigen Gussteilen ist dies oft ein großes Problem.

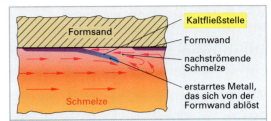

Bild 1: Entstehen einer Kaltfließstelle

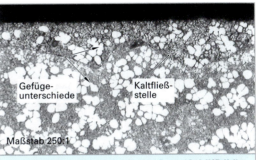

Maßstab 250:1

Bild 2: Gefügeunterschiede im Guss (Schliffbild)

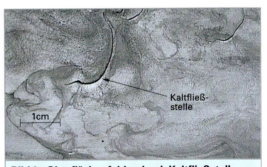

Bild 3: Oberflächenfehler durch Kaltfließstelle

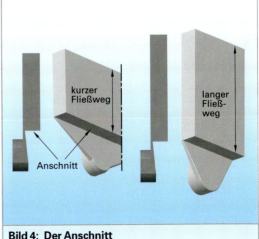

Bild 4: Der Anschnitt

2.1.6.4   Vermeiden innerer Hohlräume

Das Auftreten innerer Hohlräume stellt die häufigste Fehlerursache bei Gussteilen dar. Dazu gehören *Lunker, Poren* und *Risse*.

1. Lunker

Lunker entstehen durch eine unzureichende Nachspeisung des schwindungsbedingten Anteils der Schmelze bei ihrer Abkühlung im Formhohlraum sowie beim Übergang flüssig/fest. Aufgrund der unzureichenden Nachspeisung können *Mikrolunker* sowie *Makrolunker* entlang der *Korngrenzen* des Gefüges auftreten (**Bild 1**). Die Lunker, insbesondere die Mikrolunker, sind stark zerklüftet. Sie haben eine innen rauwandige Oberfläche und eine hohe *Kerbwirkung*. Bei Belastung, insbesondere bei Gussteilen die schwingend belastet werden, können sie einen Bruch einleiten.

2. Poren

Poren entstehen durch Einschlüsse von Luft und Gasen. Bei der Formfüllung werden *laminare* bzw. quasilaminare Strömungen angestrebt (**Bild 2**). Dies ist jedoch in der Regel nicht zu erreichen. Bei Turbulenzen, dies gilt insbesondere bei den Druckgießverfahren, wird Luft eingeschlossen. Es entstehen Poren, die eine runde Form besitzen, gelegentlich sind sie leicht abgeplattet. Die innere Oberfläche der Poren ist glattwandig, ihre Kerbwirkung ist relativ klein. Bei Gießverfahren, bei denen der Formhohlraum unter dem Einfluss der Schwerkraft gefüllt wird, können sich während der Erstarrung auch Gase, die in der Schmelze gelöst sind, ausscheiden. Dies ist immer dann der Fall, wenn die gelösten Gase, dabei handelt es sich im Wesentlichen um Wasserstoff, gelegentlich auch um Stickstoff und Sauerstoff, bei der Abkühlung der Schmelze die Löslichkeitsgrenzen überschreiten. Es bildet sich dann während der Erstarrung eine innere Grenzfläche, die Gase bilden innere Hohlräume (**Bild 3**).

Bei Stahlgussteilen kann sich ausscheidender Sauerstoff mit dem Kohlenstoff der Schmelze verbinden und zwar unter Bildung von Kohlenmonoxid (CO). Das sich ausscheidende CO bildet ebenfalls innere Poren.

Bei der Herstellung von Druckgussteilen wird wegen der sehr kurzen Formfüllzeit und der hohen Strömungsgeschwindigkeit die Bildung von Poren nur dann vermieden, wenn der Formhohlraum vor Beginn der Formfüllung vollständig entlüftet wird. Dies ist bei Einsatz von Vakuumsystemen möglich und wenn die Form absolut dicht ist (was jedoch beim Druckgießen wegen der beweglichen Kernzüge sowie der Auswerfer kaum erreichbar ist).

Beim Gießen auf einer *Vacuraldruckgießmaschine* können Druckgussteile nur hergestellt werden, wenn zuvor der gesamte Formhohlraum einschließlich Gießkammer und Gießsystem vollständig entlüftet ist.

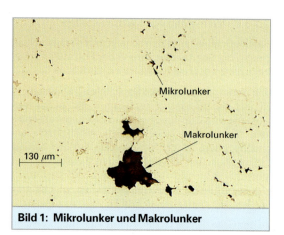

130 µm

Mikrolunker

Makrolunker

Bild 1: Mikrolunker und Makrolunker

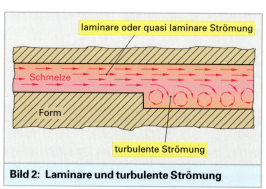

laminare oder quasi laminare Strömung

Schmelze

Form

turbulente Strömung

Bild 2: Laminare und turbulente Strömung

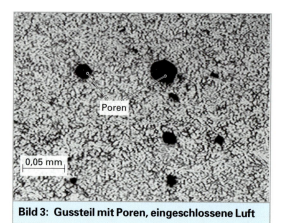

Poren

0,05 mm

Bild 3: Gussteil mit Poren, eingeschlossene Luft

3. Risse

Gelegentlich treten im Innern von Gussteilen Risse auf. Risse haben ihre Ursache in der Behinderung der Schwindung **(Bild 1)** des Gusswerkstoffes bei Bildung der Randschale, der weiteren Erstarrung über den ganzen Querschnitt und der anschließenden Abkühlung auf Raumtemperatur. Die Behinderung der Schwindung verursacht innere Spannungen.

Während der Erstarrung, d. h. im Liquidus-/Solidusbereich (flüssig-/fest-Bereich) entstehen Warmrisse oder unterhalb der Erstarrungstemperatur bei der Abkühlung sogenannte *Kaltrisse* **(Bild 2)**.

Die Gründe liegen in einer Behinderung der Schwindung beim Abkühlen des Werkstoffes von der Erstarrungstemperatur bis auf Entnahmetemperatur aus der entsprechenden Form. Die Gefahr des Auftretens von Rissen ist umso größer, je höher die *Formfestigkeit* (Festigkeit der Gussform) ist. Bei Sandgussteilen kann dies eintreten, wenn die Formfestigkeit hoch ist. Es gibt Maßnahmen, welche die Formfestigkeit von Sandformen durch Zusätze, z. B. Eisenoxidpulver, gering halten.

Bei metallischen Dauerformen ist die Formfestigkeit außerordentlich hoch. Um hier Risse zu vermeiden, muss die Ausformtemperatur der Gussteile relativ hoch sein. Sie muss im Temperaturbereich liegen, in dem die Gusswerkstoffe sehr gut plastisch verformbar sind.

Beim Auftreten von *Warmrissen* kann die Restschmelze, die noch nicht erstarrt ist, die Rissbereiche *ausheilen*. Man spricht dann von sogenannten *selbstausheilenden Schmelzen* **(Bild 3)**.

Die Zusammensetzung der Legierung in dem ursprünglichen Rissbereich weicht von der Zusammensetzung der Legierung in der Umgebung ab. Dies hängt mit der *Entmischung* der Schmelze während der Erstarrung zusammen. Zu den selbstausheilenden Gusswerkstoffen zählen die Gusseisenwerkstoffe.

Bei Stahlguss, den Kupfergusswerkstoffen sowie den Aluminiumwerkstoffen und Magnesiumwerkstoffen sind die Risse in der Regel nicht selbstausheilend.

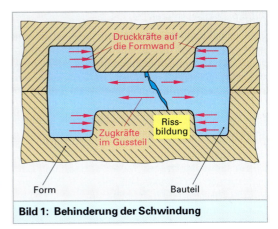

Bild 1: Behinderung der Schwindung

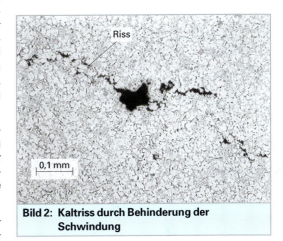

Bild 2: Kaltriss durch Behinderung der Schwindung

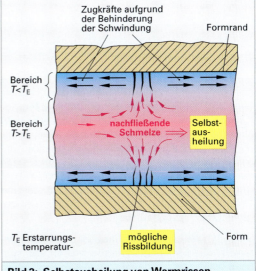

Bild 3: Selbstausheilung von Warmrissen

2.1.6.5 Maßhaltigkeit

Eine wirtschaftliche Herstellung von Gussteilen setzt voraus, dass die Gussteile nicht oder nur geringfügig *spanend* nachbearbeitet werden müssen. Um eine spanende Nachbearbeitung zu vermeiden, werden vom Teilekonstrukteur viele Maße sehr eng toleriert. Maßabweichungen bzw. Maßtoleranzen hängen von verschiedenen Einflussgrößen ab. Dazu gehören:

1. das Gießverfahren,
2. die Genauigkeit der Modelle bzw. bei Dauerformen die Genauigkeit, mit der Kokillen und Druckgießformen hergestellt sind,
3. das Einformen der Teile (formgebundene und nicht formgebundene Maße).

Man versteht unter *formgebundenen Maßen* die Maße eines Gussteiles, die in *einer* Formhälfte liegen. Unter *nicht formgebundenen Maßen* versteht man Maße, die über die Teilungsebene hinweg gehen, bzw. durch zwei zueinander bewegliche Formbereiche bestimmt werden **(Bild 1)**.

Ein weiteres Unterscheidungskriterium besteht darin, ob die Maße in der Form in ihrer Schwindung nach der Erstarrung der Schmelze bei Abkühlen auf Entnahmetemperatur behindert sind, oder ob sie in der Form frei schwinden können.

> Dickenmaße können *frei schwinden*, während bei vorgegossenen Bohrungen in Gussteilen die Schwindung teilweise oder ganz behindert ist.

2.1.6.6 Maßbeständigkeit

Viele Gussteile zeigen nach dem Ausformen aus der Form, dem Putzen (Abtrennen des Gießsystems und der Speiser bei Sand- und Kokillengussteilen), sowie der spanenden Nachbearbeitung ein *Alterungsverhalten*, wobei sich gegebenenfalls die Festigkeitseigenschaften des Bauteiles und einige Maße verändern. Dies ist in der Regel dann der Fall, wenn mit dem Alterungsverhalten, mit der Alterungszeit Spannungen abgebaut werden und Gefügeungleichgewichte durch *Diffusionsvorgänge* allmählich abgebaut werden.

Diese Vorgänge sind verbunden mit Maßänderungen. Bei sehr engtolerierten Maßen, die spanend bearbeitet werden, kann dies zu Problemen führen.

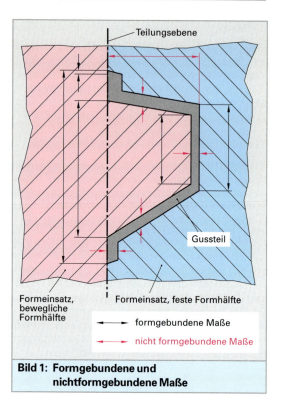

Bild 1: Formgebundene und nichtformgebundene Maße

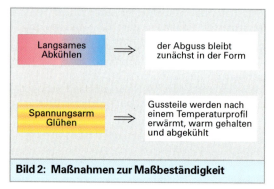

Bild 2: Maßnahmen zur Maßbeständigkeit

Um eine nachträgliche Maßänderung zu vermeiden, müssen die Alterungseffekte zeitlich vorweg genommen werden. Dies ist dadurch möglich, dass man die Gussteile sehr langsam abkühlen lässt bzw. einem Spannungsfreiglühen unterzieht.

> Bei Druckgussteilen kann man feststellen, dass Innenmaße kleiner werden.

2.1.6.7 Korrosionsfestigkeit

Die Korrosionsfestigkeit[1] der Gusswerkstoffe hängt im Wesentlichen von der Legierungszusammensetzung ab. Kupferfreie Aluminiumlegierungen gelten allgemein als korrosionsfest.

Die Kupfergehalte dürfen einen Wert von 0,05 % nicht übersteigen. Was die Magnesiumlegierungen anbetrifft, so werden heute überwiegend sogenannte *high purity Legierungen* eingesetzt, d. h. Legierungen die hochrein sind. Die Legierungen haben Eisengehalte < 0,005 %,

Neben der Legierungszusammensetzung können auch Probleme bei der Oberflächenbeschaffenheit der Gussteile zu einem *korrosiven Angriff* führen. Kupferwerkstoffe gelten gegenüber saurer sowie basischer Atmosphäre als korrosionsfest und werden daher bevorzugt in korrosiver Atmosphäre eingesetzt, z. B. für Pumpen in der chemischen Industrie.

Zur Korrosionsvermeidung werden Gusswerkstücke auch einer Oberflächenbehandlung, z. B. einer Galvanisierung unterworfen **(Bild 1)**.

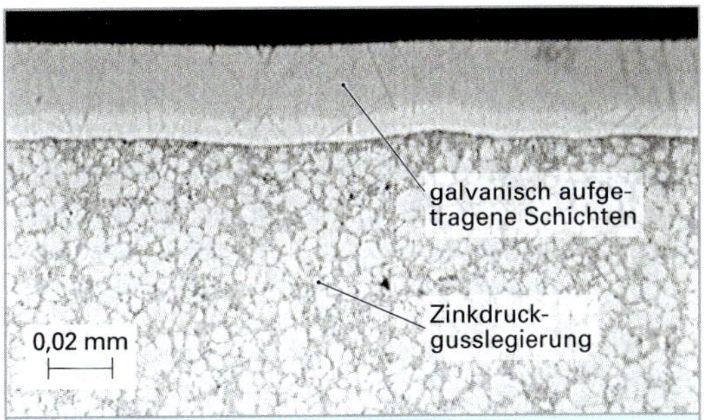

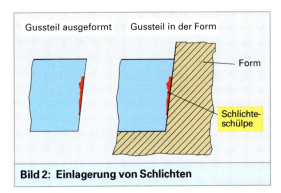

Bild 1: Oberflächenveredelung zur Korrosionsvermeidung

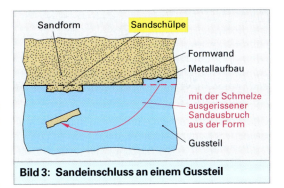

Bild 2: Einlagerung von Schlichten

2.1.6.8 Oberflächenbeschaffenheit

Die Oberfläche von Gussteilen hat sehr häufig ästhetische Bedeutung. Viele Gussteile haben Sichtflächen, z. B. Felgen aus Aluminiumlegierungen.

Die Oberflächenausbildung hängt vom eingesetzten Gießverfahren und der nachfolgenden Bearbeitung ab. Bei Kokillengussteilen können in der Oberfläche Einlagerungen von Schlichten **(Bild 2)** vorliegen sowie Schlackeneinschlüsse **(Bild 3)**, bei Sandgussteilen können Sandeinschlüsse auftreten.

Von Zeit zu Zeit zeigen die Oberflächen auch sogenannte *Einfallstellen.* Unter den Einfallstellen im Gefüge der Gussteile sind in der Regel auch Mikro- oder Makrolunker zu erkennen. Die Einfallstellen entstehen bei der Erstarrung der Schmelze.

Wenn die Nachspeisung des schwindungsbedingten Anteils der Schmelze unzureichend ist, bildet sich in dem Bereich, in dem im Innern Lunker auftreten, ein Unterdruck, der die noch weiche Oberfläche verformt, ein Einfallen der Oberfläche **(Bild 4)** ist die Folge.

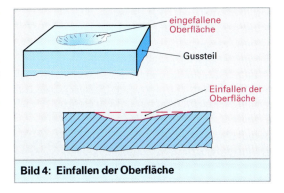

Bild 3: Sandeinschluss an einem Gussteil

Bild 4: Einfallen der Oberfläche

---

[1] Korrosion von lat. corrodere = zernagen

2.1.7   Eigenschaften metallischer Werkstoffe

Metallische Werkstoffe werden eingesetzt zum einen wegen ihrer physikalischen Eigenschaften, zum anderen wegen ihrer hervorragenden mechanischen Eigenschaften sowie den hervorragenden Formgebungseigenschaften. Es kann jede gewünschte Geometrie abgebildet werden.

Im Folgenden werden die Eigenschaften behandelt, welche die Gießverfahren ganz wesentlich beeinflussen und die auf die Qualität der Gussteile einen großen Einfluss ausüben. Dazu gehören die *Volumeneigenschaften* und die *thermischen Eigenschaften*.

Metallische Werkstoffe sind praktisch inkompressibel, d. h. das Volumen einer Schmelze oder eines Bauteils verändert sich abhängig vom äußeren Druck im Gegensatz zu den Kunststoffen nicht. Dagegen gibt es eine starke Abhängigkeit von der Temperatur.

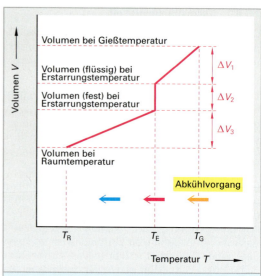

Bild 1: Volumenschwindung bei Abkühlung

2.1.7.1   Volumeneigenschaften

Reine Metalle und eutektische[1] Legierungen

Alle metallischen Schmelzen schwinden bei Abkühlung von der Gießtemperatur T_G auf die Erstarrungstemperatur T_E.

Die Volumenschwindung ist ΔV_1 **(Bild 1)**. Die Erstarrungstemperatur T_E einer metallischen Schmelze ist immer kleiner oder gleich der Schmelztemperatur T_S, d. h. metallische Schmelzen *unterkühlen*. Die Unterkühlung einer Schmelze ist abhängig vom Keimzustand[2].

Technische Schmelzen enthalten in der Regel ausreichend heterogene Keime, die die Kristallisation der Schmelze bei geringer Unterkühung unter die Schmelztemperatur T_S einleiten. **(Bild 2)**.

Beim Übergang *flüssig-fest* verändert sich das Volumen meist sprunghaft um ΔV_2. Dies gilt für *reine* Schmelzen und für Legierungen.

Im festen Zustand schwindet der metallische Werkstoff bei Abkühlung auf Raumtemperatur T_R um einen Betrag ΔV_3, wobei einzelne Bereiche (Maße) in ihrer Schwindung durch die Form behindert sein können. Dies gilt vorallem bei Gießverfahren, bei denen metallische Dauerformen eingesetzt werden, wie z. B. bei Kokillenguss und Druckguss.

Je weniger artfremde (heterogene) und arteigene (homogene) Keime vorhanden sind, um so stärker unterkühlt die Schmelze. Bei technischen Schmelzen werden artfremde Keime zugesetzt, um ein

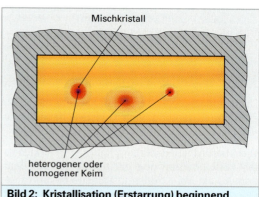

Bild 2:   Kristallisation (Erstarrung) beginnend an heteorgenen Keimen

möglichst gleichmäßiges, feinkörniges Gefüge zu erzielen. Man bezeichnet diesen Vorgang als *Impfen* bei Gusseisenschmelzen und *Kornfeinung* bei den übrigen metallischen Schmelzen.

Die mögliche Unterkühung beträgt $0{,}2 \times T_S$ (Schmelztemperatur).
Dies gilt, wenn keine heterogene (artfremde) Keime in der Schmelze vorliegen.

---

[1] *eutektische* Legierungen sind Metalle in einem Legierungsverhältnis mit niedrigstem Schmelzpunkt, von griech. entektos = leicht schmelzend
[2] Keime sind der Ausgangspunkt für die Kristallisation bei der Erstarrung

Untereutektische und übereutektische Legierungen

Bei untereutektische Legierungen und bei übereutektischen Legierungen liegt ein Erstarrungsintervall vor. Der Beginn der Erstarrung beginnt bei der Liquidustemperatur T_{Liq} (oberhalb T_{liq} ist die gesamte Schmelze flüssig). Unterhalb T_{sol} ist die Schmelze vollständig erstarrt.

Die Temperaturabhängigkeit des Volumens ist im festen und flüssigen Zustand in erster Näherung linear. Ausnahmen treten bei Metallen auf, bei denen im festen Zustand verschiedene allotrope[1] Modifikationen vorliegen, wie z. B. Eisen, bei dem beim Aufheizen bei 909 °C das *krz-Gitter* in ein *kfz-Gitter* umgewandelt wird (Ferrit in Austenit), was mit einer sprunghaften Volumenverminderung verbunden ist **(Bild 1)**.

Die Werte des Volumenausdehnungskoeffizients α_V beim Aufheizen sind geringfügig größer als beim Abkühlen α_V^*. Das Volumendefizit ΔV_1 beim Abkühlen von der Gießtemperatur T_G auf die Erstarrungstemperatur T_E hängt bei technischen Schmelzen im Wesentlichen von der Überhitzungstemperatur, d. h. von T_G ab.

Je geringer die Schmelze überhitzt ist, um so geringer ist ΔV_1.

Gesamtvolumenschwindung:

$$\Delta V = \Delta V_1 + \Delta V_2 + \Delta V_3$$

Volumenschwindung im flüssigen Zustand:

$$\Delta V_1 + \Delta V_2 = \Delta V_{flüssig}$$

Volumenschwindung im festen Zustand:

$$\Delta V_3 = \Delta V_{fest}$$

ΔV_2 ist die sprunghafte Änderung des Volumens beim Übergang *flüssig-fest* ohne Temperaturänderung. Dies gilt insbesondere bei reinen und eutektischen Schmelzen.

> *Anmerkung:* Das Formelzeichen für die Temperatur ist T und die Einheit ist K (Kelvin). Im Falle von Temperaturangaben in °C (Grad Celsius) wird das Formelzeichen ϑ verwendet.

---

[1] Allotropie = Vorkommen in verschiedenen Zuständen, von griech. allo = gegensätzlich verschieden und tropos = Richtung, Wendung

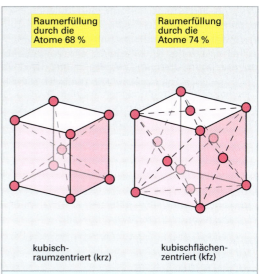

Raumerfüllung durch die Atome 68 %

Raumerfüllung durch die Atome 74 %

kubisch-raumzentriert (krz)

kubischflächen-zentriert (kfz)

Bild 1: Kristallgitter bei Eisen (Elementarzelle)

Bereich I:

Temperaturabhängigkeit des Volumens

Flüssiger Zustand, Aufheizen von T_S und T_G:

$$V_T = V_{TS}\,[1 + \alpha_V\,(T - T_S)]$$

α_V Volumenausdehnungskoeffizient

Bei Abkühlung nimmt das Volumen von der Gießtemperatur T_G linear mit der Temperatur ab.

$$V_T = V_{TG}\,[1 - \alpha^*_V\,(T_G - T)]$$

Bereich II:

Volumendefizit beim Übergang *flüssig-fest*:

Beim Übergang flüssig-fest zeigen die reinen Metalle im Allgemeinen einen negativen Volumensprung bei T_E, d. h., das Volumen wird sprunghaft kleiner.

– Aluminium	–6 % bis –6,6 %
– Antimon	+1 %
– Kupfer	–5,2 %
– Wismut	< +1 %
– Eisen	–3,0 %
– Plutonium	+10 %
– Silber	–3,8 %
– Silizium	+10 %

Wichtige Legierungselemente wie Kohlenstoff (C) erfahren als *Grafit* in Eisenwerkstoffen und Silizium (Si) in Aluminiumlegierungen eine Volumenzunahme bei der Kristallisation. Die Volumenabnahme beim Übergang *flüssig – fest* führt zu Volumenfehlern in Gussstücken (Lunker), die Volumenzunahme zu zahlreichen Problemen wie z. B. die *Penetration*[1] der Sandformen und das *Aufdrücken* von metallischen Dauerformen mit Gratbildungen. Das Verhalten von Kohlenstoff im Eisen hängt davon ab, ob sich Kohlenstoff als Grafit ausscheidet oder Zementit bildet. Scheidet sich Kohlenstoff als Grafit aus, erfährt die Schmelze eine Volumenzunahme, bildet sich der Kohlenstoff als Zementit Fe_3C aus, erfährt die Schmelze eine Volumenabnahme im Erstarrungsintervall.

Bei einer Volumenzunahme ist das Vorzeichen positiv. Ist $\Delta V_2 = \Delta V_1$, so spricht man vom speiserlosen Gießen.

Gesamtvolumendefizit

Das Volumendefizit beim Abkühlen der Schmelze bei der Erstarrung und bei Abkühlung des Gussteiles auf Raumtemperatur ist abhängig von:

• Legierungszusammensetzung,

• der Art der Kristalle bei Raumtemperatur (Kohlenstoff als Grafit bzw. in Verbindung mit Eisen als Zementit, Fe_3C),

• der Gießtemperatur T_G.

Unabhängig von der Aufteilung des Gesamtvolumendefizits in mehrere Anteile ist das Gesamtvolumendefizit eines Körpers konstant.

2.1.7.2 Die Längenausdehnung

Der Längenausdehnungskoeffizient α_l gibt die Längenänderung Δl, bezogen auf die Länge l bei einer Temperaturänderung von $\Delta T = 1\,K$ an.

Der Volumenausdehnungskoeffizient α_V gibt die Volumenänderung ΔV, bezogen auf das Volumen V bei einer Temperaturänderung von $\Delta T = 1\,K$ an.

> Merke: Bei allen Metallen beträgt der Längenausdehnungskoeffizient α_L ein Drittel des Volumendehnungskoeffizienten α_V.

Der Längenausdehnungskoeffizient ist für Metalle und Legierungen verschieden. Er beträgt bei Eisen und einer Reihe von Stählen etwa $12 \cdot 10^{-6}\,K^{-1}$, bei Aluminiumlegierungen etwa $23 \cdot 10^{-6}\,K^{-1}$.

Aufgabe:

Eine Aluminiumschmelze mit einem Volumen von $1000\,cm^3$ wird von $660°\,C$ auf $760°\,C$ erhitzt. Der Volumenausdehnungskoeffizient beträgt:
$\alpha_V = 1{,}19 \cdot 10^{-4}\,K^{-1}$

Wie groß ist das Volumen nach dem Erhitzen auf $760°\,C$?

Lösung:

Es gilt $V_T = V_{TS} \cdot (1 + \alpha_V \cdot (T - T_S))$

Wobei: $V_{TS} = 1000\,cm^3$, $\alpha_V = 1{,}19 \cdot 10^{-4}\,\frac{1}{K}$, $\vartheta_S = 660°\,C$,

$\vartheta = 760°\,C$.

$V_T = 1001{,}9\,cm^3$

Verhalten im festen Zustand

a) Aufheizen von Raumtemperatur T_R auf Schmelztemperatur T_S:

$$V_T = V_{TR} \cdot (1 + \alpha_V\,(T_S - T_R))$$

mit $\alpha_2 = \dfrac{\alpha_2}{V_{TR}}$

α_V	Volumenausdehnungskoeffizient	[1/K]
V_T	Volumen bei Temperatur T	[cm^3]
V_{TR}	Volumen bei der Raumtemperatur	[cm^3]
T_R	Raumtemperatur	[K]
T_S	Schmelztemperatur	[K]

Der Volumenausdehnungskoeffizient im festen Zustand beträgt ca. 60 % des Volumenausdehnungskoeffizienten im flüssigen Zustand.

b) Abkühlen von der Erstarrungstemperatur T_E auf Raumtemperatur T_R, wobei grundsätzlich gilt, dass $T_E \le T_S$ sei.

$$V_T = V_{TE} \cdot (1 + \alpha_V^* \cdot (T_E - T_R))$$

α_V^*	Volumenausdehnungskoeffizient (Schwindungskoeffizient) beim Abkühlen	[1/K]
V_{TG}	Volumen beim Gießen	[cm^3]
T_E	Erstarrungstemperatur	[K]

---

[1] Penetration = das Eindringen von lat. penetrare = ein-, durchdringen

2.1.7.3 Eigenschaftsänderungen beim Übergang flüssig – fest

Beim Übergang *flüssig – fest* ändern sich die meisten physikalischen Eigenschaften der Metalle. Dabei kann man die Eigenschaften in drei Gruppen einteilen:

1. Eigenschaften, die sich beim Übergang *flüssig – fest* **kaum verändern:**
   - Dichte,
   - alle thermischen Eigenschaften z. B. spez. Wärme, thermische Leitfähigkeit,
   - Kompressionsmodul,
   - Schallgeschwindigkeit,
   - elektrische Leitfähigkeit.

2. Eigenschaften, die sich beim Übergang *flüssig – fest* **stark verändern:**
   - Viskosität nimmt um mehrere Potenzen zu,
   - Diffusion nimmt stark ab.

3. Eigenschaften, die nach dem Übergang *fest – flüssig* **nicht mehr vorhanden sind:**
   - Elastizitätsmodul,
   - Schermodul.

2.1.7.4 Dichte bei Legierungen

Die Dichte ρ ist eine *integrale* Größe, d. h. sie bezieht ganze Bauteilbereiche mit ein, ist also nicht auf einen engen Bereich begrenzt. Sie hängt ab von der Legierungszusammensetzung, sowie inneren Hohlräumen z. B. Lunker **(Bild 1)** und Poren (Gaseinschlüsse) sowie inhomogenen Einschlüssen **(Bild 2)**.

Es gilt:

$$\rho = \frac{m}{V}$$

m Masse
V Volumen

Bei Legierungen aus zwei Elementen A und B wird die Dichte mit Hilfe der *Vegard*'schen[1] Regel berechnet:

$$\rho_m = x \cdot \rho_A + (1 - x) \cdot \rho_B + \Delta\rho$$

x Mischungsverhältnis
ρ_m Dichte der Legierung
ρ_n Dichte von A
ρ_B Dichte von B

Für $\Delta\rho = 0$ gibt die Gleichung einen linearen Verlauf der Dichte, abhängig vom Mischungsverhältnis, an.

Treten in einem Zwei- oder Mehrstoffsystem intermetallische Phasen auf, weicht der tatsächliche Verlauf der Dichte von der Geraden ab.

---

[1] benannt nach *L. Vegard*, formuliert um 1921

2.1.7.5 Auftreilen des Volumendefizits

Das Gesamtvolumendefizit einer Schmelze beim Abkühlen von der Gießtemperatur T_G auf Raumtemperatur T_R ist eine Konstante. Sie hängt ab von T_G, dem Volumen selbst und der Legierungszusammensetzung. Die Aufteilung des Volumendefizits in unterschiedliche Anteile (Bereiche) wird entscheidend von der Geometrie der Gussteile (dickwandig – dünnwandige Bereiche, **Bild 3**) und der örtlichen Wärmeabfuhr beeinflusst.

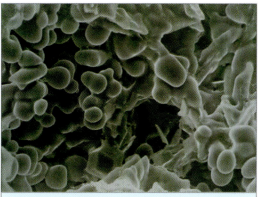

Bild 1: Lunker (REM-Aufnahme)

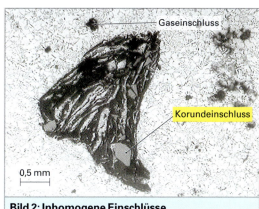

Bild 2: Inhomogene Einschlüsse

Gaseinschluss
Korundeinschluss
0,5 mm

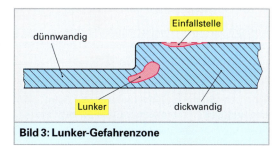

Bild 3: Lunker-Gefahrenzone

Einfallstelle
dünnwandig
Lunker
dickwandig

Die Wärmeabfuhr über den Boden der Form

Bei Erreichen der Erstarrungstemperatur T_E ist der Spiegel der Schmelze um ΔV_1 abgefallen. Im Erstarrungsintervall (zwischen T_{liq} und T_{sol}) sinkt das Volumen um ΔV_2. Unterhalb der Erstarrungstemperatur bis hin zur Raumtemperatur schwindet das Gussteil um ΔV_3 in allen drei Raumrichtungen (**Bild 1**). Dabei ist zu berücksichtigen, dass die Schwindung im vorstehenden Beispiel in der Form nicht behindert ist. Bei Formgussteilen sind zahlreiche Maße durch die Form in der Schwindung behindert. Dies gilt vor allem für Bohrungsmaße und Innenmaße. Um genaue Maße bei Raumtemperatur zu erzielen, muss man die Form mit einem dementsprechendem Aufmaß versehen (**Bild 2**).

Annahme: Wärmeabfuhr erfolgt über die Mantelfläche und den Boden (Kokille). Die Erstarrungsfront wächst vom Boden der Kokille und von der Mantelfläche in die Schmelze so ergibt sich eine Situation nach **Bild 3**.

Aufteilung des Gesamtvolumendefizits

Das Gesamtvolumendefizit ΔV (**Bild 4**) teilt sich auf in:

1. Außendefizit:
   • äußere Makrolunker,
   • Einfallstellen,
   • Schwindung.

2. Innendefizit
   • innere Makrolunker,
   • innere Mikrolunker.

Wie sich das Gesamtvolumendefizit örtlich aufteilt, hängt von den örtlichen Abkühlbedingungen und vor allem von der Geometrie des Gussteils ab.

2.1.7.6   Entstehen eines Innendefizits

Lunker haben ihre Ursache in der Schwindung im flüssigen Zustand. Bei Einsetzen der Kristallisation nach Unterkühlung unter die Erstarrungstemperatur wird Erstarrungswärme frei, die die Umgebung d. h. auch die Schmelze in der Grenzfläche zu den sich bildenden und wachsenden Kristallen aufheizt.

Erreicht die Schmelze die Schmelztemperatur, wird die Kristallisation unterbrochen. Durch Wärmeabfuhr über die Form an die Umgebung wird auch die Schmelze abgekühlt. Sie unterkühlt unter die Schmelztemperatur. Die Kristallisation wird nach einer bestimmten Zeit fortgesetzt. Beim Fortschreiten der Erstarrungsfront wachsen die Kristalle nur solange in die Schmelze hinein, bis diese verbraucht ist.

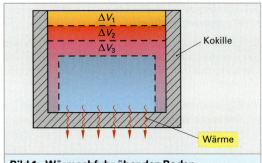

Bild 1: Wärmeabfuhr über den Boden

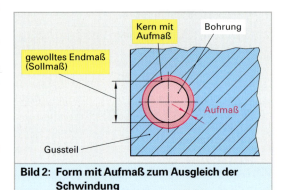

Bild 2: Form mit Aufmaß zum Ausgleich der Schwindung

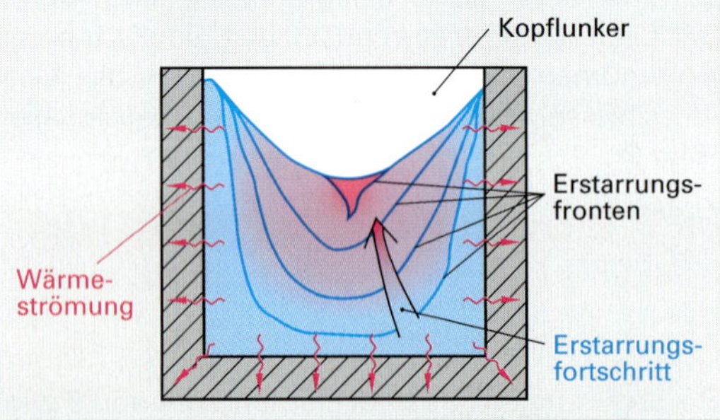

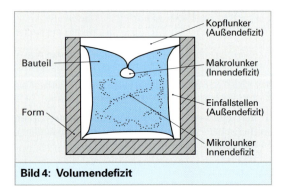

Bild 3: Wärmeabfuhr über Mantel und Boden

Bild 4: Volumendefizit

Die Oberfläche der *Innenlunker* ist rauwandig; sie entspricht der Oberfläche der in die Schmelze hineinwachsenden Kristalle (Erstarrungsfront) (**Bild 1**).

Wenn sich die Erstarrungsfronten nicht treffen, entstehen innere Hohlräume, die Innenlunker. Die Oberfläche der Lunker bei *globulistischer*[1] Erstarrung ist nur wenig aufgeraut.

> Die Innenlunkeroberfläche bei dendritischer[2] Erstarrung (Bild 1, S. 67) ist stark rauwandig und bei globulistischer Erstarrung wenig aufgeraut.

Bei der Untersuchung unter einem Lichtmikroskop kann man die Art der Hohlräume durch die Reflexion des Lichtes unterscheiden.

* glattwandige Oberfläche: → Gaseinschluss,
* diffuse Reflektion, rauwandig: → Lunker.

Sowohl die Schwindung im flüssigen Zustand ΔV_1 und ΔV_2 als auch die Schwindung im festen Zustand ΔV_3 ist nicht zu vermeiden.

Durch Ergänzung des Gussteiles (durch Speiser) kann das Volumendefizit ΔV_1 und ΔV_2, so aufgeteilt werden, dass im eigentlichen Gussteil kein Anteil von ΔV_1 und ΔV_2 erkennbar ist. Aus den Speisern muss so lange flüssige Schmelze nachgespeist werden, bis die Schmelze im Gussteil völlig erstarrt ist. Wenn nicht genügend Schmelze nachgespeist wird, bleibt in dem Bereich des Gussteils in dem die Schmelze zum Schluss erstarrt, ein schwindungsbedingter Hohlraum, ein sogenannter Lunker (**Bild 2**).

> Der Formhohlraum wird dort durch Speiser ergänzt, wo die Schmelze am längsten flüssig bleibt.

Nachteil beim Vergießen mit Speisern:

Die Speiser müssen nachträglich abgetrennt werden (**Bild 3**). Daraus resultieren hohe Putzkosten (Putzkosten verursachen zur Zeit ca. 20 % der Fertigungskosten). Weiterhin wird der Kreislaufanteil erhöht.

> Die häufigste Ausschussursache von Gussteilen sind Volumenfehler.

---

[1] Globulitische Erstarrung = kugelige Erstarrung, von lat. globus = Kugel
[2] von griech. dendrites = zum Baum gehörend, dendritisch = verzweigt, verästelt (mit Nadeln)

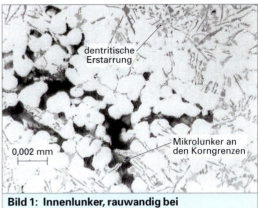

Bild 1: Innenlunker, rauwandig bei dendritischer Erstarrung

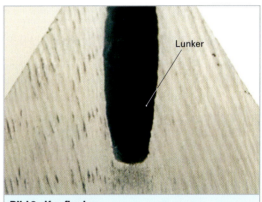

Bild 2: Kopflunker

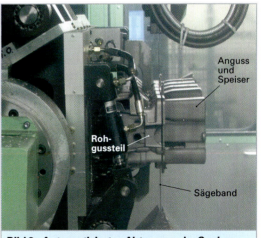

Bild 3: Automatisiertes Abtrennen der Speiser

2.1.7.7 Entstehen von Spannungen und Rissen

Ursache für das Auftreten von Spannungen und Rissen in Gussteilen ist die Behinderung der Schwindung in den erstarrten Randschalen und im festen Zustand bei der weiteren Abkühlung auf Raumtemperatur **(Bild 1)**.

Die **Behinderung** der Schwindung führt zu einer *plastischen* Verformung und zu einer *elastischen* Verformung. Letztere ist verbunden mit inneren Spannungen. Übersteigen die Spannungen die von der **Temperatur** abhängigen Werte der $R_{p\,0,2}$-Dehngrenze, wird der Werkstoff plastisch verformt. Erreichen die Spannungen die Werte der Zugfestigkeit, entstehen Risse.

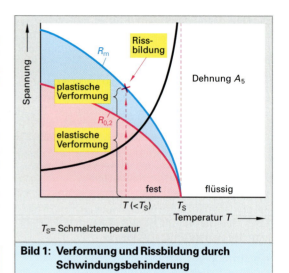

Bild 1: Verformung und Rissbildung durch Schwindungsbehinderung

T_S= Schmelztemperatur

Die Dickenmaße werden bei Gussteilen nicht in der Schwindung behindert.

Zu jedem Zeitpunkt gibt es beim Abkühlen im Inneren eine Temperaturdifferenz $\Delta T = T_2 - T_1$ zur Randzone. Wenn die Randzone zum Zeitpunkt t die Raumtemperatur T_R erreicht hat, ist die Temperatur T im Inneren erhöht.

Bei Abkühlung im Inneren auf Raumtemperatur ist die Schwindung im Inneren behindert. Es entstehen im Inneren Zugspannungen und in den oberflächennahen Bereichen Druckspannungen **(Bild 2)**.

Zwischen den Druckspannungszonen außen und der Zugspannungszone im Inneren gibt es eine neutrale Zone, d. h. eine Fläche, in der keine Spannungen auftreten. Wenn auf einer Seite des Gussteils in der Oberfläche eine Nut eingefräst wird, werden die Druckspannungen auf dieser Außenseite abgebaut. Infolgedessen werden auch die Zugspannungen teilweise abgebaut, was zu einer *Verformung des Gussteils* führt.

Beispiel: Gussteil **(Bild 3)** verformt sich durch Einbringen einer Nut an der Außenseite wie im Bild 3 dargestellt.

Abhängig von der Zeit nach dem Abgießen werden die Spannungen abgebaut. Bei metallischen Werkstoffen sind die Festigkeitseigenschaften R_m (Zugfestigkeit), $R_{p\,0,2}$ (0,2 %-Dehngrenze), A_5 [in %] (Bruchdehnung) *temperaturabhängig*.

Wenn die bei der Abkühlung des Gussteils auftretenden Spannungen die 0,2 %-Dehngrenze überschreiten, wird das Bauteil plastisch verformt. Es verbiegt sich.

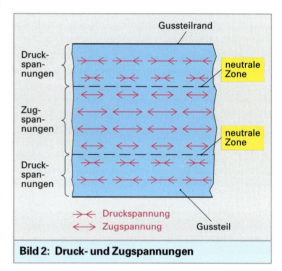

Bild 2: Druck- und Zugspannungen

Bild 3: Verformung eines Gussteils mit Nut an der Außenseite.

Zusätzlich zur *plastischen* Verformung treten bei weiterer Abkühlung *elastische* Verformungen auf.

Für Werkstoffe, die dem linearen Hooke'schen Gesetz[1] gehorchen, gilt:

$$\sigma = E \cdot \varepsilon$$

σ Spannung
E Elastizitätsmodul
ε Dehnung

$$\varepsilon = \frac{\Delta l}{l}$$

Δl Längenänderung
l Länge

Ein Längenmaß wird in Abhängigkeit von der Temperatur beschrieben **(Bild 1)**:

$$L_T = L_{TE}\,[1 - \alpha_l([T_E - T)]$$

mit $T < T_E$

$$\varepsilon = \Delta l / l = \alpha_l T_E - T)$$

Folgerungen:

1. So lange $\sigma \leq R_{p0,2}$, verformt sich der Werkstoff elastisch.

2. Wenn $\sigma \geq R_{p0,2}$, verformt sich der Werkstoff plastisch.

3. Wird die Zugfestigkeit R_m durch auftretende Spannungen überschritten, so reißt das Bauteil.

Die Kurven in **Bild 2** stellen den Verlauf der Zugfestigkeit und der Dehngrenzen in Abhängigkeit zur Temperatur dar.

Die Werkstoffkennwerte $R_{p0,2}$, R_m und der E-Modul sind stark temperaturabhängig:

---

[1] *Robert Hooke* (1635–1703), engl. Physiker

Aufgabe: Berechnung von Dehnung und Spannung bei Stahl

Ein Stahlgussteil wird von 520° C auf 20° C abgekühlt, es ist fest eingespannt und kann daher nicht schwinden.

Welche Zugspannungen treten in dem Stahlgusseil auf?

Es sind:

$\alpha_l = 12 \cdot 10^{-6}$ 1/K $\quad \Delta T = 500$ K

Die Dehnung ergibt einen Wert von:

$\varepsilon = 0,6 \cdot 10^{-2}$,

mit dem E-Modul von Stahl von 220 000 MPa ergibt sich eine Spannung von:

$\sigma = 220 \cdot 0,6 \cdot 10^{-2}$ N/mm^2 = **1320** MPa.

Aufgabe: Berechnung der Spannung und Dehnung bei Aluminium

Eine Aluminiumlegierung (AlCu4Ti-Legierung) mit $E = 70\,000$ N/mm^2 und $\alpha_l = 23 \cdot 10^{-6}$ 1/K weist nach Abkühlung der äußeren Randschale auf Raumtemperatur einen Temperaturunterschied zum Inneren von $\Delta T = 200$ K auf.

Berechnen Sie die Spannung im Gussteil!

Maximale Spannung im Bauteil:

$\sigma = 70\,000 \cdot 0,0046$ MPa = $70 \times 4,6$ MPa = 322 MPa

Da der Wert für $R_{p0,2}$ durch die innere Spannung überschritten wird, kommt es zu einer plastischen Verformung des Bauteils im Inneren. Da die Zugfestigkeit R_m nicht überschritten wird, kommt es nicht zu Rissbildungen.

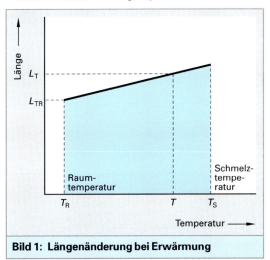

Bild 1: Längenänderung bei Erwärmung

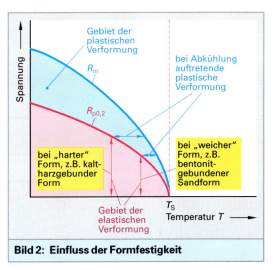

Bild 2: Einfluss der Formfestigkeit

Warmrisse und Kaltrisse

Bei der Rissbildung unterscheidet man zwei Erscheinungsformen:

1. Warmrisse:

Warmrisse *entstehen während* der Erstarrung, d. h., wenn sich bereits eine erstarrte Randschale gebildet hat **(Bild 1)**. In der erstarrten Randschale tritt auf Grund von Spannung ein Riss auf. Je nach Erstarrungsstruktur kann die Schmelze im Inneren den Riss ausheilen oder nicht ausheilen. Wenn die Schmelze den Riss ausheilt, fließt Schmelze in den Rissbereich.

Dies gilt z. B. für Gusseisen mit Lamellengrafit. Diese Art der Warmrisse sind in der Regel nach der Erstarrung von außen sichtbar oder bilden feinste Vertiefungen an der Oberfläche. Dies tritt nur ein, wenn die Legierung keine *dendritische Erstarrung* aufweist.

Beim Erreichen der Liquidustemperatur bildet sich eine Randschale. Bei untereutektischen Legierungen scheiden sich zunächst α-Mischkristalle (α-MK) aus. Es verändert sich hierdurch die Zusammensetzung der Restschmelze. Dies hat allerdings zur Folge, dass die „ausheilende" Schmelze eine andere Zusammensetzung hat, als sie der Werkstoff im Bereich der Risszone aufweist. Werkstoffe, die eine dendritische Erstarrungsform besitzen, gelten als „nicht selbstheilend". Zu diesen Werkstoffen gehören z. B. Cu-Werkstoffe, Stähle und Al-Legierungen.

2. Kaltrisse:

Risse, die unterhalb der Solidustemperatur (gesamte Schmelze ist erstarrt) entstehen, nennt man Kaltrisse **(Bild 2)**. Ihre Entstehung beruht auf Spannungen, die auf Grund der Temperaturunterschiede (ΔT) von Innen nach Außen bei der Abkühlung die Zugfestigkeit des Werkstoffes übersteigen.

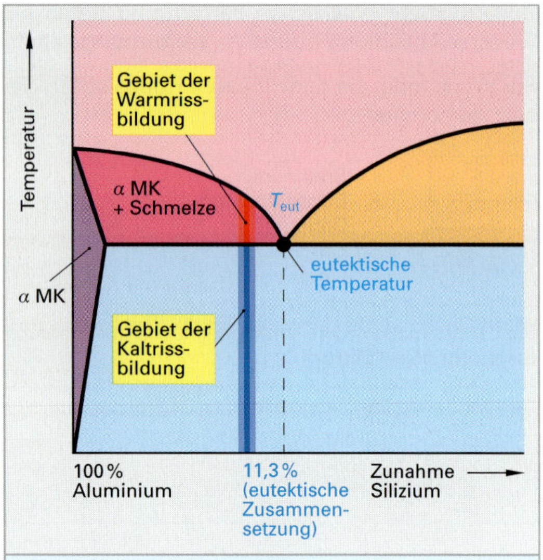

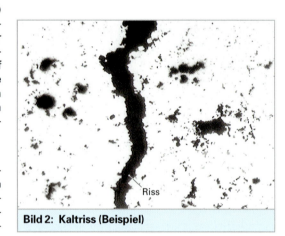

Bild 1: Bildung von Rissen

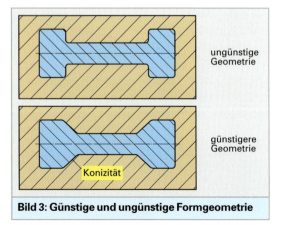

Bild 2: Kaltriss (Beispiel)

Maßnahmen zur Verhinderung von Spannungen

1. Geometrie des Gussteils so anpassen, dass das Gussteil nicht „hakt" (Konizität, **Bild 3**).

2. Formhärte und Formfestigkeit möglichst gering halten.
   Abhängig vom Werkstoff der Form:
   Metallische Formen: Starke Behinderung und Wärmeaufnahme; Form dehnt sich aus.
   Sandformen: Unterschiedliche Härte evtl. Styroporzusatz zum Formsand.

3. Beeinflussung der thermischen Leitfähigkeit des Gusswerkstoffes.

Bild 3: Günstige und ungünstige Formgeometrie

Aufgabe: Überprüfung zur Rissbildung

Stahl, R St 37 wird beruhigt vergossen. Die Erstarrungstemperatur ϑ_E beträgt 1500° C.

$$R_m = 250 \ \frac{N}{mm^2} \ , \ E = 170\,000 \ \frac{N}{mm^2} \text{ und}$$

$$\alpha_l = 13 \cdot 10^{-6} \ 1/K.$$

Die Schwindung wird nach der Erstarrung vollständig behindert. $\vartheta_R = 20° C$

Bricht das Gussteil und wenn ja, bei welcher Temperatur?

Ansatz:

Da die gesamte Schmelze bereits erstarrt ist, können nur Kaltrisse auftreten.

Lösung:

a) Reißt das Gussteil?

$$\Delta T = \vartheta_E - \vartheta_R = 1500° C - 20° C = 1480\ K$$

$$\sigma = E \cdot \alpha_l \cdot \Delta T = 170\,000 \ \frac{N}{mm^2} \cdot 13 \cdot 10^{-6} \cdot \frac{1}{K} \cdot 1480\ K$$

$$= 3270{,}8 \ \frac{N}{mm^2}$$

Da die Zugfestigkeit überschritten wird, kommt es zur Rissbildung. Zu beachten ist hierbei, dass die Werkstoffe i. d. R. bei hohen Temperaturen eine große Dehnung aufweisen und dass bei Überschreiten der $R_{p\,0{,}2}$-Dehngrenze das Gussteil sich unter Umständen erheblich plastisch verformen kann.

b) Bei welcher Temperatur tritt die Rissbildung ein?

$$\Delta T = T_E - T$$

$$\sigma = E \cdot \alpha_l \cdot \Delta T$$

$$\Delta T = \frac{\sigma_{zul}}{E \cdot \alpha_l} = \frac{250 \ \frac{N}{mm^2}}{170\,000 \ \frac{N}{mm^2} \cdot 13 \cdot 10^{-6} \cdot \frac{1}{K}} = 113\ K$$

Wenn der Werkstoff sich nicht plastisch verformt, würde er bei einer Abkühlung um 113 K reißen, d. h., bei **1387° C**.

2.1.7.8 Schwindung der Gussteile in festem Zustand

Aus dem Verhalten des Volumens eines Gussteils nach der Erstarrung der Schmelze, d. h. unterhalb der Erstarrungstemperatur T_E bei Abkühlung auf Raumtemperatur T_R, kann auf das lineare Schwindungsverhalten geschlossen werden. Wenn die Schwindung in einer der drei Raumrichtungen nicht behindert ist, ist die lineare Schwindung abhängig von der Temperatur aus der Volumenschwindung abzuleiten.

Der Schwindungskoeffizient bzw. Längenausdehnungskoeffizient α_l ist eine Werkstoffeigenschaft.

Zwischen dem Volumenausdehnungskoeffizient α_V und dem linearen Ausdehnungskoeffizienten α_L besteht folgender Zusammenhang:

$$\boxed{\alpha_l = \frac{1}{3} \ \alpha_V}$$ $\quad \alpha_l$ Längenausdehnungskoeffizient

$$\boxed{\alpha_V = 3\,\alpha_l}$$ $\quad \alpha_V$ Volumenausdehnungskoeffizient

Aufgabe: Zeige $\alpha = \frac{1}{3} \ \alpha_V$

Betrachte einen Würfel mit der Kantenlänge a und erwärme den Würfel, wobei er sich in alle drei Raumrichtungen gleichmäßig ausdehnt. Das Volumen bei T_R ist a^3. Temperaturerhöhung bei einer Ausdehnung einer Kante a um Δa:

Lösung:

$$V = (a + \Delta a)^3 = a^3 + 3\,a^2 \cdot \Delta a + 3\,a \cdot \Delta a^2 + \Delta a^3$$

mit $\Delta a \ll a$ folgt:

$$V \approx a^3 + 3\,a^2 \cdot \Delta a$$

und

$$\Delta V = 3\,a^2 \cdot \Delta a$$

$$\frac{\Delta V}{V} = \frac{3\,a^2 \Delta a}{a^3} = \frac{3\,\Delta a}{a} = \alpha_V$$

Mit $\alpha_l = \frac{\Delta a}{a}$ wird:

$$\alpha_V = 3\,\alpha_l \text{ bzw. } \alpha_l = \frac{1}{3} \ \alpha_V$$

Um möglichst genaue Gussteile bei Raumtemperatur zu erhalten, müssen die Modelle mit einem entsprechenden Aufmaß versehen werden. Dabei muss man unterscheiden, ob die Gussteile bei Abkühlung in der Form

a) schwindungsbehindert oder
b) nicht schwindungsbehindert sind.

Darüber entscheidet in der Regel die Geometrie der Gussteile.

Bei Gussteilen mit Geometrien, die in der Abkühlphase in der Schwindung behindert sind, werden kleinere Aufmaße erforderlich. Diese hängen ab

a) von der Ausformtemperatur T_a und
b) von der Formfestigkeit.

Bei Sandgussteilen ist die *Formsandfestigkeit* eingeschränkt. Bei *Grünsanden* ist die Formfestigkeit geringer als bei *kaltharzgebundenen* Sanden (Schwindung wird stark behindert).

Bei metallischen Dauerformen wie sie beim Kokillengießen und Druckgießen verwendet werden, kühlen die Gussteile nach der Erstarrung noch in der Form ab. Sie sind in der Schwindung behindert. Dies gilt zumindest in den Bereichen der Form, in denen die Gussteile aufschwinden, z.B. bei Bohrungen und bei Innenmaßen von Gehäusen.

Erst nach dem Ausformen können die Teile frei schwinden. Die Bauteilmaße **(Bild 1)** werden mit abnehmender Temperatur kleiner. Je niedriger die Ausformtemperatur ist, um so größer sind die Maße eines Gussteils bei Raumtemperatur.

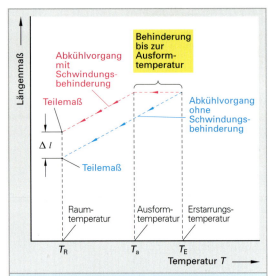

Bild 1: Einfluss der Schwindungsbehinderung auf die Bauteilmaße

Wiederholung und Vertiefung

1. Welche Arten unterscheidet man bei Druckgießmaschinen?

2. Durch welche Kenngrößen wird eine Druckgießmaschine beschrieben?

3. Nennen Sie die drei Phasen im Druckgießprozess.

4. Wie ist die Formfüllzeit beim Druckgießen im Vergleich zu anderen Gießverfahren?

5. Welche Metalle werden im Druckgießverfahren hauptsächlich vergossen?

6. Welches sind die wichtigsten Anforderungen, die man an Gussteile stellt?

7. Wodurch kommt es zu Lunkern und zu Poren?

8. Wie erklärt man sich das Entstehen von Rissen in Gussteilen und welche Arten unterscheidet man?

9. Was kennzeichnet formgebundene Maße und was nichtformgebundene Maße. Erklären Sie das anhand einer Skizze.

Aufgabe 1: Schwindmaß bei Gußeisen

Wie ist das Schwindungsmaß bei Gusseisen mit Lamellengrafit, wenn die Schmelze bei 1140° C erstarrt, die Maße bis auf T_R (20° C) frei schwinden können und der mittlere Lägenausdehnungskoeffizient $\beta = 15 \cdot 10^{-6}$ 1/k beträgt?

Lösung:

$$\varepsilon = \frac{\Delta l}{l} = \alpha_l (T_E - T_R)$$

$$= 15 \cdot 10^{-6} \frac{1}{K} \cdot 1120\,K = 0,0168$$

$$\varepsilon = \mathbf{1,68\,\%}$$

Aufgabe 2: Schwindmaß Aluminium

Wie groß ist das Schwindmaß bei einer Legierung von GalSi 12 und Erstarrungstemperatur $\vartheta_E = 570° C$, wenn das Gussteil auf Raumtemperatur (20° C) frei schwinden kann und $\alpha_l = 23 \cdot 10^{-6}$ 1/K beträgt?

Lösung:

$$\varepsilon = \frac{\Delta l}{l} = \alpha_l (T_E - T_R)$$

$$= 23 \cdot 10^{-6} \frac{1}{K} \cdot 530\,K$$

$$= 0,01265$$

$$\varepsilon = \mathbf{1,265\,\%}$$

2.1.7.9 Thermische Eigenschaften der Gießwerkstoffe

Bei der Herstellung von Gussteilen bedarf es bei verschiedenen Arbeitsschritten des Einsatzes von Energie. Dies gilt für die Herstellung der Metalle aus Erzen bzw. aus Schrotten, wobei für Gussteile aus Eisenlegierungen und Stahl, aus Aluminiumlegierungen und Zinklegierungen sowie aus Kupferlegierungen *Recyclingmaterialien* eingesetzt werden.

Nur zu einem geringen Teil werden Primärlegierungen, d. h. aus Erzen gewonnene Legierungen, verwendet. Für die Wiedergewinnung der Metalle aus *Kreislaufmaterial* ist ein geringer Energieanteil im Vergleich zur Herstellung aus Erzen notwendig, dies gilt insbesondere für die Aluminiumlegierungen und Magnesiumlegierungen.

In der Gießerei bzw. den Zulieferbetrieben wie Modell- und Formenbau muss an folgenden Punkten Energie eingesetzt werden:

- Herstellung der Modelle und Formeinrichtungen,
- Reinigung der Legierungen,
- Aufbereiten der Formsande in Sandgießereien,
- Herstellung der Form,
- Gießen,
- Putzen,
- Wärmebehandlung der Teile, sofern erforderlich **(Bild 1)**.

Die Energiekosten bei der Herstellung von Gussteilen liegen im Bereich von 3 % bis 5 % der Kosten für ein Gussteil. Für die Gießer von besonderem Interesse ist die Energiemenge, die notwendig ist, um die notwendige Schmelzmenge auf Gießtemperatur T_G aufzuheizen.

Die Schmelzmenge setzt sich zusammen aus der Masse des Rohgussteiles und des Kreislaufanteiles **(Bild 2)** bestehend aus Gießsystem und eventuell notwendigen Speiser. Diese Wärmemenge muss über die Formstoffe abgeführt werden.

Bei verlorenen Formen nehmen die Formstoffe die Wärme auf, sie erwärmen sich, sie müssen unter Umständen gekühlt werden. Beim Einsatz von metallischen Dauerformen muss die der Form zugeführte Wärme in den Zyklen der Fertigung über die Form abgeführt werden, d. h., die Formen müssen gekühlt werden. Die Kühlung der Formen bestimmt damit die Anzahl der pro Stunde herzustellenden Teile, d. h. die Produktivität. Die Kenntnis der zur Herstellung eines Gussteiles notwendigen Wärmemenge ist für die Gießer von besonderem Interesse.

Gesetzmäßigkeiten und Größen

Thermophysikalische Größen: Bei Einsatz metallischer Dauerformen, d. h. beim Kokillengießen und beim Druckgießen, können die Gussteile erst nach Ausformen aus der Form, d. h. abhängig von der Ausformtemperatur T_a *frei schwinden*, sofern die Maße in der Form schwindungsbehindert sind. Die Formfestigkeit ist in jedem Fall so hoch, dass die bis zur Abkühlung der Gussteile in der Form entstehenden Spannungen zur *plastischen Verformung* und zum Auftreten *elastischer Spannungen* führen **(Bild 2)**.

Je kälter die Teile ausgeformt werden, um so größer sind die Maße bei Raumtemperatur. Je heißer sie ausgeformt werden, um so kleiner sind die Maße bei Raumtemperatur T_R.

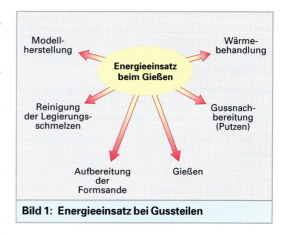

Bild 1: Energieeinsatz bei Gussteilen

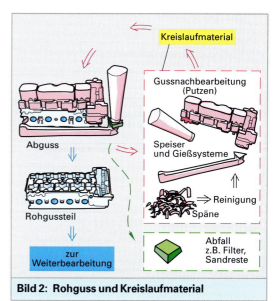

Bild 2: Rohguss und Kreislaufmaterial

2.1.8   Wärmeabfuhr an Formen

2.1.8.1   Wärmeübergang von der Schmelze zur Form

Die von der Schmelze an eine Form abegebene Wärmemenge ist:

$$Q_{ab} = m_G \left[c_{pfl} \left(T_G - T_E \right) + q_s + c_{pf} \left(T_E - T_a \right) \right]$$

Q_{ab}	abgegebene Wärmemenge
m_G	Masse des Abgusses
T_G	Gießtemperatur
T_a	Ausformtemperatur
T_E	Erstarrungstemperatur
c_{pfl}	spezifische Wärme, flüssiger Zustand
c_{pf}	spezifische Wärme, fester Zustand

Die Gussteile müssen soweit in der Form abkühlen, dass die Bauteilfestigkeit eine anschließende Bearbeitung verträgt, ohne dass sich das Gussteil verformt bzw. das Gussteil beschädigt wird. Bei Sandgussteilen und Feingussteilen kühlen die Gussteile häufig in der Form auf Raumtemperatur ab. Beim Einsatz von metallischen Dauerformen wie beim Kokillengießen und Druckgießen müssen die Gussteile jedoch bei höheren Temperaturen ausgeformt werden. Bei Kokillengießverfahren, Druckgießverfahren und Feingießen ist die Formtemperatur höher als die Raumtemperatur.

- *Kokillengießen* von Aluminiumgussteilen: $\vartheta_F = 300°\,C - 500°\,C$.
- *Druckgießen:* $\vartheta_F = 200° - 250°\,C$.
- *Feingießen:* z. B. für Stahlfeinguss, $\vartheta_F > 600°\,C$.
- *Schleudergießen* von Gusseisenwerkstoffen: $\vartheta_F = 550° - 650°\,C$.

Die *Grenzfläche* ist von entscheidender Bedeutung für den Wärmeübergang von der Schmelze in den Formstoff **(Bild 1)**.

2.1.8.2   Wärmebilanz einer Form

Die an eine Form abgegebene Wärmemenge Q_{ab} ist:

$$Q_{ab} = \alpha \cdot A \cdot \Delta T \cdot t$$

Q_{ab}	an die Form abgegebene Wärmemenge bis zur Entnahmetemperatur
A	wärmeabgebende Fläche des Abgusses zur Form
ΔT	Temperaturdifferenz zwischen Gießtemperatur T_G und Formtemperatur T_F
α	Wärmeübergangskoeffizient
t	Zeit

Der Vorgang ist *kein statischer* Vorgang. Die Temperatur der Schmelze des Gussteiles nimmt ab, die der Form wird erhöht.

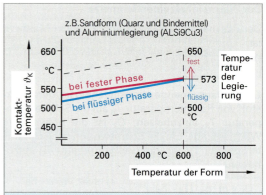

Bild 1:   Temperaturverlauf an der Grenzfläche der Gussform

Bemerkungen zum Wärmeübergangskoeffizienten α:

- Im Laufe der Abkühlung ändern sich T_F und die Temperatur des Metalls permanent. → α hängt von der Zeit t und dem Ort x ab,

$$\alpha = f(x, t)$$

- Mit zunehmendem Druck der Schmelze auf die Formwand wird der Wärmeübergang besser.
  → α hängt vom metallostatischen Druck ab und damit vom Gießverfahren. Er ist bei Gießverfahren, bei denen die Form unter dem Einfluss der Schwerkraft gegossen wird, klein. Beim Druckgießen ist er von der örtlichen Strömungsgeschwindigkeit der Schmelze abhängig.

- Beschaffenheit der Grenzfläche: Die Grenzflächen können mit den Wärmeübergang entweder fördernden oder hemmenden (isolierenden) Schichten versehen werden. Derartige Beschichtungen werden als **Schlichten** bezeichnet. Beim Druckgießverfahren bezeichnet man sie als Formtrennstoff. *Isolierende* Schlichten sind z. B. auf Keramikbasis (chem. stabil Al_2O_3, ZrO), hochleitende Schlichten z. B. auf Grafitbasis (nicht bei Stahlguss). Reaktionen der Schmelze mit der Schlichte dürfen nicht auftreten (Verhinderung der Reaktion von Schmelze und Formstoffen).
  → α ändert sich sprunghaft bei Bildung eines Luftspalts zwischen erstarrter Randschale und bei der konturgebenden Formoberfläche infolge der Schwindung des Gusswerkstoffes bei weiterer Abkühlung.
  → α wird beim Druckgießen beeinflusst durch die thermische Zersetzung der Formtrennstoffe. Bildung von Gaspolstern – Wärmeübergang wird behindert.
  → α ist auch abhängig vom Keimzustand der Schmelze. Man stellt eine unterschiedliche Benetzbarkeit der konturgebenden Oberfläche der Formen fest, z. B. bei feinkörniger oder grobkörniger Erstarrung.

Aufgabe:

Aluminium wird bei einer Temperatur von 700°C vergossen und nach Abkühlung auf 400°C ausgeformt.

$\vartheta_G = 700°C$; $\vartheta_R = 20°C$; $\vartheta_S = 660°C$; $c_{pf} = 32$ J/mol · K; $c_{pfl} = 29$ J/mol · K; m_G = Masse des Abgusses.

Lösung:

Zunächst wird die gesamt benötigte Wärmemenge in Abhängigkeit der Masse berechnet:

$$Q_E = m_G\,[c_{pf} \cdot (\vartheta_S - \vartheta_A) + Q_S + c_{pfl} \cdot (\vartheta_G - \vartheta_E)]$$

mit $\vartheta_a = 400°C$: Entnahmetemperatur mit Q_E der Wärmemenge, welche die Form bis zur Entnahme aufnehmen muss.

$$Q_E = m_G \left[32\,\frac{J}{mol \cdot K} \cdot (660°C - 400°C) + 10{,}7 \cdot 10^3\,\frac{J}{mol} \right.$$

$$\left. + 29\,\frac{J}{mol \cdot K}\,(700°C - 660°C) \right]$$

$$= m_G \cdot 20\,180\,\text{J/mol}$$

Prozentualer Anteil der Wärmemenge, der an die Form abgegeben wird:

$$\frac{Q_E}{Q} = \frac{m_G \cdot 20\,180\,\text{J/mol}}{m_G \cdot 32\,340\,\text{J/mol}} = 0{,}624 \,\triangleq\, 62{,}4\,\%$$

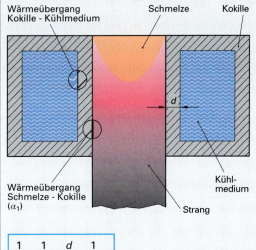

$$\frac{1}{k} = \frac{1}{\alpha_1} + \frac{d}{\lambda} + \frac{1}{\alpha_2}$$

k Wärmedurchgangszahl
α_1 Wärmeübergangskoeffizient von Schmelze zur Kokille
α_2 Wärmeübergangskoeffizient von Kokille zur Atmosphäre
d Wanddicke der Kokille
λ Wärmeleitfähigkeit des Kokillenwerkstoffs

Bild 1: Wärmedurchgang am Beispiel von zwei Grenzflächen

2.1.8.3 Wärmedurchgangszahl

Beim Einsatz von gekühlten Formen und gekühlten Kokillen wie z. B. bei Druckgießformen oder Stranggießkokillen wird die aufgenommene Wärmemenge über innere Kühlsysteme abgeführt. Bestimmend für die Kühlleistung ist die über die Wärmeträgermedien (Wasser, Wärmeträgeröle) abgeführte Wärmemenge.

Anstelle des Wärmeübergangskoeffizienten α beschreibt man die thermischen Vorgänge beim Gießen, der Erstarrung der Schmelze und der weiteren Abkühlung durch die Wärmedurchgangszahl k, durch die die Vorgänge unter Berücksichtigung mehrerer Grenzflächen beschrieben werden **(Bild 1)**.

Beispiel: Stranggießen

Die erstarrte Randschale des gegossenen Stranges muss eine bestimmte Dicke haben, wenn der Strang die Kokille verlässt. Die Randschale muss tragfähig sein, sie darf beim Abziehen nicht aufreißen. Die Geschwindigkeit, mit der der Strang gezogen wird, muss genau berechnet und eingestellt werden.

Wenn die Randschale erkennbar zu dünn ist, muss die Ziehgeschwindigkeit u. U. erhöht werden. Ein Luftspalt zwischen der Kokille und dem Strang hat zur Folge, dass die gesamte, wassergekühlte Kokille nicht zur Wärmeabfuhr genutzt werden kann.

2.1.8.4 Schlichten

Der örtliche Wärmeübergang zwischen Form und Schmelze kann sehr unterschiedlich sein. Er kann beeinflusst werden durch das Aufbringen einer *Schlichte*. Schlichten sind entweder wärmeisolierend oder thermisch leitend:

• Wärmeisolierende Schlichten: Keramik (Zirkonoxid, Aluminiumoxid und Silikate)

• leitfähige Schlichten: Grafit.

Schlichten finden vor allem beim Sandgießen und Kokillengießen Verwendung. Sie dürfen mit der Schmelze keine chemischen Reaktionen (wichtig bei Grafit als Schlichte) eingehen.

Beim Druckgießen werden Trennstoffe eingesetzt. Diese Trennstoffe werden chemisch zersetzt, wobei Gase entstehen, die ein Gaspolster zwischen der Schmelze und der Formoberfläche bilden, das den Wärmeübergang behindert. Nach Bildung einer Randschale entsteht aufgrund der Schwindung der erstarrten Randschale ein Luftspalt an der konturgebenden Oberfläche[1]. Der Wärmeübergangskoeffizient verändert sich sprunghaft.

Problem: Der Örtliche Wärmeübergang muss experimentell ermittelt werden, um Aussagen über den Wärmefluss zu bekommen.

---

1. Aufgaben der Schlichten:

• Beeinflussung des Wärmeüberganges durch isolierende bzw. thermisch leitende Schlichten,
• Verminderung der Klebneigung zwischen der Schmelze und den Formwerkstoffen, dadurch Verbesserung der Standzeit der Formen,
• Vermeidung von unerwünschten chemischen und thermischen Reaktionen zwischen Formstoff und Metall,
• Verbesserung der Gussstückoberfläche,
• Kühlung der Kokille durch Aufbringen der Schlichte,
• Vermeidung von Penetration bei Sandformen (Eindringen des flüssigen Metalls zwischen die Sandkörner).

---

2. Arten von Schlichten beim Kokilleneßen:

• Spezielle isolierende Schlichten verhindern beim Eingießsystem und bei den Speisern den raschen Wärmeentzug durch die Form.
• Wärmeisolierende Schlichten („Weiße Schlichten") werden an Stellen eingesetzt, wo ein schneller Wärmeentzug durch die Form verhindert werden soll (z. B. bei dünnwandigen Gusspartien).
• Grafitschlichten mit einem Grafitanteil von etwa 20 % ermöglichen einen guten Wärmeübergang zwischen Schmelze und der Kokille.

Dauerschlichten und Verschleißschlichten

Man unterscheidet zwischen *Dauerschlichten* und *Verschleißschlichten*. Dauerschlichten werden auf den konturgebenden Oberflächen der Kokillen aufgebracht. Sie müssen eine hohe Haftfestigkeit besitzen und nach Möglichkeit eine Woche halten. Verschleißschlichten werden vor jedem Abguss auf den Dauerschlichten aufgetragen. Sie sollen mit dem Gussteil ausgeformt werden, was in der Regel nicht vollständig möglich ist.

Die *Gesamtschlichteschicht* wird örtlich unterschiedlich von Abguss zu Abguss aufgebaut, wodurch die Wanddicke der Gussteile beeinträchtigt wird. Daher muss von Zeit zu Zeit die Schlichte durch Sandstrahlen abgetragen werden, was in der Regel auch zu einem Abtrag von Material aus der Kokillenoberfläche führt.

Dadurch wird die Wanddicke der Gussteile beeinträchtigt, sie kann örtlich zunehmen. Darüber hinaus erfordert das Strahlen einen erheblichen Aufwand, es beschränkt die Lebensdauer der Kokille.

2.1.8.5 Abkühlkurven für Gussteile

Die Abkühlkurven an derselben Stelle eines Gussteils sind bei unterschiedlichen Wärmeübergangskoeffizienten α_1 (z. B. Kokillengussteil) und α_2 (z. B. Druckgießen) verschieden **(Bild 1)**.

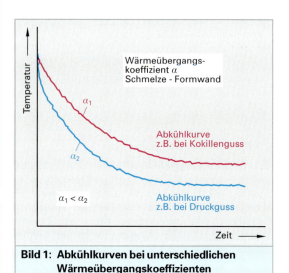

Bild 1: Abkühlkurven bei unterschiedlichen Wärmeübergangskoeffizienten

---

[1] Dies gilt wenn die Randschale von der konturgebenden Oberfläche wegschwindet (Außenflächen).

2.1.8.6 Kontakttemperatur in der Grenzfläche von Schmelze/Gussteil zur Form

In der Grenzfläche stellt sich eine Temperatur ein, die zwischen der Temperatur der Schmelze und der Temperatur der Form ϑ_F liegt, die sogenannte *Kontakttemperatur* ϑ_k. Während des Wärmeübergangs von der Schmelze/Gussteil zur Form ändern sich sowohl die Temperatur der Schmelze sowie die der Form. Berechnung der Kontakttemperatur ϑ_k:

$$\vartheta_k = \frac{A\,\vartheta_F + \vartheta_G}{A+1}$$

ϑ_k Kontakttemperatur in der Grenzfläche Schmelze/Form
ϑ_F Formtemperatur
ϑ_G Gießtemperatur
A Koeffizient, abhängig von den Eigenschaften der Form und der Schmelze bzw. dem Gussteil

$$A = \frac{\lambda_3 \sqrt{a_1}}{\lambda_1 \sqrt{a_3}}$$

λ_3 Wärmeleitfähigkeit der Form 3
λ_1 Wärmeleitfähigkeit von Schmelze/Gussteil
a_1 Temperaturleitfähigkeit von Schmelze/Gussteil
a_3 Temperaturleitfähigkeit des Formwerkstoffs

mit $a_1 = \dfrac{\lambda_1}{\varrho_1 \cdot c_{p1}}$ und $a_3 = \dfrac{\lambda_3}{\varrho_3 \cdot c_{p3}}$

Die Temperaturleitfähigkeiten a_1, a_3 sind temperaturabhängige Werkstoffeigenschaften:

$$a = \frac{\lambda}{\varrho \cdot c_p}$$

ϱ Dichte
c_p spez. Wärme bei konst. Druck

Mit dem Ansteigen der Formtemperatur steigt auch die Kontakttemperatur.

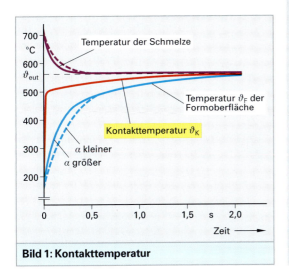

Bild 1: Kontakttemperatur

700 °C
600
ϑ_{eut}
500
400
300
200

Temperatur der Schmelze

Temperatur ϑ_F der Formoberfläche

Kontakttemperatur ϑ_K

α kleiner
α größer

0   0,5   1,0   1,5   s   2,0

Zeit

Aufgabe:

Berechnung der Kontakttemperatur in der Grenzfläche einer Al-Schmelze und einer Stahlform:

ϑ_G = 720 °C

ϑ_F = 200 °C bis 250 °C

λ_1 = 0,92 J/(K · s · cm)

λ_3 = 0,15 J/(K · s · cm)

1 Mol Fe = 55,8 g

1 Mol Al = 27 g

p_1 = 2,7 g/cm³ = 0,1 mol/cm³

p_3 = 7,7 g/cm³ = 0,14 mol/cm³

c_{p1} = 29,0 J (mol · K)

c_{p3} = 43,6 J (mol · K)

Lösung:

Berechnung der Temperaturleitfähigkeit a:

$$a = \frac{\lambda}{p \cdot c_p}$$

Aluminium:

$$a_1 = \frac{0{,}92\ \dfrac{J}{K \cdot s \cdot cm}}{0{,}1\ \dfrac{mol}{cm^3} \cdot 29\ \dfrac{J}{mol \cdot K}} = 0{,}32\ \frac{cm^2}{s}$$

Stahl:

$$a_3 = \frac{0{,}15\ \dfrac{J}{K \cdot s \cdot cm}}{0{,}14\ \dfrac{mol}{cm^3} \cdot 43{,}6\ \dfrac{J}{mol \cdot K}} = 0{,}02\ \frac{cm^2}{s}$$

Berechnung von A:

$$a = \frac{\lambda}{\varrho \cdot c_p}$$

$$A = \frac{\lambda_3 \cdot \sqrt{a_1}}{\lambda_1 \cdot \sqrt{a_3}}\ \frac{0{,}15\ \dfrac{J}{K \cdot s \cdot cm} \cdot \sqrt{0{,}32\ \dfrac{cm^2}{s}}}{0{,}92\ \dfrac{J}{K \cdot s \cdot m} \cdot \sqrt{0{,}02\ \dfrac{cm^2}{s}}} = 0{,}59$$

Berechnung der Kontakttemperatur:

$$\vartheta_k = \frac{A \cdot \vartheta_F + \vartheta_G}{A+1}$$

$$\vartheta_k = \frac{0{,}59 \cdot 250°\,C + 720°\,C}{0{,}59 + 1} = \mathbf{546\,°C}$$

2.1.8.7 Wärmefluss im System Schmelze/ Gussteil zur Form

Der Wärmefluss in dem System Schmelze/Form wird bestimmt durch den Werkstoff, dessen thermische Leitfähigkeit schlechter ist. Bei der Herstellung von Aluminiumdruckgussteilen ist dies der Warmarbeitsstahl. Der Wärmefluss wird durch den Formstoff bestimmt, wenn die thermische Leitfähigkeit der Schmelze besser ist als die des Warmarbeitsstahls.

Ist die thermische Leitfähigkeit des Formstoffes besser, so wird der Wärmefluss durch die Schmelze bestimmt. Beim Gießen von Bleigussteilen in Kupferkokillen ist dies die Bleischmelze. Im System Kupferschmelze/Quarzsand ist dies der Quarzsand.

Probleme beim Formsand: Die Grenzfläche erwärmt sich stark. Es kann Kornbruch auf Grund von Spannungen bei hochschmelzenden Legierungen wie z. B. Stahlguss auftreten.

2.1.8.8 Wärmeleitung in einem Körper und Bildung der Randschale

Sind in einem Gussteil verschiedene Bereiche auf unterschiedlicher Temperatur, findet ein Temperaturausgleich statt. Dies gilt auch für zwei Körper, die miteinander im Kontakt stehen, die jedoch unterschiedlich heiß sind, wie z. B. im System Schmelze/Form.

Die Wärmeleitung kann beschrieben werden durch die *Fourier*'sche Differentialgleichung für die Änderung der Temperatur mit der Zeit:

$$\frac{\partial T}{\partial t} = a \cdot \frac{\partial^2 T}{\partial x^2}$$

a Temperaturleitfähigkeit
T Temperatur
t Zeit
x Ort

Die Berechnung der Erstarrungsvorgänge und Abkühlvorgänge erfolgt z. B. mit kommerziell verfügbaren Simulationsprogrammen. Durch die Rechnung sollen mögliche Fehler im Gussteil wie Lunker und Spannungen erkannt und vermieden werden. Die Berechnungen sind aufwändig und schwierig. Die zur Lösung der Differentialgleichungen (DGL) notwendigen Randbedingungen, die Wärmeübergangszahlen sind vom Gießverfahren abhängig. Sie ändern sich mit der Zeit und sind lokal u. U. außerordentlich verschieden. Eine mögliche Lösung für die DGL bietet die *Neumann*'sche Lösung[1].

---

[1] Die *Neumann*'sche Lösung ermöglicht eine Lösung der DGL für den flüssigen und den festen Zustand. Die DGL ist nicht lösbar für eine reine Schmelze bzw. eine eutektische Legierung. Die Erstarrung erfolgt ohne Änderung der Temperatur (konstante Erstarrungstemperatur).

Die Verminderung bzw. Vermeidung von schwindungsbedingten Hohlräumen der sogenannten Lunker setzt eine gleichmäßige Abkühlung der Schmelze voraus – bei Sand- und Kokillenguss in Richtung Speiser, bei Druckgussteilen in Richtung Gießsystem.

Die Bildung der Randschale sowie ihre Dicke kann man durch Ausleerversuche experimentell bestimmen **(Bild 1)**.

Die Schmelze wird bei einer bestimmten Gießtemperatur T_G in eine Form mit definierter Formtemperatur T_F gegossen. Die Restschmelze wird nach bestimmten Zeiten ausgeleert. Die Dicke der erstarrten Randschale kann man ausmessen und in Abhängigkeit der Zeit nach dem Abgießen beschreiben **(Bild 2)**.

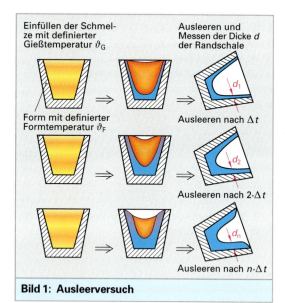

Einfüllen der Schmelze mit definierter Gießtemperatur ϑ_G

Form mit definierter Formtemperatur ϑ_F

Ausleeren und Messen der Dicke d der Randschale

Ausleeren nach Δt

Ausleeren nach $2 \cdot \Delta t$

Ausleeren nach $n \cdot \Delta t$

Bild 1: Ausleerversuch

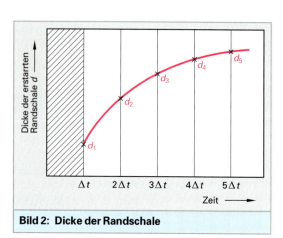

Dicke der erstarrten Randschale d

Δt $2\Delta t$ $3\Delta t$ $4\Delta t$ $5\Delta t$

Zeit ⟶

Bild 2: Dicke der Randschale

Die Randschale wächst ausgehend von der konturgebenden Oberfläche der Form in die Schmelze nicht kontinuierlich, sondern schrittweise (**Bild 1**). Dies hängt damit zusammen, dass die freiwerdende Schmelzwärme bei der Erstarrung zu einer Temperaturerhöhung in der Kristallisationszone führt, d. h., auch die Schmelze in der Grenzfläche wird erwärmt. Wenn die Temperatur der Schmelze die Erstarrungstemperatur erreicht, kommt das Wachstum der *Erstarrungsfront* zum Stillstand. Durch Wärmeabfuhr muss das gesamte System Randschale/Schmelze abgekühlt werden. Bei in der Grenzfläche erstarrter Randzonenschmelze muss die Temperatur unter die Schmelztemperatur abgekühlt sein, bevor die Kristallisation wieder einsetzt.

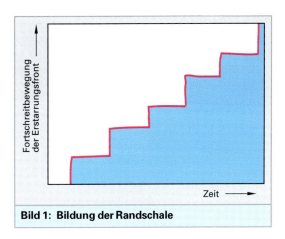

Bild 1: Bildung der Randschale

2.1.8.9 Ermittlung der Erstarrungszeit

Die Dicke x der erstarrten Randschale lässt sich abhängig von der Zeit t auf Grund der experimentellen Ergebnisse mit folgender Beziehung beschreiben:

$$x = K_1 \sqrt{t} + K_2$$

x	Dickte der Randschale
t	Zeit
K_1, K_2	Konstante

darin bedeuten K_1 und K_2 Konstanten, die von den jeweiligen Gießbedingungen abhängen, d. h. der eingesetzten Legierung und dem Formstoff.

Ist die Überhitzung der Schmelze über die Erstarrungstemperatur null, ist die Konstante K_2 ebenfalls null. Es ergibt sich dann:

$$x = K_1 \sqrt{t} \text{ bzw.}$$
$$x^2 = K_1^2 \, t$$

x	Dickte der Randschale
t	Zeit
K_1	Konstante

Wenn bei einem plattenförmigen Gussteil mit der Dicke s die Randschale gleich der halben Plattendicke ist, treffen sich die Erstarrungsfronten in der „thermischen Mitte". Hier erstarrt die Schmelze zum Schluss, die Schmelze ist über den gesamten Querschnitt erstarrt. Es gilt für die Erstarrungszeit t_E.

$$t_E = \frac{1}{4\,K_1^2}\,s^2$$

t_E	Erstarrungszeit
K_1	Konstante

Anstelle der Wanddicke wird der Erstarrungsmodul M zur Berechnung der Erstarrungszeit eingeführt. Der Erstarrungsmodul ist definiert als das Volumen eines Gussteils V_G bezogen auf die wärmeabgebende Oberfläche 0.

$$M = \text{def } \frac{V_G}{O}$$

M	Erstarrungsmodul
V_G	Gussteilvolumen
O	Oberfläche

Die Einführung des Erstarrungsmoduls hat den Vorteil, dass für Körper unterschiedlicher Geometrie wie Platte, Zylinder, Hohlzylinder, Würfel, Kugel die Erstarrungszeit t_E berechnet werden kann, wenn die Erstarrungskonstante für einen Körper ermittelt wird.

$$t_E = c_1 M^2 \text{ mit } c_1 = \frac{1}{K_1^2}$$

t_E	Erstarrungszeit
M	Erstarrungsmodul
c_1	Wärmeübergangskoeffizient
K_1	Konstante

Für Gussteile, bei denen die Gießtemperatur T_G, mit der die Schmelze den Formhohlraum füllt, über der Erstarrungstemperatur T_E liegt, gilt:

$$t_E = c_1 M^2 + c_2$$

t_E	Erstarrungszeit
c_1	Wärmeübergangskoeffizient
c_2	Konstante

Diese Beziehung wurde erstmals von *Chvorinov*[1] angegeben. Man bezeichnet sie daher auch als Chvorinov'sche Beziehung oder Regel. Sie besagt, dass eine Schmelze in zwei Körpern unterschiedlicher Geometrie dieselbe Erstarrungszeit hat, wenn der Erstarrungsmodul gleich ist.

Dies erlaubt einem Gießer, ein Gussteil im Gedankenexperiment in geometrisch einfache Körper zu zerlegen und den Erstarrungsmodul in den einzelnen Bereichen zu berechnen. Auf diese Art ist sofort zu erkennen, in welchem Bereich eines Gussteiles die Schmelze zum Schluss erstarrt, wo gegebenenfalls mit erstarrungsbedingten Fehlern wie Lunker gerechnet werden muss und was man tun kann, um gegebenenfalls den Erstarrungsvorgang örtlich durch formtechnische Maßnahmen (bei Sandguss durch Anlegen einer Kokille) zu beschleunigen.

---

[1] *N. Chvorinov*, Publikation 1940, tschechischer Gießer

2.1.8.10 Der Erstarrungsmodul

Die Erstarrungszeit t_E einer Schmelze (gleiche Zusammensetzung, gleiche Gießtemperatur) ist in zwei Körpern unterschiedlicher Geometrie aber bei gleichem Erstarrungsmodul M gleich. Aus der Definition der Erstarrungsmoduls M lässt sich für jeden beliebigen Körper der Erstarrungsmodul berechnen **(Tabelle 1)**.

Bei Hohlzylinder ist zu beachten, dass der Kern, der die innere Mantelfläche abbildet, nur dann für die Wärmeabfuhr in Frage kommt, wenn er eine nennenswerte Masse, d.h. einen zur Wanddicke des Hohlzylinders großen Durchmesser aufweist. Der Kern muss eine entsprechende Wärmekapazität haben, diese ist direkt proportional zu der Masse des Kernes.

Merke: Ein Körper ohne Masse kann keine Wärme aufnehmen, Bohrungskerne können kaum Wärme aufnehmen.

Aufgabe:

Berechnen Sie den Erstarrungsmodul

1. für eine Platte mit der Wanddicke c, der Breite a und der Länge b,

   Lösung: $M = \dfrac{c}{2}$

2. für einen Stab mit der Länge a und den Kantenlängen b und c,

   Lösung: $M = \dfrac{b \cdot c}{b + c}$

3. für einen Würfel mit der Kantenlänge a,

   Lösung: $M = \dfrac{a}{3}$

4. für einen Zylinder mit dem Durchmesser D und der Länge l;

   Lösung: $M = \dfrac{D}{4}$

   Die Länge l hat keinen Einfluss!

5. Für einen Hohlzylinder mit D als Außendurchmesser und d als Innendurchmesser,

   Lösung: $M = \dfrac{D - d}{2}$

6. für eine Kugel mit Durchmesser D.

   Lösung: $M = \dfrac{D}{6}$

Tabelle 1: Erstarrungsmodul

Körper	Erstarrungsmodul M
Platte	$M = \dfrac{V}{A} = \dfrac{a \cdot b \cdot c}{2(a \cdot b + a \cdot c + b \cdot c)}$ $= \dfrac{c}{2\left(1 + \dfrac{c}{b} + \dfrac{c}{a}\right)}$ mit $c \ll a, b$ $M = \dfrac{c}{2}$
Stab	$M = \dfrac{b \cdot c}{a + b}$
Würfel	$M = \dfrac{V}{A} = \dfrac{a^3}{6 \cdot a^2}$ $M = \dfrac{a}{6}$
Kugel	$M = \dfrac{V}{A} = \dfrac{\pi/6 \cdot D^3}{\pi \cdot D^2}$ $M = \dfrac{D}{6}$
Zylinder	$M = \dfrac{V}{A} = \dfrac{\pi/4 \cdot D^2 \cdot h}{\pi \cdot D \cdot h}$ $M = \dfrac{D}{4}$
Hohlzylinder	$M = \dfrac{V}{O} = \dfrac{\pi(R^2 - r^2)l}{2\pi(R + r)l}$ $= \dfrac{(R + r)(R - r)}{2(R + r)}$ $M = \dfrac{R - r}{2} = \dfrac{D - d}{4}$

2.1.9   Speisertechnik

Für praktisch alle technischen Legierungen nimmt das Volumen der Schmelze bei Abkühlung und beim Übergang *flüssig – fest* ab. Dies kann zu Volumenfehlern (Lunker) im Gussteil führen.

Die Schwindung der Schmelze im flüssigen Zustand bzw. beim Übergang flüssig – fest muss durch flüssige Schmelze, die aus den *Speisern* zugeführt wird, ausgeglichen werden.

Speiser:

ein Speiser ergänzt das Gussteil. Er ist ein Teil des Formhohlraumes, aus dem Schmelze in den eigentlichen Formhohlraum nachgespeist wird, der Schwindungsanteil der Schmelze im Formhohlraum sollte ausgeglichen werden. Der Speiser wird dort angebracht (angeschnitten), wo die Schmelze zuletzt erstarrt **(Bild 1)**.

Im Bereich 2 wird die Schmelze am längsten flüssig bleiben.
- Hier können sowohl Innen- als auch Außenlunker auftreten.
- Es müssen hier, um dies zu verhindern, Speiser seitlich angeschnitten werden.

2.1.9.1 Art der Speiser

Man unterscheidet die Speiser nach folgenden Gesichtspunkten **(Bild 2)**:

- offene Speiser,
- geschlossene Speiser,
- abgedeckte Speiser.

Offene Speiser sind Kopfspeiser, d. h., sie sind auf dem Gussteil aufgesetzt bzw. seitlich am Gussteil angeschnitten. Sie werden mit der Formfüllung durch die Schmelze in der Regel steigend gefüllt, die Badspiegelhöhe der Schmelze im Speiser entspricht der Oberseite der Form. Die Schmelze gibt an die umgebende Luft Wärme durch Strahlung und Konvektion ab. Um dies zu vermeiden, wird die Schmelze **im Speiser** häufig **abgedeckt**, z. B. mit normalem Formsand bzw. mit sogenanntem Lunkerpulver.

Geschlossene Speiser werden in der Regel nur bei kleinen Schwindungsvolumen eingesetzt. Sie werden vollständig vom Formstoff abgebildet.

Die Schmelze gibt während der Formfüllung Wärme entlang des Fließweges an die Form ab, dabei wird die Form örtlich erhitzt, die Schmelze kühlt ab.

Je nachdem, ob ein Speiser zwischen Gießsystem und Gussteil liegt oder zuerst durch den Formhohlraum fließt, um anschließend den Bereich des

Speisers zu füllen, bezeichnet man die Speiser als *heiße Speiser* oder als *kalte Speiser*. Die heißen Speiser werden zum Schluss gefüllt, die Schmelze bleibt länger flüssig als in kalten Speisern gleicher Abmessung.

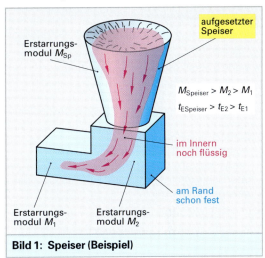

Erstarrungs-modul M_{Sp}

aufgesetzter Speiser

$M_{Speiser} > M_2 > M_1$

$t_{ESpeiser} > t_{E2} > t_{E1}$

im Innern noch flüssig

am Rand schon fest

Erstarrungs-modul M_1 Erstarrungs-modul M_2

Bild 1: Speiser (Beispiel)

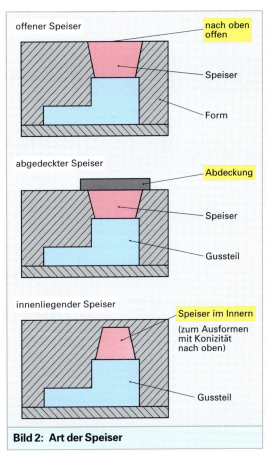

offener Speiser

nach oben offen

Speiser

Form

abgedeckter Speiser

Abdeckung

Speiser

Gussteil

innenliegender Speiser

Speiser im Innern

(zum Ausformen mit Konizität nach oben)

Gussteil

Bild 2: Art der Speiser

2.1.9.2 Position und Geometrie der Speiser

Bei der *Position* der Speiser am Gussteil unterscheidet man:

- **aufgesetzte Speiser (Bild 1**, vorhergehende Seite):
  Aufgesetzte Speiser sind in der Regel einfach abzuformen durch Ergänzen des Gussteilmodells.

- **seitlich angeschnittene Speiser (Bild 1)**:
  Seitlich angeschnittene Speiser werden für Gusswerkstoffe bei „unendlich" großen Speisungsweiten eingesetzt z. B. bei Gusseisenwerkstoffen.
  Seitlich angeschnittene Speiser sind über den Speiserhals mit dem Formhohlraum verbunden. Die Modellteile zum Abformen des Speisers und des Speiserhalses müssen zur Teilungsebene gezogen werden.

Bei Stahlguss wird der Speiser durch Brennschneiden abgetrennt (Kopfspeiser aufgesetzt).

Bei Gusseisen wird der Speiser seitlich mittels Schlag zum Gussteil hin entlang einer angegossenen Kerbe (Sollbruchstelle) abgetrennt (Bild 1).

Man unterscheidet bei der **Speisergeometrie**:

- Zylinderform (M_{sp} = r/3),
- Kugelspeiser (M_{sp} = r/3), (Immer innenliegend),
- ovale Speiser als Kopfspeiser.

2.1.9.3 Formstoff zum Abformen der Speiser

Man unterscheidet die Speiser nach dem Formstoff zum Abformen:

- **Naturspeiser**
  Sie sind aus demselben Formstoff wie die Form geformt,
- **isolierende Speiser**
  Es sind Speisereinsätze aus isolierendem Formstoff **(Bild 2)**. Die Wärmeabfuhr wird behindert, vor allem beim Vergießen von Aluminiumgussteilen. Die Erstarrungszeit wird größer **(Tabelle 1)**.
- **exotherme**[1] **Speisereinsätze**
  Die Schmelze, die sich im Speiser befindet, wird nachträglich noch aufgeheizt. Das Material, aus dem die Speisereinsätze (Bild 2) abgeformt sind, enthält Zusätze, z. B. Magnesiumspäne, die bei Formfüllung zeitverzögernd zünden und dann Wärme an die Schmelze abgeben (Bild 2). Die Erstarrungszeit wird dadurch verlängert.

---

[1] exotherm = unter Freisetzung von Wärme, von griech. exo = außen, von draußen und therme = Wärme

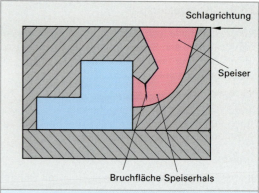

Bild 1: Seitlich angeschnittener Speiser

Tabelle 1: Einfluss der Speiserart auf die Erstarrungszeit*			
Speiserart	Erstarrungszeit/min bei		
	Stahl	Kupfer	Aluminium
Naturspeiser	5,0	8,2	12,3
Naturspeiser mit exothermer Abdeckung	13,4	14,0	14,3
Isolierender Speiser	7,5	15,1	31,1
Isolierender Speiser mit exothermer Abdeckung	43,0	45,0	45,6

* nach Gießereihandbuch, bei Speisern mit 100 mm Ø, 100 mm Höhe

Bild 2: Isolierender Speiser (oben), exothermer Speiser (unten)

Naturspeiser. Der Speiser ist aus demselben Formstoff abgeformt, der für die Form verwendet wurde, z. B. bentonitgebundener Sand oder kaltharzgebundener Sand. Naturspeiser werden eingesetzt, wenn wenig Speisungsvolumen benötigt wird, was für Teile aus Gusseisen gilt. Das Speisungsvolumen, d. h., der Anteil an Schmelze, der dem Speiser zum Speisen des Gussteilbereiches zur Verfügung steht, beträgt ca. 14 % des Speisungsvolumens.

Bei Naturspeisern sollte das Verhältnis von Höhe des Speisers h zum Durchmesser $d \geq 1,5$ betragen, d. h., ein Speiser mit dem Durchmesser 10 cm sollte 15 cm hoch sein oder höher. Er hat z. B. ein Volumen von 1200 cm^2 und zum Nachspeisen stehen ca. 170 cm^3 zur Verfügung.

Isolierende Speiser. Sie werden aus einem isolierenden Formstoff abgeformt, d. h., aus einem Material, das die Wärme weniger schnell abführt als der eigentliche Formwerkstoff. Es werden zylinderförmige Speisereinsätze verwendet, bei denen das Verhältnis $h : d \geq 1$ sein sollte (Bild 2, vorhergehende Seite). Handelsübliche Speisereinsätze haben ein Verhältnis von 1,5 : 1.

Das Volumen zur Speisung des zu speisenden Gussteilbereiches beträgt $\Delta V_{sp} \geq 30\,\%$, d. h., es kann zur Nachspeisung deutlich mehr Schmelze entnommen werden als aus einem Naturspeiser.

Isolierende Speisereinsätze werden daher für die Herstellung von Gussteilen verwendet, bei denen die Schmelze ein größeres Volumendefizit aufweist, wie dies z. B. bei Aluminiumlegierungen der Fall ist.

Normalerweise haben handelsübliche Speiser ein Verhältnis $h : d$ von 1 : 1. Sie werden vor allem dort eingesetzt, wo zur Nachspeisung eines Gussteilbereiches große Schmelzmengen benötigt werden, z. B. bei Stahlgussteilen und auch bei dickwandigen Teilen aus Gusseisen mit Kugelgrafit.

Bild 2 zeigt ein Aluminiumgussteil mit Gießsystem und aufgesetzten Speisern.

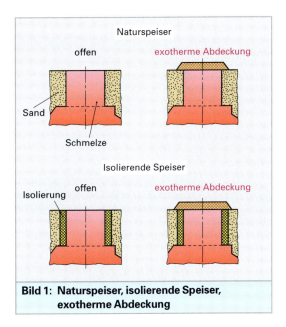

Bild 1: Naturspeiser, isolierende Speiser, exotherme Abdeckung

Exotherme Speiser. Exotherme Speiser bestehen aus einem Formmaterial, das Wärme an die Schmelze im Speiser abgibt, d. h., die Schmelze erwärmt. Dem Formmaterial wird in der Regel Magnesiumpulver zugemischt. Daraus werden, ähnlich wie bei isolierenden Speisern, zylinderförmige Einsätze hergestellt, die mit dem Modell abgeformt werden (Bild 2, vorhergehende Seite). Wenn die Schmelze den Formstoff nach dem Abgießen erhitzt, zündet die exotherme Masse im Speisereinsatz und gibt Wärme an die Schmelze ab.

Den Speisern können bis zu 50 % des Volumens zur Nachspeisung entnommen werden. Das Verhältnis von $h : d$ sollte größer/gleich 0,5 sein.

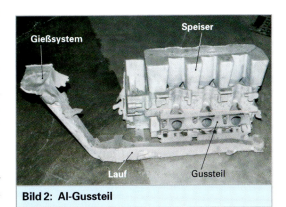

Bild 2: Al-Gussteil

2.1.9.4 Anforderungen an Speiser

> 1. Der Speiser muss modulgerecht sein (erstarrungsgerecht)

Am Ende des Speisungsvorganges muss der Modul des Speisers größer als der Modul des zu gießenden Teiles oder mindestens gleich groß sein. Der Modul des Speisers ändert sich während des Speisungsvorgangs fortwährend.

Schmelze fließt vom Speiser ins Gussteil, dadurch sinkt der Badspiegel im Speiser. Das Volumen wird kleiner, während die wärmeabführende Oberfläche gleich bleibt oder zunimmt, d. h. insgesamt nimmt der Modul des Speisers kontinuierlich ab. Am Ende des Speisungsvorganges muss $M_{sp} \geq M_G$ sein.

Für zylindrische Speiser sollte der Speiser einen Modul M_{sp} haben von:

> $M_{sp} \geq 1{,}2 \cdot M_G$

M_G Modul des Gussstückbereichs der vom Speiser gespeist wird.

> 2. Der Speiser muss schrumpfungsgerecht sein.

Es muss mindestens so viel Schmelze aus dem Speiser ins Gussstück hineinfließen, wie benötigt wird, um das gesamte Schrumpfungsvolumen im Gussstückbereich auszugleichen. Je nach Formstoff, aus dem der Speiser abgeformt ist (Naturspeiser, isolierender Speiser, exothermer Speiser), ist der Prozentanteil des Volumens, das nachgespeist werden kann, unterschiedlich.

> 3. Speiser müssen sättigungsgerecht sein.

Der zu speisende Bereich eines Gussteilbereiches ist vom Speiserrand aus beschränkt. Bei globularer Gefügeausbildung ist die Sättigungsweite theoretisch unendlich groß. Da aber nur Gusseisenwerkstoffe globular erstarren, gilt dies auch nur für diese Werkstoffe. Alle anderen Werkstoffe erstarren mehr oder weniger dendritisch, die Speisungsweite ist eingeschränkt.

Für Legierungen mit dendritischem Erstarrungsgefüge ist die Sättigungsweite:

> $W_{Sp} = 2\,d$

W_{Sp} Sättigungsweite des Speisers

d Wanddicke des Gussteilbereichs, auf dem der Speiser aufsitzt

---

Beispiel:

Speiser muss modulgerecht sein

Gussteil hat den Modul 2 cm:
$M_{Sp} = 1{,}2 \cdot 2 = 2{,}4\,cm$

Zylindrischer Speiser:

$M_{Sp} = \approx \dfrac{r}{2} = 2{,}4 \rightarrow r = 4{,}8\,cm$

d. h., die Bedingung ist erfüllt, wernn ein zylinderförmiger Speiser einen Durchmesser von 10 cm oder größer hat.

Beispiel:

Speiser muss schrumpfungsgerecht sein

Für eine Platte mit der Wanddicke $d = 2\,cm$ ist die Speisungsweite 4 cm.

Zur Herstellung von plattenförmigen Gussteilen müssten wegen der von der Wanddicke abhängigen Speisungsweite viele Speiser verwendet werden. Für ein lunkerfreies Teil müssen sich die Sättigungsweiten der einzelnen Speiser überlappen, d. h., es müssen so viele Speiser angebracht werden, dass das gesamte Gussteil abgedeckt wird.

Die Sättigungsweite kann durch verschiedene Maßnahmen verlängert werden.

- Im Bereich der Endzone eines Gussteils wird die Sättigungsweite um $2{,}5 \cdot d$ velängert.
  Die Sättigungsweite W_{Sp} ist um $2{,}5 \cdot d$ verlängert **(Bild 1)**.
  Die Sättigungsweite W_{Sp} ist $2 \cdot d + 2{,}5 \cdot d = 4{,}5\,d$.
  Eine Endzone ist ein Bereich, der von mindestens vier wärmeabgebenden Oberflächen umgeben ist, z. B. bildet die Ecke einer Platte eine Endzone.

- Durch Anlegen einer Kokille wird die Sättigungsweite nochmals um $0{,}5 \cdot d$ im Bereich der Endzone verlängert.
- Im Bereich der Endzone ist die Gesamtsättigungsweite dann:
  $W_{Sp} = 2 \cdot d + 2{,}5 \cdot d + 0{,}5 \cdot d = 5 \cdot d$

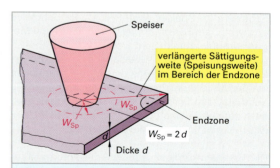

Bild 1: Verlängerung der Sättigungsweite

2.1.9.5 Metallostatischer Druck

Am Ende des Speisungsvorganges muss ein Druck von der Schmelze *(metallostatischer Druck)* im Speiser in den zu speisenden Bereich des Gussteiles vorhanden sein, d. h., die Schmelze muss im Speiser höher stehen als im zu speisenden Gussteilbereich **(Bild 1)**. Dies muss insbesondere bei innenliegenden Speisern berücksichtigt werden. Ist dies nicht der Fall wird Schmelze aus dem Gussteil zur Speisung der Schwindung der Schmelze in den Speiser fließen. Das Gussteil wirkt als Speiser für den Speiser.

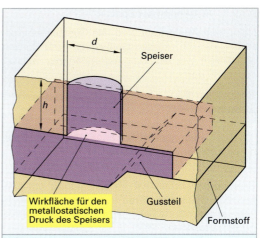

Bild 1: Metallostatischer Druck durch den Speiser

Aufgabe: Ermittlung der Speiser

Gegeben: Platte 1 m × 1,5 m × 4 cm **(Bild 2)**.
Gesucht ist die Zahl, die Größe und die Verteilung der Speiser.

Lösung:

$$M \approx \frac{s}{2}$$ d. h. ein zylindrischer Speiser hat einen Durchmesser von 10 cm

$V_{Platte} = 60\,dm^3 \rightarrow \Delta V = 3\,dm^3$

bei einer 5 %-Volumenschwindung beim Übergang flüssig-fest.

Annahme: isolierender Speiser,

$h : d = 1; V_{sp} = 30\,\%$

Ein Speiser hat daher ein Volumen von ca. 800 cm³ das Speisungsvolumen beträgt ca. 240 cm³, d. h., es müssen mindestens 13 Speiser verwendet werden, um das Schwindungsvolumen von 3000 cm³ nachzuspeisen **(Bild 2)**.

Bei einer Wanddicke des plattenförmigen Gussteiles von 4 cm ist die Sättigungsweite ausgehend von einer Ecke:

$W_{Sp} = 4,5\,d = 18\,cm.$

Bei dem Versuch, die Speiser anzuordnen, erkennt man, dass für Gussteile, bei denen der Gusswerkstoff ein dendritisches Erstarrungsgefüge aufweist, zahlreiche Speiser benötigt werden, die aufgesetzt sein müssen (Kopfspeiser).

Bei Verwendung von Gusseisenwerkstoffen, bei denen die Sättigungsweite auf Grund des globularen Erstarrungsgefüges unbeschränkt ist, können der oder die Speiser seitlich angeschnitten werden, was große Vorteile beim Abtrennen mit sich bringt.

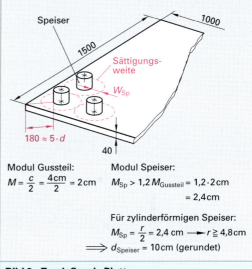

Modul Gussteil:
$M = \dfrac{c}{2} = \dfrac{4\,cm}{2} = 2\,cm$

Modul Speiser:
$M_{Sp} > 1,2\,M_{Gussteil} = 1,2 \cdot 2\,cm$
$= 2,4\,cm$

Für zylinderförmigen Speiser:
$M_{Sp} = \dfrac{r}{2} = 2,4\,cm \longrightarrow r \geqq 4,8\,cm$
$\Longrightarrow d_{Speiser} = 10\,cm$ (gerundet)

Bild 2: Zu gießende Platte

Merke:

Mit Ausnahme von Gusseisenteilen können plattenförmige Gussteile in der Regel nicht ohne Volumenfehler gegossen werden.

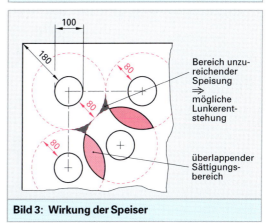

Bild 3: Wirkung der Speiser

2.1.9.6 Abtrennen der Speiser

Nach dem Ausformen wird das Gussteil sandge-
strahlt, danach müssen Gießsystem und Speiser
abgetrennt werden. Das Abtrennen der Speiser
geschieht durch:

1. Absägen **(Bild 1)**, (duktile Werkstoffe),
2. Brennschneiden, (duktile Werkstoffe/Stähle),
3. Abflexen, (duktile Werkstoffe),
4. Abschlagen, (bei seitlich angeschnittenen Speisern bei spröden Werkstoffen z. B. GJL),
5. Abbrechen (Brechkern zw. Speiser u. Gussteil).

Brechkerne werden z. B. in Verbindung mit exo-
thermen Speisereinsätzen verwendet. Der Brechkern ist eine dünne Scheibe mit einem zylinderförmigen Durchgang **(Bild 2)**. Er besteht aus dem
gleichen Material wie der Speisereinsatz. Der
Außendurchmesser des Brechkerns muss mindestens so groß sein wie der Außendurchmesser des
Speisereinsatzes. Der Brechkern hat eine sehr geringe Masse, kann daher praktisch keine Wärme
aufnehmen und ist somit thermisch nicht wirksam.
Brechkerne können der Außenkontur eines Gussteiles, z. B. den Freiformflächen, angepasst werden.

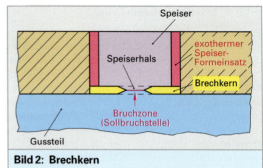

Bild 2: Brechkern

Bild 3: Brechkern, konturangepasst

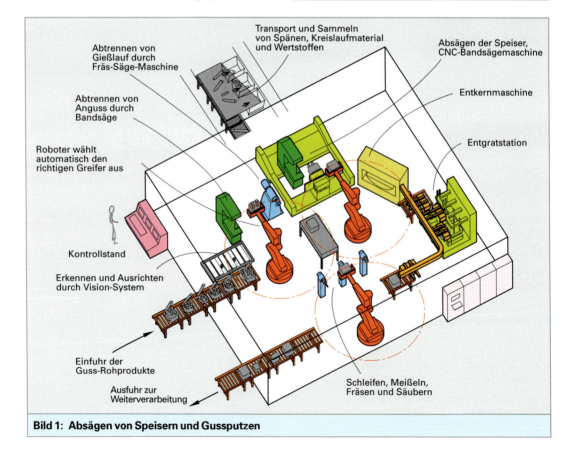

Bild 1: Absägen von Speisern und Gussputzen

2.1.9.7 Abhängigkeit des Speisungsvolumens von thermischen Verhältnissen

In den meisten Fällen kann ein offener, exothermer Speiser durch einen abgedeckten Naturspeiser ersetzt werden. Dies empfiehlt sich, wenn das benötigte Speisungsvolumen relativ klein ist im Verhältnis zum Speiservolumen.

Beispiel:

Aufgesetzter zylinderförmiger Speiser Speiserdurchmesser d = 100 mm, $h : d$ = 1 : 1 (**Bild 3**, vorhergehende Seite)

a) Naturspeiser:
   Angabe der gemessenen Erstarrungszeit t_E z. B. mit Formsand.
b) Exotherme Speiser:
   Angabe der gemessenen Erstarrungszeit t_E.

Bei der obenstehenden Darstellung um Speisungsvorgänge wurde die Wärmeabgabe der Schmelze an die Umgebung durch Strahlung und Konvektion vernachlässigt. Je höher jedoch die Gießtemperatur der Schmelze ist, um so mehr Wärme wird über die Oberfläche offener Speiser an die umgebende Luft abgegeben.[1] Die Wärmeabfuhr an die Luft kann vermieden werden, wenn die Speiser abgedeckt werden.

2.1.9.8 Belüftung innenliegender Speiser

Die Schmelze im Speiser muss bis zum Ende des Speisungsvorganges mit der Atmosphäre in Kontakt stehen. Dies ist bei offenen Speisern immer gegeben, während es bei innenliegenden (geschlossenen) zum Problem werden kann. Deshalb muss ein luftdurchlässiger Kern eingesetzt werden, über den die Schmelze mit der Atmosphäre in Kontakt steht. Dies ist bei Sandkernen in der Regel erfüllt (**Bild 1**).

Bei innenliegenden Speisern (gilt auch für Kugelspeiser) ohne Lüftungskern bildet sich zunächst eine luftundurchlässige Randschale. Die Schmelze ist von der Atmosphäre abgeschnitten, es entsteht ein Unterdruck im Speiser, der das Nachfließen der Schmelze in das Gussteil verhindert (**Bild 2**).

Der fast masselose Lüftungskern kann kaum Wärme aufnehmen. Er nimmt die Temperatur der Schmelze an, so dass sich an ihm auch keine Randschale bildet. Die Verbindung mit der Atmosphäre bleibt erhalten durch die Sandform.

Man kann den Lüftungskern entweder direkt aus

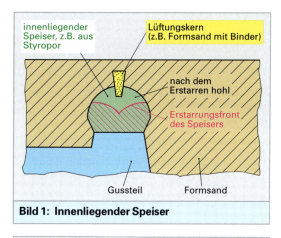

Bild 1: **Innenliegender Speiser**

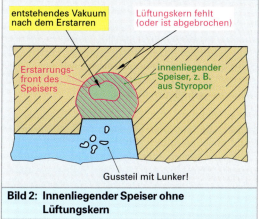

Bild 2: **Innenliegender Speiser ohne Lüftungskern**

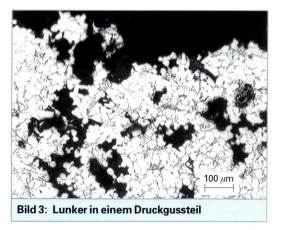

Bild 3: **Lunker in einem Druckgussteil**

dem Formsand mit dem Modell abformen oder einen separaten Kern einsetzen. Ob ein Speiser gespeist hat, kann man nach dem Ausformen am Lunker des Speisers erkennen. **Bild 3** zeigt Lunker in einem Druckgussteil aus der Aluminiumlegierung AlSi12.

---

[1] Die Wärmeabgabe eines Körpers an die Umgebung ist nach dem *Wiener'schen* Gesetz proportional der 4-ten Potenz der Temperatur (T^4) des Körpers.

2.1.10 Formfüllvorgänge

Ziel bei der Herstellung eines Gussteils ist es, den Formhohlraum vollständig abzubilden. Der Formhohlraum wird vollständig mit Schmelze gefüllt.

Die Eigenschaften der Schmelze, die bei der Formfüllung eine große Rolle spielen, sind die

• *Fließfähigkeit* (wird nicht ausschließlich von der Viskosität der Schmelze bestimmt) und die

• *Abbildungsfähigkeit* (Formfüllungsvermögen).

Beide Eigenschaften sind technologische Eigenschaften und *keine* physikalischen Eigenschaften.

Fließfähigkeit

Die Fließfähigkeit ist definiert als *Fließlänge*, die sich in einem horizontal ausgerichteten Gießkanal konstanten Querschnitts ergibt bis zur Erstarrung der Schmelze. Die ausgelaufene Länge der Schmelze wird in Sandgießereien mit der „Gießspirale" und in Druckgießereien mit dem „Gießmäander" gemessen **(Bild 1)**.

Diese Messung der Fließfähigkeit ist eine vergleichende Methode. Die ausgelaufene Länge erlaubt einen Vergleich, ob die Fließfähigkeit einer Schmelze besser oder schlechter ist, d. h., ob die ausgelaufene Länge größer oder kleiner als erwartet ist.

Abbildungsfähigkeit

Die Abbildungsfähigkeit gibt an, wie genau der Formhohlraum durch die Schmelze abgebildet wird.[1] In einem rechteckigen oder in einem quadratischen Querschnitt der Gießspirale/Gießmäanders ist die Größe (R) des Kantenradius ein Maß für die Abbildungsfähigkeit **(Bild 2)**. Je kleiner der Kantenradius ist, desto besser bildet eine Schmelze den Formhohlraum ab.

Fließfähigkeit verschiedener Gusswerkstoffe

Zur Beschreibung der Fließfähigkeit und Abbildungsfähigkeit verschiedener Werkstoffe dienen Untersuchungen mit horizontal ausgerichteten Gießkanälen mit verschiedenen, jeweils aber konstanten Querschnitt **(Tabelle 1)**.

---

[1] Schmelzen haben eine Grenzflächenenergie (oft als Oberflächenspannung bezeichnet). Sie gibt an, welche Energie notwendig ist, wenn eine neue Oberfläche von 1 cm² gebildet wird, z. B. wenn die Schmelze fließt. Dabei wird die Oberfläche ständig vergrößert. Die Grenzflächenenergie führt zur Abrundung der Kantenradien am Gussteil.

Bild 1: Gießmäander

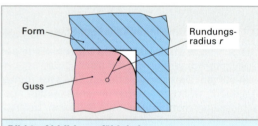

Bild 2: Abbildungsfähigkeit

Tabelle 1: Fließlängen			
Querschnitte (mm²)	3 × 3 = 9	4 × 4 = 16	5 × 5 = 25
Gusswerkstoffe	Fließlänge in cm		
Reines Al	11,2	17,7	27
Reines Zn	18,1	25,9	33,7
Reines Pb	11,1	18,8	27,6
Reines Sn	18,1	22,7	38,4
Al Si 12	2,5	6,3	15,6
Querschnitte (mm²)	3 × 5 = 15	3 × 8 = 24	–
Gusswerkstoffe	Fließlänge in cm		
Reines Al	12,1	17	–
Reines Zn	18,2	26,2	
Reines Pb	12,6	17,5	
Reines Sn	18,1	25,4	
Al Si 12	2,2	8,4	

Problem: Die Schmelze bei Zn, Sn und Pb reißt von der Oberfläche ab, bei Al und Silizium (AlSi 12) füllt die Schmelze entlang der Fließlänge den gesamten Querschnitt.
Vereinbarung: Es wird die gesamte Länge gemessen.

Der Einfluss der Gießtemperatur auf die Fließlänge L_T berechnet sich nach der Formel:

$$L_T = L_{TS} + a \cdot (T - T_S)$$

L_T Fließlänge
L_{Ts} Fließlänge bei Schmelztemperatur

a ist der Temperaturbeiwert des Fließvermögens, er ist ein Werkstoffkennwert.

Die Schmelze fließt auch dann noch, wenn sie unterkühlt ist ($T < T_S$), jedoch tritt in diesem Bereich eine Abweichung von der linearen Abhängigkeit von der Temperatur auf, die Schmelze fließt deutlich weniger weit (**Bild 1**).

Mit zunehmendem Querschnitt wird die Fließlänge deutlich besser:

Der Modul (s. Seite 84) eines gegossenen Stabes mit quadratischem Querschnitt ist:

$$M = a/4$$

M Modul
a Kantenlänge

Der Modul eines gegossenen Stabes mit rechteckigem Querschnitt ist:

$$M = \frac{a \cdot b}{2 \cdot (a + b)}$$

M Modul
a, b Kantenlängen

Gießkanalquerschnitte mit gleichem Modul ergeben im Experiment etwa gleiche Fließlängen. Die Fließlängen bei unterschiedlichen Querschnitten verhalten sich wie die Quadrate der Module.

$$\left(\frac{M_1}{M_2}\right)^2 = \frac{L_{T1}}{L_{T2}}$$

M_1, M_2 Module
L_{T1}, L_{T2} Fließlängen

Ein runder Querschnitt ergibt bei gleichen Querschnittsflächen einen größeren Erstarrungsmodul, d. h., die Schmelze fließt weiter, bis sie erstarrt ist. Damit nur wenig Wärme im Gießsystem selbst abgegeben wird, ist es empfehlenswert, runde Querschnitte vorzusehen. Dadurch ergibt sich auch die am weitesten ausgelaufene Länge vor dem Erstarren. Wenn man die Fließfähigkeit der Schmelze verbessern will, ist es besser, die Schmelze nicht zu überhitzen, sondern den Erstarrungsmodul zu vergrößern.

Nachteil: Ein runder Laufquerschnitt kann nur direkt in die Teilungsebene der Form eingeformt werden. Schon ein geringer Versatz zwischen oberer- und unterer Formhälfte wird die Vorteile des runden Querschnitts aufheben. Um diese Nachteile zu vermeiden, verwendet man *trapezförmige* Querschnitte, die vollständig in einer Formhälfte eingebettet werden können. Der Trapezquerschnitt kann so gewählt werden, dass annähernd der Modul eines Kreisquerschnittes vorliegt.

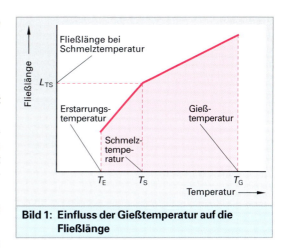

Bild 1: Einfluss der Gießtemperatur auf die Fließlänge

Die Schmelze fließt im Kanal so lange, bis sie an einer Stelle über den gesamten Querschnitt erstarrt ist.

Die bestimmenden Größen für die Fließfähigkeit sind:

a) der Wärmeinhalt (abhängig von Gießtemperatur) der Schmelze
b) die an die Form abzugebende Wärmemenge bis zur Erstarrung der Schmelze über dem Querschnitt
c) der Wärmeübergangskoeffizient α (vergl. b). Je kleiner α ist, desto weiter fließt die Schmelze.
d) der metallostatische Druck bzw. der Strömungsdruck, der dem Quadrat der Fließgeschwindigkeit proportional ist.

Abbildungsfähigkeit verschiedener Werkstoffe

Als Maß für die Abbildungsfähigkeit zieht man den Kantenradius heran (**Bild 1 und Tabelle 1, folgende Seite**).

Mit zunehmendem metallostatischem Druck werden die Kantenradien kleiner und damit die Abbildungsfähigkeit besser.

Vorteil: Der metallostatische Druck steigt mit der Höhe des Metallspiegels, d. h., im unteren Bereich der Form ist die Abbildungsfähigkeit besser und somit die Kantenradien kleiner.

Nachteil: Auf Grund des höheren metallostatischen Druckes dringt die Schmelze z. B. in poröse Formstoff ein, z. B. bei Formsand, wodurch dieser mit der Oberfläche des Gussteiles „vererzt". Dies führt in der Regel zu Ausschuss.

Eine weitere Einflussgröße ist die Grenzflächenenergie σ. Dies ist die Energie, die zur Schaffung
einer neuen Oberfläche notwendig ist. Je größer
das Verhältnis der Grenzflächenenergie σ zur Dichte ϱ
ist, desto schlechter ist die Abbildungsfähigkeit.

$\sigma : \varrho \rightarrow$ möglichst klein	σ Grenzflächenenergie ϱ Dichte

z. B.
Eisen: $\sigma/\rho = 257\,\mathrm{cm^3/s^2}$
Zinn: $\sigma/\rho = 89\,\mathrm{cm^3/s^2}$
Aluminium: $\sigma/\rho = 386\,\mathrm{cm^3/s^2}$
Zink: $\sigma/\rho = 117\,\mathrm{cm^3/s^2}$
Blei: $\sigma/\rho = 46\,\mathrm{cm^3/s^2}$

Da das Alumium das größte Verhältnis σ/ρ hat, erhält man relativ große Kantenradien, d. h., reine
Aluminiumschmelzen bilden den Formhohlraum
schlecht ab.

> Legierungselemente beeinflussen die Abbildungs-
> fähigkeit, da die Grenzflächenenergie der Legierung
> vom Verhältnis der Legierungskomponenten be-
> stimmt wird.

Beispiel:

Legierung A, B $\sigma_A = 1000\,\mathrm{cm^3/s^2}$
$\sigma_B = 500\,\mathrm{cm^3/s^2}$

$A : B = 9 : 1$

$$\sigma_{gesamt} = \frac{9 \cdot 1000 + 1 \cdot 500}{10\,\mathrm{s}} = 950\,\mathrm{cm^3/s^2}$$

Während des Fließen der Schmelze ist die Grenzflächenenergie $950\,\mathrm{cm^3/s^2}$. Bei ruhenden Schmelzen
reichert sich in der Grenzflächen das Legierungselement an, das eine niedere Grenzflächenenergie aufweist, hier das Element B.

Besitzt ein Legierungselement nur eine geringe
Grenzflächenenergie, so geht diese in die Oberfläche. Deshalb findet man in der Oberfläche einer
Legierung die Komponente, die selbst die geringste Grenzflächenenergie besitzt. Dies kann zu einer
besseren Abbildungsfähigkeit führen. Einen erheblichen Einfluss auf die Abbildungsfähigkeit hat
ferner die Korngröße bzw. die Keimzahl pro Volumeneinheit.

Durch Zugabe von heterogenen Keimen nimmt
zwar die Fließlänge ab, jedoch die Abbildungsfähigkeit zu.

Durch die Zugabe von heterogenen Keimen (z. B.
0,3 % Ti zu Al) kann die Keimzahl pro Volumeneinheit um das 1000-fache gesteigert werden.

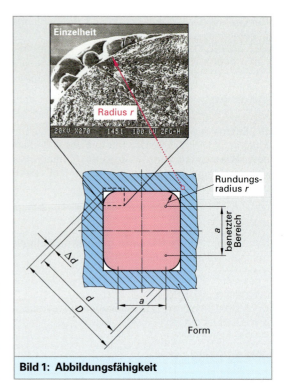

Bild 1: Abbildungsfähigkeit

Tabelle 1: Abbildungsgenauigkeit

Querschnitte mm²	3×3 = 9	4×4 = 16	5×5 = 25
	Kantenradien im mm		
Reines Al	0,9	1,5	1,05
Reines Zn	0,85	1,3	1,05
Reines Pb	0,7	(0,5)	(0,5)*
Reines Sn	0,7	1,05	1,0
Al Si 12	0,35	0,5	0,4

Querschnitte mm²	3×5 = 15	3×8 = 24
	Kantenradien	
Reines Al	0,95	1,2
Reines Zn	1,0	1,35
Reines Pb	0,75	1,10
Reines Sn	0,8	1,0
Al Si 12	0,25	0,25

* Bleischmelzen reißen nach Einfließen in den Gießkanal von der
Formoberfläche ab. Wärme wird nur an der von der Schmelze
benetzten Fläche an die Form abgegeben.

> Werkstoffe mit gutem Formfüllungsvermögen (Silu-
> min) haben schlechte Fließeigenschaften. Werkstof-
> fe mit schlechten Formfülleigenschaften (Al) haben
> gute Fließeigenschaften.
>
> Die Abbildungsfähigkeit und die Fließfähigkeit sind
> nicht unabhängig voneinander zu verändern.

2.1.11 Strömungsvorgänge der Schmelze

In **Bild 1** ist ein Sandgussteil mit horizontaler Teilungsebene dargestellt. Die einzelnen Elemente des Gießsystems sind mit Ziffern gekennzeichnet.

Elemente des Gießsystems sind:

❶ Eingießtrichter
(nur bei Gusseisen wird ein Gießtümpel verwendet)
❷ Übergang vom Eingießtrichter zum Eingießkanal
❸ Eingießkanal
❹ Übergang vom Eingießkanal zum Lauf
❺ Lauf (evtl. mit Drehmassel)
❻ Anschnitt (Querschnittsfläche zwischen Lauf und Formhohlraum)

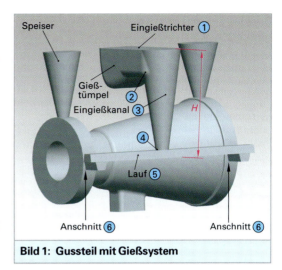

Bild 1: Gussteil mit Gießsystem

Die Strömungsvorgänge werden durch die Gesetze von *Bernoulli*[1] beschrieben.

Für die Punkte 1 und 2 gilt:

$$\frac{p_1}{\varrho \cdot g} + \frac{v_1^2}{2\,g} = \frac{p_2}{\varrho\,g} + \frac{v_2^2}{2\,g} = h_2 - h_1$$

p_1 Druck an Punkt 1
p_2 Druck an Punkt 2
v_1 Geschw. an Punkt 1
v_2 Geschw. an Punkt 2
h_1 Höhe der Schmelzsäule in Pkt. 1
h_2 Höhe der Schmelzsäule in Pkt. 2
ϱ Dichte der Schmelze
g Erdbeschleunigung

2.1.11.1 Schwerkraftgießen

Es handelt sich um die Gießverfahren, bei denen die Schmelze den Formhohlraum unter dem Einfluss der Schwerkraft füllt, wie z. B. beim Sandgießen und Schwerkraftkokillengießen.

Freifallende Schmelze

Für eine freifallende Schmelze ohne Reibungsverluste ist p_2 gleich Null. Betrachtet man einen Punkt in der Oberfläche der Form, d. h. im Eingießtrichter, so ist $h_1 = 0$ und v_1 ebenfalls gleich Null.

Es gilt dann:

$v_2 = \sqrt{2\,g \cdot H}$

v_2 Geschw. im Punkt 2
H Oberkastenhöhe
g Erdbeschleunigung

Fallende Schmelze unter Reibung

Bei Reibung zwischen Schmelze und Formoberfläche z. B. im Gießsystem, insbesondere bei Umlenkungen, wie dies z. B. in der Teilungsebene bei **Bild 1** zu erkennen ist, wird die Schmelze abgebremst, p_2 ist größer Null. Bei der Berechnung wird dies mit dem Geschwindigkeitsbeiwert ζ berücksichtigt.

Die Geschwindigkeit der Schmelze in irgendeinem Punkt der Gießform bzw. des Formhohlraumes ist dann:

$v_2 = \zeta\,\sqrt{2\,g \cdot H}$

v_2 Geschw. im Pkt. 2
ζ Geschwindigkeitsbeiwert
H Oberkastenhöhe
g Erdbeschleunigung

Aufgabe:

Berechnen Sie die Geschwindigkeit der freifallenden Schmelze bei einer Oberkastenhöhe von: $H_1 = 10\,cm$, $H_2 = 50\,cm$ und $H_3 = 1\,m$.

Lösung:

$v = \sqrt{2\,g \cdot h}$ $h = H$ (Oberkastenhöhe)

Für H_1: $v = 1,41\,m/s$

Für H_2: $v = 3,03\,m/s$

Für H_2: $v = 4,47\,m/s$

---
[1] *Johann Bernoulli* (1667–1748), schweizer Mathematiker

2.1.11.2 Druckgießen

Beim Druckgießen steht die Schmelze im Anschnitt unter einem Druck, der von der Gießeinheit der Druckgießmaschine aufgebracht und über den Gießkolben auf die Schmelze ausgeübt wird.

Aus dem Gesetz von *Bernoulli* ergibt sich, dass die Geschwindigkeit v_A der Schmelze hinter dem Anschnitt, also beim Einfließen in den Formhohlraum, vom Druck p_G abhängt, unter dem die Schmelze vor dem Anschnitt steht.

Es ist:

$$v_A = \sqrt{\frac{2\,p_G}{\varrho}}$$

v_A Geschwindigkeit der Schmelze im Anschnitt
p_G Gießdruck (Strömungsdruck)
ϱ Dichte

2.1.11.3 Schleudergießen

Beim Schleudergießen wird die Schmelze mit Druck an die Kokille gepresst, was zu einem guten Wärmeübergang führt. Es kommt aber zu einer Entmischung, d. h., die Anteile mit hoher Dichte sind außen, die mit geringer Dichte (z. B. Schlackeneinschlüsse) sind innen. Man erreicht damit eine hohe Qualität an der Außenseite, z. B. bei Rohren. Rotationssymmetrische Hohlteile können ohne Kern gegossen werden.

2.1.11.4 Aufbau eines Gießsystems

Aufgaben des Gießsystems am Beispiel des Schwerkraftgießens:
1. Versorgen des Formhohlraums mit Schmelze in der gewünschten Formfüllzeit,
2. Verhindern des Einbringens von Schlacke und Verunreinigungen in den Formhohlraum,
3. Verhindern der Gasaufnahme durch die Schmelze während der Formfüllung.

Schlacken können durch verschiedene Maßnahmen zurückgehalten werden, z. B. durch Verschließen des Eingießkanals durch einen Sandkern. Bei gefülltem Tümpel steigt der Kern aufgrund seiner geringeren Dichte nach oben und gibt den Eingießkanal frei.

Die Schmelze fließt unter dem Badspiegel hindurch in den Formhohlraum. Schlacke und Silikate schwimmen oben auf und werden so zurückgehalten.

> Der Badspiegel darf im Gießtümpel während des Gießvorganges nicht absinken.

Zusätzliche Hilfsmittel:

• Schlackenwehr (Stahlblech oder Keramik **Bild 1**),
• Siebkern aus Keramik **(Bild 2)**.

Aufgabe:

Berechnen Sie den Druck der Schmelze vor dem Anschnitt für Aluminiumschmelzen und für Zinkschmelzen. Die Dichte für Aluminiumschmelzen am Schmelzpunkt ist 2,4 g/cm³ und für Zinkschmelzen 6,0 g/cm³.

Die Geschwindigkeiten betragen 50 m/s bzw. 100 m/s.

Lösung:

Druck für die Aluminiumschmelze:

p_{GAl} = 30 bar bzw. 120 bar

Druck für die Zinkschmelze: p_{GZn} = 75 bar bzw. 300 bar

Aufgabe 2

Berechnen Sie die Strömungsgeschwindigkeit der Schmelze auf die Kokille bei 3 Umdrehungen pro Sekunde, wenn der Durchmesser der Kokille

a) d = 45 cm und b) d = 55 cm ist.

Lösung:

$$v = \pi \cdot d \cdot 3\,\mathrm{s}^{-1}$$

a) v = 4,24 m/s   b) v = 5,18 m/s

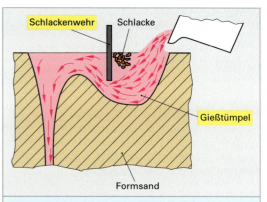

Bild 1: Gießtümpel mit Schlackenwehr

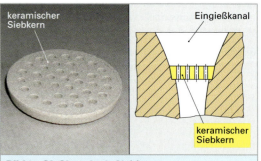

Bild 2: Gießkanal mit Siebkern

Übergang Eingießtrichter zum Eingießkanal

Der Gießstrahl verjüngt sich. Bei zylindrischem Querschnitt des Gießsystems entstehen so Luftspalte. Aus diesen Luftspalten kann die Schmelze Gase aufnehmen, die aufgrund des entstehenden Unterdruckes durch den porösen Formsand in den Hohlraum gesaugt werden. Deshalb muss der Eingießkanal dem sich verjüngenden Gießstrahl angepasst sein. Nur dann benetzt die Schmelze in allen Bereichen das Gießsystem **(Bild 1)**.

> Von der Schmelze mitgeführte Gaseinschlüsse ergeben Poren im Gussteil.

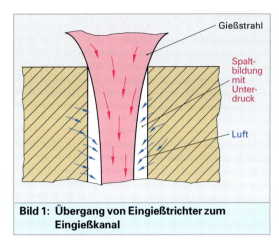

Bild 1: Übergang von Eingießtrichter zum Eingießkanal

Weitere Gesichtspunkte zur Gestaltung eines Gießsystems:

1. Das Gießsystem muss herstellbar sein. Die Schmelze darf während des Gießvorgangs im Gießsystem *nicht erstarren*. Deshalb ist auf einen Mindestquerschnitt des Laufs in der Teilungsebene zu achten. Beim Sandgießen unter Schwerkraft muss der Durchmesser mindestens 30 mm betragen.

2. Das Abgießen muss gegeben sein durch Einhalten eines Mindestdurchmessers vom Eingießtrichter (Treffsicherheit).

3. Das Schluckvermögen (pro Zeiteinheit vergossene Schmelzmenge) muss der gewünschten Gießleistung entsprechen.

Die Formfüllzeit beträgt beim Schwerkraftgießen mindestens drei Sekunden.

Für den Eingießkanal wird in der Regel ein runder Querschnitt gewählt, da dieser den günstigsten Erstarrungsmodul aufweist. Beim Kokillenguss wird jedoch aus folgenden Gründen ein trapezförmiger Querschnitt gewählt werden:

- Beim Kokillenguss ist ein Ausformen des Gießsystems in der Teilungsebene erforderlich;

- leicht ausformbarer Querschnitt;

- kostengünstig herstellbarer Querschnitt, wenn er nur aus einer Formhälfte herausgearbeitet werden muss;

- im Vergleich zum Kreisquerschnitt kann hier kein Versatz auftreten.

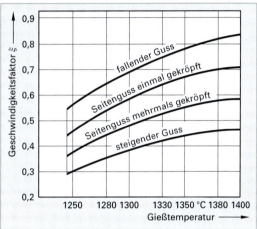

Bild 2: Abhängigkeit des Geschwindigkeitsbeiwerts*

Bemerkungen zum Geschwindigkeitsbeiwert

Grundsätzlich wird der Geschwindigkeitsbeiwert ζ experimentell bestimmt. Er hängt ab von:
- der Gießtemperatur **(Bild 2)**. Mit abnehmender Gießtemperatur nimmt auch ζ ab.*
- Zahl der Umlenkungen. ζ wird um so kleiner, je häufiger die Schmelze rechtwinklig umgelenkt wird.

Je geringer die Gießleistung ist, desto aufwändiger ist das Gießsystem, da der Gießkanal entsprechend oft rechtwinklig umgelenkt werden muss. Bei solchen Gussteilen ist es empfehlenswert, Mehrfachformen zu verwenden, d. h., es werden mehrere Gussteile in einem Gießvorgang gegossen. Die Folgen sind weniger Kreislaufmaterial und geringere Kosten pro Teil.

---

* Der Zusammenhang zwischen ζ der Zahl der rechtwinkligen Umlenkungen und der Gießtemperatur ist im VDG Merkblatt F 252 zusammengestellt.

Übergang vom Eingießkanal zum Lauf

Aufgaben des Eingießkanals:
1. Zurückhalten von Schlacke und Sand,
2. Umlenken der Schmelze **(Bild 1)**
   • einfaches rechtwinkliges Umlenken,
   • zweifaches rechtwinkliges Umlenken.

Lauf

In der Regel ist der Lauf horizontal ausgerichtet **(Bild 2)**. Er wird mit dem Modell abgeformt. Normalerweise hat der Lauf ebenfalls einen trapezförmigen Querschnitt, damit er in einer Formhälfte eingeformt werden kann.

Zuerst füllt sich die Tasche (Übergang von Eingießkanal zum Lauf), sie wirkt wie ein Polster, so dass die Schmelze einmal rechtwinklig umgelenkt wird und in den Lauf fließt.

Schlacken können im Lauf durch eine Drehmassel zurückgehalten werden. Sie wird relativ selten verwendet. Meist wird sie bei Gusswerkstoffen verwendet, bei denen sich während des Gießens noch Schlacke bildet, z. B. bei GJL und GJS.

In der Drehmassel wird die Schmelze in eine Rotationsbewegung versetzt. Dadurch wird mitgerissener Sand oder Schlacke aufgrund der geringeren Dichte zur Mitte bzw. nach oben hin abgedrängt.

Bedingung für eine einwandfreie Funktion ist eine hohe Strömungsgeschwindigkeit der Schmelze. Die Wirkung der Drehmassel ist an den Schlackeablagerungen zu erkennen. Nachteilig sind der hohe Kreislaufanteil und das komplizierte Gießsystem.

Anschnitt

Der Anschnitt ist die Querschnittsfläche zwischen Gießsystem und Formhohlraum.

Ein Gussteil kann auch mehrfach angeschnitten sein. Meistens wird aber jedes Gussteil nur einfach angeschnitten. Weiterhin können aus einem Lauf mehrere *Formnester* angeschnitten werden. Die Anschnitte besitzen in der Regel einen leicht trapezförmigen Querschnitt. Dieser ist beim Vergießen von NE-Metallen und von Stahlguss vorteilhaft.

Es werden zwei Gießsysteme unterschieden:

1. Die Schmelze füllt den Formhohlraum drucklos, d. h., sie wird nicht ins Gießsystem zurückgestaut (druckloses System).

Bei den drucklosen Systemen ist der Anschnittquerschnitt gleich dem Laufquerschnitt, gleich dem Eingießkanalquerschnitt.

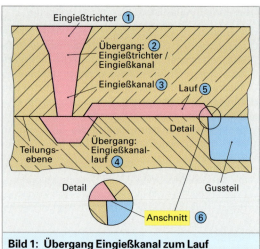

Bild 1: Übergang Eingießkanal zum Lauf

Bild 2: Gießsystem bei einem Kokillengussteil

Der Anschnittquerschnitt ist rechteckig. Das drucklose System wird meist angewendet.

Eingießkanal- querschnitt	:	Laufquer- schnitt	:	Anschnitt- querschnitt	=	**1 : 1 : 1**

2. Die Schmelze steht im Anschnitt unter Druck, d. h., sie wird ins Gießsystem zurückgestaut *(Drucksystem)*.

Drucksysteme werden nur bei Werkstoffen angewendet, bei denen sich während des Vergießens noch Schlacken bilden, die zurückgehalten werden müssen (z. B. GJL und GJS).

Unmittelbar vor dem Formhohlraum ist der kleinste Querschnitt, wodurch sich die Schmelze im Gießsystem zurückstaut. Die Schmelze fließt in diesem Querschnitt langsamer, wodurch Schlacke und Sandpartikel nach oben steigen.

Bewährte Querschnittsabstufungen bei Sandgussteilen aus GJL und GJS

| Eingießkanal-querschnitt | : | Laufquer-schnitt | : | Anschnitt-querschnitt | = | 3 : 4 : 2 |

Messeranschnitt (Gratanschnitt)

Vorteile: Schlacketeilchen, die sich bei GJL und GJS aus dem gelösten Silizium in Form von SiO_2 bilden, werden an dem dünnen Querschnitt zurückgehalten. Das Gussteil ist leicht vom Gießsystem zu trennen (**Bild 1**).

2.1.11.5 Staufüllung und Strahlfüllung

Abhängig vom Verhältnis Anschnittdicke zur Formhohlraumdicke ergibt sich ein unterschiedliches Füllverhalten. Man unterscheidet die *Staufüllung* und die *Strahlfüllung*.

Staufüllung

Die Staufüllung tritt auf bei hochviskosen Schmelzen (thixotrope Schmelzen) und bei metallischen Schmelzen bei sehr geringen Strömungsgeschwindigkeiten, $v_A < 0,5\,m/s$ (die jedoch beim Druckgießen nicht vorkommen).

Durch die Strahlverbreiterung bedingt, erreicht die Schmelze die Vorderseite und die Rückseite der Platte noch bevor die Deckfläche benetzt ist.

Strahlfüllung

Beim Druckgießen liegt in der Regel eine Strahlfüllung vor. Der Gießstrahl durchquert den Formhohlraum unter einer gewissen Verbreiterung, entweder geführt durch eine *Formwand* (**Bild 2a**) oder frei durch den *Formhohlraum* (**Bild 2b**) und trifft auf die dem Anschnitt gegenüberliegende Fläche. Der Gießstrahl wird dort einseitig oder zweiseitig umgelenkt, bzw. mehrfach umgelenkt und füllt den Formhohlraum zum Anschnitt hin.

Beispiel:

Formkastenhöhe: $H = 15\,cm$

$\zeta = 0,6$

$v_{Anschnitt} \approx 1\,m/s - v_{Lauf} \approx 0,5\,m/s$

$v_{Gießkanal} \approx 0,66\,m/s$

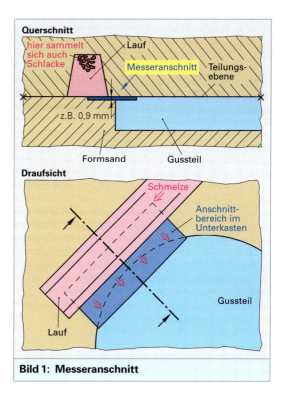

Bild 1: Messeranschnitt

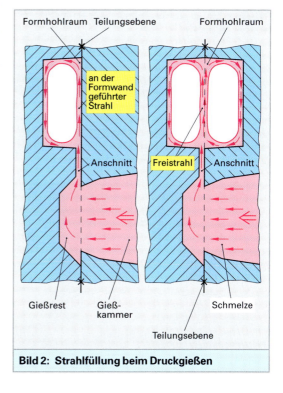

Bild 2: Strahlfüllung beim Druckgießen

2.1.12 Simulation der Formfüllung

Eine Möglichkeit zur Beschreibung und Optimierung des Gießprozesses ist die numerische Simulation (**Bild 1**). Die numerische Simulation des Gießprozesses beinhaltet die Simulation der verschiedenen physikalischen Vorgänge, die beim Gießen auftreten. Die Formfüllung ist ein komplex ablaufender physikalischer Prozess.

Dieser Prozess beinhaltet:
- transiente[1] und turbulente Strömungen von mehreren Fluiden (flüssige und teilweise erstarrte Schmelze, Gase),
- kinematische[2] und dynamische[3] Effekte an der freien Oberfläche der Schmelze (Aufreißen und Zusammenfließen der Schmelzfront, Phasenübergänge[4], Grenzflächenenergie der Schmelze,
- Transport von Wärme über Konvektion[5], Wärmeleitung und Strahlung,
- Erstarrung von Legierungen mit unterschiedlicher Zusammensetzung,
- mikrophysikalische Effekte (Dendritenbildung) und
- thermomechanische Vorgänge (Schwindung, thermisch bedingte Eigenspannungen).

Während die numerische Simulation für jeden einzelnen der oben genannten Vorgänge bereits schwierig ist, ist eine gleichzeitige Simulation aller physikalischen Vorgänge eine große Herausforderung an die verwendeten mathematischen Modelle und an die notwendige Rechnerleistung. Besonders schwierig ist die Simulation des Formfüllvorganges beim Druckgießen. Die Strömung beim Gießen ist auf Grund der Dichte und niedrigen Viskosität[6] der Metallschmelzen durch hohe *Reynolds*-Zahlen[7] gekennzeichnet. Diese Strömungsvorgänge können nur mit den *Navier-Stokes*-Gleichungen[8] zuverlässig simuliert werden. Gegenüber den Erstarrungsvorgängen hat man hier nicht nur die Temperatur T als Unbekannte im Gleichungssystem, sondern zusätzlich die Geschwindigkeitskomponenten u, v, w und den Druck p. Eine Schwierigkeit stellt die Beschreibung der sich bildenden freien Oberfläche der Schmelze dar, die während der Formfüllung zu jedem Zeitpunkt eine andere Form annehmen kann.

---

[1] transient = einschwingen, vorübergehend, flüchtig
[2] kinematisch = sich aus der Bewegung ergebend
[3] dynamisch = bewegt
[4] Phasenübergang: Phasen sind gasförmig, flüssig, fest
[5] Konvektion = Massenströmung aufgrund von Dichteunterschieden durch unterschiedliche Temperatur, von lat. convectio = das Zusammenbringen.
[6] Viskosität = Zähflüssigkeit, von lat. viscosus = voll Leim
[7] Reynolds-Zahl = Verhältnis der Trägheitskräfte zu den Zähigkeitskräften bei strömenden Medien
[8] *Stokes, Sir George Gabriel* (1819–1903), engl. Mathematiker und Physiker

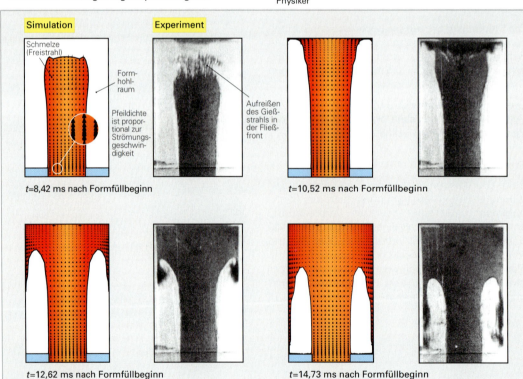

Simulation Experiment

Schmelze (Freistrahl)
Formhohlraum
Pfeildichte ist proportional zur Strömungsgeschwindigkeit
Aufreißen des Gießstrahls in der Fließfront

t=8,42 ms nach Formfüllbeginn t=10,52 ms nach Formfüllbeginn

t=12,62 ms nach Formfüllbeginn t=14,73 ms nach Formfüllbeginn

Bild 1: Phasen der Formfüllung

2.2   Pulvermetallurgie (PM)

Metallische Werkstücke **(Bild 1)** können durch Urformen auch aus metallischen Pulvern hergestellt
werden. Das Metallpulver wird durch Pressen zu
endkonturnahen Werkstückrohlingen in einem
Werkzeug geformt. Der anschließende Sinterprozess[1] und weitere Nachbehandlungsverfahren
ergeben ein einbaufertiges Werkstück.

Besonders im Kraftfahrzeugbau wird die Wirtschaftlichkeit der Pulvermetallurgie bei Präzisions-
bauteilen in der Großserie genutzt **(Bild 2)**.

Zur wirtschaftlichen Bedeutung der Pulvermetallurgie haben folgende Punkte beigetragen:

1. Gegenüber anderen Fertigungsverfahren hat
   sich die Pulvermetallurgie als sehr rohstoff-
   sparend und energieeffizient erwiesen.

2. Die Art und Zahl der zur Verfügung stehenden
   Werkstoffe ist sehr vielfältig geworden, so dass
   komplexe Werkstücke mit hohen Anforderungen an die Festigkeit erfüllt werden können.

3. Es können auch bewusst poröse Metallbauteile
   hergestellt werden, z. B. als Filterbauteile.

2.2.1   Metallpulver

Für die metallischen Sinterwerkstoffe verwendet
man Eisen (Fe), Kupfer (Cu), Nickel (Ni), Molybdän
(Mo), Mangan (Mn), Blei (Pb), Chrom (Cr), Zinn
(Sn), und Vanadium (V). Neu sind Sinterbauteile
aus Aluminiumlegierungen mit hohem Silizium-
anteil (bis 14 %). Kupfer und Molybdän werden
deshalb gern verwendet, da diese Elemente in der
Ofenatmosphäre kaum chemisch reagieren.

Mangan, Chrom und Vanadium werden trotz ihrer
Sauerstoffaffinität[2] zunehmend verwendet. Man
benötigt diese Elemente bei den korrosionsbeständigen PM-Bauteilen. Das Sintern erfolgt in
spezieller, sauerstoffarmer Atmosphäre.

Die nichtmetallischen Pulver, wie z. B. Kohlenstoff,
Phosphor werden zur Verbesserung der Festigkeit
bzw. Härte hinzugefügt. Gleitmittel und Wachse
dienen der Reibungsveminderung beim Pressvor-
gang. Sie werden vor dem Sintern ausgebrannt.

Bild 1: PM-Bauteile

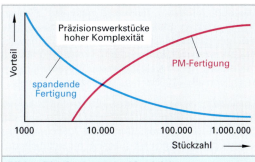

Bild 2: PM-Fertigung im Vergleich

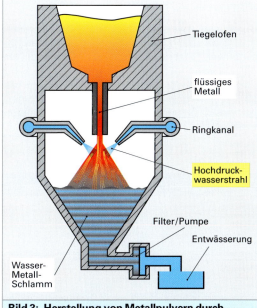

**Bild 3: Herstellung von Metallpulvern durch
           Wasserverdüsung**

---

[1] Sintern ist abgeleitet aus dem mittelhochdeutschen Begriff *sin-
    der* = zusammengebackene Metallschlacke.
[2] Affinität von lat. affinitas = Verwandtschaft

Die Herstellung der Metallpulver

Die Herstellung der Metallpulver erfolgt *mechanisch* durch

- Brechen,
- Mahlen,
- Granulieren,
- Zerstäuben,
- Verdüsen und

physikalisch durch
- Kondensation sowie

chemisch durch
- Elektrolyse und
- Zersetzung.

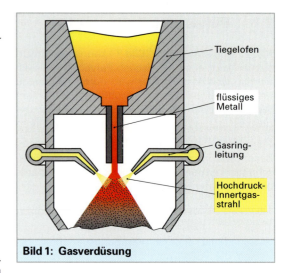

Bild 1: Gasverdüsung

Tiegelofen

flüssiges Metall

Gasringleitung

Hochdruck-Innertgasstrahl

Die bedeutendsten Techniken sind das Wasserstrahlverdüsen **(Bild 3, vorhergehende Seite)** und das Inertgasverdüsen **(Bild 1)**. Die Metallschmelze fließt aus einem Gießtrichter in eine Düse und wird mit einem Hochdruckwasserstrahl oder Inertgasstrahl von etwa 100bar bis 200bar zerstäubt.

Die Wasserverdüsung liefert die zur Verpressung günstige, kugelige Teilchenform. Man erzielt dadurch hohe Pressdichten. Eine gleichmäßige, kompakte Kornform ist günstig hinsichtlich des Fließvermögens und der Fülldichte, d. h., hinsichtlich einer großen Bauteilmasse bezogen auf das Volumen des gefüllten Werkzeugs. Die Festigkeit der *Grünlinge*, das sind die geformten aber noch nicht gesinterten Teile, ist jedoch gering.

Durch chemische *Direktreduktion* aus Eisenerz bzw. Eisenoxid gewinnt man das Schwammeisenpulver. Es ist im Unterschied zu den durch Verdüsung gewonnenen Pulvern *spratzig*, d. h., es hat eine zerklüftete Oberfläche **(Bild 2)**. Die Verpressbarkeit ist weniger günstig, der Pulverzusammenhalt jedoch besser und damit auch die Grünlingsfestigkeit.

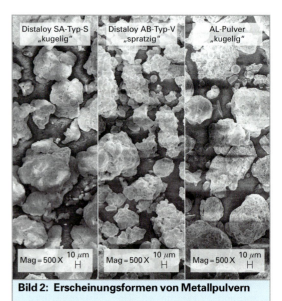

Distaloy SA-Typ-S „kugelig"   Distaloy AB-Typ-V „spratzig"   AL-Pulver „kugelig"

Mag = 500 X 10 μm H   Mag = 500 X 10 μm H   Mag = 500 X 10 μm H

Bild 2: Erscheinungsformen von Metallpulvern

Tabelle 1: Pulverarten und Pulvereigenschaften				
Pulverart	Partikelgröße in μm	Schüttdichte in g/cm³	Fließvermögen in s/50 g	Grünlings-Festigkeit in N/mm²
NC100.24*	20–180	2.44	30	47
SC100.24*	20–180	2.66	28	40
MH80.23*	40–200	2.30	33	24
ASC100.29**	20–180	2.96	24	38
ABC100.30**	30–200	3.02	24	39
* Schwammeisenpulver, spratzig ** Verdüstes Pulver, kugelig				

2.2.2 Die Herstellung pulvermetallurgischer Werkstücke

Die Herstellung der PM-Teile gliedert sich in die Arbeitsgänge:

- Aufbereitung der Pulver,
- Pressen der Grünlinge,
- Sintern,
- Nachpressen und Kalibrieren[1],
- Nachbehandeln **(Bild 1)**.

2.2.2.1 Aufbereiten der Metallpulver

Die Metallpulver werden entsprechend der gewünschten Legierung gemischt. Man mischt zusätzlich noch etwa 1 % Gleitmittel bzw. Wachs hinzu um die Reibung zwischen den Pulverteilchen und die Reibung an der Werkzeugwandung zu vermindern. Die Pulverhersteller liefern auch anwenderfertige Mischungen mit bereits *anlegierten* Pulverkomponenten.

Der Vorteil von anlegierten Pulvern ist, dass sich die Diffusionszeiten beim Sintern und damit die gesamten Prozesszeiten verkürzen und die Bauteile chemisch homogener (gleichmäßiger) ausfallen.

Man kann auch Pulver aus legierten Werkstoffen herstellen **(Bild 2)**. Hier hat jedes Pulverteilchen die gewünschte Legierungszusammensetzung des Bauteils. Fertiglegierte Pulver verwendet man vor allem bei Hartmetallschneidwerkstoffen (HSS), bei Nickellegierungen und Kobaltlegierungen sowie bei Bronze und Messing.

Das Mischen der Pulver erfolgt in Behältern mit Rührwerken.

Um die Oxidation bei zum Oxidieren neigenden Pulvern zu unterdrücken (Oxide wirken sinterbehindernd), erfolgt das Mischen unter Schutzgas (meist Stickstoff oder Argon) oder im Vakuum. In Einzelfällen ist auch ein mechanisches Legieren möglich, bei dem das erste Pulvermaterial fein in einem zweiten Pulvermaterial verteilt wird.

> Für PM-Bauteile aus Metalllegierungen wird das Pulver anteilig aus den Pulvern der zu legierenden Metalle gemischt oder es wird aus bereits legiertem Metall hergestellt.

Pulver

Bauteil

Pulveraufbereitung

Pressen der Grünlinge

Sintern

Nachpressen Kalibrieren

Nachbehandeln z.B. Nitrieren

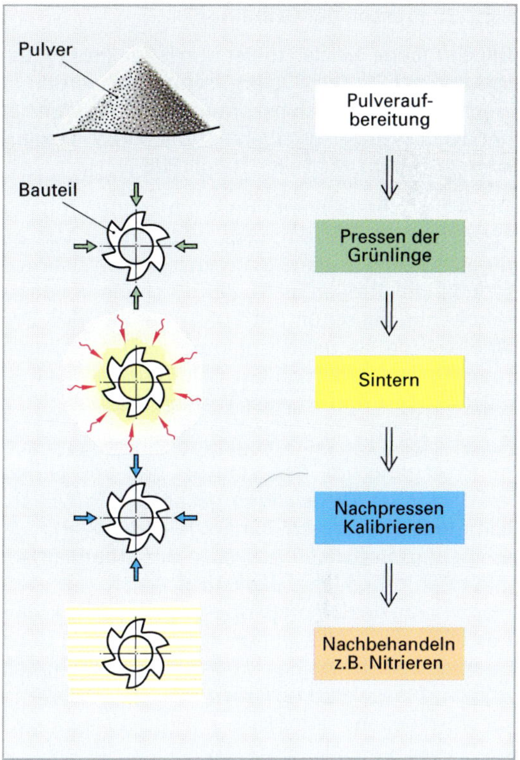

Bild 1: Arbeitsschritte der Pulvermetallurgie

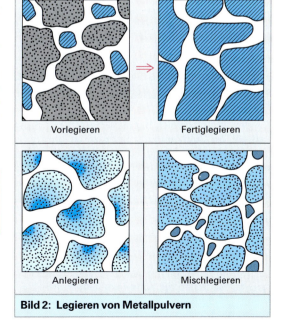

Vorlegieren

Fertiglegieren

Anlegieren

Mischlegieren

Bild 2: Legieren von Metallpulvern

---

[1] engl. to calibrate = auf Format bringen

2.2.2.2. Pressen der Grünlinge

Die Grünlinge werden meist durch koaxiales Pressen hergestellt. Die Pulvermischungen werden in einem allseits geschlossenen Werkzeug, bestehend aus Matrize aus Oberstempel und aus Unterstempel mit Druck beaufschlagt (**Bild 1**).

Die Arbeitschritte beim Pressen beginnen mit der Füllstellung des Werkzeuges, wobei in der Matrize durch zurückgezogene Unterstempel ein definierter Füllhohlraum entsteht, der durch einen vorgeschobenen Füllschuh mit Pulver gefüllt wird. Der Oberstempel ist dabei abgehoben. Der Füllhohlraum ist abhängig von der Schüttdichte des Pulvers und der Enddichte des Werkstücks.

Sodann fährt das Werkzeug durch eine gegenläufige Bewegung von Oberstempel und von Unterstempel in die *Presstellung*, wobei das Pulver zusammengepresst wird. Danach fährt das Werkzeug in die *Ausstoßstellung*, wobei der Oberstempel zurückfährt und das Werkstück durch das Aufwärtsfahren des Unterstempels aus dem Werkzeug gestoßen wird (**Bild 2**). Das Werkstück wird dann über den vorfahrenden *Füllschuh* abgeschoben und das Presswerkzeug fährt wieder in Füllstellung für einen neuen Presszyklus.

Das gepresste Werkstück hat je nach Dichte und Art des Pulvers eine Grünlingsfestigkeit von ca. 10 bis 15 N/mm². Damit lassen sich die Pressrohlinge gut transportieren.

Bei PM-Werkstücken mit unterschiedlichen, nichtsymmetrischen Querschnitten erfolgt das Pressen mit mehreren Stempeln, bei Hinterschneidungen mit Schiebern (**Bild 3**).

Problematisch ist bei nur einem bewegten Stempel der sehr inhomogene Verdichtungsgrad in Höhenrichtung. Ursache ist die Wandreibung des Pulvers, sowie die Reibung der Pulverpartikel untereinander.

Es wird hauptsächlich nur das Pressen mit **zweiseitiger Druckanwendung** benutzt, so dass eine homogene Verdichtung von zwei Seiten erfolgt und sich in der Mitte des Pressteils eine neutrale Zone mit einer etwas geringer verdichteten Zone bildet (**Bild 1**).

Zweimatrizen-Verfahren

Zur besseren Verteilung und Verdichtung des Pulvers bei Bauteilen mit komplexer Geometrie, z. B., wenn *Hinterschneidungen* vorkommen, wird meist das Zweimatrizen-Verfahren angewendet.

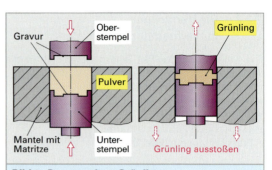

Bild 1: Pressen eines Grünlings

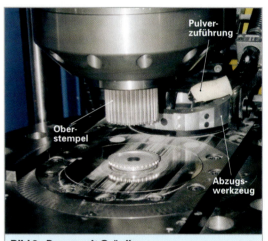

Bild 2: Presse mit Grünling

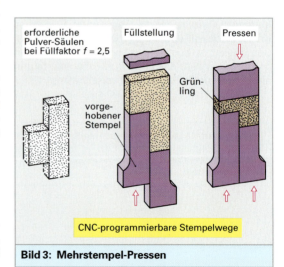

Bild 3: Mehrstempel-Pressen

Hierbei liegen zwei Matrizen während des Füllvorgangs und des Pressens geschlossen aufeinander. Sie werden zum Entformen des Grünlings auseinander gefahren **(Bild 2)**.

Isostatisches Pressen

Beim kaltisostatischen Pressen wird das Pulver in eine gummi-elastische Hülle gefüllt und durch eine Flüssigkeit oder durch ein Gas als Druckmedium allseitig, mit gleichem Druck (isostatisch[1]) verdichtet. Die möglichen Bauteilgeometrien können nicht sehr zerklüftet sein. So ist dieses Verfahren in der Anwendung eingeschränkt, führt jedoch zu einem hohen Verdichtungsgrad. Ein das Verdichten sowie das Sintern zu einem Schritt zusammenführendes Fertigungsverfahren ist das *heißisostatische* Pressen. Hierbei besteht die Hülle aus hochtemperaturbeständigem aber weichen metallischem Werkstoff, z. B. Reineisen.

Anwendung findet das isostatische Pressen bei Bauteilen aus hochlegierten Stählen z. B. für Filter, Gewindebuchsen, Ventilbuchsen und Werkzeugen aus Schnellarbeitsstahl.

---

[1] isostatisch = gleichermaßen wirkend, von griech. iso = gleich und statikos = zum Stillstand (ins Gleichgewicht) bringen

Aufgabe: Rotor (Bild 4)

Berechnen Sie die Pulvermenge die für ein Werkstück zum Pressen bereitgestellt werden muss.

Lösung:

Pressfläche nach Zeichnung: $A = 991{,}87 \text{ mm}^2$

Volumen: $V = A \cdot h$

$V = 991{,}874 \text{ mm}^2 \cdot 42 \text{ mm} = 41\,658{,}874 \text{ mm}^3$

$V = 41{,}65 \text{ cm}^3$

Raumerfüllung nach Tabelle S. 110.

Bei Sint D30 R = 90 %

Dichte bei Stahl: $\delta = 7{,}85 \text{ g/cm}^3$.

Dichte bei Sint D30: $7{,}85 \text{ g/cm}^3 \cdot 0{,}9 = 7{,}0 \text{ g/cm}^3$

Masse: $m = \delta \cdot V = 7{,}0 \text{ g/cm}^3 \cdot 41{,}65 \text{ cm}^3 = \textbf{291{,}5 g}$

Bild 4: Sinterbauteil

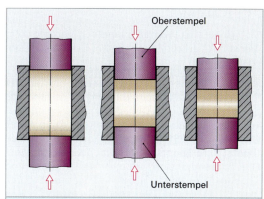

Bild 1: Verdichtung bei zweiseitiger Druckwirkung

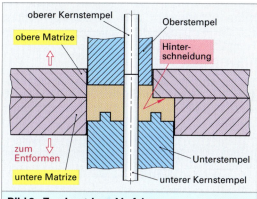

Bild 2: Zweimatrizen-Verfahren

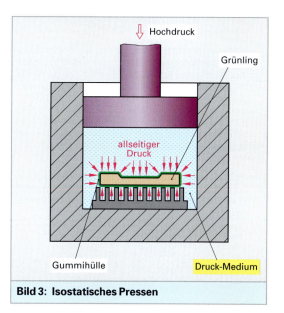

Bild 3: Isostatisches Pressen

2.2.2.3 Sintern

Sintern ist eine Wärmebehandlung vorgeformter Werkstücke (Grünlinge) unter Schutzgasatmosphäre **(Bild 1)**.

Hierbei entstehen aus adhäsiven Kontakten der Pulverkörner metallische Bindungen, sogenannte Sinterbrücken. Durch Diffusionsvorgänge und Rekristallisationsvorgänge entsteht ein völlig neues Gefüge. Der Stofftransport im Mikrobereich **(Bild 2)** wird hauptsächlich durch Gitterdiffusion, Oberflächendiffusion, durch Verdampfen und Kondensation sowie durch viskoses und durch plastisches Fließen verursacht. So gibt es neben den festen Phasen, welche die Bauteilgeometrie bestimmen, auch flüssige und gasförmige Phasen.

Der Sintervorgang beginnt schon weit unter der Schmelztemperatur der beteiligten Metalle. Die Kristallbildung weist keine bevorzugte Richtung auf. Das Gefüge ist daher quasi-isotrop und die Festigkeitseigenschaften sind in allen Raumrichtungen gleich.

Für Eisen, mit einer Schmelztemperatur von 1536 °C ist bereits beim Sintern mit 800 °C eine gewisse Bauteilfestigkeit mit Dehnungsbelastungen gegeben.

$$\vartheta_{Sinter} < 0,75\,\vartheta_{Schmelz}$$

ϑ_{Sinter} Sintertemperatur
$\vartheta_{Schmelz}$ Schmelztemperatur

Ablauf des Sintervorgangs:

- **Anfangsstadium bei etwa 500 °C.** Hier werden die Gleitmittel ausgebrannt. Das Porenvolumen wächst. Die Pulverteilchen erfahren einen ersten Zusammenhalt durch Brückenbildung und Kornwachstum.

- **Sintern in der Hochtemperaturzone.** Die einzelnen Pulverteilchen verbinden sich durch Volumendiffusion, Korngrenzdiffusion und Oberflächendiffusion **(Bild 3)**. Die Poren an der Oberfläche schließen sich. Die Sintertemperaturen (zwischen 750 °C und etwa 1300 °C **Tabelle 1, folgende Seite**) und die Sinterzeitdauer werden je nach erwünschter Härte, Festigkeit und Zähigkeit der Bauteile gewählt **(Bild 4)**. Das Bauteil schwindet merklich.

- **Abkühlphase.** Auch die Abkühlung erfolgt unter Schutzgas (Exogas, Endogas, Stickstoff, Wasserstoff-Stickstoffgemisch) so dass keine Oxidation möglich ist.

---

[1] adhäsiv = anhaftend, von lat. adhaerere = anhaftend
[2] isotrop = nach allen Richtungen mit gleichen Eigenschaften, von griech. iso = gleich und trope = Wendung (Richtung)

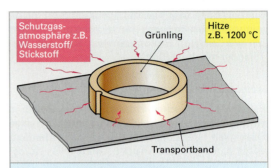

Bild 1: Sintern der Grünlinge

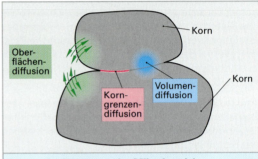

Bild 2: Stofftransport im Mikrobereich

Bild 3: Grünlinge am Ofeneingang

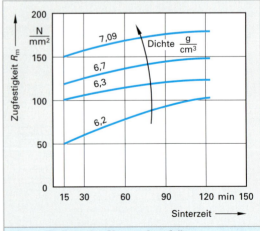

Bild 4: Einfluss der Sinterzeit auf die Zugfestigkeit

Sinteröfen

Die Art der Sinteröfen richtet sich nach den erforderlichen Temperaturen, vor allem aber nach dem gewünschten Teiledurchsatz.

Man unterscheidet

- *Kammeröfen* für relativ geringe Teilemengen,
- *Banddurchlauföfen* für großen Teiledurchsatz **(Bild 1)**,
- *Hubbalkenöfen* bei hohen Sintertemperaturen und gleichzeitig großem Teiledurchsatz **(Bild 2)** und
- *Vakuumöfen* für das Sintern von Hartmetallen und Sonderlegierungen mit besonders geringem Porenanteil.

Tabelle 1: Sintertemperaturen	
Werkstoffe	**Sintertemperatur in °C**
Aluminium-Legierungen Bronze Messing	590 bis 620 740 bis 780 890 bis 910
Eisen Eisen-Kohlenstoff Eisen-Kupfer Eisen-Kupfer-Nickel Eisen-Kupfer-Kohlenstoff Eisen-Mangan Eisen-Mangan-Kupfer Eisen-Chrom Eisen-Chrom-Kupfer Eisen-Chrom-Nickel	1120 bis 1280 1120 1120 bis 1280 1120 bis 1280 1120 1280 1120 1200 bis 1280 1200 bis 1280 1200 bis 1280
Wolfram-Legierungen	1400 bis 1500
Hartmetalle	1200 bis 1400

Bei den Banddurchlauföfen werden die Grünlinge direkt auf die Keramikplatten des Drahtförderbandes (aus Cr-Ni-Stahl) gelegt **(Bild 3)**. Der Teiledurchsatz liegt bei etwa 800 kg/h und der Temperaturbereich reicht bis 1150 °C.

Bei den Hubbalkenöfen sind die Sinterteile in Blechkästen und diese werden über den Hubbalken von der Vorwärmzone (Stearat-Abbrennzone) über die Hochtemperaturzone zur Kühlzone befördert.

Mit dem Anheben des Hubbalkens werden die Blechkästen gegriffen, mit der Vorwärtsbewegung des Hubbalkens diese allesamt auf einmal vorwärtsbewegt und sodann durch das Absenken des Hubbalkens in der nun erreichten Ofenzone abgestellt.

Der Hubbalkenofen ermöglicht Sintertemperaturen bis etwa 1300 °C.

Bild 2: Teilezufuhr am Bandofen

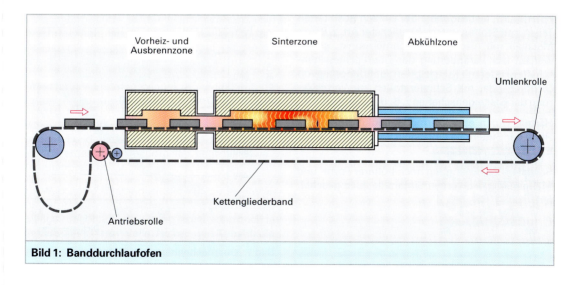

Bild 1: Banddurchlaufofen

2.2.4 Sinterwerkstoffe und Sinterwerkstücke

Sinterwerkstoffe werden in Klassen (Buchstabensymbole) entsprechend ihrer Porosität eingeteilt und hinsichtlich ihrer Zusammensetzung mit Ziffern spezifiziert **(Bild 1)**. Generell unterscheidet man bei den Werkstoffen zwischen

- Sintereisen,
- Sinterstählen,
- Sinterbuntmetallen,
- Sinterleichtmetallen,
- Sinterschwermetallen,
- Sinterhartmetallen,
- Sinter-Keramik-Metall-Werkstoffen (Cermets).

Bei den Sinterwerkstücken unterscheidet man zwischen

- Halbzeugen (Platten, Stäbe),
- Sinterformteilen,
- Sinterlager,
- Sinterfilter (hier wird die Porosität als Vorteil genutzt),
- Permanentmagnete.

2.2.5 Gestaltung von Sinterbauteilen

Ähnlich wie bei Gussteilen können Bauteile mit Hinterschneidungen und Bohrungen nicht ohne Weiteres hergestellt werden. In diesen Fällen muss die Form zusätzlich geteilt werden und für Bohrungen müssen Schieber eingebracht werden.

Auch zum leichteren Ausformen der Grünlinge sind die Bauteile mit Ausformschrägen zu versehen und sie sind so zu gestalten, dass die Grünlinge handhabbar sind und nicht bei kleinsten Belastungen brechen oder ausbrechen. Es sind also z. B. spitz zulaufende Konturen und dünne Stege zu vermeiden.

Wiederholung und Vertiefung

1. Welche Verfahren gibt es zur Herstellung von Metallpulvern?

2. Nennen Sie die einzelnen Arbeitsgänge zur Herstellung von Sinterbauteilen.

3. In welchen Fällen benötigt man zum Pressen der Grünlinge mehrere Stempel?

4. In welchen drei Phasen verläuft der Sinterprozess?

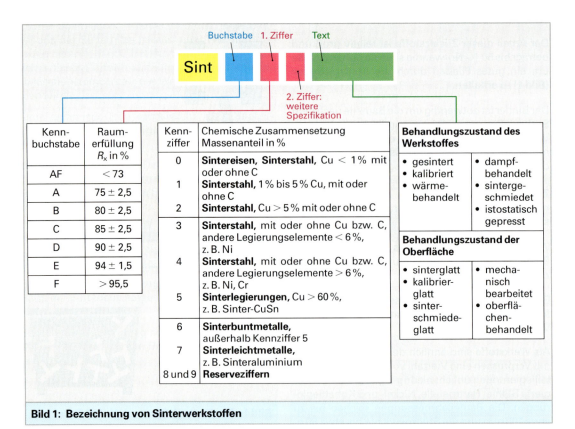

Kenn-buchstabe	Raum-erfüllung R_x in %	Kenn-ziffer	Chemische Zusammensetzung Massenanteil in %	Behandlungszustand des Werkstoffes	
AF	< 73	0	**Sintereisen, Sinterstahl,** Cu < 1 % mit oder ohne C	• gesintert	• dampf-behandelt
A	75 ± 2,5	1	**Sinterstahl,** 1 % bis 5 % Cu, mit oder ohne C	• kalibriert	• sinterge-schmiedet
B	80 ± 2,5	2	**Sinterstahl,** Cu > 5 % mit oder ohne C	• wärme-behandelt	• istostatisch gepresst
C	85 ± 2,5	3	**Sinterstahl,** mit oder ohne Cu bzw. C, andere Legierungselemente < 6 %, z. B. Ni		
D	90 ± 2,5			**Behandlungszustand der Oberfläche**	
E	94 ± 1,5	4	**Sinterstahl,** mit oder ohne Cu bzw. C, andere Legierungselemente > 6 %, z. B. Ni, Cr	• sinterglatt	• mecha-nisch bearbeitet
F	> 95,5	5	**Sinterlegierungen,** Cu > 60 %, z. B. Sinter-CuSn	• kalibrier-glatt	• oberflä-chen-behandelt
		6	**Sinterbuntmetalle,** außerhalb Kennziffer 5	• sinter-schmiede-glatt	
		7	**Sinterleichtmetalle,** z. B. Sinteraluminium		
		8 und 9	**Reserveziffern**		

Bild 1: Bezeichnung von Sinterwerkstoffen

2.3 Umformtechnik

2.3.1 Übersicht

Umformen ist das Fertigen durch bildsames (plastisches) Ändern der Form eines festen Körpers (DIN 8580). Dabei bleibt die Werkstückmasse erhalten. Die Umformverfahren zählen zu den spanlosen Fertigungsverfahren.

Eingeteilt werden die Umformverfahren in fünf Gruppen (Tabelle 1, folgende Seite):

a) *Druckformen* mit den Verfahren:
   Walzen, Freiformen, Gesenkformen **(Bild 1)**, Eindrücken und Durchdrücken,

b) *Zugdruckumformen* mit den Verfahren:
   Durchziehen, Tiefziehen, Kragenziehen, Drücken und Knickbauchen,

c) *Zugumformen* mit den Verfahren:
   Längen, Weiten und Tiefen,

d) *Biegen,*

e) *Schubumformen.*

Neben dieser Einteilung, nach Art der Kraftwirkungen, gibt es noch eine Einteilung nach der Temperatur, bei welcher der Umformvorgang erfolgt (DIN 8582):

* Umformen oberhalb der Rekristallisationstemperatur → *Warmformgebung,*
* Umformen unterhalb der Rekristallisationstemperatur → *Kaltformgebung.*

Des Weiteren wird häufig unterschieden nach Art des Ausgangsmaterials. Liegt das Ausgangsmaterial als Blech vor, so spricht man von *Blechumformung*, sonst von *Massivumformung*. Dementsprechend gibt es dann das Kaltmassivumformen, z. B. das Prägen und das Warmmassivumformen, z. B. das Schmieden **(Bild 2)**.

Die Warmumformung erfordert geringere Kräfte und ermöglicht höhere Formänderungen als das Kaltumformen, führt aber meist zu Zunderbildung **(Bild 3)**.

Die Kaltumformung führt zur Kaltverfestigung des Werkstoffs. Dies ist oft erwünscht, wenn nicht, so ist eine nachfolgende Wärmebehandlung erforderlich.

> Die Warmumformung hat oft eine Verzunderung zur Folge. Bei Kaltumformung entsteht meist eine Werkstoffverfestigung.

Bild 1: Gesenkschmieden einer Kurbelwelle mit Schmiedehammer

Bild 2: Gesenkschmiedeteile

Bild 3: Zunder an einer Kurbelwelle

Tabelle 1: Umformverfahren

Druckumformen DIN 8583 Bl 1	Zugdruckumformen DIN 8584 Bl 1	Zugumformen DIN 8285	Biegeumformen DIN 8586	Schubumformen DIN 8587
Der plastische Zustand wird durch eine Druckbeanspruchung herbeigeführt.	Der plastische Zustand wird durch eine Zug- und Druckbeanspruchung herbeigeführt.	Der plastische Zustand wird durch eine Zugbeanspruchung herbeigeführt.	Der plastische Zustand wird durch eine Biegebeanspruchung herbeigeführt.	Der plastische Zustand wird durch eine Schubbeanspruchung herbeigeführt.
Walzen	**Tiefziehen**	**Längen**	**Freies Biegen**	**Verschieben**
Profilwalze	Ziehstempel · Niederhalter · Werkstück · Ziehring	Spannzange · Werkstück	Niederhalter · Stempel · Werkstück · Werkstückauflage	Werkzeug · Werkstück
Gesenkformen (Schmieden)	**Drücken**	**Weiten**	**Gesenkbiegen**	**Verdrehen**
Knetbacke · Knetbacke	Drückform (Drückfutter) · Werkstück · Drückstab · Gegenhalter	Dorn · Werkstück	Stempel · Werkstück · Biegegesenk	Werkstück · ψ
Eindrücken	**Durchziehen**	**Tiefen**	**Rundbiegen**	
Prägestempel	Stopfen (Dorn) · Ziehring · Werkstück	Spannzange · Werkstück · Formbock	Werkstückanlage · Werkstück · Biegedorn · Klemmvorrichtung	

2.3.2 Geschichtliche Entwicklung

Seit die Menschheit im Besitz von Metallen ist, gibt es die Umformtechnik. So wurde in allerfrühester Zeit, vor mehr als 10 000 Jahren, Gold durch Schmieden zu Schmuck verarbeitet. In der Bronzezeit (vor etwa 5000 Jahren) hat man durch *Hämmern* einerseits Gebrauchsgegenstände wie Schüsseln und Schwerter geformt **(Bild 1)** und andererseits die Schmiedetechnik dazu verwendet, die Gegenstände zu glätten und das Metall zu verfestigen, um dieses so in seiner Eigenschaft zu verbessern.

In der Eisenzeit, vor über 2000 Jahren, ist das Schmieden zu einer hohen Handwerkskunst herangereift. In Abbildungen zur griechischen Mythologie sieht man heute die *„Schmiede des Hephaistos"* **(Bild 2)**, bzw. in der römischen Darstellung die *„Schmiede des Vulkan"*.

Es haben sich sodann bis zum Mittelalter vielfältige Handwerksberufe daraus entwickelt, wie z. B. der Hufschmied, Nagelschmied, Pflugschmied.

Zunehmende Werkstückgewichte und der Zwang zum rationellen Herstellen geschmiedeter Massenwaren haben zur Entwicklung maschinell betätigter Hämmer geführt. Es entstanden Hammerwerke mit *Schwanzhämmern* **(Bild 3)**, die über Wasserräder angetrieben wurden.

Neben dem Schmieden ist das *Prägen* ebenfalls eine sehr alte Umformtechnik, insbesondere das Münzprägen. Mit einem feingeführten Prägestempel wurden die Münzen in ein Gesenk eingeschlagen und erhielten ihre Form und Wertzuweisung durch die Gesenkgravur.

Wurden sowohl beim Schmieden als auch beim Prägen ursprünglich die hohen Umformkräfte aus der kinetischen Energie des Schlagwerkzeuges abgeleitet, so hat sich dies mit der zunehmenden Verbesserung der maschinellen Antriebstechnik gewandelt, indem die Kräfte als Druck- und Zugkräfte über Hydraulikzylinder, Kurbeln oder Spindeln am Werkstück wirksam werden.

Auch das Drahtziehen ist eine sehr alte Technik. Es wurde bereits vor mehr als 4000 Jahren in Ägypten und Mesopotamien zur Herstellung von Schmuck angewandt.

Bild 1: Keltischer Kessel, gehämmert

Bild 2: Antike Szene: Hephaistos und Thetis[1]

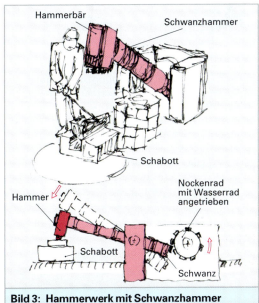

Bild 3: Hammerwerk mit Schwanzhammer

---

[1] Auf einer attisch-griechischen Schale (um 480 v. Chr.) ist der griech. Gott des Feuers, *Hephaistos* dargestellt, wie er geschmiedete Waffen für *Achill* an *Thetis* (*Achills* Mutter) übergibt.

2.3.3   Metallkundliche Grundlagen

Die Umformbarkeit der metallischen Werkstoffe basiert auf deren kristallinen Struktur. Die kleinste Einheit eines Kristalls ist die Elementarzelle. Die wichtigsten Grundformen bei Metallen sind die *kubisch raumzentrierte,* die *kubisch flächenzentrierte* und die *hexagonale* Elementarzelle[1] **(Bild 1).** Bei Formänderungen werden große Bereiche von Elementarzellen gegeneinander verschoben. Dieses Verschieben erfolgt auf sogenannten Gleitebenen. Die *kubisch flächenzentrierten* Metalle (kfz) wie z. B. Aluminium, Nickel, Kupfer und y-Eisen haben gegenüber den *kubisch raumzentrierten* Metallen (krz) wie z. B. Chrom, Wolfram, oder a-Eisen eine größere Packungsdichte und besitzen daher die meisten Gleitebenen. Deshalb lassen sich kubisch flächenzentrierte Metalle besser verformen als kubisch raumzentrierte Metalle, oder solche mit hexagonaler Gitterstruktur.

Die Umformung eines Körpers erfolgt durch die Wirkung äußerer Kräfte auf den umzuformenden Werkstoff. Diese Kräfte führen zu *elastischen* und auch zu *plastischen* Formänderungen **(Bild 2).**

Bildet sich ein Körper nach dem Einwirken der Kräfte in seine Ausgangsform zurück, sprechen wir von einer *elastischen,* sonst von einer *plastischen,* d. h. bleibenden Formänderung. Die elastische Formänderung verursacht im Werkstoff eine geringe Verschiebung der Atome unter Beibehaltung der stabilen Atom-Gleichgewichtslage. Diese Atomverschiebungen sind nicht größer als der übliche Atomabstand. Beschrieben wird die elastische Verformung durch das *Hooke'sche* Gesetz[2] bzw. die Hooke'sche Gerade **(Bild 3).**

Plastische Verformung

Bei der *plastischen Verformung* verschieben sich die Atome weitgehend bis zu einer neuen stabilen Gleichgewichtslage **(Bild 3).** Das Verschieben der Atome erfolgt auf den Gleitebenen der Kristalle. Führt die äußere Krafteinwirkung zu einem Überschreiten der Streckgrenze, so kommt es zu einer gewissen Unordnung der Atome und der Gleitwiderstand zwischen den Kristallen nimmt ab. Erst zur weiteren Verformung wird eine etwas zunehmende Kraft benötigt.

Bei Krafteinwirkung über die Streckgrenze hinaus „fließt" das Metall – es ist fast wie eine Flüssigkeit – und kann gut „in Form" gebracht werden.

Bild 1: Elementarzellen bei Metallen und mögliche Gleitrichtungen

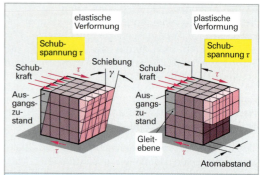

Bild 2: Modelldarstellung für die elastische und plastische Verformung

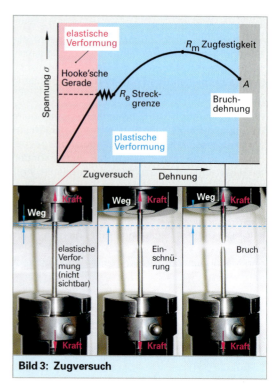

Bild 3: Zugversuch

---

[1]   s. Kapitel 8
[2]   *Robert Hooke* (1635–1703), engl. Physiker

Kaltverfestigung

Nimmt man die Krafteinwirkung zurück, so stellt man eine Festigkeitssteigerung fest. Die Atome der Gleitschichten blockieren ein Verschieben. Man spricht von Kaltverfestigung **(Bild 1)**. Die großen Kristalle mit ausgeprägten Korngrenzen verschwinden. Kaltverfestigung behindert eine wiederholte Umformung. Die notwendigen Umformkräfte würden stark ansteigen und die Umformwerkzeuge stark beansprucht werden. Die Kaltverfestigung wird bei der *Kaltformgebung* meist gezielt zur Verbesserung der Werkstoffeigenschaften genutzt.

Rekristallisation

Die Wiederherstellung eines regulären Metallgitters gelingt durch Erwärmen. Hierdurch werden die Metallatome verstärkt in Schwingungen versetzt und die *Versetzungen,* die beim Umformen entstanden sind, gehen zurück. Man spricht von *Rekristallisation* **(Bild 2)**.

Bei Eisen-Kohlenstoff-Legierungen erfolgt die Rekristallisation im Bereich von 400 °C bis 580 °C und ist durch einen starken Abfall der Härtewerte gekennzeichnet. Die Neustrukturierung der Metallkristalle kann mikroskopisch beobachtet werden. Im Gefüge verschwinden die gestreckten und deformierten Kristalle. Bei längerem Glühen kommt es zu Vergrößerungen einzelner Kristalle.

Anisotropie

Kristalle haben richtungsabhängig, nämlich hinsichtlich der räumlichen Orientierung ihres Atomgitters, unterschiedliche Festigkeitseigenschaften und somit Verformungseigenschaften. Kommen die Kristallorientierungen statistisch wahllos verteilt in einem Werkstoff vor, so hat dieser Werkstoff nach allen Richtungen gleiche Eigenschaften. Er verhält sich *isotrop*[1].

Sind aber die einzelnen Kristallorientierungen nicht statistisch wahllos verteilt, sondern haben durch die Vorgeschichte des Werkstoffs Vorzugsorientierungen, z. B. durch Umformen, Erwärmen, so verhält sich der Werkstoff *anisotrop*[2], also hinsichtlich seiner Eigenschaften richtungsabhängig. Das ist dann besonders ausgeprägt, wenn der Werkstoff nur wenige Gleitrichtungen besitzt, wie z. B. bei einer hexagonalen Gitterstruktur.

Das *anisotrope* Fließverhalten zeigt sich z. B. beim *Napfziehen* mit rundem Stempel aus einer Ronde (rundes Blechteil) **(Bild 3)**. Man beobachtet eine Zipfelbildung.

---

[1] isotrop = nach allen Richtungen mit gleichen Eigenschaften, von griech. iso = gleich und trope = Wendung (Richtung)
[2] anisotrop = nicht isotrop, griech. a ... bzw. an ... = nicht (verneinend)

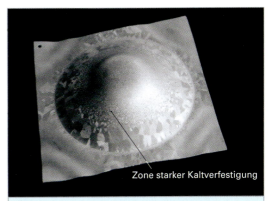

Zone starker Kaltverfestigung

Bild 1: Kaltverfestigung bei Aluminiumblech

Cu - kaltverformt   50 µm

Cu - geglüht   100 µm

Bild 2: Kupfer (Schliffbild)

Zipfel

Bild 3: Darstellung der Anisotropie

2.3.4 Kenngrößen und Eigenschaften

Umformgrad

Bei der Umformung ändert sich die äußere Geometrie eines Werkstoffes, wobei das Werkstoffvolumen weitgehend unverändert bleibt. Man spricht von *Volumenkonstanz*. Unter der Annahme der Volumenkonstanz gilt für einen quaderförmigen Probekörper **(Bild 1)** mit den Abmessungen b_0, h_0, l_0 vor der Umformung und b_1, h_1, l_1 nach der Umformung für die Volumen:

$$V_1 = V_0 \Rightarrow b_1 \cdot h_1 \cdot l_1 = b_0 \cdot h_0 \cdot l_0$$

Daraus folgt:

$$\frac{V_1}{V_0} = \frac{b_1}{b_0} \cdot \frac{h_1}{h_0} \cdot \frac{l_1}{l_0} = 1$$

Durch Logarithmieren erhält man die Umformgrade

$$\ln\left(\frac{b_1}{b_0} \cdot \frac{h_1}{h_0} \cdot \frac{l_1}{l_0}\right) = \ln\frac{b_1}{b_0} + \ln\frac{h_1}{h_0} + \ln\frac{l_1}{l_0} = \varphi_b + \varphi_h + \varphi_l$$

Wegen $\ln 1 = 0$ gilt:

$$\boxed{\varphi_b + \varphi_h + \varphi_l = 0}$$

φ_b Breitungsgrad
φ_h Stauchungsgrad
φ_l Streckgrad

> Bei der Umformung bleibt das Werkstoffvolumen konstant.

Die Summe der logarithmischen Formänderungen: Breitungsgrad, Stauchungsgrad, Streckgrad ist Null. Bei Verlängerung ist φ positiv und bei Verkürzung negativ.

Erfolgt die Umformung in Stufen, z. B. in Höhenrichtung in 3 Stufen mit den Höhen h_1, h_2, h_3, so ergibt sich der Gesamtumformgrad:

$$\varphi_{hgs} = \varphi_{h1} + \varphi_{h2} + \varphi_{h3} \text{ mit}$$

$$\varphi_{h1} = \ln\frac{h_1}{h_0} \text{ , } \varphi_{h2} = \ln\frac{h_2}{h_1} \text{ , } \varphi_{h3} = \ln\frac{h_3}{h_2}$$

> Der Gesamtumformgrad bei mehrstufiger Umformung ist gleich der Summe der Einzelumformgrade.

Für einen zylindrischen Körper **(Bild 2)** ist der axiale Umformgrad $\varphi_l = \ln\dfrac{l_1}{l_0}$ und der radiale Umformgrad $\varphi_r = 2\ln\dfrac{r_1}{r_0} = 2\ln\dfrac{D_1}{D_0}$.

Tatsächlich erfolgt durch Reibungskräfte am Druckstempel und an der Probenauflage eine Ausbauchung am Werkstück **(Bild 3)**.

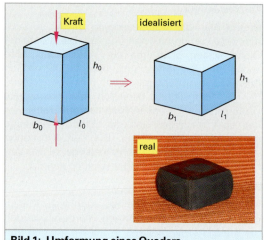

Bild 1: Umformung eines Quaders

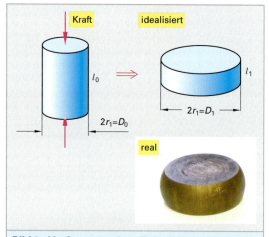

Bild 2: Umformung eines Zylinders

Bild 3: Stauchversuch für einen zylindrischen Probekörper

Fließspannung

Mit wahrer Spannung k_f bezeichnet man das Verhältnis der Kraft F auf die momentan vorhandene Fläche A eines Probekörpers bei plastischer Verformung **(Bild 1)**:

$$k_f = \frac{F}{A}$$

k_f wahre Spannung
F Kraft
A Querschnittsfläche

Plastischer Werkstofffluss entsteht, sobald die mechanischen Spannungen im Werkstoff den Wert der Fließspannung k_F erreichen.

Im Unterschied zur einachsigen Zug- oder Druckbeanspruchung ist der Spannungszustand im Umformwerkstoff mehrachsig. Man rechnet daher mit einer korrigierten, einachsigen Vergleichsspannung σ_V.

Plastischer Werkstofffluss tritt ein für:

$$\sigma_V = k_F$$

σ_V Vergleichsspannung
k_F Fließspannung (Umformfestigkeit)

Die Fließspannung k_F hängt ab:

• vom Werkstoff,
• vom Umformgrad **(Bild 2)**,
• von der Temperatur **(Bild 3)**,
• von der Vorgeschichte des Werkstoffs und
• von der Umformgeschwindigkeit.

Die *Werkstoffzusammensetzung,* die *Wärmebehandlung* und die aktuelle *Korngröße* des Werkstoffes bestimmen wesentlich die Fließspannung. Legierungselemente, wie z. B. Molybdän, Nickel und Chrom, sowie Kohlenstoff (bis 0,6 %) wirken auf die Fließspannung bei Raumtemperatur (Kaltformung) erhöhend.

Mit zunehmendem Umformgrad steigt bei Raumtemperatur die Fließspannung prinzipiell an, allerdings sehr unterschiedlich bei den einzelnen Metallen und Metalllegierungen **(Bild 2)**.

Mit zunehmender Temperatur nimmt die Fließspannung stark ab und ist bei Warmformtemperatur weitgehend unabhängig vom Umformgrad **(Bild 3)**.

Bei Warmformtemperatur ist die Fließspannung weitgehend unabhängig vom Umformgrad.

Bild 1: Ermittlung der Fließspannung im Zugversuch

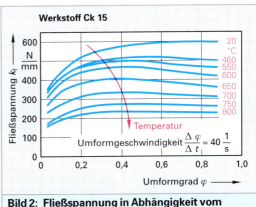

Bild 2: Fließspannung in Abhängigkeit vom Umformgrad

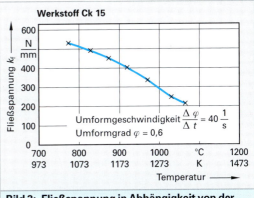

Bild 3: Fließspannung in Abhängigkeit von der Temperatur

Umformarbeit

Die Umformarbeit W ergibt sich aus der Umform-
kraft F multipliziert mit dem Umformweg s. Da die
Umformkraft sich während der Umformung ver-
ändert ist die Umformarbeit durch Integration zu
bestimmen: $\Delta W = F \cdot \Delta s \Rightarrow W = \int F \, \mathrm{d}s$.
Die ideelle Umformarbeit W_{id} kann man aus dem
Volumen, der mittleren Fließspannung und dem
Umformgrad bestimmen:

$$W_{id} = V \cdot k_{fm} \cdot \varphi$$

W_{id} idelle Umformarbeit
V Werkstoffvolumen
k_{fm} mittl. Fließspannung
φ Umformgrad

Hierbei unberücksichtigt sind Reibungsarbeit (zwischen Werkstoff und Werkzeug) und innere Schie-
bungsarbeit. So ergibt sich der Umformwirkungsgrad:

$$\eta = \frac{W_{id}}{W}$$

W_{id} idelle Umformarbeit
W Umformarbeit
η Umformwirkungsgrad mit
   $\eta = 0,1 \ldots 0,7$ je nach Umformverfahren

Hierbei ist insbesondere die Reibungsarbeit von
starkem Einfluss. Sie zu mindern ist die Aufgabe
der Werkzeugoptimierung und der Schmierung.
Hohe Wirkungsgrade ermöglichen längere Werkzeugstandzeiten.

> Die Umformarbeit ist proportional zum umformen-
> den Werkstoffvolumen, zur Fließspannung und zum
> Umformgrad.

Formänderungsvermögen

Unter dem Formänderungsvermögen eines Werkstoffs versteht man den Umformgrad bei Erreichen
einer Bruchgrenze. Hierzu wählt man meist verein-
fachend einen Zugversuch oder Stauchversuch
und zwar bei unterschiedlichen Temperaturen. Je
höher der Umformgrad bis zum Erreichen der
Bruchgrenze ist, umso größer ist das Formänderungsvermögen.

Die Eignung des Werkstoffs für die Umformbarkeit
kann man für die Massivumformung am Zugversuch und dem zugehörigen Einschnürverhalten
des Werkstoffs erkennen **(Bild 1)** und für die Blechumformung durch eine Rasterausmessung vor
und nach der Umformung **(Bild 2)**.

Generell gilt, dass kohlenstoffarme Stähle (0,2 % C
bis 0,3 % C) und niedriglegierte Stähle leichter kal-
tumgeformt werden können als Stähle mit höherem Kohlenstoffanteil. Auch die erforderlichen
Umformkräfte sind hier niedriger **(Bild 3)**.

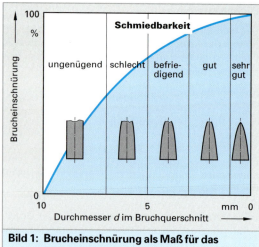

**Bild 1: Brucheinschnürung als Maß für das
Formänderungsvermögen**

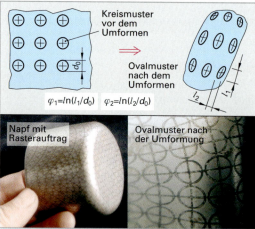

**Bild 2: Rasterauftrag und Vermessung zum
Formänderungsvermögen bei Blechen**

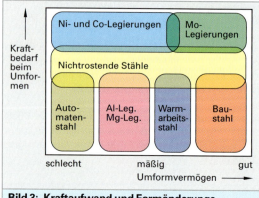

**Bild 3: Kraftaufwand und Formänderungs-
vermögen**

2.3.5 Druckformen

2.3.5.1 Warmwalzen

Nach dem Erschmelzen, z. B. von Stahl, wird dieses durch Warmwalzen zu Halbzeugen oder zu Fertigprodukten umgeformt **(Bild 1)**. Der Ablauf ist z. B. so, dass Roheisen mit Schrott im LD-Stahlwerk[1] zu Rohblöcken bzw. Rohbrammen vergossen werden. Diese werden nach dem Abtrennen von lunkerbehaftetem Kopf- und Fußende und nach dem Entzundern, dem Blockwalzwerk bzw. Brammenwalzwerk zugeführt. Es entstehen Vorblöcke bzw. Vorbrammen. Über ein Knüppelwalzwerk, Breitbandwalzwerk, oder Grobblechwalzwerk entstehen Knüppel, Breitbänder und Grobbleche. Die nächsten Walzstufen sind Rohwalzwerke, Drahtwalzwerke, Feinstahlwalzwerke, Kaltbandwalzwerke mit den Fertigprodukten nahtlose Rohre, Draht, Stabstahl, Feinstahl und Profilerzeugnisse wie Eisenbahnschienen.

2.3.5.2 Der Vorgang des Walzens

Der Walzspalt

Beim Walzen wird in den Walzspalt, das ist der Raum zwischen zwei gegensinnig laufenden Walzen, das Walzgut hineingezogen. Der Walzspalt ist um die Höhe Δh geringer, als das Walzgut dick ist **(Bild 2)**. Durch das Walzen entsteht so eine Dickenabnahme um Δh, meist gleichmäßig aufgeteilt um $\Delta h/2$ für die Oberseite und die Unterseite.

---

[1] LD wurde benannt nach den Orten Linz und Donawitz. Es ist ein Verfahren zur Stahlerzeugung, bei welchem Sauerstoff mit einer Lanze auf die Schmelzbadoberfläche geblasen wird.

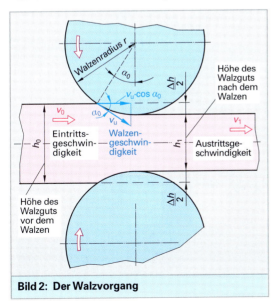

Bild 2: Der Walzvorgang

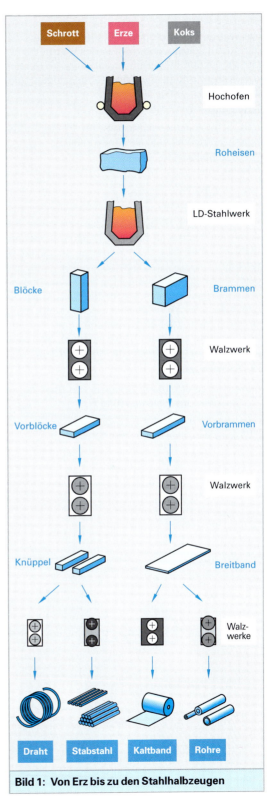

Bild 1: Von Erz bis zu den Stahlhalbzeugen

Wegen der Volumenkonstanz des Werkstoffs wird das Walzgut gestreckt und gebreitet und so ist auch die Austrittsgeschwindigkeit v_1 des Walzgutes höher als die Eintrittsgeschwindigkeit v_0. Im Bereich der Walzen erfolgt die Werkstoffbeschleunigung von v_0 auf v_1.

Den Winkel zwischen dem Eintritt des Walzgutes und dem Austritt, gemessen im Walzenmittelpunkt, bezeichnet man als Greifwinkel α_0.
Er berechnet sich zu:

$$\alpha_0 = \arccos \frac{r - \Delta h/2}{r} \approx \sqrt{\frac{\Delta h}{r}}$$

Für ein sicheres Hineinziehen des Walzgutes soll dieser Greifwinkel $\leq 20°$ sein ($\triangleq 0,35$ im Bogenmaß). So erhält man: $0,35^2 > \Delta h/r \rightarrow \Delta h < 0,122 \cdot r$.
Die Walzen sollten also im Radius mindestens $10 \times$ größer sein als die gewünschte maximale Dickenabnahme des Walzguts. Damit das Walzgut auf die gewünschte Dicke ausgewalzt werden kann, muss es durch mehrere Walzgerüste mit enger werdendem Spalt durchgeführt werden (**Bild 1**). Man sagt, es müssen mehrere *Stiche* gemacht werden.

Die Formänderung

Beim Walzen erfolgt ein *Strecken,* ein *Breiten* und ein *Stauchen* des Walzguts (**Bild 2**).

Streckgrad $\lambda = \dfrac{l_1}{l_0}$ Breitgrad $\beta = \dfrac{b_1}{b_0}$

Stauchgrad $\gamma = \dfrac{h_1}{h_0}$

Wegen der Volumenkonstanz des Werkstoffs ist $l_1 \cdot b_1 \cdot h_1 = l_0 \cdot b_0 \cdot h_0$ und somit:

$$\frac{l_1}{l_0} \cdot \frac{b_1}{b_0} \cdot \frac{h_1}{h_0} = \lambda \cdot \beta \cdot \gamma = 1$$

Je nach Fließwiderstand, Walzenradius und Reibung an den Walzen ergeben sich für den Streckgrad, Breitgrad und Stauchgrad unterschiedliche Werte. Ein grober Schätzwert ist: $\beta \approx 1 + 0,35 * \Delta h/b_0$.

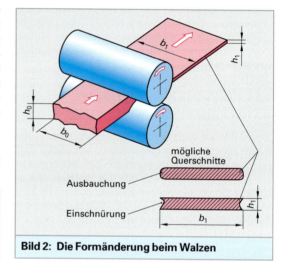

mögliche Querschnitte
Ausbauchung
Einschnürung

Bild 2: Die Formänderung beim Walzen

Schopfschere   Entzundern   Schlingenschieber   Rollengang

Schrottband und Schrottentsorgung

Bandeinlaufführung

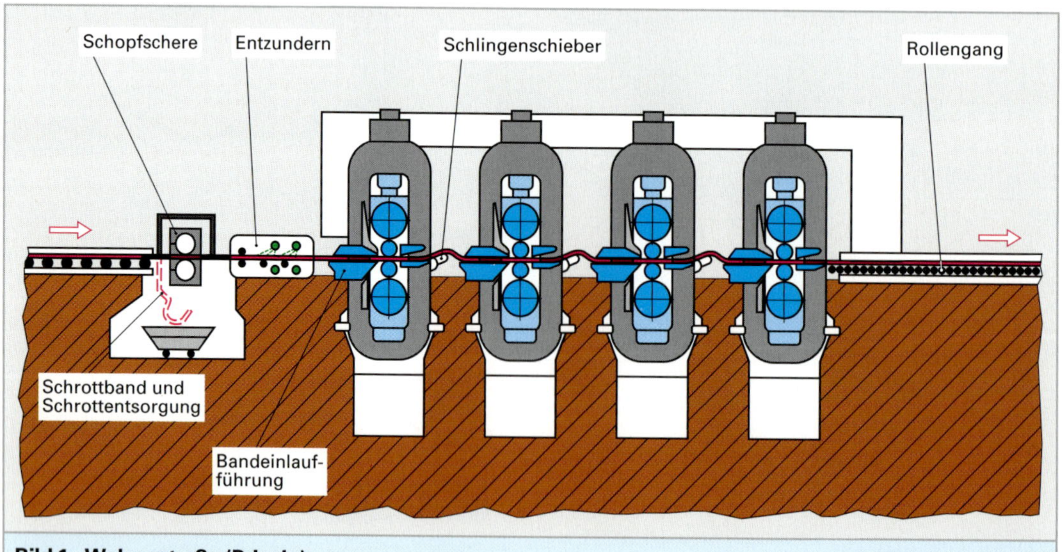

Bild 1: Walzenstraße (Prinzip)

2.3.5.3 Walzverfahren

Die wichtigsten Anwendungen des Walzens sind die Herstellung von Profilmaterial, Rohren und Blechen.

Walzen von schweren Profilen. Zu den schweren Profilen gehören Stahlträger für die Bauindustrie, Eisenbahnschienen, Vorzeuge für Rohre u. ä. Solche Profile werden mit einem Universalwalzgerüst mit Waagrechtwalzen und Senkrechtwalzen hergestellt **(Bild 1)**. Diese Walzgerüste sind schnell umrüstbar.

Zur Herstellung von Vollprofilstäben verwendet man *Kalibrierwalzen.* Diese haben z. B. runde, quadratische oder rechteckförmige Walzspalte und zwar so, dass das Stabmaterial sequentiell (nacheinander) bis auf seine Endform in mehreren Stichen gewalzt werden kann **(Bild 2)**.

Numerisches Fließformbiegen. Durch „dosiertes" numerisch gesteuertes Zustellen einer Waagerechtwalze und einer Senkrechtwalze kann der Werkstoff im Durchlauf des Werkstücks an unterschiedlichen Stellen zum Fließen gebracht werden **(Bild 3)**. So entstehen definiert gebogene Profilstangen.

Walzen von Rohren. Die Herstellung von nahtlosen Rohren erfolgt in den Schritten:

- Lochen mit dem Ergebnis eines *Hohlblocks,*
- Strecken mit dem Ergebnis einer *Luppe,*
- Reduzierwalzen mit dem Ergebnis *Rohr.*

Das *Lochen* erfolgt durch Schrägwalzen **(Bild 4)** mit Doppelkegelstumpfwalzen, festem Führungslineal und einem sich drehenden Lochdorn. Die Walzen sind 8° bis 12° gegen die Walzgutachse geneigt.

Im Stopfenwalzgerüst **(Bild 5)** wird der Hohlblock zur Luppe umgeformt, bei einer Streckung mit $\lambda \approx 1{,}8$ pro Stich. Ein angetriebener *Einstoßer* treibt den Hohlblock über den *Stopfen* in die Walzen. Die Walzen sind Arbeitswalzen und drücken das Walzgut über den Stopfen bei Reduzierung der Wandstärke und Aufweitung des Rohrinnendurchmessers. Rücktransportiert wird das Walzgut mit Hilfe der Rückholwalzen.

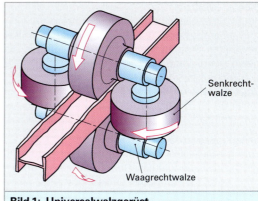
Bild 1: Universalwalzgerüst

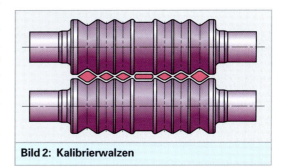
Bild 2: Kalibrierwalzen

Bild 3: Fließformbiegen

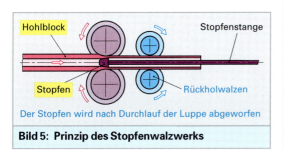
Der Stopfen wird nach Durchlauf der Luppe abgeworfen
Bild 5: Prinzip des Stopfenwalzwerks

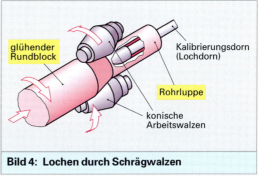
Bild 4: Lochen durch Schrägwalzen

Hierbei wird der Stopfen entfernt und vor dem neuen Stich wird ein Stopfen mit größerem Durchmesser aufgesteckt. Der Vorgang wird mit größer gewählten Stopfen mehrfach wiederholt, bis die gewünschte Wanddicke erreicht ist.

Pilgern. Sehr große Rohre > 400 mm ∅ werden meist durch *Pilgern* hergestellt. Der Vorgang beginnt mit dem *Lochen,* meist durch *Schrägwalzen.*

Es schließt sich dann das Pilgerwalzen an. Hier wird eine große Walze, mit am Umfang unterschiedlichem Profil, verwendet **(Bild 1)**. Mit dem großen Maul wird der Hohlblock gefasst und über einen Dorn bis zum kleinen Maul hin ausgewalzt **(Bild 2)**. Dabei streckt sich die Luppe in Rückwärtsrichtung, also entgegen der Walzrichtung (Pilgerschritt: großer Schritt vorwärts, kleiner Schritt rückwärts).

Sobald sich die Pilgerwalze wieder zum großen Maul auftut, wird der Pilgerdorn samt Luppe in Vorwärtsrichtung durch einen Kolbenantrieb bewegt und es folgt ein neuer Pilgerschritt.

Kaltwalzen von Warmbreitbändern. Breitbänder (mit b_0 > 600 mm), die zunächst durch Warmwalzen hergestellt wurden, werden mit Hilfe des Kaltwalzens zu Blechen hoher Qualität (porenfrei, glatt und in der Dicke eng toleriert) gewalzt. Mit einer Abwickelhaspel wird das Warmband in das Walzgerüst eingeschoben und dort z. B. mit einer Quattro-Walzanordnung **(Bild 3)** bei jedem Stich in der Dicke reduziert.

Je dünner das Blech ist, je kleiner muss der Walzenradius sein, damit das Metall zum Fließen kommt.

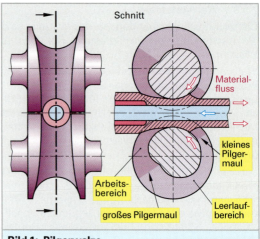

Bild 1: Pilgerwalze

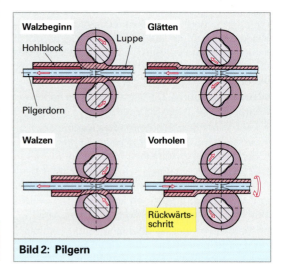

Bild 2: Pilgern

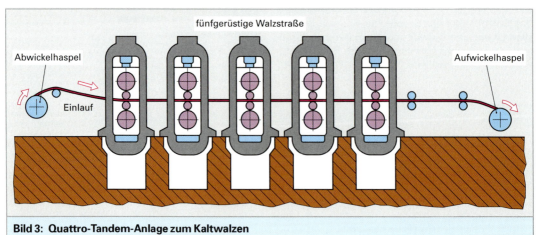

Bild 3: Quattro-Tandem-Anlage zum Kaltwalzen

Da die Kräfte auf die Walzen enorm sind und diese sich mit kleiner werdendem Durchmesser eher durchbiegen und so kein gleichmäßig dickes Blech walzen könnten, werden die Arbeitswalzen durch Stützwalzen und gegebenenfalls Zwischenwalzen abgestützt **(Bild 1)**.

Mit kleiner werdender Banddicke nimmt die Bandgeschwindigkeit proportional zu **(Tabelle 1)**. In Bild 1, vorhergehende Seite ist eine viergerüstige Kaltband-Walzstraße dargestellt. In jedem Gerüst wird individuell Walzkraft, Walzspaltweite und Walzdrehzahl so geregelt, dass die Fertigblechdicke auf hundertstel Millimeter genau eingehalten wird.

Das Feinblech wird mit Haspeln in Coils aufgewickelt (gehaspelt). Diese Blechcoils werden anschließend einer Wärmebehandlung unterzogen, um sie von den starken Kaltverfestigungen und Spannungen zu befreien.

Zur Verbesserung der Oberflächengüte (Glattheit) und der Ebenheit werden sehr hochwertige Bleche nach dem Spannungsfreiglühen nachgewalzt.

Weitere Prozesse sind das Aufbringen von Beschichtungen, z. B. mit Zink, Zinn, Nickel, Kupfer u. a. Die Verfahren sind unterschiedlich, z. B. durch Tauchung, elektrolytisches Beschichten oder Aufdampfen.

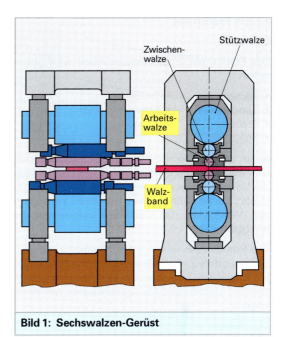

Bild 1: Sechswalzen-Gerüst

Ringwalzen

Das Ringwalzen **(Bild 2)** wird für kleine Ringe und für große Ringe bis zu Stückgewichten von über 100 t eingesetzt.

Der Herstellungsprozess erfolgt mit gelochten Rohlingen. Diese werden durch die Hauptwalze mit drehbarem Dorn geweitet und von den Kegelwalzen in der Ringhöhe kalibriert.

Man verwendet die kegelige Form deshalb, um sich automatisch an die zunehmende Umfangsgeschwindigkeit der größer werdenden Rings anpassen zu können.

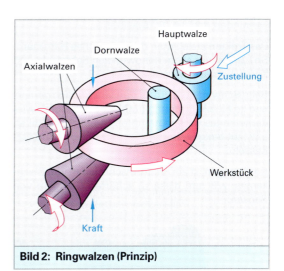

Bild 2: Ringwalzen (Prinzip)

Tabelle 1: Prozessdaten beim Kaltwalzen									
Warmband-dicke [mm]	Walzdicke [mm], Gerüst				Geschwindigkeit [m/min], Gerüst				Walzkraft etwa [kN]
	1	2	3	4	1	2	3	4	
1,83	1,0	0,66	0,5	0,46	407	618	813	885	140
2,78	2,11	1,46	1,15	1,02	450	650	825	930	280
3,84	3,16	2,19	1,71	1,53	315	455	581	651	340
⌀ Arbeitswalze: 495 mm, ⌀ Stützwalze: 1300 mm, Werkstoff: unlegierter Stahl									

Für Teile im Maschinenbau, z. B. für Turbinenschaufeln, erreicht man Reckgrade bis zu 4,5.

Die maximale Bissbreite s_B hängt außer von der verfügbaren Breite des Werkzeuges auch von der aktuellen Werkstückhöhe, der Presskraft und dem örtlichen Spannungszustand ab. Für eine gute Durchschmiedung sollte das Verhältnis von Bissbreite s_B zur Werkstückshöhe h_0 größer als 0,28 sein. Ein Bissverhältnis über 0,45 verbessert die Durchschmiedung nur unwesentlich

| $0,28 < s_B/h_0 < 0,45$ | s_B Bissbreite
h_0 Werkstückhöhe |

Erwärmen — Ofen

Massenverteilen — Freiform-Schmiede-presse

Vorformen — Freiform-Schmiede-presse

Schmieden im Gesenk mit Schmiedehammer

Transport zur Entgratpresse — Grat

Bild 1: Schmieden einer Kurbelwelle

Prinzipieller Ablauf

Ausgehend von einem gewalzten Stahlabschnitt sind die Verfahrensschritte:

- Trennen,
- Erwärmen,
- Massenverteilung,
- Vorformen,
- Fertigschmieden,
- Abgraten/Lochen,
- Nachformen,
- Wärmebehandlung,
- Entzundern und
- Endfertigen **(Bild 1)**.

Die notwendigen Vorform-, Hauptumform- und Nachformarbeitsgänge werden meistens auf verketteten Schmiedeaggregaten durchgeführt, d. h., die aufeinanderfolgenden Arbeitsstationen sind mit automatisierten Zuführeinrichtungen und Fördereinrichtungen, z. B. Rutschen, miteinander verbunden.

Frei geformte Schmiedestücke werden hauptsächlich unter Schmiedepressen und Schmiedehämmern hergestellt. Kleinere Teile werden auf dem Amboss gefertigt.

Beispiel: Schmieden einer großen Kurbelwelle (Bild 1)

Der Rohblock wird im Schmiedeofen erwärmt. Es folgt das Abtrennen des Blockkopfes, da dieser vom Gießen her Lunker und Seigerungen enthält. Gegebenenfalls wird auch der Blockfuß abgeschert.

Der Block wird mit einem Manipulator zu einer hydraulischen Schmiedepresse gereicht. Es folgt

- das Massenverteilen (Freiformschmieden),
- das Vorformen (Freiformschmieden),
- das Schmieden im Gesenk,
- das Verdrehen der Hubzapfen *(Twisten)*,
- das Entgraten und
- das Entzundern.

2.3.5.5 Gesenkschmieden

Als Gesenkschmieden bezeichnet man das Druck-umformen mit gegeneinander bewegten Form-werkzeugen, *Obergesenk* und *Untergesenk* ge-nannt **(Bild 1)**. Typische Gesenkschmiedeteile sind Pleuel, Hebel, Werkzeugschlüssel.

Die Gesenke umschließen das Werkstück ganz oder teilweise und bilden die Form (Bild 1). Den Hohlraum nennt man *Gravur.*

Beim Gesenkschmieden unterscheidet man:

- Formstauchen,
- Schmieden mit Grad,
- Schmieden ohne Grat und
- Schmieden mit mehrfachgeteiltem Gesenk.

Nur bei sehr einfach gestalteten Werkstücken wer-den die Gesenkschmiedeteile durch einen einzigen Umformvorgang vom Rohteil zur Endform umge-formt. Werkstückgeometrien mit ausgeprägten Querschnittsunterschieden werden in einem mehrstufigen Prozess gefertigt.

In der Vorformung werden die Fertigungsschritten *Massenverteilung, Biegen* und *Querschnittsvor-bildung* mit speziellem Stauch-, Reck- und Biege-werkzeugen auf zusätzlichen Maschinen durchge-führt. Mit dem Vorformen wird das Ziel verfolgt, den Materialfluss in der Endform durch die Durch-schmiedung zu verbessern und den Gratanteil zu reduzieren. Dadurch lässt sich auch die Standzeit der Gesenke erhöhen.

Bild 1: Obergesenk und Untergesenk

Bild 2: Werdeprozess für ein geschmiedetes Pleuel

Nach den Ausgangsformen der Rohteile unterscheidet man das **Schmieden von der Stange** und das **Schmieden vom Stück**.

Beim **Schmieden von der Stange** werden Vierkantstangen oder Rundstangen auf eine Länge von ca. 2 m geschnitten. Nach dem Erwärmen der Stangenabschnitte werden die Rohteile in den einzelnen Gravuren geschmiedet. Als Stange lässt sich das Werkstück besser handhaben.

Beim **Schmieden vom Stück** werden die von Knüppeln oder Stangen gescherten Blöcke, alle mit gleichem Gewicht, auf Schmiedetemperatur gebracht. Durch Zangen werden die Blöcke in die Gravur gebracht und geschmiedet **(Bild 1)**.

Beim **Schmieden vom Spaltstück** werden durch *Blechen* mittels Formschnitt vorgeformte Rohteile abgeschert. Diese Rohteile haben weitgehend die Form des Schmiedeteils. Die Spaltstücke werden nach dem Erwärmen fertig geschmiedet **(Bild 2)**.

Man wendet diese Verfahren besonders gern bei der Fertigung von Werkzeugen, wie z. B. Schraubenschlüsseln oder einfachen Handwerkzeugen an. Hierbei ergibt sich eine wirtschaftliche Ausnutzung des Werkstoffs.

Die nachfolgenden Arbeitsgänge wie z. B. das Abgraten und das Lochen verringern bei den Schmiedeteilen die Werkstoffkosten. Auch werden Maßabweichungen verkleinert und es sind Hinterschneidungen an den Werkstücken möglich.

Zur Nachbearbeitung gehören die Warmbehandlung wie z. B. das Vergüten der Schmiedeteile, die Oberflächenveredelung durch Entzundern sowie die spanende Bearbeitung.

Rohling liegt in der Form

Umformung durch ersten Hammerschlag

fertig geschmiedete Teile

Bild 1: Schmiedeprozesse in Bildern

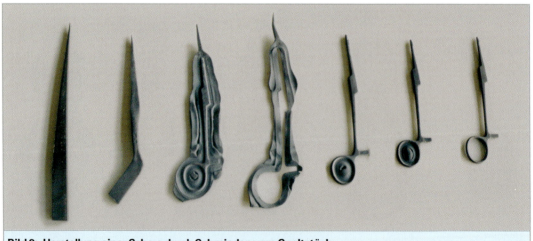

Bild 2: Herstellung einer Schere durch Schmieden vom Spaltstück

2.3.5.6 Eindrücken

Beim Eindrücken dringt das Werkzeug unter großer Kraft in das Werkstück ein.

Man unterscheidet das Eindrücken mit geradliniger Bewegung und mit umlaufender Bewegung **(Bild 1)**.

Zum **Eindrücken mit geradliniger Bewegung** zählen das

- Körnen,
- Kerben,
- Einprägen,
- Einsenken,
- Dornen (Lochen),
- Hohldornen,
- Furchen und Glattdrücken,
- Richten.

Zum **Eindrücken mit umlaufender Bewegung** gehören das

- Walzprägen,
- Rändeln,
- Kordeln,
- Gewindefurchen und
- Glattdrücken.

Das **Körnen** erfolgt mit einem Körner durch Hammerschlag, z. B. zum Markieren eines Werkstücks. Beim **Kerben** wird mit einem keilförmigen Werkzeug (Kerbeisen), auch durch Hammerschlag, eine Kerbe in das Werkstück eingebracht, z. B. zum Herstellen von Teilen. Das **Einprägen** erfolgt durch Einpressen eines Prägestempels, z. B. zum Münzprägen, mit einer Spindelpresse.

Durch **Dornen** (Lochen) erzeugt man eine Vertiefung im Werkstück mit Hilfe eines Dorns. Ein Hohldorn ermöglicht die Herstellung eines Durchgangsloches. Das verdrängte Material findet im Hohlraum des Dorns Platz.

Beim **Einsenken** wird ein Formwerkzeug in ein Werkstück eingedrückt, um eine genaue Innenform herzustellen.

Beim **Kalteinsenken** wird z. B. mit einer hydraulischen Einsenkpresse ein Stempel in ein Werkstück eingesenkt und dieses, damit es nicht „wegfließt", mit einem hinreichend festen Haltering am Fließen gehindert.

Durch Einsenken von positiven Formwerkzeugen **(Bild 2)** kann man z. B. die Negativform für das Druckgießen und Spritzgießen herstellen. Als Werkstoffe kommen Einsatzstähle, Kaltarbeitsstähle, Warmarbeitsstähle und Schnellarbeitsstähle in Frage. Der erforderliche Einsenkdruck reicht bis zu 3000 N/mm^2 und die Einsenktiefe geht bis in die Größe des Werkstückdurchmessers.

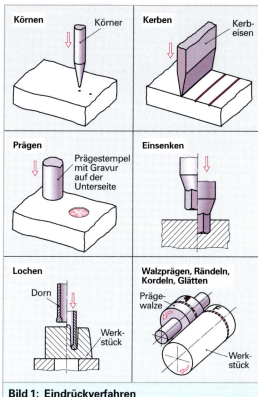

Bild 1: Eindrückverfahren

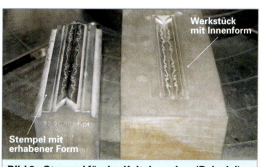

Bild 2: Stempel für das Kalteinsenken (Beispiel)

Durch **Warmeinsenken** erreicht man erheblich größere Einsenkgeschwindigkeiten (z. B. statt 0,2 mm/s erreicht man 2 mm/s) und auch größere Einsenktiefen als beim Kalteinsenken. Allerdings verringert sich die Oberflächenqualität und die erreichbare Genauigkeit. Der Stempel muss vergrößert ausgeführt werden, da das warme Werkstück beim Abkühlen schwindet. Der Vorteil bei eingesenkten Werkstücken gegenüber gefrästen Werkstücken ist der ungestörte Faserverlauf.

Gewindeformen (Gewindefurchen)

Bei Werkstoffen mit einer Festigkeit $R_m <$ 1200 N/mm^2 und einer Bruchdehnung $A >$ 8% können Innengewinde durch Gewindeformen (Gewindefurchen) in einem spanlosen Umformprozess wirtschaftlich hergestellt werden (**Bild 1**). Durch die polygonartige Querschnittsform des Gewindeformers wird der Werkstoff beim Umformvorgang über seine Elastizitätsgrenze hinaus beansprucht und dadurch plastisch, d.h. bleibend, umgeformt. Dabei werden die Werkstofffasern nur verlagert und nicht wie bei der spangebenden Fertigung durchtrennt. Durch Umformen hergestellte Gewinde haben erhöhte statische und dynamische Festigkeit und sind entsprechend belastbar. Die Gewindeformer aus HSS oder Hartmetall mit TiCN-Beschichtung werden unter Zuführung hochwertiger Schmierstoffe auf Mehrspindel- oder CNC-gesteuerten Maschinen eingesetzt. Auf einfachen Maschinen ist ein Axial-Ausgleichsfutter erforderlich. Gegenüber dem Gewindebohrwerkzeug arbeiten Gewindeformer mit höheren Standzeiten, erfordern aber ein größeres Antriebsmoment. Das Gewindeformen ist für Gewindetiefen bis zu $2 \times D$ geeignet. Der Kernlochdurchmesser D_k ist größer zu wählen als beim Gewindebohren und wird nach folgender Gleichung bestimmt:

$$D_k = D - 0.6 \cdot P$$

D Gewindenenndurchmesser
P Gewindesteigung

Gewinderollen

Beim Gewinderollen werden durch profilierte Rollen oder Walzen Außengewinde durch Kaltumformung an einem zylindrischem Werkstück erzeugt (**Bild 2**). Durch die Umformung des Werkstoffs entstehen hochfeste, verschleißarme Gewinde mit guter Oberflächenqualität und Maßgenauigkeit. Die nicht unterbrochene Gefügestruktur der umgeformten Gewindegänge trägt zu einer erhöhten Wechselfestigkeit und Tragkraft der so hergestellten Gewinde bei. Da der Werkstoff ein plastisches Verformungsvermögen besitzen sollte, sind Werkstoffe mit einer Zugfestigkeit $R_m <$ 1700 N/mm^2 und einer Bruchdehnung $A >$ 5% zum Gewinderollen geeignet. Hierbei kommen Werkstoffe wie Baustähle, Einsatz- und Vergütungsstahle, rostfreie Stähle und Leichtmetalle zur Anwendung. Werkstoffe mit geringerer plastischer Verformbarkeit wie Gusseisen und gehärteter Stahl sind nicht geeignet. Rollbar sind nahezu alle genormten zylindrischen und kegeligen Gewinde in einem Außendurchmesserbereich von 1 mm bis 250 mm. Auch das Rollen von Gewinden an dünnwandigen Rohrprofilen ist möglich.

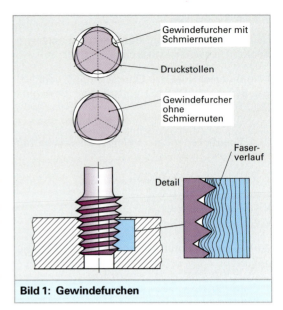

Bild 1: Gewindefurchen

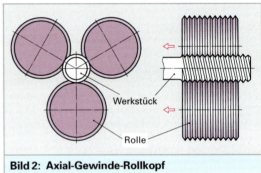

Bild 2: Axial-Gewinde-Rollkopf

Die Innenwandung des Rohres wird beim Rollvorgang durch einen eingeführten Dorn abgestützt. Zur Werkstückvorbereitung wird beim Gewinderollen vom Flankendurchmesser des fertigen Gewindes ausgegangen. Da bei spanenden Gewindeherstellverfahren der Gewindeaussendurchmesser für den Herstellprozess erforderlich ist, bedeutet dies vor allem, bei bereits auf Flankendurchmesser kaltgezogenem Halbzeug, eine erhebliche Werkstoffeinsparung.

Mit profilierten Rollen bzw. modifizierten Rollköpfen können mit diesem Verfahren auch andere Profile wie *Rändelungen, Kerbverzahnungen* oder *Ringnuten* für Schlauchnippel hergestellt werden. Mit *Glattwalzrollen* werden Oberflächen an zylindrischen Bauteilen durch Verdichten der Randschicht in Verschleißfestigkeit und Oberflächengüte verbessert.

Axial-Gewinderollen

Beim Axial-Verfahren wird das Gewinde fortschreitend in axialer Richtung durch einen Axial-
Gewinderollkopf mit 3–6 steigungsfreien Gewin-
deprofilrollen erzeugt (Bild 2, vorhergehende Seite). Durch die axiale Vorschubbewegung des
Werkzeugs sind beliebig lange Gewinde möglich.
Die Profilrollen sind gegenüber der Werkstückachse um wenige Winkelgrade konisch nach außen geneigt, so dass sich bei einer vollständigen
Werkstückrotation die gewünschte Gewindesteigung ergibt. Es kann sowohl mit stillstehendem
Gewinderollkopf und mit rotierendem Werkstück,
als auch umgekehrt, gearbeitet werden.

Radial-Gewinderollen

Beim Radial-Verfahren wird das Gewinde bei nur
einer ganzen Werkstückumdrehung auf seiner
ganzen Länge hergestellt. Je nach Verfahren wird
mit zwei oder drei, dem Gewindeprofil entsprechenden Gewinderollen, gearbeitet. Da das Gewinde ohne axiale Verfahrbewegung durch Eintauchen in radialer Richtung erzeugt wird, ist die
maximale Gewindelänge durch die Rollenbreite
begrenzt. Durch die radiale Eintauchbewegung
des Werkezugs sind am Werkstück extrem kurze
Gewindeausläufe möglich.

Tangential-Gewinderollen

Beim Tangential-Verfahren formen zwei Gewinderollen durch eine tangentiale Vorschubbewegung
in mehreren Werkstückumläufen das fertige Gewinde auf seiner gesamten Länge. Stehen die Profilrollen senkrecht übereinander, ist der Umfor-
mungsvorgang beendet.

2.3.5.7 Durchdrücken

Zum Durchdrücken zählen die Verfahren

• Verjüngen,
• Strangpressen mit starren Werkzeugen,
• Fließpressen mit starren Werkzeugen und mit
  Wirkmedien.

Verjüngen

Das Verjüngen kann man sowohl mit Vollkörpern
als auch mit Hohlkörpern vornehmen. Dabei wird
das Werkstück mit einem Stempel, bzw. mit einem
Stempel mit Dorn, durch eine Matrize (Düse) gedrückt **(Bild 2)**. Der Durchmesser des Werkstücks
vermindert sich. Zum Verjüngen eignen sich alle
Werkstoffe der Kaltmassivumformung, also Stahl,
Messing, Aluminium und deren Legierungen. Man
erreicht bei Vollkörpern Querschnittsminderungen

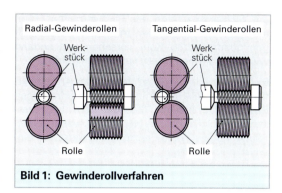

Bild 1: Gewinderollverfahren

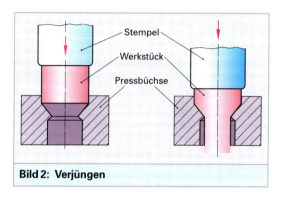

Bild 2: Verjüngen

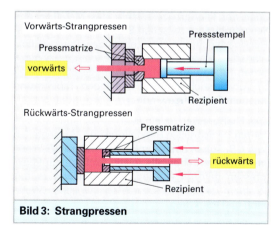

Bild 3: Strangpressen

von bis zu 30 % und bei runden Hohlkörpern
Durchmesserverringerungen bis etwa 25 %.

Strangpressen

Beim Strangpressen wird Metall in einem Zylinder
unter Druck gesetzt, so, dass das Metall durch eine
Matrize als *Pressstrang* fließt **(Bild 3)**. Der Matri-
zenquerschnitt entspricht dem Strangquerschnitt
und kann in sehr vielfältiger Form gewählt werden.
Man stellt damit Profilstangen her.

Bodenabreißkraft

Die Bodenabreißkraft ermittelt man aus der maximalen Zugfestigkeit (Bruchspannung) und dem ringförmigen Napfquerschnitt in der Zarge:

$$A = 2\,\pi\,D_m \cdot s_0$$

$$F_B = A \cdot R_m$$

$$F_B = 2\,\pi\,D_m \cdot s_0 \cdot R_m$$

F_B Bodenabreißkraft
D_m mittlerer Napfdurchmesser mit halbem Wanddickenanteil
s_0 Wanddicke
R_m Maximale Zugfestigkeit des Werkstoffs

Tiefziehen durch Folgezüge

Die Fertigung von kleineren Tiefziehteilen wird dadurch rationalisiert, dass man die Folgezüge aus einem Blechband oder Blechstreifen vornimmt. Die Folgestempel befinden sich in einem Werkzeug und mit jedem Presshub sind der Streifen durchgetaktet (geschoben) **(Bild 1)**.

Durch Freischnitte wird verhindert, dass sich der Werkstoff stark ungleichmäßig in die Form einzieht und sich der Teileabstand verändert.

Werkzeuge

Die Formwerkzeuge, insbesondere für die Herstellung großer Bauteile, sind extrem aufwändig und daher teuer. Sie müssen hinsichtlich der Ober- und Untermatrize passen und alle lokal verteilten Ziehvorgänge ohne Blechabrisse oder Faltenbildung ermöglichen. Es sei denn, die Risse oder Falten liegen in einem Bereich, welcher in einem Folgevorgang ohnehin ausgestanzt wird, z. B. in Fensterausschnitten an Karosseriebauteilen. Die Fensterflächen werden in der Nachfolge beschnitten, d. h. das dort zunächst vorhandene Blech entfernt.

Solch große Bauteile „durchwandern" zur aufeinanderfolgenden Bearbeitung eine „Pressenstrasse". Beginnend mit dem Blechcoil[1] werden die Blechrohteile gestanzt, die einzelnen Tiefziehvorgänge ausgeführt, das tiefgezogene Bauteil beschnitten und Teilbereiche nachgeformt, z. B. durch Biegen und Abkanten.

Hierzu verwendet man eine Folge von Pressen und Werkzeugen, in die Schieber, Schneidelemente, Bauteilauswerfer und Niederhalter integriert sind. Die Werkzeugkosten erreichen dabei schnell Beträge über 1 Million Euro.

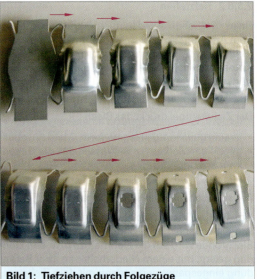

Bild 1: Tiefziehen durch Folgezüge

Bild 2: Mehrfachschnitt

Tabelle 1: Ziehspaltgrößen	
Al-Bleche	1,04 bis 1,12 × Blechdicke
Cu-Zn Bleche	1,1 bis 1,22 × Blechdicke
Stahlblech, legiert	1,12 bis 1,3 × Blechdicke
Stahlblech, rostfrei	1,2 bis 1,35 × Blechdicke

Ziehspalt

Der Ziehspalt wird häufig etwa 10 % bis 40 % größer gewählt als die Blechdicke. Damit ist der Ziehspalt weit genug, damit kein Abstrecken des Materials geschieht, und eng genug, damit keine Faltenbildung erfolgt **(Tabelle 1)**.

Ziehkantenradius

Am Ziehkantenradius des Stempels und des Ziehrings ist die Reibung und damit auch der Verschleiß besonders hoch und zwar je kleiner der Ziehkantenradius ist.

Ziehstempelgeschwindigkeit

Die Ziehstempelgeschwindigkeit ist bei Stahlblechen etwa 10 m/min bis 50 m/min. Sie hat nur geringen Einfluss auf die Kräfte am Ziehstempel.

---

[1] engl. coil = Rolle, Wickel

Zuschnittermittlung

Die Zuschnittermittlung erfolgt mit Computerprogrammen unter Beachtung der Streckziehvorgänge. Vorteilhaft ist die Aufnahme mehrerer Ziehteile in Streifen mit *Mehrfachschnitten* **(Bild 2)**.

Tiefziehen mit Wirkmedien

Bei diesem Verfahren drückt der Stempel gegen ein allseits geschlossenes „Hydraulik-Kissen". Dieses Hydraulik-Kissen ist entweder abgeschlossen, oder der Niederhalter dichtet mit dem Blech gegen das Hydraulik-Kissen ab **(Bild 1)**.

Die erforderlichen Stempelkräfte sind bei diesen Verfahren weit höher als beim üblichen Tiefziehen, da zu den Umformkräften noch die Gegenkräfte des Hydraulik-Kissens dazukommen.

Da der Hydraulikdruck allseitig auf das Werkstück wirkt, können komplexe Formen **(Bild 2)**, selbst Hinterschneidungen realisiert werden – sofern der Stempel geteilt ausgeführt wird und damit ein Ausformen erlaubt.

2.3.6.3 Drücken

Das *Drücken* ermöglicht die Herstellung von rotationssymmetrischen Hohlkörpern aus einer drehenden Blechronde heraus. Hierbei wird das Blech mit einer Drückwalze auf die rotierende Form aufgeprägt und geglättet **(Bild 3)**. Das Material wird nur im Bereich der Drückwalze plastisch. Es ist dort einem *mehrachsigen Spannungszustand* unterworfen und zwar in radialer Richtung einer Zugspannung und in tangentialer Richtung einer Druckspannung. **Bild 4** zeigt einen Lampenschirm der durch Drücken hergestellt wurde.

Man erkennt, dass sich die Dicke des Ausgangswerkstoffs beim Aufdrücken auf die Drückform in dem Maße verringert, wie sich die Bauteiloberfläche vergrößert.

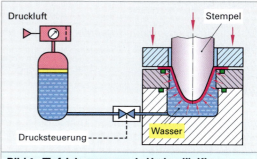

Bild 1: Tiefziehen gegen ein Hydraulik-Kissen

Bild 2: Gegen Wasser gezogene Bauteile

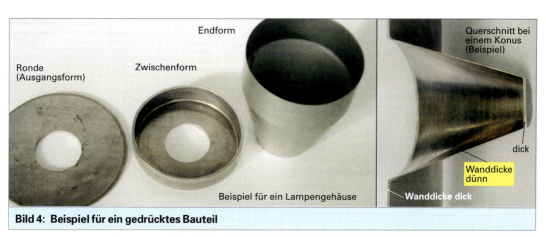

Bild 3: Das Drücken

Bild 4: Beispiel für ein gedrücktes Bauteil

2.3.7 Zugumformen

Man unterscheidet beim Zugumformen das Längen, das Weiten und das Tiefen.

2.3.7.1 Längen

Durch Längen (Streckrichten) wird das Werkstück gedehnt. Man kann damit Stäbe, Drähte oder auch Blechte *richten*, d. h. geradlinig strecken und Wellen oder Beulen entfernen.

2.3.7.2 Weiten

Das Weiten, z. B. von Ringen und Rohren, kann mechanisch mit Spreizwerkzeugen, z. B. Spreizzangen, erfolgen. Die erzielbaren Kräfte sind relativ gering, die Werkzeuge relativ kompliziert und so erfolgt üblicherweise das Weiten über Wirkmedien und über Energieeintrag.

Als Wirkmedien kommen Luft bzw. Gase unter Hochdruck in Frage und noch wirksamer Hydraulikflüssigkeiten. Man spricht vom *Innenhochdruckumformen* (IHU) bzw. vom *Hydroforming*.

Innenhochdruckformen (IHU)

Innenhochdruckformen ist ein Umformen mit Wirkmedien, bei dem einfache Platinen oder hohle Ausgangsteile durch Flüssigkeiten (Öl, Wasser oder Emulsionen) unter hohen Drücken in geteilten Formwerkzeugen zu Hohlteilen mit komplexer Geometrie umgeformt werden **(Bild 1)**.

Das Umformprinzip besteht darin, dass in den abgeschlossenen Bauteilinnenraum das zugeschnittene Ausgangsteil durch Streckzieh- oder Tiefziehbeanspruchung und durch Druck bis zu 10 000 bar an die Innenfläche des *Formspeicherwerkzeuges* angepasst wird **(Bild 2)** .

Durch IHU sind Werkstücke mit Wanddicken von 0,5 mm bis 60 mm und Längen bis 1200 mm herstellbar.

Bild 3 zeigt ein aufgeschnittenes Werkstück. Man erkennt, wie der Werkstoff in die Weitung hineingeflossen ist.

Besonders in der Automobilindustrie hat sich der Innenhochdruck-Umformprozess durchgesetzt. Typische Anwendungsbeispiele sind Abgaskrümmer von Pkws und Achsbauteile. Das Innenhochdruckverfahren wird auch mit anderen Fertigungsprozessen kombiniert, wie z. B. Biegen, Kalibrieren, Durchsetzen und Stauchen.

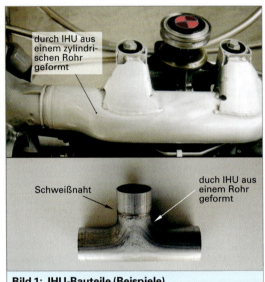

durch IHU aus einem zylindrischen Rohr geformt

Schweißnaht

duch IHU aus einem Rohr geformt

Bild 1: IHU-Bauteile (Beispiele)

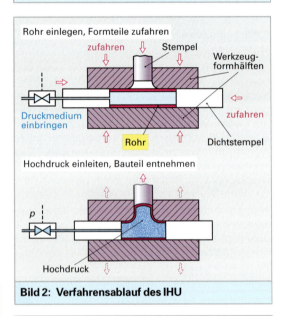

Rohr einlegen, Formteile zufahren

zufahren — Stempel — Werkzeugformhälften

Druckmedium einbringen

zufahren

Rohr — Dichtstempel

Hochdruck einleiten, Bauteil entnehmen

p

Hochdruck

Bild 2: Verfahrensablauf des IHU

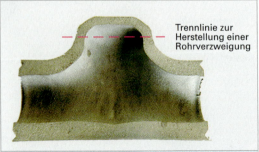

Trennlinie zur Herstellung einer Rohrverzweigung

Bild 3: IHU-Werkstück, geschnitten

Magnetumformung

Bei der Magnetumformung werden die Abstoßungskräfte genutzt, die zwei stromdurchflossene Leiter erfahren. Mit Hilfe eines Stoßstromgenerators wird ein Stromimpuls I_{Sp} in eine Spule mit einer oder wenigen Windungen geführt (**Bild 1**). Dabei entsteht durch Induktion ein gleichermaßen gegensinnig fließender Strom I_{ind} im umzuformenden Metall(rohr), bzw. Metallring. Beide Ströme erzeugen gegenläufige Magnetfelder und stoßen sich wegen der *Lorentz*[1]-Kraft ab. Das Metallrohr wird geweitet.

Die Spule muss nun so solide gebaut sein, dass sie diese Kräfte (vielmals) aufnehmen kann. Durch speziell gestaltete Kupferzwischenstücke zwischen Spule und Umformteil erzielt man einerseits eine hohe Magnetumformung und andererseits eine hohe Werkzeugstandzeit, da die eigentliche Spule von den Umformkräften entlastet werden kann.

Durch dieses Verfahren gelingt z. B. das Innenauskleiden von stählernen Hohlformen mit Messingblech, das Umbördeln von Dichtungen (**Bild 2**) und das formschlüssige Verbinden von Hohlwellenbauteilen.

2.3.7.3 Tiefen

Durch Tiefen erhält man gewölbte Werkstücke, also Blechbauteile mit Vertiefungen. Das wichtigste Verfahren ist hierbei das Streckziehen (**Bild 3**).

Streckziehen

Bei diesem Verfahren werden Bleche mehrachsig eingespannt, d. h., das Blech wird 2-achsig gestreckt und zwar wird bis zur Streckgrenze ein formgebundener Stempel gegen das Blech gedrückt und dabei dem Blech die Form gegeben (Bild 3). Man spart eine teure Gegenform – z. B. auch im Unterschied zum Fließpressen.

Die Anwendung ist meist eine ganz andere als beim Fließpressen, nämlich die Herstellung von Großbauteilen in kleinen Serien oder Einzelwerkstücken wie z. B. Bleche für Flugzeugrümpfe. So gibt es z. B. die numerisch gesteuerten Ziehbänke mit Ziehlängen über 10 m und mehr als ein Dutzend numerisch gesteuerter Achsen zum Blechhalten, Blechstrecken und zur Bewegung mehrerer Stempel.

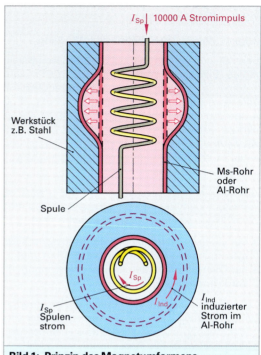

Bild 1: **Prinzip des Magnetumformens**

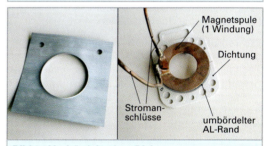

Bild 2: **Umbördeln einer Dichtung**

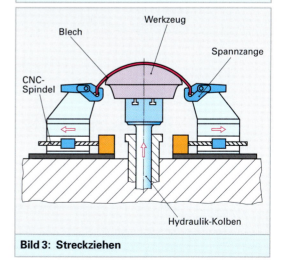

Bild 3: **Streckziehen**

---

[1] *Hendrik A. Lorentz,* niederländischer Physiker (1853 bis 1928)

2.3.8 Biegen

2.3.8.1 Physikalisch-technischer Vorgang

Beim Biegen wird im Bereich des äußeren Biegeradius **(Bild 1)** der Werkstoff einer Zugspannung unterworfen und der Bereich des inneren Biegeradius wird gestaucht, also einer Druckspannung ausgesetzt. Dazwischen, nicht in der Mitte, gibt es eine Zone, die keine Spannung erfährt. Man nennt sie *neutrale Zone*, oder, da diese bei Darstellung eines Bauteilquerschnitts eine Linie ist, *neutrale Linie* oder *neutrale Faser*.

Am Beispiel eines Blechstreifens (Bild 1) als Testwerkstück kann man die physikalischen Vorgänge beim Biegen besonders gut erkennen:

- Der Querschnitt im Bereich der Druckspannung, also im inneren Bereich, wird vergrößert und
- der Querschnitt im Bereich der Zugspannungen wird vermindert.

So verbreitert sich der Teststreifen am Innenradius und er verjüngt sich am Außenradius. Der Flächenschwerpunkt bzw. die neutrale Faser ist nach außen verlagert. Die Berechnung der plastisch-mechanischen Vorgänge ist für das Biegen besonders komplex, so dass nur empirisch[1] ermittelte Parameter zur Verfügung stehen.

Während die ganz innen liegenden Biegezonen und die ganz außen liegenden Zonen Druck- bzw. Zugspannungen erfahren, die zum plastischen Spannungsbereich gehören, sind die inneren Bereiche beim Biegen nur elastisch verformt (Bild 1), was nach Rücknahme der Biegekraft zu einer *Rückfederung* führt **(Bild 2)**.

Damit das Bauteil trotz Rückfederung die Sollmaße behält, ist ein „Überbiegen" erforderlich. Die Rückfederung ist von vielen Parametern abhängig, u. a. von der Bauteildicke, der Festigkeit, der Walzrichtung und dem Werkstoff. Zur Ermittlung sind Versuche erforderlich. In seltenen Fällen gelingt eine Bestimmung mit Finite Elemente Methoden (FEM).

Zu beachten ist der kleinste zulässige Biegeradius r_{min}. Wird dieser unterschritten, so können Risse an den Blechrändern und der Außenseite entstehen sowie Quetschfalten an der gestauchten Innenseite.

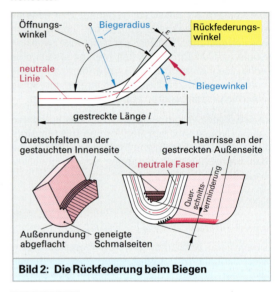

Bild 2: Die Rückfederung beim Biegen

---

[1] empirisch = erfahrungsgemäß, von griech. empeirikos = im Versuch stehend, erkundet

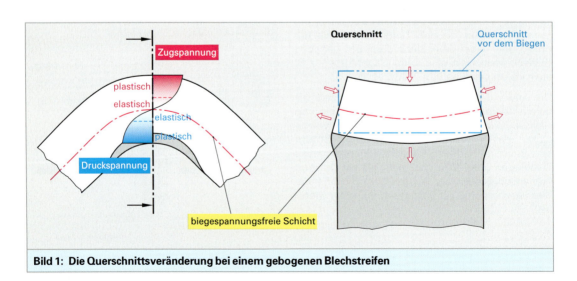

Bild 1: Die Querschnittsveränderung bei einem gebogenen Blechstreifen

2.3.8.2 Biegeverfahren

Die Biegeverfahren werden eingeteilt in

- Biegen mit geradliniger Werkzeugbewegung,
- Biegen mit drehender Werkzeugbewegung,
- Biegen mit numerisch räumlich gesteuerter Biegebewegung.

Allgemein kann ein Werkstück um drei Raumachsen gebogen werden (**Bild 1**). Diese Biegevorgänge können beliebig kombiniert werden. Damit lassen sich sehr komplexe Bauteile herstellen.

Beim **freien Biegen** wird das Bauteil, meist lokal wechselnd, durch Aufbringen eines Biegemoments geformt oder aber mit Hilfe eines Stempels gebogen, indem man das Bauteil hohl auflegt (**Bild 2**).

Zum numerisch gesteuerten freien Biegen, z. B. von Rohren, verwendet man auch Roboter oder Maschinen mit NC-Schwenkachsen. Das eingespannte Werkstück kann in jede Richtung gebogen werden. Durch die Abfolge unterschiedlicher Biegerichtungen werden z. B. Auspuffrohre oder Rohrgestelle hergestellt (**Bild 2**).

Beim **Gesenkbiegen** wird das Bauteil, z. B. ein Blech, in ein Gesenk eingelegt und durch einen Formstempel eingedrückt und gebogen (**Bild 3**). Durch örtliches Versetzen des Bauteils kann man Bauteile *runden* (Gesenkrunden). Mit Formstem-

peln können z. B. die Blechinnenringe bei Zylinderkopfdichtungen umgebördelt werden.

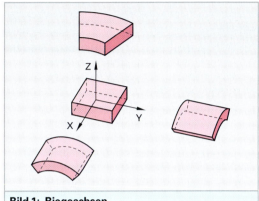

Bild 1: Biegeachsen

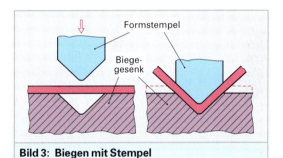

Bild 3: Biegen mit Stempel

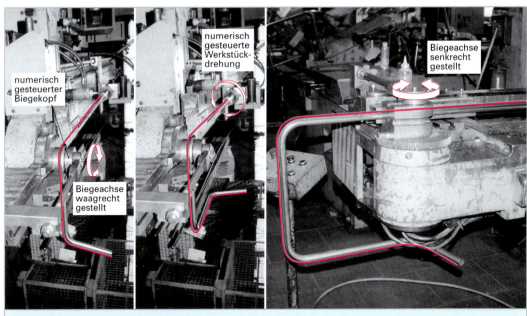

Bild 2: Numerisch gesteuertes Biegen

Durch **Rollbiegen (Bild 1)** erreicht man eine runde Kante an Blechwerkstücken, z. B. an Dachrinnen. Durch *Knickbiegen* können eingespannte Werkstücke mit einem Knick bzw. einer Sicke versehen werden.

Das **Walzrunden** ermöglicht die Herstellung großer Hohlkörper. So werden durch Walzrunden die Blechbauelemente für große Kessel und Schiffsrümpfe gebogen **(Bild 2)**.

Beim **Schwenkbiegen** und **Rundbiegen** wird mit einer Biegewange das Bauteil an einer Werkzeugkante abgebogen, *Abkantmaschinen* ermöglichen das versetzte Anbringen von Biegekanten, z. B. zur Herstellung von Dachrinnen in Kastenform. Eine besondere Form des Schwenkbiegens ist das *Verlappen*, um z. B. Bauteile zu befestigen und das *Falzen* um Blechbauteile ineinander zu fügen **(Bild 3)**.

2.3.9   Schubumformen

Durch Aufbringen von Schubspannungen können Werkstücke mit einem „Durchsatz" versehen werden **(Bild 4)**. Besondere Bedeutung hat das Durchsetzen, um Blechteile zu verbinden. Man spricht vom *Durchsetzfügen*. Dies ist eine sehr weit verbreitete Fügetechnik, meist mit großen Vorteilen gegenüber anderen Fügeverfahren: keine Schweißspritzer, keine Zusatzbauteile, hochfest, gute Dauerfestigkeit und gasdicht.

Beim **Durchsetzfügen** (**Clinchen**[1]) wird meist mit einer Presse das zu fügende Blechpaar durch einen Stempel in eine Matrize mit Amboss gedrückt und dabei nach außen verquetscht. Die Matrize besteht aus beweglichen Lamellen, die dabei nach außen (Bild 4) abgedrängt werden. So lässt sich das Bauteil leicht aus der Matrize lösen.

---

[1] to clinch = festhalten, verbinden

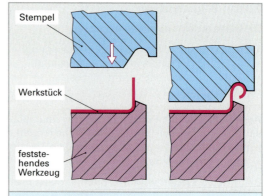

Bild 1: Rollbiegen

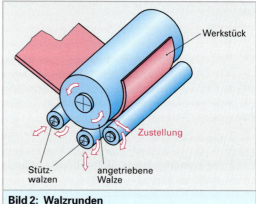

Bild 2: Walzrunden

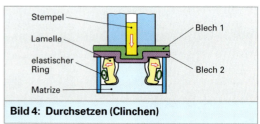

Bild 4: Durchsetzen (Clinchen)

Blechvorschieben Biegestempel absenken

Biegestempel aufdrücken, Biegen

Biegen, Überbiegen

Biegestempel abheben, Blechteil auswerfen

Bild 3: Schwenkbiegen

2.3.10 Pressmaschinen

Bei den Pressmaschinen unterscheidet man:

* weggebundene Maschinen,
* kraftgebundene Maschinen und
* arbeitsgebundene Maschinen **(Bild 1)**.

Zu den weggebundenen Pressmaschinen gehören die *Kurbelpressen* und die *Exzenterpressen*.

Die kraftgebundenen Maschinen formen durch krafterzeugende Antriebe um. Das sind meist Hydraulikzylinder.

Die arbeitsgebundenen Maschinen stellen eine gewisse Menge Energie zur Umformung bereit, z. B.: potenzielle Energie bei einem Fallhammer, chemische Energie bei der Explosionsformung oder elektrische Entladeenergie bei der Stoßstromumformung.

2.3.10.1 Weggebundene Pressmaschinen

Kurbelpressen und Exzenterpressen

Bei den Kurbelpressen wird der Stößelweg durch eine Kurbel mit einem Pleuel erzeugt **(Bild 2)**. Bei

kontinuierlicher Drehung der Kurbel entsteht eine rhythmisch periodische Stößelbewegung. Der Verlauf des Stoßhubs in Abhängigkeit vom Kurbelwinkel ist beim einfachen Schubkurbelgetriebe exakt sinusförmig, ebenso bei einem Antrieb mit Exzenterwelle (Bild 2).

Bei mehrgelenkigen Kurbelgetrieben und bei Kniehebelantrieben sind die Wegverläufe und Geschwindigkeitsverläufe des Stößels stark abweichend von der Sinusform.

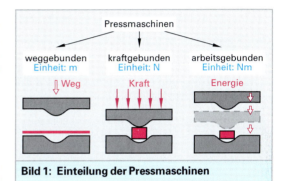

Bild 1: Einteilung der Pressmaschinen

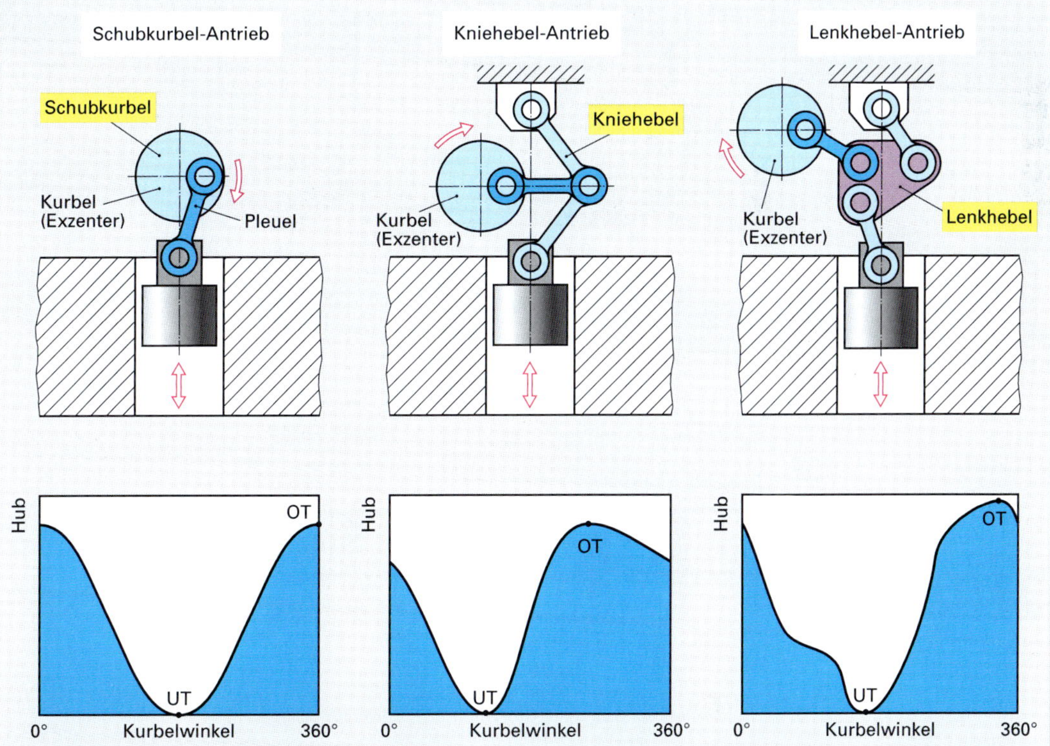

Bild 2: Kurbelpresse und Exzenterpresse (Prinzip)

Ein wichtiges Maß sind der untere Umkehrpunkt (UT) und der obere Umkehrpunkt (OT). Die halbe Hubhöhe steht in der Regel für den Umformvorgang zur Verfügung. Die Teilezuführung muss bei Beginn der Umformphase abgeschlossen sein und die Teileentnahme kann beginnen, wenn der Stößel die Matrize bzw. das Gesenk verlassen hat.

Damit eine gleichmäßige, vom Umformvorgang unbeeinflusste, Hubbewegung sichergestellt ist, haben die mechanischen Pressen große Schwungräder. Ihre Schwungmasse gleicht die starke Motorbelastung während des Umformvorgangs mit den geringen Belastungen während des Rücklaufs aus.

Der Pressenantriebsmotor ist ein drehzahlregelbarer Drehstromantrieb (früher Gleichstromantrieb). Damit kann man bei niederen Hubzahlen die Presse einrichten und beim Optimieren die maximal mögliche Hubzahl einstellen.

Die Pressenkörper sind gegossene Gestelle, oder heute häufiger, geschweißte Blechgestelle. Für kleinere Presskräfte bis etwa 2500 kN sind es meist Einständergestelle (C-Gestell). Für große Presskräfte über 4000 kN verwendet man Portale in Zweiständerbauweise mit z. B. 4 Zugankern. Der Stößel wird zumeist mit Rollen mehfach am Pressgestell geführt.

Zur Herstellung großer Blechwerkstücke, z. B. von Karosserieteilen, die nicht mit einem Werkzeug hergestellt werden können, verwendet man Stufen-Pressen-Straßen (Bild 1).

Die Einzeloperationen werden auf die nacheinanderwirkenden Pressen aufgeteilt. Die Werkstücke werden mit Greifern von einer Presse zur anderen weitergereicht.

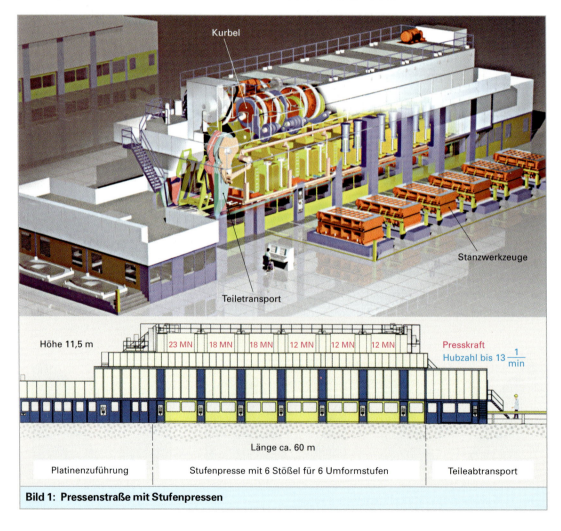

Bild 1: Pressenstraße mit Stufenpressen

2.3.10.2 Kraftgebundene Pressmaschinen

Hydraulische Pressen

Bei hydraulischen Pressen wird der Stößel durch die Kraft eines Hydraulikzylinders bewegt (**Bild 1**). Der Weg-Zeit-Verlauf kann exakt über eine Lageregelung und die Presskräfte über eine unterlagerte Kraftregelung bauteilabhängig gesteuert werden (**Bild 2**). Darüber hinaus wird bei Pressen mit großen Presstischen die Stößelparallelität über Hilfszylinderantriebe geregelt. Dies ist vor allem erforderlich, wenn die resultierende Umformkraft bauteilbedingt außermittig liegt (**Bild 3**). Auch Ziehstößel und Blechhalter werden mit Hydraulikzylindern betätigt. Die Zylindersteuerung erfolgt numerisch gesteuert, lagegeregelt und damit synchron zum Hauptzylinder der Presse.

Hybridpressen

Bei den Hybridpressen sind mechanische Kurbelantriebe oder Exzenterantriebe als Basisantriebe für die großen Stößelwege im Einsatz, während für den Umformvorgang die Wegregelung und die Kraftregelung über kurzhubige Hydraulikzylinder erfolgt.

Das Oberwerkzeug wird wie bei den mechanischen Pressen meist mit einem Exzenterantrieb bis zum Aufsetzen am Werkstück bewegt. Durch die hydraulisch betätigten Zylinder wird der eigentliche Umformvorgang weggeregelt und kraftgeregelt ausgeführt. Die Hybridpresse hat eine größere Ausbringmenge als die rein hydraulische Presse.

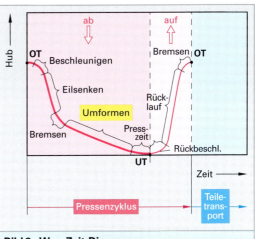

Bild 2: Weg-Zeit-Diagramm

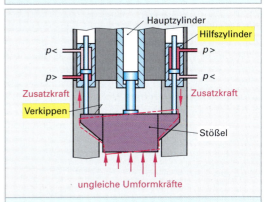

Bild 3: Regelung zur Stößelparallelführung

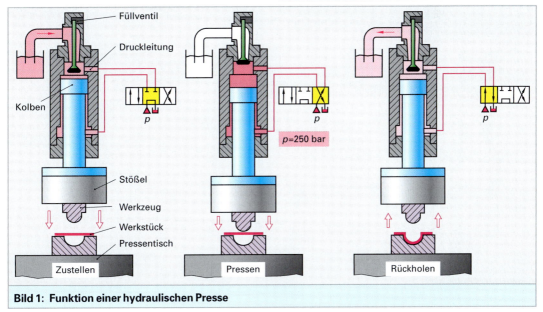

Bild 1: Funktion einer hydraulischen Presse

2.3.9.3 Arbeitsgebundene Pressmaschinen

Hämmer

Hämmer gibt es als

- Fallhämmer,
- Oberdruckhämmer,
- Gegenschlaghämmer.

Beim Fallhammer wird der Bär hydraulisch hochgehoben oder über einen Riemenantrieb (z. B. 1 m ... 2 m) ausgeklingt und fallen gelassen. Die Aufprallenergie dient der Umformung. Das Werkstück ruht auf einer großen und schweren Grundplatte (Schabotte). Es ergeben sich dabei starke Erschütterungen im Fundament und diese sind in noch weiten Entfernungen wahrnehmbar. Die Schlagzahlen reichen bis zu etwa 60 Schläge pro Minute.

Beim Oberdruckhammer wird der Bär zusätzlich mit Druckluft **(Bild 1, links)** Dampf oder Hydraulik (Ölhydraulik oder Wasserhydraulik) mittels eines Hubzylinders beschleunigt. Es sind bei gleichem Arbeitsvermögen geringere Fallhöhen notwendig (z. B. 0,7 m) als beim Fallhammer und man erreicht dadurch erheblich höhere Schlagzahlen (bis 450 Schläge pro Minute). Die Erschütterungen des Fundaments sind ebenfalls erheblich und umweltbelastend.

Beim Gegenschlaghammer **(Bild 1, mitte)** gibt es einen Oberbär und Unterbär mit gegensinniger Bewegung. Beide Bären sind meist hydraulisch angetrieben und haben beim Zusammenprall etwa gleiche kinetische Energie. Die Masse des Unterbärs wird erheblich größer gewählt als die Masse des Oberbärs und so ist seine Hubbewegung kürzer und er ist weniger empfindlich auf wechselnde Werkstückmassen, da diese mit zu beschleunigen sind. Hämmer sind preisgünstiger als Pressen und werden vor allem zum Freiformschmieden eingesetzt.

Spindelpressen

Bei den Spindelpressen **(Bild 1, rechts)** wird der Stößel über einen Gewindeantrieb (meist Dreifach- oder Vierfachgewinde) bewegt. Die Spindel ist mit der Schwungscheibe verbunden und so steht die Abbremsenergie der Schwungscheibe als Umformarbeit zur Verfügung. Angetrieben wird die Schwundscheibe z. B. über ein Reibrad **(Bild 3)**. Der Rückholvorgang erfolgt klassisch durch wechselweise angedrückte Reibräder oder Kegelräder. Neuerdings wird durch einen elektrischen Reversiermotor bei ausgekuppelter Spindel der Bär nach oben geholt. Man erreicht Hubzahlen bis zu 60 Hüben pro Minute. Spindelpressen werden hauptsächlich in der Schmiedetechnik und zum Prägen eingesetzt.

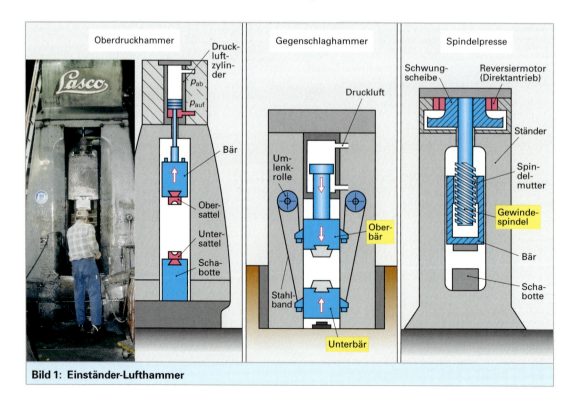

Bild 1: Einständer-Lufthammer

2.4 Endkonturnahe Formgebung

2.4.1 Hintergrund

Hintergrund ist der möglichst schonende Umgang mit den verfügbaren Ressourcen und eine Kostenreduzierung bei der Fertigung wie auch bei dem Betrieb des Bauteils.

Die Schonung der **Ressourcen** wird möglich durch:

- minimalen Verbrauch an zweckdienlichem Bauteilwerkstoff sowie an
- Fertigungshilfsmitteln.

Die Minimierung der **Fertigungskosten** wird möglich durch:

- weniger Einzelschritte,
- weniger Einzelteile (Montage-, Füge- und Dichtarbeiten entfallen),
- weniger Toleranzabweichungen (spanabhebende Bearbeitung reduziert)
- einbaufertige Oberflächenqualität.

Die Minimierung der **Betriebskosten** wird möglich durch:

- weniger Energie zum Beschleunigen dynamisch bewegter Baugruppen durch hohes Festigkeit/Dichte-Verhältnis der Werkstoffe und kleinvolumige Verbindungen,
- lange Wartungsintervalle durch hohe Schadenstoleranz der Bauteile,
- geringeren Reparatur- und Ersatzteilbedarf durch hohe Festigkeit, Dauer- und Verschleißfestigkeit sowie Korrosionsbeständigkeit der Bauteile.

Den meisten Forderungen kann durch eine in möglichst wenigen Schritten und in möglichst dicht an die *Endkontur* heranführende Formgebung des Bauteils (engl. *Near-net-shape-forming*) entsprochen werden, wie die allein pulvermetallurgisch endkonturierte Bauteile in **Bild 1** zeigt.

Die konventionellen Formgebungsverfahren ermöglichen nicht immer ein in möglichst wenigen Schritten und möglichst dicht an die Endkontur heranführende Formgebung.

Nachteilig sind die beschränkte Abbildungstreue durch ein fehlendes konturgenaues Formfüllungsvermögen. Dies ist besonders bei komplexen und filigranen Geometrien der Fall. Ferner sind erhebliche Kräfte für eine solche Formgebung notwendig, was wiederum massive und teure Werkzeuge erfordert. Zur Vermeidung dieser Nachteile bieten sich die in **Bild 2** in einer Übersicht dargestellten endkonturnahen Formgebungsverfahren an.

Bild 1: Pulvermetallurgisch gefertigte Werkstücke

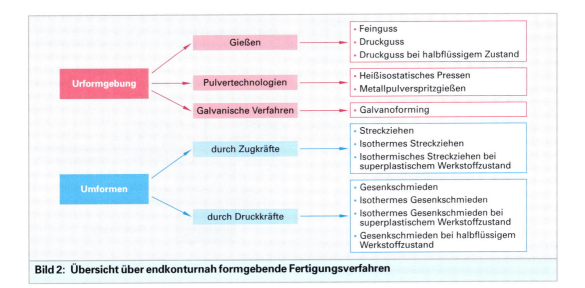

Bild 2: Übersicht über endkonturnah formgebende Fertigungsverfahren

Urformgebung

Gießen
- Feinguss
- Druckguss
- Druckguss bei halbflüssigem Zustand

Pulvertechnologien
- Heißisostatisches Pressen
- Metallpulverspritzgießen

Galvanische Verfahren
- Galvanoforming

Umformen

durch Zugkräfte
- Streckziehen
- Isothermes Streckziehen
- Isothermisches Streckziehen bei superplastischem Werkstoffzustand

durch Druckkräfte
- Gesenkschmieden
- Isothermes Gesenkschmieden
- Isothermes Gesenkschmieden bei superplastischem Werkstoffzustand
- Gesenkschmieden bei halbflüssigem Werkstoffzustand

Metallpulverspritzgießen

Beim Metallpulverspritzgießen (engl. **M**etal **I**njection **M**olding) **(Bild 1)** wird dem Metallpulver ein Themoplastgranulat als Binder zugesetzt. Die nach dem Granulieren entstehende Formmasse wird in eine Spritzgießmaschine gegeben, wo der Binder plastifiziert und aufgeschmolzen wird. Ist die Viskosität der Formmasse weit genug abgesenkt, so wird sie in das gekühlte Werkzeug gespritzt, wo der Binder erstarrt. Nach dem Entformen wird der Binder (i. a. unter Vakuum) auf thermischem (und/oder chemischem) Weg durch Verdampfen und Zersetzen entfernt. Der *Bräunling* wird anschließend durch Sintern verdichtet.

Das Verfahren ermöglicht die Verarbeitung aller, speziell auch gießtechnisch nicht verarbeitbarer Werkstoffe wie schnell erstarrte, mechanisch legierte oder nanokristalline Materialien. Zudem sind auch komplizierte Bauteile geringer Wandstärke darstellbar. Die Maßgenauigkeit und Oberflächenqualität sind allerdings geringer als nach klassischem Sintern.

2.4.2.3 Galvanische Verfahren

Bei der **Galvanoformung** (engl. galvanoforming[1]) wird auf einem Metallmodell (zur besseren Entformbarkeit mit einer dünnen Trennschicht versehen; u. U. aber auch verlorene Modelle aus Wachs, Gips, Kunststoff oder niedrigschmelzenden Zinnlegierungen) als erstes eine Nickelschicht oder Kupferschicht stromlos abgeschieden. Stellen, an denen nachfolgend keine weitere Abscheidung erfolgen soll, werden mit nichtleitendem Lack abgedeckt. Anschließend wird die stromlos abgeschiedene Metallschicht zur Steigerung der Schichtbildungsrate als Katode gepolt und auf der ersten Metallschicht weiteres Nickel bzw. Kupfer

galvanisch abgeschieden **(Bild 2)**. Wichtig ist, dass die Schicht in gleichmäßiger Dicke und wegen der hohen Verzugsgefahr beim Entformen möglichst spannungsarm abgeschieden wird. Dies kann durch die Wahl der Elektrolyte und Abscheidebedingungen beeinflusst werden. Das Formteil wird nach erreichter Schichtdicke vom Modell abgenommen. Es zur weiteren Steigerung der Wandstärke hinterfüllt werden.

Die entscheidenden Vorteile des Galvanoformens sind die Herstellung fast beliebig komplizierter Formen und ohne nennenswerte Nacharbeit **(Bild 3)**.

---

[1] benannt nach *Luigi Galvani* (1737–1798), ital. Wissenschaftler

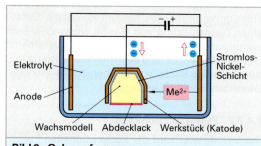

Bild 2: Galvanoformen

Bild 3: Galvanoformen einer römischen Maske

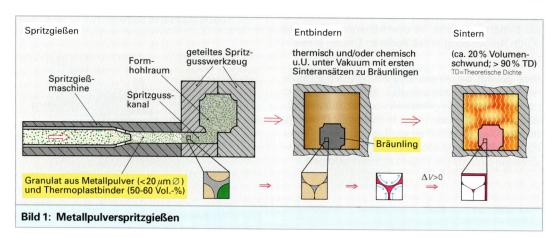

Bild 1: Metallpulverspritzgießen

2.4.3 Endkonturnahe Umformung

2.4.3.1 Umformung durch Zugkräfte

Beim **konventionelle Streckziehen** wird das Blechhalbzeug in Abhängigkeit von der *Werkstofffließfähigkeit* oder *Bauteilgeometrie* und den Anforderungen an die *Maßtoleranzen, Oberflächengüte* und *mechanischen Eigenschaften* **kalt** (Baustähle, einfache Vergütungsstähle) oder **warm** (höherfeste Stähle, hochfeste Titanlegierungen, Nickelbasis-Superlegierungen) in einem kaltem Werkzeug ausgeformt.

Infolge des Wärmeflusses aus dem Blechhalbzeug ins kalte Werkzeug verliert der auszuformende Werkstoff bald an Fließfähigkeit, so dass ein endkonturnahes Ausformen, vor allem bei filigranen Bauteilen, nicht möglich ist und eine spanabhebende Endbearbeitung erforderlich wird. Zudem ist die Wandstärke bei Negativformgebung (im Werkzeug Vakuum und in der Umgebung Normaldruck oder im Werkzeug Normaldruck und in der Umgebung Überdruck; **Bild 1**) infolge früh eintretender Werkzeugwandreibung inhomogen und nimmt proportional zur Werkzeugtiefe ab, so dass sie am „Äquator" am größten und am „Pol" am geringsten ist. Das **Negativformen** ist daher nur bei einfachen Bauteilgeometrien und geringen Werkzeugtiefen sinnvoll. Eine homogenere Wandstärkenverteilung durch wesentlich späteren Blechhalbzeug/Werkzeug-Kontakt lässt sich durch eine **Positivformgebung** mit plastischem Vorstrecken des Materials in der Polregion, durch freies Aufblasen, erreichen (im Werkzeug Überdruck und in der Umgebung Normaldruck; **Bild 1**). Zum Ausformen wird nach dem Einfahren des Positivwerkzeugs der Druck umgekehrt. Mit dieser Variante lassen sich größere Werkzeugtiefen und komplexere Werkzeuggeometrien mit hoher Wandstärkenkonstanz darstellen. Zudem ist durch Vorverteilung des auszuformenden Blechhalbzeugs die Gefahr von Materialüberlappungen („Falten") reduziert.

Eine bei Rohren zur Anwendung kommende Form des Streckziehens ist das **Innenhochdruckumformen.** Dabei wird ein Rohrstück in einem geteilten Werkzeug, das die Bauteilkontur als Gravur enthält, positioniert und nach dem Schließen des Werkzeugs vom flüssigen oder gasförmigen Medium bis zum Anliegen an der Werkzeugform ausgeformt **(Bild 2)**. Damit lassen sich komplexe, sehr dünnwandige Bauteile hoher Maßgenauigkeit in einem Schritt herstellen.

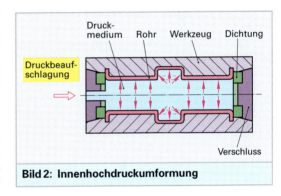

Bild 2: Innenhochdruckumformung

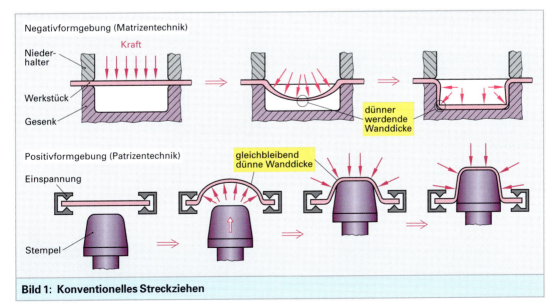

Bild 1: Konventionelles Streckziehen

Isothermes Streckziehen

Beim isothermen Streckziehen weist das ausformende Werkzeug die Temperatur des warmen Blechhalbzeugs auf, was dessen Fließfähigkeit über längere Zeit auf hohem Niveau hält. Ansonsten entsprechen die Verfahrensweisen denen beim konventionellen Streckziehen. Durch die isothermen Verhältnisse werden auch konventionell nur schwer oder gar nicht formbare Werkstoffe verarbeitbar sowie feingliedrige Bauteilgeometrien mit hoher Maßgenauigkeit darstellbar. Dies ist zudem bei einem vergleichsweise geringen Kraftaufwand möglich, was wiederum zierlichere Maschinenkonzepte ermöglicht.

Bild 1 zeigt dies für den Fall der *Negativformgebung*. Die Warmfestigkeit und die die Oberflächengüte des ausgeformten Blechhalbzeugs bestimmende Oxidationsbeständigkeit des Werkzeugs müssen selbstverständlich hoch sein, was bis 450 °C Warmarbeitsstähle, bei 450–950 °C Nickelbasis-Superlegierungen und ab 950 °C gesinterte Refraktärwerkstoffe als Werkzeugwerkstoffe erforderlich macht. Daneben sind zur Reduzierung der Reibung sowie zur Hemmung einer Diffusionsverschweißung zwischen der Werkzeugoberfläche und der Blechhalbzeugoberfläche temperaturtolerante Trennmittel (in Alkohol oder Wasser dispergierte Pulver auf Silikatglas- oder Keramikbasis) vonnöten.

Werden noch wandstärkenhomogenere und geometrisch komplexere Bauteile mit zudem feinkörnigem Gefüge und äquiaxialen[1] Körnern gefordert, so ist das an Leistungsfähigkeit kaum zu überbieten **superplastische Umformen** zu wählen. **Bild 2** zeigt das isotherme Streckziehen bei superplastischem Werkstoffzustand für den Fall einer *Negativformgebung*.

Wegen der bei der hohen Temperatur vernachlässigbar geringen Verfestigung sind nur sehr geringe Umformkräfte (etwa 5 MPa) vonnöten, die allein von der Umformgeschwindigkeit abhängen.

Die wegen der geringen Umformgeschwindigkeit langen Prozesszeiten (Faktor 2 bis 5 der üblichen Taktzeiten) und hohen Umformtemperaturen stellen an den Werkzeugwerkstoff und die Atmosphäre, unter der das Werkzeug wie auch das Blechhalbzeug gehalten werden, hohe Ansprüche.

Neben hoher *Warmfestigkeit* werden jetzt zudem hohe *Oxidationsbeständigkeit* bzw. Oxidationsschutz durch Schutzgase oder mit den Werkstoffen nicht reagierende inerte Gase gefordert.

---

[1] isotherm = mit gleicher Temperatur, von griech. isos = gleich und therme = Wärme

Unter Superplastizität versteht man eine plastische Verformbarkeit, die Gleichmaßverformungen von mehreren hundert Prozent zulässt. Dazu muss eine sich lokal ausprägende Einschnürung des Querschnittes unterdrückt werden. Der Verformungsmechanismus wird beherrscht von einer Diffusion von Atomen über die Korngrenzen und das Korninnere in Kombination mit einem Korngrenzengleiten. Um den geschwindigkeitsbestimmenden diffusionskontrollierten Teilschritt zu begünstigen, sind allerdings folgende Forderungen zu erfüllen:

- hohe Umformtemperaturen ($T > 0,5 \cdot T_m$; → hohe Diffusionsgeschwindigkeit),

- geringe Umformgeschwindigkeiten (10^{-2} bis $10^{-5}s^{-1}$; → ausreichend Zeit für Diffusion) ,

- ein auch bei den hohen Umformtemperaturen über die gesamte Umformdauer durch speziell positionierte Zweitphasen in seiner Größe stabilisiertes globulitisches Feinkorngefüge ($< 10 \, \mu m$; → viele Diffusionspfade).

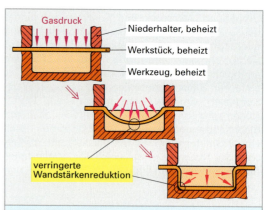

Bild 1: Isothermes Streckziehen

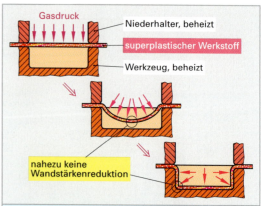

Bild 2: Isothermes Streckziehen bei superplastischem Werkstoffzustand

2.4.3.2 Umformung durch Druckkräfte

Das **konventionelle Schmieden** erfolgt als Freiform- oder Gesenkschmieden, wobei das Schmiedewerkzeug beim Einlegen des Rohlings kalt ist. Beim *Freiformschmieden* erfolgt die Formgebung unter Verwendung eines die Negativform des angestrebten Bauteils nur andeutungsweise aufweisenden Werkzeugs, das den Schmiederohling im konkreten Augenblick nur partiell druckbeaufschlagt. Daher ist zur (nur grob möglichen) Annäherung an die Endkontur ein permanenter Positionswechsel des Rohlings unter dem arbeitenden Schmiedewerkzeug erforderlich. Im Gegensatz dazu wird beim *Gesenkschmieden* ein als Gesenk bezeichnetes geteiltes Werkzeug verwendet, das die Negativkontur des Bauteils als Gravur aufweist (**Bild 1** – Variante 1) und damit eine Annäherung an die Endkontur (u. U. allerdings erst nach Zwischenwärmungen des Schmiedeguts; **Bild 1** – Variante 2) mit wesentlich höherer Genauigkeit ermöglicht.

In Abhängigkeit von der auszuformenden Bauteilgeometrie wird unter Beachtung der geforderten Maßtoleranzen und Oberflächengüte die Werkstofffließfähigkeit des Schmiederohlings über Erwärmung eingestellt (kalt bei Baustählen und einfachen Vergütungsstählen, warm bei höherlegierten Stählen, hochfesten Titanlegierungen und Nickelbasis-Superlegierungen).

Infolge eines unvermeidlichen Wärmeübergangs vom Schmiederohling ins Werkzeug kommt es allerdings zu einem baldigen Verlust an Fließfähigkeit, was die Ausformung komplizierter Bauteilgeometrien und geringer Wandstärken unmöglich und eine spanabhebende Nachbearbeitung erforderlich macht.

Eine genauere Abbildung der Werkzeuggravur lässt sich mit der Gesenkschmiedevariante des **Präzisionsschmiedens** erreichen. Um den Wärmeverlust zu minimieren und damit das präzise Erreichen auch *filigraner Endkonturen* und geringer Wandstärken zu ermöglichen, wird das Werkzeug erwärmt, bei der Verfahrensvariante des **isothermen Gesenkschmiedens,** die das Erreichen der Endkontur in einem einzigen Schritt möglich macht, sogar exakt auf die Temperatur des Schmiederohlings (**Bild 2**). Damit lassen sich auch konventionell nur schwer oder gar nicht schmiedbare Werkstoffe formen. Zudem sind die zur Formgebung aufzuwendenden Kräfte gegenüber den zum konventionellen Schmieden erforderlichen wesentlich reduziert.

Allerdings müssen die Warmfestigkeit und die die Oberflächengüte des ausgeformten Schmiedegutes bestimmende Oxidationsbeständigkeit des Werkzeugs hoch sein, was bis 450 °C Warmarbeitsstähle, bei 450 bis 950 °C Nickelbasis-Superlegierungen und ab 950 °C gesinterte Refraktärwerkstoffe als Werkzeugwerkstoff erforderlich macht.

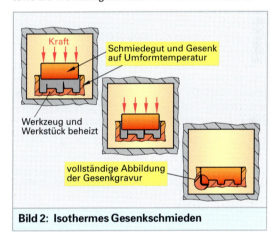

Bild 2: Isothermes Gesenkschmieden

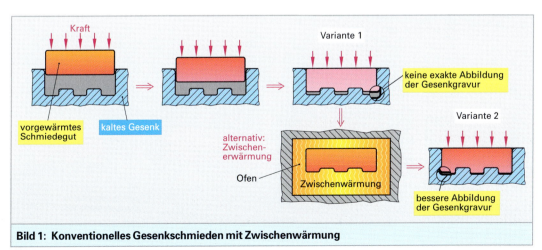

Bild 1: Konventionelles Gesenkschmieden mit Zwischenwärmung

Daneben sind zur Reduzierung der Reibung sowie zur Hemmung einer Diffusionsverschweißung zwischen Werkzeugoberfläche und Schmiedegutoberfläche temperaturtolerante Trennmittel (in Alkohol oder Wasser dispergierte Pulver auf Silikatglas- oder Keramikbasis) vonnöten.

Werden geometrisch noch komplexere Bauteile und eine noch genauere Gravurabbildung bei zudem feinkörnigem Gefüge mit äquiaxialen Körnern gefordert, so muss die Fließfähigkeit des umzuformenden Schmiederohlings nicht nur durch ein isotherm gehaltenes Werkzeug, sondern auch aus dem Werkstoff heraus gefördert werden.

Letzteres gelingt durch das Ermöglichen einer *superplastischen Verformung,* die an das Gefüge sowie die Umformparameter die bereits früher angeführten Randbedingungen stellt und ein **isothermes Gesenkschmieden bei superplastischem Werkstoffzustand** ermöglicht.

Die wegen der geringen Umformgeschwindigkeit langen Prozesszeiten (Faktor 2 bis 5 der üblichen Taktzeiten) und hohen Umformtemperaturen stellen auch hier an den Werkzeugwerkstoff und an die Atmosphäre, unter der das Werkzeug wie auch das Schmiedegut gehalten werden, hohe Ansprüche. Neben hoher *Warmfestigkeit* werden jetzt zudem hohe *Oxidationsbeständigkeit* bzw. Oxidationsschutz durch Schutzgase oder mit den Werkstoffen nicht reagierende inerte Gase gefordert.

Ein ähnlich hohes Fließvermögen des Werkstoffs wie beim isothermen Gesenkschmieden bei superplastischem Werkstoffzustand erhält man beim **Gesenkschmieden bei thixotropem**[1] **Werkstoffzustand,** auch als Thixoschmieden (engl. thixoforging) bezeichnet **Bild 1**. Das Einstellen dieses

Werkstoffzustandes wurde auf der vorhergehenden Seite geschildert. Der Anteil der flüssigen Phase im auszuformenden Werkstoff liegt beim Thixoschmieden bei 30 %. Der zur vollständigen Gravurfüllung aufzuwendende Druck ist wieder vergleichsweise gering. Es sind auch konventionell nur schwer oder gar nicht schmiedbare Werkstoffe formbar. Zudem sind auch hier mit sehr hoher Genauigkeit und Oberflächenqualität komplizierte und dünnwandige Bauteile darstellbar.

Diese dürfen wegen der Verwendung einer geteilten Form aber wieder keine Hinterschneidungen aufweisen.

---

[1] thixotrop (adj.) auf Thixotrophie beruhend, von griech. thixis = Berührung und trepein = wenden, im Sinne von sich umwendender Phasen zwischen flüssig und fest.

Wiederholung und Vertiefung

1. Welche Gründe sprechen für eine endkonturnahe Fertigung?

2. Welche sind die Verfahren der endkonturnahen Fertigung?

3. Was versteht man unter Thixogießen?

4. Wie gewinnt man thixotropes Vormaterial?

5. Was kennzeichnet das isostatische Pressen?

6. Welche Vorteile hat das Galvanoformen?

7. Erläutern Sie den Verfahrensablauf des Metallpulverspritzgießens.

8. Erklären Sie das isotherme Streckziehen und welche Bedeutung hat hier superplastischer Werkstoff?

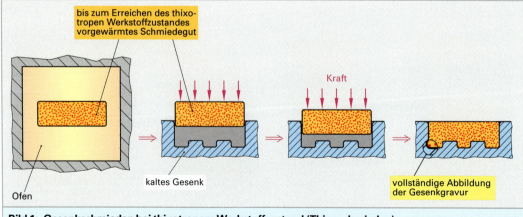

Bild 1: Gesenkschmieden bei thixotropem Werkstoffzustand (Thixoschmieden)

2.5 Spanloses Trennen und Abtragen

Das spanlose Trennen umfasst das *mechanische* Zerteilen durch:

- Scherschneiden, bzw. Stanzen,
- Reißen,
- Brechen,
- das Trennen durch Wasserstrahlschneiden,

das *thermische* Trennen durch:

- Brennen mit Sauerstoff,
- Plasmaschneiden,
- Elektronenstrahlschneiden,
- Laserschneiden,
- Erodieren und das

elektrochemisches Abtragen.

2.5.1 Mechanisches Zerteilen

2.5.1.1 Scherschneiden

Das Zerteilen durch Scherschneiden **(Bild 1)** erfolgt dadurch, dass zwei Schneidkeile das Werkstück im Bereich des Schneidspaltes zunächst elastisch und sodann plastisch verformen. Dabei wird die Blechkante eingezogen **(Bild 1),** geschnitten und bei Überschreiten der maximal möglichen Schubspannung abgerissen. Es bildet sich meist ein scharfkantiger Grad.

Das Scherschneiden kann mit Scheren erfolgen, deren Schneiden sich kreuzen und der Schnittpunkt wandert, oder aber vollkantig **(Bild 2)**.

Für lange Schnitte kann das Schneiden

- durch Rollscheren erfolgen,
- durch Messerschneiden mit einem Rollmesser, z. B. für das Längsteilen von Metallbändern oder
- durch Nibbeln (fortlaufendes Stanzen von kleinen, sich überlappenden Löchern).

Durch Nibbeln können auch Kurvenschnitte für beliebige Ausschnitte, meist numerisch gesteuert, hergestellt werden **(Bild 3)**. Der Nachteil ist ein relativ breiter Schnittspalt.

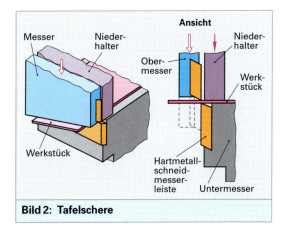

Bild 2: Tafelschere

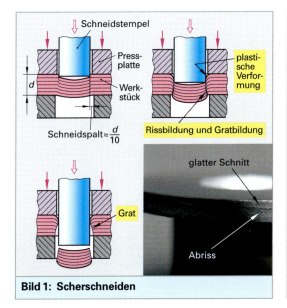

Bild 1: Scherschneiden

Bild 3: NC-Blechbearbeitungsmaschine

Feinschneiden und Stanzen

Zur Herstellung von zugeschnittenen Blechteilen verwendet man kurzhubige Pressen, in die das Schneidwerkzeug, bestehend aus Schneidstempel und Schneidplatte **(Bild 1)** mit eigenen Führungssäulen, eingebaut wird.

Beim Feinschneiden ist die Abrisszone sehr kurz oder gar nicht vorhanden, sodass ein glatter Schnitt entsteht. Erreicht wird dies durch schnittkantennahes Festhalten des Bleches meist mit einer Ringzacke im Niederhalter **(Bild 2)**. Mit einem Gegenhalter wird das Abreißen an dem Schnittspalt vermieden. Anwendung findet das Stanzen bzw. Feinschneiden zur Herstellung von Blechteilen aller Art, insbesondere auch für Bauteile der Feinwerktechnik und Elektrotechnik, z. B. Hebel, Klinken, Zahnrädchen u.v.m.

Mit *Stanzpaketierpressen* werden z. B. die geblechten Motorläufer und Motorständer direkt in der Presse hergestellt **(Bild 3)**. Das Werkzeug ist so konstruiert, dass die ausgestanzten Bleche übereinander gestapelt und durch eine leichte Durchsetzfügung zusammengehalten werden und so als endmaßfertiger Blechstapel ausgeschleust werden können. Damit man auch bei variierender Blechdicke das Endmaß einhalten kann, wird die Anzahl der Bleche im Stapel ebenfalls variiert. Damit der Stapel nicht schief läuft bei ungleich dick gewalztem Blech, stapelt man die geschnittenen Teile gedreht übereinander. Die Hubzahl der Stanzpressen reicht bis 600 Hübe pro Minute.

2.5.1.2 Bruchtrennen (Cracken[1])

Das Bruchtrennen erspart z. B. das spanende Trennen und wird u. a. bei der Herstellung von Pleueln angewandt **(Bild 4)**.

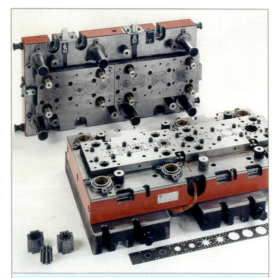

Bild 1: Feinstanzwerkzeug

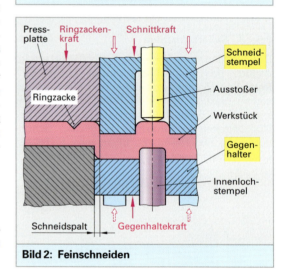

Bild 2: Feinschneiden

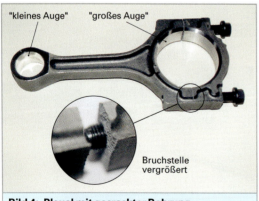

Bild 4: Pleuel mit gecrackter Bohrung

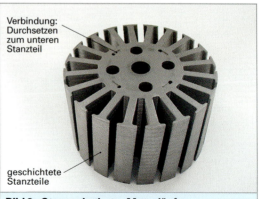

Bild 3: Stanzpaketierter Motorläufer

Da das „große Auge" (große Bohrung) im Hubzapfen der Kurbelwelle montiert werden muss, ist es geteilt herzustellen. Wegen den hohen Anforderungen an den Rundlauf wird es zunächst an einem Stück feingebohrt, dann *geritzt* und schließlich gezielt gebrochen. Das Ritzen erfolgt mit Räumnadeln oder zunehmend mit Laser. Die Ritze entsteht dabei durch Einbrennen von Sacklöchern. Die Ritze muss nicht tief sein aber scharfkantig. Die beiden Bohrungshälften werden bei der Montage wieder zusammengeschraubt. Die Bruchflächen passen exakt aufeinander.

Das Bruchtrennen ist ferner üblich bei Kurbelwellen-Lagern. Auch hier sind geteilte Lager erforderlich, damit die Kurbelwelle montiert werden kann.

2.5.1.3 Wasserstrahlschneiden

Für das spanlose Trennen aller, speziell aber thermisch empfindlicher Werkstoffe, kommt neben dem Laserstrahlschneiden das Schneiden mit einem fokussierten Hochdruckwasserstrahl in Frage („Wasserstrahlschneiden", **Bild 1** und **Bild 2**).

Während bei weichen Werkstoffen allein mit Wasser gearbeitet wird, wird dem Wasser bei zu schneidenden harten Werkstoffen keramisches Pulver zugegeben **(Bild 3)**, das auch hier ein Schneiden selbst größerer Querschnitte ermöglicht. Wegen der fehlenden thermischen Beanspruchung ist die Gefahr von Gefügeveränderungen, Eigenspannungen und Rissen unterbunden.

Die Drücke liegen bei über 4000 bar. Man erreicht bei Stahl mit 5 mm Dicke z. B. eine Schnitt-Vorschubgeschwindigkeit (Schneidgeschwindigkeit) von 600 mm/min **(Tabelle 1)**. Es können hochlegierte Stähle[2] bis 100 mm Dicke geschnitten werden.

---

[1] engl. to crack = brechen, aufknacken
[2] Die Schnittgeschwindigkeiten für dicke Stahlbleche sind im Vergleich zum Plasmaschneiden und Brennschneiden fast 10mal geringer und somit die Kosten pro lfd. Meter fast 10mal höher.

Die Wasserstrahlwerkzeuge können z. B. durch Roboter längs räumlich, komplex gewundener Bahnen geführt werden, oder auch durch kartesisch aufgebaute CNC-Maschinen.

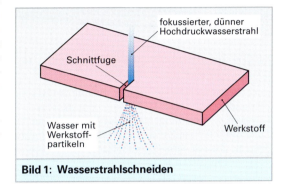

Bild 1: Wasserstrahlschneiden

Bild 2: Wasserstrahlgeschnittene Bauteile

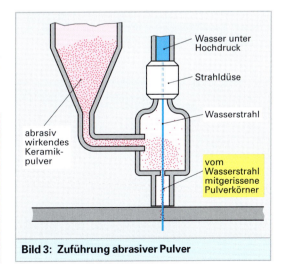

Bild 3: Zuführung abrasiver Pulver

Tabelle 1: Schneidgeschwindigkeit* in mm/min					
Werkstoff	Dicke				
	5 mm	10 mm	20 mm	50 mm	100 mm
Granit	3550	1560	720	251	110
Keramik	12 000	5500	–	–	–
Aluminium	2380	1070	468	163	60
leg. Stahl	600	278	125	44	18
Glas	6120	2760	1240	430	206
* nach Flow Europe GmbH					

2.5.2   Thermisches Trennen

Die dabei verwendeten Energieträger sind: Gase, Plasmen, Elektronenstrahle, Photonenstrahle und Elektrische Ladungen. Daraus ergeben sich unterschiedliche Verfahren mit unterschiedlichen Eigenschaften (**Tabelle 1**).

2.5.2.1   Trennen mit Brenngas/Sauerstoff-Flamme

Zum **Brennschneiden** dünner Bleche weist der Schneidbrenner zwei Düsen auf, die in Schneidrichtung hintereinander angeordnet sind (**Bild 1**). Zum Brennschneiden dickerer Bleche und **Brennhobeln** (Putzen von Gussstücken; Schweißnahtvorbereitung) (**Bild 2**), das ohnehin nur bei dickeren Blechen zur Anwendung kommt, ist die Brenngas/Sauerstoff-Düse als Ringdüse ausgeführt, die die Sauerstoffdüse umgibt.

Als Brenngas verwendet man

- Acetylen,   • Erdgas,
- Propan,   • Wasserstoff und
- Leuchtgas (für Schnitte unter Wasser: Wasserstoff, Benzin- oder Benzoldämpfe; Zündung über Wasser oder mit in den Brenner eingebauter Glühkerze).

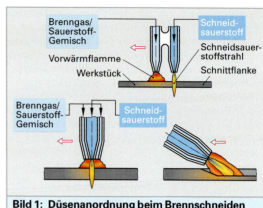

Bild 1: Düsenanordnung beim Brennschneiden und beim Brennhobeln

Bild 3: Schnittfläche bei 15 mm dickem Blech

gute Schnittfläche

Heizflamme zu stark oder Abstand Düse - Werkstück zu klein

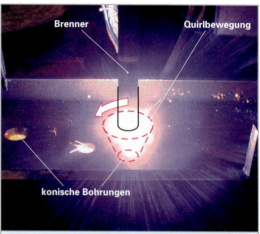

Brenner | Quirlbewegung

konische Bohrungen

Bild 2: Brennschneiden von konischen Bohrungen

Tabelle 1: Trennverfahren im Vergleich														
Eigenschaften ⟍ Verfahren	Beeinflusste Randzone mm		Schnittflächenrauheit R_a µm				Materialstärke mm					Beispiel[1]: 8 mm Stahl R ST 70.2		
	> 1	< 1	> 16	4 bis 16	1 bis 4	< 1	> 100	50 bis 100	10 bis 50	1 bis 10	< 1	Schneidgeschw. m/min	Kosten pro Stunde €/h	Kosten pro Meter €/m
Brennschneiden	•		•	•			•	•	•	•		0,6	63	1,90
Plasmaschneiden	•		•	•			•	•	•	•		1,0	70	1,40
Lasertrennen	•	•	•	•	•				•	•	•	0,7	128	3,50
Wasserstrahlschneiden		•	•		•	•	•	•	•	•	•	0,08	94	22

[1] Quelle: HWK Koblenz

Der zu schneidende bzw. zu hobelnde metallische Werkstoff wird durch den Wärmeinhalt der Brenngas/Sauerstoff-Flamme (Heizflamme) bis zur Entzündungstemperatur vorgewärmt. Ist die Temperatur für die Entzündung des Metalls im Sauerstoffstrom erreicht (sie muss unter dem Schmelzpunkt des Metalls liegen), so wird der Werkstoff mit dem aus der zweiten Düse bzw. Kerndüse austretenden Sauerstoffstrahl an der gewünschten Stelle oxidiert, d. h. verbrannt (**Bild 3**).

Die niedrigviskosen flüssigen Oxidationsprodukte (der Schmelzpunkt dieser Schlacke muss gleichfalls unter dem des Metalls liegen) entfernt der Sauerstoffstrahl durch Ausblasen.

Die Wärmeentwicklung durch den Verbrennungsprozess muss die durch Wärmeleitung abgeführte Wärmemenge so weit überragen, dass zusammen mit der Wärmewirkung der *Vorwärmflamme* die Zündtemperatur an der Schnittstelle aufrechterhalten werden kann. Die Aufschmelzzone an der durch den Trennprozess entstandenen Oberfläche weist infolge eines Legierungselementeabbrands gegenüber dem Grundwerkstoff deutliche Verschiebungen in der Legierungszusammensetzung auf. Hinter der Aufschmelzzone zeigt der Werkstoff infolge des hohen lokalen Wärmeeintrags eine wärmebeeinflusste Zone mit grobkörnigem Gefüge.

> Durch die folgenden Techniken ist beim Brennschneiden wie Brennhobeln eine Leistungssteigerung erreichbar:
> - Wird dem mit Druck aufgebrachten Sauerstoff feiner *Quarzsand* zugesetzt, so ist eine Leistungssteigerung vornehmlich infolge mechanischer Entfernung der Schlacke zu erzielen.
> - Der Eintrag von pulverförmigem Flussmittel über den Sauerstoffstrahl erleichtert die Entfernung der Schlacke auf chemischem Weg, indem es die Viskosität der Schlacke absenkt und damit deren Beseitigung erleichtert.

Grundsätzlich ist das Brennschneiden und Brennhobeln aber nur möglich, wenn die Zündtemperatur des Metalls und der Schmelzpunkt des entstehenden Oxids unterhalb der Schmelztemperatur des Metalls liegt, was z. B. für Eisen der Fall ist (Zündpunkt des Eisens [1150 °C], Schmelzpunkt des FeO [1370 °C] < Schmelzpunkt des Eisens [1536 °C]).

Anders ist dies bei legierten Stählen und Nichteisenmetallen, die hochschmelzende Oxide bilden. Diese Oxide machen eine erhebliche Anhebung der Temperatur der Schneidflamme erforderlich. Hierzu nutzt man die stark exotherm (wärmeerzeugend) ablaufende Verbrennung von Eisen-

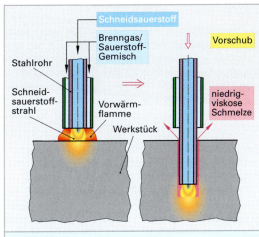

Bild 1: Brennbohren

oder Aluminiumpulver aus, das dem Brenngas/Sauerstoff-Gemisch zugegeben wird. Die Temperatursteigerung an der Bearbeitungsstelle ist dadurch so erheblich, wodurch sogar Feuerfestwerkstoffe und Beton bearbeitbar sind.

Diese sehr effektive Temperaturanhebung macht auch das **Brennbohren** möglich **(Bild 1)**: Der Sauerstoff wird über und zusammen mit einer Stahlrohrlanze vor Ort gebracht. Nach Zündung brennt das Eisen der mit Bohrgeschwindigkeit zugestellten Lanze in dem unter Druck zugeführten Sauerstoffstrom selbständig stetig ab. Die niedrigviskose Schmelze wird durch den Gasdruck ausgeblasen.

2.5.2.2 Trennen mit Lichtbogen

Die Anordnungen beim **Lichtbogenschneiden** und **Lichtbogenhobeln** entsprechen denen in Bild 1, vorhergehende Seite. Zum Erreichen der Zündtemperatur des Werkstoffs wird hier allerdings ein zwischen metallischer Sauerstofflanze und Bauteil brennender Lichtbogen verwendet. Ist die Zündtemperatur erreicht, so wird durch die Lanze Sauerstoff zugeführt.

Infolge des hohen Wärmeinhalts des Lichtbogens und der Oxidationsreaktion des Bauteils mit dem Sauerstoff brennt die Lanze kontinuierlich ab, was die Temperatur gegenüber einem zusatzwerkstofflosen Schneiden oder Hobeln deutlich anhebt. Gleichzeitig wird das metallische Bauteil aufgeschmolzen, oxidiert und wird durch den Sauerstoffstrahl weggeblasen.

> Zum Brennschneiden, Brennhobeln und Brennbohren arbeitet man mit einer Brenngas/Sauerstoff-Flamme.

2.5.2.3 Trennen mit Plasma[1]

Im Vergleich zum Plasmaschweißen wird beim **Plasmaschneiden** die *thermische* Energie des eingeschnürten Lichtbogens durch Erhöhung der Brennerleistung und wird die *kinetische* Energie des Plasmas durch Steigerung der Plasmagasmenge wesentlich erhöht. Dadurch können auch durch Brennschneiden kaum zu trennende Werkstoffe bearbeitet werden **(Bild 1)**.

Der auf das Bauteil übertragene Lichtbogen sowie der Plasmastrahl schmelzen den Werkstoff an der Bauteiloberfläche lokal auf. Durch die hohe kinetische Energie des Plasmastrahls wird das aufgeschmolzene Material aus der Schnittfuge geschleudert. In der dadurch geschaffenen Schnittfuge kann, vor allem mit zunehmender Tiefe, nur noch der Plasmastrahl wirksam werden, den Werkstoff schmelzen und in diesem Zustand hinausschleudern. Die Fuge wird dadurch tiefer und breiter. Die maximalen Schneiddicken betragen bis 70 mm bei hochlegiertem Stahl. Die maximalen Schneidgeschwindigkeiten[2] sind abhängig von der Werkstoffdicke und liegen zwischen 1 m/min bis 8 m/min.

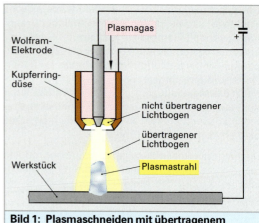

Bild 1: Plasmaschneiden mit übertragenem Lichtbogen

2.5.2.4 Trennen mit Elektronenstrahl

Der in der Leistungsdichte nur noch vom Laserstrahl übertroffene Elektronenstrahl erlaubt wegen seiner hohen Fokussierbarkeit den Werkstoff in sehr schmalen Oberflächenbereichen bis in vergleichsweise große Tiefen aufzuschmelzen und zu verdampfen und ermöglicht das **Elektronenstrahlschneiden**. Die minimale Wärmeeinflusszone, schmale Schnittfuge sowie die glatte und saubere Schnittflanke sind die markantesten Vorteile **(Bild 2)**. Man kann damit auch sehr kleine Löcher und feinste Gravuren herstellen **(Bild 3)**.

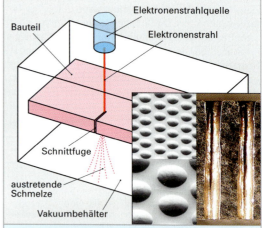

Bild 2: Trennen mit Elektronenstrahl

2.5.2.5 Trennen mit Laserstrahl

Mit einem Laserstrahl können Metalle und Nichtmetalle bei engem Schnittspalt sehr genau geschnitten werden **(Bild 3)**. Die von keinem anderen Verfahren erreichte hohe Leistungsdichte im Brennfleck des fokussierten Strahls eines CO_2-Gaslasers wird bis auf die mit hohem Reflexions-

---

[1] Plasma ist ionisiertes heißes Gas, bestehend aus neutralen Teilchen, Elektronen und Ionen welche in ständiger Wechselwirkung untereinander und mit Photonen in sich ändernden Anregungszuständen befinden. Typisch ist ein weißblaues Leuchten. Plasma ist elektrisch gut leitfähig. Griech. plasma = Gebilde, Geformtes.

[2] Die Schneidgeschwindigkeiten sind i. a. etwas höher als beim Brennschneiden und so ergeben sich meist geringere Schneidkosten pro lfd. Meter.

Bohrung:
0,05 mm Ø
mit NdYAG-Laser
hergestellt

Bild 3: Laserschneiden und Laserbohren im Mikrobereich

vermögen (97 %!) ausgestatteten Metalle Titan, Kupfer und Aluminium von allen übrigen metallischen sowie nichtmetallischen Werkstoffen wie Kunststoffe, Silikatgläser und Keramiken in hohem Grad absorbiert.

Dadurch werden beim **Laserstrahlschneiden** äußerst schmale Oberflächenbereiche bis in große Tiefe aufgeschmolzen bzw. verdampft, wonach diese Volumina mit einem stark fokussierten Inertgasstrahl aus der Schnittfuge hinausgeschleudert werden.

Eine noch höhere Schneidleistung erreicht man nur noch durch gleichzeitige und mit hoher Geschwindigkeit erfolgende koaxiale Aufgabe von Sauerstoff auf den erwärmten Bereich (**Laserbrennschneiden; Bild 1**).

Wie beim Brennschneiden oxidiert der Sauerstoff das Material in einer exotherm ablaufenden Reaktion, was gleichzeitig die Absorption der Laserstrahlung nochmals erhöht. Die nur minimale Wärmeeinflusszone, die extrem schmale Schnittfuge sowie die glatten und sauberen Schnittflächen sind auch hier hervorzuhebende Merkmale.

Zur Fokussierung des Laserstrahls auf der Werkstückoberfläche wird das Strahlwerkzeug der Werkstückgeometrie nachgeführt (**Bild 2**). Dies geschieht meist durch sensorische Erfassung des Abstandes zwischen Strahldüse und Werkstück und einer Regelung auf konstanten Abstand.

Die Sensorik arbeitet z. B. kapazitiv, indem die eine Elektrode die Strahldüse ist und die andere das Werkstück. Fehlsteuerungen gibt es, wenn Plasma entsteht, da dieses elektrisch leitend ist und die kapazitive Sensorik stört.

2.5.3 Abtragen durch Funkenerosion

Das funkenerosive[1] Abtragen (engl. Electrical Discharge Machining, EDM) ist ein elektrothermischer Prozess, bei dem elektrische Entladungen zwischen einer Werkzeug-Elektrode (im Werkstattgebrauch meist nur Elektrode genannt) und einer Werkstück-Elektrode zu einem Materialabtrag am Werkstück führt (**Bild 1 und 2, folgende Seite**). Der Entladungsprozess findet in einem Dielektrikum, also in einer nichtleitenden Flüssigkeit, statt.

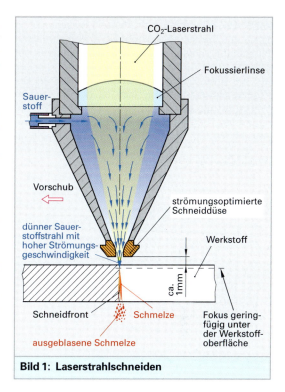

Bild 1: Laserstrahlschneiden

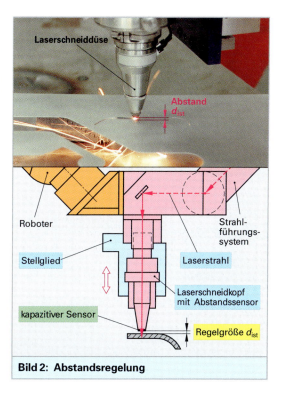

Bild 2: Abstandsregelung

---

[1] lat. erosio = das Zerfressenwerden

An Stellen mit geringstem Abstand zwischen Elektrode und Werkstück entsteht ein *Entladekanal* mit Funkenüberschlag. Nach der Zündung beginnt der Entladestrom zu fließen und die Spannung bricht auf die Brennspannung zusammen **(Bild 3)**. Die Zündspannung wird je nach zu bearbeitendem Werkstoff mit 70 V bis 600 V gewählt. Die Brennspannung beträgt meist 20 V bis 30 V. Beim Abschalten der Spannung implodiert der Entladekanal und die Abtragprodukte werden ins Dielektrikum geschleudert und mit diesem aus dem Arbeitsspalt abtransportiert.

Der Energieinhalt W_e eines Leistungsimpulses beträgt:

$$W_e = u \cdot i \cdot t_i$$

W_e Energieinhalt
u Spannung
i Strom
t_i Impulsdauer

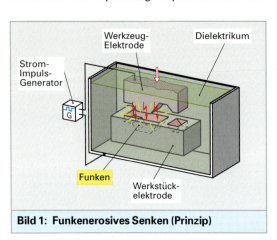

Bild 1: **Funkenerosives Senken (Prinzip)**

Bild 2: **Senkerodieren**

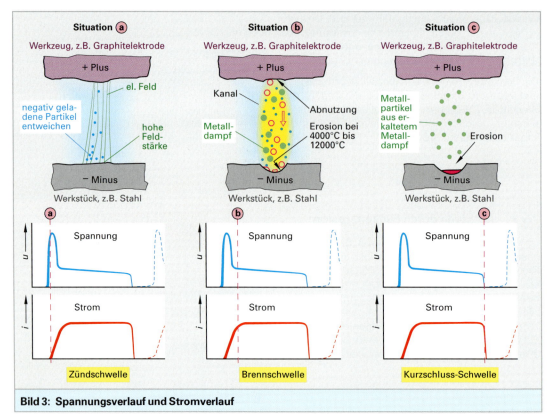

Bild 3: **Spannungsverlauf und Stromverlauf**

Dieser Energieinhalt führt physikalisch zum Herausschmelzen einer Kugelkalotte aus der Werkstückoberfläche. Die Vielzahl der Entladungen führt zum Materialabtrag. Die Struktur der abgetragenen Oberfläche gleicht einer Kraterstruktur, **(Bild 1)** die umso feiner wird, je geringer die Entladeenergie der Einzelimpulse gewählt wird. An der Werkzeug-Elektrode wird ebenfalls Material abgetragen. Der Elektrodenverschleiß beträgt je nach Impulsparameter und Werkstoffart der Elektrode 1 % bis 30 %. Der Abstand zwischen Elektrode und Werkstück ist der Bearbeitungsspalt, der mit Hilfe eines vorgegebenen Sollwerts und eines Servomechanismus nahezu konstant gehalten wird. Die Größenordnung des Bearbeitungsspalts hängt von der Abtragrate ab. Der Sollwert soll die Vorschubgeschwindigkeit der Vorschubpinole so regeln, dass ein gleichmäßiger Abtrag erfolgt **(Bild 1)**.

Die angestrebte hohe Funkenausbeute wird jedoch durch mehrere Einflüsse gestört. Regelt der Vorschub nicht schnell genug nach, so kommt es zu Leerlaufimpulsen. Hat der Vorschub maschinendynamisch bedingt zu weit nach vorne geregelt, kommt es zu Kurzschlussimpulsen. Ist der Arbeitsspalt durch Abtragprodukte verschmutzt, kann es zu sogenannten Lichtbogen-Impulsen kommen, die unter Umständen lokal zu thermischen Werkstoffzerstörungen führen können **(Bild 2)**. Moderne Funkenerosionsanlagen besitzen hierfür ein *optimierendes* System.

> Die Abtragrate wird von der Stromstärke sowie von Impulsdauer und Impulspausendauer beeinflusst.

Man kann sogenannte „sanfte" und „scharfe" Funken wählen **(Bild 3)**. Lange Impulse und niedrige Ströme führen zu einer normalen Abtragrate bei gleichzeitig sehr niedrigem Elektrodenverschleiß. Hohe Ströme bei kurzen Impulsen steigern die Abtragrate merklich, allerdings muss ein wesentlich höherer Elektrodenverschleiß in Kauf genommen werden. Man kann also entweder verschleißoptimiert oder abtragmaximiert erodieren.

Eine hohe Abtragrate kann je nach Werkstoffart zu einer thermischen Schädigung der Werkstückoberfläche führen. Hält man die üblichen Arbeitsgänge Schruppen, Schlichten und Feinschlichten **(Bild 4)** mit jeweils reduzierten Abtragraten ein, so wird die thermisch beeinflusste Oberflächenschicht in der Regel abgetragen.

> Durch stufenweises Reduzieren der Entladeenergie gelingt eine Reduzierung der Bearbeitungsrauigkeit.

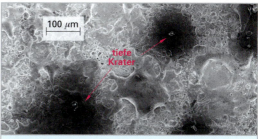

Bild 1: Werkstückoberfläche (REM-Aufnahme)

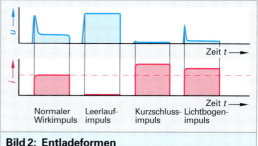

Bild 2: Entladeformen

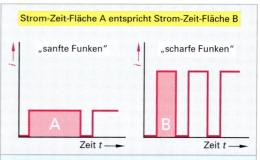

Bild 3: Sanfte und scharfe Funken

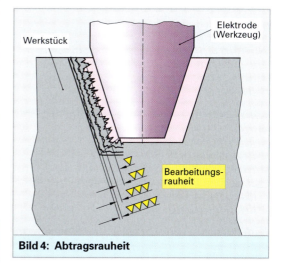

Bild 4: Abtragsrauheit

Dielektrikum

Das Dielektrikum dient als isolierendes Wirkmedium zwischen Elektrode und Werkstück. Es hat eine geringe elektrische Leitfähigkeit. Es sollte möglichst dünnflüssig sein, damit es leicht durch die engen Arbeitsspalte gepumpt werden kann.

Das früher verwendete Petroleum und dünnflüssige Spindelöl ist wegen der darin enthaltenen Aromaten aus gesundheitsgefährdenden Gründen nicht mehr zulässig. Petroleum ist außerdem wegen seines niedrigen Flammpunktes ungeeignet. Zum Einsatz kommen rein destillierte Kohlenwasserstoffe mit hohem Flammpunkt und extrem niedrigem Aromatenanteil. Trotzdem müssen bei unbeaufsichtigtem Erodierbetrieb automatische Feuerlöscheinrichtungen (meist CO_2) angebracht werden.

Beim Erodieren entstehen auch giftige Dämpfe, die abgesaugt und in einem nachgeschalteten Filtersystem unschädlich gemacht werden müssen. Wegen der Entzündungsgefahr und zwecks Rauchreduzierung schreibt die VDI-Richtlinie 3400 vor, dass die Erodierstelle um mindestens 40 mm mit dem Dielektrikum überdeckt wird.

Beim Erodieren von Feinststrukturen oder beim Bohren von kleinen und tiefen Löchern wird wegen der geringen Viskosität auch vollentsalztes Wasser verwendet. Dies setzt allerdings voraus, dass alle mit dem Wasser in Berührung kommenden Teile wie Arbeitsbecken, Spannvorrichtungen, Filter- und Deionisiereinrichtungen aus nichtrostendem Stahl bestehen.

> Die Abtragprodukte beim Erodieren sind Schadstoffe und müssen gemäß den gesetzlichen Bestimmungen entsorgt werden.

Spülung des Arbeitsspalts

Der Arbeitsspalt muss ständig von den Abtragprodukten freigespült werden, um Kurzschlüsse und sonstige Prozessentartungen zu vermeiden. Man unterscheidet folgende Spülarten:

- Überflutung in Verbindung mit einer Intervallbewegung der Elektrode,
- Druckspülung,
- Saugspülung,
- Bewegungsspülung durch Relativbewegungen zwischen Elektrode und Werkstück, z. B. *Planetärerodieren*. Die Relativbewegung erzeugt eine Art Pumpenwirkung.

Zum Herstellen von sehr tiefen Kavitäten verwendet man auch Elektroden mit inneren Spülkanälen **(Bild 1)**.

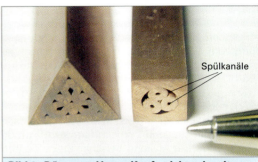

Bild 1: Dünne und lange Kupferelektrode mit inneren Spülkanälen

Bild 2: Beispiel für eine Kupfer-Gewindeelektrode

Bild 3: Beispiel für eine Grafitelektrode zur Gesenkherstellung

Elektrodenwerkstoffe

Gefordert sind hohe elektrische Leitfähigkeit und möglichst hoher Schmelzpunkt sowie leichte Bearbeitbarkeit. Die am meisten verwendeten Werkstoffe sind Kupfer **(Bild 2)**, feinkörniger Grafit **(Bild 3)**, aber auch Wolframkupfer, Stahl, Hartmetalle, und andere. Je nach Werkstoffart werden die Elektroden durch Spanen, Umformen, Drahterodieren, Metallspritzen, Galvanoformen, Gießen und Montieren aus Einzelteilen hergestellt.

> Das Herstellen der Elektrode als erhabene Positivform ist durch Zerspanen einfacher als das Herstellen eines Werkstücks mit tiefer Kavität (Höhlung).

Abbildungsmechanismus

Die Abtragrate ist abhängig vom Energieinhalt der Einzelimpulse. In Verbindung mit der Arbeitsspannung entsteht ein davon abhängiger Arbeitsspalt.

Um den unterschiedlichen Spalt beim Schruppen, Schlichten und Feinschlichten auszugleichen, sind maßlich unterschiedliche Elektroden erforderlich. **Bild 1** zeigt schematisch die Spaltverhältnisse beim Erodieren einer Bohrung oder eines prismatischen Durchbruchs. Nachteile dieses Arbeitsablaufs sind, dass der Verschleiß an Ecken und Kanten partiell höher ist wie bei großem Flächeneingriff, dass aufgrund des geringen Elektrodeneingriffs in Vorschubrichtung nicht genug Leistung zugeführt werden kann und dass das Fertigmaß von der richtigen Wahl der Elektrodenmaße und den Bearbeitungsparametern abhängt. Alle diese Nachteile lassen sich vermeiden, wenn die Elektrode gemäß **Bild 2** eine *Planetärbewegung* ausführt. Die Bearbeitungszeiten lassen sich dadurch drastisch reduzieren und aus dem rein abbildenden Verfahren ist ein maßerzeugendes Verfahren geworden.

Bild 3 zeigt eine Auswahl der Verfahrensmöglichkeiten mit 3 und 4 Achsen für die Relativbewegungen zwischen Elektrode und Werkstück. Die Erweiterung zu einem **maßerzeugenden Verfahren** macht jedoch den maschinentechnischen Einsatz von 3 oder mehr bahngesteuerten CNC-Achsen erforderlich.

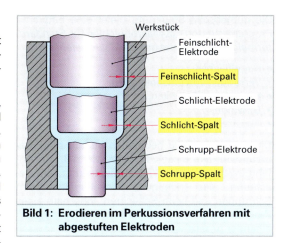

Bild 1: Erodieren im Perkussionsverfahren mit abgestuften Elektroden

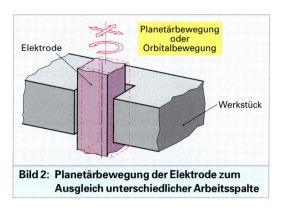

Bild 2: Planetärbewegung der Elektrode zum Ausgleich unterschiedlicher Arbeitsspalte

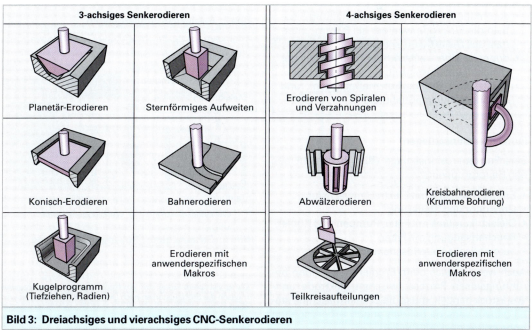

Bild 3: Dreiachsiges und vierachsiges CNC-Senkerodieren

2.5.4   Elektrochemisches Abtragen (ECM)

Beim elektrochemischen Abtragen (**E**lectro **C**hemical **M**achining) wird ein elektrisch leitender Werkstoff mit Hilfe einer äußeren Stromquelle abgetragen. Das Verfahren wird auch *Elysieren* genannt. Der Abtrag erfolgt *anodisch*. Der Strom ist ein Gleichstrom oder ein gepulster Gleichstrom. Als Wirkmedium dient meistens ein wässriger Elektrolyt. Hier werden oft Kochsalz (NaCl) oder Natriumnitrat-Lösungen ($NaNO_3$) eingesetzt, aber auch andere Salze oder auch Säuren, um abtragspezifische Eigenschaften von bestimmten Metallen zu berücksichtigen.

Bild 1 zeigt schematisch den chemisch-physikalischen Abtragvorgang am Beispiel von Eisen.

Die Reaktionsgleichung lautet:

$$Fe + 2\,H_2O \rightarrow Fe\,(OH)_2 + H_2 \uparrow$$

Eisen wird in Eisenhydroxid umgewandelt und es wird nur Strom und Wasser verbraucht. Der entstehende Wasserstoff entweicht.

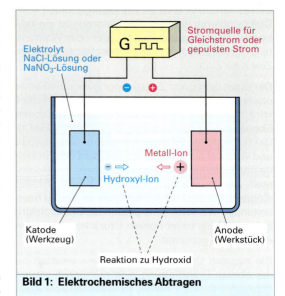

Bild 1: Elektrochemisches Abtragen

Verfahrenscharakteristiken sind:

- Die Ionen des dissoziierten Elektrolyten sind nicht an der chemischen Reaktion beteiligt, d. h., die einzige Aufgabe des Elektrolyten ist eine ausreichende Leitfähigkeit zwischen Katode (Werkzeug oder Elektrode genannt) und Anode (Werkstück) zu gewährleisten. Es wird also kein Salz verbraucht.

- Der Metallabtrag erfolgt nur anodisch (Faradaysches Gesetz) und die Katode verschleißt nicht.

- Der Abtrag am Werkstück ist unabhängig von der Werkstoffhärte. Die Abtragrate ist jedoch von der Werkstoffzusammensetzung abhängig.

- An der Katode entsteht Wasserstoff (H_2). Um Knallgasbildung zu vermeiden, muss das Gas abgesaugt werden. Auf Ex-Schutz achten!

- Je nach eingesetzter Elektrolytart kann an der Katode Lauge entstehen, die mit passender Säure wieder neutralisiert werden muss. Ein leicht alkalischer Elektrolyt unterstützt jedoch die Hydroxidausfällung.

- Die ausgefällte Hydroxidmenge (sogenannter Anodenschlamm) beträgt etwa das 4-fache des massiven Metallvolumens.

- Um Prozessstörungen zu vermeiden, muss der Elektrolyt ständig gefiltert werden (in der Regel Flachbett-Papierfilter, Filterpressen, Zentrifugen). Eine Restmenge von bis zu 20 % Hydroxidanteil im Elektrolytkreislauf ist prozesstechnisch noch zulässig.

- Je nach bearbeiteter Werkstoffart, z. B. CrNi-Stähle, entstehen teils giftige Bestandteile im Anodenschlamm, z. B. 6-wertige Chromate, die durch geeignete Maßnahmen entgiftet werden müssen. Vorschriften im Hinblick auf Personen- und Umweltschutz beachten!

- Der elektrische Widerstand in der elektrochemischen Zelle zwischen Katode und Anode führt je nach fließendem Strom zu Wärmebildung. Dadurch muss der Elektrolyt im Arbeitsspalt ständig ausgetauscht werden. Zunehmende Elektrolyttemperatur hat einen überproportionalen Anstieg der Leitfähigkeit und damit direkt proportional auf die Abbildungsgenauigkeit zur Folge. Daher ist der Elektrolyt ständig auf eine bestimmte Temperatur zu kühlen.

- Keine thermische Werkstoffbeeinflussung, weil in der Regel mit Elektrolyttemperaturen von 20 °C bis 30 °C gearbeitet wird.

- Die Konzentration des Elektrolyten beträgt je nach Elektrolytart und dem zu bearbeitenden Werkstoff 5 % bis 40 %. Beim Arbeiten mit geglättetem Gleichstrom liegt die Konzentration meist bei 10 % bis 15 %, bei Verwendung von gepulstem Gleichstrom in der Regel nicht unter 35 %.

- Die Oberflächengüte am Werkstück ist sehr hoch, diese liegt je nach Stromdichte und Werkstoffstruktur bei $R_a = 0,2$ µm bis 0,5 µm. Feinkörniger Stahl ergibt meistens eine glänzende Oberfläche.

- Abhängig von der Elektrolytart kann auch eine Passivierung der bearbeiteten Oberfläche entstehen.

Anwendungen des Verfahrens

Industriell eingesetzt werden meist nämlich das *elektrochemische Entgraten* mit stehender Katode und das *elektrochemische Senken* mit einer Relativbewegung zwischen Katode und Anode. Ein Hauptanwendungsgebiet beim Entgraten ist das Entfernen von Graten an Innenkonturen, z. B. Bohrungsverschneidungen und das Außenentgraten von komplexen Werkstückgeometrien.

Bild 1 zeigt schematisch das Entgraten einer Bohrungskreuzung in einem Rohr. Je nach Prozessdauer wird nicht nur der Grat entfernt, sondern es entsteht auch eine Verrundung an den Bohrungsübergängen.

Von entscheidender Bedeutung ist die kontrollierte Strömung des Elektrolyten, um die Bearbeitungsstelle stets mit frischem Elektrolyt zu versorgen und vor allem um den entstehenden Wasserstoff, der eine isolierende Wirkung hat, abzuführen.

Man unterscheidet diesbezüglich drei Anordnungen:

• innere Zuströmung **(Bild 2),**
• äußere Zuströmung **(Bild 3),**
• Querströmung **(Bild 4).**

Mit Hilfe einer Maske – entweder im Zulauf oder Ablauf des Elektrolyten – erfolgt in Verbindung mit einstellbaren Drosseln eine definierte Strömungsgeschwindigkeit, unabhängig vom Pumpendruck. Die Drosseln haben auch den Zweck, im Arbeitsspalt einen bestimmten Elektrolytdruck aufrecht zu erhalten, um je nach verwendeter Elektrolytart eine Oxidationsreaktion und damit eine Passivierungsbildung zu verhindern.

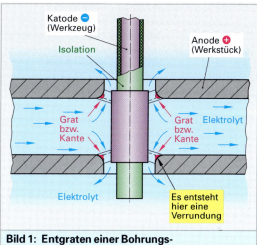

Bild 1: Entgraten einer Bohrungsverschneidung

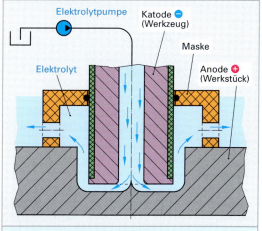

Bild 2: Innere Zuströmung des Elektrolyten

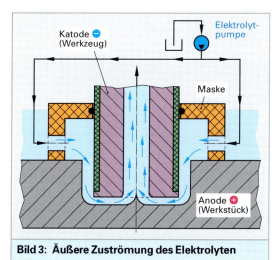

Bild 3: Äußere Zuströmung des Elektrolyten

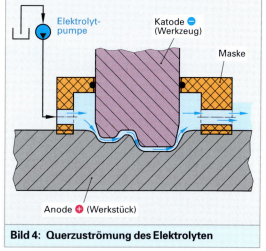

Bild 4: Querzuströmung des Elektrolyten

Bei komplexen Werkstückgeometrien ist auch darauf zu achten, dass über die zu bearbeitende Oberfläche ein eindeutiger und gleichmäßiger *Quell-Senken-Verlauf* der Elektrolytströmung erfolgt. An eventuellen *Staupunkten* findet nur geringer oder gar kein Abtrag statt **(Bild 1)**. Im Falle eines Senkvorgangs entsteht an dieser Stelle sogar ein Kurzschluss. Der gewünschte Quell-Senken-Verlauf der Elektrolytströmung lässt sich in der Regel mit Hilfe von Masken und Abflussbohrungen erzwingen.

Beim elektrochemischen Senken führt die Katode (Werkzeug) eine gleichförmige Bewegung ind Richtung zur Anode (Werkstück) aus **(Bild 2)**. Die maximal mögliche Senkgeschwindigkeit v_E hängt von drei Parametern ab: dies sind Spannung, Leitfähigkeit des Elektrolyten und Werkstoffart der Anode, ausreichende Elektrolytzuführung wird vorausgesetzt. Diese Parameter ergeben eine bestimmte Auflösungsgeschwindigkeit v_a am Werkstück.

In der Regel wird nun diese Auflösungsgeschwindigkeit experimentell ermittelt, um dieser mit der gleichen Geschwindigkeit mit der Katode nachzufahren **(Tabelle 1)**. Wird v_E größer gewählt wie v_a, kommt es zum Kurzschluss, d. h., es muss ein stabiler Gleichgewichts- oder Stirnspalt ermittelt werden. Der experimentelle Aufwand hierfür ist meistens sehr hoch.

Prozess- und anwendungstechnisch war dies ein jahrzehntelanger Nachteil des Verfahrens, d. h., der Prozess war nicht regelbar. Dieser Verfahrensmangel lässt sich jedoch mit Hilfe von gepulstem Gleichstrom und elektronischer Regelung vermeiden.

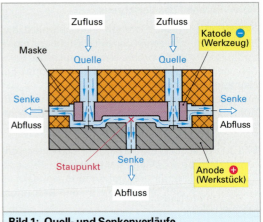

Bild 1: Quell- und Senkenverläufe

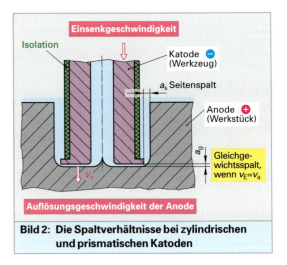

Bild 2: Die Spaltverhältnisse bei zylindrischen und prismatischen Katoden

Tabelle 1: ECM-Verfahrensparameter		
Stromversorgung	Elektrolytarten/Konzentration	Prozessparameter
Typ: Gleichstrom bzw. Gleichspannung Form: konstant oder gepulst (uni-/bipolar) Spannung: 5–50 V (teils bis 100 V) Strom: 5–40 000 A Stromdichte: 0,1–5 A/mm²	Häufig: NaCl 10–15 %-ig NaNO₃ 5–15 %-ig beide bei Pulsbetrieb 35–40 %-ig Selten: andere Salze und Säuren Temperatur: 20 °–30 °C Druchflussmenge: min 1 Liter/min pro 100 A Strömungsgeschwindigkeit im Arbeitsspalt: > 1 m/s (bei Pulsbetrieb auch weniger) Eingangsdruck: 1,5–30 bar Ausgangsdruck: 1–3 bar pH-Wert: 7–8,5 (in Ausnahmefällen auch stark sauer)	Max. Abtragrate: ca. 2 mm³/A min (materialabhängig) Katodenmaterial: Kupfer, Messing, Bronze, Edelstahl Min. Stirnspalt: 0,02–0,3 mm Vorschub: 0,1–20 mm/min (abhängig von Form, Material und Elektrolytaustausch im Arbeitsspalt) Toleranzen: 2-D-Form 0,05–0,2 mm 3-D-Form 0,1 mm Oberflächengüten: $R_z \leq 0,3$ mm $R_a \leq 0,02$–$0,05$ mm

Beim Einsenken einer seitlich nicht isolierten Katode (**Bild 1**) bzw. einer beliebigen Raumform (**Bild 2**) wird ständig ein Seitenabtrag stattfinden, dessen Größenordnung von der Senkgeschwindigkeit, der angelegten Spannung, der Leitfähigkeit des Elektrolyten und der Werkstoffart der Anode abhängt. Man spricht hier von der sogenannten „wilden Elektrolyse".

Zur Vermeidung dieser meist unerwünschten Formverzerrung kann man an zylindrischen Profilelektroden eine partielle Isolierung anbringen. Die Aufweitung der Abbildung ist dann von der nichtisolierten Profilplattendicke abhängig (**Bild 3**). Im Falle der in **Bild 2** dargestellten Katodenform ist die Katodenkontur analog der eingetretenen Formverzerrung zu korrigieren. Bei reinen Profilkatoden ist dies möglich. Im Falle von räumlichen Katodenformen ist dies äußerst schwierig, wenn nicht gar unmöglich.

Sofern die Raumform relativ flach ist, lässt sich die korrigierte Katodenform ausgehend von einer bereits vorliegenden Raumform der Anode durch Umpolen erzeugen, d. h., die Anodenform (Werkstück) wird als Katode benützt. So kann man die Katodenform elektrochemisch mit allen notwendigen Formverzerrungen herstellen.

Die Abtragprodukte beim elektrochemischen Bearbeiten von chromhaltigen und nickelhaltigen Stählen (Hydroxidschlämme) sind Sonderabfälle und qualifiziert zu entsorgen. Es sind dabei Schutzhandschuhe zu tragen. Die Hände sind danach sorgfältig zu reinigen.

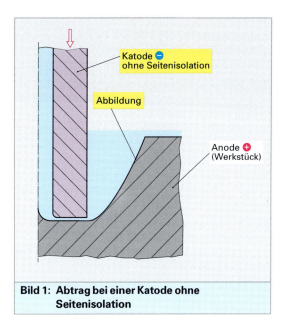

Bild 1: Abtrag bei einer Katode ohne Seitenisolation

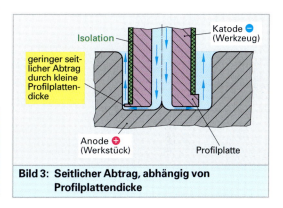

Bild 3: Seitlicher Abtrag, abhängig von Profilplattendicke

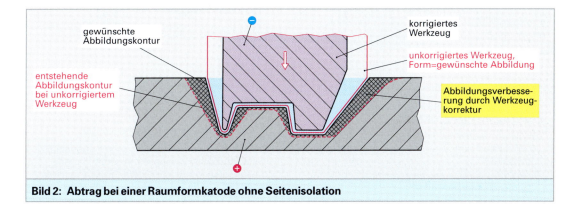

Bild 2: Abtrag bei einer Raumformkatode ohne Seitenisolation

Die Verfahrensnachteile des nicht geregelten Abtragprozesses im Hinblick auf Senkgeschwindigkeit und Abbildungsverzerrungen lassen sich mit Hilfe der Pulstechnologie weitgehend vermeiden.

Bild 1 zeigt schematisch die Anordnung bei gepulstem Gleichstrom. Jeder Puls wird im Spannungs- und Stromverlauf detektiert und im Falle von beginnenden Entartungen wird die Vorschubgeschwindigkeit der Katode zurückgeregelt.

Im Vergleich zum ungeregelten elektrochemischen Senken werden beim Pulsen sehr hohe Stromdichten gefahren, Technologiedaten hierzu siehe Bild 1.

Bild 2 zeigt als Bearbeitungsbeispiel eine eingesenkte Münzgravur mit der erkennbar hohen Abbildungsgenauigkeit in Verbindung mit einer hohen Oberflächengüte.

Mit ECM poliert man z. B. große Rohr- und Behältersegmente (Vertikalsichter) für die papiertechnische Industrie. **Bild 3** zeigt stark vergrößert die Oberfläche, aufgenommen mit Rasterelektronenmikroskop (REM). Gut zu erkennen ist die glatte und dichte Oberflächenschicht, so dass sich sogar die Korngrenzen abbilden

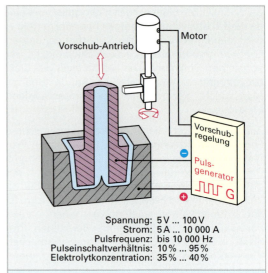

Spannung: 5 V ... 100 V
Strom: 5 A ... 10 000 A
Pulsfrequenz: bis 10 000 Hz
Pulseinschaltverhältnis: 10 % ... 95 %
Elektrolytkonzentration: 35 % ... 40 %

Bild 1: ECM mit gepulstem Gleichstrom

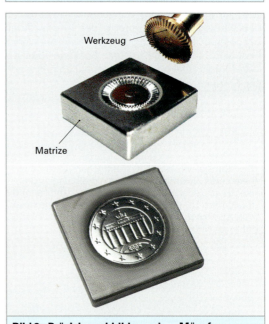

Bild 2: Präzisionsabbildung einer Münzform

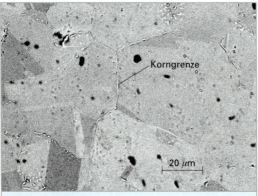

Bild 3: REM-Aufnahme

Wiederholung und Vertiefung

1. Nennen Sie die Verfahren des spanlosen Trennens.
2. Was versteht man unter Nibbeln?
3. Wodurch unterscheidet sich das Werkzeug für das Feinstanzen zum Werkzeug des konventionellen Stanzens?
4. Welche Vorteile hat das Cracken gegenüber anderen Verfahren und bei welchen Werkstücken kommt es z. B. zur Anwendung?
5. Weshalb benötigt man beim thermischen Trennen häufig Sauerstoff?
6. Erläutern Sie die Begriffe EDM und ECM.
7. EDM Werkzeuge werden vielfach sehr aufwändig durch NC-Fräsen hergestellt. Weshalb wird das Bauteil nicht gleich vollständig durch Fräsen produziert?

2.6 Zerspanungstechnik

2.6.1 Grundlagen des Zerspanens

In DIN 8589 Hauptgruppe 3 sind die Trennverfahren systematisiert, die eine Formänderung durch Überwinden der Werkstofffestigkeit eines Werkstückes erzeugen **(Bild 1)**.

Die spanabhebenden Verfahren werden unterteilt in:

- Spanen mit geometrisch *bestimmter* Schneide und

- Spanen mit geometrisch *unbestimmter* Schneide.

Bild 1: Einteilung der Zerspanungsverfahren nach DIN 8598 (Auszug)

Bei allen spanabhebenden Fertigungsverfahren werden mit ein- oder mehrschneidigen, keilförmigen Werkzeugschneiden Werkstoffteilchen vom Werkstückwerkstoff abgetrennt und somit eine gewünschte Bauteilform erzeugt. Die moderne Fertigungswelt ist durch zwei zentrale Zielvorgaben bestimmt: Hohe Werkstückqualität und hohe Wirtschaftlichkeit.

Qualitätskriterien wie Oberflächengüte und Maßgenauigkeit konnten in den vergangenen Jahren immer weiter gesteigert werden. Möglich wird dies durch gezielte Innovationen in den prozessbestimmenden Teilsystemen und den Prozessparametern **(Bild 2)**. Dreh- und Fräsbearbeitungszentren mit hohen Spindeldrehfrequenzen und hoher Dynamik in den Linearachsen (Beschleuni-gungen über $100 \, \text{m/s}^2$) sowie automatischen Werkzeugwechselsystemen und Werkstückhandhabungseinrichtungen reduzieren die Fertigungszeiten, die Span-zu-Span-Zeit und damit die Fertigungskosten eines Produkts. Bedienerfreundliche CAD-CAM-Systeme und graphische Programmierunterstützung an der Maschinensteuerung ermöglichen in Verbindung mit der Simultanbearbeitung mit mehreren Achsen die Herstellung nahezu jeder gewünschten Werkstückgeometrie. Schwingungsdämpfende Konstruktionsprinzipien mit hoher Maschinensteifigkeit erlauben bei entsprechender Spindelleistung hohe Vorschubgeschwindigkeiten der Werkzeuge.

Bild 2: Prozessparameter der Zerspanungstechnik

Vielfältige Neuentwicklungen in den Bereichen Werkzeug-, Schneidstoff- und Beschichtungstechnik zeigen, dass in den Kernbereichen der Zerspanungstechnik noch viel Entwicklungspotenzial steckt. Weiter verbesserte oder neuartige Schneidstoffe und Hartstoffschichten ermöglichen Zerspanungsanwendungen, die vor wenigen Jahren in dieser Form noch nicht möglich waren. Schwer zu zerspanende Werkstoff wie z. B. gehärteter Stahl werden heute mit polykristallinem kubischen Bornitrid unter Anwendung hoher Schnittwerte erfolgreich zerspant. Hierbei ersetzt die Zerspanung mit geometrisch bestimmter Schneide den klassischen Schleifprozess. Unter ökonomischen und ökologischen Gesichtspunkten werden große Anstrengungen unternommen, den Anteil der Kühlschmierstoffe in der Fertigung zu reduzieren.

Mit optimierten Schneidstoffsorten kann die Nassschmierung häufig durch eine prozesssichere und wirtschaftliche Trockenbearbeitung ersetzt werden. Dort, wo die Trockenbearbeitung Probleme bereitet, führt häufig die Minimalmengenschmierung (MMS) zum Erfolg (**Bild 1**). Bei dieser „Quasi-Trockenbearbeitung" wird eine geringe Menge (wenige ml pro Stunde) meist ökologisch abbaubares Öl, mit Hilfe eines Luftstromes zerstäubt und durch entsprechende Düsenapplikationen an die Bearbeitungsstelle gebracht.

Die spanende Fertigung ist heute durch einen zunehmenden Automatisierungsgrad geprägt. Die Forderung nach hoher Prozessstabilität erfordert den Einsatz von automatisierten Mess- und Regelkreisen. Ein Beispiel ist die Werkzeugbruch- bzw. Werkzeugverschleißüberwachung in Werkzeugmaschinen. Um die Maßhaltigkeit des Bearbeitungsvorganges sicherzustellen wird durch berührungslose Messsysteme der durch Verschleiß verursachte Schneidkantenversatz am Werkzeug im Maschinenraum laufend kontrolliert und entsprechend korrigiert (**Bild 2**). Die Verlagerung von Sensoren und Aktoren direkt an die Werkzeugschneide ermöglichen die Feinverstellung der Schneide z. B. mit Hilfe von Piezo-Technik während der Zerspanung.

Durch Messung der Leistungsaufnahme des Hauptspindelantriebes erkennt die Maschinensteuerung den Werkzeugbruch bzw. das Standzeitende des Werkzeuges und veranlasst bei Erreichen der voreingestellten Grenzwerte einen Werkzeugwechsel.

Für spezielle Aufgaben gibt es Werkzeugmaschinen, die daraufhin entwickelt sind, so z. B. für die Gewindeherstellung an Gehäusen mit mehreren simultanen Achsbewegungen (**Bild 3**).

Bild 1: Minimalmengenschmierung beim Fräsen

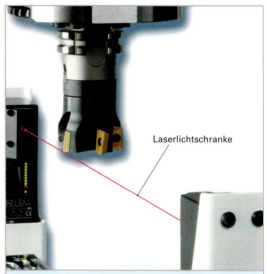

Bild 2: Berührungslose Werkzeugüberwachung

Bild 3: Zirkulargewindefräsen an einem Gehäuse

Historischer Rückblick

Die Geschichte der Werkzeug- und Bearbeitungstechnik geht zurück bis in die Altsteinzeit (ca. 800 000–10 000 v. Chr.). Funde aus dieser Zeit beweisen, dass die frühen Menschen als Jäger und Sammler einfache Werkzeuge aus Stein anfertigten (**Bild 1**).

Bis in die Jungsteinzeit hinein (20 000–3500 v. Chr.) wurden durch verbesserte Bearbeitungsverfahren, Werkzeuge wie Steinbeile, Feuersteinsicheln, Sägen und Fiedelbohrer sowie Waffen-Schmuck- und Kultgegenstände hergestellt (**Bild 2**).

Bild 1: Faustkeil, Grundform der Werkzeugschneide

Die entscheidende Verbesserung der Herstellverfahren war die Entwicklung von einfachen Maschinen. Die älteste bekannte Darstellung einer mit Muskelkraft angetriebenen Drehmaschine stammt aus einem ägyptischen Grabrelief aus dem 3. Jhdt. v. Chr. Bereits der steinzeitliche Mensch benutzte zum Herstellen von Bohrungen in Steinen und Knochen einen Bohrapparat mit Fiedelantrieb (**Bild 3**). Der eigentliche Werkstoffabtrag wurde von Sandkörnern erbracht, die ringförmig von einem hohlen Knochen über einen mit einem Stein beschwerten Hebel aufgepresst wurden. Durch die Verwendung eines hohlen Bohrwerkzeuges erhöhte sich die Anpresskraft pro mm^2 zerspanter Fläche und der im Zentrum verbleibende Bohrkern musste nicht abgetragen werden (Kernbohren).

Ein großer Schritt für die Weiterentwicklung der Bearbeitungstechniken war um 1800 v: Chr.–750 v. Chr. die Gewinnung und die Anwendung von Metallen. Die ersten technisch verwendeten Metalle waren Kupfer und Zinn.

Durch Zusammenschmelzen fand man heraus, dass die Mischung der beiden damals technisch kaum verwendbaren weichen Metalle eine harte Legierung, nämlich Bronze ergab. Mit der Verbesserung der Verhüttungstechnik zur Gewinnung von Reinmetallen aus Erzen konnte bei Temperaturen von über 1000 °C auch Eisenerz erschmolzen werden. Mit Beginn der Eisenzeit entstanden geschmiedete Eisenwerkzeuge.

Durch die Spezialisierung des Handwerks im Mittelalter wurden, nicht zuletzt wegen des steigenden Bedarfs an qualitativ hochwertigen Waffen und Geschützen, vielfältige Fertigungstechniken wie das Geschützbohren und dazugehörende Werkzeugmaschinen und Werkzeuge entwickelt.

Bild 2: Löwenfigur aus Mammutzahn geschnitzt, um 30 000 v. Chr.[1]

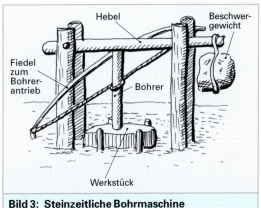

Bild 3: Steinzeitliche Bohrmaschine

---

[1] Diese Löwenfigur gehört zu den ältesten Kunstgegenständen der Menschheit. Sie wurde in der Lonetalhöhle bei Ulm gefunden.

2.6.1.1 Spanbildung

Der vordringende *Schneidkeil* verformt zunächst den Werkstückwerkstoff elastisch. Nach Überschreiten der Werkstoffelastizität (Streckgrenze) verursachen die zunehmenden Schubspannungen τ im Werkstoff eine plastische Verformung, die nach überschreiten der Werkstofffestigkeit (Scherfestigkeit) die Werkstofftrennung durch Scherkräfte auslösen. Durch die Schneidengeometrie fließt der abgetrennte Werkstoff in *Spanform* über die Spanfläche ab.

Bei ausreichender Verformungsfähigkeit des Werkstoffs fließen die abgescherten Späne **(Bild 1)** kontinuierlich ab (Fließspan, Lamellenspan). Bei der Zerspanung von spröden Werkstoffen führt bereits eine geringe Verformung in der Umformungszone bzw. Scherebene zum vorzeitigen Spanbruch (Scherspan, Reißspan).

Durch die Gefügeumbildung in der Scherebene und die darauffolgende Stauchung des Spans auf der Spanfläche **(Bild 2)** kommt es zu einer Gefügeverhärtung im abfließenden Span. Die ursprünglichen Zähigkeitswerte des Werkstückwerkstoffs gehen dabei weitestgehend verloren. Der Scherwinkel wird kleiner und die Schnittkräfte erhöhen sich durch diese Verfestigung der Gefügestruktur im Span. Die Spanumformung hängt maßgeblich von der Größe des Spanwinkels ab. Ein kleiner Spanwinkel hat einen kleineren Scherwinkel **(Bild 3)** zur Folge, damit erhöht sich die Verformungsarbeit in der Scherebene und die Scherkräfte. Außerdem wird das Abfließen des Spans auf der Spanfläche durch die große Umlenkung behindert (Spandickenstauchung).

An der Spanunterseite herrschen aufgrund großer Kräfte (Reibung, Spanpressung) und hoher Temperaturen extreme Verhältnisse. Diese Bedingungen erzeugen häufig eine dünne Fießzone im unteren Spanbereich. Der Werkstoff nimmt hier ähnliche Eigenschaften an wie sie in einer Metallschmelze vorkommen.

Einige Werkstoffe neigen dann zum Aufbau von Werkstoffschichten, die auf der Spanfläche verschweißen (Aufbauschneide bilden) **(Bild 4)**.

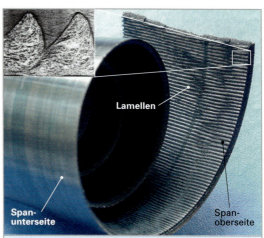

Bild 1: Spanlamellen auf der Spanoberseite Spanunterseite mit sichtbarer Fließzone

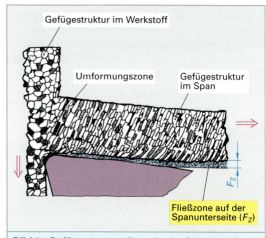

Bild 2: Gefügeumwandlung in der Scherzone

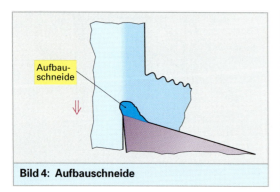

Bild 4: Aufbauschneide

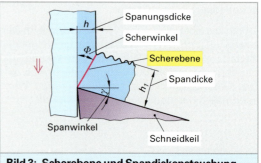

Bild 3: Scherebene und Spandickenstauchung

Spandickenstauchung

Durch die Zerspankraft wird der abgetrennte Werkstoff auf der Spanfläche gestaucht, so dass der ablaufende Span veränderte Abmessungen annimmt gegenüber eingestellten Spanungsgrößen. Eine wichtige Kenngröße stellt hierbei die Spandickenstauchung λ_h dar:

$$\boxed{\lambda_h = h_1/h}$$

$\lambda_h > 1$
λ_h ist das Verhältnis zwischen gestauchter Spandicke h_1 und undeformierter Spandicke h.

Die Spandickenstauchung λ_h wird im Wesentlichen von den mechanischen Eigenschaften des Werkstückwerkstoffs und den Reibverhältnissen zwischen ablaufendem Span und der Spanfläche der Werkzeugschneide bestimmt.

Spangeschwindigkeit

Die Berechnung der Spangeschwindigkeit v_{sp} ist mit Hilfe der Schnittgeschwindigkeit v_c und der Spandickenstauchung λ_h möglich:

$$\boxed{v_{sp} = v_c/\lambda_h}$$ V_{sp} in m/min

Scherwinkel Φ

In direktem Zusammenhang zur Spandickenstauchung λ_h steht der Scherwinkel Φ (**Bild 1**):

$$\boxed{\tan \Phi = \cos \gamma/(\lambda_h - \sin \gamma)}$$

Spanflächenreibwert

Die Reibbedingungen, die durch die Schneidstoffart bzw. Schneidstoffbeschichtung, die Oberflächengüte und Spanpressung, Temperatur und die Gleitgeschwindigkeit v_{sp} des Spans auf der Spanfläche definiert sind, werden durch den Spanflächenreibwert μ_{sp} zusammengefasst.

Bestimmung des Spanflächenreibwertes

Durch Messung (**Bild 2**) der Schnittkraftkomponenten F_N und F_R (**Bild 3**) kann man den Spanflächenreibwert berechnen.

$$\boxed{\tan \varphi = F_R/F_N = \mu_{sp}}$$

Die Komponenten F_N und F_R können aus F_C und F_F bestimmt werden. Für den Fall, dass der Spanwinkel $\gamma = 0°$ und der Einstellwinkel $\chi = 90°$ betragen, reduziert sich die Aufgabe auf die Messung der Schnittkraft F_c (tangentiale Schnittkraft) und der Vorschubkraft F_f (axiale Schnittkraft).

Für $\gamma = 0°$ und $\chi = 90°$ gilt: $\boxed{F_N = F_c \text{ und } F_R = F_f.}$

$$\boxed{\mu_{sp} = F_f/F_c}$$ $\boxed{\tan \Phi = e^{-\mu_{sp}} \cdot \pi/2}$

μ_{sp} kann auch Werte > 1 annehmen, da die Scherkräfte und Druckkräfte an der Freifläche die Verhältnisse auf der Spanfläche beeinflussen.

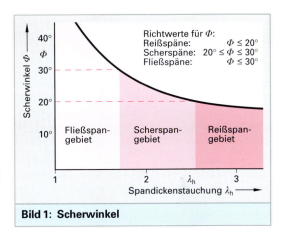

Bild 1: Scherwinkel

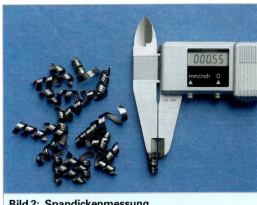

Bild 2: Spandickenmessung

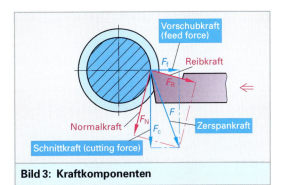

Bild 3: Kraftkomponenten

Spanformen

Spanende Bearbeitung kann nur dann witschaftlich und prozesssicher durchgeführt werden, wenn die entstehenden Späne ausreichend verformt werden und somit den Arbeitsablauf nicht stören **(Bild 1)**. Für moderne Werkzeugmaschinen mit weitgehend automatisierten Arbeitsabläufen ist eine kontrollierte Spanformung **(Bild 2)** Voraussetzung, da eine ständige Überwachung durch das Bedienungspersonal nicht gegeben ist. Produktionsstörungen wegen ungenügender Spanformung haben meist schwerwiegende wirtschaftliche und technologische Konsequenzen.

Man unterscheidet vier verschieden Spanarten: Reißspan, Scherspan, Lamellenspan und Fließspan **(Bild 2)**. Innerhalb dieser Spanarten werden entsprechend der geometrischen Form verschiedene Spanformen klassifiziert.

Die Spanformung wird überwiegend vom Werkstückwerkstoff und den Schnittwerten beeinflusst. Aber auch die Schneidkantenverrundung, Werkzeuggeometrie Verschleißzustand und Spanformer bzw. Spanleitstufen auf der Spanfläche der Wendeschneidplatte verändern die Gestalt der entstehenden Späne.

Zur Beurteilung des Zerspanungsvorgangs ist die Art, Form und Farbe der Späne in besonderem Maße geeignet, da die Entstehung gut beobachtbar ist und das Ergebnis direkt ausgewertet werden kann.

Die herstellerspezifischen Spanformgeometrien **(Bild 1, folgende Seite)** ergeben für bestimmte f-a_p-Kombinationen optimierte Spanformen. Die Her-

stellerempfehlungen sollten nicht wesentlich unter- bzw. überschritten werden, da der auf der Spanfläche auftretende Span in einem vom Vorschub vorbestimmten Bereich des Spanformers auftritt und dabei die gewünschte Geometrie annimmt.

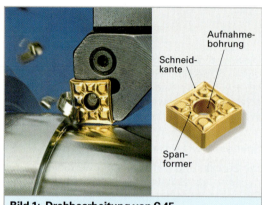

Bild 1: Drehbearbeitung von C 45

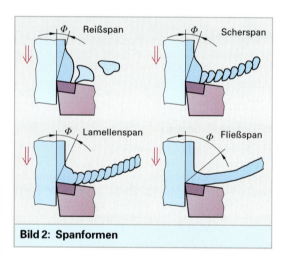

Bild 2: Spanformen

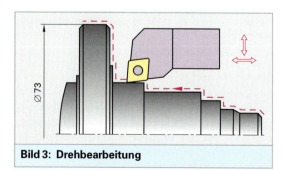

Bild 3: Drehbearbeitung

Aufgabe:

Ermittlung von Scherwinkel und Spandickenstauchung bei der Drehbearbeitung **(Bild 5)**.

Werkstoff: C45,
Schneidstoff: HC – P10
$v_c = 240\,\text{m/min}$,
$a_p = 3\,\text{mm}$, $f = 0,2\,\text{mm}$
Spanwinkel $\gamma = 6°$,
Einstellwinkel $\chi = 93\,\text{grad}$

Lösung:

$h = f \cdot \sin\chi = 0,2\,\text{mm} \cdot \sin 93° \approx 0,2\,\text{mm}$
gemessene Spandicke $h_1 = 0,55\,\text{mm}$
Spandickenstauchung $\lambda_h = h_1/h = 0,55\,\text{mm}/0,2\,\text{mm}$

$\underline{\lambda_h = 2,75}$

Scherwinkel $\tan\Phi = \cos\gamma/(\lambda_h - \sin\gamma)$
$\tan\Phi = \cos 6°/(2,75 - \sin 6°) = 0,376$
$\Phi = 20,6°$

Spanformdiagramm

Zur Auswertung der Zerspanungsversuche werden die Späne in einem Spanformdiagramm nach Vorschub f und Schnitttiefe a_p zugeordnet (**Bild 1**). Dabei werden unter Beibehaltung der anderen Zerspanungskenngrößen wie Schneidstoff, Werkzeuggeometrie, Schnittgeschwindigkeit, Werkstückwerkstoff u. a. die Spanformen klassifiziert und hinsichtlich ihrer technologischen Zweckmäßigkeit in Zerspanungsbereiche zusammengefasst (**Bild 2**).

Eine scheinbar günstige Spanform muss nicht gleichbedeutend sein mit technologischer Effizienz. So verursacht ein kurzbrüchiger Bröckelspan unverhältnismäßig hohe Vibrationen und hat i.d.R. eine verkürzte Werkzeugstandzeit zur Folge. Deshalb ist die Spanform kein ausschließliches Bewertungskriterium für den Zerspanungsvorgang insgesamt.

2.6.1.2 Zerspanungskräfte

Die Zerspanung von metallischen Werkstoffen ist nur mit erheblichen Kräften und Antriebsleistungen möglich. Eine hohe Zerspanungsleistung bei gleichzeitig hoher Prozesssicherheit erfordert von Werkzeugentwickler und Anwender umfangreiches Wissen über Entstehung, Art, Größe, Richtung und Wirkungen von Zerspanungskräften auf die Produktqualität und wirtschaftlichen Einsatz der Werkzeuge. Stabile Schneiden und Werkzeugsysteme, aber auch Werkstück- und Werkzeugaufnahmen bis hin zu statischen und dynamischen Eigenschaften der Werkzeugmaschinen, sind das Ergebnis grundlegender Schnittkraftuntersuchungen.

Schnittkräfte kann man berechnen. Sie sind aber auch mit Schnittkraftaufnehmern unterschiedlicher Bauart messbar. Die beim Zerspanungsprozess auftretenden Kräfte sind überwiegend Druck-, Scher- und Reibkräfte, die in verschiedenen Richtungen auf Werkzeug und Werkstück wirken. Nicht nur die Größe der Kräfte, sondern auch die Richtungsabhängigkeit ist von großer Bedeutung für den Zerspanungsprozess. Vibrationen durch Werkzeugauslenkungen, Standzeit und Verschleißerscheinungen sind ebenso das Ergebnis von Zerspanungskräften, wie die Spanbildung und letztendlich die Produktqualität.

Die größten Belastungskräfte treten entlang der Hauptschneidkante auf und schwächen sich dann entlang der Frei- und Spanfläche ab. Der Spanfläche kommt hierbei eine bedeutende Rolle bei der geometrischen Ausführung von Werkzeugschneiden und Schneidkantenstabilität zu.

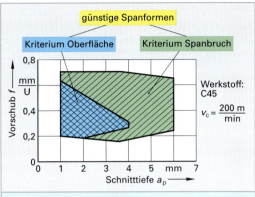

Bild 1: Spanformdiagramm

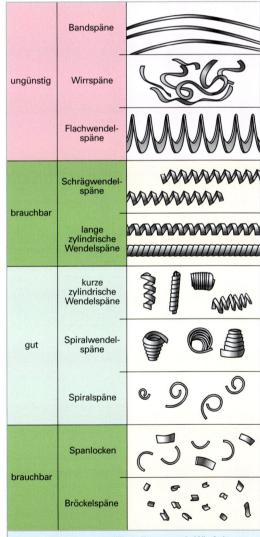

Bild 2: Spanformen (Einteilung nach König)

Zerspankraftkomponenten

Betrachtet man die Werkzeugschneide dreidimensional, so lässt sich die Zerspankraft in 3 Komponenten **(Bild 1)** zerlegen:

F_c = Schnittkraft (Tangentiale Schnittkraft),
F_p = Passivkraft (Radiale Schnittkraft),
F_f = Vorschubkraft (Axiale Schnittkraft).

Nicht unerheblich ist der Betrachtungsstandpunkt, werkzeug- oder werkstückbezogen, und die definierten Koordinatenrichtungen ($+-x, +-y, +-z$) für die Wirkrichtung der Zerspanungskraft und deren Komponenten.

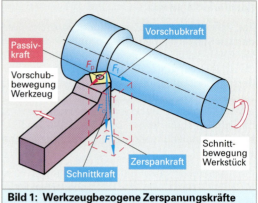

Bild 1: Werkzeugbezogene Zerspanungskräfte beim Drehen

Spezifische Schnittkraft

Jeder Werkstoff setzt dem Vordringen der Werkzeugschneide einen von den Festigkeitseigenschaften abhängigen Widerstand entgegen (Zerspanungswiderstand). Um vom zerspanten Spanungsquerschnitt unabhängig zu sein, wird diese erforderliche Schnittkraft auf $1\,mm^2$ des Spanungsquerschnitts bezogen.

Neben der Werkstoffabhängigkeit ist k_c außerdem von der Spanungsdicke h, dem Spanwinkel γ, der Schnittgeschwindigkeit v_c, der Schneidstoffart und der verfahrenbedingten Art der Spanabnahme abhängig. Die Spanungsbreite b bzw. a_p hat auf k_c kaum einen Einfluss (aber a_p ist proportional F_c!).

Hierbei bezieht man sich häufig auf den im Versuch ermittelten Hauptwert der spez. Schnittkraft $k_{c1.1}$, dem ein Spanungsquerschnitt **(Bild 2)** $A = b \cdot h = 1\,mm \cdot 1\,mm = 1\,mm^2$ zugrunde gelegt wird.

Entsprechend der Geradengleichung im logarithmischen Diagramm **(Bild 3)** ergibt sich:

$$\log k_c = \log k_{c1.1} + (1 - m_c) \cdot \log h$$

Der Anstiegswert der Geraden ist $1 - mc$. Der Tangens des Steigungswinkel α der Geraden ist werkstoffabhängig und wird deshalb als **Werkstoffkonstante mc** definiert.

$$\tan \alpha = \Delta_{kc}/\Delta h = m_c$$

Die **Schnittkraft** F_c lässt sich nach folgender Gleichung berechnen:

$$F_c = A \cdot k_c = b \cdot h \cdot k_c \qquad F_c \text{ in N}$$

$$F_c = a_p \cdot f \cdot k_c \qquad k_c = k_{c1.1}/h^{mc} \qquad k_c \text{ in N/mm}^2$$

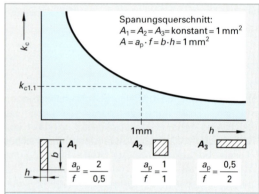

Bild 2: Die Form des Spanungsquerschnitts beeinflusst die spez. Schnittkraft

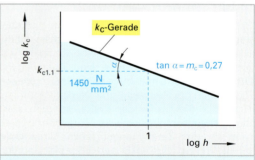

Bild 3: k_c-Gerade für C 45 (logarithmisch)

k_c ist die spezifische Schnittkraft in N/mm^2.

Die spezifische Schnittkraft gibt an, welche Kraft notwendig ist um $1\,mm^2$ Spanquerschnitt abzuscheren.

Es gilt (nach *Otto Kienzle*)[1]

$$F_c = k_{c1.1} \cdot b \cdot h^{(1-mc)}$$

Optimierte k_c-Werte verlangen weitere Korrekturen wie z. B. für Schnittgeschwindigkeit, Bearbeitungsverfahren, Spanwinkel, Schneidstoff und Abstumpfung der Schneidkante.

Je 0,1 mm Zunahme der Verschleißmarkenbreite an der Schneidkante steigt die Schnittkraft um ca. 10 % an, z. B. für VB = 0,3 mm.

$$F_c = k_{c1.1} \cdot b \cdot h^{(1-mc)} \cdot 1,3$$

Die Spanungsdicke h bzw. der Vorschub f beeinflussen die spez. Schnittkraft maßgebend.

Bei konstanten Spanungsquerschnitt A führt eine Vergrößerung von f und von h zu einer Verringerung von a_p bzw. b und damit zu einer Verringerung des k_c-Wertes und zu einer reduzierten Schnittkraft F_c und Schnittleistung P_c. Da die Schnitttiefe a_p bzw. die Spanungsbreite b einen geringen Einfluss auf k_c ausübt, ist es zum Erreichen einer hohen Zerspanungsleistung bei geringer Schnittkraft günstiger in mehreren Schnitten bei kleinerer a_p aber mit max. Vorschub f zu arbeiten.

Wenn überschlägige Betrachtungen genügen, kann man mit der Näherungsgleichung arbeiten:

$$k_c = (4 \dots 6) R_m$$

R_m = Mindestzugfestigkeit in N/mm²
Faktor 4 für h = 0,2 ... 0,8 mm
Faktor 6 für h bis 0,2 mm

2.6.1.3 Zerspanungsleistung

Die tangentiale Schnittkraft wird hauptsächlich durch die Zerspanbarkeitseigenschaften (Scherfestigkeit, Härte, Zähigkeit) und durch die Umformkräfte in der Scherebene zwischen undeformierter Spanungsdicke h und der Spandicke h_1 des abfließenden Spans, den Reibungskräften an Span- und Freifläche und den Kühlschmierbedingungen an der Schneide bestimmt.

Das auftretende Drehmoment beim Zerspanungsprozess ist von der Größe der Schnittkraft abhängig und damit die erforderliche **Zerspanungsleistung P_c** an der Werkzeugschneide.

Entsprechend den physikalischen Grundgesetzen zur Leistungsberechnung ergeben sich für die Zerspanung:

in Schnittrichtung die **Schnittleistung P_c**

$$P_c = F_c \cdot v_c \qquad P_c \text{ in Nm/s} = W$$

in Vorschubrichtung die **Vorschubleistung P_f**

$$P_f = F_f \cdot v_f$$

in Wirkrichtung die **Wirkleistung P_e**

$$P_e = F_c \cdot v_c + F_f \cdot v_f$$

Beim Drehen ist die Vorschubgeschwindigkeit im Vergleich zur Schnittgeschwindigkeit klein.

Entsprechend gering fällt der Anteil der Vorschubleistung an der Wirkleistung aus ($P_f < 3$ %). Deshalb kann man näherungsweise $P_c \approx P_e$ setzen.

Zur Bestimmung der erforderlichen Maschinenleistung P wird mit der Schnittleistung gerechnet.

$$P = P_c / \eta \qquad \begin{array}{l} \eta \quad \text{Maschinenwirkungsgrad} \\ 75 \% \le \eta \le 90 \% \end{array}$$

Aus der Beziehung Arbeit = Leistung · Zeit ergibt sich die Aufteilung nach **Bild 1**.

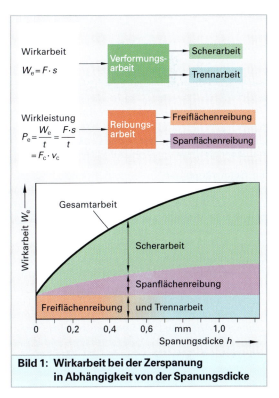

Bild 1: Wirkarbeit bei der Zerspanung in Abhängigkeit von der Spanungsdicke

[1] *Otto Kienzle* (1893–1969), Professor, TU-Berlin

Aufgabe:

Schnittkraft und Leistungsberechnung bei der Schruppbearbeitung (Bild 1)

Längsdrehen, Schruppbearbeitung mit zwei verschiedenen Spanungsquerschnittsformen

$D = \varnothing\,60\,mm$, $d = \varnothing\,50\,mm$
Werkstoff: C45, Schneidstoff: HC – P10
$v_c = 240\,m/min$, Spanwinkel $\gamma = 6°$,
                    Einstellwinkel $\chi = 90°$

Gesucht: Schnittkräfte und Leistungsaufnahme

$a_{p1} = 5\,mm$, $f_1 = 0,4\,mm$
$a_{p2} = 2,5\,mm$, $f_2 = 0,8\,mm$

Bild 1: Spanungsquerschnitte

Lösung:

Schnittkraftberechnung

Spanungsquerschnitt $A_1 = A_2$
$h_1 = f_1 \cdot \sin \chi$
$h_1 = 0,4\,mm \cdot \sin 90° = 0,4\,mm$
$h_2 = f_2 \cdot \sin \chi$
$h_2 = 0,8\,mm \cdot \sin 90° = 0,8\,mm$
$k_{c1} = k_{c1.1}/h_1^{mc} = 1450\,N/mm^2/0,4^{0,27} = 1857\,N/mm^2$

$k_{c2} = k_{c1.1}/h_2^{mc} = 1450\,N/mm^2/0,8^{0,27} = 1540\,N/mm^2$

$F_{c1} = A_1 \cdot k_{c1} = 2\,mm^2 \cdot 1857\,N/mm^2 = \underline{3714\,N}$

$F_{c2} = A_2 \cdot k_{c2} = 2\,mm^2 \cdot 1540\,N/mm^2 = \mathbf{\underline{3080\,N}}$

Schmale dicke Späne erfordern weniger Schnittkraft als breite dünne Späne!!!

Leistungsberechnung

$P_{c1} = F_{c1} \cdot v_c = 3714\,N \cdot 240\,m/60\,s = \underline{14,85\,kW}$

$P_{c2} = F_{c2} \cdot v_c = 3080\,N \cdot 240\,m/60\,s = \mathbf{\underline{12,32\,kW}}$

Maschinenwirkungsgrad: 80 %.

Aufgenommene Maschinenleistung:
$P_1 = P_c/\eta$

$P_1 = P_{c1}/\eta = 14,85\,kW/0,8 = 18,56\,kW$
$P_2 = P_{c2}/\eta = 12,32\,kW/0,8 = 15,40\,kW$

Leistungsdifferenz: $\mathbf{\Delta P \approx 3\,kW!!!}$

2.6.1.4 Werkzeugverschleiß

An jedem Schneidwerkzeug wird durch den Zerspanungsvorgang ein gewisser Verschleiß verursacht. Dieser Verschleiß kann akzeptiert werden, solange die Schneidkante das Werkstück innerhalb festgelegter Qualitätsmerkmale zerspant. Die produktive Verfügbarkeit der Schneidkante wird durch die Standzeit bzw. ein Standzeitkriterium begrenzt.

Bei Schlichtoperationen bedeutet meist schon ein kleiner Verschleiß der Schneidkante das Standzeitende, da sich gute Oberflächengüten mit einer Verschleißmarkenbreite VB > 0,2 mm und einer abgenutzten Schneidenspitze nicht mehr realisieren lassen. Bei Schrupparbeiten kann aufgrund geringerer Anforderungen an R_z und Maßgenauigkeit ein wesentlich größerer Verschleiß zugelassen werden. Die optimierte Auswahl von Schneidstoffen, Schneidengeometrie und Schnittwerten sind maßgebend für hohe Produktivität und Standzeit. Aber auch geringe statische und dynamische Steifigkeit von Werkzeughalter und Werkstückaufspannung bewirken häufig einen hohen Verschleiß der Schneidkante und damit nicht zufriedenstellende Bearbeitungswirtschaftlichkeit.

Wiederholung und Vertiefung

1. In welchen Hauptgruppen werden die spanabhebenden Verfahren unterteilt?

2. Zählen Sie die wichtigsten Entwicklungen auf dem Gebiet der zerspanungstechnik der letzten Jahre auf.

3. Wie erfolgt die Spanbildung? Beschreiben Sie den Vorgang in Einzelheiten.

4. Wie hängen Spanwinkel und Scherwinkel zusammen?

5. Skizzieren Sie die Spanentstehung und tragen Sie in diese Skizze die Spanungsdicke, den Scherwinkel, die Scherebene und die Spandicke ein.

6. Erklären Sie das Entstehen einer Aufbauschneide.

7. Nennen Sie die unterschiedlichen Spanformen.

8. Welchen Nachteil kann auch ein sonst günstig beurteilter kurzbrüchiger Bröckelspan trotzdem haben?

9. Wie ist die spez. Schnittkraft $k_{c1.1}$ definiert?

Werkzeugverschleiß ist ein unvermeidlicher Vorgang. Solange sich der Verschleiß bei gleichzeitig hoher Zerspanungsleistung über einen längeren Zeitraum hinweg aufbaut, ist dies nicht unbedingt als negativer Prozess anzusehen.

Verschleiß wird erst dann zum Problem, wenn er übermäßig und unkontrollierbar auftritt und damit die Produktivität und Prozesssicherheit nachhaltig stört. Werkzeugverschleiß entsteht durch mehrere, gleichzeitig wirkende Belastungsfaktoren, die die Schneidengeometrie so verändern, dass der Zerspanungsvorgang nicht mehr optimal verläuft und das Arbeitsergebnis verschlechtert wird.

Bild 1: Verschleißgefährdete Bereiche

> Verschleiß ist das Ergebnis des Zusammenwirkens von Werkzeugeigenschaften bzw. von Schneidstoffeigenschaften und von Werkstückwerkstoff und Bearbeitungsbedingungen.

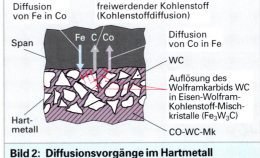

Bild 2: Diffusionsvorgänge im Hartmetall

---

[1] Abrasion: Materialabtrag durch Reibung
[2] Diffusion: Vermischung aneinandergrenzender Stoffe
[3] Oxidation: Chemische Reaktion auf Sauerstoff
[4] Adhäsion: Aneinanderhaften durch Molekularkräfte

Verschleißmechanismen:

Abrasion[1]
Die Abrasion ist die am häufigsten auftretende mechanische Verschleißform. Sie erzeugt durch abrasive Hartstoffpartikel im Werkstückwerkstoff eine ebene Fläche an der Freifläche der Schneide (Freiflächenverschleiß). Hohe Schneidstoffhärte bzw. Hartstoffbeschichtung verringern den Abrasivverschleiß.

Diffusion[2]
Die Diffusion entsteht durch chemische Affinität zwischen Schneidstoff- und Werkstoffbestandteilen. Der Diffusionsverschleiß ist von der Schneidstoffhärte unanhängig. Die Bildung des Kolks auf der Spanfläche ist überwiegend das Ergebnis der temperaturabhängigen Affinität von Kohlenstoff zu Metall bzw. Metallkarbiden.

Oxidation[3]
Die Oxidation ensteht bei hohen Temperaturen auf metallischen Oberflächen zusammen mit Luftsauerstoff. Besonders anfällig für Oxidation ist das Wolframkarbid und Kobalt in der Hartmetallmatrix, da die poröse Oxidschicht vom ablaufenden Span leicht abgetragen werden kann. Oxidkeramische Schneidstoffe sind weniger anfällig, da Aluminiumoxid sehr hart ist.

Die Oxidschicht bildet sich bevorzugt an den Stellen der Schneidkante, an denen hohe Temperaturen auftreten und der Luftsauerstoff freien Zugang hat (Kerbverschleiß).

Bruch
Der Bruch einer Schneidkante ist häufig auf thermische und mechanische Belastungen zurückzuführen. Harte, verschleißfeste Schneidstoffe reagieren auf schlagartige Beanspruchung oder starke Temperaturschwankungen z. B. nicht gleichmäßige Kühlschmiermittelzufuhr mit Riss- und Bruchbildung. Zähere Schneidstoffe verformen sich unter großen Belastungen plastisch, dies führt zu Erhöhung der Schnittkräfte und letztendlich zum Bruch.

Adhäsion[4]
Die Adhäsion tritt meist bei geringeren Schnittwerten zwischen Schneidstoff und Werkstückwerkstoff auf. Am deutlichsten wird Adhäsion durch die Aufbauschneidenbildung auf der Spanfläche sichtbar. Zwischen Span, Schneidkante und Spanfläche verschweißen Werkstoffpartikel durch Schittdruck und hohe Bearbeitungstemperatur schichtweise aufeinander. Die aufgeschweißten Schichten führen zu einer Veränderung der Schneidengeometrie und zu einer Verschlechterung der Zerspanungsbedingungen.

Verschleißformen

Man unterscheidet, abhängig vom Erscheinungs-
bild und den Ursachen, unterschiedliche Verschleißformen (**Bild 1 und Bild 2**).

Freiflächenverschleiß. Dieser Verschleiß an der
Freifläche der Schneidkante hat überwiegend *abrasive* Ursachen. Der Freiflächenverschleiß ist zur
Bewertung des Verschleißzustandes der Werkzeugschneide und damit für Standzeitbewertun-
gen gut geeignet, da er gleichmäßig zunimmt und
leicht meßbar ist ⇒ **Verschleißmarkenbreite VB**
(**Bild 3**). Der Freiflächenverschleiß wird von der ursprünglichen Schneidkante aus gemessen. Bei un-
gleichmäßigem Auftreten über die Schnittbreite ist
ggf. der Mittelwert zu bilden.

Spanflächenverschleiß. Wie der Freiflächenverschleiß entsteht der Spanflächenverschleiß durch
Abrasion. Mit zunehmender Schneidenbelastung
geht der Spanflächenverschleiß in den Kolkverschleiß über.

Kolkverschleiß. Der Kolkverschleiß (Bild 3) entsteht
auf der Spanfläche. Ursache sind Diffusionsvorgänge und Abrasionsvorgänge. Der intensive
Kontakt des ablaufenden Spanes und der Spanfläche erzeugt durch Reibung sehr hohe Temperaturen, die Diffusionsvorgänge zwischen Schneidstoff und zu zerspanendem Werkstoff auslösen.
Geringe Affinität der Werkstoffe, hohe Warmhärte
und Verschleißbeständigkeit verringern diese Verschleißform. Tritt sie dennoch auf, verändert sich
der Spanablauf bzw. die Spanbildung und die
Richtung der Zerspankraft.

Plastische Deformation. Eine plastische Deformation tritt meist bei zu hoher thermischer und mechanischer Schneidkantenbelastung auf. Ursache
sind hohe Festigkeitswerte des zu bearbeitenden
Werkstoffs und hohe Schnitt- und Vorschubwerte.
Wenn plastische Deformation auftritt, verschlechtern sich die Zerspanungsbedingungen rapide.

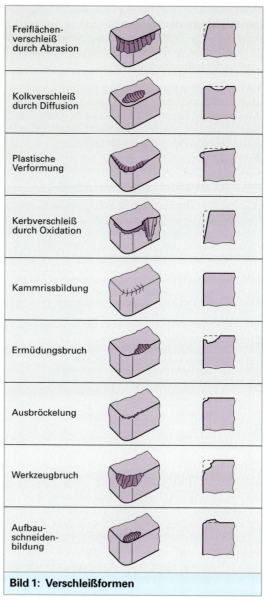

Freiflächen-
verschleiß
durch Abrasion

Kolkverschleiß
durch Diffusion

Plastische
Verformung

Kerbverschleiß
durch Oxidation

Kammrissbildung

Ermüdungsbruch

Ausbröckelung

Werkzeugbruch

Aufbau-
schneiden-
bildung

Bild 1: Verschleißformen

Verschleiß

Bild 2: Verschleiß an Freifläche und Spanfläche

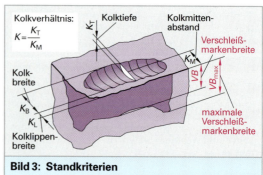

Kolkverhältnis:

$$K = \frac{K_T}{K_M}$$

Kolktiefe K_T

Kolkmitten-
abstand

Verschleiß-
markenbreite

K_M

Kolk-
breite

VB

VB_{max}

K_B

K_L

Kolklippen-
breite

maximale
Verschleiß-
markenbreite

Bild 3: Standkriterien

Schneidstoffe mit hoher Warmhärte, Schneidkantenverrundung und Fasen und eine stabile Schneidkantengeometrie verhindern diese Verschleißform.

Aufbauschneidenbildung. Es kommt zu einer Pressschweißung von Spanpartikeln auf der Spanfläche des Schneidkeils. Bei entsprechender Größe der Aufbauschneide brechen partiell Teile der Aufbauschneide aus und beschädigen die Oberfläche der Spanfläche. Dieser Effekt tritt i. A. in einem für den Schneidstoff niederen v_c-Bereich auf.

Mit zunehmenden Schnittwerten (v_c, f) lässt sich die Aufbauschneide häufig vermeiden. Nichtrostende Stähle, einige Aluminiumlegierungen neigen hartnäckig zu dieser Verschleißform. Hier erreicht man mit beschichteten Schneidstoffen, positiver Geometrie, Erhöhung der Schnittwerte und Kühlschmiermittel meist eine Verbesserung,

Rissbildung und Bruch. Diese sehr unangenehmen Erscheinungen sind die Folge hoher thermischer und mechanischer Belastungen der Schneidkante. Großer Verschleißfortschritt oder ungünstige Zerspanungsbedingungen sind häufig für diese Verschleißform verantwortlich.

2.6.1.5 Standzeit

Definition

Die Standzeit T eines Werkzeugs bzw. einer Werkzeugschneide wird heute meist unabhängig vom Fertigungsverfahren über ein gefordertes Qualitätskriterium am Werkstück definiert. Werkstückbezogene Merkmale wie Oberflächenqualität und Maßhaltigkeit bestimmen die Einsatzdauer der Werkzeugschneide. Die Konsequenz dieser Betrachtungsweise ist, dass dem Verschleißzustand der Schneidkante eine zweitrangige Bedeutung zukommt.

Die Standzeit lässt sich auch über maschinenbezogene Kennwerte, wie z. B. die Leistungsaufnahme während der Zerspanung festlegen. Da mit zunehmender Abstumpfung der Schneide die erforderliche Zerspanungsleistung ansteigt, lässt sich im laufenden Fertigungsprozess die Standzeit über einen max. Grenzwert der aufgenommenen Maschinenleistung P kontinuierlich überwachen und ggf. kann ein erforderlicher Werkzeugwechsel automatisch durchgeführt werden.

Es wird häufig mit dem Standweg L_f und der Standmenge N gearbeitet.

Standmenge N

Die Standmenge N ist die Anzahl der Werkstücke, die innerhalb der Standzeit bearbeitet werden können.

$$N = T/t_h$$

N Standmenge
T Standzeit
t_h Hauptnutzungszeit in min

Verschleißmarkenbreite

Zur Verschleiß- und Standzeitermittlung werden Zerspanungsversuche durchgeführt. Die maßgebliche Abhängigkeit der Standzeit von der Schnittgeschwindigkeit ist hier in besonderem Maße geeignet. Bei konstanten Zerspanungsbedingungen (Werkzeug, Schneidstoff, Maschine, Vorschub und Schnittiefe, wird v_c variiert und als Bewertungskriterium für den Verschleiß die Verschleißmarkenbreite VB an der Freifläche gemessen. Das Ergebnis der Versuchsreihe wird in einem v_c-T-Diagramm mit Parameter VB dargestellt **(Bild 1)**.

Die Ermittlung von VB ist einfach durchzuführen, da der Übergang von der Verschleißfläche zur Freifläche in etwa parallel zur Hauptschneide verläuft. Gemessen wird von der ursprünglichen Hauptschneide aus. Geringe Unregelmäßigkeiten werden ausgeglichen.

Standweg

Der Standweg L_f ist der gesamte Vorschubweg, den eine Schneide oder bei mehrschneidigen Werkzeugen alle Schneiden zusammen innerhalb der Standzeit T zurücklegen.

$$L_f = T \cdot v_f = T \cdot n \cdot f_z \cdot z$$

L_f = Standweg,
v_f = Vorschubgeschwindigkeit in mm/min,
n = Drehzahl in 1/min,
f_z = Vorschub/Zahn in mm,
z = Zähnezahl

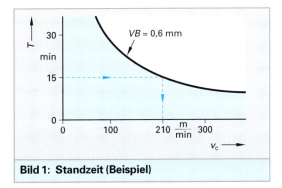

Bild 1: Standzeit (Beispiel)

Aufgabe:

Ermitteln Sie die Standmene N für ein Drehteil (Bild 1).

Werkstoff: C45, Schneidstoff: HC-P15
Schnittwerte: a_p = 2,5 mm, f = 0,3 mm, v_c = 210 m/min
Standzeit: T_1 = 15 min, VB = 0,6 mm

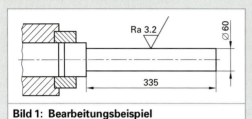

Bild 1: Bearbeitungsbeispiel

Lösung:

$n = v_c/D \cdot \pi = 210 \,\text{m/min}/0{,}06 \,\text{m} \cdot \pi = \underline{1115 \,\text{min}^{-1}}$

$v_f = n \cdot f = 1115 \,1/\text{min} \cdot 0{,}3 \,\text{mm} = \underline{334{,}5 \,\text{mm/min}}$

1. Möglichkeit mit Standweg L_f:

$L_f = T \cdot v_f = 15 \,\text{min} \cdot 334{,}5 \,\text{mm/min} = 5017{,}5 \,\text{mm}$

$N = L_f/l = 5017{,}5 \,\text{mm}/355 \,\text{mm} = \underline{14 \,\text{Werkstücke}}$

2. Möglichkeit mit Hauptnutzungszeit t_h:

$t_h = L \cdot i/n \cdot f = 355 \,\text{min} \cdot 1/334{,}5 \,\text{mm/min} = 1{,}06 \,\text{min}$

$N = T/t_h = 15 \,\text{min}/1{,}06 \,\text{min} = \underline{14 \,\text{Werkstücke}}$

Einflüsse auf die Standzeit

Die Standzeit unterliegt einer Vielzahl von Einflüssen, die sich meist nicht einzeln auswirken, sondern häufig miteinander in einem direkten oder indirektem Zusammenhang stehen. Die direkte Zuordnung der Einzelparameter zur gemessenen Standzeitveränderung ist nur möglich, wenn entsprechende Untersuchungen gezielt vorbereitet und statistisch ausgewertet werden.

Ordnet man die verschiedenen Einflüsse, so ergibt sich folgender Überblick:

Werkzeug

- Art des Schneidstoffs
- Schneidstoffbeschichtung
- Werkzeugwinkel
- Eckenradius, Schneidkantenverrundung, Fase
- Stabilität Werkzeug, Ausspannlänge
- Spanabfuhr

Maschine

- dynamisches Schwingungsverhalten
- Stabilität, Werzeug-, bzw. Werkstückaufnahme

Werkstück

- Zerspanbarkeitseigenschaften
- Legierungsbestandteile, Gefügeaufbau
- Stabilität, Form und Werkstückgeometrie

Schnittbedingungen

- Kühlschmierstoff, Art, Menge, Aufbringung
- Trockenbearbeitung
- Schnittgeschwindigkeit, Vorschub, Schnitttiefe
- Form des Spanungsquerschnitts
- Vorschubweg, unterbrochener Schnitt

Prozessbedingungen

- Bearbeitungsverfahren, Bearbeitungsstrategie
- Verschleißkriterium
- Oberflächengüte, Maßhaltigkeit

Die Schnitttiefe a_p und der Vorschub f beeinflussen die Standzeit direkt und im Versuch gut nachweisbar. Im logarithmischen Diagramm lassen sich die jeweiligen Standzeitgeraden darstellen **(Bild 2)**.

Die Schnittkraft steht in keinem direkten Zusammenhang zur Standzeit!

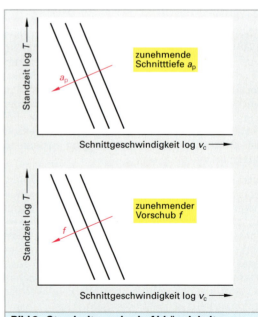

Bild 2: Standzeitgeraden in Abhängigkeit von Schnitttiefe und Vorschub

Die Zerspanungswärme

Die bei der Zerspanung notwendige mechanische Energie wird nahezu ganz in Wärmeenergie umgewandelt. Die sich einstellende Temperaturverteilung an der Schneide ergibt sich als Gleichgewichtszustand zwischen der bei der Zerspanung entstehenden und abgeführten Wärmemenge **(Bild 1)**. Sie beeinflusst das Verschleißverhalten der Schneidkante nachhaltig, wie ebenso der Verschleißzustand des Schneidkeils die Zerspanungstemperatur beeinflusst. Die Gesamtwärmemenge wird überwiegend von den Spänen abgeführt. Der Rest wird etwa zu gleichen Teilen vom Werkstück und Werkzeug aufgenommen.

Durch Scherung des Werkstoffs, Umformung des Gefüges und Reibarbeit an Frei- und Spanfläche wird die aufgewendete Energie in Wärme umgesetzt. Die entstehende Wärmemenge hängt von dem zu bearbeitenden Werkstoff und der Schnittgeschwindigkeit ab. Idealerweise nimmt der abfließende Span ca. 80 % der Zerspanungswärme mit. Die hohen Spantemperaturen sind durch Anlassfarben auf den Spänen erkennbar. Die höchsten Temperaturen entstehen aber nicht an der Schneidkante, sondern direkt dahinter auf der Spanfläche **(Bild 2)**.

An dieser Stelle ist es notwendig durch wärmebeständige Hartstoffschichten den Kolkverschleiß zu minimieren. Damit vom Schneidstoff selbst so wenig Wärmeenergie wie möglich aufgenommen wird, bringt man wärmeisolierende Schichten (z. B. Al_2O_3) mit geringer Wärmeleitfähigkeit zwischen Hartstoffschicht und Grundsubstrat. Der abfließende Span behält seine hohe Temperatur und führt den größten Teil der Wärme ab.

> Durch richtig ausgebildete Spanflächengeometrien wird die Kontaktlänge des Spans auf der Spanfläche auf wenige Berührungsstellen reduziert.

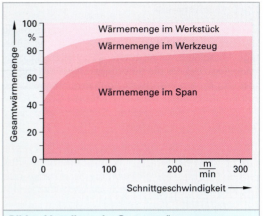

Bild 1: Verteilung der Gesamtwärmemenge

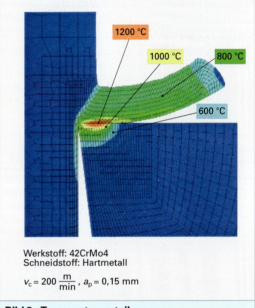

Werkstoff: 42CrMo4
Schneidstoff: Hartmetall

$v_c = 200 \frac{m}{min}$, $a_p = 0{,}15$ mm

Bild 2: Temperaturverteilung

Wiederholung und Vertiefung

1. Wodurch entsteht Verschleiß? Nennen Sie die wichtigsten Verschleißmechanismen.

2. Welches sind die Verschleißformen?

3. Durch welche Merkmale wird die Standzeit eines Werkzeugs definiert?

4. Erklären Sie die Verschleißmarkenbreite an Hand einer Skizze.

5. Welchen Bezug hat die Schnittkraft grundsätzlich auf die Standzeit?

6. Wie ist der Standweg definiert?

7. Nennen Sie die Einflüsse auf die Standzeit gegliedert nach Werkzeugeinflüsse, Maschineneinflüsse, Werkstückeinflüsse und Schnittbedingungen und Prozessbedingungen.

8. Skizzieren Sie die logarithmische Abhängigkeit der Standzeit von der Schnittgeschwindigkeit mit dem Parameter Schnitttiefe und mit dem Parameter Vorschub.

9. Wie erfolgt die Wärmeabfuhr der stets entstehenden Zerspanungswärme?

Die Standzeitgerade

Da der Verschleißzustand der Schneidkante direkt die Fertigungsqualität beeinflusst, wird eine zulässige Verschleißmarkenbreite VB_{zul} (z. B. 0,6 mm) festgelegt, bei der die geforderte Oberflächenqualität (R_a, R_z) am Werkstück noch erreicht wird. Damit liegen in einer Versuchsreihe die Standzeiten (T_1, T_2, T_3) für die einzelnen Schnittgeschwindigkeiten ($v_{c1} < v_{c2} < v_{c3}$) fest.

Überträgt man die Wertepaare (T_1-v_{c1}), (T_2-v_{c2}), (T_3-v_{c3}) in ein T-v_c-Diagramm mit logarithmischer Achsenteilung, so ergibt sich die *Standzeitgerade* für VB_{zul}. Wiederholt man diese Vorgehensweise für verschiedene V_{Bzul}, so erhält man ein T-v_c-Diagramm für einen großen Einsatzbereich.

Richtwerte für Verschleißmarkenbreite

In Herstellerinformationen werden Schnittgeschwindigkeiten meist für eine Standzeit von T = 15 min angegeben. Hierbei wird eine mittlere VB = 0,6 mm zugelassen. Sonst gilt:

- Feinbearbeitung $VB < 0,2$ mm,
- Schlichtbearbeitung VB = 0,2 ... 0,5 mm,
- Schruppbearbeitung VB = 0,5 ... 1,0 mm.

Der große Steigungswert des Schneidstoffs HSS bietet nur einen sehr kleinen Einstellbereich der Schnittgeschwindigkeit. D. h., bereits geringe Änderungen der v_c beeinflussen die Standzeit erheblich. Keramische Schneidstoffe bieten dem Anwender größeren Spielraum für Optimierungen.

Berechnung der Standzeit

Ausgehend von Tabellenwerten lässt sich die Standzeit für verschiedene Schnittgeschwindigkeiten auch rechnerisch bestimmen. Der Steigungswinkel α bzw. α' der Standzeitgeraden im T-v_c-Diagramm lässt sich mit Hilfe eines geometrischen Steigungsdreiecks berechnen.

$$\tan\alpha' = \frac{\log T_1 - \log T_3}{\log v_{c3} - \log v_{c1}} = -k \quad \text{(Steigungswert)}$$

$\alpha = 180° - \alpha' \Rightarrow \tan\alpha = \tan(180° - \alpha')$
für $\tan 180° = 0$ gilt:
$\tan(180° - \alpha') = -\tan\alpha' = k$

Nach *Taylor*[1] gilt:

	$T/T_1 = (v_{c1}/v_c)^{-k}$
Steigungswert $\tan\alpha' = -k$	$T = T_1 \cdot v_{c1}^{-k} \cdot v_c^{k}$

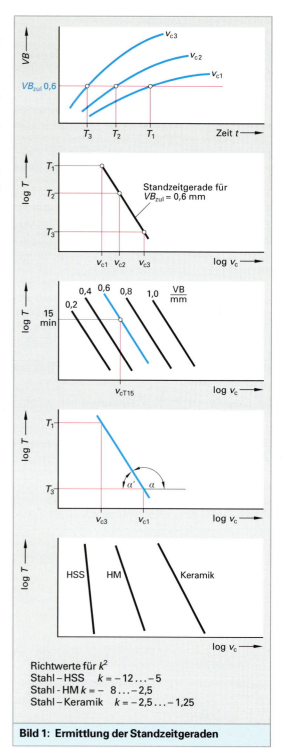

Richtwerte für k[2]
Stahl – HSS $k = -12 ... -5$
Stahl - HM $k = -8 ... -2,5$
Stahl – Keramik $k = -2,5 ... -1,25$

Bild 1: Ermittlung der Standzeitgeraden

---

[1] *Winslow Taylor*, amerikanischer Ingenieur (1856–1915)

[2] Der Steigungswert k der Standzeitgeraden ist abhängig vom Wirkpaar Werkstoff/Schneidstoff. Aufgrund seiner Lage im Diagramm ist k negativ.

Aufgabe zur Standzeitberechnung

Zur Ermittlung der Standzeit wird ein Zerspanungsversuch ausgewertet.

Zerspanungsversuch Längsdrehen:
Schnittiefe a_p = 4 mm, Fertigdurchmesser d = 61 mm
Schneidstoff: HC-P25, χ = 90°, Werkstoff: 16 Mn Cr 5
Schmittwerte: Schnittgeschwindigkeiten:
  v_{c1} = 180 m/min, v_{c2} = 240 m/min,
  v_{c3} = 300 m/mon,
  Vorschub: $f_1 = f_2 = f_3$ = 0,3 mm
Standzeitkriterium VB = 0,4 mm, Verschleißmarkenbreite

Versuchsergebnisse:
mit v_{c1} = 180 m/min, N_1 = 20 Werkstücke,
Hauptzeit t_{h1} = 4,30 min
mit v_{c2} = 240 m/min, N_2 = 10 Werkstücke
mit v_{c3} = 300 m/min, N_3 = 6 Werkstücke

Bild 1: Längsdrehen von 16MnCr5

Gesucht:

1. Standzeitgerade in log T-v_c-Diagramm
2. Steigungswert der Standzeitgeraden
3. Wieviele Werkstücke N_4 können mit v_{c4} = 350 m/min gefertigt werden?

Lösung:

1. Berechnung der Standzeiten T_1, T_2, T_3 für v_{c1}, v_{c2} und v_{c3}

für v_{c1} = 180 m/min: $T_1 = t_{h1} \cdot N_1$ = 4,30 min · 20 Werkst. = **86 min**
für v_{c2} = 240 m/min: $T_2 = t_{h2} \cdot N_2$ = 3,22 min · 10 Werkst. = **32,2 min**
  $T_{h1} \cdot v_{c1} = t_{h2} \cdot v_{c2} \Rightarrow t_{h2} = t_{h1} \cdot (v_{c1}/v_{c2})$ = 4,3 min · (180/240) m/min
  t_{h2} = 3,22 min
für v_{c3} = 300 m/min: $T_3 = t_{h3} \cdot N_3$ = 2,58 min · 6 Werkst. = **15,48 min**
  $T_{h1} \cdot v_{c1} = t_{h3} \cdot v_{c3} \Rightarrow t_{h3} = t_{h1} \cdot (v_{c1}/v_{c3})$ = 4,3 min · (180/300) m/min
  t_{h3} = 2,58 min

aus den 3 Wertpaaren (v_{c1}, T_1), (v_{c2}, T_2), (v_{c3}, T_3) kann die T-v_c Gerade gezeichnet werden.

2. Berechnung des Steigungswertes k

$$\tan \alpha' = \frac{\log T_1 - \log T_3}{\log v_{c3} - \log v_{c1}} = -k$$

$$\tan \alpha' = \frac{\log 86 - \log 15,48}{\log 300 - \log 180} = 3,35$$

α' = 73,41°

$k = \tan \varphi' = -3,35$

3. Berechnung N_4 für v_{c4} = 350 m/min

Nach Taylor gilt:

$$T_4 = T_1 \cdot v_{c1}^{-k} \cdot v_{c4}^{k}$$

$$T_4 = 86 \cdot 180^{3,35} \cdot 350^{-3,35} = 9,27 \text{ min}$$

  $N_4 = T_4/t_{h4}$ = 9,27 min/2,2 min = 4,2
  N_4 = **4 Werkstücke**

$t_{h1} \cdot v_{c1} = t_{h4} \cdot v_{c4} \Rightarrow t_{h4} = t_{h1} (v_{c1}/v_{c4})$
  = 4,3 min · (180/350) = 2,2 min

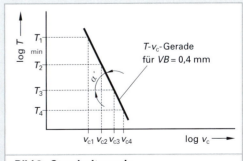

Bild 2: Standzeitgerade

2.6.2   Schneidstoffe

2.6.2.1 Übersicht

Die zunehmende Entwicklung metallischer und nichtmetallischer Werkstoffe mit unterschiedlichen Eigenschaftsprofilen, die hohe Produktivität moderner Werkzeugmaschinen und neue Bearbeitungsstrategien wie Trockenbearbeitung, Hochgeschwindigkeits- und Hartzerspanung führen zwangsläufig zur Entwicklung und Modifizierung von Schneidstoffen, die ein großes Rationalisierungspotenzial eröffnen.

Die wichtigsten Schneidstoffe sind: Schnellarbeitsstähle (S), Hartmetalle und Schneidkeramiken **(Bild 1 und Bild 2).**

Schnellarbeitsstähle (HS) werden wegen ihrer geringen Warmhärte überwiegend bei Bearbeitungsverfahren mit niedriger bis mittlerer Schnittgeschwindigkeit eingesetzt. Wegen der großen Zähigkeit und Biegefestigkeit kann dieser Schneidstoff mit großen Vorschüben bei schwierigen Bearbeitungsbedingungen zur Zerspanung von Stahlwerkstoffen mittlerer Härte und Nichteisenmetallen auch mit scharfgeschliffener Schneidkante eingesetzt werden.

Hartmetalle meist mit **Hartstoffbeschichtung,** sind in der Anwendungshäufigkeit in der Zerspanungstechnik zusammen mit den **HS-Werkzeugen** am meisten verbreitet (> 80 %). Hartmetalle erfüllen aufgrund ihrer Sortenvielfalt und Eigenschaften für viele Bearbeitungsaufgaben die Forderung nach hoher Produktivität, Prozesssicherheit und Standfestigkeit bei aktzeptablen Schneidstoffkosten. Mehrbereichssorten sind für ganze Werkstoffgruppen und Bearbeitungsverfahren gleichermaßen geeignet und machen Hartmetalle damit zu einem nahezu universell einsetzbaren Schneidstoff.

Hartmetalle auf der Basis von Titannitrid (TiN) und Titankarbid (TiC) werden als **Cermet** bezeichnet. Ihr Eigenschaftsprofil liegt zwischen dem von Hartmetallen und keramischen Schneidstoffen.

Schneidkeramiken und hochharte Schneidstoffe wie **Bornitrid** und **Diamant** erreichen bei vielen Zerspanungsprozessen sehr hohe Standzeiten und Produktivität. Sie erreichen auch höchste Qualitätsanforderungen am bearbeiteten Werkstück. Insgesamt betrachtet ist ihre Verwendung aber auf spezielle Bearbeitungsaufgaben und Werkstückwerkstoffe beschränkt, da diese Schneidstoffe aufgrund ihrer extremen Eigenschaften und Kosten nur in einem optimierten Anwendungsbereich vorteilhaft eingesetzt werden können.

Beanspruchung von Schneidstoffen

Beim Zerspanen von metallischen und nichtmetallischen Werkstoffen müssen Schneidstoffe verschiedenartigen Belastungen standhalten. Je nach Werkstoff und Fertigungsverfahren führt dies zu unterschiedlichen Anforderungs- und Eigenschaftsprofilen des Schneidstoffs.

Idealerweise sollte ein Schneidstoff folgende Eigenschaften besitzen:
- hohe Härte und Druckfestigkeit,
- hohe Zähigkeit und Biegefestigkeit,
- hohe Temperaturbeständigkeit,
- hohe Kantenstabilität,
- hohe Oxidationsbeständigkeit,
- hohe Temperaturwechselbeständigkeit,
- geringe Diffusionsneigung,
- geringe Wärmeleitfähigkeit.

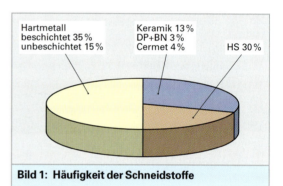

Hartmetall beschichtet 35 %
unbeschichtet 15 %

Keramik 13 %
DP+BN 3 %
Cermet 4 %

HS 30 %

Bild 1: Häufigkeit der Schneidstoffe

Schneidstoffe in der Zerspanung

Werkzeugstähle	Kaltarbeitstähle	
	Schnellarbeitstähle	(HS)
Hartmetalle	WC-Co	(HW)
	WC-(Ti, Ta, Nb) C-Co	
	TiC/TiN - Co, Ni (Cermet)	(HT)
Schneid-keramiken	Oxidkeramik	(CA)
	Mischkeramik	(CM)
	Siliziumkeramik	(CN)
Hochharte Schneidstoffe	Bornitrid	(BN)
	Polykristalliner Diamant	(DP)

**Bild 2: Schneidstoffe und
                 Schneidstoffbezeichnungen**

2.6.2.2 Schneidstoffeigenschaften

Kein Schneidstoff erfüllt alle diese Bedingungen auf optimale Weise. Dem harten und verschleißfesten Schneidenwerkstoff muss eine ausreichende Zähigkeit mitgegeben werden. Er wird sonst spröde und reagiert bei geringster Beanspruchung mit Schneidkantenausbrüchen oder Bruch. Die wichtigste Eigenschaft eines Schneidstoffs ist die Fähigkeit, Verschleiß zu widerstehen (**Verschleißwiderstand**), bei Belastung eine geringe elastische Verformung zuzulassen ohne zu brechen (**Zähigkeit**) und bei hohen Zerspanungstemperaturen die Härte und chemische Beständigkeit aufrecht zu erhalten (**Warmhärte**).

Verschleißwiderstand. Die Freifläche, Spanfläche und die Schneidkante der Werkzeugschneide unterliegen vielfältigen Belastungen, die den Schneidstoff mit unterschiedlichen Wirkprinzipien verschleißen. Die Fähigkeit eines Schneidstoffs, diesen Verschleißmechanismen über einen längeren Zeitraum (Standzeit) zu widerstehen bezeichnet man als Verschleißwiderstand.

Zähigkeit. Durch die beim Zerspanungsvorgang auftretenden Schnittkräfte wird der Schneidkeil bzw. die Schneidkante in geringem Maße elastisch, bei sehr großen Belastungen auch plastisch, verformt. Die Fähigkeit eines Schneidstoffs diese Verformung ohne Bruch aufzunehmen bezeichnet man als Zähigkeit oder Duktilität. Als Kenngröße für die Zähigkeit eines Schneidstoffs dient die Biegebruchfestigkeit. Hochharte Schneidstoffe wie z. B. Schneidkeramik oder Diamant besitzen im Vergleich zu HSS oder zähen Hartmetallsorten keine oder nur sehr geringe Duktilität. Sie sind spröd und haben geringe Biegebruchfestigkeit (**Bild 2**).

Warmhärte. Unter Einwirkung hoher Zerspanungstemperaturen auf den Schneidstoff verändern sich dessen mechanischen Eigenschaften. Die Fähigkeit eines Schneidstoffs über einen großen Temperaturbereich hinweg Härte und Verschleißfestigkeit nahezu konstant zu halten, wird als *Warmhärte* bezeichnet. Tritt bei einer bestimmten Temperatur an der Schneide plötzlich übermäßiger Verschleiß an Freifläche und Spanfläche auf, bzw. kommt es zu einer plastischen Verformung der Schneidkante, ist die maximale Einsatztemperatur des Schneidstoffs überschritten. HSS verliert bei ca. 600 °C einen Großteil seiner ursprünglichen Härte („Der Schneidstoff bricht ein"), während oxidkeramische Schneidstoffe bei Temperaturen bis über 1000 °C auf der Spanfläche ohne größere Härteverluste überstehen. Hartstoffschichten mit geringer Wärmeleitfähigkeit und hoher Warmhärte

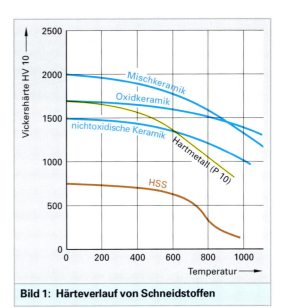

Bild 1: Härteverlauf von Schneidstoffen

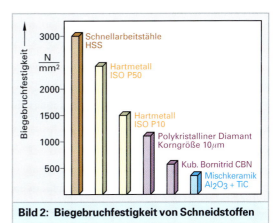

Bild 2: Biegebruchfestigkeit von Schneidstoffen

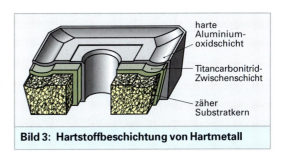

Bild 3: Hartstoffbeschichtung von Hartmetall

(z. B. Al_2O_3) erhöhen den Einsatzbereich von Schneidstoffen mit geringerer Warmhärte, indem sie als Hitzeschild das beschichtete Grundsubstrat vor hohen Zerspanungstemperaturen abschirmen (**Bild 3**).

2.6.2.3 Schnellarbeitsstähle

Schnellarbeitsstähle (HSS – High Speed Steel) sind hochlegierte Werkzeugstähle mit Legierungsanteilen bis zu 30 %. Das Grundgefüge besteht aus Martensit mit eingelagertem Molybdän-, Wolfram-, Chrom- und Vanadiumkarbiden. Schnellarbeitsstähle behalten ihre Härte von 60 bis 67 HRC bis zu Temperaturen von 600 °C.

Die Zusammensetzungen der in vier Legierungs- und Leistungsgruppen eingeteilten Schnellarbeitsstähle sind maßgebend für den Einsatzbereich. Schnellarbeitsstähle sind nach der DIN ISO 513 durch das Kurzzeichen „HS" und der prozentualen Angabe der Legierungsbestandteile gekennzeichnet.

Die Angabe der Legierungsbestandteile in der Werkstoffbezeichnung ist in der Reihenfolge W-Mo-V-Co festgelegt (Tabelle 1). Wolfram, Molybdän, Chrom und Vanadium bilden im HSS zusammen mit Kohlenstoff hochharte Karbide (Karbidbildner) und erhöhen dadurch die Verschleißfestigkeit. Durch Zugabe von Kobalt erhöht sich die Härtetemperatur des Gefüges und damit die Anzahl der härtebildenden Karbide.

Anwendung

Aufgrund ihrer geringen Warmhärte werden HSS-Werkzeuge bei niederen bis mittleren Schnittgeschwindigkeiten für Bearbeitungsverfahren, die eine scharfe Schneidkante erfordern, eingesetzt. Durch die große Zähigkeit und Biegebruchfestigkeit eignet sich HSS gut für auf Torsion (Verdrehung) beanspruchte Werkzeuge. Schnellarbeitsstähle der Gruppen I (18 % W) und III (6 % W + 5 % Mo) stellen den größten Anteil der HSS-Zerspanungswerkzeuge in der Fertigung wie Spiralbohrer, Gewindeschneidwerkzeuge und Schaftfräser. Die Zusammensetzungen dieser HSS-Sorten verbinden gute Zähigkeitseigenschaften und Warmhärte mit ausreichender Verschleißfestigkeit.

Tabelle 1: Legierungs- und Leistungsgruppen von HS-Schneidstoffen (Auswahl)		
Stahlgruppe		**HSS-Bezeichnung W-Mo-V-Co**
I	18 % W	HS 19 – 1 – 2 – 5 HS 18 – 1 – 2 – 10
II	12 % W	HS 12 – 1 – 2 – 3 HS 12 – 1 – 4 – 5
III	6 % W + 5 % Mo	HS 6 – 5 – 3 HS 6 – 5 – 2 – 5
IV	2 % W + 9 % Mo	HS 2 – 9 – 1 HS 2 – 9 – 2 – 5

Herstellung

Die Gebrauchseigenschaften der HS-Stähle werden neben der Zusammensetzung auch wesentlich vom Herstellverfahren beeinflusst.

Schmelzmetallurgische Herstellung. Durch den großen Anteil und die Verschiedenartigkeit der Legierungsbestandteile treten beim Erstarrungsvorgang, der über mehrere Temperatur- und Haltestufen abläuft, partiell Struktur- und Zusammensetzungsunterschiede (Karbidseigerungen) im Gefüge auf. Dies führt beim Werkzeugeinsatz häufig zu Standzeitstreuungen. Qualitativ hochwertige HS-Stähle verfügen über eine homogene Verteilung der Primärkarbide im Gefüge, die durch entsprechende Prozessführung beim Aufschmelzen bzw. der Erstarrung erreicht wird.

Pulvermetallurgische Herstellung. Pulvermetallurgisch hergestellte Schnellarbeitsstähle haben eine sehr gleichmäßige Karbidverteilung im Gefüge, bei sehr kleiner Korngröße. Der Anteil der Legierungsbestandteile kann bei diesem Verfahren höher sein als beim schmelzmetallurgisch hergestelltem HSS. Gute Zähigkeitseigenschaften bei hoher mechanischer Belastbarkeit, geringe Tendenz zum Härteverzug und eine hohe Schneidkantenschärfe bzw. Schneidkantenstabilität zeichnen diese, insbesondere für die Werkzeugherstellung geeigneten HSS-Stähle, besonders aus.

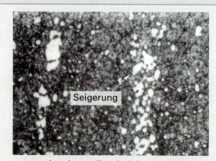

schmelzmetallurgisch hergestellt

pulvermetallurgisch hergestellt

Bild 1: Karbidseigerung bei HSS

2.6.2.4 Hartmetalle

Hartmetalle sind pulvermetallurgisch hergestellte Verbundwerkstoffe. Sie bestehen aus Metallkarbiden und einer weichen metallischen Bindephase (Kobalt, Nickel). Metallkarbide sind chemische Verbindungen aus Metallen wie Wolfram (Wo), Titan (Ti), Tantal (Ta) und Niob (Nb) mit Kohlenstoff.

Die Metallkarbide verleihen dem Schneidstoff hohe Verschleißfestigkeit und Härte, die Kobaltbindung bindet die Hartstoffteilchen in eine ausreichend zähe Gefügematrix. Die Partikelgröße der Metallkarbide liegt zwischen 1–10 μm und macht ca. 80–95 Volumen% des Schneidstoffs aus **(Bild 1)**. Durch gezielte Zusammensetzung von Metallkarbidanteilen und Bindmetall lassen sich unterschiedlichste Schneidstoffeigenschaften zwischen Härte und Zähigkeit einstellen. Hartmetalle zeichnen sich durch hohe Druckfestigkeit und Warmhärte aus, die wesentlich höhere Schnittgeschwindigkeiten zulassen als dies bei HSS möglich ist.

Hartmetallgefüge

Die ersten Hartmetalle bestanden überwiegend aus Wolframkarbid und Kobalt (WC-Co-Hartmetalle). Diese Hartmetalle waren nur für die Bearbeitung von Gusswerkstoffen geeignet. In diesem 2-Phasen-Hartmetall wird die harte Wolframkarbidphase als α-**Phase** und das Kobaltbindemetall als β-**Phase bezeichnet (Bild 2, links)**. Diese HM-Sorten zeigen in der Stahlzerspanung einen auffälligen Kolkverschleiß, da die Affinität der ablaufenden Stahlspäne zum Hartmetall ein Auflösen der α-Phase des Wolframkarbids verursacht.

Titankarbide und Tantalkarbide bringen den entscheidenden Fortschritt. Es wurden sogenannte 3-Phasen-Hartmetalle mit einer zusätzlichen γ-**Phase,** bestehtnd aus TiC, TaC und NbC-Karbiden entwickelt. Diese HM-Typen widerstehen auch bei hohen Spanflächentemperaturen dem zuvor beobachteten Diffusionsverschleiß **(Bild 3, rechts)**.

Da Hartmetalle durch Flüssigphasen-Sintern hergestellt werden, wird die niedrigschmelzende Bindemetallphase beim Sintervorgang flüssig. Es entstehen durch Legierungsbildung Mischkristalle zwischen Co und den Metallkarbiden, die eine ausreichende Bindungsfestigkeit garantieren.

Beschichtung der Hartmetalle

Die meisten Hartmetall-Wendeschneidplatten werden durch einen Beschichtungsprozess mit Hartstoffschichten wie Titankarbid (TiC, grau),

Titannitrid (TiN, goldgelb) **(Bild 3)**. Titankarbonitrid (TiCN, grauviolett), Aluminiumoxid (Al_2O_3) oder Titanaluminiumnitrid (TiAlN, schwarzviolett) mit Schichtdicken zwischen 2–15 μm veredelt.

Durch diese Hartstoffschichten wird der Frei- und Spanflächenverschleiß im Vergleich zum unbeschichteten Hartmetall deutlich reduziert. Durch hochtemperaturbeständige Schichten lassen sich die Schnittwerte noch einmal steigern. Ein wesentlicher Vorteil bei Hartstoffbeschichtungen liegt in der Möglichkeit, Eigenschaften des Hartmetallsubstrats (z. B. Zähigkeit) mit den verschleißfesten Eigenschaften der Hartstoffschicht entsprechend dem gewünschten Fertigungsverfahren zu kombinieren.

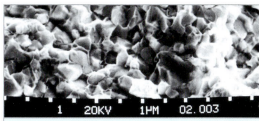

Bild 1: Hartmetallgefüge im REM[1]

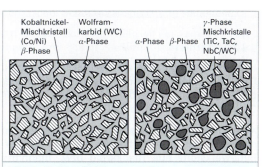

Kobaltnickel-Mischkristall (Co/Ni) β-Phase	Wolfram-karbid (WC) α-Phase	α-Phase β-Phase	γ-Phase Mischkristalle (TiC, TaC, NbC/WC)

Bild 2: Gefüge bei Hartmetallen

Bild 4: TiN-beschichteter HM-Schaftfräser

---
[1] REM Abk. für Raster-Elektronen-Mikroskop

Aluminiumoxid-Keramik

Oxidkeramik, CA. Die weiße Oxidkeramik auf reiner Al_2O_3-Basis zeichnet sich durch große Verschleißfestigkeit aber auch durch große Sprödigkeit aus. Die fehlende Zähigkeit dieser Schneidkeramik führt häufig zum Ausbrechen der Schneidkante und damit zu Störungen im Betriebsprozess. Um die Zähigkeit und Duktilität dieser Reinkeramiksorte zu verbessern, werden geringe Mengen Zirkoniumoxid (ZrO_2) in die Al_2O_3-Gefügematrix eingelagert. Die ZrO_2-Teilchen behindern die Rissausbreitung im Aluminiumoxidgefüge und erhöhen so die Bruchdehnung der Keramik. Reinoxidkeramik wird zur Drehbearbeitung mit sehr hohen Schnittgeschwindigkeiten und bei geringen bis mittleren Vorschüben eingesetzt. Werkstoffe sind hier vor allem Gusseisen, Grauguss, Einsatz- und Vergütungsstähle (Gruppe P, K).

Mischkeramik, C. Um den Anwenungsbereich der aluminiumbasierenden Keramikschneidstoffe zu vergrößern, werden dem Al_2O_3-Grundgefüge nichtoxidische metallische Hartstoffe (TiN, TiC) zugemischt (Dispersionsverstärkung). Diese schwarzen Mischkeramiken haben ein sehr feinkörniges Gefüge mit verbesserter Zähigkeit und hoher Kantenstabilität. Durch die metallischen Gefügebestandteile wird die Wärmeleitfähigkeit im Vergleich zur Reinkeramik erhöht, was die Widerstandsfähigkeit bei thermischer Belastung und die Duktilität des Schneidstoffs erhöht. Mischkeramiken eigenen sich bei geringen Schnitttiefen aufgrund der guten Kantenstabilität zur Dreh- und Fräsbearbeitung von Hartguss, Grauguss und gehärtetem Stahl (Gruppe P, M, K) (**Bild 1 und Bild 2**). Mit hohen Schnittgeschwindigkeiten und geringem Vorschüben werden beim Schlichtdrehen sehr gute Oberflächenqualitäten erzielt und ersetzten häufig eine nachträgliche Schleifbearbeitung.

Whiskerverstärkte Keramik. Um die Eigenschaftsmerkmale der Aluminiumoxid-Keramik für die Zerspanungstechnik weiter anzupassen, wurden whiskerverstärkte Keramiken entwickelt. Hierbei wird in die Al_2O_3 Matrix bis zu 30 % Siliziumkarbid (SiC) in Form von Kristallnadeln eingelagert. Diese SiC-Kristalle haben einen Durchmesser kleiner 1 µm bei einer Länge von 20 bis 30 µm. Die Siliziumkarbidkristalle (Whisker) verstärken durch ihre hohe Festigkeit und duktilisieren, als Bruchenergieabsorber durch das unterschiedliche Ausdehnungsverhalten der Gefügekomponenten, die Schneidstoffmatrix. Eigenschaften wie Zähigkeit, Thermoschockbeständigkeit, Warmhärte und Verschleißfestigkeit werden damit verbessert. Whiskerverstärkte Mischkeramiken haben gegenüber unverstärkten Sorten bis zu 2/3 höhere Bruchdehnungswerte.

Eingesetzt wird diese Keramik bei mittleren bis hohen Schnittgeschwindigkeiten, auch mit Schnittunterbrechungen und Kühlschmierstoffen, überwiegend bei der Drehbearbeitung von Sphäroguss, Grauguss, Hartguss, gehärteten und legierten Stählen (Gruppe M, K).

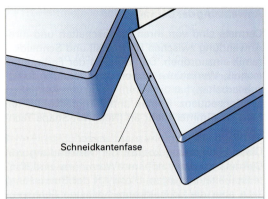

Bild 1: Schneidkantenfase an Mischkeramikplatten

Schneidkantenfase

Bild 2: Gussbearbeitung mit Si_3N_4-Keramik

Nichtoxidische Schneidkeramik

Siliziumnitrid-Keramik, C. Durch den Bedarf an hochharten Schneidstoffen für die Zerspanung wurden Keramiken auf der Basis von Siliziumnitrid (Si_3N_4) entwickelt. Hierbei konnten gegenüber den oxidischen Keramiken elementare Schneidstoffeigenschaften wie Zähigkeit, Bruchdehnung und Temperaturwechselbeständigkeit nochmals gesteigert werden. Zu den Schneidstoffen mit nitridischem Grundgefüge gehören die Siliziumnitrid-Schneidkeramiken und Bornitride. Oxidische Bindephasen und zusätzliche Hartstoffe wie TiN sind weitere Bestandteile, die die mechanischen und chemischen Eigenschaften dieser Schneidstoffe beeinflussen. Festigkeit und Bruchdehnung der Si_3N_4 Keramiken werden durch die nadelförmigen Siliziumnitrid-Kristalle bestimmt. Der Widerstand gegen Risswachstum im Gefüge ist durch die hochfeste Kristallstruktur sehr hoch. Ein möglicher Riss wird an den Kristallen abgelenkt und muss diese umwandern bzw. sich verzweigen. Dadurch wird er verlangsamt und kommt zum Stillstand.

Anwendung. Siliziumnitrid-Keramiken werden mit sehr guten Standzeitleistungen meist zum Drehen und Fräsen von Grauguss, Sphäroguss und Temperguss (Gruppe K) bei mittleren Schnittgeschwindigkeiten (300 bis 800 m/min) und Vorschüben (0,25 bis 0,4 mm) auch mit Kühlschmierstoff, eingesetzt **(Bild 1)**. Die guten Zähigkeitseigenschaften und hohe Schlagfestigkeit machen diese Keramiksorte für die Serienfertigung, z. B. zum Drehen von Gussbremsscheiben und auch bei erschwerten Zerspanungsbedingungen wie Fräsen von Gussstoffen, zu einem prozesssicheren Schneidstoff.

Die chemische Affinität zu Eisen und Sauerstoff des Si_3N_4-Gefüges bei Temperaturen um 1200 °C bei der Bearbeitung von Stahlwerkstoffen führen im Vergleich zu Oxid- und Mischkeramiken zu einer größeren Verschleißneigung des Schneidkeils. Es bilden sich frühschmelzende Eisen-Siliziumverbindungen, die zur Auskolkung der Spanfläche führen. Siliziumnitrid wird auch mit Hartstoffbeschichtungen wie TiN und Al_2O_3 oder auch mit Mehrlagenschichten zur Gussbearbeitung eingesetzt.

Kubisches Bornitrid, BN (CBN)

Kubisches Bornitrid (bernsteinfarben) ist eine chemische Verbindung von Bor (B) und Stickstoff (N). Das natürlich vorkommende hexagonale Bornitrid („weißer Graphit") hat eine weiche, plattenförmige Struktur und ist als Schneidstoff ungeeignet. Durch einen Hochdruck-Hochtemperaturprozess wird das natürliche, hexagonale Kristallgitter in ein kubisches Kristallgitter umgewandelt **(Bild 2)**. Die Umorientierung der Gitterstruktur erfolgt bei Drücken von 90 kbar und Temperaturen um 2000 °C. BN ist nach Diamant der zweithärteste Werkstoff.

Schneidstoffe auf der Basis von Bornitrid können weitere Hartstoffe wie z. B. TiC, TiN und metallische oder keramische Bindephasen in unterschiedlichen Anteilen enthalten. Metallische bzw. keramische Bindephasen übernehmen im BN-Gefüge keine echte Bindfunktion, wie z. B. Kobalt im Hartmetall, sondern werden zur Reaktionssteuerung bei der BN-Herstellung eingesetzt. Im fertigen BN sind nur geringe Mengen metallischer oder keramischer Phasen nachweisbar.

Die interkristalline Bindung der zusammengewachsenen BN-Kristalle ist so stark, dass im Falle einer Überbelastung und Rissbildung der Bruch nicht entlang der ursprünglichen Korngrenzen, sondern quer durch die BN-Partikel auftritt **(Bild 3)**. Die Schneidstoffeigenschaften des kubischen Bornitrits sind also in der Wendeschneidplatte voll

ausgeprägt und werden nicht durch metallische oder keramische Zusätze begrenzt.

Gegenüber Eisenwerkstoffen erweist sich die Bor-Stickstoff-Verbindung als chemisch sehr stabil. Diffusions- und Oxidationsvorgänge sind bei diesem Schneidstoff keine Verschleißursache. Da die Umwandlungstemperatur in seine natürliche hexagonale Gitterstruktur oberhalb 1475 °C liegt, ist die Temperaturbeständigkeit auch bei hohen Zerspanungstemperaturen, wie sie bei der Bearbeitung von harten Werkstoffen auftreten, gewährleistet.

BN wird bei sehr hohen Drücken und Temperaturen (60 kbar, 1700 °C) auf eine Hartmetallunterlagen aufgesintert. Aus diesen Platten werden Schneidensegmente mittels Drahterodieren herausgeschnitten und in eine Hartmetallschneidplatte eingelötet **(Bild 4)**.

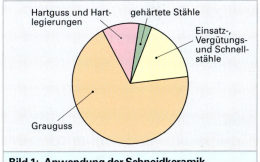

Bild 1: Anwendung der Schneidkeramik

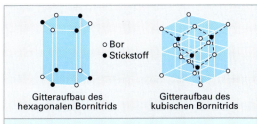

Bild 2: Gitterstrukturen von Bornitrid

Bild 3: BN-Bruchgefüge

Der BN-Schneidkeil zeigt ähnliche Verschleißformen wie Hartmetalle, d. h. Freiflächenverschleiß und Kolkverschleiß. Mechanisch bedingter Abrieb kann zur Verrundung der Schneidkante führen. Die Schnittkräfte sind je nach Schneidkantenausführung bis zu 30 % geringer als beim Einsatz von Oxidkeramik. Ein sehr kleiner Schneidkantenradius und die polierte Spanfläche bei nicht zu sehr negativer Schneidengeometrie reduzieren die notwendigen Schnittkräfte.

Die Zerspanungsparameter, insbesondere die Schnittgeschwindigkeit, sollten bei der Zerspanung harter Eisenwerkstoffe mit BN so gewählt werden, dass an der Zerspanungsstelle leichte Rotglut auftritt. Glühende Späne sind ebenfalls ein Hinweis auf richtig gewählte Arbeitsbedingungen.

Der Einsatz von Kühlmitteln ist bei Zerspanungsoperationen mit BN möglich, beschränkt sich aber bei Maßhaltigkeitsproblemen auf die Werkstückkühlung, da es aufgrund der hohen Temperaturen an der Wirkstelle zum sofortigen Verdampfen kommt. Überwiegend wird BN in der Trockenzerspanung oder mit Minimalmengenschmierung eingesetzt.

deplatten mit eingelötetem DP-Schneidenteil eingesetzt (siehe BN-Wendeschneidplatten).

Bei nichtmetallischen und stark abrasiven Werkstoffen kann dieser hochharte Schneidstoff seine Vorteile ausspielen. Stark abrasive Aluminium-Silizium-Legierungen können ebenso zerspant werden wie Verbundwerkstoffe, faserverstärkte CFK und GFK-Kunststoffe, Keramik, Glas, Hartmetalle, Magnesiumlegierungen, Graphit und Holzwerkstoffe.

Anwendung. Durch die Affinität bei hohen Temperaturen (T > 600 °C) zwischen Eisenwerkstoffen und dem Kohlenstoff des Diamants und der bei hohen Temperaturen (ab ca. 700 °C) einsetzenden Graphitisierung schließt sich die Verwendung diamantbeschichteter Werkzeuge zur wirtschaftlichen Stahlbearbeitung wegen des hohen Verschleißes aus (Schneidkantenverrundung, Kolk). Richtig eingesetzt, sind mit DP-Schneiden gratfreie Schnittkanten und sehr gute Oberflächengüten bei vergleichsweise großen Standmengen möglich.

Diamant

Polykristalliner Diamant, DP (PKD). Der härteste natürlich vorkommende Werkstoff ist der monokristalline Diamant. Beim synthetisch hergestellten polykristallinen Diamant werden kleine Diamantkörner in einem Hochtemperatur- (bis 1400 °C) Hochdruckprozess (bis 70 kbar) mittels einer kobalthaltigen Bindephase zu einem Kristallverbund gesintert.

Die Härte dieses DP reicht nahe an die des monokristallinen Diamanten. Beim Sinterprozess werden Hartmetallsubstrate meist direkt mit einer Schichtdicke von wenigen μm bis ca. 0,5 mm beschichtet (**Bild 1**). Um Spannungen zwischen der harten Diamantbeschichtung und dem zähen Grundsubstrat auszugleichen, wird häufig eine weiche Zwischenschicht mit aufgesintert.

Die Diamantkristalle werden beim Sintervorgang richtungsunabhängig gebunden und bieten somit Rissen keine Vorzugsrichtung wie beispielsweise bei monokristallinen Diamanten. Polykristalliner Diamant bildet eine isotrope Schicht aus, d. h., Schneidstoffeigenschaften wie Härte und Verschleißfestigkeit sind richtungsunabhängig.

DP-Werkzeuge werden in einem CVD-Verfahren entweder komplett beschichtet oder als HM-Wen-

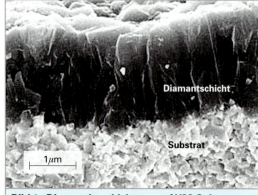

Bild 1: Diamantbeschichtung auf HM-Substrat

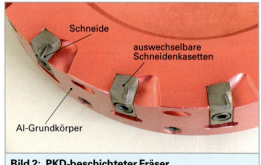

Bild 2: PKD-beschichteter Fräser

2.6.2.7 Auswahlkriterien

Um den für ein bestimmtes Fertigungsverfahren und Werkstückwerkstoff optimalen Schneidstoff auszuwählen, sollten einige Faktoren (**Bild 1**) berücksichtigt werden:

- Wirtschaftlichkeit,
- Werkstück,
- Fertigung,
- Werkzeugmaschine.

Die Härte des zu bearbeitenden Werkstoffs bestimmt die erforderliche Härte des in Frage kommenden Schneidstoffs (**Bild 2**). Bereits der frühe Mensch lernte, dass die keilförmige Werkzeugschneide härter sein musste als der zu bearbeitende Werkstoff. Dieses Grundprinzip gilt natürlich in unserer Zeit gleichermaßen. Hochharte Schneidstoffe sind sehr verschleißfest, aber aufgrund der fehlenden Zähigkeit (Duktilität) auch bruchempfindlich. Deshalb ist nicht unbedingt der härteste Schneidstoff auch der am universell einzusetzende.

Hochharte Schneidstoffe erfordern in der Anwendung gleichmäßige Zerspanungsbedingungen und benötigen für prozesssicheren und wirtschaftlichen Einsatz einen eingeschränkten und optimierten Bereich der Zerspanungsparameter. Eine enge Prozessführung, die gleichmäßige Zerspanungsbedingungen an der Schneidkante für die verschiedenen Zerspanungsverfahren gewährleistet, ist meistens nur eingeschränkt möglich.

Dies erfordert beim Schneidstoff in Bezug auf Verschleißfestigkeit und Zähigkeit Kompromisslösungen. Der ideale Schneidstoff ist hart und zäh (**Bild 3**). Diese ambivalenten Eigenschaften lassen sich nur annähernd verwirklichen.

Bild 1: Auswahlkriterien

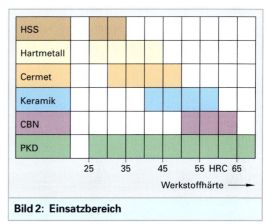

Bild 2: Einsatzbereich

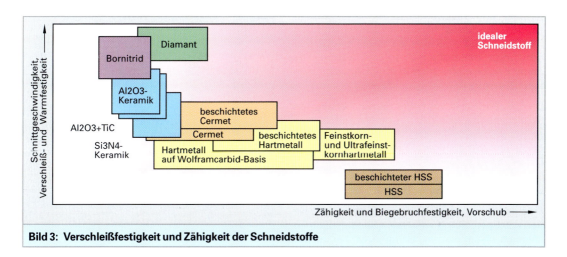

Bild 3: Verschleißfestigkeit und Zähigkeit der Schneidstoffe

Der Schneidstoff verliert mit zunehmender Härte seine Zähigkeit. Die Vielzahl der angebotenen Schneidstoffe eröffnet dem Anwender die Möglichkeit, für das jeweilige Bearbeitungsverfahren und den zu bearbeitenden Werkstoff die wirtschaftlichste und qualitativ beste Kombination zu finden. Mit Beschichtung von Schneidstoffen wird das Anwendungsspektrum zusätzlich erweitert.

Ein hochwertiges, ausreichend zähes Grundsubstrat wird mit einer oder mehreren verschleißbeständigen und temperaturbeständigen Hartstoffschichten beschichtet. Ausgleichsschichten zwischen den Hartstoffschichten und dem Grundsubstrat bauen thermische und mechanische Spannungen ab und verhindern so die Rissbildung und das partielle Abplatzen der Beschichtung.

Schneidstoffe und Werkzeuge, die bei hohen Schnittgeschwindigkeiten eingesetzt werden, erfordern wegen der zu erwartenden hohen Arbeitstemperaturen eine große *Warmhärte.*

Die höchsten Temperaturen treten im Bereich der ablaufenden Späne auf der Spanfläche auf **(Bild 1)**. Wird hier die für einen Schneidstoff maximale Arbeitstemperatur überschritten, beginnt die chemische und mechanische Zerstörung des Schneidkeils.

Keramische Schneidstoffe und Kubisches Bornitrid (CBN) sind noch bei extrem hohen Temperaturen standfest und deshalb auch für höchste Schnittgeschwindigkeiten geeignet. Die gleichzeitige Erhöhung der Vorschubwerte ist wegen der eingeschränkten Biegefestigkeit dieser Schneidstoffe und der starken Zunahme der Zerspanungskräfte nicht möglich.

Die Graphitisierung des Diamants bei etwa 600 °C bis 700 °C und die starke Affinität zum Kohlenstoff in Stahl- und Gusswerkstoffen schränkt den Einsatzbereich dieses härtesten Schneidstoff ein. Hartmetall und HSS werden durch temperaturbeständige Hartstoffschichten und wärmeisolierende Zwischenschichten in ihrem Anwendungsbereich erweitert.

Der in **Bild 2** dargestellte Einsatzbereich der Schneidstoffe ergibt sich aus deren jeweiligen Eigenschaftsprofil. Hartmetalle sind für alle wichtigen Gruppen metallischer Werkstoffe verwendbar. Die hochharten Schneidstoffe CBN und Keramik eignen sich in erster Linie zum Zerspanen der härtesten Stahl- und Gusswerkstoffe.

Eine Sonderstellung nimmt der Diamant ein. Neben der Bearbeitung von Nichteisenmetallen, vor allem von Aluminiumlegierungen, wird er mit gro-

ßem Erfolg bei der Kunststoff- und Holzbearbeitung eingesetzt. Bei thermisch enger Prozessführung kann er auch zur spanenden Bearbeitung von Stahl- und Gusswerkstoffen, wie z. B. beim Feinbohren (Reiben) angewendet werden.

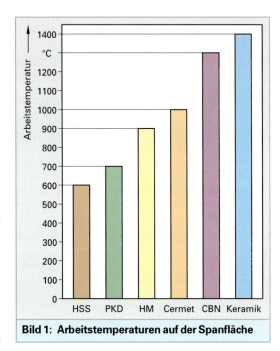

Bild 1: Arbeitstemperaturen auf der Spanfläche

Bild 2: Einsatzbereich der Schneidstoffe

2.6.2.8 Klassifizierung der Schneidstoffe

Die DIN ISO 513 klassifiziert alle harten Schneidstoffe mit geometrisch bestimmter Schneide, wie z. B. Hartmetall und Schneidkeramik mit einem Kennbuchstaben für die Schneidstoffart und einer Anwendungsgruppe (P, M, K) entsprechend der Eignung Werkstoffe zu zerspanen (**Bild 1**).

Die Zuordnung einer Schneidstoffsorte in eine bestimmte Anwendungsgruppe macht keine Aussage über Art, Zusammensetzung oder Leistungsfähigkeit, sondern besagt nur, dass der Schneidstoff in dieser Anwendungsgruppe ausreichende Zähigkeit, Verschleißfestigkeit und Temperaturbeständigkeit besitzt.

Die Klassifizierung eines Schneidstoffs in eine Anwendungsgruppe veranlasst der Schneidstoffhersteller. Da Schneidstoffe verschiedener Hersteller in der gleichen Anwendungsgruppe meist unterschiedliche Zerspanungseigenschaften zeigen, sind die Tabellen als Vergleichsmaßstab für Schneidstoffsorten nur bedingt geeignet.

Um innerhalb der Anwendungsgruppe weiter zu differenzieren, wird der Anwendungs-Buchstabe durch eine Zähigkeitskennzahl ergänzt.

Hartmetall z. B. mit der DIN-Bezeichnung HW-P10 ist für *langspanende* Stahlwerkstoffe bei kleinen bis mittleren Vorschüben und großer Schnittgeschwindigkeit bei schwingungsarmen Zerspanungsprozessen geeignet, da es bei hoher Härte und Verschleißfestigkeit nur geringe Zähigkeitseigenschaften besitzt.

Innerhalb dieser Anwendungsgruppe hat die Sorte HW-P50 deutlich höhere Zähigkeit bei geringerer Verschleißfestigkeit und kann deshalb für große Spanungsquerschnitte mit reduzierten Schnittgeschwindigkeiten bei überwiegend schwierigen Drehoperationen eingesetzt werden.

Je größer die Zähigkeitskennzahl innerhalb einer Anwendungsgruppe, desto zäher ist der Schneidstoff und kommt deshalb bei Zerspanungsoperationen mit größeren Vorschüben, aber kleineren Schnittgeschwindigkeiten zum Einsatz. Schneidstoffsorten mit kleiner Kennzahl (01 ... 20) werden aufgrund ihrer hohen Härte bei geringen Vorschüben und hohen Schnittgeschwindigkeitswerten eingesetzt.

Die DIN-Bezeichnung für harte Schneidstoffe setzt sich also zusammen aus dem Kennbuchstaben nach **Tabelle 1** für die Schneidstoffsorte, einem Trennstrich, aus dem Kurzzeichen für die Zerspanungs-Hauptgruppe (P, M, K) und einer Kennzahl für die Anwendungsgruppe (Zähigkeitskennzahl).

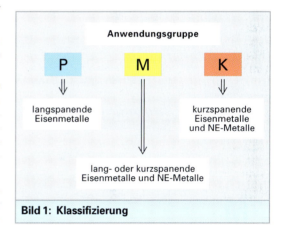

Bild 1: Klassifizierung

Tabelle 1: Klassifizierung der Schneidstoffe						
Kennbuchstabe	Hartmetallgruppe	Kennbuchstabe	Schneidkeramikgruppe	Kennbuchstabe	Diamantgruppe	
HW (freigestellt)	Unbeschichtetes Hartmetall, vorwiegend aus Wolframcarbid (WC)	CA	Oxidkeramik, vorwiegend aus Aluminiumoxid (Al_2O_3)	DP	Polykristalliner Diamant[1]	
HT[1]	Unbeschichtetes Hartmetall, vorwiegend aus Titancarbid (TiC) oder Titannitrid (TiN) oder aus beiden	CM	Mischkeramik, auf der Basis von Aluminiumoxid (Al_2O_3), jedoch auch mit anderen Bestandteilen als Oxide	[1] Polykristalliner Diamant und polykristallines Bornitrid werden auch „hochharte Schneidstoffe" genannt		
				Kennbuchstabe	Bornitridgruppe	
HC	Hartmetalle wie oben, jedoch beschichtet	CN	Nitridkeramik, vorwiegend aus Siliziumnitrid (Si_3N_4)	BN	Kubisch-kristallines Bornitrid (polykristallines Bornitrid)[1]	
[1] Diese Hartmetalle werden auch „Cermet" genannt.		CC	Schneidkeramik wie oben, jedoch beschichtet	[1] Kubisch-kristallines Bornitrid (polykristallines Bornitrid) und polykristalliner Diamant werden auch „hochharte Schneidstoffe" genannt.		
Bezeichnungsbeispiele: HW-P10 oder P10 (wahlweise); HC-K20; CA-K10						

Tabelle 1: Klassifizierung harter Schneidstoffe nach Anwendungsbereich (nach DIN ISO 513)

Kategorie des Werkstück-Werkstoffes	Kurz-zeichen	Werkstück-Werkstoff (Beispiele)	Anwendungen und Arbeitsbedingungen (Beispiele)	Richtung der Merkmal-Zunahme	
				am Schnitt	beim Schneidstoff
P Langspanende Eisenmetalle	P01	Stahl, Stahlguss	Feindrehen und Feinbohren; hohe Schnittgeschwindigkeiten, kleine Spanquerschnitte, hohe Maßgenauigkeit und Oberflächengüte, schwingungsfreies Arbeiten.	zunehmende Schnittgeschwindigkeit ↑ / zunehmender Vorschub ↓	Verschleißfestigkeit ↑ / Zähigkeit ↓
	P10	Stahl, Stahlguss	Drehen, Kopierdrehen, Gewindeherstellung und Fräsen, hohe Schnittgeschwindigkeiten, kleine bis mittlere Spanquerschnitte.		
	P20	Stahl, Stahlguss Langspanender Temperguss	Drehen, Fräsen, mittlere Schnittgeschwindigkeiten und Spanquerschnitte.		
	P30	Stahl, Stahlguss Langspanender Temperguss	Drehen, Fräsen, mittlere bis niedrige Schnittgeschwindigkeiten, mittlere bis große Spanquerschnitte, Zerspanen unter ungünstigen Arbeitsbedingungen.		
	P40	Stahl Stahlguss mit Sandeinschlüssen und Lunkern	Drehen, niedrige Schnittgeschwindigkeiten, große Spanquerschnitte mit möglichen großen Spanwinkeln, Zerspanen unter ungünstigen Arbeitsbedingungen*) und Automatenarbeiten		
	P50	Stahl Stahlguss mittlerer oder niedriger Festigkeit, mit Sandeinschlüssen und Lunkern	Für Bearbeitung mit zähem Schneidstoff: Drehen, Nutenfräsen, kleine Schnittgeschwindigkeiten, große Spanquerschnitte, große Spanwinkel möglich.		
M Lang- oder kurzspanende Eisenmetalle sowie Nichteisenmetalle	M10	Stahl, Stahlguss, Manganhartstahl Gusseisen, legiertes Gusseisen	Drehen, mittlere bis hohe Schnittgeschwindigkeiten. Kleine bis mittlere Spanquerschnitte.	zunehmende Schnittgeschwindigkeit ↑ / zunehmender Vorschub ↓	Verschleißfestigkeit ↑ / Zähigkeit ↓
	M20	Stahl, Stahlguss, austenitische Stähle, Manganhartstahl, Gusseisen	Drehen, Fräsen. Mittlere Schnittgeschwindigkeiten und Spanquerschnitte.		
	M30	Stahl, Stahlguss, austenitische Stähle, Gusseisen, hochwarmfeste Legierungen	Drehen, Fräsen. Mittlere Schnittgeschwindigkeiten, mittlere bis große Spanquerschnitte.		
	M40	Automatenweichstahl, Nichteisenmetalle und Leichtmetalle	Drehen, Abstechen		
K Kurzspanende Eisenmetalle sowie Nichteisenmetalle und nichtmetallische Werkstoffe	K01	Gusseisen hoher Härte, Kokillen-Hartguss, Aluminiumlegierungen mit hohem Siliziumgehalt, gehärteter Stahl, Hartpapier, keramische Werkstoffe	Drehen, Schlichtaußendrehen, Fräsen, Schaben.	zunehmende Schnittgeschwindigkeit ↑ / zunehmender Vorschub ↓	Verschleißfestigkeit ↑ / Zähigkeit ↓
	K10	Gusseisen mit HB 220, kurzspanender Temperguss, gehärteter Stahl, siliziumhaltige Aluminiumlegierungen, Kupferlegierungen, Kunststoff, Glas, Hartgummi, Hartpapier, Porzellan, Gestein	Drehen, Fräsen, Bohren, Räumen, Schaben.		
	K20	Gusseisen mit HB 220, Nichteisenmetalle: Kupfer, Kupfer-Zink-Legierung, Aluminium	Drehen, Fräsen, Räumen, wenn eine sehr hohe Zähigkeit des Hartmetalls erforderlich ist.		
	K30	Gusseisen niedrigerer Härte, Stahl niedrigerer Festigkeit, Schichthölzer	Drehen, Fräsen, bei ungünstigen Arbeitsbedingungen große Spanwinkel möglich.		
	K40	Weichhölzer oder- Harthölzer Nichteisenmetalle	Drehen, Fräsen, bei ungünstigen Arbeitsbedingungen große Spanwinkel möglich.		

Schneidstofftabelle

Die Schneidstofftabelle dient sowohl Herstellern als auch Anwendern zur übersichtlichen Zuordnung der Einsatzeignung eines Schneidstoffes.

• Anwendungsbereich

Die Zähigkeit und der Verschleißwiderstand eines Schneidstoffs wird durch die aus der DIN ISO 513 bekannten Anwendungs- bzw. Zähigkeitskennzahl beschrieben. Damit wird innerhalb der Zerspanungs-Hauptgruppen (P, M, K) unter Berücksichtigung der Arbeitsbedingungen der Anwendungsbereich der Schneidstoffsorte festgelegt. Die Balkenleiste (|||■|||) in der Schneidstofftabelle 1, folgende Seite, kennzeichnet den möglichen Anwendungsbereich.

• Werkstoffgruppen

Die Werkstück-Werstoffe werden entsprechend ihrer Zerspanbarkeitseigenschaften in sechs Werkstoffgruppen eingeteilt (Tabelle 1) und durch einen Kennbuchstaben bzw. einer Kennfarbe bezeichnet. Die verwendeten Kennbuchstaben und Kennfarben beziehen sich nur auf die in VDI-3323 festgelegten Werkstoffgruppen und stimmen **nicht** mit den Zerspanungs-Hauptgruppen (P, M, K) und den entsprechenden Kennfarben (Blau, Gelb, Rot) in der DIN ISO 513 überein!

• Berarbeitungsverfahren

Zuordnung einer Schneidstoffsorte entsprechend ihrer Anwendungseignung für bestimmte spanabhebende Bearbeitungsverfahren, die durch Kennbuchstaben (Tabelle 2) bezeichnet werden.

Innerhalb der Werkstoffgruppen (A bis H) werden die verschiedenen Werkstoffe entsprechend ihrer chemischen Zusammensetzung, Gefügeausbildung und Härte durch fortlaufende Nummern (1 ... 41) in Zerspanungsgruppen zugeordnet.

Anwendungseignung harter Schneidstoffe nach VDI-Richtlinie 3323

Ausgehend von der grundlegenden Norm DIN ISO 513 zur Klassifizierung harter Schneidstoffe in Zerspanungshaupt- und Anwendungsgruppen wird in der VDI-Richtlinie 3323 die Anwendungseignung der Schneidstoffe weitergehend spezifiziert (Tabelle 1, folgende Seite).

Tabelle 1: Werkstoffgruppen mit ähnlichem Zerspanungsverhalten

Kennfarbe, Kennbuchstabe	Werkstoffgruppe
BLAU A	**Stahl:** alle Arten von Stahl und Stahlguss, mit Ausnahme von nichtrostendem Stahl mit austenitischem Gefüge
GELB R	**Nichtrostender Stahl ...** nichtrostender austenitischer und austenitisch/ferritischer Stahl und Stahlguss
ROT F	**Gusseisen:** Grauguss, Gusseisen mit Kugelgraphit, Temperguss
GRÜN N	**NE-Metalle ...** Aluminium und übrige Nicht-Eisen-Metalle Nichtmetallische Werkstoffe
ORANGE S	**Schwerzerspanbare Werkstoffe ...** warmfeste Speziallegierungen auf der Basis von Eisen, Nickel, Kobalt Titan und Titanlegierungen
WEISS H	**Harte Werkstoffe:** Gehärteter Stahl, Gehärtete Eisengusswerkstoffe, Hartguss

Tabelle 2: Bearbeitungsverfahren

Kennbuchstabe	Bearbeitungsverfahren
T	Drehen
M	Fräsen
D	Bohren
S	Gewindedrehen
G	Einstechdrehen
P	Abstechdrehen

Tabelle 1: Schneidstofftabelle nach VDI 3323

Normbezeichnung für Schneidstoffe	Anwendungsbereich (Zähigkeitszahl)					Werkstoffgruppen						Bearbeitungsverfahren					
	01	10	20	30	40	A Stahl	R Nichtrostender Stahl	F Gusseisen	N NE-Metalle	S Schwerzerspanb. Werkst.	H Harte Werkstoffe	T Drehen	M Fräsen	D Bohren	S Gewindedrehen	G Einstichdrehen	P Abstechdrehen
Hartmetall																	
HW-K10								●				●	○				
HC-P10						●	○	●				●	○	●	○		
HC-K15								●				●	○	●		○	○
HC-P20						●	○	●				●	●				
Oxidkeramik																	
CA-P10								●				●				●	
CA-P20						○		●				●					
Mischkeramik																	
CM-K05								●			●	●	●	○			
CM-K10								●			●	●	●	○			●
Siliziumnitridkeramik																	
CN-K30								●				●	●				
Cermets																	
HT-P05						●	●	○				●					
HT-P15						●	○	○				●					
HT-P25						●	○	○							●		
Bornitrid																	
BN-K10								●		○	○	●					
BN-K25								●		○	○	●	●				

▮ Anwendungsbereich　　　● Hauptanwendung　　　○ weitere Anwendung

Wiederholung und Vertiefung

1. Welches sind die wichtigsten Schneidstoffe?

2. Welche Eigenschaften sollte der Schneidstoff idealerweise haben?

3. Welche Eigenschaften verbessert man durch eine Hartstoffbeschichtung?

4. Welches sind die Anwendungen für Schnellarbeitsstähle?

5. Welche vorteilhaften Eigenschaften haben Schnellarbeitsstähle?

6. Wodurch erhalten die Hartmetalle ihre Härte und wie wirkt sich die Härte auf den Verschleiß aus?

7. Wie erreicht man bei Hartmetallen neben hoher Härte auch eine hohe Zähigkeit?

8. Erklären Sie die Bezeichnung *Cermet*.

9. Wie werden Cermets hergestellt?

2.6.3 Zerspanbarkeit

2.6.3.1 Allgemeines

Der Begriff der *Zerspanbarkeit* oder *Bearbeitbarkeit* ist keine eindeutig definierte, qantitativ zu bewertende Werkstoffeigenschaft. Bei der spanabhebenden Bearbeitung metallischer Werkstoffe stellen sich für die Zerspanung mehr oder weniger günstige oder ungünstige Bedingungen ein. Stähle mit mittlerem Kohlenstoffgehalt sind im Vergleich zu hochlegierten Stählen meist einfacher zu bearbeiten, da die Spanbildung und der Werkzeugverschleiß weniger Schwierigkeiten bereiten. Unterschiedliche Werkstoffeigenschaften, Zusammensetzung und Vorbehandlung eines Werkstoffs beeinflussen die Bearbeitbarkeit eines Werkstoffs ebenso, wie das angewendete Bearbeitungsverfahren und die Werkzeugparameter (**Bild 1**).

Zur Beurteilung der Zerspanbarkeit werden häufig Prozessbeobachtungen wie Spanbildung, Zerspanungskräfte, Aufbauschneidenbildung und Verschleißkenngrößen wie die Verschleißmarkenbreite *VB* oder der Kolkverschleiß *K* herangezogen. Werkstückbezogene Qualitätskriterien (Oberflächengüte und Maßhaltigkeit), wirtschaftliche Bewertungsgrößen (Werkzeugstandzeit bzw. Standmenge) und die Zerspanungskosten dienen auch als Vergleichsmöglichkeiten.

2.6.3.2 Einflüsse auf die Zerspanbarkeit

Werkstoffeigenschaften

Härte, Festigkeit und Verformungsfähigkeit stellen zentrale Eigenschaften dar und beeinflussen somit die Zerspanbarkeit eines Werkstoffs in großem Maße.

Harte Werkstoffe mit geringem plastischen Verformungsanteil begünstigen im Allgemeinen die Spanbildung, da die aufzuwendende Zerspanungsleistung durch die geringe elastische und plastische Verformung des Werkstoffs bei der Spanabnahme zum größten Teil zur Werkstofftrennung umgesetzt wird. Werkstoffe, bei denen die Zerspanbarkeit als gut zu bezeichnen ist, stellen meist einen Kompromiss zwischen Härte und Verformungsfähigkeit dar.

Gefügezusammensetzung

Bei unlegierten und niedriglegierten (Legierungsbestandteile < 5 %) Qualitätsstählen wird die Zerspanbarkeit im Wesentlichen durch den Kohlenstoffgehalt und die damit zusammenhängende Gefügezusammensetzung bestimmt.

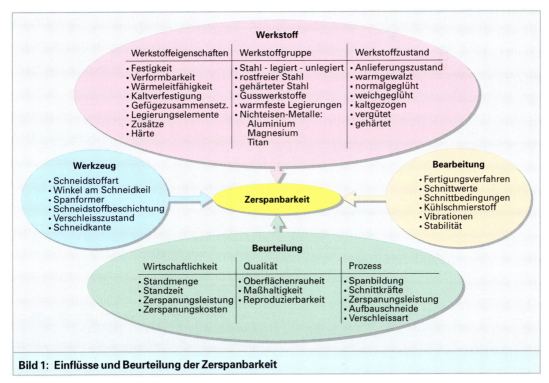

Bild 1: Einflüsse und Beurteilung der Zerspanbarkeit

Im ungehärteten Zustand setzt sich das Gefüge aus den Grundbestandteilen

* Ferrit (α-Eisen),
* Zementit (Fe3C, Eisenkarbid) und
* Perlit

zusammen, die die Zerspanbarkeit des Stahls direkt beeinflussen **(Bild 1)**.

Ferrit: besteht aus reinem Eisen und besitzt bei geringer Härte und Festigkeit eine hohe plastische Verformungsfähigkeit und kann deshalb als weich und gut verformbar bezeichnet werden.

Zementit: ist mit einem C-Gehalt von 6,6 % der härteste Gefügebestandteil. Durch seine hohe Härte (HV10–1100) wirkt sich bereits ein geringer Fe3C-Anteil in der Gefügematrix negativ auf die Standzeit des Werkzeugs aus.

Perlit: ist mit einem C-Gehalt von 0,8 % eine eutektoide Mischung aus 87 % Ferrit und 13 % Zementit. Entsprechend dem Lösungsgleichgewicht lagert sich Zementit streifenförmig (lamellar) im Ferrit ab.

Zerspanbarkeit unterschiedlicher Werkstoffgruppen

Die Werkstoffgruppen unlegierte und legierte Stähle, Gusseisen- und Nichteisenmetalle erfordern aufgrund der unterschiedlichen Eigenschaften stark differenzierte Ansprüche an die Zerspanung.

Die Optimierung der Schnittdaten und die Schneidstoffauswahl zur spanabhebenden Bearbeitung erfordert vom Anwender ein breit gefächertes Wissen über Werkstoffzusammensetzung, Einflüsse verschiedener Legierungsbestandteile, aber auch über Bearbeitungsbedingungen und Schneidstoffauswahl.

2.6.3.3 Unlegierter Stahl

Zerspanbarkeit untereutektoider Stähle (C < 0,8 %)

Die Bearbeitbarkeit von Stählen mit Kohlenstoff-Gehalten unter 0,25 % wird überwiegend durch die Zerspanungseigenschaften des reinen Ferrits bestimmt **(Tabelle 1)**.

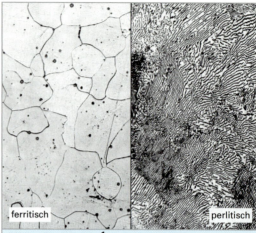

ferritisch

perlitisch

Bild 1: Ferritisches[1] und perlitisches[2] Stahlgefüge

Tabelle 1: Werkstoffeigenschaften von Kohlenstoffstählen in Abhängigkeit vom Kohlenstoffgehalt						
Werkstoff		Mechanische Eigenschaften (Mittelwerte)				
	Nr.	R_e N/mm²	R_m N/mm²	A %	HV	$k_{c1.1}$ N/mm²
C22	1.0402	220	410	25	120	1390
C35	1.0501	285	520	19	160	1450
C60	1.1221	360	670	11	210	1690
R_e = Streckgrenze, A = Bruchdehnung, HV 10 = Härte nach Vickers, $k_{c1.1}$ = Spezifische Schnittkraft						

Das kubisch-raumzentrierte (krz) des α-Eisens erzeugt aufgrund seiner großen plastischen Verformungsfähigkeit an der bearbeiteten Werkstückoberfläche größere Oberflächenrauigkeiten und führt beim Schneidenaustritt durch die Werkstoffverdrängung häufig zur Gratbildung am Werkstück.

Die Spanbildung ist insbesondere bei der Drehbearbeitung ungünstig, da sich schwer kontrollierbare Bandspäne entwickeln.

Die bereits bei niederen Schnittgeschwindigkeiten zu beobachtende Neigung zur Aufbauschneidenbildung kann aufgrund der Weichheit der ferritischen Stähle durch positive Schneidengeometrie (Spanwinkel $\gamma = 6° \ldots 10°$), durch den Einsatz geeigneter Kühlschmierstoffe und durch höhere Schnittgeschwindigkeit bei vergleichsweise guten Standzeiten deutlich reduziert werden.

[1] von lat. ferrum = eisen, ferritisches Gefüge = fast kohlenstofffreies Eisenkristallgefüge

[2] von engl. pearl-like luster = perlengleicher Glanz

Mit zunehmendem Kohlenstoffgehalt (0,25 % < C < 0,8 %) nimmt der Anteil der perlitischen Gefügebestandteile zu. Bei einem C-Gehalt von 0,8 % liegt ausschließlich Perlit (eutektisches Gefüge) in der Gefügematrix vor. Durch die höhere Härte und dem geringeren Verformungsanteil des Perlits werden die Zerspanungseigenschaften des Stahlgefüges jetzt überwiegend durch den Perlitanteil bestimmt.

Die sich verringernde plastische Verformungsfähigkeit der Gefügematrix verbessert die Oberflächengüte und erzeugt günstigere Spanformen bei der Zerspanung. Die Gratbildung beim Schneidenaustritt und die Bildung der Aufbauschneide auf der Spanfläche der Werkzeugschneide werden geringer.

Die harten Zementitlamellen im Perlitgefüge erzeugen neben höheren Zerspanungskräften und Temperaturen eine abrasive Verschleißwirkung auf die Schneidkante und damit einen größeren Werkzeugverschleiß **(Bild 1)**.

Die auf der Spanfläche wirkenden größeren Umformungskräfte bei der Spanbildung erzeugen durch Abrasions- und Diffusionserscheinungen, insbesondere bei unbeschichteten Schneidstoffen (HSS, HM) frühzeitig zum Standzeitende durch Auskolkung. Zur Zerspanung dieser Stähle eignen sich, auch bei höheren Schnittgeschwindigkeiten, mit verschleißfestem Titankarbid (TiC) und Titannitrid (TiN) beschichtete Schneidstoffe mit einem stabilen Schneidkeil.

> Zementit als Eisenkarbid ist der härteste Gefügebestandteil im Stahl.

Zerspanbarkeit übereutektoider Stähle (0,8 % < C < 2 %)

Bei Stählen mit einem übereutektoiden Gefüge ist das Lösungsgleichgewicht zwischen Ferrit und Zementit in Form von perlitischem Gefüge vollständig erreicht und bei mehr als 0,8 % Kohlenstoff überschritten **(Bild 2)**. Hierbei scheidet sich der überschüssige Kohlenstoff schalenförmig als Zementit (Fe$_3$C) an den Korngrenzen des Perlits (Korngrenzenzementit) im Gefüge aus.

Dieser härteste Gefügebestandteil wirkt auf die Werkzeugschneide zusätzlich abrasiv. Insbesondere bei hohen Schnittwerten erliegt die Schneidkante an Freifläche und an Spanfläche bei nicht ausreichender Verschleißfestigkeit in kurzer Zeit der großen mechanischen und thermischen Belastung.

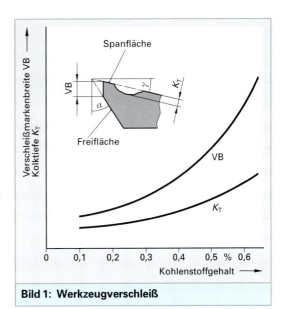

Bild 1: Werkzeugverschleiß

Bild 2: Gefüge eines übereutektoiden Stahls

2.6.3.4   Legierter Stahl

Einfluss der Legierungselemente

Neben dem wichtigsten Legierungselement im Stahl, dem Kohlenstoff, beeinflussen eine Reihe anderer Legierungselemente die mechanischen Eigenschaften und die Zerspanbarkeit dieses Werkstoffs. Die überwiegende Anzahl der Legierungselemente im Stahl verschlechtern seine Bearbeitbarkeit. Ausnahmen sind Phosphor (P) und Schwefel (S), die insbesondere bei Automatenstählen die Verformungsfähigkeit reduzieren und deshalb günstige Spanformen und gute Oberflächengüten ermöglichen.

Elemente wie Chrom, Molybdän, Vanadium und Wolfram wirken härtesteigernd und bilden vor allem bei Stählen mit höheren Kohlenstoffgehalten sehr harte Mischkarbide aus, die bei der Zerspanung großen Werkzeugverschleiß verursachen.

Stähle mit weniger als 5 % Anteil Legierungselemente werden als niedriglegiert bezeichnet. Beträgt der Legierungsanteil mehr als 5 % handelt es sich um hochlegierte Stähle.

Da mit zunehmendem Anteil an Legierungszusätzen die Härte und Festigkeit des Stahls gesteigert werden, stellen i. A. hochlegierte Stähle zur wirtschaftlichen Zerspanung gesteigerte Ansprüche an Schneidstoff und Zerspanungsprozess.

Hochlegierter Stahl

Der mittlere Gehalt mindestens eines Legierungselements liegt über 5 %.

Rostfreier Stahl

Rostfreie Stähle stellen innerhalb der hochlegierten Stähle eine eigene Werkstoffgruppe. Hauptlegierungselement mit meist über 12 % ist Chrom, der die Korrosionsbeständigkeit und Festigkeit des Stahls deutlich verbessert. Neben Chrom werden noch andere Legierungszusätze wie Nickel und Molybdän eingesetzt, um die mechanischen Eigenschaften und damit den Anwendungsbereich dieser Stähle zu erweitern. Je nach Anteil der Legierungselemente und nach dem Kohlenstoff-Gehalt werden Rostfreie Stähle entsprechend ihrem Gefügeaufbau eingeteilt in:

- ferritisch 12 bis 30 % Cr, Ni, Mo, C < 0,2 %
- martensitisch 12 bis 20 % Cr, 2 bis 4 % Ni, 0,2 % < C < 1,0 %
- austenitisch 12 bis 30 % Cr, 7 bis 25 % Ni, C < 0,08 %.

2.6.3.5 Rostfreie Stähle

Rostfreie Stähle mit ferritischem Gefüge

Die ferritische Gefügematrix **(Bild 1)** niedriggekohlter Stähle wird durch alleiniges Zulegieren von Chrom unwesentlich beeinflusst. D. h., nichthärtbare rostfreie Chromstähle haben ähnliche Zerspanbarkeitseigenschaften wie unlegierte Stähle mit niedrigem C-Gehalt (bei 13 % Chrom C < 0,06 %, bei 30 % Chrom C < 0,25 %). Durch die Bildung von Chrom-Karbiden in der Gefügematrix erhöhen sich die Festigkeitswerte geringfügig.

Rostfreie Stähle mit martensitischem Gefüge

Ferritische Chromstähle mit einem C-Gehalt über 0,2 % sind härtbar und bilden nach dem Härteprozess eine martensitische Gefügestruktur aus **(Tabelle 1)**. Entsprechend dem höheren Kohlenstoffanteil steigt auch die Menge der Cr-Karbiden in

Tabelle 1: Einfluss der Legierungselemente auf die Zerspanbarkeit	
Legierungselement	Einfluss
Kohlenstoff C < 0,3 %, C > 0,6 % 0,3 % < C < 0,6 %	↓ ↑
Silizium	↓
Mangan bei Perlit	↓
Mangan bei Austenit	↓ ↓ ↓
Chrom	↓
Nickel bei Perlit	↓
Nickel bei Austenit	↓ ↓ ↓
Wolfram	↓ ↓
Vanadium	↓
Molybdän	↓
Schwefel	↑ ↑ ↑
Phosphor	↑ ↑

↑ verbessernder Einfluss, ↓ verschlechternder Einfluss

Bild 1: Ferritisches Gefüge (links) und austenitisches Gefüge (rechts)

der ferritischen Matrix. Durch die auf die Werkzeugschneide stark abrasiv wirkenden Karbide verschlechtern sich auch die Zerspanungsbedingungen. Die Bearbeitung dieser Stähle erfolgt meist vor dem Härten.

> Der spanende Bearbeitung ferritischer Chromstähle mit einem C-Gehalt größer 0,2 % erfolgt meist vor dem Härten.

Rostfreie Stähle mit austennitischem Gefüge

Durch Zulegieren größerer Mengen Nickel bildet sich im Rostfreien Stahl ein unmagnetisches, austenitisches Gefüge aus. Austenitische Stähle mit 18 % Chrom und 8 % Nickel (Typ 18/8) werden aufgrund ihrer guten Korrosionsbeständigkeit vor allem im Apparate- und Anlagenbau eingesetzt. Säurebeständige Stähle werden zusätzlich mit Molybdän legiert (18/8 + 2 % Mo) (**Bild 1**).

> Nickel als starker Austenitbildner führt in Verbindung mit Chrom zu einer Stabilisierung des Austenits bis zur Raumtemperatur. Dieser Austenit wird bei sehr tiefen Temperaturen oder bei Kaltverformung instabil und wandelt sich zum Teil in Martensit um.

Die Bearbeitbarkeit von rostfreien Stählen

Allgemein verschlechtert sich die Bearbeitbarkeit von Rostfreien Stählen mit zunehmendem Chromgehalt. Kohlenstoffgehalte über 0,8 % verursachen durch zunehmende Karbidbildung eine stark abrasive Wirkung auf die Werkzeugschneide. Mit verstärkter Karbidbildung der Legierungselemente mit Kohlenstoff sinkt der Anteil des Restkohlenstoffs in der Stahlmatrix, was die Neigung zur Aufbauschneidenbildung steigert.

Die Bearbeitung von Rostfreien Stählen mit hohen Schnittgeschwindigkeiten bei geringem Vorschub führt wegen der großen Belastung häufig zu einer plastischen Deformation der Schneidkante oder zu übermäßigem Kolkverschleiß auf der Spanfläche. Im umgekehrten Fall mit niedriger Schnittgeschwindigkeit v_c und großem Vorschub f kann es zu einer mechanischen Überbeanspruchung der Schneidkante und zu Ausbröckelungen kommen.

Im Vergleich zu unlegierten Kohlenstoffstählen hat insbesondere austenitischer Rostfreier Stahl bei hoher Warmhärte eine geringe Wärmeleitfähigkeit.

Dies bedeutet, dass während der Bearbeitung vom Werkstoff selbst nur wenig Wärme aufgenommen wird. Aufgrund des großen Zerspanungswiderstandes austenitischer Stähle entsteht in der Scherzone eine beträchtliche Zerspanungswärme, die zum größten Teil mit dem abfließenden Span über die Spanfläche des Schneidwerkzeugs abgeführt wird.

Für eine verschleißarme Zerspanung sollte die Schneidkantentemperatur und die Spanflächentemperatur durch eine wirkungsvolle Kühlung reduziert werden.

Tabelle 1: Werkstoffkennwerte Rostfreier Stähle

Werkstoff	Chem. Zusammensetzung in %				Mech. Eigenschaften		
	C	Cr	Ni	Mo	$R_{p0,2}$ N/mm²	R_m N/mm²	A %
ferritisch X6Cr17	0,06	17	–	–	240	400–630	20
martensitisch X39CrMo17-1	0,39	17	–	1	550	750–950	20
austenitisch X10CrNi18-8 X2CrNiMo18-15-4	0,10 0,02	18 18	8 15	– 4	195 220	500–750 500–700	40 40

Bild 1: Legierungsbestandteile

Bei der Zerspanung von metallischen Werkstoffen verformt sich der Werkstoff aufgrund des großen Schnittdruckes in der Scherzone abhängig von den mechanischen Eigenschaften zu einem geringen Teil plastisch. Diese Kaltverformung vor der Schneidkante verursacht einen Kaltverfestigungseffekt im Werkstoffgefüge (Verformungshärten).

Während sich das Verformungshärten bei Rostfreien Stählen mit ferritischer und martensitischer Gefügematrix, bei unlegierten und niedriglegierten Kohlenstoffstählen wegen der geringen Kaltverfestigung beim Zerspanungsvorgang kaum auswirkt, tritt dieser Effekt aber bei Stählen mit austenitischem Gefüge negativ in Erscheinung.

Die Ursache für die Härtesteigerung in der Schnittzone liegt in der Umwandlung des weichen und metastabilen austenitischen Gefüges in ein martensitisches Gefüge bei hoher Verformungsgeschwindigkeit. Aus diesem Grund sollten austenitische rostfreie Stähle mit geringeren Schnittgeschwindigkeiten und höherem Vorschub bearbeitet werden.

2.6.3.7 Aluminium-Legierungen

Schmiede- oder Knetlegierungen

Alu-Knetlegierungen (**Tabelle 1**) sind wegen der vollständigen Lösung der Legierungselemente und der homogenen Mischkristallverteilung in der Aluminiumgrundmatrix gut warm- und kaltumformbar. Bei der spanenden Bearbeitung ist i. A. kein prozessbestimmender Schneidkantenverschleiß festzustellen. Die homogene Verteilung der wenig abrasiv wirkenden Mischkristalle im Gefüge (AlCuMg, Mg2Al3) erzeugt bei HM-Werkzeugen einen geringen Freiflächenverschleiß.

Die große Duktilität dieser Legierungen macht aber eine Zerspanung wegen der Schmierwirkung, Scheinspanbildung und Aufbauschneidenbildung schwierig. Zur Reduzierung dieser unerwünschten Erscheinungen und zur Vermeidung thermischer Gefügebeeinflussung (Weichfleckigkeit) wird entweder mit Kühlschmierstoff in Vollkühlung oder besser mit der Minimalmengen-Schmierung MMS gearbeitet. Bei der MMS wird ein System eingesetzt, das ca. 20 ml Öl pro Stunde in einem Luftstrom (Aerosol) auf die Spanfläche des Werkzeugs sprüht und somit als Gleit- und Trennmittel für den abfließenden Span dient.

Gusslegierungen

Alu-Gusslegierungen (**Tabelle 2**) sind gut zerspanbar. Hierbau handelt es sich legierungstechnisch um Zwei- oder Mehrstoffsysteme mit eutektischer Zusammensetzung. Eutektische Legierungen sind auch gut vergießbar, da sie einen niederen Schmelzpunkt haben, bei der eutektischen Temperatur ohne Haltezeit erstarren und eine geringe Schwindung besitzen. Bei entsprechender Prozessführung entsteht ein feinkörniges Gefüge mit guten Festigkeitswerten. Bei dem Zweistoffsystem Aluminium-Silizium stellt sich eine eutektische Zusammensetzung bei ca. 12 % Silizium ein.

Die Art und Menge der zulegierten Elemente beeinflussen den Gefügeaufbau und die Eigenschaftswerte der Alu-Legierung (**Bild 1**). Hauptlegierungselemente sind Silizium (Si), Zink (Zn), Zinn (Sn), Blei (Pb), Mangan (Mn), Magnesium (Mg), Eisen (Fe) und Kupfer (Cu) (**Tabelle 3**). Bei den nichtaushärtbaren Legierungen werden die Festigkeitseigenschaften durch die Mischkristallbildung der Legierungselemente und durch eine entsprechende Kaltverfestigung beim Herstellprozess der Halbzeuge (z. B. Strangpressprofile, Bleche) bestimmt. Bei kalt- oder warmaushärtbaren Alu-Legierungen wird die Festigkeitssteigerung durch

die Bildung von inter metallischen Phasen wie z. B. Mg2Si, Al5Cu2Mg oder Al2Mg3Zn3 erreicht.

Aushärten

Das Ausharten ist ein diffusionsabhängiger Vorgang im Mischkristallgefüge, bei dem durch Ausscheidungsvorgänge die Gleitebenen im Gefüge blockiert werden. Dies führt zu einer Festigkeitssteigerung der Legierung, da zum Verschieben der Gleitebenen größere Kräfte notwendig sind.

Tabelle 1: Aluminium-Knetlegierungen

Aluminium-Knetlegierungen (Auswahl) EN AW-	
nicht aushärtbar	aushärtbar
AlMg3	AlCuPbMgMn
AlMg3Mn	AlCu4SiMg
AlMg4,5Mn0,7	AlZn5Mg3Cu

Tabelle 2: Aluminium-Gusslegierungen

Aluminium-Gusslegierungen (Auswahl) EN AC-	
untereutektisch	AlSi7Mg
eutektisch	AlSi12
übereutektisch	AlSi17CuNiMg

Tabelle 3: Einflüsse der Legierungsbestandteile

	Si	Zn	Pb	Mn	Mg	Fe	Cu
Festigkeit					↑	↑	↑
Bearbeitbarkeit			↑				↑
Verformbarkeit				↑			
Gießbarkeit	↑	↑		↑			
Korrosions-beständigkeit	↑					↑	

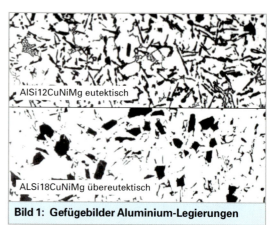

AlSi12CuNiMg eutektisch

ALSi18CuNiMg übereutektisch

Bild 1: Gefügebilder Aluminium-Legierungen

2.6.3.8 Bearbeitung harter Stahlwerkstoffe

Hart-Zerspanung

Die Bearbeitung von Stahl- und Gusseisenwerkstoffen mit Härten von 50 bis 65 HRC ist heute nicht mehr ausschließlich dem Schleifen vorbehalten. Verbesserte Kenntnisse über den Zerspanungsvorgang und die Entwicklung hochharter, verschleißbeständiger und temperaturbeständiger Schneidstoffe wie Schneidkeramik und Bornitrid ermöglichen eine spanende Bearbeitung mit definierter Schneidengeometrie.

> Besondere Anforderungen an Schneidstoffe in der Hartbearbeitung:
>
> - Abrasionsbeständigkeit und Oxidationsbeständigkeit,
> - Hohe Schneidkantenstabilität,
> - Wärmebeständigkeit und Warmhärte,
> - Druckfestigkeit und Biegefestigkeit.

Stahlwerkstoffe mit hoher Härte beinhalten entweder einen großen Martensitanteil im Gefüge oder eine entsprechende Menge an metallischen Kohlenstoffverbindungen (Karbide). Das bei Raumtemperatur fehlende plastische Verformungsvermögen führt gegenüber duktilen Stählen bei der Bearbeitung zu einem veränderten Zerspanungsvorgang. Wegen der großen Zerspanungskräfte und den hohen Temperaturen in der Kontaktzone der Schneidkante und dem Werkstoff müssen der Schneidkeil und die Schneidkante stabil ausgeführt werden.

Bei den üblicherweise geringen Spanungsdicken treten im Bereich der Schneidkantenverrundung durch elasto-mechanische Verformungen große Druck- bzw. Schubspanungen in Richtung der Spanwurzel auf, die die Werkstofffestigkeit überschreiten und eine Werkstofftrennung durch Rissbildung verursachen.

Das gleichzeitige Auftreten hoher spezifischer Schnittkräfte mit einem, bei kleinen Spanungsdicken effektiv negativ wirksamen Spanwinkel **(Bild 1)** und durch Reibungs-, Trenn- und Umformungsvorgänge verursachte hohe Zerspanungstemperatur **(Bild 2)** an der Spanwurzel führen zu einer geringen plastischen Verformbarkeit des Spanes und ermöglichen hierbei sogar zusammenhängende Spanformen.

Die Verwendung von Schneidstoffen mit hoher Warmhärte wie Schneidkeramik und Kubisches Bornitrid **(Bild 1, folgende Seite)** ermöglichen große Schnittgeschwindigkeiten, ohne dass der

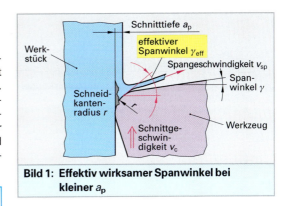

Bild 1: Effektiv wirksamer Spanwinkel bei kleiner a_p

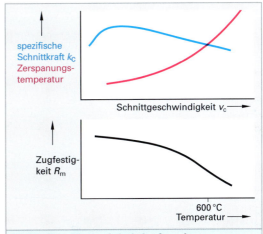

Bild 2: Spezifische Schnittkraft und Zerspanungstemperatur in Abhängigkeit der Schnittgeschwindigkeit v_c

Schneidkeil unter dem Einfluss der Zerspanungstemperatur erweicht und seine Härte und Verschleißfestigkeit verliert. Durch die geringe Wärmeleitfähigkeit dieser Schneidstoffe bleibt die entstehende Zerspanungswärme in der Scherzone und wird zu 80 bis 90 % mit den Spänen abgeführt.

Steigert man die Schnittgeschwindigkeit in einen Bereich, bei dem der Span zu glühen beginnt, vermindert sich die mechanische Festigkeit des Werkstückwerkstoffs in der Scherzone und im Span **(Bild 3)**.

Die Zerspanungskräfte am Schneidkeil und die Umformungskräfte auf der Spanfläche werden geringer. Da die Wärmeenergie durch den Zerspanungsvorgang selbst erzeugt wird, spricht man von **selbstinduzierter Warmzerspanung.**

Feinstkornhartmetall der Gruppe K

– Hohe Schneidkantenstabilität und ausreichende
  Warmhärte
– Korngröße $< 0{,}7\,\mu$m, Wolframgehalt $> 90\,\%$

Schneidkeramik

Mischkeramik, CM

– hauptsächlich Schlichtbearbeitung bei Stahl
– für kontinuierlichen Schnitt wegen geringer Zähigkeit
– $Al_2O_3 + TiC$ (30 % bis 40 %)
– für Schnitttiefen $< 0{,}1$ mm
– Gegenüber CBN geringere Werkzeugkosten

Siliziumnitridkeramik, CN für Gussbearbeitung

Kubisches Bornitrid BN

Für durchgehärtete Werkstücke, da weichere Gefügebestandteile eine geringere Werkzeugstandzeit
ergeben. Je härter der zu bearbeitende Werkstoff,
desto besser. Bei Verwendung von BN als Schneidstoff sind stabile Maschinen, Werkzeug- und Werkstückaufspannung erforderlich.

Schneidkantenverrundung und negativ gefasste
Schneidkanten erhöhen die Stabilität der Wendeschneidplatte und die Prozesssicherheit der Zerspanung.

Die Zusammensetzung des BN entscheidet über den
Anwendungsfall:
– Hartbearbeitung mit hoher Zerspanungsleistung
  Grobkörnige BN mit 5–12 µm Korngröße
  hoher BN-Gehalt (80 %)
  Geringer Bindphasenanteil
  Keramische Bindung mit TiC oder TiN
– Feinbearbeitung mit geringer Schnitttiefe a_p und
  kleinem Vorschub f
  Feinkörnige BN mit Korngröße 0,5 µm bis 3 µm
  Niedriger BN-Anteil

Bild 1: Schneidstoffe in der Hartbearbeitung

Randzonenbeeinflussung bei der Hartbearbeitung

Die großen, auf die Werkstückoberfläche wirkenden, Druckspannungen erzeugen mit zunehmendem Freiflächenverschleiß am Schneidkeil, in der
oberflächennahen Randschicht der Bearbeitungsebene durch die Umwandlung des Restaustenits
im Gefüge, eine Werkstoffverfestigung **(Bild 2)**.

Bei hoher mechanischer Belastung und hoher Prozesstemperatur entsteht in der Bearbeitungsebene
bei starker Abkühlung eine martensitische Gefü-
geschicht, die zusätzliche Werkstoffeigenspan-
nungen und eine Härtesteigerung erzeugt.

Der Einsatz von Kühlschmierstoffen bei der Hart-
zerspanung führt aufgrund der hohen Zerspanungstemperaturen und der Thermoschockempf-
findlichkeit hochharter Schneidstoffe zu keiner
verbesserten Situation, so dass sich bei diesen
schwierigen Bedingungen die Trockenbearbeitung
aus technologischen, ökonomischen und ökologischen Gründen anbietet.

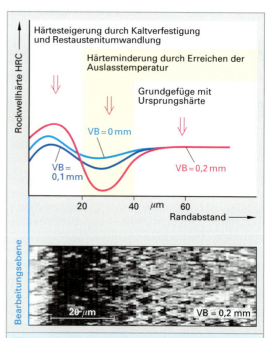

Bild 2: Beeinflussung der Werkstückrandzone

2.6.4 Drehen

2.6.4.1 Allgemeines

Für die spanabhebende Herstellung zylindrischer Werkstückgeometrien wird das Fertigungsverfahren Drehen angewendet. Bei der Drehbearbeitung führt das Werkstück eine rotatorische Hauptschnittbewegung und das einschneidige Werkzeug die Vorschubbewegung aus **(Bild 1)**.

Bei entsprechender Zustelltiefe ergibt sich durch die Überlagerung von Hauptschnitt- und Vorschubbewegung eine formgebende Spanabnahme.

Führt das Werkzeug eine zum Werkstück achsparallele Vorschubbewegung aus, ergibt sich in Abhängigkeit der Schnitttiefe a_p eine Reduzierung des Werkstückdurchmessers:

$$a_p = \frac{D-d}{2} \qquad \text{bzw.} \qquad d = D - (2 \cdot a_p)$$

In diesem Fall spricht man von Längsdrehen **(Bild 2)**.

Wird die Stirnseite eines Werkstückes bearbeitet, ist die Vorschubbewegung des Werkzeugs in radialer Richtung, d. h. senkrecht zur Werkstückachse. Dieses Drehverfahren nennt man Plandrehen **(Bild 2)**.

Überlagert man die beiden möglichen Vorschubbewegungen, sind gekrümmte oder auch konische Werkstückformen herstellbar. Dieses Drehverfahren wird als Formdrehen bezeichnet **(Bild 3)**.

Das Anwendungsspektrum wird erweitert durch spezielle Drehverfahren wie das Gewinde-, das Nuten-, das Abstechdrehen und das Innenausdrehen. Die eingesetzten Drehbearbeitungszentren mit leistungsfähigen CNC-Steuerungen sind in der Lage, nahezu jede gewünschte Drehteilform herzustellen und machen damit das Drehen zu einem flexiblen Bearbeitungsverfahren.

Neueste Schneidstoffentwicklungen ermöglichen störungsfreie und wirtschaftliche Zerspanungsprozesse, auch bei extremen Bearbeitungsbedingungen wie beim Hartdrehen von Werkstoffen mit großer Härte. Wendeplattenbestückte Werkzeuge in Schaftbauweise oder in Modularbauweise erlauben wegen der vielfältigen Schneidplattenformen und der optimierten Schneidengeometrie die Bearbeitung von nahezu jeder Werkstückform.

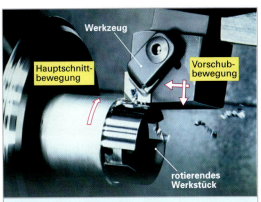

Bild 1: Drehbearbeitung

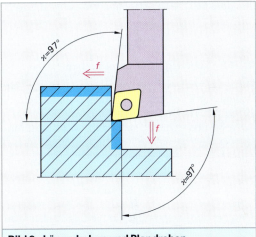

Bild 2: Längsdrehen und Plandrehen

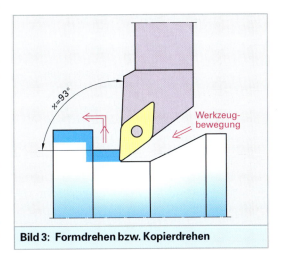

Bild 3: Formdrehen bzw. Kopierdrehen

Für zerspanungstechnische Grundlagenuntersuchungen ist das Drehen wegen der guten Zugänglichkeit des Schneidkeils während des Zerspanungsprozesses und des einschneidigen Werkzeugs in idealer Weise geeignet.

Die konstante Schnittrichtung, die gleichbleibende Spanungsdicke und die ungehinderte Spanabfuhr schaffen reproduzierbare Zerspanungsbedingungen, wie sie insbesondere zu Untersuchungen der Schneidengeometrie, zu Standzeitversuchen, zur Messung von Zerspanungstemperaturen und der Ermittlung der spezifischen Schnittkraft k_c notwendig sind.

Viele beim Drehen beobachteten grundsätzlichen Zusammenhänge zwischen den Wirkpartnern Schneidkeil und Werkstoff, lassen sich auf andere, mehrschneidige Zerspanungsverfahren wie Fräsen oder Bohren in geeigneter Weise übertragen.

2.6.4.2 Schnittgrößen beim Drehen

Beim Drehen wird die rotatorische Hauptschnittbewegung durch das sich mit der Spindeldrehzahl drehende Werkstück ausgeführt. Die Drehzahl n oder Spindelfrequenz entspricht einer bestimmten Anzahl von Umdrehungen pro Minute (1/min, min^{-1}).

Die daraus resultierende Umfangsgeschwindigkeit am Werkstückumfang entspricht der Schnittgeschwindigkeit v_c, mit der sich der Werkstückumfang bei der Zerspanung auf die Schneidkante zubewegt.

Da die Umfangsgeschwindigkeit eines rotierenden Körpers bei konstanter Umdrehungsfrequenz durchmesserabhängig ist, muss der Umfang ($U = D \cdot \pi$) des zu bearbeitenden Werkstücks mit der Umdrehungsfrequenz multipliziert werden, um die tatsächliche Schnittgeschwindigkeit zu erhalten:

$$v_c = \frac{s}{t} = \frac{\pi \cdot D}{t}$$

$$v_c = \frac{\pi \cdot D \cdot n}{1000 \text{ mm/m}}$$

v_c Schnittgeschwindigkeit in m/min
D Durchmesser in mm
π Kreiskonstante 3,14
n Drehzahl, Drehfrequenz in 1/min
Korrekturfaktor 1000 mm/m

Die Schnittgeschwindigkeit v_c ist dem Werkstückdurchmesser D und der Drehzahl n proportional, d. h., es besteht ein linearer Zusammenhang zwischen v_c, D und n:

$$v_c \sim D$$

$$v_c \sim n$$

Bearbeitungsbeispiel:

Plandrehen einer Bremsscheibe

Werkstück:

vordere Bremsscheibe PKW
EN-GJL-250, Cr-legiert
220 HB

Schneidstoff: CBN

Schnittwerte:

$a_p = 0,5$ mm

$f = 0,35$ mm/Umdr.

$v_c = 300$ m/min = konstant

d_g = Übergangsdurchmesser

n_g = Grenzdrehzahl Maschine = 3000 min^{-1}

$$d_g = \frac{v_c}{\pi \cdot n_g} = \frac{300 \text{ m/min} \cdot 1000 \text{ mm/m}}{\pi \cdot 3000 \text{ min}^{-1}} = \underline{31,8 \text{ mm}}$$

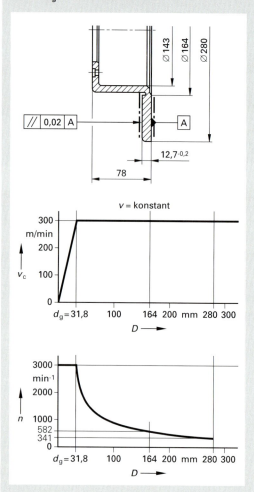

Zum Bearbeitungsbeispiel:

Bei der stirnseitigen Bearbeitung von Werkstücken, beim Plandrehen, durchläuft die Werkzeugschneide in radialer Richtung, ausgehend von einem maximalen Durchmesser den gesamten Durchmesserbereich bis zur Werkstückachse ($D = 0$). Bei konstanter Spindelfrequenz nimmt die Schnittgeschwindigkeit aufgrund ihrer linearen Abhängigkeit zu D kontinuierlich ab. Dieser Zusammenhang tritt auch stirnseitig bei rotierenden Bohr- und Fräswerkzeugen in Erscheinung.

Wird ausgehend vom Außendurchmesser die notwendige Bearbeitungsfrequenz mit der vom Wirkpaar Schneidstoff – Werkstoff abhängiger Schnittgeschwindigkeit bestimmt, verschlechtern sich die Zerspanungsbedingungen an der Schneidkante mit kleiner werdendem Durchmesser zum Werkstückzentrum hin.

Ein erhöhter Werkzeugverschleiß und geringe Werkstückqualität sind die Folgen. Um die Schnittgeschwindigkeit über einen größeren Durchmesserbereich konstant zu halten, wird bei CNC-gesteuerten Drehmaschinen die Drehzahl automatisch bis zu einer maschinenabhängigen Grenzdrehzahl kontinuierlich erhöht, um die Reduzierung der Schnittgeschwindigkeit zu kompensieren.

Nach Erreichen der Grenzdrehzahl n_g, bzw. des Grenzdurchmessers d_g bleibt die Umdrehungsfrequenz des Werkstücks konstant und die Schnittgeschwindigkeit nimmt bis in das Werkstückzentrum auf Null hin ab. Auf diesem Grund werden viele Drehteile auf der Planseite mit Ausdrehungen versehen, deren Innendurchmesser d größer als der Grenzdurchmesser d_g ist ($d_g < d$).

Um bei abgesetzten Außen- und Innendurchmessern konstante Zerspanungsverhältnisse zu erhalten, wird die Drehzahl entsprechend den geometrischen Abmessungen des Werkstücks angepasst.

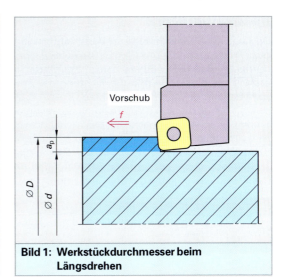

Bild 1: Werkstückdurchmesser beim Längsdrehen

Die bestimmende Kenngröße für die Spanbildung und Oberflächengüte beim Drehen ist, in Abhängigkeit der eingesetzten Schneidplattengeometrie, der Vorschub f und die Schnitttiefe a_p.

Die Schnitttiefe a_p ist die senkrecht zur Vorschubrichtung eingestellte halbe Differenz zwischen dem ausgehenden Werkstückdurchmesser D und dem sich ergebenden, bearbeiteten Durchmesser d **(Bild 1):**

$$a_p = \frac{D-d}{2}$$

a_p Schnitttiefe
D Werkstückdurchmesser
d Drehdurchmesser

Der Vorschub f ist der Weg in Millimeter, den die Schneidkante bei einer Werkstückumdrehung je nach Drehverfahren in axialer bzw. in radialer Richtung zurücklegt. Aus Vorschub f und Drehzahl n lässt sich die Vorschubgeschwindigkeit v_f bestimmen:

$$v_f = f \cdot n$$

v_f Vorschubgeschwindigkeit in mm/min
f Vorschub in mm/Umdr.
n Drehzahl in 1/min

$$v_f = \frac{f \cdot v_c \cdot 1000}{D \cdot \pi}$$

v_c Schnittgeschwindigkeit in m/min

Bei großen Schnitttiefen a_p (Schruppbearbeitung) ist es im Hinblick auf die im Eingriff befindliche Schneidkante von Vorteil, die Drehzahl bei vorgegebener Schnittgeschwindigkeit v_c mit dem großen Durchmesser D zu bestimmen.

Bei geringen Schnitttiefen (Schlichtbearbeitung) steht die Qualität der bearbeiteten Werkstückoberfläche im Vordergrund, deshalb ist es hier günstig, die Bearbeitungsdrehzahl des Werkstück mit dem Fertigdurchmesser d zu berechnen.

Alternativ kann mit einem mittleren Durchmesser d_m gearbeitet werden:

$$d_m = \frac{D+d}{2}$$

$$n = \frac{v_c \cdot 1000}{d_m \cdot \pi}$$

Einstellwinkel $\varkappa$ (Kappa)

Die Lage der Hauptschneide zur Vorschubrichtung des Werkzeugs wird durch den Einstellwinkel $\varkappa$ beschrieben (**Bild 1**). Der Einstellwinkel beeinflusst in erster Linie die Größe und die Richtung der Zerspankraftkomponenten Vorschubkraft F_f und Passivkraft F_p und damit die Wirkrichtung der resultierenden Zerspankraft. Ebenso hat der Einstellwinkel Auswirkungen auf die sich im Eingriff befindliche Schneidkantenlänge l_a bzw. auf die Spanungsbreite b und damit auch auf die Spanbildung und das Verschleißverhalten der Schneidkante:

$$l_a = b = \frac{a_p}{\sin \varkappa}$$

l_a Schneidkantenlänge
b Spanungsbreite

Je nach Bearbeitungsfall und Werkstückgeometrie kommen Einstellwinkel von $\varkappa = 45°$ bis $105°$ zur Anwendung. In Verbindung mit großen Schnitttiefen und stabilen Werkstücken sind kleinere Einstellwinkel vorteilhaft, da sich beim Ein- und Austritt der Schneidkante weichere Schnittkraftübergänge einstellen und die Belastung sich auf eine größere Schneidenlänge verteilt (**Bild 2**). D. h., die spezifische Belastung pro Millimeter Schneidkantenlänge ist geringer.

Die bei einer ganzen Werstückumdrehung zerspante Querschnittsfläche ergibt sich aus der Schnitttiefe a_p und dem Vorschubwert f und wird als Spanungsquerschnitt A bezeichnet:

$$A = a_p \cdot f$$

A Spanungsquerschnitt
f Vorschub

Neben der Größe des Spanungsquerschnitts hat auch dessen geometrische Form einen entscheidenden Einfluss auf die Zerspanungsverhältnisse an der Schneidkante (**Bild 3**). Der Zusammenhang zwischen den Abmessungen und der Form des Spanungsquerschnitts wird über den Einstellwinkel $\varkappa$ durch die Spanungsbreite b und die Spanungsdicke h festgelegt:

$$b = \frac{a_p}{\sin \varkappa} \qquad h = f \cdot \sin \varkappa$$

Beträgt der Einstellwinkel $\varkappa = 90°$, entspricht die Spanungsbreite b der Schnitttiefe a_p und die Spanungsdicke h dem Vorschub f.

Mit kleiner werdendem Einstellwinkel wird bei konstanter Schnitttiefe und konstantem Vorschub das Verhältnis von b/h größer, d. h., der Schlankheitsgrad des Spanungsquerschnitts nimmt zu und die Späne werden dünner.

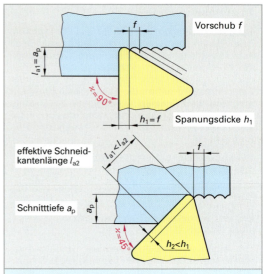

Bild 1: Einfluss des Einstellwinkels

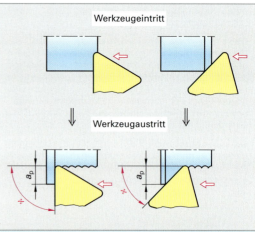

Bild 2: Eintritt bzw. Austritt der Schneidkante bei unterschiedlichen Einstellwinkeln

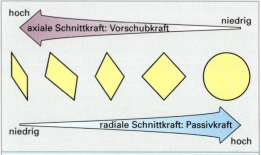

Bild 3: Zerspanungsbedingungen durch unterschiedliche Wendeschneidplatten

Um eine ausreichend hohe Standzeit der Schneidkante zu erreichen, muss in Abhängigkeit der Schneidkantenverrundung, bei geringen Einstellwinkeln über die Erhöhung des Vorschubs eine Mindestspanungsdicke h_{min} erreicht werden.

Bei Werkstoffen, die zur Bildung einer Aufbauschneide neigen, ist es günstiger mit einem größeren Einstellwinkel zu arbeiten, da mit geringer werdender Spanungsbreite b die Späne dicker werden und der Schnittdruck auf die im Eingriff befindliche Schneidkantenlänge zunimmt. Damit wird das Verschweißen von Spanpartikeln auf der Spanfläche de Schneidkeils weitgehend verhindert und die Aufbauschneide reduziert.

Bei konstantem Vorschub, Schnitttiefe und Spanungsquerschnitt A nimmt mit kleiner werdendem Einstellwinkel $\varkappa$ die Spanungsbreite b etwa im gleichen Maße zu, wie die Spanungsdicke h abnimmt.

Die Richtung und die Größe der Zerspankraftkomponenten in der Bearbeitungsebene werden durch den Einstellwinkel $\varkappa$ beeinflusst. Mit größer werdendem Einstellwinkel nimmt die beim Längsdrehen in axialer Richtung auftretende Vorschubkraft F_f zu, während der Betrag der in radialer Richtung wirkenden Passivkraft F_p geringer wird (**Bild 1**). Der überwiegende Anteil der Axialkraft F_a bei größeren Einstellwinkeln führt vor allem bei langen, dünnen Wandstücken oder beim Innenausdrehen mit langauskragenden Werkzeugen zu geringeren Werkstück- bzw. Werkzeugabdrängung und damit zu schwingungsarmen und stabilen Zerspanungsbedingungen.

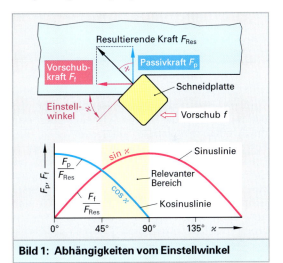

Bild 1: Abhängigkeiten vom Einstellwinkel

Aufgabe:
Zum Längsdrehen von Wellen (**Bild 2**) aus dem Werkstoff 42 CrMo 4 sollen die Zerspanungskräfte bestimmt werden und in einem Diagramm in Abhängigkeit vom Spanungsquerschnitt dargestellt werden.

Werkzeug: Wendeplattenhalter mit HC-P20
Schnittwerte: Schnittgeschwindigkeit 250 m/min,
              Vorschub 0,3 mm/Umdrehung
Werkstoff: Vergütungsstahl 42 CrMo 4

Lösung:

1. Spanungsdicke h
   $h = f \cdot \sin \varkappa = 0,3\,\text{mm} \cdot \sin 63°$
   $h = 0,26\,\text{mm}$

2. spezifische Schnittkraft k_c
   $$k_c = \frac{k_{c1.1}}{h^{mc}} = \frac{1565}{0,26^{0,26}} = 2122\,\frac{\text{N}}{\text{mm}^2}$$

3. Spanungsquerschnitt A
   $A = a_p \cdot f = 3\,\text{mm} \cdot 0,3\,\text{mm} = 0,9\,\text{mm}^2$

   Schnitttiefe $a_p = \dfrac{D-d}{2}$ $a_p = \dfrac{60-54}{2} = 3\,\text{mm}$

4. Tangentiale Schnittkraft F_c (**Bild 3**)

   $F_c = A \cdot k_c = 0,9\,\text{mm}^2 \cdot 2122\,\dfrac{\text{N}}{\text{mm}^2} = 1909\,\text{N}$

   im Versuch gemessen:

   $F_c = 2000\,\text{N}, \quad F_f = 1000\,\text{N}, \quad F_p = 500\,\text{N}$

   $F_c : F_f : F_p = 4 : 2 : 1$

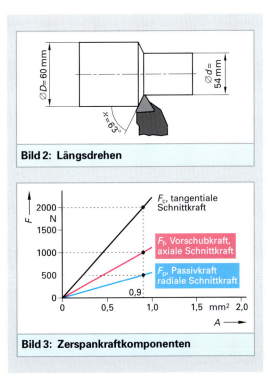

Bild 2: Längsdrehen

Bild 3: Zerspankraftkomponenten

Eckenwinkel ε (Epsilon)

Der Winkel zwischen der Haupt- und Nebenschneide wird als Spitzen- oder Eckenwinkel ε definiert **(Bild 1)**. Die Stabilität und das Anwendungsspektrum der Schneidplatte ergibt sich durch die Größe des Eckenwinkels. Der Eckenwinkel variiert in einem Bereich von ε = 35° ... 90°, wobei mit größer werdendem Winkel die Wärmeableitung an der Wirkstelle und die Stabilität der Schneidplatte zunimmt. Runde Schneidplatten eigenen sich wegen der hohen Stabilität für Zerspanungsaufgaben mit großen Belastungen. Die Lage der Nebenschneide zur Bearbeitungsfläche wird durch den Einstellwinkel der Nebenschneide $ε_N$ beschrieben.

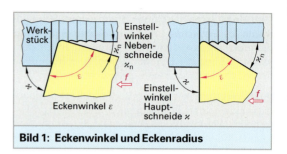

Bild 1: Eckenwinkel und Eckenradius

Eckenradius $r_ε$

Die Verbindung zwischen der Hauptschneide und der Nebenschneide an der Schneidenecke wird durch einen tangentialen Radiusübergang, den Eckenradius $r_ε$ **(Bild 2)**, hergestellt. Dieser definierte Eckenradius hat nicht nur die Aufgabe, die Schneidkanten miteinander zu verbinden, sondern sorgt an der in den Werkstoff vordringenden Schneidenecke für ausreichende Stabilität und gute Wärmeableitung. Ein größerer Eckenradius ergibt vor allem bei größeren Schnitttiefen, wie bei der Schruppbearbeitung, wegen der sanfteren Überleitung der Schnittkräfte auf die Hauptschneide eine Schnittkraftreduzierung auf die Schneidenspitze und damit häufig bessere Standzeitergebnisse. Größere Eckenradien erzeugen bei gleichem Vorschubwert *f* im Vergleich zu Schneidplatten mit kleinerem Eckenradius $r_ε$ Werkstückoberflächen mit geringerer Rauhtiefe. Die sich theoretische ergebende Rauhtiefe R_{th} lässt sich aus

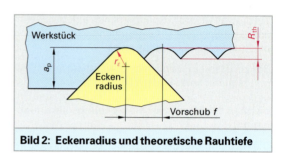

Bild 2: Eckenradius und theoretische Rauhtiefe

einer geometrischen Ableitung heraus wie folgt bestimmen:

$$R_{th} = \frac{f^2 \cdot 1000}{8 \cdot r_ε}$$

R_{th} theoretische Rauhtiefe in μm
f Vorschub in mm
$r_ε$ Eckradius in mm

Entsprechend dieser Gleichung vergrößert sich die Rauhtiefe R_{th} quadratisch mit dem Vorschubwert *f* und linear mit der Vergrößerung des Eckenradius $r_ε$. Die erreichbare Rauhtiefe hängt vor allem bei kleineren Vorschüben stark vom Verschleißzustand der Schneidenecke ab, so dass sich dadurch abweichende Ergebnisse einstellen können.

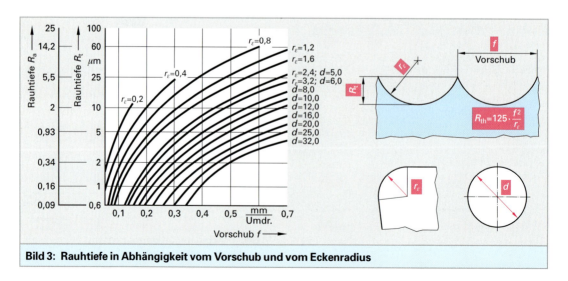

Bild 3: Rauhtiefe in Abhängigkeit vom Vorschub und vom Eckenradius

Bei der Drehbearbeitung mit geringen Schnitttiefen, beim Schlichten, wären nach den bisherigen Überlegungen Wendeschneidplatten mit größerem r_ε von Vorteil, da bei kleinen Schnitttiefen die Schneidenspitze die Hauptzerspanungsarbeit leistet. Ein großer Eckenradius verursacht aber in Verbindung mit Schnitttiefen, die geringer sind als der Eckenradius ($a_p < r_\varepsilon$) eine ungünstige Schnittkraftverteilung an der Schneidenecke (**Bild 1**).

Die Radialkraftkomponente nimmt wie bei kleinen Einstellwinkeln sehr stark zu, was zum Abdrängen des Werkzeugs und des Werkstücks führt. Die Folge sind Vibrationen an der Schneidkante und Verformungs- bzw. Quetschungsvorgänge des Werkstückwerkstoffs. Diese ungünstigen Zerspanungsbedingungen verursachen durch den großen radialen Schnittdruck Gefügeveränderungen in der Randschicht des zu bearbeitenden Werkstoffs, durch die Schwingungen an der Schneidkante geringe Oberflächengüte am Werkstück und verringerte Standzeit, einen größeren Leistungsbedarf für die Zerspanung und dadurch mehr freiwerdende Wärmeenergie an der Wirkstelle.

Die Festlegung des Eckenradius stellt also immer einen Kompromiss dar, zwischen der Schneidenstabilität, der geforderten Oberflächengüte, der Spanformung und den entstehenden Zerspanungskräften.

Richtwerte für r_ε sind:
Schruppbearbeitung $f < 1/2\ r_\varepsilon$,
Schlichtbearbeitung $f < 1/3\ r_\varepsilon$

Neigungswinkel λ (Lambda)

Die radiale Orientierung der Spanfläche in Richtung der Hauptschneide zu einer horizontalen Ebene wird durch den Neigungswinkel λ beschrieben. Der Neigungswinkel ist durch die Einbaulage der Wendeschneidplatte im Plattensitz des Werkzeugs bestimmt und kann positiv oder negativ sein.

Die axiale Orientierung der Spanfläche senkrecht zur Hauptschneide ist durch den Spanwinkel γ (Gamma) festgelegt. Ist der Neigungswinkel λ positiv, steigt die Hauptschneide in Richtung vorderer Schneidenecke an, ist λ negativ, fällt die Hauptschneide in Richtung Schneidenecke ab.

Der Spanwinkel ist dann positiv, wenn die Spanfläche von der Hauptschneide aus betrachtet nach hinten abfällt. Steigt die Spanfläche in Richtung des ablaufenden Spanes nach hinten an, ist der Spanwinkel negativ. Beträgt der Einstellwinkel des Werkzeugs $\varkappa = 90°$, so stehen die Betrachtungs-

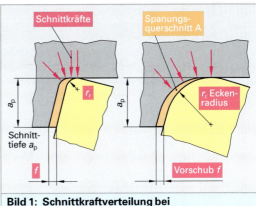

Bild 1: Schnittkraftverteilung bei unterschiedlichen Eckenradien

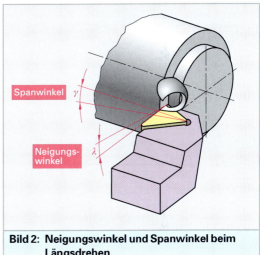

Bild 2: Neigungswinkel und Spanwinkel beim Längsdrehen

ebenen für den Neigungswinkel λ und für den Spanwinkel γ ebenfalls im rechten Winkel zueinander.

Damit sich bei Schneidplatten mit einem Keilwinkel $\beta = 90°$ an der Schneidenecke der notwendige Freiwinkel α ergibt, muss der Neigungswinkel negativ sein. Bei Keilwinkeln $\beta < 90°$ kann sich durch die Einbaulage der Wendeschneidplatte ein positiver Neigungswinkel und ein positiver Spanwinkel einstellen.

Ein negativer Neigungswinkel λ stabilisiert die Schneidenecke, während ein positiver Neigungswinkel λ die störungsfreie Spanabfuhr begünstigt.

Durch die Anpassung der Spanfläche und der Schneidkante an die Zerspanungsaufgabe wird der Anwendungsbereich der Schneidplatte erweitert.

Um die Späne gezielt zu formen und um die Span-
länge zu begrenzen, werden Spanleitstufen und
Spanbrecher in der Spanfläche vorgeformt. Die
Einbaulage der Schneidplatte im Werkzeughalter
ergibt in Verbindung mit den meist positiven
Spanleitstufen auf der Spanfläche einen effektiv
wirksamen Spanwinkel γ_{eff}, der die Zerspanungseigenschaften der Schneide bestimmt.

Um die Schnittkräfte auf den Schneidkeil abzuleiten und damit die Stabilität der Schneidkante zu
erhöhen, wird diese mit einer definierten Mikro-
geometrie versehen. Je nach Anwendungsfall
werden die Schneidkanten verrundet oder gefast.

Für die Schruppbearbeitung wird häufig eine
stabilisierende Fase vorgesehen, die ähnlich wie
der Spanwinkel die Richtung der Zerspankräfte
im Schneidkantenbereich günstig beeinflusst.
Schneidkanten zum Schlichten mit geringen
Schnitttiefen und kleinen Vorschüben sind mit
Kantenverrundung ausgestattet.

Bild 1: Innenausdrehen

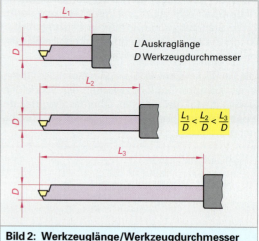

Bild 2: Werkzeuglänge/Werkzeugdurchmesser

2.6.4.3 Innenausdrehen

Das Innenausdrehen wird z. B. häufig bei Guss- und
Schmiedewerkstücken mit vorgefertigten Bohrungen angewendet (**Bild 1**). Anders als beim Außendrehen, entspricht beim Innenausdrehen die
Werkzeuglänge der Werkstück- bzw. Bohrungstiefe. Mit zunehmender Ausspannlänge bzw.
Werkzeugauskragung L wird die Abdrängung des
Werkzeugs in radialer Richtung größer. Dies führt
zu Prozessstörungen wie Vibrationen am Werkzeug und zu Form- und Maßabweichungen an der
Bohrung.

Abhängig vom Bohrungsdurchmesser ist bei der
Werkzeugwahl ein kleines Verhältnis L/D (**Bild 2**)
von Werkzeugauskraglänge L zum Werkzeugdurchmesser D anzustreben, um für die Innenbe-
arbeitung möglichst stabile Zerspanungsbedingungen sicherzustellen.

Einfluss der Zerspanungskräfte

Die beim Bearbeitungsprozess wirkenden Zerspankraftkomponenten drängen das Werkzeug aus
seiner Achsrichtung. Die Tangentialschnittkraft F_c
entsteht durch den, senkrecht auf die Schneidplatte anstehenden Schnittdruck und wirkt am Werkzeugumfang in tangentialer Richtung (**Bild 3**).

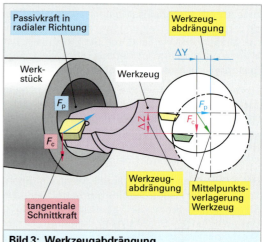

Bild 3: Werkzeugabdrängung

Die in Drehrichtung des Werkstücks gerichtete Auslenkung Δz des Werkzeugs führt wegen der radialen Krümmung der Bohrungswand zu einer Reduzierung des Spanwinkels γ und des Freiwinkels α **(Bild 1)**. Durch die sich dadurch verschlechternden Zerspanungsbedingungen wird dieser Effekt noch verstärkt. Die in radialer Richtung auftretende Passivkomponente F_p der Zerspankraft erzeugt eine Werkzeugablenkung Δy in Richtung der Werkstückachse. Die daraus resultierende Reduzierung der Schnitttiefe a_p verursacht Maß- und Formungenauigkeiten. Mit der Werkzeugabdrängung entstehen dynamische Rückstellkräfte, die zu Vibrationen bzw. Schwingungen führen.

Entscheidend für das Schwingungsverhalten ist die dynamische Steifigkeit des Werkzeugs und der Werkzeugaufnahme, d. h. die Fähigkeit den durch die Krafteinwirkung entstehenden Schwingungen zu widerstehen, bzw. sie zu dämpfen.

Entscheidend für die Werkzeugabdrängung sind wie bei der Außenbearbeitung zwischen der Werkzeuggeometrie und der Schnittkraftverteilung. Durch eine positive Schneidengeometrie reduziert sich die Tangentialschnittkraft. Während sich bei einem positiven Spanwinkel γ der Keilwinkel β aufgrund der Bedingung $\alpha + \beta + \gamma = 90°$ verkleinert, verringert sich auch die Stabiliät des Schneidkeils und ein kritischer Verschleißzustand an der Freifläche (Freiflächenverschleiß) wird in kürzerer Zeit erreicht.

Die Größe des Einstellwinkels $\varkappa$ beeinflusst das Verhältnis von radialer zu axialer Schnittkraft **(Bild 2)**. Um die radiale Ausrenkung des Innendrehwerkzeugs gering zu halten, ist ein großer Einstellwinkel ideal, da sich mit zunehmendem Einstellwinkel $\varkappa$ die in radialer Richtung wirkende Passivkomponente F_p verringert. Bei einem Einstellwinkel $\varkappa = 90°$ tritt nur noch die in Richtung Werkzeugaufnahme wirkende Axialkomponente der Zerspankraft auf. Für stabile Innendrehwerkzeuge und bei einem kleinen Verhältnis L/D können Einstellwinkel $\varkappa = 75 \ldots 90°$ gewählt werden, da das Ein- und Austrittsverhalten der Schneide und die Schnittkraftverteilung über eine größere effektive Schneidkantenlänge l_a, bzw. Spanungsbreite b, günstiger ist.

Bei kleinen Schnitttiefen a_p übt auch der Eckenradius r_ε auf die Verteilung von axialer und radialer Schnittkraftkomponenten einen bedeutenden Einfluss aus **(Bild 3)**. Ist die Schnitttiefe a_p kleiner als der Eckenradius ($a_p < r_\varepsilon$) entsteht ein sehr kleiner effektiv wirksamer Einstellwinkel $\varkappa$ der über die resultierende Passivkraft F_p eine in radialer Richtung auftretende Werkzeugablenkung Δy verursacht. Ist

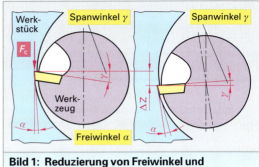

Bild 1: Reduzierung von Freiwinkel und Spanwinkel durch Werkzeugabdrängung

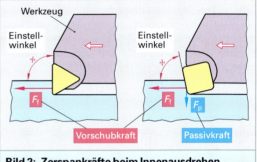

Bild 2: Zerspankräfte beim Innenausdrehen

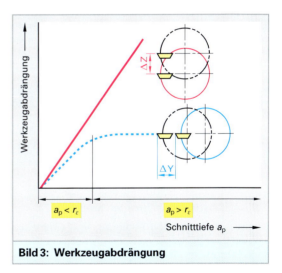

Bild 3: Werkzeugabdrängung

der Eckenradius r_ε kleiner als die Schnitttiefe a_p, übernimmt die Hauptschneide mit ihrem Einstellwinkel $\varkappa$ die hauptsächliche Zerspanungsarbeit und damit die Verteilung der Schnittkraftkomponenten. Die Wahl des geeigneten Eckenradius ist eine Kompromisslösung zwischen der Stabilität der Schneidenecke, der Oberflächenqualität und der Vibrationsneigung des Werkzeugs.

Werkzeuge zum Innenausdrehen

Zum Innenausdrehen werden üblicherweise ein-schneidige Bohrstangen in einteiliger oder geteil-ter Ausführung mit auswechselbaren Schneidköp-fen oder auch zweischneidige Ausbohrwerkzeuge verwendet. Die Abmessungen des Werkzeugs werden durch den Bohrungsdurchmesser und die Bohrungstiefe des Werkstücks bestimmt. Hierbei ist häufig ein Kompromiss, zwischen der Werk-zeugsteifigkeit und dem Platzbedarf für die Spä-neentsorgung notwendig.

Bohrstangenschäfte werden in Stahl-, Vollhart-metall- und Hartmetall-Stahl-Kombinationen aus-geführt. Bohrstangen mit Hartmetallschaft ha-ben aufgrund des dreifach höheren E-Moduls ($E_{HM} = 63 \cdot 10^4\,\text{N/mm}^2$, $E_{HSS} = 21 \cdot 10^4\,\text{N/mm}^2$) eine höhere dynamische Steifigkeit und zeigen auch bei großen Ausspannlängen eine geringere Auslen-kung als Bohrstangen mit Stahlschaft.

Schwingungsgedämpfte Innendrehwerkzeuge

Bei Werkzeugausspannlängen $L > 7 \cdot D$ ist die Vi-brationsdämpfung von Bohrstangen mit Stahl- oder Hartmetallschaft nicht mehr ausreichend. Für solche Zerspanungsaufgaben werden schwin-gungsgedämpfte Bohrstangen eingesetzt (**Bild 1** und **Bild 2**). Ein flüssigkeitsgelagerter Schwin-gungskern im Inneren der Bohrstange nimmt durch Schwingungskopplung die Bearbeitungs-schwingungen auf und erzeugt eine flüssigkeits-gedämpfte Resonanzschwingung.

Die Überlagerung der Anregungsschwingung und der phasenverschobenen Resonanzschwingung reduziert die Schwingungsamplitude der Bohr-stange. Neben der Qualitätssteigerung der Boh-rung reduziert sich der Verschleiß an der Werk-zeugschneide und an der Werkzeugmaschine.

2.6.4.4 Abstech- und Einstechdrehen

In der automatisierten Fertigung von Drehteilen kommt häufig Stangenmaterial zum Einsatz. Durch einen automatischen Stangenvorschub in der Ma-schine wird das Rohmaterial dem Bearbeitungs-prozess zugeführt und nach Fertigstellung vom Stangenmaterial abgetrennt (**Bild 3**). Neben dem Abstechen von rotationssymmetrischen Werkstü-cken sind an Drehteilen auch umlaufende Nuten durch das Einstechdrehen in radialer Vorschub-richtung herzustellen. Sind Einstechoperationen in axialer Richtung an der Planseite eines Drehteils notwendig, wird dies durch das Axialeinstechen realisiert (**Bild 4**).

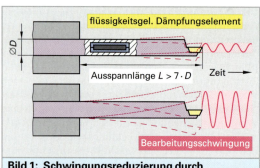

Bild 1: Schwingungsreduzierung durch Dämpferelement

Bild 2: Schwingungsgedämpfte Innendreh-werkzeuge mit Schwermetallschaft

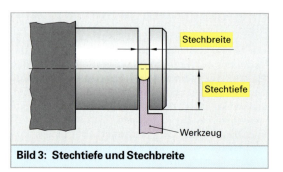

Bild 3: Stechtiefe und Stechbreite

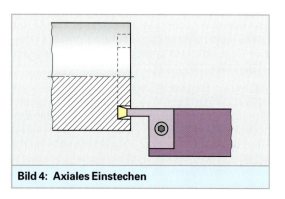

Bild 4: Axiales Einstechen

Beim Abstechdrehen führt, ähnlich dem Plandrehen, das Werkzeug in radialer Richtung eine geradlinige Vorschubbewegung aus **(Bild 1)**.

Man unterscheidet das *radiale Außeneinstechen* und das *radiale Inneneinstechen* **(Bild 2)** sowie das *axiale Einstechen* (Bild 4, vorgehende Seite).

Durch die Überlagerung der rotierenden Hauptschnittbewegung verringert sich der Durchmesser des Werkstücks. Schließlich bricht das abzutrennende Teil unter dem Einfluss der Zerspanungskraft und Gewichtskraft ab. Beim Abstechdrehen steht während des gesamten Bearbeitungsvorgangs an der Schneide beidseitig Werkstoff an.

Die schmale Ausführung des Werkzeugs (Stechbreite) und die vom Werkstückdurchmesser abhängige Werkzeugauskraglänge (Stechtiefe) vermindern die Stabilität des Abstechwerkzeugs. Die schlechte Zugänglichkeit der Schneide und die über die Abstechnut abfließenden Späne erschweren eine wirksame Kühlschmierstoffzufuhr.

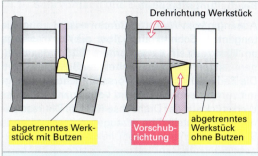

Bild 1: Abstechdrehen, Butzenbildung

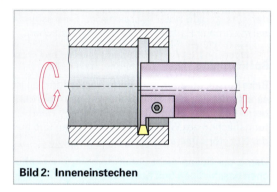

Bild 2: Inneneinstechen

Schneidengeometrie

Um das Freischneiden der Haupt- und Nebenschneiden zur Werkstückoberfläche sicherzustellen, sind passende Freiwinkel notwendig **(Bild 2)**. Der Einstellwinkel der Hauptschneide beeinflusst die Verteilung von axialer und radialer Schnittkraft beim Zerspanungsvorgang.

Mit zunehmendem Einstellwinkel $\varkappa$ der stirnseitigen Hauptschneide verursacht die größer werdende Axialkomponente der Zerspanungskraft ein Abdrängen des Werkzeugs aus der Vorschubrichtung, das zu konvexen bzw. konkaven Werkstückoberflächen führt.

Durch eine neutrale Schneidplatte (Einstellwinkel $\varkappa = 0°$) erhält man zwar eine stabile, stirnseitige Hauptschnittkante, aber der beim Abstechen obligatorische Restquerschnitt (Butzen) verbleibt immer am abgetrennten Werkstückteil.

Einstellwinkel $\varkappa$ über $0°$ ergeben einen verbleibenden Werkstoffbutzen an dem in der Maschine eingespannten Werkstückteil. Dieser kann durch Überfahren der Werkstückmitte mit dem Abstechwerkzeug entfernt werden. Die stirnseitige Ausführung des Schneideneinsatzes (Rechtsausführung oder Linksausführung) hängt von der Drehrichtung des Werkstücks ab.

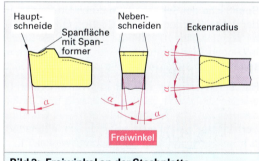

Bild 3: Freiwinkel an der Stechplatte

Bild 4: Stirnseitige Ausführung des Schneideinsatzes

Speziell für kurzspanende Werkstoffe werden auch geradgenutete Bohrer ($\gamma_f = 0\,°$) mit hoher Torsionssteifigkeit eingesetzt **(Bild 1)**. Durch die innere Kühlmittelzufuhr (IKZ) werden die Späne aus der Bohrung ausgespült. Um das Ausweichen in radialer Richtung bei gewendelten Bohrern bei größeren Bohrungstiefen zu verhindern, können überlange Wendelbohrer einen negativen Seitenspanwinkel γ_f aufweisen. Durch die negative Steigung ergibt sich eine Schnittkraftkomponente in axialer Richtung (F_z bzw. F_{ax}), die den Bohrer vorspannt und stabilisiert **(Bild 2)**.

Der Einstellwinkel $\varkappa$ (Kappa) des Wendelbohrers entspricht dem halben Spitzenwinkel **(Bild 3)**:

$$\varkappa = \sigma/2$$

$\varkappa$	Einstellwinkel
σ	Spitzenwinkel

Der Zerspanungsvorgang beim Bohren unterscheidet sich kaum von dem der Drehbearbeitung. Der kontinuierliche Schneideneingriff und die definierten Winkel am Schneidkeil sorgen für stabile Zerspanungsbedingungen. Durch die wendel- bzw. schraubenförmige Bewegung des Schneidkeils durch den Werkstoff und der damit um den Vorschubwinkel η (Eta) geneigte Bearbeitungsebene ergibt sich eine Abhängigkeit des Freiwinkels und des Spanwinkels vom Vorschubwinkel $\eta = f/\pi \cdot D$ des eingestellten Vorschubwertes f **(Bild 1, folgende Seite)**.

Mit zunehmendem Werkzeugvorschub verringert sich der effektiv wirksame Freiwinkel an der Schneidkante und der tatsächlich wirkende Spanwinkel wird größer. Dies führt an der Freifläche zu ungünstigen Reibungsverhältnissen und zu erhöhtem Freiflächenverschleiß. Der Zusammenhang zwischen dem Vorschubwert und dem effektiv wirkenden Spanwinkel ermöglicht durch die Abstimmung von Schnittgeschwindigkeit und Vorschub für den speziellen Anwendungsfall eine Optimierung der Spanbildung und des Spanbruchs.

Die Spandickenstauchung λ (Lambda) als Folge des plastischen Umformvorgangs bei der Spanbildung hängt direkt vom Werkzeugvorschub **(Bild 2, folgende Seite)** ab:

$$\lambda = h_1/h$$
$$h = f_z \cdot \sin \sigma/2$$

h	Spanungsdicke
h_1	gemessene Spandicke
σ	Spitzenwinkel
f_z	$= f/2$, Vorschub pro Schneide

Eine Erhöhung des Vorschubs, bzw. die Verringerung der Schnittgeschwindigkeit über die Drehfrequenz des Werkzeugs, führt aufgrund der größeren Spandickenstauchung zu kürzeren Spanlängen.

Hartmetallbohrer mit 0° Seitenspanwinkel (geradgenutet) mit Kühlmittelzufuhr durch Stege. Bohrungstiefen bis 15 × D und H7 Bohrungsqualität. Für die Bearbeitung von kurzspanenden Werkstoffen wie z. B. Gusseisen, Grauguss und Aluminium-Silizium-Legierungen.

Bild 1: Hartmetallbohrer mit $\gamma_f = 0\,°$

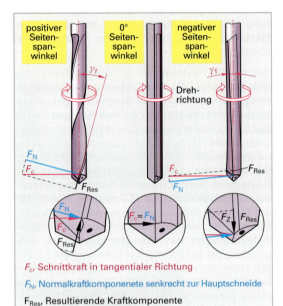

F_c, Schnittkraft in tangentialer Richtung
F_N, Normalkraftkomponenete senkrecht zur Hauptschneide
F_{Res}, Resultierende Kraftkomponente

Bild 2: Schnittkraftkomponenten in Abhängigkeit vom Seitenspanwinkel

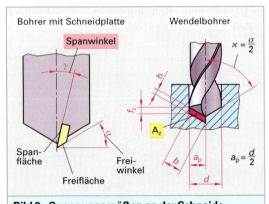

Bild 3: Spannungsgrößen an der Schneide

Nur optimal aufeinander abgestimmte Schnittdaten garantieren ein günstiges Spanbruchverhalten, damit die anfallenden Späne ohne fest-
zuklemmen über die wendelförmigen Spannuten
des Werkzeugs aus der Bohrung störungsfrei abgeführt werden können.

Die Abnahme der Schnittgeschwindigkeit und des
Spanwinkels entlang der Schneidkante zur Bohrerachse hin führt durch *Abdrücken* zu einer plastischen Verformung des Werkstoffs und damit zu
ungünstigen Zerspanungsbedingungen. Bei gesteigerten Vorschubwerten weichen vor allem in-
stabile Wendelbohrwerkzeuge durch den Anstieg
der axialen Vorschubkraft in radialer Richtung aus
und verursachen eine unrunde Bohrung.

Die Verringerung der Axialkraft bzw. der Vorschubkraft und damit auch der Werkzeugabdrängung
wird durch eine optimierte Schneidkantenführung
im Bereich der Querschneide im Bohrzentrum erreicht.

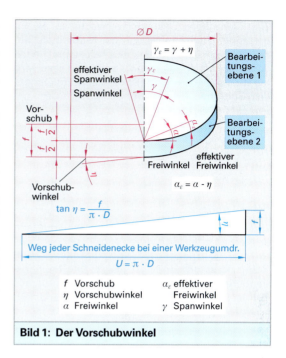

Bild 1: Der Vorschubwinkel

Reibungsverhältnisse

Mit zunehmendem Vorschub wird der Vorschubwinkel η größer und damit verringert sich der
effektiv wirksame Freiwinkel an der Schneide (**Bild
1**). Bedingt durch die Geometrie der Bohrerspitze
wird der nutzbare Freiwinkel zum Bohrerzentrum
hin weiter reduziert. Die in Richtung Bohrerachse
abnehmende Schnittgeschwindigkeit v_c und der
sich ebenfalls verringerte Spanwinkel γ_{eff} führen zu
einer Werkstoffquetschung im Querschneidebe-
reich und bei höheren Vorschubwerten zu ungünstigen Reibungsverhältnissen, die ein starkes Ansteigen der Axialkraftkomponente zur Folge haben.

Die in den Spannuten nach oben abgleitenden
Späne verursachen dem Drehmoment entgegen-
wirkende Reibungskräfte an der Bohrungswandung. Durch die Verwendung innerer Kühlmittelzufuhr werden die anfallenden Späne mit hohem
Druck aus der Bohrung gespült.

Schnittkräfte beim Bohren

Die beim Bohrvorgang in axialer-, radialer- und
tangentialer Richtung wirkenden Kräfte unterscheiden sich im Wesentlichen nicht von denen
auch bei anderen Fertigungsverfahren, wie z. B.
beim Drehen entstehenden Zerspanungskräften.
Die Größe und die Richtung der Zerspankraftkomponenten sind vom Werkstückwerkstoff, von
der Werkzeuggeometrie, von den eingestellten
Schnittwerten und von den Reibbedingungen
beim Bohrprozess abhängig.

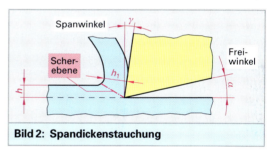

Bild 2: Spandickenstauchung

Werkstückwerkstoff

Der Widerstand des Werkstückwerkstoffs gegen
das Eindringen des Schneidkeils wird durch die
spezifische Schnittkraft k_c in N/mm² beschrieben.
Die spez. Schnittkraft ist die in Abhängigkeit des
Spanwinkels γ und der Spanungsdicke h tangential
wirkende, zur Spanabnahme notwendige, Zerspankraftkomponente bezogen auf 1 mm² Spa-
nungsquerschnittsfläche. Die k_c-Werte sind für
verschiedene Werkstoffe in Tabellen dargestellt.

Werkzeuggeometrie

Mit größer werdendem Spanwinkel an der Werkzeugschneide reduziert sich die spez. Schnittkraft,
da der Schneidkeil leichter im Werkstoff vordringen kann. Der Zerspanungswiderstand k_c des
Werkstoffs verringert sich um ca. 1 % pro Grad Zunahme des Spanwinkels.

Zum Vordringen des Bohrwerkzeugs in axialer Vorschubrichtung muss von der Maschinenspindel, bzw. vom Vorschubantrieb eine entsprechende Vorschubkraft F_f aufgebracht werden. Diese wird mit zunehmendem Einstellwinkel bzw. zunehmendem Spitzenwinkel σ der Bohrerspitze größer.

Schnittwerte

Unabhängig vom verwendeten Bohrwerkzeug sind die Schnittbewegungen und die daraus abgeleiteten Zerspanungsgeschwindigkeiten beim Bohrprozess grundsätzlich gleich. Die Rotationsfrequenz des Werkzeugs (Drehzahl) lässt sich aus der Schnittgeschwindigkeit v_c im m/min und dem Werkzeugdurchmesser D bestimmen.

Um den Werkzeugdurchmesser in die Formel in Millimeter einsetzen zu können, wird noch mit dem Faktor 1000 mm/m multipliziert.

$$n = v_c \cdot 1000/\pi \cdot D$$

n Drehzahl in m/min
v_c Schnittgeschwindigkeit in m/min
D Werkzeugdurchmesser in mm

Während einer Umdrehung des Werkzeugs oder des Werkstücks wird der in axialer Richtung zurückgelegte Weg als Vorschub f in mm/Umdr. bezeichnet. Zu unterscheiden ist der Werkzeugvorschub f und der Vorschub/Zahn bzw. Schneide f_z:

$$f = f_z \cdot z$$

z Zähnezahl
f_z Vorschub pro Zahn

Für zweischneidige Wendelbohrer wird in Schnittwerttabellen üblicherweise der Werkzeugvorschub $f = 2 \cdot f_z$ angegeben.

Die Vorschubgeschwindigkeit v_f ist das Produkt aus Vorschub und Drehzahl:

$$v_f = n \cdot f$$

n Drehzahl in 1/min
f Vorschub in mm

Die Schnittbreite bzw. die radiale Schnitttiefe a_p entspricht beim Vollbohren dem halben Werkzeugdurchmesser $a_p = D/2$

Die Schnittbreite a_p beim Aufbohren entspricht wie bei der Drehbearbeitung dem halben Durchmesserunterschied: $a_p = D - d/2$

Der bei einer vollen Werkzeugumdrehung von einer Schneide zerspante Spanungsquerschnitt A_z in mm² errechnet sich aus dem Vorschub/Schneide f_z und der radialen Schnitttiefe a_p:

$$A_z = a_p \cdot f_z = D \cdot f_z/2$$

Für den zweischneidigen Bohrer gilt $A = D \cdot f/2$

Bezogen auf eine Schneide lassen sich entsprechend den Koordinatenrichtungen folgende Schnittkraftkomponenten beschreiben:

X-Richtung   →   Radialkraft (Passivkraft F_p)
Y-Richtung   →   Tangentialkraft (Schnittkraft F_c)
Z-Richtung   →   Axialkraft (Vorschubkraft F_f)

Die Berechnung der Tangentialschnittkraft F_c erfolgt mit Hilfe der spezifischen Schnittkraft k_c und dem Spanungsquerschnitt A.

Bezogen auf eine Schneide gilt:

$$F_{cz} = A_z \cdot k_c = a_p \cdot f_z \cdot k_c$$
$$F_{cz} = D/2 \cdot f/2 \cdot k_c = D \cdot f/4 \cdot k_c$$
oder
$$F_{cz} = b \cdot h \cdot k_c$$

A_z Spanungsquerschnitt/Zahn in mm²
a_p Schnitttiefe in mm, $a_p = D/2$
f_z Vorschub/Zahn ihn mm/Umdr., $f_z = f/2$
b Spanungsbreite, $b = a_p/\sin \sigma/2 = D/2 \sin \sigma/2$
h Spanungsdicke, $h = f_z \cdot \sin \sigma/2$
für Spitzenwinkel $\sigma = 120°$ gilt: $h = 0,43 \cdot f$
für Spitzenwinkel $\sigma = 140°$ gilt: $h = 0,46 \cdot f$

Die tangentiale Gesamtschnittkraft F_c eines achssymmetrischen zweischneidigen Bohrwerkzeuges lässt sich wie folgt berechnen:

$$F_c = F_{cz} + F_{cz} = 2 \cdot F_{cz}$$

$$A = A_z + A_z = 2 \cdot A_z = D \cdot f/2$$

$$F_c = D \cdot f/2 \cdot k_c$$

Die mit größer werdendem Einstellwinkel $\varkappa = \sigma/2$ zunehmende Vorschubkraft F_f in axialer Richtung wird mit folgender Gleichung bestimmt:

$$F_f = F_c \cdot \sin \sigma/2 = F_{cz} \cdot z \cdot \sin \sigma/2$$
$$F_f = D \cdot f/2 \cdot k_c \cdot \text{sind } \sigma/2$$

Spezifische Schnittkraft k_c

Durch die Abnahme der Schnittgeschwindigkeit und des Spanwinkels zur Bohrermitte hin und die ungünstigen Reibungsverhältnisse im Querschneidenbereich einschließlich der Spanstauchungsvorgänge an der Bohrungswand sind die üblicherweise beim Drehen ermittelten k_c- Werte zur Schnittkraftberechnung **(Tabelle 1)** für das Bohren mit einem Korrekturfaktor nach oben anzupassen:

$$k_{cB} \triangleq 1{,}2 \cdot k_c \triangleq k_{c1.1}/h^{mc} \cdot 1{,}2$$

damit ergibt sich die Schnittkraft F_{cB} zu **(Bild 1)**:

$$F_{cB} \triangleq A \cdot k_c \cdot 1{,}2$$

Für den Werkzeugverschleiß ist ggf. noch ein weiterer Korrekturwert zu berücksichtigen:

$$K_{ver} \triangleq 1{,}3$$

damit ergibt sich für k_c:

$$k_{cB} \triangleq 1{,}2 \cdot 1{,}3 \cdot k_c$$

Schnittmoment M_c

Das Schnittmoment M_c ergibt sich bei einem zweischneidigen Bohrwerkzeug aus der Summe der beiden Einzeldrehmomente $M_{c1} + M_{c2}$ an den jeweiligen Schneiden.

Der rechnerische Angriffspunkt für den Hebelarm der tangentialen Zerspankraft entlang der Hauptschneide ist näherungsweise mit $r \triangleq D/4$ anzusetzen:

$$M_{cz} = r \cdot F_{cz} = D \cdot F_{cz}/4 = D \cdot F_c/8$$

$$M_c = 2 \cdot M_{cz}$$

$$M_c = D \cdot F_c/4 = D^2/8 \cdot f_z \cdot z \cdot k_c \cdot 1/10^3 \text{ mm/m} \textbf{ (Bild 2)}$$

M_c Schnittmoment in Nm
D Bohrerdurchmesser in mm
f_z Vorschub/Zahn in mm
k_c spezifische Schnittkraft in N/mm^2
F_c Schnittkraft in N

Tabelle 1: $k_{c1.1}$ und m_c		
Werkstoff	$k_{c1.1}$ in N/mm^2	m_c
E295	1500	0,3
C35, C45	1458	0,27
C60	1690	0,22
9S20	1390	0,18
9SMn28	1310	0,18
35S20	1420	0,17
16MnCr5	1400	0,30
18CrNi8	1450	0,27
20MnCr5	1465	0,26
34CrMo4	1550	0,28
37MnSi5	1580	0,25
40Mn4	1600	0,26
42CrMo4	1565	0,26
50CrV4	1585	0,27
X210Cr12	1720	0,26
EN-GJL-200	825	0,33
EN-GJL-300	900	0,42

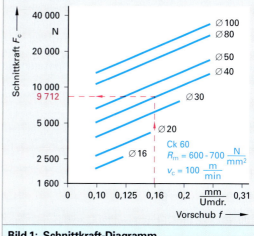

Bild 1: Schnittkraft-Diagramm

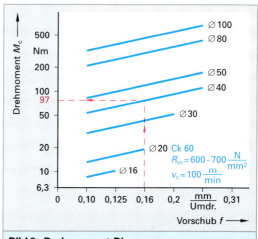

Bild 2: Drehmoment-Diagramm

Schnittleistung P_c

Nach den Gesetzen der Mechanik lässt sich die erforderliche Schnittleistung P_c mit dem Produkt aus Schnittmoment M_c und der Winkelgeschwindigkeit ω bestimmen:

$$\boxed{\begin{aligned} P_c &= M_c \cdot \omega \\ \omega &= 2 \cdot \pi \cdot n \end{aligned}}$$
P_c Schnittleistung
M_c Schnittmoment
ω Winkelgeschwindigkeit

$$\boxed{P_c = F_c \cdot D/4 \cdot 2 \cdot \pi \cdot n} \qquad n = v_c/D \cdot \pi \text{ in } 1/min$$

$$\boxed{P_c = F_c \cdot v_c/(10^3 \text{ W/kW} \cdot 2 \cdot 60 \text{ s/min})} \text{ (Bild 1).}$$

F_c Schnittkraft in N
v_c Schnittgeschwindigkeit in m/min
P_c Schnittleistung in Nm/s = Watt

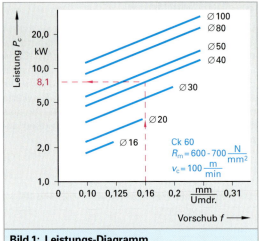

Bild 1: Leistungs-Diagramm

Um die Leistung in kW zu erhalten, wird die Gleichung durch die Faktoren 10^3 W/kW und 60 s/min dividiert. Um die Antriebsleistung der Maschine zu ermitteln wird die am Werkzeug erforderliche Schnittleistung P_c durch den Maschinenwirkungsgrad η dividiert:

$$\boxed{P_e = P_c/\eta}$$
P_e Antriebsleistung
P_c Schnittleistung
η Maschinenwirkungsgrad

Für Werkzeugmaschinen gilt: $0,75 < \eta < 0,9$.

Bild 2: Wendeplattenbohrer

Aufgabe zu den Diagrammen F_c, M_c und P_c

Wendeplattenbohrer **(Bild 2)** Durchmesser:
$D_c = 40$ mm

Schnittgeschwindigkeit: $v_c = 100$ m/min

Vorschub: $f = 0,16$ mm

Werkstoff: Ck 60

1. **Schnittkraft F_c**
   Spanungsquerschnitt
   $A = D \cdot f/2 = 40 \text{ mm} \cdot 0,16 \text{ mm}/2 = 3,2 \text{ mm}^2$
   Spezifische Schnittkraft k_c
   $k_c = k_{c1.1}/h^{mc} \cdot 1,2 = 1690/0,16^{0,22} \cdot 1,2$
   $k_c = 3035 \text{ N/mm}^2$
   für Wendeplattenwerkzeug gilt:
   Spanungsdicke $h \cong$ Vorschub f
   $F_c = A \cdot k_c = 3,2 \text{ mm}^2 \cdot 3035 \text{ N/mm}^2 = \underline{\textbf{9712 N}}$

2. **Schnittmoment M_c:**
   $M_c = D \cdot F_c/4 = 0,040 \text{ m} \cdot 9712 \text{ N}/4 = \underline{\textbf{97,12 Nm}}$

3. **Schnittleistung P_c:**
   $P_c = F_c \cdot v_c/2 \cdot 10^3 \cdot 60 \text{ s/min}$
   $P_c = 9712 \text{ N} \cdot 100 \text{ m/min}/2 \cdot 10^3 \cdot 60 \text{ s/min} = \underline{\textbf{8,1 kW}}$

Wiederholung und Vertiefung

1. Welche Zerspanungsbedingungen liegen im Bohrerzentrum vor?

2. Warum erzeugen Wendelbohrer aus Hartmetall bessere Bohrungsqualitäten als vergleichbare Bohrer aus HSS?

3. Wie verändern sich der effektiv wirksame Freiwinkel und der effektive Spanwinkel am Wendelbohrer mit zunehmendem Werkzeugvorschub?

4. Wie wirkt sich ein zu großer Werkzeugvorschub auf den Bohrvorgang aus?

5. Welche Auswirkungen hat die Spandickenstauchung im Bohrerzentrum auf die Spanbildung?

6. Warum ist bei der Bestimmung der spezifischen Schnittkraft kc beim Bohrvorgang ein Korrekturwert von $k = 1,2$ zu berücksichtigen?

7. Welcher Zusammenhang besteht zwischen dem Werkzeugvorschub f, der Schnittkraft F_c, dem Schnittmoment M_c und der Schnittleistung P_c beim Bohrwerkzeug?

2.6.5.2 Bohrwerkzeuge

Gemeinsam haben alle Bohrwerkzeuge an ihrer Stirnseite eine oder mehrere Schneidkanten und meist wendelförmige Spannuten am Umfang.

Die Auswahl eines geeigneten Bohrers ist von werkstückbezogenen und technologischen Parametern abhängig:

- Durchmesser der Bohrung,
- Bohrungstiefe,
- Maß- und Formgenauigkeit der Bohrung,
- Werkstückwerkstoff,
- Anzahl der Bohrungen,
- Werkzeugaufnahme,
- Werkzeugmaschine.

Als besonders wichtig ist das Spanbruchverhalten und die Spanabfuhr aus der Bohrung heraus einzustufen. Hierbei kommt besonders bei größeren Bohrungstiefen dem kontrolliertem Spanbruch eine besondere Bedeutung zu, da ein Spänestau in den Spankammern und Spannuten des Bohrers zu starker Reibung an der Bohrungswand führt. Ein erhöhter Werkzeugverschleiß, eine Verminderung der Oberflächengüte an der Bohrungswand und im Extremfall der Werkzeugbruch durch das ansteigende Drehmoment sind die Folgen.

Generell wird beim Bohren zwischen Kurzbohren und Tiefbohren unterschieden. Die Zuordnung nur nach geringerer oder größerer Bohrungstiefe alleine wird den tatsachlichen Zerspanungsbedingungen beim Bohrprozess nicht gerecht. Vielmehr ist die Unterscheidung zwischen *Kurzbohren* und *Tiefbohren* von dem Verhältnis Bohrungstiefe/Bohrerdurchmesser abhängig.

Für Bohrungsdurchmesser

- D bis 30 mm gilt:
  Kurzbohren $L < 5 \times D <$ Tiefbohren,
- D über 30 mm gilt:
  Kurzbohren $L < 2,5 \times D <$ Tiefbohren.

Kurzbohrer

Kurzbohrer sind durch ihre symmetrische Schneidenanordnung und optimierte Schneidengeometrie meist selbstzentrierend.

Es werden zwei Hauptgruppen unterschieden:

- nachschleifbare Bohrer (Wendelbohrer) aus HM und HSS, meist in beschichteter Ausführung,
- Wendeplattenbohrer.

Wendelbohrer

Zu den nachschleifbaren Bohrern zählt in erster Linie der Wendelbohrer aus Hartmetall und HSS. Um wirtschaftliche Zerspanungsleistungen in unterschiedlichsten Werkstoffen zu erzielen, werden Bohrer mit verschiedenen Anschleifarten der Bohrerspitze eingesetzt. Der für die meisten Bearbeitungsaufgaben geeignete Spitzenanschliff ist der Kegelmantelanschliff **(Bild 1)**. Um die Zentrierwirkung des Bohrers zu verbessern und die axiale Vorschubkraft zu reduzieren wird die Querschneidenlänge durch Ausspitzen des Kerns verkürzt.

Eine gute Spanbildung und der Späneabtransport im Querschneidenbereich wird durch Korrektur des Spanwinkels und der Hauptschneidengeometrie im Zentrumsbereich des Bohrers erreicht.

Wendelbohrer aus HSS werden aufgrund der höheren Verschleißfestigkeit häufig mit Hartstoffschichten wie z. B. Titannitrid (TiN) beschichtet verwendet. Bevorzugter Schnellarbeitsstahl für hochbeanspruchte Bohrwerkzeuge ist die Sorte HS 6 – 5 – 2 – 5 mit 6 % Wolfram (Wo), 5 % Molybdän (Mo), 2 % Vanadium (Va) und 5 % Kobalt (Co).

Die pulvermetallurgisch hergestellten Vollhartmetallbohrer zeichnen sich gegenüber dem HSS Werkzeug durch höhere Druckfestigkeit und Wärmebeständigkeit aus und zeigen deshalb in der Anwendung deutliche Vorteile. Die höhere Steifigkeit des Hartmetalls verhindert ein radiales Aufdrehen des Werkzeug beim Bohrprozess und die damit entstehenden Torsionsschwingungen.

Die gesteigerten Schnittgeschwindigkeits- und Vorschubwerte reduzieren die Aufbauschneidenbildung und erzeugen durch die kurze Kontaktzeit im Werkstoff eine geringere Wärmeentwicklung im Werkzeug und auf der Bohrungsoberfläche. Die Qualität der Bohrungsoberfläche und die Maß- und Formgenauigkeit der mit Vollhartmetallbohrern hergestellten Bohrungen ist gegenüber der mit HSS-Werkzeugen hergestellten Bohrungen wegen der höheren Torsions- und Biegesteifigkeit des Hartmetalls deutlich besser. Bei der Rundheitsabweichung sind Verbesserungen um mehr als drei IT-Klassen möglich. Die Geradheit der Bohrungswand bzw. der Bohrungsachse und die Oberflächenqualität kann um mehr als 50 % gesteigert werden.

Kühlmittelaustritt   TiN-beschichteter Wendelbohrer aus Feinkornhartmetall zur Bearbeitung von Bau- und Einsatzstählen, Vergütungsstählen und legierten Stähle.

Bild 1: Wendelbohrer, beschichtet

Bei der Stahlbearbeitung und bei der Gussbearbeitung sind mit hartstoffbeschichteten (TiN, TiAlN, TiCN) Hartmetallbohrern 3-fach höhere Schnittgeschwindigkeiten und eine 30 %ige Vorschuberhöhung bei gleichem Standweg L_f im Vergleich zu beschichteten HSS-Bohrern möglich.

Hartmetallbohrer können gegenüber HSS-Werkzeugen, wegen der durch die Sprödigkeit des Hartmetalls bedingten Schneidkantenausbrüche, keine scharfe Schneide haben. Deshalb benötigt der verrundete oder gefaste HM-Schneidkeil einen Mindestvorschub f_{min} um an der Schneidkante einen vorauseilende Rissbildung und damit einen optimalen Standweg zu erreichen (**Bild 1**).

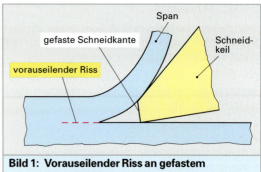

Bild 1: Vorauseilender Riss an gefastem Schneidkeil

Der technologische Leistungsvergleich zwischen TiN-beschichteten HSS Bohrern und Vollhartmetallwendelbohrern zeigt, dass der Faktor 3 die Verhältnisse am besten wiedergibt:

Eine Erhöhung der Schnittgeschwindigkeit von HM gegenüber HSS um Faktor 3 ergibt bei gleichzeitiger Steigerung des Vorschubs um ca. 30 % eine Verbesserung der Bohrungsgüte von mindestens drei *IT*-Genauigkeitsklassen und eine Zunahme des Standweges um Faktor 3.

Um das hohe Leistungspotenzial des Schneidstoffs Hartmetall wirtschaftlich nutzen zu können, muss die Werkzeugaufnahme hinsichtlich Drehmomentübertragung und Rundlaufgenauigkeit besondere Anforderungen erfüllen. Die dynamischen Rundlauffehler der Maschinenspindel und des Spannfutters übertragen sich beim Bohrvorgang direkt auf den Bohrer, mit der Folge, dass sich der Standweg und die Bohrungsqualität verringern.

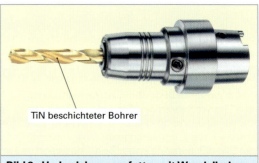

Bild 2: Hydrodehnspannfutter mit Wendelbohrer

In besonderem Maße sind Warmspannfutter, Kraftspannfutter, Hydrodehnspannfutter (**Bild 2**) und drehzahlfeste Spannzangenaufnahmen zum Spannen von leistungsfähigen Vollhartmetallbohrern auf stabilen Mehrspindel- und CNC-Maschinen geeignet.

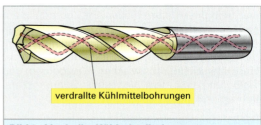

Bild 3: Verdrallte Kühlmittelbohrungen

Bei maximaler Bohrtiefe des Wendelbohrers sollte die Spannut noch mindestens um das 1 bis 1,5-fache des Werkzeugdurchmessers aus der Bohrung herausragen, damit die Späne und der Kühlschmierstoff ungehindert abgeführt werden können. Um die in kurzer Zeit anfallenden Spanvolumina effektiv aus der Bohrung zu entfernen, wird Kühlschmierstoff (KSS) als Ölemulsion unter hohem (Druck (8 bis 60 bar) durch innere Zuführung im Werkzeug (IKZ) an die Bohrerspitze gebracht. Dies geschieht entweder durch einen zentralen Kühlkanal im Bohrerkern oder mit verdrallten Kühlkanälen durch die Stege (**Bild 3**).

Werkzeuge mit verdrallten Kühlkanälen haben den Vorteil, dass sie mehrfach nachschleifbar sind und bei zwei oder drei Kanälen eine größere Kühlmittelmenge gefördert werden kann. Die erforderliche Kühlschmierstoffmenge (2 bis 25 l/min), bzw. der erforderliche KSS-Druck ist vom Bohrerdurchmesser und der Bohrungstiefe abhängig.

> Bohrer mit verdrallten Kühlkanälen können mehrfach nachgeschliffen werden.

Wendeplattenbohrer

Mit Wendeschneidplatten **(Bild 1)** ausgerüstete Kurzlochbohrer erzielen meist nicht die Bohrungsqualitäten wie geschliffene Wendelbohrer, überzeugen aber mit höherer Zerspanungsleistung und werden überwiegend bei größeren Bohrungsdurchmessern eingesetzt. Durch den flexiblen Einsatz unterschiedlicher Wendeplattengeometrien mit Spanleitstufen vom Werkzeugaußendurchmesser bis zum Zentrum und die Schnittaufteilung auf mehrere hintereinanderliegende Schneidkanten garantieren hohe Standleistungen und Spielraum für Optimierungen.

Mit Wendeplattenbohrern lassen sich unterschiedliche Anbohrsituationen wie konvexe, konkave oder schräge Werkstückoberflächen ohne radiale Ausweichbewegung des Bohrers realisieren. Wendeplattenbohrwerkzeuge sind sowohl zum Vollbohren als auch zum Kernbohren großer Bohrungsdurchmesser geeignet. Beim Kernbohren wird nicht das gesamte Bohrungsvolumen zerspant, sondern nur ein Kreisringzylinder. Im Zentrum der Durchgangsbohrung bleibt ein Werkstoffkern übrig.

2.6.5.3 Tiefbohren

Als tiefe Bohrungen werden Bohrungen bezeichnet, die ein großes Verhältnis von Bohrtiefe zu Bohrungsdurchmesser (L/D)) aufweisen. Bei Bohrungstiefen $L > 5 \times D$ bis $150 \times D$ werden aufgrund der extremen Zerspanungsverhältnisse im Bohrloch Tiefbohrverfahren angewendet, die eine spezielle Werkzeugform erfordern. Im Allgemeinen erfüllen die mit einem Tiefbohrverfahren hergestellten Bohrungen besondere Anforderungen

hinsichtlich Oberflächengüte bis $R_a = 0{,}1\,\mu\text{m}$, Maßtoleranzen im *IT8* Bereich und geringe Abweichungen in der Geradheit der Bohrungsachse.

Beim Tiefbohren werden auf besonders entwickelten Tiefbohrmaschinen unterschiedliche Bearbeitungsprinzipien angewendet:

- rotierendes Werkzeug/stillstehendes Werkstück
- stillstehendes Werkzeug/rotierendes Werkstück
- rotierendes Werkzeug/rotierendes Werkstück **(Bild 2)**.

Die, für rotationssymmetrische Werkstücke mit geringer Unwucht häufigste Bearbeitungsart ist die mit stillstehendem Werkzeug, das die lineare Vorschubbewegung ausführt, und rotierendem Werkstück.

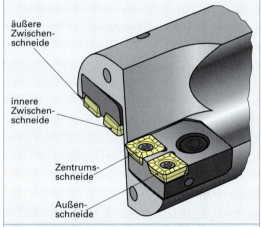

äußere Zwischenschneide

innere Zwischenschneide

Zentrumsschneide

Außenschneide

Bild 1: Wendeplattenbohrer für große Bohrungsdurchmesser mit Einbauhaltern

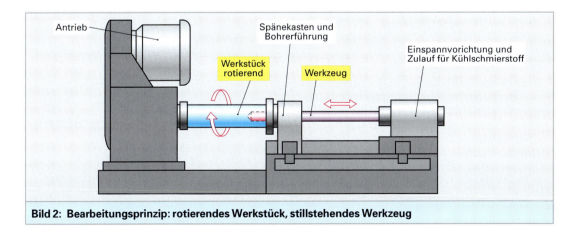

Antrieb

Spänekasten und Bohrerführung

Einspannvorrichtung und Zulauf für Kühlschmierstoff

Werkstück rotierend

Werkzeug

Bild 2: Bearbeitungsprinzip: rotierendes Werkstück, stillstehendes Werkzeug

Wie beim Kurzlochbohren werden beim Tiefbohren verschiedene Bohrsituationen unterschieden:

- **Vollbohren (Bild 1)**
  Für kleine bis mittlere Bohrungsdurchmesser wird das Vollbohren in einem Arbeitsgang angewendet.

- **Aufbohren (Bild 2)**
  Bereits vorgefertigte Bohrungen an Guss- und Schmiedewerkstücken werden durch das Aufbohren endgefertigt. Bohrungen mit größeren Durchmessern werden häufig wegen der beim Vollbohren erforderlichen hohen Zerspanungsleistungen und der entstehenden großen Spanvolumina mit einem kleineren Durchmesser vollgebohrt und nach einer eventuell notwendigen Wärmebehandlung des Werkstücks auf den gewünschten Fertigdurchmesser aufgebohrt.

- **Kernbohren (Bild 3)**
  Um große Bohrungsdurchmesser mit geringem Leistungsbedarf ohne Vorbohren herzustellen kann das Kernbohren zum Einsatz kommen. Beim Kernbohren wird durch einen speziellen Kernbohrer nur eine außenliegende Kreisringfläche zerspant, der innenliegende, zylindrische Werkstoffkern bleibt erhalten und wird aus der Bohrung entfernt.

Tiefbohrverfahren

Um Prozessstörungen beim Tiefbohren auszuschließen, werden zur Kühlschmierstoffzufuhr und zum Abtransport der Späne zwei grundsätzliche Verfahrensprinzipien angewendet:

- Der Kühlschmierstoff wird durch das Werkzeug über innenliegende Kanäle der Bohrerspitze zugeführt und der Späneabtransport erfolgt über eine Spannut außen am Bohrer. Dieses Verfahrensprinzip wird beim Einlippenbohrsystem angewendet.

- Der Kühlschmierstoff wird außen durch den Ringspalt zwischen Bohrerschaft und Bohrungswandung oder in einem als Doppelrohr ausgeführten Bohrerschaft der Wirkstelle zugeführt und der Späneabtransport erfolgt über einen innenliegenden Spänekanal durch das Bohrwerkzeug nach außen. Nach diesem Verfahrensprinzip arbeitet das Einrohrsystem (STS) und das Ejectorsystem[1] mit Doppelrohr.

---

[1] Ejector = Ausspritzer, von lat. eiaculare = hinauswerfen

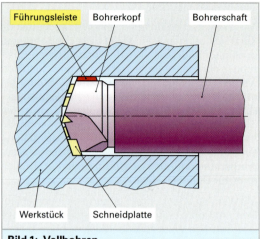

Bild 1: **Vollbohren**

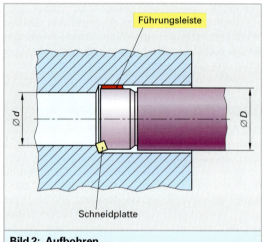

Bild 2: **Aufbohren**

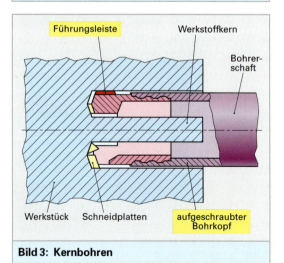

Bild 3: **Kernbohren**

Das Einlippenbohrsystem. Beim Einlippenbohrsystem **(Bild 1)** wird das gleiche Prinzip zur Kühlschmierstoffzufuhr (IKZ) und zum Späneabtransport wie beim Kurzlochbohren angewendet. Der Kühlschmierstoff wird durch einen im Werkzeug liegendem Kanal mit hohem Druck zur Werkzeugstirnseite gefördert. Über einen außenliegenden, geradgenuteten, v-förmigen Spänekanal werden die Späne von dem zurückfließenden Kühlschmierstoff aus der Bohrung abtransportiert.

Der aufgelötete Bohrerkopf des Einlippenbohrers wird in Vollhartmetall ausgeführt und ist häufig mit Hartstoffschichten wie TiN, TiAlN und TiCN zur Verschleißminderung beschichtet. Für kleine Bohrerdurchmesser werden auch nachschleifbare Vollhartmetallbohrer eingesetzt.

Das Tiefbohren mit Einlippenbohrern ist auf speziell entwickelten Maschinen (Bild 1) aber auch Bearbeitungszentren und NC-Drehmaschinen bei hohen Schnittgeschwindigkeiten (je nach Werkstoff $v_c = 50 \ldots 120\,\text{m/min}$) mit ausreichend hohen Kühlschmierstoffdrücken bis zu 100 bar, anwendbar.

Bei entsprechender Abstützung von Werkstück und Werkzeug über Lünetten sind Bohrungstiefen, vor allem bei kleinen Durchmessern ($D = 1 \ldots 32\,\text{mm}$) bis zu $100 \times D$, möglich.

Mit Einlippenbohrern werden beim Vollbohren Maßgenauigkeiten im Bereich *IT 8 ... 9,* und Oberflächengüten bis $R_a = 0,1\,\mu\text{m}$ erreicht. Bei größeren Bohrungsdurchmessern sind die höheren Zerspanungsleistungen des STS-Systems oder des Ejectorsystems wirtschaftlicher.

Wendeplattenbestückte Tiefbohrwerkzeuge erreichen aber nicht ganz die Bohrungsqualitäten (bis *IT 10,* R_a bis $0,3\,\mu\text{m}$) wie geschliffene Einlippenwerkzeuge.

> Ein hoher Kühlschmiermitteldruck stabilisiert das Bohrwerkzeug und unterstützt die Rückspülung der Späne.

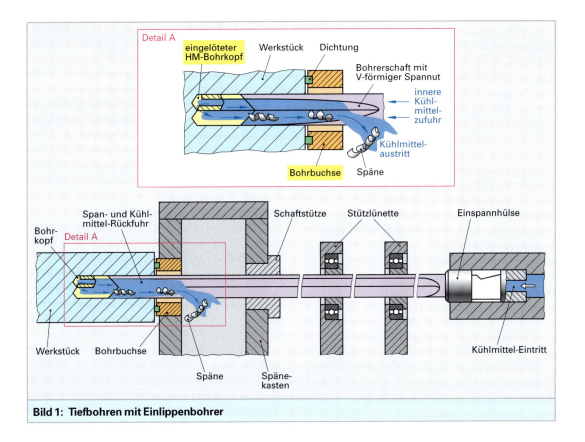

Bild 1: Tiefbohren mit Einlippenbohrer

Das Einrohrsystem STS (Single Tube System). Beim STS-Bohren **(Bild 1)** wird der Kühlschmierstoff mit hohem Druck über den Ringspalt zwischen Bohrerrohr und Bohrungswandung an den am Bohrerrohr angeschraubten Bohrerkopf gefördert. Die Späne werden zusammen mit dem Kühlschmierstoff durch das Innere des rohrförmigen Bohrerschaftes nach außen abgeleitet.

Das Verfahren wurde von der „Boring and Trepanning Association" erstmals eingesetzt und wird deshalb auch als BTA-Verfahren bezeichnet.

Der Einsatz des STS-Systems ist wegen der besonderen Kühlschmierstoffzuführung (Bohrölzuführungsapparat) nur auf speziellen Tiefbohrmaschinen bis Bohrungstiefen $100 \times D$ möglich.

Das Kernbohren ist mit dem STS-Verfahren möglich und wird hier vor allem zum Kernbohren großer Bohrungen angewendet.

Das Ejectorsystem. Beim Ejectorsystem **(Bild 2)** besteht der Bohrerschaft aus zwei konzentrisch ineinanderliegenden Rohren. Der Kühlschmierstoff wird in dem zylindrischen Hohlraum zwischen Innenrohr und Außenrohr dem Bohrerkopf zugeführt. Durch eine Ringdüse im vorderen Teil des Doppelrohrsystems wird ein geringer Teil des unter hohem Druck stehenden Kühlschmierstoff direkt in das Innenrohr des Bohrers eingedüst. Der größte Teil des Kühlschmierstoffs gelangt über den Bohrkopf zusammen mit den Spänen zurück in das Innenrohr.

Der im hinteren Teil des Bohrkopfes abgezweigte Volumenstrom erzeugt im vorderen Bohrkopfbereich aufgrund der dynamischen Kontinuitätsgleichung nach *Bernoulli*[1] einen Unterdruck der den Kühlschmierstoff einschließlich der anfallenden Späne zuverlässig aus dem Wirkbereich absaugt (Ejectorprinzip). Da es sich beim Ejectorbohren um ein in sich geschlossenes System handelt, ist zwischen Werkstück und Bohrbuchse keine besondere Abdichtung, wie z. B. beim STS-Verfahren, notwendig.

Der Bohrkopf. Beim STS- und beim Ejectorbohrsystem werden mit Wendeschneidplatten ausgerüstete Bohrköpfe **(Bild 3)** zum Vollbohren und zum Aufbohren und beim STS-Verfahren auch zum Kernbohren eingesetzt. Wie bei allen Bohrwerkzeugen führt die vom Außendurchmesser zum Bohrerzentrum hin abnehmende Schnittgeschwindigkeit zu ungleichen Zerspanungsbedingungen.

[1] *Daniel Bernoulli:* schweiz. Physiker (1700–1782)

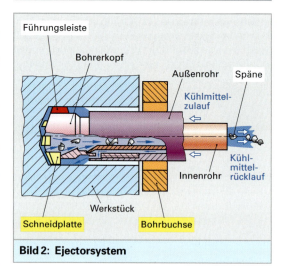

Bild 1: Einrohrsystem, STS

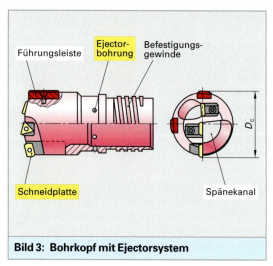

Bild 2: Ejectorsystem

Bild 3: Bohrkopf mit Ejectorsystem

Durch eine in radialer Richtung unsymmetrische Anordnung der Schneidplatten und der Bohrerspitze wird die Axialkraft **(Bild 1)** beim Bohrvorgang reduziert und ein über den Bohrerquerschnitt gleichmäßigeres Spanbild erzeugt. Um die zum Bohrerzentrum hin kürzer werdenden Späne auszugleichen, werden entsprechend der radialen Lage der Schneidplatte angepasste Spanformer bzw. Spanleitstufen eingebaut, die ein kontrolliertes Spanbild garantieren und den kontinuierlichen Späneabtransport mit dem eingesetzten Kühlschmierstoff sicherstellen. Neben dem Werkstückwerkstoff, dem verwendeten Tiefbohröl und der Spanbrechergeometrie beeinflussen die Schnittgeschwindigkeit und der Vorschub die Geometrie der Späne.

Wie beim Kurzlochbohren hängt auch beim Tieflochbohren der effektiv wirksame Freiwinkel an den Schneidplatten vom eingestellten Vorschubwert ab. Mit zunehmendem Werkzeugvorschub f vergrößert sich der Vorschubwinkel η, damit verringert sich in gleichem Maße der tatsächlich wirkende Freiwinkel α_{eff} ($\alpha_{eff} = \alpha - \eta$). Die Reduzierung des Freiwinkels α nimmt vom Außendurchmesser zur Bohrermitte hin zu, so dass die im Bohrerzentrum arbeitenden Schneidplatten mit einem größeren Freiwinkel ausgestattet sind, um die Zerpanungsbedingungen über den gesamten Arbeitsbereich konstant zu halten **(Bild 2)**.

Die unsymmetrische Anordnung (Bild 1) der Schneidkanten führt zwangsläufig zu einer ungleichmäßigen Verteilung der Schnittkräfte in radialer Richtung. Diese Radialkraftkomponente der Schnittkraft (Passivkraft) drängt das Bohrwerkzeug aus der Achsrichtung. Kräftemäßig nicht ausbalancierte Bohrwerkzeuge benötigen am Umfang, gegenüber der resultierenden Radialkraft, eine oder mehrer Führungs- bzw. Stützleisten, die das Werkzeug an der Bohrungswand abstützen und die Radialkräfte ausgleichen.

Durch die entstehenden Reibungskräfte zwischen Führungsleisten und Bohrungswand erhöhen sich das erforderliche Drehmoment und der Leistungsbedarf der Maschine.

Anbohrsituation beim Tiefbohren. Beim Bohrvorgang bilden die Stütz- und Führungsleisten am Werkzeugumfang gegenüber der Bohrungswandung einen Kräfteausgleich zu den in radialer Richtung auftretenden Schnittkraftkomponenten. Die Situation zu Beginn des Bohrvorgangs beim Anbohren **(Bild 3)** stellt sich aber zunächst anders dar. Die Asymmetrie der Bohrerspitze drängt den Bohrer aus der Achsrichtung ab und führt damit zu unkontrollierten Bedingungen. Damit die Führungsleisten im

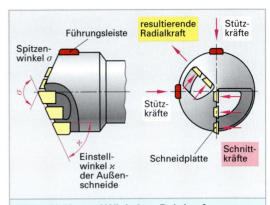

Bild 1: Kräfte und Winkel am Bohrkopf

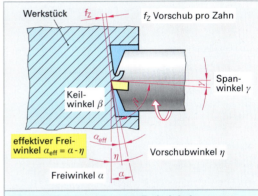

Bild 2: Effektiv wirksamer Freiwinkel

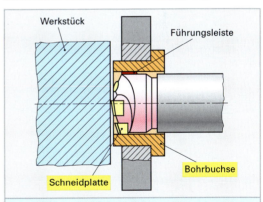

Bild 3: Anbohrsituation

Bohrkopfbereich beim Anbohren bereits eine Stützwirkung aufbauen können, wird eine Bohr- bzw. Führungsbüchse aus Hartmetall oder gehärtetem Stahl oder eine Führungsbohrung im Werkstück benötigt. Ab einer bestimmten Bohrungstiefe stützt sich das Werkzeug dann über die erzeugte Bohrungswand wie beschrieben selbst ab.

Hauptnutzungszeit beim Bohren

Aufgabe: Bohrbearbeitung von Wärmetauschersegmenten

Werkstoff: 42CrMo4

Maschinentyp: Vertikal BAZ,
                 Maschinenwirkungsgrad 80 %

Bohrer: Feinkorn-Hartmetall-Wendelbohrer mit
           verdrallten Kühlkanälen,
           TiN/TiAlN-beschichtet
           Spitzenwinkel = 140°
           Maximale Bohrungstiefe $< 3 \times D$

Kühlschmierstoff: IKZ, 40 bar

Bohrungen: Bohrungsdurchmesser D = 12 mm
              Bohrungstiefe 20 mm, Durchgangsbohrungen

Schnittdaten: v_c = 70 m/min, f = 0,25 mm/U

Standweg: L_f = 20 m

Zu berechnen sind:

a)   Schnittkraft F_c
b)   Schnittmoment M_c
c)   Schnittleistung P_c
d)   Maschinenleistung P_e
e)   Hauptnutzungszeit für eine Bohrung
f)   Standmenge N

a) Schnittkraft F_c

Spezifische Schnittkraft $k_c = k_{c1.1}/h^{mc} \cdot 1,2$

Werte für $k_{c1.1}$ und mc, siehe Tabelle 1, Seite 231

Spanungsdicke $h = f/2 \cdot \sin \sigma/2$
               $h = 0,25\,\text{mm}/2 \cdot \sin 140°/2 = 0,11\,\text{mm}$

$k_c = 1565/0,11^{0,26} \cdot 1,2 = 3333,75\,\text{N/mm}^2$

$F_c = D \cdot f/2 \cdot k_c = 12\,\text{mm} \cdot 0,25\,\text{mm}/2 \cdot 3333,75\,\text{N/mm}^2$
$F_c = \underline{5000,62\,\text{N} = 5\,\text{kN}}$

b) Schnittmoment M_c

$M_c = F_c \cdot D/4 = 5000,62\,\text{N} \cdot 0,012\,\text{m}/4 = \underline{15\,\text{Nm}}$

c) Schnittleistung P_c

$P_c = F_c \cdot v_c/2 = \dfrac{5000,62\,\text{N} \cdot 70\,\text{m}}{2 \cdot 10^3\,\text{W/KW} \cdot 60\,\text{s}}$

$P_c = \underline{5,83\,\text{kW}}$

d) Maschinenleistung P_e

$P_e = P_c/\eta = 5,83\,\text{kW}/0,8 = \underline{7,3\,\text{kW}}$

e) Hauptnutzungszeit t_h

$t_h = \dfrac{L \cdot i}{n \cdot f}$

L Vorschubweg, $L = l + l_s + l_a + l_u$
l Bohrungstiefe
l_s Anschnitt
l_a Anlauf, l_u Überlauf
n Drehzahl, f Vorschub
i Anzahl der Bohrungen

Bild 1: Bohrbearbeitung von Wärmetauschersegmenten aus 42CrMo4 mit IKZ

Tabelle 1: Anschnittberechnung für Wendelbohrer

Anschnitt l_s	
σ	l_s
80°	$0,6 \cdot D$
118°	$0,3 \cdot D$
130°	$0,23 \cdot D$
140°	$0,18 \cdot D$

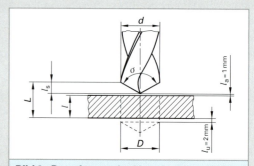

Bild 2: Berechnung des Vorschubweges L

Drehzahl $n = \dfrac{v_c}{D \cdot \pi} = \dfrac{70\,\text{m/min} \cdot 1000\,\text{mm/m}}{12\,\text{mm} \cdot \pi}$

n = 1857 1/min

Vorschubweg $L = l + l_s + l_a + l_u$

$L = 20\,\text{mm} + 0,18 \cdot 12\,\text{mm} + 1\,\text{mm} + 2\,\text{mm} = 25,16\,\text{mm}$

$t_h = \dfrac{L \cdot i}{n \cdot f} = \dfrac{25,16\,\text{mm} \cdot 1}{1857\,\text{min}^{-1} \cdot 0,25\,\text{mm}} = 0,054\,\text{min} = \underline{3,25\,\text{s}}$

f) Standmenge N

$N = L_f/L = 20\,000\,\text{mm}/20\,\text{mm} = \underline{1000\,\text{Bohrungen}}$

2.6.6 Reiben und Feinbohren

Beim Reiben werden vorgefertigte Bohrungen spanabhebend mit geringer Spanungsdicke aufgebohrt. Ziel des Reibens ist die Herstellung passgenauer Bohrungen mit hoher Oberflächengüte und Formgenauigkeit. In der maschinellen Fertigung werden ein-, zwei- oder mehrschneidige Reibwerkzeuge (Reibahlen) eingesetzt. Die stirnseitig angeordneten, konischen Hauptschneiden **(Bild 1)** leisten den größten Teil der Zerspanungsarbeit.

Die am Umfang des Reibwerkzeuges liegenden Nebenschneiden erzeugen die geforderten Qualitätsmerkmale der Bohrung. Schneidengeometrien mit Doppelanschnitt ermöglichen eine Schrupp- und Schlichtzerspanung und einen für die Schneide verschleißarmen, sanften Übergang von der Haupt- zur Nebenschneide. Um zu vermeiden, dass vor allem beim Werkzeugrückzug an der Bohrungswand Bearbeitungsriefen entstehen, wird die Nebenschneide mit einer geringen axialen Verjüngung eingestellt. Reibwerkzeuge mit einer oder zwei Schneiden stützen sich beim Reibvorgang durch mindestens zwei am Umfang des Reibkopfes angeordneten Führungsleisten und durch eine entsprechend geschliffene Führungsphase im Schlichtbereich der Hauptschneide und der Nebenschneide an der Bohrungswand ab.

Beim Bearbeitungsvorgang legen sich die Führungsleisten durch die Schnitt- und Passivkräfte an der Bohrungswandung an und stabilisieren das Werkzeug. Um die Reibungswärme und den Verschleiß der Führungsleisten zu vermindern, wird durch innere Kühlschmiermittelzufuhr (IKZ) der Kühlschmierstoff (KSS) direkt an die Schneiden und die Führungsleisten appliziert. Hierbei sind Kühlschmierstoffdrücke bis 100 bar und Kühlschmierstoffmengen bis zu 300 l/min möglich. Neben der Schmierwirkung des Kühlschmiermittels ist vor allem der Späneabtransport wichtig.

Bei Reibwerkzeugen mit geklemmten Wendeschneidplatten können durch verstellbare Justierelemente die radiale Lage (Bohrungsdurchmesser) und die Neigung der Nebenschneide (Oberflächengüte, Standzeit) mit Hilfe von Einstellgeräten im μm-Bereich genau eingestellt werden **(Bild 2)**. Mit hochharten Schneidstoffen wie beschichtetes Hartmetall, Cermet, Kubisches Bornitrid (CBN, BN) und Polykristalliner Diamant (PKD, PD) lassen sich mit wirtschaftlichen Schnittwerten Stahl-, Guss- und Leichtmetallwerkstoffe bearbeiten.

Die Feinbearbeitung von Bohrungen in gehärtetem Stahl (Härtewerte 54 bis 64 HRC) mit Zweischnei-

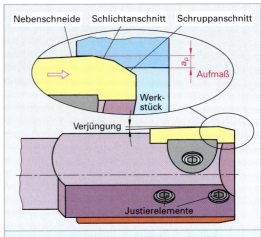

Bild 1: Hauptschneide und Nebenschneide

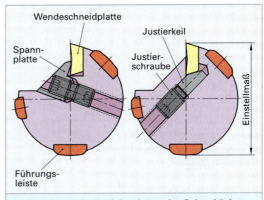

Bild 2: Spannen und Justieren der Schneidplatte

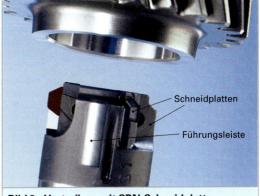

Bild 3: Hartreiben mit CBN-Schneidplatte

denreibahlen mit PKD-beschichteten Führungsleisten und CBN Schneidstoffen **(Bild 3)** ersetzt häufig die nachfolgende Bearbeitung durch Schleifen oder Honen.

Die Bildung eines schwingungsdämpfenden hydrodynamischen Schmierfilms zwischen der bearbeiteten Bohrungswand und den Führungsleisten und die Abstützung der mit dem Schneidenverschleiß zunehmenden Passivkraft über die Führungsleisten stabilisiert den Zerspanungsvorgang (**Bild 1**). Dies ist gerade bei hochharten, bruchempfindlichen Schneidstoffen wichtig. Eine Randzonenbeeinflussung wie sie bei der Schleifbearbeitung möglich ist, tritt bei der Mikrozerspanung des Hartreibens nicht auf, da die entstehende Prozesswärme gering ist und mit der Kühlschmieremulsion abgeführt wird.

Eine Möglichkeit zur Reduzierung der KSS-Menge besteht durch die Anwendung der Minimalmengenschmierung (MMS). Die MMS aus einem Luft-Öl-Gemisch (Aerosol) benetzt die Führungsleisten mit einem Schmierfilm, der die Reibung an der Bohrungswand verringert und das Aufschweißen von Werkstoffpartikeln verhindert. Die eingesetzten Wendeschneidplatten sind für die Stahl-, Guss- und Aluminiumbearbeitung mit einem positiven Spanwinkel und einem sehr kleiner Schneidkantenradius (scharfe Schneide) versehen. Dadurch wird die Trennarbeit und die Spanstauchung in der Scherzone verringert, was insgesamt weniger Prozesswärme freisetzt.

Bei hohen Vorschubgeschwindigkeiten verringert sich die Eingriffszeit und damit die Kontaktzeit der Schneide in der Scherzone. Die Zerspanungswärme bleibt im Span und wird mit diesem abgeführt. Der Abtransport der Späne aus der Bohrung muss durch entsprechende Spanformung, -lenkung und -brechung durch die Werkzeuggeometrie, bei großen Spanräumen im Werkzeug sichergestellt wer-

den, da bei der Minimalmengenschmierung einzig der Luftstom unterstützend wirkt.

Mit zwei- und mehrschneidigen Reibwerkzeugen lassen sich die Schnittgeschwindigkeit und die Vorschubwerte gegenüber den einschneidigen leistengeführten Reibahlen steigern. In diesem Fall sind die Schneiden radial gestuft eingestellt. Durch die Aufteilung in Vorschneid- und Fertigbearbeitungsschneiden (**Bild 2**) mit wenigen hundertstel Millimeter Spanungsdicke werden gute Oberflächen bei guter Oberflächenstruktur und hohe Standwege, auch bei schwer zu zerspanenden Werkstoffen, erreicht.

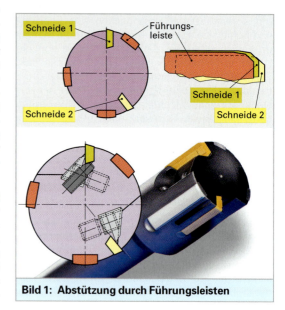

Bild 1: Abstützung durch Führungsleisten

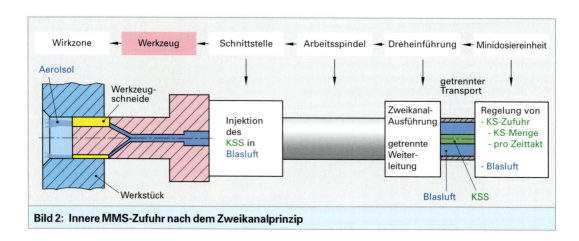

Bild 2: Innere MMS-Zufuhr nach dem Zweikanalprinzip

2.6.7 Fräsen

2.6.7.1 Fräsverfahren

Die Überlagerung der rotierenden Hauptschnitt-bewegung des Werkzeugs und einer vom Werk-zeug oder vom Werkstück ausgeführten Vorschub-bewegung ergibt bei einer entsprechenden Zustelltiefe den spanabhebenden Frässchnitt.

Je nach dem, welche Schneiden am Fräswerkzeug die Hauptzerspanungsarbeit leisten, unterscheidet man:

Bild 1: Stirnplanfräsen von Gusswerkstoff

• Stirnplanfräsen,
• Umfangsplanfräsen,
• Stirn-Umfangs-Planfräsen.

Beim Stirnplanfräsen **(Bild 1)** liegt die Schnitttiefe a_p in axialer Richtung fest. Der Zerspanungsvor-gang wird hauptsächlich durch die stirnseitig am Werkzeugumfang liegenden Schneidkanten aus-geführt.

Die stirnseitigen Nebenschneiden unterstützen die Zerspanungsarbeit und sind für die Oberflächen-güte verantwortlich. Die Vorschubrichtung liegt ra-dial in einem rechten Winkel zur Werkzeugachse **(Bild 2)**.

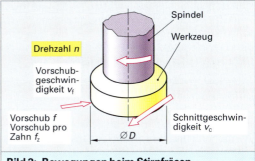

Bild 2: Bewegungen beim Stirnfräsen

Beim Umfangsfräsen **(Bild 3)** liegt die Schnitttiefe a_e in radialer Richtung des Werkzeugs fest. Der Zerspanungsvorgang wird hauptsächlich durch die am Werkzeugumfang liegenden Haupt-schneiden ausgeführt. Die Vorschubrichtung liegt tangential zum Werkzeugumfang.

Das Stirnfräsen wird beim Einstechen in Nuten mit bohrfähigen Schaftfräsern angewendet. Die Vor-schubrichtung liegt in Richtung der Werkzeug-achse.

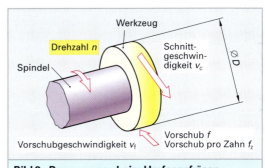

Bild 3: Bewegungen beim Umfangsfräsen

Bei bohrfähigen Fräswerkzeugen schneiden die stirnseitigen Hauptschneiden über die Mitte, damit der Fräser, ähnlich einem Bohrwerkzeug, in axialer Richtung in den Werkstoff eintauchen kann. Ist die gewünschte Frästiefe erreicht, erzeugen die Um-fangsschneiden durch einen Radialvorschub die Werkstückgeometrie.

Ist der Umschlingungswinkel des Werkzeugs beim Stirn-Umfangs-Planfräsen kleiner als 180°, so spricht man vom Eckfräsen **(Bild 4)**.

Unterschiedliche Fräsverfahren ergeben sich auch durch die Kombination der Drehrichtung des Werkzeugs und der Vorschubrichtung des Werk-stücks.

Bild 4: Eckfräsen (Schruppen) von 42CrMo4

Ist die Hauptschnittbewegung des Werkzeugs und die Vorschubrichtung des Werkstück gleichgerichtet, so spricht man von Gleichlauffräsen **(Bild 1)**. Sind die beiden Zerspanungsbewegungen gegeneinander gerichtet, so bezeichnet man dieses Fräsverfahren mit Gegenlauffräsen. Die sich bei Gleichlauf und bei Gegenlauf einstellenden Zerspanungsbedingungen weichen stark voneinander ab.

Beim Gleichlauffräsen tritt die Werkzeugschneide mit maximaler Spanungsdicke h_{max} in den Werkstoff ein. Die Spanungsdicke nimmt bis zum Schneidenaustritt auf h_{min} = Null ab. Die Zerspankraft ist beim Schneideneintritt maximal und in das Werkstück bzw. in die Werkzeugmaschine und die Aufspannung gerichtet. Durchläuft die Schneide die Frästiefe a_e, so ändert sich die Größe und die Richtung der Tangentialschnittkraft F_c.

Die gegen den Maschinentisch wirkende Zerspankraftkomponente wird mit zunehmendem Eingriffswinkel immer geringer, während die zur Vorschubrichtung parallel gerichtete Zerspankraftkomponente bis zum Schneidenaustritt weiter zunimmt. Das Werkstück wird zum Fräswerkzeug hin gezogen.

Die Anwendung des Gleichlauffräsens setzt einen spielfreien Vorschubantrieb (z. B. mit Kugelumlaufspindel) voraus, da ein durch Führungsspiel bedingtes Nachlaufen des Werkstoffs in Vorschubrichtung der Schneide zu ungünstigen Schnittbedingungen und häufig zum Bruch der Schneidkante führt.

Beim Gegenlauffräsen beginnt die Werkzeugschneide die Spanabnahme mit einer zerspanungstechnisch ungünstigen Spanungsdicke Null und tritt mit maximaler Spanungsdicke h_{max} aus dem Werkstoff aus. Die bei Schneideneintritt nur langsam zunehmende Spanungsdicke verursacht zunächst ein Aufgleiten der Schneidkante auf den Werkstoff und dadurch einen erhöhten Freiflächenverschleiß und reibungsbedingt höhere Zerspanungstemperaturen.

Ist die Materialaufwerfung vor der Spanfläche des Schneidkeils durch Werkstoffstauchung größer als die Schneidkantenverrundung und überwinden die angestiegenen Druckkräfte die Scherfestigkeit des Werkstoffs, so setzt die Abscherung des Spans ein. Die Zerspankraft ist beim Schneideneintritt minimal und entgegengesetzt zur Vorschubrichtung. Das Werkstück wird vom Werkzeug weggedrückt.

Mit zunehmendem Eingriffswinkel wird die Zerspankraft entgegen der Vorschubrichtung immer

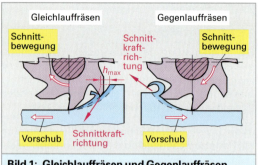

Bild 1: Gleichlauffräsen und Gegenlauffräsen

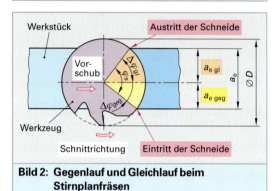

Bild 2: Gegenlauf und Gleichlauf beim Stirnplanfräsen

geringer, dafür nimmt die vom Maschinentisch weg gerichtete Zerspankraftkomponente immer mehr zu. Die Schneide tritt mit maximaler Spanungsdicke h_{max} und maximaler Schnittkraft aus dem Werkstoff aus.

Vergleicht man die Richtung der Zerspankraft bei Gleich- und Gegenlauffräsen **(Bild 1)**, so wird deutlich, dass beim Gleichlauffräsen die entstehende Zerspankraft in die Maschinenstruktur gerichtet ist, während beim Gegenlauffräsen eine maschinenabgewandte Kraftrichtung resultiert.

Moderne Werkzeugmaschinen kompensieren durch Materialeigenschaften und Konstruktionsmerkmale in die Maschinenstruktur hinein wirkende Kräfte meist ohne Probleme. Für nach außen wirkende Kräfte sind die schwingungsdämpfenden Eigenschaften und die Steifigkeit der Maschinenstrukturen meist geringer. Außerdem erfordert das Gegenlauffräsen eine stabilere Werkstückaufspannung.

Die Gefahr des Einziehens von Spänen beim Schneideneintritt ist beim Gegenlauffräsen ungleich größer, da beim Gleichlauffräsen ein von der Schneidkante mitgeführter Span beim Schneideneintritt ohne Schaden für die Schneidkante durchtrennt wird **(Bild 2)**. Die beim Schlichtfräsen im Gegenlaufverfahren häufig beobachtete bessere Qualität der Werkstückoberfläche ist auf eine beim Aufgleiten der Schneide verursachte, geringe plastische Verformung der Oberflächenschicht zurückzuführen.

2.6.7.2 Schnittgrößen beim Fräsen

Die Schnittgeschwindigkeit in m/min ergibt sich aus dem Weg, den eine Schneide bei einer ganzen Werkstückumdrehung zurücklegt, multipliziert mit der Anzahl von Umdrehungen pro Minute:

$$v_c = \frac{D \cdot \pi \cdot n}{1000}$$

D Werkzeugdurchmesser in mm
n Drehzahl in min^{-1}
$1000\ \text{mm/m}$, Korrekturfaktor

Die relative Geschwindigkeit zwischen dem Werkzeug und dem Werkstück wird durch die Vorschubgeschwindigkeit v_f in mm/min beschrieben: (Tischvorschub)

$$v_f = f \cdot n = f_z \cdot z \cdot n$$

f Vorschub in mm/Umdr.
f_z Vorschub pro Zahn
z Zähnezahl des Werkzeugs

Der Vorschub pro Zahn gibt bei mehrschneidigen Fräswerkzeugen den Weg des Fräsers beim Eingriff eines Zahns in Vorschubrichtung an. Dieser Wert ist vom Fräsverfahren und vom eingesetzten Schneidstoff abhängig und ist in entsprechenden Schnittwerttabellen dargestellt.

Die Zustellung beim Fräsen erfolgt in axialer und in radialer Werkzeugrichtung. Abhängig vom Fräsverfahren ergibt sich die Fräs- bzw. Zustelltiefe a_p beim Stirplanfräsen und beim Umfangsfräsen in axialer Richtung des Werkstücks. Die radiale Überdeckung des Werkzeugs mit dem Werkstück bzw. der Bearbeitungsebene bezeichnet man als Fräsbreite a_e.

Aus der Fräsbreite a_e, der Frästiefe a_p und der Vorschubgeschwindigkeit v_f lässt sich das Zeitspanvolumen Q beim Fräsen bestimmen (**Bild 1**) und (**Bild 2**):

$$Q = a_e \cdot a_p \cdot v_f$$

Q Zeitspanvolumen
a_e Fräsbreite
a_p Frästiefe
v_f Vorschubgeschwindigkeit

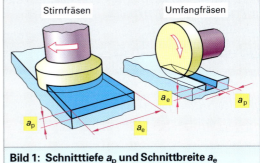

Bild 1: Schnitttiefe a_p und Schnittbreite a_e

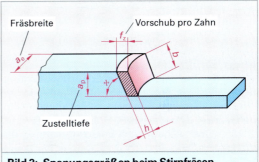

Bild 2: Spanungsgrößen beim Stirnfräsen

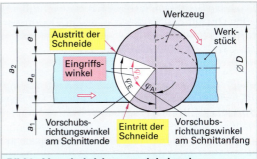

Bild 3: Vorschubrichtungswinkel und Eingriffswinkel beim Stirnfräsen

Eingriffswinkel

Entsprechend der Eingriffslänge des Werkzeugs zwischen Schneideneintritt in das Werkstück bis zum Schneidenaustritt ergibt sich der für die Bestimmung der Schnittkraft und der Antriebsleistung notwendige Eingriffs- oder Umschlingungswinkel φ_s des Werkzeugs. Je größer der Eingriffswinkel, desto mehr Zähne sind im Eingriff (**Bild 3**).

Für das Umfangsfräsen lässt sich der Eingriffswinkel φ_s aus der Fräsbreite a_e des Werkzeugs und dem Fräserdurchmesser D bestimmen:

$$\cos \varphi_s = 1 - \frac{2 \cdot a_e}{D}$$

φ_s Eingriffswinkel
a_e Fräsbreite
D Fräserdurchmesser

Beim Stirnplanfräsen ergibt sich abhängig von der Position der Werkzeugachse zur Mittelachse der Bearbeitungsebene:

- ein Vorschubrichtungswinkel am Schnittanfang φ_A und

- ein Vorschubrichtungswinkel am Schnittende φ_E.

Die Differenz zwischen φ_E und φ_A ergibt den Eingriffswinkel φ_s des Werkzeugs:

$$\cos \varphi_A = 1 - \frac{2 - a_1}{D}$$

$$\cos \varphi_E = 1 - \frac{2 \cdot a_2}{D}$$

$$\varphi_s = \varphi_E - \varphi_A$$

a_1 Abstandsmaß vom Fräserdurchmesser zum Werkstückanfang in Drehrichtung des Fräsers betrachtet.
a_2 Abstandsmaß vom Fräserdurchmesser zum Werkstückende in Drehrichtung des Fräsers betrachtet.
D Fräserdurchmesser.

Ist der Eingriffswinkel kleiner als 90° ($\varphi_s < 90°$) erfolgt die Bearbeitung, je nach Vorschubrichtung des Werkstücks, entweder im Gleichlaufverfahren oder im Gegenlaufverfahren. Bei einem Eingriffswinkel φ_s zwischen 90° und 180° (90° < φ_s < 180°) überwiegt je nach Vorschubrichtung des Werkstücks, bzw. je nach Position der Werkzeugmitte zur Bearbeitungsebene, entweder der Gleichlaufanteil oder der Gegenlaufanteil.

Um beim Stirnplanfräsen **(Bild 1)** beim Eintritt und beim Austritt der Schneide günstige Eingriffsverhältnisse zu erhalten, sollte der Fräserdurchmesser ca. 1,5 mal der Fräsbreite a_e entsprechen.

Ist das Verhältnis $D/a_e > 2$, liegt die Werkzeugmitte außerhalb der Bearbeitungsfläche und der Eintrittswinkel am Schnittanfang ist positiv. Der erste Kontakt der Schneide mit dem Werkstück findet in dem weniger stabilen, äußeren Schneidkantenbereich statt. Bei einem negativen Eintrittwinkel am Schnittanfang ist das Verhältnis $D/a_e < 2$ und die Werkzeugmitte liegt innerhalb der Bearbeitungsfläche. Die schlagartige Belastung am Schneideneintritt wird von dem massiven, mittleren Teil der Schneidplatte aufgenommen.

Zur Beurteilung der Eingriffsverhältnisse beim Fräsen ist neben dem Eintrittswinkel auch der Austrittswinkel bzw. die Fräseraustrittposition wichtig, die sich ebenfalls aus der Lage der Werkzeugmitte zur Bearbeitungsfläche ergibt. Da die Spanungsdicke h beim Fräsen nicht konstant ist, resultieren daraus betragsabhängige Zerspanungskräfte entlang der Eingriffslänge der Schneide.

Tritt die Schneide bei einem Verhältnis $D/a_e = 2$ mit maximaler Spanungsdicke h_{max} und damit größter Schnittkraft aus dem Werkstoff aus, entsteht eine plastische Werkstoffverformung, die zu ungünsti-

gen Reibungsverhältnissen an der Schneidkante führt. Sichtbar wird dies durch Gratbildungen am Werkstück, bzw. bei harten und spröden Gusswerkstoffen durch Kantenausbröckelung und durch einen erhöhten Werkzeugverschleiß. Tritt der Schneidkeil in einem geringen Spandickenbereich aus dem Werkstück aus, stellen sich günstigere Zerspanungsbedingungen ein.

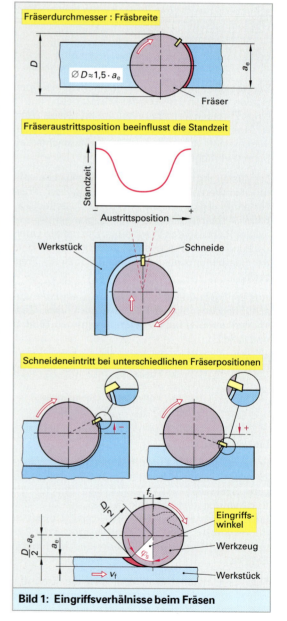

Bild 1: **Eingriffsverhälnisse beim Fräsen**

Die mittlere Spanungsdicke h_m

Beim *Umfangsfräsen* und beim *Stirnplanfräsen* ändert sich über die Eingriffslänge des Werkzeugs die Spanungsdicke h. Um mit dieser variablen Größe rechnen zu können, wird die mittlere Spanungsdicke bzw. die Mittenspandicke h_m bestimmt **(Bild 1)**.

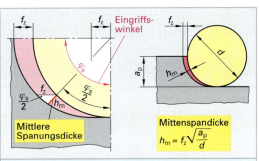

Bild 1: Mittlere Spanungsdicke h_m und Mittenspandicke bei runder WSP

Für das **Umfangsfräsen** gilt:

Die Spanungsdicke h nimmt je nach Vorschubrichtung zu oder ab. Der Maximalwert h_{max} entspricht dem Vorschub pro Zahn ($h_{max} = f_z$) und wird beim Gleichlauffräsen beim Schneideneintritt, bzw. beim Gegenlauffräsen beim Austritt der Schneide aus dem Werkstoff, erreicht. Die Mittenspandicke wird beim halben Eingriffswinkel $\varphi_s/2$ bestimmt:

$$h_m = \frac{360°}{\pi \cdot \varphi_s} \cdot \frac{a_e}{D} \cdot f_z$$

h_m Mittenspandicke
D Fräserdurchmesser
a_e Fräsbreite
f_z Vorschub pro Zahn
φ_s Eingriffswinkel

Näherungsweise gilt: $h_m \approx f_z \cdot \sqrt{a_e/D}$.

Für das **Stirnplanfräsen** gilt:

Die Spanungsdicke h ist vom Einstellwinkel $\varkappa$ des Fräsers abhängig **(Bild 2)**. Der Einstellwinkel ergibt sich aus der Lage der durch die Hauptschneide erzeugten Fläche zu der bearbeiteten Werkstückfläche. Beträgt der Einstellwinkel, wie beim Umfangsfräsen mit Scheibenfräser oder mit Schaftfräser, $\varkappa = 90°$, entspricht die maximale Spanungsdicke h_{max} dem Vorschub pro Zahn f_z **(Bild 3)**.

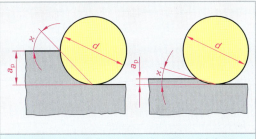

Bild 2: Einstellwinkel bei runden Schneidplatten

Kleinere Einstellwinkel $\varkappa < 90°$ erzeugen über eine größere Schneidkantenlänge dünnere Späne. Die maximale Spanungsdicke h_{max} lässt sich über den Sinus des Einstellwinkels und f_z bestimmen:

$$h_{max} = \sin \varkappa \cdot f_z$$

h_{max} maximale Spanungsdicke
$\varkappa$ Einstellwinkel
f_z Vorschub pro Zahn

Die Mittenspandicke h_m beim Stirnplanfräsen berechnet sich aus:

$$h_m = \frac{360°}{\pi \cdot \varphi_s} \cdot \frac{a_e}{D} \cdot \sin \varkappa \cdot f_z$$

näherungsweise gilt:

$$h_m \approx f_z \cdot \sin \varkappa \cdot \sqrt{a_e/D}$$

h_m Mittelspandicke
f_z Vorschub pro Zahn
$\varkappa$ Einstellwinkel
a_e Fräsbreite
D Fräserdurchmesser

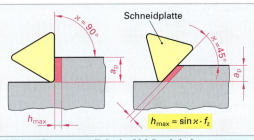

Bild 3: Spanungsdicke in Abhängigkeit vom Einstellwinkel $\varkappa$

Beim Stirnplanfräsen mit *runden Wendeschneidplatten* hängt die Mittenspandicke h_m von der Schnitttiefe a_p und vom Durchmesser d der Schneidplatte ab **(Bild 2)**. Im Gegensatz zu Fräswerkzeugen mit konstantem Einstellwinkel ändert sich bei runden Schneidplatten der Einstellwinkel $\varkappa$ je nach Schnitttiefe von Null bis max. 45°. Bei einem effektiven Einstellwinkel von $\varkappa = 45°$ entspricht die Schnitttiefe dem Radius $r = d/2$ der Schneidplatte und damit der maximalen Schnitttiefe a_p.

Die Berechnung der mittleren Spanungsdicke h_m erfolgt mit folgender Formel:

$$h_m = f_z \cdot \sqrt{a_p/d}$$

h_m Mittenspandicke
f_z Vorschub pro Zahn
a_p max. Schnitttiefe
d Schneidplattendurchmesser

Die spezifische Schnittkraft beim Fräsen

Die Zerspanbarkeit des Werkstückwerkstoffs wird über die von der Spanungsdicke h und der Schneidengeometrie abhängige spezifische Schnittkraft erfasst. Sie entspricht mit ihrem Hauptwert $k_{c1.1}$ der tangentialen Schnittkraft F_c, die erforderlich ist, um einen Span mit $1 \, mm^2$ Spanungsquerschnitt bei einer Spanungsdicke $h = 1 \, mm$ und einer Spanungsbreite $b = 1 \, mm$ abzuscheren. Nach Kienzle wird die von der Spanungsdicke abhängige spezifische Schnittkraft wie folgt berechnet:

$$k_c = \frac{k_{c1.1}}{h_m^{mc}}$$

$k_{c1.1}$ Hauptwert der spez. Schnittkraft in N/mm^2 bezogen auf $A = 1 \, mm^2$
h_m Mittenspanungsdicke in mm
m_c Werkstoffkonstante

Die spezifische Schnittkraft ist neben der Spanungsdicke auch noch von:

– der Größe des Spanwinkels γ,
– der Spanstauchung,
– dem Verschleiß an der Werkzeugschneide und
– der Schnittgeschwindigkeit v_c

abhängig.

Diese hier aufgeführten Einflussgrößen werden durch Korrekturfaktoren K in der Berechnung berücksichtigt.

Spanwinkel γ:

$$K_\gamma = 1 - \frac{\gamma_{tat} - \gamma_o}{100}$$

K_γ Korrekturfaktor für den Spanwinkel γ
γ_{tat} tatsächlich am Werkzeug vorhandener Spanwinkel
γ_o in ° Basisspanwinkel
($\gamma_o = 6°$ für Stahlbearbeitung)
($\gamma_o = 2°$ für Gussbearbeitung)

Spanstauchung

vor und nach dem Abscheren des Spanes kommt es zu einer Spanstauchung. Sie ist bei jedem Arbeitsverfahren anders. Nachfolgend ein paar Richtwerte für die Korrekturfaktoren K_{st}:

- Außendrehen $K_{st} = 1,0$,
- Innendrehen, Bohren, Fräsen $K_{st} = 1,2$,
- Einstechen, Abstechen $K_{st} = 1,3$,
- Hobeln, Stoßen, Räumen $K_{st} = 1,1$.

Verschleiß an der Hauptschneide

Durch Verschleiß an der Hauptschneide kommt es zu einem Kraftanstieg. Er liegt, je nach Abstumpfung der Schneide, zwischen 30 und 50 %.

Für die Berechnung kann man als Mittelwert einen Verschleißfaktor von $K_{ver} = 1,3$ einsetzen.

Schnittgeschwindigkeit

Der Einfluss der Schnittgeschwindigkeit ist im Hartmetallbereich gering. Deshalb kann er vernachlässigt werden. ($K_v = 1,0$)

Im Schnellstahlbereich setzt man $K_v = 1,2$.

Mit Hilfe dieser Korrekturfaktoren kann man nun die spezifische Schnittkraft k_c wie folgt bestimmen:

$$k_c = \frac{k_{c1.1} \, K_\gamma \cdot K_{st} \cdot K_v}{h_m^{mc}}$$

k_c spez. Schnittkraft in N/mm^2

Hauptschnittkraft

Die Hauptschnittkraft F_c kann man nun aus der spez. Schnittkraft k_c und dem Spanungsquerschnitt A bestimmen:

$$F_c = k_c \cdot A$$

F_c Hauptschnittkraft in N
A Spanungsquerschnitt in mm^2

Spanungsquerschnitt A:

$$A = a_p \cdot h_m \cdot z_e$$

a_p Schnitttiefe in mm
h_m mittlere Spanungsdicke in mm
z_e Zahl der Schneiden im Eingriff

Schneiden im Eingriff:

$$z_e = \frac{\varphi_s \cdot z}{360°}$$

φ_s Eingriffswinkel
z Gesamtanzahl der Schneiden

Schnittleistung

Die Schnittleistung P_c ist die beim Zerspanungsvorgang erforderliche Leistung:

$$P_c = \frac{F_c \cdot v_c}{60 \, s/min \cdot 10^3 \, W/kW}$$

P_c Schnittleistung in kW
v_c Schnittgeschwindigkeit in m/min
F_c Hauptschnittkraft in N 60 s/min, Umrechnung von min in s 10^3 W/kW, Umrechnung von W in kW

Maschinenantriebsleistung

Unter Berücksichtigung des Maschinenwirkungsgrades η ergibt sich die erforderliche Maschinenantriebsleistung:

$$P = \frac{P_c}{\eta} = \frac{F_c \cdot v_c}{60 \cdot 10^3 \cdot \eta}$$

P Maschinenantriebsleistung in kW
η Maschinenwirkungsgrad

Aufgabe:

Fräsen einer Grundplatte

Werkstoff 42 CrMo 4 (1.7225)

Werkzeug: Planfräskopf, HM
Einstellwinkel $\chi = 45°$
Spanwinkel $\gamma = 16°$
$\varnothing$ 63 mm, $z = 5$

Schnittwerte: $v_c = 160 \ \dfrac{m}{min}$, $f_z = 0{,}3 \ mm$

Stirnplanfräsen mit $a_e = 50 \ mm$, $a_p = 5 \ mm$

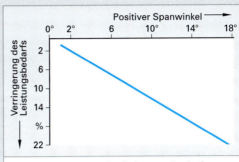

Bild 1: Steigerung des Leistungsbedarfs

Eingriffswinkel φ_S

$$\cos \varphi_A = 1 - \frac{2 \cdot a1}{D} = 1 - \frac{2 \cdot 13 \ mm}{63 \ mm} \Rightarrow \varphi_A = 54°$$

$$\cos \varphi_E = 1 - \frac{2 \cdot a2}{D} = 1 - \frac{2 \cdot 63 \ mm}{63 \ mm} \Rightarrow \varphi_E = 180°$$

$$\varphi_S = \varphi_E - \varphi_A = \mathbf{126°}$$

mittlere Spanungsdicke h_m

$$h_m \approx f_z \cdot \sin \chi \cdot \sqrt{\frac{a_e}{D}} = 0{,}3 \ mm \cdot \sin 45° \cdot \sqrt{\frac{50 \ mm}{63 \ mm}}$$

$$h_m \approx \mathbf{0{,}18 \ mm}$$

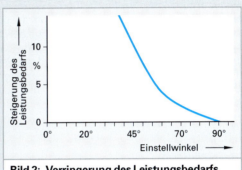

Bild 2: Verringerung des Leistungsbedarfs

Spezifische Schnittkraft

$$k_{c1.1} = 1565 \ \frac{N}{mm^2} \ ,$$

$m_c = 0{,}26 \Leftarrow$ aus Werkstofftabelle

Korrekturwerte:

Spanwinkel $k_\gamma = 1 - \dfrac{\gamma_{tat} \cdot \gamma°}{100} = 1 - \dfrac{16° - 6°}{100} = 0{,}9$

Spanstauchung $k_{St} = 1{,}2$

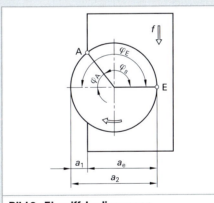

Bild 3: Eingriffsbedingungen

Verschleiß $k_{ver} = 1{,}3$

$$k_c = \frac{k_{c1.1}}{h_m{}^{mc}} \cdot k_\gamma \cdot k_{St} \cdot k_{ver} = \frac{1565}{0{,}18^{0{,}26}} \cdot 0{,}9 \cdot 1{,}2 \cdot 1{,}3$$

$$= 3431{,}7 \ \frac{N}{mm^2}$$

Schnittkraft F_c

$$F_c = A \cdot k_c = 1{,}57 \ mm^2 \cdot 3431{,}7 \ \frac{N}{mm^2} = \mathbf{5405 \ N}$$

Spanungsquerschnitt A

$$A = a_p \cdot h_m \cdot z_e = 5 \ mm \cdot 0{,}18 \ mm \cdot 1{,}75 = \mathbf{1{,}57 \ mm^2}$$

Zähne im Eingriff $z_e = \dfrac{\varphi_S \cdot z}{360°} = \dfrac{126° \cdot 5}{360°} = \mathbf{1{,}75}$

Schnittleistung P_c

$$P_c = F_c \cdot v_c = \frac{5405 \ N \cdot 160 \ m}{60 \ s \cdot 10^3} = \mathbf{14{,}4 \ kW}$$

2.6.7.3 Besondere Fräsverfahren

Drehfräsen

Um an nicht symmetrischen Werkstücken mit ungleicher Massenverteilung zylindrische Außen- und Innengeometrien herzustellen, ist das Drehen wegen der zu erwartenden Unwucht häufig nicht das geeignete Bearbeitungsverfahren. Durch die großen Massenkräfte der meist geschmiedeten oder gegossenen Rohlinge entstehen Schwingungen, die nur eine Bearbeitung mit geringen Werkstückdrehzahlen zulassen.

Beim Drehfräsen erfolgt durch die Überlagerung einer langsamen Drehbewegung des Werkstückes mit der rotierenden Hauptschnittbewegung des Fräswerkzeuges und der vom Werkzeug ausgeführten Vorschubbewegung die formgebende Spanabnahme. Je nach Fräsverfahren und Position des Werkzeugs zum Werkstück wird die Vorschubbewegung entweder achsparallel, orthogonal oder schraubenförmig, d.h. zirkular zur Werkstückachse ausgeführt **(Bild 1)**.

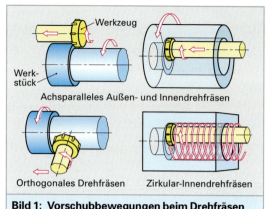

Bild 1: **Vorschubbewegungen beim Drehfräsen**

Außendrehfräsen

Beim achsparallelen Außendrehfräsen erfolgt die Vorschubbewegung des Werkzeugs parallel zur Werkstückachse. Die resultierende, effektive Schnittgeschwindigkeit an der Werkzeugschneide ergibt sich durch die Überlagerung der langsamen Drehfrequenz des Werkstücks mit der hohen Drehfrequenz des Werkzeugs. Die Werkstückoberfläche wird durch die am Werkzeugumfang liegenden Schneiden erzeugt (Umfangsfräsen). Der resultierende Werkzeugvorschub setzt sich aus den Werkzeug- und Werkstückbewegungen zusammen **(Bild 2)**.

Beim orthogonalen Außendrehfräsen stehen die Achsen von Werkzeug und Werkstück rechtwinklig, d.h. orthogonal zueinander. Hierbei können die beiden Achsen auf einer Ebene liegen (zentrisches Drehfräsen) oder exzentrisch zueinander (exzentrisches Drehfräsen) angeordnet sein.

Je nach Drehrichtung von Werkstück und Werkzeug kann im Gleich- oder Gegenlaufverfahren bearbeitet werden. Die Werkstückoberfläche wird durch die an der Werkzeugstirnseite liegenden Schneiden erzeugt. Die Hauptzerspanungsarbeit wird durch die am Umfang liegenden Schneidkanten geleistet (Stirnumfangsfräsen).

Die Berechnung des Eingriffswinkels φ des Werkzeuges beim achsparallelen Außendrehfräsen **(Bild 3)** erfolgt mit folgender Gleichung:

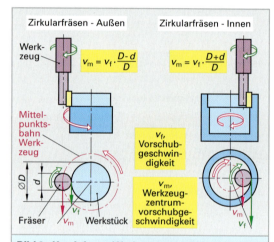

Bild 2: **Korrigierter Werkzeugvorschub**

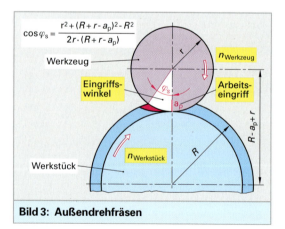

Bild 3: **Außendrehfräsen**

$$\cos \varphi = \frac{r^2 + (R + r - a_p)^2 - R^2}{2\,r\,(R + r - a_p)}$$

Beim *Wirbelfräsen* (**Bild 1**) können mit einem ring-förmigen Werkzeugträger mit innenliegenden Schneideneinsätzen rotationssymmetrische Geo-metrien durch Drehfräsen hergestellt werden. Die außermittige Werkstückposition ergibt bei Überla-gerung der hohen Rotationsfrequenz des Werk-zeugs und langsamer Werkstückrotation durch den Flugkreis der Schneiden eine zylindrische Werk-stückgeometrie.

Dieses Verfahren wird mit entsprechenden Schneidplatten auch zur Herstellung von Gewin-despindeln und Extruderschnecken eingesetzt (Gewindewirbeln).

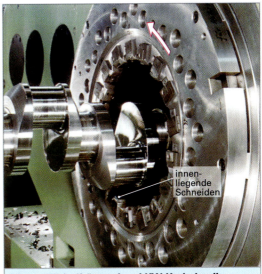

Bild 1: Wirbelfräsen einer LKW-Kurbelwelle

Innendrehfräsen

Beim Innendrehfräsen (**Bild 2**) kann durch die Überlagerung der Drehbewegung von Werkstück und Werkzeug bei achsparalleler Vorschubbewe-gung und außermittiger Fräserposition eine vor-gefertigte Bohrung auf das erforderliche Maß ver-größert werden.

Der Schnittkreis des Werkzeugs erzeugt durch Hüllschnitte eine günstige Spanform. Dieses Fräs-verfahren wird auch als *Innenwirbeln* bezeichnet.

Beim *Zirkularfräsen* (**Bild 3**) ist eine Drehbewegung des Werkstücks nicht erforderlich. Das Fräswerk-zeug erzeugt mit den am Umfang liegenden Schneidkanten durch die Überlagerung der rotie-renden Hauptschnittbewegung des Werkzeugs und einer zur Werkstück achsparallelen wendel-förmigen Fräsermittelpunktsbahn die zylindrische Werkstückkontur.

Mit diesem Fräsverfahren können vielfältige Au-ßen- und Innenkonturen hergestellt werden. Mit dem Innenzirkularfräsen werden vorgefertigte Bohrungen vergrößert, aber auch Bohrungen im Vollmaterial und Innengewinde durch Gewinde-fräsen hergestellt. Mit dem Außenzirkularfräsen können zylindrische, polygonartige und eliptische Geometrien gefräst werden.

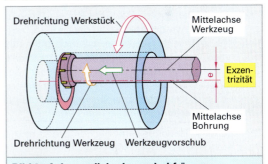

Bild 2: Achsparalleles Innendrehfräsen

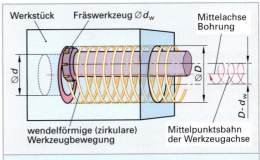

Bild 3: Zirkularfräsen einer Bohrung

Wiederholung und Vertiefung

1. Welche Zerspanungsbedingungen wirken an der Werkzeugschneide beim Gleichlauffräsen und beim Gegenlauffräsen?

2. Welche Auswirkungen hat das Aufgleiten der Schneide beim Gegenlauffräsen?

3. Beschreiben Sie für das Stirnplanfräsen günstige Schneideneintrittsbedingungen und Schneiden-austrittsbedingungen.

4. Für welche Zerspanungsaufgaben sind Fräswerk-zeuge mit runden Wendeschneidplatten geeignet?

2.6.8   Maschinelle Gewindeherstellung

2.6.8.1   Allgemeines

Gewindearten

Unterschieden werden Innengewinde (Mutterge-winde) und Außengewinde (Bolzengewinde) **(Bild 1)**. Kennzeichnende Merkmale für die Gewinde sind die *Gewindeart,* der *Gewindenenndurch-messer* und die *Gewindesteigung P.* Als konstruk-tives Element erfüllen Gewinde entweder Befesti-gungs- oder Bewegungsaufgaben.

In der Fügetechnik werden vor allem das Metrische ISO-Gewinde in der Ausführung als Regelgewinde oder als Feingewinde mit kleinerer Steigung ver-wendet **(Bild 2)**. Befestigungsgewinde sind auf-grund der geringen Gewindesteigung selbst-hemmend. Für dichtende Rohrverbindungen sind die kegeligen oder zylindrischen Rohrgewinde in Zollausführung geeignet.

Zum Übertragen größerer Axialkräfte sind wegen der stabilen Gewindeflanken und der großen Trag-tiefe das Metrische ISO-Trapezgewinde oder das Sägengewinde als Bewegungsgewinde im Einsatz. Durch die große Gewindesteigung dieser Ge-windearten wird die Übersetzung einer rotatori-schen in eine translatorische Bewegung ohne er-schwerende Reibungsverluste realisiert.

Mehrgängige Gewinde ermöglichen große axiale Verschiebungen bei geringen Verdrehwinkeln von Innen- bzw. Aussengewinde. Die Regelgewinde sind als Rechtsgewinde (RH = Right Hand) ausge-führt. In einigen Anwendungsfällen ist die Umkeh-rung des Drehsinns erforderlich, hierfür werden Linksgewinde (LH = Left Hand) eingesetzt.

Gewindeherstellverfahren

Bei der Gewindeherstellung kommen sowohl spanabhebende wie auch umformende Formge-bungsverfahren zur Anwendung. Verschiedene Gewindebohrverfahren,   Gewindefräsverfahren und Gewindedrehverfahren ermöglichen eine wirtschaftlche Herstellung von Innengewinden und von Außengewinden, nahezu unabhängig vom Werkstückwerkstoff und der Bauteilgeome-trie.

Gewindebohren

Beim Gewindebohren **(Bild 3)** wird in einer bereits vorhandenen Kernlochbohrung durch das stufen-förmige aufeinanderfolgen der Schneiden am Ge-windebohrwerkzeug (rotatorisches Räumen) in ei-nem kontinuierlichen Schnitt der Materialabtrag in den Gewindegängen erzeugt.

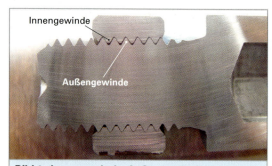

Bild 1: Innengewinde, Außengewinde

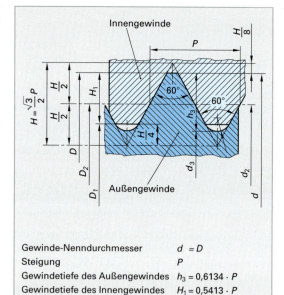

Gewinde-Nenndurchmesser	$d = D$
Steigung	P
Gewindetiefe des Außengewindes	$h_3 = 0{,}6134 \cdot P$
Gewindetiefe des Innengewindes	$H_1 = 0{,}5413 \cdot P$
Rundung	$R = 0{,}1443 \cdot P$
Flanken-$\varnothing$	$d_2 = D_2 = d - 0{,}6495 \cdot P$
Kern-$\varnothing$ des Außengewindes	$d_3 = d - 1{,}2269 \cdot P$
Kern-$\varnothing$ des Innengewindes	$D_1 = d - 1{,}0825 \cdot P$
Flankenwinkel	$\beta = 60°$

Bild 2: Kenngrößen am ISO-Gewinde

Bild 3: Gewindebohren

Gewindebohrwerkzeuge sind in HSS oder HM, auch in beschichteter Ausführung auf CNC- und Mehrspindelmaschinen mit axialem Ausgleichsfutter oder mit Gewindeschneidapparat im Einsatz. Wenn die Rotationsbewegung der Hauptspindel bei einer CNC-Maschinen keine gesteuerte Achse ist, sind zur Kompensation des axialen Nachlaufs des Werkzeugs beim Abbremsen oder Beschleunigen ein Ausgleichsfutter oder ein in Drehrichtung reversierender Gewindeschneidapparat notwendig.

Bei tiefen Gewinden besteht durch die ungünstige Spanabfuhr und die erschwerte Schmierstoffzufuhr die Gefahr des Werkzeugbruches.

2.6.8.2 Innengewindefräsen

Beim CNC-gesteuerten Fräsen von Innengewinden unterscheidet man

Gewindefräsen mit Kernloch:

- Konventionelles Gewindefräsen,
- Zirkulargewindefräsen,
- Stufenweises Gewindefräsen.

Bohrgewindefräsen (ohne Kernloch):

- Bohrgewindefräsen,
- Zirkulares Bohrgewindefräsen.

Beim Innengewindefräsen findet der *kommaförmige* Materialabtrag im unterbrochenen Schnitt durch die Überlagerung von rotatorischer und linearer Bewegung des Gewindefräswerkzeuges statt. Die Helicoidal[1]-Interpolation ist eine CNC-

Funktion für eine schraubenförmige Werkzeugbewegung (**Bild 1**). Die kreisförmige Bewegung vom Anfangspunkt zum Endpunkt in der x/y-Ebene wird durch die axiale Verschiebung in der z-Achse überlagert. Bei der Gewindefräsoperation (**Bild 2**) erzeugt die Kreisbewegung des Werkzeugs durch Hüllschnitte den Gewindedurchmesser und die simultane Bewegung in z-Richtung die Gewindesteigung P.

Beim Bohrgewindefräsen (**Bild 2**) ist die Bohrungsherstellung und Gewindeherstellung, einschließlich der Senkung, in einem Arbeitsgang möglich.

---

[1] von griech. helikos = Windung, Spirale

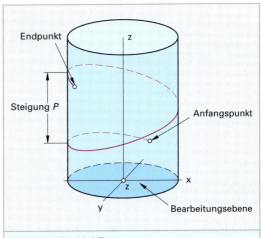

Bild 1: Helicoidal-Bewegung

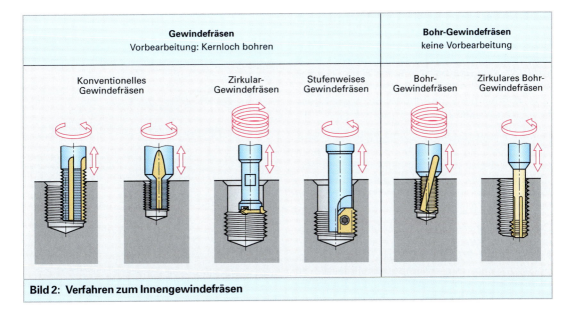

Bild 2: Verfahren zum Innengewindefräsen

Da bei gefrästen Gewinden keine Spanwurzelreste am Bohrungsgrund zurückbleiben, entspricht die nutzbare Gewindetiefe der Bohrungstiefe. Dadurch kann die Kernbohrung um 4 bis $5 \times P$ kürzer ausgeführt werden.

Mit den Gewindefräsverfahren (**Bild 1**) können maßgenaue und formgenaue Gewinde mit guten Obenflächenqualitäten in den Gewindeflanken in Grundlöchern und in Durchgangslöchern sowohl in Rechts- als auch in Linksausführung rationell hergestellt werden.

Die konstante Spindeldrehrichtung und die geringen Schnittkräfte ermöglichen auch bei dünnwandigen Bauteilen hohe Spindeldrehzahlen. Die Vollhartmetall-Gewindefräser werden in der Qualität *Feinkorn-Hartmetall* hergestellt und sind für Stähle, Rostfreie Stähle, Gusseisenwerkstoffe, Titan, Aluminium bis hin zur Kunststoffbearbeitung einsetzbar. Je nach Werkstoff wird trocken, mit innerer Kühlschmierstoff-Zufuhr (IKZ) oder mit Minimalmengenschmierung (MMS) gearbeitet.

Die mehrschneidigen Gewindefräswerkzeuge haben je nach Durchmesser eine Zähnezahl von 2 bis 4. Bei Regelgewinden beträgt der Durchmesser des Fräsers maximal 2/3 des Gewindenenndurchmessers und bei Feingewinden maximal $^3/_4$.

Da die Schnittgeschwindigkeit und der Vorschubwert unabhängig voneinander gewählt werden können, sind vielfältige Optimierungen hinsichtlich Spanbildung und Werkzeugbelastung möglich. Die sehr kurzen, kommaförmigen Späne bereiten bei der Spanabfuhr keine Probleme.

Das Profil des Gewindefräsers ist im Gegensatz zu einem Gewindebohrer oder Gewindeformer steigungsfrei, da die Gewindesteigung über die Werkzeugachse durch ein Zirkularprogramm erzeugt wird. Um eine Überbelastung des Werkzeuges zu vermeiden, muss beim Innengewindefräsen mit einer korrigierten Vorschubgeschwindigkeit gearbeitet werden (**Bild 2**).

Durch die kreisförmige Bewegung des Werkzeugs ergeben sich an der Werkzeugschneide und in der Werkzeugachse unterschiedliche Vorschubgeschwindigkeiten. Bei der Linearbewegung des Werkzeugs ist die Vorschubgeschwindigkeit von Schneide und Werkzeugmittelpunkt gleich groß.

Da die Maschinensteuerung mit der Geschwindigkeit der Werkzeugachse rechnet, führt dies bei einer kreisförmigen Bewegung wegen des größeren Vorschubweges am Fräseraußdurchmesser zu überhöhten Vorschubwerten, die einen Bruch des Fräsers zur Folge haben können (**Bild 1**).

Bild 1: Gewindefräsen

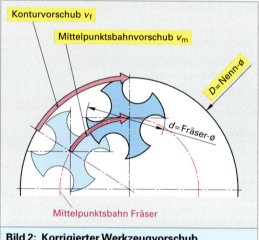

Bild 2: Korrigierter Werkzeugvorschub

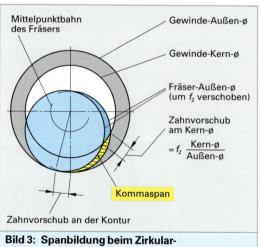

**Bild 3: Spanbildung beim Zirkular-
           Gewindefräsen**

Die Umrechnung auf den angepassten Vorschub der Mittelpunktsbahn erfolgt mittels Strahlensatz nach folgender Formel:

$$v_m = \frac{v_f \cdot (D - d)}{D}$$

v_m Vorschubgeschwindigkeit Mittelpunkt
v_f Vorschubgeschwindigkeit $v_f = n \cdot f = n \cdot f_z \cdot z$
D Gewindenenndurchmesser
d Werkzeugdurchmesser

> Beim Innengewindefräsen muss die Vorschubgeschwindigkeit vermindert werden.

2.6.8.3 Gewindedrehfräsen

Zu den spanenden Gewindeherstellverfahren mit mehrschneidigen, rotierenden Werkzeugen gehört das Gewindedrehfräsen. Dabei besteht zwischen der linearen und der rotatorischen Bewegung des Werkzeuges bzw. des Werkstücks ein kinematischer Zusammenhang, der die Formgebung der Gewindesteigung und der Gewindeform sicherstellt.

Angewendet das Gewindedrehfräsen zum Fertigen von Außengewinden und teilweise auch zur Innengewindeherstellung. Je nach Werkzeugart und Länge des fertigen Gewindes unterscheidet man beim Gewindedrehfräsen:

• Kurzgewindefräsen,
• Langgewindefräsen,
• Gewindewirbeln.

Kurzgewinde-Drehfräsen

Beim Kurzgewinde-Drehfräsen (**Bild 1**) entspricht die Länge des mehrrilligen Gewindeform-Fräswerkzeuges annähernd der Länge des fertigen Gewindes. Die Werkstückachse und die Werkzeugachse sind parallel zueinander. Das Werkstück und das Werkzeug drehen sich gegenläufig mit unterschiedlichen Drehzahlen. Aus dem Drehzahlverhältnis ergibt sich der Werkzeugvorschub. Das Profil der Gewindeformrillen im Fräswerkzeug entspricht dem zu erzeugenden Gewindeprofil. Bei einer ganzen Werkstückumdrehung wird der Fräser während der Schnittbewegung in axialer Richtung um die Gewindesteigung P verstellt.

Bei Fräswerkzeugen, bei denen die Fräsrillen bereits im Steigungswinkel des zu fertigenden Gewindes, aber mit entgegengesetzter Steigungsrichtung, angeordnet sind entfällt die axiale Werkzeugbewegung beim Gewindefräsvorgang.

Dadurch, dass das Gewinde in einem Arbeitsgang hergestellt wird, sind kurze Bearbeitungszeiten möglich. Die Aufteilung des Zerspanungsvolumens auf mehrere Schneiden und die kurze Eingriffszeit des Schneidkeils garantiert eine hohe Werkzeugstandzeit. Die Drehmomentaufteilung zwischen Werkzeugantrieb und Hauptspindelantrieb führt zu einer gleichmäßigen Leistungsverteilung auf Werkstück und Werkzeug.

Langgewinde-Drehfräsen

Beim Langgewinde-Drehfräsen (**Bild 2**) wird das zu fertigende Gewinde mit einem scheibenförmigen Vollhartmetall-Gewindeprofilfräser oder mit einem Gewindeprofilfräser mit Wendeschneidplatten hergestellt. Die Werkzeugachse ist gegenüber der Werkstückachse um den Gewindesteigungswinkel geneigt.

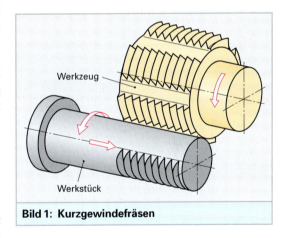

Bild 1: Kurzgewindefräsen

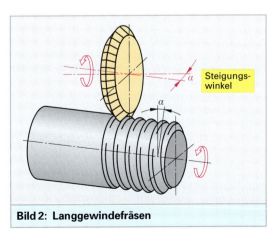

Bild 2: Langgewindefräsen

Bei Fräswerkzeugen, die eine Profilkorrektur aufweisen, entfällt die Werkzeugneigung, die Achsen
von Werkzeug und Werkstück stehen dann parallel
zueinander. Bei einer Werkstückumdrehung wird
das Werkzeug gegenüber dem Werkstück um die
Gewindesteigung axial zugestellt. Bei der Herstellung von Innengewinden ist dieses Verfahren
identisch mit dem Innengewindewirbeln. Die
Schnittbewegung des Fräsers kann im Gleichlauf
oder im Gegenlauf erfolgen.

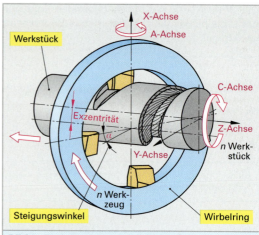

**Bild 1: Bewegungsverhältnisse beim
Gewindewirbeln**

2.6.8.4 Gewindewirbeln

Beim Gewindewirbeln (**Bild 1**) erzeugt ein zur
Werkstückachse exzentrisch angeordneter, rotierender Werkzeugträger mit innenliegenden Ge-
windeprofilschneiden durch Hüllschnitte die Gewindeform. Der Gewindefräsvorgang erfolgt an
dem sich langsam drehenden Werkstück im
Gleichlaufverfahren oder im Gegenlaufverfahren.
Die Gewindetiefe wird durch die Exzentrität zwischen Werkstückachse und Werkzeugachse vorgegeben.

Die Gewindesteigung wird durch den axialen
Vorschub des Wirbelkopfes und die gleichzeitige
Rotation des Werkstückes erzeugt. Der Werkzeugträger ist um den Steigungswinkel des
Flankendurchmessers geneigt. Bei paralleler Ach-
senstellung wird der Werkzeugträger mit profil-
korrigierten Schneidplatten bestückt. Durch die
große Rotationsbewegung des Wirbelkopfes ist
der Werkzeugeingriff und damit die Kontaktzeit im
Werkstückwerkstoff nur von kurzer Dauer.

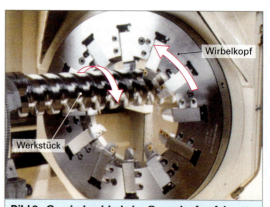

Bild 2: Gewindewirbeln im Gegenlaufverfahren

Der Spanungsquerschnitt wird auf die vier oder
mehr aufeinanderfolgenden Schneiden (Flanken-
und Tiefenschneider) aufgeteilt, um für die Zerspanung günstige Bedingungen und Spanquer-
schnittsformen zu erhalten. Es bilden sich längere,
dünne Späne, die gleichmäßige Schnittkräfte und
eine geringe elastische Verformung des Werkstückwerkstoffs verursachen. Die entstehende Zerspanungswärme wird hauptsächlich über die Späne abgeführt.

2.6.8.5 Gewindedrehen

Das Gewindedrehen ist sowohl für Innengewinde
als auch für Außengewinde geeignet. Heute werden Gewinde meist mit standardisierten Profil-
Wendeplattenwerkzeugen und NC-Gewindezyklen
auf Bearbeitungszentren hergestellt.

Mit dem Gewindewirbeln können neben Außengewinden auch Innengewinde (Innengewindewirbeln) mit geringen Steigungsfehlern und guter
Oberflächenqualität hergestellt werden. Neben
dem Gewindeschleifen wird dieses Verfahren insbesondere zur Herstellung von langen Gewindespindeln, von Extruderschnecken, von Kugelgewin-
despindeln und von Innenprofilen mit
Steigungswinkeln bis zu 45° bei sehr hohen Ge-
nauigkeitsanforderungen eingesetzt.

Beim Gewindedrehen überlagert sich die rotatorische Bewegung des Werkstücks mit der transla-
torischen Vorschubbewegung des Werkzeugs. Der
Steigungswert P des Gewindes muss dem Werkzeugvorschub entsprechen.

Das Gewindeschneiden von Außengewinden mit
mehrschneidigen, selbstöffnenden Gewinde-
schneideisen an Revolver-Drehmaschinen und
Automaten gehört nach DIN 8589 als Sonderverfahren zum Gewindedrehen.

Es werden unterschiedliche Wendeschneidplatten zum Gewindedrehen verwendet **(Bild 1):**

Wendeschneidplatten in Einzahnausführung

Vollprofil-Wendeplatten erzeugen ein vollständiges und im Nenndurchmesser maßhaltiges Gewindeprofil **(Bild 2).** Die Geometrie der Schneidplatte garantiert die richtige Gewindetiefe, Kopf- und Fußradien und die Gewindeprofilwinkel. Für jede Steigung und jedes Profil ist eine eigene Profilplatte erforderlich.

Teilprofil-Wendeplatten sind für einen großen Steigungsbereich bei gleichem Gewindeprofil universal einsetzbar. Teilprofil-Wendeschneidplatten bearbeiten nicht die außenliegenden Spitzen des Gewindes, deshalb muss der Außendurchmesser bei Außengewinden, bzw. der Innendurchmesser bei Innengewinden, zuvor auf den Nenndurchmesser bearbeitet werden.

Wendeschneidplatten in Mehrzahnausführung

Es gibt Vollprofilplatten mit zwei oder mit mehr Zähnen. Durch einen aufeinanderfolgenden, radialen Versatz der Schneiden reduziert sich die Anzahl der Durchgänge zur Gewindefertigstellung. Gegenüber der Einzahnausführung ist eine gesteigerte Produktivität möglich. Wegen der breiteren Ausführung der mehrschneidigen Gewindeprofilplatte ist ein größerer Gewindeauslauf am Werkstück notwendig als bei der einschneidigen Variante.

Beim *Gewindestrehlen* erfolgt die Komplettbearbeitung des Gewindes mit einer Mehrzahn-Schneidplatte in einem Schnitt.

Die Gewindeform wird in allen Fällen durch die Geometrie des jeweiligen Schneideinsatzes erzeugt. Beim Gewindedrehen wird mit Vorschubwerten gearbeitet, die den Gewindesteigungen entsprechen und damit in der Regel größer sind als bei der sonst üblichen Drehbearbeitung. Um die

Zerspanungskräfte an den Schneidplatten gering zu halten, muss bei reduzierten Zustelltiefen (a_p) das Gewinde in mehreren Durchgängen bis zur fertigen Endkontur gedreht werden.

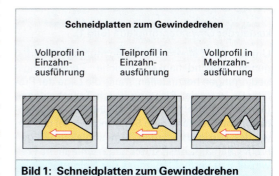

Bild 1: Schneidplatten zum Gewindedrehen

Bild 2: Gewindedrehen mit Vollprofil-Einzahnplatte

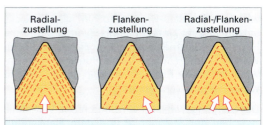

Bild 3: Zustellverfahren beim Gewindedrehen

Zustellverfahren

Man unterscheidet die Zustellverfahren:

Radialzustellung (Bild 3). Die Zustellbewegung in radialer Richtung, senkrecht zur Werkstückachse, verursacht eine symmetrische Abnutzung der Schneidplatte, aber bei großen Schnitttiefen und Steigungen eine ungünstige Spanform und durch die große Eingriffslänge der Schneidenplatte Vibrationen.

Flankenzustellung. Bei dieser Zustellungsart arbeitet das Werkzeug parallel zu einer Gewindeflanke und erzeugt dadurch eine günstige Spanform. Gegenüber der Radialzustellung verursacht die Flankenzustellung wegen der geringeren Eingriffslänge der

Gewindeschneidplatte weniger Vibrationen. Um die nicht in Vorschubrichtung liegende Schneide freizustellen, wird der Zustellwinkel etwas kleiner gewählt, als der Flankenwinkel des Gewindes.

Radial-/Flankenzustellung. Bei der Flankenzustellung wird nur die im Eingriff befindliche Schneidkante belastet. Um das ganze Leistungspotenzial der Profilplatte auszunutzen, wird abwechselnd die rechte und die linke Schneidenflanke bis zur vorgegebenen Gewindetiefe zugestellt. Dieses Zustellverfahren bietet durch die wechselseitige Abnutzung, vor allem bei größeren Gewinden, hohe Standleistungen.

Bei geradverzahnten Räumnadeln sollte das Verhältnis aus Werkstücklänge L und der Teilung t ganzzahlig und größer-gleich zwei sein, damit es nicht zu großen Schnittkraftschwankungen kommt. Bei nicht ganzzahligem Verhältnis L/t sollten Räumwerkzeuge mit schräger Schneidenanordnung zur Anwendung kommen. Diese verursachen geringere periodische Schnittkraftschwankungen als geradverzahnte Schneidenanordnung (**Bild 1**).

Die Schnittleistung ergibt sich aus:

$$P_c = \frac{F_c \cdot v_c}{60 \text{ s/min}}$$

P_c Schnittleistung in Nm/s bzw. W
v_c Schnittgeschwindigkeit in m/min

Drehräumen. Die kinematische Kombination der Fertigungsverfahren Drehen und Räumen ergibt in der Serienfertigung ein wirtschaftliches Verfahren zur Außenbearbeitung rotationssymmetrischer Werkstückgeometrien. Nach der Schnittbewegung des Werkzeuges unterscheidet man folgende Verfahrensprinzipien:

Linear-Drehräumen. Beim Linear-Drehräumen wird die translatorische Schnittbewegung des Räumwerkzeuges mit der Drehbewegung des Werkstücks überlagert. Das Räumwerkzeug wird am rotierenden Werkstück im konstanten Abstand vorbei geführt und entspricht in Aufbau und Wirkung der beim konventionellen Räumen eingesetzte Räumnadel. Die Gesamtzahl der Schneiden ergibt in einem Arbeitsgang entsprechend der Staffelung (Steigung, Vorschub pro Schneide f_z) die Gesamtzustellung a_p bzw. die Räumtiefe T.

Rotations-Drehräumen. Beim Rotations-Drehräumen (**Bild 2**) wird die rotatorische Schnittbewegung des scheibenförmigen Werkzeugträgers mit der Drehbewegung des Werkstücks im Gleichlauf überlagert. Der Abstand der Werkzeugachse und der Werkstückachse ist beim Bearbeitungsvorgang konstant. Dadurch wird die Spanabnahme über die spiralförmig am Umfang des Räumwerkzeuges liegenden, um den Vorschub pro Zahn gestaffelten Schneiden erreicht. Beim Drehwerkzeug werden die mit Wendeschneidplatten bestückten Kassettenmodule am Werkzeugträger angeschraubt.

2.6.10 Hobeln und Stoßen

Beim Hobeln und beim Stoßen ist nur ein einschneidiges Werkzeug während des Arbeitshubes im Eingriff. Für den anschließenden Rückhub wird das Werkzeug abgehoben. Dann erfolgt ein Vorschubschritt und der Zyklus beginnt von Neuem.

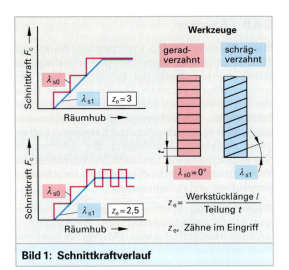

Bild 1: Schnittkraftverlauf

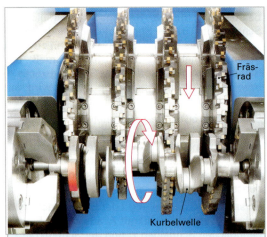

Bild 2: Rotationsdrehräumen von Kurbelwellenlagerstellen

Beim Hobeln führt das Werkstück die Schnittbewegung und die Rückhubbewegung aus. Der Meißel wird um den jeweiligen Vorschubschritt einachsig für eine ebene Bearbeitungsfläche bewegt und zweiachsig für Profilfläche.

Beim Stoßen führt das Werkzeug die Schnittbewegung aus. Die Vorschubbewegung kann ein-, zwei- oder dreiachsig sein und wird vom Werkstück oder Werkzeug oder auf beide aufgeteilt ausgeführt. Während wegen den geringen Spanleistungen das Hobeln heute kaum noch Bedeutung hat, ist das kurzhubige Wälzstoßen für Evolventenverzahnungen immer noch ein angewandtes Verfahren.

Berechnungsbeispiel zum Räumen

In der Bohrung eines Zahnrades soll eine Passfedernut durch Räumen hergestellt werden:

Passfeder DIN 6885 - A - $12 \times 8 \times 35$

Werkstück:

Werkstoff 16MnCr5

Bohrungsdurchmesser $D = 40\,mm$

Werkstücklänge $L = 40\,mm$

Nutbreite $b = 12\,mm$

Nuttiefe $T = 3,3\,mm$

Werkzeug:

Teilung $t = 10\,mm$

Schneidenstaffelung $f_z = h = 0,08\,mm$

Schnittgeschwindigkeit $v_c = 10\,\dfrac{m}{min}$

Zu ermitteln ist die erforderliche Maschinenleistung P_e bei einem Maschinenwirkungsgrad von 65 %.

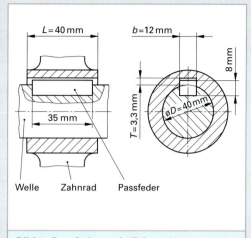

Bild 1: Passfedernut in Zahnrad

1. Zähne im Eingriff z_e

$$z_e = \frac{L}{t} = \frac{40\,mm}{10\,mm} = 4\,\text{Zähne}$$

2. Schnittkraft pro Schneide F_{cz}

$$F_{cz} = b \cdot h \cdot k_c$$

$$F_{cz} = 12\,mm \cdot 0,08\,mm \cdot 3882,8 \cdot \frac{N}{mm^2}$$

$$F_{cz} = 3727,5\,N$$

k_c spezifische Schnittkraft:

$$k_c = \frac{k_{c1.1}}{h^{mc}} \cdot 1,3 = \frac{1400}{0,08^{0,3}} \cdot 1,3 = 3882,8\,\frac{N}{mm^2}$$

$k_{c1.1}$ Hauptwert der spezifischen Schnittkraft für den Werkstoff 16 MnCr5

h Spanungsdicke

m_c Werkstoffkonstante

1,3 Korrekturfaktor für v_c

3. Gesamtschnittkraft F_c

$F_c = F_{cz} \cdot z_e = 3727,5\,N \cdot 4 = 14,9\,kN$

4. Schnittleistung P_c

$$P_c = F_c \cdot v_c = \frac{14\,910\,N \cdot 10\,m}{60\,s} = 2485\,W = 2,48\,kW$$

5. Maschinenleistung P_e für $\eta = 0,65$

$$P_e = \frac{P_c}{\eta} = \frac{2,48\,W}{0,65} = 3,82\,kW$$

2.6.11 Hochgeschwindigkeitsbearbeitung

2.6.11.1 Übersicht

Die permanente Forderung an die Fertigung nach Verkürzung der Bearbeitungszeiten und die Durchlaufzeiten **(Bild 1)** bei gleichzeitig hoher Maßgenauigkeit, Konturhaltigkeit und hoher Oberflächenqualität zwingt zur Einführung neuer Produktionsstrategien, die den geforderten Wirtschaftlichkeits- und Qualitätsanforderungen gerecht werden. Die Anwendung hoher Zerspanungsgeschwindigkeiten in der spanabhebenden Fertigung reicht zurück bis Anfang der 30er Jahre.

Bereits 1931 wurde ein deutsches Patent zur „Hochgeschwindigkeitsbearbeitung" erteilt. Allerdings scheiterte die praktische Umsetzung in der Fertigung an den damaligen Möglichkeiten der Maschinen- und Werkzeughersteller. Wissenschaftliche Untersuchungen brachten aber grundsätzliche Erkenntnisse über die Auswirkungen hoher Schnittgeschwindigkeiten auf die Zerspanungskräfte und die Zerspanungswärme bei der spanabhebenden Bearbeitung metallischer Werkstoffe **(Bild 2)**.

Abgrenzung

Eine eindeutige, allgemeingültige Definition der Hochgeschwindigkeitsbearbeitung erscheint aufgrund der unterschiedlichen Anwendungsbereiche, Werkstoffe und Bearbeitungsstrategien schwierig.

Je nach Zerspanungsphilosophie bekommt man verschiedene Definitionen:

* Zerspanung mit hoher Schnittgeschwindigkeit,
* Zerspanung mit hoher Spindeldrehzahl,
* Zerspanung mit hohen Vorschüben f,
* Zerspanung mit hoher Schnittgeschwindigkeit und großem Vorschub bei geringen Schnitttiefen,
* Zerspanung mit hoher Produktivität.

Neben den verschiedenen Definitionen für die Hochgeschwindigkeitsbearbeitung werden auch unterschiedliche Bezeichnungen verwendet, die nicht unbedingt gleichbedeutend sind:

* HSC, High Speed Cutting,
* HSM, High Speed Machining,
* HVM, High Velocity Machining,
* HPC, High Performance Cutting.

Bestimmend für die Entwicklung und Einführung einer modernen **HSC-Technologie** war der Werkzeugbau mit der Fräsbearbeitung von gehärteten

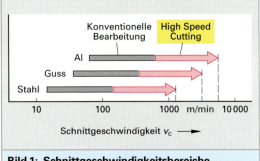

Bild 1: Schnittgeschwindigkeitsbereiche

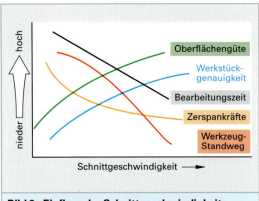

Bild 2: Einfluss der Schnittgeschwindigkeit

Bild 3: Fräsen von Freiformflächen mit Kugelkopffräser

Werkzeugstählen mit bis zu 50 HRC[1] bei Spritzgussformen und Umformgesenken **(Bild 3)**. Auch die Komplettbearbeitung weicherer Werkstoffe wie Graphit in der Elektrodenherstellung für das Senkerodieren gehört zum Aufgabenspektrum eines leistungsfähigen Werkzeugbaus.

---

[1] HRC Abk. für Werkstoffhärte nach Rockwell (H Härte, R Rockwell, C Cone = Kegel)

Der traditionelle Formen- und Gesenkbau ist gekennzeichnet durch eine zeit- und kostenintensive Abfolge folgender Bearbeitungsschritte:

• Schruppbearbeitung und Vorschlichten des Werkstoffs im geglühten Zustand,
• Wärmebehandlung zur Erzielung der gewünschten Härte,
• Herstellung von Elektroden zum Senkerodieren um damit kleine Radien und tiefer liegende Geometrien mit begrenzter Zugänglichkeit für Schneidwerkzeuge herstellen zu können,
• Schlichten und Feinschlichten mit hochharten Schneidstoffen,
• manuelles Polieren.

Meist ist ein großer Anteil an der Fertigungszeit die manuelle Schlichtbearbeitung (Polieren), die nach der maschinellen Schlichtbearbeitung die gewünschte Oberflächenqualität des Werkstücks sicherstellt. Die manuelle Schlichtbearbeitung beeinträchtigt jedoch i.d.R. die Maß- und Formgenauigkeit negativ. Außerdem erhöhen sich die Produktionskosten und die notwendige Vorlaufzeit zum Fertigstellungstermin.

Um ein hohes Rationalisierungspotenzial zu erzielen, ist eine ganzheitliche Betrachtung des Fertigungsprozesses nötig, da sowohl Schruppoperationen mit hoher Zerspanungsleistung bei mittleren Zerspanungsgeschwindigkeiten, als auch Schlicht- und Feinschlichtprozesse bei hohen Zerspanungsgeschwindigkeiten aber mit niedrigen axialen und radialen Schnitttiefen erforderlich sind. Durch die, je nach Werkstoff 5 bis 10 fach höhere Schnittgeschwindigkeit als bei der konventionellen Bearbeitung verbessern sich die Oberflächengüten bis zu Schleifqualität. Es erhöht sich aber gleichzeitig das Zeitspanvolumen. Die Fertigungszeit reduziert sich erheblich.

Die Steigerung der Schnittgeschwindigkeit gegenüber den konventionellen Werten kann entweder durch Erhöhung der Rotationsgeschwindigkeit des Werkzeugs, oder bei konstanter Drehzahl durch die Vergrößerung des Werkzeugdurchmessers erfolgen. Werkzeuge mit kleinem Durchmesser benötigen sehr hohe Spindeldrehzahlen um im HSC-Bereich arbeiten zu können **(Bild 1)**.

> Moderne Hochfrequenzspindeln im Werkzeugmaschinenbau erreichen je nach Bauform Drehfrequenzen von 100 000 U/min und mehr.

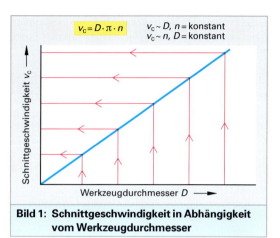

Bild 1: Schnittgeschwindigkeit in Abhängigkeit vom Werkzeugdurchmesser

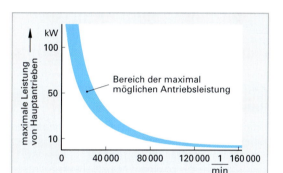

Bild 2: Grenzeistungen von Hauptspindeln in Abhängigkeit der Umdrehungsfrequenz

Das Werkzeug benötigt zur Spanabnahme eine von der Schnittgeschwindigkeit und Schnittkraft abhängige Zerspanungsleistung und **(Bild 2)**.

$$P_c = F_c \cdot v_c$$

P_c Schnittleistung
F_c Schnittkraft
v_c Schnittgeschwindigkeit

Da die Spindelleistung über den gesamten Drehzahlbereich nicht gleichbleibender Höhe gehalten werden kann, sondern mit zunehmender Spindelfrequenz deutlich geringer wird, ist eine Realisierung hoher Zerspanungsleistungen im Hochgeschwindigkeitsbereich nur mit Spindeln, welche durch Getriebe untersetzt sind möglich.

Entsprechend diesen Voraussetzungen ergeben sich zwei unterschiedliche Zerspanungsphilosophien **(Bild 1):**

1. **HSC (High speed cutting)**
   Fräsbearbeitung mit sehr hoher Schnittgeschwindigkeit und Vorschubgeschwindigkeit bei geringen axialen und radialen Schnitttiefen **(Bild 2)** im Bereich kleiner bis mittleren Zerspanungsleistungen. Überwiegend Schlichten von Leichtmetalllegierungen, Kupfer, Graphit und gehärteten Stahlwerkstoffen.

2. **HPC (High performance cutting)**
   Bearbeitung mit Zerspanungsgeschwindigkeiten, die in dem Übergangsbereich zwischen den konventionellen und den HSC-Werten liegen. Ziel ist, mit einem hohen Spindeldrehmoment bei mittleren Spanungsdicken ein großes Zeitspanvolumen zu erreichen.

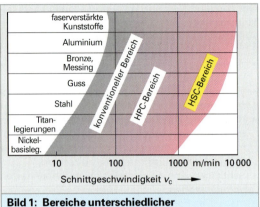

Bild 1: Bereiche unterschiedlicher Zerspanungsphilosophien

2.6.11.2 Technologischer Hintergrund

Reduzierte Schneidkantentemperatur

Erhöht man ausgehend von den konventionellen Schnittwerten die Schnittgeschwindigkeit, so beobachtet man, dass die Temperatur an der Werkzeugschneide bis zu einem Maximalwert zunimmt **(Bild 3)**. Eine weitere Schnittgeschwindigkeitszunahme bewirkt eine Abnahme der Zerspanungstemperatur.

Bei der Zerspanung von Stahlsorten und von Gusssorten fällt der Temperaturrückgang an der Schneide geringer aus als bei Aluminiumlegierungen und anderen NE-Metallen. Die bei der HSC-Bearbeitung typische geringe Schnitttiefe in Verbindung mit hohem Vorschub und Spindeldrehzahl reduziert die Eingriffs- bzw. Kontaktzeit der Schneidkante **(Bild 1, folgende Seite).**

Die in der Scherzone entstehende Zerspanungswärme benötigt aufgrund der physikalischen Wärmeleitung von zerspantem Werkstoff und des verwendeten Schneidstoffs eine Mindestkontaktzeit. Steht diese Zeit zur Wärmeübertragung nicht zur Verfügung und hat der Schneidstoff eine geringe Wärmeleitfähigkeit, so bleibt die entstehende Zerspanungswärme zu über 90 % im Span und wird mit diesem abgeführt.

Die thermischen Belastungen sind während der Zerspanung für das Werkzeug und für das Werkstück kalkulierbar und bringen entscheidende Vorteile hinsichtlich Werkzeugstandzeit und Werkstückqualität.

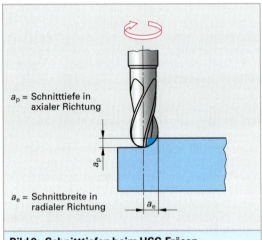

a_p = Schnitttiefe in axialer Richtung

a_e = Schnittbreite in radialer Richtung

Bild 2: Schnitttiefen beim HSC-Fräsen

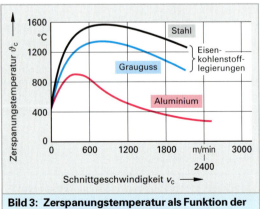

Bild 3: Zerspanungstemperatur als Funktion der Schnittgeschwindigkeit

Reduzierte Schnittkräfte

Die hohen Zerspanungsgeschwindigkeiten bei der HSC-Bearbeitung setzen in der Scherzone des Werkstoffs kurzzeitig große Energiemengen in Form von Wärme frei. Dadurch reduzieren sich in dem Scher-, Stauchungs- und Umformungsbereich des Spanes, mit zunehmender Schnittgeschwindigkeit, die spezifische Schnittkraft k_c des Werkstoffs und die daraus resultierenden Zerspanungskräfte ebenso wie die notwendige Spindelleistung P_c um bis zu 30 % **(Bild 2)**.

Die geringer wirkenden Radialkräfte und Axialkräfte auf das Werkstück und das Werkzeug erlauben den Einsatz längerer Werkzeuge bei geringerem Vibrationsrisiko. Eine schwingungsarme Bearbeitung mit niedrigen Schnittkräften ermöglicht im Werkzeugbau die Herstellung form- und maßtreuer, dünnwandiger Werkstückwände, die bisher nur mit der Funkenerosion erzeugt werden konnten. Die Schneidwinkel sollte hierbei positiv sein, die Schneidkante nur eine kleine Verrundung haben und das Fräswerkzeug im Gleichlauf arbeiten.

2.6.11.3 Prozesskette und Komponenten

Das alleinige Umrüsten eines konventionellen Bearbeitungszentrums mit einer Hochfrequenzspindel reicht nicht aus, um das Rationalisierungspotenzial dieser Technologie auszuschöpfen. Viele so eingestiegene Anwender mussten erkennen, dass hohe Drehzahlen nicht allein die Lösung aller fertigungstechnischen und ökonomischen Probleme bedeuten.

Der Erfolg dieser Technologie stellt sich erst ein, wenn alle am Prozess beteiligten Komponenten optimiert und geeignet sind.

Bearbeitungsparameter

1. Effektive Schnittgeschwindigkeit v_{ceff}

Da insbesondere bei der Bearbeitung von gehärteten Werkzeugstählen mit der HSC-Technologie nur geringe Schnitttiefen in radiaier Richtung (a_e) und axialer Richtung (a_p) realisierbar sind, ist es notwendig mit dem tatsächlich im Eingriff befindlichen Werkzeugdurchmesser (D_{eff}) die effektive Schnittgeschwindigkeit v_{ceff} zu bestimmen. Die v_{ceff} nimmt bei kleiner werdendem effektiv wirksamen Werkzeugdurchmesser aufgrund der linearen Abhängigkeit ab **(Bild 3)**.

Um in einem für das Werkzeug optimalen Schnittgeschwindigkeitsbereich zu bleiben, ist es erforderlich, die Drehzahl zu erhöhen bzw. die optimale Drehfrequenz des Werkzeugs mit dem effektiv

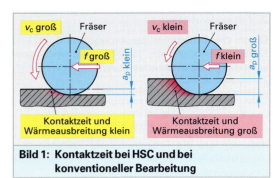

Bild 1: Kontaktzeit bei HSC und bei konventioneller Bearbeitung

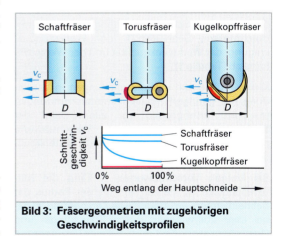

Bild 2: Verringerung der Schnittkraft mit zunehmender Schnittgeschwindigkeit

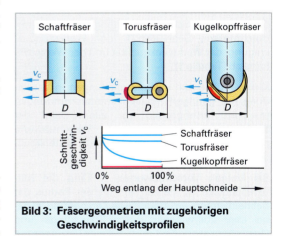

Bild 3: Fräsergeometrien mit zugehörigen Geschwindigkeitsprofilen

wirksamen Durchmesser zu bestimmen. Die Vorschubgeschwindigkeit v_f ist ebenfalls linear an die Drehzahl bzw. die Schnittgeschwindigkeit gekoppelt. Die Konsequenz dieser proportionalen Abhängigkeit ist, dass bei geringen Schnitttiefen, durch die Anpassung der Drehzahl auch die Vorschubgeschwindigkeit steigt. Der Vorschub pro Zahn f_z bleibt dabei konstant!

Bei der HSC-Schruppbearbeitung wird das zu zerspanende Material in konstante Schnitte aufgeteilt und für das nachfolgende Schlichten ein annähernd gleichmäßiges Aufmaß mit konstantem Spanungsquerschnitten erzeugt. Damit der Schruppfräser kontinuierlich im Gleichlaufverfahren arbeiten kann, wird die Werkstückkontur umrissförmig programmiert. Auf senkrechte Eintauchbewegungen des Werkzeugs (Bohrschnitte) sollte zu Gunsten einer „weichen" Anfahrbewegung verzichtet werden.

Eine rampenförmige oder eine helixförmige Eintauchbewegung erhöht die Werkzeugstandzeit erheblich (**Bild 1**). **Der Eingriffswinkel** φ_s (Umschlingungswinkel) des Werkzeugs verändert beim Umfangsfräsen

* von innen nach außen oder
* von außen nach innen (**Bild 2**).

> Große Eingriffswinkel bewirken eine große Werkzeugbelastung.

Taucht das Werkzeug rampenförmig in das Werkstück ein und fräst dann umrissförmig von außen nach innen die Kontur ab, ist der abzutragende Werkstoff immer innenliegend. Diese Bearbeitungsstrategie ergibt Werkzeugeingriffswinkel φ_s je nach Fräsbreite a_e von meist weniger als $90°$. Nachteilig ist die erste Bahn mit $180°$-Eingriffswinkel.

Die umgekehrte Strategie von innen nach außen ergibt in Innenecken ungünstige Eingriffswinkel von bis zu $235°$ (bei $D = a_e$), da der Werkstoff immer außen an der Kontur steht.

Die Restrauigkeit (**Bild 3**) aus der Schruppbearbeitung entsteht durch die radiale Zustellung (Zeilensprung $a_e = 35\% – 40\%$ des Fräserdurchmessers). Die entstehenden Stufen, bzw. Werkstoffspitzen müssen in einem Vorschlichtprozess abgetragen werden, um für die eigentliche Schlichtbearbeitung ein gleichmäßiges Aufmaß mit geringen Schnittkraftschwankungen zu erzielen.

Hauptanwendungsbereich für die HSC-Technologie ist die Herstellung von Druckgussformen, von Spritzgussformen, von Tiefziehformen sowie von Schmiedegesenken aus Qualitäts- und Werkzeugstählen mit Werkstoffhärten bis zu 63 HRC. Für die meist stark gekrümmten Freiformflächen kommt das sonst zur Schlichtbearbeitung übliche achsparallele oder pendelförmige Abscannen der gesamten Geometrie nicht in Frage.

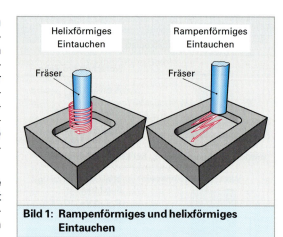

Bild 1: Rampenförmiges und helixförmiges Eintauchen

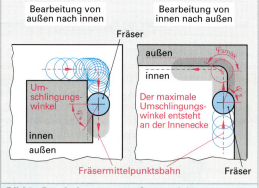

Bild 2: Bearbeitung von außen nach innen und von innen nach außen

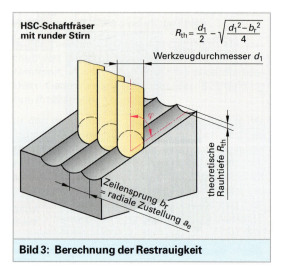

HSC-Schaftfräser mit runder Stirn

$$R_{th} = \frac{d_1}{2} - \sqrt{\frac{d_1^2 - b_r^2}{4}}$$

Werkzeugdurchmesser d_1

theoretische Rauhtiefe R_{th}

Zeilensprung b_r radiale Zustellung a_e

Bild 3: Berechnung der Restrauigkeit

Wie bei der Schruppbearbeitung sollte eine konturbezogene Umrissbahn programmiert werden. Die Größe des Zeilensprungs (radiale Zustellung a_e) richtet sich nach der gewünschten Restrauigkeit der Oberfläche.

Bei der Schlichtbearbeitung von horizontal liegenden Konturflächen schneidet der Fräser durch die geringe axiale Zustellung nur im unteren achsnahen Zentrumsbereich. Da hier die Schnittgeschwindigkeit gegen null geht, verschlechtern sich die Zerspanungsbedingungen und damit auch die Werkzeugstandzeit. Ein schräges Anstellen des Werkzeugs (Spindelsturz) in Fräsrichtung verbessert die Schnittverhältnisse, setzt aber im Allgemeinen eine 5-Achsen-Fräsmaschine voraus.

Bei der konturbezogenen Umrissbearbeitung bleiben vereinzelt unbearbeitete Geometriebereiche nach der Schlichtbearbeitung übrig, die durch nachträgliches *Abzeilen* mit einem abgestimmten Fräserdurchmesser nachgearbeitet werden müssen.

Die großen Werkzeugbelastungen beim HSC-Fräsen erfordern besondere Frässtrategien und Fertigungsparameter. Hierbei kommen der Führung des Werkzeuges **(Bild 1)** durch die Fräseranstellrichtung (in Vorschubrichtung bzw. quer Vorschubrichtung), durch den Anstellwinkel der Fräserachse, der Schnittrichtung (Ziehschnitt oder Bohrschnitt) und dem Bearbeitungsverfahren (Gleichlauf oder Gegenlauf) im Hinblick auf Werkzeugstandweg, Bauteilqualität und Prozesssicherheit eine besondere Bedeutung zu.

Die simultane Fünf-Achsen-Bearbeitung stellt am Fräswerkzeug immer optimale Eingriffsbedingungen sicher. Durch die aufwändige Programmierung, die erforderliche große Rechnerleistung der Steuerung bei hohen Vorschubgeschwindigkeiten und die große Massenbeschleunigung der Maschinenachsen sowie der großen erforderliche Werkzeugbewegungsraum kommt diese Bearbeitungsstrategie beim HSC-Fräsen eher selten zum Einsatz.

Um nahezu konstante Eingriffsbedingungen zu erhalten wird auch bei 5-Achsen-Werkzeugmaschinen oft dreiachsig bearbeitet und zwar mit schräg im Raum stehendem Werkzeug oder Werkstück, wechselnd von Flächenabschnitt zu Flächenabschnitt **(Bild 2)**. Die Werkzeuganstellung erfolgt entweder in Vorschubrichtung oder quer dazu. Die Konturinterpolation durch die Steuerung erfolgt dreiachsig. Je nach Anstellungsebene ergibt sich für den Fräser ein Bohr- oder Ziehschnitt.

Unabhängig von der Werkzeuganstellung erfolgt die Spanabnahme bei Kugelkopffräsern immer auf

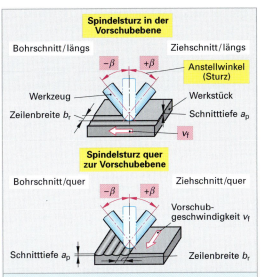

Bild 1: Frässtrategien und Anstellwinkel

Bild 2: Fünfachsige Bearbeitung

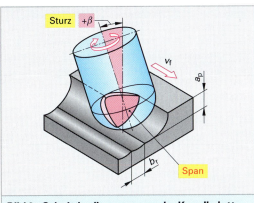

Bild 3: Schnittbedingungen an der Kugelkalotte

der stirnseitigen Kugelkalotte **(Bild 3)**. Bei sich verändernder Werkstückkontur ergeben sich bei gleichem Anstellwinkel der Werkzeugachse unterschiedliche Kontakt- und Eingriffsbedingungen.

Gute Zerspanungsbedingungen für die Werkzeugschneide stellen sich bei einem Anstellwinkel β
(Sturz) von 10° ... 20° in Vorschubrichtung (Zieh-
schnitt/längs, **Bild 1**) ein. Bei Anstellwinkeln der
Werkzeugachse unter 10° nehmen aufgrund der
geringen Schnittgeschwindigkeit zur Werkzeugmitte hin die Reib- und Quetschvorgänge zu. Dies führt
zu höheren Prozesstemperaturen und zur Bildung
von Aufbauschneiden. Bei Kippwinkeln über 20°
führt die zunehmende Eingriffslänge der Schneide
(Schnittlänge) zu erhöhter Schneidenbelastung.

Das Aufgleiten der Schneidkante beim Eintritt
(Spanungsdicke $h = 0$) wirkt sich mit erhöhtem
Freiflächenverschleiß ebenso negativ auf den
Standweg des Werkzeugs aus, wie das Austreten
der Schneide mit maximaler Spanungsdicke. Hier-
bei treten schädliche Zugspannungen in der
Schneide auf, die zu Schneidkantenausbrüchen
führen können.

2.6.11.6 Software und Programmierung

Ausgehend vom CAD-System werden die Geome-
triedaten des Werkstücks in der Konstruktion des
Bauteils erfasst. Einfache *Regelgeometrien* werden als Realgeometrie dargestellt, *Freiformgeo-
metrien* dagegen in Interpolationsverfahren oder
Näherungsverfahren. Im Werkzeug- und Formenbau ist der Anteil an schwierig zu bearbeitenden
3D-Freiformgeometrien sehr hoch, entsprechend
groß ist der Aufwand zur Generierung entsprechender Fräsbahnen.

Im konventionellen CAD-System werden gekrümmte Freiformflächen aus ebenen Poly-
gongeometrien, bzw. Elementen wie Dreieck-, Tra-
pezflächen oder Rautenflächen in einen DIN-NC-
Code (G01 ... X, Y, Z) übersetzt und damit angenähert. Um eine akzeptable Flächengeometrie mit
geringen Sehnenfehlern zu erzeugen, sind eine
hohe Anzahl von Geometriepunkten[1] notwendig
(Bild 2).

Die sich daraus ergebende Konsequenz sind entsprechend große NC-Code-Dateien, die zur Berechnung der Fräsbahnen hohe Prozessorleistun-
gen erfordern. Die in den meisten NC-Steuerungen
angebotene Splineinterpolation verrundet die
eckige Stützpunktbahn rechnerisch durch ein Interpolationsverfahren, das das dynamische Verhalten der Maschine bei hohen Vorschubgeschwindigkeiten deutlich verbessert. Es gibt keine
Beschleunigungssprünge. Die Übergänge von einem Spline zum nächsten erfolgen tangential. Allerdings wird hierbei die reale Geometrie des Bauteils nur angenähert und führt u. U. zu welligen
Oberflächen.

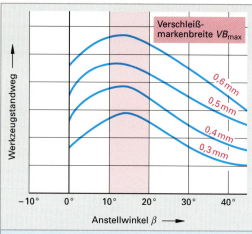

**Bild 1: Einfluss des Anstellwinkels auf den
Werkzeugstandweg**

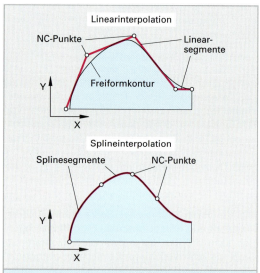

Bild 2: Interpolation der NC-Bahn

Eine Verbesserung der Abbildungsqualität von Frei-
formgeometrien bei gleichzeitiger Reduzierung der
erforderlichen Datenmenge und Bearbeitungszeit ist
die NC-Code-Generierung auf der Basis von mathematischen NURBS-Elementen (Non Uniform Ratio-
nal B-Splines). Voraussetzung ist eine durchgängige,
auf NURBS-Mathematik- basierende Prozesskette:
- CAD-System,
- CAD-CAM-Schnittstelle mit großem NURBS-Ele-
  mente Vorrat (IGES, STEP),
- CAM-System das Fräsbahnen auf der Basis von
  NURBS-Elementen erstellt,
- Werkzeugmaschinensteuerung mit NURBS-NC-
  Code interpretation.

[1] siehe Bild 2 auf Seite 267

2.6.11.7 HSC-Werkzeuge

Im Werzeug- und Formenbau werden bevorzugt Schaftfräserwerkzeuge mit gerader Stirn, Torusfräser und Kugelkopffräser eingesetzt (**Bild 1**). Die unterschiedlichen Werkzeugformen bestimmen über die radiale Eingriffsbreite a_e neben der Oberflächenqualität auch die Bearbeitungszeit des Werkstückes. Bei vorgegebener Rautiefe ermöglicht der Schaftfräser mit gerader Stirn die größte Zeilenbreite, wobei sich aber die Schneidenecke des Fräsers im Oberflächenprofil der bearbeiteten Fläche abbildet.

Mit Torusfräser sind im Vergleich zum Kugelkopffräser bei gleich guter Oberflächengüte größere Zeilenbreiten möglich, da der Schaftfräser mit Eckenradius kleinere Restaufmaße hinterlässt. Neben diesen geometrischen Vorteilen bietet das Toruswerkzeug auch in technologischer Hinsicht Vorteile. Ein Schnittgeschwindigkeitsabfall im Zentrum des Werkzeugs bis auf null ist nicht vorhanden. Ebenso ist der Bereich der effektiven Schnittgeschwindigkeit deutlich geringer. Dadurch lassen sich auch hochharte und temperaturbeständige Schneidstoffe wie z. B. PKD und CBN einsetzen.

Bei der Bearbeitung von gehärtetem Stahl ist der klassische Kugelkopffräser (**Bild 2**) die beste Wahl, da er mit seinem großen Radius die Schnittkräfte und die Zerspanungswärme besser aufnehmen kann. Großflächige Werkstückgeometrien lassen sich mit einem Eckenradiusfräser (Torusfräser) wegen der, bei vergleichsweiser großen Zeilenbreite besseren Werkstückoberfläche, vorteilhaft bearbeiten. Der Schaftfräser mit ebener Stirn wird immer dann eingesetzt, wenn scharfkantige Werkstückinnenecken hergestellt werden müssen, wie sie zum Beispiel beim Aufeinandertreffen von Werkstückwänden vorkommen.

Die Schneidenecke dieses Werkzeugs ist aber für die Prozesswärme und Schnittkraft ein ständiger Angriffspunkt und unterliegt wegen der Verrundung und Ausbrechen einem großem Verschleiß. Neben den auf das Werkzeug durch die Spanabtrennung wirkenden Zerspanungskräfte, treten bei der HSC-Bearbeitung deutlich höher einzustufende Fliehkräfte auf.

Da die Fliehkraft mit der Umdrehungsfrequenz quadratisch zunimmt, stellt sie für das Werkzeug die Hauptbelastung dar. Bei Wendeplattenwerkzeugen zeigen sich drei fliehkraftbedingte Versagensursachen:

– Versagen des Werkzeuggrundkörpers,
– Versagen des Verbindungselements (Schraube),
– Versagen der Wendeschneidplatte .

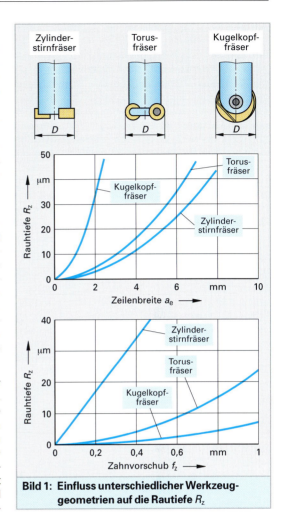

Bild 1: Einfluss unterschiedlicher Werkzeuggeometrien auf die Rautiefe R_z

Bild 2: HSC-Kugelkopfwerkzeug

Aufgrund der im Allgemeinen geringen Durch-
messerbereiche (*D* < 20 mm) der Werkzeuge, ist
ein Bersten des Werkzeuggrundkörpers weitgehend ausgeschlossen. Die konstruktive Gestaltung
des Schneidplattensitzes und der Schneidplatte
selbst erfordert aber eine Anpassung gegenüber
dem konventionellen Werkzeug. Im Idealfall wird
das Verbindungselement zwischen Schneidplatte
und Grundkörper durch die eingeleiteten Kräfte
nicht belastet. Bei der konstruktiven Auslegung des
Plattensitzes im Werkzeuggrundkörper von HSC-
zugelassenen Werkzeugen wird auf eine rein kraftschlüssige Verbindung zwischen der Schneidplatte
und dem Werkzeugkörper zu Gunsten einer form-
schlüssigen Verbindung verzichtet **(Bild 1)**.

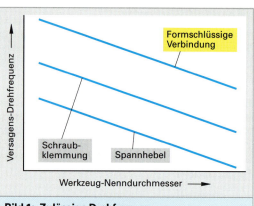

Bild 1: Zulässige Drehfrequenz

Langauskragende Werkzeuge im Formenbau

Bei langauskragenden Werkzeugen treten häufig
bei der Bearbeitung Schwingungen und Vibrationen auf. Bei einem großem Schlankheitsgrad (Verhältnis *L/D*) verschiebt sich die für die Anregung
verantwortliche *1. Eigenfrequenz* des Werkzeugs
in Richtung zur Umdrehungsfrequenz. Die entstehenden Schwingungen führen häufig zu erhöhten
Zerspanungsgeräuschen, schlechter Oberflächenqualität am Werkstück und zu Schneidkantenausbrüchen bis zum Werkzeugbruch.

Da die Schwingungsneigung bei zylindrisch ausgeführten Werkzeugen besonders groß ist, haben
Schaftfräser für die HSC-Bearbeitung häufig einen
konischen Schaft **(Bild 2)**. Eine Reduzierung der
entstehenden Schwingungen im Werkzeugkörper
wird durch die Verwendung von schwingungsdämpfenden Werkstoffen wie z. B. Hartmetall oder
Schwermetall erreicht. Konisch ausgeführte
Schaftfräser mit Schwermetallschaft erzielen gegenüber Werkzeugen mit zylindrischer Schaftform
höhere Standzeiten.

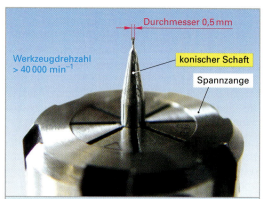

**Bild 2: Miniaturfräser mit konischem
Schwermetallschaft**

2.6.11.8 Schneidstoffe

Eine für die Bearbeitung gehärteter Stähle notwendige Schneidkantenstabilität und Verschleißfestigkeit ist bei konventionellen Hartmetallen, vor allem
bei sehr hohen Schnittgeschwindigkeiten, nur bedingt vorhanden. Für den HSC Einsatz vorgesehene
Schneidplatten und Vollhartmetallwerkzeuge werden deshalb aus Feinstkornhartmetall (Sorte K)
hergestellt **(Bild 3)**. Mit abnehmender Wolframcar-
bid-Korngröße (< 1 μm) nehmen sowohl Härte,
Kantenstabilität und Biegebruchfestigkeit zu.

Die Feinstkornhartmetalle ermöglichen auf Grund
ihrer hohen Kantenfestigkeit die Bearbeitung von
Formen aus gehärteten Werkzeugstählen bis zu

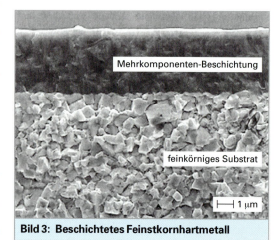

Bild 3: Beschichtetes Feinstkornhartmetall

einer Härte von 65 HRC. Durch Hartstoffbeschichtungen wird die Verschleißfestigkeit des Feinkorn-
substrats weiter verbessert. Als Hartstoffschichten
werden TiN, TiCN, Al203 und TiAlN in Einlagen-
oder Mehrkomponenten-Beschichtung eingesetzt.

Die maximale Arbeitstemperatur einer Titan-Aluminiumnitrid-Schicht (TiAlN) liegt bei ca. 800 °C, die einer Titancarbonitrid-Schicht (TiCN) bei ca. 400 °C. Mehrlagenschichten (Multilayer) bieten bei gleicher Schichtdicke wie Einlagenschichten (Monolayer) bessere Schichthaftung und größere Sicherheit gegen die Ausbreitung von Rissen, wobei die Dicke der einzelnen Schicht unter 0,2 µm liegt.

Bei HSC-Werkzeugen ist die Schichtdicke der Hartstoffschicht auf max. 10 µm begrenzt. Um die Schnittkräfte klein zu halten, sind bei geringen Zahnvorschüben nur geringe Schneidkantenverrundungen zulässig (scharfe Schneide). Wird durch einen geringen Zahnvorschub die Mittenspandicke kleiner als die Kantenverrundung der Schneide, so treten überwiegend Quetschvorgänge und Reibvorgänge bei der Spanabnahme auf und das Werkzeug verschleißt früher. Größere Spanungsquerschnitte führen die Wärme mit dem Span ab, so dass es weder im Werkzeug noch im Werkstück zu einem Wärmestau kommt.

Die Standzeit ist immer dort am größten, wo der größte Spanungsquerschnitt ohne Werkzeugüberlastung erzeugt werden kann. Die Verwendung von warmfesten Schneidstoffen wie Cermet oder CBN führt bei Kugelkopffräsern aufgrund der niedrigen Schnittgeschwindigkeit im achsnahen Zentrumsbereich des Werkzeugs häufig zu Schneidkantenausbrüchen. Eine angepasste Neigung der Werkzeugachse oder der Einsatz von Torusfräsern machen auch diese Schneidstoffe „HSC-fähig".

2.6.11.9 Werkzeugaufnahme

Die Werkzeugaufnahme bildet die Schnittstelle zwischen der Maschinenspindel und dem Werkzeug. Für den Einsatz in der HSC-Technologie müssen sich die Werkzeugspannsysteme durch besondere Merkmale auszeichnen:

- hohe Wechselgenauigkeit,
- hohe Rundlaufgenauigkeit,
- große Übertragungsmomente bei hoher Drehzahl,
- hohe Radialsteifigkeit,
- hohe Wuchtgüte,
- für hohe Umdrehungsfrequenzen geeignet,
- werkstattgerechte Handhabung.

Aufgrund dieser Anforderungen eignen sich folgende Werkzeugaufnahmen besonders gut:

- Warmschrumpffutter,
- Kraftschrumpffutter,
- Hydro-Dehnspannfutter
- Spannfutter mit Spannzangensystem.

Bild 1: Warmschrumpffutter mit Hohlschaftkegel

Erwärmen durch Induktion oder Heißluft auf etwa 350 °C

Bild 2: Schrumpfeinrichtung

Warmschrumpffutter

Schrumpffutter sind einteilige Werkzeugaufnahmen mit hochgenauer zentrischer Aufnahmebohrung **(Bild 1)**. Die rotationssymmetrische Bauform des Spannfutters erreicht durch eine gleichmäßige Massenverteilung höchste Wuchtgüten.

Die Rundlaufgenauigkeit zwischen Aufnahmekegel und Werkzeugaufnahmebohrung ist < 0,003 mm, bezogen auf einen Messdorn mit $3 \times d$ Ausspannlänge. Da der Werkzeugschaft in der Aufnahmebohrung ohne bewegliche Teile bzw. Zwischenelemente direkt gespannt wird, verfügen Schrumpffutter über eine hohe Radialsteifigkeit und können hohe Drehmomente sicher übertragen.

Beim thermischen Schrumpfspannen wird das Spannfutter entweder mit Heißluft oder induktiv auf etwa 200 °C bis 400 °C erwärmt **(Bild 2)**. Hierbei vergrößert sich der Durchmesser der Aufnahmebohrung im Futter und das Werkzeug kann gefügt werden. Zum Lösen des Werkzeugschaftes macht man sich das unterschiedliche Ausdehnungsverhalten der verschiedenen metallischen Werkstoffe zunutze.

Kraftschrumpffutter

Bei Kraft-Schrumpfsystemen wird das Drehmoment durch die Reibung zwischen Werkzeugaufnahmebohrung und Werkzeugschaft übertragen. Im Ursprungszustand ist die Werkzeugaufnahmebohrung nicht exakt rund, sondern entspricht einem verrundetem gleichseitigem Dreieck (Polygon). Durch das Aufbringen von drei definierten Radialkräften mittels einer hydraulischen Spannvorrichtung wird die Aufnahmebohrung im Spannfutter kreisrund verformt.

Nach dem Fügen des Werkzeugs wird das Spannmittel entlastet und die Aufnahmebohrung versucht sich wieder in die ursprüngliche Polygonform elastisch zurückzuverformen. Dadurch wird der zylindrische Werkzeugschaft ausschließlich über die Rückstellkräfte des Werkstoffs gespannt.

Das Kraft-Schrumpffutter ist komplett aus einem Stück und kommt ohne zusätzliche mechanische Teile aus. Der Spannvorgang unterliegt keinem Verschleiß und garantiert dem Anwender Rundlaufgenauigkeiten von < 0,003 mm (**Bild 2**). Die übertragbaren Drehmomente liegen im Bereich des Warm-Schrumpffutters bzw. der Hydrodehnspanntechnik.

Hydrodehn-Spannfutter

Bei der Hydrodehn-Spanntechnik wird das physikalische Prinzip der gleichmäßigen Druckverteilung in Flüssigkeiten, die sich in einem eingeschlossenen Kammersystem befinden, hier Hydrauliköl, technisch angewendet (**Bild 3**). Über eine Spannschraube mit Anschlag wird ein Kolben betätigt. Dadurch steigt der Druck des Hydrauliköls im Kammersystem des Spannfutters an und verformt eine dünnwandige Dehnbüchse in der Werkzeugaufnahmebohrung.

Die Membrane der Dehnbüchse verformt sich auf der ganzen Länge gleichmäßig, zylindrisch und zentrisch zur Mittelachse der Aufnahmebohrung. Nach der Druckentlastung geht die Dehnbüchse wieder in ihren Ausgangsdurchmesser zurück. Durch die schwingungsdämpfenden Eigenschaften des Öls, werden Schwingungen während des Bearbeitungsprozesses gedämpft. Dadurch werden Mikroausbrüche an der Werkzeugschneide verringert. Die Standzeit des Werkzeugs und die Oberflächengüte des Werkstücks werden verbessert.

> Die HSC-Bearbeitung erfordert eine besondere Werkzeugspanntechnik

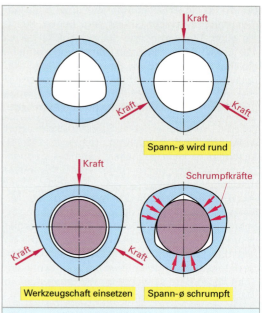

Bild 1: Kraftschrumpftechnik

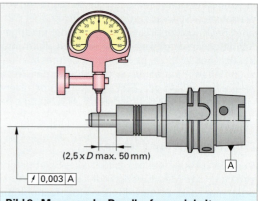

(2,5 x D max. 50 mm)

Bild 2: Messung der Rundlaufgenauigkeit

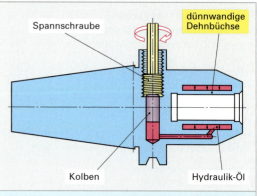

Bild 3: Funktion eines Hydro-Dehnspannfutters

Spannfutter mit Spannzangensystem

Hochgeschwindigkeitstaugliche Spannzangenfutter werden mit speziellen Spannmuttern ausgerüstet, die bei den hohen Rotationsfrequenzen bzw. abrupten Geschwindigkeitsänderungen gegen selbstständiges Lösen gesichert sind. Durch die Vielzahl der mechanischen Bauteile im Innern des Spannfutters bauen Spannzangenfutter im Vergleich zu der Hydrodehnspannzangentechnik bzw. Schrumpfspanntechnik relativ breit und schwer.

Die entstehenden Störkonturen sind beim Eintauchen in tiefe Kavitäten des Werkstücks oft hinderlich. Die Radialsteifigkeit und die übertragbaren Drehmomente (je nach Einspanntiefe und Werkzeugdurchmesser bis zu 3000 Nm) sind aufgrund des stabilen Konstruktionsprinzips sehr hoch **(Bild 1)**.

2.6.11.10 Unwucht

Werkzeugmaschinen mit hochdrehenden Spindelantrieben benötigen Werkzeugaufnahmen und Werkzeuge mit geringster Unwucht. In Bezug auf die Rotationsachse verursachen ungleiche Massenverteilungen Schwingungen und Rundlauffehler im Spannfutter und Werkzeug, die auf die Spindellagerung, Oberflächengüte und Werkzeugstandzeit negative Auswirkungen haben. Aus diesem Grund werden Werkzeugkomponenten ausgewuchtet **(Bild 2)** und nach VDI-Richtlinie 2060 in Wuchtgüteklassen (G0,4 ... G80) klassifiziert.

Man unterscheidet drei Arten der Umwucht:
- *Statische Unwucht:*
  Der Schwerpunkt eines rotierenden Systems liegt außerhalb der Rotationsachse **(Bild 3)**, Schwerpunktachse und Rotationsachse sind parallel,
- *Momentenunwucht:*
  Schwerpunktachse und Rotationsachse sind nicht parallel,
- *Dynamische Unwucht:*
  Kombination aus statischer Unwucht und aus Momentenunwucht.

Die Unwucht erzeugt in einem rotierendem System durch die Trägheitskraft der Masse eine nach außen gerichtete Fliehkraft, die den Rotationskörper in radialer Richtung auslenkt und die Laufruhe beeinträchtigt. Die Fliehkraft wächst linear mit der Unwucht U und quadratisch mit der Winkelgeschwindigkeit ω (Omega) bzw. mit der Drehzahl n:

$$\boxed{F = U \cdot \omega^2}$$

F Fliehkraft
U Unwucht
ω Winkelgeschwindigkeit,
  $\omega = 2 \cdot \pi \cdot n$
n Drehzahl

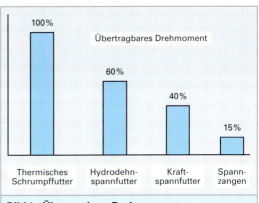

Bild 1: Übertragbare Drehmomente

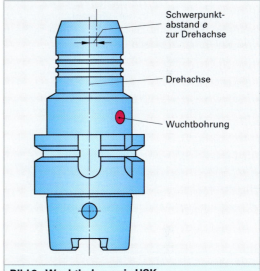

Bild 2: Wuchtbohrung in HSK-Werkzeugaufnahme

Bild 3: Schwerpunktverlagerung durch Unwucht

Die Unwucht U gibt an, wieviel unsymmetrisch verteilte Masse in radialer Richtung von der Rotationsachse entfernt ist. Die Unwucht wird in Grammmillimeter[1] (gmm) angegeben.

$$U = m \cdot e$$

U Unwucht
m Gesamtmasse des Wuchtkörpers
e Schwerpunktsabstand (Restexzentrität)

Durch die Unwucht wird der Schwerpunkt aus der Rotationsachse um den Schwerpunktsabstand e in Richtung der Unwucht verlagert. Um eine symmetrische Massenverteilung wieder herzustellen und die asymmetrischen Fliehkräfte auszugleichen wird beim Auswuchten durch Ausgleichsbohrungen bzw. Ausgleichsflächen der Schwerpunktsabstand und damit die Unwucht verkleinert. Innerhalb technisch machbarer Grenzen ergibt sich dann die Restexzentrität ($e_{\text{zulässig}}$), die eine Restunwucht erzeugt **(Tabelle 1)**.

> Die Wuchtgüte G entspricht der Umfangsgeschwindigkeit v des Schwerpunktes um das Rotationszentrum (z. B. $G\,2{,}5$ bedeutet $v_{\text{zul}} = 2{,}5$ mm/s).

Die Wuchtgüte ergibt sich zu:

$$G = e \cdot \omega$$

G Wuchtgüte
e Schwerpunktsabstand
ω Winkelgeschwindigkeit

Ersetzt man in der Gleichung $G = e \cdot \omega$ den Schwerpunktsabstand mit $e = U/m$, so lassen sich bezüglich der Wuchtgüte G folgende Zusammenhänge ableiten:

$$G = U/m \cdot \omega \qquad G \text{ ist proportional zu } \omega\ (G \sim \omega)$$

Ein Körper mit großer Unwucht hat bei geringer Drehfrequenz die gleiche Wuchtgüte wie ein Körper mit geringer Unwucht bei hoher Drehfrequenz!

Ein Körper mit einer bestimmten Unwucht hat bei einer geringeren Drehfrequenz eine bessere Wuchtgüte wie der gleiche Körper bei einer hohen Drehfrequenz. G ist umgekehrt proportional der Wuchtkörpermasse m ($G \sim 1/m$).

Mit Hilfe der angestrebten Wuchtgüte lässt sich die Restunwucht bestimmen:

$$U = G \cdot m/\omega$$

$$U = \frac{G \cdot 60 \cdot m}{2 \cdot \pi \cdot n}$$

U Restunwucht
G Wuchtgüte
m Wuchtkörpermasse
n Drehzahl

Tabelle 1: Zulässige Restexzentrizitäten und spezifische Restunwuchten

Wucht-güte	Drehfrequenz min⁻¹					
	10 000	15 000	20 000	25 000	30 000	40 000
	Restexzentrizität µm, spezifische Restunwucht gmm/kg					
$G\,2{,}5$	2,5	1,7	1,25	1	0,9	0,65
$G\,6{,}3$	6,3	4,3	3,2	2,6	2,1	1,6
$G\,16$	16	11	8	0,5	5,5	4
$G\,40$	40	27	20	16	13	10

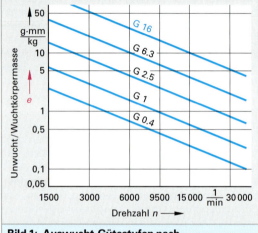

Bild 1: Auswucht-Gütestufen nach DIN ISO 1940

Ziel des Auswuchtens ist die Reduzierung der Unwucht des Spannfutters bzw. des Werkzeugs. In der Maschine ergibt sich ein Gesamtsystem bestehend aus: Maschinenspindel, Werkzeugaufnahme, Werkzeug.

Zur Bestimmung der Gesamtrestunwucht werden die Teilunwuchten addiert:

$$U_{\text{ges}} = U_{\text{spindel}} + U_{\text{Werkzeugaufnahme}} + U_{\text{Werkzeug}}$$

Zur Bestimmung der Gesamtwuchtgüte benötigt man die Restunwucht und die Gesamtmasse des Gesamtsystems bestehend aus Spindel, Aufnahme und Werkzeug:

$$G_{\text{ges}} = U_{\text{ges}} \cdot \omega/m_{\text{ges}}$$

$$G_{\text{ges}} = \frac{U_{\text{ges}} \cdot 2 \cdot \pi \cdot n}{60 \cdot m_{\text{ges}}}$$

G_{ges} Gesamtwuchtgüte
U_{ges} Restunwucht
n Drehzahl
m_{ges} Gesamtmasse

> Bei gleicher Drehfrequenz hat ein Körper mit geringerer Masse aber großer Unwucht die gleiche Wuchtgüte wie ein Körper mit geringerer Unwucht aber großer Masse!

Aufgabe zur Wuchtgüte

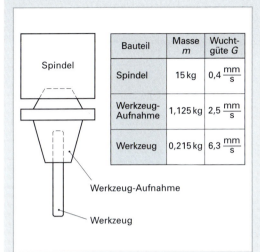

Bauteil	Masse m	Wucht-güte G
Spindel	15 kg	$0{,}4\,\dfrac{mm}{s}$
Werkzeug-Aufnahme	1,125 kg	$2{,}5\,\dfrac{mm}{s}$
Werkzeug	0,215 kg	$6{,}3\,\dfrac{mm}{s}$

Werkzeug-Aufnahme

Werkzeug

Bild 1: Gesamtsystem: Spindel, Aufnahme, Werkzeug

Berechnung der Restunwucht für n = 30 000 1/min

$$U = \frac{G}{2 \cdot \pi \cdot n} \cdot m$$

$$U_{\text{Spindel}} = \frac{0{,}4\,\frac{mm}{s} \cdot 15\,000\,g}{2 \cdot \pi \cdot 30\,000\,\frac{1}{min} \cdot \frac{1\,min}{60\,s}} = 1{,}910\,gmm$$

$$U_{\text{Aufnahme}} = \frac{2{,}5\,\frac{mm}{s} \cdot 1125\,g}{2 \cdot \pi \cdot 30\,000\,\frac{1}{min} \cdot \frac{1\,min}{60\,s}} = 0{,}895\,gmm$$

$$U_{\text{Werkzeug}} = \frac{6{,}3\,\frac{mm}{s} \cdot 215\,g}{2 \cdot \pi \cdot 30\,000\,\frac{1}{min} \cdot \frac{1\,min}{60\,s}} = 0{,}431\,gmm$$

$m_{\text{ges}} = \underline{16\,340\,g}$

$U_{\text{ges.}} = \underline{3{,}236\,gmm}$

Berechnung der Gesamtwuchtgüte G_{ges}

$$G = U_{\text{ges}} \cdot \frac{2 \cdot \pi \cdot n}{m_{\text{ges}}}$$

$$G = 3{,}236\,gmm \cdot \frac{2 \cdot \pi \cdot 30\,000\,\frac{1}{min} \cdot \frac{1\,min}{60\,s}}{16\,340\,g} = 0{,}62$$

2.6.12 Kühlschmierung

Die Verwendung von Kühlschmierstoffen (KSS) bei der HSC-Bearbeitung bringt hinsichtlich der Werkzeugstandzeit keine entscheidenden Vorteile. Die hohe Rotationsgeschwindigkeit der Werkzeugschneide verhindert den Zutritt des KSS-Mediums in den Scherbereich des Spans, so dass „quasi" trocken gearbeitet wird. Die thermischen Schockbelastungen der Schneidplatte durch den KSS führen zu Rissbildung bzw. Schneidkantenausbrüchen und damit zu Standzeitverkürzungen. Als Ersatz für die Vollstrahl-Kühlschmierung (**Bild 2**) bewähren sich Luftkühlungssysteme und Ölnebelsysteme (Minimalmengenschmierung MMS).

Neben dem Kühleffekt bzw. Schmiereffekt entfernt der Luftstrahl auch die Späne aus dem Arbeitbereich des Werkzeugs und verhindert so eine Beschädigung der Schneidkante durch nachträgliches Einziehen der Späne. Die Luftdüse bzw. Nebeldüse sollte so nah wie möglich am Werkzeug positioniert werden.

Bild 2: Kühlschmierung

Wiederholung und Vertiefung

1. Wodurch wird in einem rotierendem System eine Unwucht erzeugt?

2. Wie wirkt sich eine statische Unwucht und wie wirkt sich eine Momentenunwucht auf das Laufverhalten eines Rotationskörpers aus?

3. An welcher Stelle des Rotationskörpers muss eine Ausgleichsbohrung angebracht werden, um die Unwucht zu reduzieren?

4. Welcher Zusammenhang besteht zwischen dem Schwerpunktabstand und der Restexzentrizität?

5. Zwei Rotationskörper mit unterschiedlicher Masse, aber gleicher Wuchtgüte rotieren mit der gleichen Drehfrequenz. Was bedeutet dies für die jeweilige Unwucht?

2.6.12.1 Kühlschmierstoffe (KSS)

Kühlschmierstoffe (KSS) sind in der spanenden Fertigung auch heute noch ein wichtiger Bestandteil des Zerspanungsprozesses. Die Auswirkungen der mechanischen und thermischen Belastungen im Wirkbereich von Schneide und von Werkstückwerkstoff werden durch den Einsatz von Kühlschmierstoffen günstig beeinflusst. Der durch den Gesetzgeber reglementierte Umgang mit KSS zwingt die Anwender nicht zuletzt wegen der steigenden Überwachungs- und Entsorgungskosten zum Umdenken.

Nicht selten übersteigen die KSS-Kosten die Werkzeugkosten um ein Vielfaches, z. B.:

12 bis 16 % Kühlschmierstoff-Kosten,
 3 bis   4 % Werkzeugkosten **(Bild 1)**.

Für die Maschinenbediener sind durch Bakterien und Pilze verunreinigte oder nachlässig überwachte KSS häufig die Ursache für allergische Hautreaktionen und Atemwegserkrankungen.

Forschungen in der Anwendungstechnik konzentrieren sich aus ökonomischen und ökologischen Gründen vor allem auf die:

* Reduzierung der eingesetzten KSS-Menge,
* Steigerung der Einsatzdauer (Standzeit) der KSS,
* Verbesserung von Überwachungssystemen,
* Effektivierung von Filterung und Aufbereitung,
* Entwicklung umweltverträglicher Entsorgung,
* Minimalmengenschmierung,
* Trockenbearbeitung.

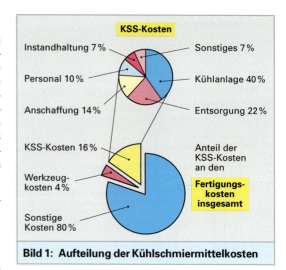

Bild 1: Aufteilung der Kühlschmiermittelkosten

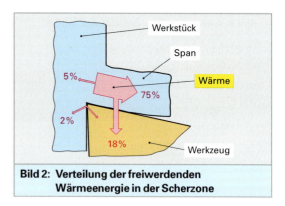

Bild 2: Verteilung der freiwerdenden Wärmeenergie in der Scherzone

Aufgaben des Kühlschmierstoffs

Die in der Scherzone hohen Zerspanungstemperaturen entstehen durch Energieumsetzung zwischen Werkzeug und Werkstoff. Hohe Reibungskräfte am Schneidkeil, Scherung des Werkstoffs und Umformungsvorgänge im Gefüge der Werkstückoberfläche und im ablaufenden Span setzen die aufgewendete Energie zum großen Teil in frei werdende Wärmeenergie um.

Wegen der geringen Wärmeleitfähigkeit moderner Schneidstoffe und Hartstoffschichten werden ca. 75 bis 80 % der umgesetzten Wärmemenge über die ablaufenden Späne abgeführt **(Bild 2)**.

Um die Zerspanungstemperaturen vor allem an der Werkstückoberfläche und auf der Spanfläche des Werkzeug in kontrollierbaren Grenzen zu halten, kommen unterschiedliche KSS-Systeme zum Einsatz.

Die Hauptaufgaben der Kühlschmierstoffe sind:

* Verminderung der Reibung durch Schmierstofffilm zwischen den Reibpartnern,
* Bildung von adhäsiven und chemischen Reaktionsschichten zur Trennung der Reibpartner,
* Abführen der Umformungs- und Reibwärme aus der Scherzone,
* Vermeidung thermischer Gefügeveränderungen in der Randschicht,
* Gegebenenfalls die Späneabfuhr unterstützen,
* Korrosionsschutz.

Die Anwendung von KSS führt in vielen Fällen:

* zu einer Reduzierung der Zerspanungstemperatur,
* zu einer Erhöhung der Werkzeugstandzeit,
* zu einer Erhöhung der Schnittwerte bei vermindertem Werkzeugverschleiß,
* zu einer besseren Oberflächengüte,
* zu einer besseren Maßhaltigkeit des Werkstücks.

Einteilung der Kühlschmierstoffe

Nach der DIN 51385 wird prinzipiell nach nicht-
wassermischbaren und wassermischbaren Kühlschmierstoffen unterschieden **(Bild 1, Tabelle 1)**.

Nichtwassermischbare Kühlschmierstoffe. Nichtwassermischbare KSS bestehen im Wesentlichen
aus mineralischen Ölen mit Zusätzen (Additiven)
zur Bildung von haftfähigen und druckfesten Ölfil-
men auf metallischen Oberflächen. Da Öle im Vergleich zu Wasser schlechte Wärmeleiter sind, eignen sie sich in erster Linie zum Schmieren bei
Zerspanungsverfahren mit geringen Schnittgeschwindigkeiten. Entsprechend den spezifischen
Wärmekapazitäten von Öl und Wasser ist zum Abführen derselben Wärmemenge mehr als das doppelte Volumen an Öl gegenüber Wasser in der gleichen Zeit erforderlich. Die Wärmeleitfähigkeit von
Wasser ist 5 mal größer als diejenige von Öl **(Tabelle 2)**.

Wassermischbare Kühlschmierstoffe. Bei den
wassermischbaren KSS werden unterschieden:

• Kühlschmierstoff Emulsionen,
• Kühlschmierstoff – Lösungen.

Wasser entzieht der Scherzone die entstehende
Wärme zum einen durch Wärmeleitung und zum
anderen durch die aufgenommene Verdampfungswärme. Es eignet sich zum Kühlen von
zerspanenden Verfahren bei denen hohe Schnittgeschwindigkeiten angewendet werden. Die
Schmiereigenschaften und die Korrosionsschutz-
eigenschaften von Wasser sind dagegen schlecht
und müssen durch Beimischen von mineralischen,
pflanzlichen oder synthetischen Schmierstoffen
und Additiven verbessert werden.

Kühlschmierstoff – Emulsionen. Emulgierbare
KSS sind Gemische aus Mineralölen, pflanzlichen
Ölen wie Rapsöl oder auch synthetisch hergestellten Kohlenwasserstoffen, Emulgatoren und weiteren Additiven wie Stabilisatoren, Antischaummit-
tel, Bioziden und EP-Zusätzen **(Tabelle 1, folgende
Seite)**.

Ernulgatoren haben die Aufgabe, das Öl im Wasser
zu dispergieren und fein verteilt zu halten. Durch
Reflexion des Lichtes an den unterschiedlich großen Öltröpfchen ergibt sich eine unterschiedliche
Transparenz des KSS **(Tabelle 3)**.

Um die Bildung von Schaum bzw. das Vernebeln
des KSS während des Bearbeitungsprozesses zu
verhindern, werden Antischaumadditive und Anti-
nebeladditive zugesetzt.

**Bild 1: Einteilung der Kühlschmierstoffe nach
DIN 51385**

Tabelle 1: Kühlschmierstoffe

Kennbuch-staben	Benennung	Eigenschaften
S	Kühlschmierstoff	Stoff, der beim Trennen und teil-weise beim Umformen von Werk-stoffen zum Kühlen und Schmie-ren eingesetzt wird
SN	Nichtwasser-mischbarer Kühl-schmierstoff	Kühlschmierstoff, der für die An-wendung nicht mit Wasser ge-mischt wird
SE	Wassermischba-rer Kühlschmier-stoff	Kühlschmierstoff, der von seiner Anwendung mit Wasser gemischt wird
SEM	Emulgierbarer Kühlschmierstoff	Wassermischbarer Kühlschmier-stoff, der die diskontinuierliche Phase einer Öl-in-Wasser bilden kann
SES	Wasserlöslicher Kühlschmierstoff	Kühlschmierstoff, der mit Wasser gemischt Lösungen ergibt
SEW	Wassergemisch-ter Kühlschmier-stoff	Mit Wasser gemischter Kühl-schmierstoff (wassermischbarer Kühlschmierstoff im An-wendungszustand)
SEMW	Kühlschmier-emulsion (Öl-in-Wasser)	Mit Wasser gemischter emulgier-barer Kühlschmierstoff (ge-brauchsfertige Mischung)
SESW	Kühlschmier-lösung	Mit Wasser gemischter wasser-löslicher Kühlschmierstoff (ge-brauchsfertige Mischung)

Tabelle 2: Kühlwirkung von Öl und Wasser

Kühlwirkung	Kenngröße	Öl	Wasser
Wärmeabfuhr	spez. Wärme in J/gK	1,8	4,2
Wärmeleitung	Wärmeleitfähigkeit in W/mK	0,13	0,6
Verdampfung	Verdampfungswärme in kJ/g	0,2	2,3

Tabelle 3: Kühlschmierstoff-Emulsionen

Tröpfchengröße	Emulsion	Farbe
1 µm bis 10 µm	grobdisperse	milchig weiß
0,01 µm bis 1 µm	feindisperse	opaleszierend
0,001 µm bis 0,01 µm	kolloid disperse	transparent

Zur Eindämmung der Bildung von Mikroorganismen wie Bakterien, Schimmelpilzen und Hefepilzen, insbesondere bei wassermischbaren KSS, werden *Biozide* zugemischt.

Zur Grenzflächenschmierung bei hohen Drücken und Temperaturen werden **EP-Additive** (extreme pressure) auf der Basis von Phosphor- und Schwefelverbindungen und Polare Wirkstoffe verwendet **(Bild 1)**.

Durch den Mineralölanteil im Kühlschmierstoff soll sich zwischen Werkzeug und Werkstück beim Bearbeitungsvorgang eine tragende Schmierfilmschicht bilden. Unter dem Einfluss hohen Druckes und den in der Folge temperaturbelasteten Gleitstellen geht die reine Flüssigkeitsreibung in eine Mischreibung über. Rauigkeitsspitzen an den Metalloberflächen können verschweißen und so zu Verschleißerscheinungen an den Werkzeugen führen.

Die Schmierwirkung der Kühlschmierstoffe kann durch die Zugabe von polaren Wirkstoffen und EP-Additiven erhöht werden. Es bilden sich Schichten aus polaren Substanzen bzw. Reaktionsschichten. Hierdurch wird der Reibungskoeffizient gesenkt. Dieser ist abhängig von der Materialpaarung an der Kontaktstelle sowie von der Größe der angreifenden Kräfte.

EP-Additive sind z. B.:

*   Disulfide (inaktiver Schwefelträger -geruchslos),
*   Polysulfide,
*   geschwefelte Olefine,
*   geschwefelte Fettsäureester und
*   Phosphorsäureester.

Polare Wirkstoffe werden durch Adsorptions- und Chemiesorptionsvorgänge an die Metalloberfläche gebunden. Fettsäuren z. B. werden an der Oberfläche unter Bildung von Metallseifen gebunden. Mit Erreichen der Schmelztemperatur der entsprechenden Metallseife im Bearbeitungsprozess wird die Wirkung des polaren Wirkstoffes aufgehoben. Aus diesem Grunde endet die Wirksamkeit polarer Additive oberhalb einer Temperatur von ca. 150 °C **(Bild 1)**.

Im Unterschied zu den polaren Substanzen reagieren die EP-Additive erst bei höheren Temperaturen mit der Metalloberfläche. Als EP-Additive werden zumeist schwefel- und phosphorhaltige Verbindungen verwendet. Nicht mehr bzw. kaum noch eingesetzt werden die problematischen chlorhaltigen Verbindungen. Schwefelhaltige Additive bilden bei Eisenwerkstoffen nach vorheriger Adsorbtion und Chemiesorbtion an der Metalloberfläche Eisensulfidschichten **(Tabelle 2)**.

Tabelle 1: Die wichtigsten Arten von Inhaltsstoffen

Inhaltsstoffe	Aufgaben
Mineralöl, planzliches- und synthetisches Öl	Basisflüssigkeit, Schmierwirkung
Emulgatoren	Ermöglichen die Bildung von Öltröpfchen, die im Wasser schweben
Korrosionsinhibitor	Verstärkung des Korrosionsschutzes für Maschinen und Werkstücke durch Bildung eines schützenden Films auf der Metalloberfläche
Polarer Schmierstoff	Erhöhung der Schmierwirkung
EP-Wirkstoff	Erhöhung der Schneidleistung bei schweren Zerspanungsoperationen
Entschäumer	Reduziert die Schaumbildung, z. B. bei hohen KSS-Drücken
Biozid Hemmstoff	Reduzierung bzw. Hemmung des mikrobiellen Befalls (Bakterien, Hefen, Pilze) in der Emulsion

Tabelle 2: Temperatureinsatzbereiche von KSS-Zusätzen (Additiven)

Additiv	Wirkstoffart	Temperaturbereich bis
Schmierungsverbessernde Zusätze	Fettöle (tierisch, pflanzlich)	120 °C
	Synthetische Fettstoffe (Ester)	180 °C
EP-Zusätze	Chlorhaltige Verbindungen	400 °C
	Phosphathaltige Verbindungen	600 °C
	Schwefelhaltige Verbindungen	800 °C
	Freier Schwefel	1000 °C

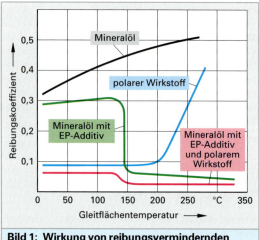

Bild 1: Wirkung von reibungsvermindernden Additiven

Der Reibungskoeffizient wird von 0,78 bei Stahl auf einen Wert von 0,39 bei Eisensulfid gesenkt.

Die Ölkonzentration beträgt bei KSS-Emulsionen je nach Verwendungszweck zwischen 1 und 10 %. KSS-Emulsionen sind die in der Metallzerspanung am häufigsten eingesetzten KSS.

Kühlschmierstoff-Lösungen. Wasserlösliche KSS sind Mischungen aus anorganischen und/oder organischen Stoffen. Sind diese synthetisch hergestellt, spricht man von synthetischen KSS. Enthalten sie keine Mineralöle, sind sie unter der Bezeichnung „vollsynthetisch" im Handel.

Durch Mischen mit Wasser ergeben sich feinere Verteilungen als bei Emulsionen, die Farben sind deswegen opaleszierend bis transparent. Wasserlösliche KSS führen die Zerspanungswärme sehr gut ab, bieten aber nicht die Schmiereigenschaften wie Emulgierbare KSS. Halbsynthetische KSS enthalten einen geringen, emulgierten Ölanteil, der die Schmierwirkung verbessert.

2.6.12.2 Aufbereitung und Entsorgung

Wassermischbare KSS verändern vor allem bei hohen Temperaturen durch das Verdunsten des Wasseranteils ihre Konzentration. KSS-Emulsionen neigen stärker zu Verunreinigungen durch Mikroorganismen wie Bakterien, Pilzen und Algen als stark ölhaltige, nichtwassermischbare KSS.

Bei wassermischbaren KSS hat eingeschlepptes Lecköl einen großen Einfluss auf die Standzeit des KSS. Bei ungenügender Umwälzung, z. B. bei Maschinenstillstandszeiten, separiert sich das Fremdöl an der Oberfläche zu einem luftundurchlässigen Ölfilm. Die Folge sind verstärktes Mikrobenwachstum in der Emulsion.

Um eine gesundheitliche Gefährdung und Geruchsbelästigung von mikrobiologisch belastetem KSS auszuschließen, sind regelmäßige Überwachungsaufgaben, ständige Aufbereitung bzw. Erneuerung der betrieblichen und maschineninternen Stoffumläufen und die Reinigung der gesamten Anlage obligatorisch.

Der Umgang und die Handhabung von KSS wird durch gesetzliche Vorgaben, Technische Regeln und Verordnungen reglementiert. Dies bedeutet nicht notwendigerweise, dass von KSS eine besonderes Gefahrenpotenzial ausgeht, sondern vielmehr sollen sie dem Anwender bei dem Einsatz, der Pflege und Überwachung und der Entsorgung von KSS eine Hilfestellung sein.

Nachfolgend sind einige Beispiele für Regelwerke angeführt:

- Technische Regeln für Gefahrstoffe (TRGS),
- Berufsgenossenschaftliche Regeln (z. B. BGR 143),
- VDI-Richlinien (VDI 3397/1 KSS für die spanende Fertigung, VDI 3397/2 Pflege von KSS in der Fertigung, VDI 3397/3 Entsorgung von KSS).

Moderne Wiederaufbereitungsanlagen filtern, messen, temperieren und erneuern den umlaufenden KSS.

Zum Abtrennen von Verunreinigungen werden Verfahren wie:

- Siebfiltration, Absieben großer Partikel,
- Sedimentation, Absetzen größerer Späne,
- Flotation, oben schwimmende Phasen,
- Zentrifugalabscheidung,
- Magnetabscheidung

angewendet.

Stark verschmutzte und verbrauchte KSS müssen durch spezielle Entsorgungsbetriebe dem Kreislauf entzogen werden und dürfen auf keinen Fall in das öffentliche Abwassersystem gelangen.

KSS sind *nachweißpflichtige Abfälle*. Sie unterliegen als wassergefärdende Stoffe dem Wasserhaushaltgesetz § 19 g Abs. 5 und der Altölverordnung. Wassermischbare und mineralölhaltige KSS werden generell der Wassergefärdungsklasse 3 und nichtwassermischbare KSS i.d.R. der Wassergefährdungsklasse 2 zugeordnet und sind deshalb als Sondermüll zu betrachten und somit umweltschonend und fachgerecht zu entsorgen.

Wiederholung und Vertiefung

1. Welche Aufgaben erfüllen Kühlschmierstoffe in der Zerspanungstechnik?

2. Wie werden Kühlschmierstoffe klassifiziert?

3. Was versteht man unter Kühlwirkung und Schmierwirkung?

4. Welche Bedeutung haben die spezifische Wärme, die Wärmeleitfähigkeit und die Verdampfungswärme eines Kühlschmierstoffs für dessen Kühlwirkung?

5. Was versteht man unter einer Kühlschmierstoff-Emulsion und wie setzt sie sich zusammen?

6. Welche Additive werden Kühlschmierstoffen zugemischt und in welchen Temperaturbereichen wirken sie?

7. Wie wirken polare Wirkstoffe im Kühlschmierstoff?

2.6.13 Minimalmengenschmierung

Bei der konventionellen Zerspanung metallischer Werkstoffe mit Vollkühlung beträgt der werkstückbezogene Anteil der Kosten für Kühlschmierstoffe (KSS) an den Fertigungskosten bis zu 16 %. Hierin enthalten sind die Kosten für Beschaffung, Aufbereitung, Wartung und Entsorgung. Es ist zu erwarten, dass die Entsorgungskosten sowie der Aufwand zur Späne- und Werkstückreinigung noch steigen werden.

Deshalb ist es aus betriebswirtschaftlichen, aber auch aus ökologischen Gesichtspunkten heraus überlegenswert, ganz ohne KSS (absolute Trockenzerspanung) den Werkstoff zu bearbeiten. Die Trockenzerspanung wird bereits bei einigen Werkstoffen mit speziell beschichteten Werkzeugen (TiCN, TiAlN) beim Fräsen und Bohren angewendet und substituiert hier mit Erfolg die Nassbearbeitung.

Die hohen Schneidentemperaturen führen aber in vielen Anwendungsfällen zu Problemen wie geringe Werkzeugstandzeit, Aufbauschneidenbildung, thermische Gefügebeeinflussung in der Randschicht, eingeschränktem Spänetransport oder Maß- und Formungenauigkeiten wegen mangelnder Kühlung des Werkstücks.

Die Minimalmengenschmierung oder Quasi-Trockenbearbeitung vermindert weitgehend die Auswirkungen der reinen Trockenbearbeitung und reduziert die betrieblichen Stoffumläufe. Bei der MMS wird eine geringe Menge Öl mit Druckluft zerstäubt bzw. zerrissen und mittels einer Zuführeinrichtung auf die Werkstück- bzw. Werkzeugoberfläche aufgesprüht. Bei der konventionellen Vollkühlung werden ca. 20 bis 40 Liter/Stunde Kühlschmierstoff in einem überwachten Kreislaufsystem umgesetzt, während im Vergleich bei der MMS weniger als 50 ml/h Schmierstoff verbraucht werden.

Diese kleinsten Mengen an Schmierstoff reichen aus, um die Reibungsvorgänge merklich zu reduzieren und bei stark adhäsiven Werkstoffen Verklebungen auf der Spanfläche bzw. in den Spanräumen des Werkzeugs zu verhindern. Der applizierte Schmierstoff verbraucht sich während dem Bearbeitungsprozess vollständig (Verlustschmierung).

Die im Wirkbereich einbezogenen Objekte wie die Werkzeugmaschine, das Werkzeug und das Werkstück und vor allem die anfallenden Späne tragen nur unbedenkliche Rückstände. Der Anteil der Öl-

rückstände auf den Spänen liegt unter der Grenze von 0,3 Gewichtsprozent. Das erlaubt ein Wiedereinschmelzen ohne vorherige Reinigung.

MMS-Dosiersysteme

Ein vollständiges MMS-System besteht aus den Baugruppen Dosiereinrichtung, Misch- und Zuführsystem.

Zur Erzeugung eines definierten Aerosols ist das exakte Mischen von Schmierstoff und Druckluft notwendig. Grundsätzlich kommen hierbei zwei Funktionsprinzipien zum Einsatz:

Bei einem Aerosol-Booster entsteht das Öl-Luft-Gemisch in einem Basisgerät (Aerosolerzeuger). Der druckbeaufschlagte Schmierstoff wird mit Druckluft zerstäubt (Überdruck-Sprühsystem) und durch Zuleitungen zum Werkzeug befördert. Über den Gerätedruck wird die Konzentration gesteuert.

Bei Systemen mit Mischkopf oder Zweistoffdüsen werden nach dem Venturi[1]-Prinzip durch die Querschnittsveränderungen des Saugrohrs die Druck- und Geschwindigkeitsverhältnisse und damit die vom Luftstrom mitgenommene Schmiermittelmenge verändert **(Bild 1)**.

Durch den Einsatz einer Dosierpumpe lässt sich die Ölmenge im Luftstrom genauer dosieren. Bei Kolbenpumpen wird die geförderte Ölmenge exakt über den Kolbenhub und die Kolbenfrequenz eingestellt.

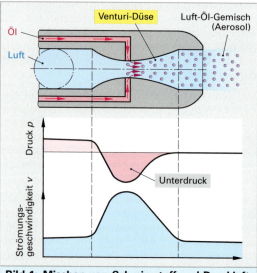

Bild 1: Mischen von Schmierstoff und Druckluft (Venturi-Prinzip)

---

[1] *Giovanni Battista Venturi* (1746–1822), ital. Physiker und Arzt

MMS-Zuführung

Die Zuführung des Öl-Luft-Gemisches zur Wirkstelle kann entweder durch außenliegende Düsenanordnungen oder durch innenliegende Kanäle in der Maschinenspindel und im Werkzeug erfolgen (**Bild 1**).

Äußere Zuführung. Die MMS-Zuführung erfolgt über Düsen (**Bild 2**). MMS-Systeme mit außenliegender Aerosol-Führung sind wegen des geringen Investitionsaufwandes und des einfachen Aufbaus leicht nachrüstbar. Allerdings entstehen durch die Düsenanordnungen bei der Bearbeitung Störkonturen und vor allem bei hohen Verfahrgeschwindigkeiten der Maschine bzw. des Werkzeugs in der Düsenapplikation Schwingungen.

In Bearbeitungsfällen, die ein großes l/D-Verhältnis wie beim Bohren, Taschenfräsen oder Gewindebohren erfordern, ist die Wirkstelle für das Aerosol schlecht zugänglich. Bei einem Werkzeugwechsel ist die MMS-Düseneinstellung nicht mehr optimal, so dass die automatische Nachführung oder eine manuelle Anpassung erforderlich ist.

Innere Zuführung. Bei MMS-Systemen mit innere Aerosol-Zuführung (**Bild 3**) entfallen die Schwierigkeiten der äußeren Zuführung weitestgehend. Allerdings ist die Umrüstung nur auf Maschinen möglich, die mit Hohlspindeln oder mit Drehdurchführung und für Innenkühlung geeignete Aufnahmen und Werkzeuge, ausgerüstet sind.

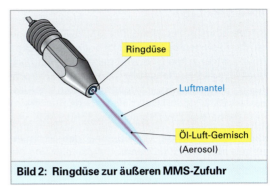

Bild 2: Ringdüse zur äußeren MMS-Zufuhr

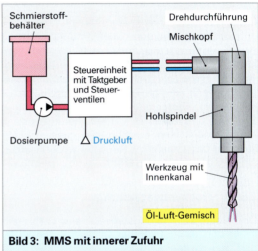

Bild 3: MMS mit innerer Zufuhr

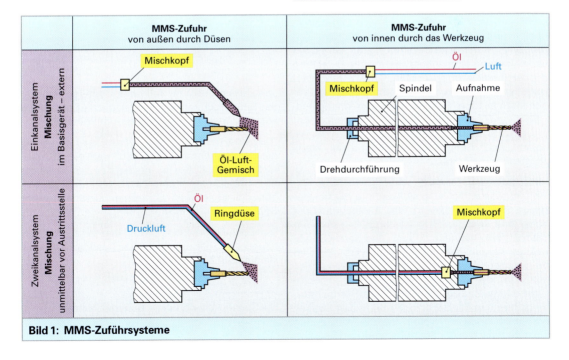

Bild 1: MMS-Zuführsysteme

MMS-Schmieröle

Konventionelle Schmiermittel und Kühlschmierstoffemulsionen basieren meist auf mineralischen oder synthetischen Ölen und gehören damit nach dem Wasserhaushaltgesetz und der Altölverordnung zu den wassergefärdenden Stoffen der Klasse 3 (WGK 3: stark wassergefährdende Stoffe) und sind deshalb nachweißpflichtiger Sondermüll.

Durch die teilweise Vernebelung des Schmiermittels im Umfeld der Bearbeitungsstelle sind bei diesen Schmierstoffen, vor allem durch die beigemischten Additive, gesundheitliche Risiken beim MMS-Einsatz zu erwarten und kommen deshalb nicht zur Anwendung.

In den MMS-Systemen werden unbedenkliche Prozessstoffe wie native Öle (z. B. Rapsöl), Fettalkohole oder synthetische Fettstoffe (Ester) verwendet, die sich durch gute Benetzungseigenschaften und geringe Verharzungsneigung, auch bei hohen Temperaturen, auszeichnen. Diese Schmierstoffe lassen sich durch Additive gezielt weiter modifizieren, machen aber dann eine Absaugung des vernebelten Aerosols an der Bearbeitungsstelle erforderlich (**Bild 1**).

2.6.14 Trockenbearbeitung

Um einen Bearbeitungsprozess aus wirtschaftlicher und technologischer Sicht „trocken zu legen", genügt es nicht, die Kühlschmiermittelzufuhr abzustellen. Bei der Trockenzerspanung fehlen die primären Funktionen des KSS wie Schmieren, Kühlen und Spülen. Dies bedeutet für den Zerspanungsprozess eine Erweiterung der Aufgabenverteilung und eine höhere thermische Belastung der beteiligten Komponeneten. Für eine erfolgversprechende Umsetzung müssen alle Prozesskomponenten in ihrem Funktionszusammenhang analysiert und für die erweiterten Aufgaben der Trockenzerspanung optimiert werden. Hierbei kommen den Schnittparametern und der Werkzeugtechnologie eine Schlüsselrolle zu.

Vollschmierung kontra Trockenbearbeitung. Betrachtet man im Falle der Vollkühlung die freiwerdende Wärmeenergie in der Umgebung der Scherzone, so ergibt sich, dass über 70 % der Wärme mit dem ablaufenden Span und dem KSS abgeführt werden. Weniger als 10 % verbleiben im Werkstück und weniger als 20 % im Werkzeug. Die Verteilung der Wärmeströme ist bei der Trockenbearbeitung ähnlich, jedoch sind die Temperaturverhältnisse in der Scherzone und in den Spänen auf einem höheren Niveau. Bei der Vollkühlung entsteht zwischen der Spanoberseite und Spanun-

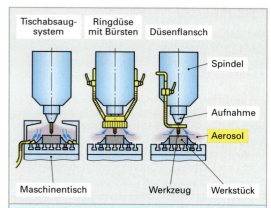

Bild 1: Absaugsysteme für Aerosol und Späne

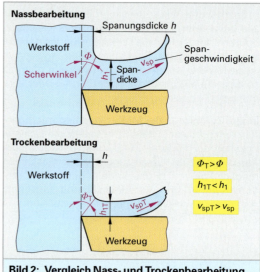

Bild 2: Vergleich Nass- und Trockenbearbeitung

terseite ein größerer Temperaturunterschied, der das Spanbruchverhalten und damit die Entstehung kürzerer Spanformen günstig beeinflusst (**Bild 2**).

Aufgrund der höheren Prozesstemperaturen bei der Trockenzerspanung erhöht sich die Spanablaufgeschwindigkeit v_{sp} gegenüber der vergleichbaren Nassbearbeitung, da die Spandicke h_1 wegen der geringeren Umformungskräfte bei der Spanbildung abnimmt.

Die Spandickenstauchung λ_h (Lambda), das Verhältnis von Spanungsdicke h zu Spandicke h_1, wird kleiner (**Bild 2**):

$$\lambda_h = h_1/h \qquad \lambda_h \text{ Spandickenstauchung, } \lambda_h < 1$$

Die Spangeschwindigkeit v_{sp} ergibt sich zu:

$$v_{sp} = v_c/\lambda_h \qquad v_c \text{ Schnittgeschwindigkeit}$$

Mit größer werdender Spangeschwindigkeit verringert sich die Kontaktzeit des Spans auf der Spanfläche. Je geringer die Spandickenstauchung λ_h ausfällt, desto größer wird die Geschwindigkeit des ablaufenden Spans. In direktem Zusammenhang mit der Spandickenstauchung steht der Scherwinkel Φ (Phi):

$$\tan \Phi = \frac{\cos \gamma}{\lambda_h - \sin \gamma}$$

Φ Scherwinkel
γ Spanwinkel (Gamma)

Wird die Spandickenstauchung λ_h geringer, wird die Neigung der Scherebene zur Bearbeitungsebene in Form des Scherwinkels Φ größer. Damit verlagert sich der, für die Spanfläche des Werkzeugs stark belastende, Kontaktbereich mehr in Richtung zur vorderen Schneidkante. Steigert man bei der Bearbeitung das Zeitspanvolumen Q *über den Vorschub f* bzw. die Schnittgeschwindigkeit v_c, so verringert sich die Kontaktzeit zwischen Werkzeug und Werkstück.

$$Q = a_p \cdot f \cdot v_c$$

Q Zeitspanvolumen in cm^3/min

Dies führt zu einer abnehmenden Werkstücktemperatur bei nahezu konstanter Werkzeugtemperatur. Durch die Verringerung der Kontaktzeit steht für den physikalischen Wärmeübergang aus der Scherzone und Umformungszone in das Werkstück die erforderliche Zeit nicht mehr zur Verfügung. Der gestiegene Energieumsatz beibt im Span und wird mit diesem abgeführt.

Zerspanungsverfahren mit offener Schneide, bei denen die Späne ungehindert abgeführt werden können, wie z. B. beim Drehen und Fräsen von Stählen, Gusseisenwerkstoffen und Aluminiumlegierungen, sind für die Trockenbearbeitung besonders geeignet. Bei den hohen Zerspanungstemperaturen **(Bild 1)** in der Kontaktzone werden Schneidstoffe bzw. Hartstoffschichten mit hoher Warmhärte und geringer Wärmeleitfähigkeit wie beschichtete Hartmetalle, Cermets, Schneidkeramiken und Bornitrit prozesssicher und wirtschaftlich eingesetzt.

Hartstoffschichten wie TiN, TiAlN, TiCN und Al$_2$O$_3$ isolieren, wegen der geringen Wärmeübertragung, thermisch das darunterliegende Grundsubstrat und sind zur Beschichtung von Werkzeugen für die Trockenbearbeitung besonders geeignet. Sie bilden ein Hitzeschild zwischen Werkzeug und Werkstück, so dass die Wärmeenergie zum größten Teil mit den Spänen abgeführt und nicht von der Werkzeugschneide aufgenommen wird **(Tabelle 1)**.

Die große, trockene Spanpressung in der Kontaktzone auf der Spanfläche induziert durch Rei-

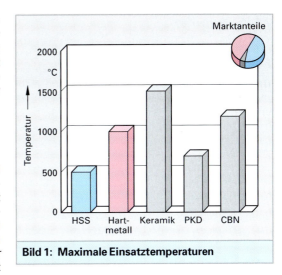

Bild 1: Maximale Einsatztemperaturen

Tabelle 1: Eigenschaften von Hartstoffschichten

Merkmal	TiN	TiAlN	TiCN
Struktur	mono	mono	multi
Layer	1	1	bis 7
Farbe	Gold	Schwarz-Violett	Violett
Dicke in μm	1,5 bis 3	1,5 bis 3	4 bis 8
Härte HV 0,05	2200	3300	3000
Reibungskoeffizient, Stahl	0,4	0,3	0,25
Wärmeübertragung	0,07 kW/mK	0,05	0,1
Max. Anwendungstemperatur	600 °C	800 °C	450 °C

bung elastische und plastische Verformungen im Span. Um diese zusätzliche Wärmeentwicklung durch einen reibungsarmen und schnellen Spanabfluss möglichst gering zu halten, ist die Spanfläche des Werkzeugs im Kontaktzonenbereich in einer guten Oberflächengüte auszuführen.

Besonders kritische Zerspanungsverhältnisse herrschen beim Trockenbohren, insbesondere bei Bohrungstiefen $L > 4 \times d$, da die Späne ohne Unterstützung eines Kühlmittelstrahl über die Spannuten des Werkzeugs aus der Bohrung abtransportiert werden müssen. Abhilfe bringen in den vergrößerten Spannuten des Bohrwerkzeugs aufgebrachte Gleit- und Schmierschichten, die den Späneabtransport aus den Spankammern verbessern. Häufig kommt hier die Minimalmengenschmierung zur Anwendung.

2.6.15 Schleifen

2.6.15.1 Der Schleifprozess

Die Schleifkörner im Schleifwerkzeug sind nicht mit einer eindeutig beschriebenen Schneidengeometrie ausgestattet. Dies bedeutet, dass die Geometrie der materialabtragenden Schneidkeile über die Kornform und damit über das Bruchverhalten des verwendeten Schleifmittels bestimmt wird. Die unterschiedlichen Kornformen, von kubisch bis spitz, beeinflussen die Spanentstehung und den Materialabtrag beim Schleifprozess **(Bild 1)**.

Beim Eintritt des Korns in den Werkstoff verursacht die gerundete Oberflächenstruktur des Schleifkorns mit einem negativen Spanwinkel eine große Passivkraftkomponente in radialer Richtung auf die Werkstückoberfläche **(Bild 2)**. Hierbei verformt sich der Werkstoff elastisch und plastisch. Es kommt zu plastischen Materialaufwerfungen vor und neben dem Schleifkorn.

Bei großer Werkstoffstauchung geht die Verformung in die Werkstofftrennung über. Der mit der Spanabnahme verbundene Umformungsprozess und die hohen Schnittgeschwindigkeiten haben in der Wirkzone des Schleifkorns hohe Prozesstemperaturen mit Auswirkungen auf das Werkstoffgefüge und die Bindung der Schleifscheibe zur Folge. Die werkstückbezogenen Auswirkungen der freigesetzten Wärmemenge sind Anlaufen der Werkstückoberfläche, Brandflecken, Rissbildung, Härtesteigerung bzw. Härteminderung und Verzug.

Folgende Wärmequellen treten bei der Schleifzerspanung in Erscheinung:

- Reibung im Span durch extreme Stauchung in der Scherzone,
- Reibung zwischen dem abfließenden Span und der Spanfläche,
- Reibung zwischen der Freifläche und der bearbeiteten Werkstückoberfläche durch elastische und plastische Verformung bzw. Rückverformung,
- elastische und plastische Deformation im Werkstoffgefüge (innere Reibung).

Um die große Prozesswärme aus dem Wirkbereich abzuführen, sind auch große Wärmeleitfähigkeiten des Schleifmittels, der Bindung und der Einsatz von Kühlschmiermittel erforderlich. Etwa 65 % der Zerspanungswärme beim Schleifen wird vom Kühlschmiermittel, die Restwärme wird über das Werkstück (ca. 12 %), die Späne (ca. 16 %) das Schleifwerkzeug (ca. 4 %) und an die Umgebung (ca. 3 %) abgeführt **(Bild 3)**.

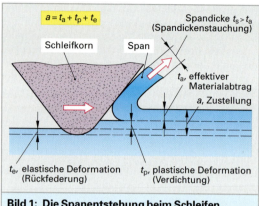

$a = t_a + t_p + t_e$

Spandicke $t_s > t_a$ (Spandickenstauchung)

Schleifkorn   Span

t_a, effektiver Materialabtrag

a, Zustellung

t_e, elastische Deformation (Rückfederung)

t_p, plastische Deformation (Verdichtung)

Bild 1: Die Spanentstehung beim Schleifen

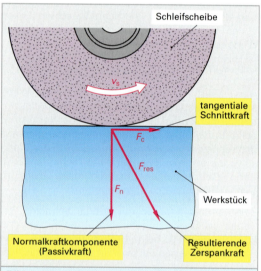

Schleifscheibe

v_s

tangentiale Schnittkraft

F_c

F_{res}

F_n

Werkstück

Normalkraftkomponente (Passivkraft)

Resultierende Zerspankraft

Bild 2: Werkstückbezogene Schnittkraftkomponenten beim Schleifprozess

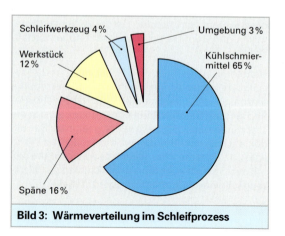

Schleifwerkzeug 4 %

Umgebung 3 %

Werkstück 12 %

Kühlschmiermittel 65 %

Späne 16 %

Bild 3: Wärmeverteilung im Schleifprozess

Folgende Kühlschmierstoffsysteme werden mit prozessverbessernden Zusätzen verwendet:

- Schleiföle,
- Öl in Wasser-Emulsionen,
- wässrige Lösungen.

Schneidöle werden auf Mineralölbasis oder synthetisch hergestellt. Zwar ist die Wärmeleitfähigkeit gegenüber Wasser etwa 5 mal geringer, trotzdem hat Öl durch die hohe Schmierwirkung die bessere Wärmebilanz. Beim Nassschliff mit Schleiföl reduziert sich die tangentiale Schnittkraft F_c, während die in radialer Richtung wirksame Normalkraftkomponente F_n (Passivkraft) zunimmt (**Bild 1**). Die reduzierte tangentiale Schnittkraft F_c erfordert bei gleichem Zeitspanvolumen eine geringere Antriebsleistung.

Die große Schmierwirkung des Schleiföls bewirkt ein Aufgleiten des Schleifkorns auf den Werkstoff. Es bildet sich ein Schmierkeil aus, der sich zwar verschleißmindernd und temperaturmindernd auf das Schleifkorn auswirkt, aber ein gegenseitiges Abdrängen von Werkzeug und Werkstück hervorruft. Der Einsatz von Schleiföl bedingt für den erfolgreichen Einsatz eine hohe Systemsteifigkeit der Maschine, der Werkstückaufnahme und Werkzeugaufnahme und vom Werkstück und dem Schleifwerkzeug selbst.

Wässrigen Lösungen oder Emulsionen haben eine gute Kühlwirkung und überdecken durch leistungssteigernde Zusätze ein breites Anwendungsspektrum. Die Anwendung von wässrigen Lösungen und Emulsionen machen auch Schleifprozesse mit geringerer Systemsteifigkeit möglich, fordern aber eine höhere spezifische Schleifenergie pro abgetragenem Werkstoffvolumen bei erhöhten Werkstücktemperaturen (**Bild 2**) und einen etwas größeren Werkzeugverschleiß.

Bei Schleifoperationen mit Diamantscheiben oder CBN-Scheiben wird entweder trocken oder mit Emulsionen mit 2 bis 3 % Schleifölanteil gearbeitet.

2.6.15.2 Das Schleifkorn

Das Schleifkorn stellt das wichtigste Element des Schleifprozesses dar. Seine Eigenschaften bestimmen maßgebend die Wirtschaftlichkeit und das technische Ergebnis des Schleifvorgangs. Wegen des mechanischen, abrasiven Verschleißes des Schleifkorns wird eine hohe Härte (**Bild 3**) sowie eine an das jeweilige Schleifproblem angepasste Korngröße und Kornform verlangt.

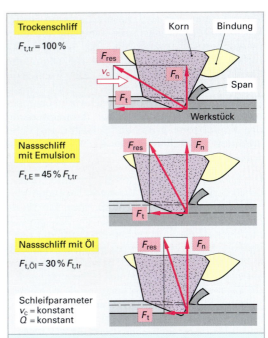

Bild 1: Kräfte auf das Einzelkorn

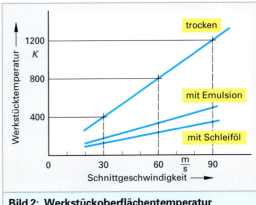

Bild 2: Werkstückoberflächentemperatur

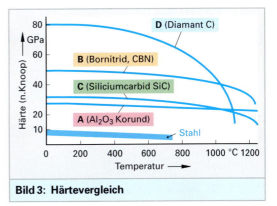

Bild 3: Härtevergleich

Weitere Parameter sind die mechanische Festigkeit, das Bruchverhalten, die Zähigkeit, die Temperaturwechselbeständigkeit, die Wärmeleitfähigkeit, die Kristallstruktur und die chemische Beständigkeit. Die Bedeutung dieser Kennwerte nimmt mit den Ansprüchen an das Schleifergebnis, die Schleifleistung und bei schwer zu bearbeitbaren Werkstoffen zu. Die hohen Temperaturen in der Kontaktzone zwischen Schleifscheibe und Werkstoff beeinflussen die Eigenschaften der Schleifkörnung zusätzlich.

Die bei Raumtemperatur große Härtedifferenz zwischen Schleifmittel und Werkstoff verringert sich mit zunehmender Prozesstemperatur. Die Werte für die Bruchzähigkeit liegen für die Schleifmittel niedriger als die entsprechenden Werte der bearbeiteten Werkstoffe bzw. niedriger als bei Schneidstoffen, die mit definierter Schneidengeometrie angewendet werden. Gesinterte Korunde weisen bei gleicher Härte wie Schmelzkorunde eine höhere Zähigkeit auf. Eine gesteigerte Härte und Bruchzähigkeit besitzen Schleifkörner aus kubischem Bornitrid und synthetischem Diamant.

Ein ideales Schleifkorn müsste die Härte des Diamanten und die Bruchzähigkeit beispielsweise von Werkzeugstahl haben. Durch die hohen Prozesstemperaturen in der Kontaktzone ist es wichtig, die entstehende Wärmemenge schnell aus der Kontaktzone abzuführen **(Bild 1)**. Hierbei leistet die Kühlschmierung einen wichtigen Beitrag. Nicht unwesentlich ist eine hohen Wärmeleitfähigkeit des verwendeten Schleifmittels.

Bei Korunden ist die Wärmeleitfähigkeit geringer als bei Bornitridkörnern oder Diamantkörnern. Bei schmelztechnisch hergestellten Korunden, Siliziumkarbid, CBN und Diamant ist das Bruchverhalten des Schleifkorns ähnlich. Diese anisotropen Kristallstrukturen brechen großflächig, schollenartig entlang von Vorzugsebenen und verlieren damit mit jedem Bruch einen großen Teil ihrer nutzbaren Wirkoberfläche. Durch den mikrokristallinen Aufbau der Sinterkorunde entsteht ein Korn mit isotropen Eigenschaften, dem diese Vorzugsebenen zur Rissbildung fehlen. Es brechen nur kleine, abgestumpfte Kristallbereiche aus dem Schleifkorn aus und geben dadurch wieder neue, scharfe Schneidkanten frei.

2.6.15.3 Schleifmittel

Neben den natürlich vorkommenden Schleifmitteln wie Granate, Quarz oder Korund werden heute meistens künstlich hergestellte (synthetische) Schleifmittel eingesetzt **(Bild 2)**. Die Synthetischen Schleifmittel garantieren reproduzierbare Eigenschaften und unterschiedliche Schleifkorngeometrien mit spezifischen Schleifeigenschaften. In Schleifwerkzeugen werden hauptsächlich Edelkorund, Siliziumkarbid, Bornitrid und Diamant verarbeitet.

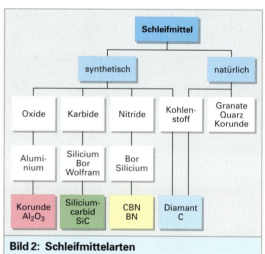

Bild 2: Schleifmittelarten

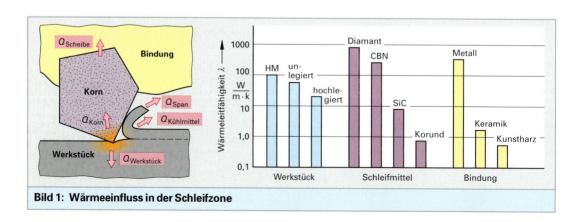

Bild 1: Wärmeeinfluss in der Schleifzone

Herstellung der Schleifmittel

Synthetischer Korund, schmelztechnisch hergestellt

Der Ausgangsrohstoff für die Herstellung von Edelkorund ist Bauxit. Abgebaut wird Bauxit in Australien, Frankreich und Südafrika. Bauxit oder Tonerde enthält als wasserhaltiges Aluminiumoxid ca. 60–65 % Al_2O_3. Weitere Bestandteile sind:

- Eisenoxid mit   10 bis 15 % Fe_2O_3,
- Kieselsäure, Quarz, Siliziumoxid   4 bis 7 % SiO_2,
- Kristallwasser   14 bis 18 % H_2O.

Der Edelkorund steht in enger Verwandtschaft zu den Edel- und Halbedelsteinen, da diese ebenfalls aus Verbindungen mit Aluminium und Silizium bestehen.

Die schmelztechnische Herstellung von Edelkorund

Bauxit, $Al_2O_3 + SiO_2 + Fe_2O_3$ (Tonerde) wird getrocknet, bis ca 15 mm Korngröße zerkleinert, mit Reduktionskohle (C) gemischt und dem Lichtbogenofen zugeführt. Während des Schmelzprozesses bei ca. 2200 °C wird der Korund aus dem Bauxit erschmolzen. Während das Tonerdehydrat des Bauxit in Aluminiumoxid übergeht, werden die entstehenden Nebenprodukte abgestochen. Nebenprodukte sind hauptsächlich elementares Eisen und Eisen-Silizium-Verbindungen. Der freiwerdende Sauerstoff fördert die Verbrennung der Verunreinigungen. Durch die unterschiedlichen Dichten von Korund (3,75 bis 4 g/cm^3) und Eisen (7,8 g/cm^3) separieren sich im Schmelzofen die Phasen und können leicht getrennt werden. Der erkaltete Korundblock wird für die Weiterverarbeitung grob gebrochen. Entsprechend dem Anteil metallischer Oxide wird zwischen Normal-, Halbedel- und Edelkorund unterschieden.

Synthetischer Korund, sintertechnisch hergestellt

Schmelztechnisch hergestellte Schleifkörner aus Korund weisen nur eine kleine Anzahl von Kristallen auf. Beim Schleifprozess bricht das Schleifkorn aufgrund des Anpressdruckes flach entlang der Kristallebene. Mit jedem dieser Kristallbrüche verliert das Schleifkorn einen Großteil seiner nutzbaren Wirkoberfläche und stumpft ab. Gesintertes Aluminiumoxid besitzt dagegen eine gleichmäßige mikrokristalline Struktur, die durch das stufenweise Ausbrechen der Mikro-Kristalle (Korngröße < 1 μm) einen Selbstschärfe-Effekt bewirkt. Zur Herstellung solcher Mikrokristallstrukturen werden aufgeschlämmte, mikroskopisch kleine Aluminiumoxidteilchen gepresst und einem Trockenvorgang unterzogen. Die getrocknete Masse wird zerkleinert, entsprechend der Korngrößen ausgesiebt und anschließend gesintert. Ein so hergestelltes Schleifkorn besitzt eine isotrope Kristallstruktur mit richtungsunabhängigen Eigenschaften und ist etwa 15 % härter als konventionell erzeugter Edelkorund. Beim Schleifprozess stehen ständig neue, scharfe Schneidkanten zur Verfügung, die die Wärmebelastung für das Werkstück reduzieren und die Schneidhaltigkeit des Werkzeugs erhalten. Das gesinterte Aluminiumoxid überbrückt den großen Leistungsunterschied zwischen dem Edelkorund- und dem Bornitridkorn (BN). Die im Werkzeugbau häufig zu schleifenden hochlegierten Stähle erfor-

dern extrem scharfe und widerstandsfähige Schleifmittel. Schleifwerkzeuge mit gesintertem Aluminiumoxid bringen bei diesen schwer zu schleifenden Werkstoffen, mit Härten bis zu 65 HRC, bei guten Standzeiten hohe Abtragsleistungen und einen kühlen Schnitt.

Siliziumkarbid, C

Siliziumkarbid ist ein elektrochemisches Produkt. Es wurde 1890 bei der Herstellung von synthetischem Diamant entdeckt. Die Dichte von Siliziumkarbid beträgt 3,2 g/cm^3 und ist damit leichter als Edelkorund. Ausgangsprodukt zur Herstellung von Siliziumkarbid ist Quarzsand, SiO_2. Im Gegensatz zu Edelkorund wird SiO_2 nicht erschmolzen, sondern bei ca. 2000 °C auskristallisiert. Die Kristalle wachsen um den Heizkern, Kohleelektroden mit einem halben Meter Durchmesser, über den elektrische Energie zugeführt wird. Um den Heizkern reichert sich das Siliziumkarbid stark mit Kohlenstoff an und erhält dadurch seine schwarze Farbe. Mit zunehmender Entfernung vom Heizkern verändert sich die Farbe von blaugrün bis grün. Das grüne Siliziumkarbid wird wegen seiner großen Härte überwiegend zum Präzisionsschleifen verwendet, während das schwarze SiO_2 für Schrupparbeiten mit grobkörnigen und kunstharzgebundenen Schleifscheiben eingesetzt wird.

Bornitrid (B, BN, CBN)

Bornitrid ist eine chemische Verbindung der Elemente Bor und Stickstoff und nach dem Diamant das zweithärteste Schleifmittel. Wegen des fehlenden Kohlenstoffs liegt seine Temperaturbeständigkeit über der des Diamanten, bei etwa 1200 °C. Das scharfkantige Schleifkorn aus CBN besitzt eine gute Wärmeleitfähigkeit und ist geeignet für harte, karbidbildende Werkstoffe wie harte Stahl- und Gusswerkstoffe, Nickellegierungen und Pulverstähle.

Diamant, D

Wegen seiner hohen Härte und seinem großen Verschleißwiderstand wird Diamant für harte, schwer zerspanbare Werkstoffe mit kurzen Spänen oder staubförmigem Abrieb wie z. B. Hartmetall, Glas, Keramik oder PKD eingesetzt. In der schleiftechnischen Anwendung wird in den meisten Fällen synthetisch hergestellter Diamant angewendet. Natürlicher Diamant wird manchmal in Abrichtwerkzeugen benutzt. Durch eine Metallummantelung der Diamantkörner werden in kunstharzgebundenen Schleifscheiben die Wärmeableitung und das Haftvermögen der Schleifkörner in der Bindung verbessert. Diamant- und BN-Schleifwerkzeuge bestehen aus einem metallischen Grundkörper mit hoher Präzision und dem darauf aufgebrachten Schleifbelag in Keramik- oder Metallbindung. Das Leistungspotenzial von Diamantscheiben hängt ganz entscheidend von der Konzentration, d. h. vom Volumenverhältnis Schleifkornanteil zu Bindemittelanteil ab. Definiert wird die Konzentration durch eine dimensionslose Kennzahl, die einer bestimmten Diamantmenge (Gewicht des Abrasivs) in Karat[1] pro cm^3 Belagvolumen entspricht.

---

[1] 1 Karat = 0,2 g

2.6.15.4 Schleifkorngröße (Schleifmittelkörnung)

Die Schleifkörner werden auf Rüttelsieben auf die jeweilige Korngröße sortiert **(Tabelle 1)**. Die Körnungskennzahl ist mit der Anzahl der Siebmaschen auf 1 Zoll Randlänge identisch. Eine kleine Zahl bedeutet wenig Maschen pro 1 Zoll und damit grobes Korn, eine große Kennzahl steht für kleine Siebmaschen und entsprechend feines Korn. Nach DIN liegen die Kennzahlen der Makrokörnungen von grob bis fein zwischen 4 und 220, die sehr feinen Mikrokörnungen von 230 bis 1200. Bei den Schleifmitteln Korund und Siliziumkarbid entspricht diese Kennzahl nicht dem mittleren Korndurchmesser.

Bei CBN und Diamant gelten die Normen für Körnungen nach:

• FEPA, Verband Europäischer Schleifmittelhersteller,

• ISO, International Organisation for Standardization,

• MESH, Amerikanische Norm **(Tabelle 2)**.

Bei schwer zerspanbaren Werkstoffen (z. B. hochlegierte, gehärtete Stähle, HSS) werden feinere Körnungen verwendet, weil dem gröberen Korn ein größerer Widerstand gegenüber dem Eindringen der einzelnen Kornschneiden entgegengebracht wird. Der Scheibenverschleiß ist u. U. größer, da die einzelnen Körner durch den auftretenden höheren Schnittdruck schneller aus der Korn-Bindungs-Matrix gerissen werden. Viele kleine Kornschneiden zum Schleifen dieser Werkstoffe günstiger, außerdem wird eine bessere Oberflächengüte erzielt.

Zum Schleifen mit großem Materialabtrag (Schruppen) sind grobe Körnungen leistungsfähiger. Bessere Oberflächenqualitäten werden mit feinerer Körnung erzielt **(Bild 1)**.

> Feine Körnungen werden für harte und spröde Werkstoffe, grobe Körnungen für weiche, verformbare eingesetzt.

2.6.15.5 Schleifmittelbindung

Die Bindung hat die Aufgabe, das Schleifkorn in der Schleifscheibe so lange festzuhalten, bis es abgenutzt ist. Danach soll das Schleifkorn durch die angestiegenen Schnittkräfte entweder brechen und damit neu scharfe Schneidkanten freigeben oder als Ganzes aus der Bindung ausbrechen und neuen Körnern Platz machen.

Die unterschiedlichen Schleifaufgaben und -verfahren und die verschiedenen Schleifmittel bzw. -körnungen erfordern eine Vielzahl von Bindungssystemen.

Tabelle 1: Körnungen für CBN- und Diamantwerkzeuge					
Körnung	FEPA	DIN ISO	MESH	mittlere Korngröße in μm	Anwendung
Ultrafein			1200	3/0,25	Polierschleifen
			1000	4,5	Feinschleifen
Sehr fein	7 15 30 46	7 15 30 35	325/400	44/37	
Fein	54 64 76 91	45 55 60 85	270/325 230/270 200/230 170/200	53/44 63/53 74/63 88/74	Fertigschleifen
Mittel	107 126	90 110	140/170 120/140	105/88 125/105	
Grob	151 181	120 180	100/120 80/100	149/125 177/149	Vorschleifen
Sehr grob	213 251	200 250	70/80 60/70	210/177 250/210	
Spezial	301 426	280 350	50/60 40/50	297/250 420/297	

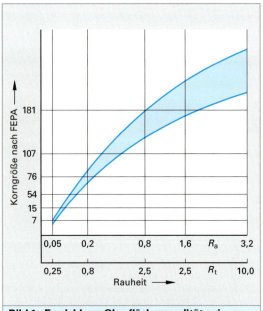

Bild 1: Erreichbare Oberflächenqualitäten in Abhängigkeit von der Korngröße für CBN- und Diamantscheiben

Die verschiedenen Bindungen unterscheiden sich durch die allgemeinen Eigenschaften **(Bild 1)**:

- Formbeständigkeit,
- Zähigkeit,
- Wärmeleitfähigkeit,
- Dämpfung **(Bild 2)**,
- Temperaturbeständigkeit,
- Profilierbarkeit bzw. Abrichtbarkeit.

- Grenzschichtbildung durch chemische Reaktion mit dem Schleifkorn,
- keine chemischen und physikalischen Reaktionen mit dem Werkstückwerkstoff bzw. den Spänen,
- Beständigkeit gegen Kühlschmiermittel,
- gute Verarbeitbarkeit bei der Scheibenherstellung.

Die wesentlichen Anforderungen an die Schleifmittelbindung sind:

- Festhalten der scharfen Schleifkörner beim Schleifprozess,
- Festhalten der abgestumpften Körner beim Nachschärfeprozess,
- Kornbruch durch Schleifkräfte, Selbstschärfung
- Kornbruch durch Werkzeuge, Abrichtprozess
- Freigabe der abgestumpften Restkörner,
- geringer Verschleiß der Abrichtwerkzeuges,
- angepasste mechanische Eigenschaften, Festigkeit, E-Modul, Dämpfung, Zähigkeit,
- thermische Beständigkeit,
- ausreichende Wärmeleitfähigkeit und geringe Wärmeübergangswiderstände zur Ableitung der Wärme aus dem Schleifkorn,
- Absorbieren der Stoßbeanspruchung,
- Abriebbeständigkeit gegen Späne und Schleifscheibenabrieb,

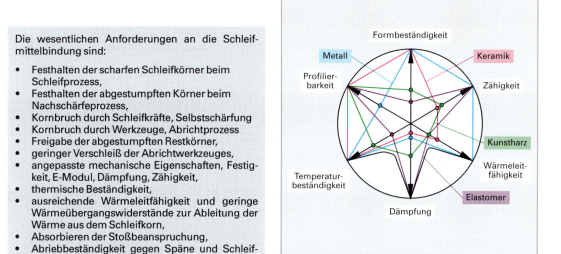

Bild 1: Bindungseigenschaften

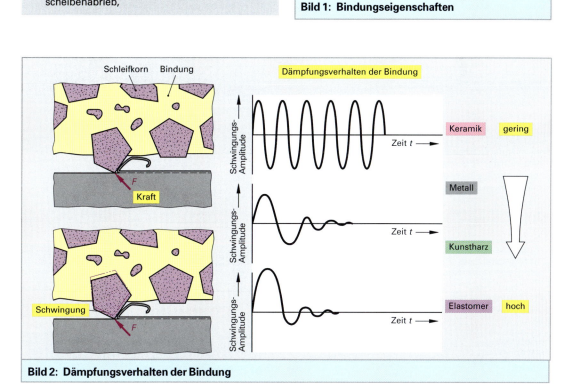

Bild 2: Dämpfungsverhalten der Bindung

Bindungen

Die Hauptgruppen mit Kennbuchstaben sind:

- V   keramische Bindungen,
- B   Kunstharzbindungen,
- M   Metallbindungen,
- R   Elastomer Bindung.

Keramische Bindung (Kennbuchstabe V)

Die keramische Bindung setzt sich hauptsächlich aus Tonerde, Quarz und Feldspat zusammen. Durch das Brennen bei etwa 1000 bis 1400 °C umschließt die Bindung das Schleifkorn und bildet Bindungsbrücken von Schleifkorn zu Schleifkorn mit der gewünschten Porosität des Gefüges. Die Bindungskomponenten werden beim Brennvorgang in wärme- und chemisch beständiges, sprödes Glas bzw. Porzellan umgewandelt. Keramische Bindungen werden überwiegend zum Präzisionsschleifen von Stählen mit Korundscheiben oder Siliziumkarbidscheiben verwendet. Etwa 60 % der gesamten Schleifscheibenproduktion ist keramisch gebunden. Keramisch gebundene Schleifwerkzeuge zeichnen sich durch gute Kanten- und Formstabilität aus, sind temperaturbeständig und leicht abrichtbar.

Kunstharzbindung (Kennbuchstabe B)

Hierbei handelt es sich um Reaktionsprodukte von Phenol und Formaldehyd. Es bilden sich bei etwa 160 bis 180 °C sehr feste und hochelastische Phenolharze und Phenolplaste. Diese Eigenschaften erlauben den Einsatz in Abgratscheiben oder Trennscheiben, auch mit Gewebeverstärkung bei hohen Umfangsgeschwindigkeiten und das Profilschleifen harter Werkstoffe mit Bornitrid- und Diamantschleifscheiben.

Metallbindung (Kennbuchstabe M)

Diamantschleifwerkzeuge und Bornitridschleifwerkzeuge zum Profil- und Werkzeugschleifen werden häufig mit einer galvanisch oder gesinterten Metallbindung auf einen Tragkörper aus Stahl oder Aluminium aufgebracht. Die metallische Bindung besitzt eine ausgezeichnete Formbeständigkeit, Kornhaftung und Temperaturbeständigkeit, gute Zähigkeit und eine große Wärmeleitfähigkeit, während die Dämpfungseigenschaften und die Profilierbarkeit weniger stark ausgeprägt sind.

Elastomerbindung (Kennbuchstabe R)

Gummibindungen werden aus Naturgummi (Latex), der durch Vulkanisieren gehärtet wird und aus synthetischem Gummi hergestellt. Elastomerbindungen besitzen eine hohe Dämpfung, Zähigkeit und gute Profilierungseigenschaften. Sie sind weniger formstabil und bei geringer Wärmeleitfähigkeit nicht öl- und temperaturbeständig. Elastomergebundene Schleifscheiben werden häufig in Verbindung mit feiner Körnung für höchste Oberflächengüten verwendet.

2.6.15.6 Härte und Gefüge

Der Härtebegriff ist in Bezug auf die Schleifscheibenhärte keine eindeutige Definition im physikalischen Sinne. Die Härte von Schleifscheiben wird ohne Angabe einer Dimension wie folgt definiert:

Unter Schleifscheibenhärte versteht man den Widerstand gegen das Herauslösen von Schleifmittelkörnern aus dem Schleifkörper, der von der Haftfähigkeit der Bindung am Korn und von der Festigkeit der Bindungsbrücken abhängig ist.

Der Aufbau für ein Schleifwerkzeug ist dann optimal, wenn das abgestumpfte Korn nach der ihm zukommenden Zerspanungsarbeit von der Bindung ganz oder teilweise freigegeben wird. Bei einem Schleifwerkzeug mit einem bestimmten Bindungstyp wird die Härte von der relativen Bindungsmenge bestimmt.

Der Härtegrad ist keine Angabe der Schleifmittelhärte, sondern der Gebrauchsfestigkeit des Schleifwerkzeugs. Der Härtegrad einer Schleifscheibe wird mit einem Buchstaben von A (sehr weich) bis Z (äußerst hart) gekennzeichnet. Harte Schleifwerkzeuge erfordern in Verbindung mit feiner Körnung eine hohe Systemsteifigkeit und eine größere Antriebsleistung der Maschine.

Das Gefüge des Schleifwerkzeugs ist durch die Abstände zwischen den Schleifkörnern bestimmt und wird nach dem Volumengehalt des Schleifmittels im Schleifkörper gemessen.

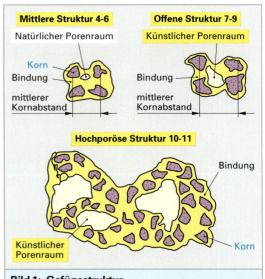

Bild 1: Gefügestruktur

Die schneidenden Schleifmittelkörner werden von der Bindung festgehalten und die restlichen Zwischenräume bilden die Poren in der Bindungsmatrix. Die Schleifscheiben mit dem dichtesten Gefüge enthalten über 60 Volumenprozent eng aneinanderliegender Schleifkörner und sind mit den Gefügestrukturzahlen 1 oder 2 bezeichnet (**Bild 1**).

Bei größeren Abständen zwischen den Schleifkörnern hat die Bindungsmatrix ein offenes Gefüge. Schleifscheiben mit einem offenen Gefüge und entsprechend großer Gefügeporosität werden mit den Kennzahlen 15 oder mehr gekennzeichnet (**Tabelle 1**).

Die Herstellung von keramisch gebundenen Schleifkörpern mit induzierter Porosität erfolgt durch die Zugabe von porenbildenden Stoffen. Während des Brennverfahrens verbrennt das Zusatzmittel und hinterlässt ein erweitertes Porenvolumen.

Diese Schleifscheiben werden immer dann angewendet, wenn verfahrensbedingt eine größere Kontaktfläche zwischen dem Schleifwerkzeug und dem Werkstück benötigt wird oder eine kühle Schneidfähigkeit erforderlich ist.

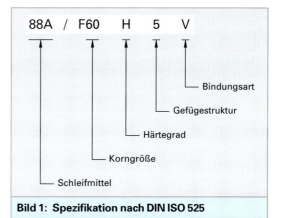

Bild 1: Spezifikation nach DIN ISO 525

2.6.15.7 Schleiftechnisches Grundprinzip

Je größer der Berührungsbogen bzw. die Kontakt- oder die Eingriffslänge des Schleifwerkzeuges am Werkstück ist, desto härter, dichter und feiner ist die Wirkung.

Das bedeutet, die Schleifkörperstruktur muss mit größer werdendem Berührungsbogen gröber, weicher und offener gewählt werden, um eine thermische Schädigung der Werkstückoberfläche zu vermeiden.

> Grobe Körnungen für große Eingriffsflächen, feine Körnungen für kleine Eingriffsflächen. Je kleiner die Eingriffsfläche, desto härter wählt man die Schleifscheibe.

Die Auswahl und die anteilmäßige Abstimmung der nachfolgenden Kenngrößen entscheiden über die Qualität und die Wirtschaftlichkeit des jeweiligen Schleifprozesses und dient der vollständigen Spezifikation von Schleifkörpern:

• Schleifmittel,
• Korngröße,
• Härtegrad,
• Gefügeaufbau,
• Bindung.

Tabelle 1: Schleifmittelspezifikation nach DIN ISO 525

Schleifmittel

A = Normalkorund	13 A= Sinterbauoxidkorund
10 A= Normalkorund	(Stäbchenkorund)
50 A= Halbedelkorund	21 A= Zirkonkorund
52 A= Halbedelkorund	28 A= Zirkonkorund
88 A= Edelkorund rosa	
89 A= Edelkorund weiss	C = Silizimkarbid
90 A= Spezialkorund	B = Bornitrid
91 A= Spezialkorund	D = Diamant

Korngröße F

sehr grob:	8, 10, 12
grob:	14, 16, 20, 24
mittel:	30, 36, 45, 54, 60
fein:	70, 80, 90, 100, 200
sehr fein:	150, 180, 220, 240
staubfein:	280, 320, 400, 500, 600, 900, 1000, 1200, 1600

Härtegrad		Gefügestruktur	
sehr weich:	D, E, F, G	dicht:	0– 3
weich:	H, I, J, K	mittel:	4– 6
		offen:	7– 9
mittel:	L, M, N, O	porös:	10–12
		hochporös:	bis 30
hart:	P, Q, R, S	**Bindung**	
sehr hart:	T, U, V, W	Keramisch	V
äußerst hart:	H, Y, Z	Kunstharz	B
		Gummi	R
		Metall	M

Wiederholung und Vertiefung

1. Welche Auswirkungen hat die beim Schleifprozess freigesetzte Wärmemenge?

2. Welche Wärmequellen treten beim Schleifprozess in Erscheinung?

3. Was versteht man unter der Wirkhärte einer Schleifscheibe?

4. Welches Bruchverhalten weist sintertechnisch hergestellter Korund gegenüber dem schmelztechnisch hergestellten Korund auf?

5. Was versteht man unter Wärmeleitfähigkeit und Dämpfungsverhalten bei Schleifmittelbindungen?

2.6.15.8 Schnittwerte beim Schleifen

Entsprechend dem Schleifwerkzeugdurchmesser und der eingestellten Drehzahl errechnet sich die Schnitt- oder Umfangsgeschwindigkeit v_c **(Bild 1)** der Schleifscheibe:

$$v_c = \frac{\pi \cdot d_s \cdot n}{1000 \cdot 60}$$

v_c Schnittgeschwindigkeit in m/s
d_s Durchmesser Schleifscheibe in mm
n Drehzahl in 1/min

Die für das Schleifwerkzeug zulässige Umfangsgeschwindigkeit v_{cmax} ist von der jeweiligen Bindungsart abhängig und durch einen diagonalen Farbstreifen auf dem Scheibenetikett angegeben.

Die Vorschubgeschwindigkeit v_f wird abhängig vom Schleifverfahren wie folgt bestimmt:

Umfangsplanschleifen

$$v_f = L \cdot n_H$$

L Vorschubweg,
n_H = Hubfrequenz in 1/min

Längsrundschleifen

$$v_f = \pi \cdot d_1 \cdot n$$

d_1 Werkstückdurchmesser
n Drehzahl des Werkstücks

Das dimensionslose Geschwindigkeitsverhältnis q ist vom zu schleifenden Werkstoff, dem Schleifverfahren bzw. von der sich damit ergebenden Eingriffslänge und von der speziellen Schleifscheibenspezifikation abhängig:

$$q = \frac{v_c}{v_f} = \frac{\text{Schnittgeschwindigkeit } v_c}{\text{Vorschubgeschwindigkeit } v_f}$$

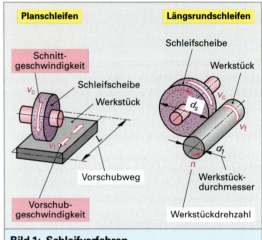

Bild 1: Schleifverfahren

Tabelle 1: Farbstreifen für höchstzulässige Umfangsgeschwindigkeiten

Farbstreifen	blau	gelb	rot	grün	grün + gelb	blau + rot	blau + grün
v_{cmax} in m/s	50	63	80	100	125	140	160
Farbstreifen	gelb + rot	gelb + grün	rot + grün	blau + blau	gelb + gelb	rot + rot	grün + grün
v_{cmax} in m/s	180	200	225	250	280	320	360

Klassifizierung der Stahlwerkstoffe in Schleifbarkeitsgruppen:
Gruppe 1, unlegierte, niedriglegierte, ungehärtete Stähle z. B.: S235, 9S20k, 16MnCr5, C45, 100Cr6
Stähle in dieser Gruppe sind langspanend, setzen aber dem Schleifkorn einen relativ geringen Eingriffswiderstand entgegen. Geeignete Schleifrohstoffe sind unterschiedliche Korundsorten.

Gruppe 2, Hochlegierte, ungehärtete Stähle z. B. X 12 Cr 13, X 2 CrNiMo18-15-4, X 39Cr 13
Auch diese Stähle sind langspanend und neigen zum Zusetzen der Schleifscheiben. Die Legierungsbestandteile verursachen hohe Schleifkräfte und erfordern hochwertige, harte Schleifmittel. Geeignete Schleifmittel sind einige Edelkorundsorten und Siliziumkarbid.

Gruppe 3, niedriglegierte, gehärtete Stähle z. B. 16MnCr5, 100Cr6, C45, 34CrMo5
Wegen des martensitischen Härtegefüges und des geringen Anteil an Karbiden, neigen diese Stähle weniger zum Zusetzen der Schleifscheibenstruktur. Sie sind überwiegend mit Edelkorund gut schleifbar.

Gruppe 4, hochlegierte, gehärtete Warm- und Kaltarbeitsstähle
z. B.: X 155 CrMoV 12-1, X 210 CrW 12, X 38 CrMoV 5-3
Durch den hohen Anteil der Karbidbildner Chrom, Molybdän, Vanadium u. ä. setzen diese Stähle dem Schleifkorn einen großen Eindringwiderstand entgegen. Sie lassen sich wirtschaftlich nur mit sehr harten Schleifmitteln zerspanen. Geeignete Schleifmittel sind Kubisches Bornitrid, Siliziumkarbid und Einkristallkorund.

Gruppe 5, Schnellarbeitsstähle
z. B.: S 6-5-2-5, S 18-1-2-5
Für HSS-Werkstoffe gilt im Prinzip das Gleiche wie für die Stähle in Gruppe 4. Der Legierungsanteil starker Karbidbildner liegt jedoch deutlich höher, so dass die Schnittkräfte weiter ansteigen. Diesem Effekt begegnet man mit feinerer Körnung, damit sich der Widerstand auf viele Körner gleichmäßig verteilt. Geeignete Schleifmittel sind Kubisches Bornitrid, Siliziumkarbid und Diamant.

2.6.15.9 Schleifverfahren

Je nach der Wirkfläche des Schleifwerkzeugs, die spanend zum Einsatz kommt, unterscheidet man zwischen Umfangs- und Seitenschleifen. Zur vollständigen Benennung des jeweiligen Schleifverfahrens die kennzeichnenden Merkmale dienen:

* Vorschubrichtung (Längs- oder Querschleifen),
* Wirkfläche des Schleifkörpers (Umfangs- oder Seitenschleifen),
* Lage und Art der zu erzeugenden Werkstückoberfläche (Lage: Außen- oder Innenschleifen und Art: Plan-, Rund- oder Profilschleifen).

Beispiele hierzu sind das:
* Längs-Umfangs-Planschleifen,
* Längs-Seiten-Planschleifen,
* Quer-Umfangs-Außen-Profilschleifen **(Bild 1)**.

Umfangs-Planschleifen

Beim Umfangs-Planschleifen ist bei großem Werkzeugdurchmesser die Eingriffslänge (Kontaktlänge) der Schleifkörner im Werkstück klein **(Bild 2)**. Dies ermöglicht bei geringen Temperaturen in der Kontaktzone hohe Vorschubgeschwindigkeiten des Schleifwerkzeuges. Idealerweise entspricht die Schleifscheibenbreite der zu bearbeitenden Werkstückbreite. Ist dies bei großen Werkstückbreiten nicht möglich, wird bei geringen Schnitttiefen mit axialen Quervorschüben pro Schnitt von $^1/_2$ bis $^4/_5$ der Schleifscheibenbreite gearbeitet.

Umfangs-Rundschleifen

Wie beim Umfangs-Planschleifen ist beim Umfangs-Außen-Rundschleifen die Kontaktlänge zwischen Schleifwerkzeug und Werkstück klein. Bei nicht ausreichender Schleifscheibenbreite bewegt sich das Schleifwerkzeug mit einem axialen Längsvorschub am Werkstück entlang (Längs-Umfangs-Außen-Rundschleifen). Kürzere Werkstücklängen können bei entsprechend großer Schleifscheibenbreite mit dem Quer-Rundschleifen (Einstechschleifen) wirtschaftlich bearbeitet werden.

Das Fertigmaß des Werkstückes wird durch die radiale Zustellbewegung der Schleifscheibe erreicht. Hierbei entfällt der Längsvorschub des Werkzeuges. Je nach Richtung der Zustellbewegung unterscheidet man zwischen Gerad- und Schrägeinstechschleifen. Beim Innen-Rundschleifen ergeben sich durch den kleinen Werkzeugdurchmesser (etwa 6/10 bis 8/10 des Bohrungsdurchmessers) beim Schleifprozess große Kon-

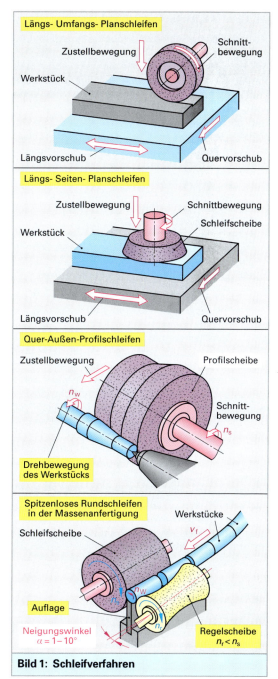

Bild 1: Schleifverfahren

taktlängen. Die Folge sind lange, dünne Späne, die von den Spankammern des Werkzeuges nur begrenzt aufgenommen werden können und zu großen Schleifkräften führen. Zum Innen-Rundschleifen sollten deshalb Schleifwerkzeuge mit offenem (porösem) Gefüge, grober Körnung und geringer Härte verwendet werden.

2.6.15.10 Abrichten von Schleifkörpern

Auch das beste Schleifwerkzeug unterliegt im Einsatz einem prozessbedingten Verschleiß. Die Folgen sind eine abnehmende Schnittleistung und Profilungenauigkeiten sowie ansteigende Schleifkräfte und Prozesstemperaturen. Beim Abrichtvorgang werden neue scharfe Schneidkanten erzeugt und die Profilgenauigkeit sichergestellt. Das Abrichten (profilieren, schärfen) erfolgt mit stehenden oder rotierenden bzw. bewegten Abrichtwerkzeugen im Gleichlauf oder im Gegenlauf (**Bild 1**).

Der Zweck des Abrichtens ist:

- Sicherstellen von Rundlauf und geometrischer Form des Schleifwerkzeuges,
- Sicherstellen der gewünschten Scheibentopographie zum Erreichen der geforderten Schnittleistung,
- Säuberung und Freilegen des Porenraumes.

Eine rauhe Schleifscheibe mit einer großen Wirkrautiefe ergibt eine hohe Zerspanungsleistung wie sie beim Schruppschleifen erforderlich ist. Eine hohe Oberflächengüte für das Schlichten und Feinschleifen ist mit Schleifkörpern mit geringen Wirkrautiefen möglich. Die richtige Wirkrautiefe des Schleifwerkzeuges ist durch einen geeigneten Abrichtprozess mit angepassten Abrichtparametern steuerbar (**Bild 2**). Es ist dabei möglich, mit demselben Schleifwerkzeug das Vorschleifen und das Fertigschleifen in einer Werkstückaufspannung durchzuführen. Die erzielbare Wirkrautiefe (R_{tso}) hängt von den Abrichtbedingungen ab. Hierbei spielt die Laufrichtung der Schleifscheibe und die der Abrichtrolle (Gleichlauf oder Gegenlauf), das Verhältnis (q_{abr}) der Umfangsgeschwindigkeiten von Rolle und Scheibe, die Abrichtzustellung a_{abr} und die Dauer des Abrichtvorganges eine wichtige Rolle (**Bild 3**).

Das Abrichten mit einem stehenden Abrichtwerkzeug

Um beim Abrichten möglichst jedes Schleifkorn zu treffen, muss die Abrichtgeschwingigkeit v_{abr} der Schleifkorngröße angepasst sein. Für einen Abrichtvorgang mit einem stehenden Abrichtwerkzeug kann die zum Schleifscheibenprofil parallele Abrichtgeschwindigkeit nach folgender Formel näherungsweise bestimmt werden:

$$v_{abr} = \frac{mittlerer\ Korndurchmesser \cdot n_s}{2} \cdot k$$

n_s Drehzahl der Schleifscheibe
k Korrekturfaktor für Abrichtbedingungen ($k = 1 \ldots 2$)

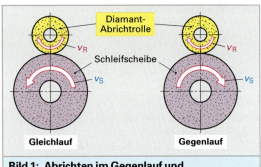

Bild 1: Abrichten im Gegenlauf und im Gleichlauf

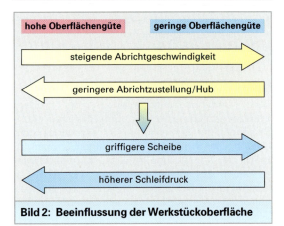

Bild 2: Beeinflussung der Werkstückoberfläche

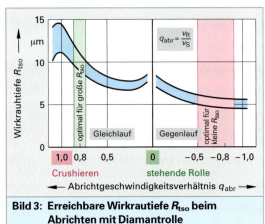

Bild 3: Erreichbare Wirkrautiefe R_{tso} beim Abrichten mit Diamantrolle

Das Abrichten mit einem rotierenden Abrichtwerkzeug

Abrichtwerkzeuge mit Diamantrollen richten mit einer Relativgeschwindigkeit ab, d. h., die Rolle hat eine schneidende Wirkung. Deshalb sollte die Schleifscheibenspezifikation um ca. ein Grad weicher gewählt werden als bei einem stehenden Abrichtwerkzeug.

Das Abrichtgeschwindigkeitsverhältnis

Die erzielbare Wirkrautiefe der Schleifscheibe bzw. die Oberflächengüte des zu schleifenden Werkstückes wird maßgeblich vom Geschwindigkeitsverhältnis q_{abr} beim Abrichtvorgang beeinflusst:

$$q_{abr} = \frac{Umfangsgeschwindigkeit\ Abrichtrolle}{Umfangsgeschwindigkeit\ Schleifscheibe} = \frac{v_R}{v_S}$$

Tauchen die Diamantkörner der Abrichtrolle mit einer größeren Geschwindigkeit in die Schleifwerkzeugoberfläche ein, so erhöht sich dessen Wirkrautiefe. Eine Erhöhung der Abrichtzustellung bewirkt eine nahezu lineare Zunahme der Wirkrautiefe. **Bild 3, vorhergende Seite**, zeigt den Zusammenhang der Wirkrauhtiefe am Schleifwerkzeug und dem Geschwindigkeitsverhältnis q_{abr} für das Abrichten im Gleichlaufverfahren und im Gegenlaufverfahren.

Bewegte Abrichtwerkzeuge

Diamantprofilrolle. Der Abrichtvorgang des gesamten Profils erfolgt durch die Relativgeschwindigkeit zwischen Diamantprofilrolle **(Bild 1)** und Profilschleifscheibe. Die Zustellbewegung wird in radialer Richtung vom Abrichtwerkzeug ausgeführt.

Diamantformrolle. Mit der Diamantformrolle **(Bild 1)** werden gerade Schleifscheiben oder über eine CNC-Steuerung auch Profilscheiben abgerichtet. Die Abrichtformrolle ist in Bezug auf die Abrichtparameter mit einem stehenden Abrichtwerkzeug vergleichbar, sie rotiert jedoch noch zusätzlich im Gleichlauf bzw. im Gegenlauf. Die achsparallele Abrichtgeschwindigkeit v_{abr} wird wie bei einem stehenden Abrichtwerkzeug bestimmt. Der Korrekturfaktor k für die Abrichtbedingungen erhöht sich je nach Geschwindigkeitsverhältnis q_{abr} auf 3 bis 4.

Crushieren mit Stahlrolle. Das Crushieren[1] wird hauptsächlich bei Profilschleifscheiben eingesetzt und erfolgt ohne eigenen Antrieb des Abrichtwerkzeuges. Die Crushierrolle wird von der Schleifscheibe mitgenommen und rotiert mit ihrer durchmesserabhängigen Umfangsgeschwindigkeit. Der Verschleiß des Crushierwerkzeugs ist gering, da durch die fehlende Relativgeschwindigkeit keine Reibung zwischen Werkzeug und abzurichtender Schleifscheibe auftritt (q_{abr} = 1,0). Die Schleifkörner werden unter hohem Druck aus der Bindungsmatrix gebrochen.

---

[1] engl. to crush = zerstoßen, zermalmen

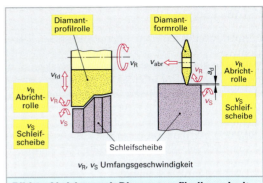

Bild 1: Abrichten mit Diamantprofilrolle und mit Diamantformrolle

CD-Abrichten, Continuous Dressing. Mit diesem Verfahren wird durch kontinuierliches Abrichten eine weitere Steigerung der Schleifleistung in der Massenfertigung erreicht. Die Schleifscheibe wird nicht zwischen den Schleifzyklen, sondern während des Schleifprozesses mit einer Diamantprofilrolle kontinuierlich abgerichtet. Die Zustellung beträgt pro Schleifscheibenumdrehung wenige Mikrometer. Sie muss so gewählt werden, dass sie größer als der natürliche Scheibenverschleiß ist. Das Verfahren hat Vorteile und auch Nachteile.

Vorteile:

- keine zusätzliche Abrichtzeiten,
- keine Formfehler,
- geringe Gefahr der thermischen Werkstückschädigung,
- Schleifkräfte bleiben über den gesamtem Schleifweg konstant,
- höhere Zerspanungsleistungen möglich.

Nachteile:

- höherer Schleifmittelbedarf,
- CNC-Maschine mit automatischer Abrichtkompensation ist erforderlich.

Wiederholung und Vertiefung

1. Erläutern Sie das schleiftechnische Grundprinzip.

2. Wie werden Stahlwerkstoffe in Schleifbarkeitsgruppen klassifiziert?

3. Was bedeutet ein rot + grün Farbstreifen auf einer Schleifscheibe?

4. Wonach richtet sich die Abrichtgeschwindigkeit mit einem stehenden Abrichtwerkzeug?

5. Welche Auswirkungen auf den Abrichtprozess mit rotierender Abrichtrolle hat eine zu große Abrichtgeschwindigkeit?

2.6.16 Läppen

Läppen gehört zu den spanabhebenden Fertigungsverfahren mit geometrisch unbestimmter Schneide. Im Gegensatz zum Schleifwerkzeug ist das Läppkorn nicht in einer festen Matrix gebunden, sondern wird von der formgebenden Gegenform in einer Läppflüssigkeit oder Läpppaste als Läppfilm auf die Werkstückoberfläche aufgedrückt **(Bild 1)**. Durch die Bewegung des Werkzeugkörpers (Läppscheiben, **Bild 2**) verändert das Läppkorn ständig seine Lage.

Die im Läppspalt zwischen Werkzeug und Werkstück abrollenden Läppkörner dringen mit ihren Schneidkanten in die Werkstückoberfläche ein und tragen ein geringes Werkstoffvolumen ab.

Mit dem zu den Feinstbearbeitungsverfahren zählenden Läppen lassen sich technische Oberflächen mit geringsten Rauigkeitwerten und Formgenauigkeiten herstellen (Gemittelte Rautiefe R_z von 10 bis 0,04 µm, Mittenrauigkeit R_a von 0,2 bsi 0,006 µm). Es können nahezu alle metallischen Werkstoffe, aber auch Glas und Keramik mit Läppen bearbeitet werden. Ausgenommen sind nur Werkstoffe, die ein sehr großes plastisches und elastisches Verformungsvermögen aufweisen.

Der Werkstoffabtrag **(Bild 3)** wird im Wesentlichen von der Form und der Größe der Läppkörner und den Bewegungsvorgängen im Läppfilm bestimmt. In der Läppflüssigkeit stellt sich je nach Viskosität, Läppspaltdicke, Korngröße und Kornform ein meist mehrschichtig aufgebauter Läppfilm ein.

Die abrollenden Lappkörner erzeugen einen gleichmäßigen Werkstoffabtrag, ohne richtungsspezifische Bearbeitungsriefen wie sie z. B. beim Schleifen oder beim Honen entstehen.

Als Läppkörner werden Schleifmittel wie Elektrokorund, Siliziumkarbid, Bornitrid, Eisen-Chromoxid und Diamant in sehr feinen Körnungen eingesetzt **(Tabelle 1)**.

Läppgeschwindigkeit

Im Vergleich zum Schleifen werden beim Läppen zwischen Werkzeug und Werkstück geringere Relativgeschwindigkeiten (Läppgeschwindigkeit) von 5 bis 350 m/min angewendet. Durch die Abrollbewegung des Läppkorns im Läppspalt beträgt die effektive Korngeschwindigkeit (Schnittgeschwindigkeit, v_c) abhängig vom Aufbau des Läppfilms nur noch etwa 30 bis 50 % der Geschwindigkeit des formgebenden Werkzeugkörpers.

Tabelle 1: Läppkorn und Trägermedium

Läppkorn		Trägermedium (Läppflüssigkeit)
Korund: (Al_2O_3): weiche Stähle und Gusswerkstoffe, Leichtmetalle	**Borkarbid** B_4C Hartmetall, Keramik	Öle in unterschiedlichen Viskositäten
	Diamant harte Werkstoffe Polieren	Emulsionen auf Wasserbasis
Siliziumkarbid, SiC: vergütete und legierte Stähle Grauguss, Glas, Prozellan		Paraffin
		Vaseline
		Petroleum

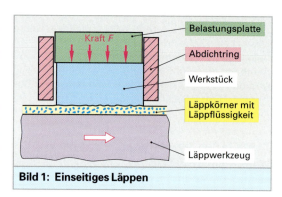

Bild 1: Einseitiges Läppen

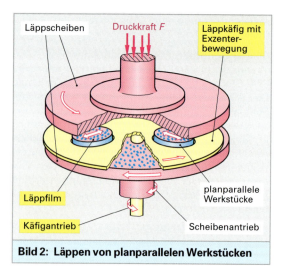

Bild 2: Läppen von planparallelen Werkstücken

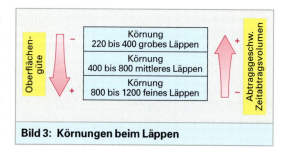

Bild 3: Körnungen beim Läppen

Abtragsgeschwindigkeit

Die Abtragsgeschwindigkeit v_a ist über das Verhältnis von Zeitspanvolumen Q in mm^3/min und die Abtragsfläche A in mm^2 zwischen Werkstück und Werkzeug definiert.

$$v_a = \frac{Q}{A}$$

Q Zeitspanvolumen
A Abtragsfläche

Die Abtragsgeschwindigkeiten liegen beim Läppen üblicherweise zwischen 10 bis 100 μm/min. Mit kleiner Korngröße, dickflüssiger Läppflüssigkeit werden mit geringem Anpressdruck bessere Oberflächen erreicht, wobei die Abtragsgeschwindigkeit geringer wird.

Sie ist von folgenden Kenngrößen abhängig:

• Werkstückwerkstoff,
• Korngröße, Kornform,
• Anpressdruck,
• Viskosität des Läppmittels,
• Hydrodynamik im Läppspalt.

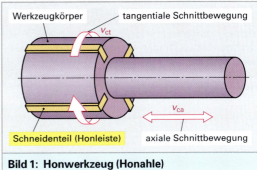

Bild 1: Honwerkzeug (Honahle)

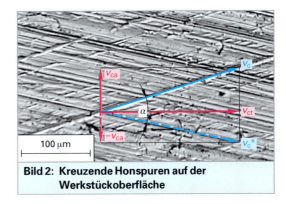

Bild 2: Kreuzende Honspuren auf der Werkstückoberfläche

2.6.16 Honen

Honen ist ein Feinbearbeitungsverfahren mit geometrisch unbestimmter Schneide. Im Gegensatz zum Läppen ist das Schleifmittel in einer keramischen, metallischen oder Kunstharzbindung fest eingebettet. Die Schnittbewegung wird durch das Werkzeug (**Bild 1,** Honahle) in zwei Richtungen ausgeführt. Im Schneidenteil des Honwerkzeuges kommt als Schleifmittel synthetischer und natürlicher Diamant, kubisches Bornitrid, Korund oder Siliziumcarbid zum Einsatz.

Beim Langhubhonen überlagert sich die Rotationsbewegung mit der langhubigen, über die gesamte Werkstücklänge verlaufende Axialbewegung des Werkzeugs. Die resultierende Schnittgeschwindigkeit (v_c) ergibt sich aus der vektoriellen Addition der axialen Schnittgeschwindigkeit (v_{ca}) und der tangentialen Schnittgeschwindigkeit (v_{ct}). Die resultierende Geschwindigkeit ergibt sich zu:

$$v_c = \sqrt{v_{ca}^2 + v_{ct}^2}$$

v_c res. Schnittgeschwindigkeit
v_{ca} axiale Schnittgeschw.
v_{ct} tangentiale Schnittgeschw.

Durch die geradlinig oszillierende Axialbewegung entsteht auf der Werkstückoberfläche ein typisches Kreuzschliffbild **(Bild 2)**. Der Überschneidungswinkel α der Bearbeitunsspuren ist von der Größe der

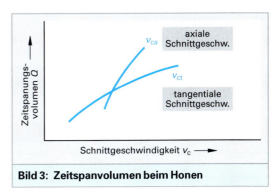

Bild 3: Zeitspanvolumen beim Honen

Geschindigkeitskomponenten v_{ca} und v_{ct} abhängig:

$$\tan \alpha = v_{ca}/v_{ct}$$

v_{ca} axiale Schnittgeschwindigkeit
v_{ct} tangentiale Schnittgeschw.

Ein großer Werkstoffabtrag lässt sich mit großem Schnittwinkeln (α = 40° ... 75°) und großer Schnittgeschwindigkeit v_c erzielen **(Bild 3)**. Die sich kreuzenden Honspuren auf der Werkstückoberfläche ergeben geringere Rautiefen als bei Feinbearbeitungsverfahren mit parallelen Bearbeitungsriefen.

2.6.18 Werkzeugmaschinen

Werkzeugmaschinen sind nach DIN 69651 mit Kraftantrieb versehene, vorwiegend ortsgebundene Maschinen für verschiedene Fertigungsverfahren unter Zuhilfenahme von physikalischen, chemischen oder anderen Verfahren.

Um 1800 entstanden in England, Amerika und Deutschland die ersten Zug- und Leitspindeldrehmaschinen mit Kreuzsupport, Reitstock und Kegelradgetriebe, ganz aus Metall gefertigt. Im Verlaufe des 19. Jahrhunderts war die Entwicklung des Werkzeugmaschinenbaus soweit fortgeschritten, dass die Herstellung der verschiedenen Maschinenelemente keine wesentlichen Schwierigkeiten mehr bereitete. Es entstanden mit Transmissionsriemen angetriebene Bohr-, Fräs- und Schleifmaschinen mit Übersetzungsgetrieben für Spindel- und Vorschubantrieb **(Bild 1)**.

Werkzeugmaschinen[1] sind Maschinen-Werkzeuge, d. h. maschinelle Werkzeuge.

2.6.18.1 Fräsmaschinen

Bauformen und Einteilung

Bei den Fräsmaschinen haben sich dem Verwendungszweck entsprechende Grundbauformen entwickelt **(Bild 2)**. Diese Bauformen sind auf die Art der Bearbeitung und die Werkstückgröße abgestimmt.

Konsolfräsmaschinen. Konsolfräsmaschinen **(Bild 3)** haben eine sehr große Verbreitung gefunden. Dabei handelt es sich meistens um kleinere Maschinen, welche für kleine bis mittelgroße, gut zerspanbare, prismatische Werkstücke eingesetzt werden können. Durch Erweiterungen, beispielsweise Neigungsachsen, können ohne weiteres Werkstücke mit komplizierten Geometrien in einer Aufspannung gefertigt werden. Konsolfräsmaschinen haben einen kreuzbeweglichen Tisch und eine im Maschinengestell ortsfest angeordnete Spindel.

Man unterscheidet zwischen Maschinen:

- mit waagrechter Frässpindel,
- mit senkrecht angeordneter Frässpindel,
- in Universalbauweise mit schwenkbarem oder austauschbarem Fräskopf für das Waagerechtfräsen, Senkrechtfräsen oder Winkelfräsen.

[1] Der Begriff *Werkzeugmaschine* ist leicht missverständlich. Man könnte meinen, es handelt sich um Maschinen zur Werkzeugherstellung. So ist das nicht. Es sind *Maschinen-Werkzeuge* im Unterschied zu *Hand-Werkzeugen*. Im Englischen wird das verständlicher ausgedrückt: (engl.) machine tool = (dt.) Werkzeugmaschine.

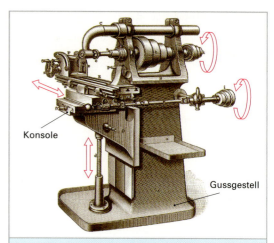

Bild 1: Konsolfräsmaschine um das Jahr 1900

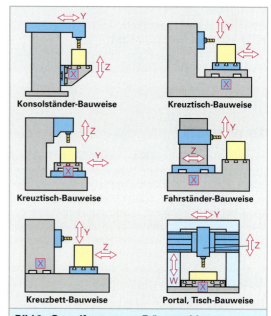

Konsolständer-Bauweise   Kreuztisch-Bauweise

Kreuztisch-Bauweise   Fahrständer-Bauweise

Kreuzbett-Bauweise   Portal, Tisch-Bauweise

Bild 2: Grundformen von Fräsmaschinen

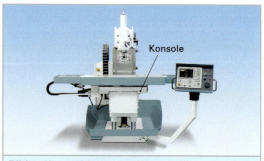

Bild 3: Konsolfräsmaschine

Bettfräsmaschinen. Bettfräsmaschinen **(Bild 1)** haben gegenüber Konsolfräsmaschinen Vorteile bei der Be- und Entladung und damit bei der Verkettung mit anderen Anlagen. Sie besitzen ein eigensteifes Bett und sind deshalb hochbelastbar. Bei den Bettfräsmaschinen werden die Bewegungen der drei Koordinatenrichtungen auf Tisch, Ständer und Fräseinheit aufgeteilt: Der Tisch führt die Längsbewegung, der Ständer führt die Querbewegung und die Fräseinheit führt die Vertikalbewegung aus.

Portalfräsmaschinen. Hierbei unterscheidet man Tischbauweise **(Bild 2, vorhergehende Seite)** und Gantrybauweise **(Bild 2).**

Bei sehr langen Werkstücken werden *Gantry*-Fräsmaschinen eingesetzt. Dabei muss ein synchrones Verfahren der Ständer gewährleistet sein. Dieses wird heute durch elektronische Synchronisation erreicht, wobei ein zusätzliches mechanisches System zur Sicherheit dient. Portalfräsmaschinen haben gegenüber Gantry-Fräsmaschinen den Vorteil größerer Genauigkeit, weil Führungen und Fundament nur auf einem kurzem Stück belastet werden und nur hier sehr genau sein müssen. Der sehr große Einbauraum durch die große Bettlänge ist als nachteilig anzusehen. Das Portal wird meist ballig geformt, damit die Last des Spindelkastens aufgefangen wird.

Seriellkinematik und Parallelkinematik

Bei serieller Kinematik (SK) wird zur Erzeugung einer Werkzeug- oder einer Werkstückbewegung eine Maschinenachse auf die andere gesetzt, z. B. sitzt auf der Z-Achse die Y- Achse **(Bild 3)**. Der Vorteil ist, dass mit jeder Achsbewegung das Werkstück oder das Werkzeug nur in Richtung dieser Maschinenachse bewegt wird. Das ist leicht überschaubar, relativ einfach steuerbar und entspricht bei Linearachsen dem gewohnten kartesischen Koordinatensystem.

Bei der Parallelkinematik (PK) werden zur Bewegungserzeugung mehrere Achsen, meist drei Linearachsen oder sechs Linearachsen gleichzeitig in paralleler Anordnung zwischen der Bewegungsplattform und der Aufstellebene gesteuert (Bild 3).

Bei der 3-achsigen Parallelkinematik[2] spricht man auch von *Tripod* (Dreibein). Bei der 6-achsigen Anordnung von einem *Hexapod* (Sechsbein).

[1] engl. gantry = (doppeltes) Fasslager,
[2] Die dreiachsige Parallelkinematik ist ähnlich in der Funktion zu einem Fotostativ. Durch Verändern der Beinlänge kann man die Fotoplattform sowohl in der Höhe als auch beliebig seitwärts einstellen.

Bild 1: Bettfräsmaschine

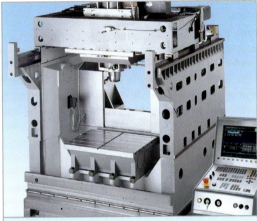

Bild 2: Portalfräsmaschine in Gantry-Bauweise

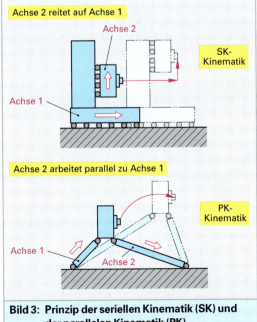

Bild 3: Prinzip der seriellen Kinematik (SK) und der parallelen Kinematik (PK)

Die Orientierungsausrichtung des Werkzeugs muss bei einem Tripod über mindestens zwei rotatorische Achsen erfolgen. Bei einer sechsachsigen Parallelkinematik wird die Werkzeugplattform sowohl in ihrer räumlichen Position als auch bezüglich der Orientierung durch die Längen der Linearachsen definiert.

> Der prinzipielle Vorteil der Parallelkinematik liegt darin, dass durch die parallele Werkzeugabstützung von drei bzw. sechs Achsen höhere Maschinensteifigkeiten bei gleichzeitig geringeren bewegten Massen möglich sind (**Bild 1**). Eine solche Maschinenkinematik verspricht verbesserte Dynamik gegenüber dem seriellen Aufbau. Der prinzipielle Nachteil liegt darin, dass zur Erzeugung von Bearbeitungsbahnen ein enormer Rechenaufwand in der Maschinensteuerung zu leisten ist. Es sind fortlaufend in schneller Folge (< 4 ms) komplizierte Koordinatentransformationen durchzuführen.

Für die Einteilung der Parallelkinematiken (**Bild 2**) stellt die Bewegungserzeugung der Arbeitsplattform ein wichtiges Kriterium dar.

Es gibt folgende Möglichkeiten für die Verbindungselemente:

- Veränderung der Länge der Verbindungselemente,
- Verschiebung des Gelenkpunktes der Verbindungselemente,
- Drehung um den Gelenkpunkt der Verbindungselemente.

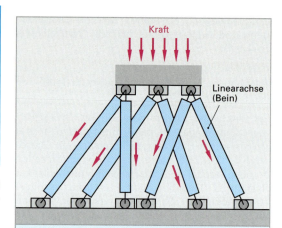

Bild 1: Kraftverteilung bei Parallelkinematik

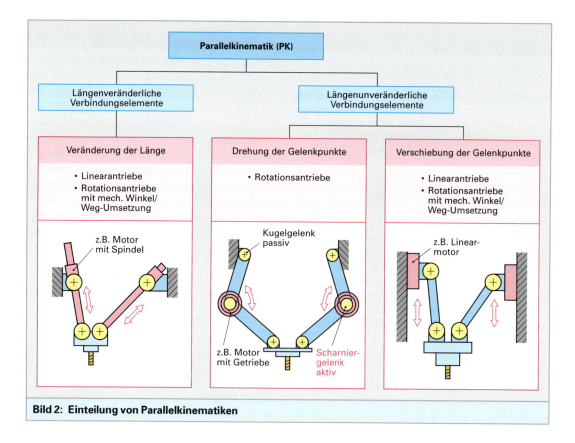

Bild 2: Einteilung von Parallelkinematiken

Damit kann bei Parallelkinematiken grundsätzlich zwischen Kinematiken mit *längenveränderlichen* und *längenunveränderlichen* Verbindungselementen unterschieden werden.

Die Grundlage für die definierte Positions- und Orientierungsänderung des TCP (Tool Center Points) durch längenveränderliche Verbindungselemente liefert das Prinzip der Stewart-Plattform. Ein anderer Ansatz geht von längen*un*veränderlichen Verbindungselementen aus.

Die Stewart[1]-Plattform **(Bild 1)** besteht aus einer Gestellplattform und einer Arbeitsplattform, welche über sechs längenveränderlichen Verbindungselemente (griech. Hexapod = Sechsfüßler) mit Hilfe von Kardangelenken oder von Kugelgelenken verbunden sind. Durch die Längenveränderung der Verbindungselemente ist es möglich, sowohl die Position als auch die Orientierung der Arbeitsplattform zu ändern. Werkzeugmaschinen dieser Art werden auch Hexapod-Maschinen genannt **(Bild 2)**.

Im Gegensatz dazu stehen die Maschinen mit längenunveränderlichen Verbindungselementen. Durch eine Parallelogrammanordnung der Verbindungselemente werden die Orientierungsfreiheitsgrade gesperrt. Dadurch wird die Arbeitsplattform im x-y-z-Raum ohne Verkippung und Verdrehung bewegt (siehe Seite 321, Bild 1).

Als ein Vertreter mit längenunveränderlichen Verbindungselementen *mit translatorischer Antriebsbewegung* wird das *Linapod-Prinzip* **(Bild 3)** vorgestellt. Hierbei erfolgt der Antrieb mit Lineardirektantrieben. Dabei werden die Fußpunkte der bewegungsübertragenden Verbindungselemente mit konstanter Länge über Gelenke an sechs Schlitteneinheiten befestigt, die auf Linearführungen bewegt werden. Durch den Einsatz von linearen Direktantrieben wird die gemeinsame Nutzung des Linearführungssystems und des Messsystems sowie der Sekundärteile für jeweils zwei Schlitten ermöglicht. Deshalb werden für die sechsachsige Parallelstruktur insgesamt nur drei Führungsmodule benötigt. Über die rotatorischen Freiheitsgrade im Fußpunkt kann der TCP an der Arbeitsplattform beliebig im Raum positioniert und orientiert werden. Dadurch erhält man eine vollständige Entkopplung der Gestellbauteile und der Antriebselemente. Nachteilig ist der große Bauraum bei relativ kleinem Arbeitsraum.

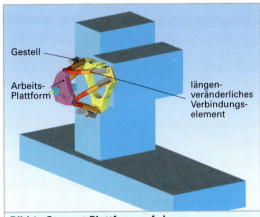

Bild 1: Stewart-Plattform auf einem Maschinenausleger

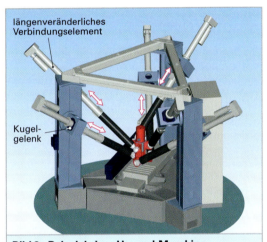

Bild 2: Beispiel einer Hexpod-Maschine

Bild 3: Linapod-Werkzeugmaschine

---

[1] Die Bewegungsplattform mit „6 Beinen" (Hexapod) wird meist als Stewart-Plattform bezeichnet, aufgrund einer Veröffentlichung von 1965. Die Erfindung geht aber auf Arbeiten von Dr. Eric Gough, entwickelt um 1954 in England, zurück.

Definition der Achsrichtungen und Bewegungsrichtungen

Bei Werkzeugmaschinen wird ein rechtsdrehendes, rechtwinkliges Koordinatensystem mit Drehwinkelbezeichnung verwendet (**Bild 1**). Dabei bezieht sich die Z-Achse stets auf eine angetriebene Bearbeitungsspindel. Eine Ausnahme bilden Maschinen ohne Bearbeitungsspindel. Dort steht die Z-Achse dann senkrecht auf der Werkstückaufspannfläche.

Die X-Achse ist die Hauptachse in der Positionierungsebene von Werkstück oder Werkzeug. Sie sollte horizontal und parallel zu der Werkstückaufspannfläche sein. Die Y-Achse ergibt sich dann aus dem vorher beschriebenen Koordinatensystem. Die dazugehörigen Drehachsen (um die Hauptachsen) werden mit den Buchstaben A (um die X-Achse), B (um die Y-Achse) und C (um die Z-Achse) bezeichnet. Die Festlegung der Bewegungsrichtung an der Maschine nach ersieht man aus **Bild 2**.

Die Bewegung in positiver Richtung einer Maschinenkomponente ist so definiert, dass dabei eine wachsende positive Maßgröße am Werkstück entsteht. Wird beispielsweise das Werkzeug bewegt, so entspricht die Achsrichtung der Bewegungsrichtung. Die positiven Richtungspfeile sind gleichgerichtet und werden mit X, Y, Z bezeichnet. Wird jedoch das Werkstück bewegt, so verlaufen Achsrichtung und Bewegungsrichtung entgegengesetzt. Diese Bewegungsrichtung wird mit X', Y', Z' bezeichnet. U, V, W sind zur Kennzeichnung von Hilfsachsen parallel zu X, Y, Z vorgesehen.

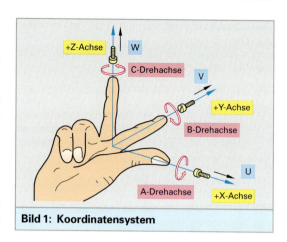

Bild 1: Koordinatensystem

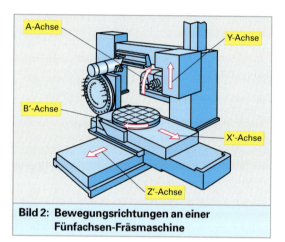

Bild 2: Bewegungsrichtungen an einer Fünfachsen-Fräsmaschine

Bearbeitungszentren, Flexible Fertigungssysteme und Transferstraßen

In einem Bearbeitungszentrum (BAZ) werden mehrere einzelne, jedoch unterschiedliche Bearbeitungsverfahren in einem Zentrum zusammengefasst. Dabei spricht man von einem BAZ, wenn dieses mindestens zwei Bearbeitungsoperationen ausführen kann und zu automatischem Werkzeugwechsel fähig ist. BAZs zeichnen sich neben dem automatischen Werkzeugwechsel durch einen eigenen Werkzeugspeicher aus.

Bearbeitungszentren (**Bild 3**) bilden die Basis für Flexible Fertigungssysteme. Mit dieser Begrifflichkeit verbindet man weitestgehend automatisierte Fertigungssysteme, welche eine personalarme Fertigung ermöglichen und Nebenzeiten produktiv überbrücken können.

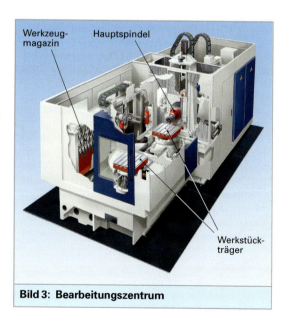

Bild 3: Bearbeitungszentrum

Bei Bearbeitungszentren unterscheidet man zwischen:

- Flexibler Fertigungszelle (FZ) und
- Flexiblem Fertigungssystem (FFS).

Die **flexible Fertigungszelle** besteht aus einer oder mehreren Bearbeitungsmaschinen, die über einen gemeinsamen Werkzeugspeicher verfügen. Dabei können auch noch Messstationen oder Handhabungsgeräte in der Zelle integriert sein. Die Koordination der einzelnen Maschinenkomponenten wird zentral über einen Zellenrechner vorgenommen.

Flexible Fertigungssysteme und **Transferstraßen** haben einen automatischen Werkstückfluss zwischen allen Stationen. In die Systeme sind Rohteillager, Bearbeitungs-, Mess- und Montagestationen integriert. Während Transferstraßen **(Bild 1)** aus vielen Einzweckmaschinen bestehen, die für eine Bearbeitungsaufgabe zusammengestellt sind (z. B. Herstellung von Zylinderblöcken), setzen sich flexible Fertigungssysteme mit numerisch gesteuerten BAZs und anderen flexiblen Einrichtungen zusammen. Ihr Anwendungsgebiet ist auf ein breites Werkstückspektrum ausgerichtet.

Gestelle

Das Gestell hat die Aufgabe, alle anderen Maschinenkomponenten aufzunehmen, den Arbeitsraum festzulegen, Kräfte aufzunehmen, Schwingungen zu dämpfen und die Wärme abzuleiten. Es muss eine hohe statische und dynamische Steifigkeit besitzen und es sollte sich bei thermischer Beanspruchung nur gering verformen. Des Weiteren sollte das Gestell fertigungs- und montagegerecht sowie wartungs- und instandhaltungsgerecht sein.

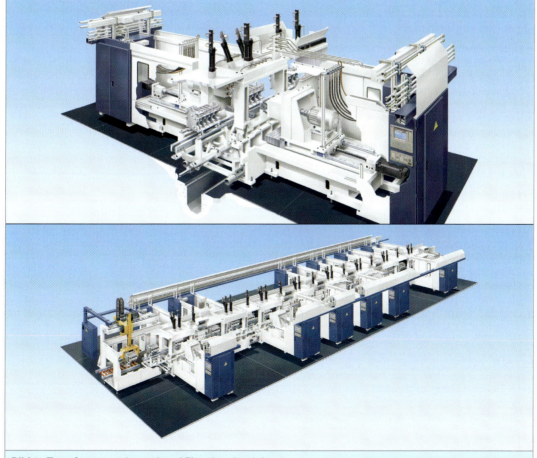

Bild 1: Transferstrasse (unten) und Einzelstation (oben)

Gestaltungsgesichtspunkte sind:

• Die Geometrie der Werkstücke und die Kinematik des Fertigungsprozesses – Anordnung und Lage der Bewegungsachsen,
• Anzahl der Bewegungsachsen bzw. die Anzahl der Bearbeitungsstationen, Baugröße
• Die geforderte Mengenleistung bestimmt die notwendige Zerspanleistung und den Automatisierungsgrad. Daraus ergibt sich die notwendige Antriebsleistung, die Anzahl der Bearbeitungsstationen und Bewegungsachsen sowie die eventuelle Automatisierung der Werkzeug- und Werkstückhandhabung und der Späneentsorgung.
• Die geforderte Fertigungsgenauigkeit des Werkstücks und die Zerspankräfte bestimmen die notwendige Steifigkeit einer Gestellkonstruktion.

Gestellkonzepte

Ein Gestellkonzept kann sich durch kinematische Variationen unterscheiden:

• Unterschiedliche Zuordnung der Bewegungen auf Werkzeug und Werkstück:
  – Schnittbewegungen,
  – Zustellbewegungen,
  – und Vorschubbewegungen,
• Variation der Hintereinanderschaltung der Bewegungsachsen **(Bild 1)**,
• Variation der Winkellagen und Abstände der Führungsebenen zum Fundament (z. B. Horizontalbett, Schrägbett oder Vertikalbett),

Folgende Gestellbauarten werden unterschieden **(Bild 2)**:

• Bettgestelle,
• Winkel-Gestelle; dies sind Varianten der Bettgestellen (Schrägbett),
• C-Gestelle; Nachteil: sie biegen auf,
• O-Gestelle; Vorteil: gleichmäßige Kraftverteilung,
• Portale (Prinzip O-Gestell, nur größer).

Werkstoffe

Die Werkstoffe für Gestelle werden nach folgenden Eigenschaften ausgewählt:

• Festigkeit (Sicherheit gegen Verformung und Bruch),
• Dichte (dynamisches Verhalten, bewegte Massen),
• E-Modul (statische und dynamische Steifigkeit),
• Dämpfung (dynamisches Verhalten),
• Relaxation (Langzeitausdehnungskoeffizienten),

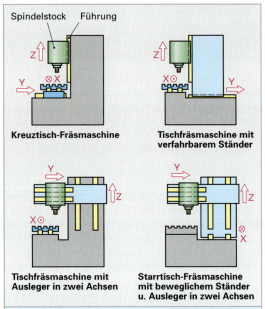

Bild 1: Kinematische Varianten einer Bettfräsmaschine

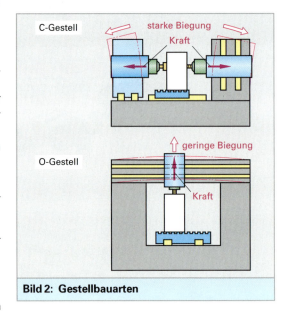

Bild 2: Gestellbauarten

• Thermisches Verhalten (thermischer Ausdehnungskoeffizient, Wärmeleitfähigkeit, Wärmeübergangszahl, thermoelastisches Verhalten **(Bild 1, Seite 308)**.

Die wichtigsten Werkstoffe für Gestelle sind Stahl, Grauguss und Reaktionsharzbeton.

Bei Verwendung von **Grauguss** erhält man eine große Gestaltungsfreiheit für komplizierte Teile, unterschiedliche Wandstärken und variablen Querschnittsformen. Hierbei ist ein Gussmodell erforderlich, weshalb die Wirtschaftlichkeit von den Stückzahlen abhängt. Die Gießkosten sind kalkulierbar nach benötigtem Materialvolumen und Anzahl der erforderlichen Kerne.

Grauguss-Gestelle sind gut zerspanbar, jedoch sind im Allgemeinen größere Bearbeitungszugaben erforderlich. Das Reibungs- und Verschleißverhalten ist schlechter als bei Stahl, diesem kann durch Härten etwas gegengesteuert werden. Dagegen hat der Grauguss eine höhere Werkstoffdämpfung als Stahl. Nachteilig hingegen wirken sich die Gussspannungen und der geringe E-Modul aus.

Stahlgestelle sind meistens Schweißkonstruktionen, seltener aus Stahlguss. Bei den Schweißkonstruktionen hat man eine geringere Gestaltungsfreiheit durch Verwendung von Standardblechen oder Standardprofilen und starke Einschränkungen wegen der Schweißbarkeit. Dafür sind nur einfache Hilfsvorrichtungen bei der Montage erforderlich, somit sind auch kürzere Produktionsdurchlaufzeiten möglich. Stahlkonstruktionen werden besonders für Sondermaschinen und Einzelkonstruktionen verwendet. Die geringere Werkstoffdämpfung im Vergleich zum Grauguss kann z. T. durch höhere Dämpfung in den Schweißnähten kompensiert werden.

Der **Mineralguss (Bild 1)** hat als Bestandteile mineralische Zuschlagstoffe (Gesteinsarten wie Granit, Quarzit, Basalt), welche durch Reaktionsharze wie Methacrylatharze, Epoxidharze oder ungesättigte Polyesterharze gebunden werden. Es ergeben sich in Abhängigkeit der unterschiedlichsten Kombinationen von Zuschlagstoffen und Bindemitteln auch unterschiedliche Verarbeitungseigenschaften des Betons. Angestrebt wird eine hohe Fließfähigkeit, geringe Aushärtungszeit sowie eine geringe Volumenschwindung. Durch einen kleinen Bindemittelanteil steigert sich der E-Modul **(Tabelle 1)**.

Mineralguss ist ungeeignet als Werkstoff für Führungsleisten. Deshalb müssen Führungsleisten aus Stahl eingegossen, aufgeklebt oder verschraubt werden. Die Werkstoffdämpfung ist höher als bei Grauguss und er besitzt eine niedrige Wärmeleitfähigkeit sowie eine hohe Wärmekapazität. Die Bauteile werden massiv ausgegossen, was einen geringen konstruktiven Aufwand beinhaltet. Nachteilig ist die teure Entsorgung von Reaktionsharzbetongestellen.

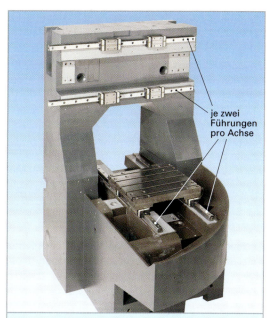

je zwei Führungen pro Achse

Bild 1: Mineralguss-Gestell einer Fräsmaschine

Tabelle 1: Eigenschaften der Gestellwerkstoffe			
Eigenschaft	Stahl	Grauguss	Mineralguss
Druckfestigkeit [N/mm^2]	250–1200	600–100	140–170
Zug-/Biegefestigkeit [N/mm^2]	400–1600	150–400	25–40
F-Modul (Druck) [kN/mm^2]	210	80–120	30–40
Wärmeleitfähigkeit [w/mK]	50	50	1,3–2,0
therm. Ausdehnungskoeff. 10^{-6}/K	12	10	12–20
Dichte [g/cm^3]	7,85	7,15	2,1–2,4
Dämpfung (log. Dekr.)	0,002	0,003	0,02–0,03

Gestellverformungen werden hervorgerufen durch:

- **statische Kräfte:** Gewichtskräfte, Wirkkräfte, Spannkräfte, Klemmkräfte, Reibungskräfte,
- **dynamische Kräfte:** Unwuchten, Wirkkräfte, Getriebe, Trägheitskräfte,
- **thermische Einflüsse:** Lagererwärmung, Erwärmung durch Hydraulik, Wärme in Spänen, Getriebeverluste, externe Wärmequellen **(Bild 1, folgende Seite)**,
- **Auslösen von Eigenspannungen:** Schweißspannungen, Gussspannungen, Bearbeitungsspannungen, Härtespannungen.

Die Analyse des Kraftflusses liefert wichtige Erkenntnisse über die Beanspruchung der Bauelemente **(Bild 2)**.

An *Fugen* können Verformungen besonderer Art auftreten. Fügestellen müssen deshalb nach Möglichkeit unter Druckspannungen stehen (z. B. durch Verschraubung). *Rippen* verringern das seitliche Aufklaffen.

Noch besser ist es, den Kraftangriffspunkt in die Ebene der Schrauben zu verlagern, so dass keine Biegebeanspruchung entsteht. Hochbelastete Maschinenteile sollten auf Zug/Druck beansprucht werden, nicht auf Biegung, da sich bei Zug/Druck die Spannungen gleichmäßiger verteilen, als bei einer Biegebeanspruchung **(Bild 3)**.

Da Biegung und Torsion nie vollständig vermieden werden können, gelten für derart beanspruchte Bauteile folgende Gestaltungshinweise:

- Erhöhung der Biegesteifigkeit durch Massekonzentration in möglichst weiter Entfernung von der Biegeachse (I-Träger),
- hohe Torsionssteifigkeit durch geschlossene Querschnitte,
- Aussteifungen durch Verrippung **(Bild 4)**.

Bei der dynamischen Beanspruchung des Werkzeugmaschinen-Gestells erkennt man, dass die Schwachstellen bezüglich der statischen Steifigkeit auch dynamische Schwachstellen sind. Von zusätzlicher Relevanz sind Massen- und Dämpfungswirkung.

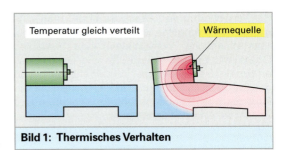

Bild 1: Thermisches Verhalten

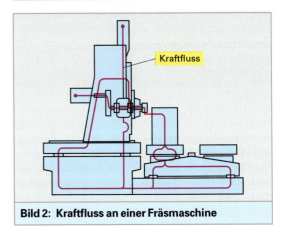

Bild 2: Kraftfluss an einer Fräsmaschine

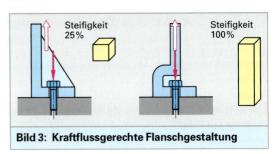

Bild 3: Kraftflussgerechte Flanschgestaltung

Verbesserung des dynamischen Verhaltens

Eine Verbesserung des dynamischen Verhaltens erhält man durch:

- geringe Massen an Stellen hoher Schwingungsamplituden (Leichtbau, leichte Werkstoffe),
- hohe statische Steifigkeit in Bereichen starker Deformationen (hohe Wandstärke, starke Verrippung),
- hohe Dämpfung in Bereichen großer Relativbewegungen (z. B. Zwischenmedien in Fügestellen):
  - Werkstoffdämpfung gering im Vergleich zu Fügestellendämpfung
  - gezielte Beeinflussung der Fügestellendämpfung schwierig
  - Erhöhung der Dämpfung durch aktive oder passive Zusatzsysteme (z. B. Hilfsmassendämpfer) möglich.

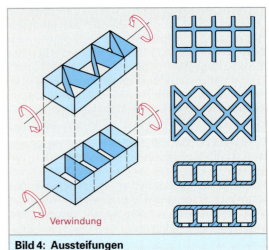

Bild 4: Aussteifungen

Schwingungen an Werkzeugmaschinen werden durch *Fremderregung* oder durch *Selbsterregung* erzeugt.

Schwingungen durch Fremderregung:

• über das Fundament eingeleitete Störkräfte
• Unwuchten, Zahneingriffe, Lagerfehler,
• Messereingriffstöße.

Schwingungen durch Selbsterregung:

• Aufbauschneiden,
• Lagekopplung,
• Regenerationseffekt.

Fremderregte Schwingungen sind oft unvermeidbar. Daher muss dafür gesorgt werden, dass die Eigenfrequenz der Werkzeugmaschine nicht getroffen wird. Bei den fremderregten Schwingungen unterscheidet man impuls- oder stoßförmige Anregungen (durch Schnittkräfte oder Umformkräfte, z. B. beim Hämmern oder beim Zerspanen mit unterbrochenem Schnitt).

Das gemessene dynamische Verhalten einer WZM (**Bild 1**) wird durch den Frequenzgang, bestehend aus Amplitudengang und Phasengang beschrieben. Die Dämpfung von Schwingungen kann durch die Materialwahl und durch die Gestaltung der Maschine beeinflusst werden (**Bild 2**).

Bei der Spanabnahme wird die Spantiefe Δx im linken Fall vergrößert und damit auch die Schwingungsamplitude. Im rechten Fall ist dies umgekehrt. Hier spielt die Fugendämpfung eine wichtige Rolle. Das Dämpfungsmaß ist bei Mineralguss bis zu 16mal größer als bei Grauguss und bis zu 100mal größer als bei Stahl.

Die Fugendämpfung wird durch fünf Faktoren beeinflußt:

• geometrische Gestalt der Fuge,
• Oberflächenbeschaffenheit,
• Kontaktbedingungen,
• Größe der Flächenpressung,
• Medium zwischen den Fügeflächen.

Eine weitere Möglichkeit zur Dämpfung bieten Scheuerleisten oder geschweißte Konstruktionen. Durch eine gute Konstruktion kann Stahl ein besseres Dämpfungsverhalten erlangen als Guss evtl. sogar besser als Beton. Dabei tritt das Phänomen auf, dass eine gute statische Steifigkeit (durch gute Oberflächen gut gefügt) zu schlechten dynamischen Eigenschaften führt. Auch der Einsatz der Werkzeugmaschine ist von Bedeutung: beim Schleifen zählen eher die statischen Aspekte, beim Fräsen die dynamischen.

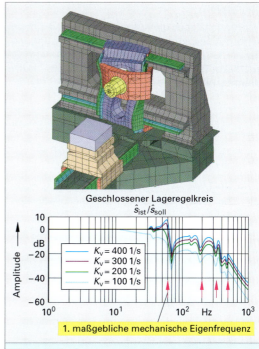

Bild 1: Schwingungsverhalten einer WZM

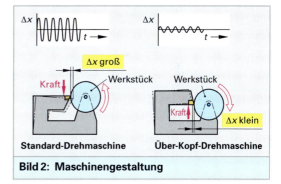

Bild 2: Maschinengestaltung

Konstruktive Maßnahmen gegen Schwingungen:

• Steifen Leichtbau: Steifigkeit c groß, Masse m klein, daher Eigenfrequenz hoch; die Anregungen liegen i. A. nicht über 100 Hz,

• Weicher Schwerbau (nur bei bekannten Eigenfrequenzen): c klein, m groß; die erste Eigenfrequenz wird klein, über sie muss schnell hinweggefahren werden (Gefahr von Resonanzschwingungen),

• Zusatzmassen.

Führungen

Führungen haben die Aufgabe Hauptbewegungen, Vorschubbewegungen und Zustellbewegungen zu gewährleisten sowie die Bearbeitungskräfte, Gewichtskräfte und Beschleunigungskräfte aufzunehmen **(Bild 1)**.

An die Führungen stellt man folgende Anforderungen:

• hohe Führungsgenauigkeit über die gesamte Betriebsdauer,
• günstige Herstellkosten und Betriebskosten,
• geringe Haftreibung, Gleitreibung und Verschleiß,
• hohe statische, dynamische und thermische Steifigkeit,
• geringes Führungsspiel,
• hohe Dämpfung in Tragrichtung und in Verfahrrichtung,
• kein mechanisches und thermisches Verklemmen.

Bild 1: Einteilung der Führungen

Führungsbahngeometrien von Gleitführungen

Flachführungen sind einfach zu bearbeiten. Sie sind geeignet für hohe Kräfte und benötigen einen kleinen Bauraum **(Bild 2)**.

V-Führungen und **Dachprismenführungen** sind in der Fertigung aufwendiger. Sie haben eine höhere Reibung, da die Zerlegung der Kraft in Tragrichtung Anteile liefert, die insgesamt höher sind. Dagegen stellen sie sich in gewissen Grenzen selber nach. Die Kombination von V-Führungen oder Dachprismenführungen mit Flachführung ergibt eine statisch bestimmte Anordnung. Die Dachprismenführung ist günstig für das Abgleiten von Schmutz und Spänen.

Schwalbenschwanzführungen benötigen nur einen kleinen Bauraum, der Fertigungsaufwand ist jedoch höher. Bei dieser Konstruktion ist mit nur vier Führungsflächen eine allseitige Kraftaufnahme möglich.

Rundführungen sind für eine Feinbearbeitung fertigungstechnisch günstig, da Außenrundschleifen einfach möglich ist. Bei zwei oder mehr Führungssäulen sind diese statisch überstimmt. Rundführungen sind für allseitigen Kraftangriff geeignet. Bei nur einer Führungssäule können zwei Freiheitsgrade realisiert werden.

Die Gefahr des thermischen oder des mechanischen Klemmens kann durch die Gestaltung der Führung als Schmalführung vermindert werden. Hierbei wird die gesamte Seitenführung von einer Bettseite übernommen **(Bild 3)**.

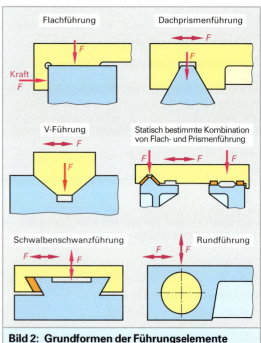

Bild 2: Grundformen der Führungselemente

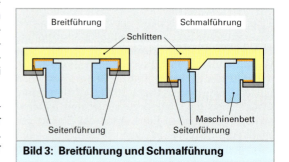

Bild 3: Breitführung und Schmalführung

Hydrodynamische Gleitführungen

Hydrodynamische Gleitführungen zeichnen sich durch folgende Eigenschaften aus:

- geringe Herstellkosten und Betriebskosten,
- hohe Genauigkeit,
- gute Dämpfungseigenschaften,
- gutes Reibungsverhalten bei Kunststoffbeschichtung,
- grösserer Verschleiß und größerer Gleitreibungswiderstand als Wälzführungen.

Funktionsprinzip: In einem keilförmigen Schmierspalt erfolgt bei Relativbewegung die Mitnahme eines haftenden Schmierfilms. Es baut sich der Schmierdruck in dem sich verjüngenden Schmierspalt auf. In Abhängigkeit von der Gleitgeschwindigkeit existieren verschiedene Reibungszustände, die die charakteristische Form der *Stribeck*[1]-Kurve (**Bild 1**) verursachen. Bei keiner Relativbewegung besteht *Haftreibung.* Diese verändert sich dann bei geringer Gleitgeschwindigkeit zu einer *Festkörperreibung* ohne Schmierfilm und bei zunehmender Gleitgeschwindigkeit bewegt man sich in *Mischreibung* mit zunehmendem hydrodynamischen und abnehmenden Festkörper-Tragantteil. Erst bei höheren Geschwindigkeiten herrscht *Flüssigkeitsreibung* vor (**Tabelle 1**).

Bei Führungen kann ein *Stick-Slip-Effekt* bei geringen Vorschubgeschwindigkeiten auftreten. Dies zeigt sich an ungleichförmigen, periodischen Bewegungen des Schlittens in den Bereichen der *Stribeck*-Kurve mit negativer Steigung. Beim Anlegen einer Vorschubkraft verspannen sich die elastischen Teile des Vorschubsystems bis zur Überwindung der Haftreibung. Anschließend erfolgt ein Losreißen des Schlittens und dabei ein Abfallen der Reibkraft entsprechend der fallenden Stribeck-Kurve. Die elastischen Teile des Vorschubsystems werden dabei wieder entspannt und verzögern den Schlitten. Dadurch kommt es zu einem erneuten Stillstand des Schlittens, so dass wieder Haftreibungsbedingungen vorliegen und der Zyklus wieder von vorne beginnt (**Bild 2**).

Der Stick-Slip-Effekt[2] kann vermieden werden durch

- hohe Steifigkeit und kleine bewegte Massen,
- erhöhte Dämpfung im Vorschubsystem und in der Führung,
- Verwendung geeigneter Führungsbahnwerkstoffe,
- durch Anbringen von Riefen quer zur Bewegungsrichtungrichtung,
- Einsatz hochviskoser Schmierstoffe.

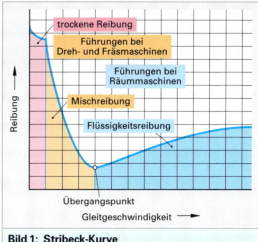

Bild 1: Stribeck-Kurve

Tabelle 1: Hydrodynamische Gleitlager

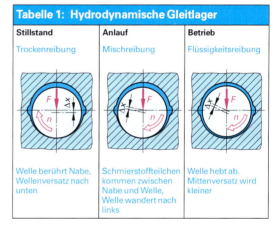

Stillstand	Anlauf	Betrieb
Trockenreibung	Mischreibung	Flüssigkeitsreibung
Welle berührt Nabe, Wellenversatz nach unten	Schmierstoffteilchen kommen zwischen Nabe und Welle, Welle wandert nach links	Welle hebt ab. Mittenversatz wird kleiner

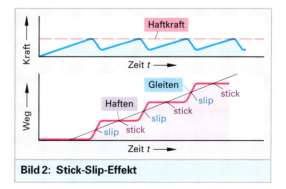

Bild 2: Stick-Slip-Effekt

---

[1] benannt nach *Richard Stribeck,* (1861–1950), Prof. in München
[2] engl. to stick = stoßen, to slip = gleiten

Aerostatische Führungen. Luftführungen arbeiten analog zu hydrostatischen Führungen nach dem aerostatischen Prinzip mit dem Trennmedium Luft zwischen den Gleitflächen. Auch hier wird eine Pumpe benötigt. Hinzu kommt ein Drosselventil (Blende, Kapillare, Düse) je Tasche. Aerostatische Taschen haben meist sehr kleine Abmessungen, um stark federnde Luftpolster in den Taschen zu vermeiden **(Bild 1)**. Vorteilhaft ist, dass Luft überall verfügbar ist. Dabei ist die Luft chemisch relativ inert, die umliegenden Maschinenteile werden nicht verschmutzt, und eine Rückführeinrichtung bzw. Abdichtung nach außen ist nicht notwendig. Auch die dynamische Viskosität der Luft ist sehr temperaturstabil. In **Tabelle 1** rechts, sind die Eigenschaften der verschiedenen Führungsprinzipien gegenübergestellt.

Antriebe

Es gibt Hauptantriebe, Vorschubantriebe und Nebenantriebe an Werkzeugmaschinen. Die Antriebsprinzipien sind elektrisch, hydraulisch oder pneumatisch. Es gibt auch davon Mischformen, wie z. B. elektrohydraulische und hydropneumatische Antriebe. Die *Hauptbewegungen* erfordern hohe Geschwindigkeiten und hohe Kräfte und sind während des Wirkprozesses zu erbringen **(Bild 2)**. *Vorschubbewegungen* sind bei gleichen Kräften aufzubringen, aber bei wesentlich geringerer Geschwindigkeit, erfordern also eine geringere Leistung während des Wirkprozesses. *Stellbewegungen* sind während des Wirkprozesses nicht relevant, obwohl auch sie sehr hohe Beschleunigungen erfordern können.

Vorschubantriebe dienen dem Umsetzen der Bewegungsanweisungen/Führungsgrößen in Vorschubbewegungen einer oder mehrerer Maschinenschlitten, damit die geforderte Werkstückgeometrie entsteht. Elektrische Antriebe sind im Werkzeugmaschinenbau dominierend, da sie ein stetiges Ansteuern des gesamten Geschwindigkeitsbereichs von Vorschub- bis Eilganggeschwindigkeit ermöglichen.

Es werden folgende Anforderungen gestellt:
- verzerrungsfreie Signalübertragung,
- schwingungsfreier Übergang in Positionen,
- hohe Steifigkeit und hohe Dynamik,
- spielfrei, keine Umkehrspanne,
- verzögerungsfreie Ausführung von Führungsgrößenänderungen,
- Ausregeln von Störgrößen,
- Gleiches Übertragungsverhalten aller Achsen.

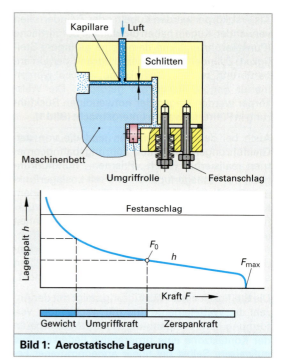

Bild 1: Aerostatische Lagerung

Tabelle 1: Eigenschaften von Führungen

Merkmale	Prinzip			
	hydrodynamisch	wälzend	hydrostatisch	aerostatisch
Steifigkeit	+++	++	+++	+
Betriebssicherheit	+++	+++	++	++
Standardisierungsgrad	+	+++	+	+
Tragfähigkeit	+++	+++	+++	+
Dämpfung	+++	+	+++	+++
Leichtgängigkeit	+	++	+++	+++
Verschleißfestigkeit	+	++	+++	+++
Stick-Slip-Freiheit	++	+++	+++	+++
Geschwindigkeitsbereich	++	+++	+++	+++
Kosten	+	++	+++	+++
Bauaufwand	+++	+++	+++	+

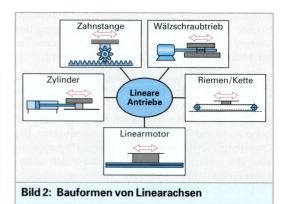

Bild 2: Bauformen von Linearachsen

Elektrischer Wälzschraubtrieb. Der Wälzschraubtrieb mit einem Elektromotor wird häufig als Vorschubantrieb eingesetzt **(Bild 1)**. Es wird meist ein Drehstromasynchronmotor (AC-Motor) verwendet. Bei kleineren Leistungen werden auch Schrittmotoren eingesetzt. Die Umsetzung der Drehbewegung in eine Linearbewegung erfolgt über einen Kugelgewindetrieb. Hierbei muss die Lagerung der Spindel spielfrei vorgespannt sein.

Die Kugelumlaufmutter ist häufig zweigeteilt, so dass auch diese vorgespannt werden kann. Somit wird erreicht, dass hierdurch keine Lose bzw. Umkehrspanne entsteht. Zusätzlich wirkt sich die elastische Nachgiebigkeit des Gesamtsystems bei wechselnder Belastung wie eine Umkehrspanne aus.

Dies ergibt beim Bahnfahren (z. B. Kreisbahn) kleine Ungenauigkeiten in der Geometrie. Die Position des Schlittens wird mit einem Wegmesssystem erfasst (Bild 1).

Hydraulische Linearachse. Hydraulische Antriebe sind als Achsen gut geeignet. Sie verkörpern für spanende Werkzeugmaschinen hinsichtlich der Bewegungsgleichförmigkeit und der Positioniergenauigkeit eine der anspruchsvollsten Lösungen **(Bild 2)**. Auf Grund der geringen bewegten Massen im Vergleich zu einem Elektromotor können sehr dynamische Vorschubantriebe gebaut werden.

Die vorliegenden Eigenfrequenzverhältnisse an Servoventilen und der Vorschubeinheit gestatten es, einen einschleifigen Regelkreis zu verwenden **(Bild 3)**. Es werden am Markt kompakte fertige Servozylindereinheiten mit integrierten Wegmesssystemen angeboten (Bild 2).

Diese Einheiten können direkt an CNC-Steuerungen angekoppelt werden. Optimale Steifigkeitsverhältnisse können dann erreicht werden, wenn der Hydraulikzylinder beidseitig eingespannt ist. Dies wird bei Stetigventilen dadurch erreicht, dass die Steuerkanten so gestaltet sind, dass diese jeweils als Drosseln wirken.

Durch die Gestaltung der verschiedenen Ventilpositionen können mit einem Ventil viele Geschwindigkeiten optimal gefahren werden. Das Ventil verwendet zum schnellen Einfahren des Kolbens die Ölrückführung, also eine Umströmungsschaltung. Es können somit sehr große Einfahrgeschwindigkeiten erreicht werden. Schaltungen dieses Typs können sowohl gesteuert als auch im geschlossenen Regelkreis betrieben werden.

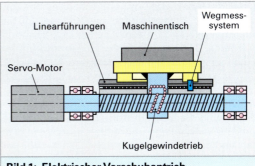

Bild 1: Elektrischer Vorschubantrieb

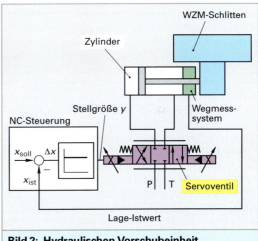

Bild 2: Hydraulischen Vorschubeinheit

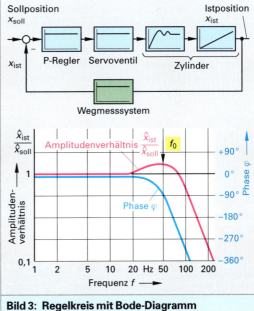

Bild 3: Regelkreis mit Bode-Diagramm

Lineardirektantriebe. Im Vergleich zu einem konventionellen Spindelantrieb benötigt der Linearmotorantrieb keine mechanischen Übersetzungselemente. Dadurch besitzt der Linearmotorantrieb einen sehr einfachen mechanischen Aufbau (**Bild 1**). Die von den mechanischen Übersetzungselementen bekannten Nachteile, wie zusätzliche Trägheitsmassen, Elastizitäten, Nichtlinearitäten wie Spiel- und Reibungsumkehrspannen sowie begrenzte Verfahrwege und Verfahrgeschwindigkeiten sind bei Linearmotorantrieben nicht mehr vorhanden. Als verschleißbehaftetes Element bleiben nur noch die Führungen.

Ein Linearmotor besteht aus einem Primärteil und einem Sekundärteil. In Analogie zum rotatorischen Motor wird für das Primärteil häufig der Begriff Stator verwendet. Als Sekundärteil wird dasjenige Element bezeichnet, in welchem sich die Permanentmagnete bzw. bei Asynchronmotoren das Reaktionsteil befindet. Um eine Relativbewegung zwischen Primär- und Sekundärteil zu ermöglichen, muss eines der beiden Elemente entsprechend verlängert werden. Dabei wird zwischen Langstatormotor und Kurzstatormotor unterschieden. Beim Langstatormotor sind die Statorwicklungen über die gesamte Länge des Motors verteilt. Dabei bedeckt das kürzere Sekundärteil nur den kleinen Teil der Länge des Stators.

Dagegen ist beim Kurzstatormotor das Primärteil kürzer als das Sekundärteil. Der gesamte Stator ist hierbei an der Kraftbildung beteiligt. Bei einer konventionellen Antriebsanordnung (siehe Bild 1, vorhergehende Seite) müssen die Schlittenführungen die gesamte Anzugskraft aufnehmen. Der Schlitten unterliegt dabei einer Biegeverformung gemäß dieser Kraft. Er muss dementsprechend steif gebaut werden. Die Führungen müssen vor allem für diesen konstanten Kraftanteil sowie für äußere Kräfte auf Steifigkeit und hohe Genauigkeit ausgelegt werden.

Bei einem zweifach kraftgefesselten System (**Bild 2**) weist das Bett ein geschlossenes Profil auf, welches die Biege- und Torsionssteifigkeit erheblich erhöht. Die Belastung der Führungen und der Schlitten erfolgt jeweils mit Kraftkomponenten entsprechend der Schräglage. Diese Konstruktion ist besonders geeignet für eine Modulbauweise in Tragwerkskonstruktionen. Mit dieser Konstruktion lassen sich Geschwindigkeitsverstärkungsfaktoren des Lageregelkreises von $K_v > 1000\,\text{s}^{-1}$ realisieren. Dies ist die Voraussetzung für hohe Positioniergenauigkeiten und eine hohe Gleichlaufgüte bei einem hochdynamischen Antrieb.

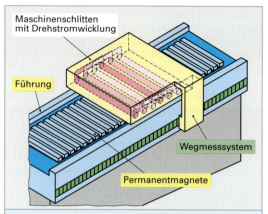

Bild 1: Prinzip eines Lineardirektantriebes

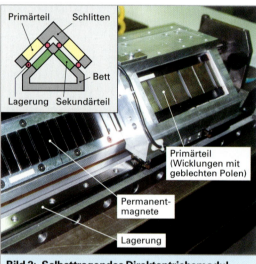

Bild 2: Selbsttragendes Direktantriebsmodul

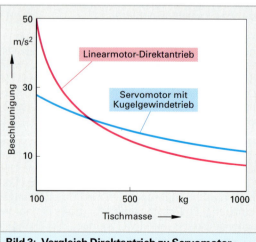

Bild 3: Vergleich Direktantrieb zu Servomotor

Bei kleineren bewegten Massen werden bei Lineardirektantrieben wesentlich höhere Beschleunigungen erreicht gegnüber konventionellen Servomotoren **(Bild 3, vorhergehende Seite)**.

Hauptspindel. Bei Fräsmaschinen ist die Hauptspindel Träger des Werkzeugs und führt durch die Drehbewegung die Hauptschnittbewegung aus. Trotz hoher Anforderung an die Genauigkeit und die statische und dynamische Steifigkeit muss eine kostengünstige und fertigungsgerechte Konstruktion angestrebt werden. Eine Möglichkeit ist, nach dem Motor ein Vorgelegegetriebe zu schalten. Dieses wird von der CNC-Steuerung angesteuert. Damit wird erreicht, dass der Antriebsmotor, besonders bei schwerer Zerspanung, im optimalen Drehmomentbereich läuft **(Bild 1)**. Die Spindel wird über einen schwingungsdämpfenden Riementrieb angetrieben. Durch Einstellen der Lager wird eine spielfreie Lagerung der Spindel erreicht. Wegen des hohen Wirkungsgrades haben sich Wälzlager weitgehend durchgesetzt. Oft wird der Motor in die Spindel integriert **(Bild 2)** und auf ein Getriebe verzichtet. Das Werkzeugspannsystem wird durch den ganze Spindel geführt. Am Ende wird die hydraulische Werkzeugspanneinheit montiert. Es gibt Sensoren zur Überwachung u. a. des Werkzeugspannsystems, von Vibrationen der Lagertemperatur und von Spindelverlagerungen. Die Überwachung erfolgt dann durch die CNC-Steuerung.

Hochgeschwindigkeitsspindeln. Moderne Schneidstoffe ermöglichen sehr hohe Schnittgeschwindigkeiten, so dass Drehzahlen bis 60 000 min^{-1} und Antriebsleistungen bis 50 kW notwendig werden.

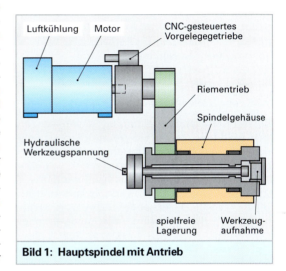

Bild 1: Hauptspindel mit Antrieb

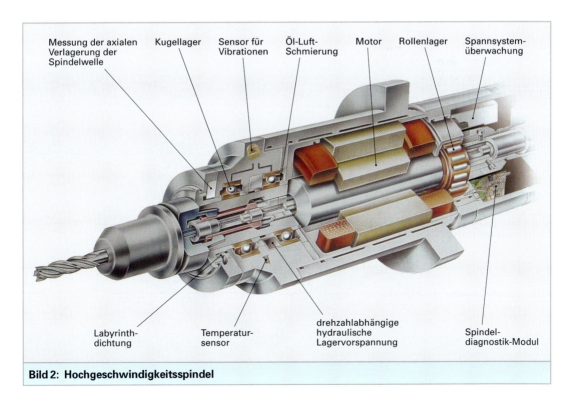

Bild 2: Hochgeschwindigkeitsspindel

Dies stellt an die Spindeln besondere Anforderungen:

- drehzahlabhängige hydraulische Vorspannung der Lager,
- Öl-Luft-Schmierung
- Überwachung der Vibrationen,
- Kühlung der Spindel und Überwachung der Temperatur,
- Überwachung der Werkzeugspannung.

Einige Hersteller integrieren ein Datenaufzeichnungssystem, bei dem alle Betriebsdaten bis zu 10 Jahre gespeichert werden.

Es werden folgende Anforderungen an Werkzeugwechselsysteme gestellt:

- Kurze Wechselzeiten: Als Wechselzeit wird Span-zu-Span-Zeit verstanden. Das Werkzeugwechselsystem kann schon während der Hauptschnittzeit das neue Werkzeug mit dem Doppelgreifer aus dem Werkzeugspeicher holen, so dass in sehr kurzer Zeit (ca. 1 Sekunde) das Werkzeug getauscht werden kann.
- Sichere Werkzeughandhabung: Es wird eine sicherer Positionierung und auch Fixierung des Werkzeugs verlangt.
- Genaue Positionierung des Werkzeugs im Werkzeugträger,
- Wirtschaftlichkeit des Wechselsystems.

Werkzeugwechselsysteme

Bei der Komplettbearbeitung auf einem Fräszentrum **(Bild 1)** werden für ein Werkstück verschiedene Werkzeuge benötigt. Um ohne manuellen Eingriff des Bedienpersonals auszukommen, müssen die Werkzeuge vorgehalten und automatisch ausgewechselt werden. Hierzu verschiedene Möglichkeiten **(Tabelle 1, folgende Seite)**. Das zuletzt benutzte Werkzeug muss aus der Spindel entnommen werden und in das Werkzeugmagazin abgelegt werden. Das Nachfolgewerkzeug wird aus dem Magazin entnommen und in die Spindel eingesetzt. **Bild 2** zeigt ein einfaches Werkzeugwechselsystem.

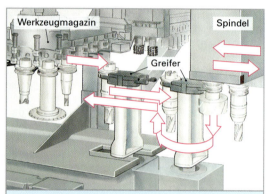

Bild 2: Fräsmaschine mit Werkzeugwechsler

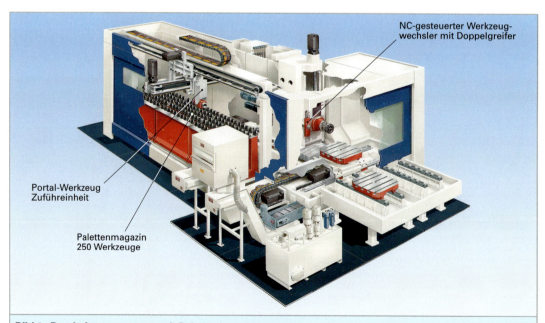

Bild 1: Bearbeitungszentrum mit Palettenmagazin

Tabelle 1: Werkzeugmagazine und Werkzeugwechsel

	Werkzeugmagazin					
Bauform	bewegliche Werkzeugplätze			feststehende Werkzeugplätze		
	Scheibe	Kette	Trommel	Leiste	Palette	Regal
Anbringungsort	neben der Maschine		am Bett	am Ständer	am Spindelkasten	
Werkzeugfügeeinrichtung	parallel zur Magazinachse			senkrecht zur Magazinachse		
	Werkzeugwechseleinrichtung					
Wechselprinzip	Greifer mit Hub- und Schwenkachse		Greifer und Übergabe- bzw. Zubringeeinheit		Ohne Zusatzeinrichtung (Pick up)	
Greiferbauform	ein Einarmgreifer		mehrere Einarmgreifer		Doppelarmgreifer	
					gerade	abgewinkelt
Anbringungsort	am Magazin		am Ständer	am Spindelkasten		
Greiferstellung	direkt am arbeitenden Werkzeug			Parkstellung während der Bearbeitung		

Werkzeugidentifizierung. Die Identifizierung der Werkzeuge erfolgt entweder über feste Nummern am Werkzeugmagazin oder über einen Speicherchip auf dem Werkzeug. Dann kann das Werkzeug an einem beliebigen Platz sein. Der Speicherchip beinhaltet alle für das Werkzeug relevante Daten sowie die Historie des Werkzeugs, z. B. die aktuelle Nutzungszeit **(Bild 1)**.

Werkstückorganisation. Bei der automatisierten bedienerlosen Fertigung muss die Fertigungszelle automatisch mit mehreren Werkstücken versorgt werden. Hier werden Werkstückwechselsysteme eingesetzt mit Paletten. **Bild 2** zeigt einen linienförmigen Mehrpalettenspeicher. Bei größeren Anlagen befindet sich z. B. an jeder Maschine eine Palettentausch-Station. Hierbei ist immer schon das nächste Rohteil in Wartestellung. Der Transportwagen bedient nun, über die CNC-Steuerung angesteuert, mehrere Maschinen. Die Paletten sind z. B. auch mit Schreib-Lese-Datenspeichern versehen **(Bild 3)**.

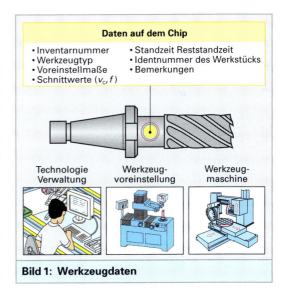

Daten auf dem Chip

- Inventarnummer
- Werkzeugtyp
- Voreinstellmaße
- Schnittwerte (v_c, f)
- Standzeit Reststandzeit
- Identnummer des Werkstücks
- Bemerkungen

Technologie Verwaltung — Werkzeugvoreinstellung — Werkzeugmaschine

Bild 1: Werkzeugdaten

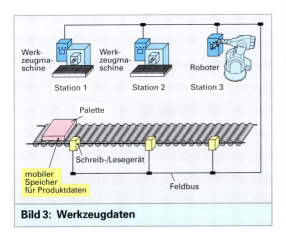

Werkzeugmaschine — Werkzeugmaschine — Roboter
Station 1 — Station 2 — Station 3
Palette
Schreib-/Lesegerät
mobiler Speicher für Produktdaten
Feldbus

Bild 3: Werkzeugdaten

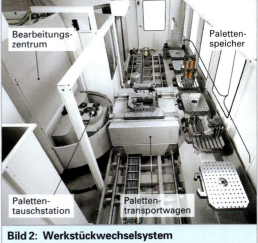

Bearbeitungszentrum — Palettenspeicher
Palettentauschstation — Palettentransportwagen

Bild 2: Werkstückwechselsystem

2.6.18.2 Drehmaschinen

Drehmaschinen sind Werkzeugmaschinen, auf denen hauptsächlich rotationssymmetrische Werkstücke bearbeitet werden. Die Schnittbewegung wird dabei in der Regel durch Rotation des Werkstücks erzeugt. Drehmaschinen sind vielfach mit Zusatzfunktionen ausgerüstet, mit denen auch fräsende und bohrende Bearbeitungsoperationen parallel, senkrecht oder in beliebigen Winkeln zur Werkstückachse durchgeführt werden können. Die verschiedenen Arten der Drehmaschinen unterscheiden sich vor allem in der relativen Lage der Werkstückachse (waagrecht/senkrecht). Dabei ist der Aufbau des Maschinenbettes sowie die Lage der Spindel ein wichtiges Klassifizierungskriterium (**Bild 1**).

Einfache Drehmaschinen werden meist als horizontale Flachbett-Drehmaschinen ausgeführt. Diese Bauart ermöglicht hohe Maschinensteifigkeiten. Die Schrägbettbauweise ermöglicht eine gute Bedienung der Maschine. Alle Baugruppen sind gut erreichbar. Diese Bauart ermöglicht einen schnellen Abtransport der Späne und des Kühlschmiermittels, so dass die Gefahr einer thermischen Verformung des Maschinenbettes gegenüber anderen Bauformen nicht so groß ist.

Drehmaschinen dieser Bauart werden häufig mit einer Gegenspindel ausgestattet. Damit kann eine Komplettbearbeitung von Werkstücken durchgeführt werden. Außerdem ist der Werkzeugrevolver

mit angetriebenen Werkzeugen ausgestattet, so dass Bohr und Fräsoperationen durchgeführt werden können. Hierbei muss die Hauptspindel als CNC-Achse ausgeführt sein und damit positionierbar sein (C-Achse). Oft wird für die Gegenspindel ein zweiter Werkzeugrevolver montiert, so dass beide Spindeln unabhängig voneinander Werkstücke bearbeiten können (**Bild 2**). Es können natürlich auch beide Werkzeugrevolver an einem Werkstück gleichzeitig arbeiten. Die zweite Spindel wird dann solange zurückgefahren.

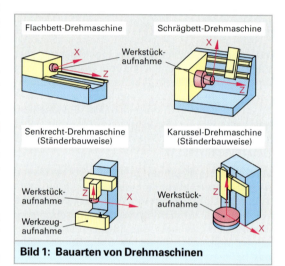

Bild 1: Bauarten von Drehmaschinen

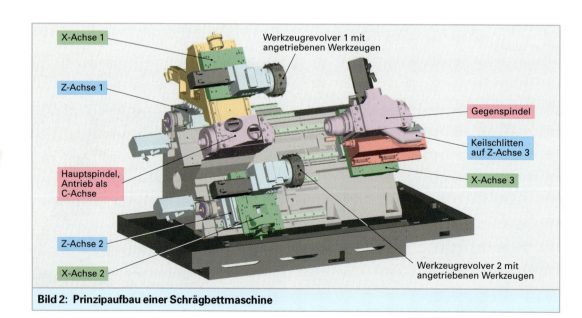

Bild 2: Prinzipaufbau einer Schrägbettmaschine

Senkrechtdrehmaschinen

Das **Bild 1** zeigt eine moderne Bauart einer Senk-rechtdrehmaschine. Hierbei führt das Spannfutter mit Werkstück sowohl die Drehbewegungen als auch Bewegungen in X-Y-Z aus. Es werden Eil-ganggeschwindigkeiten bis zu 60 m/min erreicht. Die frei verfahrbare Motorspindel bringt das Werk-stück in kürzester Zeit vom Zuführband zu den Be-arbeitungsstationen. Die Werkzeuge sind in ste-hender Ordnung fest eingebaut, ebenfalls die angetriebenen Werkzeuge zum Bohren, Fräsen, Laserschweißen und Schleifen.

Doppelspindlige Drehmaschinen

In der Großserienproduktion werden auch *doppel-spindlige* Drehmaschinen eingesetzt. Ausgehend von der Erfahrung, dass die meisten Futterdrehtei-le beidseitig bearbeitet werden müssen, sind diese Maschinen mit zwei senkrecht stehenden Spindeln ausgerüstet (**Bild 2**). Die linke Spindel ist in der X-Achse und in der Z-Achse beweglich. Damit kann diese Spindel die Rohteile vom Zuführband holen. Der dazugehörige Werkzeugrevolver ist festste-hend. Nach der Bearbeitung übergibt die Motor-spindel das Teil direkt auf die stationäre Spindel. Der dazugehörende Werkzeugrevolver kann in X-Richtung und in Z-Richtung verfahren und die Bearbeitung durchführen. Ein Werkzeugplatz ist mit einem Greifersystem besetzt. Mit diesem kann das fertige Teil auf das Transportband gelegt wer-den. Somit entfallen Wendestationen, Zwischen-puffer und Ladesysteme.

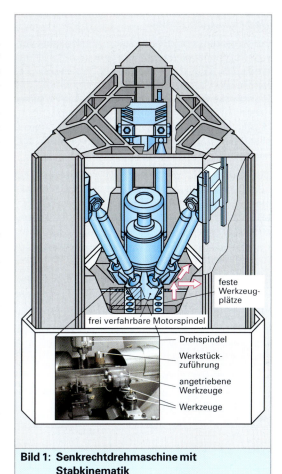

feste Werkzeug-plätze

frei verfahrbare Motorspindel

Drehspindel

Werkstück-zuführung

angetriebene Werkzeuge

Werkzeuge

Bild 1: Senkrechtdrehmaschine mit Stabkinematik

pneumatischer Gewichtsausgleich

2. Werkzeugrevolver (X–Z-verfahrbar)

Werkstück-zuführung

2. senkrechte Drehspindel (stationär)

1. Werkzeugrevolver (stationär)

1. senkrechte Drehspindel (X–Z-verfahrbar)

Bild 2: Drehmaschine mit senkrecht stehenden Spindeln

Werkstückspannmittel

Die Werkstücke müssen sicher und möglichst ver-
zugsfrei gespannt werden. Die Spannkraft darf das
Werkstück nicht stärker verformen, als es die Toleranzen des Fertigteils zulassen. Die Spannung des
Werkstücks wird bei Drehmaschinen mit verschiedenen Arten von Spannfuttern vorgenommen.
Häufig sind dies Dreibackenfutter oder Vierba-
ckenfutter. Die Spannung erfolgt wegen der notwendigen Selbsthemmung mechanisch.

Der Antrieb wird mechanisch mit einem Schlüssel
oder hydraulisch erzeugt. Bei sehr hohen Drehzahlen entstehen an den Spannbacken hohe Fliehkräfte, so dass die elastische Verformung der Spann-
einrichtung zu einer verminderten Spannkraft führt
und ein sicheres Bearbeiten des Werkstücks nicht
mehr gewährleistet ist.

Es werden in diesen Fällen Spannfutter verwendet,
welche über einen beweglichen Fliehkraftkörper
die Fliehkraft kompensieren **(Bild 1)**.

In **Bild 2** wird die Auswirkung der Fliehkraft gezeigt.
Die Abnahme der Spannkraft ist abhängig von:

• der Elastizität des Spannfutters,
• der Elastizität des Werkstücks,
• der Masse und des Flugkreisdurchmessers der
  Spannbacken.

> Die Fliehkräfte sind proportional zum Quadrat der
> Drehzahl.

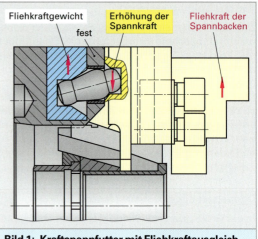

Bild 1: Kraftspannfutter mit Fliehkraftausgleich

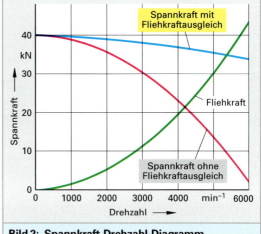

Bild 2: Spannkraft-Drehzahl-Diagramm

Berechnung der Fliehkraft F_{flB} der Spannbacken

Die Fliehkraft F_{fl} eines Massepunktes mit der Masse m
und dem Abstand r vom Drehpunkt ist mit der Winkelgeschwindigkeit ω bzw. der Drehpunkt n:

$$F_{fl} = m \cdot r \cdot \omega^2 = m \cdot r \cdot (2\pi \cdot n)^2$$

Für die Spannbacken rechnet man näherungsweise
mit der Gesamtmasse m_B eines Backensatzes und als
Radius den Abstand des Schwerpunktes von der Drehachse. Fasst man $m_B \cdot R_B$ zum Fliehmoment M_{flB} zusammen so erhält man:

$$F_{flB} = m_B \cdot R_B \cdot 4\pi^2 \cdot n_2$$
$$F_{flB} = M_{flB} \cdot 4\pi^2 \cdot n_2 \qquad \text{(Bild3)}$$

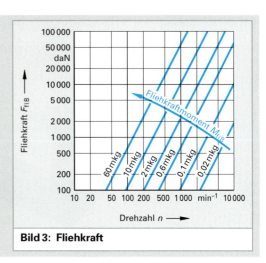

Bild 3: Fliehkraft

Tatsächlich ist nicht nur das Lösen bei einer Außenspannung problematisch. Genauso kritisch ist das Innenspannen, z. B. von Rohren. Hier bewirkt die Fliehkraft eine höhere Spannung und damit eine unzulässige Verformung des Werkstücks.

Über besondere Konstruktionen von Kraftspannfuttern können Drehzahlen bis zu 10 000 l/min erreicht werden. Hier hat die Fliehkraft eine geringere Wirkung. Dies geschieht durch eine besondere Art der Keilhakenverbindung **(Bild 1)**. Hierbei erfolgt eine direkte Kraftübertragung des Spannkolbens auf die Spannbacke.

Bei der Bearbeitung von Serien werden in der Regel zur Werkstückspannung Spannzangen **(Bild 2)** verwendet. Der Einsatz ist dabei nur für jeweils einen Rohteildurchmesser geeignet. Es werden sehr hohe Spannkräfte erreicht. Zudem wird beim Spannen durch die Konstruktion das Rohteil an den Werkstückanschlag gezogen, so dass ein zusätzlicher Halt erzeugt wird.

Sicherheit bei Drehmaschinen

CNC-gesteuerte Drehmaschinen stellen besondere Anforderungen an die Sicherheit für die Maschine und den Bediener. So wird z. B. die Werkstückspannung während des Betriebes überwacht. Ebenso die minimale und die maximale Drehzahl der Hauptspindel.

Eine wichtige Einrichtung zum Schutz des Bedieners ist die Schutztüre. Sie ist mit Sicherheitsglas ausgerüstet und muss während der Bearbeitung geschlossen sein. Für den Einrichtebetrieb muss eine Zustimmtaste betätigt werden. Der Späneförderer muss so gesichert sein, dass ein Hineingreifen nicht möglich ist.

Wiederholung und Vertiefung

1. Erklären Sie die Begriffe Seriellkinematik und Parallelkinematik.

2. Was versteht man unter Gantry-Bauweise?

3. Skizzieren Sie eine Hexapod-Maschine.

4. Welche Werkstoffe werden für Gestelle verwendet und welche Gesichtspunkte gelten für die Werkstoffauswahl?

5. Mit welchen Maßnahmen kann man Maschinenschwingungen mindern?

6. Welche Arten von Führungen verwendet man bei Werkzeugmaschinen?

7. Welche Vorteile haben Lineardirektantriebe?

8. Welche Bedeutung haben die Fliehkräfte bei der Drehbearbeitung

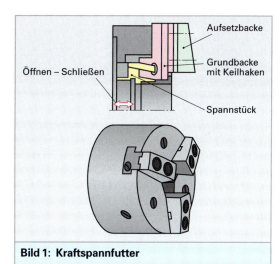

Bild 1: Kraftspannfutter

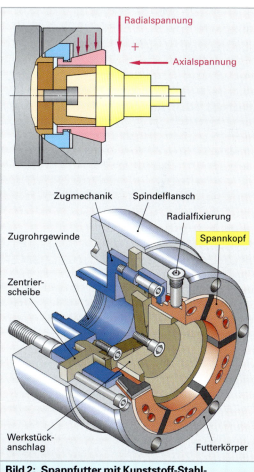

Bild 2: Spannfutter mit Kunststoff-Stahl-Segmenten

2.6.18.3 Schleifmaschinen

Die Bauformen der Schleifmaschinen werden von dem Schleifverfahren und der herzustellenden Oberflächenformen in Verbindung mit der Geometrie der Schleifscheibe bestimmt.

Man unterscheidet

- das Rundschleifen **(Bild 1)** mit Innen- und Außenrund-Schleifmaschinen,
- das Planschleifen,
- das Schraub- und Wälzschleifen,
- das Profil- und Formschleifen.

Eine Sonderstellung nimmt das Werkzeugschleifen ein.

Weitere Konstruktionsgrundlagen der Schleifmaschinen sind die Besonderheiten des Zerspanungsprozesses:

- hohe Schnittgeschwindigkeiten bis 150 m/s und
- kleine Spantiefen (0,001 mm bis 0,03 μm).

Daraus ergeben sich Forderungen an hohe Spindeldrehzahlen sowie genaue Lagerungen der Spindeln und der Führungen der Maschinentische. Man erreicht dies z. B. mit magnetisch hydrostatisch vorgespannten Führungen in Verbindung mit Lineardirektantrieben. Die Dauermagnete dieser Antriebe pressen zugleich die Maschinentische auf die Führungsbahnen. Angetrieben wird die Schleifscheibe zunehmend über AC-Synchronmotoren als Direktantriebe ohne mechanische Übertragungsglieder, wie z. B. Riemen. Hiermit lassen sich Drehzahlen stufenlos über einen großen Bereich einstellen. Die CNC-Steuerungen arbeiten mit geometrischen Auflösungen im Bereich von 10 Nanometern (0,01 μm) und ermöglichen zusätzlich das bahngesteuerte Abrichten. Eine automatische *Kompensation* des Abrichtbetrags, bezogen auf das Sollmaß des Werkstücks, erfolgt über die Steuerung. Eine Profilierung der Schleifscheiben mit unterschiedlichen Diamantabrichtrollen kommt in der Massenfertigung zur Anwendung.

Rundschleifmaschinen

Bei den Produktionsmaschinen sind Maschinen für Außen- und Innenschleifbearbeitungen oder Kombinationen beider Verfahren üblich. So erlauben einschwenkbare Innenschleifspindeln beim Außenrundschleifen Teile in einer Aufspannung komplett zu bearbeiten **(Bild 2)**. Gewechselt wird die Technologie in wenigen Sekunden. Dadurch wird auch eine Bearbeitung mit gerader und mit

Bild 1: Rundschleifen

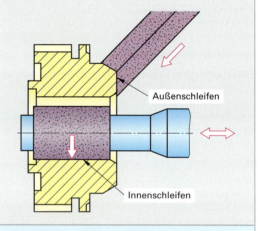

Bild 2: Gleichzeitiges Schleifen innen und außen

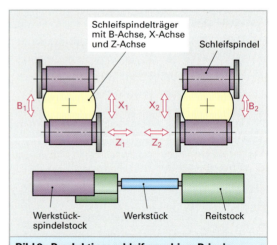

Bild 3: Produktionsschleifmaschine, Prinzip

schräggestellter Schleifscheibe beim Einstech-
und Längsschleifen sowie Bearbeitung von Ke-
geln, Radien und Konturen in einer Aufspannung
möglich **(Bild 3)**.

Der Arbeitsraum ist vollgekapselt und mit Sicher-
heitsscheiben ausgestattet. Zur Filterung des
Kühlmittels sind meist Bandfilteranlagen im Einsatz. Für das bahngesteuerte Abrichten sind Abrichtwerkzeuge am Reitstock befestigt.

Lange Werkstücke werden über Setzstöcke abgestützt, die der Zustellung der Schleifscheibe synchron bis zum Fertigmaß folgen **(Bild 1)**. Die Setz-
stockachsen werden als *lagegeregelte* CNC-
Achsen programmiert.

Das Maschinenbett einer Schleifmaschine besteht
meist aus Mineralguss. Es ist schwer und damit gut
dämpfend, es ist temperaturausgleichend durch
seine hohe Wärmekapazität und ferner ist es resis-
tent gegen Kühlschmierstoffe.

Besonders hochgenaue Maschinen tragen die
Spindelstöcke auf *Feinverstellplattformen* mit
Piezostellern und ermöglichen so, während des
Schleifprozesses eine Korrektur der Schleifdorn-
durchbiegung. Dies ist besonders bei der hoch-
genauen Fertigung von langen zylindrischen
Bohrungen mit kleinen Bohrungsdurchmessern
hilfreich, wie z. B. bei der Fertigung von Diesel-
Einspritzzylindern.

Ein nahezu kontinuierlicher Abtrag des Materials
erfolgt beim **spitzenlosen Außen- und Innen-
rundschleifen**. Diese Verfahren werden durch ihre
Möglichkeit hohe Abtragsleistung zu erzielen
hauptsächlich in der Massenfertigung eingesetzt.
Beim spitzenlosen Außenrundschleifen liegt das
Werkstück auf einer Auflageschiene (ohne dass es
zwischen den Spitzen aufgenommen wird). Geführt wird es zwischen Scheibe, Auflageschiene
und Regelscheibe. Die Regelscheibe besteht aus
Kunstharz oder Hartgummi und ist beim Einstechschleifen zylindrisch und beim Durchgangs-
schleifen als Rotationshyperboloid ausgebildet.
Beim Durchlaufschleifen wird die Regelscheibe
zur Erzeugung der kontinuierlichen Vorschubgeschwindigkeit schräggestellt **(Bild 2)**.

Umfangsplanschleifen und Profilschleifen werden
auch allgemein als Flachschleifen bezeichnet und
es gibt sie in vielen Varianten mit CNC-Steuerungen. Diese Maschinen gibt es auch als 5-Achs-
Maschienen und sie schleifen Werkstücke in fast
jede Form.

Grundsätzlich werden zwei Verfahrensvarianten
unterschieden:

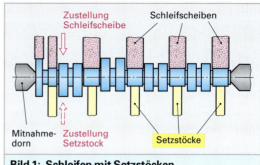

Bild 1: Schleifen mit Setzstöcken

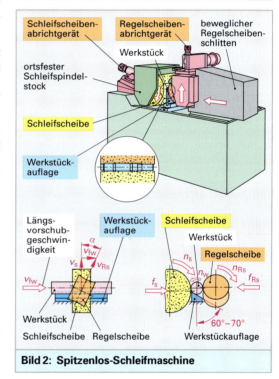

Bild 2: Spitzenlos-Schleifmaschine

- Pendelschleifen bzw. Schnellhubschleifen und
- Tiefschleifen.

Das Schnellhubschleifen ist ein numerisches Pendelschleifen mit exakt geregelten Tischbewegun-
gen. Es erfolgt der Werkstoffabtrag meistens mit
sehr kleinen Zustellungen (0,001 bis 0,05 mm) und
hohen Vorschubgeschwindigkeiten (5 bis 30 m/
min). Der Quervorschub kann intermittierend nach
jedem Schleifhub oder kontinuierlich während der
Hubbewegung erfolgen.

Beim **Tiefschleifen** wird mit großer Zustellung
(mehrere Millimeter) und langsamer Vorschubgeschwindigkeit gearbeitet (10 bis 3000 mm/min). Da
bei diesen Bearbeitungen der Schleifprozess in der

Reihenfolge *Schruppen, Abrichten* und *Schlichten* abläuft, können beide Verfahren gut miteinander kombiniert werden. In Verbindung mit dem kontinuierlichen Abrichten (CD-Abrichten) ist dieses Verfahren beim Schruppen von schwer zerspanbaren Werkstoffen und komplizierten Profilen besonders geeignet.

Beim Planschleifen haben sich verschiedene Bauformen durchgesetzt:

- **Supportbauweise:** die X- und Z- Bewegungen des Werkstückes liegen im Support und die Y-Bewegung der Scheibe liegt in der feststehenden Säule.
- **Fahrständerbauweise:** hier werden die Y- und Z-Bewegungen der Scheibe auf der Ständerseite und die X- Bewegung vom Support ausgeführt. Vorteile liegen in der Steifigkeit, der Arbeitsraumgestaltung und der Bedienungsvereinfachung **(Bild 1).**

Die Werkstücke werden, soweit es die Form erlaubt, magnetisch auf den Werkstücktisch gespannt. In allen anderen Fällen kommen mechanisch und hydraulisch betätigte Spannvorrichtungen zum Einsatz.

Mit **Werkzeugschleifmaschinen** werden Werkzeuge geschliffen oder auch nachgeschliffen, wenn sich an den Schneidkanten ein Verschleiß eingestellt hat. Die Werkstücke werden direkt in die Werkstückspindel gespannt. Diese führt meist keine kontinuierliche Drehbewegung aus, sondern dreht sich nur durch einen von der Schleifaufgabe bestimmten Winkel weiter.

Die schwierigen Platzverhältnisse bei der Werkzeugbearbeitung machen es oft notwendig, dass die Werkstückspindel und die Schleifspindel um eine vertikale und um eine horizontale Achse geschwenkt werden können. Diese Werkzeug-Schleifautomaten schleifen Werkzeuge komplett fertig.

Wiederholung und Vertiefung:

1. Welche Schleifverfahren unterscheidet man?
2. Bis zu welchen kleinsten Schleiftiefen erfolgt bei Schleifmaschinen die Zustellung?
3. Bis welchen Schnittgeschwindigkeiten werden Schleifspindeln ausgelegt?
4. Wie erreicht man höchste Genauigkeiten bei der Schlittenführung?
5. Erklären Sie den Unterschied zwischen Supportbauweise und Fahrständerbauweise.

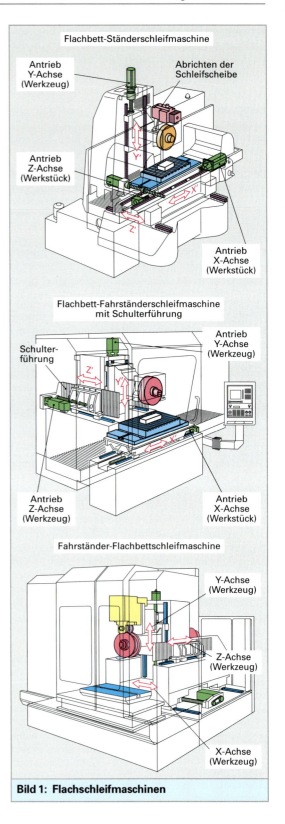

Flachbett-Ständerschleifmaschine

Antrieb Y-Achse (Werkzeug)

Abrichten der Schleifscheibe

Antrieb Z-Achse (Werkstück)

Antrieb X-Achse (Werkstück)

Flachbett-Fahrständerschleifmaschine mit Schulterführung

Schulterführung

Antrieb Y-Achse (Werkzeug)

Antrieb Z-Achse (Werkzeug)

Antrieb X-Achse (Werkstück)

Fahrständer-Flachbettschleifmaschine

Y-Achse (Werkzeug)

Z-Achse (Werkzeug)

X-Achse (Werkzeug)

Bild 1: Flachschleifmaschinen

2.6.18.4 Sägemaschinen

Das Sägen gehört zu den Zerspanungstechniken mit *vielzahnigen* Werkzeugen. Bei den Sägemaschinen unterscheidet man zwischen Kreissägen, Bandsägen (**Bild 1**), Hubsägen (Bügelsägen) und Stichsägen.

Über die Anwendung im Handwerksbetrieb hinaus haben Kreissägen mit Sägeblattdurchmessern bis 1 m und Bandsägen mit Bauhöhen bis 7 m (**Bild 2**) eine große Anwendungsvielfalt:

* Kreissägen verwendet man vor allem zum Ablängen von Stangenmaterial und für lange gerade Schnitte.
* Bandsägen werden zur numerisch gesteuerten Gusserstbearbeitung (Abtrennen von Speisern und Angüssen, bei Brammen von Kopfteil und Fußteil), zum Entgraten, zum Zurichten von Stangenmaterial und für besondere Schnittaufgaben, z. B. in der Keramikindustrie eingesetzt.

Der Vorteil der Bandsägemaschinen ist das lange Sägeband mit der großen Zahl von Schneidzähnen und der guten Kühlmöglichkeit. Damit ergeben sich hohe Standzeiten.

Die Sägebänder bestehen im Grundmaterial aus einem legierten Vergütungsstahl und haben z. B. aufgeschweißte Hartmetallschneiden. Sie sind optimiert hinsichtlich:
* Sägebandbreite (3 mm für Kurvenschnitte bis 125 mm für Geradschnitte in sehr dickem Material),
* Sägebanddicke (0,6 mm bis 2 mm),
* Werkstoff der Schneiden (Werkzeugstahl gehärtet: 1000 HV, Hartmetall: 1600 HV, Diamant: 9000 HV),
* Zahnform (Standard, Lückenzahn, Klauenzahn, Trapezzahn, Profilzahn),
* Schränkung (rechts – links, Stufenschränkung, **Bild 3**),
* Zahnteilung (Anzahl der Zähne pro Zoll (ZpZ): konstant oder variabel). Es müssen immer mehrere Zähne gleichzeitig im Eingriff sein.

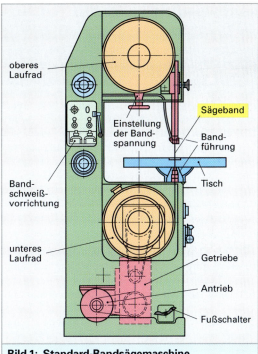

Bild 1: Standard-Bandsägemaschine

oberes Laufrad

Sägeband

Einstellung der Bandspannung

Bandführung

Bandschweißvorrichtung

Tisch

unteres Laufrad

Getriebe

Antrieb

Fußschalter

Fahrständer

Schnitthöhe z.B. 800 mm

Maschinenbett

Bild 2: Fahrständer-Bandsägemaschine

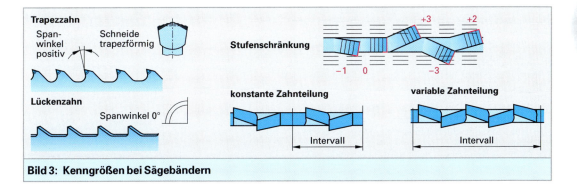

Trapezzahn

Spanwinkel positiv

Schneide trapezförmig

Stufenschränkung

+3   +2

−1   0   −3

Lückenzahn

Spanwinkel 0°

konstante Zahnteilung

variable Zahnteilung

Intervall

Intervall

Bild 3: Kenngrößen bei Sägebändern

2.6.19 Werkstückspanntechnik

Ein wirtschaftlicher Einsatz von numerisch gesteuerten Werkzeugmaschinen in der Zerspanungstechnik ist nur möglich durch die Vielfalt und ständige Weiterentwicklung der Spannelemente, Spanneinheiten und Spannsysteme. Spannmittel dienen zum Festlegen der Lage sowie zum Spannen des Werkstücks und des Werkzeugs. Die Anforderungen an die Spannmittel sind durch sinkende Losgrößen und zunehmende Bauteilvielfalt geprägt. Die Spannmittel sollten einen automatisierten Fertigungsablauf ermöglichen. Dies wird durch steuerbare Spannbewegungen und Signalrückmeldungen möglich (**Bild 1**). Die Spannmittel können in hand- und kraftbetätigte Spannsysteme unterteilt werden.

Beim **handbetätigten Spannen** wird die Spannkraft zur Bewegung von Schrauben und Muttern durch Muskelkraft aufgebracht. Unter der Wirkung der Spannkraft werden das Werkstück und das Spannmittel elastisch verspannt oder gestaucht. Daher benötigen handbetätigte Spannzeuge lange Spannwege. Sie müssen viel Spannenergie speichern können, damit unter Einwirkung der Zerspankräfte eine Mindestkraft erhalten bleibt.

Die Spannkraft für das **kraftbetätigte Spannen** wird meist durch Druckluft (pneumatisch) oder Drucköl (hydraulisch) aufgebracht. Da der Kolben des Spannzylinders ständig mit Druck beaufschlagt ist, folgt er sofort jeder Bewegungsänderung. Die Spannkraft bleibt daher in voller Stärke erhalten.

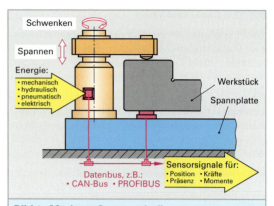

Bild 1: Moderne Spanntechnik

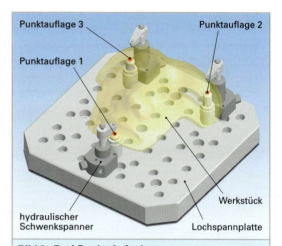

Bild 2: Drei-Punkt-Aufnahme

Die Aufgaben und Forderungen an die Werkstückspannmittel sind:
- Aufnahme und Positionierung des Werkstücks,
- Übertragen von Prozesskräften und von Massenkräften,
- Automatisieren des Spannvorgangs,
- schneller Werkstückwechsel,
- Gewährleisten der Spannsicherheit für Bedienungspersonal und Maschine,
- universelle Verwendungsmöglichkeiten durch leichten Austausch der Spannelemente sowie
- niedrige Anschaffungskosten durch Normspannelemente mit hoher Wiederverwendbarkeit und langer Lebensdauer.

Hierdurch erhöht sich die Wirtschaftlichkeit eines Bearbeitungsvorgangs in den Punkten:

- Verkürzen der Spannzeit bei größter Wiederholgenauigkeit der Spannposition,
- Verkürzen der Bearbeitungszeiten durch Mehrfachspannungen,
- Erhöhen der Fertigungsgenauigkeit bei kleinerem Prüfaufwand.

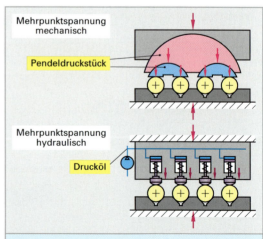

Bild 3: Mehrpunktspannung mit Kraftausgleich

Werkstücke mit fester Form spannt man an drei, nicht in Reihe liegenden Positionspunkten so, dass das Werkstück ohne innere Verspannungen aufliegt **(Bild 2, vorhergehende Seite)**. Wenn dies nicht möglich ist oder eine Mehrpunktspannung geboten ist, so muss wegen der Überbestimmtheit eine Kräfteanpassung erfolgen. Mechanisch kann dies über pendelnd gelagerte Backen geschehen und hydraulisch über den Druckausgleich durch kommunizierende Leitungen **(Bild 3, vorhergehende Seite)**.

Auch federnd nachgiebig gelagerte Spannpratzen ermöglichen ein Mehrpunktspannen. Das Mehrpunktspannen wird vor allem dann angewendet, wenn das Bauteil nachgiebig ist und durch das Spannen in seine genaue Geometrie gebracht wird, z. B. umgeformte Blechbauteile vor dem Schweißen

Mechanische Spannsysteme

Bei diesen Spannsystemen werden die Spannkräfte durch Schrauben, Kniehebel und Spannexzenter erzeugt.

Spanneisen und Spannschrauben. Um eine günstige Spannwirkung zu erzielen, soll der Abstand a zwischen Spannschraube und Spanneisenauflage doppelt so groß sein wie der Abstand b zur Werkstückauflage **(Bild 1)**. Um Schräglagen des Spanneisens auszugleichen sind Kugelscheiben und Kugelpfannen vorzusehen.

Modulare Spannsysteme

Mit Elementen aus Vorrichtungsbaukästen, die modular aufgebaut sind, lassen sich Vorrichtungen erstellen, die an fast jede Werkzeuggeometrie angepasst werden können. Der Haupteinsatzbereich liegt in der Einzel- und Kleinserienfertigung. Dort lohnt sich keine Herstellung werkstückgebundener Vorrichtungen. Vorrichtungsbaukästen gewährleisten eine schnelle Verfügbarkeit der Vorrichtungen.

Der Aufbau einer Spannvorrichtung bestimmt ganz wesentlich die **spätere Spannsicherheit und die Wiederholgenauigkeit**. Die Hauptbaugruppen sind:

- Grundplatte mit einheitlichen Aufnahmeelementen,
- vormontierte Spannsysteme, wie z. B. hydraulische und pneumatische Spannkraftunterstützer,
- unterschiedliche Anschlussteile mit einheitlichen Schnittstellen und
- Fixierhilfen, wie z. B. Nutensteine, Schrauben und Stifte.

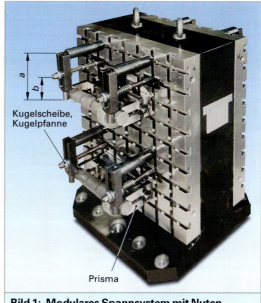

Bild 1: **Modulares Spannsystem mit Nuten**

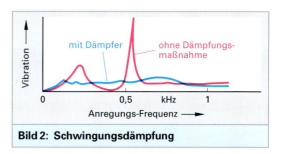

Bild 2: **Schwingungsdämpfung**

Jedes Basisteil muss die wichtigsten Montageanforderungen erfüllen:

- viele Fügeflächen mit anderen Teilen,
- Montage der Vorrichtung durch einfache Fügebewegungen,
- Lagebeständigkeit und gute Zugänglichkeit
- sowie gute Zentrierfähigkeit des Werkstücks und hohe Steifigkeit der Vorrichtung.

Das **Nutsystem (Bild 1)** besteht aus einer T-genuteten Rasterplatte und unterschiedlichen Aufspannkörpern, die mit Nutensteinen und Nutenspannern formschlüssig auf der Grundplatte fixiert werden. Der Spannaufgabe angepasste Aufnahmesegmente wie Prismen und Schwenkkörper ermöglichen das Fixieren und Spannen komplizierter Bauteilformen.

Schwingungsdämpfung

Zusätzliche Dämpfungselemente in der Aufspannplatte, z. B. Zwischenlagen aus viskoelastischen

Polymerschichten nehmen Vibrationsenergien auf und bedämpfen so das Spannsystem **(Bild 2, vorhergehende Seite)** mit der Folge stark verbesserter Werkstückoberflächen.

Bei **Bohrungssystemen** sind die unterschiedlichen Elemente durch Zentrierhülsen und Schrauben miteinander verbunden. Die Bohrungen sind im oberen Teil Passbohrungen und im unteren Teil Gewindebohrungen.

In der Präzisionsfertigung und in der Einzelteilfertigung kommen vor allem **Palettensysteme** zum Einsatz. So werden die Werkzeugmaschinen mit Palettenaufnahmen versehen. Jedes Werkstück wird nur einmal auf eine Palette aufgespannt und nimmt diese zu allen Bearbeitungsstationen mit. Das erste Aufspannen der Teile erfolgt hauptzeitparallel.

Weitere Rüstzeiteinsparungen lassen sich durch den Einsatz von **Nullpunktspannsystemen** erzielen **(Bild 1)**. Basis dieses Systems bilden Spannmodule, die entweder als Einbaumodule in den Maschinentisch integriert oder als Aufbauelemente montiert werden. Sind sie einmalig ausgerichtet und liegen die Referenzpunkte fest.

Diese Module positionieren und fixieren Paletten, Spannelemente und Werkstücke. Hierfür nehmen sie die in den Modulen montierten Einzugsbolzen auf oder haben Spannnippel und spannen diese fest. Der Spannvorgang erfolgt mechanisch über ein Federpaket und ist selbsthemmend. Die Werkstücke bleiben sicher gespannt. Das Lösen erfolgt gegen die Federkraft meist hydraulisch.

Hydraulische und pneumatische Spannsysteme sind kraftbetätigte Spannsysteme. Sie besitzen

- hohe Spannkraft bei minimalem Platzbedarf,
- große Steifigkeit der Spannmittel,
- flexible Einsatzmöglichkeiten bei kleiner Bauweise,
- große Rationalisierungsmöglichkeiten.

Bei hydraulischen Spannelementen wird der Druck durch Druckübersetzer oder elektromechanische Pumpen erzeugt. Die Spannelemente sind meist einfach wirkende Einschraubzylinder. Mit hydraulisch betätigten Spannklauen, die mit Schwenkzylindern bewegt werden, lässt sich der Spannraum für eine schnelle Bestückung der Bauteile leicht zugänglich gestalten **(Bild 2)**.

Besonders hohe Spannkräfte erzielt man mit Keilspannern **(Bild 3)**. Die langhubige Zylinderbewegung wird durch den Keil in eine kurzhubige, kraftverstärkte Spannbewegung umgesetzt.

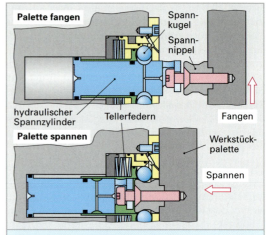

Bild 1: Nullpunkt-Spannsystem

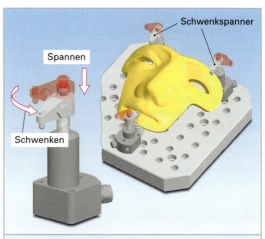

Bild 2: Schwenkspanner

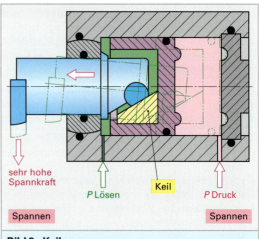

Bild 3: Keilspanner

Pneumatische Spannzylinder führen sehr schnelle Schließ- und Öffnungsbewegungen aus. Sie haben aber keine so hohen Spannkräfte wie hydraulische. Um die Kompressibilität der Luft auszugleichen, werden die Spannvorrichtungen meisten mit selbsthemmenden Kniehebelsystemen ausgerüstet.

Zentrisches Spannen

Für Rotationsteile erfolgt das Spannen wie bei Drehmaschinen, mit Spiralfutter, Keilstangenfutter, Kraftspannfutter oder Spannzangen (siehe Drehmaschinen und Drehbearbeitung).

Müssen für allgemeine Bearbeitungsaufgaben prismatische Teile zentrisch gespannt werden, so gibt es z. B. Zweibackenspannfutter mit Hydraulikantrieb und gegenläufigen Keilschiebern **(Bild 1)**. Wird die Schiebestange nach links bewegt so gehen die Spannbacken mit hoher Genauigkeit gleichmäßig zu und spannen Bauteile an den Außenflächen. Bewegt man die Schiebestange nach rechts, so gehen die Spannbacken gleichmäßig auf und ermöglichen auf ihrer Rückseite das zentrische Spannen von Innenflächen.

Der Zweibackenspanner nach **Bild 2** hat doppelten Kniehebel. Die Spannbewegung erfolgt mit einer Schwenkbewegung. Beim Zweibackenspanner mit einer drehbaren Kulisse **(Bild 3)** erzielt man eine parallele Spannbewegung mit großem Hub. Angetrieben wird die Kulisse meist über einen Druckluftmotor.

Positionsgleitendes Spannen

Beim *positionsgleitenden* Spannen wird das Werkstück festgehalten aber nach einer Bewegungsrichtung hin bleibt es verschiebbar in der Position. Damit erreicht man z. B. den Ausgleich von Lagetoleranzen. Spannelemente dieser Art haben gegenläufige Spannzylinder die mit Drucköl oder Druckluft beaufschlagt werden **(Bild 4)**. Sie können sowohl für das Außenspannen als auch das Innenspannen eingesetzt werden.

Vakuum-Spannsysteme

Vakuum-Spannsysteme ermöglichen eine 5-seitige Bearbeitung da keine mechanisch aufbauenden Spannelemente im Kollisionsraum der Bearbeitung liegen. Die Spannkraft entsteht durch den atmosphärischen Luftdruck (bis 10 N/cm^2). Es können große, kleine, dünnwandige, feste oder flexible Werkstücke gespannt werden und vor allem auch nichtmagnetische. Man verwendet sie bei fast allen Bearbeitungsaufgaben (Drehen, Fräsen, Schleifen, Polieren, Bohren, Reiben, Gravieren, Erodieren, Beschichten) und auch für das Messen und Prüfen.

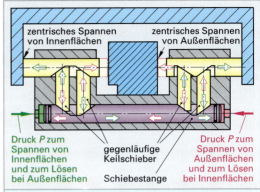

Bild 1: Zentrisches Spannen mit Keilschieber

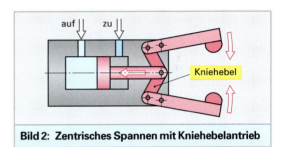

Bild 2: Zentrisches Spannen mit Kniehebelantrieb

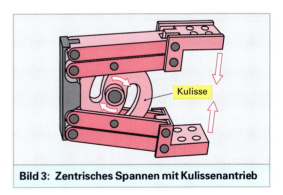

Bild 3: Zentrisches Spannen mit Kulissenantrieb

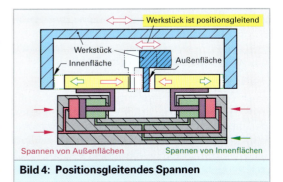

Bild 4: Positionsgleitendes Spannen

Vakuum-Spannsysteme bestehen aus einer Spannplatte und einem Vakuum-Erzeuger **(Bild 1)**. Die erforderliche Vakuum-Saugleistung ist abhängig von der Größe der Spannfläche und beträgt zwischen 3 m³/h für kleine Spannflächen von weniger als 100 cm², bis 200 m³/h für Spannflächen von etwa 4 m².

Häufig kann die Spannfläche durch das Werkstück nicht vollständig abgedeckt werden oder das Bauteil hat keine ebene Aufspannfläche. Dann entstehen relativ große Vakuumverluste und es werden sowohl feste Partikel als auch Flüssigkeiten mit angesaugt.

So ist die Saugleistung entsprechend anzupassen und es sind vor allem Filter (-Kartuschen) und Flüssigkeitsabscheider vorzusehen. Dies erfolgt meist in Verbindung mit Vakuumspeichern und funktioniert ähnlich wie beim Nassstaubsauger.

Die in den Leitungen schnell strömende Luft mit Partikeln und Flüssigkeiten wird über einen großen Behälter geführt. Hier nimmt die Strömungsgeschwindigkeit stark ab (die Strömungsgeschwindigkeiten verhalten sich umgekehrt wie die Querschnittsflächen) und die Partikel wie auch die Flüssigkeiten sammeln sich am Behälterboden (Bild 1).

Für einen ununterbrochenen Betrieb gibt es Zweikammersysteme, die im Wechsel über Elektromagnetventile geschaltet werden: ist die eine Kammer mit Flüssigkeit voll, wird umgeschaltet in die andere Kammer.

Die Vakuumspannplatten **(Bild 2)** gibt es als

* Schlitz-Vakuumplatte,
* Raster-Nut-Vakuumplatte,
* Loch-Vakuumplatte,
* Loch-Vakuumplatte mit poröser Keramikzwischenplatte und
* Vakuumplatten mit Saugnäpfen **(Bild 3)**.

Die nicht vom Werkstück abgedeckte Spannfläche wird möglichst passgenau durch eine zugeschnittene Gummiplatte abgedeckt oder mit in die Nuten eingelegten O-Ringen abgegrenzt. Bei den Saugnäpfen sind Ventile und Filter integriert.

Das Vakuum (etwa 50 mbar) wird vorteilhaft mit einer Wasserring-Pumpe erzeugt. In der Pumpe steht Wasser. Dieses wird bei Drehung des Pumpenimpellers (Flügelrad) an die innere Pumpenwandung geschleudert und dichtet so den schnelllaufenden Impeller berührungsfrei gegen die Wandung ab. Die angesaugte Luft wird z. B. über ein Polyesterfilter (3 Mikrometer) gereinigt.

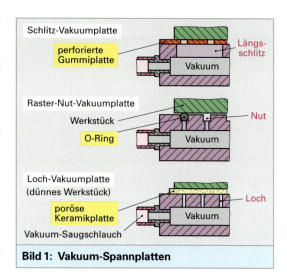

Bild 1: Vakuum-Spannplatten

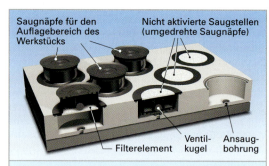

Bild 2: Vakuum-Spanntechnik mit Saugnäpfen

Spannsicherheit

Bei Vakuumverlust sackt die Spannkraft ab und das Werkstück kann sich lösen. Damit dies bei Bearbeitungsaufgaben nicht zu Störungen, oder Gefährdungen führt, wird das Vakuum direkt an den Spannplatten mit Sicherheitsschaltern überwacht, die bei Druckanstieg die Bearbeitungsmaschine stillsetzen.

Mit Vakuumspannplatten können auch flexible, kleine und dünnwandige Bauteile gespannt werden.

Magnetspanntechnik

Die Magnetspanntechnik erlaubt ein Aufspannen von ferromagnetischen Bauteilen, also aller Stahlbauteile und zwar ohne störende Spannmittelvorrichtungen. Die Magnetspanntechnik ist also geeignet für eine 5-Seitenbearbeitung und wird häufig in der Schleiftechnik angewandt.

Die Permanentmagnetspannplatten haben mechanisch verschiebbare Dauermagnete (**Bild 1**). In der Anordnung „Spannen" stehen diese so, dass die Feldlinien an der Oberfläche austreten und in der Anordnung „Entspannen" so, dass die Feldlinien magnetisch kurzgeschlossen sind.

Dies erreicht man mit einer Spannplatte in Sandwichbauweise mit abwechselnd Messing-/Stahl-Lamellen. Kurzgeschlossen sind die Magnetfeldlinien wenn die Permanentmagnete in der Ausrichtung sind wie der Lamellenverlauf ist. Die Feldlinien verbleiben in den Stahllamellen. Verschiebt man nun einen Teil der Permanentmagnete so werden die Magnetfeldlinien durch die Messinglamellen unterbrochen und die Feldlinien treten an der Spannplattenoberfläche aus und durchfließen das Werkstück.

Neben diesen Permanentmagnetspannplatten gibt es auch Elektro-Permanentmagnetspannplatten. Mit einem Elektromagnet wird die ferromagnetische Spannplatte magnetisiert und hält das Werkstück. Die Spannplatte bleibt magnetisiert auch nach Abschalten des Stromes. Durch einen Wechselstrommagnetisierungsvorgang (Wechselstrom mit kleiner werdender Amplitude) wird die Spannplatte als auch das Werkstück zum Entspannen entmagnetisiert.

Bei der Elektromagnetspanntechnik (**Bild 2**) entsteht das Magnetfeld nur solange die Magnetspulen mit Gleichstrom oder mit Wechselstrom beaufschlagt sind.

Gefrierspanntechnik

Bei der Gefrierspanntechnik wird ein kapillarer Wasserfilm zwischen Werkstück und Gefrierspannplatte gefroren und so das Werkstück *angefroren* (**Bild 3**). Spannplatte und Zuleitungen sind gut wärmeisoliert. Die Kälte wird strömungstechnisch durch Druckluft oder durch Kompressorkälteaggregate, oder elektrisch über ein *Peltier*-Element erzeugt. Durch Anfrieren lassen sich Werkstücke aller Art, z.B. aus Kunststoff, Gummi, oder Glas, auch mit Wabenstruktur und Unebenheiten gut spannen. Die Haltekräfte liegen bei 140 N/cm^2.

Wiederholung und Vertiefung:

1. Nennen Sie die Aufgaben und Forderungen an Spannmittel.

2. An wie vielen Punkten sollten Werkstücke aufliegen?

3. Beschreiben Sie die Funktionsweise von Schwenkspannern.

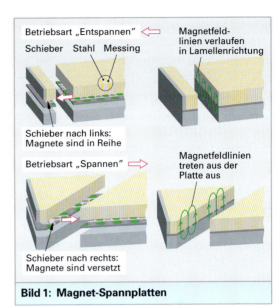

Bild 1: **Magnet-Spannplatten**

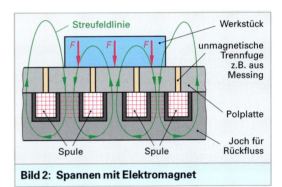

Bild 2: **Spannen mit Elektromagnet**

Bild 3: **Gefrierspanntechnik**

2.7   Wärmebehandlung von Stahl

Die Wärmebehandlung von Stahl hat das Ziel, bestimmte Werkstoffeigenschaften bzw. bestimmte Gefüge einzustellen. Hierfür werden die Werkstücke ganz oder teilweise einer Erwärmung und Abkühlung, gegebenenfalls unter Einwirkung von Zusatzstoffen, unterzogen.

Die Wärmebehandlung kann notwendig sein, um:
- die mechanischen Eigenschaften, z. B. die Festigkeit,
- die technologischen Eigenschaften, z. B. die Zerspanbarkeit,
- die Gebrauchseigenschaften, z. B. Härte zu verbessern, oder um
- Spannungen abzubauen und so eine Langzeitstabilität zu erreichen.

Eingeteilt werden die Wärmebehandlungsverfahren in die Hauptgruppen:

- Durchhärten,
- Oberflächenhärten und
- Glühen.

2.7.1   Durchhärten

Werkstoffkundliche Grundlagen

Das Härten hat bei Stahl die Prozessfolge

- Erwärmen,
- Halten,
- Abschrecken (**Bild 1**), und
- Anlassen.

Die Schritte Erwärmen und Halten nennt man bei Stahl auch *Austenitisieren*[1]. Dies bedeutet, dass im Eisenkohlenstoff-Diagramm **(Bild 2)** die GSK-Linie um etwa 50 °C bis 100 °C überschritten werden muss, damit eine Gefügeumwandlung des *kubischraumzentrierten Gitters* (krz-Gitter) in das *kubischflächenzentrierte Gitter* (kfz-Gitter) erfolgt **(Bild 3)**.

Es ist sicherzustellen, dass die Austenitisierungstemperatur (=Härtetemperatur) erreicht wird und dass diese hinreichend lange gehalten wird, damit die Austenitisierung vollständig erfolgt.

Nach der Austenitisierung wird das Bauteil abgeschreckt, d. h. rasch abgekühlt. Die Härtezunahme erfolgt dabei durch die *Martensitbildung*[2]. Martensit ist eine sehr harte Kristallisierungsform des Stahls.

---

[1]   benannt nach *Robert Austen* (1843–1902) englischer Werkstoffwissenschaftler
[2]   benannt nach *Adolf Martens* (1850–1914), dt. Werkstoffwissenschaftler

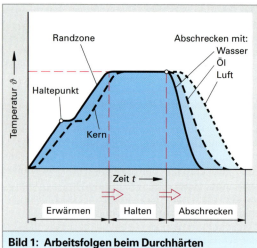

Bild 1: Arbeitsfolgen beim Durchhärten

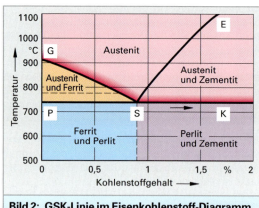

Bild 2: GSK-Linie im Eisenkohlenstoff-Diagramm

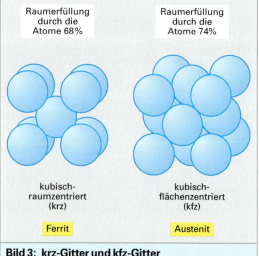

Bild 3: krz-Gitter und kfz-Gitter

Die Martensitbildung. Die Kohlenstoffatome sitzen im Stahl bevorzugt an den Kristallgitterkanten. Während einer langsamen Abkühlung wandelt sich das austenitische kubischflächenzentrierte Gitter (kfz-Gitter) in das kubischraumzentrierte Gitter (krz-Gitter) um **(Bild 3, vorhergehende Seite)**. Letzteres bietet den Kohlenstoffatomen aber weniger Raum. Ein Teil der Kohlenstoffatome (C-Atome) diffundiert in andere Bereiche. Bei hoher Abkühlungsgeschwindigkeit erfolgt die Gefügeumwandlung (von kfz-Gitter in krz-Gitter) bei immer niedrigeren Temperaturen. Die Kohlenstoffatome werden beim Diffusionsvorgang behindert und verbleiben auf Zwischengitterplätzen **(Bild 1)**. Dadurch entstehen verzerrte Kristallite mit hohen Spannungen, nämlich *Martensite.*

Bei der unteren kritischen Abkühlungsgeschwindigkeit werden einzelne Martensitnadeln im Gefüge gebildet. Bei der oberen Abkühlungsgeschwindigkeit wird das Gefüge vollständig in Martensit umgewandelt. Durch zunehmenden Kohlenstoffgehalt nimmt die erzielbare Höchsthärte zu.

Abschrecken. Unlegierte Stähle müssen schnell abgekühlt werden. Man schreckt sie in Wasser ab (und nennt sie Wasserhärter). Durch Zugabe von Abschrecksalzen kann die Abschreckwirkung erhöht werden. Je stärker der Stahl legiert ist, desto langsamer kann man ihn abkühlen. Die Legierungselemente Molybdän, Mangan, Chrom, Nickel und Vanadium behindern die Kohlenstoffdiffusion. Das Abkühlen kann langsam, z. B. an der Luft, erfolgen. Diese Legierungen nennt man daher auch Lufthärter.

Niedrig legierte Stähle (Ölhärter) werden in heißem Öl abgekühlt. Für das sichere Erzielen der gewünschten Gefügeausbildung gibt es für die einzelnen Stahlsorten Zeit-Temperatur-Umwandlungsschaubilder (ZTU-Schaubilder, **Bild 2**). Im ZTU-Schaubild ist die Temperatur über der Zeit (diese logarithmisch skaliert) eingetragen.

Anlassen. Nach dem Abschrecken kommt das Anlassen. Durch das Anlassen wird das Werkstück thermisch in seinem mechanischen Eigenschaften verändert. Durch das Anlassen wird die Härte soweit verringert, dass die gewünschten Zähigkeitseigenschaften (Gebrauchshärte) erreicht werden. Dabei werden auch Spannungen, die beim Härten entstanden sind, reduziert. Angelassen wird unter Schutzgas oder in Vakuum oder in Salzbädern und kann mehrmals wiederholt werden.

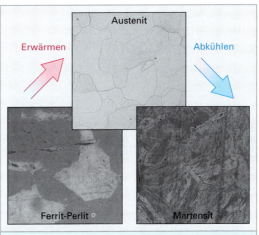

Bild 1: Gefügeumwandlungen

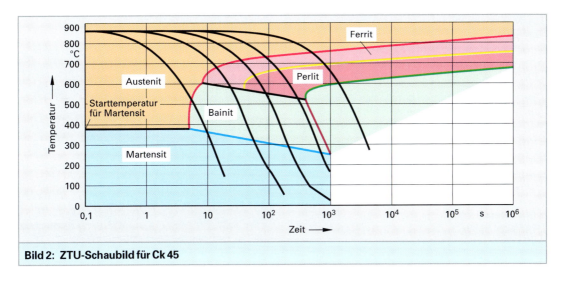

Bild 2: ZTU-Schaubild für Ck 45

Vergüten

Vergüten ist das Härten mit anschließenden Anlassen bei höheren Temperaturen, mit dem Ziel, bei bestimmter Festigkeit eine höhere Zähigkeit am Werkstück zu erzielen.

Die Anlasstemperaturen liegen beim Vergüten zwischen 400 °C und 650 °C. Die erhöhte Zähigkeit wird dadurch erreicht, dass beim Anlassen bei hoher Temperatur kleine Karbide ausscheiden werden.

Je schroffer das Abschrecken erfolgt, desto feiner wird das Gefüge nach dem Anlassen. Je höher die Anlasstemperatur ist, desto weiter fallen die Werte für Härte, für die Streckgrenze und für die Zugfestigkeit. Die *Kerbschlagzähigkeit* und die *Dehnung* steigen an.

Die erreichbaren Festigkeitswerte mit den entsprechenden Anlasstemperaturen werden aus Anlassschaubildern entnommen **(Bild 1)**.

> Je nach verwendetem Abschreckmittel spricht man vom *Wasservergüten,* vom *Ölvergüten* oder vom *Luftvergüten.*

Zwischenstufenvergüten

Durch Zwischenstufenvergüten **(Bild 2)** oder *Bainitisieren* hat man den Vorteil, dass das bei dickwandigen Bauteilen zu Rissen neigende Abschrecken entfällt und dass höhere Festigkeitswerte und Zähigkeitswerte erzielt werden. Nach dem Erwärmen des Werkstücks auf Austenitisierungstemperatur wird es in einem Öl-Warmbad abgeschreckt, bis der Austenit vollständig in das Zwischenstufengefüge *Bainit*[1] umgewandelt ist.

Die Martensitbildung wird durch das Halten der Temperatur über dem Martensitpunkt unterdrückt. Damit das Gefüge feinkörnig wird, muss die Zwischenstufentemperatur möglichst niedrig liegen (300 °C bis 400 °C).

Dieses Verfahren bietet durch das Abschrecken günstige Voraussetzungen zur Minimierung des Härteverzuges und zur Vermeidung von Härterissen.

Als Werkstoff zum Bainitisieren eignen sich die Vergütungsstähle wie C45, C75, 42CrMo4, 65Cr3 oder auch legiertes Gusseisen.

> Dickwandige Bauteile bekommen beim Abschrecken leicht Risse.

[1] benannt nach *E. C. Bain,* amerik. Chemiker

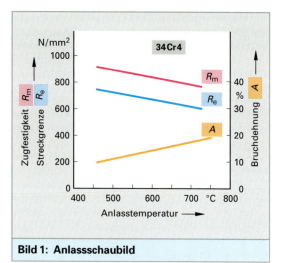

Bild 1: Anlassschaubild

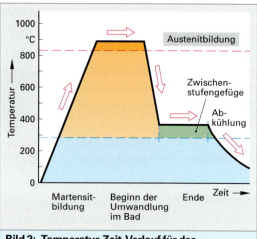

Bild 2: Temperatur-Zeit-Verlauf für das Zwischenstufenvergüten

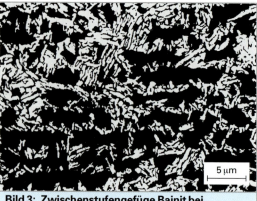

Bild 3: Zwischenstufengefüge Bainit bei Abkühlung in Wasser (Ausgang 900 °C)

2.7.2 Oberflächenhärten

Unter Oberflächenhärten versteht man Härten an der Außenhaut (Randschicht) eines Werkstücks. Es wird eine harte Oberfläche am Werkstück erzeugt, die verschleißfest ist und hohe Flächenpressungen aufnehmen kann. Der Kern bleibt zäh und weich und kann stoßartige und wechselnde Belastungen aufnehmen. Zu den typischen Bauteilen die in der Randschicht gehärtet werden, gehören Zahnräder, Führungsbahnen, verschleißarme Gewindespindeln und Lagersitze.

Man unterscheidet Oberflächenhärteverfahren,

- bei denen die Randschicht wärmebehandelt wird und
- Oberflächenhärteverfahren, bei denen die Randschicht zusätzlich chemisch verändert wird.

2.7.2.1 Oberflächenhärten durch Wärmebehandlung

Beim *Flammhärten* wird bei dem zu härtendem Stahl die Randschicht ganz oder teilweise durch eine Gasflamme erhitzt und durch eine Wasserbrause abgeschreckt und dadurch gehärtet **(Bild 1)**. Es erfolgt keine chemische Veränderung.

Beim *Induktionshärten* wird die Wärme durch Induktion eines Wirbelstroms in das Bauteil erzeugt. Eine Kupferspule, die dem Werkstück angepasst ist, wird mit hochfrequentem Wechselstrom betrieben und ein Wirbelstrom dadurch im Bauteil induziert **(Bild 2)**. Eine nachgeführte Wasserbrause schreckt anschließend die Werkstückoberfläche ab. Die Einhärtetiefe ist abhängig von der Vorschubgeschwindigkeit der Spule, der Stromstärke und der Stromfrequenz **(Bild 3 und Bild 4)**. Die erzielbare Härte hängt vom Kohlenstoffgehalt des Stahls ab. Stähle wie der C45, 42 CrMo4 oder Cf 53 werden häufig so gehärtet.

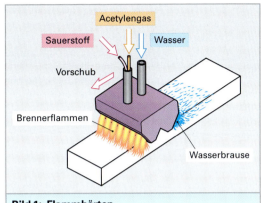

Bild 1: Flammhärten

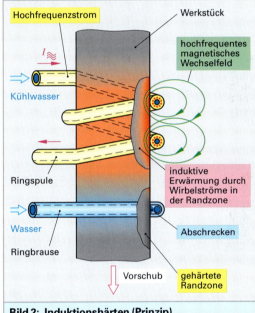

Bild 2: Induktionshärten (Prinzip)

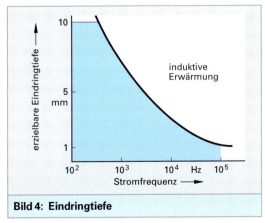

Bild 4: Eindringtiefe

Bild 3: Induktionsgehärtete Kurbelwelle

Beim *Laserhärten* erfolgt der Energieeintrag über einen Laserstrahl **(Bild 1)**. Verwendet werden als Strahlquellen CO_2-Laser und NdYAG-Laser (Siehe Kapitel 5). Das Härten mit Laser erfolgt punktgenau, bei großen Werkstücken meist durch eine Strahlführung zu den Härtezonen, bei kleinen Werkstücken mit einer Werkstückhandhabung. Die Abkühlung erfolgt meist durch Selbstkühlung über die Erwärmung durch das Werkstück selbst. Die Gefahr eines Härteverzugs ist gering.

Das *Elektronenstrahlhärten* erfolgt durch einen gebündelten Elektronenstrahl im Hochvakuum **(Bild 2)**. Hierzu muss das Werkstück in eine luftdichte Zelle gebracht werden und diese muss evakuiert werden. Die Evakuation kostet Zeit und Geld. So verwendet man dieses Verfahren nur noch dann, wenn der Energieeintrag über die kurzwellige Laserstrahlung aufgrund z. B. von spiegelnden Oberflächen, nicht gelingt.

2.7.2.2 Härten durch chemische Veränderung der Randschicht

Durch Anreichern der Randschicht mit den Elementen

- Kohlenstoff (C) beim Einsatzhärten,
- Stickstoff (N) beim Nitrieren und
- Stickstoff und Kohlenstoff beim Nitrocarbuieren

entsteht bei Stählen eine chemische Veränderung.

Zum *Einsatzhärten* kann man kohlenstoffarme Stähle mit Kohlenstoffgehalten von 0,05 % bis 0,22 % in Frage. Diese Stähle sind nicht durch Erwärmen und Abschrecken härtbar. Durch Glühen in einem kohlenstoffhaltigen Medium bei Temperaturen zwischen 850° und 1000° erfolgt ein „Aufkohlen" der Randschicht, d. h., der Kohlenstoffanteil nimmt in der Randschicht zu und zwar soweit, dass dieser Bereich durch Abschrecken härtet. Die Aufkohlungsmedien können fest, flüssig oder gasförmig sein. Die Tiefe der Aufkohlung in die Randschicht ist zeit- und temperaturabhängig **(Bild 2)**.

Beim anschließenden Härten durch Abschrecken erhält man dann ein zweischichtiges Werkstück. Die Oberfläche ist hart, während der Kern zäh bleibt. In einem folgenden Anlassvorgang werden die Gebrauchseigenschaften eingestellt.

Beim Einsatzhärten werden folgende Verfahren unterschieden:

- Direkthärten,
- Einfachhärten,
- Härten nach isothermem Umwandeln,
- Doppelhärten.

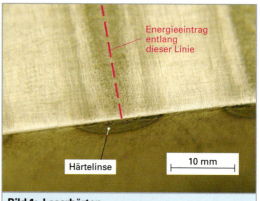

Bild 1: Laserhärten

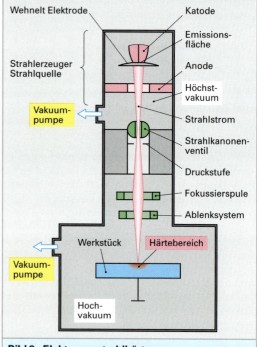

Bild 2: Elektronenstrahlhärten

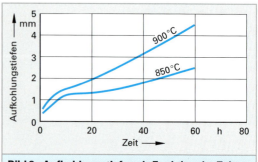

Bild 3: Aufkohlungstiefen als Funktion der Zeit

Das *Direkthärten* erfolgt sofort nach der Aufkohlung mit dem noch erwärmten Werkstück.

Beim *Einfachhärten* lässt man das Werkstück auf Raumtemperatur abkühlen, erwärmt es anschließend auf Härtetemperatur und schreckt es ab.

Beim Härten nach isothermen Umwandeln wird das Bauteil auf ca. 600 °C (Perlitstufe) abgekühlt und auf dieser Temperatur gehalten. Durch die Umwandlung in Perlit scheiden sich feine Carbide ab. Anschließend wird wieder erwärmt und abgeschreckt.

Bei hochbeanspruchten Werkstücken wird nach dem Aufkohlen und Abkühlen zuerst das Werkstück zur Kornverfeinerung geglüht. Anschließend härtet man und dabei wird der Kern angelassen und seine Zähigkeitseigenschaften werden verbessert. Dieses Verfahren nennt man *Doppelhärtung*.

> Da die Atomradien von Kohlenstoff und Stickstoff kleiner sind als die des Eisens, können diese sich in die Zwischengitterplätze des Eisengitters einlagern. Es entstehen Eisenmischkristalle **(Bild 1)**.

Beim Nitrierhärten wird die Randschicht des Werkstücks mit Stickstoff (N) angereichert. Dies geschieht in einem Temperaturbereich von 490 °C bis 580 °C.

Durch das große Lösungsvermögen des Austenits für Stickstoff bilden sich in der Randschicht bei der Gitterwandlung harte Nitride **(Bild 1)**. Diese Eisennitride führen zur Bildung einer sehr spröden Oberflächenschicht. Durch zusätzliche Nitridbildner im Stahl wie z. B. Chrom (Cr), Aluminium (Al) und Molydän (Mo) werden weitere Sondernitride gebildet, die zu einer hohen Härte führen.

Die Härte der Randschicht beruht nicht auf der Martensitbildung. Damit entfällt das Abschrecken. Die Nitrierschichtdicke beträgt ca. 0,05 mm bis ca. 1,2 mm. Zum Nitrieren eigenen sich Vergütungsstähle, die vorher vergütet werden, um die dünne Schicht unterstützen zu können.

Man unterscheidet beim Nitrieren die Verfahren *Gasnitrieren* mit Ammoniakgas (NH_3) und *Badnitrieren* in zyanhaltigen Salzbädern **(Tabelle 1)**. Die Kombination aus *Aufkohlen* mit Kohlenstoff und *Aufsticken* mit Stickstoff nennt man *Karbonitrieren*. Es erfolgt in stickstoffhaltigen und kohlenstoffhaltigen Gasen wie Ammoniak und Propan sowie in Salzbädern **(Bild 2)**.

Tabelle 1: Nitrierverfahren

Verfahren	Nietriertiefe/ mm	Oberflächen- härte/HV	Zeit/h	Tempera- tur/°C
Gasnitrieren	0,2	750	10	510
	0,3	750	30	510
Nitro- carbuieren mit Gas	0,25	600	2,5	570
im Salzbad	0,15	650	1	570

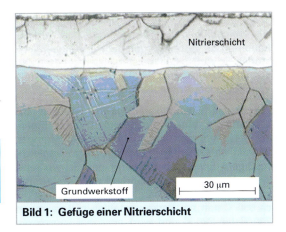

Bild 1: Gefüge einer Nitrierschicht

Bild 2: Nitrieren im Salzbad

Nitrieren findet seine Anwendung, dort wo nach dem Härten eine gute Maßbeständigkeit und keine Nacharbeit erwartet werden. Anwendungsbeispiele sind Gleit- und Wälzpaarungen an Kolben- und Getriebeteilen.

> Nitrierte Werkstücke haben eine erhöhte Korrosionsbeständigkeit, die Verschleißfestigkeit ist verbessert und Gleiteigenschaften werden erhöht.

In Deutschland werden etwa soviel Kunststoffe verbraucht wie Papier und Pappe, mit steigender Tendenz (**Bild 1**).

Durch ständige Entwicklungen ergeben sich neue Eigenschaftskombinationen, die, zusammen mit der weiterentwickelten Verarbeitungstechnik besonders auf dem Gebiet der Konstruktionswerkstoffe, immer neue Anwendungsgebiete erschließen.

3.1.1 Werkstoffe

3.1.2.1 Kunststoffe in der Konstruktion

Die Entwicklung der letzten Jahre zeigt, dass Kunststoffe für immer anspruchsvollere technische Aufgaben eingesetzt werden. Sie sind mittlerweile zu Konstruktionswerkstoffen geworden. Dies zwingt den Konstrukteur, sich intensiv mit den Kunststoffen und ihren ständig zunehmenden Möglichkeiten in der technischen Anwendung auseinanderzusetzen.

Das kunststoffspezifische Wissen des Konstrukteurs konzentriert sich schwerpunktmäßig auf folgende Bereiche:

• Werkstoffeigenschaften,
• Fertigungsverfahren,
• Gestaltungsregeln,
• Berechnungsmethoden.

Diese Bereiche befinden sich in einer engen Beziehung zueinander. Es werden z. B. die Gestaltungsregeln sehr stark von dem zu verwendeten Fertigungsverfahren beeinflusst, oder die besonderen Werkstoffeigenschaften der verschiedenen Kunststoffe müssen in den Berechnungsmethoden komplett beschrieben werden.

Eine erfolgreiche Anwendung der Kunststoffe verlangt von dem Konstrukteur nicht nur gute theoretische Kenntnisse in den oben erwähnten Wissensgebieten, er braucht auch zusätzlich umfangreiche praktische Erfahrung. Eine solche Erfahrung kann aber nur aufgebaut werden, wenn Theorie und Praxis sinnvoll zusammenspielen. Nur dann kann das notwendige Vertrauen in den Werkstoff entstehen oder besser ein Vertrauen in die eigenen Fähigkeiten, mit dem Kunststoff richtig umzugehen.

Gerade diese Vertrauen in die besonderen Eigenschaften des Kunststoffes ist wichtig für den Konstrukteur und Techniker. Denn er ist es, der aus einer Vielzahl möglicher Informationen genau den Stoff auswählt, der für seinen Anwendungsfall der geeignetste und kostengünstigste Kunststoff ist.

3.1.2.2 Werkstoffauswahl

Gerade bei den Kunststoffen mit ihrer enorm breiten Eigenschaftspalette kommt der sorgfältigen und überlegten Werkstoffauswahl eine entscheidende Bedeutung zu. Es empfiehlt sich daher, sich eine systematische Vorgehensweise anzugewöhnen.

Das nachstehend beschriebene Vorgehen kann zwar nicht jeden Fall berücksichtigen, jedoch führt es den Anwender durch die einzelnen Schritte zielsicher zum optimalen Werkstoff. Die qualitative Auswahl und die Bewertung der einzelnen Kriterien der Auswahl, bleiben nach wie vor Aufgabe des Konstrukteurs.

Es ist deshalb nicht verwunderlich, dass zwei verschieden Personen die notwendigen Eigenschaften unterschiedlich bewerten können und somit zu anderen Ergebnissen kommen können. Dennoch ist es immer wieder erstaunlich, wie gut – trotz aller Subjektivität in der Einzelbewertung – die Übereinstimmungen letztendlich sind.

> Die Verwendung von Kunststoffen ist kontinuierlich zunehmend.

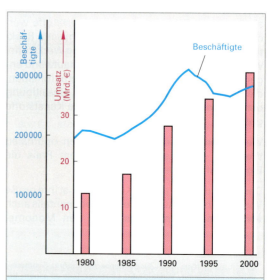

Bild 1: Entwicklung des Umsatzes und der Beschäftigten in der kunststoffverarbeitenden Industrie Deutschlands (Quelle: GKV)

Systematische Werkstoffauswahl

Grundlage ist eine Anforderungsliste, in der alle wichtigen Eigenschaften aufgeführt und klassifiziert werden:

- Forderung (F): muss unbedingt erfüllt werden.
- Wunsch (W): ist falls möglich zu erfüllen.

Vom Konstruktionsablauf und aus Gründen der Zweckmäßigkeit gliedert sich die Werkstoffauswahl in zwei Teilschritte:

1. Vorauswahl:

Die Vorauswahl erfolgt zumeist schon in der Konzeptphase der Konstruktion, also vor dem Konstruktionsentwurf. Dies ist naheliegend, da die Auswahl des Kunststoffes sich auf das Fertigungsverfahren und die Bauteilgestalt auswirkt.

In der Vorauswahl werden prinzipiell alle jene Kunststoffe, die eine Forderung (F) nicht erfüllen, ausgeschieden. Sind noch viele Kunststoffe verwendbar, kann zur weiteren Eingrenzung durch Berücksichtigung der Wünsche (W) erfolgen. Am Ende sollten etwa vier bis acht Kunststoffe zur Auswahl stehen.

2. Endauswahl:

Die Endauswahl wird meist parallel zur endgültigen Bauteilgestaltung und den durchgeführten Berechnungen oder Prozesssimulationen getroffen. Dies ist deshalb erst nach Vorliegen des Konstruktionsentwurfes möglich.

Bei der Endauswahl geht es um die Bestimmung des optimalen Kunststoffes in einer systematischen Beurteilung der Kunststoffeigenschaften. Diese Bewertung erfolgt aufgrund einer Punktebewertung für getrennt gewichtete Stoffeigenschaften.

Optimal ist am Ende derjenige Kunststoff, der die gestellten Anforderungen unter Berücksichtigung des geltenden Beurteilungsmaßstabes und der durchgeführten Gewichtung mit der höchsten Punktzahl erfüllt **(Tabelle 1)**.

In der Vorauswahl sollten nur die Forderungen an den Kunststoff genau definiert und überprüft werden. Weitere Einschränkungen sollten nicht zu diesem frühen Zeitpunkt der Teilgestaltung getroffen werden.

Tabelle 1: Systematische Werkstoffauswahl

Teilenummer:									Teilebenennung:		
Stoffeigenschaft			Werkstoff A			Werkstoff B			Werkstoff C		
Begriff	Einheit	Gewichtung	Eigenschaft	Bewertung	Punktzahl	Eigenschaft	Bewertung	Punktzahl	Eigenschaft	Bewertung	Punktzahl
Dichte	g/cm³	0,9	1,15	6	5,4	1,07	8	7,2	1,24	1	0,9
Zeitstandfestigkeit	N/mm²	1,0	45	8	8,0	35	4	4,0	40	6	6,0
Schwindung	%	0,6	1,0	7	4,2	1,1	6	3,6	0,8	9	5,4
Wasseraufnahme	%	0,5	5,0	1	0,5	3,5	4	2,0	1,0	9	4,5
Wärmeformbeständigkeit	°C	0,8	165	6	4,8	195	9	7,2	150	5	4,0
Wärmedehnzahl	l/°C	0,5	0,00007	10	5,0	0,00008	8	4,0	0,0001	6	3,0
Preis	€/kg	1,0	2,30	1	1,0	0,92	10	10,0	1,10	9	9,0
			1. Gewichtung		**2. Bewertung**			**3. Punktzahl**			
Gesamtpunktzahl					28,9			38,0			32,8
Platzierung				3			1			2	
Bemerkung: Punktezahl = Gewichtung × Bewertung									Datum		

3.1.3   Auslegung von Kunststoff-konstruktionen

Festigkeitsberechnung

Beim Konstruieren hochbeanspruchter Kunststoffteile sind Berechnungen unumgänglich. Zu unterscheiden sind Berechnungen funktionell geometrischer Art, wie beispielsweise die Geometrie der Übertragung von Kräften oder Bewegungen und die Festigkeitsrechnungen. In diesen letzteren Fall werden die Beanspruchungsgrößen am Bauteil den mechanischen Eigenschaften des Kunststoffes gegenübergestellt **(Bild 1)**.

Solche Festigkeitsberechnungen finden in zwei Arbeitsphasen des Konstruktionsvorganges statt **(Bild 1)**. Im Sinne einer **Vorausabschätzung** werden in der Konzeptphase die wichtigsten Hauptdaten ermittelt, auf denen die weitere Konstruktionsarbeit basiert. Die eigentlichen **Festigkeitsrechnungen** werden dann – Hand in Hand – mit der Detailgestaltung in der Entwurfsphase durchgeführt. Diese Berechnungen können auch eine Hilfe sein bei der Werkstoffwahl und bei der Entscheidung, ob und welche Versuche an Funktionsmustern und Prototypen allenfalls erforderlich sind.

Für die eigentliche Festigkeitsrechnung benützt der Konstrukteur nach Möglichkeit Formeln, die in der Fachliteratur, vorzugsweise in technischen Handbüchern, zusammengestellt sind. Dabei muss er wissen, dass alle diese Lösungen auf der Gültigkeit des Hook'schen Gesetzes beruhen, das heißt insbesondere ein lineares Verformungsverhalten vo-

raussetzen. Die äußerst praktische Konsequenz dieser Voraussetzung ist die Möglichkeit, Lösungen einfacher Probleme nach Belieben mit solchen komplizierterer Art zu überlagern.

Abweichungen von der Linearität oder von der Isotropie des Verformungsverhaltens verlangen vom Konstrukteur besondere Kenntnisse. Oft können nur noch Simulationsprogramme weiterhelfen, wie auch bei komplizierterer Bauteilgeometrie und/oder Beanspruchung. Diese Programme basieren meistens auf der Methode der Finiten Elemente (FEM), deren Anwendung einige Anforderungen an die Kenntnisse und die Erfahrung des Konstrukteurs stellen.

Im Zusammenhang mit der Festigkeitsrechnung sind vielerlei Fragen zu klären:

- **Belastungsart** (ruhend, schwingend, schlagartig),
- **Betriebsbedingungen** (Zeit, Temperatur, Medien),
- **Sicherheit** (Lebensdauer, sicheres Bestehen, beschränktes Versagen),
- **Versagenskriterium** (Bruch, Verformung, Rissbildung),
- **Spannungszustand** (einachsig, mehrachsig, hydrostatisch),
- **Werkstoffverhalten** (Versagen, Verformung),
- **Beanspruchung** (Zug, Druck, Schub, Biegung, Torsion),
- **Stabilität** (Knicken, Beulen),
- **Gestalteinflüsse** (Kraftfluss, Kerbwirkung, Bindenähte).

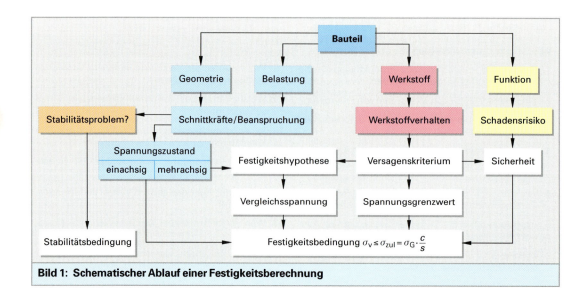

Bild 1:   Schematischer Ablauf einer Festigkeitsberechnung

Berechnung von Maschinenelementen

Die Festigkeitsrechnung bezieht sich ausschließlich auf die mechanische Belastbarkeit der Bauteile. Die zu berechnenden Partien werden überdies in den meisten Fällen zu geometrisch einfachen Körpern abstrahiert. Die nicht-mechanischen Anforderungen, die Einflüsse einer komplizierteren Bauteilgeometrie und die Auswirkungen der praktischen Betriebsbedingungen lassen sich dabei gewöhnlich nur grob abschätzen.

Bei Bauelementen, die sehr häufig in ähnlicher Gestalt und für eine ganz bestimmte Funktion verwendet werden, wie beispielsweise Zahnräder, Laufrollen, Schrauben, Gleitlager usw. können

diese spezifischen Einflüsse experimentell untersucht werden. Die so erhaltenen Ergebnisse, erhärtet durch Erfahrungen aus dem praktischen Einsatz, finden vielfach ihren Niederschlag in empirischen Berechnungsgleichungen, welche die geltenden Zusammenhänge wiedergeben. Die gemessenen Zahlenwerte werden in Diagrammen oder Tabellen dem Benutzer zugänglich gemacht. Ihre Anwendung beschränkt sich damit aber auf das betreffende Maschinenelement, eine Übertragung der ermittelten Zahlenwerte auf anders geartete Maschinenelemente ist im Allgemeinen nicht möglich. Die Vorgehensweise soll anhand einer Berechnung einer Schnapphakenverbindung dargestellt werden.

Rechenbeispiel: Schnapphakenverbindung

(Diese Verbindung nutzt die Elastizität des Kunststoffes aus)

Aus der Erfahrung hat sich gezeigt, dass eine Dimensionierung bezogen auf die kritische Randfaserdehnung anzusetzen ist.

Randfaserdehnung für einen einseitig eingespannten Biegebalken.

Die Spannung ergibt sich zu:

$$\sigma = \frac{M_b}{W_b} = \frac{M_b \cdot e}{J}$$

M_b Biegemoment
W_b Widerstandsmoment
e Abstand der neutralen Faser zur Randfaser
J Trägheitsmoment

wobei gilt:

$$M_b = F \cdot l$$

$$J = \frac{b \cdot h^3}{12}$$

$$e = \frac{h}{2}$$

F Biegekraft
l Biegelänge (Länge des Hakens)
E Elastizitätsmodul
b Balkenbreite (Breite des Hakens)
h Balkenhöhe (Höhe des Hakens)
Δh Durchbiegung

Bei Kunststoffen gilt das Hook'sche Gesetz bis 1 % Dehnung, deshalb gilt folgende Gleichung:

$$\varepsilon = \frac{3 \cdot \Delta h \cdot h}{2 \cdot l^2} \cdot 100\,\%$$

Das Ergebnis ist eine Gleichung für die Randfaserdehnung, wobei zu unterscheiden ist:

• einmalige Kurzzeitbeanspruchung,
• mehrmalige Kurzzeitbeanspruchung,
• Dauerbiegebeanspruchung.

Die Werte für die verschiedenen Beanspruchungen findet man in den Datenblättern der Kunststoffhersteller.

Zulässige Dehnung bei Kurzzeitbeanspruchung:

Werkstoff	Einmalig	Mehrmalig
LEXAN 161-PC	7 %	5.4 %
NORYL GFN 3	2 · 4 %	1.6 %

Zulässige Dehnung bei Dauerbiegebeanspruchung

Werkstoff	Ohne Füllstoff	Mit Füllstoff GF, CF
PC, PC-Blende	1 %	0.5 %
Mod. PPO	0.8 %	0.4 %
PEI	1 %	0.5 %
ABS	1 %	0.5 %
PMMA, PS, SAN	0.8 %	
PA, POM	2 %	0.3–1 %

Rechenbeispiel:
Für den Fall einer einmaligen Kurzzeitbeanspruchung und zu verwendende Material LEXAN 161-PC:
Schnapphakenabmessungen:
1 = 15 mm; h 0 = 3 mm; ε = 7 %
Die zulässige Durchbiegung ergibt sich zu:

$$\Delta h = \frac{2 \cdot l^2 \cdot \varepsilon}{3 \cdot h} = \frac{2 \cdot 15^2 \cdot 0.07\,\text{mm}}{3 \cdot 3} = 3.5\,\text{mm}$$

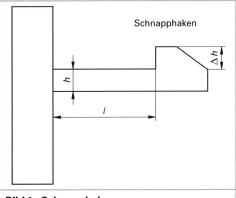

Bild 1: Schnapphaken

3.1.4 Kunststoffgerechtes Gestalten

3.1.4.1 Allgemeine Gestaltungskriterien

Die Gestaltung eines Bauteils ist eine wichtige Teil-aufgabe im Rahmen des Konstruktionsvorganges. Auch bei Verwendung von Kunststoffen richtet sich die Bauteilgestalt nach vier allgemeingültigen Kri-terien, die zudem untereinander in vielfältiger Be-ziehung stehen **(Bild 1)**:

- Funktion,
- Werkstoff,
- Herstellungsverfahren,
- Design.

Eine ideale Bauteilgestalt erfordert eine optimale Abstimmung der Kriterien unter Berücksichtigung der problemspezifischen Anforderungen. Von we-sentlicher Bedeutung ist dabei auch die Kostenfra-ge (Werkstoff, Herstellungsverfahren).

Je nach der Zweckbestimmung der Konstruktion kann die Gewichtung der einzelnen Kriterien sehr verschieden sein. Bei technischen Produkten dürf-ten eher funktionelle Gesichtspunkte im Vorder-grund stehen, während bei Gebrauchsartikeln äs-thetische Gesichtspunkte oft ausschlaggebend sein können.

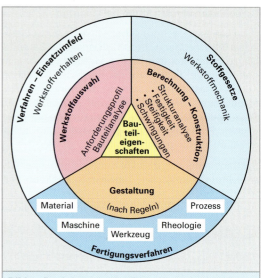

Bild 1: Beziehungen der Gestaltungskriterien

Wichtige **funktionelle Gesichtspunkte der Gestal-tung** sind:

- Einsatz, Betrieb,
- Prinzip der technischen Lösung,
- Bedienung, Handhabung, Ergonomie,
- Sicherheit, Verletzungsrisiko,
- Wartung, Unterhalt,
- Austauschbarkeit.

3.1.4.2 Funktionelle Gesichtspunkte

Unter Funktion versteht man die Formulierung der Aufgabe auf einer abstrakten und lösungsneu-tralen Ebene. Das Prinzip der Funktion kann in Form eines Schemas dargestellt werden, das nicht selten bereits wesentliche Grundgedanken der Lö-sung in sich birgt. So leiten sich aus der Funktion zwangsläufig wichtige Anforderungen an die künf-tige **Produktgestaltung** ab.

Die Gestalt eines technischen Erzeugnisses soll daher bewusst Ausdruck der Funktion sein und weder im Gesamtbild noch in Einzelheiten den An-schein nicht funktionsgerechter Gestaltung oder Bemessung erwecken.

Ein technisch funktionsgerecht gebautes Formteil sieht nicht zwangsläufig auch funktionsrichtig aus. Diskrepanzen zwischen Funktion und visuellem Eindruck können sich beispielsweise bei Verwen-dung grob gestufter Normteile ergeben oder bei Verwendung von Funktionselementen aus andern Baureihen.

Bei **technischen Produkten** stehen technische An-forderungen an erster Stelle wie beispielsweise:

- Raumbedarf, Gewicht,
- Mechanische und andere physikalische Eigen-schaften,
- Anschlussformen und -maße, Toleranzen.

Die **Abstimmung der Bauteilgestalt** auf die auftre-tende Beanspruchung ist ein wichtiger funktioneller Gesichtspunkt.

Ein Kunststoffteil ist dann beanspruchungsgerecht gestaltet, wenn es seine Funktion bei gegebenem Werkstoff mit dem kleinstmöglichen Materialauf-wand zu erfüllen vermag.

In diesem Zusammenhang stehen bei Kunststofftei-len im Vordergrund:

- Steifigkeit,
- Belastbarkeit,
- Kriechneigung,
- Wärmeauswirkungen.

3.1.4.3 Werkstofftechnische Gesichtspunkte

Formteileigenschaften eines Produktes können auch werkstofftechnisch bedingt sein. Sie sollten daher bewusst als Mittel der Gestaltung eingesetzt werden, mit dem Ziel, zusammen mit geeigneter Werkstoffauswahl und Herstellungsverfahren die spezifischen Eigenschaften der Werkstoffe in optimaler Weise auszunützen.

Ein Beispiel hierfür ist der Elastizitätsmodul, der wegen seiner relativ kleinen Werte bei den Kunststoffen in vielen Fällen als nachteilig empfunden wird. Er ist aber überall dort von Vorteil, wo eine gewisse Flexibilität oder Anpassungsfähigkeit des Bauteils erwünscht ist.

Durch gezieltes Ausschöpfen der günstigen Auswirkungen der Kunststoffeigenschaften bzw. durch gezieltes Vermeiden ihrer ungünstigen Auswirkungen können zweckmäßige und mitunter recht unkonventionelle Lösungen entstehen **(Tabelle 1)**.

Die Klemmbrücke lässt sich nach Herstellung in einfacher Gestalt durch gezielte Konditionierung, d. h. Lagerung in Wasser oder Dampf, so weich machen, dass sie bei der Montage problemlos in die gewünschte Form gebracht werden kann **(Bild 1)**.

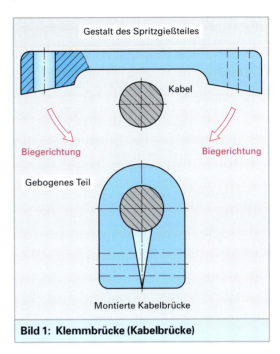

Bild 1: Klemmbrücke (Kabelbrücke)

Tabelle 1: Kunststoffeigenschaften			
Eigenschaft		Mögliche Auswirkungen (Beispiele)	
		günstig	ungünstig
Elastizitätsmodul	klein	*Gewollte* Verformung (Filmgelenk, -scharnier)	Ungewollte Verformung, geringe *Steifigkeit*
	zeitabhängig	Abbau von Spannungsspitzen	Ungewolltes Lösen von *kraftschlüssigen* Verbindungen
	temperatur-abhängig	Leichte Montage bei höheren Temperaturen	Ungenügende Formbeständigkeit bei höheren Temperaturen
Festigkeit	gering	Leichtes Öffnen von Verpackungen	Geringe Belastbarkeit von technischen Teilen
Dichte	gering	Kleines Gewicht der Teile, kleine *Massekräfte*	Geringes *Energiespeichervermögen*
Spezifische Wärmekapazität	hoch	Hohes *Wärmespeichervermögen* (Hitzeschutz)	Langsames *Abkühlen*
Wärmeleit-fähigkeit	gering	Hohe Wärmeisolation (z. B. *Pfannengriffe*)	Wärmestau bei *hitzeempfindlichen Elektronikbauteilen*
Dämpfungs-eigenschaft	hoch	Gute Schalldämpfung geeignet für *Ultraschallschweißen*	Hoher Energieverlust, starke Erwärmung
Reibungskoeffizient	klein	Gute Gleiteigenschaften	*Kraftschlüssige* Verbindungen problematisch
Elektrische Leitfähigkeit	gering	Gute elektrische Isolationswirkung	Hohe statische Aufladung

Wichtige werkstofftechnische Gesichtspunkte, die bei der Bauteilgestaltung zu **konstruktiven Maßnahmen** führen können, sind:

- **Verbindung mit anderen Werkstoffen**
  - stoffschlüssige **(Tabelle 1)** oder formschlüssige Fügeverfahren,
  - Bildung von Werkstoffverbund-Konstruktionen.
- **Veränderung der Oberflächenstruktur** (z. B. Beschichtungen)
  - Die werkstofftypische Oberflächenstruktur sollte grundsätzlich beibehalten werden.
  - Veränderungen sind dann sinnvoll, wenn besondere Anforderungen an Oberflächenschutz, Hygiene oder Aussehen dies verlangen.
- **Verbesserung von Maßhaltigkeit** und Formstabilität
  - Formstabilität z. B. durch räumliche Formgebung
- **Wiederverwertbarkeit der Werkstoffe** (Recycling)
  - Beschränkung auf möglichst wenig verschiedene Werkstoffe
  - Gute Trennbarkeit von Elementen aus unterschiedlichen Werkstoffen
  - Materialkennzeichnung der Werkstoffe

Tabelle 1: Werkstofftechnische konstruktive Maßnahmen (stoffschlüssiges Fügen)

Eigenschaften	Bemerkung
Gefüge	amorph. teilkristallin
Steifigkeit	je steifer, desto besser für das Ultraschallschweißen geeignet
Molekulargewicht	(Länge der Molekülketten) je höher das Molekulargewicht, desto schlechter für das Ultraschallschweißen geeignet
Beständigkeit der Schmelzphase	ist die chemische Stabilität auf eine schmale Temperaturzone eingeschränkt, müssen die Schweißparameter sehr exakt abgestimmt werden um eine thermische Schädigung zu vermeiden
Dynamischer Schubmodul und mechanischer Verlustfaktor	ein hoher Schubmodul und ein niedriger mechanischer Verlustfaktor, lassen auf eine gute Eignung für das Ultraschallschweißen schließen
Feuchtegehalt	Ein hoher Feuchtegehalt erhöht die Dämpfung des Kunststoffes und führt zu einer Verschlechterung der Schweißbarkeit
Verstärkungsstoffe, Füllstoffe und Zusätze	Negativer Einfluss auf die Schweißbarkeit durch diese Stoffe und Zusätze wie z. B.: • Glasfasern, Glaskugeln, mineralische Füllstoffe, • Farbstoffe, Pigmente • Flammschutzmittel • Weichmacher

3.1.4.4 Herstellverfahrensabhängige Gesichtspunkte

Die Gestalt eines Bauteils wird wesentlich durch das **Fertigungsverfahren** mitbestimmt. Jedes Verfahren stellt seine besonderen Anforderungen an die Bauteilgestaltung, bietet aber umgekehrt auch wieder besondere konstruktive Möglichkeiten.

Ziel einer **fertigungsgerechten Gestaltung** muss es sein, das Bauteil so einfach und kostengünstig wie möglich herzustellen, wobei natürlich die Stückzahl und die benötigten Werkzeuge eine entscheidende Rolle spielen. Besonderer Wert muss auch auf eine kunststoffgerechte Gestaltung gelegt werden **(Bild 1, folgende Seite)**. Viele Fehler lassen sich hierdurch bereits im Vorfeld verhindern und kostspielige Korrekturen können somit verhindert werden.

> Die fertigungstechnische Bauteilgestaltung ist wesentlich von der Stückzahl und den Werkzeugkosten bestimmt.

Grundregeln für die Gestaltung von Kunststoff-Formteilen

- Konstante Wanddicken wählen, Materialansammlungen vermeiden (diese führen zu Eigenspannungen und Lunker im Teil, **Tabelle 1 a, folgende Seite**).
- Deckel- oder Bodenflächen nicht eben, sondern gewölbt (nach außen oder innen) oder verrippt gestalten **(Tabelle 1 b, folgende Seite)**.
- Außen- und Innenecken zur Vermeidung von Rissbildung gerundet ausführen. Die Verdickung von Rundungen erhöhen die Steifigkeit **(Tabelle 1 c, folgende Seite)**.
- Scharfe Kanten an der Umrandung der Teile vermeiden. Besser ist die Kanten durch Fasen oder Rundungsradien zu entschärfen und somit ein ausbrechen der Kanten zu verhindern **(Tabelle 1 d, folgende Seite)**.
- Außenwände geneigt mit Entformschrägen versehen, dadurch wird die Stabilität erhöht und das Entformen erleichtert **(Tabelle 1 e, folgende Seite)**.
- Hinterschneidungen aus Entformungsgründen nur auf der Außenseite anordnen **(Tabelle 1 f, folgende Seite)**.
- Löcher und Durchbrüche nur mit genügend Abstand zum Rand vorsehen, um ein Ausbrechen des Lochrandes zu vermeiden **(Tabelle 1 g, folgende Seite)**.

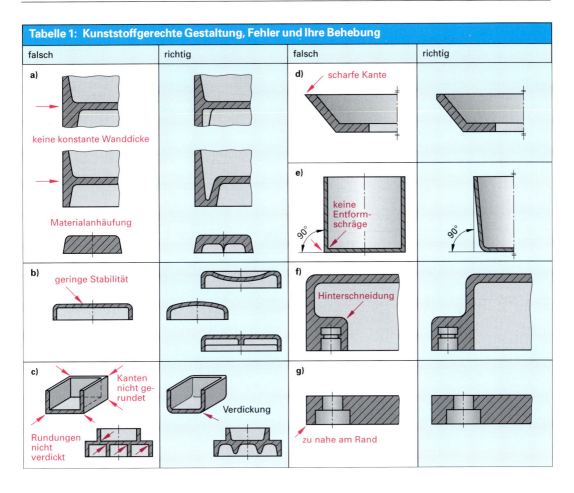

Tabelle 1: Kunststoffgerechte Gestaltung, Fehler und ihre Behebung

falsch	richtig	falsch	richtig
a) keine konstante Wanddicke / Materialanhäufung		d) scharfe Kante	
b) geringe Stabilität		e) keine Entformschräge 90°	90°
c) Kanten nicht gerundet / Rundungen nicht verdickt	Verdickung	f) Hinterschneidung	
		g) zu nahe am Rand	

Die wichtigsten fertigungstechnischen Gesichtspunkte der Bauteilgestaltung sind:

- **Herstellbarkeit**
  Verfahrensbedingte Anforderungen an Größe, Minimal- und Höchstwandstärken, Entformbarkeit, Formfüllung, Abkühlung,

- **geometrische Verhältnisse**
  in Bezug auf Abmessungen, Form und Anordnung von Rundungen, Radien, Kanten, Wölbungen, Bohrungen, Rippen, Entformschrägen (**Bild 1**),

- **verfahrensbedingte Markierungen**
  wie z. B. Werkzeugtrennlinie, Angussbutzen (**Bild 2**),

- **konstruktive Möglichkeiten**
  Einzelne Fertigungsverfahren ermöglichen typische gestalterische Problemlösungen. Die Herstellung von Filmscharnieren ist auf wenige Verfahren beschränkt (Spritzgießen, Prägen), ebenso die Integration verschiedener Funktionselemente zu einem einzigen Bauteil (Integralbauweise bei Spritzgussteilen).

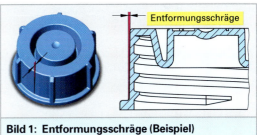

Bild 1: Entformungsschräge (Beispiel)

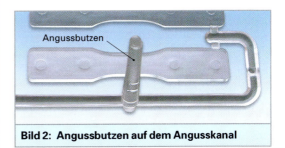

Bild 2: Angussbutzen auf dem Angusskanal

Die Optimierung dieser fertigungstechnischen Gesichtspunkte erfordert viel Erfahrung und eine gute Zusammenarbeit zwischen Teilekonstrukteur, Werkzeugkonstrukteur und Fertigungsspezialisten.

Eine große Hilfe können Rechnerprogramme leisten, mit denen entscheidende fertigungstechnische Probleme bereits bei der Bauteilgestaltung mit CAD[1] angepackt werden können. Dazu zählen Programmsysteme wie z. B. MOLDFLOW[2] für die Simulation des Formfüllvorganges bei Spritzgussteilen.

Damit können

- die Auslegung des Angusssystems (**Bild 1**),
- die Form und Lage von Anschnitten (**Bild 2**),
- der Verlauf der Fließfronten (**Bild 3**),
- die Lage von Bindenähten (**Bild 4**),
- das allfällige Auftauchen von Lufteinschlüssen,
- und der Verzug

vorausberechnet und optimiert werden.

Wiederholung und Vertiefung

1. Welche Einzelfragen sind im Zusammenhang mit der Festigkeitsrechnung bei Kunststoffen zu klären?

2. Nennen Sie die wichtigsten Gesichtspunkte für die Konstruktion von Kunststoffbauteilen?

3. Welche funktionellen Gesichtspunkte unterscheidet man dabei?

4. Welche Eigenschaften sind in Bezug zur Beanspruchung zu beachten?

5. Welchen Vorteil hat man durch den relativ geringen Elastizitätsmodul bei der Konstruktion von Kunststoffbauteilen?

6. Nennen Sie die günstigen und ungünstigen Wirkungen der Kunststoffeigenschaften.

7. Welches sind die Grundregeln der Gestaltung mit Kunststoffen?

8. Nennen Sie Beispiele für richtige und falsche Bauteilgestaltungen in Kunststoffen.

9. In welcher Konstruktionsphase findet eine Vorausabschätzung der Bauteilfestigkeiten statt?

10. Welche mathematische Berechnungsmethode wird in der Festigkeitsberechnung für komplizierte Bauteilgeometrien und nicht-lineares Verformungsverhalten eingesetzt?

11. Nach welchen Kriterien muss sich die Bauteilgestalt richten?

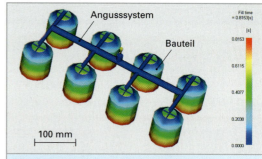
Bild 1: Angusssystem (Beispiel)

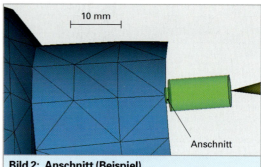
Bild 2: Anschnitt (Beispiel)

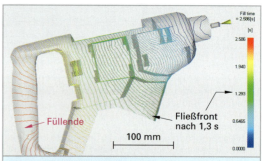
Bild 3: Fließfrontverlauf

Bild 4: Lufteinschlüsse

---

[1] Computer Aided Design
[2] Simulationsprogramm im Bereich Spritzgießen

3.1.4.5 Design

Die Ästhetik[1] ist bei der Bauteilgestaltung von nicht zu unterschätzender Bedeutung. Bei Formteilen für Gebrauchsartikel ist eine ansprechende äußere Gestalt nicht selten für den Verkaufserfolg entscheidend. Wenn auch bei technischen Produkten ihre Gewichtung nicht so hoch sein dürfte, so sollte die Ästhetik bei ihrer Gestaltung nicht ganz außer Acht gelassen werden.

Maßgebend für die visuelle Empfindung bei der Betrachtung eines Gegenstandes ist die Wahrnehmungsfähigkeit des menschlichen Auges. Sie bestimmt letztlich auch die für die Bauteilgestaltung wichtigen ästhetischen Gesichtspunkte:

- **Funktionalität**
  Einklang von Funktion und Gestalt; die Forderung, die technische Form habe sich der Funktion unterzuordnen, lässt sich durchaus mit dem Streben nach guter visueller Qualität vereinbaren.

- **Proportionen**
  Die gewählten Abmessungsverhältnisse bestimmen weitgehend darüber, ob eine Form als angenehm und beruhigend oder als spannungsgeladen empfunden wird. Der Goldene Schnitt[2] beispielsweise **(Bild 1)** gilt als besonders harmonische Proportion.

- **Statik**
  Das visuelle Empfinden registriert auch den statischen Eindruck einer Form, der wiederum das Gefühl von Sicherheit und Vertrauen mitbestimmt.
  Beispiele:
  – Gewicht: leicht/schwer,
  – Standfestigkeit: stabil/labil.

Die gute technische Form kann weder eindeutig noch allgemeingültig definiert werden. Es sind aber Aussagen darüber möglich, welche Betrachtungsweisen und Gestaltungsmittel im Allgemeinen zu einer gut empfundenen Form führen, zumindest aber schlechte Formen vermeiden lassen.

---

[1] Ästhetik = Wissenschaft vom Schönen, Lehre von der Harmonie, von griech. aisthetes = Mensch mit Schönheitssinn
[2] Im Zeitalter der Renaissance formuliert *Luca Pacioli* den Goldenen Schnitt als das Verhältnis, das sich ergibt wenn man eine Linie $\overline{AB}$ durch einen Punkt C so teilt, dass sich $\overline{AB}$ zu $\overline{AC}$ so verhält wie $\overline{AC}$ zu $\overline{CB}$.

Elemente guter technischer Formgebung:

- Bevorzugung durchgehender gerader oder leicht geschwungener, horizontaler Linien,
- Vermeidung spitzer Formen,
- Ordnung und Übersichtlichkeit,
- sichtbare Gliederung von Funktionsgruppen,
- bewusste Wahl einfacher, kompakter Formen und Konturen **(Bild 2)**,
- Berücksichtigung des natürlichen Stabilitätsempfindens,
- designverwandte Gestaltung von zusammengehörenden Teilen,
- zweckmäßiger Einsatz von Farben sowie von Licht- und Schattenzonen.

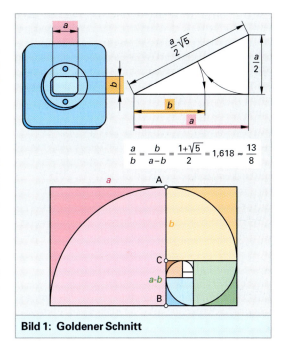

$$\frac{a}{b} = \frac{b}{a-b} = \frac{1+\sqrt{5}}{2} = 1{,}618 \approx \frac{13}{8}$$

Bild 1: Goldener Schnitt

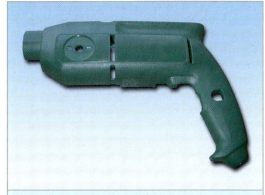

Bild 2: Beispiel für eine einfache und kompakte Form

3.1.4.6 Integration von Funktionen als Konstruktionsprinzip

Das konsequente Ausschöpfen aller Gestaltungsmöglichkeiten wie sie die Fertigungsverfahren für Kunststoffteile bieten, eröffnet dem Konstrukteur eine Fülle von zum Teil recht unkonventionellen Lösungen, welche in der Einzelteilfertigung völlig undenkbar sind. Aus dem Versuch, die Anzahl Einzelteile eines Systems zu reduzieren, hat sich folgerichtig die **integrale Bauweise** entwickelt.

Die Grundidee besteht in der *Zusammenfassung von Einzelelementen, die derselben Funktion dienen, zu einem einzigen Bauteil* **(Bild 1).**

Die resultierende Gestalt des integrierten[1] Bauteils kann mitunter recht komplex sein. Da es aber bei Anwendung geeigneter Fertigungsverfahren wie z. B. Spritzgießen in einem einzigen Arbeitsgang hergestellt werden kann, ergibt sich je nach Stückzahl selbst bei komplizierterem Werkzeug insgesamt eine beträchtliche Senkung der Kosten für Herstellung, Montage und Lagerung.

Die integrale Bauweise eignet sich speziell für feinwerktechnische Konstruktionen, aber auch überall dort, wo komplexe Massenteile kostengünstig hergestellt werden sollen **(Bild 2).**

> Bei der integralen Bauweise werden Einzelelemente derselben Funktion zu einem Bauteil zusammengefasst.

Die logische Weiterentwicklung des Prinzips der integralen Bauweise führt letztlich dazu, Elemente für die verschiedensten Funktionen wie Befestigung, Führung, Kraftübertragung, Antrieb, Schaltung, Dichtung, Federung, Verbindung usw. in einem einzigen Bauteil zusammenzufassen. Diese sogenannte *multi*funktionale Bauweise nutzt die Möglichkeit, die *verschiedenen, typischen Kunststoffeigenschaften in der Anwendung zweckgerichtet zu kombinieren.* Daraus resultieren nicht selten recht unkonventionelle, aber bestechende Konstruktionslösungen **(Bild 3).**

> Bei der multifunktionalen Bauweise werden die verschiedenen Kunststoffeigenschaften zweckgerichtet kombiniert.

[1] lat. integratio = Wiederherstellung als Ganzes, integrierend = zu einem Ganzen gehörend

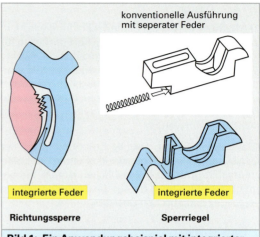

Bild 1: Ein Anwendungsbeispiel mit integrierter Kunststofffeder

Bild 2: Beispiel für komplexes Massenteil:

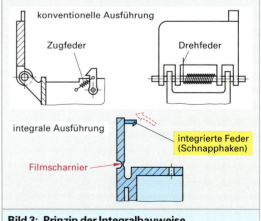

Bild 3: Prinzip der Integralbauweise

3.1.4.7 Elemente der Funktionsintegration

Die integrale Bauweise bedient sich besonderer Elemente wie Filmscharnieren, Federn, Schnappverbindungen, Kippgelenke und anderer stoff- oder formschlüssiger Verbindungen, die als Musterbeispiele kunststoffgerechter Konstruktionslösungen gelten können.

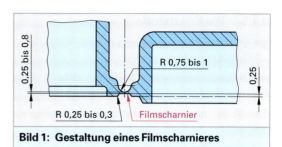

Bild 1: Gestaltung eines Filmscharnieres

- Beim **Filmscharnier** übernimmt eine beim Spritzvorgang erzeugte oder nachträglich geprägte Gelenkrille die eigentliche Scharnierfunktion. Charakteristisch ist der gegenüber den umgebenden Teilebereichen stark verjüngte Querschnitt der Gelenkrille.

  Bei Einhaltung zweckmässiger Größenordnungen von Abmessungen und Radien **(Bild 1)** können Filmgelenke Lebensdauern bis über eine Million Gelenkbewegungen erreichen.

- **Federelemente** spielen in der integralen Bauweise eine wichtige Rolle. Es können dabei sowohl klassische als auch recht unkonventionelle Federarten verwendet werden. Bewährt hat sich die Ausnützung der Biegebeanspruchung für die Federfunktion, und zwar auch für die Realisierung von Zug- und Druckfedern **(Bild 2)**.

  Grundelement der Biegefedern ist das Kniegelenk, das zwar einen geringeren Winkelausschlag gestattet als ein Filmgelenk, dafür aber weit bessere Federeigenschaften aufweist.

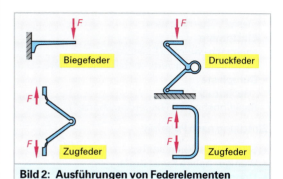

Bild 2: Ausführungen von Federelementen

- **Schnappverbindungen** gestatten je nach gewählter Passflächengeometrie die lösbare oder unlösbare Verbindung von Bauteilen durch Elemente, die in das Bauteil selbst integriert sind. Dabei wird die hohe Verformbarkeit der Kunststoffe ausgenützt. Je nach Anwendungszweck und Ausführungsform **(Bild 3)** kann mit der Schnappverbindung auch die Dichtfunktion kombiniert werden.

Schnapphaken Schnappzylinder Schnappkugel

Bild 3: Ausführung von Schnappverbindungen

- **Kippscharniere** dienen zur scharnierartigen Gelenkverbindung zweier Konstruktionsteile mit zwei verschiedenen stabilen Lagen **(Bild 4)**. Dabei sind alle Teileelemente wie Federn, Gelenke, Hebelarme, die zur Erfüllung der Scharnierfunktion erforderlich sind, zu einem einzigen Element integriert. Kippscharniere finden überall dort Anwendung, wo zwei Bauteilhälften z. B. in den Positionen „offen" und „geschlossen" stabil gehalten werden müssen.

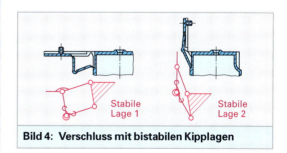

Stabile Lage 1 Stabile Lage 2

Bild 4: Verschluss mit bistabilen Kipplagen

- Mit **Gelenken** aller Art können Kunststoffteile integral ausgeführt und hergestellt werden. Bereits erwähnt wurden Filmscharniere, Kniegelenke mit Federeigenschaften und Kippscharniere. Als Gelenk im verallgemeinerten Sinn kann eine stoffschlüssige Verbindung angesehen werden, welche Relativbewegungen in beliebiger Richtung zulässt **(Bild 5)**. Sie kann z. B. dem Integrieren zweier Hälften dienen, die ungleichartige Bewegungen ausführen.

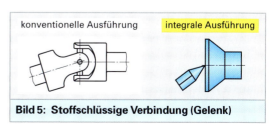

konventionelle Ausführung integrale Ausführung

Bild 5: Stoffschlüssige Verbindung (Gelenk)

Elastomere:

Diese weitmaschig vernetzten Kunststoffe sind Gummi- bzw. Kautschukwerkstoffe. Sie besitzen also relativ geringe Festigkeit, aber hohes elastisches Dehnvermögen und entsprechend hohe Zähigkeit und Verschleißfestigkeit.

Beispiele **(Bild 1)** für Elastomere sind:

• Dichtungen,
• Dämpfungselemente,
• rutschhemmende Ummantelung,
• Kabelumantelungen.

Handelsnamen sind u. a.: Buna, Baypren, Neopren, Oppanol, Hypanol, Viton, Silopren, Silicon.

Eine Gruppe von Elastomeren wird als thermoplastische Elastomere bezeichnet. Diese weisen im Festzustand die Eigenschaften von Elastomeren und in der Wärme sind sie jedoch schmelzbar wie Thermoplaste.

> Elastomere sind im Gebrauchszustand hochelastisch, sie haben ein gummielastisches Verhalten. Sie zersetzen sich oberhalb bestimmter Temperaturen. Die Moleküle sind räumlich weitmaschig vernetzt.

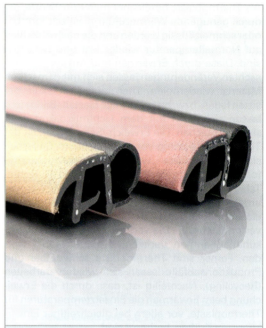

Bild 1: Typisches Produkt aus Elastomer (Dichtungen im KfZ-Bereich)

Chemisch vernetzte Elastomere:
Ihre Vernetzung wird in der Kautschukindustrie „Vulkanisation" genannt. Dabei entstehen durch chemische Reaktionen aus unvernetzten Vorstufen (Natur- oder Synthesekautschuk), die meist fadenartigen makromolekularen Aufbau besitzen, mittels Vernetzungsmitteln unter gleichzeitiger Formgebung die gummiartigen Endprodukt.

Im Gegensatz zu den Thermoplasten sind chemisch vernetzte Elastomere weder warmumformbar noch schweißbar. Ihre Anwendungstemperaturen werden einerseits durch das Auftrete von chemischem Abbau der Makromoleküle bei übermäßiger Wärmeeinwirkung begrenzt. Andererseits tritt in der Kälte durch „Einfrieren" ein vollständiger Verlust der Gummielastizität ein. Das heißt, sie werden hart und spröde.

Thermoplastisch verarbeitbare Elastomere:
Diese verhalten sich bei normalen Temperaturen wie die chemisch vernetzten Elastomere, d. h. weichgummiartig. Beim Erwärmen gehen sie aber in den plastisch-fließbaren bzw. schmelzflüssigen Zustand über, wie die Thermoplaste und lassen sich wie diese verarbeiten. Die Änderungen im mechanisch-thermischen Verhalten sind ebenfalls reversibel. Sie lassen

sich daher – wie die Thermoplaste – auch warmumformen und schweißen.

Abfälle sind ebenfalls wiederverwertbar. Ihre Makromoleküle sind entweder chemisch, weitmaschig oder nur physikalisch vernetzt. Bei chemisch vernetzten Typen öffnet sich die Vernetzung beim Erwärmen und schließt sich wieder beim Abkühlen. Physikalisch vernetzte thermoplastische Elastomere bestehen aus fadenartig aufgebauten Makromolekülen.

Die Molekülfäden besitzen aber abschnittsweise abwechselnd zwei (ggf. auch mehrere) verschiedene Bausteine. Dabei führt einer der Bestandteile zu weichem, flexiblem Verhalten („Weichphase"), der andere zu festem, hartem infolge „physikalischer" Vernetzung durch Nebenvalenzkräfte („Hartphase").

Diese physikalische Vernetzung verschwindet infolge der Wärmebewegung der Makromoleküle bei höheren Temperaturen und stellt sich beim Abkühlen wieder ein.

Beispiele für derartig Werkstoffe gibt es aus der Gruppe der Polyolefine, Polystyrole, Polyester sowie Polyurethane. Letztere haben bisher die größte Bedeutung erlangt.

Duroplaste

Die auch bei höheren Temperaturen harten, festen Kunststoffe bezeichnet man als Duroplaste. Man erhält sie aus flüssigen oder schmelzbaren, noch niedermolekularen Vorstufen, die als Gieß- oder Reaktionsharze oder als härtbare Formmassen angewendet werden, durch engmaschige Vernetzung mit Hilfe von Reaktionsmitteln (Härter, Vernetzungsmittel, ggf. Beschleuniger), sowie in vielen Fällen – durch Anwendung höherer Temperaturen. Vollständig vernetzte Duroplaste können nicht geschweißt und nur in Sonderfällen warmumgeformt werden. Abfälle sind bestenfalls als Füllstoffe nach dem Mahlen wiederverwendbar.

Ihr Anwendungstemperaturbereich wird dadurch begrenzt, dass bei höheren Temperaturen chemisch-thermische Zersetzung eintritt.

Neben der Einteilung der Duroplaste nach ihrem Syntheseverfahren (Polymerisation, Polykondensation, Polyaddition oder Kombinationen dieser chemischen Reaktionen), kann man bei dieser Werkstoffgruppe eine Einteilung nach der Höhe des bei der Verarbeitung erforderlichen Arbeitsdruckes vornehmen in Hochdruckharze und Reaktions- oder Niederdruckharze.

> Duroplasten bleiben auch bei Erwärmung hart und spröde, ohne zu schmelzen. Sie zersetzen sich oberhalb bestimmter Temperaturen und können nicht umgeformt oder recycelt werden. Die Moleküle sind räumlich eng vernetzt.

Tabelle 1: Handelsnamen

Handelsnamen von Duromer-Formmassen:

- Alberit, Bakelit, Pertinax, Trolitan, Proliopas, Resamin
- Ultrapas, Palatal, Resopal, Vestopal, Baysilon, Kaptom, Sintimid, Vespel
- Araldit, Beckopox, Epikote, Epoxin, Eurepox, Lekutherm, Rütapox
- Baymidur, Baygal

Bild 1: Typisches Produkt aus Duromere-Formmasse

Zu den **Hochdruckharzen** gehören solche Materialien, bei deren Formgebung hohe Drücke von etwa 100 bis 600 bar erforderlich sind. Diese hohen Drücke sind insbesondere zum Zuhalten der Formungswerkzeuge nötig, weil diese Harze durch Polykondensation aushärten und bei dieser Reaktion niedermolekulare Spaltprodukte, meist Wasser bzw. Wasserdampf, freigesetzt werden.

Bei den üblichen Verarbeitungstemperaturen (von etwa 140° bis 180° C) entwickelt sich also im Werkzeug bzw. in der aushärtenden Formmasse ein erheblicher Wasserdampfdruck, gegen den das Werkzeug zugehalten werden muss. Würde sich dieses öffnen, so wird das noch nicht verfestigte Formteil unter Einwirkung des Dampfes erweichen und aufreißen.

Die Verarbeitungsdrücke setzen sich hier also aus Formgebungs- und Werkzeugzuhaltedruck zusam-

men. Hochdruckharze sind Phenol-, Harnstoff- und Melamin-Formaldehyd-Harze.

Die **Niederdruckharze** vernetzen dagegen durch Polymerisation oder Polyaddition. Bei diesen Reaktionen werden keine niedermolekularen Spaltprodukte gebildet. Daher benötigt man die Drücke nur für Formgebung bzw. das Fließen der Massen. Sie liegen für Gießharze meist zwischen 1 und 5 bar.

Mit schlecht fließenden Füll- und Verstärkungsstoffen versetzte Massen benötigen natürlich höhere Drücke, ggf. auch über 100 bar. Zu dieser Duroplastgruppe gehören vor allem die ungesättigten Polyesterharze (Vernetzung durch Polymerisation) und die Epoxidharze und engmaschig vernetzte Polyurethane (Vernetzung durch Polyaddition).

3.1.5.2 Modifizierung von Kunststoffen

Die Anwender von Kunststoffen, z. B. die Fahrzeugindustrie, die Verpackungstechnik oder die Elektronik, stellen an die Lieferanten von Kunststoffteilen oft sehr detaillierte Ansprüche bezüglich der Qualitätsmerkmale („Qualitätsprofil") der Kunststoffe. Beispiele sind hierfür die Schlagzähigkeit in der Kälte, Formbeständigkeit in der Wärme, Wärmedehnverhalten, Genauigkeit und Stabilität der Abmessungen, Farbstabilität, elektrische Isolierwerte, Neigung zur elektrostatischen Aufladung, Beständigkeit gegenüber Chemikalien und Flüssigkeiten (z. B. Treibstoff, Bremsflüssigkeit, Waschmittel), Witterungsbeständigkeit, Brandverhalten und – nicht zuletzt – der Preis.

Für die Erfüllung dieser sehr vielfältigen Wünsche stehen folgende Wege für die Kunststoffhersteller oder auch die Verarbeiter zur Verfügung:

- chemische Änderungen am Polymeren,
- physikalische Modifizierung von Polymeren bzw. Kunststoffen,
- Zusatz von Additiven,
- Anwendung der Kunststoffe in Form fester Schäume.

3.1.5.3 Die wichtigsten Kunststoffe

Die Kunststoffe werden in natürliche und synthetische Kunststoffe unterteilt. Die Kunststoffe sind in DIN 7728 **(Tabelle 1)** hinsichtlich ihrer Benennung und Kurzzeichen genormt.

Tabelle 1: Die wichtigsten Kunststoffe und ihre Kurzzeichen

Thermoplaste		Thermoplaste	
Polyolefine		PET	Poly-(ethylenterephthalat)
PE	Polyethylen	PBT	Poly-(butylentherephthalat)
PE-LD	Polyethylen niederer Dichte (low density)	CA	Celluloseacetat
PE-LLD	Lineares Polyethylen niederer Dichte	CAB	Celluloseacetatbutyrat
PE-HD	Polyethylen hohe Dichte (high density)	CAP	Celluloseacetatpropionat
E/P	Ethylen/Propylen	CP	Cellulosepropionat
E/VA	Ethylen/Vinylacetat	**Stickstoffhaltige Thermoplaste**	
E/VAL	Ethylen/Vinylalkohol	PAN	Poly-(acrylnitril)
E/TFE	Ethylen/Tetraflourethylen (Flourkunststoff)	PA	Polyamid
PP	Polypropylen	PI	Polyimid
PIB	Polyisobutylen	PUR	Polyurethan
PB	Polybuten-1	**Schwefelhaltige Thermoplaste**	
PMP	Poly(-4-methylpenten-1)	PPS	Poly-(phenylensulfid)
Styrolpolymerisate		PPSU	Poly-(phenylensulfon)
PS	Polystyrol	PSU	Polysulfon
PS-HI	Schlagzähes Polystyrol (high impact)	PES	Polyethersulfon
S/B	Styrol/Butadien	**Duroplaste**	
SAN	Styrol/Acrylnitril	**Phenoplaste**	
ABS	Acrylnitril/Butadien/Styrol	PF	Phenol-Formaldehyd
ASA	Acrylinitril/Styrol/Acrylester	CF	Kresol-Formaldehyd
Chlor-Thermoplasten		**Aminoplaste**	
PVC	Poly-(vinylchlorid)	MF	Melamin-Formaldehyd
PVC-U	Weichmacherfreies PVC (Hart-PVC)	MPF	Melamin/Phenol-Formaldehyd
PVC-P	Weichmacherhaltiges PVC (Weich-PVC)	UF	Harnstoff-Formaldehyd
PVC-HI	Besonders schlagfestes Hart-PVC (meist kautschukmodifiziert	**Niederdruckharze**	
		UP	Ungesättigtes Polyester
PVDC	Poly-(vinylidenchlorid)	EP	Epoxid
PVC-C	Chloriertes PVC	PDAP	Poly-(diallyphthalat)
Fluor-Thermoplaste		**Elastomere**	
PTFE	Poly-(tetraflourethylen)	CM	Chloriertes Polyethylen
FEP	Tetraflourethylen/Hexaflourpropylen	EPDM	Ethylen/Propylen/Dien-Terpolymeres
PVF	Poly-(vinylflourid)	EPM	Ethylen/Propylen-Copolymerisat
PVDF	Poly-(vinylidenflourid)	IM	Polyisobutylen
PFA	Perflouro-alkoxyalkan	SBR	Styrol-Butadien-Kautschuk
Polyether-Thermoplaste		**Hochleistungswerkstoffe**	
POM	Polyoxymethylen	PEK	Polyetherketon
PPE	Poly-(phenylenether)	PEEK	Polyetheretherketon
Polyester-Thermoplaste		LCP	Flüssig kristalline Kunststoffe (liquid crystalline plastics)
PMMA	Poly-(metylmethacrylat)		
A/MMA	Acrylnitil/Methylmethacrylat	PI	Polyimid
PC	Polycarbonat		

3.1.6 Fertigungsverfahren

Nach DIN 8580/6.74 lassen sich in der Kunststoff-verarbeitung sechs Hauptgruppen unterscheiden (Urformen, Umformen, Trennen, Fügen, Beschichten, Stoffeigenschaften ändern, **Tabelle 1**). Die spanlosen Herstellungsverfahren für Kunststoff-teile werden in zwei grundlegend unterschiedliche Verfahrensgruppen eingeteilt:

- Kontinuierliche Fertigungsverfahren,
- Diskontinuierliche Fertigungsverfahren.

3.1.6.1 Kontinuierliche Fertigungsverfahren

Kontinuierliche Verfahren beschreiben die Verfahren bei denen der Kunststoff im Schmelzezustand ohne Unterbrechung aus einem Werkzeug austritt (Fließprozesse) und das Produkt andauernd hergestellt wird. Typische Verfahren sind das

- Extrudieren (z. B. Rohrextrusion, Plattenextrusion Filmextrusion, Profilextrusion),
- Folienblasen, Hohlkörperblasen,
- Kalandrieren.

Extrusion (Strangpressen)

Bei der Extrusion[1] **(Bild 1)** wird durch eine Dosierschnecke der Kunststoff als Granulat in den Trichter mit konstantem Massestrom aufgegeben und in dem Extruder **(Bild 2)** aufgeschmolzen, homogenisiert und unter Druck in das Extrusionswerkzeug (Bild 1) überführt. Die Schmelze durchströmt das Werkzeug und wird ins Freie gepresst. Anschließend wird der noch heiße Schmelzeschlauch außerhalb des Werkzeuges in einer Kalibriereinheit auf den Solldurchmesser gebracht. Es kann hierbei sowohl der Außen- als auch der Innendurchmesser kalibriert werden. In der Kühlstrecke wird das Rohr im Wasserbad abgekühlt und durch einen Abzug aufgenommen. Das Rohr wird von einer Säge abgelängt und kann dann entnommen werden. Meist werden so Rohre und Profile hergestellt (z. B. Fensterprofile).

---

[1] lat. extrudere = ausstoßen

Tabelle 1: Verfahren der Kunststoff-Verarbeitung		
Urformen	**Umformen**	**Trennen**
Niederdruck-Urformen: Blockpolymerisation Spritz-, Gieß-, Streich-, Tauch-, Sinterverfahren Schäumverfahren **Kompressionsformen:** Pressen mit Presswerkzeugen Presssintern **Extrudieren (Strangpressen):** Extrusionsblasen Folienblasen **Injektionsformen:** Spritzpressen Spritzprägen Spritzgießen Schaumgießen **Kalandrieren (Walzen)**	Warmbiegen Rohr-aufweiten Prägen Steckformen (Thermo-formen) Recken	Schneiden Stanzen Hobeln Drehen Fräsen Bohren Reiben Sägen Schleifen Feilen Polieren
Änderung der Stoffeigenschaften	**Beschichten**	**Fügen**
Konditionieren Tempern Nachhärten	Metallisieren Lackieren Bedampfen	Schweißen Kleben Mechanische Verbindungs-verfahren

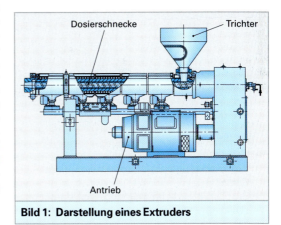

Bild 1: Darstellung eines Extruders

Bild 1 Beschriftung: Dosierschnecke · Trichter · Antrieb

Bild 2: Schematische Darstellung einer Rohrextrusionsanlage

Bild 2 Beschriftung: Kipprinne · Rohrsäge · Rohrabzug · Wasserbad · Druckluft-Kalibrierung · Trichter · Schaltschrank · Rohr-werkzeug · Extruder · Druckluft

Der Extruder besteht aus einem außenbeheiztem Zylinder mit innenliegender Förderschnecke **(Bild 1)** die sowohl das Granulat als auch die Schmelze fördert und außerdem das Granulat plastifiziert und homogenisiert, so dass es als Schmelze weiterverarbeitet werden kann.

Die Schnecke wird durch einen Motor und Getriebe angetrieben und dreht sich im Zylinder. Das Spiel der Schneckstege im Zylinder ist sehr klein, so dass ein Rückströmen der Schmelze verhindert wird.

Zu Beginn liegt das Material in Granulatform oder Pulverform vor, es wird jedoch durch äußer Heizung und innerer Reibung aufgeschmolzen. Die Schnecke befindet sich dazu in einem Zylinder, der durch elektrische Heizbänder von außen beheizt wird. Im Extruder wird auch der Extrusionsdruck für die nachgeschaltete Extrusionsdüse aufgebaut.

Jede Extrusionsdüse hat einen Düsenwiderstand und dieser Widerstand muss durch den Extrusionsdruck überwunden werden. Der Druckverlauf im Extruder und in der Düse ist in **Bild 2** dargestellt. Wobei die *Kurve a* eine Düse mit kleinem Düsenwiderstand und *Kurve b* eine Düse mit hohem Düsenwiderstand beschreibt.

Eine Extrusionsanlage mit *Breitschlitzdüse* ist in **Bild 3** dargestellt. Die extrudierte Folie wird nach Verlassen der Breitschlitzdüse **(Bild 3)** über eine Walzenwickler aufgenommen und aufgewickelt. Es wird auch meist ein *Wechsler* benutzt, um ohne Betriebsunterbrechungen den Wickel wechseln zu können. Auf dem Materialaufgabetrichter befindet sich eine Dosiereinrichtung zur gleichzeitigen Aufgabe von Kunststoffen und Additiven.

Folgende Werkzeugarten werden beim Extrudieren eingesetzt:

- Vollstabwerkzeuge für Rundstäbe,
- Rohrwerkzeuge (Rohrkopf) für Rohre und Schläuche,
- Profilwerkzeuge für Voll- und Hohlprofile,
- Werkzeuge für Draht- und Kabelummantelung,
- Breitschlitzdüsen für Platten und für Folien.

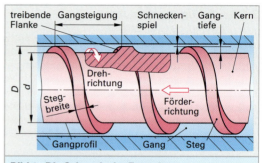

Bild 1: Die Schnecke im Extruder

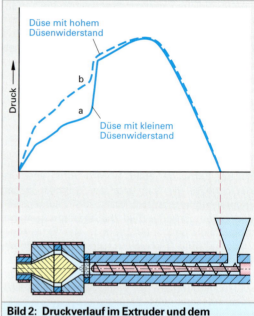

Bild 2: Druckverlauf im Extruder und dem Extrusionswerkzeug

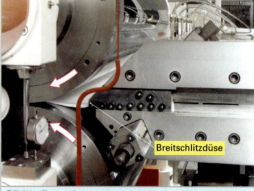

Bild 3: Extrusionsanlage mit Breitschlitzdüse zur Herstellung von Folien

---

[1] lat. granulum = das Körnchen, Granulat = aus Körner bestehend
[2] griech. homo = ... gleich, gleichartig (in Wortzusammensetzungen), homogenisieren = gleich machen

Folienblasen

Beim Folienblasen wird wieder ein Extruder zum Fördern, Plastifizieren und Homogenisieren verwendet. Die Schmelze wird nach dem Extruder in dem Blaskopf **(Bild 1)** um 90° umgelenkt und ein Schlauch senkrecht nach oben extrudiert. Nach dem Verlassen der Düse wird die Folie von außen durch Kühlluft gekühlt und die sich ergebende Blase stabilisiert. Durch eine Luftzuführung **(Bild 2)** wird die Blasluft in das Innere der Blase gebracht und der Schlauch aufgeblasen. Der Kunststoffschlauch wird dabei in Umfangsrichtung gereckt. Er wird dann von den Leitblechen flachgelegt und durch die Quetschwalzen erfasst.

Zum Zeitpunkt der Abquetschung muss der Schlauch bereits soweit abgekühlt sein, dass er nicht mehr verschweißt. Die Quetschwalzen definieren dabei das Ende der Blase und ziehen außerdem den Schlauch mit einer höheren Geschwindigkeit ab, als er aus dem Blaskopf austritt. Dies bedeutet, dass die Folie auch in der Abzugsrichtung gereckt wird. Die Folie wird bei diesem Prozess biaxial gereckt. Zur Erhöhung der Kühlleistung wird zusätzlich zu der außen strömenden Kaltluft auch die Luft im Inneren der Blase ausgetauscht.

Da die Blase jedoch nur begrenzt durch den Innendruck belastet werden kann, ist bei der Innenkühlung nicht nur der Zustrom der kalten Luft zu kontrollieren, es muss auch die erwärmte Luft über ein Gebläse abgesaugt werden. Die Regelung zwischen zuströmender und abströmender Luftmenge erfolgt über den Tastarm. Der Tastarm ermittelt

die Außenkontur der Folienblase und regelt dadurch das Verhältnis der beiden Luftstöme. Durch diese intensive Kühlung kann der Massedurchsatz an der Folienblasanlage stark gesteigert werden.

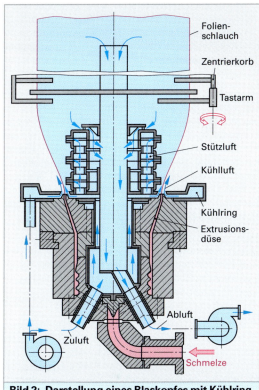

Bild 2: Darstellung eines Blaskopfes mit Kühlring und Innenkühlung

Bild 1: Prinzip des Folienblasens

Bild 3: Folienblasen

Kalandrieren

Kalander sind Walzwerke, auf denen kontinuierlich hochwertige Folienbahnen von 0.1 mm bis 0.8 mm Dicke und bis ca. 3 m Breite gefertigt werden. Der thermoplastische Kunststoff wird zunächst in einem Innenmischer **(Bild 1)** plastifiziert und homogenisiert. Die plastifizierte Schmelze wird dann an ein Mischwalzwerk übergeben. Von dort wird über Transportbänder der Film an den Kalander weitergeleitet.

Der Kalander besteht aus vier bis fünf beheizten, hochglanzpolierten Walzen, die auf einem Maschinengestell montiert sind. Im Kalander wird der Film auf Foliendicke ausgestrichen. Nach dem Verlassen des Kalanders wird dann die Folie eventuell mit einer Struktur versehen, den Kühl- und Abzugswalzen zugeführt. Nach dem Durchlaufen der Dickenkontrolle wird die Folie in der Wickelvorrichtung aufgewickelt.

Durch Kalandrieren wird hauptsächlich Gummi und Hart-PVC verarbeitet. Das Kalandrieren eignet sich auch zur Herstellung von mehrschichtigen und kaschierten Folien.

Flachfolien können auch über Breitschlitzdüsen **(Bild 2)** extrudiert und dann auf Kalander ausgewalzt werden. Damit eine gleichmäßige Dicke der Folie nach dem Verlassen der Breitschlitzdüse erreicht wird, setzt man häufig Flachschlitzdüsen mit einer Kleiderbügelkanalgeometrie **(Bild 3)** ein.

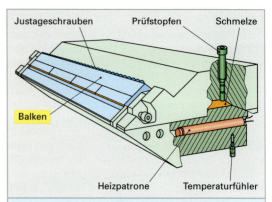

Bild 2: Prinzipskizze einer Breitschlitzdüse

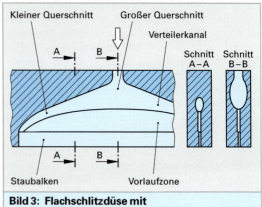

Bild 3: Flachschlitzdüse mit Kleiderbügelkanalgeometrie

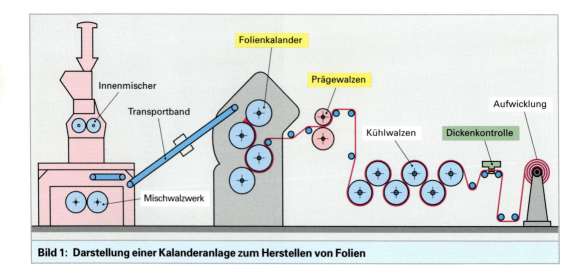

Bild 1: Darstellung einer Kalanderanlage zum Herstellen von Folien

3.1.6.2 Diskontinuierliche Fertigungsverfahren

Die *diskontinuierliche* Verfahren bezeichnen alle Herstellungsverfahren, die Teile oder Produkte nacheinander in Schritten (Stückprozesse) herstellen.

Typische Verfahren sind das

- Spritzgießen (Sonderverfahren: Gasinnendruck-, Mehrkomponenten-, Metallpulververarbeitung),
- Hohlkörperblasen,
- Thermoformen,
- Kompressionsformen.

An einigen Verfahren werden nun die diskontinuierlichen Verfahren vorgestellt werden.

Spritzgießen

Das Spritzgießen mit Spritzgießwerkzeug ist (nach DIN 8583 Teil 6/8.69 Formen der Formmasse) ein diskontinuierliches Herstellungsverfahren von Kunststoffteilen. In einem Massezylinder wird das Kunststoffmaterial unter Wärmeeinwirkung plastisch erweicht und unter Druck durch eine Düse in den Hohlraum eines Werkzeuges gepresst. Die Kunststoffschmelze wird dann im Werkzeug abgekühlt, hierbei schwindet die Kunststoffschmelze. Der Massezylinder der Spritzgießmaschine **(Bild 1 und Bild 2)** enthält dabei mehr geschmolzenes Material als ein Spritzgießvorgang benötigt.

Beim Spritzgießen laufen hintereinander bei jedem Arbeitszyklus die folgenden fünf Arbeitstakte ab: Spritzaggregat mit Düse anlegen, Schmelze einspritzen, Nachdrücken, Abkühlen des Spritzlings und Entformen **(Bild 1, folgende Seite)**.

Das Spritzgießen wird vorzugsweise bei nicht-härtbaren Formmassen angewendet. Das thermoplastische Material erstarrt im Werkzeug durch Abkühlen. Spritzgießen wird überwiegend zur Herstellung komplizierter Formteile aus thermoplastischem Kunststoff, bei hoher Stückzahl, eingesetzt.

Auch härtbare Formmassen können im Spritzgießverfahren verarbeitet werden, das sich vom Spritzpressen durch die kontinuierliche Erzeugung einer spritzgießfähigen Schmelze unterscheidet. Während beim Spritzpressen in der Vorkammer nur immer die Masse für einen einzigen Spritzvorgang vorhanden ist, ist beim Spritzgießen im Schneckenzylinder Material für mehrere Spritzvorgänge vorhanden. Die Formmasse wird von der Schnecke fortlaufend aus dem Fülltrichter eingezogen.

Bild 1: Spritzgießmaschine

Bild 2: Spritzgießmaschine im Querschnitt

Härtbare Formmassen können auf normalen Schneckenspritzgießmaschinen verarbeitet werden. Man braucht aber für das Duroplast-Spritzgießen spezielle härtbare Spritzgussmassen, die so eingestellt sind, dass sie bei einer Temperatur von 80 °C bis 120 °C etwa 10 min bis 12 min im Schneckenzylinder der Maschine verweilen können. In dieser Zeit dürfen sie wohl erweichen, aber nicht so stark vernetzen, dass die Fließfähigkeit behindert wird. In der Form sollen sie aber dann bei einer Temperatur von 140 °C bis 180 °C annähernd ebenso rasch aushärten wie die Pressmassen.

Spritzeinheit

Die plastifizierte[1] Formmasse wird von der Schnecke zum Stauraum vor der Schneckenspitze gefördert, währenddessen neuer Kunststoff aus dem Trichter in den Schneckenzylinder eingezogen wird. Die Schnecke bewegt sich während der Plastifizierung nach hinten. Mit dem Staudruck (der materialabhängig ist, Bild 1) wird dieses Zurückweichen der Schnecke behindert und somit erreicht, dass das aufgeschmolzene Material besser durchmischt und homogenisiert[2] wird.

Je besser die Homogenität der Schmelze, um so höher kann ohne Zersetzungsgefahr die Temperatur der Schmelze sein, desto besser fließt die Schmelze (geringere Viskosität) und dadurch können Formteile mit geringerer Wanddicke hergestellt werden.

Nach dem Ende der Plastifizierung ist genügend Schmelze (Teilevolumen + Angussvolumen + Nachdruckvolumen + Reservemassepolster) vor der Schneckenspitze und die Schmelze wird durch den Spritzdruck in die Werkzeugkavität eingespritzt (Bild 1).

(Der Staudruck liegt im Bereich von 10^6 Pa ... 10^7 Pa. Der zum Füllen der Form notwendige Spritzdruck liegt zwischen $5 \cdot 10^7$ Pa und $15 \cdot 10^7$ Pa).

Der Nachdruck ist geringer als der Spritzdruck (50 %–80 % vom Spritzdruck) und muss so lange aufrechterhalten werden, bis der Spritzling erkaltet ist. Andernfalls entstehen im Teil aufgrund der Materialschwindung beim Abkühlen Lunker und Einfallstellen.

> Der Staudruck ist wichtig für das Durchmischen und Homogenisieren der Schmelze

---

[1] plastifizieren = aufschmelzen
[2] homogenisieren = vereinheitlichen, mischen

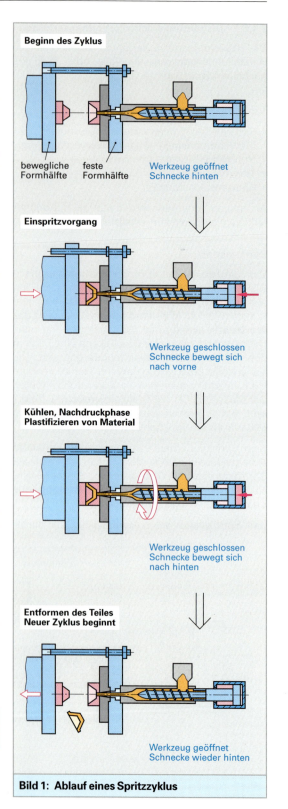

Beginn des Zyklus

bewegliche   feste   Werkzeug geöffnet
Formhälfte   Formhälfte   Schnecke hinten

Einspritzvorgang

Werkzeug geschlossen
Schnecke bewegt sich
nach vorne

**Kühlen, Nachdruckphase
Plastifizieren von Material**

Werkzeug geschlossen
Schnecke bewegt sich
nach hinten

**Entformen des Teiles
Neuer Zyklus beginnt**

Werkzeug geöffnet
Schnecke wieder hinten

Bild 1: Ablauf eines Spritzzyklus

Vergleicht man die Schnecke einer Spritzeinheit mit der eines konventionellen Extruders, so ist die Schnecke kürzer, da sie im Zylinder bewegt werden muss. In einer Spritzeinheit kommen sogenannte Dreizonenschnecken am häufigsten zum Einsatz. Die drei Zonen sind Einzugs-, Kompressions- und Ausstoßzone **(Bild 1)**.

Die Abkühldauer (Kühlzeit) bis zum Entformen des Kunststoffteiles hängt stark vom Material und der Wanddicke ab. Die Abhängigkeit von der Wanddicke ist etwa quadratisch, d. h., doppelte Wanddicke ergibt vierfache Kühlzeit.

Beim Einspritzen fährt das Spritzaggregat mit der Maschinendüse **(Bild 2)** an die Angussbuchse heran und mit dem Anpressdruck an der Angussbuchse wird verhindert, dass zwischen Angussbuchse und Maschinendüse Material austritt. Die Schmelze fließt aus der Düsenbohrung durch den Angusskanal in die Form.

Fährt das Spritzaggregat wieder zurück, wird die heiße Schmelze in der Düse von der erstarrten Masse des Angusses abgerissen. Ist die Zähigkeit des Materials gering muss die Maschinendüse durch eine Verschlussdüse **(Bild 3)** abgedichtet werden.

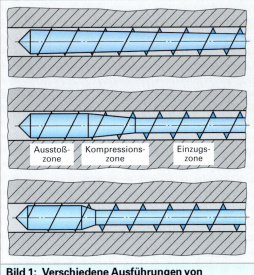

Bild 1: Verschiedene Ausführungen von Schnecken für Spritzaggregate

Wiederholung und Vertiefung

1. Erklären Sie die „integrale Bauweise" bei Kunststoffteilen.

2. Nennen Sie die Elemente der Funktionsintegration.

3. Wie werden Kunststoffe eingeteilt?

4. Wodurch sind Thermoplaste, Elastomere und Duroplaste gekennzeichnet?

5. Welche kontinuierlichen Fertigungsverfahren unterscheidet man bei der Kunststoffverarbeitung?

6. Skizzieren Sie die Rohrherstellung durch Extrusion.

7. Wie werden Folien hergestellt?

8. Beschreiben Sie den Produktionsprozess des Kalandrierens.

9. Wie ist der Fertigungsprozess des Spritzgießens definiert?

10. Bei welchen Formmassen wird das Spritzgießen vorzugsweise angewandt?

11. Skizzieren Sie die Spritzeinheit mit Schnecke.

12. Beschreiben Sie den Prozess des Spritzgießens. Welche fünf Arbeitstakte laufen hierbei ab?

13. In welchen Fällen braucht man eine Verschlussdüse?

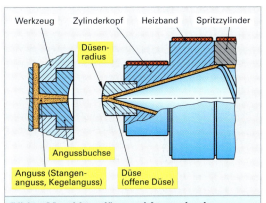

Bild 2: Maschinendüse und Angussbuchse

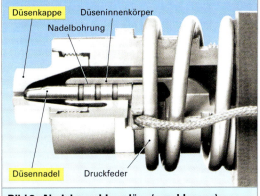

Bild 3: Nadelverschlussdüse (geschlossen)

Schließeinheit

Das Spritzgießwerkzeug besteht aus zwei Formhälften. Die feste Seite (Düsenseite, **Bild 1**a) mit der Angussbuchse und dem Angusskanal wird mit der festen Aufspannplatte der Schließeinheit verbunden. Die andere Formhälfte ist auf der beweglichen Aufspannplatte der Schließeinheit befestigt. Auf dieser Seite sind normalerweise auch die Auswerfer angeordnet. Diese Formhälfte wird deshalb *bewegliche Seite* **(Bild 1b)** oder Auswerferseite genannt. Die Aufspannplatte mit der Formhälfte wird während der Entformbewegung durch den Schließmechanismus bewegt und öffnet somit das Werkzeug in der Trennebene (Bild 1). Die beiden Formhälften werden mit Hilfe von Führungssäulen zentriert.

Bei der Entformung fahren die Formhälften auseinander und öffnen das Werkzeug in der Trennebene zwischen fester und beweglicher Werkzeughälfte. Normalerweise bleibt der Spritzling am Kern der beweglichen Formhälfte hängen und wird durch Auswerfer ausgeworfen. Die Schließeinheit muss nicht nur die Fahrbewegung der beiden Werkzeughälften ermöglichen, sie muss auch der Auftriebskraft, hervorgerufen durch den Spritzdruck im Werkzeughohlraum, entgegenwirken. Die Schließeinheit muss die sogenannte Zuhaltekraft, die gleich oder größer der Auftriebskraft sein muss aufbringen.

Die benötigte Kraft kann mechanisch über Kniehebelsysteme, hydraulisch mit Hydraulikzylindern **(Bild 2)** oder elektrisch mit Elektromotoren und Getrieben aufgebracht werden.

Zur Unterstützung der Auswerfer, die nur einen begrenzten Hub haben, wird manchmal noch Druckluft eingesetzt. Zum Auswerfen dienen Stifte, Teller und Ringe.

Die notwendige Zuhaltekraft ergibt sich wie folgt:

Zuhaltekraft:

$$F_{zu} \geq Z_N \cdot A_{proj} \cdot p_{Spritz}$$

mit: F_{zu} Zuhaltekraft
      Z_N Zahl der Formnester
      A_{proj} projektierte Fläche eines Teiles bezüglich der Trennebene
      p_{Spritz} Spritzdruck

a) Düsenseite   b) Auswerferseite

Bild 1: Spritzgießwerkzeug

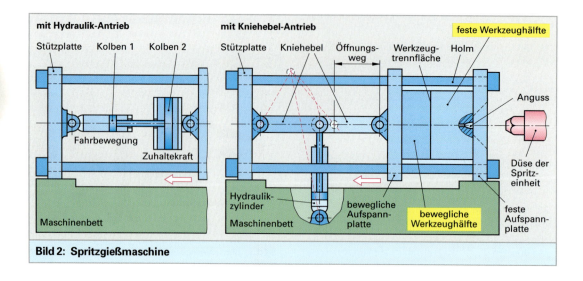

Bild 2: Spritzgießmaschine

Angusssystem

Die von einer Düse kommende Masse wird durch einen Kanal oder ein Kanalsystem im Werkzeug zu einem oder mehreren Formhohlräumen (Kavitäten) des gekühlten Spritzgusswerkzeuges geleitet. Sowohl das Kanalsystem als auch die darin enthaltene Masse wird als Anguss **(Bild 1)** bezeichnet.

Der Anschnitt ist der kleine Querschnitt am Übergang von Anguss zu Formhohlraum. Die Lage und die Form des Angusssystems als auch des Anschnittes hat einen entscheidenden Einfluss auf die Güte des späteren Kunststoffteiles und den erforderlichen Druckbedarf zum Einspritzen.

Der Druckverlauf im Angusssystem und in verschiedenen Bereichen ist unterschiedlich. Während des Einspritzvorganges (Einspritzzeit) ist der Druck im Angusssystem am höchsten und im Teil an unterschiedlichen Stellen, je weiter vom Anschnitt entfernt, kleiner **(Bild 2)**.

Durch eine optimale Wahl des Anguss- und Anschnittquerschnittes kann die Zykluszeit verkürzt, das zu recycelnde Angussmaterial verringert und Nacharbeit gespart werden. Wird eine sehr komplizierte Anbindung benötigt oder ist der Angusskanal sehr lang, kommt oft ein beheizter Angusskanal zum Einsatz. In diesem Angusskanal bzw. Angusskanalsystem erstarrt die Kunststoffschmelze nicht, deshalb muss in diesem Fall das Angusskanalsystem nicht mit dem Teil entformt werden. Solche Kanalsysteme sind beheizte Düsen oder *Heißkanalsysteme.*

Gebräuchliche Angussarten **(Bild 3)** sind der Punktanguss, der Stangenanguss, der *Tunnelanguss,* der *Ring- oder Schirmanguss* und der *Bandanguss.*

Das Angusssystem hat mehrere Anforderungen zu erfüllen:

- Das Fließen der Kunststoffschmelze möglichst wenig behindern.
- Das Volumen des Angusssystem sollte möglichst gering sein, da beim konventionellen Angusssystem dieses Materialvolumen recycelt werden muss.
- Leicht vom Spritzgießteil zu trennen.
- Keine sichtbare Markierung an der Außenfläche des Spritzgießteils.
- Die Wirkung des Nachdruckes möglichst lange ermöglichen.

Bild 1: Beispiel eines Angusssystems

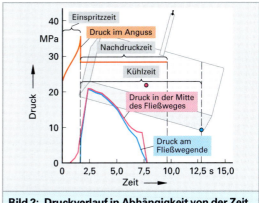

Bild 2: Druckverlauf in Abhängigkeit von der Zeit

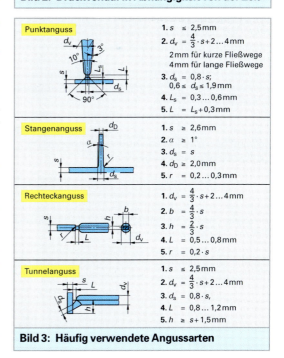

Punktanguss

1. $s \leq 2,5\,\text{mm}$
2. $d_v = \frac{4}{3} \cdot s + 2 \dots 4\,\text{mm}$

   2 mm für kurze Fließwege
   4 mm für lange Fließwege
3. $d_s = 0,8 \cdot s;$
   $0,6 \leq d_s \leq 1,9\,\text{mm}$
4. $L_s = 0,3 \dots 0,6\,\text{mm}$
5. $L = L_s + 0,3\,\text{mm}$

Stangenanguss

1. $s \geq 2,6\,\text{mm}$
2. $\alpha \geq 1°$
3. $d_s = s$
4. $d_D \geq 2,0\,\text{mm}$
5. $r = 0,2 \dots 0,3\,\text{mm}$

Rechteckanguss

1. $d_v = \frac{4}{3} \cdot s + 2 \dots 4\,\text{mm}$
2. $b = \frac{4}{3} \cdot s$
3. $h = \frac{2}{3} \cdot s$
4. $L = 0,5 \dots 0,8\,\text{mm}$
5. $r = 0,2 \cdot s$

Tunnelanguss

1. $s \leq 2,5\,\text{mm}$
2. $d_v = \frac{4}{3} \cdot s + 2 \dots 4\,\text{mm}$
3. $d_s = 0,8 \cdot s,$
4. $L = 0,8 \dots 1,2\,\text{mm}$
5. $h \geq s + 1,5\,\text{mm}$

Bild 3: Häufig verwendete Angussarten

Muß ein sehr langes Teil hergestellt werden, ist es erforderlich, das maximal mögliche Fließweg-Wanddickenverhältnis des verwendeten Spritz-gießmaterial zu kennen und zu beachten. Wird die kritische Länge des Fließweges überschritten muss eine Mehrfachanbindung für dieses Teil vorgesehen werden. Zur Bestimmung dieser kritischen Fließweglänge besteht die Möglichkeit, Daten vom Materialhersteller zu beziehen **(Bild 1)**. Eine weitere Möglichkeit besteht in einer vereinfachten Berechnung nach dem Hagen-Poiseuill'schen Gesetz[1].

Schwindung

Bei der Dimensionierung der Kavität muss die Schwindung berücksichtigt werden. Die Schwindung hat zur Folge, dass sich die Maße des abgekühlten Teiles verändern. Würden die Maße direkt von der Teilekonstruktion in die Werkzeugkonstruktion übernommen, so würden nach dem Abkühlen und Auswerfen des Teiles, das Teil zu klein sein. Die Schwindung ist materialabhängig und auch verarbeitungsabhängig. Entscheidend sind hierbei der Spritzdruck und der Nachdruck. Unterschiede ergeben sich auch bei teilkristallinen und amorphen Stoffen und die Art des Füllstoffes. Eine Übersicht der empfohlenen Verarbeitsbedingungen ist in **Tabelle 1, folgende Seite** zu sehen.

Unterschieden wird bei der Schwindung eine *Verarbeitungsschwindung* und eine *Nachschwindung* **(Bild 2)**. Werden beide Schwindungsarten addiert, ergibt sich die *Gesamtschwindung*.

Die **Verarbeitungsschwindung** beschreibt den Unterschied der Abmessungen der Kavität und des ausgeworfenen Formteiles (bei Normklima 23°/50%). Sie ist abhängig von dem Kunststoffmaterial, dem Füllstoff, den Verarbeitungsbedingungen, der Gestalt des Formteils und der Werkzeugkonstruktion. Infolge der Orientierung der Makromoleküle des Kunststoffes und des Verstärkungsstoffes ist die Schwindung richtungsabhängig und kann für manche Kunststoffe nur in einem Größenbereich angegeben werden.

Die **Nachschwindung** tritt nach der Verarbeitung im Laufe der Zeit bei Raumtemperatur auf. Verstärkt wird diese Änderung bei höheren Temperaturen durch eine Nachkristallisation, Nachhärtung oder Veränderung des Wassergehaltes.

> Die Gesamtschwindung setzt sich aus Verarbeitungsschwindung und Nachschwindung zusammen

[1] *Jean-Louis Marie Poiseuille* (1799–1869), franz. Arzt und Physiker
Gotthilf Heinrich Ludwig Hagen (1797–1884), dt. Ingenieur

Vereinfachte Berechnung des maximalen Fließweges nach Haagen-Poiseuille'schen Gesetz:

amorphe Thermoplasten:

$$L = 32.05 \cdot H^2$$

teilkristalline Thermoplasten:

$$L = 49.02 \cdot H^2$$

$$H = \frac{B \cdot D}{2 \cdot (B + D)}$$

H   Hydraulischer Radius
L   maximale Fließweglänge

B   Breite des Teiles
D   Wanddicke des Teiles

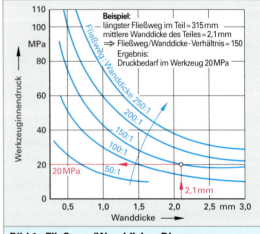

Bild 1: Fließweg/Wanddicken Diagramm

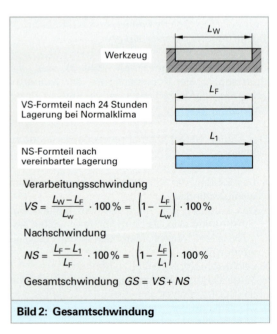

Verarbeitungsschwindung

$$VS = \frac{L_W - L_F}{L_W} \cdot 100\% = \left(1 - \frac{L_F}{L_W}\right) \cdot 100\%$$

Nachschwindung

$$NS = \frac{L_F - L_1}{L_F} \cdot 100\% = \left(1 - \frac{L_F}{L_1}\right) \cdot 100\%$$

Gesamtschwindung $GS = VS + NS$

Bild 2: Gesamtschwindung

Tabelle 1: Richtwerte für das Spritzgießen von Formmassen							
Kurzzeichen	Verarbeitungs- temperatur °C	Vortrocknen °C/Stunden	Werkzeugtemperatur		Verarbeitungsschwindung		
			normal °C	geschäumt °C	normal °C	verstärkt GF30 %	geschäumt %
PE-LD	160–270	–	20–60	–	1,0–3,0	–	–
PE-HD	200–300	–	10–60	10–20	1,5–3,0	–	1,5–3,0
EVA	130–240	–	10–50	–	0,8–2,2	–	–
PP	200–300	–	20–90	10–20	1,3–2,5	1,2–2,0	1,5–2,5
PB	200–290	–	10–60	–	1,5–2,6	–	–
PVC-U	170–210	–	20–60	10–20	0,4–0,8	–	0,5–0,7
PVC-P	160–190	–	20–60	10–20	0,7–3,0	–	0,7–3,0
PS	170–280	–	10–60	10–20	0,4–0,7	–	0,4–0,6
SAN	200–260	85/2–4	50–80	–	0,4–0,6	0,2–0,3	–
SB	190–280	–	10–80	10–80	0,4–0,7	–	0,4–0,7
ABS	200–260	70–80/2	50–80	10–40	0,4–0,7	0,1–0,3	0,4–0,7
ASA	200–260	70–80/2–4	50–85	–	0,4–0,7	–	–
PMMA	190–290	70–100/2–6	40–90	–	0,3–0,8	–	–
POM	180–230	110/2	60–120	–	1,5–2,5	0,5–0,1	–
PA6	240–290	80/8–15	40–120	–	0,8–2,5	0,2–1,2	–
PA66	260–300	80/8–15	40–120	–	0,8–2,5	0,2–1,2	–
PA610	230–290	80/8–15	40–120	–	0,8–2	–	–
PA11	200–270	70–80/4–6	40–80	–	1,0–2,0	0,3–0,7	–
PA12	200–270	100/4	20–100	–	1,0–2,0	0,5–1,5	–
PA6-3-T	250–310	100/8	70–90	–	0,5–0,6	0,16–0,2	–
PC	270–380	110–120/4	80–120	60–90	0,6–0,7	0,2–0,4	0,7–0,9
PET	260–300	120/4	130–150	–	1,6–2,0	0,2–2,0	–
PBT	230–280	120/4	40–80	50–60	1,0–2,2	0,5–1,5	2,0–2,5
PSU	340–390	120/5	100–160	–	0,6–0,8	0,2–0,4	–
PES	320–390	160/5	100–160	–	0,6	0,15	–
PEK	350–380	150/3	150–180	–	1,0	0,1–0,4	–
PPE mod	230–270	100/2	40–110	10–80	0,5–0,8	0,2	0,6–0,8
PEI	340–425	150/4	65–175	–	0,5–0,7	0,2–0,4	–
TPU	190–220	100–110/2	10–20	–	0,2–2,0	–	–
CA	180–220	80/2–4	40–80	–	0,4–0,7	–	–
CP	190–230	80/2–4	40–80	–	0,4–0,7	–	–
CAB	190–230	80/2–4	40–80	–	0,4–0,7	–	–

Wiederholung und Vertiefung

1. Wie erfolgt das Ausformen bei Spritzgießmaschinen?

2. Beschreiben Sie das Angusssystem.

3. Welche Anforderungen hat das Angusssystem zu erfüllen?

4. Welche Schwindungsarten werden unterschieden?

5. Nennen Sie die Gründe für die Schwindung.

6. Welchen Einfluss hat der Werkzeuginnendruck auf die Wanddicke?

7. Wie wird der mit Schmelze gefüllte Raum vor der Schneckenspitze genannt?

8. Welche vereinfachte Abhängigkeit gibt es zwischen der Wanddicke und der Kühlzeit?

9. Wie werden die zwei Hälften eines Spritzgießwerkzeuges bezeichnet?

Gasinnendruck-Verfahren (GID)

Beim Spritzgießen nach dem *Gasinnendruck-Verfahren* werden zwei Stoffe, zunächst Kunststoffmaterial und dann Gas (meist Stickstoff), in die Kavität eingeleitet. Dieses Verfahren kann bei dickwandigen Teilen oder bei dünnwandigen Teilen mit einer ausgeprägten Verrippung eingesetzt werden. Werden dickwandige Teile **(Bild 3)** mit dem herkömmlichen Spritzgieß-Verfahren hergestellt, ergeben sich aufgrund der hohen Schwindung Einfallstellen oder sogar Lunker im Teil. Außerdem benötigen dickwandige Teile eine sehr lange Kühlzeit, dies bedeutet eine lange Zykluszeit und dadurch werden solche Teile sehr teuer.

Durch das GID-Verfahren können beide Probleme gelöst werden. Außerdem wird durch die Verdrängung der plastischen Seele in der Teilemitte Material eingespart (bis zu 45 %) und damit reduziert sich außerdem das Teilegewicht außerordentlich. Die zwei gebräuchlichsten Verfahren sind in **Bild 1** und **Bild 2** dargestellt.

Bei der erste Variante wird das Gas über die Maschinendüse des Spritzaggregates eingeleitet. Zunächst wird konventionell die Kavität mit Schmelze gefüllt. Im Gegensatz zum konventionellen Spritzgießen wird die Kavität jedoch nur zum Teil (55 % bis 60 %) gefüllt. Nach einer kurzen Wartezeit (Verzögerungszeit) wird über die spezielle GID-Maschinendüse Gas (meist Stickstoff) in die Kavität eingeleitet. Das eingeleitete Gas verdrängt den vor ihm liegenden Kunststoff und füllt dadurch die Kavität vollständig. Der Gasdruck übernimmt nun die Funktion des Nachdruckes.

Der Gasdruck kann wesentlich kleiner sein als der Nachdruck beim konventionellen Verfahren. Die Druckweiterleitung von Gasen ist wesentlich besser als von Kunststoffschmelzen. Wichtig ist nur, dass der Gasdruck vor dem Entformen wieder entweichen kann, um ein Platzen des Kunststoffteiles zu verhindern.

Durch dieses Verfahren entstehen Teile mit geringen Eigenspannungen. Das *Problem der Höhe* der im konventionellen Verfahren in die Kavität gespritzte Vorlage. Die Höhe der Teilfüllung ist nur schwer ohne Versuche oder Simulationen vorherzusagen. Wird die *Vorlage* zu gering gewählt, so wird die in der Kavität vorhandene Schmelze nicht ausreichen und das Gas wird am Ende durch die Kunststoffwand durchbrechen (Gasdurchbruch). Solch ein Teil ist nicht zu gebrauchen. Ist Vorlage zu hoch wird Material verschwendet.

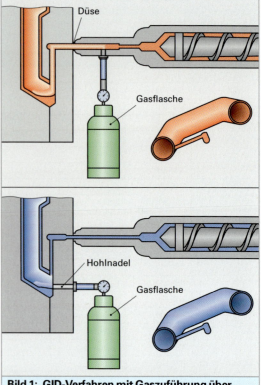

Bild 1: GID-Verfahren mit Gaszuführung über Düse (oben) und Hohlnadel (unten)

Bild 2: Feste Formhälfte mit Hohlnadelspitze

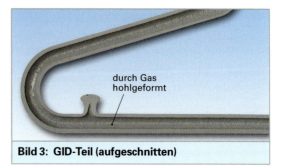

Bild 3: GID-Teil (aufgeschnitten)

Mehrfachwerkzeuge können mit diesem Verfahren nur bedingt benutzt werden, da geringste Abweichungen in den Wanddicken und Temperaturverteilungen unweigerlich zu verschiedenen Teilen führen. Aufgrund unterschiedlicher Temperaturen ergeben sich unterschiedliche Viskositäten der Kunststoffmaterialien und da das Gas immer den Weg des geringsten Widerstandes geht, werden dann die Gasblasen in den verschiedenen Kavitäten unterschiedlich ausfallen.

Bei der zweiten Variante wird das Gas über einen speziellen Werkzeugeinsatz über eine Hohlnadel direkt in das Teil eingeleitet. Auch bei diesem Verfahren wird zunächst Kunststoffmaterial konventionell in die Kavität eingespritzt und dann das Gas zu einem späteren Zeitpunkt eingeleitet. Die Gaseinleitung kann nun gezielt an bestimmten Partien des Formteiles positioniert werden. Dies ermöglicht sehr einfach, Mehrfachwerkzeuge herzustellen und jede Kavität mit einer eigenen Gaseinleitung zu versehen. Dadurch können die Probleme, wie in der ersten Variante beschrieben, minimiert werden.

Mehrkomponenten-Spritzgießverfahren

Beim Mehrkomponenten-Verfahren werden verschiedene Kunststoffmaterialien mit *unterschiedlichen Stoffeigenschaften* (z. B. unterschiedliche Farbe oder unterschiedliche Härte) zur Herstellung eines Formteiles verwendet **(Bild 1)**. Dieses Verfahren benötigt mehrere Schritte. Im ersten Schritt wird der Grundkörper in der ersten Komponente (z. B. gelb) hergestellt. Das Werkzeug wird über einen Drehteller geschwenkt (es ist auch ein Handling-System zum Umsetzen möglich). Im zweiten Schritt wird wieder ein Grundkörper mit Komponente 1 hergestellt, doch diesmal auch parallel der untere Grundkörper mit Komponente 2 umspritzt. Im Werkzeug befindet sich oben der Grundkörper und unten das fertig umspritzte Endteil. Dieses Endteil wird nun ausgeworfen. In jedem weiteren

Schritt wird sowohl ein Grundkörper als auch ein endgültiges Teil gespritzt und ausgeworfen. Außer *Materialien mit unterschiedlichen Farben* ist auch eine *Hartkomponente und eine Weichkomponente* möglich. Dies wird sehr häufig für Tasten eingesetzt.

Eine zweite Variante ist das Verdrängen von einer Komponente durch die zweite Komponente **(Bild 2)**. Dies ähnelt sehr stark dem Gasinnendruckverfahren, jedoch wird hier in der Teilmitte kein Gas eingeleitet sondern die zweite Komponente. Die innere Komponente kann nun aus kostengünstigerem Material (z. B. Recycling-Material) sein.

Besonders wichtig ist hierbei die Umschaltmöglichkeit von Komponente 1 zu Komponente 2. Es besteht auch die Möglichkeit nach der zweiten Komponente wieder die erste Komponente nachzuspritzen, um die zweite Komponente völlig unsichtbar zu machen. Die Komponente 1 kleidet die Kavität zunächst aus und sollte eine niedrigere Viskosität haben. Die höher viskose Komponente 2 verdrängt dann die dünnflüssigere Komponente 1 wie beim GID-Verfahren. Es muss nur darauf geachtet werden, dass Komponente 2 nirgends durchbricht und außen am Teil sichtbar wird.

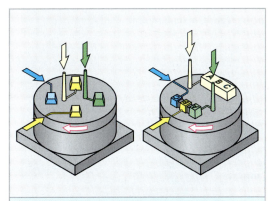

Bild 1: Spritzen von vier Komponenten mit unterschiedlichen Stoffeigenschaften

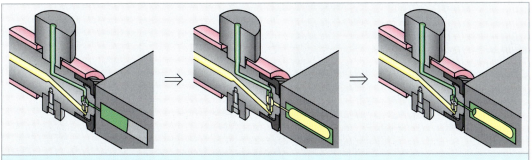

Bild 2: Spritzen von zwei Komponenten innen und außen (Materialverdrängen)

Hohlkörperblasen (Blasformen)

Das Hohlkörperblasen erfolgt in vier Schritten (**Bild 1**). Im ersten Schritt wird ein Vorformling durch Extrusion eines Schlauches hergestellt.

Im zweiten Schritt wird dieser Schlauch vom Blasformwerkzeug erfasst, abgequetscht und abgeschnitten.

Im dritten Schritt wird das Werkzeug von der Schlauchstation an die Blasstation übergeben und mit dem Blasdorn wird innen in den Vorformling Luft mit Überdruck (Blasluft) eingebracht. Durch die Blasluft im Inneren des Vorformlings wird der Schlauch an das Werkzeug von innen angedrückt.

Nach dem Abkühlen kann das fertige Teil im vierten Schritt aus dem Werkzeug entnommen werden. Am Teil müssen noch der Hals- und Bodenbutzen entfernt werden.

Das Werkzeug fährt wieder in die Ausgangsposition zurück und ein neuer Zyklus kann beginnen. Typische Teile, die durch das Blasformen hergestellt werden, sind Getränkeflaschen (**Bild 2**). In den letzten Jahren wird dieses Verfahren auch häufig für sehr komplexe Geometrien eingesetzt. Es sind dann Handlingsystem zum Einlegen des Schlauches in das Werkzeug erforderlich oder es wird mit zusätzlicher Luft der Schlauch in das Werkzeug hinein gesaugt. Eine Blasformmaschine ist in **Bild 3** dargestellt.

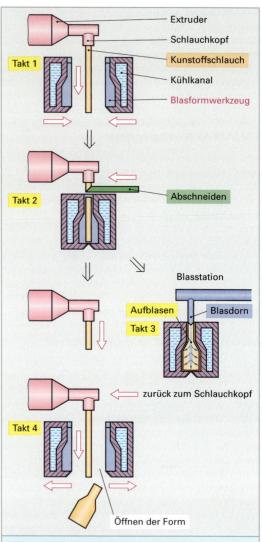

Bild 1: Ablauf des Hohlkörperblasens

Bild 3: Hohlkörperblasanlage

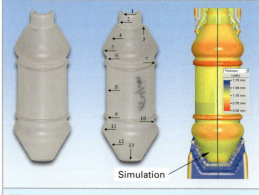

Bild 2: Teil hergestellt durch Hohlkörperblasen

Thermoformen

Bei diesem Verfahren wird ein Halbzeug (Kunststoffplatten) unter Wärmeeinwirkung umgeformt. Es können hierfür recht einfache Werkzeuge verwendet werden. Es wird hierbei unterschieden in Verfahren mit Stempel oder Unterdruck.

Wird ein Stempel verwendet **(Bild 1)**, so wird die Platte durch Niederhalter festgehalten. Durch Infrarotstrahler wird die Platte erwärmt. Anschließend wird durch die Abwärtsbewegung des Stempels die Platte umgeformt. Wichtig sind die Entlüftungsbohrungen an der Unterseite des Werkzeuges.

Verwendet man Unterdruck **(Bild 2)** zum Thermoformen, so wird auch hierbei die Platte durch Niederhalter gehalten. Die durch Infrarotstrahler erwärmte Platte wird nun nicht durch einen Stempel verformt, sondern durch Unterdruck an die Matrize angesaugt. Hierbei ist eine gute Abdichtung im Werkzeug und zur Platte zu beachten. Durch die geringe Kraft, die durch den Unterdruck aufgebracht werden kann, ist dieses Verfahren und die Konturtreue begrenzt. Insbesondere bei tiefen Teilen wird deshalb oft eine Mischung aus beiden Verfahren angewendet und sowohl ein Stempel als auch Unterdruck eingesetzt.

Angewendet werden diese Verfahren z. B. zum Herstellen von Transportbehältern mit Abformungen für die zu transportierenden Waren oder für die Innenauskleidung von Kühlgeräten **(Bild 3)**.

Die Werkzeuge für das Thermoformen können sehr einfach und damit kostengünstig hergestellt werden.

Wiederholung und Vertiefung

1. Beschreiben Sie das Gasinnendruckverfahren.

2. Welchen Vorteile bringt GID?

3. Welche Ziele verfolgt man mit dem Mehrkomponenten Spritzgießverfahren?

4. Beschreiben Sie das Hohlkörperblasen.

5. Wie ist der Prozess des Thermoumformens?

6. Wie erfolgt die Werkstofferwärmung bei der Thermoumformung?

7. Nennen Sie mögliche Anwendungsbeispiele bzw. Bauteile für die Thermoumformung.

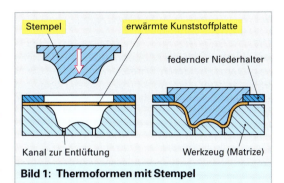

Bild 1: **Thermoformen mit Stempel**

Bild 2: **Thermoformen mit Unterdruck**

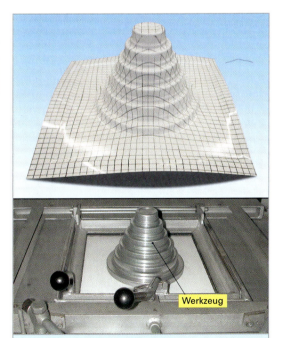

Bild 3: **Thermoform-Verfahren**

3.1.7 Simulation des Spritzgießprozesses

Die Simulation des Spritzgießprozesses wurde bereits Mitte der 70 Jahre begonnen. Schon frühzeitig wurde von mehreren Entwicklern der Kunststoffteilen erkannt, dass die Komplexität der Teile und der eigentlichen Herstellungsvorgang näher untersucht werden musste.

Die Qualität der Teile war nur sehr schwer auf Dauer sicherzustellen und nur mit sehr großer Erfahrung waren gute Ergebnisse erreichbar. Eine sichere Fertigung von Kunststoffteilen unterschiedlicher Form und Größe erfordert eine genaue Kenntnis der Problemstellen im Teil und optimale Einstellungen an der Spritzgießmaschine.

Dies führte bereits in der Vergangenheit zu der Einführung einer eigenständigen Disziplin, der Rheologie[1]. Diese Disziplin besteht seit 1930 und beschäftigt sich mit der Beschreibung von Erscheinungen, die beim Fließen verschiedener Flüssigkeiten auftreten.

Die Rheologie ist deshalb mit der Physik, der physikalischen Chemie und den Ingenieurwissenschaften eng verbunden. Es ergeben sich außerdem enge Beziehungen zur Mechanik, da Deformationen und Spannungen hierbei eine wichtige Rolle spielen. Wichtig sind außerdem optische und thermodynamische Aspekte.

Die Weiterentwicklung von Prozessen und Anlagen zur Herstellung von Kunststoffen und Kunststoffteilen kann durch die oben beschriebene Komplexität nicht mehr alleine durch empirische (experimentelle) Untersuchungen erfolgen.

Es wird deshalb versucht die Optimierung durch eine modellmäßige Beschreibung aller Teilprozesse mit analytischen und numerischen Verfahren zu erzielen. Das Optimierungsziel soll in möglichst kurzer Zeit, mit großer Sicherheit und geringem Kostenaufwand erreicht werden. Die Programme, die zur Simulation des Spritzgießprozesses verwendet werden, bezeichnet man deshalb auch oft als *rheologische* Simulationsprogramme.

> Mit Hilfe von Simulationsprogrammen können in der Entwicklungsphase bereits Problemstellen an Werkzeugen und Teilen untersucht werden, ohne dass das Werkzeug oder Teil in der Realität vorhanden sein muss.

Die Beschreibung der einzelnen Vorgänge erfolgt durch Differentialgleichungen. Zur Lösung des Systemes von Differentialgleichungen werden FEM-Verfahren (Finite Elemente Verfahren) eingesetzt. Auf dem Markt sind mehrere Programme (etwa 10 verschieden Anbieter) erhältlich.

Diese Programme bestehen meist aus mehreren Modulen. Die verschiedenen Module beschreiben verschiedene Teilprozesse in den Spritzgießverfahren oder auch verschiedene Prozesse der Spritzgießteileherstellung. Folgende Module sind meist verfügbar:

- Füllberechnung,
- Nachdruckberechnung,
- Schwindungs-/Verzugberechnung,
- Kühlberechnung,
- Gasinnendruck-Simulation,
- Zweikomponentenspritzgieß-Simulation,
- Spritzprägen.

Damit eine Berechnung begonnen werden kann, sind bestimmte Voraussetzungen notwendig. Zunächst muss die Geometrie des Spritzgießteiles bekannt sein. Die Geometrie kann in dem Programmpaket erzeugt werden, besser ist es allerdings, sie von einem CAD-Programm zu übernehmen (**Bild 1**).

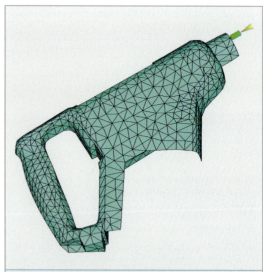

Bild 1: Geometriemodell als FEM-Netz im Simulationsprogramm

---

[1] Rheologie = Lehre des Fließenverhaltens, der Deformationen und Spannungen in Flüssigkeiten

Es sind dabei grundsätzlich mehrere Wege möglich.

- Ist die Geometrie als Volumenmodell (Solid) im CAD-System vorhanden, kann die Geometrie unter Benutzung der Stereolithografie-Schnittstelle (STL-Datei) direkt in das rheologische Programmpaket übernommen werden.
  Ein zweiter Weg ist unter Verwendung eines speziellen Programmes, eines sogenannten Mittelflächengenerators (Midplane), möglich.

- Ist die Geometrie als Flächenmodell (Freiformflächen) erzeugt worden, muss eine CAD-Schnittstelle (z. B. IGES-Schnittstelle) benutzt werden. Dadurch werden die CAD-Daten (Geometrie) in das Simulationsprogramm übertragen.

- Werden andere Geometriebeschreibungen benutzt, müssen zum Teil eigene Schnittstellen dafür definiert und programmiert werden.

Es besteht seit kurzem auch die Möglichkeit direkt Volumenmodell mit 3D-Elementen (Tetraeder[1]) zu beschreiben und dann 3D-Simulationen zu benutzen. Allerdings stellt eine 3D-Simulation hohe Anforderungen an die Leistungsfähigkeit des verwendeten Rechnersystemes.

Werden nun der Anschnitt[2], das zu verwendende Material (im Beispiel ein PA 6 mit 35 % Glasfasern) und die Verarbeitungsparameter (z. B. Einspritzzeit, Spritzdruck, Schmelzetemperatur, Werkzeugtemperatur) festgelegt, kann eine Simulation gestartet werden. Als erster Berechnungsschritt wird ein Füllberechnung durchgeführt. Dazu wird schrittweise die Werkzeugkavität[3] mit Kunststoffschmelze gefüllt. Dies kann auch in der Praxis durchgeführt werden und wird dort dann eine Füllstudie genannt. Das Teil wird in der Simulation zunächst vom Angusskanal über den Anschnitt mit Kunststoff gefüllt **(Bild 1)**.

Im zweiten Schritt wird der vordere Bereich gefüllt **(Bild 2)**.

Der Schmelzestrom wird dann aufgeteilt und füllt den Griffbereich von beiden Seiten **(Bild 3)**.

> Mit Hilfe der Füllsimulation können Bindenähte (Schwachstellen) untersucht, optimiert und falls nötig an unbedenkliche Stellen verschoben werden.

---

[1] Tetraeder = Volumenelement mit 4 Knoten (ähnlich einer Pyramide)
[2] Anschnitt = Bereich zwischen Angusskanal und Spritzgießteil
[3] Werkzeugkavität = Werkzeughohlraum (entspricht der Teilekontur plus Schwindung)

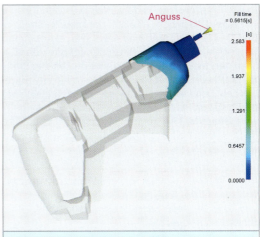

Bild 1: Beginn der Werkzeugfüllung.

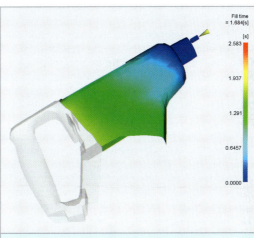

Bild 2: Werkzeugkavität zu 60 % gefüllt.

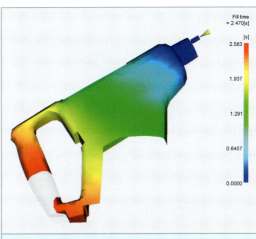

Bild 3: Werkzeugkavität zu 90 % gefüllt.

Es wird sich deshalb in der unteren Griffhälfte eine Bindenaht ergeben (violett dargestellt Linie in **Bild 1**). Dies ist nur eine der sich ergebenden Bindenähte, jedoch ist diese Bindenaht von entscheidender Bedeutung für die Festigkeit des Teiles im Griffbereich. Die Bindenähte stellen im Allgemeinen Schwachstellen in der Teilefestigkeit dar und müssen deshalb sehr genau bekannt sein. Ist eine Bindenaht in einem Bereich des Teiles der hoch belastet wird, so kann dies zu einem Bruch des Teiles führen.

Ist die Werkzeugkavität komplett mit Schmelze gefüllt, ergibt die Simulation ein vollständiges Füllbild **(Bild 2)**. Jede Farbe stellt hierbei einen Zeitschritt (Isochrone) dar.

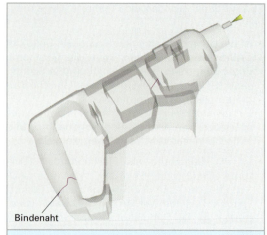

Bindenaht

Bild 1: Darstellung der Bindenähte.

Nach dem Ende der Füllphase muss das Material auf Entformungstemperatur abgekühlt werden, bevor das Teil entformt und ausgeworfen werden kann. Die *Schwindung* von Kunststoffmaterialien ist sehr hoch, deshalb wird in dieser Abkühlphase noch zusätzlich das Werkzeug unter Nachdruck gehalten, damit noch zusätzliches Material in die Kavität gedrückt wird und dieser Schwindung entgegenwirkt.

Im Herstellungsprozess von Kunststoffteilen ist die Nachdruck- und Kühlphase für die Teilequalität von entscheidender Bedeutung. Betrachtet man zum Beispiel den Abkühlvorgang in der Nachdruckphase und in der Kühlphase, so ist für ihn die momentane Schmelzetemperatur **(Bild 3)** des Teiles wichtig. Sind einige Partien im Teil besonders heiß, kann das Material an diesen Stellen thermisch geschädigt werden. Das Material würde eventuell verbrennen und sich verfärben. Außerdem können starke Temperaturunterschiede im Teil und das damit verbundene unterschiedliche *Schwindungsverhalten* einen *Teileverzug* hervorrufen.

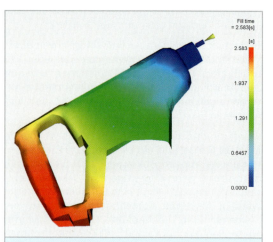

Bild 2: Komplettes Füllbild (Isochronen).

Der Teileverzug muss mit allen Mittel minimiert werden. Es ist deshalb darauf zu achten, dass sowohl die Temperaturunterschiede im Teil möglichst klein sind und, ein zweiter Faktor, die Wandstärkeunterschiede möglichst gering sind. Beide Faktoren haben einen entscheidenden Einfluss auf den Teileverzug. Das Teil sollte außerdem so konstruiert werden, dass es möglichst eine hohe Stabilität aufweist, um den Verzugsneigungen möglichst einen großen Widerstand entgegen zu setzen. Im **Bild 3** ergibt sich ein Temperaturunterschied zwischen der kühlsten Stelle (Farbe blau) und heißesten Stelle (orange) von 15 °C und damit ist sicher mit einem Teileverzug zu rechnen.

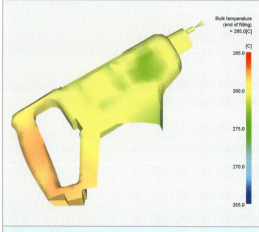

Bild 3: Mittlere Schmelzetemperatur.

Durch entsprechende Optimierungsmaßnahmen muss nun versucht werden diesen Temperaturunterschied zu verringern. Dies kann z. B. durch eine Änderung der Spritzgießparameter oder durch eine Veränderung der Wandstärke in einzelnen Bereichen des Teiles versucht werden.

Die Schmelzetemperatur ist nur eine von vielen wichtigen Ergebnissen der Simulation, die untersucht werden muss. Andere zu überprüfende Ergebnisse sind z. B. die Schergeschwindigkeit, die Kühlzeit, volumetrische Schwindung und die Faserorientierungen.

Trotzdem wird ein Unterschied der Schwindungs-

werte innerhalb des Teiles bestehen bleiben und zum Teileverzug führen. Dies lässt sich in der Praxis leider nicht immer vermeiden. Der zu erwartende Teileverzug lässt sich durch eine Schwindung- und Verzugssimulation **(Bild 1)** vorhersagen. Es ist der gesamte Verzug dargestellt.

Besonders deutlich ist der Verzug in der linken Ecke (rote Farbe) zu sehen. Das Teil wird sich dort nach oben verbiegen.

Durch die Vorhersage besteht damit die Möglichkeit, verschiedene Maßnahmen zur Verringerung des Teileverzugs auf deren Wirksamkeit zu untersuchen.

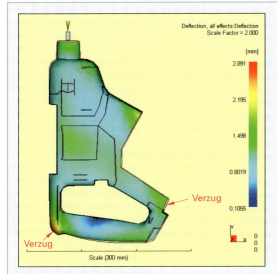
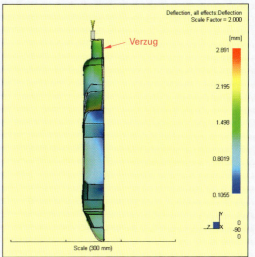
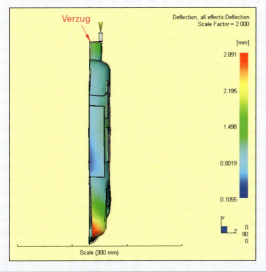
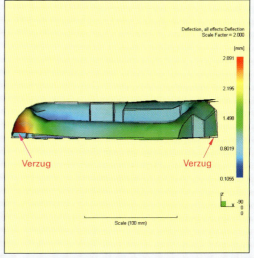

Bild 1: Gesamter Teileverzug (Ansicht vorn)

Damit die Schmelze abgekühlt wird, sind Kühlkanäle notwendig. Besonders wichtig ist deren Lage im Werkzeug, der Kühlkanaldurchmesser, das Kühlmedium und der Kühlmediumdurchsatz. Dies kann mit einer Kühlsimulation optimiert werden.

Voraussetzung ist hierfür, dass diese Kühlkanäle modelliert **(Bild 1)** werden und das zu verwendende Kühlmittel (meist Wasser), der Kühlmitteldurchsatz und die Kühlmitteltemperatur vorgegeben werden. Ist dies alles bekannt, kann eine Kühlsimulation **(Bild 2)** gestartet werden.

Die Kühlung im Werkzeug ist von zentraler Bedeutung. Es wird damit nicht nur die Teilequalität und der Verzug des Teiles beeinflusst, auch die Dauer des kompletten Spritzvorganges (Zykluszeit) wird damit bestimmt. Ist die Kühlung im Werkzeug sehr schlecht ausgeführt, ist es nicht möglich, gute und preiswerte Teile herzustellen.

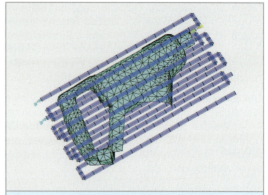

Bild 1: Geometriemodell mit Kühlkanälen

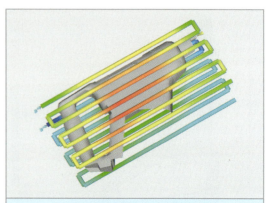

Bild 2: Kühlmitteltemperatur in den Kühlkanälen

Die Simulationsprogramme sind ein entscheidendes Hilfsmittel, um Spritzgießwerkzeuge vor der eigentlichen Werkzeugherstellung zu optimieren und somit Fehler in der Teilegeometrie, an den Spritzgießparametern und der Kühlung zu vermeiden. Dies führt zu einer Verbesserung der Teilequalität und zu einer wirtschaftlicheren Produktion von Kunststoffteilen.

Wiederholung und Vertiefung

1. Mit welchen Aufgaben befasst sich die Rheologie?

2. Weiche Programm-Module benützt man zur Beschreibung rheologischer Vorgänge?

3. Welche Voraussetzungen sollten gegeben sein, um rheologische Prozesse berechnen zu können?

4. Welche Wege gibt es zur Geometriebeschreibung von Werkstücken?

5. Was wird meist zuerst berechnet?

6. Wie können große Temperaturunterschiede im Teil vermieden werden?

7. Weshalb kommt der Nachdruckphase und der Kühlphase besondere Bedeutung zu? Nennen Sie Beispiele.

8. Welche Prozesskenngröße und welche Bauteilkenngröße hat eine besondere Bedeutung für die Schwindung?

9. Wie kommt es zu einer Bindenaht?

10. Weiche Parameter sind bei der Kühlung zu beachten?

11. Welchen Einfluss hat die Kühlung auf die Bauteilqualität und auf den Prozessablauf?

3.2 Bauteile aus Keramik

3.2.1 Einführung und geschichtliche Entwicklung

Keramische[1] Werkstoffe sind nichtmetallisch-anorganischer Natur. Wegen der dominierenden Ionen- und Atombindung weisen sie neben den für zahlreiche Anwendungsfälle vorteilhaften auch einige nachteilige Gebrauchseigenschaften auf **(Bild 1)**. Der gravierendste Nachteil ist sicherlich die im Vergleich zu den meisten Metallen und Polymeren geringe Zähigkeit. Sie resultiert aus dem nicht vorhandenen Vermögen der keramischen Werkstoffe, lokale Spannungsspitzen durch plastische Verformung abzubauen. Das hat auch zur Folge, dass bei der Formgebung keramischer Bauteile die urformenden Formgebungsverfahren im Vordergrund stehen.

Die Nutzung der vorteilhaften Eigenschaften und das Umgehenlernen mit den kritischen Eigenschaften der Keramiken bildet sich in der Geschichte der Entwicklung keramischer Werkstoffe ab.

Bis zum Beginn des 20. Jahrhunderts war dem Werkstoffanwender der Einblick in den Zusammenhang zwischen den Werkstoffeigenschaften und dem sie verursachenden strukturellen Aufbau der Werkstoffe noch nicht zugänglich. Dennoch hatte er bereits seit der Frühgeschichte der Menschheit mit zufälligen Erfahrungen sowie mehr oder weniger systematischem Probieren erhebliche Erfolge bei seiner ersten bewussten Werkstoffherstellung. Dies belegen Funde figürlicher Keramiken **(Bild 1)** und Gefäße **(Bild 3)**, die – bereits ab 13 000 v. Chr. – aus bildsamen keramischen Massen geformt und durch den Brand verfestigt wurden.

Mit dem Sesshaftwerden der Menschen – in Mesopotamien und Indien ca. 2000 v. Chr. – sind auch die ersten Ziegelsteine gebrannt worden. Aber nicht nur die hohe *Steifigkeit, Festigkeit* und *Härte* der Keramiken machte man sich früh zunutze, sondern auch deren hohe Warmfestigkeit. So kam es bereits im 16. Jahrhundert zur Entwicklung synthetischer Feuerfestwerkstoffe, was das großtechnische Erschmelzen von Metallen und Glas sowie das Herstellen von Koks, Zement und Keramik ermöglichte. Die hohe Korrosionsbeständigkeit von *Steinzeug* und *Porzellan* gegenüber vielen Medien war eine wichtige Voraussetzung für die euphorische Entwicklung der chemischen Industrie. Im 19. Jahrhundert wurden die grundlegenden Lösungen für die elektrische Isolation auf der Basis von Porzellan geschaffen **(Bild 3)**.

Bild 1: Eigenschaften der Keramiken

Bild 2: Tonfigur aus der Jungsteinzeit, um 10 000 v. Chr. (Mesopotamien)

Bild 3: Attische Keramikschale, um 500 v. Chr.

---

[1] Keramik, abgeleitet von griech. Keramikos dem Namen eines historischen Töpferviertels bei Athen

Im Streben nach höherer Lebensdauer und Zuverlässigkeit der Bauteile war der Werkstoffanwender
bemüht, die Eigenschaften der bisher verwendeten
Werkstoffe zu verbessern bzw. neue Materialien
mit besseren Eigenschaften auf möglichst einfachem Weg zu erschließen.

Eine analytische Betrachtung des Zusammenhangs zwischen den Eigenschaften und dem
strukturellen Aufbau der Werkstoffe und damit die
gezielte Entwicklung neuer Werkstoffe und neuer
Technologien (**Bild 1**) wurde erst im Laufe des 20.
Jahrhunderts möglich.

Bereits frühzeitig erkannte man dabei die vor allem
bei den keramischen Werkstoffen äußerst enge
Verflechtung zwischen *Bauteileigenschaften, Gefüge, konstruktiver Gestaltung* und *Fertigungsverfahren* (**Bild 2**).

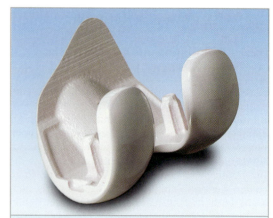

**Bild 1: Teil eines künstlichen Kniegelenks
aus Keramik**

Das jetzt vorliegende Wissen ermöglichte erstmals
das „Maßschneidern" moderner keramischer Werkstoffe:

- Bestanden die ersten keramischen „High-Tech"-
Strukturwerkstoffe aus Aluminiumoxid – einem
wegen seiner Biokompatibilität für die Medizin bis
heute interessanten Werkstoff (Knieimplantat in
Bild 1) – und später aus Zirkonoxid, so wurden um
1970 die hervorragenden (Hochtemperatur-)
Eigenschaften der über Atombindung gebundenen Werkstoffe auf Siliziumbasis (Siliziumkarbid,
Siliziumnitrid und SIALONe) erkannt und genutzt.
- Mit der Entwicklung von Quarzporzellan wurde
auch beim elektrisch isolierenden Porzellan eine
deutliche Steigerung der Festigkeit erreicht, die
zwischen 1960 und 1970 mit der systematischen
Entwicklung von Tonerdeporzellan nochmals eine
Verbesserung erfuhr und eine erhebliche Gewichtsreduzierung bei Großisolatoren möglich
machte; keramische Isolationswerkstoffe, die sich
auch in Hochfrequenzfeldern nicht erwärmen,
führten zu den heute noch verwendeten Werkstoffen *Steatit* und *Forsterit*. Ein weiterer wichtiger
Meilenstein war die Einführung des Zündkerzen-
isolators aus *Sinterkorund* sowie mit der Entwicklung der Mikroelektronik die Entwicklung von Alu-
miniumoxidwerkstoffen als Trägermaterialien für
Substrate und für Gehäuse.
- Zwischen 1940 und 1950 begann die Erforschung
der oxidischen *Magnetwerkstoffe* (Hart-/Weich-
ferrite), der Kondensatorwerkstoffe auf *Titanoxid-
Basis* und die Untersuchungen über die ferroelek-
trischen sowie piezoelektrischen Eigenschaften
der *Perowskite* ($BaTiO_3$). Der vorerst letzte große
Schritt wurde 1986 mit der Entwicklung der *Hoch-
temperatur-Supraleiter* auf Basis des YBaCuO mit
Sprungtemperaturen oberhalb 90 K getan.

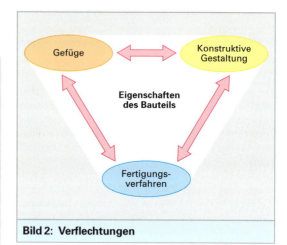

Bild 2: Verflechtungen

(Gefüge ⇄ Konstruktive Gestaltung)

Eigenschaften des Bauteils

Fertigungs-
verfahren

**Bild 3: Arbeiten in einer Tongrube
(7. Jahrh. v. Chr.)**

Verarbeitungstechnische und historische Gründe führten zu einer Unterteilung der keramischen Werkstoffe in Silikatkeramiken und Nichtsilikatkeramiken (**Bild 1**).

Dabei stellen die Silikatkeramiken wegen der nahezu unbegrenzten Verfügbarkeit, der kostengünstig aus natürlichen Lagerstätten zu gewinnenden Komponenten, der vergleichsweise niedrigen Verarbeitungstemperatur und der guten Prozessbeherrschung die älteste und nach wie vor dominierende Gruppe der Keramiken dar.

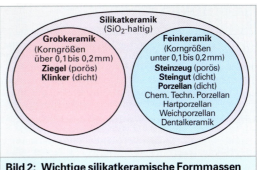

Bild 2: **Wichtige silikatkeramische Formmassen**

3.2.2 Bauteile aus Silikatkeramik

Bild 2 nennt wichtige Silikatkeramiken. Die Fertigung erfolgt in den Schritten:

- Exploration der Rohstoffe: Tonmineral, Quarz, Feldspat;
- Reinigen, Mahlen, Sieben;
- Aufbereiten der Formmasse;
- Formgebung, Trocknen;
- Sintern und ggf. Nachbearbeiten.

3.2.2.1 Rohstoffe

Der für die Silikatkeramiken wichtigste und auch mengenmäßig vorherrschende Rohstoff ist eine durch Wasser plastifizierbare Tonsubstanz. Mengenmäßig nachgeordnet sind die nichtplastifizierbaren Zusätze Quarz und Feldspat **(Bild 3)**.

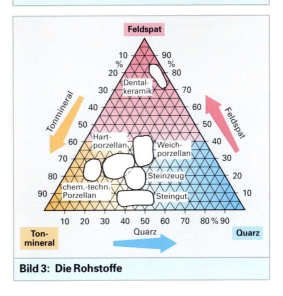

Bild 3: **Die Rohstoffe**

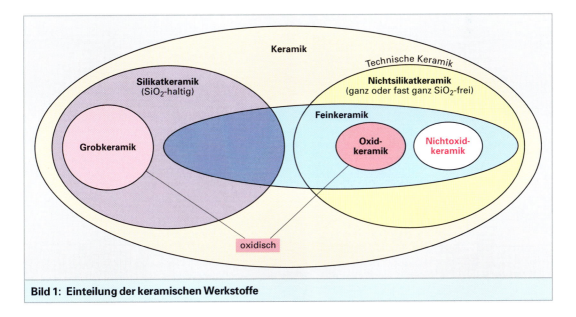

Bild 1: **Einteilung der keramischen Werkstoffe**

Die Rohstoffe

Granit oder Gneis sind Gemenge aus im Wesentlichen *Feldspat* (Alumosilikat [Al_2O_3-SiO_2] mit einem oder mehreren der Oxide K_2O, Na_2O, CaO), daneben aber auch Quarz (SiO_2) und auch als Pottasche bezeichnetem Glimmer (K_2CO_3). Ein langzeitiger Angriff von Wasser und Kohlensäure lässt den enthaltenen Feldspat verwittern, wodurch Tonsubstanzen entstehen:

- Die Verwitterung von Kalifeldspat ($K_2O \cdot Al_2O_3 \cdot 6$ SiO_2) liefert neben Quarz und Glimmer das Tonmineral Kaolinit ($Al_2O_3 \cdot 2\,SiO_2 \cdot 2\,H_2O$), das plättchenförmig auftritt und bei dem zwischen den Plättchen Wasser eingelagert ist:
$$K_2O \cdot Al_2O_3 \cdot 6\,SiO_2 + 2\,H_2O + CO_2 \rightarrow Al_2O_2 \cdot 2\,SiO_2 \cdot 2\,H_2O + 4\,SiO_2 + K_2CO_3$$
Das Gemenge aus Kaolinit, Quarz und Glimmer – an seinem Entstehungsort als Kaolin bezeichnet – wird durch Wasser von dort forttransportiert und an anderer Stelle durch Sedimentation abgesetzt und erst jetzt als **Ton** bezeichnet. Infolge der Transportprozesse sind die Abmessungen der Koalinitplättchen im Ton (0,5 µm Durchmesser; 0,05 µm Dicke) geringer als bei denen der Kaoline. Während Kaoline zudem nur noch unverwitterte Feldspatreste sowie Quarz und Glimmer in lagerstättenabhängigen Gehalten enthalten, nehmen sie beim Transport häufig Eisenoxide und andere Verunreinigungen auf, die dem Ton beim Brennen charakteristische Färbungen geben.
- Ein anderes, aber seltener vorkommendes Verwitterungsprodukt des Feldspats ist das Tonmineral Montmorillonit, bei dem zwischen den Montmorillonitteilchen gleichfalls Wasser eingelagert ist. Die Größe der Montmorillonitteilchen ist mit weniger als 0,01 µm noch kleiner als die der Tone. Montmorillonitische Rohstoffe werden als **Bentonite** bezeichnet.

Die in der Natur vorkommenden Tonminerale weichen in ihrer chemischen Zusammensetzung mehr oder weniger von der idealen chemischen Zusammensetzung in sofern ab, als einige Si^{4+}-Kationen durch eine gleiche Zahl von Al^{3+}-Kationen ersetzt sind.

Die Ladungsdifferenz wirkt an der Oberfläche der Tonmineralteilchen nach außen und führt dazu, dass sie zusammenkleben. Sind zwischen den Tonmineralteilchen jedoch Wassermoleküle mit ihrem Dipolcharakter eingelagert, so sättigen diese die Ladungen ab und geben den Ton bzw. Bentonit enthaltenden silikatkeramischen Formmassen eine plastische Formbarkeit, die um so größer ist, je kleiner die Teilchen der jeweiligen Tonsubstanz sind. Bentonite können Formmassen daher schon bei vergleichsweise geringen Bentonitanteilen eine für viele Verarbeitungswege ausreichende Plastizität verleihen.

- Die Einlagerung von Wasser zwischen den Teilchen der Tonsubstanz ist aber nicht nur mit einer plastischen Formbarkeit, sondern auch mit einer Quellung der Tonsubstanz verbunden, die beim wasseraustreibenden Trocknungsschritt zu einer entsprechenden Schrumpfung führt **(Bild 1)**. Um dies zu reduzieren, werden der silikatkeramischen Masse als nichtplastizierbarer Füllstoff **Quarz** in der Form von Sand zugesetzt.
- Als dritter Rohstoff kommt **Feldspat** zum Einsatz, wegen der nachgenannten Eigenschaften meistens K-Na-Feldspat. Er ist gleichfalls nicht plastizierbar und übt daher eine Stützfunktion aus **(Bild 1)**. Er zersetzt sich oberhalb 1150 °C zu einer die übrigen Rohstoffe in gewissem Umfang lösenden Schmelze und der erst bei wesentlich höherer Temperatur schmelzenden festen Phase Leucit. Man spricht auch von einem inkongruenten Schmelzen. Über die Temperatur kann der Schmelzeanteil und damit die Viskosität des teilflüssigen Feldspats eingestellt werden. Der bei Sintertemperatur teilflüssige Feldspat (daneben aber auch Kalk, Talk, Glimmer und Speckstein [Mg-Silikat]) ermöglicht ein den Verdichtungsprozess intensivierendes Flüssigphasensintern.

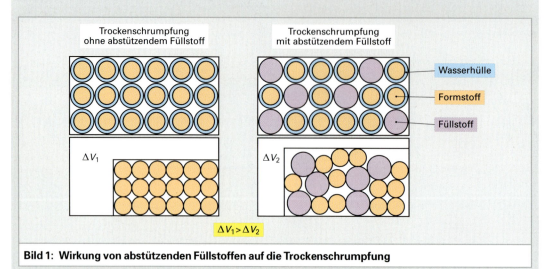

Trockenschrumpfung ohne abstützendem Füllstoff

Trockenschrumpfung mit abstützendem Füllstoff

Wasserhülle

Formstoff

Füllstoff

ΔV_1

ΔV_2

$\Delta V_1 > \Delta V_2$

Bild 1: Wirkung von abstützenden Füllstoffen auf die Trockenschrumpfung

3.2.2.2 Aufbereitung

Bevor die Rohstoffgemische zum *Grünkörper* oder *Grünling* genannten Formkörper verdichtet werden können, ist eine Aufbereitung erforderlich. Um dem Grünkörper beim sich anschließenden Sintern eine hohe *Sinteraktivität* und dem dann entstehenden Sinterteil eine hohe Festigkeit zu verleihen, sollte die Korngröße bereits beim Grünkörper möglichst gering sein.

Da die Reinheit und die Korngröße der silikatkeramischen Rohstoffe aber i. A. nicht in der gewünschten Größenordnung liegen, werden die Rohstoffe aufbereitet für grobkeramische Formmassen (sie zeigen noch mit dem bloßen Auge erkennbare Bestandteile) durch **Reinigen** und **Mahlen** und für feinkeramische Formmassen (sie zeigen keine mit bloßem Auge erkennbaren Bestandteile mehr) durch Reinigen, Mahlen und **Sieben (Bild 1)**.

Die durch Wassereinlagerung einstellbare Plastifizierbarkeit der Tonminerale macht man sich wegen deren vorherrschendem Auftreten in den silikatkeramischen Formmassen auch bei der sich anschließenden Urformgebung zunutze: Während ein Gesamtwassergehalt von 5 bis 15 Vol.-% nur eine *krümelige Formmasse* zur Folge hat, führt ein Gesamtwassergehalt von 15 bis 25 Vol.-% bereits zu einer *pastenartigen Formmasse* und ein Gesamtwassergehalt von 25 bis 40 Vol.-% zu einer *breiigen Suspension,*[1] auch Schlicker genannt.

Nach **Einstellung des Gesamtwassergehaltes** werden die Rohstoffe zum Abschluss der Aufbereitung im richtigen Mengenverhältnis gemischt und in ihrer Verteilung homogenisiert.

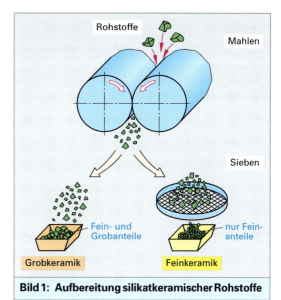

Bild 1: Aufbereitung silikatkeramischer Rohstoffe

---

[1] lat. suspendere = in der Schwebe lassen, aufhängen, hier: Aufschwemmung feinstverteilter fester Stoffe in Wasser

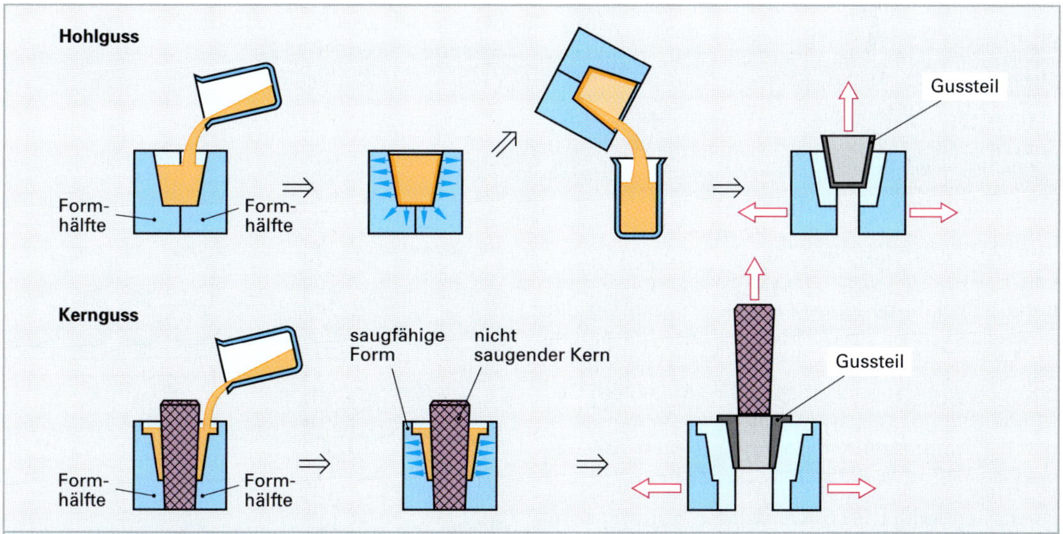

Bild 2: Schlickergießen

3.2.2.3 Formgebung

Ziel ist das Urformen von Grünkörpern. Um eine ausreichende Grünfestigkeit zu erzielen und auf dem Weg zum Sinterteil die Sinterzeit und Sinterschrumpfung zu reduzieren und letzteres, über das gesamte Bauteilvolumen gesehen, gleichmäßig ausfallen zu lassen, sollten die Porengröße im Grünkörper möglichst gering und die Poren möglichst gleichmäßig über das gesamte Grünkörpervolumen verteilt sein. Gleiches gilt im Hinblick auf eine möglichst hohe Festigkeit und Bruchzähigkeit des späteren Sinterteils.

Urformgebung durch Gießen

Das Gießen silikatkeramischer Formmassen setzt eine gießgünstig geringe Viskosität der aufbereiteten Formmasse voraus, was mit Schlickern und Gesamtwassergehalten über 25 Vol.-% gegeben ist **(Schlickergießen; Bild 2, vorhergehende Seite).**

Der Schlicker wird zur Reduzierung von Lufteinschlüssen langsam und ohne zu große Turbulenzen in eine poröse, wassersaugende Form gegossen; bei komplizierteren Bauteilen ist die Form u.U. mehrteilig und mit Kernen versehen.

Durch den einsetzenden Wasserentzug bildet sich an der Formwand schnell eine festere Schale. Der mit dem Festwerden des Schlickers durch Wasserentzug einhergehende Volumenschwund muss durch Nachfließen des Schlicker ausgeglichen werden.

Um das Schrumpfmaß niedrig und die Zeit für das nachher erforderliche Trocknen kurz zu halten, sind möglichst geringe Wassergehalte in der Schlickermasse erwünscht. Um auch bei einem Gesamtwassergehalt von nur 25 Vol.-% einen leicht gießfähigen Schlicker zu erhalten, muss das vorzeitige Zusammenkleben der Tonmineralteilchen verhindert werden.

Den vergleichsweise geringen Wassergehalt können Zusätze einer Natriumverbindung, Elektrolytzusätze genannt, kompensieren.

Urformgebung unter Druck

Formmassen mit einem Gesamtwassergehalt von unter 25 Vol.-% benötigen zur Urformgebung die Anwendung von Druck: Formmassen mit einem Gesamtwassergehalt von 25 bis 20 Vol.-% sind dabei noch von Hand formbar, solche mit einem Gesamtwassergehalt von 20 bis 5 Vol.-% nur noch durch **Formpressen** (→ Dachziegel) oder **Strangpressen** (→ Profile wie Ziegel und Rohre).

Für höherwertige Produkte werden Formmassen pastenartiger Konsistenz (25 bis 15 Vol.-% Gesamtwassergehalt) in einem Vorextruder durch intensi-

ves Mischen nochmals homogenisiert, zur Vermeidung von Lufteinschlüssen entgast und schließlich vom Hauptextruder **extrudiert**.

3.2.2.4 Zwischenbearbeitung

Vor dem bei hohen Temperaturen stattfindenden Sintern muss dem Grünkörper das die Plastifizierung bewirkende Wasser durch **Trocknen** so weit als möglich entzogen werden. Andernfalls käme es beim Brennen in Kavitäten des Formteils zur Wasserdampfbildung, die bei hohen Dampfdrücken eine Rissbildung zur Folge haben kann.

Mit dem Wasserentzug ist so lange eine *Volumenschrumpfung* (20 Vol.-% und mehr) und – bei ungleichmäßiger Schrumpfung – ein Verzug verbunden, bis sich die Tonmineralteilchen untereinander berühren und dadurch gegenseitig abstützen. Werden zwischen die Tonmineralteilchen aber bereits bei der Aufbereitung nichtplastifizierbare Bestandteile wie Quarz und Feldspat eingebracht, so kann es bereits nach geringer Schrumpfung zur Abstützung kommen. Ein weiterer Wasserentzug führt dann nicht mehr zu einer Schrumpfung, sondern zur *Porenbildung* (bis zu 25 bis 50 Vol.-%).

Neben nichtplastifizierbaren Bestandteilen nimmt auch die Größe der Tonmineralteilchen Einfluss auf den Schrumpfungsumfang: Je feinkörniger die Tonmineralteilchen sind, desto größer ist ihre wasserbindende Oberfläche und desto dichter rücken die Tonmineralteilchen beim Trocknen zusammen.

Beides zusammen hat mit abnehmender Teilchengröße eine größere Volumenschrumpfung, dafür aber ein kleineres Porenvolumen im getrockneten Zustand zur Folge **(Bild 1)**.

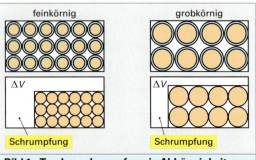

Bild 1: Trockenschrumpfung in Abhängigkeit von der Teilchengröße der Tonminerale

3.2.2.5 Sintern

Durch das *Sintern* – es wird wegen der dabei zum Einsatz kommenden hohen Temperaturen auch als *Brennen* bezeichnet – soll der Grünkörper seine *Porosität* wenn möglich ganz verlieren (Ziel ist 100 % TD [TD = Theoretische Dichte]) und dadurch Festigkeit gewinnen. Die Reduzierung der Porosität wird dabei von einer weiteren *Schrumpfung* des Bauteils begleitet. Der Hochtemperaturprozess des Sinterns muss dabei so geführt werden, dass es nicht zu einer festigkeitsreduzierenden Kornvergröberung kommt. Die elektronische Temperaturregelung der Sinteröfen **(Bild 1)** ermöglicht das genaue Einhalten von Temperaturprofilen.

Bild 1: Sinterofen

Werkstoffkundliche Aspekte

Treibende Kraft des Sinterprozesses ist die Reduzierung des hohen Anteils an freier Oberfläche. Dieser treibenden Kraft kann der Grünkörper bei thermischer Anregung über Diffusionsprozesse, Verdampfungsprozesse und Kondensationsprozesse sowie Nachschieben der Partikel – im einfachsten Fall durch das Eigengewicht – folgen: Die an der Oberfläche und im Innern der Pulverpartikel bei allen Temperaturen ablaufende Oberflächen- und Volumendiffusion **(Bild 2)** wird mit zunehmender Temperatur intensiver.

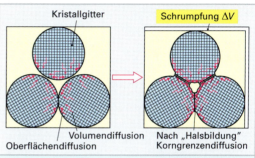

Bild 2: Diffusionswege beim Festphasensintern

Dies führt mit Erreichen der Sintertemperatur T_{Sinter} ($\approx$ (0,70–0,95) · T_m [T_m = Schmelzpunkt der Pulverkörner, gerechnet in Kelvin]) zu gravierenden Veränderungen im Gefüge. Zunächst bilden die Pulverkörner an ihren Kontaktstellen *Materialbrücken* aus („Halsbildung"; **Bild 2** und **Bild 3**).

Das Wachsen dieser Materialbrücken führt dazu, dass das zwischen den Körnern befindliche Hohlraumnetzwerk zunehmend eine Abschnür- und Verrundungstendenz zeigt, wobei die Verdichtung und die damit einhergehende Schrumpfung allerdings noch gering sind.

Ist das Hohlraumnetzwerk gänzlich in Poren zerteilt, die in sich abgeschlossen und verrundet sind **(Bild 3),** so kommt es abschließend vor allem über *Korngrenzendiffusion,* daneben aber auch über *Volumendiffusion,* zur Poreneliminierung, womit eine hohe Verdichtung und Schrumpfung des Körpers einhergeht.

Wegen der beherrschenden Rolle der Korngrenzendiffusion kommt dabei der *Korngrenzenhäufigkeit,* der *Korngröße* also, eine entscheidende Bedeutung zu.

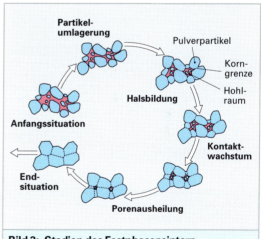

Bild 3: Stadien des Festphasensintern

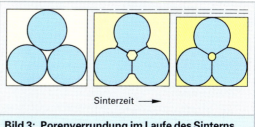

Bild 3: Porenverrundung im Laufe des Sinterns

Mit gegen Null gehendem Porenvolumen verringert sich die Sintergeschwindigkeit beträchtlich. Die Verdichtungsgeschwindigkeit gehorcht damit der in **Bild 1** dargestellten Zeitabhängigkeit, wobei diese Zeitabhängigkeit auch von der Grünkörperverdichtung abhängt.

> Höher verdichtete Grünkörper sintern schneller als weniger verdichtete.

Der Sinterprozess kann allerdings auch vor Erreichen der theoretischen Dichte zum Stillstand kommen **(Bild 1)**, wofür die folgenden Gründe verantwortlich sein können:

* Ist in den Poren Gas eingeschlossen, das von der Matrix nicht gelöst werden kann, so stoppt der Sintervorgang, sobald die Poren abgeschlossen sind und ein Entweichen des Gases nicht mehr möglich ist. Hier hilft ein Sintern unter Vakuum.

* Die mit dem Sintern verbundene Hochtemperaturanwendung birgt grundsätzlich die Gefahr einer Kornvergröberung, die Folge einer Korngrenzenwanderung ist. Um durch den Sinterprozess innerhalb vertretbarer Zeiträume möglichst nahe an die theoretische Dichte herankommen zu können, darf die Kornvergröberung aber erst dann einsetzen, wenn die Porenvernichtung abgeschlossen ist.

  Setzt die Kornvergröberung vor Abschluss der Poreneliminierung ein, lösen sich die Korngrenzen also von den Poren, so liegen die Poren danach im Korninnern und können nur noch über die sehr viel langsamere Volumendiffusion dichtgespeist werden **(Bild 2)**, was sehr lange Glühzeiten benötigt.

Um eine möglichst geringe Restporosität zu erreichen,

* muss das Kornwachstum durch Temperaturkontrolle verhindert werden. Es ist maximal die Temperatur erlaubt, bei der innerhalb der notwendigen Sinterdauer gerade noch kein Kornwachstum einsetzt.
* muss die Korngrenzenwanderung durch korngrenzenverankernde Partikel verhindert werden.
* muss der Materialtransport über die Korngrenzen von Anfang an beschleunigt werden. Erheblich beschleunigend wirken Additive, die im Grünkörper zwischen den vorherrschenden Pulverpartikeln im festen Zustand vorliegen, bei Sintertemperatur aufschmelzen [die eigentlichen Sinterpulverpartikel sind nach wie vor fest!] und über die gesamte Sinterdauer flüssig bleiben **(Bild 3)**.

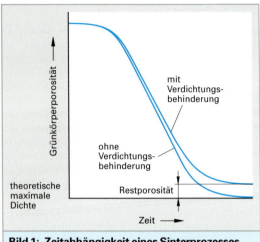

Bild 1: Zeitabhängigkeit eines Sinterprozesses

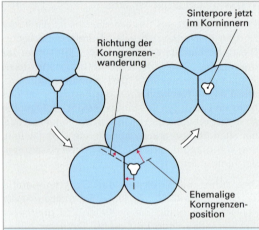

Bild 2: Kornvergröberung vor dem Dichtsintern

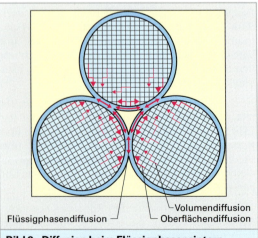

Bild 3: Diffusion beim Flüssigphasensintern

Durch das Auftreten der *flüssigen Phase* treten die Mechanismen des *Festphasensinterns* in den Hintergrund und wird der Sinterprozess durch das kapillare[1] Eindringen der flüssigen Phase in die inneren Hohlräume, viskose Teilchenumlagerungen sowie Löse- und Wiederausscheidungsvorgänge an der Flüssig/Fest-Grenzfläche wesentlich erleichtert.

Dies bietet den Vorteil, dass die Sinterprozesse im Vergleich zum Festphasensintern schon bei niedrigeren Temperaturen mit höherer Geschwindigkeit und Effektivität ablaufen (geringere Restporosität, besonders wenn der Anteil der flüssigen Phase groß ist und die Pulverpartikel sehr feinkörnig sind). Mit zunehmendem Flüssigphasenanteil besteht allerdings die Gefahr eines zunehmenden Verlustes der Geometrietreue bis hin zum breiigen Auseinanderlaufen des Formkörpers.

Das Flüssigphasensintern muss daher in einem Sintertemperaturintervall erfolgen. Verfahrenstechnisch günstig ist es, wenn bereits bei minimalem Flüssigphasenanteil eine maximale Benetzung der Sinterpulverpartikel durch die Flüssigphase gegeben ist. Die flüssigen Korngrenzenfilme erstarren zudem bei Abkühlung von Sinter- auf Raumtemperatur vielfach amorph (= glasig), was die Gebrauchseigenschaften der Werkstoffe beeinträchtigt.

Sintern von Silikatkeramiken

Auch das Sintern von Silikatkeramiken erfolgt bei erhöhter (= additiver) Zugabe von Feldspat als Flüssigphasensintern. Die sich dadurch bei langsamer Erwärmung (wegen der sich sonst gefährlich entwickelnden thermischen Spannungen) bis dicht unter 1400 °C abspielenden Reaktionen verdeutlicht **Bild 1**:

Ab etwa 600 °C beginnen die Tonminerale Wasser abzuspalten, das durch die noch vorhandenen Hohlräume ohne Schädigung des Formteils entweichen kann. Durch Reaktion des Rohstoffs Feldspat mit den anderen Rohstoffen kommt es bereits ab etwa 925 °C und nicht erst bei 1150 °C zur Bildung erster Flüssigphasenanteile. Oberhalb von 1000 °C entsteht aus den Tonmineralen und durch Reaktion der Tonminerale mit dem geschmolzenen Feldspat die Phase Mullit. Ab etwa 1200 °C löst sich Quarz zu einem Teil in der Schmelze. Die maximal angesteuerte Temperatur liegt i. A. unter 1400 °C.

---

[1] lat. capillus = zum Haar (gehörend), kapillar = haarfein, haarfeines Röhrchen mit Saugwirkung

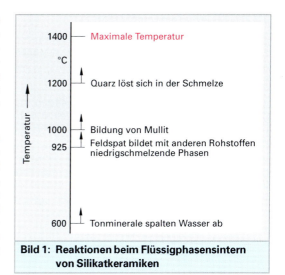

Bild 1: Reaktionen beim Flüssigphasensintern von Silikatkeramiken

Beim Sintern entstehen infolge von Diffusionsprozessen zwischen den Pulverpartikeln Materialbrücken unter Reduzierung des Porenvolumens.

Ist das Sintern abgeschlossen, so wird das Sinterteil wegen der sich sonst gefährlich entwickelnden thermischen Spannungen langsam wieder abgekühlt. Beim Unterschreiten der Glastemperatur (sie liegt bei 900 bis 800 °C) erstarrt die zunehmend viskoser gewordene Schmelze amorph. Unterhalb dieser Temperatur besteht das Gefüge des Sinterteils aus den beiden kristallinen Phasen Mullit und nicht aufgeschmolzenem Quarz und einer amorphen Phase auf den Korngrenzen.

Der Volumenanteil, die Zusammensetzung und Ausbildungsform der kristallinen und der amorphen Phase hängen von dem Mengenverhältnis der Rohstoffe sowie Sintertemperatur und -dauer ab.

Das Flüssigphasensintern führt zwar zu einem relativ porenarmen, d. h. dichten Gefüge, dadurch aber auch zu einer vergleichsweise hohen Schwindung.

Alle Maßnahmen, die eine Verringerung der Porosität zum Ziel haben, wie der Einsatz feinkörnigerer Pulver, die Anhebung der Sintertemperatur und der Zusatz von Feldspat (= Anhebung des Flüssigphasengehaltes) bewirken also gleichzeitig auch eine höhere Sinterschwindung. So ist zum Erreichen einer Enddichte von 90 bis 95 % TD (*TD* = Theoretische Dichte) eine Schwindung von bis zu 35 Vol.-% in Kauf zu nehmen.

3.2.2.6 Oberflächenmodifikation

Aus der beim Sintern viskos fließenden Korngrenzenmasse ragen Kristalle heraus und tun dies auch nach dem Abkühlen. Rauhe Oberflächen sind die Folge **(Bild 1)**.

Neben Schleifen und Polieren ist ein **Glätten** der Oberfläche auch durch das Aufbringen einer dünnen und u. U. flüssigkeitsdichten Glasur möglich, die über den Zusatz von Metalloxiden, *Pigmente* genannt, auch ein Einfärben erlaubt. Vor allem verbessert die Glasur aber ganz entscheidend viele wichtige Eigenschaften des keramischen Produktes wie die *mechanischen Eigenschaften,* das *elektrische Verhalten,* die *chemische Beständigkeit.*

Die Glasur wird als Schlicker durch Tauchen, Spritzen oder mit dem Pinsel aufgebracht **(Bild 2)**. Die Festbestandteile des Schlickers ähneln in ihrer Zusammensetzung der feldspatreichen amorphen Phase auf den Korngrenzen der fertig gebrannten Keramik, des „Scherbens". Sie löst diese beim Glasurbrand ein wenig an, was die Haftfestigkeit steigert.

Teilweise wird die Glasur aber auch schon auf ungesinterte Keramik aufgetragen, was den gleichzeitig erfolgenden Sinter- und Glasurbrand ermöglicht.

Zu beachten ist, dass der Wärmeausdehnungskoeffizient der Glasur zur Vermeidung von Zugspannungen in der Glasur auf keinen Fall größer als der der Keramik sein darf. Ist er etwas kleiner, so führt das beim Abkühlen in der Glasur sogar zu *schadenstoleranzanhebenden Druckspannungen.* Soll der Glasurbrand nach dem Sintern erfolgen, so muss er bei etwas tieferen Temperaturen als das Sintern vorgenommen werden, was auch einen niedrigeren Schmelzpunkt der Glasur erfordert. Dies lässt sich über einen höheren Feldspatgehalt einstellen.

3.2.3 Bauteile aus Nichtsilikatkeramik

Soll das spätere Bauteil eng tolerierten und hohen Ansprüchen hinsichtlich (Warm-) Festigkeit und Bruchzähigkeit genügen, wie z. B. bei der Schneidkeramik **(Bild 2)**, so ist bereits bei den Rohstoffen eine weitestgehende Vermeidung von SiO_2 erforderlich. Diese Gruppe trägt der keramischen Werkstoffe die Bezeichnung *Nichtsilikatkeramiken.*

SiO_2 enthaltende Phasen schmelzen während des Sinterns bereits bei relativ niedrigen Temperaturen auf, was zwar die Sintergeschwindigkeit anhebt, die maximal mögliche Einsatztemperatur aber absenkt. Zudem erstarren die aufgeschmolzenen Phasen amorph, was die Festigkeit und Bruchzä-

higkeit reduziert. Die erforderliche hohe Reinheit können die natürlichen Vorkommen der Rohstoffe wegen der stets vorhandenen Verunreinigungen nicht bieten. Dies ist der Grund, warum einige Rohstoffe trotz ihres natürlichen Vorkommens dennoch synthetisch hergestellt werden. Sucht man nach Rohstoffen, die, zum Bauteil verarbeitet, eine noch höhere Warmfestigkeit zeigen als sie auch natürlich vorkommende nicht-silikatische Rohstoffe aufweisen, so ist man sogar ausschließlich auf Syntheseverfahren angewiesen.

Wie schon bei den Silikatkeramiken erkannt, ist ein wichtiger Rohstoffparameter die *Partikelkorngröße*. Dies ist der Grund, warum bereits die Gewinnung und Aufbereitung der Rohstoffe Schlüsselfunktionen bei der Fertigung von Nichtsilikatkeramiken einnehmen. **Bild 1** zeigt die möglichen Abläufe zur Fertigung nichtsilikatkeramischer Bauteile schematisch.

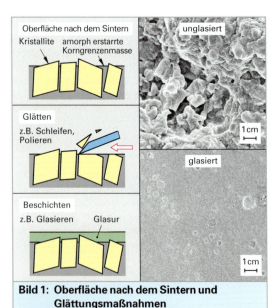

Oberfläche nach dem Sintern

Kristallite   amorph erstarrte Korngrenzenmasse

unglasiert

1 cm

Glätten
z.B. Schleifen, Polieren

glasiert

Beschichten
z.B. Glasieren   Glasur

1 cm

Bild 1: Oberfläche nach dem Sintern und Glättungsmaßnahmen

Bild 2: Schneidkeramik

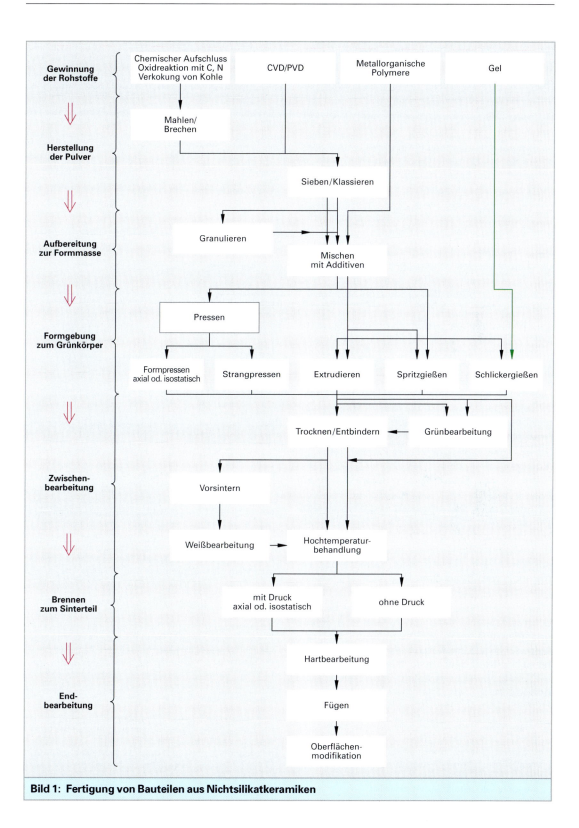

Bild 1: Fertigung von Bauteilen aus Nichtsilikatkeramiken

3.2.3.1 Gewinnung der Rohstoffe

Gewinnung feinkörniger pulverförmiger Rohstoffe

(Bild 1) zeigt einige pulverförmig gewinnbare Rohstoffe nichtsilikatischer Keramiken.

Die hohen Prozesstemperaturen führen bei der Gewinnung der Rohstoffe durch Zusammensintern der entstehenden Partikel oft zu stark porösen massiven Körpern. Da die Sinterfähigkeit des späteren Grünkörpers sowie die Festigkeit und Bruchzähigkeit des späteren Sinterteils aber nur mit abnehmender Partikelgröße zunehmen, gilt es, die porösen massiven Körper bis auf möglichst geringe Korngrößen zu zerkleinern.

Durch Brechen und anschließendes **Mahlen** der Bruchstücke lassen sich Korngrößen von unter 100 μm, in einer als Attritor bezeichneten Hochleistungskugelmühle **(Bild 2)** sogar bis hinab zu 0,1 μm gewinnen.

Ein **Attritor** bietet wegen der intensiven Mahlarbeit zudem nicht nur die Möglichkeit, eine homogene Verteilung der Komponenten von Rohstoffgemischen zu erreichen, sondern setzt auch Phasenreaktionen in Gang. Sie sind mit den beim „Mechanischen Legieren" metallischer Legierungskomponenten ablaufenden Prozessen vergleichbar und ermöglichen die Gewinnung keramischer Legierungen wie z. B. Mischoxiden.

Schüttungen sehr feinkörniger Partikel haben allerdings einen gravierenden verarbeitungstechnischen Nachteil: Eine möglichst hohe Verdichtung zum Grünkörper setzt voraus, dass die Relativbewegung der Partikel möglichst ungehemmt erfolgen kann. Anziehungskräfte zwischen den Partikeln beeinträchtigen aber die Fähigkeit zur Relativbewegung, was mit zunehmender Partikeloberfläche, d. h. abnehmender Partikelgröße immer mehr zum Tragen kommt.

Die Entwicklung von Aufbereitungs- und Weiterverarbeitungstechniken, die trotz Verwendung von sehr feinkörnigen Pulvern eine höhere und gleichmäßigere Raumerfüllung des Grünkörpers sowie Sinterkörpers ermöglichen, lassen heute auch die Gewinnung feinstkörniger Pulver mit Korngrößen im nm- bis μm-Bereich als sinnvoll erscheinen.

Mit abnehmendem SiO_2-Gehalt ist eine Steigerung der Warmfestigkeit und der Bruchzähigkeit sowie eine engere Bauteiltoleranz verbunden.

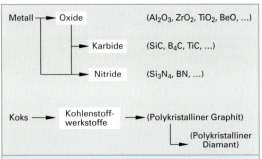

Bild 1: Rohstoffe nichtsilikatischer Keramiken

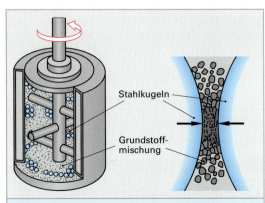

Bild 2: Hochleistungskugelmühle (Attritor)

Die Gewinnung pulverförmiger Rohstoffe von **Oxidkeramiken** beginnt mit dem chemischen Aufschluss von Mineralien, die die metallische Komponente des gewünschten Oxids enthalten. Dazu werden die Minerale duch saure oder basische Laugung in Lösung gebracht. Nach einer Reinigung der Lösung wird die metallische Komponente aus der Lösung als Hydroxid, Carbonat, Oxalat oder Acetat in Pulverform ausgefällt. Zur Entfernung des Wassers und Umwandlung in die oxidische Form wird das Pulver anschließend auf über 1000 °C erwärmt, was als Calcinierung bezeichnet wird.

Voraussetzung für die Gewinnung pulverförmiger Rohstoffe von **Karbidkeramiken** ist die Bereitstellung von Oxiden der jeweiligen metallischen Komponente. Sie werden mit Kohlenstoff bei hohen Temperaturen in inerter Atmosphäre zur Reaktion gebracht, wobei sich der Rohstoff der entsprechenden Karbidkeramik bildet (z. B. $MO_2 + 3\,C \rightarrow MC + 2\,CO$).

(Bei dem – weil vorherrschend kovalent gebunden – mit nur geringer Sinteraktivität versehenen SiC wird dessen Bildung zur Erleichterung des Sinterprozesses oft auch erst beim Sintern durchgeführt, was als Reaktionssintern bezeichnet wird, oder aber über die Pyrolyse siliziumorganischer Kunstharze gewonnen.)

• Voraussetzung für die Gewinnung pulverförmiger Rohstoffe von **Nitridkeramiken** ist die Bereitstellung der jeweiligen metallischen Komponente oder von Oxiden der jeweiligen metallischen Komponente. Sie werden bei hohen Temperaturen mit Stickstoff, Ammoniak oder einer anderen stickstoffhaltigen gasförmigen Substanz zur Reaktion gebracht, wobei sich der entsprechende Rohstoff der Nitridkeramik bildet.

(Bei dem – weil vorherrschend kovalent gebunden – mit einer nur geringen Sinteraktivität versehenen Si_3N_4 wird dessen Bildung zur Erleichterung des Sinterprozesses oft auch erst beim Sintern durchgeführt, was als Reaktionssintern bezeichnet wird, oder aber über die Pyrolyse siliziumorganischer Kunstharze gewonnen.)

Rohstoff der **Kohlenstoffwerkstoffe** polykristalliner Graphit und des aus ihm herstellbaren polykristallinen Diamanten ist der aus Braunkohle (65–75 % Kohlenstoffgehalt), Steinkohle (75–90 % Kohlenstoffgehalt) oder Anthrazitkohle (95 % Kohlenstoffgehalt) zu gewinnende und (im gegensatz beispielsweise zu Ruß) bereits mit hoher struktureller Ordnung versehene Koks (**Bild 1**).

Zur Abspaltung und Austreibung flüchtiger Verbindungen und dadurch Anreicherung des Kohlenstoffgehaltes auf den des Kokses wird die Kohle unter Sauerstoffausschluss bis auf ca. 1200 °C erwärmt („Verkokung").

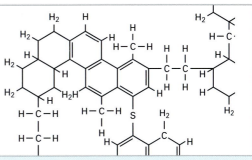

Bild 1: Strukturelle Ordnung von Koks (Ausschnitt)

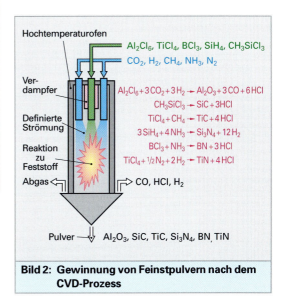

Bild 2: Gewinnung von Feinstpulvern nach dem CVD-Prozess

Gewinnung feinstkörniger pulverförmiger Rohstoffe

Die aus der Dünnschichttechnik bekannten Verfahren des *Chemical-Vapour-Deposition* und *Physical-Vapour-Deposition* bieten die Möglichkeit, oxid-, karbid- oder nitridkeramische Stoffe im Reaktionsraum eines Autoklaven zu bilden (CVD) oder aber auf haftungsunterbindenden Substraten als Schichten abzuscheiden (PVD).

– Beim **CVD-Prozess** bringt man dabei ein flüchtiges Chlorid oder eine metallorganische Verbindung mit Prozessgasen zur Reaktion (**Bild 2**):

– Beim **PVD-Prozess** wird die metallische Komponente verdampft, reagiert mit dem gleichzeitig in den Reaktor eingelassenen entsprechenden Prozessgas spontan und scheidet sich auf einem haftungsunterbindenden Substrat als eine sehr dünne keramische Schicht ab (**Bild 3**).

Durch ein in der Regel mechanisches Ablösen des Schichtmaterials ist ein extrem reines, feinstkörniges (1 nm bis einige 100 nm) und gleichmäßiges Pulver zu gewinnen.

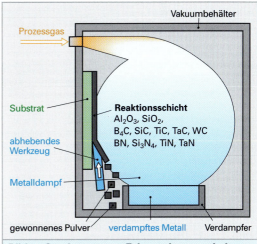

Bild 3: Gewinnung von Feinstpulvern nach dem PVD-Prozess

Die nasschemisch ablaufende **Sol-Gel-Technik** bietet ebenfalls die Möglichkeit, sehr feinkörnige (Nanometer-Bereich) und gleichmäßige oxidkeramische und nach einer Hochtemperaturbehandlung karbidkeramische Pulver und nitridkeramische Pulver herzustellen, was in drei Schritten erfolgt:

1. Schritt. Im ersten Schritt wird ein Oxihydroxid (z. B. Al-Oxihydroxid) sowie, soweit erforderlich, *Additive,* beides mit einer Teilchengröße im Nanometer-Bereich, mit einem hohen Volumenanteil in einer bereits ansatzweise polykondensierenden Lösung (Sol-Zustand) von Methoxisilanen (sie sind Ausgangsstoffe für die Synthese von Polysiloxan [-R_2Si-O-]$_n$) kolloidal dispergiert **(Bild 1)**.

Wegen der Feinheit der Oxihydroxidteilchen und der Additive und deren freien Beweglichkeit im Sol ist eine innige Durchmischung und eine homogene Verteilung bis in den Nanometer-Bereich hinab erreichbar.

2. Schritt. Durch Weiterführung der Polykondensation zu Polysiloxan mit seiner lockeren Vernetzung wird der Sol-Zustand in den Gel-Zustand übergeführt **(Bild 2)**. Seine Viskosität ist dann so hoch, dass sich die Partikel nicht mehr frei bewegen können. Die Partikelverteilung im Raum ist also nahezu fixiert.

3. Schritt. Im dritten Schritt wird, wenn der Wunsch nach trockenen Feinstpulvern besteht, das im Gel eingeschlossene Dispersionsmittel zur Freisetzung der Festbestandteile abgetrennt **(Bild 3)**. Der Dispersionsmittelabtrennung schließt sich noch eine Trocknung und Hochtemperaturbehandlung bei 1500 °C zur Überführung in den oxidkeramischen Zustand an (Al_2O_3 [+SiO_2 aus Gel-Substanz]).

Aus diesen extrem feinkörnigen und gleichmäßigen oxidkeramischen Pulvern können durch eine weitere Hochtemperaturbehandlung karbid- und nitridkeramische Feinstpulver hergestellt werden.

Wurden dem Sol die gewünschten Additive bereits zugesetzt, so kann das Abtrennen des Dispersionsmittels aus dem Gel aber auch schon ein Teilschritt des Schlickergießens sein, das direkt zu feinstkörnigen oxidkeramischen Grünkörpern hoher Raumerfüllung führt.

Die Wandstärke der Grünkörper wird allerdings durch die mit dem Abtrennen des Lösemittels, der Trocknung und Hochtemperaturbehandlung verbundenen Schrumpfung mit den sich dadurch ergebenden Eigenspannungen begrenzt.

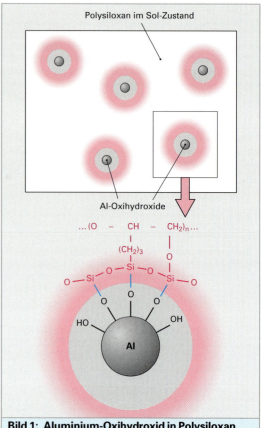

Bild 1: Aluminium-Oxihydroxid in Polysiloxan im Sol-Zustand

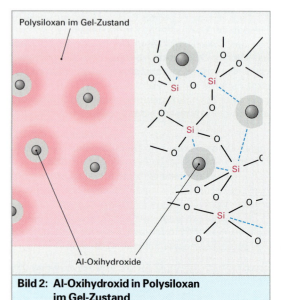

Bild 2: Al-Oxihydroxid in Polysiloxan im Gel-Zustand

Siliziumorganische thermoplastische Kunstharzvorstufen als Rohstoffe

Der Sinterschritt der üblichen Herstellungsroute keramischer Bauteile macht vor allem bei den dominant über Atombindung gebundenen keramischen Rohstoffen SiC und Si_3N_4 sehr hohe Temperaturen erforderlich und hinterlässt wegen der ebenfalls in der vorherrschenden Atombindung begründeten fehlenden Sinteraktivität z. T. dennoch eine Restporosität sowie (vor allem bei dickwandigen Bauteilen) Geometrieabweichungen. In der Regel ist daher ein spanabhebendes Bearbeiten notwendig.

Die thermische Zersetzung von siliziumorganischen Kunstharzen unter Sauerstoffausschluss zu keramischen Substanzen, *Pyrolyse* genannt, bietet die Möglichkeit einer endkonturnahen Formgebung von Bauteilen bereits bei Temperaturen unter 1500 °C.

Zur Herstellung von Grünkörpern aus siliziumorganischen Kunstharzen werden thermoplastisch formbare Kunstharzvorstufen verwendet, die bei der Pyrolyse nicht wie Thermoplaste verdampfen.

Die Polymersynthese eines SiC-Vorläufers (engl.: Precursor) beginnt mit der Synthese eines sehr reinen Chloro-Organosiliziums als Monomer:

$$SiO_2 + C \rightarrow Si + CO_2$$

$$\downarrow$$

$$Si + (CH_3)_x Cl \rightarrow (CH_3)_2 SiCl_2$$

Durch katalytische Dechlorierung wird Polysilan gebildet, bei dem die $(CH_3)_2Si$-Einheiten unmittelbar miteinander verkettet sind:

$$(CH_3)_2 SiCl_2 + 2\,Na \rightarrow [-(CH_3)_2 Si\text{-}]_n + 2\,NaCl$$

woraus Polycarbosilan gebildet werden kann, bei dem die $(CH_3)_2Si$-Einheiten durch CH_2-Einheiten getrennt sind

$$[-(CH_3)_2 Si\text{-}CH_2\text{-}]_n$$

In analoger Weise lassen sich auch Polysiloxane gewinnen, bei denen die $(CH_3)_2Si$-Einheiten über Sauerstoffatome verbunden sind:

$$[-(CH_3)_2 Si\text{-}O\text{-}]_n$$

Zur Synthese von Siliziumkarbonitriden und heterogenen SiC/Si_3N_4-Werkstoffen lässt sich Polysilazan verwenden, bei dem die $(CH_3)_2Si$-Einheiten durch NH_2-Einheiten getrennt sind:

$$([-(CH_3)_2 Si\text{-}NH_2\text{-}]_n)$$

Heute sind eine Vielzahl von zu Silan sowie Silazan führenden Monomeren verfügbar, die B, Al und Ti enthalten. Speziell aus Polyborosilazan synthetisierbare B-haltige Polymere führen zu Si-C-N-B-Keramiken, die bis 1600 °C amorph bleiben und dadurch bis zu dieser Temperatur eine hohe Oxidations- und Kristallisationsresistenz zeigen.

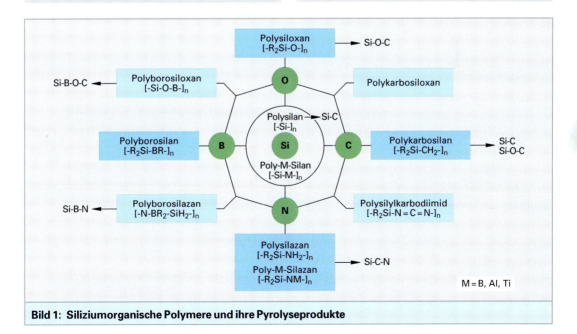

Bild 1: Siliziumorganische Polymere und ihre Pyrolyseprodukte

3.2.3.2 Aufbereitung

Eine Aufbereitung ist vor allem bei solchen Roh-stoffen erforderlich, die als Feinstpulver anfallen. Denn hohe Festigkeit und Bruchzähigkeit setzen eine möglichst geringe Restporosität (≡ hohe Dichte) bereits im Grünkörper voraus. Eine Eigen-schaft, der sich Pulverschüttungen mit abnehmen-der Korngröße zunehmend widersetzen.

Mit abnehmender Korngröße sind die Pulverpartikel zunehmend kohäsiv, was das Verdichten erheblich erschwert. So lassen sich mit sehr feinkörnigen Par-tikeln teilweise nur noch Grünkörperraumerfüllun-gen von 20 bis 40 % TD (TD = Theoretische Dichte) erreichen, die sich zudem mit abnehmender Partikel-größe im Grünkörper von Ort zu Ort immer stärker ändert.

Die geringe Raumerfüllung führt beim Sintern für den Fall, dass sich die theoretische Dichte überhaupt erreichen lässt, zu einer linearen Schwindung von 25 bis 40 %. Für den Fall, dass die theoretische Dichte nicht erreicht werden kann, bleiben festigkeits und bruchzähigkeitsreduzierende Poren zurück. Eine von Ort zu Ort wechselnde Raumerfüllung und damit li-neare Schwindung hat zudem Eigenspannungen zur Folge. Für eine optimale Formgebung und Verdich-tung des Grünkörpers müssen die Pulver mit abneh-mender Partikelgröße zunehmend den Transport-prozessen zugänglich gemacht werden.

Aufbereitung von Nichtkohlenstoffpulvern

Als erste Maßnahme werden die Pulverpartikel – vor allem die der Feinstpulver – zur Reduzierung der Kohäsion aus Flüssigkeiten heraus durch Auf-baugranulation oder aus Suspensionen heraus durch Sprühtrocknung zu Agglomeraten von 20 bis 300 μm Durchmesser vereinigt **(Bild 4)**, was man als Granulieren bezeichnet.

Die in beiden Fällen beteiligte Flüssigkeit ermöglicht über Kapillarkräfte eine hohe Packungsdichte inner-halb der einzelnen Granalien ohne Vergröberung der in ihnen enthaltenen einzelnen Pulverpartikel. Die sphärische Granalienform und die Reduzierung des Verhältnisses Granalienkohäsionskräfte zu Granali-engewicht führt zu einer guten Fließfähigkeit der Granulate.

Es ist einsichtig, daß eine Schüttung kugelförmiger und statistisch regellos angeordneter Partikel bei polydisperser Partikelgrößenverteilung (= Partikel mehrerer Größenklassen) eine weitaus höhere Raumerfüllungen als bei monodisperser Partikel-größenverteilung (= Partikel nur einer Größenklasse) erreicht, wobei die feineren Partikel die Zwischen-räume zwischen den größeren weitestgehend aus-füllen. Nach einem Trennen der Partikel (Pulver, Granalien) nach ihrer Größe durch Sieben wird daher als weitere Maßnahme durch das Mischen von Parti-keln unterschiedlicher Größenverteilungen (z. B. 70 % grobere und 30 % feinere Partikel) eine sinter-beschleunigende und sinterschrumpfmindernde maximale Verdichtung von bis zu 90 % TD (TD = Theoretische Dichte) erreicht, was die maximal er-reichbare Dichte darstellt.

Um die Reibung der Pulverpartikel/Granalien unter-einander sowie mit der Werkzeugwand zu reduzieren **(Bild 1)** und dem Grünkörper nach dessen Herstel-lung eine handling- und bearbeitungstaugliche Grünfestigkeit mitgeben zu können, werden der Pul-ver-/Granalienmischung Additive zugesetzt.

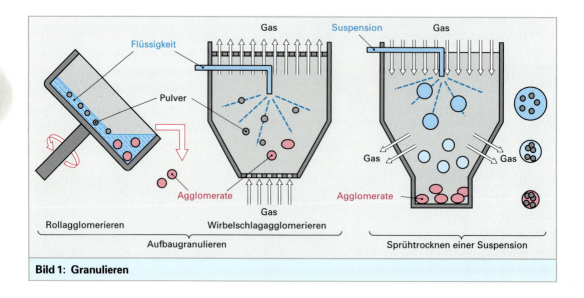

Bild 1: Granulieren

Da diese Additive nach der Formgebung und gegebenenfalls Zwischenbearbeitung und vor dem Sintern wieder entfernt werden müssen, werden sie als **temporäre Additive** bezeichnet.

Als solche kommen in Abhängigkeit von dem zur Formgebung gewählten Verfahren in Wasser gelöste bindende *Methylcellulose* oder *Polyvinylalkohol* oder aber plastifizierende und gleichzeitig bindende Wachse, Paraffine, Stearate oder Thermoplaste in Frage. **Tabelle 1** zeigt in Abhängigkeit vom Formgebungsverfahren und Feststoff-Bindemittel-Zuordnungen.

> Ziel der Aufbereitung ist eine möglichst geringe Restporosität im Grünkörper.

Tabelle 1: Feststoff-Bindemittel-Zuordnung

Verarbeitung	Feststoff	Bindemittel
Formpressen	Pulver, Granalien	5 bis 15 Vol.-% binderhaltiges Wasser, Wachse, Paraffin, Stearat
Strangpressen	Feinstpulver, Pulver, Granalien	40 Vol.-% binderhaltiges Wasser, Wachse, Paraffin, Stearat
Extrusion/ Spritzguss	Feinstpulver, Pulver, Granalien	30 bis 50 Vol.-% Thermoplastgranulat
Gießen	Feinstpulver, Pulver	40 bis 70 Vol.-% binderhaltige wässrige Lösung/organische Lösung

Aufbereitungsverfahren

- Für eine Formgebung durch **Formpressen (Bild 1)** muss die Formmasse rieselfähig sein und eine „trockene" bis „nasse" Konsistenz aufweisen. Um dies zu erreichen, wird der Pulver-/Granalienmischung 5 Vol.-% (Trockenpressen) bis 15 Vol.-% (Nasspressen) binderhaltiges Wasser oder aber eine dieser Wassermenge gleichwertige Menge an Wachsen, Paraffinen oder Stearaten zugegeben.

- Für eine Formgebung durch **Strangpressen** (Bild 1) ist die Konsistenz der Formmasse derart einzustellen, dass eine Formgebung kräfteschonend erfolgen kann und nach vollzogener Formgebung dennoch eine ausreichende Formstabilität gegeben ist. Die als pastös zu beschreibende Formmassenkonsistenz erreicht man durch Zusatz von etwa 40 Vol.-% binderhaltigem Wasser oder aber einer dieser Wassermenge gleichwertigen Menge an Wachsen, Paraffinen oder Stearaten. Wegen des hohen Anteils an plastifizierendem Additiv lassen sich sogar Feinstpulver ohne vorheriges Granulieren verarbeiten.

- Für eine Formgebung durch **Extrusion** (Bild 1) oder Spritzguss muss die Formmasse wegen der Verarbeitung über einen Extruder bzw. eine Spritzgießmaschine rieselfähig sein und bei Wärmezufuhr eine der Strangpressformmasse vergleichbare Konsistenz mit der Möglichkeit einer kräfteschonenden Formgebung und danach ausreichenden Formstabilität aufweisen. Dazu wird die Pulver-/Granalienmischung in einem Kneter oder Scherwalzenextruder mit 30 bis 50 Vol.-% plastifizierbarem und bindendem Thermoplastgranulat bei erhöhter Temperatur versetzt und anschließend unter Kühlung granuliert. Wegen des hohen Anteils an plastifizierbarem Additiv lassen sich Feinstpulver sogar ohne vorheriges Granulieren verarbeiten.

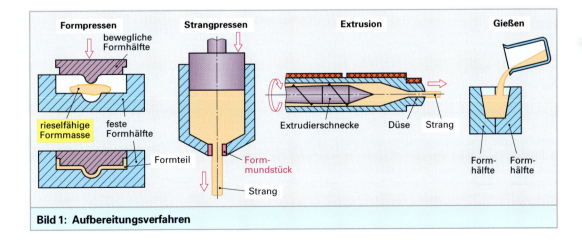

Formpressen — bewegliche Formhälfte — rieselfähige Formmasse — feste Formhälfte — Formteil

Strangpressen — Formmundstück — Strang

Extrusion — Extrudierschnecke — Düse — Strang

Gießen — Formhälfte — Formhälfte

Bild 1: Aufbereitungsverfahren

- Eine Formgebung durch **Gießen** (Bild 1, vorhergehende Seite) setzt für die Formmasse trotz einem Pulvergehalt von 30 bis 60 Vol.-% eine gute Fließfähigkeit voraus. In der Flüssigphase (70 bis 40 Vol.-%, davon ca. 2 Vol.-% Binder) der als Schlicker bezeichneten Formmasse lassen Feinstpulverpartikel unter gewissen Randbedingungen auch über längere Zeit homogen dispergieren:

Für das Einstellen einer homogenen Dispersion ist ein hohes Benetzungsvermögen der Flüssigkeit erforderlich. Dies ist bei oxidischen Pulvern [Al_2O_3, ZrO_2, MgO, SiO_2] in wässrigen Flüssigkeiten und bei nichtoxidischen Pulvern [SiC, Si_3N_4, BN, AlN] in organischen Flüssigkeiten wie Alkohol oder Toluol uneingeschränkt gegeben; die Verarbeitung nichtoxidischer Pulver in wässrigen Flüssigkeiten macht allerdings den Zusatz von hydrophilen Additiven erforderlich, die Oberflächenladungen der Pulverpartikel absättigen. Eine langzeitige Stabilität der homogenen Dispersion setzt voraus, dass es nicht zur Agglomeration (Flockung) der Partikel kommt. Dies gelingt beispielsweise dadurch, dass auf den Oberflächen der Pulverpartikel gleichnamige elektrische Ladungen oder Adsorbate von Makromolekülen aufgebracht werden.

Neben den temporären Additiven werden auch Additive im Rahmen der Aufbereitung eingebracht, die ihre Wirkung im Grünkörperinnern erst während des Sinterns entfalten und deren Reaktionsprodukte auch nach dem Sintern dauerhaft ihre Wirkung zeigen, weswegen man sie als **permanente Additive** bezeichnet:

- Stimulierung der Sinterprozesse durch Flüssigphasen, die im Grünkörper vorliegenden Hohlräume zu füllen (→ Flüssigphasensintern mit permanent [amorphe Erstarrung beeinträchtigt allerdings Festigkeit und Bruchzähigkeit, z. B. durch SiO_2 in Al_2O_3 oder MgO, Al_2O_3 und Y_2O_3 in Si_3N_4] oder transient flüssiger Phase)

- Platzierung von Festphasen auf den Korngrenzen (→ Korngrenzenverankerung, z. B. bei Al_2O_3 durch MgO)

- „Legierungszusätze" zur Mischkristallverfestigung oder Farbgebung (→ Al_2O_3 durch Cr_2O_3).

Aufbereitung von Kohlenstoffpulvern

Zur wirtschaftlichen Herstellung von Graphitbauteilen bietet sich eine pulvertechnische Verarbeitung von Graphitvorläufern wie z. B. Koks an.
Der Koks wird durch Brechen und Mahlen zerkleinert und die entstehenden Granulate nach ihrer Größe durch Sieben klassiert. Aus den zuvor erläuterten Gründen wird durch das Mischen von Granulaten unterschiedlicher Größenverteilungen eine sinterbeschleunigend und sinterschrumpfmindernd hohe Grünkörperverdichtung begünstigt.

Um die Reibung der Granulatpartikel untereinander sowie mit der Werkzeugwand zu reduzieren, dem Grünkörper eine handling- und bearbeitungstaugliche Grünfestigkeit mitgeben zu können und die infolge des kovalenten Bindungszustandes des Kokses fehlende Sinteraktivität zu kompensieren, wird dem Koksgranulat ein durch erhöhte Formgebungstemperatur plastifizierbares und bindendes permanentes Additiv zugesetzt. Als solche kommen Pech sowie flüssige und erst in einer Temperung vernetzende Kunstharzvorstufen in Frage. Für die Herstellung der Kohlenstoffmodifikation **Diamant** kommt wegen der sehr hohen Drücke ein Gießen nicht in Frage **(Bild 1)**. Dominanter Rohstoff zu seiner Synthese ist zuvor zu synthetisierendes polykristallines Graphitgranulat, dem als permanentes Additiv ein metallischer Katalysator wie Cr, Mn, Ni, Co, Fe zugesetzt wird.

Aufbereitung von siliziumorganischen thermoplastischen Kunstharzvorstufen

Zur Reduzierung der die Pyrolyse begleitenden Schwindung und der Porenbildung können den Formmassen aus siliziumorganischen, thermoplastisch formbaren Kunstharzvorstufen passive und aktive **permanente Additive** mit einer Korngröße von 1 bis 10 μm zugegeben werden.

Eine der Wirkung des Quarzes bei den silikatkeramischen Werkstoffen vergleichbare Wirkung – nämlich eine schrumpfbehindernde Stützwirkung – üben volumeninerte (daher als passive Additive bezeichnet) und der späteren Matrix chemisch entsprechende SiC-, Si_3N_4-, B_4C- oder BN-Granulate aus. Aktive Additive dagegen expandieren sogar während des später dargestellten Hochtemperaturschritts der Konversion durch Reaktion mit den Zerfallsprodukten. Als in dieser Weise wirkende Additive kommen u. a. Ti, Cr, V, Si, $CrSi_2$, $MoSi_2$ und AlN in Frage. Ist deren Gehalt auf die Schwindung und Porenbildungstendenz abgestimmt, können endkonturnahe Bauteile gefertigt werden.

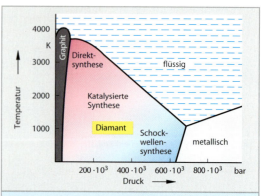

Bild 1: Zustandsschaubild des Kohlenstoffs

3.2.3.3 Formgebung

Formgebung von Formmassen aus Pulvern

Die Verfahren zur Formgebung der Formmassen zu Grünkörpern sind den bei der Formgebung von Silikatkeramiken kennengelernten entlehnt: Die Grünkörperformgebung kann bei trockenen bis feuchten Formmassen durch Formpressen, bei pastösen Formmassen durch Strangpressen/Extrudieren und bei dünnflüssigen Formmassen durch Schlickergießen erfolgen. Hinzu kommt das Spritzgießen.

Stets wird dabei eine Partikelpackung angestrebt, die einer dichten Zufallspackung möglichst nahe kommt, so dass die Partikel nach der sich anschließenden Trocknung/Entbinderung bereits in ausreichendem Umfang aneinander angebunden sind und die Schwindung beim Sintern möglichst klein bleibt.

Ziel einer Formgebung ist daher eine Verdichtung auf 50 bis 75 % TD (TD = Theoretische Dichte), was einer linearen Schwindung beim Sintern von nur noch 20 bis 10 % entspricht, und eine handling- sowie bearbeitungsdienliche Festigkeit des Grünkörpers garantiert.

Dichteunterschiede und Texturen sollten dabei möglichst vermieden werden, denn sie würden beim Sintern zu inneren mechanischen Spannungen, u. U. sogar zu Verformungen und zu Rissen führen. Die Wahl des Formgebungsverfahrens wird daher von der Geometrie und den Abmessungen des zu fertigenden Bauteils bestimmt.

Axiales Formpressen. Beim axialen Formpressen (20 bis 100 MPa) arbeiten in der Pressmatrize nur ein Ober- und ein Unterstempel **(Bild 1)**. Daher lassen sich hiermit nur bei glatter prismatischer oder zylindrischer Teilegeometrie aus rieselfähigem „trockenem" bis „nassem" Nichtkohlenstoff- wie auch Kohlenstoffpulver maßgenaue Grünkörper herstellen.

Das rieselfähige trockene Kohlestoffpulver führt zu einer ungleichmäßigen Dichteverteilung mit wenig Trocknungsaufwand/Entbinderungsaufwand bei hoher Maßhaltigkeit. Das nasse Pulver führt hingegen zu einer gleichmäßigeren Dichteverteilung verursacht aber einen erhöhten Trocknungsaufwand/Entbinderungsaufwand und weist eine geringere Maßhaltigkeit auf.

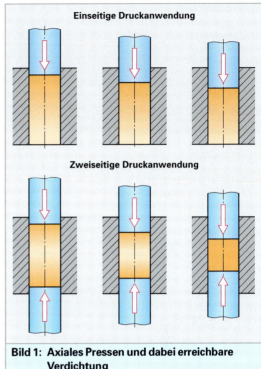

Einseitige Druckanwendung

Zweiseitige Druckanwendung

Bild 1: Axiales Pressen und dabei erreichbare Verdichtung

Erster Schritt der Formgebung ist das Herstellen von Grünkörpern. Sie haben nach dem Verdichten eine kreideartige Festigkeit.

Mit dem axialen Formpressen lassen sich allerdings lediglich in die Grünkörperenden in Pressrichtung eingetiefte Höhenunterschiede einarbeiten, bei nicht zu großen Höhenunterschieden durch einfache Stempelprofilierung, bei größeren Höhenunterschieden durch getrennt bewegliche Stempelsegmente.

Durch die zwischen Pulver und Pressmatrizenwand sowie Stempeloberfläche im Verdichtungsprozess auftretende Reibung nimmt der Pressdruck in der Pulver-/Granulatschüttung zudem mit zunehmender Entfernung vom Stempel ab. Beim einseitigen axialen Pressen führt dies im Grünkörper zu einer ungleichmäßigen Verdichtung.

Das hat besonders bei einem großen Höhe/Durchmesser-Verhältnis des Grünkörpers während des Sinterns eine ungleichmäßige Schwindung und, bei ungünstiger Ausbildung der weniger dichten Zonen, zusätzlich einen Verzug der Teile zur Folge.

Dieses Problem wird durch höhere Zugabe von gleitfördernden Additiven und/oder ein beidseitiges axiales Pressen reduziert. Trotzdem bleibt das realisierbare Höhe/Durchmesser-Verhältnis auf etwa 1,5 beschränkt.

Kaltisostatisches Formpressen. Soll selbst bei einem großen Höhe/Durchmesser-Verhältnis ein weitestgehend und homogen verdichteter Grünkörper erzeugt werden, so ist bei einer einfachen Grünkörpergeometrie das kaltisostatische Formpressen (engl.: **C**old **I**sostatic **P**ressing; 100 bis 500 MPa) möglich **(Bild 1)**.

Dabei gelingt es durch die Ausschaltung von Wandreibungseffekten, eine hohe Dichte einzustellen und Dichteveränderungen sowie Texturen zu vermeiden.

Das rieselfähige Pulver wird dazu in eine entsprechend der Bauteilgeometrie innenkonturierte elastische Form (z. B. aus Kautschuk) eingefüllt, die Form mit einem ebenfalls elastischen Deckel flüssigkeitsdicht verschlossen und in ein Flüssigkeitsbad gebracht, das den Pressdruck hydrostatisch (= von allen Seiten gleichzeitig und gleichmäßig wirkend) auf die Pulverfüllung überträgt.

Die Verdichtung erfolgt dabei durch Verformung der Einzelgranalien sowie durch Komprimierung der Partikel-Binder-Mischung. Es ist so ein Grünkörper herstellbar, dessen Dichte mit steigendem Pressdruck zunimmt **(Bild 2)**.

Die Nachteile des kaltisostatischen Pressens liegen in den größeren geometrischen Toleranzen und der geringeren Oberflächenqualität.

> Beim kaltisostatischen Formpressen erzielt man eine hohe Formteildichte.

Strangpressen. Das Strangpressen (15 bis 100 MPa) verwendet Formmassen, die zur gesteigerten Plastifizierung gegenüber den beim Formpressen verwendeten Formmassen einen erhöhten Anteil an temporären Additiven aufweisen. Das hat einen größeren Trocknungsaufwand zur Folge. Die Formgebung entspricht den von der Verarbeitung metallischer Werkstoffe her bekannten Verfahrensweisen. Sie führt wegen der über den Presslingsquerschnitt sehr gleichmäßig verteilten und hohen Verdichtung zu maßgenauen Profilen oder Rohren, die allerdings Texturen aufweisen können.

Extrudieren. Beim Extrudieren wird das in der Aufbereitung mit einem thermoplastischen Binder versehene rieselfähige Granulat in einem Extruder bei 100 bis 180 °C vorverdichtet und der Binder plastifiziert und im plastischen Zustand durch die formgebende Düse kontinuierlich ausgetrieben **(Bild 3)**.

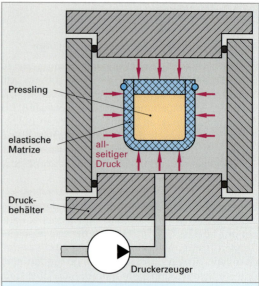

Bild 1: Kaltisostatisches Pressen

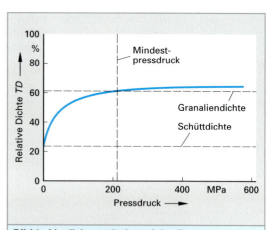

Bild 2: Verdichtung beim axialen Pressen granulierter Keramikpulver

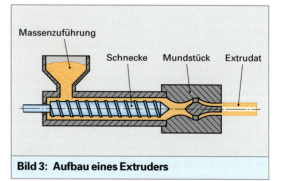

Bild 3: Aufbau eines Extruders

Spritzgießen. Beim Spritzgießen wird das aufbe-
reitete Material in einer Spritzgießmaschine vorverdichtet, der Binder plastifiziert und aufgeschmolzen. Das Material wird entsprechend dem
Spritzlingsvolumen dosiert und schließlich durch
Axialbewegung der Schnecke unter hohem Druck
in das gekühlte Werkzeug gespritzt, wo der thermoplastische Binder erstarrt (engl.: **C**eramic **I**njection **M**oulding; **Bild 1**). Die erstarrungs- und ab-
kühlungsbedingt einsetzende Schwindung kann
durch eine entsprechende Formmassennach-
förderung in der Nachdruckphase weitestgehend
ausgeglichen werden.

In beiden Fällen ergeben sich Grünkörper hoher
Festigkeit und daher sicherer Handhabbarkeit. Die
Formgebung führt wegen der sehr gleichmäßig
verteilten und hohen Verdichtung zu sehr maßgenauen Halbzeugen bzw. Formteilen, selbst bei
stark variierender Wandstärke bzw. sehr komplexer
Geometrie und sehr hoher Oberflächenqualität
und Konturschärfe, daneben allerdings auch zu
aufwendigen Entbinderungsprozessen.

Formteilschlickergießen. Komplex geformte Formteile nicht zu großer Wandstärken, vergleichsweise
rauer Oberfläche sowie deutlicher Trockenschwindung (→ eingeschränkte Geometrietreue und hohe
Maßtoleranz) sind auch durch Formteilschlickergießen herstellbar. Voraussetzung hierfür ist ein
fließfähiges Pulver/Flüssigkeit-System, bei dem die
Pulverpartikel auch über längere Zeit homogen dispergiert vorliegen. Ein solches System stellt die
Aufbereitung als Schlicker, die Sol/Gel-Technik sogar ohne Aufbereitung als Gel bereit. Die erheblichen Mengen an abzuführender Flüssigkeit und die
damit einhergehende Schrumpfung lassen Spannungen entstehen, die bei Überschreiten eines kritischen Wertes zur Rissbildung führen. Aus diesem
Grund beschränkt sich das Schlickergießen Bild 2
nur auf Bauteile mit geringen Wandstärken.

Bei Wandstärken unter ca. 10 mm kommt der
Schwerkraftschlickerguss zum Einsatz. Hierbei
wird das Pulver/Flüssigkeit-System in eine i. A. geteilte, saugfähige Form (z. B. Gips) gegossen. Die
Kapillarkräfte des porösen Formenmaterials bewirken ein Absaugen der Flüssigphase, so dass die
Pulverpartikel eine auf der Formwand aufwach-
sende poröse Schicht ausbilden.

Beim *Kernguss* wird über ein Reservoir an der
Oberseite der Form ständig Formmasse nachge-
liefert, so dass die Scherbenbildung bis ins Teilein-
nere hinein möglich ist **(Bild 2)**.

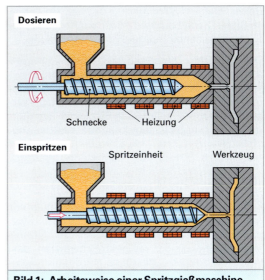

Dosieren

Schnecke   Heizung

Einspritzen   Spritzeinheit   Werkzeug

Bild 1: Arbeitsweise einer Spritzgießmaschine

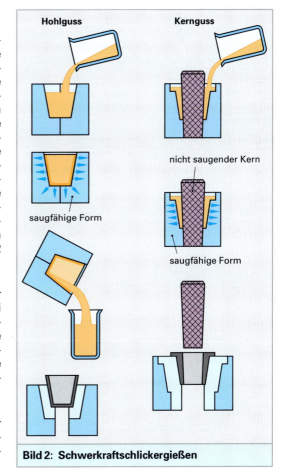

Hohlguss   **Kernguss**

nicht saugender Kern

saugfähige Form

saugfähige Form

Bild 2: Schwerkraftschlickergießen

Beim *Hohlguss* wird nach Erreichen der angestrebten Scherbendicke der noch fließfähige Formmassenanteil aus der Form ausgegossen.

Die Tatsache, dass die Scherbenbildungsgeschwindigkeit proportional zur Druckdifferenz zwischen Schlicker- und Formwandseite anwächst und der Restflüssigkeitsgehalt des Scherbens proportional fällt (→ sehr kleine Trockenschwindung und daher hohe Geometrietreue und geringe Maßtoleranz), führte, vor allem bei Wandstärken oberhalb ca. 10 mm, zur Entwicklung des *Druckschlickergusses,* der mit Überdruck auf der Schlicker- oder Unterdruck auf der Formenseite arbeitet.

Das *Folienschlickergießen* erlaubt das Fertigen von großflächigen, dünnen (0,5 bis 1,5 mm) Keramikteilen. Man verwendet dabei Schlicker mit einer ähnlichen Konsistenz wie beim Schwerkraft- oder Druckschlickerguss, allerdings mit deutlich höherem Binderanteil als dort und Alkohol statt Wasser. Der Schlicker läuft durch eine Schlitzdüse auf ein nicht flüssigkeitssaugendes Gießband **(Bild 1),** wo der Alkohol im Warmluftstrom verdampft wird. Durch den hohen Binderanteil sind die Folien anschließend noch so duktil, dass sie geschnitten werden können. Mehrlagenanordnungen sind durch ein Laminieren von Einzelfolien möglich.

Formgebungen von Formmassen aus siliziumorganischen thermoplastischen Kunstharzvorstufen

Die Formgebung von Halbzeugen oder Formteilen aus siliziumorganischen thermoplastischen Kunstharzvorstufen erfolgt nach den aus der Kunststoffverarbeitung bekannten Verfahrensweisen durch Pressen (und Ziehen bei Fasern), Extrudieren und Spritzgießen sowie Infiltrieren kerami-

scher Schwämme und Faserarrangements durch entsprechend niedrigviskosere Schmelzen oder Lösungen **(Bild 2).**

3.2.3.4 Zwischenbearbeitung

Grünbearbeitung

Die spanabhebende Bearbeitung von Grünkörpern, *Grünbearbeitung* genannt, wird angewendet, um Geometriedetails einzuarbeiten, die über Urformgebung aus technischen Gründen (Querbohrungen, Nuten) oder Kostengründen (Kleinserie, Prototyp) nicht herstellbar waren.

Sie wird von der geringen Grünkörperfestigkeit begünstigt, setzt aber andererseits bereits eine gewisse Grünkörperfestigkeit, also geeignete Binder, voraus und erfolgt mit geometrisch definierten Schneiden (Drehen, Bohren, Fräsen) und/oder mit geometrisch nicht definierten Schneiden (Schleifen). Als Werkzeugwerkstoffe kommen Hartmetalle, kubisches Bornitrid (CBN) und polykristalliner Diamant (PKD) zur Anwendung.

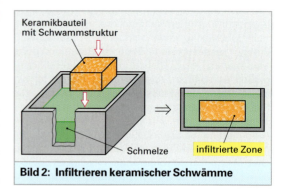

Bild 2: Infiltrieren keramischer Schwämme

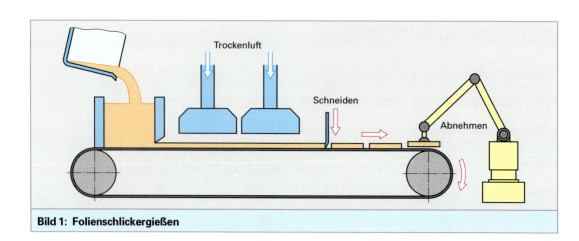

Bild 1: Folienschlickergießen

Austreiben der temporären Additive

Enthält der aus pulver-/granulathaltigen Formmassen hergestellte Grünkörper nach der Formgebung neben den Pulver-/Granulatmischungen sowie den permanenten Additiven bei Sintertemperatur verdampfende/verflüchtigende bzw. bei Sauerstoffkontakt verbrennende Flüssigphasen (Wasser/organische Lösemittel) und/oder Plastifizierungs- und Bindemittel, so müssen diese vor dem Sintern aus dem Grünkörper entfernt werden **(Bild 1)**.

Nach dem Trocknen/Verflüchtigen sowie Entbindern repräsentiert das Gefüge des Grünkörpers ein „Pulverhaufwerk in Bauteilform". Dabei werden die Pulverpartikel im Wesentlichen durch vergleichsweise schwache Adhäsionskräfte und mechanische Verklammerung zusammengehalten.

In geringem Umfang festigkeitssteigernd wirken auch nach dem Entbindern noch in Resten vorhandene Binderanteile. Die Grünkörperfestigkeiten sind denen von Tafelkreide vergleichbar.

Im Falle siliziumorganischer thermoplastischer Kunstharzvorstufen als Formmasse wird der Grünkörper nach der Formgebung bei 100 °C bis 250 °C vernetzt, auch *Aushärtung* genannt, wodurch er unschmelzbar und bis zur Zersetzungstemperatur des thermoplastischen Binders (warm-)fest und geometrietreu wird.

Austreibverfahren

- Flüssigphasen entweichen aus dem Grünkörper wegen dessen Porosität recht leicht und bereits bei niedrigen Temperaturen, was man als **Trocknen** (Wasser) oder **Verflüchtigen** (organische Lösemittel) bezeichnet. Mit der Abgabe der Flüssigphase rücken die Pulverteilchen einander näher, was eine der Höhe des Flüssigphasengehaltes proportionale Trockenschwindung genannte Volumenabnahme zur Folge hat. Durch zu schnelles Trocknen kann es zum Verzug oder sogar zur Rissbildung kommen.

- Beim auch als **Entbindern** bezeichneten Ausbrennen erfolgt ein Austreiben der noch verbliebenen temporären Additive aus dem porösen Grünkörper. Erreicht wird dies durch Erwärmung unter oxidierender Atmosphäre. Da die Zwischenräume zwischen den Pulverpartikeln nach einer Formgebung durch Extrudieren/Spritzgießen komplett mit dem thermoplastischen temporären Additiv ausfüllt sind, sind für das Entbindern bei allein thermischer Behandlung allerdings lange Zeiträume (bis zu mehreren Tagen) anzusetzen. Eine Reduzierung der Entbinderungszeit gelingt durch vorherige katalytische Zersetzung des Binders oder Anwendung eines „auswaschenden" Lösemittels.
Eine bei der Formgebung der schlecht sinternder Karbidkeramiken SiC angewendete Variante des Entbinderns ist das Verkoken. Dabei wird der organische Binder unter Sauerstoffausschluss bei hohen Temperaturen (etwa 1000 °C) in Kohlenstoff umgewandelt, der im Gefüge verbleibt und sich im anschließenden Sinterschritt mit vor dem Sintern zugeführten Reaktionspartnern zu einer keramischen Matrix umsetzt (→ Reaktionssintern).

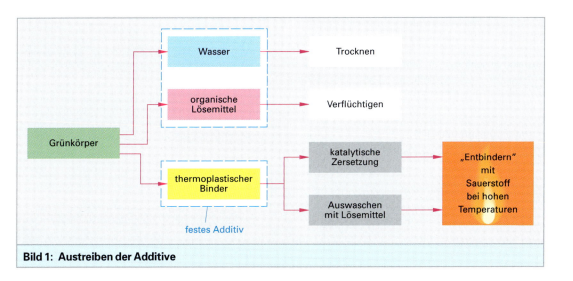

Bild 1: Austreiben der Additive

Weißbearbeitung

Ist das Risiko einer Grünbearbeitung zu groß, so besteht statt einer Grünbearbeitung die Möglichkeit einer *Weißbearbeitung*. Aus pulver-/granulathaltigen Formmassen hergestellte Grünkörper werden dazu nach dem Austreiben der temporären Additive einem *Verglühen* genannten Vorsintern unterzogen. Aufgabe dieses Schrittes ist eine maßvolle Vorverfestigung. Als Werkzeugwerkstoffe für eine Weißbearbeitung kommen die bei der Grünbearbeitung angeführten zum Einsatz.

3.2.3.5 Hochtemperaturbehandlung

Ziel der Hochtemperaturbehandlung ist ein maximal (im Idealfall auf 100 % TD [TD = Theoretische Dichte]) verdichtetes und optimale mechanische Eigenschaften aufweisendes Bauteil. Abgesehen vom Sintern von Oxidkeramiken und dem Fall der Sinterbegünstigung durch Reaktionssintern müssen die Sinterprozesse unter Inertgas oder Vakuum durchgeführt werden.

Speziell bei der Sinterung von Karbiden, Nitriden sowie Boriden müssen Oxidationsprozesse vermieden werden. Bei Verwendung einer Inertgasatmosphäre ist aber zu beachten, dass hochdichte Sinterteile nur zu erreichen sind, wenn das in den Poren eingeschlossene Inertgas sich im Zuge der Poreneliminierung in der Matrix lösen oder über Diffusionsprozesse aus dem Sinterkörper hinausgelangen kann.

Sintern von Grünkörper aus binderhaltigen Nichtkohlenstoffpulvern

Aus Nichtkohlenstoffpulvern hergestellte und nach einer Zwischenbearbeitung wasser-/lösemittel-/binderfrei vorliegende Grünkörper sollen ihre Grünkörperporosität so weit wie möglich durch das sich anschließende Sintern verlieren und eine höhere (Warm-)Festigkeit und Bruchzähigkeit als die silikatkeramischen Grünkörper gewinnen. (Die zum Sintern erforderlichen Triebkräfte sowie die beim Sintern ablaufenden Mechanismen wurden bereits früher dargestellt.)

Hauptaugenmerk beim Sintern der Grünkörper liegt daher auf einer Porenminimierung, einer zeitlich stabilen geringen Korngröße sowie Glasphasenfreiheit.

Die Stabilität der zwischen den Atomen der Matrix herrschenden Bindung (hohe Stabilität bei vorherrschend kovalentem Bindungsanteil, etwas geringere Stabilität bei vorherrschendem Ionenbindungsanteil) bestimmt auch hier die Diffusionsprozesse und damit die Sinteraktivität.

Die Sinteraktivität

- Vorwiegend über Ionenbindung (mittlere Bindungsstabilität ⇒ mittlere Sinteraktivität) gebundene keramische Substanzen (z. B. Al_2O_3) lassen sich noch über **Festphasensintern** vollständig verdichten. Um die geringe Ausgangskorngröße auch im Sinterkörper wiederzufinden, muss die Kornvergröberung durch Temperaturkontrolle oder durch sich auf Korngrenzen anreichernde und die Korngrenzen dadurch verankernde permanente Additive (MgO bei Al_2O_3) verhindert werden.
  Muss die Sintertemperatur aus irgend welchen (nicht im Sintern begründeten!) Gründen unter die für das Festphasensintern erforderliche abgesenkt werden, so besteht – allerdings unter Beeinträchtigung der (Warm-)Festigkeit und Bruchzähigkeit – die Möglichkeit der Bildung einer sinterbegünstigenden und daher schon bei niedrigeren Temperaturen „arbeitenden" permanent flüssigen silikatischen Phase, was man als **Flüssigphasensintern mit permanent flüssiger Phase** bezeichnet.
  Dazu werden dem Al_2O_3 im Rahmen der Aufbereitung 2–15 Vol.-% SiO_2 zugegeben, die durch Wechselwirkung der auf den Korngrenzen aneinandergrenzenden Phasen SiO_2 und Al_2O_3 dort zu einer sinterbeschleunigenden flüssigen silikatischen Phase führen.

- Vorherrschend über Atombindung (hohe Bindungsstabilität ⇒ geringe Sinteraktivität) gebundene keramische Substanzen (z. B. SiC, Si_3N_4) machen für ein Festphasensintern im Vergleich zu den vorwiegend über Ionenbindung gebundenen Stoffen eine nochmals gesteigerte Triebkraft erforderlich. Der Versuch, die Triebkraft über Temperaturanhebung zu steigern, gelingt noch beim SiC und macht hier eine Temperatur von ca. 1900 °C erforderlich (S[intered]SiC), verbietet sich aber beim Si_3N_4 wegen dessen ab 1800 °C erfolgenden Zersetzung.

Wiederholung und Vertiefung

1. Welche Rohstoffe werden für die Herstellung von Silikatkeramiken benötigt?

2. Nennen Sie die Schritte zur Aufbereitung der Kohlenstoffe.

3. Was passiert beim Sintern auf werkstoffkundlicher Ebene?

4. Welche Vorteile bietet das Flüssigphasensintern?

5. In welchen Fällen benötigen Bauteile aus Silikatkeramik eine Glasur?

Das **Flüssigphasensintern** mit permanent flüssiger Phase stellt einen Ausweg dar. So werden dem Si_3N_4 zum Flüssigphasensintern im Rahmen der Aufbereitung MgO, Al_2O_3 oder Y_2O_3 zugegeben, die durch Wechselwirkung mit dem auf den Sl_3N_4-Teilchen vorliegenden SiO_2 zu sinterbegünstigenden flüssigen Phasen führen (S[intered]SN).

Von Nachteil ist bei der Flüssigphasensinterung wieder, dass die schmelzflüssigen Korngrenzenfilme erst bei niedrigen Temperaturen und vielfach amorph erstarren, was sich beides negativ auf die Gebrauchseigenschaften der Werkstoffe auswirkt.

Eine Möglichkeit, den bei Si_3N_4 bisher zwingend notwendigen Anteil an Flüssigphase zu reduzieren, besteht in einer Anhebung der Zersetzungstemperatur des Si_3N_4, was durch Erhöhung des äußeren Drucks, hier des N_2-Drucks (G[as]P[ressure] sintered]SN) gelingt.

Die Möglichkeit, einen flüssigphasengesinterten Si_3N_4-Körper ohne permanent flüssige und amorph erstarrende Korngrenzenmasse zu erhalten, bietet das **Flüssigphasensintern mit transient flüssiger Phase**.

Dabei setzt man im Rahmen der Aufbereitung permanente Additive zu, die bei Sintertemperatur zunächst die Bildung einer flüssigen Phase zulassen, im Laufe der Sinterung aber mehr und mehr über Diffusionsprozesse in den Matrixwerkstoff eingebaut werden und schließlich als schmelzflüssige Phase verschwunden sind.

Bild 1 stellt diesen Prozess des Flüssigphasensintern mit transienter Flüssigphase dem Flüssigphasensintern mit permanenter Flüssigphase gegenüber.

Im Si_3N_4/Al_2O_3-System nutzt man dabei die Möglichkeit, dass Si- und N-Ionen des Si_3N_4-Kristalls gegen Al- und O-Ionen des permanenten Additivs Al_2O_3 austauschbar sind. Nach vollzogener Flüssigphasensinterung kommt es daher hier nicht zu einer Erstarrung des permanenten Additivs, sondern wird die Flüssigphase über diffusionskontrollierte Austauschprozesse unter Bildung von SiAlON aufgezehrt.

Schwierig ist allerdings die Kontrolle der Geschwindigkeit der Flüssigphasenbildung und der Diffusionserstarrung: Eine zu frühe Diffusionserstarrung führt zu Restporosität mit geringen Mengen an nicht eingebauter und amorph erstarrender Korngrenzenmasse.

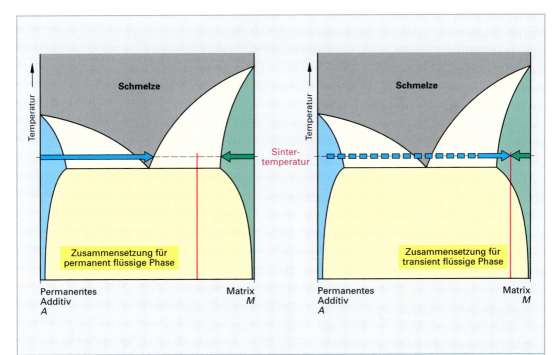

Bild 1: Gegenüberstellung von Flüssigphasensintern mit transienter Flüssigphase und mit permanenter Flüssigphase

Nachteil der Festphasensinterung, mehr aber noch der der Flüssigphasensinterung, ist der Sinterschwund, der ein Schwindaufmaß notwendig macht. Daher macht man sich neben der SiC- und Si₃N₄-Synthese über die Pyrolysetechnik (s.u.) den Weg über das Reaktionssintern und/oder das außendruckunterstützte Sintern zunutze.

Reaktionssintern. Beim Reaktionssintern werden die *Synthese* der keramischen Substanz *und* die *Sinterung* in einen Schritt zusammengeführt:

R(eaction-sintered)SiC wird hergestellt, indem SiC- und Si-Pulver oder SiC- und C-Pulver jeweils unter Zusatz von temporären Additiven gemischt und zu einem Grünkörper verpresst wird, dessen Dichte wegen der leichteren Verpressbarkeit der Elementarpulver höher als die eines reinen SiC-Pulvers ist.

Der poröse SiC/Si-Grünkörper wird dann bei 2300–2500 °C unter CO-Atmosphäre zur Reaktion gebracht. Dadurch reagieren die Si-Pulverkörner sowie das alle Pulverkörner umhüllende SiO_2 mit dem Kohlenstoff zu SiC ($Si + C \rightarrow SiC$; $SiO_2 + 3\,C \rightarrow SiC + 2\,CO$).

Der poröse SiC/C-Grünkörper wird dagegen bei vergleichbarer Temperatur unter Si-Dampf gehalten, was ebenfalls zur SiC-Bildung führt ($Si + C \rightarrow SiC$). Anschließend kann das Skelett noch mit schmelzflüssigem Si infiltriert werden, so dass das abschließend dichte Gefüge des Si(liziuminfiltriertes)SiC aus primärem und sekundärem SiC sowie freiem Si besteht.

Reaktionsgesintertes Si₃N₄ (R[eaction]B[onded]SN) wird gewonnen, indem Si-Pulver unter Zuhilfenahme von temporären Additiven zu einem porösen Grünkörper verpresst wird, dessen Dichte wegen der leichteren Verpressbarkeit des Elementarpulvers höher als die eines aus Si₃N₄-Pulver gepressten Grünkörpers ist. Der Grünkörper wird in stickstoffhaltiger Atmosphäre (N_2, NH_3) bei 1200 °C (unter dem Schmelzpunkt des Si!) gesintert. Der Grünkörper nimmt dadurch auf dem Weg zum Sinterkörper um 60 % Masse zu. Allerdings liegt die erreichbare Sinterdichte bei maximal 90 % TD (TD = Theoretische Dichte).

Die simultane Synthese der keramischen Substanz und Sinterung des Grünkörpers führt in beiden Fällen zu Sinterschrumpfungen von unter 1 %, so dass hiermit vergleichsweise maßgenaue Produkte hergestellt werden können.

Die Anhebung der Sintertriebkraft ist aber nicht nur durch eine Anhebung der Sintertemperatur oder die Schaffung von Flüssigphasen auf den Korngrenzen zu erreichen, sondern auch durch ein außendruckunterstütztes Sintern:

Heißisostatisches Pressen. Soll ein Grünkörper durch *heißisostatisches Pressen* (engl.: H[ot]I[sostatic]-P[ressing]; bis zu 300 MPa) verdichtet werden, so muss er unter Vakuum mit einer hochtemperaturbeständigen, gasdichten und nachgiebigen Hülle aus Tantal oder Kieselglas gekapselt werden **(Bild 1)**. Ist der „Grünkörper" allerdings bereits bis zur einer nach außen geschlossenen Porosität vorgesintert (85–95 % TD; TD = Theoretische Dichte)), so kann das heißisostatische Pressen am ungekapselten Sinterteil erfolgen und stellt lediglich ein Nachverdichten dar.

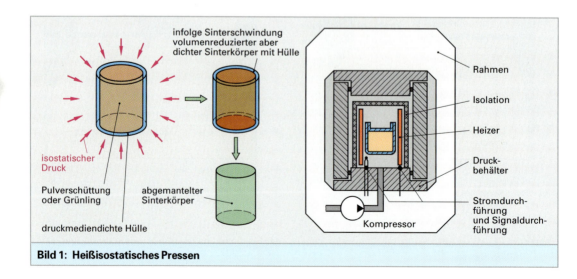

infolge Sinterschwindung volumenreduzierter aber dichter Sinterkörper mit Hülle

isostatischer Druck

Pulverschüttung oder Grünling

abgemantelter Sinterkörper

druckmediendichte Hülle

Rahmen

Isolation

Heizer

Druckbehälter

Stromdurchführung und Signaldurchführung

Kompressor

Bild 1: Heißisostatisches Pressen

Uniaxiales Heißpressen. Das *uniaxiale Heißpressen* (5 bis 50 MPa) macht sogar die Zusammenführung der Schritte der Formgebung und der Sinterung in einen Schritt möglich, beschränkt sich in seiner Handhabung aber nur auf einfache prismatische Sinterteilgeometrien. Zum Heißpressen wird eine binderfreie Granulatmischung bei Sintertemperatur in einer reaktionsinerten Matrize axial verdichtet und unter dem anstehenden Verdichtungsdruck auch gesintert (**Bild 1**). Durch die uniaxiale Druckaufbringung wird allerdings eine gewisse Anisotropie der Eigenschaften hervorgerufen.

Bei beiden Heißpressvarianten werden durch die zusätzlich wirkenden plastischen Verformungsprozesse die porenmindernden Diffusionsprozesse stimuliert, was geringere Prozesstemperaturen als bei druckloser Verfahrensweise möglich macht (**Bild 2**).

Hochtemperaturbehandlung von Grünkörpern aus binderhaltigen Kohlenstoffpulvern

Die Herstellung von Sinterkörpern aus synthetischem Graphit (**Bild 3**) erfolgt in zwei Schritten, die beide unter Luftausschluss laufen (**Bild 4**).

Im *ersten Schritt* wird der pechgebundene Grünkörper bei etwa 1200 °C über mehrere Tage bis Wochen gebrannt, wobei zahlreiche Bindungen des Binders unter Abspaltung organischer Reste aufgetrennt und neue gebildet werden. Dadurch werden die zyklischen Kohlenwasserstoffe zu Schichtgittern mit hexagonaler Anordnung der Kohlenstoffatome umgesetzt (**Carbonisierung**).

Die Schichten sind anfangs allerdings noch weitestgehend ungeregelt angeordnet, bilden also noch keine Schichtpakete, weswegen man den entstehenden Kohlenstoff als amorphen Kohlenstoff (Pyrokohlenstoff) bezeichnet. Parallel zu diesen mikrostrukturellen Änderungen stellt der Binder über Sinterreaktionen Brücken zwischen den einzelnen Kokskörnern her, wodurch ein poröses und mäßig festes Gerüst entsteht, das sich durch Imprägnieren mit dem Binder und erneutes Brennen verdichten und damit verfestigen lässt.

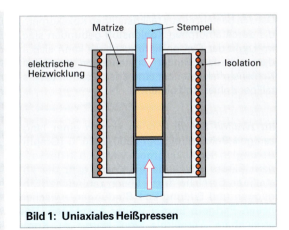

Bild 1: Uniaxiales Heißpressen

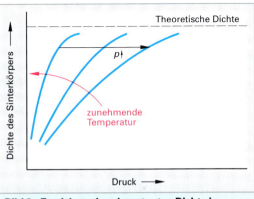

Bild 2: Erreichen einer konstanten Dichte in Abhängigkeit von Sintertemperaturen und Sinterdruck

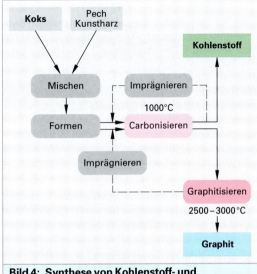

Bild 4: Synthese von Kohlenstoff- und Graphitwerkstoffen

Bild 3: Schrauben aus Kohlenstofffasern

Passive permanente Additive („Füllstoffe") können diesen Effekt etwas mildern **(Bild 3, vorhergehende Seite),** während *aktive permanente Additive* („Füllstoffe") den Volumenverlust über zur Expansion der Additive führende Reaktionen mit den abgespaltenen organischen Resten bei „richtiger" Dosierung sogar kompensieren können (→ endkonturnahe Bauteile).

Die Abspaltung organischer Reste wird begleitet von einer Umwandlung des polymeren Leitergerüstes in eine amorphe Si-O-C- (bei Polysiloxan-Basis; **Bild 1),** Si-C- (bei Polycarbosilan-Basis; Bild 1) bzw. Si-C-N-Keramik (bei Polysilazan-Basis; Bild 1), bei der in einer amorphen Si-(O)-C- bzw. Si-N-C-Matrix (kovalent gebundenes amorphes Netzwerk) zueinander noch statistisch regellos angeordnete hochsymmetrische, dreidimensionale Baugruppen aus Si-(O)-C bzw. Si-N-C anzutreffen sind **(„Keramisierung`).**

Aus Festigkeitsgründen sind diese großteils amorphen Zustände erwünscht. Diese thermisch induzierte Zersetzung hochmolekularer organischer Verbindungen und Keramisierung genannte Überführung in nichtmetallisch-anorganische Feststoffe bezeichnet man zusammen als **Pyrolyse.** Sie ermöglicht das Herstellen keramischer Stoffe bei Temperaturen unter den sintertechnisch möglichen.

Oberhalb von 1100 °C (Si-C) bzw. 1200 °C (Si-C-N) kommt es zur **Kristallisation** und dadurch nochmals zu einer Dichtesteigerung. Die letztendlich erreichte Kristallitgröße liegt bei 100–200 nm.

Die temperaturabhängige Stabilität des kovalent gebundenen amorphen Netzwerkes ist von der An- bzw. Abwesenheit netzwerkmodifizierender Elemente abhängig: So beginnt die Kristallisation bei merklichen Restgehalten an Borgehalten (System Si-C-N-B [Polyborosilazane]) sogar erst bei 1600 °C **(Bild 2).**

> Aktive permanente Additive können den Volumenverlust durch Expansion dämpfen.

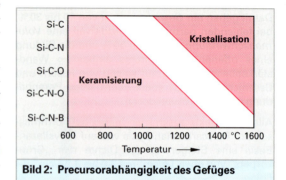

Bild 2: Precursorabhängigkeit des Gefüges

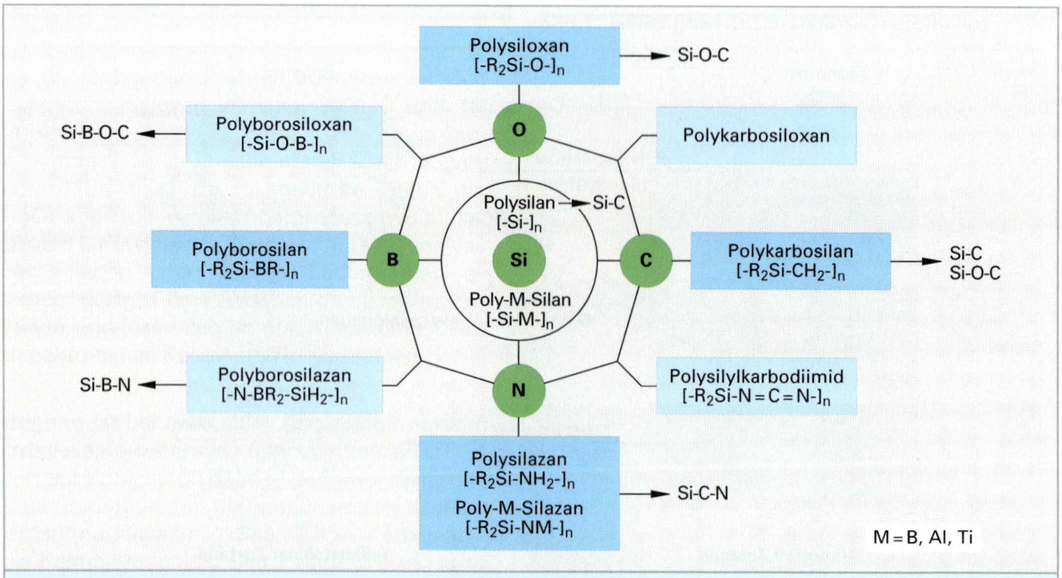

Bild 1: Siliziumorganische Polymere und ihre Pyrolyseprodukte

Polysiloxan [-R$_2$Si-O-]$_n$ → Si-O-C

Si-B-O-C ← Polyborosiloxan [-Si-O-B-]$_n$

Polykarbosiloxan

O

Polysilan [-Si-]$_n$ → Si-C

Si-B-O-C ← Polyborosilan [-R$_2$Si-BR-]$_n$

B   Si   C

Poly-M-Silan [-Si-M-]$_n$

Polykarbosilan [-R$_2$Si-CH$_2$-]$_n$ → Si-C Si-O-C

Si-B-N ← Polyborosilazan [-N-BR$_2$-SiH$_2$-]$_n$

N

Polysilylkarbodiimid [-R$_2$Si-N = C = N-]$_n$

Polysilazan [-R$_2$Si-NH$_2$-]$_n$ Poly-M-Silazan [-R$_2$Si-NM-]$_n$ → Si-C-N

M = B, Al, Ti

3.2.3.6 Endbearbeitung

Hartbearbeitung

Nach dem Sintern ist eine Hartbearbeitung möglich. Die Hartbearbeitung erfolgt fast ausschließlich mit geometrisch nicht definierter Schneide (Schleifen [räumlich gleichgerichtete Bearbeitungsspuren], Läppen und Polieren [bei beiden räumlich nicht gleichgerichtete Bearbeitungsspuren]) und sehr harten Werkzeugwerkstoffen (PKD [Schleifen, Polieren] und B_4C [Läppen]).

Hauptproblem ist die Beeinträchtigung der Schadenstoleranz durch in die Oberfläche eingebrachte Schädigungen, wobei die erzielbare Oberflächengüte durch kleinere Schneidstoffkorngrößen verbessert werden kann.

Spanlose Formgebung

Im Falle eines sehr feinkörnigen und auch bei hohen Temperaturen ($T > 0.5 \cdot T_m$) infolge von Korngrenzenbesetzungen korngrößenstabilen Gefüges (Y_2O_3-stabilisiertes ZrO_2; B_4C/BN-stabilisiertes SiC oder Si_3N_4) besteht bei hohen Temperaturen ($T > 0.5 \cdot T_m$) die Möglichkeit einer superplastischen Umformung. Auch hierbei wird angenommen, dass der Verformungsmechanismus im Wesentlichen in einem viskosen Materietransport in den Korngrenzen besteht und möglicherweise durch die Existenz einer sehr schmalen interkristallinen viskos fließenden Glasphase gefördert wird.

Fügen

Für stoffschlüssiges Fügen nichtsilikatischer Keramiken kommt neben dem Kleben und dem Diffusionsschweißen mit passenden Zwischenschichten das Aktivlöten in Frage (**Bild 1**). Bei letzterem werden Hartlote auf Ag- oder Cu-Basis, für Hochtemperaturanwendungen auch Pd- oder Au-Basislote zur Anwendung. Wechselwirkungen zwischen Lot und Keramik kommen allerdings erst bei geringem Zusatz ($< 5\,\%$) von phasengrenzflächenaktivem Ti, Zr, Hf, In, Sn u. a. oder Metallisierung der Keramik und zusätzlicher Anwendung von Inertgas oder Vakuum in Gang.

Oberflächenmodifikation

Metallische Schichten zur Oberflächenmodifikation nichtsilikatischer Keramiken können durch PVD und durch Einbrennen aufgebracht werden.

Mit **P**hysical-**V**apour-**D**eposition (PVD) können Oberflächenmodifikationen aufgebracht werden, wobei Oxidkeramiken wegen des bei ihnen dominierenden Ionenbindungsanteils zu den Metallkationen der späteren Schicht eine wesentlich bessere Verbindung und damit Haftfestigkeit als die dominant kovalent gebundenen Nichtoxidkeramiken haben.

Mit **Einbrennen** von Dispersionen können Oberflächenmodifikationen aufgebracht werden, die das entsprechende Metall sehr feindispers enthalten („Glasuren"). Haftungsverbessernd wirkt, wenn die Flüssigphase beim Einbrennen mit dem Substrat Bindungswechselwirkungen eingeht, was sich in einer Benetzung des Substrats äußert. Gegebenenfalls wird die benetzende Flüssigphase auch erst im Zuge der Bindungsreaktion gebildet.

Die anschließende galvanische Ni- oder Cu-Abscheidung kann die eingebrannte Metallschicht zusätzlich verstärken. Mitunter werden Metallbeschichtungen auf Keramikteilen auch benutzt, um die Keramikteile durch eine Lötung miteinander oder mit Metallteilen zu verbinden.

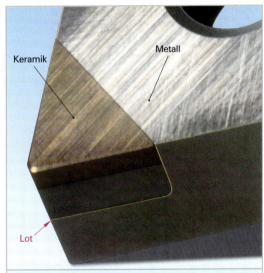

Bild 1: Aktivgelötete Keramik/Metall-Verbindungen

Wiederholung und Vertiefung

1. Beschreiben Sie die drei Verfahren der Diamantsynthese.

2. Wie erfolgt die Hochtemperaturbehandlung von Grünkörpern aus siliziumorganischen Kunstharzen?

3. Welche Endbearbeitungsverfahren kommen für Keramik in Frage?

4. Können Metalle mit Keramiken verlötet werden?

3.3   Bauteile aus Silikatglas

Silikatgläser sind nichtmetallisch-anorganischer sowie nichtkristalliner Natur. Wegen der dominierenden Ionenbindung weisen sie neben den in **Bild 1** aufgeführten für zahlreiche Anwendungsfälle vorteilhaften auch einige nachteilige Gebrauchseigenschaften auf. Der bemerkenswerteste Vorzug ist sicherlich die Transparenz im sichtbaren Wellenlängenbereich, während der gravierendste Nachteil die im Vergleich zu den meisten Metallen und Polymeren geringe Zähigkeit ist. Sie resultiert aus dem nicht vorhandenen Vermögen der Silikatgläser, lokale Spannungsspitzen durch plastische Verformung abzubauen. Das hat auch zur Folge, dass bei der Formgebung von Silikatgläsern die urformenden Formgebungsverfahren im Vordergrund stehen.

Die Nutzung der vorteilhaften Eigenschaften und das Umgehenlernen mit den kritischen Eigenschaften der Silikatgläser bildet sich in der Geschichte der Entwicklung der Silikatgläser ab.

3.3.1   Geschichte der Silikatgläser

Obwohl dem Werkstoffanwender der Einblick in den Zusammenhang zwischen den Werkstoffeigenschaften und dem sie verursachenden strukturellen Aufbau der Werkstoffe bis zum Beginn des 20. Jahrhunderts noch nicht zugänglich war, hatte er dennoch bereits früh mit zufälligen Erfahrungen sowie mehr oder weniger systematischem Probieren erhebliche Erfolge bei seiner ersten bewussten Werkstoffherstellung.

Dies belegen Funde von Schmuckstücken aus Silikatglas, die bereits um 3500 v. Chr. in Ägypten und Mesopotamien hergestellt wurden. Dabei wurde das Rohstoffgemenge soweit erwärmt, dass die Teilchen zusammenbackten. Diese Masse wurde zerkleinert und aufgeschmolzen. Das Ergebnis war eine undurchsichtige und von Luftblasen durchsetzte Glasmasse.

Bild 1: Eigenschaften der Silikatgläser

Bild 2: Glas in keltischem Halsring

Bild 3: Hohlgläser aus den Anfängen

Die ältesten Funde von Glasvasen und damit die Wurzeln der Hohlglasfertigung reichen zurück bis 1600 v. Chr. und wurzeln in Mesopotamien, zeitlich dicht gefolgt von Ägypten, Griechenland und China. Im um 1500 v. Chr. politisch und wirtschaftlich dominierenden Ägypten wurden die Hohlgläser dabei dadurch gefertigt, dass ein tongebundener Sandkern in geschmolzenes Glas getaucht und der Glasüberzug im noch weichen Zustand durch Rollen auf einer Steinplatte geglättet wurde. Die Kelten verwendeten um 350 v. Chr. als Schmuck Glassteine **Bild 2)**.

Um 1350 v. Chr. gelang den Ägyptern auch die Herstellung durchsichtigen Glases. Die neuen Erkenntnisse wurden in der Folgezeit bis nach Italien weitergetragen. Der nächste bedeutende Entwicklungsschritt gelang syrischen Handwerkern um 200 v. Chr. mit der Entwicklung der Glasmacherpfeife und mit ihr der Technik des Blasens dünnwandiger Hohlgläser **(Bild 3)**. Im letzten Jahrhundert v. Chr. übernahmen auch die Römer die Kunst des Glasblasens.

Flachglas trat erstmals um 750 v. Chr. in Assyrien und Persien auf und wurde nachfolgend als transparentes Flachglas trotz seiner geringen optischen Qualität von den Römern als *Architekturglas* eingesetzt.

Unter den Römern verbreiteten sich die Technologien der Glasherstellung bis ca. 300 n. Chr. nicht nur in ganz Italien, sondern auch in der Schweiz, in Frankreich, Deutschland (Zentrum der Glasindustrie wurde hier Köln), ja sogar bis nach China. Aus dieser Zeit stammt die Entwicklung des Zwischengoldglases (doppelwandiges Glas mit zwischengelegter Goldfolie), Überfangglases (Glas schichtweise aus farblich differenten Gläsern aufgebaut), Fadenglases (auf Glasblase aufgeschmolzene Glasfäden), Netzglases (auf Glasblase sich kreuzend aufgeschmolzene Glasfäden), Diatretglases (doppelwandiges Glas mit teilweise ausgeschliffenem Glasmantel und Glasfäden als Abstandshalter) sowie *Millefioriglas* (parallel liegende und miteinander verschmolzene Glasstäbchen wurden geschnitten, die sich ergebenden Streifen erneut nebeneinandergelegt und verschmolzen).

Um 1300 n. Chr. befanden sich die meisten Glashütten Europas auf der Insel Murano bei Venedig. Hier wurde auch eine aus dem 11. Jahrhundert n. Chr. stammende Entwicklung der Herstellung von dünnen Glasplatten weiterentwickelt. Dabei wurde eine *Glashohlkugel geblasen* (**Bild 1**) und durch vertikales Schwingen in Zigarrenform gebracht. In noch heißem Zustand wurden die Enden abgeschnitten, der erhaltene Zylinder längs aufgetrennt und flach ausgebreitet. Zu einer anderen Art von Flachglas führte das *Mondglasverfahren.* Hierbei wird eine Glaskugel geblasen und anschließend durch rasches Drehen zu einer runden Scheibe geschleudert. Diese Scheiben wurden mit Bleistreifen zu Fenstern zusammengesetzt.; bemalte Glasfenster erreichten ihren Höhepunkt zum Ende des Mittelalters. Um 1250 n. Chr. befasste man sich in Murano auch schon mit der Brillenherstellung.

Im 14./15. Jahrhundert begann die eigentliche Entwicklung des *europäischen Kunstglases.* In der zweiten Hälfte des 15. Jahrhunderts lernten Handwerker, für die Glasherstellung ein Gemenge aus *Quarzsand* und *Pottasche* zu verwenden, was zu klarem *Kristallglas* führte und im 16. Jahrhundert in der Entwicklung einer verfeinerten farblosen Glasmasse gipfelte und die Herstellung erster einfacher *Mikroskope* und *Fernrohre* ermöglichte. Im 17. Jahrhundert n. Chr. gelang dadurch, dass anstelle von Pottasche Bleioxid verwendet wurde, die Entwicklung von Bleikristall, das infolge seiner starken Lichtbrechung eine hohe Brillanz aufweist.

In der zweiten Hälfte des 17. Jahrhundert n. Chr. entstand in Frankreich eine neue Epoche der Flachglasproduktion. Das geschmolzene Glas wurde jetzt auf eine plane Unterlage gegossen, ausgewalzt und nach dem Erkalten geschliffen und poliert.

Immer mehr war der Werkstoffanwender bemüht, die Eigenschaften der bisher verwendeten Werkstoffe und Verfahren zu verbessern. Zu Beginn des 19. Jahrhunderts gelang es *Fraunhofer*[1] und nachfolgend *Schott*[2] und *Abbe*[3] die Herstellung des Glases unter eine wissenschaftliche Kontrolle zu bringen und neue Materialien mit besseren Eigenschaften zu entwickeln.

Dabei half eine *analytische Betrachtung* des Zusammenhangs zwischen den Eigenschaften und dem strukturellen Aufbau der Werkstoffe und damit die gezielte Entwicklung neuer Werkstoffe, damit wiederum die Erschließung neuer Technologien, basierend auf erweiterten naturwissenschaftlichen Kenntnissen. Das jetzt vorliegende Wissen ermöglichte erstmals das *Maßschneidern* moderner Silikatgläser und die leistungsfähigeren Schmelzaggregate die Massenproduktion.

Bild 1: Hohe Kunst der Hohlglasfertigung

---

[1] *Joseph von Fraunhofer* (1787–1826), dt. Physiker
[2] *Friedrich Otto Schott* (1851–1935), dt. Chemiker
[3] *Ernst Abbé* (1840–1905), dt. Physiker und Gründer der Carl-Zeiss-Stiftung

3.3.2   Silikatgläser heute

Wichtige Produkte aus Silikatgläsern sind:

- großflächige Flachglasprodukte mit hoher Ober-flächengüte **(Bild 1)**,
- großflächige Flachglasprodukte mit höherer Schlagbeständigkeit,
- großvolumige Gussprodukte mit geringer Wär-medehnung,
- optische Gläser mit hoher Fehlerfreiheit und Ho-mogenität,
- lichtleitende und matrixverstärkende Glasfa-sern,
- wärmeresistente Produkte,
- chemisch resistente Produkte,
- Beschichtungen.

Bild 2 zeigt die möglichen Wege zur Fertigung von Bauteilen aus Silikatglas.

Bild 1: Moderne Silikatglasprodukte

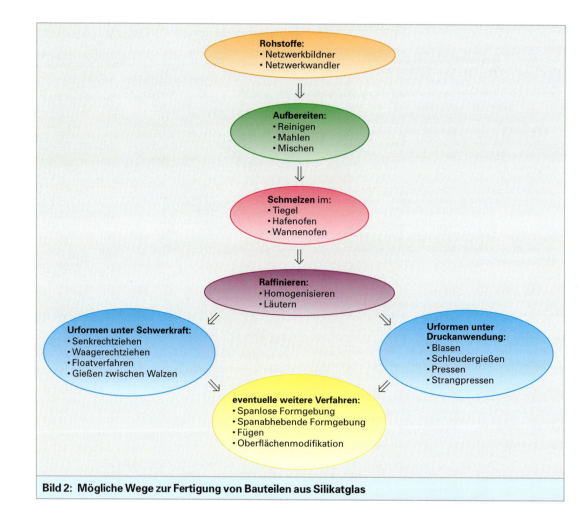

Bild 2: Mögliche Wege zur Fertigung von Bauteilen aus Silikatglas

3.3.3   Rohstoffe und Aufbereitung

3.3.3.1   Rohstoffe

Die Hauptbestandteile der Silikatgläser werden eingeteilt in die **Netzwerkbildner** und die auch als Flussmittel bezeichneten **Netzwerkwandler**.

Einige Netzwerkbildner und Netzwerkwandler tragen über die Netzwerkbeeinflussung hinaus auch zur Steigerung der Beständigkeit gegen chemischen Angriff bei, weswegen sie in dieser Hinsicht auch als Stabilisatoren bezeichnet werden und, wenn auch vielleicht keine weitere netzwerkbildende oder netzwerkwandelnde Wirkung mehr vonnöten ist, zugesetzt werden.

Werkstoffkundliche Aspekte

Netzwerkbildende Oxide bilden bereits im schmelzflüssigen Zustand ein unregelmäßiges, über Sauerstoff räumlich verkettetes Netzwerk bestimmter Bauelemente (z. B. SiO_4-Tetraeder; in **Bild 1** in Projektion zu sehen).

Diese Bauelemente werden mit abnehmender Temperatur immer unbeweglicher, wodurch eine Kristallisation unterdrückt und die Schmelze unterkühlt wird. Ohne einen definierten Erstarrungspunkt aufzuweisen, wird sie immer hochviskoser und friert schließlich amorph[1] ein. Der Glaspunkt ist experimentell nur über eine Tangentenkonstruktion entsprechend **Bild 2** zu ermitteln.

Die Alkali- und Erdalkalimetalloxide sind allein nicht in der Lage, glasartig zu erstarren. Sie lassen sich jedoch bis zu einem bestimmten Anteil in andere Gläser einbauen, wobei damit infolge der Größe der Kationen stets eine Verminderung des Vernetzungsgrades der Netzwerkbildner verbunden ist (**Bild 3**).

Sie werden daher auch als *netzwerkwandelnde Oxide* und, da die Glastemperatur des Netzwerkbildners mit zunehmender Reaktion mit dem Netzwerkwandler und damit abnehmendem Vernetzungsgrad absinkt, auch als *Flussmittel* bezeichnet.

Stabilisatoren sollen das Glas chemisch beständig machen. Als solche wirken Verbindungen von Erdalkalimetallen sowie des Bleis und Zinks.

Bild 1, folgende Seite zeigt Netzwerkbildner und Netzwerkwandler und die sie liefernden Rohstoffe.

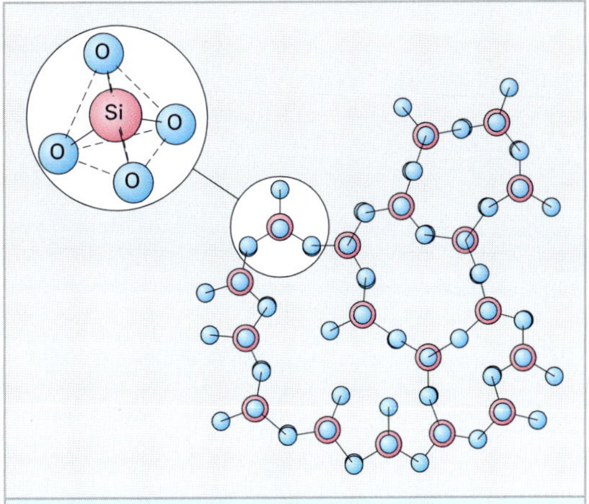

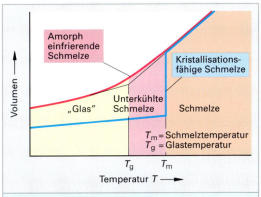

Bild 1: Fehlende Fernordnung des SiO_4-Tetraedernetzwerks beim Kieselglas

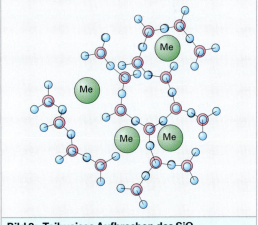

Bild 2: Temperaturabhängigkeit des Volumens bei Kristallisation und Glasbildung

Bild 3: Teilweises Aufbrechen des SiO_4-Tetraedernetzwerks durch Einbau von netzwerkwandelnden Oxiden

---

[1] amorph = formlos, von griech. a . . . = un . . . und morphe = Gestalt.

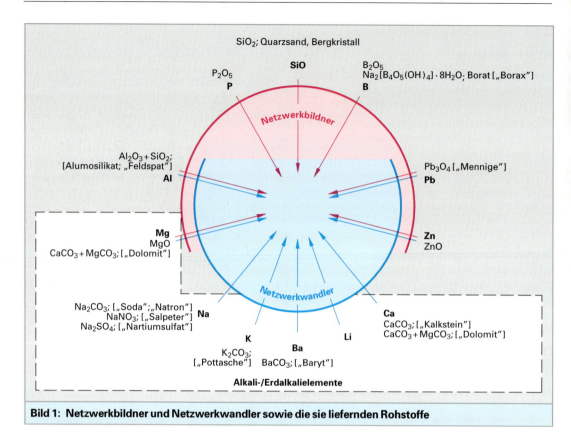

Bild 1: Netzwerkbildner und Netzwerkwandler sowie die sie liefernden Rohstoffe

3.3.3.2 Aufbereitung

Der wichtigste Netzwerkbildner silikatischer Gläser, das Siliziumdioxid (SiO_2), ist nicht nur im Bergkristall, sondern mit sehr hohen Gehalten auch im Quarzsand anzutreffen. Allerdings ist er in der Regel verunreinigt.

Erste grobe Verunreinigungen werden durch **Reinigen,** durch Waschen ausgetragen. Verbliebene Verunreinigungen, die die Farbe des späteren Glases in unerwünschter Weise beeinflussen (Übergangsmetalloxide, vor allem das Eisenoxid), sollten in ihren Gehalten für hochwertiges Glas auf nahezu Null, für Massenglas auf geringe Restgehalte reduziert werden.

Eine Entfernung von Eisenoxid ist auf chemischem Weg durch Behandlung des Quarzsandes mit heißen Säuren, eine Neutralisierung auf chemischem oder physikalischem Weg möglich. Ein chemisches Neutralisieren gelingt durch den Zusatz entsprechender Oxidations- bzw. Reduktionsmittel oder über entsprechende Reaktionsatmosphären. In beiden Fällen werden die färbenden Oxide von der farbverändernden in eine nichtfarbverändernde Oxidationsstufe überführt. Ein physikalisches Neutralisieren gelingt durch Zusätze mit der jeweiligen Komplementärfarbe.

Die übrigen Netzwerkbildner und die Netzwerkwandler werden in gleichfalls möglichst reiner Form bereitgestellt.

Alle Komponenten werden durch **Mahlen** auf eine Partikelgröße von 0,1 bis 0,5 µm gebracht und im gewünschten Verhältnis **gemischt**.

3.3.4 Schmelzen und Raffinieren

3.3.4.1 Schmelzen

Das Schmelzen kleinerer Mengen erfolgt diskontinuierlich in **Tiegeln,** das Schmelzen größerer Mengen von hochwertigen Spezial- und Sondergläsern in diskontinuierlich betriebenen **Hafenöfen** und das Schmelzen größerer Mengen von Standardhohl- oder -flachglas in kontinuierlich betriebenen **Wannenöfen (Bild 1 und Bild 2).**

Die sich im Ofen im Gemenge bei langsamer Erwärmung bis auf etwa 1500 °C abspielenden Vorgänge laufen über mehrere Reaktionsstufen ab, die nachfolgend am Beispiel eines Kalk-Natron-Silikatglases erläutert seien:

Oberhalb von 600 °C sintert das Gemenge zusammen und es kommt über Reaktionen zwischen den Komponenten SiO_2 (Schmelzpunkt 1710 °C) und $CaCO_3$, Na_2CO_3 unter Freisetzung von CO_2 zur Bildung von Alkali- und Erdalkalisilikaten sowie Doppelcarbonaten, die anschließend ab etwa 800 °C unter lebhafter Gasabgabe aufzuschmelzen beginnen. Das Ausmaß der Aufschmelzungen nimmt mit weiter steigender Temperatur immer weiter zu, wodurch die Viskosität abnimmt.

Bei etwa 1100 °C liegen in der zähflüssigen Schmelze neben gasförmigen Reaktionsprodukten nur noch die höherschmelzenden Komponenten (vor allem reines SiO_2) in geringen Anteilen als Festphase vor. Das vollständige Inlösunggehen des SiO_2 gelingt erst durch weitere Erwärmung bis auf 1500 °C, benötigt aber wegen der diffusionsbehindernden Restviskosität der Schmelze immer noch eine längere Zeit.

Sind alle Festphasen gelöst, so ist das Schmelzen abgeschlossen. Die jetzt vorliegende Rauhschmelze kann infolge eines unzureichenden Schmelzens unaufgeschmolzene Gemengebestandteile enthalten, chemisch differente Bereiche und Gasblasen enthalten. Sie würden später die mechanischen (innere Kerben) und korrosiven Eigenschaften (differente Korrosionssensibilität) sowie, wenn ihre Abmessungen oberhalb der halben Wellenlänge des sichtbaren Lichtes liegen, die Qualität optischer Gläser in unzulässiger Weise beeinträchtigen (Transparenz; Verzerrungsfreiheit: keine „Schlieren" durch von Ort zu Ort differente Brechungsindizes).

Am Ende der Schmelzphase können in der Schmelze unaufgeschmolzene Rohstoffe sowie chemisch differente Bereiche und Gasblasen vorliegen.

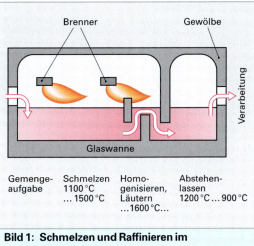

Bild 1: Schmelzen und Raffinieren im Wannenofen

Bild 2: Blick in den Wannenofen

Wiederholung und Vertiefung

1. Charakterisieren Sie die Haupteigenschaften der Bauteile aus Silikatglas.

2. Nennen Sie die wichtigsten Produkte aus Silikatgläsern.

3. In welche Hauptbestandteile werden die Rohstoffe für Silikatgläser eingeteilt?

4. Welche Aufgaben haben Netzwerkbildner und Netzwerkwandler bei der Glasherstellung?

5. Beschreiben Sie die Schritte der Rohstoffaufbereitung bei der Glasherstellung.

6. Welche Temperatur ist erforderlich, damit alle Festphasen in der Glasschmelze gelöst werden und das Schmelzen abgeschlossen ist?

3.3.4.2 Raffinieren

Während die unaufgeschmolzenen Gemenge-bestandteile allein durch ein länger andauerndes oder bei höherer Temperatur zu Ende gehendes Schmelzen beseitigt werden können, können chemisch differente Bereiche durch ein **Homogenisieren** und Gasblasen durch eine **Läuterung** beseitigt werden **(Bild 1)**. Die letzten beiden Schritte sind Aufgabe der Blankschmelze. Eine erste Homogenisierung der Schmelze und ein erstes Austreiben der Gasblasen wird bereits durch ein Erwärmen bis auf ca. 1600 °C erreicht.

Beide Teilschritte werden in ihrer Effektivität durch scherungsanregende konstruktive (Barrieren; **Bild 1 vorhergehende Seite**) und zwangsbewegende Maßnahmen (Rührwerke) in der Schmelzwanne sowie gasfreisetzende und auftriebsverleihende Zusätze begünstigt (aus As_2O_5, Sb_2O_5, Na_2SO_4 [Läuterungsmittel] freigesetzte große O_2- bzw. SO_2-Gasblasen nehmen die vorhandenen kleinen Gasblasen auf, was deren Auftrieb und damit den Gasaustrag steigert).

Abschließend wird die Schmelze abstehen gelassen, was die Läuterung vervollkommnet, und auf eine Verarbeitungstemperatur von etwa 900 bis 1000 °C abgekühlt. Mit Erreichen dieser Temperatur kann das Glas der Schmelzwanne in zähflüssiger Konsistenz entnommen und der Formgebung zugeführt werden.

3.3.5 Urformgebung

Die Temperaturabhängigkeit der Viskosität **(Bild 2)** macht in Abhängigkeit von der Temperatur ein Urformen durch Gießen ohne (höherer Temperatur-

bereich) oder unter Anwendung von äußerem Druck (niedrigerer Temperaturbereich) möglich. Netzwerkwandelnde Zusätze können über Viskositätsabsenkung die Verarbeitungstemperatur absenken (daneben aber auch die Dauergebrauchstemperaturen!).

In Abhängigkeit von der Viskosität ist ein Urformen durch Gießen, Blasen, Pressen und Walzen möglich. Um ein Ankleben der Glasmasse an der jeweiligen Werkzeugwandung zu vermeiden, kann die Werkzeugwandung mit einem als „Paste" bezeichneten wasserhaltigen Trennmittel beschichtet werden.

Durch die Wärmestrahlung der Formmasse verdampft zudem das in der Paste enthaltene Wasser und bildet zwischen Formmasse und Werkzeugwandung ein thermisch isolierendes Dampfpolster, wodurch die Abkühlgeschwindigkeit reduziert und damit die Viskosität längere Zeit auf einem geringen Niveau gehalten wird.

Phäno-men	Unaufge-schmolzene Rohstoffe	Chemisch diffe-rente Bereich	Gasblasen
Maß-nah-men	Temperatur län-ger halten		
	Höhere Temperatur		
		Scherungsanregende Maßnahmen	
			Gas freisetzende und Auftrieb ver-leihende Zusätze
	Abstehenlassen		

Bild 1: Phänomene und Maßnahmen bei Glasschmelzen

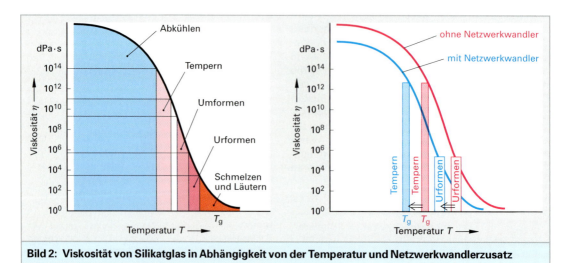

Bild 2: Viskosität von Silikatglas in Abhängigkeit von der Temperatur und Netzwerkwandlerzusatz

3.3.5.1 Urformgebung unter Schwerkraft

Die Formgebung allein unter der Wirkung der Schwerkraft setzt voraus, dass die Viskosität der Schmelze hinreichend gering ist. Die hiernach arbeitenden Verfahrensvarianten dienen der Fertigung von Flachglaserzeugnissen.

Während *Tafelglas* früher diskontinuierlich durch Ausgießen auf eine plane Unterlage und Walzen nach Erreichen einer hinreichenden Viskosität (*Spiegelglas* zusätzlich mit abschließendem Schleifen und Polieren) hergestellt wurde, wurden zu Beginn des 20. Jahrhunderts kontinuierliche Verfahren entwickelt, die zudem die Fertigung fehlerfreierer Gläser mit höherer Oberflächengüte möglich machten.

Kontinuierliche Verfahren

Beim **Senkrechtziehverfahren** erfolgt das Abziehen der viskosen Glasmasse durch eine Schamotteschlitzdüse, die in die Schmelze gedrückt wird (**Bild 1**). Durch sie wird das Glasband stetig nach oben in einen senkrechten Schacht gezogen und dabei spannungsfrei gekühlt.

Beim **Waagerechtziehverfahren** wird das Glas aus der freien Oberfläche der Schmelze gezogen. Das Glasband wird über eine gekühlte Stahlwalze umgelenkt und in einen waagerecht angeordneten Ziehkanal gezogen und spannungsfrei gekühlt.

Beim **Walzengießverfahren** wird die kontinuierlich zufließende Schmelze zwischen zwei rotierenden Walzen geformt.

Sind die Walzen profiliert, so lässt sich mit diesem Verfahren *Ornamentglas* herstellen. Durch Einführen von Drahtgeflechten stellt man *Drahtglas* her, beides Gläser, die früher diskontinuierlich durch Ausgießen auf eine entsprechend profilierte Unterlage bzw. Ausgießen und Einlegen von Drahtgeflechten hergestellt wurden.

Über diese Technik konnten auch aus mehreren Wannen gleichzeitig Flachgläser gezogen und zu einer Mehrschichtenscheibe zusammengeführt werden, die eine höhere Schadenstoleranz aufwies.

Die Verfahren konnten allerdings den im Laufe der Zeit immer größer werdenden nachgefragten Mengen und Abmessungen (→ Architekturglas) sowie Qualitätsansprüchen an Oberflächengüte und Fehlerfreiheit (zur Fertigung von Spiegelglas war das abschließende Schleifen und Polieren immer noch nötig) nicht mehr entsprechen.

Nach 1960 entwickelte man das **Floatglasverfahren (Bild 2)**, bei dem die Glasschmelze auf ein großflächiges Zinnbad aufgegossen wird, auf dem sie schwimmend kontinuierlich von der auf etwa 1000 °C temperierten Einlaufzone in die auf etwa 600 °C temperierte Auslaufzone abgekühlt und abgezogen wird. Die hohe Oberflächengüte macht ein Schleifen und Polieren überflüssig, d. h., man erreicht mit dem *Floatglas* Spiegelglasqualität.

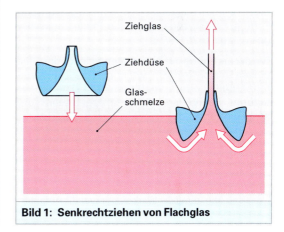

Bild 1: Senkrechtziehen von Flachglas

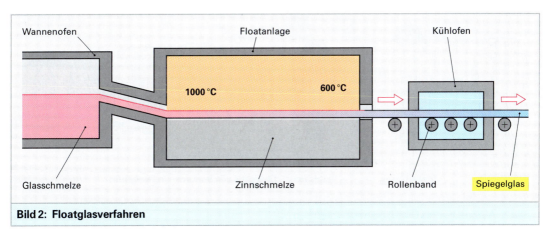

Bild 2: Floatglasverfahren

3.3.5.3 Temperung

Ziel einer Temperung kann ein Spannungsabbau, eine kontrollierte Kristallisation oder eine gezielte Entmischung sein.

Spannungsabbau

Im Allgemeinen wird bei den silikatischen Gläsern eine amorphe Mikrostruktur angestrebt, ist also eine Unterdrückung der Kristallisation erforderlich. Um dies zu gewährleisten, muss, da die Formgebungstemperaturen in der Regel in den Bereich erhöhter Kristallisationsneigung hineinreichen, die Formgebung abgeschlossen sein, bevor eine Kristallisation einsetzt. Auch die sich anschließende Abkühlung muss so rasch erfolgen, dass es in der wärmeleitungsbedingt am langsamsten abkühlenden Partie eines Bauteils – dies ist stets die Mitte eines Querschnitts – nicht zur Kristallisation kommt.

Zu beachten ist dabei andererseits, dass es bei Abkühlungsgeschwindigkeiten, die zur Unterdrückung einer Kristallisation hinreichend hoch sein müssen, infolge der unterhalb der Glastemperatur stark ansteigenden Viskosität der Glasmasse kaum noch zum Abbau von Abkühlspannungen kommen kann, Eigenspannungen also eingefroren werden.

Zu einem möglichst effektiven Vermeiden von Eigenspannungen wird die Abkühlung *kontrolliert* in einem Kühlofen *vorgenommen.* Sie erfolgt – von Temperaturen wenig oberhalb der Glastemperatur ausgehend – zunächst langsam, um dem unterschiedlich schnellen Erkalten der Bauteile von Oberflächen- und Kernmaterial gerecht zu werden, und wird erst nach Passieren der Glastemperatur beschleunigt.

Ein anderer, zum Erreichen hoher optischer Qualitäten u. U. zusätzlich beschrittener Weg des Eigenspannungsabbaus, besteht darin, die Viskosität durch längerzeitige Erwärmung bis in den Glastemperaturbereich hinreichend weit abzusenken. Dabei erfolgt gleichzeitig eine Stabilisierung des Netzwerks durch strukturelle Umlagerungen während des Haltens. Zur Kristallisation darf es allerdings im Hinblick auf eine hohe optische Güte (Transparenz) nicht kommen.

Kristallisation des zuvor amorphen Glases

Für manche Anwendungen ist ein kontrolliertes Kristallisieren, das als *Entglasen* bezeichnet wird, zweckmäßiger als ein amorpher Werkstoffzustand.

> Bei optischen Gläsern mit hoher Transparenz darf es nicht zur Kristallisation kommen.

Glaskeramik bietet diesen zwischen Glas und Keramik angesiedelten Gefügestatus **(Bild 1)**. Für die Herstellung von Glaskeramiken wird die chemische Zusammensetzung der Glasmasse bereits in der Aufbereitung so gewählt, dass sie nahe bei der Zusammensetzung der gewünschten Kristallphase liegt. Zusätzlich werden dem Rohstoffgemenge Substanzen zugegeben, die später als Keime eine kontrollierte Kristallisation möglich machen.

Die Formgebung erfolgt mit den vorgenannten Verfahren und führt nach dem Abkühlen zu einem Formkörper mit amorphem Zustand. Erst in einer sich anschließenden Temperung **(Bild 2)** werden die Keimbildner aktiv und lagern sich zu Keimen zusammen, auf denen bei weiterer Temperaturerhöhung feine Kristalle aufwachsen.

Der erreichbare kristalline Gefügeanteil kann zwischen 50 und nahezu 100 % liegen. Da sich die Kristallisation im Innern des Formteil/Halbzeug vollzieht, sind die Glaskeramiken wie die amorphen Gläser porenfrei.

Bild 1: Glaskeramik – Kochfeld

Bild 2: Herstellung von Glaskeramiken

Entmischung des zuvor homogenen Glases

Es wurde erwähnt, dass Glas ein metastabiler Zustand ist, weswegen chemisch entsprechend zusammengesetzte Gläser im Bereich der Glastemperatur in zwei oder mehrere Phasen entmischen können. Sind die Abmessungen solcher Inhomogenitäten kleiner als die halbe Wellenlänge des sichtbaren Lichtes, so beeinflussen sie das Absorptionsverhalten, nicht aber die Transparenz des Glases.

Sind die Entmischungen dagegen größer als die halbe Wellenlänge des sichtbaren Lichtes, so wird auch die Transparenz des Glases beeinträchtigt und dieses zeigt sich nur noch als transluszent bis weißopak.

- Entmischungen mit einer „unsichtbaren" Größe der ausgeschiedenen Phase werden bei phototropen Gläsern genutzt (→ *phototrope Brillengläser* (**Bild 1**): Silberhalogenidhaltiges Glas entmischt sich bei Wärmebehandlung im Bereich der Glastemperatur und scheidet das Silberhalogenid aus.

  Durch UV-Strahlung werden die Silberionen wie bei der Photographie zu Silber reduziert, was das Glas dunkel erscheinen lässt und einfallendes Sonnenlicht absorbiert. Nach der UV-Strahlung wandelt sich das Silber wieder zu Silberhalogenid um und das Glas wird wieder hell.

- Hochborhaltiges Na-Borosilikatglas entmischt bei Temperung im Bereich der Glastemperatur in eine SiO_2- und eine Na-Borathaltige Phase. Letzte lässt sich leicht in Säuren lösen, was zu offenporösen Gläsern mit einem Porendurchmesser von 10–1000 nm führt (→ *Meerwasserentsalzung; Dialyse; Emulsionsaufbereitung* und *Proteintrennung*).

  Die anschließend verbleibende SiO_2-Phase lässt sich bei Temperaturen deutlich unter der Glastemperatur zu 96 %-igem Kieselglas zusammensintern (→ *Hochleistungslampen*), was gegenüber den zum direkten Urformen von Kieselglas erforderlichen Temperaturen eine deutliche Energieersparnis bedeutet.

3.3.5.4 Urformen durch Pulvertechnologie

Zunehmend gewinnen Sinterprodukte aus Glaspulver oder aus Mischungen von Glas- mit Keramikpulvern an Bedeutung. Von Vorteil sind die vergleichsweise niedrigen Prozesstemperaturen von unter 1000 °C (→ *Substrate für Multilayerchips*) sowie die einstellbaren Porositätsanteile (bis zu 40 Vol.-%) und Porendurchmesser (μm-Bereich). Offene Porositäten machen die Produkte nutzbar für *Filtrationen*.

Ein noch höherer Porenanteil und eine genauere Einstellung der Porengröße (→ *schnellaufende Filter* für Abwasseraufbereitung und Bakterienabtrennung) lässt sich erreichen, wenn dem Glaspulver vor dem Sintern in definierter Menge ein Salz definierter Korngröße zugegeben wird, wobei dessen Schmelzpunkt über der Sintertemperatur des Glases liegt. Nach der Sinterung wird das Salz aus der Struktur herausgelöst und führt zu einer offenen Porosität.

3.3.6 Spanlose Formgebung

Die spanlose Formgebung erfolgt bei Temperaturen oberhalb der Glastemperatur (vergl. Seite 418 und ermöglicht das **Biegen** und **Wölben**. Die Nachbearbeitung von Röhren und Stäben von Hand erfolgt dabei oft mit einer Glasbläserlampe (**Bild 2**).

Bild 1: Phototrope Brillengläser

Glasbläserlampe

Nachbearbeitung der Röhrenenden

Bild 2: Nachbearbeitung von Glasröhren

3.3.7   Spanabhebende Formgebung

Eine spanabhebende Formgebung erfolgt bei
Raumtemperatur und zur Vermeidung von span-
nungs- oder sogar rissbegünstigen Wärmestaus
oftmals auch unter Wasserkühlung. Es kann dabei
**geschnitten, gebohrt (Bild 1), graviert, geschliffen
(Bild 2)** und **poliert (Bild 3)** werden.

3.3.8   Fügen

Grundsätzlich kann Glas durch Schweißen, Löten
und Kleben verbunden werden.

Das **Schweißen** von Gläsern erfordert wegen der
unvermeidlichen Schweißspannungen und der bei
niedrigen Temperaturen hohen Sprödigkeit ein
langsames Aufwärmen und Abkühlen, unter Umständen zum Spannungsabbau sogar eine nachfolgende Temperung. Problemloser ist das Verbinden von Glas mit ausgewählten Keramiken und
Metallen über **Löten** mit einem Glaslot sowie mit
allen Werkstoffen über **Kleben** mit einem Klebstoff.
Mit Glasloten lassen sich starre, elektrisch isolierende und gasdichte Verbindungen sowie Glas/
Metall-Durchführungen herstellen. Glaslote sind
Sintergläser mit besonders niedriger Erweich-
ungstemperatur.

Die Verbindung wird hergestellt, wenn das Glaslot
eine Viskosität von 10^4–10^6 dPas und die Fügepartner die Glastemperatur erreicht haben. Neben den
stabilen Glasloten, die sich wie dauerhaft amorphe
Gläser verhalten, gibt es auch kristallisierende
Glaslote, die sich dadurch auszeichnen, dass sie
während des Lötens kristallisieren und in einen ke-
ramikartigen Zustand übergehen. Dadurch steigt
die Viskosität des Glaslotes schon bei Löttemperatur steil an und verhindert einen Verzug bei erhöhter Temperatur.

3.3.9   Oberflächenmodifikation

3.3.9.1 Glätten

Durch selektives Verdampfen bei allen mit hohen
Temperaturen ablaufenden Prozessen (einschließlich der Formgebung) entsteht eine rissfreie polierte Oberfläche, was man als Feuerpolieren bezeichnet. Sie weist eine höhere mechanische Festigkeit
auf als eine naturraue Glasoberfläche. Eine vergleichbare Oberflächengüte kann auch durch chemisches Abtragen der Spitzen des Oberflächengebirges erreicht werden.

Bild 1: Bohren von Teleskopspiegeln

Bild 2: Schleifen eines Glasblocks

Bild 3: Polieren von Glas

3.3.9.2 Härten

Eine Steigerung der Festigkeit und Schadens-toleranz wird durch den Einbau von Druckspan-nungen in die Oberfläche erreicht, was als *Vor-spannen* bezeichnet wird. Dies gelingt auf thermischem wie auch chemischem Weg.

Härten auf thermischem Weg. Durch Erwärmen bis dicht unter die Glastemperatur und rasches Ab-kühlen wird in einer Oberflächenschicht von Formteilen/Halbzeugen eine aufgeweitete Struktur eingefroren, was hier zu einer Druckvorspannung und im Querschnittsinnern zu einer Zugvorspan-nung führt. Derartig oberflächenvorgespannte Si-likatgläser werden in schlag- (Alkali/Erdalkali-Sili-kat-Gläser) bzw. brandgefährdeten Bereichen (Borosilikat-Glas) eingesetzt.

Durch gießtechnisches „Aufziehen" zweier dünner Glasschichten mit niedrigem Wärmeausdeh-nungskoeffizienten auf ein Kernflachglas mit ho-hem Wärmeausdehnungskoeffizienten stellt sich beim Abkühlen von Gießtemperatur eine Druck-vorspannung in der Oberflächenschicht ein, die von der Differenz der Wärmeausdehnungskoeffi-zienten und dem Verhältnis der Schichtdicken ab-hängig ist (→ *gläsernes Tafelgeschirr*).

Härten auf chemischem Weg. Durch Ionenaus-tausch werden bei einem Li_2O- oder Na_2O-haltigen Alumosilikat-Glas unterhalb der Glastemperatur die kleinen Li^+- oder Na^+-Ionen gegen die großen K^+-Ionen ausgetauscht und dadurch das Gitter im Bereich der schichtartig angeordneten aus-getauschten Ionen aufgeweitet. Die erzielbare Druckvorspannung liegt höher als die thermisch erzeugbaren (→ *Flugzeugverglasung, Schein-werferabdeckungen*).

3.3.9.3 Beschichten

Beschichten zum Erzielen optischer Effekte

Über Beschichtungen lassen sich die neben deko-rativen Effekten sowie Korrosionsschutz und Ver-schleißschutz auch die optischen Eigenschaften zielgerichtet hinsichtlich Reflexion, Absorption und Transmission im sichtbaren, IR- und UV-Be-reich einstellen **Tabelle 1**).

Die hierzu erforderlichen Schichten haben maxima-le Schichtdicken von unter 1 μm. Metallische Schichten (→ *Spiegel*) lassen sich aus reduzierenden Lösungen von Edelmetallverbindungen (Cu, Ag, Au) abscheiden. UV-reflektierende (→ *Sonnenschutzver-glasung*) metallische (Cr, Fe, Ni, Co, Mo, Ti, Zr; aller-dings starke Reduzierung der Transmission im sichtbaren Bereich!) und metalloxidische Schichten lassen sich auch durch **C**(hemical)**V**(apour)-**D**(eposition) aufbringen **(Bild 1)**.

Bild 1: Beschichten von Reflektoren

Tabelle 1: Optische Effekte von Beschichtungen		
Maßnahme	phys. Effekt	Anwendung
Wärmereflektierende Beschichtung	Hohe Transmission im sichtbaren Bereich Hohe Reflexion im IR-Bereich	Beleuchtungskörper Auoverglasung
Wärmedurchlässige Spiegel (Kaltlichtspiegel)	Hohe Reflexion im sichbaren Bereich Hohe Transmission im IR-Bereich	Reflektoren für Projektionslampen, Operationsleuchten, Bestrahlungsgeräte
Achromatische Lichtteiler	Teildurchlässigkeit	Abblendbox für Rückspiegel für Fahrzeuge
UV-Filter	hohe UV-Absorption	UV-Brenner, Blitzlampen
Entspiegelungen	sehr geringe Reflexion im sichtbaren Be-reich	Brillengläser, Bilderverglasungen, Instrumentenverglasungen
UV-Reflexion	hohe Reflexion im UV-Bereich gute Transmission im sichtbaren Bereich	Sonnenschutzverglasungen

Die Totalreflexion im sichtbaren Wellenlängenbereich an der Oberfläche von Glasfasern wird bei den für Lichtleitzwecke benötigten *Lichtleitern* (**Bild 1**) und *Lichtleitfasern* über eine besondere Beschichtungstechnik erreicht. Hierzu wird ein Kernglasstab mit hoher Transparenz (→ Kieselglas) und hoher Brechungszahl n_K (mit dem Netzwerkbildner Germaniumoxid dotiert) mit einer Glashülle versehen, die eine niedrigere Brechungszahl n_M (mit Fluor dotiertes Kieselglas) aufweist ($n_K > n_M$; **Bild 2**).

Dazu wird der Kernglasstab in ein im Innendurchmesser dem Durchmesser des Kernglasstabs nahezu entsprechendes Mantelglasrohr geschoben. Der Stab wird mit dem Rohr in einem Ofen verschmolzen und der Verbund dann in einer Ziehanlage (**Bild 3**) zu hochfesten und dabei doch sehr elastischen Glasfasern von einigen μm Durchmesser verarbeitet.

Bei geeigneter Wahl der Brechungsverhältnisse wird erreicht, dass ein innerhalb eines bestimmten Winkels in die Lichtleitfaser einfallender Lichtstrahl durch ständige Totalreflexion an der Kern/Mantel-Grenzfläche in der Faser gehalten wird und erst am anderen Ende der Leitfaser wieder austritt. Erwähnt sei, dass die Verringerung der Brechungszahl im Randbereich einer Lichtleitfaser auch durch Ionenimplantation möglich ist.

Beschichten zur Steigerung der Bruchunempfindlichkeit

Sollen die feuerpolierten Oberflächen von Gläsern noch weiter vor Kerbrissen geschützt werden, so werden auf die noch heiße Glasoberfläche flüssig angebotene metallorganische Verbindungen aufgenebelt. Durch Pyrolyse entstehen TiO_2- oder SnO_2-Schichten.

Bild 1: Lichtleiter

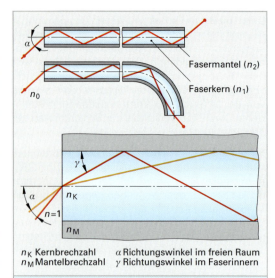

n_K Kernbrechzahl α Richtungswinkel im freien Raum
n_M Mantelbrechzahl γ Richtungswinkel im Faserinnern

Bild 2: Reflexionsbedingungen in einer Lichtleitfaser

Wiederholung und Vertiefung

1. Welche Aufgaben hat das Raffinieren von Glasschmelzen?

2. Welche kontinuierlichen Verfahren zur Herstellung von Flachglas gibt es?

3. Welche Verfahren zum Abbau von Spannungen kennen Sie?

4. Beschreiben Sie die Herstellung von Glaskeramik.

5. Was passiert bei phototropen Brillengläsern beim Abdichten?

6. Wie werden Glasfilter für z. B. die Meerwasserentsalzungsanlagen hergestellt?

7. Wie gelingt das Glätten von Glasbauteilen?

Bild 3: Ziehen und Aufhaspeln von Glasfasern

4 Fügen, Modifizieren und Montieren

4.1 Stoffschlüssiges Fügen

4.1.1 Fügetechniken in einer Übersicht

Unter stoffschlüssigem Fügen versteht man das Verbinden von Werkstoffen zu einer Einheit, die als unlösbar bezeichnet wird, weil sie nicht mit einfachen Mitteln zerlegt und wieder zusammengesetzt werden kann. **Bild 1** zeigt die stoffschlüssigen Fügetechniken in einer Übersicht.

Unter **Schweißen** versteht man das unlösbare Verbinden (Verbindungsschweißung) und Auftragen von Werkstoff zum *Ergänzen* bzw. *Vergrößern* des Volumens oder zum *Schutz* gegen Korrosion bzw. Verschleiß (Auftragschweißung). Das Verbindungsschweißen sowie das Auftragschweißen erfolgen unter Anwendung von *Wärme* oder von *Druck* oder von beidem, ohne oder mit metallischem Schweißzusatzwerkstoff.

Hinsichtlich der Unlösbarkeit der Verbindung und der Verwendung eines metallischen Zusatzwerkstoffs steht dem Schweißen das **Löten** nahe. Hier-

bei wird allerdings ein Zusatzwerkstoff verwendet, der einen niedrigeren Schmelzpunkt besitzt als die zu verbindenden Grundwerkstoffe.

Beim **Metallkleben** kommt die unlösbare Verbindung unter Verwendung eines polymeren Zusatzwerkstoffs zustande, der mit oder ohne Anwendung von Wärme und Druck bei Temperaturen weit unter dem Schmelzpunkt der zu verbindenden Grundwerkstoffe „kalt" oder „warm" aushärtet.

Das Einwalzen von Rohren in Böden, das Aufschrumpfen von Naben auf Wellen und das Nieten überlappter oder mit Laschen versehener Bleche sowie die in der Dünnblechverarbeitung angewandten Verfahren wie das Falzen und Bördeln gehören in die Gruppe der **unlösbaren mechanischen Verbindungsverfahren,** die durch Reibungskraft oder durch konstruktive Gestaltung bzw. Formgebung eine unlösbare Verbindung auf mechanischem Wege herstellen.

Zu den *lösbaren und zusammensetzbaren mechanischen Verbindungen* zählen das Verschrauben und Verstiften sowie die Kupplungsarten für die Übertragung von Drehbewegungen (siehe Kapitel 4.3.3).

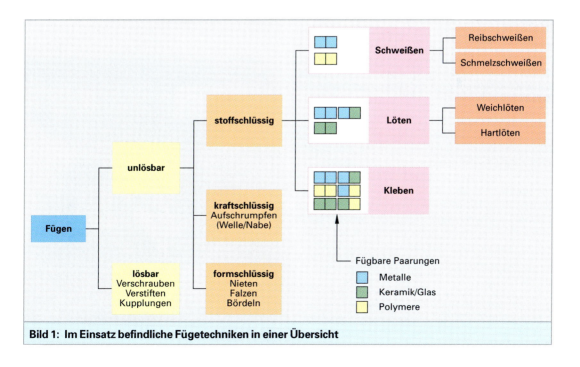

Bild 1: Im Einsatz befindliche Fügetechniken in einer Übersicht

4.1.2   Schweißen von Metallen

Entwicklungstendenzen

Seit der Verwendung schmiedbaren Eisens ist das Verbindungsschweißen in Form des Pressschweißens bekannt und wird noch heute im Rahmen des Schmiedehandwerks genutzt. Erst mit der Anwendung von Sauerstoff in Mischung mit Brenngasen konnte eine so heiße Flamme erzeugt werden, dass eine Schmelzschweißung ohne Anwendung von Druck möglich wurde. Inzwischen hat die Nutzung der elektrischen Energie die Pressschweißtechnik, z. B. das Punktschweißen **(Bild 1)** wie auch die Schmelzschweißtechnik z. B. das Lichtbogenschweißen **(Bild 2)** revolutioniert.

Diese Entwicklungen führten dazu, dass die bis um die vorletzte Jahrhundertwende in Hoch- und Kesselbau vorherrschende Nietverbindung durch die gewichtsreduzierende und elegantere Schweißverbindung abgelöst wurde. Nahtlos gewalzte Rohre erhielten durch geschweißte Rohre Konkurrenz. Viele Gusskonstruktionen wurden durch Schweißkonstruktionen ersetzt, wodurch in manchen Fällen komplexere Geometrien überhaupt erst realisierbar wurden. Bei der Reparatur beschädigter oder durch Verschleiß abgenutzter großer und wertvoller Teile trägt das Schweißen zur Erhaltung von Werten bei.

Die Schweißverfahren

Neben der Einteilung nach dem Anwendungszweck in Verbindungsschweißungen und Auftragsschweißungen lassen sich die Verfahren nach der Art des Schweißvorganges in die **Pressschweißverfahren** und die **Schmelzschweißverfahren** gliedern.

Der grundsätzliche Unterschied besteht darin, dass die Vereinigung der Werkstoffe beim Pressschweißen unter Druck erfolgt, wobei meist eine örtlich begrenzte Erwärmung der Schweißstelle ohne Zugabe eines Zusatzwerkstoffes der Schweißung vorausgeht; in den Sonderfällen der Kaltpressschweißung, Ultraschallschweißung und Sprengschweißung wird sogar überhaupt keine Wärme von außen zugeführt, dafür jedoch ein besonders hoher Druck aufgebracht (Bild 1).

Im Gegensatz hierzu erfolgt die Verbindung der Werkstoffe bei einer Schmelzschweißung nur unter Anwendung von Wärme ohne Druck durch einen örtlich begrenzten Schmelzfluss, wobei man ohne oder mit Zusatzwerkstoff arbeitet.

Bild 1, folgende Seite gibt einen Überblick über die Verfahren der Pressschweißung und der Schmelzschweißung sowie über die Nahtformen.

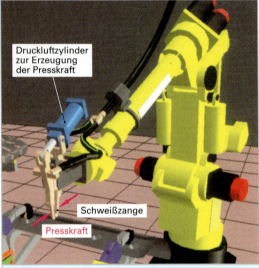

Druckluftzylinder zur Erzeugung der Presskraft

Schweißzange

Presskraft

Bild 1: Punktschweißen

Schlauchpaket mit Schweißdraht- und Schutzgaszuführung

Bild 2: Lichtbogenschweißen

> Man unterscheidet nach Art des Schweißvorganges das Pressschweißen und das Schmelzschweißen

Pressschweißen	Energieeintrag durch Ausnutzung…	Schmelzschweißen

Pressschweißen

Energieeintrag durch Ausnutzung…

Schmelzschweißen

Kaltpressschweißen
Schockschweißen
⇐ … der kin. Energie sich berührender und normal zueinander bewegender Fügepartner

Reibschweißen
Ultraschallschweißen
⇐ … der kin. Energie sich berührender und lateral zueinander bewegender Fügepartner

Diffusionsschweißen
⇐ … eines erwärmten Werkzeugs

Walzschweißen
⇐ … eines vorgeschalteten Ofens

Gießpressschweißen
⇐ … des Wärmeinhalts einer Schmelze
⇒ Gießschmelzschweißen

Pressstumpfschweißen
Abbrennstumpfschweißen
Punktschweißen
Rollennahtschweißen
Buckelschweißen
⇐ … der Wärmeentwicklung infolge ohmscher Widerstände
⇒ Elektroschlackeschweißen

Gaspressschweißen
Bolzenschweißen
⇐ … der Verbrennungswärme einer Gasflamme
⇒ Gasschmelzschweißen

⇐ … der Wärmeinhalts eines Lichtbogens
an Normalatmosphäre mit umhüllter abschmelzender Elektrode
unter Schutzgasatmosphäre mit nicht umhüllter abschmelzender Elektrode
unter schutzgasumspülter nicht abschmelzender Elektrode
Unterpulver-Schweißen
Unterschieneschweißen

… der Wärmeinhalts eines Elektrostrahls
⇒ Elektronenstrahlschweißen

… der Wärmeinhalts eines Laserstrahls
⇒ Laserstrahlschweißen

… der Wärmeinhalts eines thermischen Plasmas
⇒ Plasmaschweißen

1…1,5 mm — Bördelnaht

1…3 mm — I-Naht

U- oder Kelchnaht

Hohlkehlnaht

bis 15 mm — Y-Naht

über 15 mm — X-Naht

glatte Kehlnaht

Vollkehlnaht

Bild 1: Übersicht über die Schweißverfahren

4.1.2.1 Pressschweißverfahren

Ausnutzung der kinetischen Energie der Fügepartner

Vor einer **Kaltpressschweißung** werden die Werkstückoberflächen gereinigt und aktiviert, was mit abnehmender Effektivität durch Drahtbürsten, Fräsen, Drehen, Sägen, Schleifen, Schmirgeln, Strahlen und Beizen gelingt. Anschließend werden die Werkstücke bei Raumtemperatur durch Anwendung eines zu plastischer Verformung führenden Drucks verbunden **(Bild 1)**, wodurch die *kaltverformten* Zonen anschließend eine höhere Festigkeit aufweisen.

Ausschlaggebend für eine ausreichende Schweißnahtgüte ist das Erreichen eines hinreichend hohen Verformungsgrads, was im Falle eines Stumpfstoßes bei unterschiedlich gut plastisch verformbaren Werkstoffen durch differente Einspannlängen erreicht wird: Durch die mit dem *Fließen* verbundene Reibung wird die störende, sich bei Kontakt mit der umgebenden Atmosphäre ausbildende Deckschicht aufgerissen, so dass reaktive Grundwerkstoffe an der Oberfläche in Berührung kommen, weswegen Werkstoffe mit spröden Deckschichten besser kaltpressschweißbar sind.

Zwischen den Oberflächen, die sich zu Beginn des Schweißvorganges nur in einzelnen Punkten berührten, kommt es zu einer Anpassung durch Einebnung, wobei sich die Fügeflächen bis auf atomaren Abstand annähern und Bindungen zustande kommen sowie Interdiffusionsprozesse ablaufen **(Bild 2)**.

Plastisch kaum verformbare Werkstoffe können durch Zwischenlegen eines weicheren Werkstoffs miteinander verbunden werden (Kaltpresslöten) **(Bild 3)**.

Anwendungsbeispiele sind das Verbinden elektrischer Leiter und Kontakte sowie dünner Bleche.

Bei der Drahtwickel-Anschlusstechnik (Wire-Wrap[1]-Technik, **(Bild 3)** kerbt sich der Draht in die kantige Anschlussfahne ein und es entsteht durch Kaltfluss eine innige metallische Verbindung.

> Beim Kaltpressschweißen ist zur Aktivierung der Fügeflächen eine hinreichende intensive plastische Verformung erforderlich.

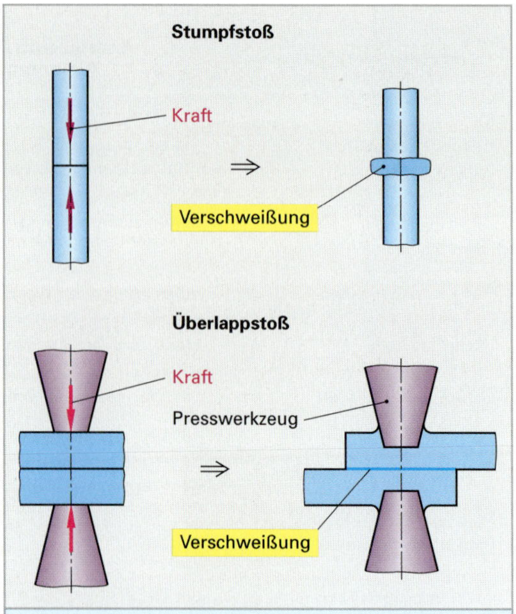

---

[1] engl. to wrap = wickeln

Stumpfstoß

Kraft

Verschweißung

Überlappstoß

Kraft

Presswerkzeug

Verschweißung

Bild 1: Kaltpressschweißen

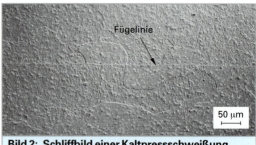

Fügelinie

50 μm

Bild 2: Schliffbild einer Kaltpressschweißung von Aluminium

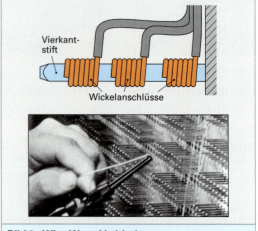

Vierkantstift

Wickelanschlüsse

Bild 3: Wire-Wrap-Verbindung

Beim **Schockschweißen** sei die Variante des **Sprengschweißens** dargestellt. Hierbei wird die Wirkung der Druckwelle bei der Detonation eines Sprengstoffs zur Überlappverbindung von Werkstücken ausgenutzt. Dieses Verfahren wird hauptsächlich zur Plattierung, also zur Beschichtung eines Trägerwerkstoffs mit einer korrosions- und/oder verschleißbeständigen Schicht, verwendet. Ein Tiefziehvorgang während des Plattierens ist dabei möglich.

Die mit metallisch blanker Oberfläche versehenen Werkstücke werden parallel (bei kleinerer Abmessung) oder unter einem bestimmten Winkel (bei größerer Abmessung) mit Abstandhaltern übereinander angeordnet **(Bild 1)**.

Die Außenseite des Plattierungswerkstoffs wird mit dem in fester Konsistenz vorliegenden Sprengstoff beschichtet, wobei Art und Menge des Sprengstoffs von der Dicke der Plattierschicht und den Eigenschaften der zu verbindenden Werkstoffe abhängen.

Die Sprengstoffauflage wird von einer Linie oder von einem Punkt aus zur Detonation gebracht. Entlang der Kollisionslinie schmelzen die Werkstoffe durch die Druckbeanspruchung auf. Die sich ergebende Verbindungsebene bildet sich in der Regel wellenförmig **(Bild 2)** zwischen beiden Werkstücken aus, wodurch die erzielbare Festigkeit der Verbindungszone die vieler anderer Plattierungsverfahren übertrifft.

Die Haftfestigkeit der sprenggeschweißten Verbindung ist meist besser als die Festigkeit des weicheren Metallpartners, da beim Verschweißen eine Kaltverfestigung entsteht.

Ein Vorteil des Sprengschweißens liegt in der Verbindung von Werkstoffen, die keine Löslichkeit untereinander zeigen, deren Unterschiede in den Schmelztemperaturen und Formänderungsfestigkeiten groß sind und die spröde, intermetallische Verbindungen bilden.

Bei Temperaturwechselbelastungen ist nicht mit einer Ablösung des plattierten Werkstoffs zu rechnen, auch wenn die Wärmeausdehnungskoeffizienten der verbundenen Metalle sehr verschieden sind. Anwendungsbeispiele sind das Plattieren von Blechen, Kesselschüsseln und Kesselböden **(Bild 3)** z. B. von korrosionsbeständigen Druckbehältern.

Beim Sprengschweißen bildet sich eine intensiv verzahnende wellenförmige Fügenaht aus.

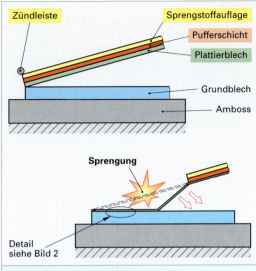

Bild 1: Sprengschweißen

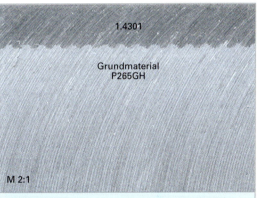

Bild 2: Schnitt durch sprengplattierten Boden

Bild 3: Titanplattierter Rohrboden

Beim **Reibschweißen** wird Rotationsenergie durch Reibung in Wärmeenergie umgesetzt **(Bild 1)**. Unter der Einwirkung des axialen Druckes wird ein rotierendes Werkstück während der gewählten Reibzeit gegen den feststehenden Fügepartner gepresst **(Bild 2)**.

Durch die hierbei entstehende Reibung erwärmen sich die in Berührung gebrachten Fügeteilenden. Ist nach einer bestimmten Reibzeit die gewünschte Temperaturverteilung über den Werkstückquerschnitt erreicht, so wird zum Herstellen der Verbindung der Reibdruck auf den Stauchdruck erhöht und das rotierende Werkstück unter dem jetzt anstehenden Axialdruck bis zum Stillstand abgebremst.

Durch die Warmfriktionsvorgänge rekristallisiert das Gefüge in der Fügezone fortwährend, so dass nach beendetem Schweißvorgang ein feinkörniges Gefüge vorliegt, das in seiner mechanisch-technologischen Qualität einem Schmiedegefüge vergleichbar ist.

Damit kein Flächenanteil der zu verschweißenden Flächen außer Eingriff gelangt und oxidiert, sollte zumindest eines der beiden Werkstücke in der Fügeebene einen rotationssymmetrischen Querschnitt aufweisen **(Bild 3)**. Dies erspart auch ein Synchronisieren der Torsionsbewegung oder Nachtordieren.

> Beim Reibschweißen erhält man ein rekristallisiertes Gefüge hoher Festigkeit und Zähigkeit.

Bild 1: Reibschweißen

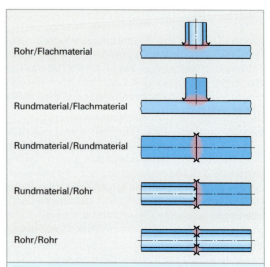

Bild 3: Verbindungsmöglichkeiten beim Reibschweißen

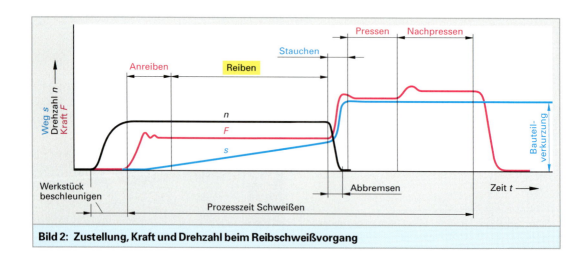

Bild 2: Zustellung, Kraft und Drehzahl beim Reibschweißvorgang

Anwendungsbeispiele sind das Schweißen von Auslassventilen, Gelenkwellen **(Bild 1)**, Hinterachsen und Getriebeteilen, auch mit Paarungen unterschiedlicher Werkstoffe.

Neben dem dargestellten Reibverbindungsschweißen gibt es auch die Möglichkeit des Reibauftragschweißens, das bei Panzerungen und Reparaturschweißungen, zum Beispiel beim Runderneuern von Wellen, zum Einsatz kommt. Der Auftrag wird dabei durch stab- oder pulverförmig angebotenen Zusatzwerkstoff erzeugt, der über Reibung erwärmt wird.

Beim **Ultraschallschweißen** werden die Werkstücke ohne Oberflächenvorbereitung (sogar Oxidschichten und Lackschichten sind zulässig) ohne Zusatzwerkstoff aufeinandergepresst und eines der Werkstücke über ein schwingungsfähiges mechanisches System (Sonotrode) zu Ultraschallschwingungen parallel zur Fügefläche angeregt **(Bild 2)**.

Die zu Beginn mit einer Deckschicht versehenen Werkstücke berühren sich zunächst nur in den Spitzen der Deckschichtgebirge. Mit zunehmendem Anpressdruck und intensiver werdender Relativbewegung ebnen sich die Oberflächengebirge zunehmend ein, reißen auf und werden seitlich verschoben, wodurch immer größere Flächenanteile der Fügepartner aus blankem Grundwerkstoff bestehen und hinsichtlich ihres Abstands zueinander in den Bereich der die Verbindung herstellenden interatomarer Kräfte kommen, was zum Bindungsaufbau führt **(Bild 3)**.

Zusätzlich hat eine infolge der Reibungsvorgänge auftretende Temperaturerhöhung (Temperatur liegt in einem Bereich nahe Raumtemperatur [auch wärmeempfindliche Werkstoffe schweißbar!] bis nahe Schmelztemperatur eines oder beider Grundwerkstoffe) vermehrt Interdiffusionsvorgänge zur Folge. Aufgrund der plastischen Verformung und Wärmeentwicklung kommt es parallel in der Friktionszone[1] zur Rekristallisation, was ein feinkörniges Gefüge zur Folge hat.

Anwendungsbeispiele sind das Verbinden dünner Drähte sowie Folien. Verfahrensvarianten stellen das Mikro-Ultraschallschweißen und das Ultraschall-Rollennahtschweißen dar.

> Das Ultraschallschweißen ermöglicht das Verschweißen von Blechen die einseitig auch kunststoffbeschichtet sein können.

Bild 1: Reibschweißen einer Antriebswelle

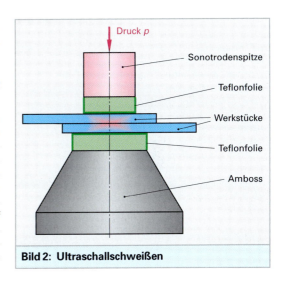

Bild 2: Ultraschallschweißen

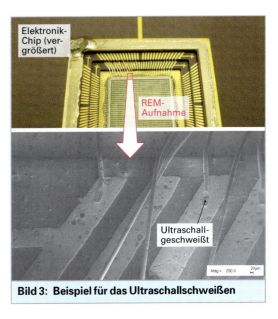

Bild 3: Beispiel für das Ultraschallschweißen

---

[1] franz. friction = die Reibung

Ausnutzung des Wärmeinhalts eines erwärmten Werkzeugs

Beim **Diffusionsschweißen** werden möglichst geringe plastische Verformungen der sich nur senkrecht zur Berührfläche zueinander bewegender Fügepartner angestrebt, weswegen die Anpressdrücke nur gering sein dürfen. Dies kompensierend, sind Temperaturen im Bereich von (0,5 bis 0,9) · T_s [K] erforderlich **(Bild 1)**.

Da Deckschichten durch die nur minimale Relativbewegung von Oberflächenbereichen zueinander nur uneffektiv aufgerissen werden können, zum Aufbau von Bindungen zwischen den Atomen der Fügepartner in der Berührungsebene aber eine Annäherung der Atome bis in die Größenordnung der Gitterparameter erforderlich ist, sind eine Feinbearbeitung (Läppen; Polieren) der Fügeflächen und das dauerhafte Entfernen von Oberflächenschichten (Beizen; Schutzgas-/Vakuumanwendung) erforderlich **(Bild 2)**.

Unter Anwendung von (minimalem) Druck bei hohen Temperaturen werden Oberflächenrauigkeiten so weit eingeebnet, dass eine Annäherung der Atome der zu verbindenden Atomsysteme in der gesamten Fläche bis in den Bereich eines Wechselwirkungsabstandes gegeben ist und interatomare Bindungen zustande kommen.

Zusätzlich kommt es infolge der hohen Temperatur zu Interdiffusionsprozessen über die Fügeebene hinweg. Allgemein entsteht in der Schweißzone durch epitaktisches Kornwachstum und Rekristalisation über die Grenzflächen hinweg ein feinkörniges Gefüge.

Um die „Täler" des Oberflächengebirges so zuverlässig auszufüllen, dass keine Poren zurückbleiben, kann die Verwendung dünner Zwischenfolien aus hochreinen und daher weichen Metallen notwendig werden. Sie fließen in diese anfänglichen Hohlräume, sollten aber zur Vermeidung einer ungenügenden Festigkeit der Verbindung über Interdiffusion aus den Grundwerkstoffen zuverlässig aufgelegt werden können, weswegen sie nicht zu dick sein dürfen.

Durch Einlegen einer Zwischenschicht aus einem Metall, das in die zu verbindenden Werkstoffe schneller eindiffundiert als die zu fügenden Werkstoffe ineinander, kann das Diffusionsschweißen außerdem beschleunigt werden. Grundsätzlich ist auch bei der Wahl des Zwischenschichtwerkstoffes die Bildung spröde intermetallische Phasen zu vermeiden.

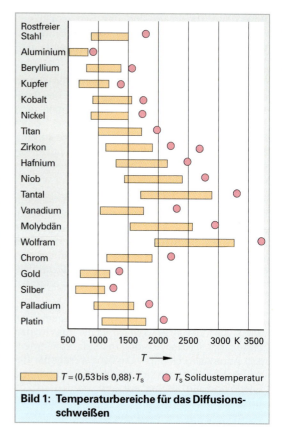

Bild 1: Temperaturbereiche für das Diffusionsschweißen

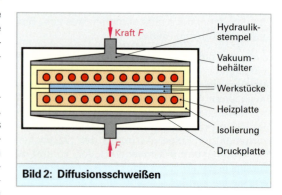

Bild 2: Diffusionsschweißen

Anwendungsbeispiele sind Fügeaufgaben an Werkstoffen oder Werkstoffkombinationen, die mit anderen Verfahren nicht oder nur mit minderer Qualität machbar waren. Gekoppelt ist die Verbindungsgüte allerdings an Werkstoffpaarungen mit nahezu gleichen Diffusionsgeschwindigkeiten ineinander.

Ausnutzung des Wärmeinhalts eines Ofens

Beim **Walzschweißen** sei allein die Variante des **Walzplattierens** dargestellt. Dieses Verfahren kann bei einer großflächigen Verbindung gut walzverschweißbarer Werkstoffe zur Anwendung kommen. Die gereinigten Platinen und Plattierungsbleche werden dazu zwischen „Knopfblechen" plaziert, wobei Trennmittelbeschichtungen ein Verschweißen der Knopfbleche mit den Platinen- und Plattierungsblechen während des Schweißprozesses verhindern sollen. Soll die Oxidation der Fügeflächen reduziert werden, so wird das zu verschweißende Blechpaket über den Schweißprozess hinweg unter Schutzgas gehalten.

Das Blechpaket wird auf die vom Schmelzpunkt der zu verbindenden Werkstoffe abhängende Walztemperatur erwärmt, nach deren Erreichen ausgewalzt **(Bild 1)** und der Blechverbund nach dem Erkalten von den Knopfblechen befreit.

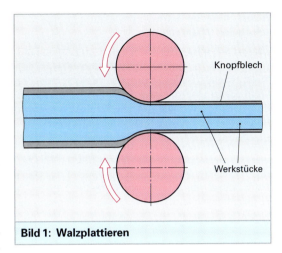

Bild 1: Walzplattieren

Ausnutzung des Wärmeinhaltes einer Schmelze

Beim **Gießpressschweißen** wird die Schweißstelle über den Wärmeinhalt einer Metallschmelze vorgewärmt. Wegen seiner geringen Wirtschaftlichkeit hat das Verfahren allerdings nur noch im Rahmen der Reparatur von Gussstücken Bedeutung.

Im Gegensatz zum Gießpressschweißen dient bei dem auch als **Thermit-Pressschweißen** bezeichneten aluminothermischen Pressschweißen die bei der exotherm verlaufenden Reaktion von Eisenoxid und Aluminiumpulver (Thermit) zu Aluminiumoxid und reduziertem Eisen (Fe_2O_3 + $2 Al = Al_2O_3 + 2 Fe$ + Wärme) freiwerdende Energie als Wärmequelle. Die Reaktion läuft nach Zündung des Gemischs durch Bariumsuperoxid bei 1200 °C selbsttätig ab, wobei ein Schmelzbad von etwa 3000 °C entsteht **(Bild 2)**.

Zur Herstellung der Verbindung lässt man schmelzflüssige Schlacke und Eisen so lange über die Schweißstelle fließen, bis sich diese auf Schweißtemperatur erwärmt hat. Dann wird unter Anwendung von Druck die Verbindung hergestellt. Anwendung findet dieses Verfahren seit langem beim Verschweißen von Schienen **(Bild 2)** und Rohren großer Wandstärken. Die Schmelze erwärmt die Fügepartner für die Pressverschweißung. Beim Schienenfuß und dem Schienensteg dient die Schmelze auch zur schmelzflüssigen Verschweißung mit Zusatzwerkstoff.

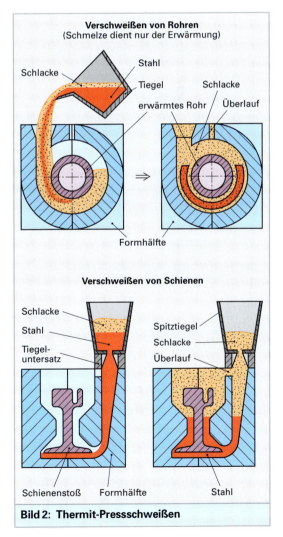

Bild 2: Thermit-Pressschweißen

Ausnutzung der Wärmeentwicklung infolge ohm'scher Widerstände

Über die Kontaktfläche der unter ständig wirkendem Druck aufeinandergepressten Werkstücke fließt ein elektrischer Strom, der infolge des hohen Ohm'schen Übergangswiderstands eine Wärmeentwicklung zur Folge hat. Die Kontaktfläche wird dadurch soweit erwärmt, dass sie verschweißt.

Beim **Widerstandspressschweißen von Profilen** wird den als Spannbacken ausgeführten Elektroden der Strom so zugeführt, dass der Stromkreis beim Zusammenpressen der Werkstücke über diese geschlossen wird **(Bild 1)**. Damit eine homogene Erwärmung der Fügezone gewährleistet ist, müssen die Kontaktflächen der Werkstücke in Größe und Form übereinstimmen und zueinander planparallel sowie frei von Deckschichten sein. Die Verbindung wird nach hinreichender Erwärmung der Fügezone durch Stauchen hergestellt.

Der Schweißstrom wird während oder nach dem Stauchen abgeschaltet. Da der Formänderungswiderstand der Werkstoffe mit zunehmender Temperatur abnimmt und die Erwärmungszonen beiderseits der Fügeebene wegen des relativ geringen Übergangswiderstands und der dadurch erforderlichen hohen Stromdichte breit sind, wird der Werkstoff durch das Stauchen in radialer Richtung verdrängt und bildet einen Wulst. Da aber kein Schmelzfluss erreicht wurde, ist es erst mit Erreichen einer Mindestverformung möglich, Verunreinigungen wirkungsvoll durch den Stauchvorgang aus der Schweißfuge hinaus in den Wulst zu quetschen und reaktiven Grundwerkstoff in hinreichendem Flächenanteil freizulegen.

Anwendung findet dieses Verfahren nur beim Fügen von Werkstoffen mit relativ geringer elektrischer Leitfähigkeit und reduzierter Oxidationsneigung.

Beim **Widerstandspressschweißen** von Blechen **zu Rohren** sollen Rohre mit geringen Wandstärken auch bei größeren Durchmessern, kleinen Durchmesser- und Wandstärketoleranzen sowie saubereren und glatten Oberflächen gefertigt werden. Dies gelingt durch die nachfolgend dargestellten Schweißverfahren. Sie haben den weiteren Vorzug, dass dünne Schichten von Fett, Schmutz oder Zunder den Schweißprozess kaum stören, also akzeptiert werden können:

Einem aus endlosem Band geformten Schlitzrohr wird der Strom über wassergekühlte Rollenelektroden konduktiv zugeführt. Das Aufeinanderpressen der Kanten führt zum Kurzschluss, infolge des

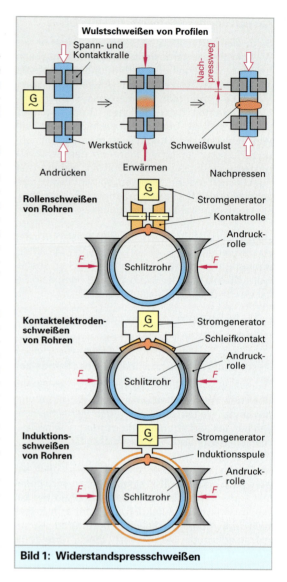

Bild 1: Widerstandspressschweißen

hohen Übergangswiderstandes zu einer Erwärmung und letztendlich zum Verschweißen der Fügezone **(Bild 1)**.

Wesentlich höhere Schweißgeschwindigkeiten erreicht man durch eine konduktive Schweißstromzufuhr über Kontaktelektroden, die in Nähe der Schlitzrohrkanten geführt werden (Bild 1); die bei vielen Stählen entscheidende Abkühlgeschwindigkeit kann über induktive Nachwärmung reduziert werden. Der Strom fließt infolge des Skineffekts vorwiegend an der Oberfläche der Schlitzrohrkanten und mit besonders hoher Dichte über deren Berührungsstellen.

Werden die Stromzuleitungen zusätzlich in Nähe der Schlitzrohrkanten zu den Kontaktelektroden geführt, so kann zusätzlich eine induktive Energie-übertragung zur Vorwärmung der Kanten erreicht werden. Die hohe Temperatur an der Schweißstelle macht nur geringe Anpresskräfte der Druckrollen erforderlich. Gleichzeitig ist auch der Schweißgrat geringer.

Über eine koaxial geführte Spule kann die Schweißstelle durch induzierte Wirbelströme erwärmt werden (**Bild 1, vorhergehende Seite),** die infolge des Skin-Effektes wieder vorwiegend an der Oberfläche der Schlitzrohrkanten und mit besonders hoher Dichte über deren Berührungsstellen fließen, wobei die von ihnen durchsetzte Oberflächenschicht mit zunehmender Frequenz immer dünner wird (**Bild 1).**

Um eine hohe Schweißgeschwindigkeit zu realisieren, sollte die Wandstärke nicht wesentlich von der Eindringtiefe des Stroms abweichen.

Das **Abbrennstumpfschweißen** eignet sich zum Verbinden großer Querschnitte. Die Anordnung der Werkstücke und Art der Stromzuführung entspricht der Anordnung in Bild 1, vorhergehende Seite. Bei angelegter elektrischer Spannung werden die beiden kalten Werkstücke (weswegen auch die Bezeichnung Kaltabbrennstumpfschweißen verwendet wird) bis zum Zustandekommen eines Kontaktes über ersten (**Bild 2)** Berührstellen aufeinander zu bewegt .

Infolge der hohen Stromdichte in diesen ersten Kontakten werden die Materialbrücken sehr schnell erwärmt, aufgeschmolzen und unter Bildung absterbender Lichtbögen verdampft. Dies geschieht in schneller Folge an immer anderen Stellen des Querschnitts. Der hohe Dampfdruck schleudert schmelzflüssigen Werkstoff aus der Schweißfuge hinaus und führt zu einem Funkensprühen.

Um den Prozess aufrecht zu erhalten, müssen die Werkstoffe zur Kompensation des Abbrandes mit dessen Geschwindigkeit aufeinander zu bewegt werden. Sind die Stoßflächen gleichmäßig und hinreichend weit erwärmt, wird die Schweißfuge durch schlagartiges Stauchen unter Bildung eines Stauchgrates geschlossen. Durch den in der Anfangsphase der Stauchung noch weiter fließenden Strom und den daraus resultierenden Ohm'schen Widerstand wird die Temperatur auf so hohem Niveau gehalten, dass Verunreinigungen vom flüssigen Werkstoff aus der Schweißfuge ausgetragen werden können.

Noch größere Querschnitte lassen sich durch eine

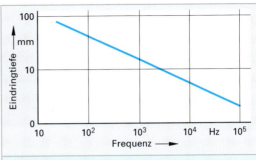

Bild 1: Eindringtiefe des Stromes in Stahl

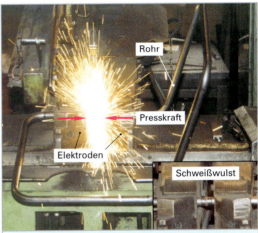

Bild 2: Abbrennstumpfschweißen von Rohren

Vorwärmung der Werkstückenden durch Widerstandserwärmung verbinden (weswegen auch die Bezeichnung Warmabbrennstumpfschweißen verwendet wird). Die vorgeschaltete Widerstandserwärmung erfolgt durch abwechselndes Kurzschließen durch Anpressen und Trennen der Fügeflächen. Sind die Fügezonen hinreichend vorgewärmt, so wird der zuvor beschriebene Abbrennvorgang eingeleitet.

Durch diese Arbeitsweise erzielt man ein geringeres Temperaturgefälle beiderseits der Schweißnaht und damit eine geringere Abkühlgeschwindigkeit. Sie kann durch eine nachfolgende konduktive Nachwärmung noch weiter reduziert werden. Das Gefüge der Fügezone ist wegen des erheblichen Wärmeeintrags grobkörnig und kann nur bei umwandelnden Werkstoffen durch Normalisieren korngrößenreduziert werden.

Anwendungsbeispiele sind das stumpfen Verbinden von Profilen wie Schienen, Achsen, Wellen, Rohren und Kettengliedern (**Bild 2).**

Beim **Punktschweißen** werden übereinander-gelegte Werkstücke über stiftförmige, wasserge-kühlte Elektroden aus einer warmfesten Kupferle-gierung mit meist balliger Stirnfläche aufeinander gepresst und dann wird ihnen der Schweißstrom zugeführt **(Bild 1)**. Die Schweißstelle wird, vor-nehmlich infolge des hohen Übergangswider-stands, so weit erwärmt, bis ein linsenförmiger Bereich schmelzflüssig vorliegt **(Bild 2)**.

Wird die gesamte zur Erwärmung der Fügezone erforderliche Energie innerhalb von Millisekunden aus einem Kondensator freigesetzt, so spielen eine Oxidation der Fügeteiloberflächen an der Füge-stelle und Wärmeverluste durch Wärmeableitung ins Werkstück praktisch keine Rolle mehr (es kön-nen sogar einseitig kunststoffbeschichtete Bleche ohne Beschädigung der Beschichtung verschweißt werden) und entstehen beinahe unsichtbare Schweißpunkte, wobei aber die Elektrodenauf-lagefläche sauber bearbeitet sein muss (Kon-densatorimpulsschweißen).

Anwendung findet das Punktschweißen z. B. im Karosseriebau und hier häufig mit Robotern **(Bild 3)**.

Die Presskraft wird dabei meist zweiseitig mit einer *Schweißzange* aufgebracht, seltener durch Andrü-cken über nur eine Elektrode. In diesem Fall liegen die Fügeteile in einem Gesenk.

Das **Rollennahtschweißen** wird zur Herstellung von Stepp- oder durchgehenden Nähten verwen-det. Hier wird ein Paar wassergekühlter, scheiben-förmiger Rollenelektroden eingesetzt, das die übereinandergelegten Werkstücke aufeinander presst und ihnen dann den Schweißstrom zuführt **(Bild 4)**.

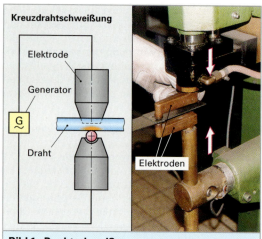

Bild 1: Punktschweißen

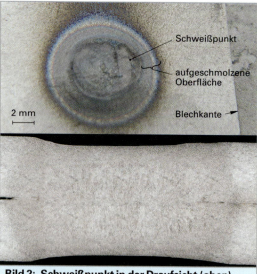

Bild 2: Schweißpunkt in der Draufsicht (oben) und im Querschnitt (unten)

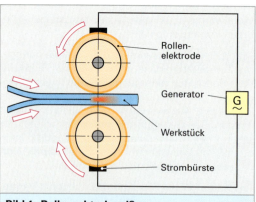

Bild 4: Rollennahtschweißen

Bild 3: Punktschweißen mit Industrieroboter

Modifikationen sind das Rollennahtschweißen angeschrägter übereinandergelegter Kanten sowie das Quetschnahtschweißen, bei dem eine schmale Überlappung durch den Rollendruck in die Blechebene gequetscht wird. Bei unterbrochenem Stromfluss (Schrittnahtschweißung mit periodischer stromloser Drehbewegung und anschließender Schweißung bei ruhenden Rollen oder Impulsrollennahtschweißung mit kontinuierlich rotierenden Elektroden und Steuerung von Strom- und Pausenzeiten) werden *Steppnähte*, bei stetigem Stromfluss zwischen den Rollen *durchgehende Schweißnähte* gefertigt.

Beim **Buckelschweißen,** auch als Warzen- oder Reliefschweißen bezeichnet, werden in eines der beiden Bleche Ausbeulungen mit einer Höhe des 0,3 bis 1,0-fachen der Blechdicke eingedrückt und in der in **Bild 1** gezeigten Weise mit einem planen Blech zusammengelegt. In der Schweißpresse entstehen zwischen großflächigen ebenen Plattenelektroden entsprechend der Anzahl der Buckel Schweißpunkte. Dabei werden die Buckel durch den Anpressdruck der Plattenelektroden weitestgehend eingeebnet.

Von Nachteil ist die relativ große Streuung der Festigkeitswerte der buckelgeschweißten Verbindungen. Ursache sind eine starke Streuung der Buckelgeometrie, eine nicht exakt planparallele Führung der Elektroden und unterschiedliche Strompfadwiderstände.

Ausnutzung der Verbrennungswärme einer Gasflamme

Mittels **Gaspressschweißen** können Profile mit geometrisch identischen Querschnitten bis zu sehr großen Flächen stumpf miteinander verschweißt werden. Dazu werden die Profile so ausgerichtet, dass ihre Stirnflächen parallel zueinander angeordnet sind und einander berühren. Die Profilenden werden anschließend durch an die Werkstückgeometrie angepaßte Gasbrenner bis zum teigigen Zustand erwärmt. Ist die Schweißtemperatur auch in Profilmitte erreicht, so wird die Schweißung durch Stauchen fertiggestellt. Die dabei stattfindende Werkstoffverdrängung hat eine Gratbildung zur Folge **(Bild 2)**. Wegen der langandauernden Erwärmung entsteht ein grobkörniges Gefüge.

Beim Gaspressschweißen von Blechen zu Rohren werden die Kanten des aus einem Endlosband geformten Schlitzrohrs im Durchlaufofen örtlich mit Gasbrennern auf Schweißtemperatur erwärmt, durch Druckrollen aufeinander gepresst und dadurch pressverschweißt **(Bild 3)**.

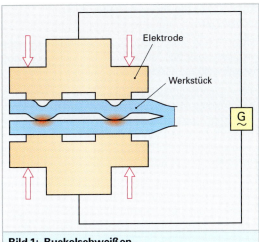

Bild 1: Buckelschweißen

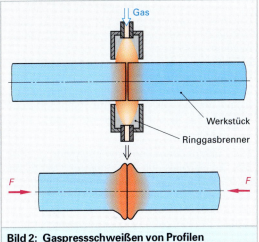

Bild 2: Gaspressschweißen von Profilen

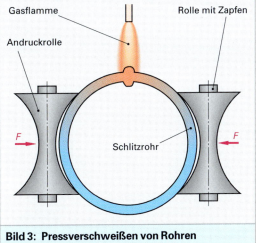

Bild 3: Pressverschweißen von Rohren

Ausnutzung der Wärmeinhaltes eines Lichtbogens

Sollen Bolzen stumpf auf eine metallische Unterlage geschweißt werden, so kann das **Lichtbogenbolzenschweißen** zur Anwendung kommen (**Bild 1**).

Beim Lichtbogenbolzenschweißen mit Hubzündung, auch „Cyc-Arc-Verfahren" oder „Nelson-Verfahren" genannt, erfolgt die Abschirmung der Schweißstelle gegenüber der Luft durch einen auf das zu verbindende Bolzenende aufgesetzten Keramikring oder einen Schutzgasschleier (**Bild 2a**).

Der Keramikring hat zusätzlich die Konzentration des Lichtbogens auf die Verbindungsstelle, die Formung der beim Stauchschritt seitlich weggedrückten Schmelze zu einem gleichmäßigen Wulst und eine Verringerung der Abkühlgeschwindigkeit zur Aufgabe.

Ohne Keramikring, dafür aber unter Schutzgasatmosphäre und mit freier Formung des seitlich verdrängten Werkstoffs, wird nur bei Nichteisenmetallen gearbeitet. Zur Vorwärmung der Schweißstelle wird kurzzeitig ein Kurzschluss herbeigeführt, der Bolzen zur Zündung des Lichtbogens anschließend kurz abgehoben und nach Erreichen der Schweißtemperatur, dann Bolzen und Unterlage zur Herstellung der Verbindung aufeinandergepresst.

Beim Lichtbogenbolzenschweißen mit *Zündring* (**Bild 2b**), auch als „Philips-Verfahren" bezeichnet, weist der Zündring aus halbleitender Elektrodenumhüllungsmasse einen Bund auf und übernimmt neben den vorgenannten Aufgaben auch die der „Schweißzeiteinstellung": Zur Vorwärmung der Schweißstelle wird kurzzeitig ein Kurzschluss über den Zündring herbeigeführt und anschließend der Lichtbogen gezündet. Ist der Bund abgeschmolzen, so ist auch die Schweißtemperatur erreicht

und es presst eine Feder Bolzen und Unterlage zur Herstellung der Verbindung aufeinander.

Beim Lichtbogenbolzenschweißen mit *Zündspitze* (**Bild 2c**), auch „Graham-Verfahren" genannt, nützt man die in Kondensatoren gespeicherte elektrische Energie für die Wärmeentwicklung an der Schweißstelle aus, wobei diese durch einen Lichtbogen von weniger als einer Millisekunde Brenndauer erwärmt wird. Während des gesamten Schweißprozesses wirkt eine Federkraft auf den Bolzen und drückt diesen auf die Unterlage. Durch die gleichzeitig nur geringe Wärmeentwicklung ist es möglich, Bolzen auf die Rückseite z. B. kunststoffbeschichteter Bleche zu schweißen, ohne die Beschichtung zu beschädigen.

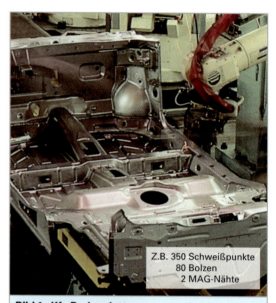

Z.B. 350 Schweißpunkte
80 Bolzen
2 MAG-Nähte

Bild 1: Kfz-Bodenplatte

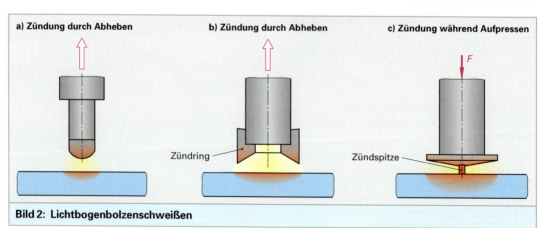

a) Zündung durch Abheben   b) Zündung durch Abheben   c) Zündung während Aufpressen

Zündring   Zündspitze   *F*

Bild 2: Lichtbogenbolzenschweißen

4.1.2.2 Schmelzschweißverfahren

In jedem Fall wird hierbei der Grundwerkstoff lokal aufgeschmolzen und falls erforderlich wird zusätzlich auch ein Zusatzwerkstoff, hinzugefügt.

Ausnutzung des Wärmeinhalts einer Schmelze

Das bei Eisenwerkstoffen noch praktizierte **Gießschmelzschweißen** setzt eine in einem Tiegel bereitgestellte oder durch aluminothermische Umsetzung von Eisenoxid mit Aluminiumpulver erst erzeugte Reineisenschmelze voraus. Aufgabe der Schmelze ist das Anschmelzen der Fugenflanken und das Auffüllen der Schweißfuge **(Bild 1)**.

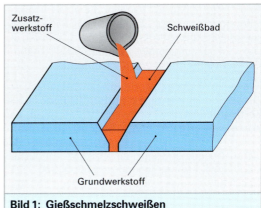

Bild 1: Gießschmelzschweißen

Ausnutzung der Wärmeentwicklung infolge ohmscher Widerstände

Mit der hier beschriebenen Variante des **Elektroschlackeschweißens** werden vornehmlich bei großen Blechquerschnitten Stumpfnähte geschweißt, daneben aber auch Auftragschweißungen **(Bild 2)**.

Beim Stumpfnahtschweißen wird das Schweißbad durch die Fugenflanken sowie ein Paar sich vertikal bewegender wassergekühlter Kupferschuhe begrenzt **(Bild 3)**.

Um die zu Beginn (ungenügender Einbrand, Einschlüsse) und am Ende der Schweißung (Lunker, Einschlüsse) auftretenden Schweißfehler aus dem Werkstück hinauszuverlegen, werden An- und Auslaufstücke verwendet.

Der Schweißstrom wird über eine umhüllte Metallelektrode zugeführt, die bei nicht zu großem Nahtquerschnitt als Drahtelektrode, bei größerem Nahtquerschnitt als Mehrfachdraht- oder sogar Plattenelektrode ausgeführt wird.

Bei beabsichtigter Endloszuführung der Elektroden ergeben sich zwei Schwierigkeiten: Die Elektrodenumhüllung ist im Allgemeinen spröde und platzt bei zu starker Krümmung der Elektroden, wie sie zwangsläufig bei endloser Gestaltung der Elektroden nötig wird, ab.

Um daneben Energieverluste und eine zu starke Erwärmung des Drahtes/Bandes hinter der Lichtbogenansatzstelle zu vermeiden, sollte die Stromzuführung möglichst nahe an der Schweißstelle erfolgen. Da die nichtmetallische Umhüllung den Strom nicht leitet, muss daher eine Kontaktstelle mit dem Kerndraht geschaffen werden oder die Umhüllung erst hinter der Stromzuführung aufgebracht werden.

Bild 2: Elektroschlacke-Auftragschweißen

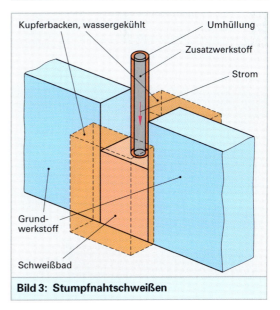

Bild 3: Stumpfnahtschweißen

Bild 1 zeigt einige Elektroden, die eine Endloszuführung ermöglichen. Zu Beginn des Schweißvorgangs wird kurzzeitig ein Lichtbogen gezündet, der das nichtleitende Mineralpulver zu leitender Schlacke aufschmilzt und dann erlischt.

Durch die Wärmeentwicklung beim Durchgang des Stroms durch das nun elektrisch leitende Schlackebad werden die Grundwerkstoffflanken an- und die Metallelektrode abgeschmolzen. Das große Volumen und die langsame Abkühlung des Schmelzbades ermöglichen eine gute Entgasung und damit eine weitgehend porenfreie Erstarrung des Schmelzbades sowie bei Stählen mit höherem Kohlenstoffgehalt die Vermeidung einer Aufhärtung. Von Nachteil ist allerdings die Ausbildung eines grobkörnigen Gefüges. Neben linearen Schweißnähten können mit diesem Verfahren auch Rundnähte an dickwandigen Behältern mit großen Durchmessern erstellt werden.

Die zu verbindenden Werkstücke liegen dabei auf einem Rollenbock und drehen sich entsprechend der Schweißgeschwindigkeit, so dass das Schweißbad stets in Äquatorhöhe bleibt.

Ausnutzung der Verbrennungswärme einer Gasflamme

Beim **Gasschmelzschweißen,** auch als autogenes Schmelzschweißen bezeichnet, sind sowohl Verbindungsschweißungen wie auch Auftragschweißungen möglich. Durch die Verbrennungswärme einer Brenngas/Sauerstoff-Flamme wird der Grundwerkstoff an- und der drahtförmig angebotene Zusatzwerkstoff aufgeschmolzen.

Als Brenngas kommt Acetylen, seltener Wasserstoff oder Kohlenwasserstoffe in Frage. Brenngas und Sauerstoff werden dem Handbrenner **(Bild 2)** getrennt zugeführt. Das Gasgemisch verlässt den Brenner nach der Zündung als Stichflamme, deren Größe nach der zu verschweißenden Blechdicke durch Brennereinsätze eingestellt wird.

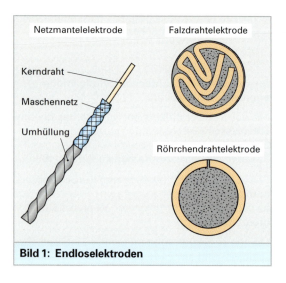

Bild 1: Endloselektroden

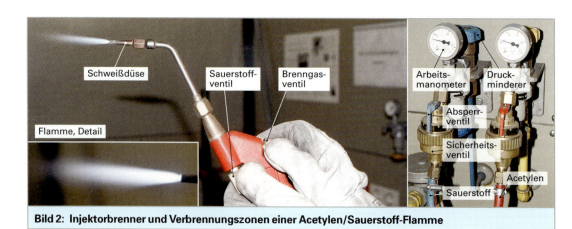

Bild 2: Injektorbrenner und Verbrennungszonen einer Acetylen/Sauerstoff-Flamme

Einstellung der Flamme

Die Flamme weist vier Zonen auf (**Bild 1**), in denen unterschiedliche Effekte beim Werkstoff zustande kommen, wenn man den Abstand zwischen Düse und Werkstückoberfläche entsprechend einstellt:

- dunkler Flammenkern:
  unbeeinflusstes Gasgemisch
- weißglühende Zone:
  Acetylenzerfall:

$$2\,C_2H_2 \rightarrow 4\,C + 2\,H_2$$

Liegt das Schweißbad in dieser Zone, so wird es aufgekohlt.

- unsichtbare Zone:
  Verbrennung der Zerfallsprodukte des Acetylens:

$$4\,C + 2\,H_2 + 2\,O_2 \rightarrow 4\,CO + 2\,H_2$$

Liegt das Schweißbad in dieser Zone, so wirkt die Flamme reduzierend.

- sichtbare Zone:
  Verbrennung der Verbrennungsprodukte ohne Badreinigung:

$$4\,CO + 2\,H_2 + 3\,O_2 \rightarrow 4\,CO_2 + 2\,H_2O$$

Liegt das Schweißbad in dieser Zone, so besteht infolge von Oxidation die Gefahr von oxidischen Einschlüssen.

$$2\,C_2H_2 + 5\,O_2 \rightarrow 4\,CO_2 + 2\,H_2O$$

ergibt sich als Summenreaktion.

Brenngas/Sauerstoffverhältnis

Die Güte der Schweißung wird aber nicht nur durch den Abstand der Flamme vom Schweißgut, sondern auch vom Brenngas/Sauerstoff-Verhältnis mitbestimmt:

- Brenngas/Sauerstoff-Verhältnis = 1:1 („neutrale" Flamme; zur vollständigen Verbrennung sind nach der Summenreaktionsgleichung noch drei Volumenanteile Sauerstoff erforderlich, die der Luft entnommen werden müssen).

- Brenngas/Sauerstoff-Verhältnis > 1:1 (Brenngasüberschuss; Acetylenzerfall überragt die Verbrennung der Zerfallprodukte [weißglühende Zone vergrößert]): aufkohlende Wirkung

- Brenngas/Sauerstoff-Verhältnis < 1:1 (Brenngasunterschuss; es ist mehr Sauerstoff vorhanden, als zur Verbrennung der Zerfallprodukte des Acetylens sowie zur Verbrennung dieser Verbrennungsprodukte benötigt wird [weißglühende und unsichtbare Zone verkleinert]): oxidierende Wirkung.

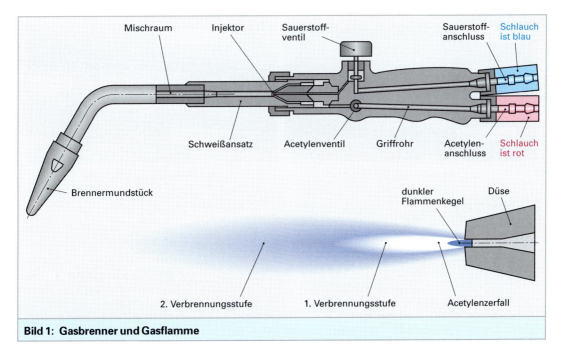

Bild 1: Gasbrenner und Gasflamme

Bei der Gasschmelzschweißung **(Bild 1)** wird der Schweißbrenner mit der rechten und der meist erforderlichen Zusatzwerkstoff mit der linken Hand geführt, wobei grundsätzlich zwei Bewegungsabläufe zu unterscheiden sind **(Bild 2)**. Die relativ geringe Leistungsdichte erlaubt zwar nur geringere Schweißgeschwindigkeiten, bietet aber den Vorteil kleinerem Temperaturgefälle.

Bild 1: Gasschmelzschweißen

- **Nach-Links-Schweißung**
  (Vorwärtsschweißung; bei Grauguss, Kupfer, Aluminium, Nickel, Zink und Blei):
  In Schweißrichtung gesehen folgen nach dem fertigen Nahtstück („Schweißraupe") die Schweißflamme des meist pendelnd bewegten Schweißbrenners, die durch geringfügige Vorwärtsneigung die Schweißfuge vorwärmt, und zuletzt der zur Entgasung des Schweißbades in diesem leicht rührend bewegte Zusatzwerkstoff.

- **Nach-Rechts-Schweißung**
  (Rückwärtsschweißung; bei Stählen):
  In Schweißrichtung gesehen folgen nach dem fertigen Nahtstück („Schweißraupe") der, zur Entgasung des Schweißbades in diesem leicht rührend, bewegte Zusatzwerkstoff und zuletzt erst die Schweißflamme des geradlinig bewegten Schweißbrenners. Durch leichte Rückwärtsneigung vermeidet sie das Vorlaufen der Schmelze in die Schweißfuge („Kaltstellen"), wärmt das Schweißbad und die fertige Naht zur Reduzierung der Abkühlgeschwindigkeit nach und übt auf das Schweißbad eine reduzierende Wirkung aus.

Bild 2: Gasschmelzschweißer

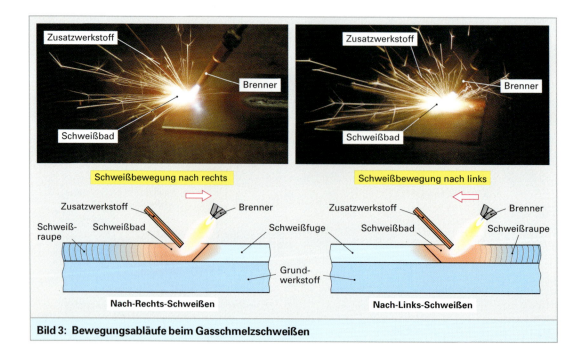

Bild 3: Bewegungsabläufe beim Gasschmelzschweißen

Die relativ geringe Leistungsdichte erlaubt zwar nur geringe Schweißgeschwindigkeiten, bietet aber den Vorteil kleinerer Temperaturanstiege. Weiterhin kann die Erwärmung der Schweißstelle durch entsprechende Führung und Einstellung der Flamme unabhängig von der Zuführung des Zusatzwerkstoffes gesteuert werden. Damit ergibt sich eine hohe Anpassungsfähigkeit an die jeweilige Fügeaufgabe und den verwendeten Werkstoff, was insbesondere bei Auftragschweißungen von Bedeutung sein kann.

Ausnutzung des Wärmeinhalts eines Lichtbogens

Dem Anschmelzen des Grundwerkstoffs dient entsprechend **Bild 1** ein

nicht übertragener Lichtbogen zwischen

- Kohleelektroden (gegebenenfalls notwendiger Zusatzwerkstoff wird stromlos in den Lichtbogen eingeführt) oder

übertragener Lichtbogen zwischen

- Kohleelektrode und lokal aufschmelzendem Werkstück (gegebenenfalls notwendig werdender Zusatzwerkstoff wird stromlos in den Lichtbogen eingeführt),
- nicht abschmelzender Metallelektrode [in der Regel Wolfram] und lokal aufschmelzendem Werkstück (gegebenenfalls notwendig werdender Zusatzwerkstoff wird stromlos in den Lichtbogen eingeführt),
- abschmelzender Metallelektrode (in der Regel drahtförmig vorliegender Zusatzwerkstoff) und lokal aufschmelzendem Werkstück.

Durch den Lichtbogen fließt ein elektrischer Strom, weswegen der Lichtbogen von einem rotationssymmetrischen Magnetfeld (magnetisches Eigenfeld) umschlossen ist. Dieses Feld übt auf den Lichtbogen senkrecht zu den Feldlinien des Eigenfeldes stehende nach innen gerichtete Kräfte mit kontrahierender (zusammenziehender) Wirkung aus (Pincheffekt[1]) **(Bild 2)**. Die gleichen kontrahierenden Kräfte sind neben der Oberflächenspannung auch für die Abschnürung eines Schmelztropfens verantwortlich, der sich an der Elektrodenspitze entwickelt.

Grundsätzlich unterscheidet man zwischen Lichtbogenschweißen mit *offenem* Lichtbogen und solchem mit *verdecktem* Lichtbogen.

Beim Lichtbogenschweißen kommt ein übertragener oder ein nicht übertragener Lichtbogen zur Anwendung.

---

[1] engl. to pinch = kneifen

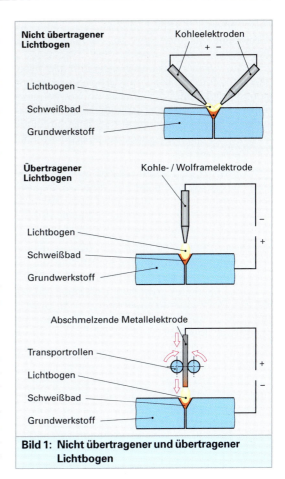

Bild 1: Nicht übertragener und übertragener Lichtbogen

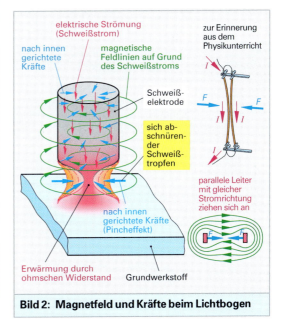

Bild 2: Magnetfeld und Kräfte beim Lichtbogen

Beim **offenen Lichtbogenschweißen** brennt der Lichtbogen sichtbar. Um zu verhindern, dass Bestandteile der umgebenden Atmosphäre (Stickstoff, Sauerstoff und Wasserstoff aus dissoziierter Luftfeuchtigkeit) ins Schweißbad aufgenommen werden, arbeitet man an Normalatmosphäre mit umhüllter abschmelzender Elektrode, unter Schutzgasatmosphäre mit nicht umhüllter abschmelzender oder nicht mit abschmelzender Elektrode **(Bild 1)**.

Beim **offenen Lichtbogenschweißen an Normalatmosphäre mit umhüllter abschmelzen der Elektrode** wird das blanke Ende einer Drahtelektrode mit dem Pluspol der Schweißstromquelle verbunden, das Werkstück mit dessen Minuspol.

Durch kurzzeitiges Berühren der Werkstückoberfläche mit der Elektrodenspitze wird diese infolge ohm'scher Widerstände vorgewärmt und anschließend durch Abheben der Lichtbogen gezündet. Der Draht schmilzt zusammen mit der Umhüllung im Lichtbogen ab und der Grundwerkstoff schmilzt an **(Bild 2)**.

Das Umhüllungsmaterial setzt dabei ionisierte Gase frei, die das Schweißbad vor dem Zutritt von Stickstoff, Sauerstoff und Wasserstoff schützen und den Lichtbogen stabilisieren. Daneben sind zusätzlich desoxidierende sowie den Legierungselementabbrand kompensierende Elemente enthalten. Die sich auf dem Schweißbad ausbildende Schlackendecke **(Bild 3)** schützt die Schweißraupe vor zu rascher Abkühlung. Wird die Naht in mehreren Lagen aufgebaut, so ist vor dem Aufbringen jeder neuen Lage die Schlackendecke sorgfältig zu entfernen.

Für eine gleichmäßig gute Nahtgeometrie und Nahtqualität müssen die Schweißparameter möglichst konstant gehalten werden. Dies gilt besonders für die Gleichmäßigkeit der Zusatzwerkstoffzufuhr, was beim Handschweißen im Allgemeinen nicht möglich ist. Zwangsläufig eintretende Variationen der Lichtbogenlänge haben in der Schweißnaht Fehler zur Folge. Soweit dies möglich ist, führt man die Schweißelektrode daher mechanisiert zu.

Um die durch Elektrodenwechsel entstehende Prozessunterbrechung mit ihrem Zeitverlust zu vermeiden, sind Endloselektroden erwünscht. Bei konventioneller Elektrodenumhüllung kommt es bei starker Krümmung der aufgespulten und vor dem Schweißkopf wieder gerade zu richtenden Elektroden zum Abplatzen der Umhüllung. Daneben sollte die Stromzuführung möglichst nahe an der Schweißstelle in gleichbleibendem Abstand von dieser erfolgen, um Energieverluste durch eine zu weiträumige Erwärmung des Drahtendes hinter der Lichtbogenansatzstelle sowie die damit einhergehenden Verformungen zu vermeiden.

Neben den Endloselektrodenformen bieten sich infolge des Magnetfeldes des stromdurchflossenen Drahtes noch das **Magnetpulververfahren** (pulverförmiges eisenhaltiges Umhüllungsmaterial bleibt am Draht haften) und das **Mantelkettenschweißen** an (Mantelketten mit Gliedern aus gepresstem eisenhaltigem Umhüllungsmaterial bleiben am Draht haften).

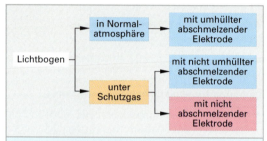

Bild 1: Arten des Lichtbogenschweißens

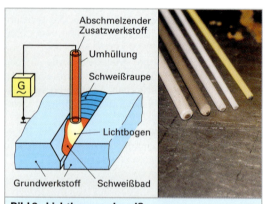

Bild 2: Lichtbogenschweißen an Normalatmosphäre mit umhüllter abschmelzender Elektrode

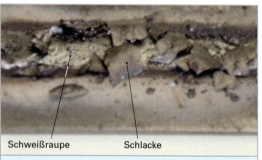

Bild 3: Schweißraupe mit Schlackendecke

Beim **offenen Lichtbogenschweißen unter Schutzgas mit nicht umhüllter abschmelzender Elektrode** liegt der Zusatzwerkstoff als endloser „nackter" Volldraht oder Seelenelektrode mit eingewalzter Füllung vor, die im aufgeschmolzenen Zustand nur lichtbogenstabilisierend wirkt.

Der Zusatzwerkstoff wird mit dem Pluspol der Schweißstromquelle verbunden, wobei der Schweißstrom in unmittelbarer Nähe des Lichtbogens zugeführt wird, damit die Energieverluste durch eine zu weiträumige Erwärmung des Drahtes hinter der Lichtbogenansatzstelle sowie die damit einhergehenden Verformungen vermieden werden.

Durch kurzzeitiges Berühren der Werkstückoberfläche mit der Elektrodenspitze wird diese infolge Ohm'scher Widerstände vorgewärmt und anschließend durch Abheben der Lichtbogen gezündet.

Zur weiteren Lichtbogenstabilisierung sowie zum Schutz vor Atmosphärenzutritt wird die Schweißstelle mit dem Zünden des Lichtbogens mit einem **Schutzgasschleier** abgedeckt **(Bild 1)**.

In Abhängigkeit davon, ob ein inertes oder aktives Schutzgas verwendet wird, unterscheidet man zwischen dem **M**(etall)-**I**(nert)-**G**(as)-Schweißen **(MIG) und dem M**(etall)-**A**(ktiv)-**G**(as)-Schweißen **(MAG)**. Eine Werkstückhandhabung und ein ortsfester Brenner **(Bild 2)** ermöglichen vorteilhaft stets eine waagerechte Schmelzwannenlage.

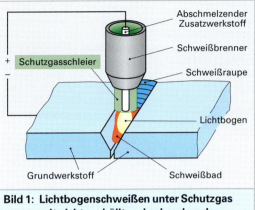

Bild 1: Lichtbogenschweißen unter Schutzgas mit nicht umhüllter abschmelzender Elektrode

Bild 2: Lichtbogenschweißen

MIG-Schweißen

Beim MIG-Schweißen kommen als inerte Schutzgase im wesentlichen Argon, Helium und Argon/Helium-Gemische zum Einsatz. Der Schutz vor Atmosphärenzutritt ist dadurch so gut, dass die chemische Zusammensetzung des Zusatzwerkstoffs mit der des zu verschweißenden Werkstoffs nahezu übereinstimmt und zunderfreie Schweißraupenoberflächen erhalten werden.

MAG-Schweißen

Beim MAG-Schweißen werden als aktive Schutzgase

- CO_2 [MAGC(O_2)] sowie
- Ar/O_2-, Ar/CO_2- und Ar/O_2/CO_2-Mischgase [MAG-M(ischgas)]

verwendet.

Hierdurch ist der Schutz vor Atmosphärenzutritt im Falle von Nichteisenmetallen so gut, dass die chemische Zusammensetzung des Zusatzwerkstoffs mit der des zu verschweißenden Werkstoffs nahezu übereinstimmt.

Dies gilt jedoch nicht beim MAG-Schweißen von unlegiertem und von niedriglegiertem Stahl: CO_2 dissoziiert im Lichtbogen in CO und O_2. Der Sauerstoff begünstigt den Abbrand der Legierungselemente und infolge der hohen Sauerstofflöslichkeit des Schweißbades eine CO-Blasenbil-dung. Zur Kompensation des Abbrands muss der Zusatzwerkstoff hinsichtlich der Legierungselemente *überlegiert* werden sowie desoxidierende Elemente enthalten; der Abbrand ist bei den höher- und hochlegierten Stählen sogar so hoch, dass er durch Überlegieren des Zusatzwerkstoffs nicht mehr ausgeglichen werden kann und das Schweißen nur mit deutlich abgesenkten CO_2-Gehalten im Schutzgas möglich ist. Welche Stähle mit CO_2-haltigen Gasen verschweißt werden können, ist also vom CO_2-Gehalt abhängig!

Ein Variante des MAG-Schweißens ist das **Elektrogasschweißen** zum Fertigen aufsteigender Stumpfnähte **(Bild 1)**. Hierbei wird das Schweißbad durch die Grundwerkstoffflanken sowie ein Paar sich vertikal bewegender wassergekühlter Kupferschuhe begrenzt. Diese sind für die Schutzgaszufuhr mit Bohrungen versehen.

> Der Lichtbogen wird zwischen der kontinuierlich zugeführter Drahtelektrode (meist Fülldraht) und dem flüssigen Schweißbad aufrechterhalten. Um die zu Beginn (ungenügender Einbrand, Einschlüsse) und am Ende der Schweißung (Lunkerbildung, Einschlüsse) auftretenden Schweißfehler aus dem eigentlichen Werkstück hinauszuverlegen, werden An- und Auslaufstücke verwendet.

Beim **offenen Lichtbogenschweißen unter Schutzgas (Bild 2) mit nicht abschmelzender Elektrode** tritt, während der Lichtbogen zwischen einer lichtbogenseitig angespitzten Wolframelektrode und der Werkstückoberfläche bzw. dem Schweißbad brennt, zum Schutz vor der Atmosphäre aus einem Ringspalt zwischen der Wolframelektrode und einer keramischen oder wassergekühlten metallischen Ringdüse inertes *Schutzgas* aus **(Bild 3)**. Es legt sich schleierartig über die Schweißstelle. Dies gab dem Verfahren die Bezeichnung **W**(olfram)-**I**(nert)-**G**(as)-Schweißen **(WIG)**. Muss ein Zusatzwerkstoff eingebracht werden, so kann er artgleich mit dem Grundwerkstoff sein, da in der inerten Atmosphäre kein Abbrand an Legierungselementen zu befürchten ist. Das WIG-Schweißen wird vor allem bei Edelstahlwerkstücken verwendet. Es gibt hier keine „Schweißspritzer". Eine Variante ist das **WIG-Punktschweißen**, bei dem der Brenner auf die zu verbindenden Bleche aufgesetzt wird und der Lichtbogen lokal das Oberblech aufschmilzt und infolge Wärmeleitung das Unterblech anschmilzt.

Bild 1: Elektrogasschweißen

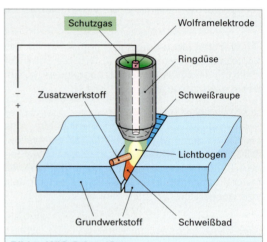

Bild 2: WIG-Schweißen

Bild 4: WIG-Schweißbeispiel

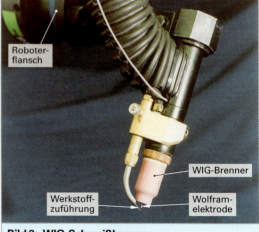

Bild 3: WIG-Schweißbrenner

Beim verdeckten Lichtbogenschweißen brennt der Lichtbogen für das Auge unsichtbar. Das Schweißbad wird vor dem Atmosphärenkontakt durch Pulver oder konstruktive Maßnahmen geschützt.

Beim **verdeckten Lichtbogenschweißen unter Pulver,** auch Unterpulverschweißen (UP-Schweißen) genannt, wird eine nicht umhüllte Elektrode unter Schweißpulver abgeschmolzen **(Bild 1).** Zur Anhebung der Abschmelzleistung kann zusätzlich zum stromführenden Draht die Schweißfuge mit metallhaltigen Pulvern gefüllt oder ein stromloser („kalter") Draht im Lichtbogen mit abgeschmolzen werden (Bild 1).

Zur weiteren Steigerung der Abschmelzleistung können die *beiden* oder auch *weitere* nicht umhüllte Drähte dem Schweißbad elektrisch parallel (Lichtbogen brennt zwischen Elektroden und Werkstück; **Bild 2)** oder in Reihe geschaltet (Lichtbogen brennt zwischen den Elektroden, d.h. Werkstück wird nur durch Strahlungswärme angeschmolzen, was zu flachen und breiten Schweißraupen mit geringem Einbrand führt; Bild 2) in Parallelanordnung oder in Tandemanordnung zugeführt werden.

Ein nochmals leistungsgesteigertes Verbindungsschweißen, das auch beim Auftragschweißen Verwendung findet, ist durch die Verwendung von **Bandelektroden (Bild 3)** möglich, die der Schweißstelle beim Verbindungsschweißen parallel und beim Auftragschweißen schräg oder quer zur Schweißrichtung gestellt zugeführt werden. Die Lichtbogenansatzstellen wandern dabei an der Abschmelzkante des Bandes und werkstückseitig statistisch regellos hin und her, was über die Bandbreite zu einer gleichmäßigen Wärmeentwicklung und Abschmelzleistung führt.

Das Schweißpulver enthält ionisierbare Minerale zur Steigerung der Lichtbogenstabilität sowie Legierungselemente zur Kompensation des Abbrandverlustes. Daneben übernehmen verdampfende Pulverbestandteile durch die aus ihnen in der Schweißkaverne gebildete Atmosphäre sowie die flüssige Schlacke den Schutz des Schweißbades vor der Atmosphäre.

Darüber hinaus hat die Schlacke die Aufgabe, die Schweißnaht zu formen und eine zu schnelle Abkühlung des Schweißgutes zu verhindern. Wegen der nachteilig langen Schweiß- und Schlackenbäder und der Pulverabdeckung muss eine nahezu horizontale Lage der Schweißnaht gewährleistet sein.

Das Schweißpulver **(Bild 4 links)** ist für das Verbindungsschweißen von Baustählen. Es enthält Manganoxide. Das Schweißpulver **(Bild 4, rechts)** ist für das Auftragsschweißen. Es erbringt die für die Härte notwendigen Legierungsanteile

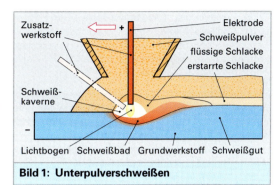

Bild 1: Unterpulverschweißen

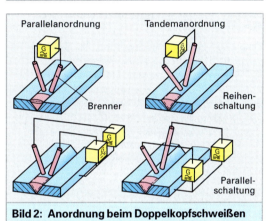

Bild 2: Anordnung beim Doppelkopfschweißen

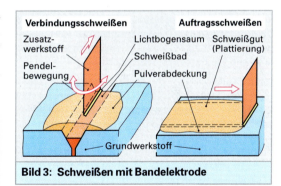

Bild 3: Schweißen mit Bandelektrode

Bild 4: Schweißpulver

Beim **verdeckten Lichtbogenschweißen unter einer Abdeckschiene,** auch Unterschieneschweißen oder auch *Elin-Hafergut-Verfahren*[1] genannt, können lineare, waagerecht verlaufende Schweißnähte hergestellt werden.

Eine umhüllte Elektrode großer Länge wird in die Schweißfuge eingelegt und durch eine Schiene aus (zur Vermeidung einer Lichtbogenablenkung) unmagnetischem Werkstoff (Kupfer, Aluminium) unter Dazwischenlegen einer Papierschicht (brennt während des Schweißens ab und bindet dabei den Luftsauerstoff) gegen Abheben fixiert **(Bild 1).**

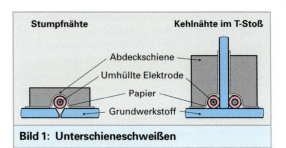

Bild 1: Unterschieneschweißen

Ausnutzung des Energieinhalts eines Elektronenstrahls

Das Elektronenstrahlschweißen ist ein Fügeverfahren mit sehr hoher Wärmekonzentration (bis zu 10^8 W/cm^2): Die aus der Elektronenstrahlquelle austretenden Elektronen treffen mit hoher kinetischer Energie und durch elektromagnetische Linsen feinfokussiert (0,1–1,0 mm Strahldurchmesser) auf die Werkstückoberfläche **(Bild 2),** wobei die Leistungsdichte durch Veränderung der Strahlleistung und der Lage des Strahlbrennpunktes variiert werden kann.

Um den Verlust an kinetischer Energie der Elektronen zu minimieren, ist in der Regel das gesamte System evakuiert. Bei Atmosphärenschweißanlagen wird der Elektronenstrahl über mehrere Druckstufen herausgeleitet. Da er seine hohe Leistungsdichte jedoch beim Passieren der Atmosphäre sehr rasch verliert, ist nur ein geringer Arbeitsabstand vor der Austrittsdüse möglich.

Beim Auftreffen auf die Werkstückoberfläche werden die Elektronen abgebremst und geben ihre Energie im Wesentlichen als Wärme an den Werkstoff ab. Dadurch wird dieser bis über seinen Verdampfungspunkt hinaus erwärmt, so dass nachfolgende Elektronen tiefer in die Schweißfuge eindringen können. Am Strahlauftreffpunkt bildet sich also eine Dampfkapillare aus, die von einem Mantel aus schmelzflüssigem Material umgeben ist. Werden die Werkstücke relativ zum Strahl bewegt, so wird der Werkstoff an der Vorderseite des Elektronenstrahls aufgeschmolzen, über seinen Siedepunkt erhitzt und erstarrt an der Rückseite zu einer schmalen, tiefreichenden Schweißnaht.

Die hohe Leistungsdichte bewirkt nur geringen Verzug der Werkstücke, so dass sie fertigbearbeitet ohne Nacharbeit geschweißt werden können.

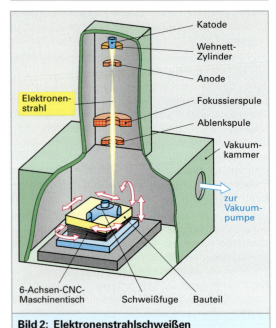

Bild 2: Elektronenstrahlschweißen

Bild 3: Elektronenstrahlbearbeitungsanlage

---

[1] Elin-Hafergut-Verfahren (EHV) ist bekannt nach einer österreichischen Firma Elin, in welcher von Ing. Hafergut um 1940 das EHV-Verfahren entwickelt wurde

Ausnutzung des Energieinhalts eines Laserstrahls

Für das Schweißen werden zumeist NdYAG-Laser (Wellenlänge 1,06 µm) und CO_2-Laser (Wellenlänge 10,6 µm) verwendet und zwar im Dauerbetrieb oder im Impulsbetrieb (Näheres siehe Kapitel 5 Lasertechnik) **(Bild 1)**.

Die Leistungsdichte des Laserstrahls sowie die Dauer und die Frequenz der einzelnen „Laserschüsse" müssen so bemessen sein, dass der Werkstoff nicht eruptiv verdampft. Werkstückseitig wird dies mitbestimmt von der Oberflächenrauigkeit, werkstoffseitig von Absorptionskoeffizient, Wärmeleitfähigkeit, Schmelz- und Verdampfungstemperatur sowie Schmelz- und Verdampfungswärme. Es ist möglich, ohne oder auch mit einem seitlich in den Elektronenstrahl eingeführten Zusatzwerkstoff zu schweißen.

Ausnutzung der Energie eines Plasmas

Bild 2, rechts zeigt einen Plasmastrahlschweißkopf schematisch. Zwischen der als Kathode geschalteten Wolframelektrode und der als Anode geschalteten, wassergekühlten und schutz- sowie plasmagasdurchströmten Kupferringdüse (He, Ar, Ar/H, N, CO_2) springt zur Zündung ein Funken über. Hierdurch wird das Gas so weit ionisiert, dass ein Pilotlichtbogen genannter Hilfslichtbogen zwischen Katode und Anode entsteht.

Dieser Pilotlichtbogen ionisiert die Gassäule weiter, was zum Zünden des Hauptlichtbogens führt, der durch die Düse eingeschnürt vorliegt **(Bild 3)**. Infolge der elektrischen Leitfähigkeit des Plasmas kann der Plasmazustand durch Aufrechterhalten des elektrischen Stroms stabil gehalten werden. Es nimmt seine Temperatur infolge Widerstandserwärmung weiter zu, wodurch wesentlich höhere Werte als mit einem Lichtbogen erzielbar sind. Zusätzlich wird bei der Rekombination des nach dem Düsendurchtritt abkühlenden ionisierten Gases Energie frei.

Mit dem **Plasmastrahlschweißen** ist ein Verbindungsschweißen ohne oder mit Zusatzwerkstoff wie auch ein Auftragschweißen möglich. Beim *Verbindungsschweißen* schmilzt der Plasmastrahl an seiner Vorderseite den Werkstoff auf und verdampft ihn teilweise. Hinter dem Plasmastrahl fließt schmelzflüssige Werkstoff infolge der Oberflächenspannung des Schmelzbades und des Dampfdruckes in der Schweißfuge wieder zusammen und bildet die Schweißnaht.

Beim *Plasmastrahlauftragschweißen* wird zum An-/ Aufschmelzen des durch einen Ringspalt mit Schutzgas geförderten pulverförmigen Zusatzwerkstoffs zusätzlich ein übertragener Lichtbogen zwischen Wolframelektrode und Werkstück benötigt **(Bild 3)**. Durch die Enddüse wird die zu beschichtende Bauteilpartie mit einem Schutzgasschleier abgedeckt.

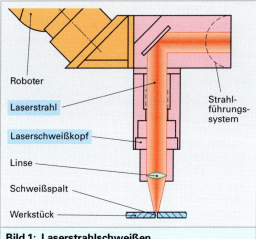

Bild 1: Laserstrahlschweißen

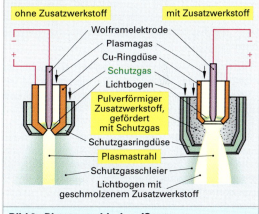

Bild 2: Plasmastrahlschweißen

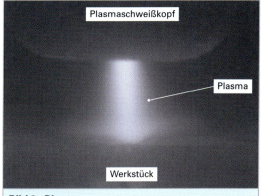

Bild 3: Plasma

Zunächst wird der innere Lichtbogen gezündet. Brennt dieser, dann zündet der übertragene Bogen bei Annäherung an das Bauteil selbsttätig (Bild 2, rechts).

4.1.2.3 Werkstoffkundliche Aspekte

Erreichen die Grundwerkstoffe im Zuge der Erwärmung den schmelzflüssigen Zustand nicht, was bei den meisten Pressschweißverfahren der Fall ist, so besteht das Verbinden der Grundwerkstoffe aus zwei Teilschritten:

- Infolge einer plastischen Verformung der Werkstücke im Pressschritt, die durch thermische Erweichung erleichtert und intensiviert wird, kommt es zur Freilegung deckschichtfreien Grundwerkstoffs.
- Gleichzeitig findet durch das Aufeinanderpressen der Werkstücke eine Annäherung der Kristalle der zu verbindenden Werkstoffe bis auf Abstände statt, bei denen ein Zustandekommen interatomarer Bindungen möglich ist.

Mit geringer werdender Differenz zwischen Prozesstemperatur und Schmelzpunkt des Grundwerkstoffs kommen noch Interdiffusionsprozesse über die Kontaktfläche der Werkstücke hinweg hinzu.

Wird in der Erwärmungsphase Schmelze gebildet, was bei einigen Pressschweißverfahren der Fall ist, und wird diese spätestens durch eine hinreichend hohe plastische Verformung im Pressschritt zum Großteil aus der Schweißfuge hinausbefördert, so ist ein im Zuge der Abkühlung entstehendes Schweißgut nur nachrangig am Aufbau der Verbindung zwischen den Werkstücken beteiligt. Ist die plastische Verformung der Werkstücke dagegen gering und dient der Pressdruck im Wesentlichen der Kontaktierung der Werkstücke, so ist ein Hinausbefördern des Schweißbades aus der Schweißfuge nur minimal möglich (z. B. beim Punktschweißen, Bolzenschweißen) und dominiert ein im Zuge der Abkühlung entstehendes Schweißgut den Aufbau der Verbindung.

Bei den Schmelzschweißverfahren wird nahezu keine oder überhaupt keine Presskraft ausgeübt, weswegen hier das sich aus dem erstarrenden Schweißbad bildende Schweißgut nahezu oder ganz allein für das Zustandekommen der Verbindung verantwortlich ist. Wird das Zustandekommen der Verbindung vom Erstarren des Schweißbades dominiert, so kommt hinsichtlich der Qualität der Verbindung dem Gefüge des Schweißgutes sowie der wärmebeeinflussten Zone (WEZ) der Werkstücke große Bedeutung zu.

Verfahrensseitig einflussnehmend auf das Gefüge ist dabei die Temperatur-Zeit-Abhängigkeit **(Bild 1)**, d. h. die Erwärmungs- (bei Schmelzschweißung bis 1000 K/s) und die Abkühlungsgeschwindigkeit (bei Schmelzschweißung mehrere 100 K/s) sowie

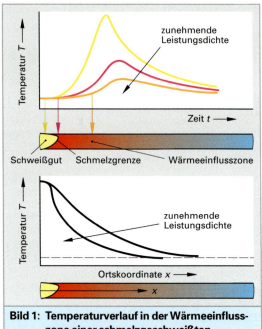

Bild 1: Temperaturverlauf in der Wärmeeinflusszone einer schmelzgeschweißten Verbindung

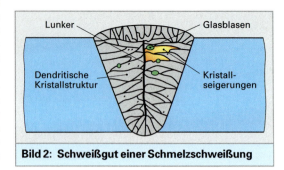

Bild 2: Schweißgut einer Schmelzschweißung

die Verweilzeit bei Höchsttemperatur (bei Schmelzschweißung einige Sekunden) und wie hoch der Anpressdruck ist.

Das aus dem Schweißbad entstehende Schweißgut zeigt die Charakteristika eines Gussgefüges, die von der erreichten Spitzentemperatur und Abkühlungsgeschwindigkeit von Spitzentemperatur abhängig sind: Neben dendritischer Kristallstruktur kommt es zu Ungleichgewichtsgefügen mit einer Ortsabhängigkeit der chemischen Zusammensetzung im Schweißgut (Kristallseigerungen mit niedrigschmelzenden Gefügebereichen [→ Heißrissgefahr]) und bei unzureichendem Anpressdruck zu Lunkern **(Bild 2)**.

Neben Lunkern können in der Abkühlphase im Schweißgut, infolge des mit der Temperatur abnehmenden Lösevermögens für Gase und rasch zunehmender Viskosität der Schmelze, Gasblasen entstehen und „einfrieren" (**Bild 1**, vorgehende Seite [→ Vorbeugung durch Einsatz vakuumerschmolzener Zusatzwerkstoffe, metallurgische Reaktionen des Umhüllungsmaterials mit der Schmelze, unter Vakuum arbeitende Schweißverfahren, Verminderung der Abkühlungsgeschwindigkeit]).

Zusätzlich können infolge von Reaktionen des Schweißbades mit der Atmosphäre und – soweit vorhanden – Umhüllung des Zusatzwerkstoff/Abdeckung des Schweißbades im Schweißbad nichtmetallische Partikel vorliegen und infolge rasch zunehmender Viskosität der Schmelze als Einschlüsse „einfrieren" [→ Vorbeugung durch Unterbinden von Reaktionen mit der Atmosphäre bzw. Entfernen der Partikel durch entsprechende Schweißprozessführung].

Der durch die eingebrachte Wärme nicht aufgeschmolzene aber gefügeseitig beeinflusste Grundwerkstoff wird als Wärmeeinflusszone (WEZ) bezeichnet und von der Erwärmungs- und Abkühlphase beeinflusst.

Dabei geschieht unter Umständen folgendes:

* eine Gasaufnahme,
* ansatzweise ein Ausgleich von Kristallseigerungen (bei gegossenen Werkstoffen),
* eine Erholung und Rekristallisation (bei kaltverfestigten Werkstoffen),
* eine Auflösung von Ausscheidungen (bei ausscheidungshaltigen Werkstoffen; macht ein erneutes Aushärten nach dem Schweißen erforderlich),
* Kristallstrukturänderungen (bei allotrop umwandlungsfähigen Werkstoffen; in Abhängigkeit von der lokalen Abkühlungsgeschwindigkeit Gefahr der Aufhärtung bei umwandlungsfähigen Stählen) sowie
* bei schmelzpunktnahen Temperaturen eine Kornvergröberung (**Bild 1**; bei Werkstoffen mit ausscheidungs- bzw. dispersoidfreien Korngrenzen).

Die Breite der WEZ nimmt mit zunehmender Leistungsdichte des Schweißverfahrens ab.

Beim Schweißen wird lokal in die zu verschweißenden Werkstücke eine, zum Teil große, Wärmemenge eingebracht **(Bild 2)**.

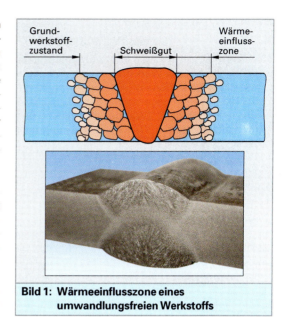

Grundwerkstoffzustand   Schweißgut   Wärmeeinflusszone

Bild 1: Wärmeeinflusszone eines umwandlungsfreien Werkstoffs

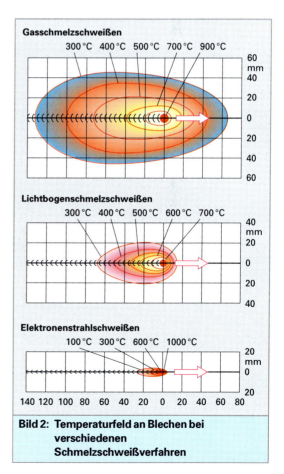

Gasschmelzschweißen

300 °C 400 °C 500 °C 700 °C 900 °C

Lichtbogenschmelzschweißen

300 °C 400 °C 500 °C 600 °C 700 °C

Elektronenstrahlschweißen

100 °C 300 °C 600 °C 1000 °C

140 120 100 80 60 40 20 0 20 40 60 80

Bild 2: Temperaturfeld an Blechen bei verschiedenen Schmelzschweißverfahren

Der sich daraus entwickelnde *Eigenspannungszu-stand* in den Werkstücken wird entscheidend

- von der *Zeitabhängigkeit* des Wärmehaushaltes der verschweißten Werkstücke (gegeben durch die auf die Schweißnahtfläche bezogene eingebrachte Wärmemenge sowie die Wärmeableitungsbedingungen [Wärmeleitfähigkeit und Wärmekapazität des Werkstoffs, Schweißnahtfläche, Werkstückvolumen])
- dem bei den jeweiligen Temperaturen vorliegenden *Wärmeausdehnungskoeffizienten,*
- dem *Elastizitätsmodul* sowie
- der *Fließgrenze* beeinflusst.

In der Erwärmungsphase wollen sich die erwärmten Bereiche der zu verschweißenden Werkstücke entsprechend ihrer Temperatur ausdehnen, werden daran aber von den infolge begrenzter Wärmeleitfähigkeit kälteren Bereichen mehr oder weniger stark behindert, weswegen sich in den erwärmten Bereichen Druckeigenspannungen aufbauen.

Ist die Duktilität[1] des Werkstoffs hoch, so ist die Rissbildungsgefahr gering und es kommt mit Erreichen der Warmstreckgrenze des Werkstoffs zu Stauchungen. Ist sie allerdings noch gering, so treten Risse und Stauchungen nebeneinander, unter Umständen Rissbildung auch allein für sich auf.

In der ersten Phase der Abkühlung nach erfolgter Verbindung bauen sich die Druckeigenspannungen im wärmebeeinflussten Grundwerkstoff allmählich ab. Soweit vorhanden ist das erstarrte Schweißgut dabei noch spannungsfrei.

Infolge der großen zu durchlaufenden Temperaturspanne können sich im eventuell vorhandenen Schweißgut wie auch in Grundwerkstoff durch Schrumpfungsbehinderung Eigenspannungen wieder aufbauen und zwar verursacht durch das Nebeneinander warmer und kalter Bereiche, eine *steife Konstruktion* oder *feste Einspannung* der Werkstücke.

Da der Bereich höchster Temperatur (bei Schmelzschweißungen ist dies das Schweißgut) infolge der ursprünglich höchsten Temperatur mehr schrumpfen will als der nur wärmebeeinflusste Grundwerkstoff, entstehen bei behinderter Schrumpfung infolge zunehmender Warmstreckgrenze (→ plastische Verformung wird immer weniger möglich) Eigenspannungen längs und quer zur Fügenaht **(Bild 1)**.

Bild 1: Eigenspannungen bei schmelzgeschweißter Stumpfnahme

Bild 2: Verzug durch Überschreiten der Warmstreckgrenze (Beispiel)

Ist die Duktilität des Werkstoffs hoch, so ist die Rissbildungsgefahr gering und es kommt mit Überschreiten der Warmstreckgrenze des Werkstoffs bei Werkstücken mit geringen Wandstärken bzw. Durchmessern in der Reaktionszone zu Verzug/Verwerfungen **(Bild 2)**. Es bleiben nur noch Eigenspannungen in der Größenordnung der Warmstreckgrenze des Werkstoffs zurück.

Eigenspannung:

$$\sigma_{eigen} = E \cdot \alpha \cdot \Delta T$$

σ_{eigen} Eigenspannung
E Elastizitätsmodul
α Ausdehnungskoeffizient
ΔT Temperaturdifferenz
$(\Delta T = T_{Ort1} - T_{Ort2})$

---

[1] lat. duetilis = ziehbar, dehnbar, Duktilität = Verformbarkeit

Ist die Duktilität des Werkstoffs gering (infolge abgesunkener Temperatur; größer dimensionierter Werkstückquerschnitte; Sprödphasen), so treten „Kaltrisse" und Verzug/Verwerfungen nebeneinander, unter Umständen „Kaltrisse" auch allein auf **(Bild 1)**.

Eine Rissbildung durch Zugeigenspannungen kann allerdings auch bei hohen Temperaturen („Heißrisse") auftreten.

Ursache kann das Vorliegen von teilflüssigem Schweißgut (→ Aufreißungen entlang der mit Restschmelze belegten Korngrenzen der Primärkristalle), niedrigschmelzenden Eutektika auf den Korngrenzen (→ Aufreißungen entlang der mit aufgeschmolzenem Eutektikum belegten Korngrenzen der Primärkristalle) oder das Eindiffundieren von Elementen über die Korngrenzen sein, die auf den Korngrenzen schmelzflüssige Phasen bilden (→ „Lötbrüchigkeit").

Um einer Kaltrissbildung vorzubeugen, ist ein möglichst geringer Eigenspannungszustand einzustellen. Dies gelingt

* durch geeignetes Vorspannen (→ Druckeigenspannung in den Fügeflanken) durch lokales Vorwärmen,
* durch geringes Temperaturgefälle (→ Vorwärmen),
* durch Minimierung der Schrumpfungsbehinderung (→ „schwimmende" Einspannung, Schweißfolge mit freier Schrumpfung über möglichst lange Zeit) sowie
* durch ein dem Schweißprozess unmittelbar folgendes Spannungsarmglühen [= Erholung]) der gesamten Struktur.

Umgekehrt können Eigenspannungen zum Beseitigen von Unebenheiten in dünnen Blechen (Wellen, Beulen), Verkrümmungen von dünnwandigen

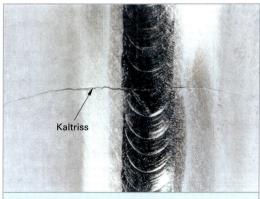

Kaltriss

Bild 1: Kaltrissbildung

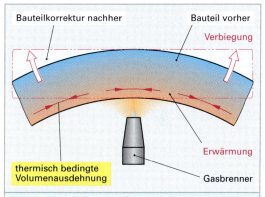

Bauteilkorrektur nachher

Bauteil vorher

Verbiegung

Erwärmung

thermisch bedingte Volumenausdehnung

Gasbrenner

Bild 2: Einbringen von Eigenspannungen zum Beseitigen von Verbiegungen

Profilen und zum Richten verzogener Werkstücke gezielt genutzt und bewusst durch örtliche Erwärmung eingebracht werden **(Bild 2)**. Ziel sind lokalisierte plastische Stauchungen durch Behinderung der Wärmedehnung durch das umliegende kalte Material.

Wiederholung und Vertiefung

1. Wie arbeitet das Lichtbogenbolzenschweißen mit Zündspitze?

2. Wie läuft das Elektronestrahlschweißen ab?

3. Welche Reaktionen laufen in der Flamme beim Glasschmelzschweißen ab?

4. Welche metallurgische Wirkung hat eine Gasflamme mit einem Brenngas/Sauerstoffverhältnis < 1?

5. Mit welcher Lichtbogentechnik arbeitet das Wolfram-Inert-Gas-Schweißen?

6. Welche Aufgabe hat das Pulver beim Unter-Pulver-Schweißen?

7. Welche Atmosphärenbedingungen sind beim Elektronenstrahlschweißen erforderlich?

8. Welchen Aufbau zeigt eine Schmelzschweißnaht?

9. Wie entstehen Eigenspannungen?

10. Auf welchem Weg können Eigenspannungen entfernt werden?

4.1.3 Schweißen polymerer Werkstoffe

Wegen der niedrigen Zersetzungstemperaturen lassen sich polymere Werkstoffe und von diesen auch nur die *Thermoplaste* (Duroplaste lassen sich nicht in den schmelzflüssigen Zustand überführen) und diese auch nur mit ihresgleichen im Temperaturbereich zwischen dem Beginn des plastischen Fließens und des voll aufgeschmolzenem Zustandes durch Schweißen verbinden **(Bild 1)**. Die Verbindung kommt wegen des im Vergleich zu den Metallen andersartigen molekularen Aufbaus der Bausteine durch Aufschmelzen und Durchdringen mit Verschlaufen der Makromoleküle beider Randzonen zustande. Dazu muss die Viskosität der Schmelzen beider Partner hinreichend weit abgesenkt werden. Da die für ein Durchdringen der Schmelzen einzustellende Viskosität für ein freies Fließen oft noch zu hoch ist, ist ein gewisser Pressdruck erforderlich, der gleichzeitig die Aufgabe hat, den Volumenschwund beim Abkühlen auszugleichen.

Pressschweißen. Zur Erwärmung der Grundwerkstoffe stehen folgende Energieformen zur Verfügung durch Ausnutzen von:

- erwärmten Werkzeugen,
- Warmluft,
- Lichtstrahlen,
- äußerer und innerer Reibung.

Ausnutzung des Wärmeinhalts eines erwärmten Werkzeugs

Beim **Heizelementschweißen (Bild 2)** erfolgt das Anschmelzen der Fügeflächen durch Heizelemente. Dies ewerden gegen Verkleben mit PTFE (Polytetrafluethylen) überzogen.

Ausnutzung der Verbrennungswärme einer Gasflamme

Beim **Warmgasschweißen** wird der Grundwerkstoff durch heiße Druckluft bis zum Erreichen des plastischen Zustands erwärmt. Der Zusatzwerkstoff kann gleichfalls durch heiße Druckluft bis zum Erreichen des plastischen Zustands erwärmt werden und unter Druck verschweißt werden **(Bild 1, folgende Seite)** oder wird aus einem Extruder bereitgestellt und ohne Druckanwendung verschweißt.

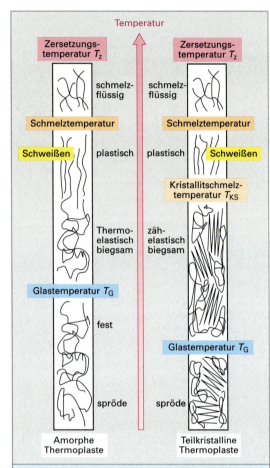

Bild 1: Schmelzschweißen von Thermoplaste

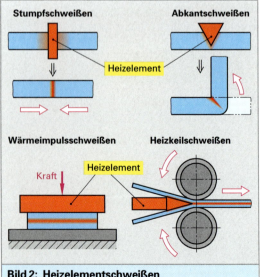

Bild 2: Heizelementschweißen

Ausnutzung des Wärmeinhalts eines Lichtstrahls

Beim selten angewendeten Lichtstrahlschweißen wird das Licht glühender, in Halogenlampen positionierter Kohle- oder Wolframfäden auf den Schweißpunkt fokussiert.

Ausnutzung der kinetischen Energie sich berührender Fügepartner

Beim **Reibschweißen** werden die Werkstücke, von denen mindestens eines einen rotationssymmetrischen Querschnitt aufweisen muss, gegeneinandergepresst und nachfolgend in eine entgegengesetzt zueinander orientierte Rotationsbewegung um eine gemeinsame Achse versetzt. (**Bild 2**). Sobald die Schweißtemperatur in der Fügenaht erreicht ist, wird die Rotationsbewegung aufgehoben und die Werkstücke durch Stauchen verbunden.

Beim **Ultraschallschweißen** werden die zu verbindenden Werkstücke übereinandergelegt und von einer die Ultraschallschwingungen einkoppelnden Sonotrode auf einen Amboß gedrückt (**Bild 3**). Mit Erreichen der Schweißtemperatur in der Fügestelle ist die Verbindung hergestellt.

Beim **Hochfrequenzschweißen** befinden sich die zu verschweißenden Werkstoffe zwischen zusätzlich den mechanischen Druck übertragenden Platten eines Plattenkondensators, übernehmen also die Funktion eines Dielektrikums. Sind in den zu verschweißenden Werkstoffen polare Gruppen vorhanden, so können sie in einem elektrischen Hochfrequenzfeld zu Änderungen ihrer Lage im Raum veranlasst werden. Die dabei stattfindende innere Reibung setzt Wärme frei, durch die der Werkstoff bis in den schmelzflüssigen Zustand gelangen kann und das Herstellen einer Verbindung ermöglicht (**Bild 4**).

Wiederholung und Vertiefung

1. Welche Kunststoffarten lassen sich überhaupt schweißen?

2. In welchem Temperaturbereich ist ein Schweißen möglich?

3. Welche Aufgabe hat der Anpressdruck beim Schweißen der Polymere?

4. Welche Polymere eigenen sich zum Hochfrequenzschweißen?

5. Über welche Temperatur darf der Kunststoff beim Warmgasschweißen auf keinen Fall erwärmr werden.

6. Dürfen unbeschichtete Sonotroden beim Ultraschallschweißen verwendet werden?

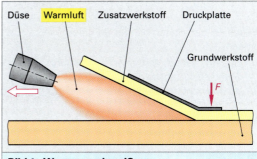

Bild 1: Warmgasschweißen

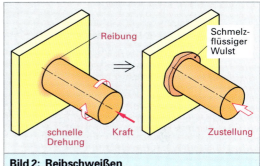

Bild 2: Reibschweißen

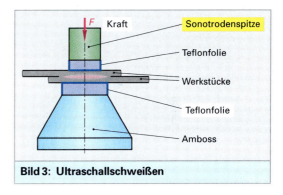

Bild 3: Ultraschallschweißen

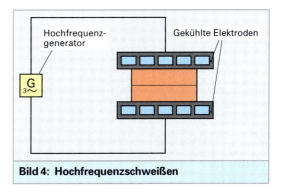

Bild 4: Hochfrequenzschweißen

4.1.4 Löten

Durch Löten können Aufgaben gelöst werden bei denen

a) Stellen verbunden werden sollen, die mit Schweißverfahren nicht erreicht werden;

b) die Werkstücke weder plastisch verformt noch angeschmolzen werden sollen;

c) Werkstoffe mit großen Schmelzpunktdifferenzen (Metall-Metall; Metall-Hartmetall; Metall-Keramik) verbunden werden sollen;

d) Bauteile gut elektrisch leitend verbunden werden sollen.

Dies gelingt, wenn

zu a) der in jedem Fall erforderliche Zusatzwerkstoff vor dem Kontaktieren der Werkstücke an der Fügestelle plaziert wird oder sich im geschmolzenen Zustand über Kapillarkräfte dorthin begeben kann;

zu b) die Fügeflächen maximal den Kapillarkräften entsprechende Spaltmaße aufweisen und die Schmelztemperatur des Zusatzwerkstoffs unterhalb derjenigen der zu verbindenden Grundwerkstoffe liegt;

zu c) die Schmelztemperatur des Zusatzwerkstoffs unterhalb desjenigen des tiefer schmelzenden Grundwerkstoffs liegt.

zu d) wenn die Erwärmung der elektrischen Bauteile in den zulässigen Grenztemperaturen verbleibt.

Beim Löten wird als Zusatzwerkstoff ein als *Lot* bezeichneter metallischer Werkstoff verwendet.

Die Tragfähigkeit einer Lötverbindung wird außer von deren konstruktiver Gestaltung (Vermeiden von Zugbeanspruchung [Stumpfstoß; Schälung] und Vorziehen von *Scherbeanspruchung* [Überlappverbindung] mit möglichst geringer Lötspaltbreite [Festigkeit der Verbindung steigt mit abnehmender Lötspaltbreite]) und der Fügeflächenüberdeckung (möglichst groß) von der Festigkeit des Lotes bestimmt **(Bild 2)**.

Letztere ist generell der Festigkeit der zu verbindenden Werkstoffe unterlegen, weswegen die Verbindung selbst bei optimaler Ausführung stets im Lot versagt. Dennoch unterscheidet man zwischen Weich- und Hartloten, wobei Weichlote Solidustemperaturen unter 450 °C und Hartloten Solidustemperaturen über 450 °C aufweisen **(Bild 2)**.

Als Arbeitstemperatur wird dann eine Temperatur zwischen Solidustemperatur des Lotes und der Solidustemperatur des niedrigerschmelzenden zu verbindenden Werkstoffs gewählt.

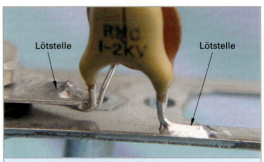

Bild 1: Löten elektrischer Kontakte

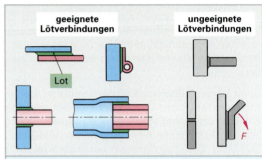

Bild 2: Gestaltung von Lötverbindungen

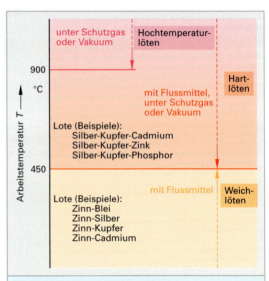

Bild 3: Löttemperaturbereiche

- Lötverbindungen sollten möglichst auf Scherung beansprucht sein.
- Die Lötspaltbreite sollte gering sein.
- Die Fügeflächenüberdeckung sollte groß sein.
- Die festigkeit entspricht maximal der Festigkeit des Lots.

4.1.4.1 Werkstoffkundliche Aspekte I

Die zu fügenden Werkstücke können nur dann miteinander verlötet werden, wenn zusätzlich die folgenden Bedingungen erfüllt sind:

a) Sollen in den Lötspalt einzubringende Lotdepots vermieden und am Lötspalt angesetzte Lotdepots verwendet werden, so muss über den kapillaren Fülldruck ein „Verschießen" in den Spalt möglich sein (**Bild 1**). Je höher dieser Fülldruck ist, um so höher ist die Steighöhe des Lotes und damit der Füllgrad eines Lötspalts (**Bild 2**). Ein hoher Fülldruck und damit auch eine hohe Steighöhe ist nun unmittelbar mit einem kleinen Benetzungswinkel verbunden, dessen Größe wiederum von den herrschenden Oberflächenspannungen abhängt (**Bild 3**). Die Oberflächenspannungen wiederum werden bestimmt von der

    a-1.   Rautiefe und chemischen Zusammensetzung der Werkstückoberfläche,
    a-2.   Zusammensetzung der Lötatmosphäre,
    a-3.   Zusammensetzung und Temperatur des Lotes.

b) Da der Grundwerkstoff nicht durch Relativbewegung der Werkstücke oder durch Anschmelzen von seiner stets vorhandenen Deckschicht freigelegt wird, ist dies durch eine werkstoffspezifische Einstellung der

    b-1.   Rautiefe und chemische Zusammensetzung der Werkstückoberflächen,
    b-2.   Zusammensetzung der Lötatmosphäre

zumindest für die Dauer des Lötprozesses zu bewerkstelligen.

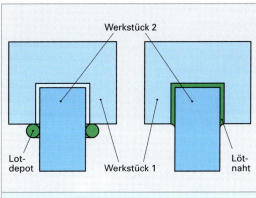

Bild 1: Verschließen des Lötspalts mit Lot

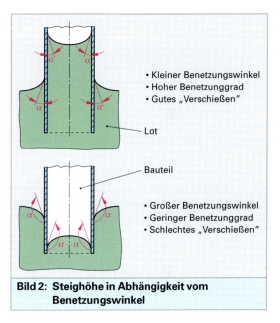

• Kleiner Benetzungswinkel
• Hoher Benetzunggrad
• Gutes „Verschießen"

Lot

Bauteil

• Großer Benetzungswinkel
• Geringer Benetzunggrad
• Schlechtes „Verschießen"

Bild 2: Steighöhe in Abhängigkeit vom Benetzungswinkel

Ideal hinsichtlich der Bedingungen a-1. und b-1. sind möglichst glatte und deckschichtfreie Oberflächen. Eine Minimierung der Rautiefe der Werkstückoberflächen gelingt über spanabhebende (Polieren) sowie elektrochemische (Elektropolieren) Verfahren. Deckschichtfreiheit erfordert als erstes ein Befreien der Werkstückoberflächen von Fetten/Ölen, Farben, Rost und Schlacken auf mechanischem und/oder chemischem Weg. Das Reduzieren der bei Metallen nachfolgend (infolge ihrer Stabilität) möglicherweise noch vorliegenden oder (infolge Atmosphärenkontakt) wieder gebildeten Passivoxidschicht und das Fernhalten von Luftsauerstoff (begünstigt Neubildung der Passivoxidschicht) zumindest für die Dauer des Lötprozesses gelingt durch den Einsatz von Flussmitteln oder durch ein flussmittelfreies Löten in reduzierendem Gas, Inertgas oder sogar unter Vakuum.

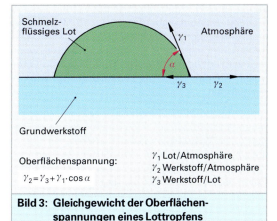

Oberflächenspannung:

$\gamma_2 = \gamma_3 + \gamma_1 \cdot \cos \alpha$

γ_1 Lot/Atmosphäre
γ_2 Werkstoff/Atmosphäre
γ_3 Werkstoff/Lot

Bild 3: Gleichgewicht der Oberflächenspannungen eines Lottropfens

Löten von Metallen unter Verwendung von Flussmitteln

Passivoxid- und damit grundwerkstoffspezifisch reagierende Flussmittel werden durch Tauchen, als Tauchbeschichtung auf Lotdraht/Lotfolie, Bestandteil der Lotpaste oder in Lotdrähten auf die Fügefläche aufgetragen (**Bild 1**). Sie haben die Aufgabe, die *Passivoxidschicht* zu *reduzieren,* bevor das Lot schmilzt, d. h., die Wirktemperatur eines Flussmittels muss unterhalb der Arbeitstemperatur des Lotes liegen.

Die Wahl des Flussmittels richtet sich daher nicht nur nach der Art der zu lösenden Oxide (schwer löslich z. B. bei Titan, Chrom, leichter löslich z. B. bei Kupfer, Stahl), sondern auch nach der Arbeitstemperatur des Lotes, weswegen es kein Universalflussmittel zum Löten der verschiedenartigsten Grundwerkstoffe gibt.

Wegen der sonst gegebenen Korrosionsgefahr müssen die in der Lötzone nach dem Lötprozess noch vorliegenden Flussmittelreste neutralisiert werden. Darüber hinaus ist festzuhalten, dass die Flussmittel i. A. umweltbelastend sind und bei Arbeitstemperaturen über 1000–1200 °C so dünnflüssig werden, dass sie keinen Schutz mehr bieten.

Flussmittelfreies Löten von Metallen

Beim **Löten unter reduzierendem Gas** wird Wasserstoff (seltener Kohlenmonoxid) bevorzugt (**Bild 2**), da er die auf dem Werkstück und dem Lot vorhandenen Oxide zu Metall und Wasser reduziert ($Me_m O_n + n \cdot H_2 \Leftrightarrow m \cdot Me + n \cdot H_2O$). Damit die Reaktion von links nach rechts und nicht umgekehrt läuft, muss der Wassergehalt in der Ofenatmosphäre kleiner als der Wasserstoffgehalt sein.

Beim **Löten unter Inertgas** werden vorwiegend Argon und Helium eingesetzt, deren Qualität allerdings durch Restgehalte an deckschichtbildendem Sauerstoff und daneben an Stickstoff, Wasserstoff und Wasserdampf beeinträchtigt sein kann. Das Löten unter Inertgasen ist dann angebracht, wenn aus dem Lot oder Grundwerkstoff bei einem Löten unter Vakuum Legierungsbestandteile ausdampfen würden.

Um einwandfreie Lötungen zu erreichen, kann der Sauerstoffpartialdruck auch durch Evakuieren (**Löten unter Vakuum**) abgesenkt werden, für Lötungen beispielsweise von unlegierten Stählen notwendigerweise auf $3 \cdot 10^{-2}$ bar, für Lötungen rostfreier Stähle auf 10^{-7} bar und für Lötungen von Zirkon, Titan, Niob, Tantal, Molybdän, Beryllium und Wolfram wegen der hohen Stabilität ihrer Oxide sogar auf noch niedrigere Werte. Hilfreich sind

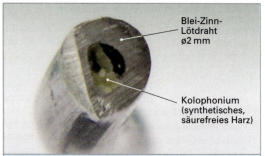

Bild 1: Querschnitt durch einen Lötdraht mit Flussmittel

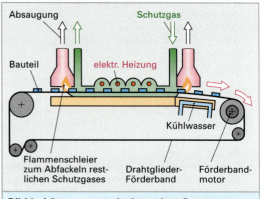

Bild 2: Löten unter reduzierendem Gas

sogenannte Gettermetalle Me_2, die im Vakuum bereits vor Erreichen der Solidustemperatur des Lotes verdampfen und eine höhere Sauerstoffaffinität als der zu verlötende Werkstoff Me_1 aufweisen. Das entstehende Getteroxid wird, wenn es im Schwebezustand (feste Partikel) vorliegt, abgesaugt oder schlägt sich, wenn es dampfförmig vorliegt, nieder.

Das flussmittelfreie Löten unter Vakuum bietet neben Vorteilen auch Beschränkungen: Es dürfen nur solche Grundwerkstoffe vakuumverlötet werden und es kommen nur solche Lote als Vakuumlote in Frage, deren Legierungselemente bei der Löttemperatur unter Vakuum keinen hohen Dampfdruck haben (= nicht bereits bei niedrigen Temperaturen sieden und verdampfen). Als Grundwerkstoffe kommen daher sauerstofffreies Kupfer und Nickel sowie Kupfer- und Nickellegierungen, daneben bei Eisen und Eisenlegierungen (mit Ni, Co und Cr), Molybdän und Molybdänlegierungen sowie Wolfram und Wolframlegierungen in Frage.

Als Vakuumlote sind Lote aus Reinkupfer, Reinsilber, Reingold und Reinplatin sowie deren Legierungen geeignet. Grundwerkstoffe wie Lote werden unter Vakuum erschmolzen und sind dadurch praktisch frei von flüchtigen metallischen und nichtmetallischen Verunreinigungen wie z. B. gelösten oder eingeschlossenen Gasen, insbesondere Sauerstoff.

Die Lote werden zusätzlich ohne organische Hilfsmittel zu Lotdraht oder -blech verarbeitet, damit sich beim Vakuumlöten keine Verkokungsrückstände bilden, die benetzungshemmend wirken könnten. Fehlen im Grundwerkstoff wie Lot Komponenten mit niedrigem Dampfdruck, so sind mit ihnen auch vakuumtaugliche Baugruppen zu fertigen, von denen erwartet wird, dass sie selbst bei höheren Temperaturen noch keine Emissionen aufweisen (Gefahr von Porosiäten der Wand!).

Unter Vakuum gelötete Werkstücke kommen metallisch blank aus dem Prozess und müssen nicht erst chemisch oder mechanisch nachbearbeitet werden.

Löten von Keramik, Graphit, Diamant und Glas

Wie die Passivoxidschichten der Metalle, so werden auch die Oberflächen keramischer Werkstoffe sowie Graphit, Diamant und Glas wegen ihrer Verwandtschaft von konventionellen Loten nicht benetzt.

Bei oxidkeramischen Werkstoffen kann als benetzungsförderliche Vorbehandlung auf den Grundwerkstoff eine metallische Schicht so aufgebracht werden, dass anschließend ein konventionelles Löten möglich ist (Al_2O_3 als Grundwerkstoff: Mo-MnO-SiO_2-TiO_2-Paste über Siebdruck, Sintern zur Reaktion von Paste und Glasphase der Keramik [1500 °C/Wasserstoff] galvanisches Vernickeln).

Bei Oxid- wie Nichtoxidkeramiken bieten Aktivlote die Möglichkeit einer Benetzung ohne Vorbehandlung. Sie sind von Hause aus Hartlote, die als grenzflächenaktive Elemente Titan, Zirkon oder Hafnium enthalten. Diese Elemente senken die Oberflächenspannung Keramik/Lot so weit ab, dass eine Benetzung erfolgen kann: Aufgrund der hohen Reaktionsfreudigkeit der genannten Elemente mit dem Sauerstoff, Stickstoff und Kohlenstoff der einzelnen Keramik diffundieren sie zur Grenzfläche Aktivlot/Keramik und reichern sich dort im Aktivlot in einer wenige μm breiten Zone an (**Bild 1 und Bild 2**).

An der Phasengrenze Aktivlot/Metall kommt es zu Interdiffusionsprozessen und Reaktionen mit dem Metall. Beides führt zu deutlichen Festigkeitssteigerung der Lötungen.

Um die Anreicherung der grenzflächenaktiven Elemente allerdings nicht durch den Sauerstoff und Stickstoff der Luft schon vor dem eigentlichen Lötprozess ablaufen zu lassen, muss die Lötung unter Inertgas oder Vakuum durchgeführt werden.

Von Nachteil ist das eingeschränkte Fließvermögen des Aktivlotes, so dass die Kapillarkräfte nur bedingt nutzbar sind.

Mit Aktivloten lassen sich auch Graphit, Diamant und Glas unter Vakuum verlöten. Die Haftung des Lotes wird nach Zugabe von Titan, Zirkon oder Niob-Hydrid zum Lot über eine Karbidreaktion erzielt. Die Verbindungen sind hochfest, bleiben duktil und helfen Spannungsspitzen abzubauen.

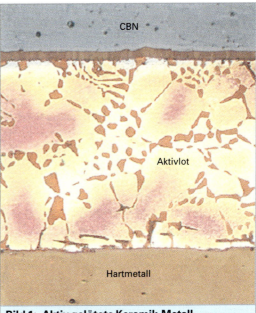

Bild 1: Aktiv gelötete Keramik-Metall-Verbindung

Bild 2: CBN mit Hartmetall verlötet

4.1.4.2 Lötprozess

Die Werkstückbereiche, die mit Lot benetzt werden sollen, werden nach dem Entfetten (u. U. bereits unter einer kontrollierten Atmosphäre) gebeizt. Die Bereiche, die nicht durch das Lot benetzt werden sollen, werden mit einem benetzungshemmenden Mittel („Lotstop") abgegrenzt (**Bild 1**).

Werden keine Lotdepots in Form von Lotpasten, Lotfolien oder Lotplattierungen in den Lötspalt eingebracht, sondern ist ein Lotdepot am Spaltaustritt vorgesehen, so sollten die Spaltbreiten zur optimalen Nutzung der Kapillarkräfte beim Maschinenlöten bei 0,05 bis 0,2 mm liegen. Sind die Spaltbreiten größer (0,2 bis 0,5 mm), so ist nur noch das Handlöten möglich, bei dem Wärme- und Lotzufuhr individuell dosiert werden können.

Nach Einstellung des Lötspaltes und Plazierung des Lotmaterials wird die zu fügende Verbindung auf Arbeitstemperatur erwärmt. Darf dies unter Normalatmosphäre erfolgen, so kommt der Wärmeeintrag durch eine Flamme (Flammlöten, **Bild 2**), einen widerstandserwärmten Kolben (Kolbenlöten, Bild 2), durch Induktion (Induktionslöten, Bild 2), in einem auf Arbeitstemperatur gebrachten Ofen (Ofenlötung) in Frage; durch Tauchen in ein auf Arbeitstemperatur gebrachtes Lotbad (Tauchlöten) kann das Einbringen des Lotes und Erwärmen auf Arbeitstemperatur in einem Schritt erfolgen.

Ist eine kontrollierte Atmosphäre (Schutzgas bis Vakuum) einzuhalten, so kommen widerstandsbeheizte Vorrichtungen (Graphit oder Molybdän als Heizleiter) oder induktionsbeheizte Vorrichtungen aus hitzebeständigem Stahl oder Graphit in Schutzgasöfen oder in Vakuumöfen zum Einsatz.

Die Vakuumöfen sind dabei i. A. als Kaltwandöfen ausgeführt, wobei die Beheizung im Inneren des Vakuumrezipienten liegt und die Kesselwand gekühlt und in den meisten Fällen durch Strahlungsschutzschilde vom Heizraum abgeschirmt ist.

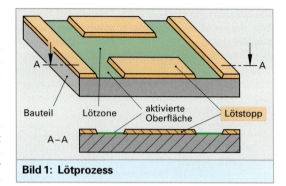

Bild 1: Lötprozess

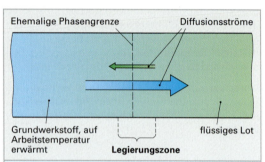

Bild 3: Diffusionsprozesse an der Phasengrenze Lot/Grundwerkstoff wärend des Lötens

4.1.4.3 Werkstoffkundliche Aspekte II

Die für den Bindevorgang entscheidenden Vorgänge laufen an der Phasengrenze flüssiges Lot/fester Grundwerkstoff ab. Ist eine mehr oder weniger intensiv ausgeprägte Mischbarkeit von Lot- und Grundwerkstoff ineinander gegeben, so kommt es über Interdiffusionsvorgänge zum Auflegieren von Lot und Grundwerkstoff (**Bild 3**), deren Intensität (Grad des Auflegierens) und Reichweite (Breite der Legierungszone) mit abnehmender Differenz zwischen Schmelzpunkt des Werkstoff und Arbeitstemperatur des Lotes zunimmt; ist umge-

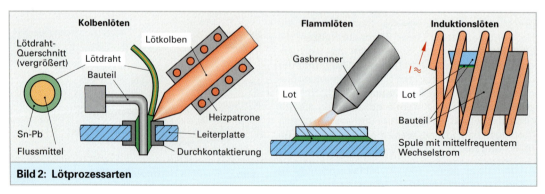

Bild 2: Lötprozessarten

kehrt eine Mischbarkeit von Lot- und Grundwerkstoff ineinander nicht gegeben, so sind solche Paarungen nicht ohne weiteres lötbar.

Das nach der Erstarrung mit einer Gussstruktur vorliegende Lot **(Bild 1)** sowie der Grundwerkstoff weisen in Nähe der ehemaligen Phasengrenze infolge des Auflegierens meist höhere Festigkeiten (Mischkristallverfestigung) als der Grundwerkstoff auf.

Weitere Verschiebungen der Grundwerkstoffeigenschaften hängen vom Wärmehaushalt der Werkstücke über den gesamten Lötprozess sowie nachgeschalteten Schritten ab:

- Bei kaltverfestigten Grundwerkstoffen besteht die Möglichkeit eines Abbaus der inneren Spannungen bei nur geringem Festigkeitsverlust durch Erholung, eines Absinkens der Festigkeit und Anstiegs der Bruchdehnung auf die vor der Kaltverformung vorliegenden Werte durch Rekristallisation und eines Festigkeits- und Zähigkeitsverlustes durch Kornvergrößerung. Infolge der ganz spezifischen Zeitabhängigkeiten dieser Prozesse sind normalerweise als negativ zu beurteilende hohe Arbeitstemperaturen bei kurzzeitiger Anwendung unschädlich **(Bild 2)**.

- Bei ausscheidungsverfestigten Werkstoffen nehmen die Arbeitstemperaturen, vor allem unter Berücksichtigung der kurzen Zeiten, in der Regel keinen negativen Einfluss auf die Werkstoffeigenschaften.

- Werden gelötete Verbindungen längere Zeit höheren Temperaturen ausgesetzt, so besteht die Möglichkeit des Kirkendalleffektes[1], der die Bildung von Poren parallel zur Lötnaht zur Folge haben kann **(Bild 3)**.

Wird der zu lötende Verbund erwärmt oder kühlt der Lötverbund ab, so können Eigenspannungen entstehen.

Es kommt hinzu, dass hinsichtlich Wärmeleitfähigkeit, Wärmeausdehnungskoeffizient, Fließgrenze und Elastizitätsmodul deutlich differente Werkstoffe miteinander verbunden werden. Dadurch können sich in der Kontaktfläche der Fügepartner bei Temperaturänderungen Schubspannungen entwickeln. Lote mit einer niedrigeren Arbeitstemperatur und höheren Duktilität können die Schubspannungen reduzieren.

In gleicher Weise wirkt eine Verbreiterung der Lötnaht. Da hierbei allerdings gleichzeitig die Festigkeit der Verbindung herabgesetzt wird, ergibt sich für jede Grundwerkstoff/Lot/Grundwerkstoff-Kombination eine optimale Lötnahtbreite.

---

[1] Benannt nach *Ernest O. Kirkendall* amerik. Wissenschaftler. Er erforschte um 1940 das Diffusionsverhalten bei Metallen.

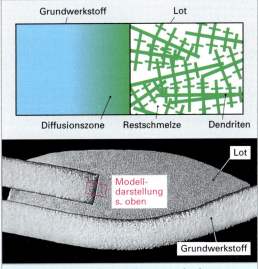

Bild 1: Lötung nach dem Erstarren des Lotes

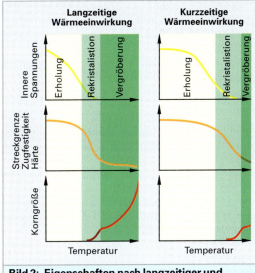

Bild 2: Eigenschaften nach langzeitiger und nach kurzzeitiger Wärmeanwendung

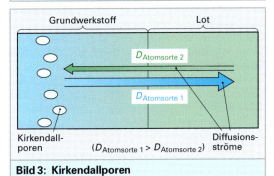

Bild 3: Kirkendallporen

4.1.5 Kleben

Aufgabenstellungen, bei denen

a) Werkstückbereiche miteinander verbunden werden sollen, die mit Schweißverfahren nicht erreicht werden können (**Bild 1**);

b) die zu fügenden Werkstoffe weder plastisch verformt oder angeschmolzen (wie beim Schweißen) noch chemisch verändert werden sollen (wie beim Löten), u. U. sogar überhaupt nicht wärmebeeinflusst werden;

c) beliebige Werkstoffpaarungen gefügt werden sollen;

d) eine punktuelle Lasteinleitung unzulässig ist (also kein Schrauben und Nieten, die zusätzlich noch Lochleibungsspannungen zur Folge haben);

e) Korrosionsbeständigkeit des Zusatzwerkstoffs gefordert wird;

f) geringe bis keine elektrische, thermische und Körperschallleitfähigkeit des Zusatzwerkstoffs gegeben sein soll;

g) der Zusatzwerkstoff Dichtungsfunktion übernehmen kann (**Bild 2**) und zum Sealen[1] verwendet wird (Bild 3);

h) der Zusatzwerkstoff möglichst geringes spezifisches Gewicht aufweisen soll,

kann durch den Einsatz von Klebstoffen entsprochen werden[2].

Als Nachteile sind hierbei allerdings die im Vergleich zum Schweißen und Löten bei gleichem Fügenahtquerschnitt *geringere Lasttragfähigkeit,* die erhebliche Temperatur- und Zeitabhängigkeit der Klebenahtfestigkeit schon bei relativ geringen Temperaturen (Kriechen bei einigen Klebstoffen bereits bei Temperaturen von 60–100 °C) sowie die *Reduzierung* der *Klebenahtfestigkeit* durch äußere Einflüsse wie Lösemittel, Wasser und UV-Strahlung.

Auf die im Vergleich zum Schweißen und Löten bei gleichem Fügenahtquerschnitt geringere Lasttragfähigkeit einer Klebung kann durch klebespezifische kontruktive Maßnahmen reagiert werden: Neben dem Vermeiden von Zug- (Stumpfstoß; Schälung; **Bild 1, folgende Seite**) und Vorziehen von Scherbeanspruchung (Überlappverbindung) sollten von der spezifischen Festigkeit des Klebstoffs abhängige Klebespaltbreiten von 0,1–0,3 mm und möglichst große Fügeflächenüberdeckung eingestellt werden (maximale Festigkeit der Verbindung).

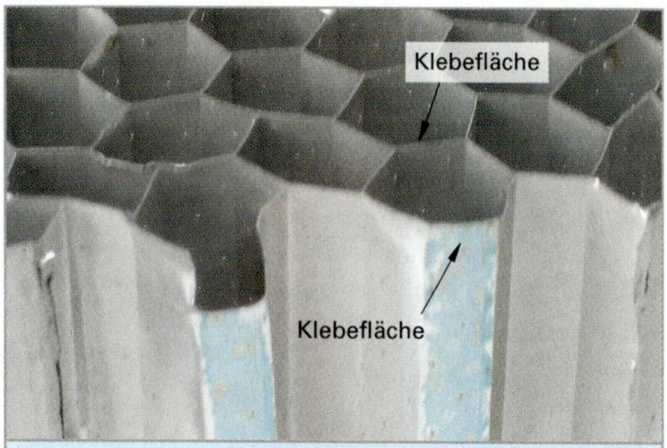

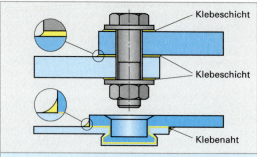

Bild 1: Klebestellen bei Aluminiumwaben

Klebefläche
Klebefläche

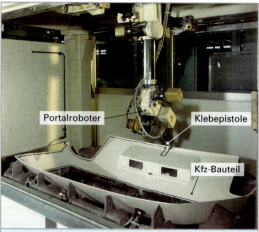

Klebeschicht
Klebeschicht
Klebenaht

Bild 2: Klebstoff übernimmt Abdichtfunktion

Portalroboter   Klebepistole

Kfz-Bauteil

Bild 3: Verkleben und Abdichten von Karosserieteilen

> Klebeverbindungen sollten möglichst auf Scherung beansprucht werden.

---

[1] engl. to seal = abdichten

[2] Für eine PKW-Limousine werden bis zu 15 kg Klebstoff verarbeitet; zum Verbinden, zum Dichten, zum Entdröhnen, zum Dämpfen und zum Eingießen kleiner Bauteile

Letztere ist der Festigkeit der zu verbindenden Werkstoffe generell unterlegen, weswegen die Verbindung bei optimaler Ausführung stets in der Klebung selbst versagt. Um diese optimale Ausführung erreichen zu können, sind die Bindemechanismen an der Phasengrenze Klebstoff/Grundwerkstoff und innerhalb der Klebstoffschicht zu beachten.

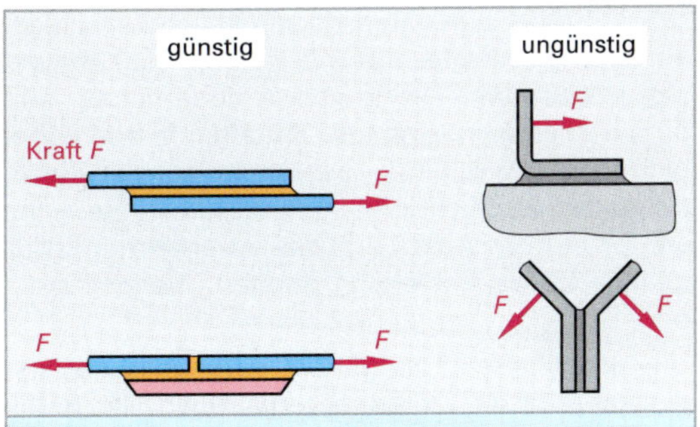

Bild 1: Bewertung von Klebungen

4.1.5.1 Werkstoffkundliche Aspekte

Bindemechanismen an der Phasengrenze Klebstoff/Grundwerkstoff

Da der Grundwerkstoff nicht durch Relativbewegung der Werkstücke (wie beim Pressschweißen), Anschmelzen (wie beim Schmelzschweißen) oder Flussmittel bzw. reduzierende Atmosphären (wie beim Löten) von seiner stets vorhandenen äußeren Grenzschicht **(Bild 2)** freigelegt wird, ist der Oberflächenzustand des Werkstücks durch eine werkstoffspezifische Vorbehandlung einzustellen.

Abgesehen von einer Reinigung, die im Falle von Adsorptionsschichten (Schmutz, Staub, Fett, Öl, Feuchtigkeit) stets unumgänglich ist, kann man sich eine weitergehende Vorbehandlung nur dann ersparen, wenn die Oberfläche des Werkstücks porös (Papier, Holz) oder stark zerklüftet (gebrochenes Gestein, Oxide auf Metallen) vorliegt.

Bild 2: Aufbau einer technischen Oberfläche

Hier kann der schmelzflüssig oder gelöst mit niedriger Viskosität vorliegende Zusatzwerkstoff Klebstoff über Kapillarkräfte in die Poren/Zerklüftungen gesaugt werden. Durch das Aushärten des Klebstoffs kommt es zu einer mechanischen Verankerung des Klebstoffs in der Werkstückoberfläche („Druckknopf-Prinzip"), was auch als mechanische Adhäsion bezeichnet wird.

Bei glatten Werkstückoberflächen kann man sich allein die chemischen und physikalischen Adhäsionsmechanismen zunutze machen **(Bild 3)**. Dabei ist den zwar nur kurzreichweitigen aber mit einer hohen Bindungsenergie ausgestatteten Hauptvalenzbindungen (Atom- und Ionenbindungen zwischen Molekülgruppen der Klebstoffe und der Reaktionsproduktschicht) der Vorzug vor den weitreichweitigen aber mit einer geringen Bindungsenergie versehenen Restvalenzbindungen (Vander-Waals-Bindungen: Dipol-Dipol-, Dipol-Induktions- und Dispersionskräfte) zu geben.

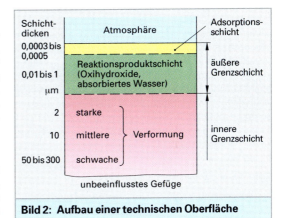

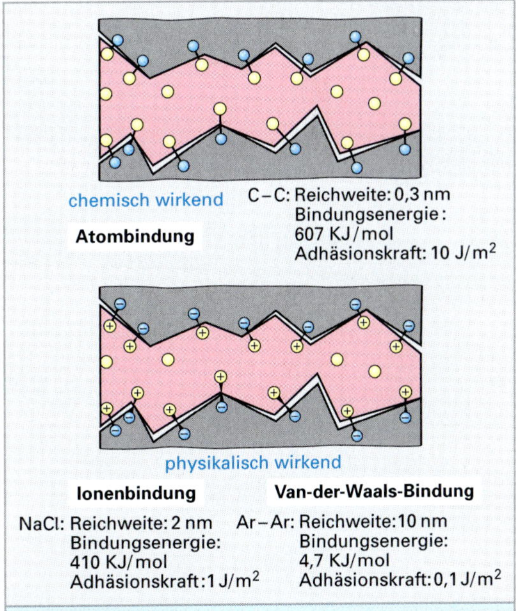

Bild 3: Wirkweise von Adhäsionsmechanismen

Um auf einer haftfesten Reaktionsproduktschicht auf einer (im Vergleich zu Walzhäuten etc.) nur wenig verformten Grundwerkstoffoberfläche aufbauen zu können, sind lose anhaftende und daher bindungsschwächende Bestandteilen der Reaktionsproduktschicht und stark verformte Bereiche der Grundwerkstoffoberfläche zu entfernen. Dies gelingt durch Schleifen, Bürsten, Sandstrahlen oder Beizen.

Die anschließend aufgeraut vorliegende Werkstückoberfläche ermöglicht zusätzlich die Beteiligung der mechanischen Adhäsion am Zustandekommen der Verbindung. Eine haftfeste Reaktionsproduktschicht stellt sich nachfolgend im Kontakt mit der Atmosphäre von selbst ein und kann bei Metallen durch ein Anodisieren oder Passivieren in ihrer Dicke auch verstärkt werden. Bei polymeren Werkstoffen gelingt das Abtragen von Presshäuten mit einem gleichzeitigen Aufrauen durch Schleifen, Bürsten und Sandstrahlen). Um die Bindung mit dem artgleichen Zusatzwerkstoff Klebstoff zu erleichtern, kann die Werkstückoberfläche, soweit noch nicht vorhanden, zur Schaffung von reaktionsbereiten Endgruppen der Makromoleküle abgeflammt oder in einer Lichtbogenentladung aktiviert werden.

Es ist aber auch möglich, die Werkstückoberfläche durch Lösemittel (teilweise auch dem Klebstoff zugesetzt) anzulösen.

Da die Reichweite der mit der höchsten Adhäsionskraft versehenen Atombindung kleiner als 0,5 nm ist und damit um Größenordnungen unter der Rautiefe selbst polierter Oberflächen liegt, müssen die Klebstoffmoleküle über Fließen, unter Umständen unter gleichzeitiger Anwendung von Druck, hinreichend dicht an die Werkstückoberfläche gebracht werden.

Dieser Adhäsionsschritt kann statt dem Klebstoff aber auch eine vor der Klebstoffapplikation aufgebrachte und als Haftvermittler bezeichnete organische Zwischenschicht übernehmen; **Bild 1** zeigt deren Wirkung bei metallischen Werkstücken.

Die Bindung zwischen dieser Zwischenschicht und dem eigentlichen Klebstoff erfolgt dann durch Wechselwirkung artgleicher Moleküle, ist also hoch tragfähig. Der Klebstoff kann dadurch hinsichtlich seiner zweiten Aufgabe, eine hohe Kohäsion[1] aufzuweisen, optimiert werden.

---

[1] Kohäsion von lat. cohaesens = zusammenhängend; hier: innerer Zusammenhalt der Moleküle

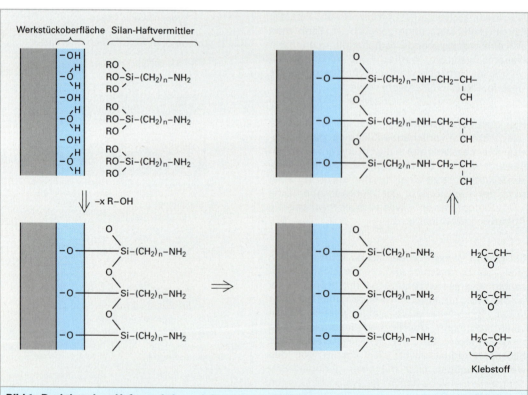

Bild 1: Reaktion eines Haftvermittlers mit Reaktionsproduktschicht des Werkstücks und mit Klebstoff

4.1.5.2 Bindemechanismen innerhalb der Klebstoffschicht

Neben einer hoher Adhäsionsneigung[1] zum Werkstück muss der Klebstoff auch durch seine innere Festigkeit die Klebung zu einem kräfteübertragenden Verbund machen **(Bild 1),** was als Kohäsion bezeichnet wird und seine Ursache in den chemischen und physikalischen Mechanismen innerhalb und zwischen den Makromolekülen hat.

Reaktionsklebstoffe liegen im Ausgangszustand in monomerer oder präpolymerer[2] und damit flüssiger bis zähflüssiger Form vor und härten auf chemischem Weg, d.h. durch Polykondensation[3], Polymerisation oder Polyaddition[4] **(Bild 2)** zu einer vernetzten, also duromeren makromolekularen Struktur aus, die dann nicht mehr schmelzbar und löslich sowie dauerhaft fest sind.

Die chemische Reaktion darf selbstverständlich erst in der Klebefuge ablaufen. Bei **Einkomponentensystemen (Tabelle 1),** die über *Polykondensation* und *Polyaddition* aushärten, ist für das Anlaufen der Reaktion eine Erwärmung erforderlich.

Ausnahmen stellen nur einige über Polyaddition aushärtende Systeme dar, die ihre Reaktion nach Sauerstoffausschluss, Zugabe von Feuchtigkeit oder Licht-/UV-Bestrahlung beginnen.

---

[1] Adhäsion, aus lat. adhaesio = das Anhaften
[2] präpolymer = Eigenschaft einer Großmolekülvorstufe, lat. prae = vor, griech. polys = viel, meros = Teil (hier: Großmolekül)
[3] Polykondensation = Vielfachvereinigung zu einem Großmolekül, von griech. poly = viel und lat. condensatum = Niederschlag
[4] Polyaddition = Vielfachzusammensetzen, von griech. poly = viel und lat. additio = Hinzufügung

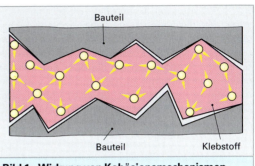

Bild 1: Wirkung von Kohäsionsmechanismen

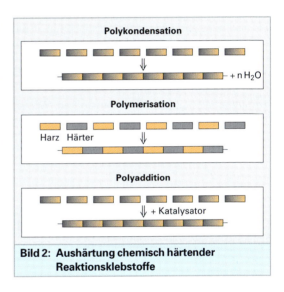

Bild 2: Aushärtung chemisch härtender Reaktionsklebstoffe

Tabelle 1: Chemisch härtender Klebstoff und ihr Vernetzungsstart		
Klebstoffart	Vernetzung durch	Bemerkung
Einkomponenten-Klebstoffe		
• Wärmhärtende Epoxidharze • Reaktive Schmelzklebstoffe • Formaldehydkondensate • Polyimide • Bismaleinimide • Polybenzimidazole	• Erwärmung	Polyimide, Bismaleinimide und Polybenzimide erreichen durch starke Vernetzung eine hohe Warmfestigkeit. Die Polykondensation macht hohe Anpressdrücke erforderlich.
• Anaerobe Klebstoffe • Feuchtigkeitshärtende Silikone • Licht- und UV-härtende Systeme	• Luftausschluss • Zugabe von Feuchtigkeit • Licht-/UV-Bestrahlung	
Zweikomponenten-Klebstoffe		
• Methacraylate • Zweikomponenten-Silikone • Kalthärtende Epoxidharze • Kalthärtende Polyurethane	• Mischen und Erwärmen • Mischen und Erwärmen • Mischen • Mischen	

Bei *lichthärtenden* Klebstoffen muss das Werkstück für die Vernetzung lichtdurchlässig sein, während es bei *lichtaktivierbaren* Klebstoffen genügt, den Rand der Klebefuge zu bestrahlen. Bei Einkomponentensystemen, die über Polykondensation aushärten, macht das Freisetzen von Kondensationsprodukten und die nicht immer gegebene Abführung aus dem Klebespalt hohe Anpressdrücke erforderlich.

Bei aus Harz und Härter bestehenden **Zweikomponentensystemen (Tabelle 1, vorhergende Seite)** beginnt die Polymerisationsreaktion unmittelbar nach dem Zusammenmischen der Komponenten, bei einigen allerdings so träge, dass eine Erwärmung notwendig ist.

Physikalische abbindende Klebstoffe enthalten bereits das fertige Polymer, sind also als **Einkomponentenklebstoffe** zu bezeichnen (**Tabelle 1**). Sie sind wegen ihres plastomeren Charakters schmelzbar und löslich.

Zur Verarbeitung wird der Klebstoff in Wasser dispergiert[1] (Dispersionsklebstoffe), in Wasser [→ Leime] oder organischen Lösemitteln gelöst (Lösemittelkleber) oder durch Wärmezufuhr aufgeschmolzen (Schmelzklebstoffe).

Der Klebstoff bindet ab, sobald das Dispersions-/Lösemittel (erheblicher Volumenschwund; Klebstoff muss vor dem Zulegen zum Großteil entweichen) entweicht bzw. die Schmelze erstarrt (vergleichsweise geringer Volumenschwund).

Eine Sonderstellung der Lösemittelkleber stellen die **Haftkleber** dar: Die Abdampfrate des Lösemittels ist so gering, dass sie dauerhaft elastisch und klebfähig bleiben. Die Adhäsionskräfte sind zudem so gering, dass ein mehrmaliges Trennen der Verbindung möglich ist (**Bild 1**).

Eine Mittelstellung zwischen Lösemittelklebern und Reaktionsklebern nehmen **Kontaktkleber** ein. Es handelt sich dabei um *Thermoplaste,* die in einem Lösemittel gelöst vorliegen und vor der Applikation mit vernetzenden Härtern gemischt werden. Nach dem Abdunsten des Lösemittels (physikalisch abbindender Schritt) und vor dem Vernetzungsbeginn (chemisch härtender Schritt) wird die Verbindung unter hohem Druck hergestellt und die Aushärtung im Laufe der Zeit abgeschlossen.

Tabelle 1: Physikalisch abbindende Einkomponenten-Klebstoffe	
Klebstoffart	Abbindestart durch
Schmelzklebstoffe	Wärmeentzug
Dispersionsklebstoffe	Entweichen des Dispersionsmittels
Lösemittelklebstoffe	Entweichen des Lösemittels

Bild 1: Haftetiketten für Notizen

---

[1] dispergieren = zerstreuen, feinverteilen, von lat. dispergere = ausstreuen, verbreiten

4.2 Oberflächenmodifikation von Bauteilen

Die Festigkeit und Steifigkeit sowie Zähigkeit eines Bauteils wird im Wesentlichen vom Grundwerkstoff erbracht. Um jedoch auch *dekorativen* Ansprüchen wie Farbgebung, Glanzgrad und Reflexionsgrad gerecht werden zu können oder weitere funktionelle Eigenschaften wie *elektrische* und *thermische Leitfähigkeit, Korrosionsbeständigkeit* oder *Verschleißfestigkeit* aufzuweisen, benötigen die Bauteile oft am Ende ihrer Fertigung eine **Oberflächenmodifikation**[1] **(Bild 1)**.

4.2.1 Vorbehandlung

Die Vorbehandlung hat zum Ziel, die Oberfläche eines Bauteils für *Diffusionsprozesse* zugänglich zu machen bzw. in einen für eine einwandfreie Schichthaftung geeigneten Zustand zu versetzen.

Dabei darf das Bauteil keinen unerwünscht hohen Abtrag, keinen selektiven Angriff und keine Spannungsrisskorrosion erleiden.

Zu den Vorbehandlungsverfahren zählen:

- das Entfernen von Belägen und Reaktionsproduktschichten,
- das Glätten der Bauteiloberfläche sowie
- das Einbringen von Druckeigenspannungen und
- der Abbau von Zugeigenspannungen.

Unter Vorbehandlung werden aber auch solche Verfahren verstanden, die Oberflächen von Bauteilen vor einer elektrolytischen oder stromlosen Metallabscheidung sowie Oberflächen polymerer Bauteile vor dem Applizieren[2] eines Lacks aktivieren.

---

[1] Modifikation = Abwandlung, veränderung, von lat. modificare = gehörig abmessen, mäßigen
[2] applizieren = anbringen, von lat. applicare = anfügen

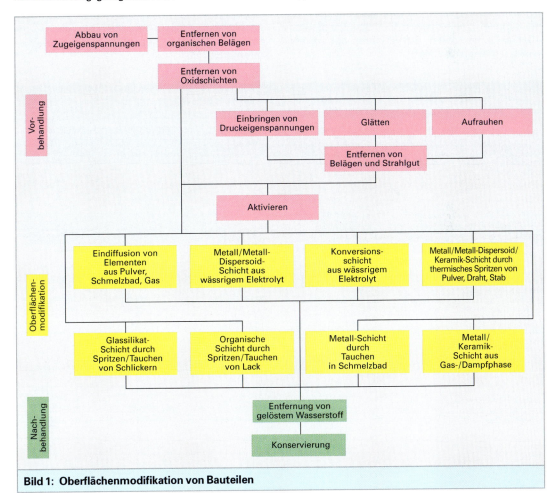

Bild 1: Oberflächenmodifikation von Bauteilen

4.2.1.1 Entfernen von Belägen

Die Oberflächen der Bauteile haben während des Fertigungsablaufs vielfach Kontakt mit verschiedenen Stoffen.

Öle, Fette, Wachse, Polierpasten, Ruß und Ölkohle

Vielfach liegen auf der Bauteiloberfläche Schneidöle, Tiefziehfette, Wachse, Polierpasten, Ruß und Ölkohle vor. Sie müssen vor den nachfolgenden Arbeitsgängen entfernt werden, da ihre Gegenwart diese behindern würde. **Tabelle 1** ist zu entnehmen, welche Reinigungsverfahren bei welchen Belägen angewendet werden müssen und welche Reinigungsverfahren an welchen metallischen Werkstoffen angewendet werden dürfen.

Fette, Öle und Wachse bleiben bei Anwendung von Kohlenwasserstoffen und neutralen Lösungen stets in geringen Mengen in diesen gelöst und bilden beim Entnehmen des Bauteils aus dem Reinigungsbad einen dünnen Film auf der Bauteiloberfläche, weswegen die Verfahren nur zur Vorreinigung dienen können.

Mit alkalischen Lösungen wie NaOH sowie in Perchlorethendampf entfettet, sind die Bauteile dagegen absolut fettfrei. Da NaOH Nichteisenwerkstoffe auf der Basis von Magnesium, Aluminium, Titan und Kupfer (nicht aber Stahl!) aber nicht nur entfettet, sondern fettfrei gewordene Bereiche auch korrosiv angreift (anfangs – durchaus erwünscht – nur die Oxidschicht, später – unerwünscht – den Grundwerkstoff), wird der Lösung zur Reduzierung der Korrosion in diesen Fällen ein silikatischer Zusatz wie Na_2SiO_3 zugegeben, der sich auf die fettfrei gewordenen Oberflächenbereiche legt.

Im Gegensatz zum **Entfetten** mit alkalischen Lösungen, das vor der weiterführenden Vorbehandlung noch ein **Spülen** und **Trocknen** erfordert, entfernt das **Dampfentfetten** in Perchlorethendampf zudem auch Wasser. Die Bauteile stehen dadurch direkt trocken für eine weiterführende Vorbehandlung zur Verfügung.

Die Entfernung von Rußbelägen gelingt ebenfalls mit alkalischen Lösungen (hier gilt das vorgesagte), die von Ölkohlebelägen mit organischen Entfernern.

Tabelle 1: Entfernen von Fett-, Öl- und Wachs- sowie Ruß- und Ölkohlebelägen und Verfahrensverträglichkeit verschiedener metallischer Grundwerkstoffe

Reinigungsverfahren	Belag							Verträglicher Grundwerkstoff						
	Fett, Öl, Wachs	Tiefziehfett	Schneidöl/-emulsion	Funkenerosionsschlamm	Polierpasten	Ruß, Kohle	Wasser	Magnesiumwerkstoffe	Aluminiumwerkstoffe	Titanwerkstoffe	alle Stähle	Nickelwerkstoffe	Kobaltwerkstoffe	Kupferwerkstoffe
Kohlenwasserstoff-Lösemittel	×	×	×	×	×			×	×	×	×	×	×	×
Neutralreiniger	×	×	×	×	×			×	×	×	×	×	×	×
Schwach alkalischer Reiniger	×	×	×	×	×			×	×	×	×	×	×	×
Stark alkalischer Reiniger		×			×			×	×	×	×	×	×	×
Per-Dampfentfetten	×	×					×	×	×	×	×	×	×	×
Schwach alkalischer Rußentferner						×		×	×	×	×	×	×	×
Alkalischer Rußentferner						×			×	×	×	×	×	×
Organische Ölkohleentferner						×			×	×	×	×	×	×

Oxidschichten

Grundwerkstoff, Atmosphäre und Expositionstemperatur bestimmen die Art und Dicke der auf der Bauteiloberfläche vorliegenden *Oxidschichten*. Sie erscheinen, gegebenenfalls mit *Schutzfilmen* belegt, nach dem Entfernen der Beläge mehr oder weniger dunkel.

Oxidschicht und Schutzfilme müssen entfernt werden, da beide die nachfolgende Oberflächenmodifikation behindern und schlecht haftende Beschichtungen zur Folge haben.

Ziel der chemisch arbeitenden Verfahren ist, die Oxide nach einer Aufbereitung in alkalischer Lösung (Umwandlung der bestehenden in leichter lösliche Oxide) zu unterwandern und abzulösen, was in vielen Fällen durch Anwendung saurer Lösungen, bei einigen Grundwerkstoffen auch durch Anwendung alkalischer Lösungen, gelingt (**Tabelle 1**).

Während das Entfernen dünner Oxidschichten, auch als **Dekapieren**[1] bezeichnet, bereits mit vergleichsweise gering konzentrierten Lösungen gelingt, sind zum Entfernen dicker Oxidbeläge, auch als Beizen bezeichnet, andere Lösungen und diese in höherer Konzentration anzusetzen. Zur Minimierung und Homogenisierung des Grundwerkstoffangriffs sowie der entstehenden Menge an Wasserstoff werden den Beizen Inhibitoren zugesetzt und dann als Sparbeizen bezeichnet.

Da die Dekapier-/Beizlösungsreste durch eine Wasserspülung nicht zuverlässig von der Bauteiloberfläche zu entfernen sind und eine Korrosionsgefahr heraufbeschwören, schließt sich dem Dekapieren/Beizen und Spülen oft ein Neutralisieren mit Spülen an, bei alkalischen Dekapier-/Beizbädern in einem sauren, bei sauren Dekapier-/Beizbädern in einem alkalischen Neutralisierbad (**Bild 1**).

Das Entfernen von Oxidschichten und Schutzfilmen gelingt auch auf mechanischem Weg durch Bürsten, Schleifen, Scheuern oder Strahlen (**Bild 2**). Bei letzterem wird hartes Strahlgut wie Bimsmehl, Glasperlen, Aluminiumoxid, Stahlkies, Sand oder Nusskernschrot mit Druckluft, Druckwasser oder Dampf auf die Oberfläche aufgeschleudert, was die Fremdstoffe auf abrasive Weise entfernt (Bild 2). Im Fall von Druckwasser können die Feststoffe auch fehlen, gegebenenfalls sogar durch Reinigungsmittel ersetzt werden.

Tabelle 1: Entfernen von Oxidschichten			
Prozessschritte	Niedriglegierter Stahl Chromstahl	Chrom-Nickel-Stahl Nickelwerkstoffe Kobaltwerkstoffe	Titanwerkstoffe
Aufbereitung	$NaOH + KMnO_4$	$NaOH + KMnO_4$	$NaOH + K_2CrO_4$
Unterwanderung und Ablösung	NaH_2PO_4	$HO\text{-}R\text{-}COOH$	HNO_3 NH_4HF_2

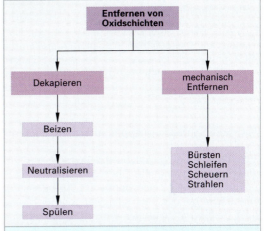

Bild 1: Entfernen von Oxidschichten

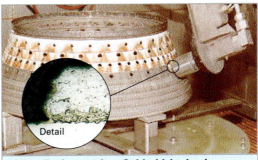

Bild 2: Entfernen einer Oxidschicht durch Hochdruck-Wasserstrahlen

Besondere Beachtung verlangt die am Bauteil oft stattfindende Wasserstoffentwicklung (alkalische Lösung: $2\ H_2O + 2\ e^- \rightarrow 2\ OH^- + 2\ H$; saure Lösung: $2\ H^+ + 2\ e^- \rightarrow 2\ H$). Der überwiegende Teil des Wasserstoffs entweicht nach Rekombination zu H_2 als Gasblasen, dessen Ablösung von der Bauteiloberfläche durch oberflächenaktive Netzmittel und eine Badbewegung erleichtert wird. Ein Teil des atomar entstehenden Wasserstoffs wird aber auch in die Schicht eingebaut und über diese sogar vom Grundwerkstoff aufgenommen, was bei hochfesten Werkstoffen zur Wasserstoffversprödung führt und eine Nachbehandlung (siehe dort) erforderlich macht.

---

[1] lat. decapere = wegnehmen, entfernen

4.2.1.2 Aktivierung von Oberflächen

Metallische Bauteile vor einer elektrolytischen oder stromlosen Metallabscheidung

Bauteile aus Werkstoffen, die sich nach dem Neutralisieren mit Spülen – z. T. bereits während dieser Schritte – sehr rasch mit einer sehr stabilen Passivschicht überziehen, benötigen unmittelbar vor dem elektrolytischen oder stromlosen Abscheiden einer metallischen Zwischenschicht eine nasschemische Aktivierung, die diese Passivschicht wieder entfernt **(Tabelle 1)**.

Eine Ausnahme unter den mit einer sehr stabilen Passivschicht versehenen Werkstoffen stellen die Aluminiumwerkstoffe dar, bei denen eine Zinkatbehandlung die Aktivierung beinhaltet: Hierbei wird oberflächlich Aluminium aufgelöst und Zink als lückenlose Schicht abgeschieden.

Polymere Bauteile vor Applikation eines Lackes

Eine Aktivierung von polymeren Bauteilen darf nur unterbleiben, wenn die Oberfläche bereits stark zerklüftet vorliegt, was durch ein Aufrauen der Oberfläche gelingt. Hier kann der schmelzflüssig oder gelöst mit niedriger Viskosität vorliegende Lack über Kapillarkräfte in die Zerklüftungen gesaugt werden **(Bild 1)**.

Durch das Aushärten des Lacks kommt es zu einer *mechanischen Verankerung des Lacks* in der Bauteiloberfläche („Druckknopf-Prinzip"), was auch als mechanische Adhäsion bezeichnet wird. Ist ein Aufrauen nicht möglich (Polyolefine) oder nicht

zulässig, so kann die Bauteiloberfläche zur Schaffung von polaren Endgruppen, die bereit sind, mit dem artgleichen Schichtwerkstoff Lack zu reagieren, abgeflammt oder in einer Lichtbogenentladung aktiviert werden, wobei Oxidationsreaktionen ablaufen. Es ist aber auch möglich, die Bauteiloberfläche durch die in Flüssiglacksystemen enthaltenen Lösemittel anzulösen.

Nach der Vorbehandlung befindet sich die Bauteiloberfläche in einem sehr reaktionsbereiten Zustand, weswegen eine schützende Beschichtung vor einer erneuten Verunreinigung, d. h. möglichst bald nach der Reinigungsbehandlung, aufzubringen ist.

Ist die Applikation einer organischen Beschichtung, vorgesehen, so kann der Zeitpunkt der Beschichtung nur dadurch hinausgezögert werden, dass eine temporär schützende organische Beschichtung, ein sogenannter *Wash-Primer,* bis zur Applikation der letztendlichen Beschichtung den Oberflächenschutz übernimmt.

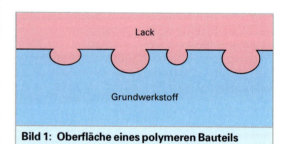

Bild 1: Oberfläche eines polymeren Bauteils

Tabelle 1: Vorbehandlung metallischer Grundwerkstoffe vor dem Beschichten mit metallischem Schichtwerkstoff					
Ablauf	Magnesium-werkstoffe	Aluminium-werkstoffe	Titanwerkstoffe	Niedriglegierter Stahl	Chrom-Stahl Chrom-Nickel-Stahl Nickelwerkstoffe Kobaltwerkstoffe Kupferwerkstoffe
	Entfetten	Entfetten	Entfetten	Entfetten	Entfetten
	Dekapieren/ Beizen	Dekapieren/ Beizen	Dekapieren/ Beizen	Dekapieren/ Beizen	Dekapieren/ Beizen
	Neutralisieren	Neutralisieren	Neutralisieren	Neutralisieren	Neutralisieren
	Aktivieren	Zinkat-Behandeln	Aktivieren		Aktivieren
	Zn (galv.)		Ni, Fe, Zn (galv.)		Ni (galv.)

4.2.1.3 Glätten von Oberflächen

Durch eine abtragende und doch stets minimal aufrauende Vorbehandlung wird die Dauerfestigkeit von Bauteilen herabgesetzt, was besonders bei hochfesten Grundwerkstoffen gilt. Hier ist eine Glättung der Oberfläche vonnöten, was durch ein **Verdichtungsstrahlen** der Oberfläche z. B. mit Aluminiumoxid feiner Körnung gelingt.

4.2.1.4 Einbringen von Druckspannungen

Zur Steigerung der Dauerfestigkeit werden auf mechanischem Weg durch **Verdichtungsstrahlen** mit z. B. Aluminiumoxid feiner Körnung Druckeigenspannungen in die Bauteiloberfläche eingebracht **(Bild 1 und Bild 2)**.

4.2.1.5 Abbau von Zugspannungen

Durch spanlose wie auch durch spanabhebende Bearbeitung, durch Montage und auch Betriebsbeanspruchungen können in Oberflächen *Zugeigenspannungen* aufgebaut werden.

Ist der Grundwerkstoff hochfest (Zugfestigkeit über 1000 MPa), so kann er die Spannungen fast nicht mehr durch plastische Verformung abbauen. Es kommt – beim Vorliegen von korrosiv wirkenden angreifenden Medien noch weiter begünstigt – zu Rissen. So werden z. B. Turbinenlaufräder zur Erhöhung der Schwingfestigkeit gestrahlt.

Die Zugeigenspannungen müssen daher durch kompensierendes Überlagern mit Druckeigenspannungen oder durch eine entspannende Wärmebehandlung abgebaut werden, wozu bei Stählen eine Auslagerung bei 200 °C über 1 h erforderlich ist.

> Werkstücke mit Zugeigenspannungen, z. B. geschweißte Stahlgestelle, müssen durch Erwärmen oder durch Verdichtungsstrahlen spannungsfrei gemacht werden.

Bild 1: Verdichtungsstrahlen

gestrahlte Bohrung

Bild 2: Glätten einer Oberfläche

4.2.1.6 Aufrauen von Oberflächen

Bei polymeren Werkstoffen gelingt das Abtragen von Presshäuten mit einem gleichzeitigen Aufrauen durch Schleifen, Bürsten und Sandstrahlen (**Bild 1**).

Stets muss eine Aufrauung der Oberfläche dem thermischen Spritzen metallischer und keramischer Schichtwerkstoffe auf alle Oberflächen, dem Spritzen/Tauchen organischer Schichtwerkstoffe auf metallische Oberflächen sowie dem stromlosen Abscheiden metallischer Schichtwerkstoffe auf polymeren Oberflächenvorhergehen.

Dies gelingt auf mechanischem Weg durch *Strahlen* mit Aluminiumoxid. Bei zweiphasigen polymeren Grundwerkstoffen wie ABS und PP-Copolymerisaten gelingt dies auch durch *selektives Herauslösen einer der* beiden *Phasen* (im Falle des ABS der Butadienpartikel) oder durch *Beizen* gelingt (Druckknopfeffekt).

Organischen Schichtwerkstoffen wird auf metallischen Grundwerkstoffen auch durch das Aufbringen von *zerklüfteten Konversionsschichten* die Möglichkeit der Verankerung gegeben (**Bild 2**); da im Temperaturanwendungsbereich von Hochtemperaturlacken (bis 500 °C) die Konversionsschichten[1] nicht mehr beständig sind, wird hier allein das Strahlen angewendet (**Bild 3**).

> Das Glätten und Einbringen von Druckspannungen in eine Oberfläche verbessert die Dauerfestigkeit.

---

[1] lat. conversio = sich hinwenden, übertreten, wechseln

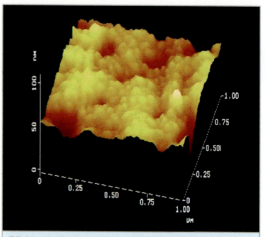

Bild 1: Aufgeraute Kunststoffoberfläche

10 μm

Bild 2: Zerklüftete Konversionsschicht

Tabelle 1: Oberflächenvorbehandlung metallischer Grundwerkstoffe vor dem Aufbringen organischer Schichten					
Grundwerkstoff					
Magnesium-werkstoff	Aluminium-werkstoff	Niedriglegierter Stahl	Chrom-Stahl	Chrom-Nickel-Stahl	Nickel-werkstoff
Anodisieren Chromatisieren Strahlen ↑	Anodisieren Pssivieren Strahlen ↑	Phosphatieren Strahlen ↑	Passivieren Strahlen ↑	Passivieren Strahlen ↑	Passivieren Strahlen ↑

4.2.2 Oberflächenmodifikation

In **Bild 1** sind die zur Verfügung stehenden Oberflächenmodifikationsverfahren aufgeführt. Für eine erste Entscheidungsfindung, welches Verfahren für das Erreichen der einzelnen Zielsetzung in Frage kommen könnte, sind in **Bild 2** die Temperaturbeanspruchungen des Grundwerkstoffs während der Oberflächenmodifikation dargestellt.

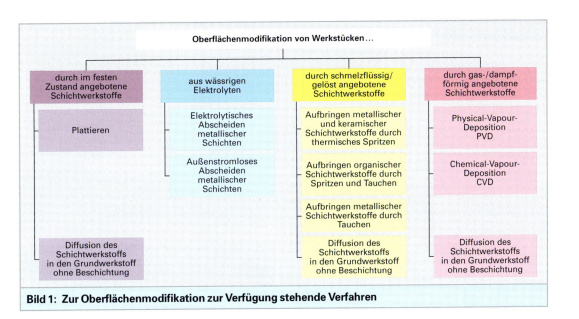

Bild 1: Zur Oberflächenmodifikation zur Verfügung stehende Verfahren

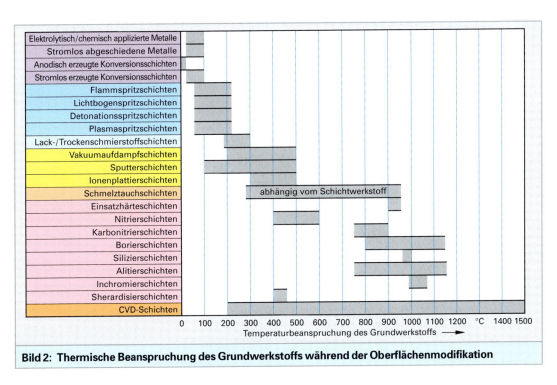

Bild 2: Thermische Beanspruchung des Grundwerkstoffs während der Oberflächenmodifikation

In **Bild 1** sind die Beschichtungsgeschwindigkeiten möglicher Oberflächenmodifikationsverfahren und in **Bild 2** die funktionellen Schichtdicken (mit Erreichen dieser Schichtdicken wird das Ziel der Oberflächenmodifikation erstmals erbracht) dargestellt.

4.2.2.1 Modifikation durch Diffusion

Hierbei wird das durch Diffusion ins Bauteilinnere zu transportierende Element (**Tabelle 1** zeigt mögliche eindiffundierende Elemente sowie die erreichbaren Ziele) in einem Pulver, Schmelzbad oder in einer gasförmigen Verbindung gebunden angeboten (**Tabelle 2**).

Liegt das Einsatzmittel (z. B. Al) pulverförmig vor, so wird oft ein neutrales Füllmaterial (hier Al_2O_3) zugesetzt, das ein Agglomerieren des Pulvers verhindert. Weiterhin wird zur Prozessbeschleunigung ein Aktivator (hier NH_4Cl) zugegeben, der das Pulver bei Reaktionstemperatur in eine gasförmig vorliegende Verbindung (hier $AlCl_3$) überführt.

Die gasförmige Verbindung wird auf der Oberfläche des von ihr beaufschlagten und auf Prozesstemperatur erwärmten Bauteils zersetzt, wobei das eindiffundierende Element freigesetzt wird und in das Bauteil hineindiffundiert (**Bild 3**). Ausgehend von diesem Status kann bei Eisenbasiswerkstoffen noch eine Gefügeumwandlung stattfinden, was man in Abhängigkeit vom eindiffundierenden Element und der sich als Folge bildenden Phase als Zementieren (C), Nitrieren (N) und Borieren (B) bezeichnet.

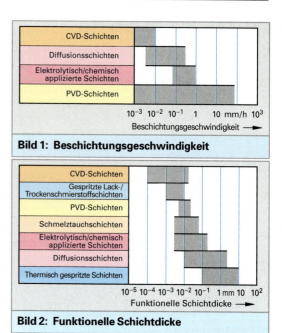

Bild 1: Beschichtungsgeschwindigkeit

Bild 2: Funktionelle Schichtdicke

Tabelle 1: Mögliche eindiffundierende Elemente sowie die erreichbaren Ziele

Zielsetzung						Eindiffundierende Elemente
Korrosionsschutz	Oxidationsschutz	Verschleißschutz	Gleitbegünstigung	Haftschicht	Wärmedämmung	
		X				C (Einsatzhärten)
		X	X			N (Nitrieren)
		X	X			C+N (Karbonitrieren)
		X				B (Borieren)
		X				Si (Silizieren)
X	X					Al (Alitieren)
X	X					Cr (Inchromieren)
X						Zn (Sherardisieren)

Tabelle 2: Darbietungsformen

Element	Pulver	Schmelze	Gas
C	X		X
N	X	X	X
C + N		X	X
B	X	X	X
Si	X		X
Al	X		
Cr	X		
Zn	X		

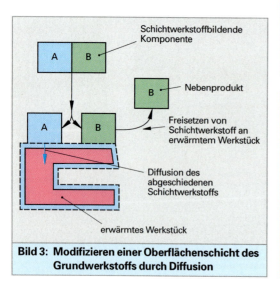

Bild 3: Modifizieren einer Oberflächenschicht des Grundwerkstoffs durch Diffusion

4.2.2.2 Modifikation unter Verwendung eines flüssigen Elektrolyten

Bei den hierzu zählenden Verfahren geschieht die Abscheidung des Schichtwerkstoffs in einem wässrigen Elektrolyten unter Anwendung von Außenstrom, man sagt *elektrolytisch,* oder *außenstromlos* ab **(Tabelle 1).**

Elektrolytisches und stromloses Abscheiden eines metallischen Schichtwerkstoffs

Die Ziele der metallischen Beschichtung sind:
- Korrosionsschutz[1],
- Oxidationsschutz,
- Verschleißschutz,
- Gleitbegünstigung,
- Versehen mit Haftschicht,
- Wärmedämmung.

Tabelle 1 führt, zusammen mit den erreichbaren Zielen, beispielhaft die elektrolytisch und die stromlos abscheidbaren metallischen Schichtwerkstoffen an.

Beim **elektrolytischen Abscheiden** eines metallischen Schichtwerkstoffs ist das vorbehandelte Bauteil als Kathode und der auf dem Bauteil abzuscheidende Schichtwerkstoff in Festform als Anode zu polen und beide in einen Elektrolyten (wässrige alkalische oder saure Salzlösung) einzubringen, der den abzuscheidenden Schichtwerkstoff als Metallionen gelöst enthält **(Bild 1).**

Am Bauteil werden die im Elektrolyten gelöst vorliegenden Metallionen der Anode in einer Reduktionsreaktion durch den fließenden Gleichstrom entladen ($Me^{2+} + 2\,e^- \rightarrow Me$) und auf dem Bauteil als metallische Schicht abgeschieden.

Sind die in die Elektrolytlösung eingehängten Anoden im Elektrolyten löslich, so schicken sie in Äquivalenz zu diesem Prozess in einer Oxidationsreaktion Metallionen in Lösung ($Me - 2\,e^- \rightarrow Me^{2+}$).

Bei der Abscheidung von z. B. Cr, Au oder Rh dagegen werden im Elektrolyten unlösliche Elektroden aus hochlegiertem Stahl oder Pt-beschichtetem Titan verwendet, weswegen die an der Anode ablaufende Reaktion in einer Oxidation von Elektrolytbestandteilen besteht und die auf der Bauteiloberfläche abgeschiedene Metallmenge durch entsprechende Salzzugabe zum Elektrolyten ersetzt werden muss (Nachschärfen des Elektrolyten).

---

[1] korrodieren von lat. corrodere = zernagen, lat corrosio = Zerstörung

Tabelle 1: Beispiele für elektrolytische und stromlose Metallbeschichtungen

Zielsetzung						Eindiffundierende Elemente
Korrosionsschutz	Oxidationsschutz	Verschleißschutz	Gleitbegünstigung	Haftschicht	Wärmedämmung	
×		×				Al
×						Cr
×						Co
×		×				Ni
×						Ni stromlos
×		×				NiCd
		×	×			Cu
			×			Cu stromlos
×				×	×	CuZn
×				×		CuSn
×						Zn
×			×			Ag
×						Cd
×						Sn
×				×		Pb
×		×				PbSn

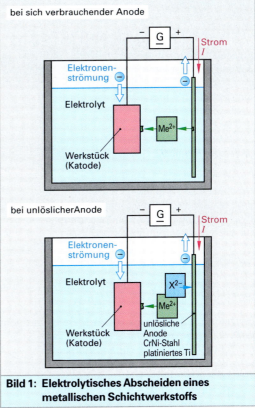

bei sich verbrauchender Anode

Strom I
Elektronenströmung
Elektrolyt
Me^{2+}
Werkstück (Katode)

bei unlöslicher Anode

Strom I
Elektronenströmung
Elektrolyt
X^{2-}
Me^{2+}
Werkstück (Katode)
unlösliche Anode CrNi-Stahl platiniertes Ti

Bild 1: Elektrolytisches Abscheiden eines metallischen Schichtwerkstoffs

Es ist grundsätzlich auch möglich, Legierungen galvanisch abzuscheiden. Da die Legierungskomponenten im Elektrolyten aber als individuelle Ionenkomplexe vorliegen und dadurch ein eigenes Abscheidungsverhalten aufweisen, weist die elektrolytisch abgeschiedene Schicht eine andere chemische Zusammensetzung als die Anode und der Elektrolyt auf.

Die Abscheidungsrate jeder einzelnen Legierungskomponenten lässt sich aber über die Elektrolytzusammensetzung sowie die Abscheidungsbedingungen beeinflussen.

Die durch elektrolytisches Abscheiden erreichbaren Schichtdicken liegen in der Regel bei einigen μm, können aber durchaus auch in den mm-Bereich kommen, was man als Dickgalvanisieren bezeichnet (**Bild 1**).

Elektrolytisch abgeschiedene Schichten sind bei Bauteilen mit komplizierter Geometrie infolge der über die Bauteiloberfläche inhomogenen Feldliniendichte (Kanten, Ecken ↔ Flächen, Hinterschneidungen, Bohrungen) oft nicht konturtreu:

An Kanten und Ecken werden dickere Schichten als auf planen Flächen und hier nochmals dickere Schichten als bei Hinterschneidungen oder in Bohrungen erzeugt (**Bild 2**).

An Stellen begünstigter Metallabscheidung ist dadurch die Metallionenverarmung im Elektrolyten im Grenzbereich Katode/Elektrolyt größer als an Stellen benachteiligter Metallabscheidung. Ist der elektrische Widerstand des Elektrolyten nun hinreichend hoch, so ist ein Konzentrationsausgleich der inhomogen verteilten Metallionenkonzentration kaum möglich.

Dadurch wird die Metallabscheidung an Stellen einer erhöhten Metallionenverarmung stärker gebremst als an Stellen einer geringeren Metallionenverarmung, wodurch nachfolgend die Abscheidung an ungünstigeren Stellen aufholen kann, also eine *Homogenisierung* der Schichtdicke stattfindet.

Einen Elektrolyten, der diese Möglichkeit bietet, bezeichnet man als *hochstreufähig*.

Bei geringer Streufähigkeit des Elektrolyten oder beabsichtigter Dickgalvanisierung können zur Vergleichmäßigung oder Intensivierung des Abscheideprozesses als Stromfänger fungierende Zusatzanoden (**Bild 3** zeigt eine Innenanode in einem Rohr) oder nichtleitende Stromblenden angeordnet werden.

Fertigteil (Cu)   Form

Bild 1: Einseitig stromlos dick verkupferte Silikonform

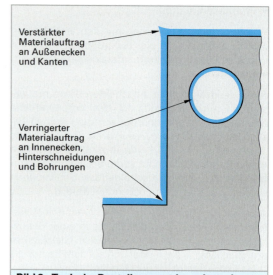

Verstärkter Materialauftrag an Außenecken und Kanten

Verringerter Materialauftrag an Innenecken, Hinterschneidungen und Bohrungen

Bild 2: Typische Bauteilgeometrien mit starkem und mit magerem Schichtauftrag

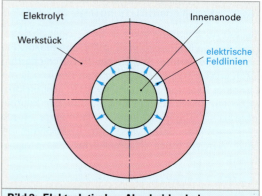

Elektrolyt   Innenanode

Werkstück

elektrische Feldlinien

Bild 3: Elektrolytisches Abscheiden bei geometrisch komplizierten Bauteilen

Die galvanisch abgeschiedenen Schichten wachsen unter idealen Bedingungen epitaktisch auf der Unterlage, d. h. kohärent zum Substratkristallgitter auf (**Bild 1**). Dabei führen Abweichungen des Substratgitters von idealen Kristallgitter und die Unterschiede zwischen den Gitterparametern von Substrat- und Schichtwerkstoff zu Eigenspannungen in der Schicht, die im Falle von Zugeigenspannungen zu Beeinträchtigungen der Dauerfestigkeit führen können.

Stark beeinflusst wird der Eigenspannungszustand der Schicht zudem von den Abscheidebedingungen wie Badtemperatur, pH-Wert, Stromdichte und einem Fremdstoffeinbau.

Aus diesem Grund weisen galvanische Schichten in den meisten Fällen andere Eigenschaften auf, als wenn der Schichtwerkstoff schmelzmetallurgisch hergestellt worden wäre.

Beim **stromlosen (= chemischen) Abscheiden** eines metallischen Schichtwerkstoffs erfolgt die Reduktion der Metallionen an der Bauteiloberfläche durch ein elektronenspendendes Reduktionsmittel (**Bild 2**). Elektrolytzusätze müssen dabei allerdings sicherstellen, dass die Metallionen nicht im Elektrolyten, sondern auf der diesen Prozess katalysierenden Bauteiloberfläche zum Metall reduziert werden.

Da das Abscheiden von Metall zu Lasten der Metallionenkonzentration des Bades geht, sind die durch Abscheidung nicht mehr verfügbaren Metallionenmengen laufend zu ergänzen (Nachschärfen des Elektrolyten).

Stromlos abgeschiedene Schichten sind *sehr konturtreu* und bereiten *keine Streufähigkeitsprobleme*, d. h., auch Hinterschneidungen und Bohrungen können beschichtet werden. Zudem können auch elektrische Nichtleiter wie Bauteile aus Keramik und Polymeren mit metallischen Schichtwerkstoffen versehen werden, wobei die Haftung der Metallschicht auf dem Bauteil von dessen Rauigkeit gesteuert ist.

Die nichtmetallischen Bauteile werden zunächst stromlos dünn mit einer zähen und elektrisch gut leitfähigen Schicht (z. B. Cu) versehen, die elektrolytisch verdickt oder mit einer chemisch anders gearteten metallischen Deckschicht (z. B. Ni oder Cr) versehen werden kann.

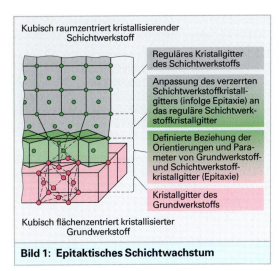

Kubisch raumzentriert kristallisierender Schichtwerkstoff

Reguläres Kristallgitter des Schichtwerkstoffs

Anpassung des verzerrten Schichtwerkstoffkristallgitters (infolge Epitaxie) an das reguläre Schichtwerkstoffkristallgitter

Definierte Beziehung der Orientierungen und Parameter von Grundwerkstoff- und Schichtwerkstoffkristallgitter (Epitaxie)

Kristallgitter des Grundwerkstoffs

Kubisch flächenzentriert kristallisierter Grundwerkstoff

Bild 1: Epitaktisches Schichtwachstum

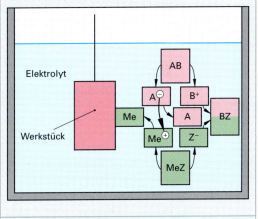

Elektrolyt

Werkstück

AB

A⊖   B⁺

Me   A   BZ

Me⊕   Z⁻

MeZ

Bild 2: Stromloses Abscheiden eines metallischen Schichtwerkstoffs

Besondere Beachtung verlangt beim elektrolytischen wie auch beim stromlosen Abscheiden die an der Kathode oft stattfindende Mitabscheidung von Wasserstoff (saurer Elektrolyt: $2\,H^+ + 2\,e^- \rightarrow 2\,H$; alkalischer Elektrolyt: $2\,H_2O + 2\,e^- \rightarrow 2\,OH^- + 2\,H$). Der überwiegende Teil des Wasserstoffs entweicht nach Rekombination zu H_2 als Gasblasen, dessen Ablösung von der Kathodenoberfläche durch oberflächenaktive Netzmittel und eine Badbewegung erleichtert wird.

Ein Teil des atomar entstehenden Wasserstoffs wird aber auch in die Schicht eingebaut und über diese sogar vom Grundwerkstoff aufgenommen, was bei hochfesten Werkstoffen zur Wasserstoffversprödung führt und eine Nachbehandlung (siehe dort) erforderlich macht.

Stromloses Abscheiden und mechanisches Verstärken eines metallischen Schichtwerkstoffs

Liegen Bauteile vor, die wegen der Gefahr einer Wasserstoffversprödung nicht elektrolytisch beschichtet werden sollten, so können sie nach einer entsprechenden Vorbehandlung stromlos (= chemisch) mit Kupfer versehen werden, auf das stromlos Zink, in Ausnahmefällen auch Cadmium abgeschieden wird.

Abschließend wird pulverförmiges Zink bzw. Cadmium mit Glasperlen auf die Bauteiloberfläche aufgetrommelt und verdichtet **(Bild 1)**. Diese Vorgehensweise bezeichnet man auch als mechanisches Plattieren.

Elektrolytisches und stromloses Abscheiden einer Dispersionsschicht

Bei einer Dispersionsschicht[1] liegt in einer metallischen Matrix zu 20 bis 30 Vol.-% in feiner Verteilung ein Dispersoid vor. **Tabelle 1** zeigt Beispiele von Dispersionsschichten sowie die erreichbaren Ziele. Eine Dispersionsschicht wird erhalten, wenn die elektrolytisch oder stromlos (= chemisch) abgeschiedene metallischen Matrix im Zuge ihres Wachstums durch Rühren, Umpumpen oder Einblasen von Luft im Elektrolyten in Schwebe gehaltene Festpartikel (Dispersoid) aufnimmt und umschließt **(Bild 2)**.

Anodisches und stromloses Modifizieren der Bauteiloberfläche zu einer Konversionsschicht

Konversionsschichten[2] entstehen als Folge einer Umwandlung der Grundwerkstoffoberfläche in einer chemischen Reaktion. Sie sind haftfest und in der Regel zerklüftet, bieten daher nachfolgenden Beschichtungen wie z. B. Lacken Halt. Zudem bieten sie oft bereits einen mäßigen Korrosionsschutz (z. B. gegen Handschweiß) und Verschleißschutz. **Tabelle 2** zeigt Beispiele für Konversionsschichten sowie die erreichbaren Ziele.

Beim **anodischen Konvertieren der Bauteiloberfläche** werden die vorbehandelten Bauteile in geeigneten Elektrolytsystemen im Gegensatz zur elektrolytischen Beschichtung nicht als Kathode, sondern als Anode gepolt.

> Ein stromloses Abscheiden eines metallischen Schichtwerkstoffes führt zu sehr homogenen Schichtdicken

[1] lat. dispergere = ausstreuen, Dispersion = feinste Verteilung eines Stoffes in einen anderen Stoff;
[2] lat. conversio = der Übertritt, Konversionsschicht = umgewandelte Schicht

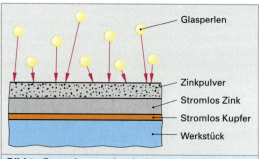

Bild 1: Stromlos-mechanisches Abscheiden eines metallischen Schichtwerkstoffs

Tabelle 1: Dispersionsschichten

| Zielsetzung | | | | | | Stoffe |
Korrosionsschutz	Oxidationsschutz	Verschleißschutz	Gleibegünstigung	Haftschicht	Wärmedämmung	
		X	X			Co + Dispersoid
		X	X			Ni + Dispersoid

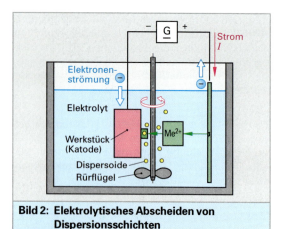

Bild 2: Elektrolytisches Abscheiden von Dispersionsschichten

Tabelle 2: Konversionsschichten

| Zielsetzung | | | | | | Konversionsschicht auf |
Korrosionsschutz	Oxidationsschutz	Verschleißschutz	Gleibegünstigung	Haftschicht	Wärmedämmung	
X		X		X		Mg
X				X		Al
X			X	X		Ti
X			X	X		Fe
				X		Fe-Cr/Fe-Cr-Ni

Die anodisch in Lösung gebrachten Metallionen des Substratwerkstoffs reagieren auf der Bauteiloberfläche mit Komponenten des Elektrolyten zu einer auf der Bauteiloberfläche aufwachsenden und das Bauteilvolumen insgesamt vergrößernden Konversionsschicht (**Bild 1**). Aufgrund der beschränkten Streufähigkeit lassen sich geometrisch komplexe Bauteile nicht immer allseitig modifizieren.

Breitere technische Anwendung hat die anodische Konvertierung zur Verstärkung der natürlichen Passivschicht beim Aluminium, auch als Anodisieren oder Eloxieren bezeichnet. Dabei wird das Bauteil, z. B. in einem schwefelsauren Elektrolyt, anodisch polarisiert, wodurch es zur Bildung einer im Vergleich zur natürlichen (0,01 µm) um 2–3 Größenordnungen dickeren Oxidschicht kommt.

Beim **stromlosen Konvertieren der Bauteiloberfläche** reagieren die vorbehandelten Bauteile mit Komponenten des Elektrolyten zu einer auf der Bauteiloberfläche aufwachsenden und das Bauteilvolumen vergrößernden Schicht (**Bild 2**).

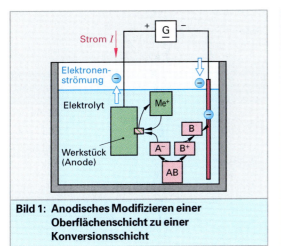

Bild 1: Anodisches Modifizieren einer Oberflächenschicht zu einer Konversionsschicht

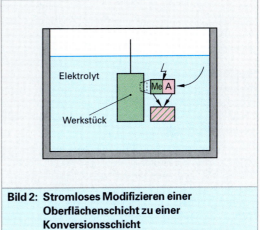

Bild 2: Stromloses Modifizieren einer Oberflächenschicht zu einer Konversionsschicht

- Bei dem in erster Linie bei niedriglegierten Stählen, verzinkten und kadmierten Stählen sowie Aluminium angewendeten Phosphatieren unterscheidet man in Abhängigkeit von der entstehenden Konversionsschicht zwischen Zink-Phosphatieren und Mangan-Phosphatieren. Beim hier exemplarisch dargestellten Zink-Phosphatieren, auch Bondern genannt, dient eine wässrige Lösung aus sauren Phosphatsalzen und Phosphorsäure als Bad. Beim Eintauchen des Bauteils findet bis zum Verbrauch der Phosphorsäure zunächst eine Beizreaktion statt, der eine Ausscheidung unlöslicher Phosphate folgt:

$$3\,Zn(H_2PO_4)_2 + 2\,NaClO_3 + 4\,Fe \rightarrow Zn_3(PO_4)_2 + FePO_4 + 6\,H_2O + 2\,NaCl$$

- Bei dem bei Nichteisenmetallen wie Aluminium, Kupfer, Zink, Magnesium und Cadmium angewendeten Chromatieren wird das Bauteil in ein wässriges Bad aus Chromsäure und Metallkomplexsalzen getaucht. Im Fall eines Aluminiumbauteils kommt es dadurch zur Bildung einer Chromatschicht:

1. $Al^{3+} + HCrO_4 + 3\,H + H_2O$
   $\rightarrow AlOOH + Cr(OH)_3 + 2\,H^+$

2. $H_2CrO_4 + Cr(OH)_3$
   $\rightarrow Cr(OH)_2 \cdot HCrO_4 + H_2O$

3. $Fe(CN)^{3-} + Cr(OH)_3 + 3\,H^+$
   $\rightarrow CrFe(CN)_6 + 3\,H_2O$

- Die stromlose Verstärkung der natürlichen Oxidschicht/Passivschicht erfolgt in einem Oxidieren/Passivieren genannten Schritt. Bekannt ist hierbei das Bläuen von un- und niedriglegiertem Stahl in Wasserdampf, das Brünieren von un- und niedriglegiertem Stahl in Bädern (140 °C), die alkalisch (NaOH) sind und oxidierende (Nitrite, Nitrate) sowie färbende Salze (Phosphate, Sulfide) enthalten (schwarze Fe_3O_4-Schichten; etwa 10 µm) sowie die oxidierende/passivierende Behandlung von korrosionsbeständigen Stählen, Aluminium- und Kupferwerkstoffen.

4.2.2.3 Modifikation unter Verwendung des schmelzflüssig oder gelöst vorliegenden Schichtwerkstoffs

Aufbringen eines metallischen und keramischen Schichtwerkstoffs durch thermisches Spritzen

Beim thermischen Spritzen wird der drahtförmig, stabförmig oder pulverförmig angebotene Schichtwerkstoff, **(Tabelle 1** zeigt Beispiele für thermisch spritzbare Schichtwerkstoffe sowie die erreichbaren Ziele), aufgeschmolzen und mit hoher Geschwindigkeit auf die vorbehandelte Oberfläche des Bauteils geschleudert.

Die Bauteiloberfläche wird dabei nicht angeschmolzen und kann bei geeigneter Kühlung sogar auf unter 100 °C gehalten werden. Ein Einfluss des Verfahrens auf den Werkstoff des Bauteils ist daher nur in seltenen Fällen gegeben. Werden als Schichtwerkstoffe Oxide oder Gemische aus Oxiden und Metallen eingesetzt, so werden diese nicht direkt auf die Bauteiloberfläche, sondern auf einen zuvor thermisch gespritzten metallischen Haftgrund aufgebracht.

Die aufgespritzten Schichten decken erst ab einer Dicke von etwa 20 µm den Grundwerkstoff ganzflächig ab. Dennoch bleiben sie mikroporös und mikrorissig (bis zu 15 Vol.-%), was bei Korrosionsschutzabsichten eine Imprägnierung erforderlich macht. Zudem sind die Zughaftfestigkeiten der Schichten auf dem Grundwerkstoff, da die Verbindung Schicht-/Grundwerkstoff im Wesentlichen auf einem mechanischen Verklammern beruht, vergleichsweise gering, die Zugfestigkeit und die elektrische Leitfähigkeit der Schichten geringer als die der korrespondierenden Massivwerkstoffe und die Rauigkeit der Schichten vergleichsweise hoch.

Beim **Aufschmelzen des Schichtwerkstoffs in einer Flamme** wird der drahtförmig, stabförmig oder pulverförmig vorliegende Spritzwerkstoff in einer Acetylen/Sauerstoffflamme aufgeschmolzen, zerstäubt und mit dem Druck der Brenngase auf die Bauteiloberfläche gebracht **(Bild 1)**.

Am Düsenausgang werden Temperaturen von bis zu 2500 °C und Geschwindigkeiten der Schmelzetröpfchen von 50 bis 120 m/s erreicht. Erfolgt der Prozess an Normalatmosphäre, so sind bei metallischen Spritzwerkstoffen Oxidationsprozesse zu befürchten, die das Verschweißen der auf die Bauteiloberfläche auftreffenden Schmelzetröpfchen untereinander sowie mit der Bauteiloberfläche beeinträchtigen oder sogar verhindern.

Zudem kühlen die Schmelzetröpfchen, die sich im äußeren Bereich des Spritzkegels bewegen, während des Fluges stark ab, erreichen die Bauteiloberfläche vielfach erstarrt und werden ohne feste

Bindung von der übrigen gespritzten Schicht eingeschlossen.

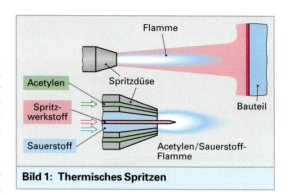

Bild 1: Thermisches Spritzen

Tabelle 1: Thermischspritzbare Schichtwerkstoffe und Ziele

Korrosions-schutz	Oxidations-schutz	Verschleiß-schutz	Gleitbegüns-tigung	Haftschicht	Wärme-dämmung	Schichtwerkstoffe
X						Al
X						AlMg
		X				Ni
		X				NiAl
		X				NiCr
X	X					NiCrAlY
		X	X	X		Mo
X						Zn
X						Pb
X		X				FeCr/Fe-Cr-Ni
X	X					FeCrAlY
			X			CoMoSi
X	X	X				CoCrAlY
				X		CuZn
				X		CuSu
	X	X				Co + Dispersanten
		X				Ni + Dispersanten
		X	X			TiB$_2$, ZrB$_2$
		X				TiC, Cr$_3$C$_2$, NbC, TaC, WC, WC-TiC, TaC-NbC, Cr$_3$C$_2$-NiCr, WC-Co
		X			X	Al$_2$O$_3$, TiO$_2$, Cr$_2$O$_3$, ZrO$_2$, Al$_2$O$_3$-TiO$_2$/MgO, Cr$_2$O$_3$-TiO$_2$, ZrO$_2$-MgO/CaO/SiO$_2$

Tröpfchen im inneren Bereich des Spritzkegels treffen dagegen flüssig oder zumindest teigig auf die Oberfläche auf und verklammern sich durch die durch die rasche Abkühlung hervorgerufene Schrumpfung am aufgerauten Untergrund.

Zur Haftung kommt es durch mechanisches Verklammern, durch Verschweißen und durch Adhäsion. Die Haftung ist vergleichsweise schlecht. Zudem zeigen die Schichten erhöht Oxideinschlüsse und einen Porengehalt von bis zu 15 Vol.-%.

Bei der Verfahrensvariante des **Detonationsflammspritzens**, auch als **Flammschockspritzen** bezeichnet, werden im Reaktionsraum einer Detonationskanone die Reaktionsgase Acetylen und Sauerstoff gemeinsam mit dem pulverförmig vorliegenden Schichtwerkstoff 4 bis 8 mal pro Sekunde gezündet **(Bild 1)**. Das Pulver wird dadurch bis auf 4700 °C erwärmt und mit einer Geschwindigkeit von etwa 800 m/s auf die Bauteiloberfläche geschleudert, was zu einer hohen Haftfestigkeit auf dem Bauteil führt.

Beim **Aufschmelzen des Schichtwerkstoffs in einem Lichtbogen** werden drahtförmige, elektrisch leitende Spritzwerkstoffe in einem zwischen beiden Elektroden brennenden Lichtbogen (ca. 4000 °C) aufgeschmolzen, durch ein Verdüsungsgas zerstäubt und in Richtung Bauteiloberfläche beschleunigt **(Bild 2)**. Bei Verwendung von Drähten aus verschiedenen Metallen können Legierungen aufgebaut werden.

Beim **Aufschmelzen des Schichtwerkstoffs in einem Plasma** wird zwischen einer stabförmigen Wolframkathode und einer koaxialen ringförmigen Kupferanode (beide wassergekühlt) ein Lichtbogen hoher Energiedichte erzeugt. Das durch den Lichtbogen geleitete Plasmagas (Helium, Argon, Wasserstoff, Stickstoff) wird zunächst allein durch die Lichtbogenwärme ionisiert, was teilweise gelingt. Infolge der dadurch bereits im geringen Maße gegebenen elektrischen Leitfähigkeit lässt sich die Temperatur über Ohm'sche Erwärmung weit über die Lichtbogentemperatur steigern, was parallel die Ionisierung immer vollkommener werden lässt.

Das nun zur Verfügung stehende Plasma hat Temperaturen bis 30 000 °C (gestattet das Aufbringen sogar hochschmelzender Schichtwerkstoffe) und eine Düsenaustrittsgeschwindigkeit von 200 bis 300 m/s (Normalgeschwindigkeitsplasmaspritzen) bis 600 bis 800 m/s (Hochgeschwindigkeitsplasmaspritzen). Mit einem Trägergas ins Plasma eingeblasener, pulverförmig angebotener Spritzwerkstoff wird dort aufgeschmolzen, zerstäubt und

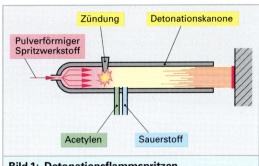

Bild 1: Detonationsflammspritzen

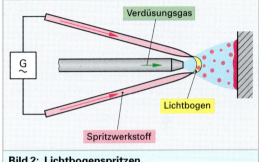

Bild 2: Lichtbogenspritzen

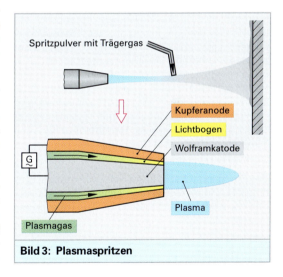

Bild 3: Plasmaspritzen

in Richtung Bauteiloberfläche beschleunigt **(Bild 3)**.

Der Vermeidung von Oxidation und damit dem Erreichen von Schichten hoher Dichte, hoher Reinheit und hoher Haftfestigkeit dienende Varianten sind das *Niederdruckplasmaspritzen* in Schutzgas unter vermindertem Sauerstoffpartialdruck und das *Vakuumplasmaspritzen*.

Aufbringen eines glassilikatischen Schichtwerkstoffs

Zu dem auch als **Emaillieren**[1] bezeichneten Verfahren wird der glassilikatische Rohstoff aus den entsprechenden Komponenten wie ein Glas erschmolzen und nach der Erstarrung zu einem feinen Pulver („Fritte") gemahlen. Dieses Pulver wird in einer Flüssigkeit (z. B. Wasser) zu einem Schlicker dispergiert, der durch Spritzen oder Tauchen auf der Bauteiloberfläche appliziert wird.

Durch ein Brennen bei Temperaturen zwischen 800 °C und 950 °C schmilzt das Glaspulver auf, verläuft und erstarrt nachfolgend amorph. Wegen des im Vergleich zu einem metallischen Substrat niedrigeren Wärmeausdehnungskoeffizienten gelangt die Emaille während des Erstarrens unter vorteilhafte Druckeigenspannungen. Weitere Kennzeichen von Emaillierungen sind eine Temperaturbeständigkeit sowie eine hohe Korrosionsbeständigkeit. In der Regel werden beim Emaillieren zwei Schichten aufgebracht, eine Grundemaille, die eine gute Haftung zur Unterlage herstellt, und eine Deckemaille, die die mechanisch, thermischen und chemischen Eigenschaften sicherstellt.

Durch Emaillieren werden große Kessel **(Bild 1)** der chemischen Industrie porendicht innenbeschichtet. Häufig werden hierzu in der Prozessfolge: Emailschicht spritzen, Brennen, Emailschicht spritzen ... mehrere Schichten aufgetragen. Durch prozessbegleitendes Schichtdickenmessen und Prüfen auf Porenfreiheit wird die notwendige Qualität gesichert. Das Prüfen auf Porenfreiheit und Dichtigkeit erfolgt häufig mit einem Hochspannungsbesen **(Bild 2)**. Bei Spannungen von 20 000 V dürfen keine Ladungsableitungen vorkommen.

Das Emaillieren hat in Form der Emailmalerei eine lange Tradition. So werden sehr haltbar und abriebfest Kunstgegenstände und Apparate emailliert **(Bild 3)**.

> Oxidfreie und haftfeste gespritzte Schichten sind nur durch Plasmaspritzen unter Niederdruck oder Vakuum zu erreichen.

Bild 1: Innenemaillierte Kessel

20 000 Volt-Hochspannungs-Prüfbesen

Bild 2: Prüfen der Emailleschicht mit Hochspannungsbesen

Bild 3: Emaillierter Himmelsglobus[2]

---

[1] emaillieren, von franz. émail = Schmelzüberzug, von lat. smeltum = Schmelze, Schmelzglas

[2] Globusuhr, von *Ph. M. Hahn* und *Ph. G. Staudt*, Onstmettingen 1769.

Aufbringen eines organischen Schichtwerkstoffs durch Spritzen oder Tauchen

Spritzbare und auftauchbare organische Schichtwerkstoffe werden als **Lacke** bezeichnet.

Lacke umfassen **Bindemittel, Pigmente** und **Hilfsstoffe (Tabelle 1)**:

Das **Bindemittel** befindet sich vor der Filmbildung im Falle eines thermoplastischen (und daher löslichen) Bindemittels (Vinylharz, Acrylharz, gesättigte Polyester) bereits im makromolekularen Zustand.

Tabelle 1: Bestandteile von Lacken

Bindemittel	Pigmente	Hilfsstoffe
thermoplastisch[1] Vinylharz Acrylharz gesättigte Polyester	**Korrosionsschutz** aktive Pigmente inaktive Pigmente	Lösemittel Weichmacher Beschleuniger Benetzungsmittel Emulgatoren Fungizide Bakterizide Antifoulingzusätze
duroplastisch[2] ungesättigte Polyester Phenolharz Melamin-Harnstoff-Harz Epoxidharze Polyurethanharze	**Farbgebung**	

[1] durch Lösemittelabdampfen filmbildend
[2] durch Vernetzen filmbildend

Um eine ausreichende Fließfähigkeit zu erreichen, müssen dem Bindemittel organische Lösemittel mit mehr als 30 Vol.-% zugesetzt werden, denn eine Verringerung der Molekulargewichtes, womit eine verbesserte Fließfähigkeit auch erreichbar wäre, verbietet sich aus Rücksicht auf die mechanischen Eigenschaften der späteren Beschichtung, deren Glastemperatur nicht unter 25 °C liegen sollte.

Da die Filmtrocknung wegen der Unvernetzbarkeit des Bindemittels nur durch Verdunsten des organische Lösemittels möglich ist, ist der Lack selbst nach seiner Trocknung noch gegenüber organischen Lösemitteln empfindlich. Das Bindemittel befindet sich vor der Filmbildung bei einem durch Vernetzung härtenden Bindemittel noch im niedermolekularen Zustand.

Um eine ausreichende Fließfähigkeit zu erreichen, muss dem Bindemittel nur vergleichsweise wenig organische Lösemittel (max. 30 Vol.-%) zugesetzt werden, denn das geringe Molekulargewicht hat bereits eine gute Fließfähigkeit zur Folge. Im Zuge der Filmtrocknung vernetzen die niedermolekularen Komponenten durch Polymerisation (ungesättigtes Polyesterharz), Polykondensation (Phenolharz, Melamin-Harnstoff-Harz) oder Polyaddition (Epoxidharz, Polyurethanharz) und werden dadurch selbst für organische Lösemittel unangreifbar.

Bei **einkomponentigen Lacksystemen** (sie stellen bereits von Anfang an eine Mischung aus den beiden Netzwerkkomponenten und dem Katalysator dar) wird die Vernetzung durch Wärmezufuhr ausgelöst, weswegen sie als warmhärtende Lacksysteme bezeichnet werden.

Zweikomponentige Lacksysteme benötigen über die von den einkomponentigen Lacksystemen her bekannte Mischung hinaus einen sogenannten Härter, der die Katalysatorreaktion bereits bei Raumtemperatur anregt (kalthärtende Lacksysteme) und daher getrennt gelagert und erst unmittelbar vor der Applikation des Lacks zugemischt werden darf, denn die Topfzeit des Lacks ist begrenzt.

Da die Lösemittel die Umwelt erheblich belasten, ist man bemüht, lösemittelarme oder sogar lösemittelfreie Lacksysteme zu entwickeln und zu verarbeiten.

Einkomponentensysteme:
- lösemittelarm
- infolge stark hydrophiler polarer Hydroxid-, Carboxyl- oder Amidgruppen wasserverdünnbar und damit noch lösemittelärmer
- lösemittelfrei (Pulverlacke)

Zweikomponentensystem:
- lösemittelarm
- lösemittelfrei

Wiederholung und Vertiefung

1. Welche Verfahren ermöglichen das Entfetten von Bauteilen?

2. Wann wird das Dekapieren angewendet?

3. Wie werden Oberflächen von Polymerbauteilen aktiviert?

4. Wie werden Zugeigenspannungen abgebaut und wie Druckeigenspannungen eingebracht?

5. Beschreiben Sie die Funktionsweise einer Plasmaspritzpistole.

6. Welche Elemente werden beim Oberflächenmodifizieren durch Diffusion in ein Bauteil eingebracht?

7. Was passiert an der Bauteiloberfläche beim galvanischen Abscheiden eines metallischen Schichtwerkstoffs?

8. Wie läuft das Emaillieren ab?

9. Aus welchen Komponenten besteht ein Lack?

10. Wie erfolgt das Aushärten eines einkomponentigen Lackes und wie das eines zweikomponentigen Lackes?

Zu den **Pigmenten** zählen im Bindemittel unlösliche organische oder anorganische Farbmittel sowie aktiv oder inaktive korrosionsschutzbietende Bestandteile.

Korrosionsschutzwirkung aktiver und inaktiver Pigmente

Aktive Pigmente:
- Pb_3O_4 (Bleimennige)
- $ZnCrO_4$ (Feuerverzinkung)
- $Zn_3(PO_4)$
- Zinkstaub

chemisch bzw. elektrochemisch wirkend
- Bindung des diffundierenden Korrosionspartners
- katodische Schutzwirkung (Opferanodenfunktion)
- passive Wirkung
- inhibierende Wirkung

Inaktive Pigmente:
- TiO_2
- Fe_2O_3
- Fe_3O_4
- Al
- Graphit

hemmen infolge ihrer plättchenförmigen Gestalt die Diffusion des Korrosionspartners

---

Zu den **Hilfsmitteln** zählen u. a.

- Lösemittel,
- Benetzungsmittel,
- Reaktionsbeschleuniger,
- Weichmacher,
- Trockenschmierstoffe,
- Fungizide,
- Bakterizide,
- Antifoulingzusätze.

Bei den Lacken wird unterschieden zwischen organischen Niedertemperaturlacken, die bis 200 °C einsetzbar sind, organischen Hochtemperaturlacken, die bis 500 °C einsetzbar sind, keramisierender organischen Hochtemperaturlacken, die bis 600 °C einsetzbar sind, und Lacken, die mit Trockenschmierstoffen pigmentiert sind. **Tabelle 1** zeigt Beispiele für spritzbare organische Schichtwerkstoffe sowie die erreichbaren Ziele.

Eine korrosionsschutzbietende Beschichtung besteht in jedem Fall aus mindestens zwei Schichten unterschiedlicher Zusammensetzung und Aufgabenstellung, einer Grundierung und einer Deckbeschichtung. Die Grundierung hat die Haftung zur Unterlage sicherzustellen und als Depot von Korrosionschutzpigmenten den Korrosionsschutz wahrzunehmen.

Die Deckbeschichtung hat die Aufgabe, schädliche äußere Einwirkungen, insbesondere mechanische und chemische Einflüsse von der Grundierung fernzuhalten, damit diese ihre Korrosionsschutzfunktion möglichst lange erfüllen kann. Die Pigmente der Deckbeschichtung werden primär nach ihren dekorativen Wirkungen gewählt.

Die wichtigsten Beschichtungsverfahren, die mit Flüssiglacksystemen arbeiten, sind neben den manuellen Verfahren des Streichens mit einem Pinsel und des Rollens mit einer Walze das automatisierbare Spritzen **(Bild 1)** und das Tauchen. Sowohl beim Spritzen als auch beim Tauchen existieren elektrostatisch arbeitende Verfahrensvarianten.

Tabelle 1: Beschichten mit organischen Schichtwerkstoffen						
Korrosionsschutz	Oxidationsschutz	Verschleißschutz	Gleitbegünstigung	Haftschicht	Wärmedämmung	Schichtwerkstoff
X						Organische Niedertemperaturlacke
X						Organische Hochtemperaturlacke
X	X					Anorganische Hochtemperaturlacke
			X			PTFE
			X			MoS_2
			X			Graphit
			X			BN

Bild 1: Lackieren mit Roboter

Beim konventionellen **Spritzlackieren** wird der Lack mit Druckluft (2 bis 8 bar) zerstäubt und auf die zu lackierende Fläche gesprüht **(Bild 1)**. Nachteilig ist der das Bauteil nicht treffende Anteil des Lacknebels (engl.: Overspray), der bis zu 50 % ausmachen kann. Eine deutlich bessere Lackausbeute lässt sich durch Höchstdruckspritzen erreichen, bei dem der Lack ohne Druckluftzugabe (engl.: Airless Spraying) mit 60 bis 350 bar durch feine Düsen gepresst und infolge des Druckabfalls beim Austritt aus den Düsenöffnungen vernebelt wird. Lösemittelarme Lacke lassen sich nach beiden Verfahren verarbeiten, setzen aber eine Lacktemperatur von ca. 80 °C voraus, was als Heißspritzen bezeichnet wird.

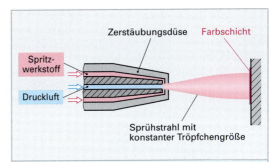

Bild 1: Spritzwerkzeug

Beim elektrostatischen Spritzlackieren **(Bild 2)** liegt zwischen dem Kopf der Spritzpistole und dem Werkstück eine Hochspannung von etwa 100 kV an. Die Lackteilchen laden sich beim Verlassen des Sprühkopfs infolge Wandreibung negativ auf und folgen den zwischen Sprühkopf und Werkstück verlaufenden Feldlinien.

Es ergeben sich sehr gleichmäßig Schichten und sehr geringe Lackverluste. Von Nachteil ist, dass der elektrostatisch gerichtete Lackstrom nächstliegende Stellen leicht, entfernter oder sogar im Windschatten liegende schlechter, erreicht.

Bild 2: Elektrostatisches Spritzlackieren

Beim konventionellen **Tauchlackieren** wird das vorbehandelte Bauteil ins Lackbad getaucht und die Lackschichtdicke (10 bis 50 μm bei organischen und 30 bis 100 μm bei anorganischen Lacken) durch abschließendes Abtropfen oder Abschleudern (Dip-Spin-Verfahren) eingestellt.

Eine Sonderform des Tauchlackierens ist das **Coil-Coating,** bei dem nicht erst das einzelne endkonturierte Bauteil lackiert wird, sondern bereits das noch plane Blechhalbzeug. Der Lack wird dazu über die gesamte Blechbreite über eine Schlitzdüse zugeführt und über eine im entsprechenden Abstand über der Blechoberfläche angeordneten Leiste in der Schichtdicke eingestellt.

Bei der **elektrostatischen Tauchlackierung** (Elektrophorese; 100 bis 200 V) kann das Bauteil anodisch (Anaphorese; *A*[naphoretische]*T*[auch]*L*[ackierung]) oder katodisch (Kataphorese; *K*[ataphoretische]*T*[auch]*L*[ackierung]) gepolt sein. Es hat sich allerdings gezeigt, dass die kataphoretische Verfahrensweise deutlich bessere Schichteigenschaften hervorruft. Ein großer Vorteil des elektrostatischen Tauchlackierens ist, dass die Abscheidung mit Erreichen einer elektrisch isolierenden Schichtdicke aufhört und Beschichtungsmaterial nur noch an Stellen unzureichender Schichtdicke abgeschieden wird.

Bild 3: Tauchlackieren

Auf diese Weise werden dichte und sehr gleichmäßige Lackschichten erreicht **(Bild 3)**. Andererseits lässt sich mit dem elektrostatischen Tauchen nur eine Lackschicht (i. A. Grundierung) aufbringen.

Nach dem Lackauftrag müssen die warmhär-
tenden Einkomponentenbeschichtungen zum
Verdunsten des Lösemittel-/Wasseranteils bei
80–120 °C **trocknen** und bei bis zu 190 °C (organischer Niedertemperaturlack, Trockenschmier-
stoffschicht), 300 °C (organischer Hochtemperaturlack) oder 350 °C (keramisierender organischer
Hochtemperaturlack) **vernetzt** werden, was man
als Aushärtung oder Einbrennen bezeichnet.

Die Trocknungsstufe darf, besonders bei hohen
Lösemittel- oder Wassergehalten, nicht zu schnell
durchlaufen werden, da ein zu schnelles Verduns-
ten/Verdampfen des Lösemittelanteils zur Blasen-
bildung und zu Schrumpfspannungen führt.

Die Trocknung erfolgt bei der Serienfertigung
meist in einem Umlaufspeicher, z. B. Hängeförderer **(Bild 1)**.

Pulverförmige Lacksysteme haben die gleiche Zusammensetzung wie die spätere Beschichtung,
setzen also bei der *Temperung* keine Lösemittel
und keinen Wasserdampf frei. Die Applikation der
Pulver erfolgt bei thermoplastischen Schichtwerkstoffen (z. B. PE, PVC, PA) durch *Aufsintern,* bei duroplastischen Schichtwerkstoffen (z. B. EP) durch
elektrostatisches Spritzen oder *Aufwirbeln* mit
nachfolgender Temperung.

Beim **Wirbelsintern (Bild 2)** erfolgt der Auftrag im
Wirbelbett. Die zu beschichtenden Bauteile gelangen hierbei bereits erwärmt in das Wirbelbett, so
dass die Pulverteilchen durch Anschmelzen haften.

Beim **elektrostatischen Pulverspritzen (Bild 3)**
werden die Pulverpartikel an der Spritzpistole mittels Hochspannung aufgeladen und gelangen, unterstützt vom auch fördernden Gas, auf die Oberfläche des auf Masse liegenden Bauteils.

Beim **Aufwirbeln (Bild 1, folgende Seite)** werden
die Pulverpartikel an der perforierten und an Hochspannung liegenden Bodenplatte, durch die sie mit
einem Gas auch gefördert werden, aufgeladen und
gelangen, unterstützt vom Fördergas, auf die
Oberfläche des auf Masse liegenden Bauteils.

Nichthaftendes, überschüssiges Pulver ist in allen
drei Fällen wiederverwendbar. Das aufgetragene
Pulver wird in einem Ofen zusammengesintert.

Nach den gleichen Verfahren wie bei den metallischen Bauteilen gelingt auch das **Nasslackieren
polymerer Bauteile.** Zu beachten ist allerdings,
dass das Lösemittel des Lackes mit dem Grundwerkstoff verträglich ist, damit es nicht zu einem
übermäßigen Anlösen oder sogar zur Spannungs-
rissbildung kommt.

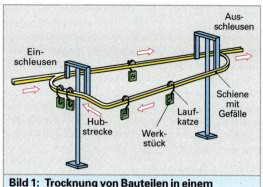

**Bild 1: Trocknung von Bauteilen in einem
          Umlaufspeicher**

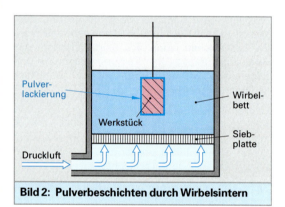

Bild 2: Pulverbeschichten durch Wirbelsintern

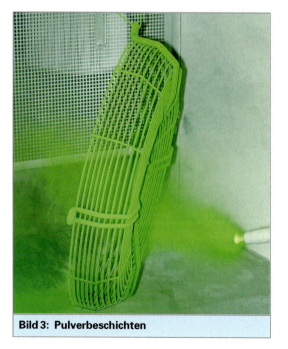

Bild 3: Pulverbeschichten

Aufbringen eines metallischen Schichtwerkstoffs durch Tauchen

Die Bauteile werden separat in Flussmittelbädern oder in den den Schmelztauchbädern (**Tabelle 1** zeigt Beispiele von Schmelztauchbädern sowie die erreichbaren Ziele) aufgeschichteten Flussmittelfilmen **(Bild 2)** beim Durchtauchen oberflächenaktiviert. Beim anschließenden Aufenthalt der vorbehandelten Bauteile in den Metallschmelzen bilden sich dann die Schmelztauchschichten.

Dabei kommt es an der Grenzfläche Bauteil/Metallschmelze über *Interdiffusion* zur Legierungsbildung, wobei die Legierungszone alle im Gleichgewichtszustandsdiagramm auftretenden (leider auch die spröden!) Phasen bildet.

Diese Legierungsschicht wird beim Herausziehen der Bauteile aus dem Schmelzbad und Abstreifen des überschüssigen Metalls von einer Metallschicht derselben Zusammensetzung wie das Bad überzogen. Auf diese Weise werden vor allem Stahlbauteile verzinkt.

> Beim elektrostatischen Pulverbeschichten ist der Pulverbedarf sehr gering.

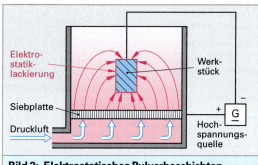

Bild 2: Elektrostatisches Pulverbeschichten

Tabelle 1: Schmelztauchbäder

Zielsetzung						
Korrosionsschutz	Oxidationsschutz	Verschleißschutz	Gleitbegünstigung	Haftschicht	Wärmedämmung	Schichtwerkstoff
X	X					Al
X						Zn
X			X			Sn
X			X			Pb

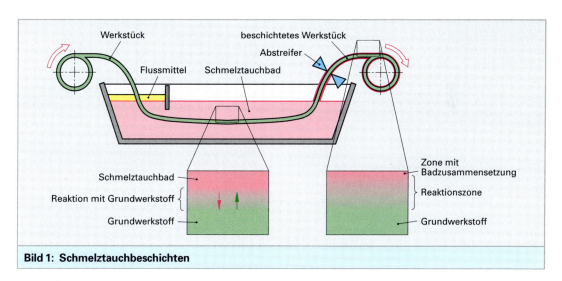

Bild 1: Schmelztauchbeschichten

Wiederholung und Vertiefung

1. Welche Aufgaben haben aktive und welche inaktive Pigmente in Lacken?

2. Beschreiben Sie das elektrostatische Spritzlackieren.

3. Wie erfolgt das Lackieren nach dem Coil-Coating-Verfahren?

4. Beschreiben Sie das Wirbelsintern von Pulverlacken.

5. Welchen Vorteil erzielt man durch das elektrostatische Aufladen der Farbpartikel beim Lackieren?

6. Beschreiben Sie den Aufbau und die Funktion eines Schmelztauchbades.

7. Wie erfolgt das Verzinken von Stahlbauteilen?

4.2.2.4 Beschichten aus der Gas- oder Dampfphase

Für eine Erhöhung der Verschleißfestigkeit werden Hartstoffschichten benötigt. Wegen der unterschiedlichen thermischen Ausdehnungskoeffizienten von Hartstoff- und metallischem Substratmaterial bleibt eine gute Haftung nur bei sehr dünnen Schichten mit nur bis zu 10–15 µm Schichtdicke erhalten.

Derart dünne Schichten müssen zur Steigerung der Verschleißfestigkeit einen niedrigen Reibungskoeffizienten und eine geringe chemische Aktivität aufweisen und benötigen bei punktförmiger Beanspruchung zudem ausreichend harte metallische Substrate, da sie sonst durchbrechen.

Aufbringen eines metallischen oder keramischen Schichtwerkstoffs aus der Gasphase

Tabelle 1 enthält Beispiele von Schichtwerkstoffen, die aus der Gasphase abscheidbar sind sowie die erreichbaren Ziele. Der Schichtwerkstoff wird an der vorbehandelten und zur Steigerung der Beschichtungsgeschwindigkeit, der Schichthaftung und Schichtgüte erwärmten Bauteiloberfläche in einer chemischen Reaktion gebildet und abgeschieden (**Bild 1**). Man bezeichnet dies als CVD[1].

Nach Abscheidung einer ersten Schicht kommt es infolge der vergleichsweise hohen Temperaturen rasch zur Interdiffusion zwischen Grund- und Schichtwerkstoff. Die sich ergebenden Diffusionszonen steigern die Haftung wesentlich.

Vorteilhaft ist die Möglichkeit, auch hochschmelzende Substanzen weit unter deren Schmelzpunkt aufzutragen sowie die Dicke und Zusammensetzung der Schicht gut kontrollieren zu können. Positiv ist weiterhin die gute Streufähigkeit, negativ die teilweise sehr hohe Substrattemperatur.

Eine Verfahrensvariante ist das plasmaunterstützte CVD, kurz Plasma-CVD. Hierbei werden die für das Fortschreiten der Reaktion erforderlichen Temperaturen nicht vom erwärmten Bauteil, sondern von einem zwischen Bauteil und Reaktorwandung brennenden thermischen Plasma bereitgestellt.

Gegenüber dem zuerst beschriebenen CVD-Verfahren ist die thermische Belastung des Bauteils deutlich geringer und die Abscheidegeschwindigkeit deutlich erhöht.

---

[1] CVD Kunstwort für Chemical Vapour Deposition = chemische Dampfabscheidung

Zielsetzung						Schichtwerkstoff
Korrosionsschutz	Oxidationsschutz	Verschleißschutz	Gleitbegünstigung	Haftschicht	Wärmedämmung	
X						Al
X						Ti
		X				Cr
X						Ni
		X	X			Mo
X						Ta
						W
		X				NiB
X		X				FeB/Fe₂B
		X				SiC, TiC, TiCN,
		X				TiC+TiN, TiC+Al₂O₃
X		X				CrC, Cr₇C₃
X		X				TiN
		X				FeN
		X				Al₂O₃

Tabelle 1: Schichtwerkstoffe, aus der Gasphase abscheidbar

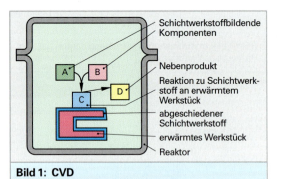

Bildunterschrift:
- Schichtwerkstoffbildende Komponenten
- Nebenprodukt
- Reaktion zu Schichtwerkstoff an erwärmtem Werkstück
- abgeschiedener Schichtwerkstoff
- erwärmtes Werkstück
- Reaktor

Bild 1: CVD

Zum CVD-Prozess werden gasförmig vorliegende

- metallorganische Verbindungen bei unter 350 °C,

  Beispiel:
  $Ni(CO)_4 \rightarrow Ni + 4\,CO\ (180\,°C)$

- Metallhalogenide bei Wasserstoffzusatz bei höheren Temperaturen

  Beispiel:
  $WCl_6 + 3\,H_2 \rightarrow W + 6\,HCl\ (700\text{–}900\,°C)$

in Metalle, unter Zusatz entsprechender gasförmiger Partner in Silizide, Boride, Nitride, Karbide

  Beispiel:
  $TiCl_4 + CH_4 \rightarrow TiC + 4\,HCl\ (900\text{–}1000\,°C)$

oder durch Hydrolyse in Oxide übergeführt

  Beispiel:
  $2\,AlCl_3 + 3\,H_2O \rightarrow Al_2O_3 + 6\,HCl\ (1050\text{–}1100\,°C)$

Aufbringen eines metallischen oder keramischen Schichtwerkstoffs aus der Dampfphase

Für viele Grundwerkstoffe sind die hohen Prozesstemperaturen des CVD nicht akzeptabel, weswegen man das Verdampfen des Schichtwerkstoffs anstrebte. Da keramische Schichtwerkstoffe aber vielfach wegen ihrer hohen Schmelzpunkte oder Zersetzung nicht verdampfbar sind, wird zu ihrer Erzeugung wie zur Abscheidung metallischer Schichtwerkstoffe metallisches Material verdampft und erst über Zugabe von Kohlenwasserstoffen (Methan), Stickstoff oder Sauerstoff in karbidische, nitridische und oxidische Schichtwerkstoffe übergeführt.

Die Schichtbildung beruht auf physikalischen Prozessen. Daher fasst man die nachfolgend beschriebenen Beschichtungsverfahrensvarianten unter der Sammelbezeichnung **PVD**[1] zusammen. **Tabelle 1** enthält Beispiele von Schichtwerkstoffen, die so aus der Dampfphase abscheidbar sind.

Beim **Vakuumbedampfen** wird Metall im Vakuum (10^{-3} bis 10^{-4} Pa sorgt für eine freie Weglänge von einigen Metern) über Widerstandsheizung oder Hochfrequenzheizung oder aber mit einem Elektronenstrahl oder Laserstrahl bis über den Verdampfungspunkt erwärmt **(Bild 1)**. Zwei oder mehr Verdampfungsquellen ermöglichen die Abscheidung mehrlagiger **(Bild 2)** und/oder legierter Schichten. Der freigesetzte Dampf scheidet sich dabei auch auf dem im Reaktor befindlichen metallischen keramischen oder polymeren Bauteil ab.

Die kinetische Energie, mit der die verdampften Metallpartikel auf der Bauteiloberfläche auftreffen, ist gering und nicht ausreichend, um eine gute Haftung der Schicht zu erzielen. Die Streufähigkeit des Verfahrens, d. h. seine Fähigkeit, Bauteile komplexer Geometrie ohne Manipulation auf allen Flächen gleichmäßig zu beschichten, ist begrenzt. Das

Vakuumbedampfen von polymeren Werkstoffen gelingt, wenn der Werkstoff vor dem Einbringen in der Reaktor mit Klebstoff versehen wird.

---

[1] PVD Kunstwort für Physical Vapour Deposition = physikalische Dampfabscheidung

Tabelle 1: Schichtwerkstoffe, aus der Dampfphase abscheidbar

Korrosionsschutz	Oxidationsschutz	Verschleißschutz	Gleitbegünstigung	Haftschicht	Wärmedämmung	Schichtwerkstoff
X						Al
X						Ti
		X				Cr
		X				CrNi
			X			Co
X	X					CoCrAlY
X			X	X		Cu
			X			Ag
			X			Cd
			X			In
			X			Sn
			X			Au
			X			Pb
X	X					NiCrAlY
X	X					FeCrAlY
		X				SiC, TiC, TiC-TiN, CrC, Cr$_3$C$_2$, WC
			X			FeC
			X			BN
X			X			TiN
			X			Al$_2$O$_3$
			X			PbO
			X			CaF$_2$
X			X			Fe$_2$B
			X			MoS$_2$, WS$_2$
			X			MoSe$_2$, WSe$_2$
			X			PTFE

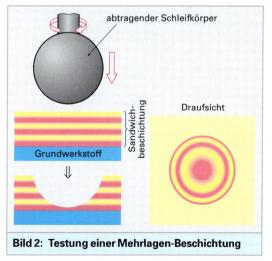

abtragender Schleifkörper

Sandwich-beschichtung

Draufsicht

Grundwerkstoff

Bild 2: Testung einer Mehrlagen-Beschichtung

Werkstück

aufgedampfte Beschichtung

verdampfter Beschichtungswerkstoff

Vakuumbehälter

durch Erwärmung verdampfender Beschichtungswerkstoff

Me Me Me

Bild 1: Vakuumbedampfen

Beim **(Katoden-)Aufstäuben** (Sputtering[1]) wird zwischen der metallischen Katode auf der einen und dem Bauteil sowie der Vakuumbehälterwand zum anderen (beide liegen an Masse) eine Glimmentladung angeregt, die aus eingebrachtem Argongas ein Argonplasma entstehen lässt.

Entsprechend der Polung der die Glimmentladung erzeugenden Gleichspannung werden die Argonionen in Richtung Katode beschleunigt, wo sie infolge ihrer hohen kinetischen Energie Metall atomar abtragen.

Zur Abscheidung von Legierungen werden diese entweder unmittelbar als Katodenmaterial oder aus zwei oder mehr abwechselnd angesprochenen Katoden freigesetzt. Der so erhaltene Metalldampf scheidet sich nachfolgend auch auf dem Bauteil ab **(Bild 1)**. Die Abscheidung keramischer Verbindungen gelingt, wenn man dem Metalldampf ein entsprechendes Gas zugibt **(Bild 2)**.

Die erreichbaren Beschichtungsraten sind geringer als die des Vakuumbedampfens. Wegen der höheren kinetischen Energie des abgestäubten Materials ist deren Haftfestigkeit auf dem Bauteil höher als beim Vakuumbedampfen, wenn auch von der kinetischen Energie einiges infolge der elastischen Stöße des abgestäubten Materials mit dem Plasmagas verloren geht und eine *höhere Streufähigkeit* zur Folge hat.

Die Haftfestigkeit wird zudem über Interdiffusion zwischen Schichtwerkstoff und Grundwerkstoff gesteigert, denn durch den Beschuss des Bauteils (sowie der Behälterwand) durch Sekundärelektronen können sich beide erwärmen (im Extremfall bis auf 300 °C bis 500 °C).

Eine Steigerung der Beschichtungsrate ist zu verzeichnen, wenn an der Katode ein Magnetsystem so angeordnet wird, das das Argonplasma im Katodenbereich konzentriert wird, was man als *Magnetronsputtern* oder *Hochleistungsaufstäuben* bezeichnet **(Bild 3)**. Gleichzeitig kann dadurch die Bauteiltemperatur auf 100 °C bis 250 °C beschränkt werden.

Mit der Magnetronsputter-Anlagen werden z. B. Bauteile der Elektroindustrie beschichtet.

> Das Katodenaufstäuben erzielt dünne Schichten hoher Haftfestigkeit.

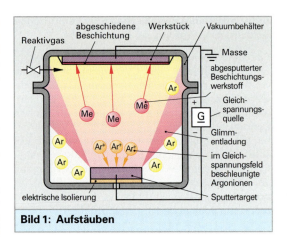

Bild 1: Aufstäuben

Bild 2: Beschichten mit einer Sputteranlage

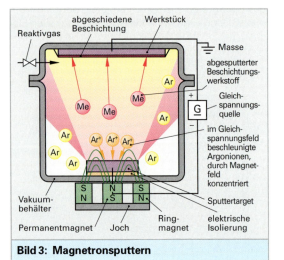

Bild 3: Magnetronsputtern

---

[1] engl. to sputter = sprudeln, spritzen

(Bild 1) zeigt das Beschicken einer Dünnschicht-Beschichtungsanlage.

Beim **Ionenplattieren** wird zwischen der metallischen Anode und dem als Katode geschalteten Bauteil eine Glimmentladung angeregt, die eingebrachtes Argon ionisiert. Infolge der Polung der die Glimmentladung erzeugenden Gleichspannung werden die Argonionen, im Gegensatz zum Aufstäuben, in Richtung Katode beschleunigt und stäuben dort zunächst nur restliche Verunreinigungen ab und aktivieren die Oberfläche.

Parallel wird in das Argonplasma aus der durch Widerstands- oder Induktionsbeheizung, Elektronen- oder Laserstrahlung erwärmten metallischen Anode Schichtwerkstoff eingedampft, dort durch Stoßionisation ionisiert und im elektrischen Feld zum Bauteil hin beschleunigt. Die beschleunigten ionisierten Teilchen verlieren durch Umladung ihre Ladung zwar wieder, behalten aber auch in diesem Zustand ihre als Ion erhaltene Geschwindigkeit bei und treffen mit hoher Energie auf die Bauteiloberfläche auf, wo sie sich abscheiden **(Bild 2)**. Das Abscheiden nicht verdampfbarer keramischer Verbindungen erfolgt durch Zugabe eines Reaktivgases.

Das Eindringen der beschleunigten Teilchen in die Substratoberfläche führt dort zu einer Art *Diffusionsschicht,* die für eine *ausgezeichnete Haftfestigkeit* sorgt. Das gleichzeitig wirkende Ätzen der Argonionen sorgt dafür, dass keine Verunreinigungen eingebaut und nur wenig haftfester Schichtwerkstoff sofort wieder abgestäubt wird. Das Ionenplattieren kann bei relativ niedriger Substrattemperatur erfolgen und zeichnet sich durch mittlere Streufähigkeit aus.

Eine Variante des Ionenplattierens ist das **Ionenimplantieren.**[1] Hierbei wird der zu implantierende Werkstoff wie zuvor beschrieben verdampft, dann aber über Hochspannung als hochenergetischer Ionenstrahl auf und in das Bauteil geschossen. Mit dieser Technik lassen sich beliebige Fremdatomsorten unabhängig von ihrer Löslichkeit in die Matrix einbauen. Realisierbar sind bei hoher Strahlenergie Eindringtiefen bis zu einigem μm.

> Beim Ionenplattieren werden die verdampften Metallpartikel ionisiert und im Hochspannungsfeld beschleunigt.

---

[1] Implantat = in einem Körper „eingepflanztes" Teil, von lat. plantare = pflanzen und lat. im = hinein

Bild 1: Dünnschicht-Beschichtungsanlage

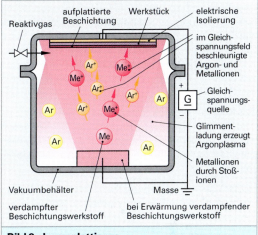

Bild 2: Ionenplattieren

Wiederholung und Vertiefung

1. Beschreiben Sie den Beschichtungsprozess beim CVD-Verfahren.

2. In welchem Bereich müssen die Bauteiltemperaturen beim CVD-Verfahren liegen?

3. Was läuft beim Beschichten nach dem PVD-Verfahren ab?

4. Wie sind die Beschichtungsrate, Haftfestigkeit und Streufähigkeit beim Katoden-Aufstäuben im Vergleich zum Vakuumbedampfen zu bewerten?

5. Stellen Sie mit einer Skizze die Funktionsweise des Ionenplattierens dar.

6. Wie unterscheidet sich das Ionenimplantieren vom Ionenplattieren?

7. Welche Aufgabe hat das Argongas beim Ionenplattieren?

4.2.3 Nachbehandlung

Hier sollen nachteilige Auswirkungen des Oberflächenmodifikationsverfahrens auf das Bauteil eliminiert oder zumindest auf ein erträgliches Maß gemindert werden.

4.2.3.1 Reduzierung des gelösten Wasserstoffs

Beim Entfetten, Beizen und Aktivieren sowie bei der elektrolytischen und chemischen Metallabscheidung wird Wasserstoff atomar freigesetzt und kann in dieser Form auch vom Grundwerkstoff aufgenommen werden. Werkstoffe mit Zugfestigkeiten über ca. 1000 MPa können dadurch so effektiv versprödet werden, dass sie ohne eine Entgasungsbehandlung bereits vor einer mechanischen Beanspruchung zur Rissbildung und zum Rissfortschritt bis zum Bruch neigen; Werkstoffe mit einer Zugfestigkeit über 1400 MPa sollten daher überhaupt keiner Oberflächenmodifikation unterzogen werden, bei der eine Wasserstoffaufnahme denkbar ist.

Zur Reduzierung der Versprödung des Werkstoffs macht man sich zunutze, dass der im Werkstoff atomar vorliegende Wasserstoff bereits bei vergleichsweise niedrigen Temperaturen diffusionsfähig ist.

Durch Wärmebehandlung (bei Stählen 200 °C über 1 bis 12 h), die unter Umständen sogar unter Vakuum erfolgt, kann der Wasserstoff

- weitestgehend wieder entfernt werden,
- beim Vorliegen von Beschichtungen mit Barrierewirkung (Kupfer, Zink, Silber, Cadmium) zwar nicht mehr weitestgehend entfernt werden, die im Werkstoff verbleibende Wasserstoffmenge aber über das gesamte Bauteil gleichmäßig verteilt werden und dadurch unter die kritische Konzentration fallen. Die erforderlichen Ausgasungszeiten müssen mit steigender Schichtdicke natürlich länger werden.

4.2.3.2 Konservieren

Oberflächenmodifizierte Bauteile können bei Lagerung und/oder Einsatz *korrodieren*, wenn die Oberflächenmodifikation nicht allumfassend und eine Beschichtung nicht poren- und rissfrei ist **(Bild 1)**. Thermisch gespritzte Schichten sind durchweg porös, während alle übrigen Beschichtungsverfahren porenfrei appliziert werden.

> Thermisch gespritzte Schichten sind durchweg porös und können korrodieren.

Bei der sich zwangsläufig einstellenden Reaktion mit dem angreifenden Medium dürfen Grundwerkstoff und Schichtwerkstoff aber nicht isoliert für sich betrachtet werden. Es kommt daneben infolge des heterogenen Zustandes (Grundwerkstoff in Kontakt mit Schichtwerkstoff) zu einem beschleunigten Korrosionsangriff des unedleren (vergleichsweise wenig korrosionsbeständig) und einem verlangsamten Angriff des edleren (vergleichsweise höher korrosionsbeständig) Partners (Kontaktkorrosion) **Bild 1, folgende Seite**.

Bild 1: Die Nachbehandlung

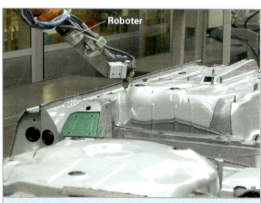

Bild 2: Aufbringen von Unterbodenschutz

Ein Maß für die Kontaktkorrosionsgefahr ist die Differenz der Potenziale der kontaktierenden Werkstoffe auf der Normalspannungsskala (**Tabelle 1**).

Als Elektrolyt genügt schon ein dünner, durch die Luftfeuchtigkeit auf einer kühleren Oberfläche gebildeter Wasserfilm (hohe Luftfeuchtigkeit; Regen) oder der Rest einer wässrigen Bearbeitungsflüssigkeit (Kühlschmiermittel; Reinigungsflüssigkeit).

Da eine Grundwerkstoff/Schichtwerkstoff-Kombination oft als gegeben hingenommen werden muss, kann eine unerwünscht hohe Korrosion, so diese Gefahr gegeben ist, nur dadurch verhindert werden, dass der Elektrolyt von der Metalloberfläche entfernt und dauerhaft ferngehalten wird, was man als Konservierung bezeichnet.

Dabei wird auf die Oberfläche mit wasser- und/oder kühlschmiermittelverdrängenden Konservierungsmitteln durch Tauchen benetzt, die die Oberfläche mit einem Öl- oder Wachsfilm von 1 bis 100 μm Dicke überziehen.

Bei lösemittelhaltigen Konservierungsmitteln ist nach dem Herausnehmen aus dem Konservierungsbad ein Ablüften erforderlich. Weitere Applikationsverfahren sind das Niederdrucksprühen, das elektrostatische Sprühen oder auch das Aufpinseln. Bei Beschichtungen, die gegenüber den Konservierungsmitteln nicht beständig sind, werden die beschichteten Bauteile statt dessen in evakuierte Kunststoffsäcke eingeschweißt.

> Zum Korrosionsschutz muss das korrodierende Medium entfernt werden oder Werkstoff und Medium trennende Konservierungsmittel aufgebracht werden.

Wiederholung und Vertiefung

1. Wie gelingt das Reduzieren des im Werkstoff gelösten (und schädlichen!) Wasserstoffs?

2. Ab welcher Zugfestigkeit ist eine Wasserstoffentfernung erforderlich?

3. Ab welcher Zugfestigkeit ist eine Wasserstoffaufnahme überhaupt nicht erlaubt?

4. Was muss mit dem Wasserstoff geschehen, wenn eine Beschichtung mit einer Wasserstoffbarrierewirkung aufgebracht wurde?

5. Wie muss eine Beschichtung aufgebaut sein, dass eine Konservierung zwingend erforderlich wird?

6. Woraus bestehen Konservierungsmittel?

Bild 1: Korrosion an porösen Stellen

Tabelle 1: Normalspannungen wichtiger Werkstoffe		
Werkstoff	**Normalspannung in Volt**	
Pt/Pt^{2+}	+ 1,60	
Au/Au^{3+}	+ 1,38	edel
Hg/Hg^{2+}	+ 0,86	
Ag/Ag^+	+ 0,81	
Cu/Cu^{2+}	+ 0,35	
H_2/H_3O^+	0,00	
Pb/Pb^{2+}	− 0,13	
Sn/Sn^{2+}	− 0,16	
Ni/Ni^{2+}	− 0,25	
Co/Co^{2+}	− 0,29	
Cd/Cd^{2+}	− 0,40	
Fe/Fe^{2+}	− 0,44	
Cr/Cr^{2+}	− 0,51	
Zn/Zn^{2+}	− 0,76	unedel
Mn/Mn^{2+}	− 1,10	
Al/Al^{3+}	− 1,69	
Mg/Mg^{2+}	− 2,40	
Na/Na^+	− 2,71	
Ca/Ca^{2+}	− 2,76	
K/K^+	− 2,92	

Ablesebeispiel für Kupfer-Zink:

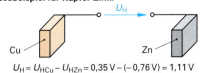

$$U_H = U_{HCu} - U_{HZn} = 0,35\,V - (-\,0,76\,V) = 1,11\,V$$

4.2.3   Entfernen von Schichten

Das partielle oder allumfassende Entfernen von Schichten wird bei fehlerhaften oder unvollständigen Beschichtungen in der Neuteilfertigung oder bei abgenutzten und nicht mehr funktionsfähigen Beschichtungen an Bauteilen erforderlich.

Metallische Beschichtungen. Das Auflösen des metallischen Schichtwerkstoffs gelingt elektrolytisch, wobei das Bauteil als Anode geschaltet ist **(Bild 1)**, oder stromlos in einem oxidierenden Elektrolyten.

Dabei ist entscheidend, dass allein die Beschichtung und nicht der Grundwerkstoff angegriffen wird. Dazu muss der Schichtwerkstoff eine wesentlich größere elektrochemische Reaktivität als der Grundwerkstoff aufweisen und wird dem Elektrolyten ein Inhibitor[1] zugegeben, der vom Grundwerkstoff adsorbiert wird und diesen schützt.

Konversionsschichten. Zum Entfernen von Konversionsschichten müssen zum Schutz des Grundwerkstoffs Elektrolyte verwendet werden, die den Grundwerkstoff nicht angreifen, die Konversionsschicht aber in Lösung bringen, was durch die Verwendung nichtoxidierender Lösungen wie Säure- und Alkalilösungen gelingt.

Thermisch gespritzte Schichten. Der Abtrag der in der Regel vergleichsweise dicken Schichten sollte zum Anfang mechanisch z. B. durch Drehen, Schleifen oder Strahlen erfolgen. Abschließend kann der Abtrag chemisch erfolgen, wobei wegen

---

[1] Inhibitor = Hemmstoff von lat. inhibitio = Hemmung

der Porosität der Beschichtung diese durch Auflösung der Haftvermittlerschicht und damit durch Unterwanderung abgelöst wird.

Lacke. Sie können mechanisch durch Strahlen und/oder Temperatureinwirkung oder chemisch durch Lösemittel („Entlackungsmittel") entfernt werden. Die Entlackungsmittel wirken durch Auflösen des Lacks, Durchdringen und Zerstören der Haftung, Unterwandern und Abheben. Das Entlackungsmittel sollte dabei den Grundwerkstoff nicht angreifen.

Konservierungsmittel. Sie sind durch Tauchen in Entfettungsbädern auf Lösemittelbasis entfernbar.

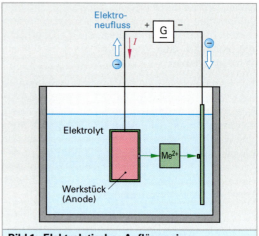

Bild 1: Elektrolytisches Auflösen eines metallischen Schichtwerkstoffs

Bild 2: Schichtentfernen mit Entlackungsmittel

4.3 Montagetechnik

4.3.1 Grundlagen

Die Montage[1] von Bauteilen zu Baugruppen und von Baugruppen zu fertigen Geräten, Maschinen und Anlagen erfolgt vielfach in Handarbeit. Die Serienmontage, d. h., die Montage von Serienteilen erfordert *„flinke Hände"* und ist wegen der Monotonie der Tätigkeit und der ständig gleichartigen Arbeitsbelastung eine für den Menschen sehr belastende Arbeit.

Diese Serienmontage erfolgt als Fließmontage und wird zunehmend mit Robotern und speziellen Montagemaschinen automatisiert ausgeführt **(Bild 1)**. Sofern eine nicht automatisierbare Montagearbeit übrig bleibt, ist darauf zu achten, dass diese Montage-Restarbeitsplätze nicht in den Maschinentakt der Montagelinie ohne hinreichende Teilepufferung eingeplant werden.

Die Hauptfunktionen der Montage sind:

- Fügen,
- Justieren und Prüfen,
- Handhaben,
- Fördern und
- Sondertätigkeiten.

Montagegerechte Produkte

Der Montageaufwand und die Montagequalität, besonders bei Serienfabrikaten, sind entscheidend für die Kosten und die Qualität des fertigen Fabrikats und somit entscheidend für den Erfolg eines verkaufsfähigen Produkts.

Die Kosten eines Produkts werden zu etwa 75 % im Rahmen der Konstruktion festgelegt und dabei wird auch festgelegt, wie hoch der Montageaufwand ist.

Demontage

Demontageaufgaben gibt es bei Wartungs- und Reparaturarbeiten und zunehmend zum Recycling von Wertstoffen oder bei Austauschteilen.

Die Kosten der Demontage schlagen sich erst im weiteren Produktlebenszyklus nieder und werden beim Kauf eines Produkts oft nicht beachtet. Produkte mit leichter Demontage ermöglichen:

- kostengünstigen Austausch von Bauteilen und Baugruppen,
- Wiederverwendung gebrauchter Bauteile und Baugruppen,
- einfache Fehlersuche durch Bauteiltausch,
- Recycling wertvoller Werkstoffe,
- Trennung von Schadstoffen.

---

[1] franz. le montage = der Aufbau, das Zusammensetzen

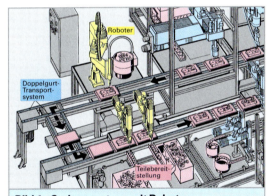

Bild 1: Serienmontage mit Robotern

Grundregeln montage- und demontagegerechter Produktgestaltung:

- Ein Produkt sollte aus möglichst wenigen Teilen zusammengesetzt werden; also je weniger Teile um so günstiger ist i. A. die Montage. Die Produktkomplexität wird meist durch die Zahl der Bauteile bestimmt.
- Komplexe Produkte, wie z. B. Fahrzeuge müssen in Baugruppen (Fahrwerk, Motor, Lenkung usw.) aufgegliedert werden und diese Baugruppen wiederum in Unterbaugruppen, die vormontiert werden können, bevor sie getestet und geprüft werden.
- Jede Unterbaugruppe sollte möglichst wenige weitere Verbindungen zu anderen Unterbaugruppen haben.
- Produktvarianten sollten sich in den Unterbaugruppen unterscheiden und nicht in der produktneutralen Baugruppenmontage.

- Soweit wie möglich sollten die Unterbaugruppenmontagen der Produktvarianten etwa gleich viele Arbeitsschritte enthalten.
- Die Bauteile sollten möglichst symmetrisch sein.
- Wenn die Bauteile unsymmetrisch sind, so sollten sie sich deutlich unsymmetrisch zeigen.
- Die Zuführbarkeit der Bauteile sollte einfach automatisierbar sein. Biegeschlaffe Teile sollten vermieden werden, also möglichst keine Teile aus Textilien u. ä.
- Die Montagerichtungen bzw. Fügerichtungen sollten möglichst einheitlich und minimal sein, z. B. nur senkrechtes Fügen.
- Verbundwerkstoffe sollten vermieden werden, damit Werkstoffe sortenrein rückgewonnen werden können.

Tabelle 1: Symbole für Handhabungs- und Montageoperationen

	geordnete Speicherung		Wenden		Loslassen
	teilweise geordnete Speicherung		Verschieben		Prüfen
	ungeordnete Speicherung		Ausrichten		Messen
	Trennen		Positionieren		Verfügbarkeit prüfen
	Verbinden		in Reihe bringen		Identität prüfen
	Aufteilen		Führen		Form prüfen
	Anordnen		Befördern		Abmessung prüfen
	Verzweigen		Hängen		Farbe prüfen
	Zusammenführen		Anhalten		Gewicht prüfen
	Sortieren		Freigeben		Position prüfen
	Drehen		Festhalten		Zählen

Beispiel:

Teile in ungeordneter Speicherung — in Reihe bringen — Befördern — Farbe prüfen — Aussondern, Verzweigen — Befördern — Zählen — Gutteile in geordneter Speicherung

Schlechtteile ungeordnet

Basiswerkstück

Mit dem Basiswerkstück wird das Produkt bzw. Gerät „geboren". Es ist häufig eine Platte, z. B. das Motherboard bei einem PC oder eine Bodenplatte, z. B. die Bodenplatte bei einem Kraftfahrzeug **(Bild 1)**. Dieses Basiswerkstück erhält dann eine Fertigungskennzahl, z. B. eine Seriennummer und je nach Art des Produkts eine Zuordnung zu einem Kunden bzw. zu einer Auftragsnummer.

Das Basiswerkstück wird nun im Laufe der Montage *von einem* Montageplatz *zum nächsten* weitertransportiert. Bei Produkten mit kleinen Abmessungen wird das Basiswerkstück häufig auf einer Montageplattform fixiert und diese Montageplattform wird von einer Station zur nächsten weitertransportiert **(Bild 2)**. Eine Montageplattform mit wohldefinierten und gleichbleibenden, nämlich produktunabhängigen Abmessungen kann leicht gehandhabt, fixiert und mit einem Datenspeicher zur Produkt- und Arbeitsidentifikation ausgestattet werden. Große Werkstücke, z. B. Bodenplattformen bei einem Kfz werden ohne Werkstückträger

gehandhabt. Solche Basiswerkstücke müssen Kanten und Bohrungen aufweisen, welche eine leichte „Zentrierung" ermöglichen. Das Basiswerkstück muss sich möglichst durch eine einzige Spannbewegung fixieren lassen.

Bild 2: Montageplattform

Bild 1: Bodenplatte bei einem Kfz als Aufbauplattform

4.3.2   Der Materialfluss

Zur Montage von Produkten müssen die Einzelteile zu Baugruppen und diese zu den fertigen Produkten zusammengesetzt werden. Die anfallenden Aufgaben des gesamten Materialflusses, nämlich des Lagerns, Förderns, Handhabens, Fügens, Prüfens kann auf sehr unterschiedliche Weise gelöst werden. Dabei ist meist, im Sinne einer flexiblen Montage, zu beachten, dass Produktvarianten und auch neue Produkte auf vorhandenen Montagelinien/Montageplätzen montiert werden können.

4.3.2.1   Lagern

Lager haben die Aufgabe Rohstoffe, Vorprodukte, Zwischenprodukte und Fertigwaren zeitweilig aufzunehmen. Damit können Schwankungen in der Beschaffung und Lieferung ausgeglichen, durch größere Lose günstige Beschaffungs- und/oder Produktionspreise erzielt werden und Transporte kosten- und/oder zeitoptimal realisiert werden.

Bei den Lagern unterscheidet man zwischen

• Zentrallager,
• dezentraler Lagerung und
• Umlauflager.

Zentrallager werden meist als **Regalzeilenlager** (Hochregallager) gebaut **(Bild 1)**. Die Teilelagerung erfolgt in den Regalfächern unmittelbar bei Großteilen oder in Behältern, in den Regalfächern bei Kleinteilen.

Über manuell gesteuerte oder über automatisch arbeitende Regalförderzeuge (RFZ) werden die Lagerteile ein- und ausgelagert **(Bild 2)**. Die RFZ fahren auf Schienen am Boden und stützen sich an Führungsschienen ab. Gesteuert werden die RFZ meist über eine SPS oder einen Lagerverwaltungsrechner (LVR).

Die Kommissionierung[1], d. h. die Zusammenstellung von Artikeln zu einem Auftrag erfolgt in Kommissionierstationen. Diese befinden sich meist vor den Gängen der Regallager. Die Kommissionierarbeitsplätze werden oft über Rollenförderer miteinander verbunden **(Bild 1)**.

> Gelagert werden sollte so wenig wie möglich und so kurzzeitig wie möglich.

Bei zentraler Lagerung werden die Güter konzentriert in einem Lagergebäude untergebracht mit dem Risiko, dass bei einer Zerstörung, z. B. durch Brand, die gesamte Produktion in schwerste Mitleidenschaft gezogen wird.

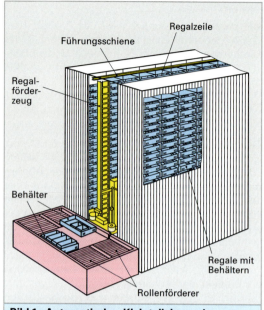

Bild 1: Automatisches Kleinteilelager als Regalzeilenlager

Bild 2: Blick in den Regalgang

---
[1] lat. commisso = Auftrag

Geringere Risiken, gegebenenfalls auch günstigere Transportbedingungen, z. B. geringere Transportwege, liegen bei *dezentralen Lagern* vor. Bei den **Umlauflagern** erfolgt die Lagerung im Transportmittel. Man spart sich Lagerräume, hat nur geringes Risiko und hohe Lieferbereitschaft. Es gibt nur Umschlagplätze und Abnahmestellen (z. B. bei der Gemüseversorgung. Die Lager befinden sich in den LKWs auf der Straße).

Im industriellen Bereich organisiert man Zentrallager häufig als Hochregallager mit selbstfahrenden Regalförderzeugen und automatisierter Einlagerung und Auslagerung. Dabei können die Waren bestimmten Lagerplätzen zugeordnet werden oder in regelloser Weise gelagert werden. Der Computer merkt sich die Einlagerposition.

4.3.2.2 Puffern

Pufferspeicher dienen zum Überbrücken von Störungen bei automatisierten Montageanlagen und zur Ermöglichung von Pausen bei manuellen Montagen sowie zur Vermeidung einer strengen Taktbindung. Man unterscheidet:

- Durchlaufpuffer **(Bild 1)**,
- Rücklaufpuffer **(Bild 2)**,
- Umlaufpuffer **(Bild 3)**,
- Direktzugriffpuffer **(Bild 4)**.

Als **Durchlaufpuffer** bieten sich fast alle Transporttechniken an, z. B. Gurtförderer, Hängebahnförderer, Rollenbahnen (Bild 1). Ist zwischen den Arbeitsstationen kein größerer Abstand, so verwendet man **Rücklaufpuffer** (Bild 2), die nur gefüllt werden, wenn die Teileaufnahmekapazität zeitweilig nicht ausreicht.

Eine Umlaufpufferung wird vor allem bei manuellen Montagearbeitsplätzen eingerichtet, wenn mehrere Arbeitsplätze damit versorgt werden müssen und wenn dabei sehr unterschiedliche Montagezeiten anfallen sowie wenn eine hohe Fluktuation in der Platzbesetzung vorliegt (Bild 3).

Durch Puffer wird eine starre Verkettung von Arbeitsstationen vermieden. Sie führen zur *Entkopplung* von einem Maschinentakt, ermöglichen Pausen und vermindern Produktionsausfälle bei Störungen.

Mit Puffern gelingt eine Anpassung an unterschiedliche Arbeitsgeschwindigkeiten.

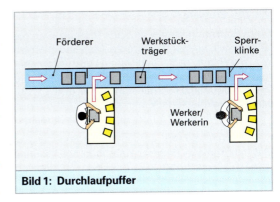

Bild 1: Durchlaufpuffer

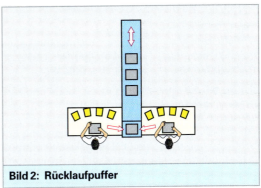

Bild 2: Rücklaufpuffer

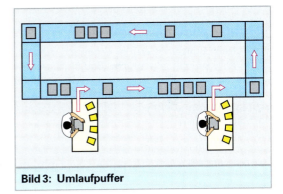

Bild 3: Umlaufpuffer

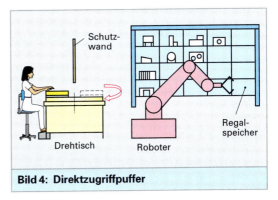

Bild 4: Direktzugriffpuffer

4.3.2.3 Bunkern

Beim Bunkern nimmt man keine Rücksicht auf die räumliche Lage der Werkstücke. Man speichert sie als *Schüttgut,* z. B. Schrauben und Montage-kleinteile oder Gussteile **(Bild 1)**. Bei einer automatisierten Montage hat man dann meist große Probleme das gebunkerte Material wieder handhaben zu können. Es muss aufwändig vereinzelt und geordnet werden.

Bei den Bunkern unterscheidet man solche *ohne Werkstückbewegung,* z. B. Behälter, Gitterboxen, (Schäfer-)Kästen, und solche *mit Werkstückbewegung.* Letztere ermöglichen häufig auch das **Entwirren,** das **Vereinzeln** und das **Ordnen.**

Man unterscheidet:
- Trichterbunker,
- Schaukelbunker,
- Schöpfbunker,
- Kettenaustragsbunker,
- Nachfüllbunker und
- Behälter **(Bild 2).**

Der Vorteil des Bunkerns ist die einfache und kostengünstige Einspeicherung. Der Nachteil ist, dass die automatisierte Teileentnahme oft sehr schwierig ist. Der sogenannte „Griff in die Kiste" mit Robotern ist nur in wenigen Fällen gelöst. Schüttgut, insbesondere Kleinteile aus Metall und Kunststoff, können aber vorteilhaft in Trichterbunkern mit Vibrationsaustrag gebunkert und geordnet entnommen werden.

Trichterbunker mit Vibrationsaustrag

Bei diesem Bunker ist an der Wandung eine gestufte Wendelbahn angebracht **(Bild 3)**. Damit gelangen bei jedem Füllungsgrad die Teile auch auf die nach oben führende Wendelbahn. Die drei schräg gestellten Blattfederfüße des Trichterbunkers werden über Elektromagnete in Vibration versetzt und zwar so, dass eine Schwingbewegung in tangentialer Richtung zum Behälterrand entsteht. Die Schwingamplitude ist weniger als 1 mm, die Schwingfrequenz liegt bei etwa 25 Hz bis 100 Hz. Durch die Schwingbewegung werden auch Bewegungskräfte auf die gebunkerten Kleinteile übertragen und zwar so, dass diese allmählich die wendelförmige Bahn hinauf wandern. Die Schwingrichtung ist so justiert, dass auch gleichzeitig eine Kraft nach außen zur Trichterwandung entsteht. Dadurch bleiben die Teile auf der Bahn und wandern vereinzelt (wie im „Gänsemarsch") der Wand entlang nach oben. Mit mechanischen *Schikanen* und mit *Leitelementen* können die Teile auch in eine Vorzugsrichtung gebracht werden.

> Mit einem Trichterbunker mit Vibrationsaustrag kann man bunkern, fördern, ordnen und vereinzeln.

Bild 1: Bunkern von Gussteilen in einer Gitterbox

Trichterbunker mit Vibrationsaustrag

Schaukelbunker

Schöpfbunker

Kettenaustragsbunker

Nachfüllbunker mit 2 Schiebern

Behälter (Schäferkästen)

Bild 2: Bunkersysteme

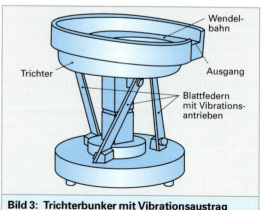

Wendelbahn

Trichter

Ausgang

Blattfedern mit Vibrationsantrieben

Bild 3: Trichterbunker mit Vibrationsaustrag

4.3.2.4 Magazinieren

Magazine sind Speicher für die *geordnete* Zwischenaufnahme von Werkstücken, z. B. auf einer Palette **(Bild 1)**.

Man benötigt sie sowohl bei manueller Montage als auch bei maschineller Montage, vor allem, wenn der Montageprozess räumlich auseinandergerissen ist. Wir unterscheiden:

- Trichtermagazine,
- Schachtmagazine,
- Stufenmagazine,
- Rollbahnmagazine,
- Gleitbahnmagazine,
- Kanalmagazine,
- Förderbandmagazine,
- Hubmagazine,
- Kettenmagazine,
- Revolvermagazine,
- Trommelmagazine,
- Palettenmagazine, **(Bild 2)**.

Günstig ist es, wenn sich in die Transportaufgabe bzw. in die Magazinier- bzw. Pufferaufgabe ein Teilprozess der Fertigung einbeziehen lässt, z. B. ein Trocknungsprozess oder ein Abkühlprozess. Die Pufferstrecke bzw. Pufferzeit wird dann häufig auf diesen Prozess abgestimmt, sodass dieser nach der Durchlaufzeit sicher abgeschlossen ist. Beispiele sind Montageprozesse von Gussteilen und Schmiedeteilen.

Bild 1: Palettenmagazin auf einem Förderband

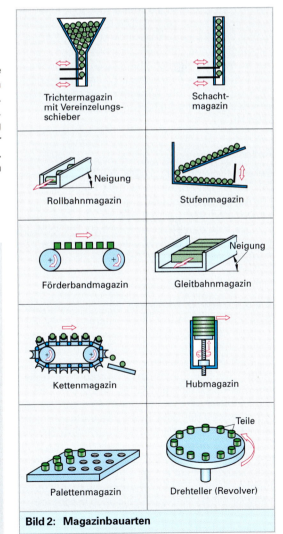

Bild 2: Magazinbauarten

Wiederholung und Vertiefung

1. Nennen Sie die Hauptfunktionen der Montage.

2. Was ist für eine montagegerechte Produktgestaltung zu beachten?

3. Welche Bedeutung hat das Basiswerkstück für die weitere Montage und wie ist es zu gestalten?

4. Nennen Sie Beispiele für Lager!

5. Welche Probleme ergeben sich beim Bunkern mit Behältern, wenn eine automatische Montage geplant ist?

6. Welche Aufgaben können mit einem Trichterbunker mit Vibrationsaustrag gelöst werden?

7. Wie erreicht man eine Ausrichtung der Teile beim Vibrationsaustrag?

8. Wodurch unterscheiden sich Magazine von Bunkern?

9. Skizzieren Sie ein Schachtmagazin und ein Hubmagazin.

4.3.2.5 Fördern

Zur Beförderung von Werkstücken von einer Bearbeitungs- bzw. Montagestation zur nächsten oder von einem Speicher zu den Montageplätzen werden Flurfahrzeuge oder fördernde Bewegungssysteme verwendet.

Die wichtigsten Fördersysteme sind:
• Rutschen, Transporttische,
• Rollenförderer,
• Gurtförderer,
• Kettenförderer,
• Hängebahnförderer und
• fahrerlose Transportsysteme (FTS).

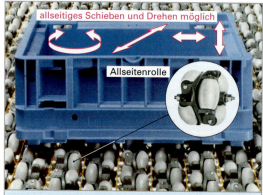

Bild 1: Transporttische mit Allseitenrollen

Rutschen und Transporttische

Die Rutschen sind die einfachsten Fördermittel. Sie haben zum selbsttätigen Gleiten der Teile eine Neigung von 2% bis ca. 7%. Die Rutschbahn ist mit glatter Oberfläche oder aber sie ist mit Tragkugeln versehen und in manchen Fällen wird zur leichteren Beweglichkeit auch über Düsen Luft eingeblasen und die Teile schweben auf einem Luftpolster. Transporttische mit *Allseitenrollen* ermöglichen ein allseitiges Verschieben und Verdrehen der Teile **(Bild 1)**.

Rollenförderer

Bei den Rollenförderern **(Bild 2)** gibt es solche deren Rollen mit Formschluss über Ketten und Kettenräder oder Zahnräder und Zahnriemen **(Bild 3)** angetrieben werden und solche, die über Reibschluss, z. B. durch Bänder und Reibräder, bewegt werden. Die Antriebskräfte werden entweder von Rolle zu Rolle oder insgesamt auf sämtliche Rollen übertragen. Es gibt auch Rollenförderer mit elektromotorisch einzeln angetriebenen Rollen.

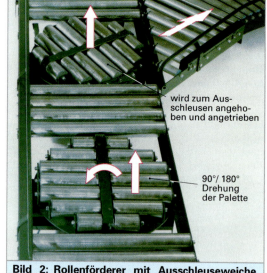

Bild 2: Rollenförderer mit Ausschleuseweiche und Palettendrehung

Angetriebene Rollenbahnen ermöglichen als sogenannte *Stauförderer* eine Förderung in der Weise, dass sich vor einer Entnahmestation eine kleine Warteschlange der Teile bildet und so bei diskontinuierlicher Teileabnahme keine Wartezeiten entstehen. Bei den Stauförderern werden z. B. Rollen mit Rutschnaben verwendet, d.h., der Rollenmantel bleibt bei Stau mit dem Werkstück stehen, während sich die Nabe dreht und auf den Rollenmantel ein konstantes Moment ausübt. Auch über berührende oder berührungslose Sensoren kann der Stau erfasst werden und die Rollenantriebe stillgesetzt oder auf ein verringertes Vorschubmoment geschaltet werden. Rollenförderer gibt es sowohl für leichte Werkstücke als auch in sehr robuster Form für tonnenschwere Teile, z. B. in der Gießereitechnik.

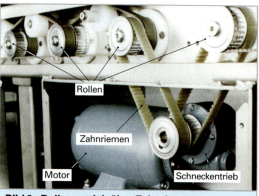

Bild 3: Rollenantrieb über Zahnriemen

Gurtförderer

Gurtförderer fördern über Gurte bzw. Bänder. Diese umschlingen zwei Rollen. Dabei wird eine Rolle elektromotorisch angetrieben. Häufig werden zum Transport von Werkstückträgern Doppelgurtförderer verwendet. Beim Doppelgurtförderer kann man durch die mittlere Freizone zusätzliche Operationen vornehmen, z. B. durch einen Hubzylinder ein Teil bzw. den Werkstückträger anheben und ausschleusen. Die Gurte gibt es in unterschiedlichen Ausführungsformen, z. B. glatt, mit Kunststoffbelag, mit Gummi oder auch mit Stollen, um bei Schrägen ein Abrutschen zu verhindern. Mit Doppelgurtförderern lassen sich praktisch alle Formen von *Montagetopologien,* z. B. mit Linienstruktur oder Karreestruktur in beliebigen Verschachtelungen, verwirklichen **(Bild 1)**.

Doppelstaurollenkette

Ähnlich dem Doppelgurtförderer ist der Förderer mit Doppelstaurollenkette aufgebaut. Anstelle der Gurte gibt es eine Kette mit Rollen **(Bild 2)**. Diese Rollen sind drehbar gelagert und tragen den Werkstückträger. Kommt es zum Stau, dann läuft die Kette weiter, die Rollen drehen sich in den Kettengliedern, sodass nur geringe Antriebskräfte auf die Werkstückträger wirken.

Hängeförderer

Hängeförderer gibt es mit Kettenantrieben, Seilantrieben (ähnlich Skilift) und mit Laufschienen, in

denen bei etwa 3 % Gefälle Laufkatzen mit einer Werkstückhängevorrichtung rollen. Hängeförderer dienen in dieser Form auch als Puffer **(Bild 3)**.

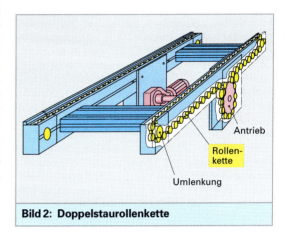

Bild 2: Doppelstaurollenkette

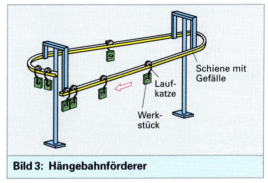

Bild 3: Hängebahnförderer

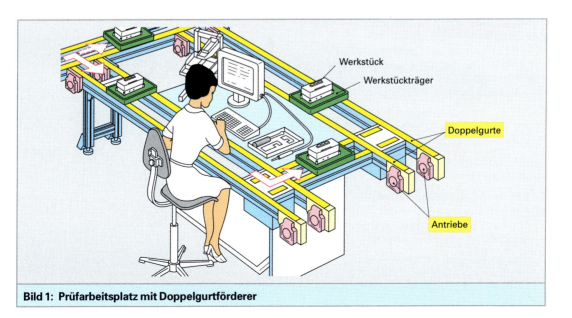

Bild 1: Prüfarbeitsplatz mit Doppelgurtförderer

Fahrerlose Transportsysteme (FTS)

Fahrerlose Transportsysteme (**Bild 1**) sind Fahrzeuge, meist mit Elektroantrieb, die Werkstücke
und Werkzeuge auf Paletten oder Fahrzeug-
karosserien automatisch aufnehmen und an vor-
bestimmte Abgabestellen, z. B. Montageplätze
oder Läger abgeben. Der Zielort wird über induktive Transponder, über Infrarotsender oder durch
Funk übertragen. Die Fahrzeugnavigation erfolgt
entweder über Leitdrähte, welche im Flurboden
der Fertigungshallen verlegt sind oder über Funk-
navigationssysteme, ähnlich der Satellitennaviga-
tionstechnik bei Kraftfahrzeugen (GPS) oder abschnittsweise über eine Kreiselsteuerung und
Referenzierung durch optische oder magnetische
Markierungen längs der Wege. Mit Ultraschallsen-
soren, welche rund um das Fahrzeug angebracht
sind (ähnlich den PKW-Parkhilfen), erkennen die
FTS etwaige Hindernisse. Schließlich sind in
Fahrtrichtung vorwärts und rückwärts Stoßleisten
mit Schaltkontakten angebracht, welche bei Berührung das FTS stoppen.

Die Lastaufnahme muss der Transportaufgabe angepasst werden. Häufig gibt es eine Aufnah-
meplattform, die individuell höhenverstellbar (**Bild
2**) sowie drehbar ist und/oder die horizontal zu verschieben ist, z. B. quer zur Fahrtrichtung, sodass
das Ab- und Aufladen seitlich erfolgt.

Die Vorteile von FTS für die Montage sind:

- größtmögliche Verkettungsflexibilität in einem
  Montagewerk. Alle Teile können automatisiert an
  jeden Standort gebracht werden.
- kein Taktzwang. Die Abfolge der Fahrziele ist beliebig individualisierbar. Wenn die Montage fertig ist wird das FTS weggeschickt.
- Förderung der Bildung von Montageinseln.
- Ermöglichung der Montage im Typenmix.
- Möglichkeit der beliebigen Erweiterung bei Ver-
  fügbarkeiten von zusätzlichen Flächen/Hallen.

Nachteilig sind die relativ hohen Kosten und der
relativ große Platzbedarf für Fahr-, Rangier- und
Ausweichbewegungen.

Bei der Montage mit FTS als Transportmittel sind
folgende Aufgaben zu lösen:

1. **Fahrzeugoperationen:** Fahrkurs mit Fahrzeiten,
   Ausweichstrategien, Zeiten für Andockvorgän-
   ge, Lastaufnahme, Lastabgabe, Batterieauf-
   laden, FTS-Inspektion/Wartung (**Bild 3**).
2. **Einsatzorganisation:** Zielvorgabe, Zuordnung
   von Transportaufgaben zu freiwerdenden oder
   freien Fahrzeugen, Zielvorgabe für leere Fahrzeuge.

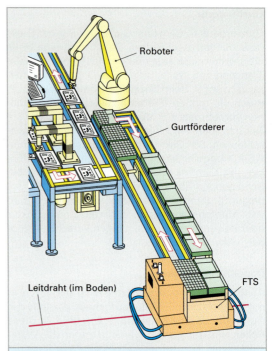

Bild 1: Materialfluss mit FTS

Bild 2: FTS mit Übergabe einer Gitterbox

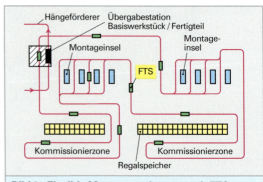

Bild 3: Flexible Montageverkettung mit FTS

4.3.3   Fügearbeiten

4.3.3.1 Fügen durch Schrauben

Schraubverbindungen sind die wichtigsten lösbaren Verbindungen. Es gibt sie in einer großen Form- und Artenvielfalt bezüglich der Kopfform und des dafür erforderlichen Schraubendrehwerkzeugs (Schlitzschraube, Kreuzschlitzschraube, Innen/Außensechskantschraube) mit und ohne Verdrehsicherung. Zum Fügen von Blechen gibt es spezielle Bohrschrauben, die beim Fügevorgang die Bohroperation mit übernehmen. Eine sichere Schraubverbindung kommt dann zustande, wenn beim Anziehen der Schraube auch eine Schraubenvorspannung entsteht (**Bild 1**). Das Anziehmoment wird jedoch hauptsächlich durch das Reibmoment zwischen Schraubenkopf und Unterlage bestimmt und ist damit stark von der Oberflächenbeschaffenheit der zu fügenden Bauteile abhängig.

Zur Montage werden Schrauben mit *Drehwinkelsteuerung* und *Drehmomentsteuerung* sowie impulsgesteuerte *Schlagschrauber* verwendet. Sensoren erfassen das Drehmoment und den Drehwinkel.

Zum *automatisierten* Schrauben werden die Schrauber mit Zuführungen für die Schrauben ausgestattete (**Bild 2**). Die Schraube wird seitlich zum Schraubendreher zugeführt. Sodann wird der Schraubendreher zugestellt und in Rotation versetzt.

4.3.3.2 Fügen durch Umformen

Die Fügeverfahren durch Umformen können meist mit relativ einfachen Werkzeugen vorgenommen werden – auch durch Handhabung mit Robotern, wenn die Gegenkräfte vom Werkzeug aufgenommen werden, z. B. bei einer Kerbzange. Mehrmaliges Lösen dieser Fügeverbindungen ist aber meist problematisch, da sich an der Wirkstelle das Material verfestigt und beim wiederholten Fügen leicht Risse bilden.

Die wichtigsten Verfahren sind:

• Kerben,	• Einhalsen,	• Nieten
• Körnen,	• Bördeln,	**Bild 3**),
• Aufweiten,	• Falzen,	• Clinchen.
• Spreizen,	• Biegen,	
• Engen,	• Verlappen	
	(**Bild 1**, folgende Seite),	

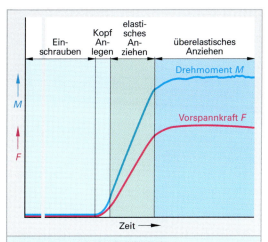

Bild 1: Phasen beim Schrauben

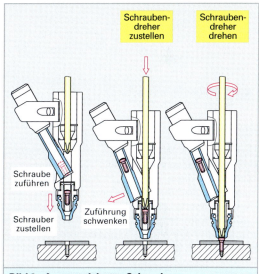

Bild 2: Automatisiertes Schrauben

Bild 3: Scheibenhalsring mit Nietverbindung[1]

---

[1] Der Scheibenhalsring stammt aus der Latène-Zeit (um 300 v. Chr.) und ist aus Bronze gegossen. Die Perlen sind aus Glas und aufgenietet.

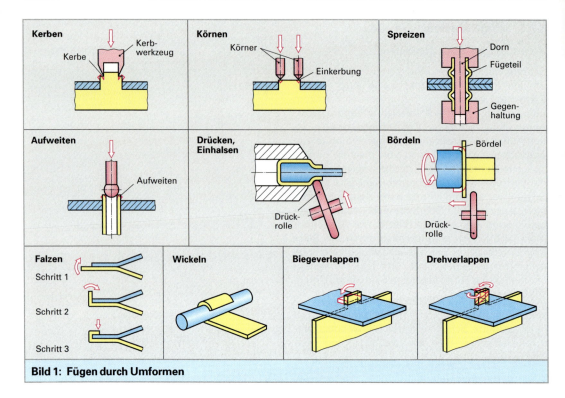

Bild 1: Fügen durch Umformen

Nieten

Durch Stauchen eines Bolzens, eines Hohlzapfens oder einer Hülse werden Teile zusammengefügt. Man nennt diese Technik „Nieten" und das verwendete Hilfsmittel „Niete" mit der Unterscheidung: Vollniete, Hohlniete oder Blindniete. Der Einbau erfolgt mit einem Niethammer, einer Nietpistole oder mit einer Nietpresse. Bei den Blindnieten wird z. B. die Niete zusammen mit einem Nietdorn geliefert. Dieser wird zum Nieten gegen die Niete abgezogen **(Bild 2)** und bricht an einer Sollbruchstelle. Damit ist die Nietung fertig. Bei Verarbeitung mit speziellem Nietmagazin und Nietwerkzeug sind Hohlvernietungen auch mit wiederverwendbaren Dornen möglich.

Neben der Aufgabe des Verbindens von Bauteilen verwendet man das Nieten mit sogenannten „Passnieten" auch zur positionsgenauen Montage und mit „Dichtnieten" zum Abdichten von Bohrungen.

Clinchen (Durchsetzfügen)

Das Clinchen[1] ist ein Nieten ohne Hilfsbauteil. Mit der Clinchzange werden Bleche punktuell zusammengefügt **(Bild 3)**. Durch den Hinterschnitt im Fügepunkt entsteht eine innige Verbindung.

---

[1] to clinch = festhalten, vernieten

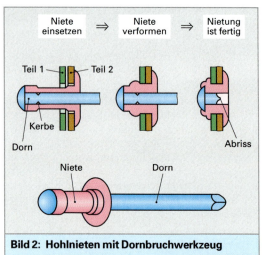

Bild 2: Hohlnieten mit Dornbruchwerkzeug

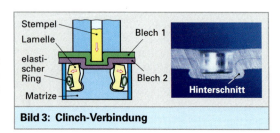

Bild 3: Clinch-Verbindung

4.3.3.3 Fügen durch Kleben und Abdichten

Klebeverbindungen dienen zum Verbinden und auch zum Abdichten von Bauteilen sowohl gleicher als auch verschiedener Werkstoffe. Im Fahrzeugbau werden z. B. die Glasscheiben auf den (lackierten) Metallrahmen geklebt. Wichtig für eine gute Klebeverbindung ist die einwandfreie Benetzung der Fügeteile durch den Kleber. Es ist das Phänomen der *Adhäsion*[1], das den Kleber über die Werkstückoberfläche, (einer gegebenenfalls vorbehandelten Werkstückoberfläche) hauchdünn überzieht. Nach einer vorbestimmten Zeit wird der zunächst dünnflüssige Kleber zäh und härtet schließlich aus. Damit sind die Fügeteile fest miteinander verbunden. Die Kleber haben hinsichtlich Aushärtetemperatur, Festigkeit, Verformbarkeit, Wärmebeständigkeit und Alterung unterschiedliche Eigenschaften (**Tabelle 1**). Der Kleberauftrag erfolgt meist durch Sprühen, Spritzen und Walzen (**Bild 1**).

> Klebeverbindungen dürfen nur auf Scherung beansprucht werden.

Die Aufgabe des Abdichtens (Sealen[1]) ist dem Kleben sehr ähnlich. Beim Abdichten ist die Festigkeit der Verbindung unbedeutend. Die Verformbarkeit muss im Allgemeinen über lange Zeit gewährleistet sein. Der Abdichtwerkstoff darf nicht spröde werden. Kleben und Abdichten wird häufig mit Robotern durchgeführt (**Bild 2 und 3**). Damit man einen gleichmäßigen Materialauftrag erhält, wird über eine steuerbare Dosierpumpe die Kleberausbringung bzw. Dichtmaterialausbringung der aktuellen Roboterbahngeschwindigkeit angepasst. Denn die Roboterbahngeschwindigkeit verändert sich z. B. beim Umfahren von Ecken und beim Erreichen von Zielpositionen.

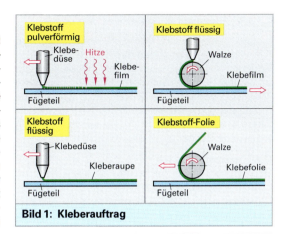

Bild 1: Kleberauftrag

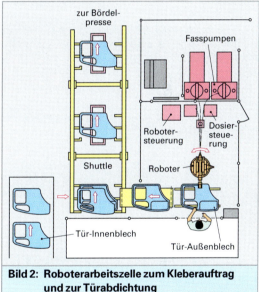

Bild 2: Roboterarbeitszelle zum Kleberauftrag und zur Türabdichtung

Bild 3: Roboter beim Kleben

Tabelle 1: Metallklebestoffe (Auswahl)			
Name	Festigkeit	Verformbarkeit	Wärmebeständigkeit
Epoxidharz (2 Komponenten)	sehr gut	gut	80 °C
Epoxidharz	sehr gut	gut	200 °C
Epoxid-Phenolharz	sehr gut	mäßig	250 °C
Phenolharz	sehr gut	mäßig	200 °C
Diacrylsäureester, schnellhärtend	gering	gut	120 °C
Heißschmelzklebestoff	gering	gut	100 °C

---

[1] lat. adhaesio = das Kleben; [2] to seal = versiegeln

4.3.3.4   Fügen durch Schweißen und Löten

In der Montage, z. B. von Karosserien und von Fahrwerkteilen wird neben dem Clinchen auch das Widerstandspressschweißen mit Schweißzangen verwendet oder das Schmelzschweißen nach dem MIG/MAG-Verfahren (Metall-Innert-Gasschweißen/Metall-Aktiv-Gasschweißen). Die Schweißzange bzw. der Schweißbrenner wird häufig von einem Roboter gehandhabt.

Die Presskraft wird bei der Schweißzange **(Bild 1)** über pneumatisch gesteuerte Druckzylinder erzeugt. Der zeitliche Verlauf von Zangenbewegung, Presskraft und Schweißstrom muss in genauer Folge gesteuert werden **(Bild 2)**. Die Schweißpunkte können in schneller Folge vom Roboter gesetzt werden.

Die Schmelzenergie wird mit einem elektrischen Lichtbogen erzeugt oder mit einem Laserstrahl (meist CO_2-Laser[1] oder NdYAG-Laser[2]).

---

[1] Der CO_2-Laser ist ein Gaslaser mit Kohlendioxid als Wirtsgas. Die Wellenlänge beträgt 10,6 µm.

[2] Der NdYAG-Laser ist ein Festkörperlaser mit Granat $(Y_3Al_5O_2)$ als Wirtsmaterial, dotiert mit Neodym (Nd). Die Wellenlänge beträgt 1,06 µm.

Bild 1: Roboter mit Schweißzange zum Widerstands-Punktschweißen

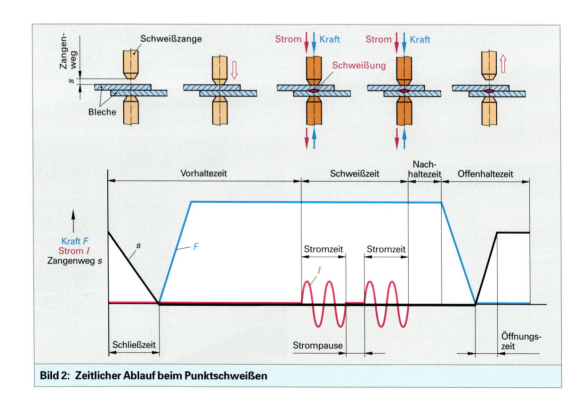

Bild 2: Zeitlicher Ablauf beim Punktschweißen

Die Roboterhandhabung von Laserstrahlwerkzeugen ist besonders einfach, wenn der Laserstrahl über eine Glasfaser geführt werden kann, wie z. B. bei dem kurzwelligen NdYAG-Laser (Wellenlänge 1,06 µm). Beim Schweißen mit CO_2-Laser (Wellenlänge 10,6 µm) muss der Laserstrahl über Spiegel bzw. Prismen an jedem Robotergelenk umgelenkt werden. Wichtig beim Laserstrahlschweißen ist, dass sich der Brennpunkt des Laserstrahls geringfügig unterhalb der Nahtoberfläche befindet. Dies erreicht man z. B. durch eine Abstandsregelung mit kapazitiver Abstandsmessung.

Löten

Das Löten mit Weichloten wird vor allem zur Montage elektronischer Bauteile eingesetzt. Die Lötverbindung dient dabei sowohl der mechanischen Verbindung als auch zur Spannungs- und Stromübertragung.

Als Weichlote werden Zinn-Bleilegierungen verwendet **(Tabelle 1)**. Der Montageprozess erfolgt bei Bauelementen mit Anschlussfahnen/Anschlussdrähten indem die Anschlüsse durch die Bohrungen der Leiterplatten gesteckt werden und sodann kurzzeitig in flüssiges Lot getaucht werden (Tauchlöten).

Beim Reflow-Löten fixiert man die Oberflächen-Montierbaren-Schaltkreise (SMD, von Surface Mounted Device) mit Lötpaste (Zinnpulver mit Flussmittel) und erwärmt die Platinenoberfläche mit Heißluft bis das Lot fließt.

Beim Doppel-Wellenlöten wird mit der ersten flüssigen Lotwelle das Löten durchgeführt und mit einer zweiten Welle überschüssiges Lot entfernt **(Bild 1)**. Das Verfahren ist auch für eine gemischte Bestückung SMD und bedrahtete Bauelemente geeignet **(Bild 2)**.

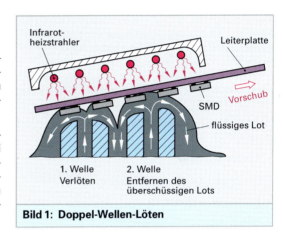

Bild 1: Doppel-Wellen-Löten

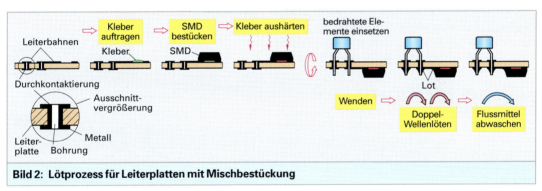

Bild 2: Lötprozess für Leiterplatten mit Mischbestückung

Tabelle 1: Weichlote und Hartlote				
Benennung	Kurzzeichen	Zusammensetzung	Schmelzpunkt	Verwendung
Sickerlot (Weichlot)	L-Sn 63 Pb	63 % Sn; Rest Pb	183 °C	Verzinnen und Löten von Drähten und Bauelementen im Elektrogerätebau
Zinn-Blei-Lot (Weichlot)	L-Sn 60 PbAg	60 % Sn; 3 bis 4 % Ag; Rest Pb	178 °C bis 180 °C	Verzinnen und Löten von Bauelementen in der Elektronik
Silberlot (Hartlot)	L-Ag 40 Cd	40 % Ag; 20 % Cd; 19 % Cu; Rest Zn	610 °C	Löten von Kupfer, Stahl, Nickel und deren Legierungen
Messinglot (Hartlot)	L-Ms 60	60 % Cu; Rest Zn	900 °C	Löten von Kupfer und Stahl

4.3.3.5 Fügen durch Zusammenlegen

Die wichtigsten Verfahren bei formstabilen Werkstücken sind:

- Einlegen,
- Ineinanderlegen,
- Einhängen,
- Einrenken (Bajonettverschluss),
- Einspreizen **(Bild 1)**.

Das Fügen elastischer Werkstücke, vor allem von Kunststoffteilen, erfolgt mit *Schnappverschlüssen* **(Bild 2)**. Die *Klipsverbindungen* vereinen in sich meist eine Reihe von kombinierten Verbindungstechniken und werden z.B. zur Befestigung von Innenverkleidungen an PKWs eingesetzt. Sie enthalten federnde, metallische Elemente und/oder Kunststoffteile.

Das Fügen *biegeschlaffer* Werkstücke erfolgt durch:

- Klettverschlüsse,
- Reißverschlüsse,
- Schnürverschlüsse,
- Hakenverschlüsse und durch
- Vernähen.

Die Bajonettverschlüsse und die Klettverschlüsse lassen sich besonders leicht wieder lösen und zählen zu den *demontagefreundlichen* Verbindungen.

4.3.3.6 Fügen durch Schrumpfen

Eine besonders feste Verbindung erhält man durch Schrumpfen. Hierbei wird bei Metallen ein Bauteil mit Presssitz erwärmt bzw. gekühlt. Bei Erwärmung des Außenteils dehnt dieses sich und kann über das Innenteil hinweg geschoben werden **(Bild 3)**.

Bei Raumtemperatur entsteht dann eine kraftschlüssige feste Verbindung. In entsprechender Weise kann ein Innenteil auch gekühlt werden. Es vermindert dabei sein Volumen und kann in das Außenteil eingelegt werden.

Mit Hilfe von „Kunststoff-Schrumpfschläuchen" können Teile leicht zusammengefügt werden. Durch Erwärmen, z.B. mit Heißluft, ziehen sich die Schrumpfschläuche zusammen und halten die innenliegenden Teile fest. Man verwendet sie häufig bei elektrischen und elektronischen Montagearbeiten. Sie können ohne Zerstörung nicht gelöst werden.

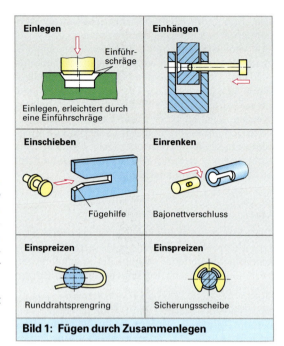

Bild 1: Fügen durch Zusammenlegen

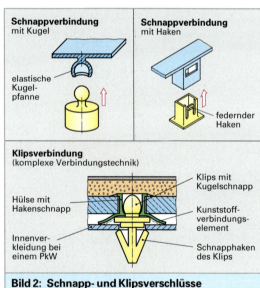

Bild 2: Schnapp- und Klipsverschlüsse

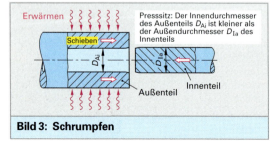

Bild 3: Schrumpfen

4.3.4 Montagearbeitsplätze

4.3.4.1 Manuelle Montage

Bei der manuellen Montage sind die Montageplätze *ergonomisch,* d. h. menschengerecht zu gestalten. Der Mitarbeiter bzw. die Mitarbeiterin sollte zwischen *Sitz*arbeitsplatz und *Steh*arbeitsplatz abwechseln können.

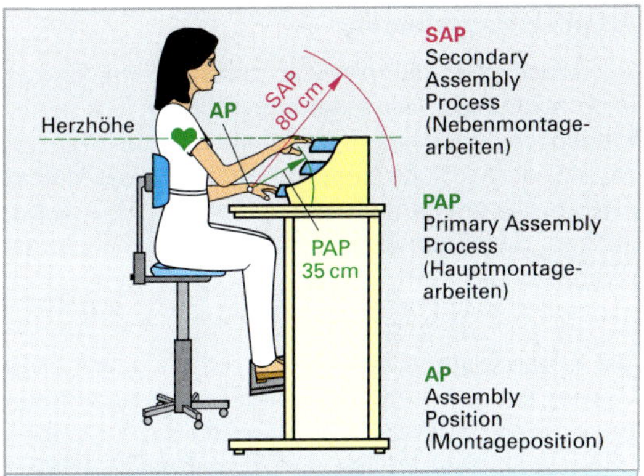

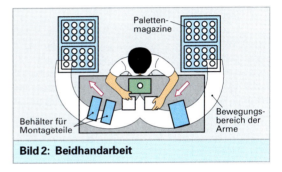

SAP
Secondary
Assembly
Process
(Nebenmontage-
arbeiten)

PAP
Primary Assembly
Process
(Hauptmontage-
arbeiten)

AP
Assembly
Position
(Montageposition)

Bild 1: Der Montagearbeitsplatz

Es ist zu beachten:

- Alle *Greifwege* sind so kurz wie möglich zu halten **(Bild 1)**.
  Dies ist insbesondere in Richtung des Arbeitsablaufes zu verwirklichen und je nach Arbeitsaufgabe
  – von links nach rechts arbeiten oder besser
  – von außen nach innen (Beidhandarbeit).

- Alle Behälter sind im *optimalen Greifraum* zu platzieren (Bild 1).
  Die am häufigsten zu greifenden Behälter platziert man zentral vor den Montageort ebenso die Werkzeuge und Stellteile.
  Die Hauptmontagearbeiten PAP (Primary Assembly Process) sollten unterhalb der Herzhöhe liegen.

- Alle Möglichkeiten der *Beidhandarbeit* sind auszuschöpfen **(Bild 2)**.
  – Man bevorratet die zwei zu montierenden Teile links und rechts im gleichen Winkel und arbeitet von außen nach innen.
  – Die häufigsten Teile sollten mittig sortiert sein.
  – Kleinstteile, z. B. Scheiben, Muttern, Ringe und Hilfsstoffe, z. B. Fett, Kleber, Pasten können auch zentral mittig vor dem Montageort platziert werden.

- Die Platzierung von großen Teilebehältern und schweren Teilen muss besonders untersucht werden.
  – Große Behälter sollten immer links oder rechts vom Haupt-Blickfeld positioniert werden. Die Mitarbeiter dürfen nicht „eingebaut" werden. Es sind evtl. zwei Behälter einzuplanen.
  – Schwere Teile sollten möglichst nicht *angehoben* werden, sondern auf dem Arbeitsplatz *geschoben* werden **(Bild 3)**.
  – Es sind gegebenenfalls größere Teilebehälter in einem *Paternoster* zu speichern **(Bild 4)**.

Alle Beschäftigte sollten zwischen einem Sitzarbeitsplatz und einem Steharbeitsplatz wechseln können.

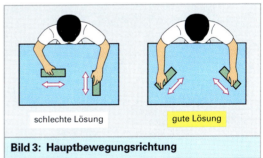

Paletten-
magazine

Bewegungs-
bereich der
Arme

Behälter für
Montageteile

Bild 2: Beidhandarbeit

schlechte Lösung   gute Lösung

Bild 3: Hauptbewegungsrichtung

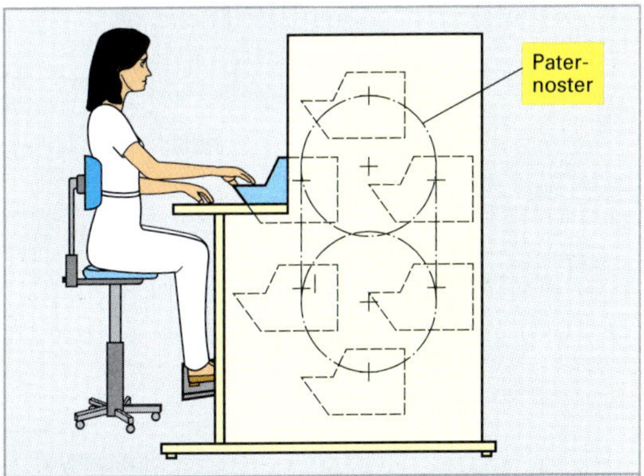

Pater-
noster

Bild 4: Paternoster-Behältersystem

Arbeitsplatzgestaltung

Der Arbeitsplatz sollte stets so gestaltet sein, dass er in hinreichender Weise der individuellen Größe des Menschen angepasst werden kann. Dabei ist zu beachten, dass Frauen durchschnittlich etwas kleiner sind als Männer und dementsprechend die Arbeitsflächen, Sitzhöhen und Greifräume unterschiedlich dimensioniert werden müssen.

Die Körperhaltung soll bei der Arbeit gewechselt werden können durch verschiedene Sitzpositionen oder durch ein Wechseln zwischen sitzen, stehen und gehen (**Bild 1**). Das verbessert die Durchblutung. Arbeiten in gebückter oder überstreckter Haltung sind zu vermeiden, z. B. durch verstellbare Montageträger (**Bild 2**).

Durch das dynamische Sitzen wird eine Verringerung der Belastung der Rückenmuskulatur und des Stützapparates erreicht. Damit steigt die Arbeitsleistung der Mitarbeiter und Mitarbeiterinnen. Sie können konzentriert und motiviert, ohne Verspannungen durcharbeiten.

Die Körperhaltung soll sich bei der Arbeit abwechseln zwischen
* sitzen,
* stehen und
* gehen.

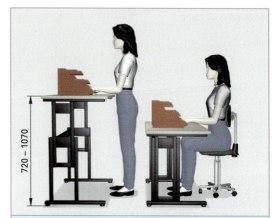

Bild 1: Das Sitz-Stehkonzept für den individuellen Belastungswechsel

Bild 2: PKW-Montage

Die Abmessung des Wirk- oder Greifraumes ist durch die Länge und Beweglichkeit des Arms gegeben; aber nicht alle Zonen im Raum lassen einen harmonischen Bewegungsfluss zu. Günstige oder weniger günstige Gelenkstellungen schränken den Bewegungsraum ein (**Bild 1**).

Bei der Gestaltung des Arbeitsplatzes sollen alle Stellteile, Werkzeuge und Werkstücke innerhalb des maximalen Greifraumes angeordnet sein. Ist dies nicht möglich, sollten die selten benötigten Teile oder Stellteile so angeordnet sein, dass sie durch eine einfache Rumpfbewegung erreichbar sind. Bei stehender Arbeitsweise wird der Wirkraum deutlich erweitert (**Bild 2**).

Greifräume, somit die **Reichweiten** von Händen, Armen und Beinen müssen sicherheitstechnisch überprüft werden. Die Vorschriften über **Sicherheitsabstände** sind nach **DIN EN 294** sehr streng und ausführlichst geregelt.

Die Abstände der Schutzeinrichtung (Gitter, Zaun) von der zu schützenden Konstruktion, z. B. Pressen, drehende Wellen, sind in Form von Tabellen vorgegeben. Dabei sind je nach Risikoabschätzung kleine oder kleinere Abstände anzuwenden. Es ist die Eintrittswahrscheinlichkeit und die voraussichtliche Schwere einer Verletzung zu berücksichtigen. Ein geringes Risiko besteht z. B. bei einer Gefährdung durch Reibung oder Abrieb, ein hohes Risiko z. B. bei einer Gefährdung durch Aufwickeln.

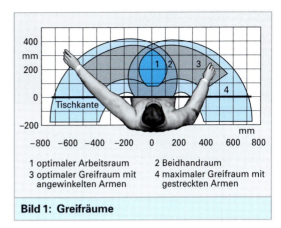

1 optimaler Arbeitsraum   2 Beidhandraum
3 optimaler Greifraum mit   4 maximaler Greifraum mit
   angewinkelten Armen   gestreckten Armen

Bild 1: Greifräume

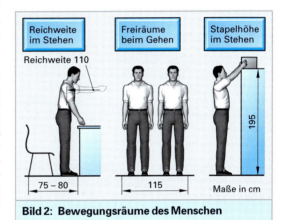

Bild 2: Bewegungsräume des Menschen

Grundsätze:

- Die Arbeitsposition der Hände sollte nicht über der Herzhöhe liegen.
- Statische Haltearbeit, d. h. dauernde Haltearbeit, sollte unbedingt vermieden werden.
- Überkopfarbeit sollte nur selten und nur für kurze Zeit erforderlich sein.
- Körperlich schwere Arbeit sollte durch Arbeitshilfen, z. B. Hebehilfen, Kran, vermieden werden.
- Die Arbeit sollte abwechslungsreich und nicht monoton sein.
- Der Arbeitsgegenstand sollte im richtigen Blickwinkel und in der richtigen Sehentfernung liegen.
- Die Beleuchtung muss stimmen (**Tabelle 1**).

Tabelle 1: Beleuchtungsstärken		
lx[1]	Art der Arbeit	typische Berufe
250	Arbeiten mit leichten Sehaufgaben, einfache Montagearbeiten	Bäcker Fleischer Buchbinder
500	Laboratorien, Montagearbeiten, Bildschirmarbeitsplätze	Tischler Modellschreiner
750	Kontrollarbeiten mit Farbprüfung, Feinmontage,	Metallwerker
1000	Zeichenräume, feinmechanische Arbeiten	Arbeitsplaner Konstrukteur
1500	Montage feinster elektronischer Bauteile, sehr feine Arbeiten der Feinmechanik und Optik,	Elektroniker Optiker Mechatroniker
2000	feinste Arbeiten	Uhrmacher, Goldschmied

[1] Lux, Maßeinheit lx (lat. lux = Licht) = Lichtstrom in lm/Fläche in m^2

4.3.4.2 Maschinelle Montage

Zur automatisierten Montage von Aggregaten und Geräten ist eine Anordnung zu treffen, dass der Teilezusammenbau vorzugsweise nur in senkrechter oder in waagerechter Fügerichtung erfolgt. Lediglich Hilfsbewegungen, wie z. B. das Verriegeln über einen Bajonettverschluss, kann auch in anderen Richtungen geschehen.

Bei einer solchen Montage bietet sich eine Lösung gemäß **Bild 1** an. Die Montagebasisplatte wird über ein Transportsystem zugeführt. Die Aufbauteile werden in *Vibrationsbunkern* oder *Magazinen* um ein Handhabungssystem herum platziert und stehen diesem *vereinzelt, geordnet* und *lagerichtig positioniert* zur Handhabung zur Verfügung. Einfache Kleinstteile, wie Blechwinkel, Drahtfedern u. ä. werden gegebenenfalls erst an der Montagestation vom Band hergestellt. So entfällt eine aufwändige Ordnungseinrichtung.

Bei der **Montage mit Roboter** eignen sich besonders 4-achsige Waagrechtarmroboter vom Typ SCARA (von Selective Compliance Assembly Robot Arm = Montageroboter mit ausgewählter Nachgiebigkeit). Diese Geräte sind von der Konstruktion her sehr steif und genau in der senkrechten Fügerichtung und nachgiebig quer dazu.

In senkrechter Richtung werden alle Kräfte von den Gelenkscharnieren aufgenommen, während quer dazu die motorischen Antriebe die Kräfte bereitstellen und somit auch steuerbar sind. Dies hat den Vorteil, dass bei Fügeoperationen ein Verklemmen vermieden wird.

Nachteilig bei einer Montagestation mit Roboter ist, dass nur an einer Stelle, nämlich da wo die Roboterhand sich gerade befindet, gearbeitet wird.

Rundtaktmontagemaschinen drehen mit jedem Takt das Montageteil um eine Station weiter. Jede Montagestation „arbeitet" bei jedem Takt **(Bild 2)**. Entsprechend den Montagearbeiten werden die Montagewerkzeuge an den Ständer des Rundtaktdrehtellers angeflanscht.

Es sind Rundtaktmontagemaschinen mit 8, 12, 16 und 24 Stationen üblich. Das Layout richtet sich nach der Aufgabe und den Platzverhältnissen. Als Speicher verwendet man hierbei oft Vibratonstrichterspeicher **(Bild 3)**.

> Fügeoperationen sollten möglichst von oben nach unten erfolgen oder in waagerechter Richtung.

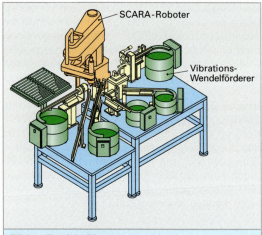

Bild 1: Flexible Montagestation

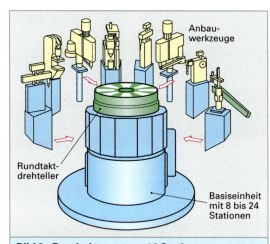

Bild 2: Rundtaktmontage 16 Stationen

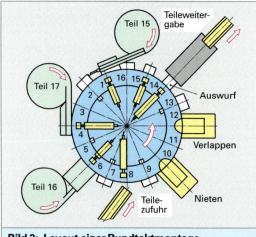

Bild 3: Layout einer Rundtaktmontage

4.3.5 Montageplanung

Topologie

Die Montagestationen und Montagearbeitsplätze werden so zusammengestellt, dass in Fließrichtung zur Montagebasisplatte der Montagefortschritt erfolgt. Die Anordnung (Topologie[1]) der Montagestationen ist dann eine *Linie,* ein *Ring,* ein *Karree* oder ein Mix aus diesen Anordnungen. Teile, die bei der Qualitätsprüfung, z. B. bei der Funktionsprüfung, auffallen, werden ausgeschleust, kommen gegebenenfalls in eine (Teil-) Demontagelinie und werden nochmals in den Montageprozess eingereiht. Hierfür sind in den Transportlinien Weichen einzuplanen.

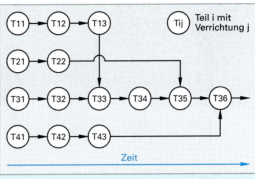

Bild 1: **Vorranggraph für den Montageablauf**

Montageablauf

Der Montageablauf wird in *Teilverrichtungen* gegliedert und diese werden nach ihrer zeitlichen Reihenfolge nummeriert (**Bild 1**). Es steht Tij für die „j-te" Teilverrichtung des Montageteils „Ti".

Beispiel: T34, bedeutet, dass das Montageteil T3 (Schraube) in der Montageoperation j = 4 verschraubt wird. So ergeben sich für die Anordnung sogenannte „Vorranggraphen" (Bild 1).

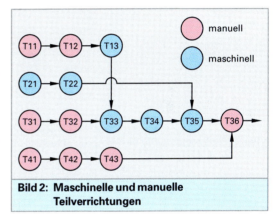

Bild 2: **Maschinelle und manuelle Teilverrichtungen**

---

[1] Topologie = Lehre von der Lage im Raum, griech. topos = Ort, ...logie = Nachsilbe mit der Bedeutung „Lehre"

Bei der Erstellung der Vorranggraphen geht man folgendermaßen vor:

- Man schreibt/skizziert die Teilverrichtungen auf Kärtchen und schätzt/ermittelt die Montagezeit.

- Die Kärtchen werden unter Berücksichtigung der vorhergehenden und der nachfolgenden Teilverrichtung an eine Steckwand geheftet. Es entstehen Zeilen mit der zeitlichen Reihenfolge der Teilverrichtungen.

- Jede Teilverrichtung wird so angeheftet wie sie zum frühesten Zeitpunkt erledigt werden kann. Man erhält die Grobstruktur des Vorranggraphen.

- Es werden nun in den Vorranggraphen die Verbindungslinien eingezeichnet (**Bild 2**).

- Die Kärtchen und Verbindungslinien werden jetzt so variiert, dass Blöcke entstehen, die zusammengehörend automatisierbar sind und solche die lohnintensiv (und nicht automatisierbar) sind (**Bild 1, folgende Seite).**

- Die nichtautomatisierbaren Teilverrichtungen sollten nicht vereinzelt in bzw. zwischen automatisierbaren Teilverrichtungen liegen, damit keine enge Taktbindung entsteht. Für die Handmontagen sind Entkopplungen vom Montagetakt durch Pufferspeicher vorzusehen.

- Die Handmontageplätze sind so anzuordnen, dass die Mitarbeiter/innen nicht isoliert sind, dass sie also im Blickkontakt stehen und miteinander kommunizieren können.

- Die manuellen Arbeitsplätze sind so zu gestalten, dass diese als Sitz-/Steharbeitsplätze eingerichtet werden.

- Die Teilverrichtungen an manuellen Arbeitsplätzen sind möglichst mit überlappenden Tätigkeiten zum Vorgängerarbeitsplatz und zum Nachfolgearbeitsplatz auszustatten. Damit ist es möglich, dass bei Problemen im Arbeitstempo der Vorgänger oder der Nachfolger Teilaufgaben mit übernehmen kann.

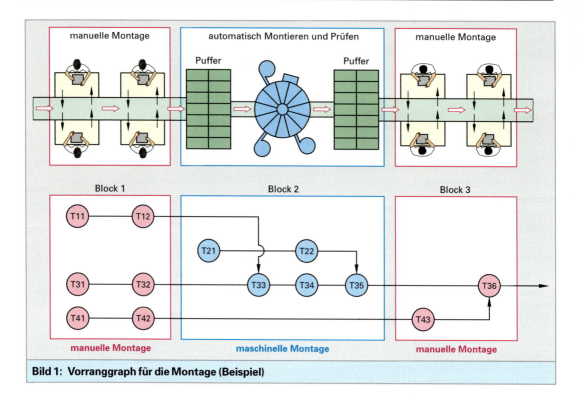

Bild 1: Vorranggraph für die Montage (Beispiel)

Zur *betriebssicheren* Montage werden die Montagestationen und Montagearbeitsplätze mit „sich ersetzender Funktionalität" *mehrfach* ausgebildet.

Man erreicht eine hohe Montageflexibilität, wenn diese „sich ersetzenden" Montageplätze duch *flexible* Transportsysteme (fast) beliebig verkettet werden können. So kann bei einfachen Operationen durch „Parallelschalten" die Ausbringung erhöht und durch „Reihenschalten" die Montagekomplexität vergrößert werden **(Bild 2)**.

Wiederholung und Vertiefung

1. Nennen Sie die wichtigsten Fördersysteme.
2. Welche Fügeverfahren eignen sich sowohl für die Montage als auch für die Demontage?
3. Beschreiben Sie den Vorgang und das Ergebnis des Clinchens!
4. Wie dürfenKlebeverbindungen nur beansprucht werden?
5. Was ist bei der Planung eines manuellen Montagearbeitsplatzes zu beachten?
6. Wodurch zeichnet sich eine Robotermontagestation und eine Montage-Rundtaktmaschine aus?
7. Wie erfolgt die Montageplanung?
8. Wieso benötigt man bei Handmontageplätzen Pufferspeicher?

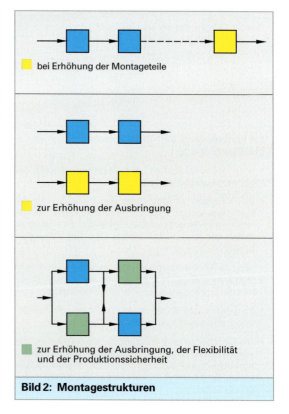

bei Erhöhung der Montageteile

zur Erhöhung der Ausbringung

zur Erhöhung der Ausbringung, der Flexibilität und der Produktionssicherheit

Bild 2: Montagestrukturen

5 Laser in der Fertigungstechnik

5.1 Grundlagen zur Lasertechnik

Laserstrahlung[1] ist – wie natürliches Licht – eine elektromagnetische Welle. Jedoch grenzt sich Laserstrahlung von natürlichem Licht durch einige besondere Eigenschaften ab **(Bild 1)**.

> Laserstrahlung
> * ist monochromatisch,
>   ⇒ *Alle Wellen haben gleiche Länge;*
> * ist kohärent,
>   ⇒ *Alle Wellenzüge sind in Phase;*
> * breitet sich – abgesehen von Beugungseffekten – nur in eine Richtung aus.

5.1.1 Wichtige Laserarten zur Bearbeitung

Die wichtigsten Laser für die Materialbearbeitung sind:

* CO$_2$-Laser $\quad \lambda = 10{,}6\,\mu m$
* YAG-Laser $\quad \lambda = 1{,}03$ bis $1{,}06\,\mu m$
  bzw. ca. 530 nm bei Frequenzverdoppelung zur Mikrobearbeitung
* Excimer-Laser $\quad \lambda \approx 300\,nm$
* Diodenlaser $\quad \lambda \approx 800$ bis $1000\,nm$

Wie geeignet ein Lasertyp für einen bestimmten Einsatzfall ist, hängt wesentlich davon ab, wie gut es mit diesem Laser möglich ist, die für die Anwendung nötige Leistung und Fokussierbarkeit zu erreichen **(Tabelle 1)**. Die Wellenlängen (λ) der in der Fertigungstechnik wichtigen Laser liegen außerhalb des für das menschliche Auge sichtbaren Bereiches **(Bild 2)**.

---

[1] Laser, Kunstwort von *engl.* **L**ight **A**mplification by **S**timulated **E**mission of **R**adiation = Lichtverstärkung durch angeregte Emission von Strahlung

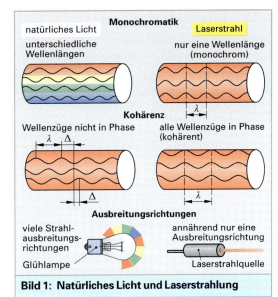

Bild 1: Natürliches Licht und Laserstrahlung

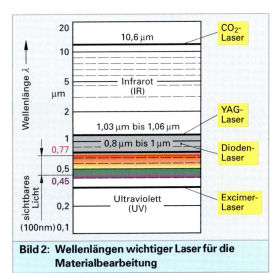

Bild 2: Wellenlängen wichtiger Laser für die Materialbearbeitung

Tabelle 1: Eignung gängiger Laser für unterschiedliche Fertigungsverfahren			
Laserart	Wellenlänge	Leistungsbereich	Hauptanwendungen in der Fertigungstechnik
CO$_2$-Laser	10,6 µm	bis ca. 15 kW	Schneiden, Schweißen, Material auftragen (Beschichten, Generieren)
YAG-Laser	1,03 bis 1,06 µm	bis ca. 6 kW	Schweißen, Löten, Schneiden, Material auftragen (Beschichten, Generieren), Beschriften, Bohren
Excimer-Laser	0,3 µm	bis ca. 100 W	Schneiden, Ritzen und Bohren an Mikrostrukturen
Diodenlaser	0,8 µm bis 1 µm	bis ca. 6 kW	Löten, Härten, Beschichten

5.1.2   Laserstrahlerzeugung

In der Laserstrahlquelle wird der Laserstrahl in einem sogenannten Resonator erzeugt **(Bild 1)**.

Der Begriff *Resonator* kennzeichnet eine optische Anordnung, bei der ein vollreflektierender *Endspiegel* und ein teildurchlässiger „Auskoppelspiegel" sich optisch auf einer Achse gegenüberstehen und dazwischen im *Resonatorraum* ein laseraktives Medium (LAM) positioniert wird.

Als laseraktives Medium eignen sich solche Materialien, die bei der Zuführung von äußerer Energie (*Pumpenergie*) diese nicht nur als Wärme wieder abgeben, sondern zu einem deutlichen Teil auch als elektromagnetische Strahlung (Licht).

Der Laserstrahl entsteht durch die leistungsmäßige Summierung immer neuer Strahlanteile aus dem angeregten laseraktiven Medium, die sich phasenrichtig (kohärent) dem zwischen den Resonatorspiegeln umherlaufenden, schon vorhandenen Strahl anschließen. Ein Teil dieses Laserstrahls im Resonator kann durch den teildurchlässigen Spiegel ausgekoppelt werden, ohne dass der Effekt der kohärenten *Teilstrahladdition* im Resonator zusammenbricht. Der ausgekoppelte Strahlanteil ist der Laserstrahl, der zum Werkstück geleitet wird.

Das technisch-physikalische Prinzip der Laserstrahlerzeugung erklärt auch das Zustandekommen des Begriffs LASER: **L**ight **A**mplification by **S**timulated **E**mission of **R**adiation. Bei allen laseraktiven Medien, z. B. CO_2-Gasgemisch oder YAG-Kristall, ist aber die Strahlerzeugung immer noch verbunden mit einer deutlichen Erzeugung von Verlustwärme. Daher ist bei allen Hochleistungslasern für die Materialbearbeitung eine Wasserkühlung der Laser erforderlich.

5.1.3   Aufbau von Laserstrahlquellen

CO_2-Laser[1]

Der CO_2-Laser ist ein Gaslaser, d. h. im Resonator befindet sich als laseraktives Medium eine Mischung aus hochreinem CO_2, N_2 und He. Das Gas befindet sich in einem Glasrohrsystem. Es wird mittels Gebläse (Turbine) umgewälzt und durch einen Gaskühler geleitet, um die Verlustwärme bei der Strahlerzeugung abzuführen **(Bild 2)**. Die Anregung des Gases geschieht durch hochfrequenten Wechselstrom, meist mit 13,56 MHz. Er wird mittels Kondensatorplatten (Elektroden), die das Glasrohrsystem umgeben, in das Gas eingekoppelt.

---

[1] Der Aufbau wird am Beispiel des HF-angeregten längsgeströmten Typs erläutert.

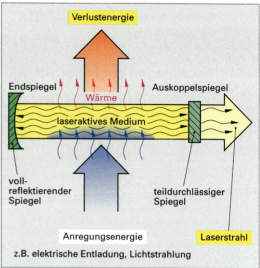

Bild 1: Schematischer Aufbau eines Laserstrahlerzeugers („Resonator")

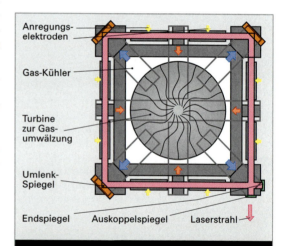

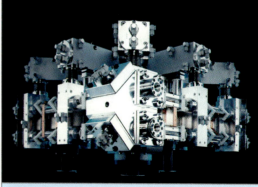

Bild 2: Typischer Aufbau eines CO_2-Laserresonators (längsgeströmter Bautyp)

Jeder CO_2-Laser besitzt eine überwachte elektrische Abschirmung seiner erzeugten hochfrequenten Anregungs-Stromfelder (UKW-Sender!). Warnhinweise für Personen mit Herzschrittmachern beziehen sich also nur auf den Fall, dass die Abschirmung unwirksam ist (z. B. während Reparaturmaßnahmen).

CO_2-Laser sind derzeit für den fertigungstechnischen Einsatz mit Strahlleistungen bis zu ca. 15 kW gebräuchlich.

YAG-Festkörperlaser

Bei den YAG-Lasern sind derzeit zwei Typen von Bedeutung, der Nd:YAG-Laser und der Yb:YAG-Laser, der auch als *Scheibenlaser* bekannt ist.

Der Aufbau eines YAG-Lasers wird hier am Typ des Lampen-gepumpten Nd:YAG-Lasers gezeigt.

Das laseraktive Medium im Resonator eines YAG-Lasers ist ein Kristall. Beim Nd:YAG-Laser ein **N**eo**d**ymdotierter **Y**ttrium-**A**luminium-**G**ranat. Dieser Kristall wird zur Laserstrahlerzeugung optisch mit Energie angeregt. Dies geschieht mittels Lampen oder Laserdioden **(Bild 1)**.

Zur Anregung des laseraktiven Mediums stellen Laserdioden technologisch die reizvollere Variante dar, da sie das nutzbringende Anregungslicht mit weniger wärmeerzeugenden Verlusten generieren. Heutzutage sind jedoch Anregungsdioden im Vergleich zu Anregungslampen noch immer erheblich teurer, was zu einer weiten Verbreitung von Lampen-gepumpten Typen führt.

Nd:YAG-Laser werden als Pulslaser (gepulste Leistungsabgabe) oder als cw-Dauerstrichlaser (kontinuierliche Leistungsabgabe) verwendet. Bei Pulslasern geschieht die Anregung passender Weise mittels Blitzlampen (statt Bogenlampen).

Zur Erzeugung von Nd:YAG-Laserleistungen größer als ca. 500 W, werden mehrere Kavitäten zwischen End- und Auskoppelspiegel modular hintereinander gruppiert. Die in den Kavitäten erzeugten Leistungen addieren sich dann, z. B. 8 Kavitäten für **4 kW (Bild 2)**.

Nd:YAG-Laser sind je nach fertigungstechnischem Einsatz entweder als Dauerstrichlaser mit Strahlleistungen bis zu ca. 5 kW gebräuchlich, oder als Pulslaser mit bis zu ca. 1 kW mittlerer Leistung (= zeitlicher Mittelwert aus Pulsleistung im Multikilowattbereich und Pulspause).

Der moderne Bautyp Yb:YAG-Scheibenlaser (**Y**tter**b**iumdotierter YAG-Kristall) nutzt den besseren Wirkungsgrad des Materials Yb:YAG bei der Laser-

strahlerzeugung aus. Zur Anregung werden ausschließlich Dioden verwendet. Der Laser hat einen optisch und thermisch sehr stabilen Aufbau, was gegenüber dem Nd:YAG einen deutlich besser fokussierbaren Laserstrahl ermöglicht **(Bild 3)**. Der Yb:YAG ist jedoch bei gleicher Leistung auch deutlich teurer als ein Nd:YAG.

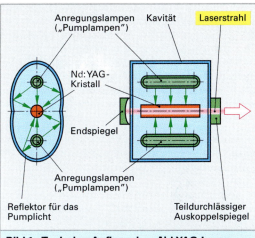

Bild 1: Typischer Aufbau eines Nd:YAG-Lasers

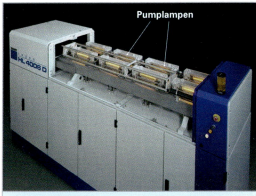

Bild 2: Nd:YAG-Laser mit hoher Strahlleistung

Bild 3: Resonator eines Yb:YAG-Scheibenlasers

Diodenlaser

Hier entsteht der Laserstrahl in der Halbleiter-schicht einer Diode. Die Halbleiterschichten wer-den sehr dünn gestaltet und sind von wasser-gekühlten Metallschichten eingefasst, die die Verlustwärme bei der Laserstrahlerzeugung aus dem Halbleitermaterial abführen **(Bild 1)**.

Bedingt durch diese physikalisch notwendige Bau-form einer sehr schmalen und gut kühlbaren Ein-zeldiode, besteht ein Diodenlaser höherer Leistung ($>$ 1 W) zwangsweise aus gestapelten Dioden-barren. Der entsprechende Diodenlaserstrahl be-steht daher aus vielen Einzelstrahlen, die mittels anspruchsvoller mehrstufiger Kollimationsoptiken so gut wie möglich zu einem kompakten Laser-strahl zusammengeführt werden **(Bild 1)**.

Durch den Aufbau des Diodenlaserstrahles aus vielen und sehr schmalen Einzelstrahlen, ist seine Fokussierbarkeit schlechter als bei einem eintei-ligen Laserstrahl. Dies verhindert seinen Einsatz zu Fertigungsverfahren mit hoher Strahlintensität, wie z. B. Laserschneiden, Laserbohren oder Lasertiefschweißen.

Eine andere aus dem Bauprinzip eines Hochleis-tungs-Diodenlasers resultierende Tatsache muss ebenfalls vor einem geplanten Einsatz überprüft werden:

Ein Diodenlaser besitzt keine Verschleißteile im üblichen Sinn – der Diodenstapel selbst ist das Verschleißteil. Dies kommt im Verschleißfall einem kompletten Laseraustausch nahe. Daher sind un-bedingt die von den Herstellern garantierten Le-bensdauern (mehrere Tausend Stunden) und die Kosten im Verschleißfall an der geplanten Ferti-gungsaufgabe wirtschaftlich durchzukalkulieren.

Hochleistungs-Diodenlaser werden mit ständig wachsenden Maximalleistungen angeboten, der-zeit schon bis in den Bereich mehrerer Kilowatt. Dabei werden Einzeldioden in immer höherer Stückzahl kombiniert.

Excimerlaser

Der Excimerlaser[1] ist, wie der CO_2-Laser, ein Gas-laser. Jedoch besteht beim Excimerlaser das laser-aktive Medium aus giftigen Gasen. Beim Betrieb bestehen daher hohe Sicherheitsanforderungen bezüglich Gasflaschenlagerung und Lecküberwa-chung. Excimerlaser sind als Pulslaser mit kleinen mittleren Leistungen gebräuchlich (Mikrobearbei-tung).

---

[1] Kunstwort von engl. *exited* di*mer*, to excite = erregen, to dim = verdunkeln, vergehen

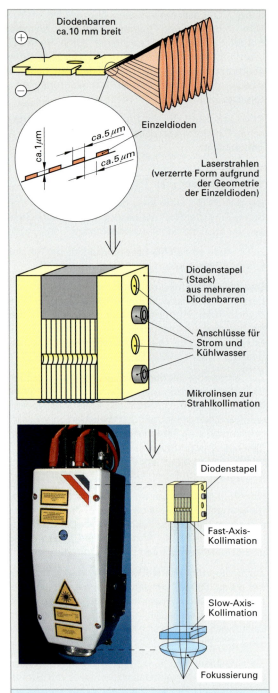

Bild 1: Hochleistungs-Diodenlaser im Kilowatt-Bereich

Hochleistungsdiodenlaser erzielt man durch dichte Packung der Einzeldioden in gestapelten Barren.

5.1.4 Betriebs- und Wartungskosten

Strom

Bei der Erzeugung von Laserstrahlung entsteht – physikalisch unvermeidbar – Verlustwärme. Bei hohen Laserleistungen, wie sie für eine Materialbearbeitung nötig sind, sind daher alle Laser wassergekühlt. Kalkuliert man den Stromverbrauch vollständig und betrachtet den Energieaufwand für die Strahlerzeugung, die Bereitstellung des Kühlwassers und für alle notwendigen Nebenaggregate, ergeben sich insgesamt hohe Verlustenergien **(Tabelle 1)**. Die Folgerung ist, dass für den Betrieb eines Lasers im Kilowatt-Bereich starke Stromanschlüsse vorzusehen sind und ein hoher Stromverbrauch während der Strahlproduktion besteht.

Die Wartungskosten der Laser sind typspezifisch:

YAG-Laser: Wechsel der Pumplampen (alle ca. 800 bis 1000 h), bzw. der Pumpdioden (seltener, aber dann teurer)
CO_2-Laser und Excimerlaser: Kosten für die Lasergase (Reinstgase)
Diodenlaser: Kaum spezifische Wartungskosten während der Lebensdauer der Diodenstapel (mehrere tausend Stunden). Bei Überschreitung der Lebensdauer dann sehr hohe Kosten für neue Diodenstapel.

5.1.5 Strahlführung zum Bearbeitungsort

Die Strahlführung zum Fertigungsort soll kostengünstig und dem rauhen Fertigungsalltag gewachsen, also robust und wenig störanfällig sein. Bei Anlagentypen, bei denen der Laserstrahl auch Vorschubbewegungen auszuführen hat, muss die Strahlführung außerdem den Vorschub in allen geplanten Richtungen ermöglichen.

5.1.5.1 Strahlführung mit Lichtleitkabel (LLK)

Lichtleitkabel bieten eine sehr robuste, bewegliche und platzsparende Art der Strahlführung.

Anwendung

- Lichtleitkabel können zum Transport der Strahlen von YAG- und Diodenlasern eingesetzt werden. LLK-Längen bis zu 50 m funktionieren zuverlässig bis zu höchsten Laserleistungen. Bei geringeren Leistungen können noch größere Längen realisiert werden.
- Nicht eingesetzt werden können Lichtleitkabel zum Transport der Strahlen von CO_2-Lasern, da für die Wellenlänge des CO_2-Lasers ($\lambda = 10,6\,\mu m$) Glas nicht durchsichtig ist und auch kein anderes für den CO_2-Laser geeignetes Lichtleitkabelmaterial existiert.

Aufbau und Funktionsprinzip von Lichtleitkabeln:

In einem Lichtleitkabel (LLK) wird der Laserstrahl mittels des physikalischen Prinzips der „Totalreflexion" im Faserkern geführt **(Bild 1)**. Damit der Effekt einer Totalreflexion und die erwünschten Mantelspiegelungen eintreten, müssen folgende 2 Bedingungen erfüllt sein:

- Der Lichtstrahl muss in einem Medium verlaufen, dessen Brechzahl n_1 höher ist als die Brechzahl n_2 des an dieses Medium angrenzenden Umgebungsmediums.
- Der Strahl darf die Grenzfläche zwischen den beiden Medien nur streifend mit großen Winkeln φ berühren, für die gilt: $\sin \varphi > n_2/n_1$

Tabelle 1: Wirkungsgrade	
Lasertyp:	Wirkungsgrad „Steckdose-zu-Laserstrahl"
YAG-Laser	2 bis 20 %
CO_2-Laser	6 bis 20 %
Diodenlaser	15 bis 30 %

Definition des Wirkungsgrades η „Steckdose-zu-Laserstrahl":

$$\eta = \frac{\text{Leistung des erzeugten Laserstrahls} \quad [kW]}{\substack{\text{Stomverbrauch des Lasergerätes inkl. aller notwendigen} \\ \text{Peripheriegeräte (z. B. Kühlwasserbereitstellung)} \quad [kW]}}$$

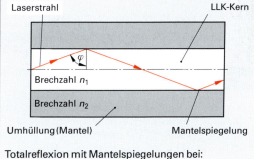

Totalreflexion mit Mantelspiegelungen bei:
- Brechzahlverhältnis $n_1 > n_2$
- Auftreffwinkel φ mit

$$\sin \varphi > \frac{n_2}{n_1} \quad \text{bzw.} \quad \varphi > \arcsin\left(\frac{n_2}{n_1}\right)$$

Bild 1: Strahltransport im LLK

Der Strahltransport im LLK erfolgt durch Totalreflexion und Mantelspiegelung.

Ein reales Lichtleitkabel besteht aus mehreren Schichten **(Bild 1)**.

- Der Kern beinhaltet den zu führenden Licht- oder Laserstrahl. Er besteht meist aus Glas, seltener auch aus transparentem Kunststoff.
- Der Kernmantel hat die Aufgabe, durch seine Brechzahl $n_2 < n_1$ den Totalreflexionseffekt sicherzustellen. $n_2 < n_1$ bedeutet, dass der Mantel aus einem sogar noch transparenteren Material als der Kern bestehen muss (auch Glas bzw. transparenter Kunststoff).
- Die weiteren Ummantelungsschichten sowie die Kevlarlitzen[1] haben folgende Aufgaben:

1. Möglichst langer Strahlenschutz der Umgebung im Fall eines Bruchs des LLK-Kerns.

2. Verhinderung zu kleiner Biegeradien beim Einsatz des LLK zur Einhaltung von $\varphi > \arcsin(n_2/n_1)$ im LLK-Kern **(Bild 2)** und zur Verhinderung einer mechanischen Zerstörung (Bruch).

Für eine gute Fokussierung eines zuvor durch ein LLK geleiteten Strahles gilt: Die Fokussierbarkeit ist umso besser, je kleiner der Kerndurchmesser des LLK war. Für die Durchmesser der eingesetzten LLK bestehen aber Mindestwerte, die nicht unterschritten werden können. Dies wird im nachfolgenden Kapitel „Strahlqualität" erläutert.

Betriebskosten, Wartungseigenschaften

Bei korrektem Betrieb fallen für ein Lichtleitkabel keine Betriebs- und Wartungskosten an.

Folgende Störfälle im Betrieb eines Lichtleitkabels können Reparaturaufwände verursachen:

- Kommt es zu einem mechanischen Bruch des LLK durch eine Anlagenkollision oder eine unzulässige Bewegung, die den minimalen Biegeradius unterschreitet, muss das komplette LLK ersetzt werden.
- Kommt es zu einem Versagen der Wasserkühlung der Stecker an den Faserenden während der Bearbeitung hochreflektierender Metalle, so kann ein Reparaturschleifen der Faserenden notwendig werden.

> Bei Lichtleitkabeln (LLK) fallen keine Betriebs- und Wartungskosten an.

---

[1] Kevlar, eingetragenes Warenzeichen für eine Kunststofffaser, entwickelt bei DuPont

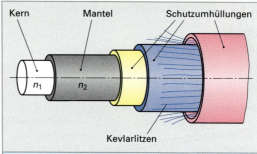

Bild 1: Schichtaufbau eines LLK für den industriellen Einsatz

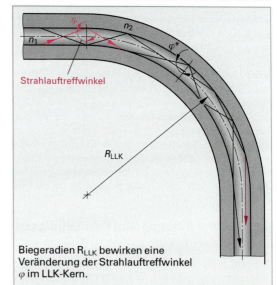

Biegeradien R_{LLK} bewirken eine Veränderung der Strahlauftreffwinkel φ im LLK-Kern.

Verringerte Werte φ (= spitzeres Auftreffen) im Kurvenbereich müssen durch eine Begrenzung von R_{LLK} so eingegrenzt werden, dass eingehalten wird:

$$\varphi^* > \arcsin\left(\frac{n_2}{n_1}\right), \text{ also: } \varphi \geqslant \arcsin\left(\frac{n_2}{n_1}\right).$$

Bild 2: Strahlverlauf bei gebogenem LLK

Wiederholung und Vertiefung

1. Welche drei Eigenschaften unterscheiden Laserstrahlung von natürlichem Licht?

2. Welche drei Laserarten sind in Leistungsstärken im Kilowatt-Bereich erhältlich?

3. Wie ist der Resonator eines Lasers schematisch aufgebaut?

4. Welche Materialien eignen sich als laseraktive Medien (LAM)?

5.1.5.2 Strahlführung als Freistrahl

Hierunter wird der Transport von Laserstrahlen in freier Ausbreitung (Propagation) verstanden, nur an einigen Stellen durch Spiegel umgelenkt.

Die Robustheit bzw. Störanfälligkeit dieses Strahlführungsprinzips hängt entscheidend von der Länge des Strahlwegs sowie der Zahl der in der Strahlführung eingesetzten Umlenkspiegel ab.

Anwendung

- **CO_2-Laser:** Hier ist die Strahlführung als Freistrahl die einzige Möglichkeit, denn für die Wellenlänge des CO_2-Lasers gibt es kein LLK.
- **YAG-Laser:** Hier wird in bestimmten Fällen die Freistrahlführung anstelle eines LLK eingesetzt. Da bei der Strahlführung über ein Lichtleitkabel viel von der Fokussierbarkeit eines Laserstrahls verloren geht, verbietet sich ein LLK bei Anwendungen, die kleine Fokusdurchmesser brauchen: z. B. beim Bohren oder beim Präzisionsschneiden kleiner Strukturen.
- **Diodenlaser:** Hier wird der Strahl als Freistrahl, also ohne LLK, dann geführt, wenn der Laser so kompakte Maße hat, dass er als Kompletteinheit mit fest vorgesetzter Optik nah an das Werkstück geführt werden kann.

Aufbau und Funktionsprinzip von Freistrahl-Strahlführungen

Bei Freistrahlführungen wird der Laserstrahl mittels Umlenkspiegeln in Richtung auf den Einsatzort geleitet. Zwischen den Spiegeln bewegt er sich frei durch die Atmosphäre. Daher sind hier zwischen den Umlenkspiegeln Schutzrohre erforderlich, die die Lasersicherheit und die Staubfreiheit der Umlenkspiegel gewährleisten (**Bild 1 und Bild 2**).

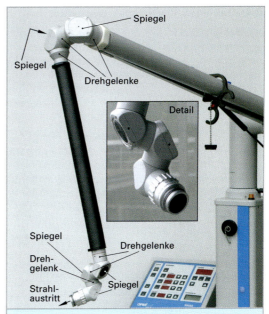

Bild 1: Freistrahlstrahlführung

Bild 2: CO_2-Laser mit Freistrahlführung

Eine Freistrahlführung ist naturgemäß empfindlich gegen Verschmutzung und Dejustage (**Bild 1**).

- Verschmutzungen auf den optischen Elementen (Spiegeln) sorgen durch die Absorption von Laserstrahlung für eine Erhitzung der Umgebung des Schmutzpartikels bis hin zu einer thermischen Zerstörung des optischen Elements. Als Staubschutz ist daher eine permanente Gasspülung der Rohre erforderlich. Da das Rohrsystem nie hermetisch dicht zu kriegen ist, wird ein möglichst preisgünstiges sauberes Gas mit minimalem Überdruck in das Rohrsystem eingespeist.
  ⇒ Zu den undichten Stellen tritt permanent Spülgas aus. So kann nie Außenluft, die Verschmutzungen enthalten könnte, eindringen.
- Für eine Unempfindlichkeit gegenüber Dejustage ist ein massiver Anlagenbau zwischen der Laserquelle

und dem Ort der Fokussierung am Werkstück erforderlich. Denn jede kleine Verkippung eines Spiegels hat – entsprechend den Gesetzen des Strahlensatzes – auf der Strecke des weiteren Strahltransports ein Auswandern des Strahls zur Folge. Der Strahl kommt dann bei langen Strahlwegen nicht mehr störungsfrei bis zum Werkstück. Eine Betriebsstörung mit zeitaufwändiger Nachjustierung wäre die Folge. Diese Betriebsstörung äußert sich wie folgt:

1. Ein spürbarer Anteil der Laserleistung gelangt nicht mehr bis zum Werkstück, sondern wird auf den Spiegelfassungen oder an den Rohrwänden absorbiert.

2. Im Extremfall sorgen die erhitzten Spiegelfassungen durch eine Erwärmung der Spiegel für deren Zerstörung.

Betriebskosten, Wartungseigenschaften

Als Betriebskosten fällt das Spülgas für das Rohrsystem an, welches bei längeren Strahlwegen eingesetzt wird. Es handelt sich jedoch um einfache Gasqualitäten und kleine Mengen. Eine Reinigung aller optischen Elemente hängt von der Staubfreiheit durch den Spülgaseinsatz ab und fällt nach Bedarf an (größere zeitliche Abstände).

Nachjustieraufwände des Strahlwegs: Je länger die Strahlwege einer Anlage sind und je höher die Anzahl der Umlenkspiegel ist, desto dejustagegefährdeter ist eine Freistrahlführung. Damit einhergehend nimmt auch die nötige Wartungsintensität zu.

5.1.6   Strahlformung am Bearbeitungsort

Formung von Freistrahlen

Als Freistrahl transportierte Laserstrahlen werden am Ort der Materialbearbeitung in der Regel durch Linsenoptiken zum gewünschten Strahlfleck abgebildet **(Bild 1)**.
Linsenoptiken für Nd:YAG- oder Diodenlaserstrahlen bestehen aus Glas und sind prinzipiell identisch zu Linsenoptiken für sichtbares Licht. Im Falle von CO_2-Laserstrahlen können diese Linsen nicht aus Glas bestehen, da Glas für die Wellenlänge des CO_2-Lasers nicht durchsichtig (transmissiv) ist. Für CO_2-Laserstrahlen werden in der Regel Linsen aus Zinkselenid (ZnSe) verwendet.
ZnSe setzt im Falle eines Abbrennens gesundheitsschädlichen Abbrand frei. Ein Abbrennen einer ZnSe-Linse kann bei unzureichender Anlagenwartung dann zustandekommen, wenn durch Verschmutzungen auf der Linse oder durch einen dejustierten Laserstrahl, der auf die Linsenfassung trifft, ein deutlicher Anteil der Laserstrahlung absorbiert wird und so auch die Linse erwärmt. Um solche Risiken auszuschließen, werden beim Einsatz höchster CO_2-Laserleistungen anstelle von ZnSe-Linsenoptiken bevorzugt Spiegeloptiken zur Strahlformung eingesetzt **(Bild 1)**.

Formung LLK-transportierter Strahlen

Ein per LLK transportierter Strahl tritt stark divergierend aus dem LLK-Ende aus. Daher besteht eine Optik zur Formung von aus LLK austretenden Strahlen stets aus mindestens zwei Linsen. Die erste Linse, auf die die Strahlen treffen, ist die *Kollimierlinse*, deren Aufgabe es ist, aus dem Strahl wieder einen annähernden parallelen Freistrahl zu machen. Dieser trifft auf die zweite Linse, die eigentliche *Fokussierlinse*. Sie bildet aus dem Freistrahl den gewünschten Strahlfleck am Werkstück **(Bild 2)**.

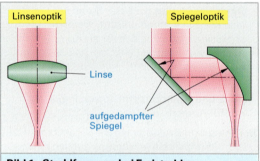

Bild 1: Strahlformung bei Freistrahlen

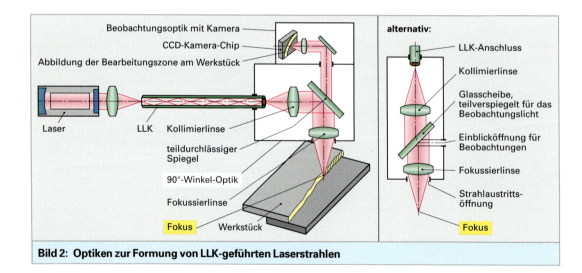

Bild 2: Optiken zur Formung von LLK-geführten Laserstrahlen

5.1.7 Strahlqualität

Wichtigstes Qualitätskriterium für einen Laserstrahl ist seine Fokussierbarkeit. Entsprechend sind die im praktischen Lasereinsatz gebräuchlichsten Angaben zur Strahlqualität solche Kenngrößen, die die Fokussierbarkeit des Laserstrahls ausdrücken. Abhängig davon, ob der Laserstrahl auf seinem Weg bis zum Werkstück durch ein Lichtleitkabel geleitet wird oder nicht, sind unterschiedliche Qualitätsangaben gebräuchlich:

Bei Freistrahlen. Die Strahlqualität wird gekennzeichnet durch die Strahlqualitätskennzahlen K und M^2:

K mit Wertebereich $K = 0 \ldots 1$.
Idealer Laserstrahl: $K = 1$.

$M^2 = 1/K$ mit Wertebereich $M^2 = 1 \ldots \infty$.
Idealer Laserstrahl: $M^2 = 1$.

Die Verwendung der Strahlqualitätsangaben K oder M^2 ist gängig bei CO_2-Lasern. Sie kennzeichnen die Fokussierbarkeit relativ zu einem technisch idealen Laser.

Häufig anzutreffen im Zusammenhang mit der Qualität von CO_2-Laserstrahlen ist auch der Begriff *„Mode"*. Der Mode[1] kennzeichnet die Leistungsdichteverteilung („Helligkeits"-Verteilung) im Laserstrahl. Dies ist ein für die Fokussierbarkeit des Laserstrahls ausschlaggebendes Kriterium. Der Mode und die Kennzahlen K oder M^2 stehen also miteinander in Zusammenhang **(Bild 1)**.

Bild 2 zeigt den Laser-Mode im Verlauf der Strahllänge bis 5 m am Beispiel eines CO_2-Lasers mit einer Leistung von 1,5 kW. Es ist ein Laser mit der Strahlqualitätskennzahl $K = 0,3$ (Mischung aus Ringmode und Multimode).

Strahlparameterprodukt *SPP* oder q
(in mm × mrad).

Die Angabe des Strahlparameterprodukts *SPP* bzw. q ist gängig als Qualitätsangabe bei Nd:YAG-Laserstrahlen, die nicht durch Lichtleitkabel transportiert wurden. Nd:YAG-Laser zum Bohren oder Beschriften sind z. B. Laser, die oft bis zum Einsatzort am Werkstück ohne LLK transportiert werden. Definiert sind *SPP* bzw. q aus dem halben Strahldurchmesser eines Laserstrahls am Ort seiner Strahltaille (Ort seines kleinsten Durchmessers), multipliziert mit dem Halbwinkel der Divergenz, den der Strahl an der Strahltaille aufweist **(Bild 3)**. *SPP* bzw. q ist stets > 0. Je kleiner der Wert ist, desto besser ist die Fokussierbarkeit des Laserstrahls.

---

[1] *engl.* mode = Erscheinungsform, von lat. modus = Art

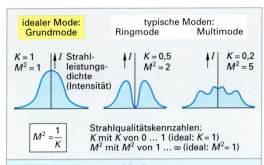

Bild 1: Typische Laser-Moden

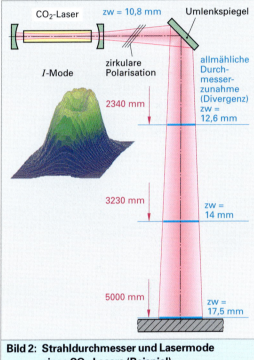

Bild 2: Strahldurchmesser und Lasermode eines CO_2-Lasers (Beispiel)

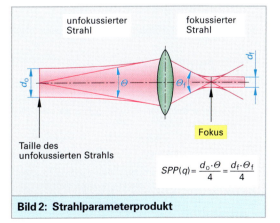

$$SPP(q) = \frac{d_o \cdot \Theta}{4} = \frac{d_f \cdot \Theta_f}{4}$$

Bild 2: Strahlparameterprodukt

Bei Lichtleitkabeln. Die Strahlqualität wird angegeben durch den kleinstmöglichen verwendbaren LLK-Durchmesser.

Die Fokussierbarkeit von Laserstrahlen, die mittels LLK transportiert werden, ist direkt davon abhängig, welchen Kerndurchmesser dieses LLK besaß. Je kleiner der LLK-Durchmesser ist, umso kleinere Fokusdurchmesser sind bei der anschließenden Fokussierung erzielbar.

Für eine Verringerung des verwendeten LLK-Kerndurchmessers gibt es jedoch Grenzen **(Bild 1)**:

1. Zum Eintritt in den Faserkern muss der Strahl zu einem Durchmesser d_{Ein} gebündelt werden, der aufgrund der Toleranzen bei der Justierung in der Praxis kleiner als der Kerdurchmesser d_{Kern} sein muss: $d_{Ein} < d_{Kern}$.

2. Die Divergenz θ_{Ein}, die er bei diesem Taillendurchmesser d_{Ein} hat, darf nicht zu groß werden. θ_{Ein} muss nach Eintritt in den Faserkern einen Winkel φ ergeben, bei dem sich Totalreflexion ergibt. Es muss gelten: $\varphi > \varphi_{Total}$, mit $\sin \varphi_{Total} = n_2/n_1$.

Diese direkte Abhängigkeit des kleinstmöglichen LLK-Kerndurchmessers von den Größen „Taillendurchmesser" und „Taillendivergenzwinkel" des Strahls bedeutet also einen direkten Zusammenhang mit der Strahlqualitätskenngröße „Strahlparameterprodukt".

Daher wird im Fall der Verwendung von LLK üblicherweise als besonders griffige und zweckmäßige Angabe zur Strahlqualität der kleinstmögliche LLK-Durchmesser genannt, der zum Transport dieses Laserstrahls verwendet werden kann. Ungefähre heutige Grenzen möglicher LLK-Kemdurchmesser bei YAG-Lasern sind:

• Leistungsbereich oberhalb ca. 1 kW:
  – Nd:YAG: ca. 0,4 bis 0,6 mm
  – Yb:YAG: ca. 0,2 bis 0,4 mm
• Leistungsbereich bis ca. 1 kW:
  – Nd:YAG: ca. 0,2 bis 0,3 mm
  – Yb:YAG: ca. 0,1 mm (100-μm-Faser)

> Der kleinstmöglich verwendbare LLK-Durchmesser ist direkt vom Strahlparameterprodukt abhängig.

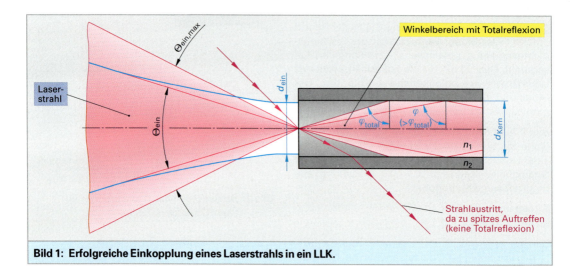

Bild 1: Erfolgreiche Einkopplung eines Laserstrahls in ein LLK.

Wiederholung und Vertiefung

1. Was kennzeichnet das Kürzel LLK im Zusammenhang mit Lasertechnik?

2. Für welche der in der Fertigungstechnik genutzten Laserarten können Lichtleitkabel zum Strahltransport eingesetzt werden?

3. Was ist Totalreflexion?

4. Was muss erfüllt sein, damit ein Licht- oder Laserstrahl mittels Totalreflexion gespiegelt wird?

5. Welches sind die zwei Gründe, wegen denen der

Biegeradius eines Lichtleitkabels begrenzt werden muss?

6. Wovon hängt prinzipbedingt die Robustheit bzw. Störanfälligkeit einer Strahlführung mittels Freistrahl stark ab?

7. Wie kann mit Hilfe von Gasen ein Staubschutz für ein Freistrahl-Strahlführungssystern realisiert werden?

8. In welchen Fällen und warum wird auch der Strahl eines YAG-Lasers manchmal als Freistrahl zum Werkstück geführt?

5.2 Werkstückbearbeitung

5.2.1 Grundlagen

Die Wirtschaftlichkeit eines Lasereinsatzes zur Materialbearbeitung steht und fällt in der Regel mit dem erfolgreichen Gelingen einer
- **gezielten** und
- **eng begrenzten Wärmeeinbringung**

in die Bauteile.

Daher sind fast immer
- eine möglichst gute **Fokussierung** des Laserstrahls und
- eine **möglichst hohe Absorption** des Laserstrahls in den Bauteilen

von entscheidender Bedeutung.

5.2.1.1 Fokussierung

Mit der Fokussierung eines Laserstrahls werden insbesondere zwei Strahlkenngrössen beeinflusst, die bei der Materialbearbeitung wichtig sind:

- Fokusdurchmesser d_f ⇒ beeinflusst die Strahlleistungsdichte I im Fokus (Intensität $I = P_L/(\pi/4 \cdot d_f^2)$
- Schärfentiefe ⇒ beeinflusst die Abstandsunempfindlichkeit während der Bearbeitung und die Eignung zur Bearbeitung dicker Werkstücke.

Fokussieren eines Freistrahls:

Hier entstehen tendenziell die kleineren Fokusdurchmesser als beim Transport über LLK. Der Fokusdurchmesser d_f berechnet sich nach der Formel aus **Bild 1**.

> Nun könnte man auf Basis der Formel aus Bild 1 folgende FALSCHANNAHME treffen: *„Ein Laserstrahl schlechterer Qualität (kleines K, bzw. großes M^2) bringt bei der Fokussierung keine Nachteile. Denn zur Erzeugung eines gewünschten Fokusdurchmessers d_f muss dann einfach nur eine kleinere Fokussierbrennweite f genommen werden, siehe Formel.“*
>
> Diese Annahme ist falsch, da der Einsatz einer kürzeren Brennweite f zu einer Verringerung der Schärfentiefe z_{Rf} führen würde **(Bild 2)**.

Eine verringerte Schärfentiefe bedeutet, dass ober- und unterhalb der Fokusebene der Strahl bereits nach kürzerer Strecke an Intensität verliert, da er mit einem größeren Divergenzwinkel auseinanderläuft **(Bild 2)**.

[1] Fokus = Brennpunkt, *lat.* focus = Feuerstätte

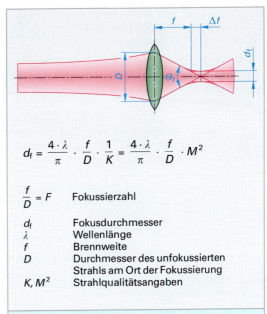

$$d_f = \frac{4 \cdot \lambda}{\pi} \cdot \frac{f}{D} \cdot \frac{1}{K} = \frac{4 \cdot \lambda}{\pi} \cdot \frac{f}{D} \cdot M^2$$

$\frac{f}{D} = F$	Fokussierzahl
d_f	Fokusdurchmesser
λ	Wellenlänge
f	Brennweite
D	Durchmesser des unfokussierten Strahls am Ort der Fokussierung
K, M^2	Strahlqualitätsangaben

Bild 1: Fokussierung eines Freistrahls

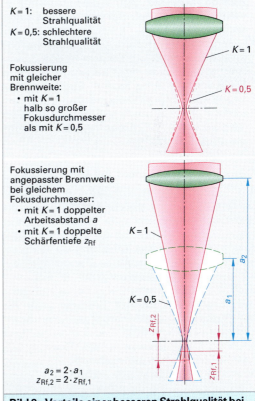

K = 1: bessere Strahlqualität
K = 0,5: schlechtere Strahlqualität

Fokussierung mit gleicher Brennweite:
- mit K = 1 halb so großer Fokusdurchmesser als mit K = 0,5

Fokussierung mit angepasster Brennweite bei gleichem Fokusdurchmesser:
- mit K = 1 doppelter Arbeitsabstand a
- mit K = 1 doppelte Schärfentiefe z_{Rf}

$a_2 = 2 \cdot a_1$
$z_{Rf,2} = 2 \cdot z_{Rf,1}$

Bild 2: Vorteile einer besseren Strahlqualität bei der Fokussierung

Die Folgen einer geringeren Brennweite und damit einer geringeren Schärfentiefe äußern sich im Fertigungseinsatz in folgender Form:

- herabgesetzte Tolerierbarkeit von Abstandsschwankungen zwischen Optik und Werkstück,
- herabgesetzte Eignung zur Bearbeitung dicker Werkstücke,
- verschlechterte Zugänglichkeit zum Werkstück und größere Verschmutzungsgefahr der Linse durch die Notwendigkeit, die Linse näher am Werkstück zu platzieren (da kürzere Brennweite).

Diese Betrachtungen zum Zusammenhang zwischen Strahlqualität, Fokusdurchmesser und Schärfentiefe belegen, dass der Satz gilt:

„Eine hohe Strahlqualität (hohes K, bzw. niedriges M^2) ist durch nichts zu ersetzen."

Weitere wichtige Kenngrößen, die bei einer Fokussierung entstehen, sind:

- Divergenz $\theta_f \approx D/f$:
  θ_f ist ein wichtiges Maß für Zugänglichkeitsbetrachtungen zur Bearbeitungsstelle. Es ist auch das Maß, dass man in der Innenkontur eines Bearbeitungskopfes für den Strahl freihalten muss.
- Unterschied Δf zwischen Linsenbrennweite f und tatsächlicher Fokuslage auf dem Werkstück:
  Δf ist abhängig von der Divergenz θ des auf die Fokussierlinse auftreffenden Strahles. Diese Größe wäre nur aufwändig messbar. Daher wird in der Praxis die wirkliche Fokuslage auf dem Werkstück $(f + \Delta f)$ experimentell durch Einstellversuche bestimmt.

Fokussierung eines Strahls, der durch ein LLK geführt wurde:

Der Durchgang durch das LLK bringt aufgrund der zahllosen Mantelspiegelungen, die meistens – z. B. wegen Kurven im LLK-Verlauf – ungleichmäßig sind, eine starke Verschlechterung der Kohärenz und der Parallelität des Laserstrahls. Aufgrund dieser deutlichen Herabsetzung der Strahlqualität nach einem LLK-Durchtritt, wird der Durchmesser des Fokusflecks nach den Gesetzen einer Abbildungsoptik ermittelt. Hierbei geht man davon aus, dass die Kollimierlinse[1] und die Fokussierlinse ein Abbild des Faserendes auf das Werkstück projizieren. Das Abbildungsverhältnis von d_f/d_{LLK} entspricht dem Verhältnis f_{Fok}/f_{Koll} **(Bild 1)**.

---

[1] Kollimation = geradlinig ausrichten (Strahlen verlaufen parallel), von lat. collimare bzw. collineare = in gerade Linie bringen

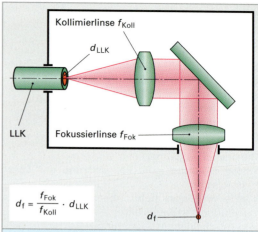

$$d_f = \frac{f_{Fok}}{f_{Koll}} \cdot d_{LLK}$$

Bild 1: Fokussierung eines LLK-geführten Laserstrahls

Der Grundsatz
„Eine hohe Strahlqualität des Lasers ist durch nichts zu ersetzen" gilt auch hier.

Eine hohe Strahlqualität ermöglicht die Verwendung eines möglichst kleinen LLK-Durchmessers für den Laserstrahl.

Daher gilt der Grundsatz hier in folgender Form:
„Ein geringer LLK-Kerndurchmesser ist durch nichts zu ersetzen."

Nach der Formel für d_f kann zur Erzeugung des gewünschten Wertes von d_f die Fokussierbrennweite f_{Fok} umso größer gewählt werden, je kleiner d_{LLK} ist. Die Vorteile, die sich daraus ergeben, sind die gleichen wie in **Bild 2, vorhergehende Seite**, dargestellt.

Wiederholung und Vertiefung

1. Welche Angabe zur Strahlqualität ist bei mittels LLK geführten Laserstrahlen gängig? Wodurch ist diese Angabe physikalisch eng mit dem Strahlparameterprodukt des in das LLK eingekoppelten Laserstrahls verknüpft?

2. Weshalb kann zur Erzielung eines gewünschten Fokusdurchmessers d_f eine schlechtere Strahlqualität des Lasers nicht ohne Nachteile durch eine kleinere Brennweite f ausgeglichen werden? Nennen Sie diese Nachteile!

3. Weshalb befindet sich der Fokus eines Laserstrahls nicht im Abstand f (Brennweite) zur Fokussieroptik, sondern um den Wert Δf versetzt dazu?

4. Wie geht man vor, um den Ort des Strahlfokus $(f + \Delta f)$ zu ermitteln?

5.2.1.2 Absorption

Trifft Laserstrahlung auf einen Werkstoff, so kann es zu drei verschiedenen Arten der Wechselwirkung kommen (**Bild 1**):

- **R**eflexion: Die Werkstoffoberfläche wirft die Laserstrahlung zurück.
- **A**bsorption: Die Laserstrahlung dringt in den Werkstoff ein und wird in ihm in Wärme umgewandelt.
- **T**ransmission: Die Laserstrahlung durchdringt den Werkstoff verlustfrei.

Die für eine Materialbearbeitung mit Laser wichtige Eigenschaft ist die Absorption, also die Erwärmung des Werkstoffs. Es ist also ein möglichst hoher Absorptionsgrad A der Laserstrahlen im Werkstoff anzustreben.

Bei Metallen:

Durch Metalle können Laserstrahlen annähernd gar nicht transmittieren ($T \approx 0$). Laserstrahlen werden von Metallen teilweise reflektiert, teilweise absorbiert. Die Absorption ist stark abhängig von der *Metallart* (**Bild 2**) und vom *Einfallswinkel* α (**Bild 3**). Die Absorptionsgrade sind von 100 % weit entfernt. Der überwiegende Anteil der Laserstrahlung wird von einer Metalloberfläche also reflektiert (**Tabelle 1**).

Es sei an dieser Stelle schon mal darauf hingewiesen, dass die Gesamtabsorption beim Laserschneiden oder Laserschweißen von Metallen jedoch oft erheblich höher ist (bis > 90 %). Dies liegt an einem *Mehrfachreflexion* genannten Effekt, der im nachfolgenden Kapitel Laserschweißen erläutert wird.

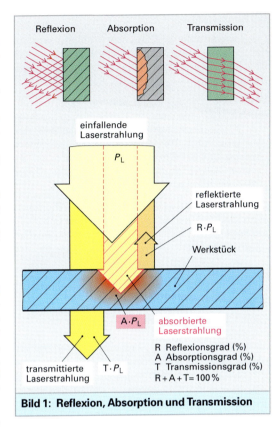

Bild 1: Reflexion, Absorption und Transmission

Tabelle 1: Absorptionsgrade A		
Werkstoff	CO_2-Laser:	YAG-Laser:
Stahl-Legierungen	ca. 10 %	ca. 30 %
Al-Legierungen	ca. 4 %	ca. 10 %

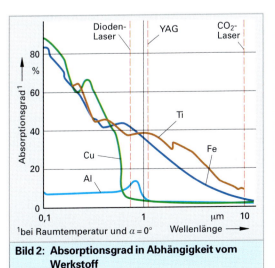

Bild 2: Absorptionsgrad in Abhängigkeit vom Werkstoff

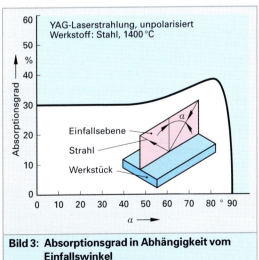

Bild 3: Absorptionsgrad in Abhängigkeit vom Einfallswinkel

Bei Kunststoffen:

CO$_2$-Laserstrahlung. CO$_2$-Laserstrahlung wird in der Polymer-Matrix eines Kunststoffes zu über 90 % absorbiert, was eine hervorragende Bearbeitbarkeit sichert.

YAG- und Diodenlaserstrahlung. Hier besteht durch das Einmischen von Pigmenten in die Polymer-Matrix des Kunststoffes die Möglichkeit, Absorptions- und Transmissionsgrade in weitem Umfang zu beeinflussen: Ohne Pigmente ist die Polymer-Matrix deutlich transparent und weist eine Absorption von unter 10 % auf.

Durch die Einmischung angepasster Pigmente kann die Absorption für die verwendete Laserwellenlänge gezielt auf hohe Werte für eine günstige Bearbeitung gesteigert werden **(Bild 1)**.

5.2.2 Laseranwendungen

5.2.2.1 Laserschweißen

Laserschweißen ist ein Schweißverfahren mit immer höherer Verbreitung. Die Gründe hierfür sind die Fähigkeit, die Wärme gezielt und mit wenig Verzug einzubringen sowie die hohen erzielbaren Schweißgeschwindigkeiten.

Durch passende Einstellung von Laserleistung, Schweißgeschwindigkeit und Strahlfleckdurchmesser sind zwei unterschiedliche Varianten des Laserschweißens einstellbar **(Bild 2)**.

Am wichtigsten und meistverbreitet ist das Schweißen mit „Tiefschweißeffekt": Hierzu muss der Laserstrahl so stark fokussiert werden, dass eine hohe Strahlintensität erzeugt wird **(Tabelle 1)**. Dadurch wird im auftreffenden Strahlfleck ein geringer Teil des Werkstoffs verdampft. Durch die nachdringenden Strahlen bildet sich eine Verdampfungskapillare im Werkstoff aus. So kann der Laserstrahl bis in große Tiefen des Werkstücks eindringen. Der Druck des abströmenden Dampfes hält die Kapillare offen. Beim Schweißen mit Tiefschweißeffekt können sehr schmale und dabei tiefe Nähte erzeugt werden.

Beim Schweißen mit Tiefschweißeffekt ergibt sich eine deutliche Erhöhung der Gesamtabsorption

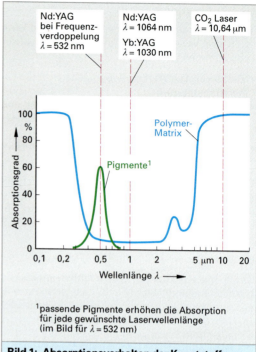

^{1}passende Pigmente erhöhen die Absorption für jede gewünschte Laserwellenlänge (im Bild für $\lambda = 532$ nm)

Bild 1: Absorptionsverhalten der Kunststoffe

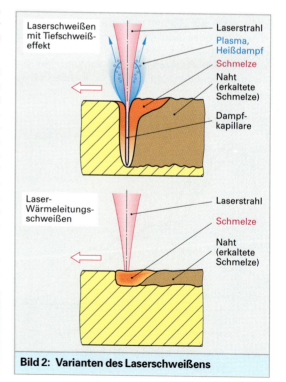

Bild 2: Varianten des Laserschweißens

Tabelle 1: Mindest-Strahlintensitäten für das Tiefschweißen		
Werkstoff	**CO$_2$-Laser:**	**YAG-Laser**
Stahllegierungen	ca. $2 * 10^6$ W/cm^2	ca. $0.6 * 10^6$ W/cm^2
Al-Legierungen:	ca. $5 * 10^6$ W/cm^2	ca. $1.6 * 10^6$ W/cm^2

der Laserstrahlung im Werkstoff auf Werte von teilweise über 90 %. Ursache für diese deutliche Erhöhung gegenüber den im Abschnitt *Absorption* genannten Grundabsorptionswerten ist der Mehrfachreflexions-Effekt der Laserstrahlen in der Dampfkapillare (**Bild 1**): Die Laserstrahlen treffen – ähnlich wie in einem Labyrinth – mehrfach auf die Oberfläche der Kapillaren auf, dabei wird jedesmal ein zusätzlicher Teil der weiterreflektierten Strahlen absorbiert.

Laserschweißwerkzeuge umfassen neben dem Optikteil zur Formung des Strahlflecks in der Regel auch ein Quergebläse (Cross-Jet) zum Schutz der Optik vor Rauch und Partikeln sowie eine Prozessgaszufuhr. Erfordern es die Toleranzen oder die Metallurgie der Werkstücke, so verwendet man auch Zusatzwerkstoff (**Bild 2**).

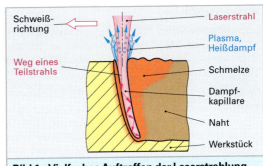

Bild 1: Vielfaches Auftreffen der Laserstrahlung

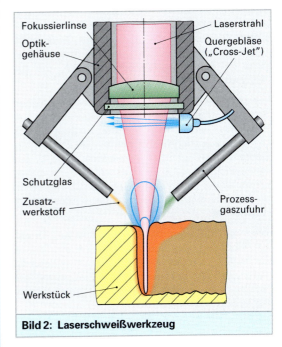

Bild 2: Laserschweißwerkzeug

Zum Laserschweißen besonders geeignete Laser:

Das Laserschweißen benötigt Laser hoher Leistung (Dauer- bzw. Pulsspitzenleistungen im Kilowattbereich) bei gleichzeitig guter Fokussierbarkeit (für die Bildung der Dampfkapillaren). Aufgrund dieser beiden Forderungen kommen nahezu ausschließlich CO_2-Laser und YAG-Laser zum Einsatz (**Bild 3**).

Die je nach Werkstückspektrum am häufigsten verwendeten Laser sind:

• Filigrane, wenig wärmebelastbare Bauteile:
  Gepulste YAG-Laser ohne Lichtleitkabel.
  Gründe: Hohe Pulsleistung bei geringer mittlerer Leistung (geringe Wärmeschädigung) sowie ein kleiner Fokusdurchmesser (gezielte örtliche Einwirkung).

• NE-Metalle mit hoher Reflexion (z. B. Al, Cu):
  YAG-Laser, mit oder ohne Lichtleitkabel.
  Grund: Bessere Absorption als der CO_2-Laser.

• Bei 3D-Anwendungen:
  YAG-Laser mit Lichtleitkabel.
  Grund: Unaufwändige Strahlführung mittels Lichtleitkabel.

• Stahl und niedrigreflektierende NE-Metalle (z. B. Ti) in 2D-Anwendungen:
  CO_2-Laser.
  Gründe: Der CO_2-Laser ist hierzu gut geeignet und dabei kostengünstiger (Invest, Strom).

• Sehr dünnwandige Bauteile:
  YAG-Laser geringer Leistung oder Diodenlaser.
  Gründe: Bauteile mit sehr geringen Wanddicken, z. B. Metallfolien, werden entweder durch reines Wärmeleitungsschweißen, also ohne absorptionserhöhende Dampfkapillare, geschweißt oder sie werden gepulst geschweißt mit YAG-Pulslasern. Daher ist keine hohe Strahlintensität nötig.

Bild 3: Schweißen mit Nd:YAG-Laser

Schweißergebnisse:

Schweißtiefen und Schweißgeschwindigkeiten verhalten sich beim Laserschweißen in Vollmaterial etwa umgekehrt proportional (**Bild 1 und Bild 2**).

Spalttoleranzen zwischen den zu schweißenden Bauteilen sind beim Laserschweißen nur in sehr engen Grenzen zulässig. Während bei Stumpfstoßanordnungen oft nur Hundertstel Millimeter Spalt zulässig sind, sind bei Überlappstößen teilweise sogar einige Zehntel Millimeter überbrückbar (**Bild 3**).

Schweißen verzinkter Bleche: Eine häufige Schweißanwendung bei Produkten aus Blech, z. B. Automobilkarosserien, ist das Verschweißen verzinkter Stahlbleche. Hier kann es bei Überlappanordnungen der Bleche während des Laserschweißens zu Schmelzauswürfen kommen, die die Schweißnaht zerstören (**Bild 4**).

Die Ursache dafür liegt in den unterschiedlichen Schmelz- und Verdampfungstemperaturen von Stahl und Zink. Zu dem Zeitpunkt, an dem die von der Werkstückoberfläche her in das Innere des Bauteils vordringende Schmelzzone (1530 °C) das im Fügestoß gefangene Zink erreicht, ist dieses schon längst dampfförmig (ab 907 °C) und damit ein wie in einem Druckbehälter vorgespannter Heißdampf.

Wird nun die vom Oberblech gebildete „Druckbehälterwand" plötzlich zur Schmelze, also flüssig, so entlädt sich der Zinkdampfdruck schlagartig durch die Schmelze hindurch ins Freie und reißt die Schmelze zu großen Teilen mit. Es entsteht eine Fehlstelle in der Naht.

Eine pragmatische Lösung dieses Problems besteht in einer laserschweißgerechten Gestaltung der Fügestellen. Dabei muss eine Entgasungsmöglichkeit für den Zinkdampf gewährleistet werden.

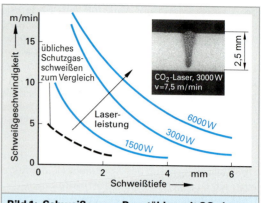

Bild 1: Schweißen von Baustählen mit CO_2-Laser

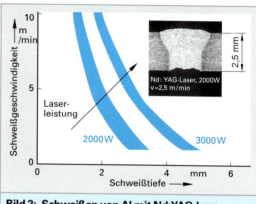

Bild 2: Schweißen von Al mit Nd:YAG-Laser

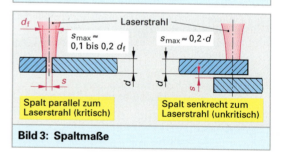

Bild 3: Spaltmaße

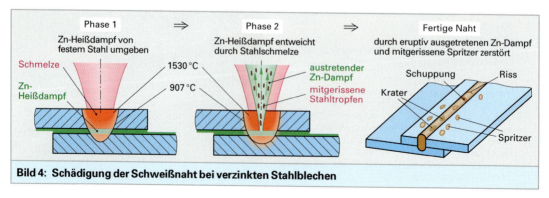

Bild 4: Schädigung der Schweißnaht bei verzinkten Stahlblechen

Die gängigsten konstruktiven Lösungen sind:
- ein keilförmiger Schrägstand der überlappenden Bleche zueinander,
- das Schweißen einer Kehlnaht an der Kante des Überlappstoßes oder
- die Änderung der Stoßgeometrie zu einem Stumpfstoß (**Bild 1**).

Fertigungstechnische Beispiele:

Typische Einsätze des Laserschweißens in der Fertigung sind gekennzeichnet durch hohe Präzision, Wärmeschonung der Bauteile sowie durch eine hohe Wirtschaftlichkeit in der Serien- und Massenfertigung z. B. gasdicht zugeschweißte Herzschrittmacher (**Bild 2**).

Ein neuartiger Anwendungstrend des Laserschweißens ist die Herstellung sogenannter *Tailored Blanks*[1], die vor allem im Karosseriebau schon häufig genutzt werden. Dabei handelt es sich um die Herstellung maßgeschneiderter Blechplatinen für anschließendes Umformen, z. B. durch Tiefziehen (**Bild 3 und Bild 4**). Möglich wird diese Technik durch ein günstiges Werkstoffgefüge mit eng begrenzter Aufhärtungszone im Bereich der Laserschweißung, so dass diese noch umgeformt werden kann.

---

[1] engl. tailored = maßgeschneidert
engl. blank = unbearbeitetes Blatt

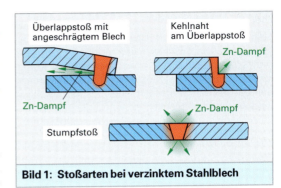

Bild 1: Stoßarten bei verzinktem Stahlblech

Bild 2: Gasdicht geschweißter Herzschrittmacher

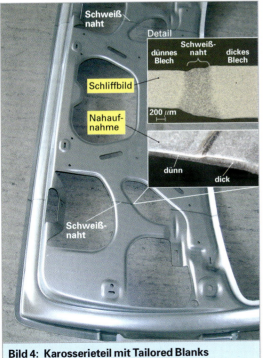

Bild 4: Karosserieteil mit Tailored Blanks

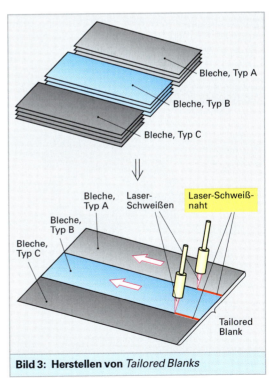

Bild 3: Herstellen von *Tailored Blanks*

5.2.2.2 Laserschneiden

Das Laserschneiden ist ein schon seit vielen Jahren etabliertes thermisches Trennverfahren. Zum Einsatz kommt es bei fast allen Metallen, bei Kunststoffen und Holz. Bei Metallen wird es am häufigsten an Blechen eingesetzt. Hier besticht es durch relativ hohe Prozessgeschwindigkeiten sowie durch eine geringe Wärmebelastung der Bauteile.

Die Abgrenzung sinnvoller Einsatzbereiche gegenüber dem Stanzen von Blechen ergibt sich, wenn aufgrund der Stückzahlen oder der Geometrie (z. B. Rohre) ein Stanzen nicht in Frage kommt. Die Abgrenzung sinnvoller Einsatzbereiche gegenüber dem Wasserstrahlschneiden ergibt sich meist durch die Dicke der Werkstücke. Ein etwaiger Grenzwert, ab dem sich ein Wirtschaftlichkeitsvergleich mit dem Wasserstrahlschneiden lohnt, liegt bei Dicken von ca. 15 bis 20 mm.

Wie bei anderen thermischen Trennverfahren auch, ist beim Laserschneiden durch die Wahl des Schneidgases entweder ein Schmelzschneiden mit inerten Gasen oder ein Brennschneiden mit reaktiven Gasen (O_2) möglich.

Hierzu erwärmt der Laserstrahl das Werkstück auf Schmelztemperatur, bzw. beim Brennschneiden auf die niedriger liegende Entzündungstemperatur, anschließend werden mittels des Schneidgasstrahles die Schmelze bzw. die Abbrandprodukte ausgetrieben (**Bild 1**). So entsteht eine Schnittfuge, die auch bei dickeren Werkstücken sehr schmal bleibt (in der Regel $\leqslant 1$ mm).

Damit das Laserschneiden auch bei hohen Schneidgeschwindigkeiten noch störungs- und kollisionsfrei abläuft, insbesondere an Werkstücken, die Toleranzen aufweisen oder die sich während des Schneidens durch die Erwärmung verziehen, werden sogenannte Autofokussysteme eingesetzt (**Bild 2**).

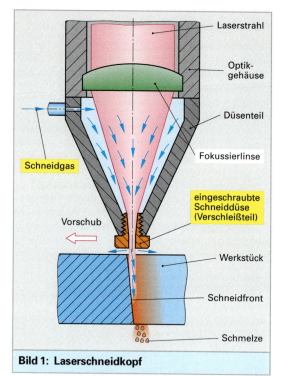

Laserstrahl

Optik-gehäuse

Düsenteil

Fokussierlinse

Schneidgas

eingeschraubte Schneiddüse (Verschleißteil)

Vorschub

Werkstück

Schneidfront

Schmelze

Bild 1: Laserschneidkopf

Schneidwerkzeug mit Wechsel-Fokussierlinse

Schneidwerkzeug mit kapazitivem Abstandssensor

Wechsel-magazin

Hochdynamische Abstandsregelung

Für die Sensorik: Isolatorring Cu-Schneiddüse

Bild 2: Autofokus-Laserwerkzeug für das Laserschneiden

Bei Autofokussystemen wird mittels Sensorik der Abstand zwischen Schneiddüse und Werkstück gemessen und mittels einer hochdynamischen kurzhubigen Verstellachse konstant gehalten. Schneiddüse und Fokussierlinse bilden dabei eine Einheit und werden gemeinsam verstellt.

Die Schneiddüse muss während des Schneidens konstant auf einem sehr geringen Abstand (max. ca. 1 mm) zum Werkstück gehalten werden, so dass der für ein gutes Eindringen des Schneidgases in die Trennfuge nötige Staudruck aufrecht erhalten bleibt. Die Fokussierlinse muss wegen der Konstanthaltung der Fokuslage und damit der Gewährleistung der notwendigen hohen Strahlintensität mit verfahren werden.

Autofokus-Systeme mit kapazitiv arbeitender Abstandssensorik sind heute nahezu zu einer Standardkomponente von Laserschneidanlagen geworden.

Zum Laserschneiden besonders geeignete Laser:

Das Laserschneiden benötigt Laser relativ hoher Leistung (Dauer- bzw. Pulsspitzenleistungen im Bereich mehrerer hundert Watt bis Kilowatt) bei gleichzeitig sehr guter Fokussierbarkeit.

Speziell wegen seiner Möglichkeit einer sehr guten und gleichzeitig sehr konstanten Fokussierung, kommen zum Schneiden nahezu aller Metalle primär CO_2-Laser zum Einsatz.

Der Einsatz anderer Lasertypen ist dagegen hauptsächlich nur dann sinnvoll, wenn entweder wegen zu schneidender 3D-Konturen Lichtleitkabel von Vorteil sind, oder wenn aufgrund filigraner Bauteilabmessungen gepulste Laserstrahlung verwendet werden soll. In diesen Fällen ergeben sich einige sinnvolle Anwendungen insbesondere für YAG-Laser.

Schneidergebnisse:

Mit dem Laserschneiden sind hohe Schneidegeschwindigkeiten und damit hohe Produktivität erreichbar **(Bild 1 und Bild 2)**. Vor allem im Dünnblechbereich bis ca. 1 mm sind mit handelsüblichen Laserleistungen Geschwindigkeiten möglich, die im Praxiseinsatz oft aufgrund der begrenzten Dynamik der Anlagenachsen gar nicht nutzbar sind.

Bei größeren Materialdicken ist die Trennbarkeit dann am besten, wenn mit Sauerstoffeinsatz brenngeschnitten werden kann. Dies ist bei Baustahl der Fall. Hier kann mit typischen Schneidlaserleistungen bis in den Bereich von 20 mm Dicke geschnitten werden **(Bild 1 und Bild 2)**.

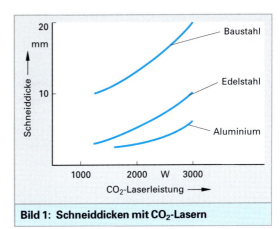

Bild 1: Schneiddicken mit CO_2-Lasern

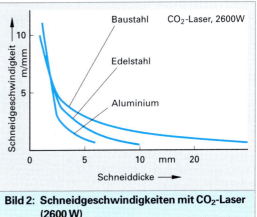

Bild 2: Schneidgeschwindigkeiten mit CO_2-Laser (2600 W)

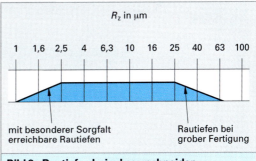

Bild 3: Rautiefen beim Laserschneiden

Beim Laserschneiden muss die Gasdüse sehr knapp über die Werkstückoberfläche geführt werden (Abstand etwa 1 mm). Ermöglicht wird dies am besten mit **Autofokussystemen** mit Abstandsregelung.

Die entstehenden Rauigkeiten von Laserschnitten sind hauptsächlich abhängig von

- Material,
- Dicke (dünn besser als dick),
- Gasart (Brennschneiden besser als Schmelzschneiden).

Die typischen Rautiefen von Laserschnitten sind in **Bild 3, vorhergehende Seite,** dargestellt.

Der häufigste Einsatz des Laserschneidens ist an ebenen Blechbauteilen **(Bild 1)**. Hier befindet sich das Laserschneiden zum Teil in wirtschaftlicher Konkurrenz zum Stanzen. Je nach Einsatzfall macht dabei auch die Kombination des Stanzens (bei höheren Wiederholzahlen) und des Laserschneidens (bei niedrigeren Wiederholzahlen einer Kontur) wirtschaftlichen Sinn. Entsprechenderweise wurden daher auch Kombinationsmaschinen Stanzen/Laserschneiden geschaffen **(Bild 2)**.

Ein weiterer wichtiger Einsatzfall ist das Laserschneiden an Rohren oder Profilen. Hier besteht die Konkurrenz zum Stanzen nicht, weshalb auch größere Stückzahlen in Frage kommen.

Seltener wird bislang das Laserschneiden auch zur Erzeugung räumlicher Konturen eingesetzt. Ein interessantes Beispiel hierzu ist das Erzeugen von Karosserie-Ersatzteilen für den Seitenwandbereich von Automobilen aus den häufig einteilig hergestellten Seitenwänden **(Bild 3)**.

Bild 1: **Laserschneiden von Blechen**

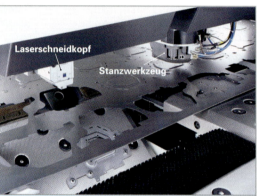

Bild 2: **Kombimaschine für Stanzen und Laserschneiden**

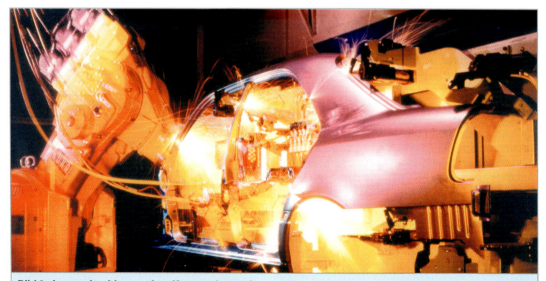

Bild 3: **Laserschneiden an einer Karosseriewand**

Laserschneiden wird auch an Keramiken durchgeführt, meist mit gepulsten Lasern. Für das Laserschneiden von Kunststoffen oder Holz sind schon kleine Laserleistungen ausreichend. Es muss jedoch eine thermische Beeinflussung der Schnittkanten zulässig, bzw. erwünscht sein. Ein Beispiel dafür sind glasfaserverstärkte Kunststoffe, bei denen die an die Schnittkanten heranragenden Glasfasern durch die Laserwärme umgeschmolzen und versiegelt werden.

5.2.2.3 Laserbohren

Richtet man Pulse hoher Laserleistung im Kilowattbereich eng fokussiert auf eine metallische Werkstückoberfläche, so wird diese an der Auftreffstelle der Laserstrahlung erst schmelzflüssig, Bruchteile von Sekunden später verdampft der Werkstoff sogar. Die Dampfbildung geschieht so schnell, dass sie einen explosionsartigen Druckanstieg über der Bearbeitungszone verursacht.

Durch diesen Druckanstieg wird auch die an der Bearbeitungsstelle entstandene Schmelze ausgetrieben. Dadurch verbleibt eine Vertiefung in der Werkstückoberfläche – das Bohrloch (**Bild 1**).

Neue Möglichkeiten ermöglicht das Laserbohren insbesondere dadurch, dass mühelos Schrägbohrungen in Bauteile eingebracht werden können (**Bild 2**).

Beim Laserbohren von Sieblöcher (für Diesel-Kraftstofffilter) werden mehr als 500 Löcher in einer Prozesszeit von 5 s gebohrt. Jeder Laserpuls bohrt ein Siebloch. Das Bauteil wird währenddessen mittels Drehachse kontinuierlich unter dem Laserstrahl bewegt (**Bild 3**).

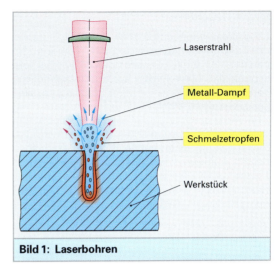

Bild 1: Laserbohren

Bild 2: Laserbohren (Ölbohrung für Pleuel)

Bild 3: Lasergebohrte Filterlöcher bei Diesel-Einspritzeinheit

5.2.2.4 Laserlöten

Laserlöten wird hauptsächlich zum Weichlöten in der Elektronikfertigung angewandt. Zum Einbringen des Lots an die Lötstellen gibt es, wie bei konventionellen Lötverfahren auch, unterschiedliche Varianten. Auch eine 1-stufige Bearbeitung, also ein Löten ohne einen zusätzlichen Arbeitsschritt zum Vorbeloten der Lötstelle, wird möglich, wenn das Lot als Draht beim Löten zugeführt wird. Zur Sicherstellung einer hohen Prozesssicherheit in der automatisierten Fertigung, kann die zugeführte Laserleistung sehr präzise, z. B. mittels einer berührungslosen Temperaturmessung der Lötstelle, geregelt werden **(Bild 1)**.

Ideal zum Löten sind Blech-Blech Verbindungsstellen. Sollen Blech-Draht Verbindungen prozesssicher Laser-gelötet werden, so ist die korrekte Positionierung des Drahtendes sicherzustellen, z. B. durch vorheriges Einklemmen des Drahtendes in das Blechteil **(Bild 2)**.

Das Hartlöten mit Laser gewinnt auch stärker an Bedeutung. So wird z. B. im Karosseriebau der Automobilindustrie an Fügestellen, wo durch Zusatzwerkstoff Toleranzen und Spalte zu überbrücken sind, das Laserschweißen mit Zusatzdraht oft durch das Laserlöten substituiert. Grund dafür sind in diesen Fällen insbesondere die geringeren Verzüge aufgrund der niedrigeren Temperaturen.

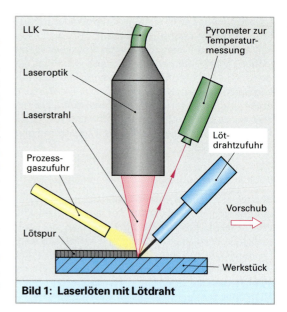

Bild 1: Laserlöten mit Lötdraht

Wiederholung und Vertiefung

1. Wodurch kann ein Kunststoff gezielt für die Materialbearbeitung z. B. mittels eines YAG-Lasers „eingestellt" werden?

2. Durch welche Abläufe im Material des Werkstücks kann es beim Laserschweißen zur Ausbildung eines „Tiefschweißeffektes" kommen?

3. Erklären Sie den Mechanismus, der beim Laserschweißen mit Tiefschweißeffekt für hohe Gesamtabsorptionen der Laserstrahlen im Werkstück sorgen kann.

4. Was ist die Aufgabe eines „Cross-Jets" an einem Laserbearbeitungskopf?

5. In welchen Einsatzsituationen ist der CO_2-Laser der für das Laserschweißen günstigste Laser?

6. Erklären Sie die Abläufe im Material, die beim Schweißen von verzinkten Stahlblechen in Überlappstößen für Probleme hinsichtlich der entstehenden Nahtqualität sorgen können.

7. Welche Lösungsvorschläge kennen Sie, um verzinkte Stahlbleche mit guter Nahtqualität verschweißen zu können?

9. Welche Komponenten umfasst ein Autofokussystem an einer Optik zum Laserschneiden?

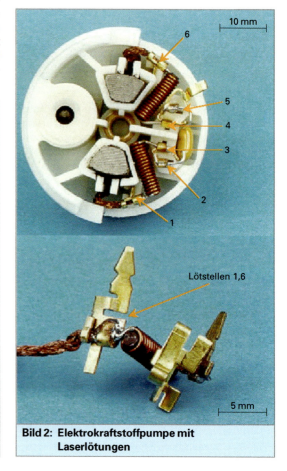

Bild 2: Elektrokraftstoffpumpe mit Laserlötungen

5.2.2.5 Laserbeschriften und Laserstrukturieren

Zum Beschriften von Kunststoffen sind CO_2-, YAG- und Diodenlaser geeignet. Metalle werden vorzugsweise mit YAG-Laser beschriftet, für Glas sind der CO_2- und der Excimerlaser geeignet.

Zum Beschriften sind relativ kleine Laserleistungen ausreichend. Eine sehr gute Fokussierung und eine ungepulste Leistungsabgabe sind hilfreich, um ein möglichst feines Schriftbild zu erzeugen.

Bei Metallen entsteht das Schriftbild auf dem Werkstück entweder durch einen wärmebedingten Farbumschlag des Metalls (Anlasseffekt, Oxidation) oder durch einen Oberflächenabtrag (Gravur) **(Bild 1)**. Die Gravur ergibt einen die Schrift bildenden Kontrast entweder durch den Schattenwurf des Umgebungslichtes darin oder dadurch, dass der Abtrag eine Deckschicht (z. B. Lack oder Eloxat) entfernt und andersfarbiges Grundmaterial sichtbar wird **(Bild 2)**.

Beim Beschriften von Kunststoffen ergeben sich werkstoffseitig noch mehr Möglichkeiten. So kann Kunststoff verwendet werden, der durch die Laserwärme aufschäumt **(Bild 3)**.

Ein sehr bekanntes Beispiel für das Laserbeschriften von Kunststoffen ist die Herstellung von Kfz-Bedienelementen mit „Nacht-Design": Transparenter Kunststoff wird mit einer kontrastbildenden Deckschicht (Lack) versehen, die durch das Laserbeschriften wieder gezielt entfernt wird. Ein Kontrast ist dann sowohl bei Auflicht (Umgebungslicht) erkennbar, aber auch bei Dunkelheit, wenn der transparente Kunststoff hinterleuchtet wird **(Bild 4)**.

Die Strukturierung einer Oberfläche mit Laser entspricht technologisch der Erzeugung einer tiefen Beschriftungsgravur.

> Bei Metalloberflächen entsteht das Schriftbild durch Farbumschlag oder Oberflächenabtrag

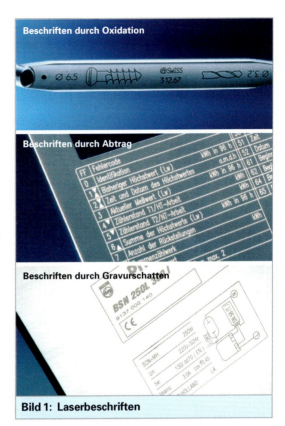

Bild 1: Laserbeschriften

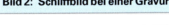

Bild 2: Schliffbild bei einer Gravur

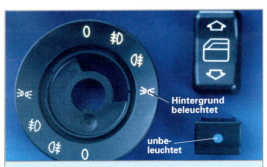

Bild 4: Beschriften für Nachtdesign

Bild 3: Schliffbild bem Aufschäumen

5.2.2.6 Laserhärten

Das Laserhärten wird meistens als martensitisches Umwandlungshärten angewendet, seltener auch an Gussteilen als Umschmelzhärten. Es ist ein Härteverfahren zur partiellen Randschichthärtung.

Eine Besonderheit des Laserhärtens ist die Selbstabschreckung der gehärteten Bauteile. Selbstabschreckung bedeutet, dass auf Abschreckmedien, z. B. Wasser oder Öl, verzichtet werden kann. Dies ist dadurch ermöglicht, dass nur eine relativ kleine, zu härtende Zone vom Laser erhitzt wird.

Da der Rest des Werkstücks kalt bleibt, findet durch das große Temperaturgefälle im Bauteil eine sehr rasche Wärmeabfuhr in den kalten Grundwerkstoff und damit eine Selbstabschreckung der Härtungszone statt.

Bild 1: Laserhärten durch Umschmelzen

An Massenteilen wird das Laserhärten nur dann eingesetzt, wenn das äußerst kostengünstige Konkurrenzverfahren Induktionshärten aus technischen Gründen ausscheidet **(Bild 1)**.

Das größte Potenzial des Laserhärtens liegt im Bereich von Einzelfertigungsstückzahlen. Speziell an Stanzwerkzeugen oder Umformwerkzeugen kann das Laserhärten zu großen Wirtschaftlichkeitsverbesserungen bei der Werkzeugherstellung führen.

Bild 2: Panzern (Beschichten) eines Ventilsitzes

5.2.2.7 Laserbeschichten

Wird, während der Laserstrahl ein Werkstück erwärmt, gleichzeitig Zusatzmaterial eingebracht, so entstehen – abhängig von Temperaturführung und Pulvertyp – Beschichtungen oder Legierungen der Oberfläche. In der Regel wird pulverförmiges Zusatzmaterial verwendet.

Häufigste und bekannteste Fälle sind das Aufbringen von Hartmetall (Stellite: Karbide in Kobaltmatrix) auf Stahlteile oder von siliziumhaltigen Hartschichten auf Aluminiumteile.

Im Vergleich zu anderen Beschichtungsverfahren, wie z. B. dem Plasmabeschichten, ist das Haupteinsatzgebiet des Lasers die Erzeugung lokal eng begrenzter Beschichtungszonen. Dies ist sowohl an Serienteilen der Fall, z. B. an Ventilsitzen **(Bild 2)**, als auch bei Einzelteilen, z. B. bei der Reparatur von Umformwerkzeugen. Hier bringt eine gezielte Begrenzung der Beschichtungen auf die reparaturbedürftigen Werkzeugzonen Vorteile beim anschließenden Fertigarbeiten der Werkzeuge, z. B. mittels erodierendem Nachsetzen **(Bild 3)**

Bild 3: Reparatur durch Werkstoffauftrag

6 Rapid Prototyping (RP)

6.1 Allgemeines

RP (Rapid Prototyping[1]) ist die Bezeichnung für die **direkte, generative**[2] Herstellung von Teilen. „Direkt" bedeutet, dass die Geometrie des zu erzeugenden Gegenstands unmittelbar aus der digitalen, d. h. in der EDV vorliegenden Darstellung abgeleitet wird. „Generativ" besagt, dass das Teilevolumen schichtenweise anwächst, bis es sein Endvolumen gemäß dem digitalen Modell einnimmt **(Bild 1 und Bild 2)**.

> Durch RP werden Werkstücke schichtweise aufgebaut.

Damit lassen sich die meisten RP-Verfahren in der Systematik der Fertigungsverfahren nach DIN 8580 unter „Urformen" oder in einer Kombination von „Fügen" und „Trennen" einordnen, je nachdem ob das eingesetzte Rohmaterial *flüssig, pulverförmig* oder in *vorgefertigten Schichten vorliegt*.

6.2 Ziele

Für Produktionsunternehmen ist die Zielgröße im Wettbewerb um die Märkte die Maximierung des Gewinns unter den Randbedingungen

- zunehmende Qualitätsanforderungen bei
- höherer Teilekomplexität und
- abnehmenden Losgrößen bei
- wachsender Teilevielfalt.

Abnehmende Losgrößen bis hin zu Einzelwerkstücken und wachsende Teilevielfalt bedeuten hohe Produktdifferenzierung, die teuer ist, da sie kürzere Entwicklungszeiten und Produktionszeiten bedingt.

> Heutige Produktionsunternehmen haben eine wachsende Teilevielfalt und abnehmende Losgrößen.

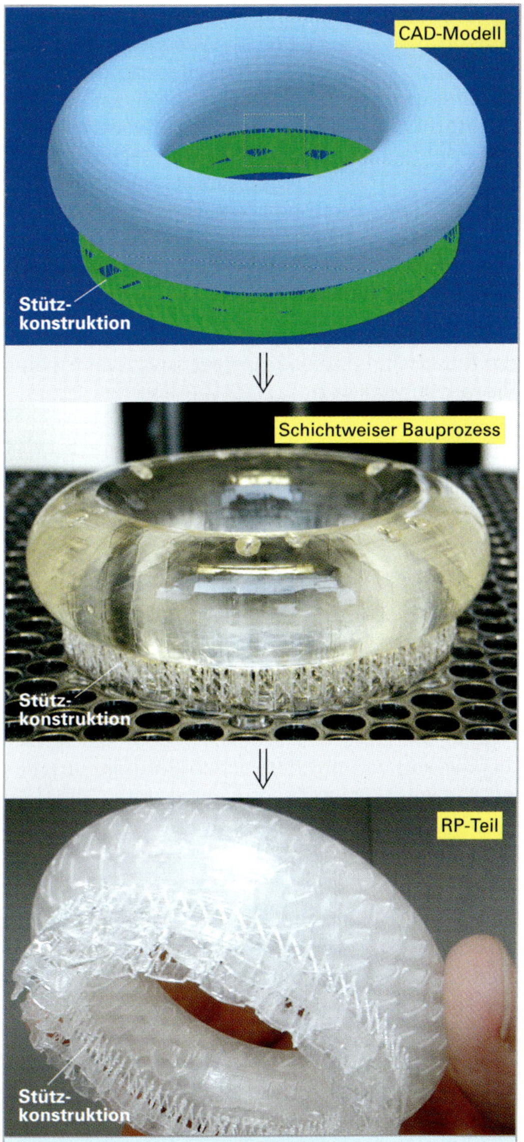

Bild 1: Vom CAD-Modell zum RP-Teil

(CAD-Modell — Stützkonstruktion; Schichtweiser Bauprozess — Stützkonstruktion; RP-Teil — Stützkonstruktion)

Bild 2: Schichtenweises Anwachsen des RP-Teils

(Detail)

---

[1] *engl.* Rapid Prototyping = schnelle Herstellung einer ersten Bauform von *griech.* protos = erstes, vorderstes und typos = Form, Bauart

[2] lat. generare = zeugen, hervorbringen

RP ist ein strategisches[1] Werkzeug in der Produktionsprozesskette. Es zielt im Wesentlichen auf die Verkürzung der Entwicklungszeiten für die Bereitstellung von neuen Produktvarianten ab. Der hierfür erforderliche finanzielle Mehraufwand fließt als Unternehmensgewinn um ein Mehrfaches zurück, solange ein zeitlicher Vorsprung im Neuigkeitsgrad des Produkts gegenüber dem Mitwettbewerb vorhanden ist. Dies bedeutet, dass die *Produktinnovationszyklen* immer häufiger auftreten, aber auch immer kürzer werden.

In **Bild 1** ist die Produktqualität in Abhängigkeit von der Entwicklungszeit dargestellt, und zwar für eine Produktentwicklung

- mittels RP,
- mittels digitaler Produktmodellbildung (digital mock-up[2]),
- mittels konventioneller Produktherstellung (physical mock-up).

Es wird ersichtlich, dass der RP-Einsatz bereits in einem frühen Produktentwicklungsstadium eine hohe Produktqualität ermöglicht, woraus sich Zeiteinsparungen ergeben.

Wegen der überproportional hohen Kostenfestlegung während der Entwicklungsphase ist die Herstellung von prototypischen Produktmodellen in möglichst kurzen Zeiten strategisches Mittel für das Produktionsunternehmen.

Die aus **Bild 2** ersichtliche Einsparung von Entwicklungszeit wegen der schnellen Verfügbarkeit von gegenständlichen Produktmodellen resultiert aus der Verkürzung der Entwurfs-, Konstruktions- und Arbeitsvorbereitungszeiten und ergibt im Gesamtproduktionszyklus auch Vorteile des *Rapid Prototypings* im Vergleich zum *Simultaneous Engineering* als alternativer Unternehmensstrategie.

Je nach der Phase im Produktionsablauf werden unterschiedliche Anforderungen an ein gegenständliches Modell gestellt **(Bild 1)**. In der Ideen- und Konzeptphase wird gewünscht, dass es bezüglich Geometrie und Oberflächen dem geplanten Serienteil gleicht.

> Rapid Prototyping verhilft in immer kürzeren Zeitspannen zu neuen Produkten und sichert so die Wettbewerbsfähigkeit der Unternehmen.

---

[1] strategisch = genau vorgeplant, von *griech.* strategia = umfassende vorbereitende Planung (eines Krieges) unter Einbeziehung aller wesentlichen Faktoren

[2] engl. mock-up = maßlich genaues und gestaltlich voll ausgebildetes gegenständliches Modell zu Anschauung, Test und Studien

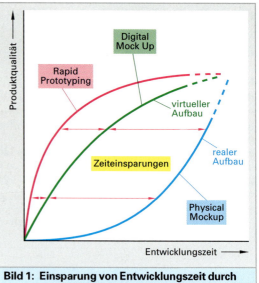

Bild 1: Einsparung von Entwicklungszeit durch Einsatz von Rapid Prototyping

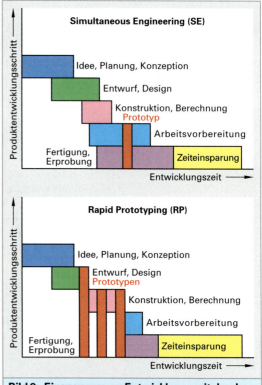

Bild 2: Einsparung von Entwicklungszeit durch Einsatz von Rapid Prototyping im Vergleich zu Simultaneous Engineering

Da das so erstellte gegenständliche Harzmodell im flüssigen Harz fixiert sein muss, wird zu Beginn des Bauprozesses zunächst ein Stützwerk (Supports[1]) generiert, auf dem das eigentliche Bauteil aufsetzt.

Für diese Supportgenerierung steht ein besonderer Konstruktionsbaukasten im Prozessschritt „Teilevorbereitung" zur Verfügung.

Nach Abschluss des Bauprozesses fährt die Bauplattform nach oben, so dass das verfestigte Teil entnommen werden kann **(Bild 3, vorhergehende Seite)**.

Die Stereolithographieanlagen gibt es für unterschiedliche Bauteilabmessungen und Schichtdicken **(Tabelle 1)**. Sie können neben der Standardbetriebsweise auch in einem hochauflösenden Modus genutzt werden. Die Strahldurchmesser des Nd:YVO$_4$-Festkörperlasers mit 354,7 nm Wellenlänge liegen dann bei 0,25 +/– 0,025 bzw. 0,07 +/–0,015 mm, und das Modell kann mit Schichtdicken von 0,1 bzw. 0,025 mm gebaut werden. Die Laserleistung beträgt 100 mW.

Prozesskette

Die zugehörigen Prozessschritte sind:

1. Import des digitalen 3D-Modells,
2. Teilevorbereitung für STL-Verfahren,
3. Anfertigung,
4. Nachbearbeitung.

Die Prozesskette beginnt mit dem *Import* des digitalen Modells entweder unmittelbar aus einer CAD-Datenbasis oder aus einer gemessenen Punktewolke. Für den Herstellungsschritt „Teilevorbereitung" wird diese Modellgeometrie üblicherweise in das **STL[1]-Datenformat** überführt **(Bild 1)**.

Das STL-Datenformat entstammt der Stereolithographe und steht mittlerweile bei vielen CAD-Systemen gleichsam als Industriestandard für den Datenexport zur Verfügung.

Hierbei wird die Modelloberfäche aus Facetten aufgebaut, deren Anzahl sich nach einer an der CAD-STL-Schnittstelle einzugebenden Oberflächentoleranz richtet. **Bild 1** zeigt den Aufbau einer einzelnen Facette aus drei Eckpunktkoordinaten X_i, Y_i, Z_i, und dem Flächennormalenvektor mit den Komponenten X_n, Y_n, Z_n.

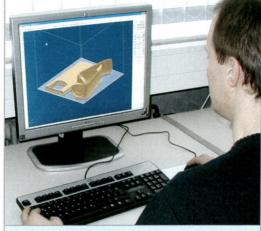

.stl Datenformat

X1	Y1	Z1
X2	Y2	Z2
X3	Y3	Z3
Xn	Yn	Zn

1(A)
2(B) 3(C)
n
(kommt aus der Ebene auf den Betrachter zu)

Bild 1: STL-Datenformat

Bild 2: Teilevorbereitung

Tabelle 1: Typische Kenngrößen für STL	
Bauraum	$508 \times 508 \times 600$ mm
minimale Schichtstärke	0,025 mm
Strahldurchmesser HR	0,23 bis 0,28 mm
Standard Strahldurchmesser	0,685 bis 0,838 mm
Lasertyp	Festkörperlaser

Die *Teilevorbereitung* **(Bild 2)** umfasst:

- Überprüfen der STL-Daten,
- Ausrichten für den Bauprozess,
- Generieren von Stützkonstruktionen, Festlegen von Bauparametern,
- Slicen und Generieren der Baudaten.

---

[1] *franz.* supporter = (unter)stützen, tragen
[2] STL, Kunstwort für **St**ereographie-**L**anguage = Stereolithographie-Sprache

Mit der Übergabe der Baudateien erfolgt nun die *Anfertigung* des gegenständlichen Moddells aus dem digitalen Modell.

Dieses muss *nachbearbeitet* werden, d. h. die Supports (Stützen, **Bild 1**) werden entfernt. Sie haben Sollbruchstellen. Zum Entfernen von Resten flüssigen Harzes wird das Modell mit Isopropanol oder Aceton gereinigt. Für die Nachbearbeitung ist Schutzkleidung erforderlich **(Bild 2),** da das noch nicht vollständig ausgehärtete Epoxidharz Hautallergien hervorrufen kann.

Anschließend wird eine sogenannte *Nachvernetzung* durchgeführt. Das Teil wird dabei solange mit UV-Licht bestrahlt, bis es vollständig ausgehärtet ist. Da entsprechend dem schichtweisen Herstellungsprozess eine feine Treppenstruktur auf Oberflächenschrägen auftritt, kann eine weitere Nachbehandlung, z. B. durch Sandstrahlen, folgen.

Harze

Es gibt eine Vielzahl von Epoxidharzen für unterschiedliche Anwendungen.

Die Entwicklung von speziellen Stereolithographieharzen zielt auf:

- Maßhaltigkeit,
- Beständigkeit gegen Luftfeuchtigkeit,
- Temperaturfestigkeit,
- Grünfestigkeit,
- Optische Klarheit,
- Baugeschwindigkeit,
- niedrigen Aschegehalt,
- Schlagzähigkeit,
- Flexibilität.

Die Parameter lassen sich dabei z. T. nur gegenläufig beeinflussen.

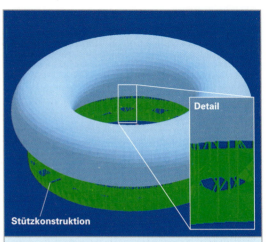

Bild 1: Teilevorbereitung mit Supportgenerierung

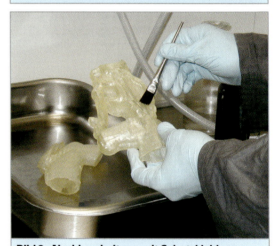

Bild 2: Nachbearbeitung mit Schutzkleidung

Tabelle 1: Eigenschaften eines Allzweckharzes (Beispiel)	
D_p	0,11 mm
E_C	10 mJ/cm^2
Viskosität des flüssigen Harzes (30 °C)	650 cP
Grünfestigkeit nach 10 min Grundfestigkeit nach 1 h	240 MPa 360 MPa
Zugmodul nach UV-Nachhärtung	3210 MPa
Zugfestigkeit nach UV-Nachhärtung	67 MPa
Reißdehnung	4 %
Schlagzähigkeit nach UV-Nachhärtung	67 MPa
ϑ_{gr} (Glasübergangstemperatur)	81 °C

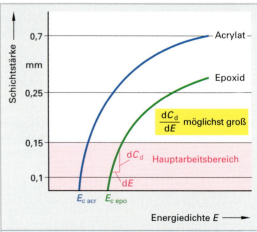

Bild 3: Einfluss der Harzparameter auf die anwendbare Schichtdicke

Die Harze sind nach den oben genannten Primärei-
genschaften oder auch für Allzweckverwendbar-
keit auswählbar. **Tabelle 1, vorhergehende Seite**
zeigt als Beispiel das Datenblatt eines Allzweck-
harzes.

In **Bild 3, vorhergehende Seite** ist der Zusammenhang zwischen der vom Laser induzierten Energiedichte E, der Harzreaktivität dC_d/dE und der gene-
rierten Schichtstärke für Acrylat und Epoxidharz
dargestellt (C_d = Einhärtetiefe). Man sieht, dass
eine Mindestenergie E_{Ckrit} zugeführt werden muss,
damit überhaupt eine Harzverfestigung eintritt.

Bild 1: Beispiel für Schmuck

Zum anderen nimmt die Harzreaktivität mit zunehmender Schichtstärke ab. Beide Parameter sind für
die sogenannten „Baustile" maßgeblich, die der
Hersteller als Richtwertdatensätze für jeden Harz-
typ bereitstellt, um einen optimalen Bauprozess zu
ermöglichen.

Diese Maschinenparameter setzen sich im Wesentlichen zusammen aus:

Bauprozess

- *Scan*-Zeit: Belichten mit dem UV-Laser,
- *Pre-Dip-Delay*: Wartezeit zum Erhärten der be-
  lichteten Harzschicht,
- *Recoating*-Zeit: Beschleunigen der Bauplattform
  auf bestimmte Verfahrgeschwindigkeit und für
  definierten Verfahrweg, danach Wartezeit *(Post-
  Dip-Delay)*,
- *Sweeping* (Wischen): Erzeugen einer Harzschicht definierter Stärke auf der Bauplattform,
- *Leveling* (Z-wait): Nivellieren der Harzoberfläche
  mit Wartezeit zum Ruhigstellen des Bades.

Replik ausgefahren

Berechnungsbeispiel für die Bauzeit einer quadratischen Fläche mit 10 mm Kantenlänge in einem Uni-
versalharz:

Scannen	9 s
Pre-Dip	15 s
Recoating	8 s
Sweeping	9 s
Leveling	25 s
Insgesamt	66 s

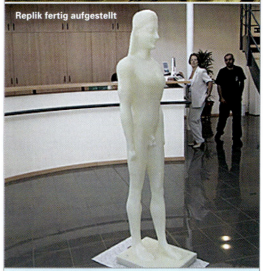

Replik fertig aufgestellt

Bevorzugte Anwendungen sind:

- Hochgenaue Modelle mit feinen Details **(Bild 1)**,
  auch großformatige Repliken von archäologi-
  schen Objekten **(Bild 2)**,
- Passform-Modelle (z. B. Schnappverschlüsse),
- Modelle für Funktionstests, z. B. spannungs-
  optische Analysen, Strömungsversuche, Wind-
  kanaltests.

**Bild 2: Beispiel für archäologische Replik (Kouros,
Gesamtlänge 1,86 m)**

Rapid Tooling *(Schnelle Werkzeugherstellung)*

Indirekte Herstellung technischer Prototypen:

- Urmodelle für Folgeprozesse z. B. für Vakuumguss, *3D-Keltool-Prozess* (mehrstufiges Rapid-Tooling-Verfahren für Werkzeugeinsätze hoher Detailtreue und Belastbarkeit), *Spin-Casting*[1] (Schleudergussverfahren zur Herstellung von Kleinserien in hochfesten Zinklegierungen und duroplastischen Werkstoffen).
- *Quick Cast^{TM}*-Modelle für Vollformgießen, (Quick Cast^{TM} ist ein spezieller STL-Baustil, der durch einen wabenförmigen Aufbau des Modells mit geschlossener Außenhaut beispielsweise Feingießen mit verlorenem Modell bei einem Restascheanteil von ca. 6 % ermöglicht: **Bild 1**).
- Prototypische Werkzeugeinsätze.

Bild 1: Titanabguss

6.3.2   Lasersintern

Das **Selektive**[2] **Lasersintern** (SLS) kann als eine Folgetechnik der Stereolithographie angesehen werden, indem hier der Nachteil, ausschließlich auf den Werkstoff Harz beschränkt zu sein, aufgehoben wird. Verfügbare Materialien sind Kunststoff, Metall oder Formensandsand.

Des Weiteren sind keine gesonderten Stützkonstruktionen im Bauprozess zwingend erforderlich, da der unverschmolzene Werkstoff als stützende Umgebung genutzt werden kann. **Tabelle 1** zeigt am Beispiel von Kunststoffen die Einsatzbreite der Lasersintertechnik. Je nach dem Zielwerkstoff Kunststoff, Metall oder Quarzsand für das zu fertigende Teil können *Konzeptmodelle, Funktionsmodelle* oder *Werkzeuge* hergestellt werden.

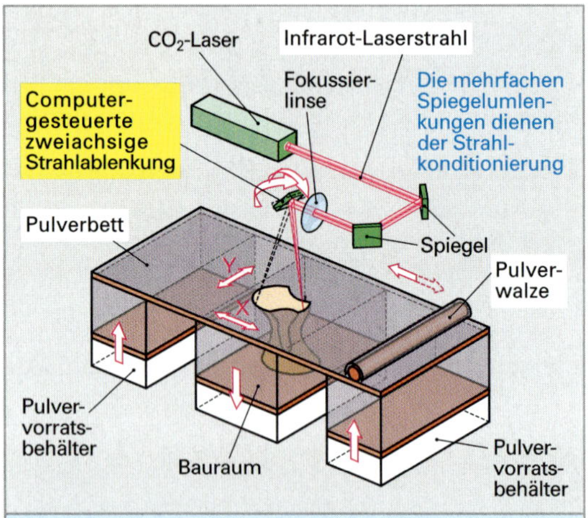

Funktionsprinzip

Es werden in der SLS-Sinteranlage dreidimensionale Objeke aus Pulvern mit Hilfe der Energie eines CO_2-Laserstrahls erstellt. **Bild 2** zeigt den Maschinenaufbau einer Lasersinteranlage.

Die Komponenten der Anlage entsprechen im Wesentlichen denen der Stereolithographie. Anstatt eines Behälters für das Harz wird ein Bauraum mit Pulver verwendet. Gesteuert von den CAD-Daten erhitzt der Laserstrahl die Pulverschicht.

Bild 2: SLS-Maschinenaufbau

Tabelle 1: SLS-Werkstoffeigenschaften für Kunststoffe

SLS-Werkstoff	Dura-form PA	Dura-form GF	PP	ABS	PA 6.6
Zugfestigkeit N/mm²	44	38	32 bis 37	32 bis 45	65
E-Modul N/mm²	1500	5000	700 bis 1600	1900 bis 3000	2000
Bruchdehnung %	9	2	650	20	150
Biegespannung N/mm²	1200	235	–	–	–
Kerbschlagarbeit gekerbt m	216	90	60	300	–
Wärmeform-beständigkeit N/°C	177	175	45 bis 155	64 bis 100	–

---

[1] to cast = gießen, to spin = schleudern
[2] selektiv = auswählend, trennend von *lat.* selctio = die Auswahl

Der Bauprozess erfolgt wie bei allen direktgenerativen Verfahren in Schichten, wobei die Arbeitsplattform in z-Richtung (nach unten) verfährt.

Die einzelnen Körnchen z. B. aus Glas, Sand, Metall sind mit einer *Polymerbinderschicht* ummantelt. Diese verschmilzt und hält das Materialgefüge zusammen. Die Partikeldurchmesser liegen zwischen 20 und 100 Mikron. Bei ummantelten Stahlteilchen ist der Herstellungsprozess dreistufig **(Bild 1)**. Nach dem Lasersintern dient ein erster Ofenzyklus dazu, den Polymerbinder auszutreiben und ein weiterer Ofenzyklus im gleichen Ofen zum Infiltrieren mit Kupfer **(Bild 2)**. **Tabelle 1** zeigt die Eigenschaften für den Werkstoff LaserForm ST-100.

Die Schichtdicken können unterschiedlich eingestellt werden, z. B. 0,15 mm (Standard) oder 0,1 mm (hochauflösend). Die Leistung der CO_2-Laser liegt abgestuft zwischen 25 W und 200 W.

Ein verwandtes Verfahren ist das **Direkte Metall-Laser-Sintern (DMLS)** bei dem feinkörniges, bronze- oder stahlbasiertes Metallpulver direkt mittels eines 200 W-CO_2-Lasers bei 800 °C durch Flüssigphase-Sintern verbunden wird. Als Binder dient eine zweite metallische Komponente mit niedrigerem Schmelzpunkt als Stahl oder Bronze und entgegengesetztem Wärmeausdehnungskoeffizient, um den Schrumpf zu eliminieren.

Abhängig von der zugeführten Laserenergie liegt die relative Materialdichte nach dem Sintern zwischen 70 % und 100 %. Bei großer Porösität kann in einer zweiten Stufe mit Hochtemperatur-Epoxidharz infiltriert werden.

Das Lasersintern ermöglicht im Unterschied zu den anderen Verfahren die Prototypherstellung in sehr unterschiedlichen Werkstoffen.

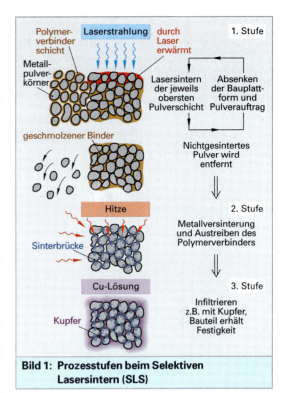

Bild 1: Prozessstufen beim Selektiven Lasersintern (SLS)

Tabelle 1: SLS-Werkstoffeigenschaften ST-100

Werkstoff	Einheit	LaserForm ST-100	C35
Dichte	g/cm³	7,7	7,65
Therm. Leitfähigkeit	W/mK	49	45
Zugfestigkeit	N/mm³	587	580–650
Dehngrenze	N/mm³	326	365
Bruchdehnung	%	12	12
Härte	HV	165	170

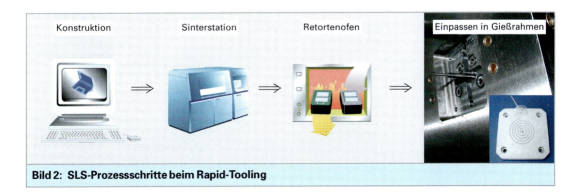

Bild 2: SLS-Prozessschritte beim Rapid-Tooling

Prozesskette

Im SLS-Verfahren können thermomechanisch belastbare Funktionsprototypen, Werkzeugeinsätze sowie individualisierte Produkte, Kleinserien und mittlere Losgrößen aus unterschiedlichen Kunststoffen und Metallen gebaut werden.

Bild 1 zeigt eine Rapid Prototyping-Prozesskette zur schnellen Herstellung von Metallgussteilen. Sie besteht aus:

1. Datenimport und Slicen des digitalen 3D-CAD-Modells,
2. SLS-Anfertigung des Werkzeugs,
3. Prototypen-/Serienteilherstellung

mit integrierter Teile-Entpackstation, Pulveraufbereitung zum Werkstoffrecycling und Misch- und Dosierstation.

> Durch Selektives-Laser-Sintern können Teile in Kunststoffen, Metallen und mit Sand hergestellt werden.

Materialien und bevorzugte Anwendungen des SLS-Verfahrens:

Die Vorteile des Selektiven Lasersinterns gegenüber anderen Rapid-Prototyping-Techniken liegen in der Vielzahl unterschiedlicher Pulverausgangsstoffe für den Lasersinterprozess. Man hat hier die Möglichkeit, dem Serienwerkstoff nahekommende Eigenschaften einzusetzen. In der Übersicht **Tabelle 1, folgende Seite** sind Materialien und Anwendungen gegenübergestellt.

Kunststoffteile:

Für die Herstellung von verlorenen Gießmodellen werden **polystrolbasierte Werkstoffe** anstelle von Gießereiwachs eingesetzt. Der Restaschegehalt wird mit < 2 % angegeben. **Polyamide,** auch glasgefüllt, kupfer- oder zweikomponentenharzinfiltriert, eignen sich für Vakuumgussmodelle, Abformmodelle für Sandguss-Serienteile, Technische Prototypen, Klein- und Vorserien, Spritzgusswerkzeugeinsätze, Funktionsprototypen, Form-, Pass- und Einrastmodelle sowie für Tests. Zum Rapid-Prototyping von hochflexiblen Teilen wie Dichtungen, Manschetten, Schläuchen werden **Elastomere** auf Polyesterbasis eingesetzt.

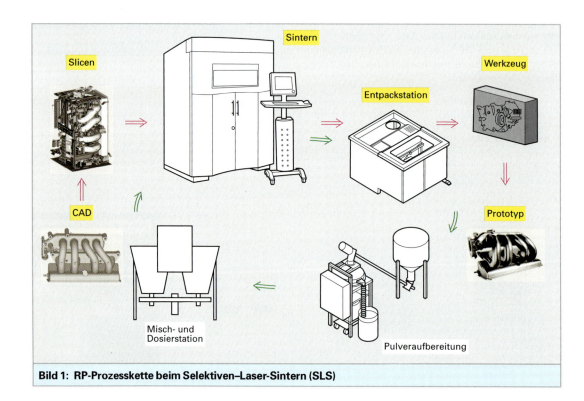

Bild 1: RP-Prozesskette beim Selektiven–Laser-Sintern (SLS)

Tabelle 1: Material und Anwendung beim Selektiven Laserintern (SLS)

Material-Art	Werkstoff	Anwendung	Beispiel	
Kunststoff	Polystrol	Feinguss-Urmodelle		EOSINT P, EOS
	Polyamid, glasgefülltes PA	Vakuumgussmodelle, Abformmodelle für Sandguss-Serienteile		DuraForm PA, 3D-Systems
		Technische Prototypen, Klein- und Vorserien Spritzgusswerkzeugeinsätze		DuraForm GF, 3D-Systems
		Funktionsprototypen, Form-, Pass-, Einrastmodelle, Tests in eingebautem Zustand		EOSINT P, EOS
	Polyester (Elastomer)	Funktionsprototypen Tests in eingebautem Zustand		Somos, 3D-Systems
Metall	Stahl mit Bronze infiltriert Bronze mit Epoxidharz infiltriert	Funktionsprototypen, Einzelteile Druckgusswerkzeugeinsätze		LaserForm, 3D-Systems
Sand	Quarzsand Zirkonsand	Werkzeuglos aufgebaute Formen und Kerne für Sandguss		SandForm, 3D-Systems DirectCast, EOS

Metallteile:

Für Funktionsprototypen, direkt erzeugte Einzelteile, direkt erzeugte Druckgusswerkzeugeinsätze werden **Stahl-Bronze-Gemisch** (60 %/40 %), **CrNi-Stahl, Standardbronze** (89 % Cu/11 % Zn) eingesetzt. Die problemlose Integration von frei im Raum liegenden Kühlkanälen in die Formeinsätze ist ein Vorteil des SLS-Verfahrens gegenüber der konventionellen Herstellung. Typische Anwendungen sind Spritzgusswerkzeuge und Spritzgusseinsätze mit Standmengen von bis zu 100 000 Spritzgussteilen, Druckgusswerkzeuge für Kleinserien von bis zu 1000 Leichtmetallteilen und metallische Funktionsprototypen.

Beim Direkten Metall-Laser-Schmelzen wird ein Metallpulver ohne Bindemittel und ohne Flussmittel mit Hilfe eines Lasers vollständig verschmolzen. Das Verfahren ist insbesondere für den Serienwerkzeugbau in Werkzeugstahl, Titan und Edelstahl vorgesehen **(Bild 1)**.

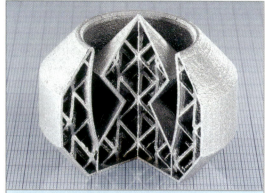

Bild 1: Dirketes Metall-Laser-Schmelzen, Leichtbau-Teil

Sandteile:

Quarzsand (SiO$_2$) und **Zirkonsand** (ZrSiO$_4$) werden im Selektiven Lasersinterverfahren zur Herstellung von Sandkernen **(Bild 2)** und Formen für die Prototypen und Vorserienproduktion genutzt.

Der Sandwerkstoff ist binderbeschichtet und wird durch schichtenweises Scannen mit einem CO$_2$-Laser lokal verfestigt. In einem Wärmeofen kann eine kurze Nachvernetzung für einige Minuten erfolgen, danach ist der Niederdruck-Sandguss in allen gießbaren Metallen möglich. Quarzsand hat eine geringere Dichte, Zirkonsand die höhere thermische Leitfähigkeit.

Wiederholung und Vertiefung

1. Welches sind die Vorteile des STL-Verfahrens gegenüber den anderen direkten generativen Verfahren?

2. Erläutern Sie das Funktionsprinzip des STL-Verfahrens und der beteiligten fünf Komponenten.

3. Erklären Sie an Hand einer Skizze das STL-Datenformat.

4. Welche Anforderungen werden allgemein an die Harze gestellt?

5. Was unterscheidet das Rapid Tooling vom Rapid Prototyping?

6. Wie ist das Funktionsprinzip des Lasersinterns?

7. Welche Werkstoffe sind für das Lasersintern üblich?

8. Wodurch unterscheiden sich die Verfahren SLS und DMILS

Bild 2: Sandkern und Gussteil

6.3.3 Fused Deposition Modeling (FDM)

Beim *Fused Deposition Modeling*[1] (FDM) wird durch Aufschmelzen eines drahtförmigen Werkstoffes das Modell schichtweise aufgebaut **(Bild 1 und Bild 2)**. Hierzu kann eine beheizbare Düse dienen. Es handelt sich um ein Extrusionsverfahren. Als Baumaterial ist z. B. ABS üblich **(Tabelle 1)**. Ähnlich wie beim Stereolithographieverfahren werden Stützkonstruktionen zum Fixieren des Teils während des Bauprozesses benötigt, die später z. B. durch Auswaschen leicht entfernt werden können.

Bild 1: FDM-Modell

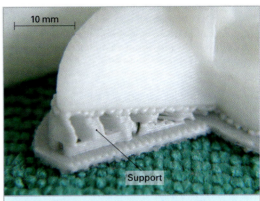

Bild 2: FDM-Modell mit Support (Detail)

Funktionsprinzip

Eine FDM-Anlage besteht aus Bauplattform mit Bauteil und Support, dem FDM-Kopf und einer nachladbaren Spule mit dem Baumaterial. Der drahtförmige Modellwerkstoff wird in den Maschinenkopf gezogen, dort in einer Düse bis knapp unter den Schmelzpunkt erhitzt und dann auf die Bauplattform aufgebracht, wobei sich das Material durch thermisches Verschmelzen verbindet und sofort verfestigt. Der Kopf wird hierbei in der X-Y-Ebene positioniert. Das Modell wird so Schicht für Schicht erzeugt. **Bild 3** zeigt den typischen Maschinenaufbau.

Prozesskette

Der FDM-Prozess beginnt mit der Aufbereitung der STL-Daten mittels der zum System gehörenden Software. Damit wird das zu erstellende Modell für den Bauprozess in die richtige Lage positioniert und anschließend in mathematisch berechnete Schichten zerlegt (Slicen). Die Stützkonstruktionen werden automatisch berechnet. Danach so aufbereiteten Baudaten werden an die FDM-Anlage übertragen.

Die Prozessschritte sind:
1. Import des digitalen 3D-CAD-Modells,
2. Orientieren,
3. Slicen,
4. Stützenberechnung,
5. Toolpath (Werkzeugbahn) ermitteln,
6. Teil bauen,
7. Nachbearbeiten.

In der Nachbearbeitung können die Stützen in einem Ultraschallbad aufgelöst werden.

Materialien und Anwendungen

Im FDM-Verfahren können Geometrieprototypen, thermomechanisch belastbare Funktionsprototy-

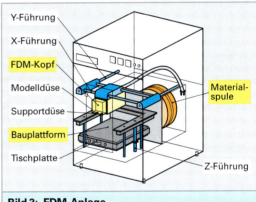

Bild 3: FDM-Anlage

Tabelle 1: FDM-Werkstoffeigenschaften		PC[1]	PPSU[2]	ABS[3]
Biegefestigkeit	N/mm²	100	92	66
Zugfestigkeit	N/mm²	64	70	35
E-Modul	N/mm²	2450	2380	2517
Temperaturbeständigkeit	°C	207	125	95

[1] Polycarbonat; [2] Polyphenylsulfon; [3] Acrylnitrilbutadienstyrol

pen und technische Prototypen gebaut werden, z. B. für Einbauuntersuchungen, Strömungsversuche und Funktionstests. Im Rapid-Tooling-Verfahren können Kunststoffprototypen hergestellt werden. Die Genauigkeit des Verfahrens liegt bei etwa 0,1 mm.

---

[1] *engl.* fuse = schmelzen, deposition = Ablagerung, modeling = Modellerstellung

6.3.4   3D-Druckverfahren

Bild 1: 3D-Print-Modell im Mehrfarbmodus

Funktionsprinzip

Beim *3D-Multijet-Modelling* (MJM) wird ähnlich wie die Tinte beim Tintenstrahldruckverfahren ein Acryl-Photopolymer aus feinen Düsen schichtweise thermisch aufgetragen und so das Modell aufgebaut. Das Aushärten erfolgt durch UV-Belichtung, wodurch eine bessere Maßhaltigkeit als beim rein thermisch wirkenden 3D-Druckverfahren erzielt wird.

Bei einem anderen 3D-Verfahren wird ein flüssiger Binder entsprechend der Schichtgeometrien auf einen Pulverwerkstoff gedruckt und so das Modell Schicht für Schicht aufgebaut. Mehrere Modelle können hierbei neben- und übereinander im Pulverbett liegen und benötigen daher keine Stützgeometrie. Die Besonderheit dieses Verfahrens ist, dass die Modelle im 64-Bit-Farbmodus erstellt werden können **(Bild 1)**.

Prozesskette

Mit der Anwendungssoftware werden die 3D-CAD Daten für den Druckprozess vorbereitet. Die Bauteile werden orientiert, positioniert und in Schichten definierbarer Dicke umgerechnet.

Bild 2 zeigt die Prozessschritte nach Übertragen der Baudateien auf die Maschine. Sie erfolgen ähnlich wie beim Lasersintern: Pulveraufnahme, Pulverauftrag, Pulverüberschuss abstreifen, Druckvorgang und Pulverabsenken. Sodann beginnt der Zyklus von Neuem.

Materialien und Anwendungen

Die Leistungsfähigkeit des Verfahrens (2 bis 6 Schichten/min) hängt auch von der Anzahl der Düsen ab. Es werden Druckköpfe mit ca. 1500 Düsen eingesetzt. Die Fähigkeit des Verfahrens, vielfarbige Konzeptmodelle im Rapid-Prototyping herzustellen, wird zu Visualisierungszwecken in der FEM-Technologie genutzt.

Als Werkstoffe sind gipsbasierte oder stärkebasierte Materialien verfügbar. Beide können mit Harzen oder Wachsen infiltriert werden, um die mechanische Festigkeit und die Temperaturbeständigkeit zu erhöhen.

Ein Infiltrieren mit einem Zweikomponenten-Epoxid ermöglicht gummiähnliche Elastizität. Bei Verwendung von Gipskeramik-Kompositpulver als Grundwerkstoff können durch Gießen Metallprototypen hergestellt werden.

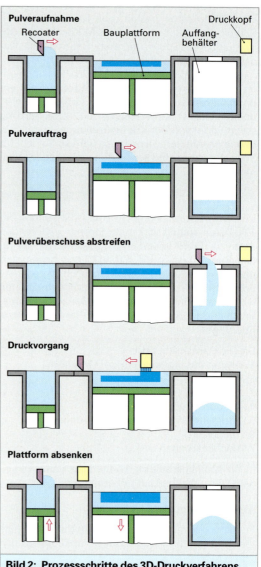

Bild 2: Prozessschritte des 3D-Druckverfahrens

Anhang: Kleine Werkstoffkunde

1　Einleitung

Obwohl wir täglich mit Werkstoffen zu tun haben, sind wir uns dessen nur selten bewusst. Sind wir jedoch einmal sensibilisiert, so können wir wahrnehmen, dass die gesamte uns umgebende belebte und unbelebte Natur aus Werkstoffen besteht, die in ihrer heutigen Vielfalt kaum zu überschauen sind, was uns die „richtige" Wahl mitunter sehr erschwert.

Da hatten es die ersten Werkstoffanwender, die Menschen der Urzeit, doch bedeutend einfacher: Ihnen standen allein die in der Natur anzutreffenden und leicht zu beschaffenden Werkstoffe wie Stein, Holz, Knochen, Baumwolle, Wolle und Leder für Werkzeuge zur Erleichterung der Arbeit sowie für Gerätschaften zur komfortableren und sichereren Gestaltung des Lebens zur Verfügung (**Bild 1**).

Erst mit der Entdeckung des Feuers als Wärmespender ergab sich die Möglichkeit, in der Natur nicht so ohne weiteres zugängliche Werkstoffe wie gediegenes Kupfer und Gold sowie Keramik und Glas zu gewinnen und zu verarbeiten.

Obwohl dem Werkstoffanwender in dieser Phase der Einblick in den Zusammenhang zwischen den Werkstoffeigenschaften und dem sie verursachenden strukturellen Aufbau der Werkstoffe noch nicht zugänglich war, hatte er mit zufälligen Erfahrungen sowie mehr oder weniger systematischem Probieren erhebliche Erfolge bei seiner ersten bewussten Werkstoffherstellung: In dieser Phase kam es zur Entwicklung von Bronze, Messing, einfachen Stählen und Porzellan (**Bild 2**).

Bild 1:　Aus Stein gefertigte Klingen aus der Jungsteinzeit

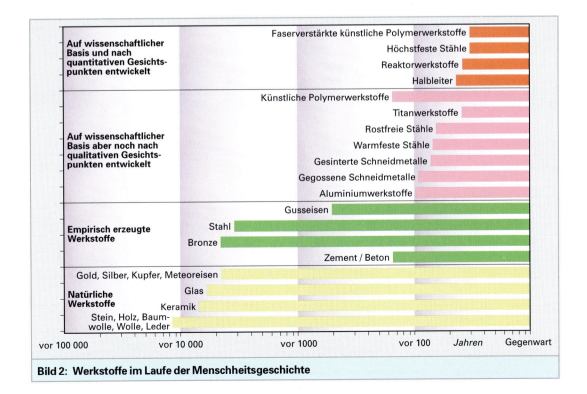

Bild 2:　Werkstoffe im Laufe der Menschheitsgeschichte

Im Streben nach höherer Lebensdauer und Zuverlässigkeit der zunächst noch monolithischen Werkstücke war der Werkstoffanwender bemüht, die Eigenschaften der bisher verwendeten Werkstoffe zu verbessern bzw. neue Materialien mit besseren Eigenschaften auf möglichst einfachem Weg zu erschließen.

Eine analytische Betrachtung des Zusammenhangs zwischen den Eigenschaften und dem strukturellen Aufbau der Werkstoffe und damit eine gezielte Werkstoffentwicklung wurde, basierend auf erweiterten naturwissenschaftlichen Kenntnissen, erstmals vor etwa 100 Jahren möglich. Sie führte zum Beispiel zur Entwicklung erster Aluminiumlegierungen und Polymerwerkstoffe. Parallel gewannen die in erster Linie von den Eigenschaften der Werkstückoberfläche bestimmten „Qualitäten" Korrosions- und Verschleißbeständigkeit an Bedeutung.

Da die angestrebten Eigenschaftspaarungen immer extremer wurden und nicht mehr in allen Fällen von einem Werkstoff allein erbracht werden konnten, wurden Verbundwerkstoffe entwickelt, bei denen die räumliche Anordnung der miteinander verbundenen Werkstoffe die erzielbaren Eigenschaften bestimmt **(Bild 1)**.

Durch die vollzogene Wandlung des qualitativen zu einem quantitativen Wissen konnten „maßgeschneiderte" Werkstoffe und – durch den Verbund von mindestens zwei Vertretern einer oder mehrerer der Klassen der metallischen, keramischen oder polymeren Werkstoffe – „maßgeschneiderte" Verbundwerkstoffe mit einem bei Einzelbetrachtung keinem der Verbundpartner innewohnenden Eigenschaftsensemble „konstruiert" werden.

Nach einer Phase nahezu ungehemmten Einsatzes von Rohstoffen und Energiereserven gilt es nun, den Werkstoffeinsatz unter Berücksichtigung einer für die Zukunft absehbaren zunehmenden Rohstoff- und Energieverknappung zu konzipieren. Um diesen Forderungen gerecht werden zu können, ist ein umfassendes Wissen des strukturellen Aufbaus der verschiedenen Werkstoffe und Verbundwerkstoffe sowie deren Reaktionen auf Beanspruchungen erforderlich, denn nur dann lassen sich aufgabenorientierte „maßgeschneiderte" Lösungen zum Wohl der Menschheit und Natur anbieten **(Bild 2)**.

Bis zu diesem Zeitpunkt ist aber der strukturelle Aufbau der metallischen, der keramischen und der polymeren Werkstoffe sowie der Zusammenhang zwischen diesen und ihren Eigenschaften verborgen.

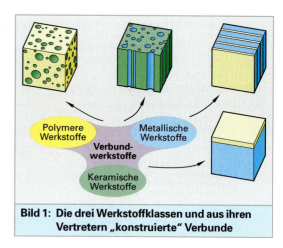

Bild 1: Die drei Werkstoffklassen und aus ihren Vertretern „konstruierte" Verbunde

Bild 2: Bedeutende Werkstoffgruppen innherhalb der Werkstoffklassen

Zu Beginn der Klärung dieses Zusammenhangs soll die Frage stehen, was man unter einem metallischen, keramischen sowie polymeren Werkstoff versteht. So einfach diese Frage zunächst erscheint, so schwer ist es, sie mit wenigen Worten zu beantworten. In vielen Fällen begnügt man sich bei der Kennzeichnung der metallischen, keramischen oder polymeren Werkstoffe (Bild 2, vorhergende Seite) mit der Aufzählung charakteristischer Eigenschaften, die alle Werkstoffe einer dieser Werkstoffklassen mehr oder weniger ausgeprägt besitzen (**Bild 1**).

Abgesehen davon, dass die aufgeführten Eigenschaften zusammen keineswegs bei allen Vertretern einer Werkstoffklasse vorliegen und dass einige Eigenschaften auch bei Vertretern einer anderen Werkstoffklasse auftreten, beantwortet diese Aufzählung die Frage, was ein metallischer, keramischer oder polymerer Werkstoff ist, nur sehr unbefriedigend.

Um sie besser beantworten zu können, muss eine genaue Kenntnis des metallischen, keramischen und polymeren Zustandes vorliegen und müssen zugleich die Gründe für das Auftreten dieses Zustandes, der die oben aufgeführten Eigenschaften zur Folge hat, bekannt sein. Der Grund dafür, dass die Elemente der Periodensystems der Elemente sowohl an metallischen, keramischen und polymeren Werkstoffen beteiligt sein können (**Bild 2**), ist in ihrer Fähigkeit zu suchen, in Abhängigkeit vom Bindungspartner verschiedene Bindungstypen auszubilden (**Bild 3**). Dies wiederum ist im jeweiligen Atomaufbau begründet, so dass es notwendig erscheint, einen Abriss des Aufbaus der Atome sowie der daraus resultierenden Bindungstypen zwischen den Atomen zu geben.

Bild 1: Günstige Eigenschaften von Werkstoffen

Bild 3: Bindungstyp und Werkstoffklasse resultierend aus dem Atomaufbau

Bild 2: Beteiligung der Elemente des Periodensystems am Aufbau der Werkstoffe

2 Atomaufbau und Bindungstypen

Jedes einzelne Atom besteht aus einer Atomhülle und einem Atomkern. In der Atomhülle halten sich eine elementtypische Zahl von Elektronen auf, im Atomkern eine elementspezifische Zahl von Protonen und Neutronen (**Bild 1**). Die Zahl der Elektronen und Protonen entsprechen einander. Während die massearmen Elektronen für den in Abhängigkeit vom Bindungspartner zustande kommenden Bindungstyp verantwortlich sind, sind die massereichen Protonen und Neutronen für die Masse des Atoms und damit das spezifische Gewicht des Werkstoffs verantwortlich.

Jedes Atom hat das Bestreben, mit seiner äußeren Elektronenschale die stabile Elektronenkonfiguration des im Periodensystem der Elemente nächstgelegenen Edelgases zu erreichen, die sogenannte Edelgaskonfiguration (**Bild 2**). Dieses Ziel wird in Abhängigkeit von der Art der sich beim Zustandekommen einer Bindung verbindenden Atome durch die Aufnahme oder die Abgabe von Elektronen erreicht.

2.1 Metallbindung

Betrachten wir zunächst die Reaktion von Metallatomen untereinander. Da Metallatome in der äußeren Schale maximal drei Elektronen aufweisen, können sie die Edelgaskonfiguration nur dadurch erreichen, dass alle beteiligten Atome ihre äußeren Elektronen abgeben und dadurch zu (positiv geladenen) Kationen werden. Die abgegebenen Elektronen, Valenzelektronen genannt, bilden das sogenannte Elektronengas. Die elektrostatischen Kräfte zwischen dem Elektronengas und den Kationen kennzeichnen die metallische Bindung (**Bild 3**).

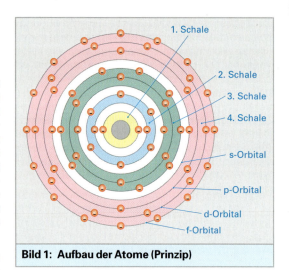

Bild 1: Aufbau der Atome (Prinzip)

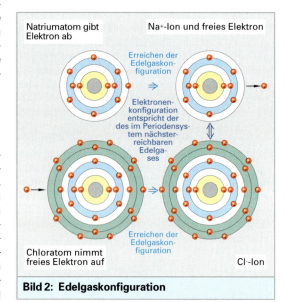

Bild 2: Edelgaskonfiguration

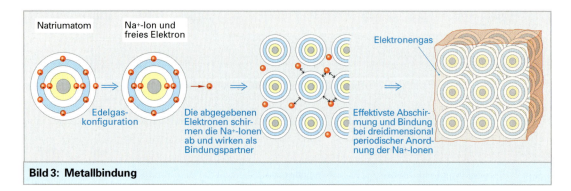

Bild 3: Metallbindung

2.2 Atombindung

Diese auch als kovalente Bindung bezeichnete Bindung kommt bei der Reaktion von Nichtmetallen untereinander zustande. Sie weisen in der äußeren Schale mindestens vier Elektronen auf. Um für jedes der beteiligten Atome die Edelgaskonfiguration zu erreichen, bilden die Atome gemeinsame Elektronenpaare aus, die als bindende Brücken zwischen den reagierenden Atomen fungieren, weswegen diese Bindungsform auch die Bezeichnung Elektronenpaarbindung trägt (**Bild 1**). Diese Bindungsform tritt bei Gasen auf und hat ihre werkstoffkundliche Bedeutung bei den auch als Kunststoffe bezeichneten polymeren sowie bei keramischen Werkstoffen. **Bild 2** zeigt das Zustandekommen der Atombindung am Beispiel des Moleküls des Gases Ethylen sowie eines aus ihm synthetisierten Makromoleküls des polymeren Werkstoffs Polyethylen.

2.3 Ionenbindung

Ionenbindungen kommen zwischen metallischen und nichtmetallischen Bindungspartnern zustande. Sie haben ihre Bedeutung bei einer Vielzahl keramischer Werkstoffe. Die bei Metallatomen auf der äußeren Schale fehlenden Elektronen können von den nichtmetallischen Bindungspartner in einfacher Weise geliefert werden: Sind die Atome einander infolge Massenanziehung hinreichend nahe gekommen, so treten die Valenzelektronen des metallischen zum nichtmetallischen Partner über, wodurch aus dem Metallatom ein (positiv geladenes) Kation und aus dem nichtmetallischen Atom ein (negativ geladenes) Anion wird.

Die elektrostatische Anziehung zwischen den entgegengesetzt geladenen Partnern ist die Ursache für die hohe Bindungsstabilität keramischer Werkstoffe. **Bild 3** zeigt über Ionenbindungen gebundene Natriumatome und Chloratome. Wegen der überragenden Rolle, die die metallischen Werkstoffe heute spielen, soll nachfolgend deren Aufbau sowie Reaktionen auf Beanspruchungen beschrieben werden.

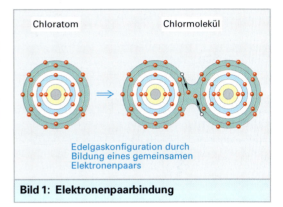

Bild 1: Elektronenpaarbindung

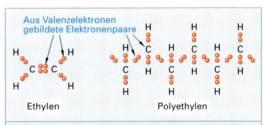

Bild 2: Atombindung am Beispiel des Moleküls des Gases Ethylen (links) sowie eines Ausschnitts aus dem Makromolekül des polymeren Werkstoffs Polyethylen (rechts)

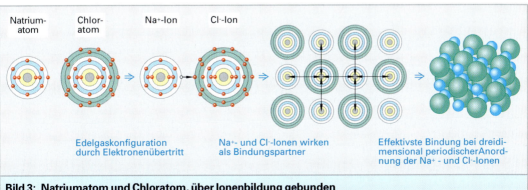

Bild 3: Natriumatom und Chloratom, über Ionenbildung gebunden

3 Aufbau metallischer Werkstoffe

3.1 Gitteraufbau des Idealkristalls

Bei den technisch üblichen Abkühlungsgeschwindigkeiten erstarren Metalle kristallin und bilden dabei ein dreidimensional periodisches Gitter (**Bild 1**). Zwischen den Metallkationen und den Elektronen bestehen anziehende Kräfte (**Bild 1,** Kurve 1). Andererseits stoßen sich die Elektronen und Protonen benachbarter Kationen infolge elektrostatischer Kräfte ab (**Bild 2,** Kurve 2).

Beide Kräfte nehmen mit abnehmendem Abstand zwischen den Kationen zu, gehorchen aber unterschiedlichen Abhängigkeiten. Für eine bestimmte Entfernung sind die Kräfte gerade im Gleichgewicht. Diese Entfernung ist der Gleichgewichtsabstand der Kationen im Kristallgitter und eine charakteristische Größe für das jeweilige Metall.

Nach der Geometrie und den Abmessungen der ein Kristallgitter eindeutig beschreibenden Elementarzellen unterscheidet man sieben Kristallsysteme, von denen das kubische, das hexagonale und das tetragonale System für metallische Werkstoffe am wichtigsten sind (**Tabelle 1**).

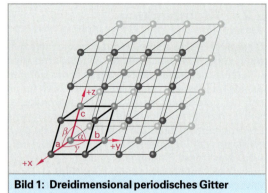

Bild 1: Dreidimensional periodisches Gitter

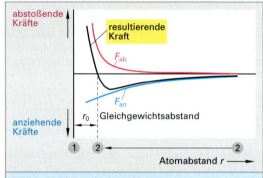

Bild 2: Kräfte zwischen Kationen

Tabelle 1: Kristallsysteme und Elementarzellentypen						
Kristallsysteme			Elementarzellentypen			
Art		Bestimmungs-größen	einfach	basisflächen-zentriert	raumzentriert	flächenzentriert
Triklin		$a \neq b \neq c$ $\alpha \neq \beta \neq \gamma$				
Monoklin		$a \neq b \neq c$ $\alpha = \gamma = 90°$ $\beta \neq 90°$				
Orthorhombisch		$a \neq b \neq c$ $\alpha = \beta = \gamma = 90°$				
Rhomboedrisch		$a = b = c$ $\alpha = \beta = \gamma \neq 90°$				
Hexagonal		$a = b \neq c$ $\alpha = \beta = 90°$ $\gamma = 120°$				
Tetragonal		$a = b \neq c$ $\alpha = \beta = \gamma = 90°$				
Kubisch		$a = b = c$ $\alpha = \beta = \gamma = 90°$				

Da bei den metallischen Elementen sogar nur das kubische und das hexagonale System von Bedeutung sind, wird nachfolgend allein auf diese eingegangen.

Metalle haben kubische oder hexagonale Kristallgitter.

Oft enthalten die Elementarzellen zusätzlich zu den Eckatomen Atome in den Schnittpunkten der Flächendiagonalen oder der Raumdiagonalen. Dies führt zu 14 Elementarzellentypen (Tabelle 1, vorhergehende Seite). Die bei den metallischen Elementen am häufigsten auftretenden Elementarzellentypen sind das kubisch flächenzentrierte (kfz) Kristallgitter, das kubisch raumzentrierte (krz) Kristallgitter und das **h**exagonal **d**ichtest ge**p**ackte Kristallgitter **(hdp) (Bild 1)**.

Das kfz-Kristallgitter ist ebenso wie das hdp-Kristallgitter ein System von Ebenen dichtester Kugelpackung. Beide Systeme unterscheiden sich lediglich in der Lage und der Zahl der mit Atomen am dichtesten belegten Gitterflächen. So tritt die dichtest bepackte Fläche im kfz-Kristallgitter in vier unterschiedlichen Lagen im Raum auf (Bild 1, mitte, blau gerastert). Beim hdp-Kristallgitter (Bild 1, unten) tritt die äquivalente Fläche nur einmal im Raum auf (Basisfläche).

Die Mehrzahl der metallischen Elemente hat nur eine Kristallstruktur. Die Atome einige Elemente wechseln jedoch bei bestimmten Temperaturen ihre Nachbarschaftsverhältnisse und damit die Gittermodifikation. Diese Erscheinung heißt Allotropie. **Tabelle 1** zeigt einige Elemente, die ihre Gittermodifikation bei Temperaturvariation ändern.

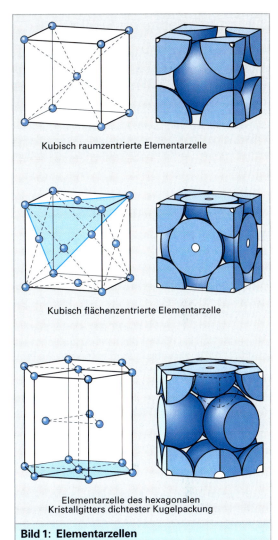

Kubisch raumzentrierte Elementarzelle

Kubisch flächenzentrierte Elementarzelle

Elementarzelle des hexagonalen Kristallgitters dichtester Kugelpackung

Bild 1: Elementarzellen

Tabelle 1: Einige Elemente und ihre Gittermodifikationswechsel					
Element	Strukturänderung*	Umwandlungstemperatur	Element	Strukturänderung*	Umwandlungstemp.
Li	kub. rz. → hexag.	durch Verformung bei tiefen Temperaturen	Sn	Diam.-Gitter → tetrag.	10 °C
Na	kub. rz. → kub. flz.	durch Verformung bei tiefen Temperaturen	U	orthorhomb. → totrag. tetrag. → kub. rz.	662 °C 770 °C
Ca	kub. flz. → hexag.	440 °C	Fe	kub. rz. → kub. flz. kub. flz. → kub. rz.	906 °C 1401 °C
La	hexag. → kub. flz.	350 °C	Co	hexag. → kub. flz.	1120 °C
Tl	hexag. → kub. rz.	234 °C	Ce	hexag. → kub. flz.	
Ti	hexag. → kub. rz.	882 °C	Pr	hexag. → kub. flz.	
Zr	hexag. → kub. rz.	852 °C		kub. flz. → tetrag. tetragonal → kub. rz.	450 °C 470 °C
Hf	hexag. → kub. rz.	1950 °C			
* Gittermodifikationswechsel gelten für die Aufheizphase					

3.2   Gitterfehler im Realkristall

Das Kristallgitter realer Kristalle weist viele Abweichungen vom idealen Aufbau auf. Jede dieser Abweichungen hat zur Konsequenz, dass die der Störung benachbarten Atome den Gleichgewichtsabstand nicht einhalten können, weswegen das Gitter lokal verspannt ist. Entsprechend ihrer Erstreckung im Raum werden die Gitterfehler in *punktförmige, linienförmige* und *flächige Fehler* eingeteilt.

3.2.1   Punktförmige Gitterfehler

Einige Gitterplätze bleiben unbesetzt, sind also leer, weswegen sie als *Leerstellen* bezeichnet werden **(Bild 1)**.

Die Häufigkeit der Leerstellen und die Leerstellendichte ist temperaturabhängig. Sie beträgt bei Raumtemperatur ca. 10^{-12}, d. h. von 10^{12} Gitterplätzen ist einer nicht besetzt. Bis zum Schmelzpunkt der Metalle nimmt die Leerstellendichte auf ca. 10^{-4} zu. Da die Leerstellendichte von der Temperatur abhängig ist, befindet sich die *Leerstellenkonzentration* bei gleichgewichtsnaher Abkühlung im thermodynamischen Gleichgewicht, was bei den meisten anderen Gitterbaufehlern nicht möglich ist.

Fremdatome können im Matrixgitter gelöst werden; es liegt eine feste Lösung vor, die man als *Mischkristall* bezeichnet.

Sind Fremdatome und Matrixgitteratome in der Größe vergleichbar, so nehmen bei der Erstarrung an einigen Stellen statt der Matrixgitteratome

Fremdatome die Kristallgitterplätze ein (darüber hinaus können Fremdatome auch durch Diffusionsprozesse von der Bauteiloberfläche aus in das Matrixgitter hineingelangen), weswegen man diese Fremdatome auch als *Austauschatome* oder *Substitutionsatome* bezeichnet **(Bild 1)**.

Voraussetzungen für eine lückenlose Mischkristallreihe sind:

- Matrixgitteratom und Fremdatom kristallisieren in Reinform im gleichen Gittertyp.

- Die Atomradien differieren um maximal 15 %.

- Es muss eine gewisse Affinität zwischen Matrixgitteratom und Fremdatom gegeben sein. Sind die anziehenden Kräfte zwischen Matrixgitter- und Fremdatom stärker als zwischen den gleichartigen Atomen (Matrixgitteratom-Matrixgitteratom und Fremdatom-Fremdatom), so kommt es zu einer geordneten Verteilung der Fremdatome im Matrixgitter, was nur bei bestimmten Anteilen der gelösten Fremdatome möglich ist. Sind die anziehenden Kräfte zwischen Matrixgitter- und Fremdatom sogar wesentlich stärker als zwischen den gleichartigen Atomen, so kommt es zur Bildung von intermetallischen Verbindungen (zwischen metallischen Elementen). Sie erhielten das Attribut „inter…" (= dazwischen), weil bei ihnen neben der vorherrschenden Metallbindung noch Atom- und/oder Ionenbindung wirksam sind. Ihre Kristallgitter weichen oft von denen der beteiligten Elemente ab und sind meistens sehr kompliziert aufgebaut. Die Folge davon sind große Härte und Sprödigkeit der gesamten Legierung, weswegen intermetallische Kristallanteile i. A. in nur geringen Gehalte zulässig sind. Sind die anziehenden Kräfte zwischen Matrixgitteratom und Fremdatom kleiner als zwischen den gleichartigen Atomen (Matrixgitteratom-Matrixgitteratom und Fremdatom-Fremdatom), so kommt es zu einer Entmischung, die sich bis zur Bildung von Ausscheidungen (s. u.) weiterentwickeln kann.

---

[1] lat. affinitas = Verwandtschaft, Betsreben sich zu verbinden

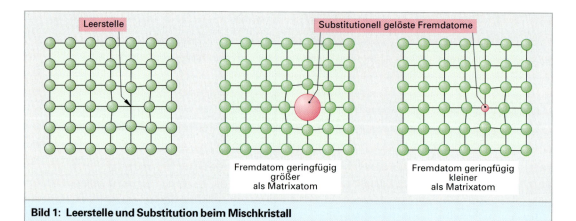

Bild 1: Leerstelle und Substitution beim Mischkristall

Leerstelle

Substitutionell gelöste Fremdatome

Fremdatom geringfügig größer als Matrixatom

Fremdatom geringfügig kleiner als Matrixatom

Normalerweise ist die Löslichkeit der Fremdatome im Matrixgitter begrenzt. Unter bestimmten Voraussetzungen kann jedes Matrixgitteratom aber durch ein Fremdatom ersetzt werden. Man spricht dann von einer lückenlosen Mischkristallreihe.

Ist der Fremdatomradius kleiner als 41 % des Matrixgitteratomradius, so nehmen die Fremdatome bei der Erstarrung Zwischengitterplätze ein und werden als Einlagerungsatome oder interstitielle Atome bezeichnet (**Bild 1**; darüber hinaus können *interstitiell* gelöste Fremdatome auch durch Diffusionsprozesse von der Bauteiloberfläche aus in das Matrixgitter hineingelangen). Da die Verzerrung des umliegenden Matrixgitters sehr rasch ansteigt, ist die Löslichkeit interstitiell gelöster Fremdatome im Allgemeinen geringer als ein Prozent.

Wie bei den *substitutionell* gelösten Fremdatomen, so sind auch bei den interstitiell gelösten geordnete Verteilungen möglich. Solche geordneten Einlagerungsmischkristalle werden auch als *intermediäre* Phasen bezeichnet.

Hierbei handelt es sich im Wesentlichen um die Karbide, Nitride und Karbonitride der Übergangsmetallgruppen IV, V und VI sowie des Mangans und Eisens. Sie weisen bereits einen hohen Anteil an Atombindung auf. Verglichen mit den mehr über Ionenbindung gebundenen Karbiden elektropositiver Metalle und den mehr über Atombindung gebundenen Karbiden der Übergangsmetalle verfügen die intermediären Phasen aber über metallähnliche elektrische Leitfähigkeit. Die Metallkationen mit großem Atomdurchmesser (hierzu zählen Cr, Mn und Fe nicht) stellen den Einlagerungs-

atomen C und N in ihren Gittern große Lücken zur Verfügung, so dass die Bildung einfacher Kristallstrukturen möglich wird (**Bild 2**).

Diese Verbindungen sind mechanisch und thermisch sehr stabil, woraus hohe Härte und Schmelztemperatur resultieren. In den Gittern von Metallen mit kleinerem Atomdurchmesser wie Cr, Mn und Fe sind die Einlagerungslücken zu klein ausgebildet, um Fremdatome über die Mischkristalllöslichkeit hinaus aufnehmen zu können. Die Karbidbildung und Nitridbildung erfolgt daher unter Aufbau einer neuen und komplizierteren Gitterstruktur, allerdings geringerer Härte und Schmelztemperatur.

Infolge der mit der hohen Härte einhergehenden Sprödigkeit sind intermetallische wie intermediäre Phasenanteile i. A. in nur geringen Gehalten zulässig.

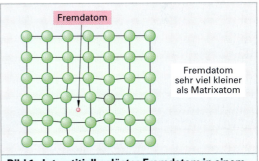

Bild 1: Interstitiell gelöstes Fremdatom in einem Mischkristall

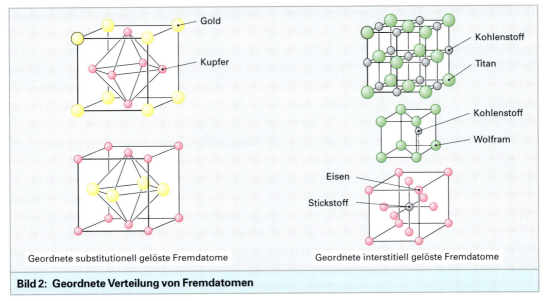

Bild 2: Geordnete Verteilung von Fremdatomen

3.2.2 Linienförmige Gitterfehler

Als linienförmige Gitterfehler sind allein *Versetzungen* möglich, wobei man zwischen *Stufenversetzungen* und *Schraubenversetzungen* zu unterscheiden hat.

Als **Stufenversetzungen** bezeichnet man den unteren Rand von Halbebenen des Gitters, die im Kristall enden **(Bild 1, links)**. Bei **Schraubenversetzungen** sind die Gitterebenen im Bereich der senkrecht zu ihnen stehenden Versetzungslinie schraubenartig verzerrt **(Bild 1, rechts)**.

Zur Minimierung der Verzerrungsenergie enden Versetzungen entweder an der Oberfläche des Kristalls oder bilden innerhalb des Kristalls geschlossene Linienzüge, Versetzungsringe genannt **(Bild 2)**. **Bild 3** zeigt ¼ eines solchen Versetzungsrings.

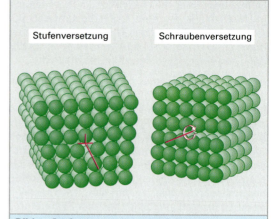

Stufenversetzung   Schraubenversetzung

Bild 1: Stufenversetzung und Schraubenversetzung im Kristallgitter

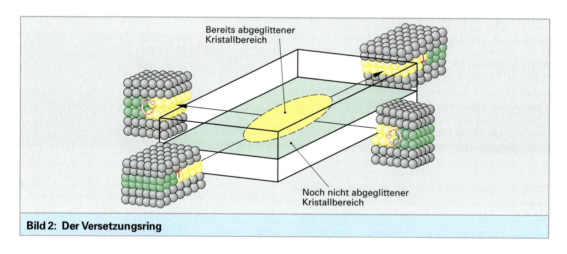

Bereits abgeglittener Kristallbereich

Noch nicht abgeglittener Kristallbereich

Bild 2: Der Versetzungsring

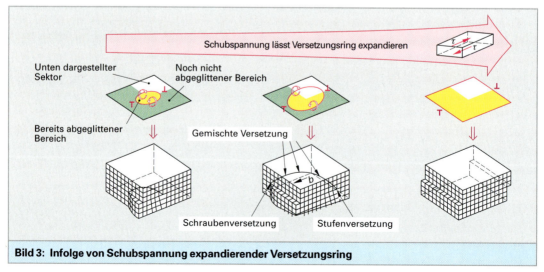

Schubspannung lässt Versetzungsring expandieren

Unten dargestellter Sektor

Noch nicht abgeglittener Bereich

Bereits abgeglittener Bereich

Gemischte Versetzung

Schraubenversetzung   Stufenversetzung

Bild 3: Infolge von Schubspannung expandierender Versetzungsring

Es zeigt sich, dass Versetzungslinien meist nur auf kurzen Teilstücken reine Stufen- oder Schraubenversetzungscharakteristik aufweisen; über weite Strecken sind sie eine Kombination beider Komponenten, was man als gemischte Versetzungen bezeichnet.

Die Häufigkeit von Versetzungen, die Versetzungsdichte, wird als Linienlänge je Volumeneinheit angegeben. In einem weichgeglühten Metall beträgt sie etwa 10^6 mm/mm^3. Durch Kaltverformung kann die Versetzungsdichte auf 10^{12} mm/mm^3 anwachsen.

Die weitreichenden Spannungsfelder von Versetzungen haben zur Folge, dass sich Versetzungen in ihrer Lage zueinander gegenseitig beeinflussen. Für den Fall, dass sich auf zueinander parallelen Gleitebenen bewegende Stufenversetzungen miteinander wechselwirken, zeigt **Bild 1** in Abhängigkeit von der Lage zueinander die Richtungen der wechselseitig ausgeübten Kräfte. Sie haben zur Folge, dass bei lagefest angenommener Versetzung 1 sich in den Sektoren A befindende Versetzungen bei Temperaturerhöhung von dieser entfernen und sich in den Sektoren B befindende Versetzungen bei Temperaturerhöhung über Versetzung 1 anordnen.

3.2.3 Flächige Gitterfehler

Die gegenseitige Beeinflussung der Spannungsfelder von Versetzungen kann zu einer Übereinanderreihung gleichartiger Stufenversetzungen führen. Die Folge ist eine flächenhafte Störung des Gitters, die in **Bild 2** dargestellt ist und als Kleinwinkelkorngrenze bezeichnet wird. Da Kleinwinkelkorngrenzen einen Kristall in Teilbereiche aufteilen, werden sie auch als Subkorngrenzen bezeichnet.

Berühren sich bei der Erstarrung einer Schmelze wachsende Kristalle, so bilden die Gitterebenen der beiden Kristalle meist größere Winkel untereinander und bilden sich als Grenzflächen Großwinkelkorngrenzen. Sie umfassen eine 2 bis 3 Atomabstände dicke, strukturlose (amorphe) Zone **(Bild 3)**. Kristalle, die allseitig eine freie Oberfläche haben, also keine Korngrenze enthalten, werden als Einkristalle bezeichnet. Sie enthalten natürlich alle anderen Fehler, wie Leerstellen, Fremdatome, Versetzungen und Kleinwinkelkorngrenzen.

Aus übersättigten Mischkristallen scheiden sich im Laufe der Zeit die überschüssigen Fremdatome aus und bilden Ausscheidungen.

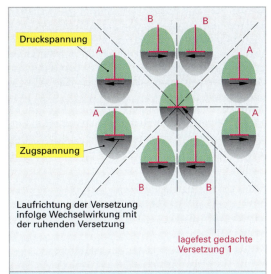

Druckspannung

Zugspannung

Laufrichtung der Versetzung infolge Wechselwirkung mit der ruhenden Versetzung

lagefest gedachte Versetzung 1

Bild 1: Wechselwirkung bei Versetzungen

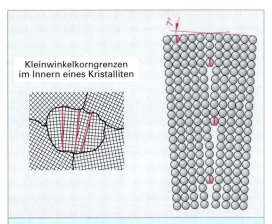

Kleinwinkelkorngrenzen im Innern eines Kristalliten

Bild 2: Aufbau einer Kleinwinkelkorngrenze

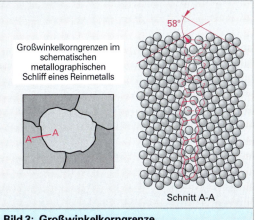

Großwinkelkorngrenzen im schematischen metallographischen Schliff eines Reinmetalls

58°

Schnitt A-A

Bild 3: Großwinkelkorngrenze

Wegen der durch die Fremdatome verursachten Gitterverspannungen liegen diese im Mischkristall nie völlig regellos verteilt vor, sondern zeigen immer eine gewisse Nahordnung. In der Anfangsphase einer Ausscheidungsglühbehandlung finden sich an solchen Stellen erhöhter Nahordnung (u. U. unter Bevorzugung bestimmter Gitterebenen) immer mehr Fremdatome unter Verspannung großer Gitterbereiche zusammen (einphasige Entmischung; **Bild 1**), woraus später Ausscheidung werden können.

Die Ausscheidungen weisen ein eigenes Kristallgitter und daher gegenüber der umliegenden Matrix eine Oberfläche auf, die, da sie die Kontinuität der Gitterperiodizität stören, zu den *flächigen Gitterfehlern* zählen. Die Phasengrenze zwischen Ausscheidung und dem umgebenden Matrixgitter kann dabei *kohärent, teilkohärent* oder *inkohärent* sein. Kohärente Ausscheidungen haben Gitterparameter, die nur geringfügig vom Matrixgitter abweichen. Dadurch kann das Wirtsgitter praktisch lückenlos in das Gitter der Ausscheidung übergehen; die Phasengrenze ist kohärent (= passend). Wegen der notwendigen Anpassung des Matrixgitters an das abweichende Gitter der Ausscheidung ist auch hier die Matrix in einem großen Bereich um die Ausscheidung verspannt. Das Gitter teilkohärenter (= teilweise passender) Ausscheidungen kann nicht mehr überall an das Matrixgitter angepasst werden. Regelmäßig müssen Versetzungen eingebaut werden. Auch hierbei ist die Matrix um die Ausscheidung verspannt. Die Gitter inkohärenter (= überhaupt nicht mehr passender) Ausscheidungen lassen keine Anpassung des Ma-

trixgitters zu, weil die Gitterparameter zu stark voneinander abweichen. Die Phasengrenze zwischen der Ausscheidung und der umgebenden Matrix entspricht daher im Aufbau einer Großwinkelkorngrenze. Das Matrixgitter ist jetzt jedoch nicht mehr verspannt.

Als Phasengrenze ist auch die der Atmosphäre zugewandte Oberfläche des Kristall zu nennen. Die in **Bild 2** für das Atom 1 dargestellte und den Gleichgewichtszustand repräsentierende Bindungssituation ist nur innerhalb eines Kristalls gegeben: Ein Atom ist allseitigen Kraftwirkungen ausgesetzt. An der der Atmosphäre zugewandten Oberfläche des Kristalls sind diese Kräfte nach außen hin nicht vorhanden, wodurch das Atom 2 einen höheren Energieinhalt hat: die Oberflächenenergie.

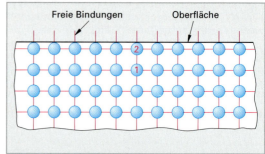

Bild 2: Bindungssituation im Innern und an der Oberfläche eines Kristalls

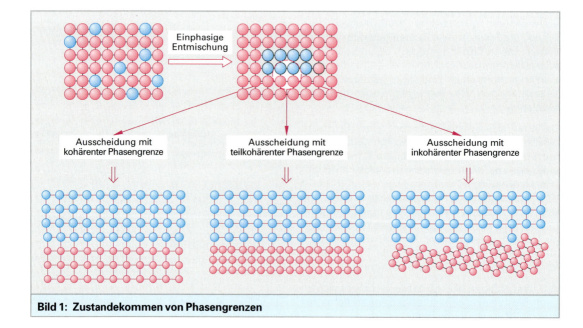

Bild 1: Zustandekommen von Phasengrenzen

3.3   Gleichgewichtszustände

Zuvor wurde von Reinmetallen und Legierungen gesprochen und im Zusammenhang mit letzteren von Mischkristallen, intermetallischen bzw. intermediären Phasen sowie Ausscheidungen. Wie stehen diese miteinander in Zusammenhang?

Eine Legierung besteht aus mindestens zwei verschiedenen Atomsorten, Komponenten genannt. Bestehen Legierungen nur aus einer Komponente, so spricht man von Einstoffsystemen. Entsprechend bezeichnet man die Gesamtheit aller Legierungen aus zwei, drei oder mehreren Elementen als Zwei-, Drei- oder Mehrstoffsysteme.

Das Gefüge einer Legierung besteht aus einzelnen Kristallen, die in ihrer chemischen Zusammensetzung identisch sein können (beim Reinmetall der Fall), bei Legierungen aber durchaus different sein können.

Einen räumlichen Bereich, der eine eigene chemische Zusammensetzung aufweist, bezeichnet man als Phase (Reinmetall, Mischkristall, intermetallische bzw. intermediäre Phase, Ausscheidung). Existiert in einer Legierung nur eine Phase, so wird sie homogen genannt. Treten mehrere Phasen auf, so bezeichnet man sie als heterogen.

Wird eine Legierung eingewogen, aufgeschmolzen und so langsam abgekühlt (1 bis 3 °C/min), dass in ihr Diffusionsprozesse so lange ablaufen können, bis der Gleichgewichtszustand erreicht wird, so ist das Nebeneinander der Phasen durch die Zustandsgrößen

- Temperatur T,
- Druck p,
- Konzentration c

eindeutig bestimmt. Da die meisten Herstell- und Verarbeitungsprozesse der Werkstoffe bei Normaldruck ablaufen, kann der Druck als konstant angesehen werden, weswegen jeder Werkstoffzustand durch ein bestimmtes Wertepaar T-c beschrieben werden kann. Das Gleichgewichtszustandsdiagramm gibt in Abhängigkeit von der Temperatur T und der Konzentration c eine lückenlose Übersicht über alle möglichen Gleichgewichtszustände und – bei langsamer Temperaturveränderung – Gleichgewichtszustandsänderungen aller Legierungen eines Legierungssystems A–B.

---

[1] lat. liquidus = flüssig
[2] lat. solidus = fest
[3] griech. konos = Kegel. (Isotherme Verbindungsgerade zwischen den Zustandspunkten zweier miteinander im Gleichgewicht stehenden Phasen innerhalb der Mischungslücke in einem Zustandsdiagramm

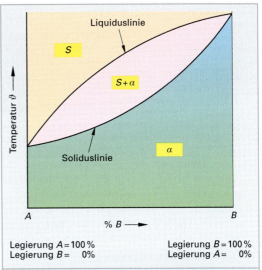

Legierung A = 100 %   Legierung B = 100 %
Legierung B =   0%   Legierung A =   0%

Bild 1: Gleichgewichtszustandsdiagramm mit lückenloser Mischkristallreihe

3.3.1   Bei lückenloser Mischkristallreihe

Bild 1 zeigt das Gleichgewichtszustandsdiagramm mit lückenloser Mischkristallreihe.

Die Phasengrenzlinie zwischen der homogenen Schmelze (S) und dem Zweiphasenfeld Schmelze und Mischkristall (S + α) bezeichnet man als *Liquiduslinie*[1], die zwischen diesem Zweiphasenfeld und dem Mischkristall α als *Soliduslinie*[2]. Oberhalb der Liquiduslinie ist die Legierung vollständig flüssig, unterhalb der Soliduslinie vollständig erstarrt. Im Zweiphasenfeld existieren eine flüssige und eine feste Phase nebeneinander.

Die Zusammensetzung der hier aus der Schmelze auskristallisierenden Mischkristalle gibt der Schnittpunkt der bei der konkreten Temperatur gezogenen Waagerechten (= Konode[3]) mit der Phasengrenze zum Einphasenraum α an. Da der B-Gehalt der gebildeten Mischkristalle geringer ist als der der ursprünglichen Schmelze, muss der B-Gehalt der Restschmelze größer sein als der der ursprünglichen Schmelze. Er lässt sich am Schnittpunkt der Konode mit der Liquiduslinie ablesen. Während der Erstarrung ändern sich die ausgeschiedenen Mischkristalle sowie die Restschmelze ständig ihre Zusammensetzung entlang der Soliduslinie bzw. die Liquiduslinie. Nach Unterschreiten der Soliduslinie ist die Kristallisation abgeschlossen. Es liegen homogene α-Mischkristalle vor.

3.3.2 Unlöslichkeit im festen Zustand

Ausgehend von den Reinmetallen sinken die Liquidustemperaturen bei zunehmendem A- oder B-Gehalt der Legierungen ständig und schneiden sich im Punkt E, der als eutektischer Punkt bezeichnet wird **(Bild 1)**.

Legierungen, die links von der eutektischen Konzentration E liegen, werden untereutektische, die rechts davon liegenden als übereutektische Legierungen bezeichnet. Unter- und übereutektische Legierungen kristallisieren aus der Schmelze nur die reinen Komponenten A bzw. B aus, bevor die Restschmelze mit Erreichen der eutektischen Temperatur T_E wie die eutektische Legierung E zerfällt. Die eutektische Legierung erstarrt bei einer festen Temperatur.

Die dabei ablaufende Reaktion lautet

$$S \rightarrow A + B$$

Wegen der niedrigen Schmelztemperatur bilden sich viele Keime, was zu einem sehr feinstrukturierten Gefüge mit oftmals lamellenartig angeordneten Phasen $A + B$ führt **(Bild 2)**.

3.3.3 Begrenzte Löslichkeit im festen Zustand

Bei der überwiegenden Anzahl aller Legierungssysteme sind deren Komponenten im festen Zustand weder lückenlos ineinander mischbar noch vollständig unmischbar. Bei ihnen existieren Konzentrationsbereiche, in denen die Komponente A eine bestimmte Menge B lösen kann und jetzt als α-Phase bezeichnet wird und die Komponente B eine bestimmte Menge A lösen kann und jetzt als β-Phase bezeichnet wird.

Der Konzentrationsbereich, in dem mehrere nebeneinander Phasen auftreten, wird als Mischungslücke bezeichnet. **Bild 3** zeigt das Gleichgewichtszustandsdiagramm eines eutektischen Legierungssystems mit begrenzter Löslichkeit im festen Zustand.

> Bei den meisten Legierungen sind die Komponenten weder lückenlos ineinander mischbar noch vollständig unmischbar; die Löslichkeit ist begrenzt.

---

[1] griech. eutekos = leicht zu schmelzen,
eutektischer Punkt = tiefster Schmelzpunkt

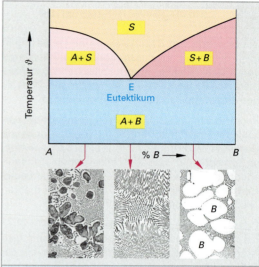

Bild 1: Gleichgewichtszustandsdiagramm mit Unlöslichkeit im festen Zustand

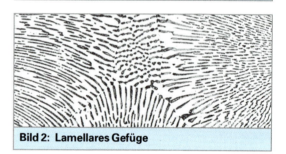

Bild 2: Lamellares Gefüge

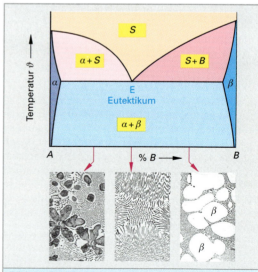

Bild 3: Gleichgewichtszustandsdiagramm eines eutektischen Legierungssystems mit begrenzter Löslichkeit im festen Zustand

Wird bei Temperaturabsenkung die Löslichkeitsgrenze der Mischungslücke (rechte oder linke Begrenzungslinie) unterschritten, so wird aus einem Mischkristall der andere Mischkristall ausgeschieden. Grundsätzlich bilden sich die Ausscheidungen an allen energetisch günstigen Orten aus, so z. B. Korngrenzen, Zwillingsgrenzen und Versetzungen. **Bild 1** zeigt das Gleichgewichtszustandsdiagramm eines peritektischen Legierungssystems mit begrenzter Löslichkeit im festen Zustand.

Hierbei reagieren mit Erreichen der peritektischen Temperatur die Restschmelze S und primär erstarrte Mischkristalle (hier α) zu einer neuen Mischkristallart (hier β) entsprechend der Reaktionsgleichung

$$S + \alpha \rightarrow \beta$$

Die Bildung der neuen Mischkristallart beginnt an der Oberfläche der Primärkristalle, weswegen dieses Gefüge die Bezeichnung *Peritektikum* (= das Herumgebaute) erhielt. Nachdem die Primärkristalle mit einer Hülle aus neuem Mischkristall umgeben sind, muss der weitere Massentransport durch diese feste Schale erfolgen **(Bild 2)**. **Bild 3** zeigt ein peritektisches Gefüge.

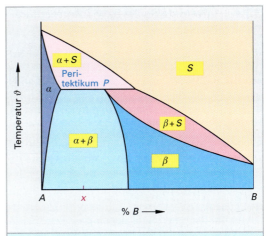

Bild 1: Gleichgewichtszustandsdiagramm eines peritektischen Legierungssystems mit begrenzter Löslichkeit im festen Zustand

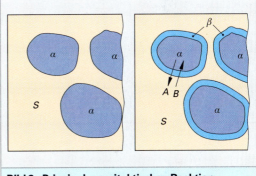

Bild 2: Prinzip der peritektischen Reaktion

Wiederholung und Vertiefung

1. Welche Werkstoffklassen gibt es?

2. Nennen Sie günstige Eigenschaften der drei Werkstoffklassen?

3. Welche Bindungstypen beherrschen welche Werkstoffklasse?

4. Wie kommt die Metallbindung zustande?

5. Welcher Kristallgittertyp ist bei den Metallen vorherrschend?

6. Was versteht man unter Allotropie?

7. Wie verändert sich die Leerstellenkonzentration mit der Temperatur?

8. Welche drei Voraussetzungen müssen für das Vorliegen einer lückenlosen Mischkristallreihe erfüllt sein?

9. Was sind substitutionell und was interstitiell gelöste Fremdatome?

10. Was sind Versetzungen?

11. Was sind Kleinwinkelkorngrenzen und was Großwinkelkorngrenzen?

12. Wie lautet die eutektische Reaktionsgleichung bei einer Legierung, deren Komponenten im Festen ineinander unlöslich sind?

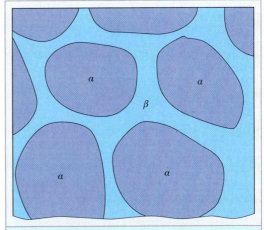

Bild 3: Peritektisches Gefüge von der Legierung x im Bild 1

3.3.4   Intermetallische bzw. intermediäre Phase

In Abhängigkeit vom Schmelz-/Erstarrungsverhalten der intermetallischen bzw. intermediären Phase unterscheidet man zwischen Legierungssystemen mit einer kongruent und solchen mit einer inkongruent schmelzenden intermetallischen bzw. intermediären Phase.

Legierungssysteme mit einer kongruent schmelzenden intermetallischen bzw. intermediären Phase besitzen, wie reine Metalle, einen definierten Schmelzpunkt (**Bild 1**).

Bei Legierungssystemen mit einer inkongruent schmelzenden intermetallischen bzw. intermediären Phase zerfällt diese Phase vor Erreichen der Liquiduslinie in einer peritektischen Reaktion in zwei neue Phasen (**Bild 2**).

Die vorstehend beschriebenen Prozesse gelten nun aber nur für den thermodynamischen Gleichgewichtszustand, was sehr geringe Abkühlge-

schwindigkeiten voraussetzt. Technische Werkstoffe werden aus dem schmelzflüssigen Zustand aber sehr viel schneller abgekühlt, als es zum Einstellen des Gleichgewichts notwendig ist. Insbesondere werden dadurch Zustandsänderungen im festen Zustand gestört oder ganz unterdrückt. Solche Zustände bezeichnet man auch als metastabil.

Die nachfolgend beschriebenen Nichtgleichgewichtszustände sind aus den Gleichgewichtszustandsdiagrammen nicht zu entnehmen. Die Aussagen der Gleichgewichtszustandsdiagramme dürfen also nicht ohne Weiteres auf mit höherer Geschwindigkeit abgekühlte Legierungen übertragen werden. Die Phasengrenzen in bei höheren Abkühlgeschwindigkeiten aufgenommenen, metastabilen Zustandsdiagrammen sind gegenüber den Gleichgewichtszustandsdiagrammen zu tieferen Temperaturen verschoben.

[1] lat. intermedius = dazwischen, in der Mitte liegend
[2] lat. congruentis = übereinstimmend
[3] griech. meta... = zwischen..., metastabil = zwischendurch stabil

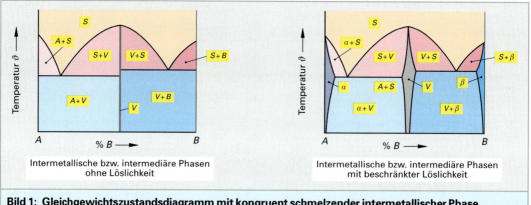

Intermetallische bzw. intermediäre Phasen ohne Löslichkeit

Intermetallische bzw. intermediäre Phasen mit beschränkter Löslichkeit

Bild 1: Gleichgewichtszustandsdiagramm mit kongruent schmelzender intermetallischer Phase

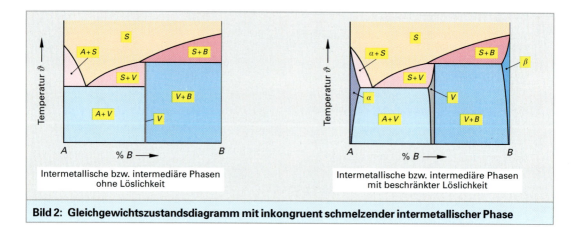

Intermetallische bzw. intermediäre Phasen ohne Löslichkeit

Intermetallische bzw. intermediäre Phasen mit beschränkter Löslichkeit

Bild 2: Gleichgewichtszustandsdiagramm mit inkongruent schmelzender intermetallischer Phase

3.4 Phasenumwandlungen

Beginnen wir mit der Phasenumwandlung, bei der eine Schmelze in einen Festkörper übergeführt wird, der Erstarrung.

3.4.1 Erstarrung

Da das Gussgefüge bei Knetwerkstoffen als auch bei Gusswerkstoffen nur noch bedingt durch eine Wärmebehandlung modifiziert werden kann, werden die Werkstoffeigenschaften in beiden Fällen von den bei der Erstarrung ablaufenden Prozessen erheblich mitbestimmt.

Der Übergang flüssig/fest wird als *Primärkristallisation,* das dabei entstehende Erstarrungsgefüge, das Gussgefüge, als Primärgefüge bezeichnet (durch thermische Behandlung [Wärmebehandlung] oder thermomechanische Behandlung [Verformung + Wärmebehandlung = Warmverformung] verändert sich das Gefüge und es entsteht das Sekundärgefüge).

Reinstmetalle sind vollkommen frei von Verunreinigungen, Bestandteilen, die in der Schmelze unlöslich sind. In der Schmelze befinden sich die Atome in einem weitgehend ungeordneten Zustand und sind in ständiger statistisch regelloser Bewegung.

Mit zunehmendem Wärmeentzug, abnehmender Temperatur also, finden die Atome immer häufiger die Möglichkeit, sich innerhalb kugelförmiger Volumina kristallähnlich anzuordnen, müssen diese Nahordnung aber nach sehr kurzer Zeit wieder aufgeben, denn der Energiebedarf zur Schaffung von Oberfläche kann nicht gedeckt werden. Mit abnehmender Temperatur, abnehmender Fluktuationsintensität in der Schmelze also, nimmt die Größe der in der Schmelze schwebenden kugelförmigen, kristallähnlich organisierten Volumina und deren Lebensdauer immer weiter zu **(Bild 1)**.

Mit Erreichen der Schmelztemperatur besteht für einen solchen kugelförmigen Atomverband zum ersten Mal zumindest theoretisch die Möglichkeit, zeitlich stabil zu werden, sich also nicht mehr aufzulösen, denn thermodynamisch besteht bei der Schmelztemperatur ein Gleichgewicht zwischen schmelzflüssigem und kristallinem Zustand. Nach wie vor müsste aber, damit ein kristalliner Atomverband zeitlich stabil wird, zur Schaffung seiner Oberfläche Energie bereitgestellt werden.

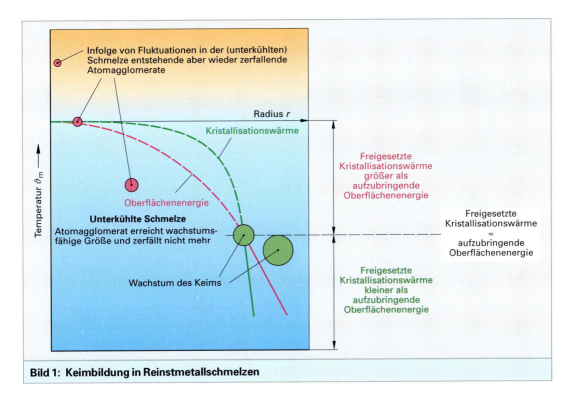

Bild 1: Keimbildung in Reinstmetallschmelzen

Da die abzugebende Kristallisationswärme aber bei der Schmelztemperatur gleich Null ist, kommt es nicht zu einer dauerhaften Verknüpfung der Atome untereinander; die kugelförmigen Volumina lösen sich wieder auf. Die Größe der in der Schmelze schwebenden kugelförmigen Volumina und deren Lebensdauer nimmt mit zunehmender Unterkühlung der Schmelze unter die Schmelztemperatur immer weiter zu. Haben die Volumina schließlich eine kritische Größe erreicht, so entspricht die aufzubringende Oberflächenenergie der potentiellen Kristallisationswärme, was dazu führt, dass sich die kugelförmigen Volumina jetzt endlich nicht mehr auflösen und jetzt als Keime bezeichnet werden. Diese Keime können nachfolgend durch weitere Atomanlagerung bis zur Berührung mit ihren (ebenfalls wachsenden) Nachbarkeimen wachsen. Eine Schmelze erstarrt also nicht bei der Schmelztemperatur, sondern erst bei einer um die Unterkühlung ΔT tiefer liegenden Temperatur. Dieser Weg der Keimbildung wird, da er überall im Innern der homogenen Schmelze gleich wahrscheinlich ist, als *homogene Keimbildung* bezeichnet.

Mit zunehmender erzwungener Unterkühlung der Schmelze (erreichbar durch beschleunigte Wärmeabfuhr) nimmt die kritische Keimgröße ab, wodurch die Zahl der in der unterkühlten Schmelze pro Zeiteinheit gebildeten Keime, die Keimbildungshäufigkeit also, zunächst größer wird **(Bild 1)**. Man erhält ein zunehmend feinkörniger werdendes Erstarrungsgefüge.

Beliebig steigerbar ist dieser Effekt allerdings nicht, denn die zur Keimbildung führenden Fluktuationen verlaufen mit zunehmender Unterkühlung immer träger, wodurch die Keimbildungshäufigkeit wieder abnimmt. Diese Erscheinung führt bei sehr raschem Wärmeentzug (Abkühlungsgeschwindigkeiten von etwa 10^9 K/s) sogar zur einer Erstarrung ohne Kristallisation, wobei die die Schmelze bildenden Atome mit Erreichen der Glastemperatur ungeordnet (man sagt auch amorph) einfrieren. Man spricht jetzt von einem metallischen Glas.

In Reinmetallen (Metalle technischer Reinheit) sind immer genügend Oberflächen in der Schmelze vorhanden, an denen die Kristallisation wegen der Ersparnis von aufzubringender Oberflächenenergie bevorzugt, d. h. bei geringerer Unterkühlung beginnt.

Man bezeichnet diese Form der Keimbildung als heterogene Keimbildung.

Als Keime wirkende Oberflächen können sein

- höherschmelzende Verbindungen (Karbide, Nitride, Oxide, . . .) oder Legierungsbestandteile
- willentlich kurz vor Erstarrungsbeginn zugesetzte und in der Schmelze dispergierte Stoffe, die
  - ○ sich in der Schmelze nicht auflösen, also als echte Keime fungieren
  - ○ sich in der Schmelze lösen, deren Unterkühlung aber erhöhen, was man als Impfen der Schmelze bezeichnet.

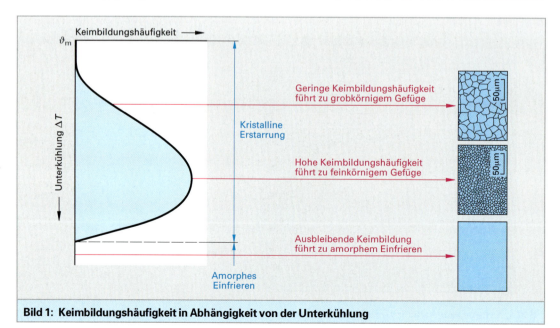

Bild 1: Keimbildungshäufigkeit in Abhängigkeit von der Unterkühlung

Das Erstarrungsgefüge ist aber nicht nur eine Folge der Keimbildungsbedingungen, sondern auch der Keimwachstumsbedingungen. Kühlt eine Reinmetallschmelze über den gesamten Querschnitt annähernd gleichmäßig ab, so entstehen über den gesamten Querschnitt eines Gussteils in heterogenen Keimbildungsprozessen als *Globulite*[1] bezeichnete rundliche Körner.

Bei einer ungleichmäßigen, d. h. gerichteten Wärmeabfuhr (i. A. radial zur Formwandung) bilden sich, auf dieser senkrecht aufsetzend, Kristalle, die bei geringer Unterkühlung der Schmelze stängelig wachsen (**Bild 1**). Bei starker Unterkühlung entarten diese Stängelkristalle sogar zu *Dendriten*[2] (**Bild 2**).

Die dendritische Erstarrung tritt bei der Erstarrung von Legierungen noch intensiver und vor allem bei wesentlich geringeren Unterkühlungen als bei Reinmetallen auf, was seinen Grund in der inhomogenen Verteilung der Legierungselemente vor der Erstarrungsfront hat (**Bild 3**).

Wird die Wärme so schnell abgeleitet, dass keine konstitutionell unterkühlte Zone zustande kommt, so entsteht eine ebene Erstarrungsfront, denn zufällig schneller als die Front wachsende Kristalle dringen in Bereiche höherer Temperatur ein, wodurch die Kristallisationsgeschwindigkeit sofort abnimmt.

---

[1] lat. globus = Kugel
[2] von griech. dendrites = zum Baum gehörend, dendritisch = verzweigt, verästelt (mit Nadeln)

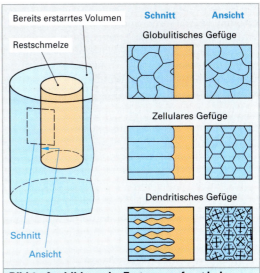

Bild 1: Ausbildung der Erstarrungsfront bei einem erstarrenden Reinmetall

Bild 2: Senkrecht auf der Formwand aufwachsender Dendrit

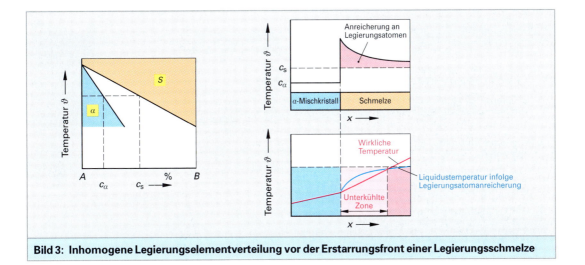

Bild 3: Inhomogene Legierungselementverteilung vor der Erstarrungsfront einer Legierungsschmelze

Bei kleinem unterkühltem Schmelzebereich (durch kleinere Abkühlgeschwindigkeit) bilden sich Zellstrukturen. Bei großem unterkühltem Schmelzebereich (durch sehr kleine Abkühlgeschwindigkeit) kann ein in die Schmelze voreilender Kristall beschleunigt entgegen dem Wärmegefälle wachsen. Es entsteht die dendritische Struktur **(Bild 1)**.

Bei weitreichender und hinreichend intensiver (konstitutioneller) Unterkühlung kann es auch zur Keimbildung und zum Keimwachstum vor der Erstarrungsfront, in der Schmelze also, kommen, weswegen sich einer stängeligen oder dendritischen Zone dann nochmals eine Zone globulitischer Kristalle anschließen kann **(Bild 2)**.

Eine beschleunigte Abkühlung hat aber nicht nur ein feinkörnigeres Gefüge zur Folge, sondern auch noch eine makroskopisch wie mikroskopisch inhomogene chemische Zusammensetzung des Gefüges.

> Mit zunehmend erzwungener Unterkühlung der Schmelze erhält man ein zunehmend feinkörniger werdendes Erstarrungsgefüge.

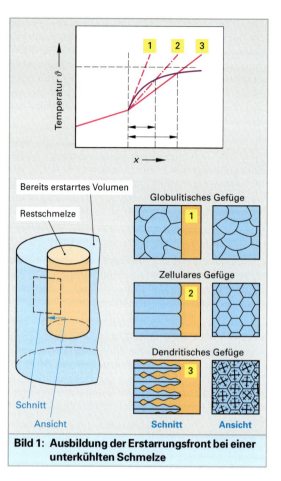

Bild 1: Ausbildung der Erstarrungsfront bei einer unterkühlten Schmelze

Wiederholung und Vertiefung

1. Wie ist der prinzipielle physikalische Ablauf bei der Erstarrung von metallischen Gusswerkstoffen?

2. Was versteht man unter Primärkristallisation?

3. Was läuft bei der homogenen Keimbildung ab?

4. Was versteht man unter heterogener Keimbildung und wie kommt es dazu?

5. Erklären Sie die physikalischen Ursachen für den Temperaturunterschied zwischen Schmelztemperatur und Erstarrungstemperatur.

6. Was versteht man unter dem Impfen einer Schmelze?

7. Was sind Dendriten?

8. Wie entstehen Globuliten?

9. Welche Oberflächen können als Keime wirken?

10. Erklären Sie die dreizonige Erstarrung bei einem Gussblock.

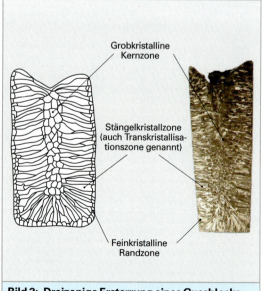

Bild 2: Dreizonige Erstarrung eines Gussblocks

Die in der Schmelze nicht lösbaren sowie die bei niedrigen Temperaturen erstarrenden (niedrigschmelzenden) Bestandteile werden vielfach vor den Kristallisationsfronten hergeschoben und bilden nach dem Erstarren die Korngrenzensubstanz. Diese Bereiche führen grundsätzlich zu einer Abnahme der Bindungskräfte. Wegen der bevorzugten Anreicherung von Verunreinigungen auf den Grenzen von Stängelkristallen/Dendriten sind die mechanischen Eigenschaften quer zu deren Längsachse weniger gut als in Richtung der Längsachse.

Infolge einer zunehmenden Diffusionsbehinderung – vor allem im Festkörper – können die zuerst ausgeschiedenen Primärkristalle ihre Zusammensetzung bei beschleunigter Abkühlung nicht mehr vollständig entsprechend der Soliduslinie verändern, wie es für den Gleichgewichtsfall vorgeschrieben ist. Die chemische Zusammensetzung des wachsenden Kristalls ändert sich dadurch von Kern zur Oberfläche hin kontinuierlich, was man als Mikroseigerung bezeichnet **(Bild 1)**.

Dem Mischkristall gab man wegen der infinitesimal schmalen Zonen unterschiedlicher chemischer Zusammensetzung die Bezeichnung Zonenmischkristall. Die der scheinbaren Soliduslinie folgende mittlere Zusammensetzung des Zonen-

mischkristalls erreicht mit Erreichen der Solidustemperatur nicht die Legierungseinwaage, so dass nach dem Hebelgesetz noch Restschmelze vorhanden sein muss (Bild 1).

Diese Restschmelze kann deshalb weiter abkühlen und Temperaturen unter der Solidustemperatur des Gleichgewichtssystems annehmen. Sie erstarrt erst bei einer tieferen Temperatur zu einem Mischkristall, dessen Zusammensetzung über der Gleichgewichtslegierungseinwaage liegt.

Eine Kristallseigerung, die bei jeder technischen Legierung mit einem Erstarrungsintervall im Gusszustand auftritt, kann durch langzeitiges Glühen dicht unter der scheinbaren Solidustemperatur abgebaut werden, was man als Homogenisieren bezeichnet.

Die Kristallseigerung ist um so ausgeprägter:

- je größer das Erstarrungsintervall ist,
- je größer die Abkühlgeschwindigkeit ist **(Bild 2)**,
- je kleiner die Diffusionskoeffizienten der beteiligten Elemente sind.

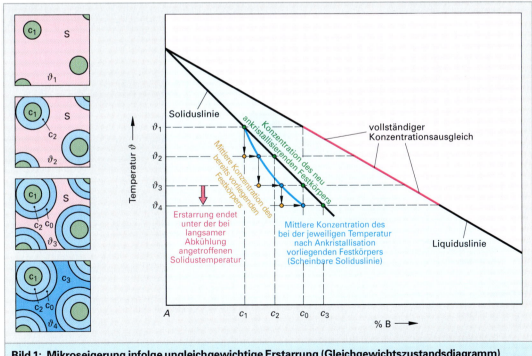

Bild 1: Mikroseigerung infolge ungleichgewichtige Erstarrung (Gleichgewichtszustandsdiagramm)

3.4.2   Umwandlungen im festen Zustand

Phasenumwandlungen im Festen, die Diffusionsprozesse erforderlich machen, setzen eine hinreichend langsame Abkühlung voraus. Sie führten bei der Betrachtung von Legierungen zu den Zustandsdiagrammen, die man wegen der diffusionskontrollierten Prozesse als Gleichgewichtszustandsdiagramme bezeichnet.

Als diffusionskontrollierte Phasenumwandlungen im Festen sind:

- einphasige Entmischungen,
- Ausscheidungen,
- eutektische und peritektische Reaktionen.

In allen Fällen entsteht die neue Phase auch hier durch heterogene Keimbildung an Korngrenzen, Zwillingsgrenzen und Versetzungen sowie durch Keimwachstum. Zur aufzubringenden Oberflächenenergie hinzu kommt oft auch eine erhebliche Menge an Verzerrungsenergie, denn die Ausgangsphase und die entstehende Phase haben nur

selten die gleiche Dichte. Hat die entstehende Phase eine geringere Dichte als die Ausgangsphase, so kommt es in der umliegenden Matrix zu Spannungen.

Dies berücksichtigend, ist auch bei den genannten Umwandlungen im Festen prinzipiell der zuvor gezeigte Zusammenhang zu erwarten: Mit zunehmender (hier aber aus den genannten Gründen deutlich erhöhter) Unterkühlung nimmt die Umwandlungsgeschwindigkeit zunächst zu und wird nach Erreichen des Maximums geringer, da die zur Keimbildung erforderlichen Platzwechselvorgänge und damit die Umwandlung zunehmend erschwert sind.

Ohne Diffusionsprozesse – und daher auch erst bei einer starken Unterkühlung (= kritische Abkühlgeschwindigkeit) ablaufend – kommt die Keimbildung und das Keimwachstum bei der Martensitbildung aus. Hier bilden sich erste Keime über kooperative Scherbewegungen ganzer Atomgruppen (**Bild 1**).

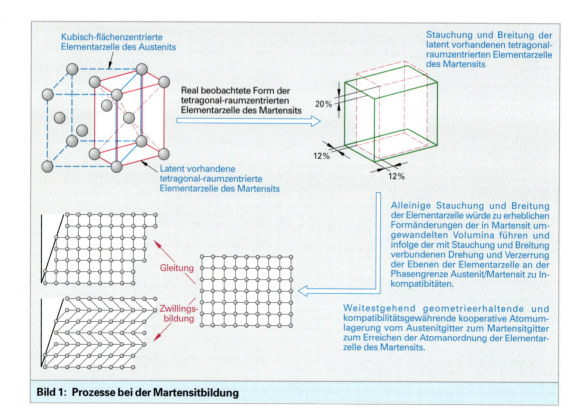

Bild 1: Prozesse bei der Martensitbildung

Voraussetzung für die Martensitbildung ist, dass das Matrixgitter eine allotrope Umwandlung ermöglicht, also in mindestens zwei Modifikationen vorliegt, so z. B. bei Eisen, Titan und Kobalt. Für die Martensitbildung ist die Anwesenheit eines Legierungselementes also nicht erforderlich.

Kann die Hochtemperaturmodifikation mehr Legierungselemente lösen als die bei der niedrigen Temperatur beständige, so kann durch gelöste Legierungselemente allerdings eine deutliche Steigerung von Härte und Festigkeit des entstehenden Martensits erreicht werden. In jedem Fall entsteht durch die kooperative Scherung ganzer Atomgruppen ein nadeliges Gefüge. Im Falle des Eisens wird die kubisch flächenzentrierte Elementarzelle durch Stauchung in z-Richtung und Dehnung in x- und y-Richtung in das tetragonal raumzentrierte Gitter des Martensits umgewandelt (Bild 1, vorhergehende Seite).

Diese Gitterverformung würde aber zu Gestaltänderungen führen, die in Wirklichkeit nicht zu beobachten sind. Um die Geometrie zu erhalten, sind zusätzlich Verformungen durch Gleitung oder Zwillingsbildung notwendig.

Ist im kubisch-flächenzentrierten Kristallgitter des Eisens Kohlenstoff gelöst, so bleibt er infolge unterdrückter Diffusion, nach der Umwandlung, im tetragonal raumzentrierten Gitter des Martensits zwangsgelöst.

Die Folge ist eine Behinderung der Stauchung in z-Richtung, was der Grund für die große Martensithärte ist. Da aber nicht alle möglichen Gitterlücken mit Kohlenstoffatomen besetzt sind, entstehen sogenannte Verzerrungsdipole (Bild 1).

Die bei der Martensitbildung (Bild 2) entstehenden Spannungen wirken der treibenden Kraft der Umwandlung entgegen und behindern weiterführende Verformungen, weswegen die gebildete Martensitmenge – sofern die kritische Abkühlgeschwindigkeit überschritten ist – nicht mehr von der Abkühlgeschwindigkeit, sondern nur noch von der Höhe der Unterkühlung abhängt. Der Martensitanteil nimmt erst dann wieder zu, wenn durch ausreichend große Unterkühlung eine weitere plastische Verformung erzwungen werden kann.

Die Martensitbildung kommt ohne Diffusionsprozesse aus.

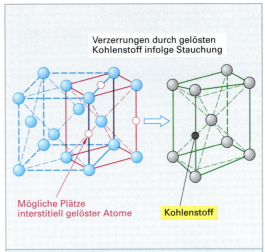

Verzerrungen durch gelösten Kohlenstoff infolge Stauchung

Mögliche Plätze interstitiell gelöster Atome

Kohlenstoff

Bild 1: Verzerrungsdipole im martensitischen Gefüge des Eisens durch zwangsgelösten Kohlenstoff

Bild 2: Martensitisches Gefüge

Wiederholung und Vertiefung

1. Wie kommt eine Zonenmischkristallbildung zustande?

2. Welche diffusionskontrollierten Phasenumwandlungen unterscheidet man bei Umwandlungen im festen Zustand?

3. Was ist die Ursache für Spannungen bei Phasenumwandlungen im festen Zustand?

4. Wie ist die Verteilung der Legierungselemente über den Kristallquerschnitt bei einer Zonenmischkristallbildung?

5. Was läuft bei der Martensitbildung ab?

6. Wie kommt es zu einer Steigerung von Härte und Festigkeit bei der Martensitbildung?

4 Eigenschaften metallischer Werkstoffe

4.1 Thermische Leitfähigkeit

Die gute thermische Leitfähigkeit der Metalle beruht ebenso im Wesentlichen auf dem Vorhandensein und der Beweglichkeit der freien Elektronen, so dass die Möglichkeit des Wärmetransports durch Weitergabe des Impulses von Wärmeschwingungen nur von untergeordneter Bedeutung ist. Mit zunehmender Temperatur nimmt die thermische Leitfähigkeit ab.

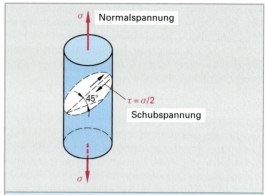

Bild 1: Normalspannung und Schubspannung bei einachsiger Zugbeanspruchung

4.2 Verformung bei nur unbedeutenden Diffusionsprozessen

Jede auf einen Körper wirkende Zug- oder Druckspannung führt im Körperinnern zu Schubspannungen, die für eine unter 45° zur Lastwirkrichtung liegende Schnittebene maximal und halb so groß wie die äußere Zugspannung bzw. Druckspannung ist **(Bild 1)**. Derartige Schubspannungen haben zwei Formen von Verformung zur Folge: die *elastische* und die *plastische* Verformung.

4.2.1 Elastische Verformung

Kleine Schubspannungen führen nur zu einer Winkeländerung des Gitters. Wird die Spannung bis auf Null zurückgenommen, so verschwindet auch die Verformung; die Verformung war eine elastische Verformung. Die in **Bild 1** an der Zugprobe feststellbare Dehnung ist nach Hooke der angreifenden Spannung proportional, wobei der Proportionalitätsfaktor als Elastizitätsmodul bezeichnet wird:

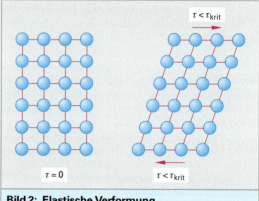

Bild 2: Elastische Verformung

$$\sigma = E \cdot \varepsilon$$

σ Spannung
E Elastizitätsmodul
ε Dehnung

Innerhalb einer Elementarzelle eines Einkristalls sind die Abstände der Atome in den verschiedenen Richtungen unterschiedlich. Die unterschiedlichen Abstände der Atome haben zur Folge, dass die elastischen Eigenschaften richtungsabhängig sind, was man als Anisotropie bezeichnet.

In vielkristallinen Werkstoffen wirkt sich die Anisotropie so lange nicht aus, wie die einzelnen Kristallite im Raum statistisch regellos ausgerichtet sind. Es gibt aber auch vielkristalline Werkstoffe,

Bild 3: Textur in einem kaltgewalzten Blech

bei denen die Kristalle gleichgerichtet sind (z. B. Stängelkristalle des Gussgefüges; Halbzeuge nach einer Kaltumformung – **Bild 3**). Eine solche Ausrichtung der Kristalle eines vielkristallinen Bauteils/Halbzeugs bezeichnet man als *Textur*.

4.2.2 Plastische Verformung

Die Gleichwertigkeit der ein Reinmetall ausma-
chenden Kationen hat zur Folge, dass ein Platz-
wechsel von Kationen keine einschneidende Veränderung der elektrostatischen Kräfte zwischen
diesen und dem Elektronengas bewirkt. Kationen
lassen sich daher gegeneinander verschieben, ohne die metallische Bindung aufzuheben. Hierauf
beruht der Mechanismus der plastischen Verformung von Metallen: Erreicht die Schubspannung
bzw. die an der Probe angreifende Normalspannung einen kritischen Wert, so kann man bei unbe-
darfter Betrachtungsweise annehmen, dass alle in
Schubspannungsrichtung nebeneinander liegende Atome einer Gitterebene gleichzeitig in das
Wirkungsfeld des jeweils nächsten Atoms der benachbarten Gitterebene gelangen, dass alle bisherigen Bindungen gleichzeitig aufgebrochen und
neue Bindungen zu den jeweils neuen Nachbarn
geknüpft werden **(Bild 1)**.

Die neuen Plätze behalten die Atome auch nach
Wegnahme der Spannung bei, weswegen diese
Verformung als plastische (= bleibende) Verformung bezeichnet wird. Mathematische Abschät-
zungen zeigen nun, dass die kritische Schubspannung für diesen Weg der plastischen Verformung
um mehrere Größenordnungen über den gemessenen Schubspannungswerten liegen. Die plastische Verformung muss folglich anders ablaufen,
wobei Versetzungen eine wesentliche Rolle spielen
(Bild 2):

Eine parallel zur Gleitebene wirkende Schubspannung bewirkt eine geringfügige Verlagerung einzelner Atome, wobei es zu sukzessivem Lösen und
Neuknüpfen von Bindungen in der dargestellten
Weise kommt. Bei permanent anliegender Schub-

spannung wandert die Versetzung durch den Kristall und tritt unter Ausbildung einer Stufung an
dessen Oberfläche aus **(Bild 3)**.

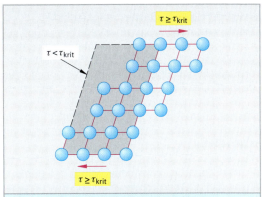

**Bild 1: Unbedarfte Betrachtungsweise der
plastischen Verformung**

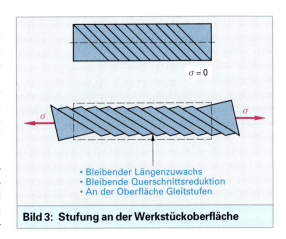

• Bleibender Längenzuwachs
• Bleibende Querschnittsreduktion
• An der Oberfläche Gleitstufen

Bild 3: Stufung an der Werkstückoberfläche

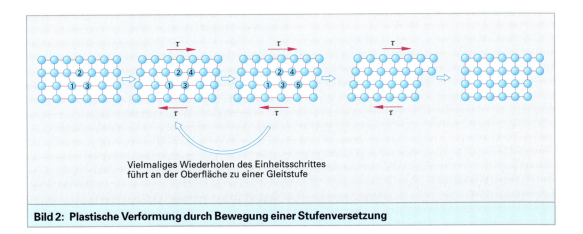

Vielmaliges Wiederholen des Einheitsschrittes
führt an der Oberfläche zu einer Gleitstufe

Bild 2: Plastische Verformung durch Bewegung einer Stufenversetzung

Wegen der unterschiedlichen „Welligkeit" unterschiedlicher Gitterebenen und der unterschiedlichen „Welligkeit" unterschiedlicher Gitterrichtungen kann die Versetzungsbewegung nicht auf allen Gitterebenen und nicht in alle Gitterrichtungen energetisch gleich günstig erfolgen **(Bild 1)**.

Die Versetzungsbewegung erfolgt bevorzugt auf solchen Gitterebenen und in solche Gitterrichtungen, die dichtest gepackt sind. Die plastische Verformbarkeit von Einkristallen ist also ebenso wie die elastische richtungsabhängig, also anisotrop. In der Elementarzelle eines kubisch flächenzentrierten Kristallgitters gibt es vier nichtparallele dichtest gepackte Gleitebenen, die ein Oktaeder bilden **(Bild 2)**.

Das hexagonal dichtestgepackte Gitter hat nur *eine* dichtest gepackte Gleitebene, nämlich die Basisebene der Elementarzelle **(Bild 3)**. Bei höheren Temperaturen kann das Gleiten auch auf weiteren Ebenen erfolgen. In beiden Kristallsystemen bieten sich für die Gleitbewegung in einer Gleitebene nur drei dichtest gepackte Richtungen an; eine Gleitebene mit einer Gleitrichtung ergibt ein Gleitsystem. Demnach hat das kfz-Gitter vier Gleitebenen mit je drei Richtungen, also 12 Gleitsysteme, das hdp-Gitter dagegen nur 3 Gleitsysteme.

Dieser Unterschied ist die primäre Ursache für die vergleichsweise schlechte plastische Verformbarkeit von hdp-Werkstoffen im Vergleich zu kfz-Werkstoffen: Wegen der bald einsetzenden bewegungsbehindernden Wechselwirkung von Versetzungen ist bei einer plastischen Verformung von Vielkristallen mit weniger als fünf Gleitsystemen (hdp-Werkstoffe) die plastische Verformungsfähigkeit bald erschöpft. Das krz-Gitter weist zwar dichtest gepackte Richtungen aber keine dichtest gepackten Gleitebenen auf. Die relativ dichtgepackten Gleitebenen **(Bild 4)** bewirken eine bessere plastische Umformbarkeit als hdp-Gitter.

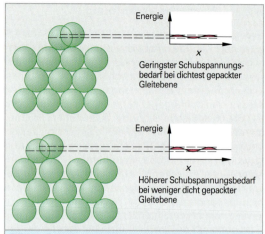

Bild 1: Schubspannungsbedarf für eine Versetzungsbewegung

Energie

x

Geringster Schubspannungsbedarf bei dichtest gepackter Gleitebene

Energie

x

Höherer Schubspannungsbedarf bei weniger dicht gepackter Gleitebene

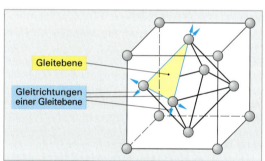

Gleitebene

Gleitrichtungen einer Gleitebene

Bild 2: Ebenen und Richtungen im kubisch flächenzentrierten Kristallgitter

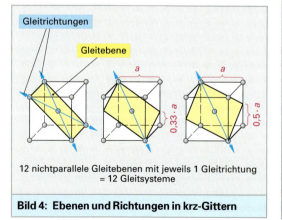

Gleitrichtungen

Gleitebene

a

a

$0{,}33 \cdot a$

$0{,}5 \cdot a$

12 nichtparallele Gleitebenen mit jeweils 1 Gleitrichtung = 12 Gleitsysteme

Bild 4: Ebenen und Richtungen in krz-Gittern

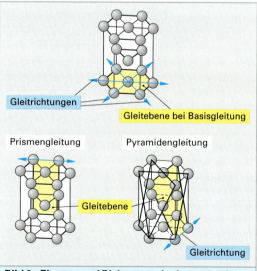

Gleitrichtungen

Gleitebene bei Basisgleitung

Prismengleitung

Pyramidengleitung

Gleitebene

Gleitrichtung

Bild 3: Ebenen und Richtungen im hexagonalen Kristallgitter

Bei Werkstoffen mit mehr als fünf Gleitsystemen (kfz-Werkstoffe) ist eine plastische Verformung von Vielkristallinen über weite Strecken möglich (**Tabelle 1**).

Daher sind kubisch flächenzentriert vorliegende Werkstoffe prädestinierte Knetwerkstoffe und kommen hexagonal dichtest gepackt vorliegende Werkstoffe fast ausschließlich als Gusswerkstoffe vor.

In komplizierter aufgebauten Kristallgittern, wie sie bei intermetallischen und intermediären Phasen anzutreffen sind, sind ebenfalls Versetzungsreaktionen möglich. Allerdings wird die Versetzungsdichte mit zunehmender Komplexität der Struktur immer geringer und die Versetzungsbeweglichkeit immer schwieriger: **Bild 1** zeigt, dass bei einer geordneten Struktur aus A- und B-Atomen eine vollständige Versetzung den Einschub von zwei Ebenen (AB) erfordert. Besteht die geordnete Struktur sogar aus A-, B-, C- und D-Atomen, so entsteht eine vollständige Versetzung erst durch das Einfügen von vier Ebenenstücken.

Dies zieht eine beträchtliche Erhöhung der Verzerrungsenergie nach sich, was wiederum zur Folge hat, dass die Dichte der bei der Kristallisation im Gitter entstehenden Versetzungen ab und die kritische Schubspannung zunimmt.

> hdp-Metalle haben weniger als fünf Gleitsysteme, weswegen sie schlecht plastisch verformbar sind.

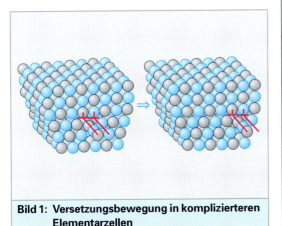

Bild 1: Versetzungsbewegung in komplizierteren Elementarzellen

Tabelle 1: Gleitsysteme				
Kristallstruktur	Beispiel für Gleitsystem	Nicht parallele Gleitebenen	Gleitrichtungen pro Gleitebene	Zahl von Gleitsystemen
kubisch flächenzentriert (Au, Ag, Al, Cu, Ni, Pt, Pb, γ-Fe)		4	3	3 · 4 = 12
hexagonal dichtest gepackt (Cd, Zn, Mg, Co, Zr, Ti, Be)		1	3	1 · 3 = 3
		3	1	3 · 1 = 3
		6	1	6 · 1 = 6
kubisch raumzentriert (W, Mo, V, Cr, Nb, Ta, α-Fe)		6	2	6 · 2 = 12
		24	1	24 · 1 = 24
		12	1	12 · 1 = 12

4.3   Verfestigung

Ziel vieler Bemühungen ist, die für das Einsetzen einer plastischen Verformung kritische Zugspannung und damit die durch sie verursachte kritische Schubspannung anzuheben, denn dadurch wären höhere Spannungen bei rein elastischer Verformbarkeit ertragbar. Dies ist durch Steigerung der Häufigkeit der Gitterfehler möglich, denn sie stellen für die Versetzungsbewegung Hindernisse dar.

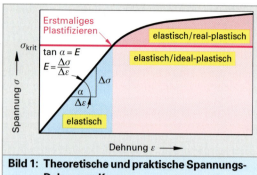

Bild 1: Theoretische und praktische Spannungs-Dehnungs-Kurve

4.3.1   Verfestigung durch linienförmige Gitterfehler

Die Wirksamkeit von Versetzungen hinsichtlich Festigkeitssteigerung sieht man bereits am Verlauf des plastischen Teils einer Spannungs-Dehnungs-Kurve. Wäre keine Festigkeitssteigerung im Laufe der plastischen Verformung festzustellen, so sollte die Spannungs-Dehnungs-Kurve in **Bild 1** den oberen Verlauf nehmen. Real misst man jedoch den unteren Verlauf.

Was ist Ursache dieser Verformungsverfestigung? Treffen innerhalb eines Kristalls Versetzungen, die sich auf nichtparallelen Gleitebenen bewegen, aufeinander, so kommt es an den Kollisionspunkten zu Versetzungsreaktionen, durch die die weitere Versetzungsbewegung in beiden Gleitsystemen in der Regel erschwert wird und für die weitere Versetzungsbewegung ein Anstieg der Schubspannung erforderlich wird. Über weite Strecken der plastischen Verformung kann diese erforderlich werdende Schubspannungssteigerung durch eine Neubildung behinderungsfreier, d. h. frei beweglicher Versetzungen gemildert werden: Versetzungsknoten bilden paarweise eine Versetzungsquelle **(Bild 2)**, Frank-Read-Quelle[1] genannt.

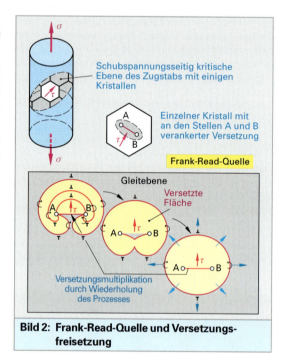

Bild 2: Frank-Read-Quelle und Versetzungsfreisetzung

Eine Versetzung ist hierbei an den Reaktionsorten D und D' verankert. Unter der Wirkung einer Schubspannung biegt sich die Versetzung zwischen den Ankerpunkten durch. Über Zwischenstadien kommt es zu einer Berührung der aufeinander zu laufenden Versetzungssegmente, die sich schließlich auslöschen, wodurch wieder die ursprüngliche Linie D-D' und ein zusätzlicher Versetzungsring entstanden sind. Da sich dieser Vorgang bei weiterhin anliegender Schubspannung wiederholt, erzeugt eine solche Quelle ständig neue Versetzungsringe. Nach der Freisetzung zunächst frei

gleitfähiger Versetzungsringe reagieren diese aber ebenfalls mit anderen Versetzungsringen. Die jetzt wieder ablaufenden Versetzungsreaktionen zwischen den Versetzungslinien führen nach vielmaliger gleichartiger Reaktion schließlich zu Versetzungsnetzwerken. Es ist somit erklärlich, warum in einem stark kaltverformten Metall die Versetzungsdichte schließlich um Zehnerpotenzen größer ist als in einem unverformten Werkstoff. Die stetige gegenseitige Behinderung der Versetzungen erfordert eine stetige Erhöhung der Schubspannung zu ihrer Bewegung und Erzeugung, was man als Festigkeitssteigerung durch Verformung oder auch Kaltverfestigung bezeichnet.

---

[1] Benannt nach *W. T. Read* und *F. C. Frank,* amerik. Physiker. Sie entwickelten diese Modellvorstellung um 1950.

4.3.2 Verfestigung durch flächige Gitterfehler

Auch das Wechselspiel zwischen den gleitenden Versetzungen und den Korngrenzen macht eine stetige Erhöhung der Schubspannung erforderlich: Da Korngrenzen eine amorphe Struktur haben, können sie von ankommenden Versetzungen nicht passiert werden; die Versetzungen werden vor einer Korngrenze aufgestaut **(Bild 1)**.

Dies hat infolge der sich addierenden Spannungsfelder der Einzelversetzungen eine abstoßende Kraft auf die nachfolgend ankommenden Versetzungen zur Folge und kann im Rückraum aktive Versetzungsquellen sogar zum Versiegen bringen.

Diese abstoßende Kraft muss für eine weitere Versetzungsbewegung in Richtung Korngrenze und Betätigung von Versetzungsquellen durch eine gesteigerte Schubspannung kompensiert werden. Dieser Rückstaueffekt macht sich um so rascher bemerkbar, je kleiner die Strecke zwischen der Versetzungsquelle und der Korngrenze, dem mittleren Korndurchmesser, also ist.

Der erhöhte Schubspannungsbedarf zur Fortsetzung der Bewegung und gegebenenfalls Erzeugung von Versetzungen äußert sich in einer Verfestigung, der man wegen ihrer ursächlichen Verknüpfung mit der Korngröße die Bezeichnung *Feinkornhärtung* gegeben hat.

Neben Korngrenzen stellen auch die als Phasengrenzen bezeichneten Grenzflächen zwischen Matrixgitter und im Korninnern vorliegenden Ausscheidungen Versetzungshindernisse dar.

Für deren Effektivität sind die Art der Phasengrenze sowie die Größe und der mittlere Abstand der Ausscheidungen ausschlaggebend.

Sind die Randbedingungen erfüllt, so geht der Ausscheidungsbehandlung ein Lösungsglühen im Mischkristallbereich und ein Einfrieren dieses Zustandes durch Abschrecken voraus **(Bild 2)**. Die Folge ist ein übersättigter, thermodynamisch sehr instabiler Mischkristallzustand sowie Gitterverspannungen, was eine erste Verfestigung nach sich zieht.

In diesem Zustand können noch kräfteschonend Umformarbeiten durchgeführt werden.

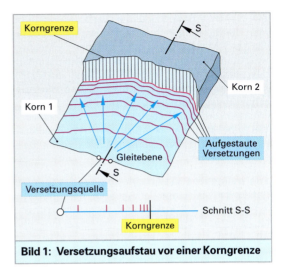

Bild 1: Versetzungsaufstau vor einer Korngrenze

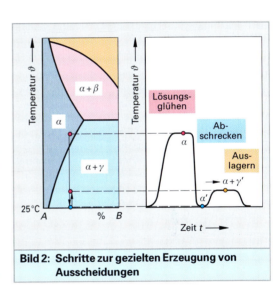

Bild 2: Schritte zur gezielten Erzeugung von Ausscheidungen

Das gezielte Erzeugen der „richtigen" Ausscheidungen/Ausscheidungsverteilung setzt voraus, dass das Gleichgewichtszustandsdiagramm

- bei höheren Temperaturen einen homogenen Mischkristallbereich aufweist,

- eine mit der Temperatur abnehmende Löslichkeit für eine Komponente und bei tieferen Temperaturen einen heterogenen Bereich mit mindestens zwei Phasen aufweist.

Zur weiteren Steigerung der Verfestigung nutzt man die thermodynamische Instabilität des übersättigten Mischkristalls aus. Um die Einstellung des thermodynamischen Gleichgewichtszustandes, nämlich den heterogenen Zustand von Matrix mit Ausscheidungen kontrollieren und die Ausscheidungen wunschgemäß heranreifen lassen zu können, wird das Gefüge nach dem Abschrecken kalt (= bei Raumtemperatur) oder – zur Beschleunigung der Prozesse – warm ausgelagert.

Wie weitgehend die Annäherung an das thermodynamische Gleichgewicht gelingt, hängt von der Art der Legierung und den Diffusionsbedingungen ab, d.h. von der Auslagerungstemperatur und -zeit. Vor Bildung der eigentlichen Ausscheidung kommt es meistens zu einer einphasigen Entmischung, wobei sich die Fremdatome am Ort der später entstehenden Ausscheidung zusammenfinden; sie bilden submikroskopisch kleine Cluster (**Bild 1**).

Bei mäßigen Auslagerungstemperaturen können im übersättigten Mischkristall gewisser Legierungen die Diffusionsbedingungen hinreichend sein, um ein Zusammenlagern der Fremdatome auf bestimmten Gitterebenen zu ermöglichen. Durch die Bildung dieser Zonen (auch sie werden im Allgemeinen nicht als Ausscheidungen bezeichnet) werden große Gitterbereiche verspannt. Ihre festigkeitssteigernde Wirkung ist vergleichbar mit der kohärenter Ausscheidungen, die sich aus ihnen nachfolgend entwickeln.

Eine Ausscheidung bildet ein eigenes Gitter, das im Falle einer intermetallischen oder intermediären Phase neben der Metallbindung noch Ionen- und Atombindungsanteile aufweisen kann.

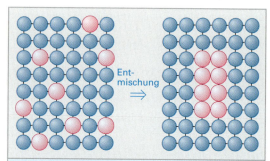

Bild 1: Einphasige Entmischungen als Vorstufe einer Ausscheidung

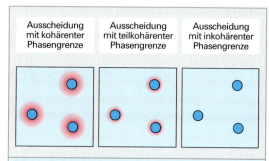

Bild 2: Reichweite der Spannungsfelder von Phasengrenzen

Die Phasengrenze zwischen Ausscheidung und dem umgebenden Matrixgitter kann dabei kohärent, teilkohärent oder inkohärent sein.

• In der Anfangsphase sind die Ausscheidungen noch klein und fein verteilt und haben Gitterparameter, die oftmals nur geringfügig vom Matrixgitter abweichen. In diesem Fall kann das Matrixgitter praktisch lückenlos in das Gitter der Ausscheidung übergehen; die Phasengrenze ist kohärent. Wegen der notwendigen und durch Verzerrungen erfolgenden Anpassung des Matrixgitters an das abweichende Gitter der Ausscheidung ist auch hier die Matrix in einem großen Bereich um die Ausscheidung verspannt. Die Härtung durch kohärente Ausscheidungen ist am wirksamsten, weil sich die Härte der intermetallischen Phase zur Verspannung der Matrix addiert.

• Das Gitter teilkohärenter Ausscheidungen kann an das Matrixgitter nicht mehr überall angepasst werden. Regelmäßig müssen Versetzungen eingebaut werden. Auch hierbei ist die Matrix um die Ausscheidung noch verspannt, im Vergleich zur kohärenten Phasengrenze allerdings nicht mehr so effektiv.

• Die Gitter inkohärenter Ausscheidungen lassen keine Anpassung des Matrixgitters mehr zu, weil die Gitterparameter zu stark voneinander abweichen. Die Phasengrenze zwischen der Ausscheidung und der umgebenden Matrix entspricht daher im Aufbau einer Großwinkelkorngrenze. Die Ausscheidung wirkt zwar als Hindernis bei der Bewegung von Versetzungen, das Matrixgitter infolge der fehlenden Verspannung allerdings fast nicht mehr.

Neben der Art der Phasengrenze beeinflusst die Größe und der mittlere Abstand der Ausscheidungen die Verfestigung entscheidend.

- Sind die Teilchen klein und fein verteilt, so werden sie von den Versetzungen geschnitten. **Bild 1** zeigt in einer Bildsequenz verschiedene Stadien dieses Schneidens von Ausscheidungen in der Aufsicht und in der Seitenansicht. Mit zunehmender Teilchengröße ist dafür eine immer größer werdende Schubspannung erforderlich.

- Ist die Übersättigung der Matrix abgebaut, so kommt es zur Überalterung, auch als *Ostwald-reifung*[1] bezeichnet: Infolge eines Konzentrationsgefälles innerhalb der Matrix werden die kleinen Ausscheidungen zugunsten der großen aufgelöst. Das dabei frei gewordene Ausscheidungsmaterial wird zu den großen Ausscheidungen transportiert und dort angelagert.

Die Ausscheidungen sind jetzt groß und grob verteilt. Aus diesem Grund ist das von *Orowan* entdeckte Umgehen der Ausscheidungen energetisch günstiger als das Schneiden. **Bild 2** zeigt in einer Bildsequenz verschiedene Stadien dieses Umgehens von Ausscheidungen in einer Aufsicht.

Das Umgehen erfordert natürlich immer geringere Schubspannungen, je größer die mittleren Abstände zwischen den Ausscheidungen werden, was durch Umlösen der kleinen zugunsten der großen Ausscheidungen mit zunehmender Auslagerungsdauer immer effektiver wird.

Die Bewegung der Versetzungen wird dann am stärksten behindert, wenn ein Schneiden der Teilchen genauso wahrscheinlich ist wie ihr Umgehen. Dieser Ausscheidungszustand ergibt die höchsten Festigkeitswerte **(Bild 3)**.

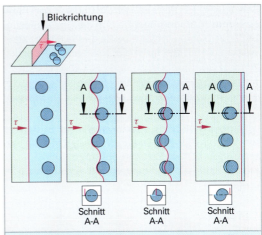

Bild 1: Schneiden von kleinen und fein verteilten Ausscheidungen

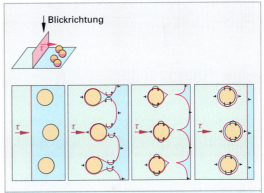

Bild 2: Umgehen von großen und grob verteilten Ausscheidungen nach *Orowan*[2]

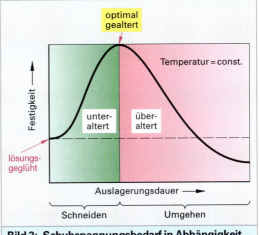

Bild 3: Schubspannungsbedarf in Abhängigkeit von den Wechselwirkungen der Versetzungen bzw. Ausscheidungen

---

[1] *Wilhelm Oswald*, dt. Chemiker und Philosoph (1853–1932), war Professor an der Universität Leipzig und erhielt 1909 den Chemie-Nobelpreis für seine Forschungen zur Katalyse über chemische Gleichgewichte und Reaktionsgeschwindigkeiten. 1897 beschrieb er die Stufenregel zur Darstellung instabiler Zwischenprodukte von Reaktionen auf dem Wege zum thermodynamischen stabilen Endprodukt und später (1900) die nach ihm benannte *Ostwaldreifung*, nämlich die Ausbildung grobkerniger Niederschläge.

[2] *Egon Orowan*, ung. Ingenieur und Materialkundler (1902–1989) lehrte und arbeitete an den Universitäten in Wien, Berlin und Birmingham sowie in den USA am Massachusetts Institute of Technology. Seine wissenschaftlichen Arbeiten betreffen vor allem die Kristallplastizität mit mehreren Publikationen um 1934.

Bild 1 zeigt den Einfluss von Auslagerungstemperatur und Auslagerungszeit. Um die größte Festigkeit zu erreichen, müssen beide genau eingehalten werden, damit die optimale Teilchengröße erzielt wird.

Den Einfluss von Gitterkohärenz und wirksamer Teilchengröße verdeutlicht **Bild 2**. Kohärente Ausscheidungen sind infolge der Gitterverspannung scheinbar größer als inkohärent[1] und ihr wirksamer Abstand kleiner. Dadurch müssen auf die Versetzungen höhere Schubspannungen wirken, um diese Bereiche zu schneiden und auch, um sie zu umgehen.

---

[1] inkohärent = nichtkohärent, lat. cohaerens = zusammenhängend

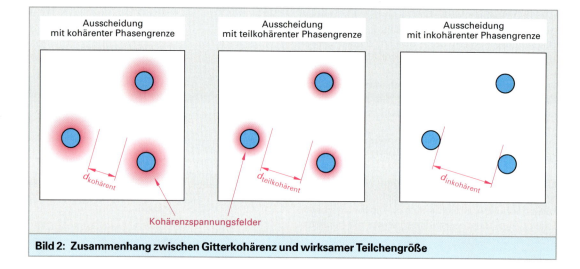

Bild 1: Festigkeit-Zeit-Abhängigkeit bei verschiedenen Auslagerungstemperaturen und sich ergebende Ausscheidungsverteilung

Bild 2: Zusammenhang zwischen Gitterkohärenz und wirksamer Teilchengröße

---

Wiederholung und Vertiefung

1. Was sind die Träger der thermischen Leitfähigkeit bei Metallen?

2. Wie sind Zugspannung und Dehnung bei der elastischen Verformung miteinander verknüpft?

3. Wie viele Gleitsysteme haben kfz- und wie viele hdp-Metalle?

4. Erklären Sie die Festigkeitssteigerung durch Feinkorn.

5. Wie arbeitet eine Frank-Read-Quelle?

6. Welche Schritte werden bei der Ausscheidungshärtung durchlaufen?

7. Wann kommt es zur Ostwaldreifung?

8. Wie ändert sich bei der Ausscheidungshärtung die Festigkeit im Laufe der Zeit?

9. Was muss beachtet werden um die optimale Teilchengröße zu erhalten?

4.3.3   Verfestigung durch punktförmige Gitterfehler

Da die Gleitebenen durch ihre Einlagerung verzerrt werden, stellen auch nulldimensionale Gitterfehler Hindernisse für eine Versetzungsbewegung dar. Hier sind die Leerstellen und die im Matrixgitter gelösten Fremdatome zu nennen. Speziell wegen der letztgenannten Gitterfehlergruppe hat man der notwendig werdenden Steigerung der Schubspannung und der daraus resultierenden Verfestigung die Bezeichnung Mischkristallverfestigung gegeben.

4.4   Verfestigungsabbau

Durch eine plastische Verformung wird die Versetzungsdichte erhöht, was sich in einer Verfestigung, daneben aber auch in einem Verlust an plastischer Verformbarkeit (→ Versprödung) äußert.

4.4.1   Erholung

Eine nachfolgende Erwärmung auf eine Temperatur unter etwa $0,3 \cdot T_m$ (Schmelzpunkt in Kelvin) veranlasst das hochverformte Gefüge, die Gitterfehler energetisch günstiger anzuordnen oder sie in geringem Umfang sogar zu vernichten. Wie **Bild 1** zeigt, heilen Leerstellen aus und lagern sich Versetzungen in einen energieärmeren Zustand um und bilden bei höheren Temperaturen sogar Kleinwinkelkorngrenzen. Die Versetzungsdichte und das kaltverformte Gefüge bleiben nahezu erhalten.

> Durch plastische Verformung verfestigen sich die Werkstoffe.

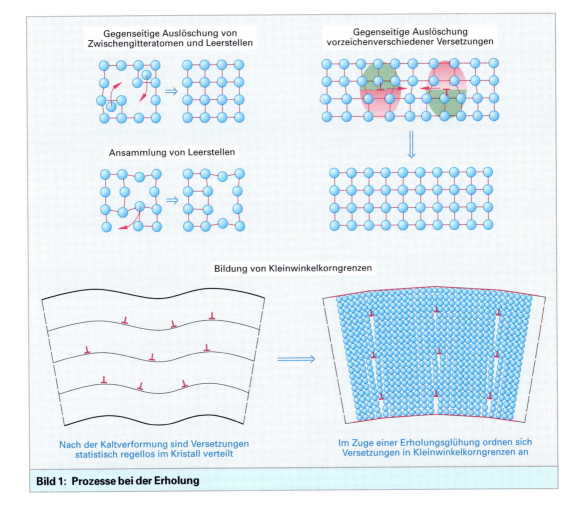

Gegenseitige Auslöschung von Zwischengitteratomen und Leerstellen

Gegenseitige Auslöschung vorzeichenverschiedener Versetzungen

Ansammlung von Leerstellen

Bildung von Kleinwinkelkorngrenzen

Nach der Kaltverformung sind Versetzungen statistisch regellos im Kristall verteilt

Im Zuge einer Erholungsglühung ordnen sich Versetzungen in Kleinwinkelkorngrenzen an

Bild 1: Prozesse bei der Erholung

Da die Modifikationen im Wesentlichen die punkt-
förmigen Gitterfehler betrifft und daher kaum Auswirkung auf Verfestigung und Versprödung hat
(Bild 1), bezeichnet man diese Behandlung als Erholung.

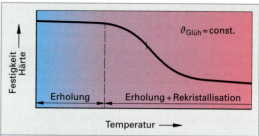

**Bild 1: Beeinflussung der Härte durch Erholung
und Rekristallisation**

4.4.2   Rekristallisation

Wird die Temperatur auf über etwa $0,3 \cdot T_m$
(Schmelzpunkt in Kelvin) erhöht, so kommt es zusätzlich zu einer Kristallneubildung, wobei die Versetzungsdichte auf die des unverformten Zustands
zurück geht. Diese Behandlung bezeichnet man
daher auch als „Rekristallisation". Hierbei hat man
zu unterscheiden zwischen einer primären und
einer sekundären Rekristallisation.

Treibende Kraft der primären Rekristallisation ist
die elastische Verzerrungsenergie der in erhöhter
Zahl vorhandenen Versetzungen. Die Kornneu-
bildung verläuft ähnlich wie die Primärkristallisation über die Vorgänge Keimbildung und Keimwachstum: **Bild 2** zeigt schematisch das zellartige
Mikrogefüge eines kaltverformten Werkstoffs.

Neben unverformten Bereichen besteht das Gefüge aus stark verspannten Bändern großer Versetzungsdichte. Diese Gebiete – deren Anzahl mit zunehmendem Verformungsgrad zunimmt – wirken
als Keime. Ausgehend von diesen Keimen wird das
verformte Gefüge durch thermisch aktivierte Platzwechselvorgänge allmählich rekristallisiert.

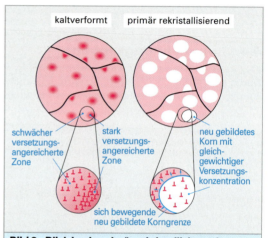

**Bild 2: Blick in ein primär rekristallisierendes
Gefüge**

Die sich allseitig ausbreitenden Kristallisationsfronten der wachsenden Körner bilden die neuen
Korngrenzen. Korngröße, Kornform und Korngrenzen des rekristallisierten Gefüges sind also in
keiner Weise mit denen des verformten identisch
(Bild 1, folgende Seite). Das rekristallisierte Gefüge
besitzt wieder die gleichen Festigkeits- und Zähigkeitseigenschaften wie das nicht verformte Gefüge.

Die danach beobachtbare Korngröße ist nach **Bild 3**,
dem Rekristallisationsschaubild, abhängig vom Verformungsgrad und der Glühtemperatur:

- Damit es zur primären Rekristallisation kommen
  kann, muss der Verformungsgrad einen vom
  Werkstoff abhängigen Mindestwert überschreiten
  und die Glühtemperatur oberhalb von etwa $0,3 \cdot T_m$
  liegen. Der kritische Verformungsgrad ist dabei
  umgekehrt proportional zur Glühtemperatur.
- Ein geringer Verformungsgrad hat eine geringe
  Keimzahl und damit ein grobes, primär rekri-
  stallisiertes Gefüge zur Folge. Die Glühbedingun-
  gen müssen daher meistens so gewählt werden,
  dass sich ein möglichst feinkörniges Gefüge ergibt.

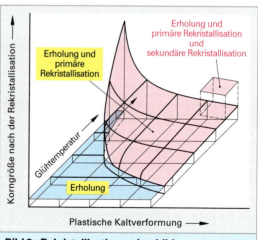

Bild 3: Rekristallisationsschaubild

Die Temperatur, bei der ein kaltverformter Werkstoff
in einer Stunde rekristallisiert, wird i. A. als Rekristallisationstemperatur bezeichnet.

Die Rekristallisationstemperatur wird auch genutzt, um Kaltverformung und Warmverformung voneinander abzugrenzen: Kommt es bei der betrachteten Temperatur bereits nach einer plastischen Verformung von sich aus zu einer Rekristallisation, so bezeichnet man diese plastische Verformung als Warmverformung; die Verformungstemperatur lag oberhalb der Rekristallisationstemperatur und der Werkstoff wird nicht verfestigt. Im gegenteiligen Fall wird sie Kaltverformung genannt; die Verformungstemperatur lag unterhalb der Rekristallisationstemperatur und die durch plastische Verformung erzielte Verfestigung bleibt erhalten.

Bei hohen Glühtemperaturen und/oder langen Glühzeiten können die primär rekristallisierten Körner vergröbern, was man auch als sekundäre Rekristallisation bezeichnet. Die treibende Kraft ist die größere Oberflächenenergie eines feinkörnigen Gefüges.

4.5 Plastische Verformung bei merklichen Diffusionsprozessen

Mit zunehmender Temperatur werden Diffusionsprozesse im Festkörper immer deutlicher merkbar. Als Temperaturschwelle, oberhalb der die Diffusionsprozesse auch die plastischen Verformungsvorgänge merklich betreffen, wird $(0,3$ bis $0,4) \cdot T_m$ (Schmelzpunkt in Kelvin) angegeben. Oberhalb dieser Temperaturschwelle ist die plastische Verformung nicht nur von der Spannung, sondern auch von der Zeit abhängig. Die mit zunehmender Zeit zunehmende plastische Verformung bei konstant gehaltener Belastung bezeichnet man als Kriechen. Hierfür zeigt **Bild 2** die Abhängigkeit der Gesamtdehnung von der Beanspruchungsdauer: Mit dem Aufbringen einer konstanten Last kommt es zu einer Dehnung, die sich aus einem elastischen und einem plastischen Anteil zusammensetzt.

Die Verformungsgeschwindigkeit nimmt im **1. Kriechbereich** stetig ab, denn hier überwiegen die metallphysikalischen Verfestigungsprozesse die geometrische Entfestigung. Eine Verringerung der Verformungsgeschwindigkeit ist die Folge.

Im **2. Kriechbereich** halten sich die metallphysikalischen Verfestigungsprozesse und die geometrische Entfestigung in ihrer Wirkung die Waage. Als Folge ist die Verformungsgeschwindigkeit minimal und konstant, weswegen das hier ablaufende

Kriechen auch als stationäres Kriechen bezeichnet wird.

Der **3. Kriechbereich** ist gekennzeichnet durch stark beschleunigtes Kriechen, das rasch zum Bruch führt. Hier ist die geometrische Entfestigung wesentlich größer als die metallpyhsikalische Verfestigung.

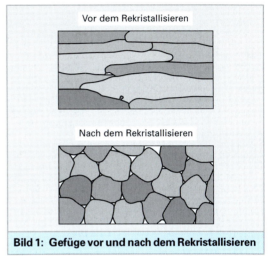

Bild 1: Gefüge vor und nach dem Rekristallisieren

Bild 2: Gesamtdehnung für den Fall des Kriechens

Fachwörterbuch Deutsch–Englisch, Sachwortverzeichnis

Professional-Dictionary English-German, Index

Quellenverzeichnis

Die meisten Bilder entstanden auf der Basis von Entwürfen der Autoren bzw. entstammen ihrem Arbeitsumfeld. Ergänzend hierzu haben die nachfolgend aufgeführten Personen, Unternehmen und Institutionen die bildliche Ausgestaltung unterstützt, sei es direkt mit der Beistellung von Fotos und Zeichnungen oder indirekt mit der Beistellung von Werkzeugen, Probewerkstücken und Werkstoffproben oder durch die Bereitschaft vor Ort Aufnahmen machen zu dürfen. Die Autoren danken hierfür allen Beteiligten sehr herzlich.

3D-Systems, Valencia, CA (551/1, 552/1, 556/2)
3D-CAM, Chatsworth (552/1)
Airbus, Bremen (496/2)
Alamannenmuseum, Ellwangen (34/2, 113/1)
Alfing, Aalen (111/1/3, 126/1 127/1)
American Precision Products, Huntsville (545/2)
AMF, Fellbach (330/1)
Audi, Ingoldstadt (30/1)
BASF, Ludwigshafen (367/3)
Bildarchiv Preussischer Kulturbesitz, Berlin (10/2, 33/1, 113/2, 382/3, 413/1)
Ceramtec, Plochingen (382/1)
Cloos, Haiger (158/2, 463/1u)
CMW, Mouzon (303/1)
Comau, Grugliasco (10/3, 440/2, 499/1)
Cross Hüller, Ludwigsburg (305/1)
Davis-Standard, Erkrath (362/2)
Deutsches Museum, München (30/2, 35/1)
DIGMA, Schlierbach (307/1)
DYNAenergetics, Burbach (431/2/3)
EOS, Krailling (554/1, 556/1)
Erlau, Aalen (111/2, 128/1, 141/2, 146/1l, 437/2)
Festo, Esslingen (500/2)
FhG, IWU, Chemnitz (303/2)
Flow Europe, Bretten (157/2)
Frech, Schorndorf (53/3)
Gildemeister, Bielefeld (301/2, 318/1, 319/2, 320/2)
Greil P., Advanced Engineering Materials, 2000, S. 339 (395/1, 409/1, 410/1)
HAINBUCH, Marbach (323/2)
Hermle, Gosheim (269/2)

Hessapp, Taunusstein-Hahn (321/2)
Hetzinger Maschinen, Kornwestheim (301/1)
Hochschule Esslingen, Prof. Hörz, Esslingen (299/2)
Hohenstein, Hohenstein (329/1)
Hosokawa Alpine, Augsburg (363/3)
Hüller Hille, Mosbach (304/3 (318/2)
IFAM, Bremen (474/1)
IFSW, Stuttgart (542/2/3)
Illusign, Zotzenbach (58/1, 69/3)
INA-Schaeffler, Herzogenaurach (313/1/2)
INDEX-Werke, Esslingen (321/1)
INPRO, Berlin (542/2)
ISW Uni Stuttgart, Stuttgart (14/2, 303/2, 316/2)
Italpresse Industrie, Brescia (42/2, 51/3)
Kegelmann, Rodgau-Jügesheim (545/1)
Klingenberg, Zürich (121/3)
Kuka, Augsburg (438/3, 509/3, 510/1)
Kunstverein Aalen, Aalen (36/2, 381/2)
Mannesmann-Demag, Offenburg (506/1/2)
Mapal, Aalen (15/1/2, 194/1, 227/1)
Materialise, Leuven (551/2)
Metzeler Automotive Profiles, Lindau (358/1)
Mössner, Eschach (327/1/2)
MTU, München (471/2, 473/1/2)
Müller Weingarten, Weingarten (53/1, 144/1)
Museum für Vor- und Frühgeschichte, Berlin (36/1, 37/4)
Museum Ulm, Ulm (175/1)
Platit, Grenchen, CH (492/2, 493/2)
Precitec, Gaggenau (536/2)
ProBeam, Planegg (160/2)

Reckermann, Solingen (300/3)
Riedel R., Spektrum der Wissenschaft, 1993, S. 111 (409/2)
Robert Bosch, Stuttgart (497/1, 499/2, 540/2)
Rofin Dilas, Mainz (522/1u)
Röhm, Sontheim (323/1)
Römheld, Laubach (330/4, 331/1)
Roos Kübler, Eislingen (156/1/3)
Sachs-Engineering, Engen-Welschingen (18/1)
Schaudt, Stuttgart (326/1)
Schott, Mainz (414/1, 417/2, 421/1, 422/1, 423/1, 425/1, 424/1/2/3, 426/1/3)
Schüle, Schwäb. Gmünd (51/1)
SHW, Königsbronn (38/2/3)
SHW, Aalen (101/1, 104/2, 106/3, 107/2, 147/1)
Siemens, Ostfildern (309/1)
Siemens Dematic, München (414/1)
Step-Tec, Luterbach, CH (317/2)
Stratasys, Minneapolis (557/1)
Studer, Thun (19/2)
Südtiroler Amt für Bodendenkmäler, Brixen (34/1)
Trapo, Gescher (504/1/2)
Trumpf, Ditzingen (155/3, 520/2, 521/2/3, 522/1u, 533/3, 535/2, 538/1/2/3, 539/2, 541/1/2/4, 556/1)
Tübinger Stahl-Feinguss, Tübingen (50/1/2/4)
Volkswagen, Wolfsburg (486/1, 487/2/3, 494/1)
Wikus, Spangenberg (327/3)
Witte, Bleckede (332/3, 333/4)
WLM, Stuttgart (150/3, 381/3, 412/2, 507/3, 559/1)
Z Corporation, Burlington, USA (558/1)